风电场设备典型故障分析与处理 100例

中国电力技术市场协会运维检修分会　组编

中国电力出版社
CHINA ELECTRIC POWER PRESS

图书在版编目（CIP）数据

风电场设备典型故障分析与处理 100 例/中国电力技术市场协会组编 . —北京：中国电力出版社，2023.4
ISBN 978 - 7 - 5198 - 6982 - 3

Ⅰ.①风… Ⅱ.①中… Ⅲ.①风力发电－发电设备－故障诊断－案例②风力发电－发电设备－故障修复－案例 Ⅳ.①TM614

中国版本图书馆 CIP 数据核字（2022）第 139711 号

出版发行：中国电力出版社
地　　址：北京市东城区北京站西街 19 号（邮政编码 100005）
网　　址：http：//www.cepp.sgcc.com.cn
责任编辑：宋红梅　董艳荣
责任校对：黄　蓓　郝军燕　马　宁　李　楠
装帧设计：赵丽媛
责任印制：吴　迪

印　　刷：三河市万龙印装有限公司
版　　次：2023 年 4 月第一版
印　　次：2023 年 4 月北京第一次印刷
开　　本：787 毫米×1092 毫米　16 开本
印　　张：38.5
字　　数：985 千字
印　　数：0001—1000 册
定　　价：260.00 元

前言

截至 2022 年 12 月 31 日，我国并网风电容量达 3.65 亿 kW，成为我国经济发展的重要新能源。风力发电及并网技术也不断取得新突破，陆上风电单机容量和轮毂高度持续增大，海上风电单机容量继续增加，人工智能技术在智慧风电场得到广泛应用，风电投资成本持续下降。在此背景下各大能源集团积极布局风电，随着生产规模的扩大，对风电设备的运行维护以及风电场的安全管理也提出了更高的要求。有效防范设备故障，提高设备维护检修技术水平，保障风电场的安全稳定运行，对促进风电行业的健康发展尤为重要。风电企业之间互相交流学习，借鉴先进的技术管理经验，也是风电从业者的共同诉求。

中国电力技术市场协会运维检修分会成立于 2021 年 3 月 25 日，致力于服务电力运维检修专业能力的提升，服务电力运维检修科技成果转化等工作。运维检修分会将无故障风电场建设推进服务确定为其重要工作内容之一，推出一系列促进服务的措施：开展了风电运维检修质量管理小组活动成果申报评定、风电运维检修"五小"创新成果申报评定、无故障风电场管理成果申报评定、风电运维之星推荐、风电机组关键部件典型故障分析诊断治理成果调研、风电典型故障案例论文征集、风电机组技术改造案例征集、风电智慧运维检修年度报告撰写、无故障风电场建设服务万里行活动等，有力地促进了我国无故障风电场建设，推动了我国风电高质量发展。

风电典型故障案例论文征集得到了各能源（新能源）集团生产管理部门的支持，共评出优秀论文 240 篇，遴选了有代表性的 140 篇由中国电力出版社出版。每篇故障案例论文是风电一线人员的工作总结成果，代表了风电场设备的共性故障，这些典型性、代表性的故障案例分析与处理措施，可为同行提供较好的借鉴作用。希望通过这些故障案例的总结、交流，为风电场规避事故隐患提供素材。

中国电力技术市场协会

运维检修分会

2023 年 2 月

目 录

第 4 部分　变桨系统典型故障与分析

第 5 部分　风电机组传动系统典型故障与分析

第6部分　液压系统典型故障与分析

第7部分　风力发电机典型故障与分析

第8部分　变流器及电气典型问题分析

第 9 部分 偏航系统典型故障与分析

第 10 部分　其他

第1部分
风电场无故障管理与提效治理

发电差异率指标分析及如何减少发电差异率探究

赵哲，董海云

（山东龙源风力发电有限公司）

摘　要： 发电差异率是某风电公司提出的月度运营考核指标，是风电机组发电损失小时数与应发小时数比值，是衡量风电机组运行维护质量的关键性经济指标。风电企业通过建立完善的发电差异率指标评价体系，引导生产人员有针对性地开展设备维护，提高风电机组健康水平提供标准和依据。

关键词： 风电场；发电差异率；指标管理

1　项目概况

山东某两座风电场共安装有 112 台风电机组，其中 A 风电场安装有 66 台 1.5MW 机组，B 风电场安装有 46 台 2.1MW 机组和 1 台 1.6MW 机组。

1.1　发电差异率计算

发电差异率为风电发电损失小时数与应发小时数的比值，计算公式为

$$发电差异率=\frac{损失小时数}{应发小时数}\times100\%=\frac{故障损失小时数+计划检修损失小时数+场外受累损失小时数+性能损失小时数+其他损失小时数}{应发小时数}\times100\%$$

$$发电差异率=1-\frac{实发小时数}{应发小时数}\times100\%=1-\frac{发电量/装机容量}{应发小时数}\times100\%$$

1.2　发电差异率指标情况

如表 1 所示，发电差异率可以全面体现风电场各类损失情况，可以较为客观地评价风电场运行管理水平。两风电场的风电机组为联合动力和远景机组两种机型中联合动力机组发电差异率较高，2019 年 1—11 月，A 风电场累计发电差异率为 4.7%，B 风电场累计发电差异率为 2.8%。

A 风电场的联合动力机组运行时间较长，且地处沿海滩涂盐碱环境，属于渤海湾季风带气候，设备受到长时间潮湿空气和盐雾腐蚀，电气元件使用寿命受到很大影响，导致设备降容运行、故障频发。B 风电场的远景机组，设备发电性能较好，因该风电场地处山区，所以影响发电差异率的主要原因是风电场的部分风电机组因所处地理位置受湍流影响严重，风速不稳定，导致平均风速被拉升，有功功率不稳定，机组出现性能损失。

表 1　　　　　　　　　　　各风电场累计发电差异率汇总

风电场	计算容量（万 kW）	发电差异率（%）	应发小时数（h）	实发小时数（h）	损失小时数（h）					
					故障	计划	受累	限电	性能	其他
A 风电场	9.9	4.7	1947.8	1854.8	12.4	2.0	24.2	1.1	13.5	39.7
B 风电场	9.82	2.8	1934.8	1880.8	3.8	1.9	20.1	0.4	12.2	15.7

2 发电差异率分析

2.1 常见故障损失分析

2.1.1 变频器类常见故障诊断

变频器主要由整流（交流变直流）、滤波、逆变（直流变交流）、制动单元、驱动单元、检测单元、微处理单元等组成，变频器是把电压和频率固定不变的交流电变换为电压或频率可变的交流电装置。常见诊断范围包括：定子过电流、转子过电流、LCL过温、转子侧变流器故障、ISU过温故障、INU过温故障、网侧变流器故障、ISU接地故障等。常见诊断范围包括：Driver Windows软件查看故障代码，分析故障点，通过Date logger故障录波查看故障前后变频器参数变化，判断故障原因，达到准确快速处理故障的目的。

2.1.2 变桨系统常见故障诊断

变桨系统主要有电动变桨和液压变桨两种，电动变桨常见故障有滑环故障、变桨电池故障、叶片变桨不同步、变桨超限位、变桨编码器故障、变桨轴承故障等，常见诊断范围包括：滑环及接线状态，变桨电机状态，变桨电池及回路状态，变桨控制柜各继电器状态，变桨控制开关电源状态，各部位传感器状态等；液压变桨常见故障有变桨位置偏差、变桨角度不当、变桨轴承故障、变桨超限位等，故障诊断范围包括：各液压阀状态，电磁阀及回路接线状态，液压缸及螺栓状态，各传感器状态等。

2.1.3 齿轮箱常见故障诊断

齿轮箱是机组传动链的重要构成部分之一，用于连接主轴和发电机。齿轮箱的组成结构及受力情况复杂，在不同的运行条件和载荷下工作时，易于发生实效、崩坏状况。常见的齿轮故障主要有：齿轮损伤、轴承损坏、断轴、油温高。齿轮损伤主要有齿面损伤、齿轮折断两类，主要是由于润滑不良导致温度高、齿面过载、设计载荷估算不足，材质选用不当或异物落入啮合区等原因引起。常见诊断范围包括：通过定期维护及技术监督等手段，开展齿轮箱油液状态变化检测、振动监测及开箱内窥镜检查等方法。

2.1.4 偏航系统常见故障诊断

偏航控制系统是风电机组的重要组成部分，用于追踪风向的变化。通过传感器检测风向、风速，并将检测到的风向信号送到控制系统，进而调整机舱方向，准确风向。常见的偏航系统故障主要有偏航电机故障、偏航传感器故障、偏航反馈回路故障、偏航控制系统故障、解缆故障等。常见诊断范围包括：偏航电机相序及接线状态，偏航软启、继电器、接触器及接线状态，风向标及其回路接线状态，偏航传感器状态及偏航控制回路状态等。

2.2 风电机组计划检修损失分析

2.2.1 风电机组计划检修定义

为确保风电机组安全稳定运行，及时发现机组是否存在重大隐患或主要部件是否发生损坏，对风电机组开展的定检、点检、巡视检查、缺陷消除及技术改造等工作。

2.2.2 基础检修策略的制定

（1）合理安排计划检修时间。根据每日风功率预测预报信息，结合各风电场的生产实际状况，在预测风况较小时，风电场管理人员合理安排风电机组定检时间，避开大风季节，结合现场设备实际不断完善定检内容、参考往年设备治理情况、设备现状及设备运行年限制定维护滚动计划，提升定检效果，指导运维人员进行重点深度检修，实现风电机组定检维护计划制定的科学性、高效性、实用性。

（2）做好站内设备运行状态监控。由风电场场长或安全技术员牵头，各班组协同，组织变电运维和变电检修人员对一次、二次设备进行检查，根据设备运行状况及历史操作记录，列出带缺陷的运行设备及曾出现的操作异常设备，及时开展设备消缺，确保对风电机组进行计划检修之前，站内一、二次设备的安全稳定运行。

（3）维修人员协同。风电场提前做好人员、车辆安排，对于复杂操作应增派人员。提前做好计划检修工作内容和各项准备工作，如提前开具工作票、准备工器具、通信设备等，根据全年计划工作，合理调整运维人员休假等方式，确保计划检修安全、高效开展。

2.3　性能因素降容损失分析

A 风电场装机容量为 99MW，采用 66 台联合动力 1.5MW 机组，于 2011 年 4 月并网运行。通过多年运行，该风电场夏季开始频繁出现发电机轴温故障，需降出力运行。

2.3.1　产生高温降容的部位及原因

在夏季高负荷情况下，风电机组报发电机轴 B 温度高。为了彻底解决全场机组在大风条件下发电机高温降容现象的发生，通过几年来对发电机驱动端、非驱动端轴承以及润滑油脂的观察，发现造成发电机轴承温度过高、高温降容的主要因素是润滑油脂老化失效，占该类故障的 80%；发电机散热风扇损坏，占该类故障的 18%；发电机轴承异常，占该类故障的 2%。其中润滑油脂失效现象如下：

（1）轴承润滑脂未呈现深褐色；

（2）轴承未有过高温灼伤现象；

（3）轴承润滑油脂有老化板结现象；

（4）发电机驱动端、非驱动端轴承润滑油脂干涩。

2.3.2　针对以上几种排查情况提出解决措施

查阅发电机散热风扇运行参数，测试冷却风扇出风量及运行声音，进一步判断故障原因，1.5MW 机组为例，如果冷却风扇异常，则需要进行更换冷却风扇；如果发电机非驱动端轴承润滑有问题，需要清理旧废油，充分加注新润滑油。风电机组运行状态下发电机转速达到 800rpm 左右听发电机驱动端、非驱动端轴承运行声音，如果存在异响，需要打开端盖检查轴承，如轴承存在问题，需要列入设备治理体系进行技改等处理，如图 1 所示。

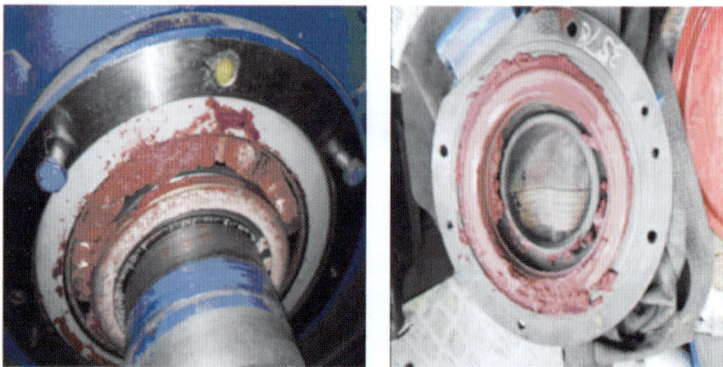

图 1　发电机驱动端、非驱动端轴承润滑油失效

最优控制策略的制定如下：

（1）原润滑脂流动性差，易发生变性，更换最优的发电机轴承润滑油脂。

（2）根据现场维护情况，制定合理加油周期，定期加注润滑油油脂。

（3）加油前将风电机组叶片手动开桨至发电机自由旋转，在发电机转速为 $500\sim600r/min$ 时，通过手持加油枪注油至轴承腔体内，促使废旧老化油脂排至排油盒内。具体如图 2 所示。

图 2　驱动端、非驱动端轴承改造后

2.3.3　改造后的验证

就该风电场发电机轴承温度过高、发电机高温降容告警问题，通过更换发电机轴承润滑油脂、加装前后轴承侧自然冷却轴流风电机组等措施后，对改造后的效果进行验证。以 1.5MW 机组为例，在不限电的情况下，按间隔 5min，共选取 50min 机组数据对比改造前后发电机轴承温度、机组输出功率，具体如表 2 所列。

表 2　　　　　　　　改造前后机组输出功率与发电机轴承温度对比表

改造前				改造后			
功率（kW）	风速（m/s）	非驱动端温度（℃）	驱动端温度（℃）	功率（kW）	风速（m/s）	非驱动端温度（℃）	驱动端温度（℃）
621	14.23	72.6	90.1	2041	12.38	39.59	42.2
625	13.9	72.69	90.1	2051	10.02	39.59	42.3
639	13.98	72.6	90.1	2067	9.88	39.59	42.3
630	14.18	72.5	89.9	2065	11.28	39.7	42.4
621	14.5	72.5	89.8	2065	11.48	39.8	42.5
615	13.66	72.4	89.7	2055	13.29	39.8	42.6
619	14.07	72.19	89.6	2059	14	39.8	42.8
631	13.61	72.1	89.4	2061	13.38	39.8	42.9
626	13.11	72	89.2	2054	13.66	39.9	43
620	13.44	71.9	89.1	2056	13.82	39.9	43.1

表 2 数据可以验证 1.5MW 机组此次改造的实际效果。在大风条件下，改造后机组可满发且轴承温度较改造前降低了一半，充分说明此次改造的实际冷却效果，验证了改造方案的可行性。

2.4　其他降容损失分析

除性能因素降容的原因外，风电机组发生降容主要原因还有调度限电、叶片损伤、偏航异常及特殊环境影响风电机组无法在额定风速下达到额定功率。

2.4.1　区域机组情况分析

B 风电场装机容量 98.2MW，采用 47 台 2.1MW 风电机组，于 2014 年 12 月并网运行。由于该风电场所处区域为丘陵地貌，受周边山丘的阻挡，多台机组受某风向下湍流影响明显。

2.4.2　影响风电机组发电能力的主要因素

通过 SCADA 系统中调取 7 号机组 9 月 10min 平均风速、功率数据，拟合实际功率曲线与其理论功率曲线进行对比，发现发电能力上存在较大偏差，对其开展数据分析。

通过分析发现，抽样机组与保证功率曲线基本吻合，7 号机组在 8～12m/s 风速区间表现较差，为抽样机组最低，通过查看当月该机组叶片角度、风速、功率与发电机转速等关系后，发现发电机转速恒定后，功率曲线仍未达到满发，主要原因为本月主风向对 7 号风电机组影响较大，来风方向受山体阻挡，风向不稳定，导致频繁偏航，持续频繁偏航致使风电机组报出偏航滑移亚健康状态，风电机组启动限功率发现该机组功率曲线表现较差原因是长时间故障停机、受地势影响降功率运行导致。

2.4.3　技改措施

(1) 优化主控软件。对出现的湍流时段进行分析，出现湍流时，减少降功率情况发生。

(2) 风向标、风速仪矫正。检查风速仪有无卡涩、异响，检查风速仪信号传输回路有无异常，风速与输出电流是否呈线性关系，保证机组偏航准确。

(3) 桨叶零度角调零优化。人工对风电机组桨叶进行零度角调零，提升机组迎风面角度，提高风电机组发电能力。

2.4.4　效果评估

为提高风电机组功率，优化机组发电能力，抽取 7 号风电机组为样机，开始实时发电差异率整改措施。

通过优化实际功率曲线，在 3～11m/s 风速区间，机组功率曲线明显提升，样机的故障损失时间及降容时间大幅减少，预计每月可提升抽样机组 5％发电能力，优化效果明显。

3　管控损失降低发电差异率体现

管控前后发电差异率对比见表 3。

表 3　　　　　　　　　　　　　管控前后发电差异率对比　　　　　　　　　　　　　　％

月份	A 风电场		B 风电场	
	发电差异率	环比	发电差异率	环比
9	3.90	—	2.80	—
10	2.40	−1.50	2.10	−0.70
11	2.30	−1.60	1.40	−0.70

通过对风电场各类损失进行管理，A 风电场采取针对性措施，性能损失自 10 月起环比降低 1h/台，B 风电场由于特殊环境影响带来的其他损失自 10 月起环比降低 0.6h/台，A、B 风电场

（下转 9 页）

低效风力发电机组提效探讨

高斌，吴叙锐，孟喆，杨帅，冯标

（华能新能源股份有限公司）

摘　要： 近年来国家大力发展风力发电，风电装机迅速增加，低效机组也跟着增多，对低效机组提效有着重要的意义。本文通过对某公司近年来的故障数据进行统计分析，探讨通过加强运行、加强检修，自身技改，重新选址移机，上大压小，区域内统筹提效改造等方式提效的可行性及注意事项。

关键词： 低效风电机组；运行；检修；技改；移机；上大压小

1　针对的问题现状

截至 2021 年 10 月底，某公司管理权限已投产风力发电机组数量 5052 台，风电装机 875.695（万 kW）。搜集近 3 年运行数据，利用小时数低于本风场盈亏平衡点或运行小时数低于 1500h 的低效风电机组 110 台，合计容量 17.764（万 kW），台数占比 2.18%，容量占比 2.03%。

经统计及分析，低效风电机组主要原因为：

（1）风资源欠佳，微观选址的问题造成风速低，风切变多，该类低效机组占比 74.5%。

（2）设备可靠性差造成机组可利用率低，该类低效机组占比 18.2%。

（3）受限电影响，弃风情况严重，该类低效机组占比 7.3%。

2　解决方案

根据实地研究探讨，主要的提效方案及应注意的问题如下：

2.1　加强运行管理，提高机组发电量

针对可利用小时临近 1500h 或与亏损小时数差距小的低效机组（差额在 5% 以下），主要以加强运行管理来提效：

（1）低效风电机组应避免纳入限电范围，或尽可能减少对其限电，杜绝限电引起的受累损失。

（2）对风电机组进行重点监测和分析，利用大数据对功率曲线异常、故障报警增多等机组进行深度分析，对风速风向异常、温度及振动异常、故障频发的设备进行重点运行监控，及时发现问题、找出问题根源，并第一时间进行处理。

（3）运行管理部门集控中心应重点对该部分机组加强运行监测和分析，督导检修人员优化检修工作计划，合理安排计划停机，杜绝无序停机。

2.2　加强设备检修管理，提高机组可靠性

针对主要因故障频发造成停机时间长或设备性能降低造成出力下降，且通过专项深度检修可实现较大幅度提效的低效机组，主要采取以下措施：

（1）集控中心应利用大数据对功率曲线异常、故障报警增多等机组进行深度分析，对风速风向异常、温度及振动异常、故障频发的设备进行重点运行监控，及时通知检修人员开展现场设备的检查检测，聚焦设备重点问题，进行叶片清洗，开展精准对风、温度振动异常的专项治

理及状态检修。

（2）加强质保期内的设备管理，及时掌控质保期内设备运行状况，对设备厂家严格管理，确保质保期内风电机组满足主机合同技术规范要求。

（3）重视出质保检测，严格按主机合同约定进行全方位检测，在出质保前将设备隐患进行根治。

2.3　开展本机提效技改

近三年风电机组利用小时数低于盈亏平衡点或 1500 利用小时数红线，偏离量在 10％以内的机组，应重点考虑开展本机的叶片加长、更换长叶片、叶片增功、加高塔筒等方式的提效改造，并应关注以下方面的问题：

（1）根据实际经验，按叶片加长提升效果为 3％～4％测算，叶片加长的投资回报期至少在 7 年以上，对于新投产的机组有一定效果，对剩余寿命年限不多的机组需精准测算。目前推荐选择剩余寿命在 10 年以上的轻度低效机组开展叶片加长技改。

（2）对于仅是因机组塔高不足，在主风向上受到部分遮挡的机位，可使用激光雷达、声波雷达等工具测量上空风速及风切变情况，并进行机组载荷计算，符合要求的可采用增高塔筒的方式，也可综合应用叶片加长和增高塔筒的混合方式。

（3）在叶片等技改前，必须先进行机组载荷计算，以确保机组安全，特别是在极限风速较大的地区更应精确计算。

2.4　重新选址移机

对平均利用小时数低于 1500h、10％以上的机组，且风电场区域有可供移机的机位选择时，应该考虑进行移机改造。在开展移机过程中，应注意以下问题：

（1）确认新选机位选址及相关变动的道路、集电线路是否涉及生态红线、基本农田、林地，是否需要重新办理环保、水保、林业手续。

（2）确认新机位是否与当地政府发展规划冲突。如存在目标机位与风景区、军事禁区相邻，应提前与当地政府及相关方确认规划，确保风电机组移机不会与规划冲突，以免影响后续手续办理。

（3）如低效机组所在项目有两个及以上的合资方，应提前与各股东方开展沟通协商，确认投资各方的改造意愿是否一致。

2.5　"上大压小" 改造

对兆瓦级以下的老旧低效机组，在新的"上大压小"改造政策出台之前，在可研阶段按照以等容量"上大压小"方案为基础，兼顾开展原风电场场址内最大容量布机的方案研究。同时要注意以下几方面问题：

（1）获取最新相关政策，了解当地政府对"上大压小"改造的相关政策解读情况。

（2）了解政府对等容量"上大压小"改造项目备案审批手续和涉及的部门。

（3）向当地国家能源局电力监管局资质处咨询电力业务许可证变更手续。

（4）确认机位选址不与当地发展规划冲突。如新选址与军事、旅游区等存在冲突问题，可能导致后续拆除，投资将可能无法收回。

（5）确认全生命周期的电价问题。大容量风电机组的技改将加速全生命周期利用小时，可能会影响经济收益。

（6）如项目有两个及以上的合资方，应提前与各股东方沟通开展协商，确定投资方的意向。

（7）应提前收集项目前期建设的原始资料。包括但不限于 CAD 版的地形图、电气图纸、地勘检测报告、原可研报告等，确保新可研编制的快速有效开展。

（8）按照集团技经审查要求，应注意在测算项目收益率时，必须将旧机组折旧纳入总成本，同时按项目的增量发电量测算项目总收入。

2.6 区域内统筹提效改造方案

如区域公司内有多个风场存在低效机组，可综合考虑上述移机和"上大压小"及叶片再利用等多种方式进行统筹提效改造。

（1）区域统筹提效改造应有效利用现有机位与机组，综合采用提效的各种手段，实现资源的最优配置。可综合结合风电场机位的风资源状况，实施等容量"以大代小"改造，并将拟拆除的较大单机容量的低效机组，移到单机容量低的老风场去实现"以大代小"；对于拆除的长叶片低效机组，可考虑在区域内替换其他风电场同型号机组的短叶片，或进行整机替换。

（2）由于早期风电机组价格较高，拆下来的低效机组旧机的净值与新机接近或比新机价格还高，但考虑到多场联动综合利用，可以将部分拆除风电机组变为项目公司间的资产再利用，以减少资产的损失，让公司利益最大化。

（上接 6 页）
发电差异率均下降明显，达到预期效果。

4   结论

本文通过对发电差异率指标进行解释，并分析影响差异率的几项关键指标，得出以下结论：

（1）发电差异率的构成归纳了影响风电机组发电能力的几个主要因素。

（2）该公司的两个风电场通过采取有计划的维护，研究故障深层原因，控制故障的发生频率，减少故障时间，对风电机组发电水平的提升起到重要作用。

（3）通过技术改造，减少高温对设备发电能力的影响，是提高风电机组发电能力的重要途径。针对运行年限久、设备老旧的风电场，开展关键部位的设备治理等技术改造，是提高风电场经济效益的主要研究方向。

（4）对于外部环境影响造成的降容损失，风电场应指定成熟的精细化维护方案，提高机组降低外部环境对设备发电能力的影响。

（5）对于不可抗力造成的损失，风电企业可以根据实际情况进行减免，确保在公平公正公开的原则下发挥发电差异率的管控作用。

（6）通过专项故障研究，分析深层设备问题，优化设备运行，是提高设备治理的有效途径。

参考文献

[1] 龙源电力股份有限公司. 风力发电机组检修与维护. 北京：中国电力出版社，2016.
[2] 杨校生. 风力发电技术与风电场工程. 北京：化学工业出版社，2016.

风电机组应对极端环境能力提升的研究

彭冬宇

（国家投资集团有限公司山东分公司）

摘　要： 本文以典型山地风场、典型机组为研究对象，结合现场历史运行数据，寻求优化提升在运机组安全系数及发电能力。采用风电机组加装激光雷达测风系统的方式，实现对风电机组控制逻辑的优化。一是改变传统相对叶轮来风滞后的控制策略，采用激光雷达所测的叶轮前端风参指导变桨系统提前动作，主动应对极端风况下的风参突变情况，提升机组运行安全系数。二是能够做到精准对风，偏航系统可以提前转向，确保风电机组叶轮时刻保持在最大迎风面，从而提高单台风电机组效率，增加发电量。

本文技术路线的成功实施将使得该项技术无论是在个别区域还是整个国内的风电机组存量市场，都有着极大的应用情景，并能使得整个存量风场的经济收益得到大幅提高。

关键词： 风电机组；变桨速率；偏航控制

1　技术问题分析

1.1　风况信息实时演化

采用研究方法：

（1）利用多普勒频移原理，通过激光在大气中气溶胶的后向散射强度计算大气溶胶的移动速度，再通过矢量合成反演出风速；通过在风电机组舱顶安装全光纤相干多普勒测风激光雷达，获取风速实测数据。

（2）根据雷达实测风速数据，结合空气流体算法，演化桨叶前方200m的风况信息，获取风速－距离曲线。

1.2　变桨综合优化策略

采用研究方法：

（1）获取机组投运时间以及在切入风速附近的历史运行数据，包括研究时段内的机组能耗、风速、机组出力等数据；分析机组能耗、启停、出力与切入风速之间的关系，构建启停模型，简而言之就是当风速在切入点附近波动时，将激光雷达测得风速与机组启停时间点结合起来，研究切入点和切出点的最佳待风时间，比如在首次启动失败退出后，根据激光雷达测得风速情况，适当缩短待风时间或切入成功当前风速不足满足切出条件，但激光雷达预测来风情况较好，因此不选择切出即在该时刻切入和切出，机组切入/切出转换次数最少，综合发电量最大。接入风速超短期、实时预测数据，将激光雷达前置测风接入控制回路，作为机组启停前馈控制环节。

（2）获取机组的设计 $C_P(\lambda, \beta)$ _ ω_g 曲线，功率系数 C_P 是机组叶尖速比 λ、桨距角 β 的函数，叶尖速比 λ 与机组转速 ω_g 之间存在对应关系。

功率系数 C_P：指风电机组将风能转换为机械能的效率＝提取的风能/输入的风能；

叶尖速比 λ：指风轮叶片尖端线速度与风速之比＝叶轮角速度×叶片半径/叶片尖端的风速；

桨距角 β：指叶片顶端翼型弦线与旋转平面的夹角；

转速 ω_g：指叶轮运行的转动速度。

获取机组切入风速附近的运行工况点的桨距角 β、转速 ω_g、风速 v 共 10 组，根据 C_P 与 λ、β 之间的关系式计算实际运行工况下的 C_P 系数是否在设计曲线上，调整相应参数使之满足。为了抑制阵风导致的机组超速，一般机组额定功率时的运行转速比设计额定转速偏低，但是减小了最大功率跟踪的转速带，导致发电量的损失。使用激光雷达测风，可以提高机组的额定功率时的运行转速，在测量到前方阵风时，可以提前降低机组转速，这样既不会带来超速的风险，也扩大了最大功率跟踪转速带，从而提高机组发电量。

1.3　高效精准偏航策略

采用研究方法：

（1）机舱测风激光雷达测得风电机组前方 50～200m 区间 10 个距离层的真实风向与风电机组主轴的相对角度，机舱激光雷达不接入主控的情况下拟采用风电机组前方 100m 处雷达测得轮毂高度的风向与机舱顶部的风向标测得的风向进行对比，结合激光雷达的风速信息分析获得各个风速段的风电机组偏航误差，获取风场的历史风资源信息，得到个各风速段的所占比例，对风电机组各个风速段偏航误差进行加权求平均，求得风电机组静态偏航误差，将该误差弥补到控制策略中，可在激光雷达不接入主控的情况下，风电机组更精准对风。

（2）机舱激光雷达接入主控进行动态偏航控制，即使用雷达测得风向进行实时的风电机组偏航控制，结合风电机组设计及历史运行信息，优化偏航误差角度、偏航时间阈值，拟采用风电机组前方 100m 处雷达测得轮毂高度的风向作为来风风向参考，通过控制策略的调整精准对风，最大化利用风能。

2　实施验证

2.1　机位选取

山东济南章丘九顶山二期国瑞风电场位于山东省济南市章丘区官庄境内，山地地形，厂区内道路为盘山路，道路狭窄崎岖，两侧悬崖峭壁，海拔 400～700m，距章丘区 20.5km，现场共安装 45 台机组，项目总装机容量为 97.5MW。其中 115/2000 机组 30 台，121/2500 机组 10 台，109/2500 机组 5 台。

通过对章丘九顶山风电场二期风电机组运行数据及故障详情进行分析，横向对比发现个别风电机组故障频率、功率曲线、利用小时数均处于较差水平。选取 2 台典型机组（B2、B23）部署运用前文所述研究方案的激光雷达系统，经现场安装调试、风电机组主控升级、scada 后台数据联调等步骤，实现了激光雷达测风融入风电机组主控，指导变桨系统、偏航系统、叶轮转速系统的相互配合。

2.2　数据分析

雷达控制功能于 2021 年上半年开启，为对比分析雷达应用效果，并减少温度、密度、大气稳定度、风况等因素对分析结果的影响，选取 2020 年与 2021 年相同月份的数据进行对比分析。最终选取用于分析的数据及时段为 B2 与 B3 机组 SCADA 瞬态数据，未开启雷达控制功能数据时段（2020 年 4 月 1 日—9 月 30 日），开启雷达控制功能数据时段（2021 年 4 月 1 日—9 月 30 日）。

（1）数据筛选。选取用于分析的数据满足 3 个筛选条件。

1）机组处于正常并网发电状态；

2）机组未处于限功率运行状态；

3）机组功率不小于 500kW（主要分析满发情况效果）。

（2）数据处理。将瞬态数据按风速分仓处理，获取各风速分仓统计平均值及标准差，并对比两个时段数据特征。该现场雷达控制技术主要用于额定以上，统计分析风速在 10～15m/s 之间的数据。

2.3　B2 机组分析结果

本节对比分析雷达控制技术应用前后 B2 机组运行特征。主要分析机组运行稳定性，包括变桨速率与转速稳定性，并分析机组功率特征。

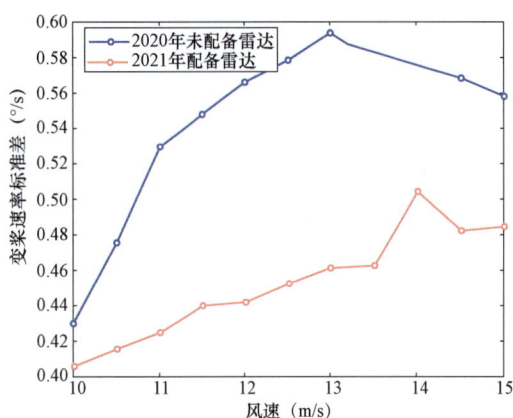

图 1　B2 机组变桨速率标准差对比

（1）变桨速率标准差。图 1 所示为 B2 机组开启雷达控制前后变桨速率标准差对比，其中蓝色线为 2020 年 4—9 月，未开启雷达控制情况变桨速率标准差，红色为 2021 年 4—9 月，开启雷达控制情况变桨速率标准差。开启雷达控制后，变桨速率标准差减小，变桨速率更稳定，机组运行稳定性提高。

（2）转速标准差。图 2 所示为 B2 机组开启雷达控制前后转速标准差对比，其中蓝色线为未开启雷达控制情况，红色为启雷达控制情况。开启雷达控制后，转速标准差减小，转速更稳定，机组运行稳定性提高。

（3）平均功率。图 3 所示为 B2 机组开启雷达控制前后功率对比，其中黄色散点为未开启雷达控制情况功率瞬时值，蓝色线为未开启雷达控制情况功率平均值，青色散点为开启雷达情况功率瞬时值，红色线为开启雷达控制情况功率平均值。

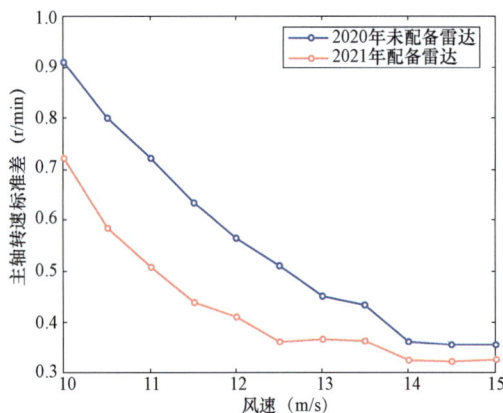

图 2　B2 机组转速标准差对比

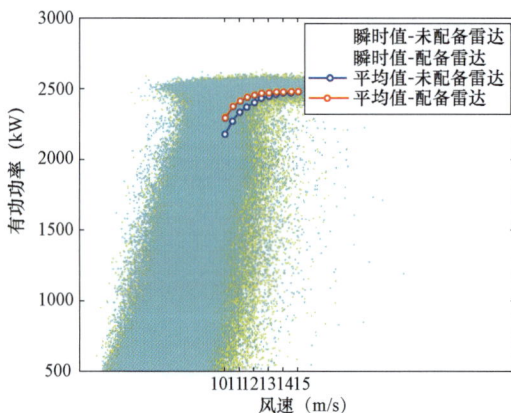

图 3　B2 机组开启雷达控制情况功率对比

2.4　B23 机组分析结果

（1）变桨速率标准差。图 4 所示为 B23 机组开启雷达控制前后变桨速率标准差对比，其中蓝色线为未开启雷达控制情况，红色为开启雷达控制情况。多数情况，开启雷达控制后，变桨速率标准差减小，变桨速率更稳定，机组运行稳定性提高。

（2）转速标准差。图 5 所示为 B23 机组开启雷达控制前后转速标准差对比，其中蓝色线为未开启雷达控制情况，红色为启雷达控制情况。开启雷达控制后，转速标准差减小，转速更稳定，机组运行稳定性提高。

（3）平均功率。图 6 所示为 B23 机组开启雷达控制前后功率对比，其中黄色散点为未开启雷达控制情况功率瞬时值，蓝色线为未开启雷达控制情况功率平均值，青色散点为开启雷达情况功率瞬时值，红色线为开启雷达控制情况功率平均值。

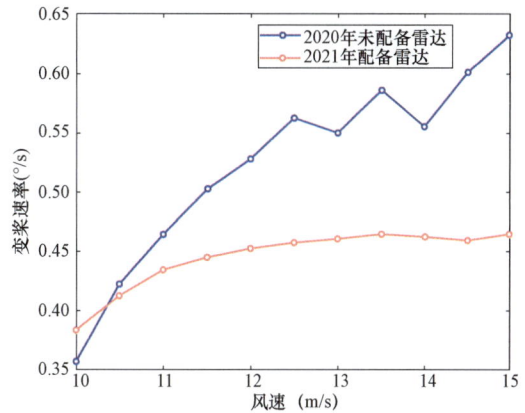

图 4　B23 机组变桨速率标准差对比

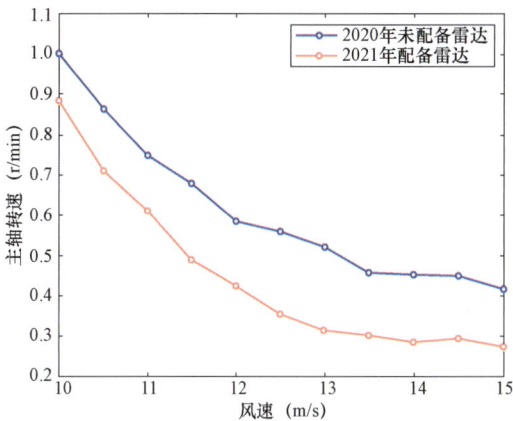

图 5　B23 机组转速标准差对比

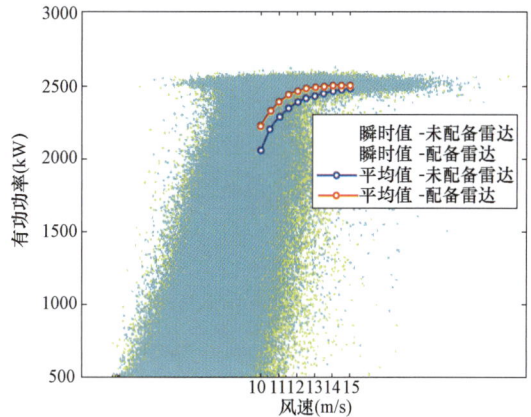

图 6　B23 机组开启雷达控制前后功率对比

3　总结

通过分析 B2、B23 两台机组开启雷达控制前后机组运行特征变化，根据运行数据统计分析，开启雷达控制后，机组转速及变桨速率标准差降低，机组运行稳定性提高，机组运行功率与理论功率符合度更高，机组发电功率提高。

综上所述，激光雷达系统融合风电机组主控确实有效提高了机组稳定性，提升了风电机组应对极端风况的能力。通过提前预判、提前感知、提前动作降低了风电机组的疲劳载荷和极限载荷，随之带来的是相同风况下风电机组可以配备更大的叶轮、更高的塔架。伴随着激光雷达国产化率以及可靠性的不断提高，使得激光雷达完全替换传统机械风速测量系统将成为可能。

风电机组发电机预防性检修工作思路

王建国， 高斌， 吴棣， 永胜， 彭锁龙， 孙育宏， 冯标， 王幸运

（华能新能源股份有限公司）

摘　要： 在我国新能源事业发展过程中，风力发电在电力系统中占比不断提升，在这种情况下，就必须完善和改进风力发电机组检修工作模式和思路，应用实施到风力发电机组检修维护工作中，加强风力发电机组故障前检修，促进发电设备利用率的提升，提升设备发电能力，有效的控制设备检修成本，这样发电设备就能更加长期稳定的有效利用。本文通过近年来国内的风力发电检修模式的分析和思考，提出设备预防性检修工作思路和实施方法，进而提升风力发电检修管理水平。

关键词： 风电机组；预防性检修；状态评估；检修项目制定标准

1　针对的问题现状

风力发电机组主要有三种检修方式：一种是故障检修，一种是状态检修，还有一种是预防性检修。不同的检修方式是在不同的环境下或不同的状况下进行的。

故障检修是在设备发生故障后进行检修。这种检修方式是一种被动的检修，所以往往具有检修时间长，工作量大，检修成本高，还容易造成设备事故率大幅上升的情况。

状态检修主要为当设备发生某种劣化后，通过监测、诊断、分析、检修决策等手段对设备评估后需要进行的检修。对于故障随机，同时设备状态和故障规律又是可以通过运行经验和技术支持系统监测到，此类设备宜采用状态检修模式。

预防性检修一般作为常规年度定检维护工作之外的补充，主要以 3～5 年或 5～8 年为周期的计划检修为主，重点将风电机组日常运维及年度定检过程中无法准确监控或无法准确判断设备状态的检修内容列入预防性检修项目。对于缺乏有效在线监测、离线及其他分析诊断手段，具有明确寿命周期或故障发生规律与时间有比较确定的关系，需要定期检查和维护的设备，宜采用定期检修模式。

各厂家、机型不同的风力发电设备存在运行环境差异大、失效机理不同、监测手段不一等情况，宜根据设备重要级别，采用不同的状态监测、评估与检修管理模式。一般都采用故障检修、状态检修、预防性检修等多种检修方式为一体的优化检修模式。但在上述三种检修模式中，以治理设备故障为目的，从防患于未然的角度考虑，预防性检修从管理思路、效果提升和安全理念上都要好于其他两种检修模式。所以做好预防性检修是风力发电企业提升产能，减少维护量和备件成本，提高管理水平的最直接、最高效的手段。

2　整体思路

制定预防性检修项目前应对所属风电机组做好详细的设备状态评估和分析。根据评估分析结果以达到以最少的检修资源消耗、保持设备固有可靠性和安全性的原则，制定合理的检修项目计划，提出维修级别建议。

设备状态评估分析可主要从以下三方面开展：

2.1　设备当前故障分析

运维人员应对风电机组近一年设备运行、检修状况、报警记录（预警未停机）等信息进行

统计分析。分别对机组各个系统，再细化到具体部件和故障原因进行统计，找出由于相同的故障设备或相同的故障原因的部分，由高到低排列出每一个部件发生故障次数的顺序。针对部件故障次数较多的几种，具体分析故障原因制定相应的检修措施，重点将目前对风电机组故障率影响较大的设备问题解决。

2.2　重要信息状态分析

设备信息状态分为在线监测状态和离线监测状态，以在线监测系统为主，离线监测为辅。设备常用的监测技术有振动监测、油液分析、红外热成像、超声波检漏、局部放电监测等，包括监控系统检测的温度、压力等数据也能为设备状态的分析提供数据基础。

当检测的状态量数据处于稳定且在规程规定的警示值、注意值（以下简称标准限值）以内，则认为设备可以正常运行，当单项（或多项）状态量变化趋势朝接近标准限值方向发展，但未超过标准限值，仍可以继续运行，应加强运行中的监视，单项重要状态量变化较大，已接近或略微超过标准限值，应监视运行，并适时安排停运检修，单项或多项重要状态量严重超过标准限值，需要尽快安排停运检修。

针对状态量数据变化趋势，可预测判断设备下一年度持续劣化后可能造成的后果，如可能引发大量的设备停机或损坏，则应制定相应检修计划予以防范。

2.3　设备运行周期分析

对于缺乏有效在线监测、离线及其他分析诊断手段，具有明确寿命周期或故障发生规律与时间有比较确定关系，需要按照设备使用寿命制定检修计划。根据近一年设备运行、检修状况和管理经验，结合风电机组"预防性检修标准"中具体设备的检修周期，综合判断确定设备的寿命损耗程度和剩余寿命时间，若下一年度将达到设备使用寿命，可能发生批量性设备损坏造成机组停机的，则应制定相应的检修计划。

开展上述三方面的统计分析后，应开展综合性评估分析，对不同设备的不同预防性检修项目进行分级，当设备情况符合上述三种情况中的两种及以上时，应定为高优先级检修。当设备情况只符合其中一项时，第一种情况的检修优先级高于第二种情况，第二种情况的检修优先级高于第三种情况。

3　预防性检修安排标准示例

3.1　风力发电机组发电机预防性检修项目制定标准

检修项目1：发电机轴承维护保养，检查轴承端盖磨损情况

（1）制定检修项目1的条件：统计下列运维指标和关键指标，当运维指标和关键指标同时满足时，则应制定本检修项目工作计划。

（2）运维指标：符合下列情况之一即认为满足运维指标。

1）运行1年以上；

2）近1年发电机轴承损坏次数大于本项目风电机组台数的10％。

（3）关键指标：符合下列情况之一即认为满足关键指标。

1）振动在线监测系统警告或报警台数大于本项目风电机组台数的10％；

2）近一年发电机轴承温度高告警台数大于本项目风电机组台数的10％；

3）巡检发现发电机轴承存在异响台数大于本项目风电机组台数的10％。

检修项目 2：发电机定子、转子检修维护

（1）制定检修项目 2 的条件：统计下列运维指标，当运维指标满足时，则应制定本检修项目工作计划。

（2）运维指标：符合下列情况之一即认为满足运维指标。

1）运行 10 年以上；

2）近一年发电机绕组及引出线损坏次数大于本项目风电机组台数的 10%；

3）近一年发电机定子绕组温度高告警机组台数大于本项目风电机组台数的 50%。

3.2　风力发电机组变频器预防性检修项目制定标准

检修项目：功率模块维护

（1）制定检修项目的条件：统计下列运维指标，当运维指标满足时，则应制定本检修项目工作计划。

（2）运维指标：符合下列情况之一即认为满足运维指标。

1）运行 5 年以上，期间未开展过变频器深度维护工作，近一年因变频器 IGBT 的故障台次大于项目风电机组台数的 10%。

2）运行 10 年以上，期间未开展过变频器深度维护工作。

3.3　风力发电机组电动机预防性检修项目制定标准

检修项目：电动机轴承更换及定子、转子清扫维护

类别一：风电机组运行期间处于长期运行的电动机，如齿轮箱油泵电动机、齿轮箱散热电动机、发电机散热风扇电动机、变频器散热风扇电动机等。

（1）制定检修项目的条件：统计下列运维指标，当运维指标满足时，则应制定本检修项目工作计划。

（2）运维指标：符合下列情况之一即认为满足运维指标。

1）运行 5 年以上，近一年电动机故障率大于 10%。

2）运行 8 年以上，期间未开展过维护工作。

类别二：风电机组运行期间处于间歇运行的电动机，如变桨电动机、偏航电动机、液压站油泵电动机、小吊车电动机等。

（1）制定检修项目的条件：统计下列运维指标，当运维指标满足时，则应制定本检修项目工作计划。

（2）运维指标：符合下列情况之一即认为满足运维指标。

1）运行 8 年以上，近一年电动机故障率大于 10%。

2）运行 10 年以上，期间未开展过维护工作。

3.4　风力发电机组齿轮箱预防性检修项目制定标准

检修项目：齿轮箱（变桨、偏航减速机）润滑油更换

（1）制定检修项目的条件：统计下列运维指标，当运维指标满足时，则应制定本检修项目工作计划。

（2）运维指标：符合下列情况之一即认为满足运维指标。

1）润滑油使用 5 年以上，油化验指标超标占比大于总数的 20%。

（下转 19 页）

风电机组典型故障处理分析

摘　要： 风电机组故障诊断的研究有利于降低故障率，减少维护时间，增加年发电量，提高风电场的经济效益。它不仅可以为维修人员安排备件和维修计划提供支持，还可以为设计人员提供指导，对于降低故障率、保障风电机组安全稳定运行具有重要意义。

关键词： 风电机组；故障；处理

1　引言

由于资源短缺和环境恶化，世界各国开始重视开发和利用可再生能源和清洁能源。风能作为一种绿色、环保的能源，已越来越得到人们的重视。中国风力资源丰富，风力发电潜力巨大，近年来我国对风力资源的开发也非常重视，装机容量也在不断增加，由于大部分机组安装在偏远地区，长期工作在野外、暴晒和雷雨等的恶劣环境中，易发生多种机械或电气故障。位于广西的山地风电场外部运行条件较为恶劣，风电机组的偏航系统、变桨系统、发电机、叶轮系统典型故障尤为突出。

2　故障诊断基本情况

风电机组故障诊断是采用相应的传感器采集风电机组在运行过程中产生的力、热、振动、噪声等各种信号，然后将信号采集获得的数据信息进行分类、处理、加工，获得表征风电机组运行状态的特征参量，对风电机组的状态作出判断，确定是否存在故障以及故障的类型和性质、程度等。最后根据状态识别的结果，决定采取的措施，同时根据当前的检测信息预测风电机组运行状态可能发展趋势，进行趋势分析。故障诊断的最终目的是分析故障形成原因，作出科学的维修计划，增强设备运行可靠性，提高运行效率。

3　分析风电机组常见故障

3.1　齿轮箱故障分析

齿轮箱是风电机组中重要的机械部件，其主要功能是将风轮在风力作用下所产生的动力传递给发电机并使其得到相应的转速，它的正常运行关系到整机的工作性能。通常风轮的转速很低，远达不到发电机发电所要求的转速，必须通过齿轮箱齿轮的增速作用来实现，故也将齿轮箱称之为增速箱。齿轮箱系统一般包括齿轮、轴承、轴和箱体四部分。齿轮箱在使用过程中将承受复杂的静态和动态载荷；其零部件如齿轮、轴和轴承的加工工艺复杂，装配精度高，再加上风电机组常常在高速重载荷下连续工作，而其状态的好坏往往直接影响到机械设备的正常工作，故对齿轮传动系统的诊断是风电机组故障诊断的重要组成部分。风电机组齿轮箱常见故障按发生部位分主要有齿轮损伤、轴承损坏、断轴等。

3.2　发电机故障分析

发电机是风电机组的核心部件，负责将旋转的机械能转化为电能，并为电气系统供电。发电机中最容易发生故障的部件是轴承、定子和转子；对典型的异步发电机而言，三者的故障率分别为 40%、38% 和 10% 左右。定子和转子故障主要包括匝间绕组开路、单个或多个绕组短路、定子绕组连接异常、转子导条和端环断裂（笼型转子）、静态或动态气隙偏心等。发电机常见的故障模式有内部电气不对称，气隙磁通和相电流谐波分量增加，转矩波动增强、均值下降，发电机损耗增加、效率降低，绕组过热等。此外，油温过高、振动过大、轴承过热、有不正常杂声和绝缘损坏也是发电机的常见故障。关于发电机的在线监测和故障诊断方法有很多：基于定子电流信号的监测，轴向磁通监测，基于振动信号分析的故障监测，基于温度信号的故障监测与诊断，局部放电监测法等。

3.3　叶片故障分析

风电机组通过叶片将空气的动能转化为机械能，再由发电机将机械能转化为电能，风轮及叶片在能量转化中担任着重要角色。风电机组的叶片是整个机组中最昂贵的部件，也是最容易受到损坏的部件。叶片长期露天工作在恶劣的环境下，难以避免受到湿气腐蚀、阵风或雷击等因素的破坏以及长时间运行产生的疲劳裂纹等故障隐患。风电机组叶片长度一般在 30~40m，体积质量巨大，一旦发生故障，不仅造成叶片本身的损坏，还会对整机的安全产生致命性损伤。叶片常见故障有叶片断裂、偏移、弯曲和疲劳失效等。

3.4　偏航系统和变桨系统故障分析

偏航系统是水平轴式风电机组必不可少的组成系统之一，其主要组成部分包括偏航大齿圈、侧面轴承、滑垫保持装置、上下及侧面滑动衬垫、偏航驱动装置、偏航限位开关、接近开关、风速仪风向标等。风电机组偏航系统常见故障模式有偏航位置故障、偏航位置传感器故障和偏航速度故障等。根据偏航系统自身的运行特点，如转速低、负载重等对其进行状态监测，可采用的方法有振动检测、电流、电压检测等。变桨系统的所有部件都安装在轮毂上，风电机组正常运行时所有部件都随轮毂以一定的速度旋转。变桨系统通过控制叶片的角度来控制风轮的转速，进而控制风电机组的输出功率，并能够通过空气动力制动的方式使风电机组安全停机。风电机组的叶片通过变桨轴承与轮毂相连，每个叶片都要有自己的相对独立的电控同步的变桨驱动系统。变桨驱动系统通过一个小齿轮与变桨轴承内齿啮合联动。

4　风力发电机故障诊断方法

4.1　时域和频域分析的方法

时域和频域分析是风电机组故障诊断最常用的方法。时域处理方法主要涉及以下指标：均值、方差、标准差、均方值、有效值、峰值、峰峰值、波形指标、峰值指标和脉冲指标。通过时域指标统计，可以进行定性诊断，却无法指出具体的故障部位。对时域信号进行傅里叶变换，得到信号的频谱，从频率的异常变化来诊断机组的故障。若需要处理短时冲击调制信号，如果直接对故障信号进行频谱分析，往往会失效，无法看出是否发生故障，因为 FFT 比较适合处理平稳周期信号。因此，包络谱图的使用便应运而生。

4.2　人工智能的方法

人工智能诊断方法主要包括模糊逻辑、专家系统、神经网络、遗传算法。人工智能诊断方法可以用于故障状态模式识别、趋势预测等。山西大学孟恩隆等利用人工神经网络具有自学习、自组织、自适应和极强的非线性映射能力，针对齿轮箱和发电机的故障提出了一种智能诊断的新方法，思路为首先将信号进行单子带重构改进小波变换，然后从小波变换子带系数中选取特征域提取故障特征，作为 BP 神经网络的输入，BP 神经网络根据训练好的映射关系，导出相应输入信号的故障类型。

4.3 小波分析的方法

小波分析在时域和频域都具有很好的局部化性质，较好地解决了时域和频域分辨率的矛盾，在高频率的部分频段能放大尺度，具有很好的频率分辨性；在低频率的部分频段能缩小尺度，具有很好的时间分辨性和对信号的自适应性。

总之，风电机组故障诊断技术变得越来越重要，神经网络、小波分析和智能诊断技术也越来越受到研究者的关注，被广泛用在风电机组的故障诊断中。

（上接 16 页）

2）运行 8 年以上。

3.5 风力发电机组变桨通信滑环预防性检修项目制定标准

检修项目：滑环磨损件更换（滑道、刷丝、轴承）

（1）制定检修项目的条件：统计下列运维指标，当运维指标满足时，则应制定本检修项目工作计划。

（2）运维指标：符合下列情况之一即认为满足运维指标。

1）运行 3 年以上，近一年因滑环故障台次大于项目风电机组台数的 20％。

2）运行 5 年以上。

3.6 风力发电机组液压站预防性检修项目制定标准

检修项目 1：阀门清洗维护

制定检修项目的条件：运行 3 年以上。

检修项目 2：更换液压油

（1）制定检修项目的条件：统计下列运维指标，当运维指标满足时，则应制定本检修项目工作计划。

（2）运维指标：符合下列情况之一即认为满足运维指标。

1）运行 5 年以上，油化验指标超标占比大于总数的 20％。

2）运行 8 年以上。

风电机组重复性故障处理方法研究

刘岩，王彦超

（中广核新能源吉林分公司）

摘　要： 近年来，随着风电设备不断增加，风电机组故障也随之凸显出来，在故障处理中最难处理的应属线路虚接、器件老化引发的故障，该类故障特点为故障报出后立即恢复正常运行状态。对于该类故障，不易检测，难以发现故障点，这类故障往往是导致风电机组故障频次居高不下的主要原因。降低这类故障，是降低故障频次，提高风电机组可利用率的重要路径。

关键词： 风电机组；检修维护；故障处理

1　针对的问题现状

中广核新能源吉林分公司大岗子风电场，装配 160 台东方电气 1.5MW FD77B 机型风电机组。在日常的检修过程中，变桨小错误、变桨电机过温故障频发，故障频次较高，导致风电机组可利用率偏低。由于该信号回路较长，而且该故障报出后信号回路又立即恢复正常，所以该类故障很难查找。在故障处理中由于不能找到故障点，常常通过以往经验清洗变桨通信滑环或尝试更换易损备件来消除故障。

2　重复性故障处理方法

2.1　变桨小错误信号回路分析

东方电气 FD77B 机型的变桨小错误故障回路，故障触发条件为主控柜内部的 NF3 模块 CN1：B20 端子 20ms 未收到 24V DC 信号，则主控报出"变桨小错误"故障。

信号回路路径为变桨控制柜→1 号轴控柜→2 号轴控柜→3 号轴控柜→变桨滑环→主控柜共计串联了 22 个辅助触点、3 个航空插头、一个防雷开关、一个变桨控制滑环、两个转接端子。

由图 1、表 1 可以看出变桨小错误信号回路冗长，节点众多，当信号消失又恢复正常，则故障点不易查找。

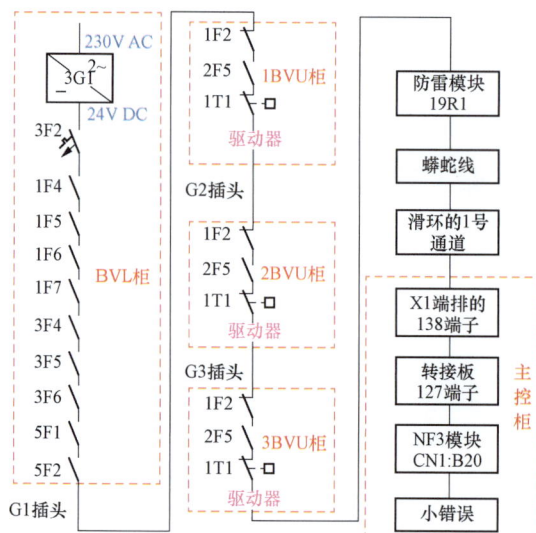

图 1　信号回路

表1 可能导致的故障原因

序号	故障原因	序号	故障原因
1	电源模块 3G1 损坏	17	轴二：2F5 开关辅助触点损坏
2	3F2 开关辅助触点损坏	18	轴二：1T1 变压器反馈触点损坏
3	1F4 开关辅助触点损坏	19	轴二：驱动器反馈触点损坏
4	1F5 开关辅助触点损坏	20	轴三：1F2 开关辅助触点损坏
5	1F6 开关辅助触点损坏	21	轴三：2F5 开关辅助触点损坏
6	1F7 开关辅助触点损坏	22	轴三：1T1 变压器反馈触点损坏
7	3F4 开关辅助触点损坏	23	轴三：驱动器反馈触点损坏
8	3F5 开关辅助触点损坏	24	G1 插头损坏
9	3F6 开关辅助触点损坏	25	G2 插头损坏
10	5F1 开关辅助触点损坏	26	G3 插头损坏
11	5F2 开关辅助触点损坏	27	防雷模块 19R1 损坏
12	轴一：1F2 开关辅助触点损坏	28	滑环线损坏
13	轴一：2F5 开关辅助触点损坏	29	滑环损坏
14	轴一：1T1 变压器反馈触点损坏	30	主控柜 X1：138 接线端子损坏
15	轴一：驱动器反馈触点损坏	31	主控柜转接板损坏
16	轴二：1F2 开关辅助触点损坏	32	主控柜模块损坏

2.2 低电平故障查找工具

系统非故障情况下为高电平，信号可为直流电压，也可为交流电压，当故障发生时，系统接收的高电平信号消失，系统报出该故障。该类故障如"变桨小错误"故障。

为便于查找如"变桨小错误"此类重发性故障，特研发此低电平故障查找工具，其结构如图2所示，将被测点接入待测信号回路内，此时使系统运行，当再次发生故障时，信号消失测量点所对应指示灯会被点亮，而信号未消失部分指示灯不会点亮，由此可以判定故障点在亮灯与未亮灯测量点之间。

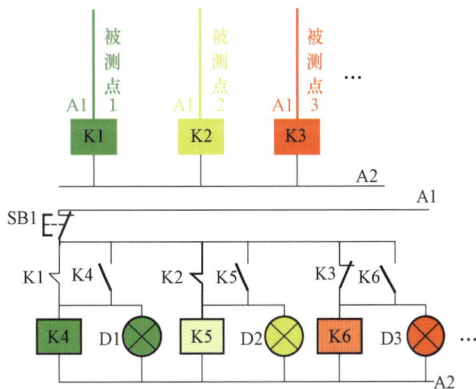

图 2 低电平故障查找工具结构

2.3 变桨电机过温信号回路分析

"变桨电机过温"故障回路触发条件为变桨控制器 DE2.4 号端子收到 24V DC 信号后，变桨控制器给主控制器发出"变桨电机过温故障"信号，随即主控报出故障，风电机组执行故障停机命令。

信号回路路径为 1 号变桨驱动器 X2.8 端子、2 号变桨驱动器 X2.8 端子、3 号变桨驱动器 X2.8 端子通过各自的 L 航空插头至变桨控制柜 X04 端子排的 4、5、6 端子并联后→变桨控制器 DE2.4 号端子。

由图 3、表 2 可以看出"变桨电机过温"信号回路虽然简单，但故障信号为并联，所以无论哪个变桨电机出现故障只会报"变桨电机过温"故障，而且当登机处理故障时，变桨电机温度已冷却，故障信号已经消失，此时无法判定哪个电机出现故障。而变桨电机非常沉重，价格比较高，通过尝试更换浪费人力物力。

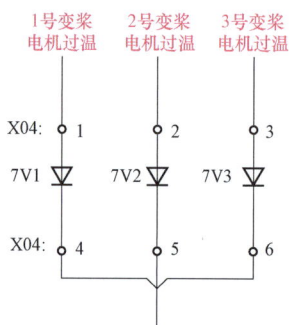

图 3　变桨控制器

表 2	可能导致的故障原因
序号	故障原因
1	1 号变桨电机温度传感器损坏
2	2 号变桨电机温度传感器损坏
3	3 号变桨电机温度传感器损坏
4	1 号变桨驱动器损坏
5	2 号变桨驱动器损坏
6	3 号变桨驱动器损坏
7	变桨控制器损坏

2.4　高电平故障查找工具

主控系统非故障情况下为低电平，信号可为直流电压，也可为交流电压，当故障发生时，主控接收到高电平，系统报出该故障。该类故障如"变桨电机过温"故障。

为便于查找如"变桨电机过温"此类故障，特研发高电平故障查找工具，其结构如图 4 所示，将被测点接入待测信号回路内，此时使系统运行，当再次发生故障时，出现故障信号测量点所对应指示灯会被点亮，而未出现故障信号部分指示灯不会点亮，由此可以判定故障点在亮灯测量点。

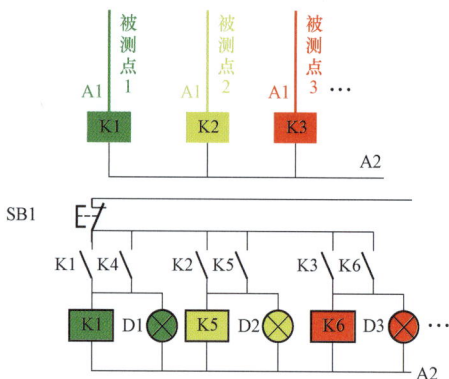

图 4　高电平故障查找工具结构

2.5　故障查找工具原理及优点

故障信号在"闪烁"情况下触发测量继电器动作，反馈继电器通过自保持功能，接通指示灯来反应故障点曾经出现位置，再通过多处继电器的动作情况对比，显示出故障曾经出现的位置。

故障信号采集时间为 20ms，当系统报出故障说明该处故障存在 20ms 以上而继电器动作时间小于 20ms，所以通过继电器捕捉故障信号可行，而且该工具设置前提为不对被测回路产生任何影响。

2.6　拓展应用

（1）可以根据需要选择测量接触器的个数。

（2）可以根据被测回路电压等级选择测量接触器的电压等级。

（3）可以应用于主回路故障点查找或交流回路故障点查找。

（4）不限于风电机组故障点查找，也可以应用于其他系统之中。

本文介绍的低电平故障查找工具及高电平故障查找工具，已解决疑难故障 3 台次，该创新成果在 2021 年中广核新能源青年论坛评选为第三名，在 2021 年中广核新能源吉林分公司青年五小评选为第一名，获得新能源控股公司 2021 年度青年五小奖，得到公司各级广泛认可。

基于风电场场级负荷优化分配系统（LDS）探讨

胡湘涛

（大唐四川发电有限公司）

摘　要： 场级负荷优化分配系统（Load Dispatch System，LDS）利用风电机组实测运行数据建立起风电机组模型，将机组划分为不同群组，并设置不同的功率分配优先级，加强并网风电的稳定性与可控性，减少弃风情况的发生，同时深化对风电机组功率控制、风电场内各机组的有功功率分配方案的优化，达到使风力发电能够跟随电网调度信号的目的。

关键词： 风电场；负荷优化分配探讨；LDS系统

1　概述

随着我国风力发电装机容量的不断升高，并网风电由于其波动性及反调峰性给电力系统稳定带来了巨大影响。为加强并网风电的稳定性与可控性，减少弃风情况的发生，需深化对风电机组功率控制、风电场内各机组的有功功率分配方案的优化，因此使风力发电能够跟随电网调度信号，减少风电场出力的波动性的研究势在必行。

2　系统开发

风电场场级负荷优化分配系统可作为电网AGC系统的重要组成部分，该系统除满足电网对风场负荷调度之外，还具有负荷响应速度快、发电经济性好、操作灵活等特点。

场级负荷优化分配系统（LDS）的主要功能如下：

（1）接收调度实时发送的风场负荷指令，根据风功率预测系统采集的数据，在满足负荷响应快速性要求的同时实现各风电机组间负荷的经济最优分配；并将优化分配结果直接送至负荷分配系统，在功率限幅范围内实现各风电机组负荷的自动增减。

（2）在调度实时指令未及时送达时，系统根据已经接收到的调度负荷调度计划（或计划负荷曲线），在满足负荷响应快速性要求的同时实现各风电机组间负荷的经济最优分配。

（3）系统能根据各风电机组在多个负荷点的风功率预测值，自动拟合出各风电机组负荷特性曲线。

（4）系统能根据各风电机组状态设定负荷上下限，并具有避免长期停留在临界负荷附近的能力。

（5）设定了负荷调节不灵敏区（"死区"），当调度给定负荷与当前风场总负荷之差小于"死区"时，根据负荷分配系统中的算法，通过实现对单台风电机组负荷的增减或启停来完成调度负荷的变化要求，可避免风电机组的频繁调节，保证设备的灵活性。

（6）可实现负荷分配的风场级和单台风电机组级的手/自动无扰切换，值长站具有选择运行方式及手动调整各机组负荷指令的能力。

（7）采用冗余控制器、关键信号硬连接、与机组控制系统相配合等技术，系统结构简单，可靠性高。

2.1　LDS整体结构

LDS系统整体结构如图1所示。

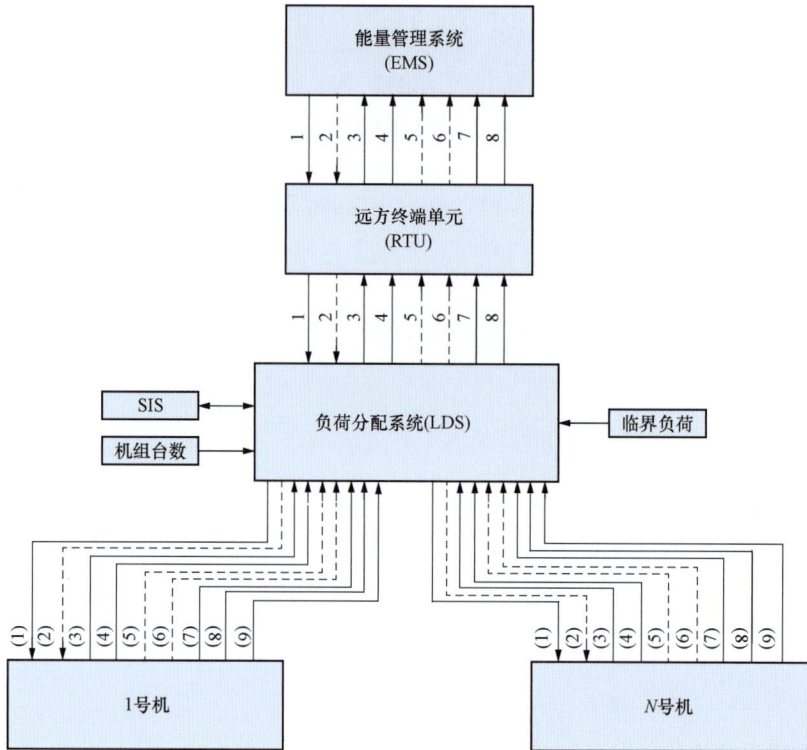

图 1　LDS 系统整体结构

2.2　运行环境与系统配置介绍

2.2.1　软件、硬件环境

（1）硬件环境：四核至强处理器 X3220，风电场局域网络。

（2）操作系统：Microsoft Windows Server 2010 Standard Edition 32bit 简体中文版。

2.2.2　硬件配置

LDS 硬件主要由控制器、I/O 及值长站组成。LDS 硬件及其与 RTU、控制系统的各工作站功能说明如下：

（1）I/O 站：用于采集 RTU 及各机组控制系统的实时信号，并将 LDS 控制器计算得到的各机组负荷指令通过 I/O 站发送到各控制系统。

（2）控制器：包括主控制器及备用控制器站（备用控制器可选），用于从 I/O 站获取实时数据，执行负荷分配算法，并将计算出的各机组负荷指令通过 I/O 站发送到各控制系统。

（3）值长站：运行 LDS 值长站软件，主要功能为输入基础数据、显示系统参数、执行切换操作。

（4）服务器：主要通过 OPC 方式收集各控制系统数据进行机组性能计算及后期数据挖掘，同时可作为工程师站维护人员操作。

2.2.3　LDS 系统具体界面运行主界面

图 2 说明如下：

各工作站界面一致，菜单栏包括"文件""视图"和"帮助"。通过"文件"中"退出"项可以退出系统；单击"视图"，可以选择"总览显示模块"，包括"风电机组列表""概要信息"和"报警信息"。

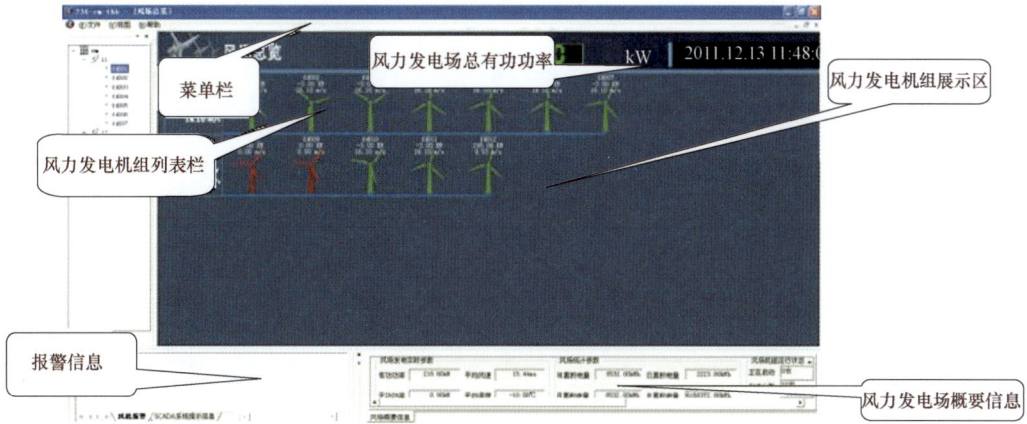

图 2　系统运行主画面

风电机组列表栏以树形结构显示了整个风场的风电机组。其中树形结构分为三级：风场级别、环级和风电机组级。

风电机组展示区显示了整个风场的风电机组运行状态，其中风电机组颜色为绿色表示风电机组处于发电状态，红色表示风电机组处于通信故障，白色表示风电机组处于启动状态，黄色表示风电机组处于停机状态，灰色表示通信中断。

报警信息：报警信息以列表形式列出重要报警信息，报警信息包括风电机组报警信息及系统提示信息。

风场概要信息：风场概要信息窗口里列出了风场级的一些重要统计信息，包括以下内容：

（1）风场发电实时参数。

（2）风场统计参数。

（3）风场机组运行状态，显示了风电机组运行状态的统计信息。

（4）风场统计信息。

（5）风场控制。

（6）系统管理。

3　LDS 系统运行产生的安全经济效益

（1）由于该系统的投运，各风场的风电机组能很快调整负荷，将停机风电机组的负荷迅速转移至运行风电机组，减小了电网的波动，对电网的安全稳定性具有一定的保护作用。

（2）通过该系统的投入使用，电场可根据风电机组的实际运行的需要（如某台风电机组存在缺陷需要检修或当前风电机组因风速原因切出运行时），维持个别风电机组负荷稳定，既保证了电场的运行安全，也保证了电网的稳定。

（3）通过 LDS 系统的投入使用，风场在低谷时可以很灵活地调整风电机组间的负荷分配，在不影响全场总负荷的前提下保证任意风电机组的缺陷得到及时消除。

（4）在 LDS 系统使用期间，建议可根据系统提供的"手动负荷分配"调整各风电机组间的

（下转 31 页）

基于数据融合分析的风电机组功率曲线优化治理的研究

王磊

[国华 （哈密） 新能源有限公司]

摘　要： 目前风电技术日趋成熟，成本不断下降，成为目前应用规模最大的新能源发电方式，风电机组功率曲线是考核机组性能的一项重要指标，在标准空气密度的条件下，是由风速作为自变量 (X) ，有功功率作为因变量 (Y) ，用一条拟合曲线拟合风速与有功功率的散点图，最终得到能够反映风速与有功功率关系的特性曲线。景峡北风电场共安装金风 1.5MW 直驱型风电机组，根据功率曲线能够计算风电机组在不同风速段下的风能利用系数，通过近两年对全场风电机组控制系统、吸能转换、部件安装精度等方面数据情况分析，发现约 30% 的机组功率曲线在 6～10m/s 风速区间不达标情况较多。风电场成立了精灵风轮 QC 小组，开展机组功率曲线的优化治理工作，利用系统生成的功率曲线与就地测量、统计分析的方法，对功率曲线进行修正，以提高功率曲线的精确度。

关键词： 风电场；风电机组；功率曲线；桨距角；机械对零

1　功率曲线不达标情况

攻关小组针对风电场风电机组功率曲线不达标进行数据分析可行性研究，先从影响风能转换率的叶片开桨角度、叶轮对风角度误差等因素去探索，再到控制系统参数修正及控制策略优化研究，通过对达标机组与 30% 不达标机组的排查分析，并结合现场环境和设备工况，排除空气密度、地貌及尾流等不可控的外界因素后，最终确定从叶片机械零度角、风向标对风角、测风系统回路精度、叶片最小桨距角参数等方面来治理，并验证风电机组功率曲线达标率。

2　原因分析及诊断

2.1　原因分析

2019 年风电机组半年定期维护期间，小组成员对叶片机械零度角、风向标对风角、测风系统数据精度进行分工排查，最后汇总排查结果为叶片机械对零存在误差的机组占比为 30.4%，为最多，对排查出的机组数据结果进行统计、归类和分析。见表 1。

表 1　　　　　　　　　　　　　　　　排查结果　　　　　　　　　　　　　　　　%

因素	叶片机械对零	风向标对风角	测风系统测量精度	叶片最小桨距角
占比	30.4	19.3	12	7.5

叶片机械对零及风向标对风角存在误差是机组功率曲线不达标的关键影响因素，测风系统数据精度误差、叶片最小桨距角是次要影响因素。对影响风电机组功率曲线的原因进行分析，发现与主要和次要因素有关联的末端因素如图 1 所示。

2.2　末端因素诊断

（1）叶片对零角度出现较大偏差会造成叶轮吸收风能后机械转化率降低，机组功率曲线在对应风速下发电功率低，分析叶片的角度偏差大有两种可能的情况：一是叶片在与轮毂安装的

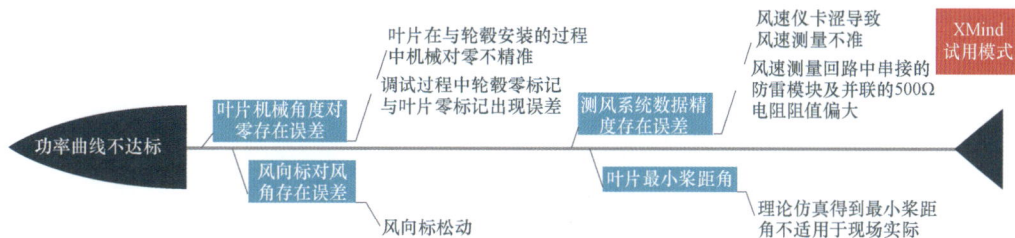

图 1　有关联的末端因素

过程中机械对零不精准；二是机组调试过程中轮毂零标记与叶片零标记出现误差。

（2）风电机组风向标对风角校正有偏差（或风向标松动），会导致机组叶轮对风不准影响叶轮对风能最大化的利用，从而影响风电机组功率曲线。

（3）测风系统中风速仪测量的数据出现异常波动时，风电机组的实际功率会出现相应的漂移，导致功率曲线低于标准曲线，且出现不平滑的拐点。此情况一般存在两种原因：一是风速仪卡涩导致风速测量不准，出现输出信号漂移，实际功率曲线与标准曲线比较出现偏离；二是风速测量回路中串接的防雷模块及并联的 500Ω 电阻值偏大，直接影响机组实际测量输出信号的风速值。

（4）风电机组原模型仿真得到最小桨距角 -0.5°，是理论最优桨距角，但在实际应用过程中，受叶片制造、现场安装工艺、空气密度等因素影响，导致控制系统中调节叶轮捕风面不能达到最佳。

3　故障处理过程

（1）2019 年下半年小组人员按照《叶片机械对零作业指导书》，使用专用折叠对零工装检查机组轮毂的安装机械零刻度标记线与叶片的零度标线，要求两条标线重叠对齐。使得叶片安装的左右偏差最大不超过 ±0.3°，超出此范围叶片的要进行重新对零调整，并以叶片的零度标线的零度为准。同时核对风电机组监控软件中显示的实际叶片角度，角度偏差不超过 0.3°，最终完成机组叶片机械对零角度修正和机组叶片机械对零角度校验工作，见图 2。

（2）2019 年下半年小组人员完成风向标对风角度修正工作，使用便携式手持风速风向仪进行比对，同时检查风向仪标刻线与机头指向标线安装一致性；对存在误差的风向标先拧松安装座的固定螺栓，拧紧碗形底座上风向标螺栓，调整风向标使其标刻线箭头正对机组叶轮标刻线，同时查看风电机组控制参数中风向角度是否在 180°，若在 180°，则固定碗形底座；若不在 180°，调整旋转碗形底座角度，使得控制参数中度数与标刻线位置达到 180° 后进行固定，见图 3。

图 2　叶片机械对零位置

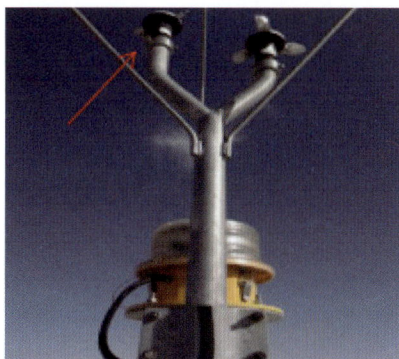

图 3　风向标对风角度修正

（3）2020 年上半年小组人员完成功率曲线不合格机组主控程序升级，优化部分机组最小桨矩角，由-0.5°修改为 0.2°，优化前抽取全场 10％的风电机组进行挂机测试，验证结果良好后完成全部优化。

（4）2020 年上半年小组人员完成功率曲线不合格机组测风系统电气回路的并联电阻及防雷模块全面排查，对电阻值大小在 500Ω±0.5Ω 范围外的及时进行替换，确保测风数据的准确性。

（5）2021 年下半年完成功率曲线不合格机组变流控制程序优化，该机组在功率的增益过渡区未到达额定风速和额定功率的情况下，但已经达到额定转速，在此区间通过电磁扭矩提升，适当提高额定转速，最终达到推力系数对应功率。

4　结论和建议

4.1　结论

通过叶片机械对零角度修正、叶片机械对零角度调整、风向标对风角度修正、测风系统电气回路精度优化及变流系统功率的转矩增益优化的措施，机组功率曲线不达标率由 30％降至 2％，全场功率曲线合格率达到 98％。

4.2　巩固措施

（1）持续跟踪对比分析风电机组功率曲线数据，确保机组功率曲线长期保持优化治理后的效果。

（2）风电机组定期维护工作中将重点关注风电机组叶片的机械零度、测风系统电气回路中 500Ω 高精度电阻校准，确保机组风能吸收最大化。

（3）大风期间继续加强风电机组输出功率的监控，对偶然出现不满发的机组及时统计记录并及时对其功率曲线进行优化。

（4）开展风电机组雷达感知系统的探索，通过最新的高预测性、准确性感知系统的应用，进一步提升风电机组发电效能。

5　结束语

功率曲线不是一个单一随着风速而变化的变量，风电机组的各个部分出现状况，势必会引起功率曲线的波动。理论功率曲线和实测功率曲线会尽量将风电机组其他状况带来的影响消除，但是运行期的功率曲线是不能忽视功率曲线的波动。风场内流场环境复杂，风环境在各个点位均不相同，因此在建成的风电场内每一台风电机组的实测功率曲线应均不相同，因此对应的控制策略也不同。在场区十分复杂的情况下，有可能会得到与风电场建成后不同的结果，如把实测功率曲线、标准功率曲线和机组运行生成功率曲线的形成条件和用途彼此混淆，失去了功率曲线所应有的作用。

参考文献

［1］杨茂，代博祉 . 基于比恩法的风电场风速－功率曲线建模误差分析 . 电力自动化设备 . 2020，40：12.

［2］付德义，高世桥，孔令行，贾海坤 . 风电机组功率特性劣化监测技术研究 . 兵器装备工程学报 . 2021，42：11.

风电机组齿轮箱故障分析及预防措施

王建国， 高斌， 吴棣， 王向伟， 朱金彪， 王博， 高金波， 杨羿

（华能新能源股份有限公司）

摘　要： 齿轮箱作为风电机组的核心部件，对机组质量起到至关重要的作用，及早地发现齿轮箱的早期故障以及尽快找到齿轮箱故障原因，采取必要的措施，对消除机组重大隐患具有重要意义。为准确开展数据分析工作，我们从 8 家分公司在运风电机组中筛选数据，对多台齿轮箱进行深入分析，从机组振动检测、润滑油质量、内窥镜检查等方面展开研究，以实现延长齿轮箱使用寿命，提升风电机组发电量的目的。

关键词： 风电机组；齿轮箱；润滑油；振动监测

1　针对的问题

自 2019 年以来，某公司共有 172 台风电机组齿轮箱因损坏而下架维修，吊装及维修费用约 15000 万元，损失电量约 700 万 kWh，与损坏齿轮箱同品牌、型号的仍有在运机组 2139 台。

2　故障原因分析

不同主机品牌使用相同品牌齿轮箱，齿轮箱下架率相差较大，例如南高齿在华锐和明阳机组中使用，下架率分别为 12.35％、1.67％；相同品牌机组使用不同齿轮箱，同样下架率相差较大，例如华锐机组使用大重和南高齿齿轮箱，下架率分别为 84.68％、7.2％。由此可得，主机传动系统形式设计、齿轮箱结构和材质均影响齿轮箱使用寿命。

除设计、制造工艺因素外，影响齿轮箱寿命的因素还有润滑油、冷却系统、过滤系统、刹车类故障、日常维护等。为使分析结果更加具有一般性，重点从单机容量为 1.5～2.0MW、装机数量大于 100 台机组的情况展开分析。

2.1　润滑油因素

SL1500‑77（82）型损坏齿轮箱机组取样 107 台，使用的润滑油品牌主要是美孚、壳牌，占比分别为 46.2％、29.6％。在保证其他因素一致的情况下，在北方区域壳牌 320 润滑油的性能相对优于美孚 320 润滑油。换油年限建议以厂家指导年限为依据，根据油品化验结果决定，油品化验建议以具有检测资质的第三方出具的报告为准，油品检验周期根据场站运行情况进行确定，例如：新投运场站每年 1 次，老旧场站每年 2 次等。

2.2　冷却系统

齿轮箱冷却系统根据冷却方式的不同，可以分为 4 类，即空—空、液—空、空—液—空、液—液—空。而 1.5～2.0MW 的机组普遍采用空冷，冷却效果较水冷相对较差。尤其是夏季，冷却效果更差，致使齿轮箱油温长时间偏高，严重缩短齿轮箱内各零部件的使用寿命，长久以往，更是加剧了整个齿轮箱的损坏程度。因此，在运行过程中，密切监视齿轮箱油温变化，对于长时间超温机组，要及时分析原因，必要时进行技改。

2.3　过滤系统

从 SL1500‑77（82）型损坏齿轮箱取样 110 台机组，经统计使用的滤芯品牌主要是马勒、

贺德克，占比分别为 50.9%、36.1%，充分说明过滤系统会明显影响齿轮箱可靠性。

2.4　刹车类故障

风电机组齿轮箱的损坏（如：断齿），很大程度是由于刹车系统故障、刹车过程过于剧烈导致的。机组在高转速下突然快速收桨，甚至直接进行刹车制动，齿轮箱突然遭受超出额定载荷数倍的载荷，对轮齿的冲击非常大，轻则造成齿面剥落，重则发生断齿情况。随着点蚀剥落严重加剧，最终导致滤芯内铁屑较多，齿轮箱油透过性差，油压降低，由于仅有少量油参与散热循环，造成油温不断升高，直至预警停机。

以某风电场华锐机组 46 号风电机组为例，齿轮箱故障前 3 个月，累计故障次数 115 次，其中变桨类故障占 82 次，占比高达 71%，此类故障均触发了机组快速回桨，对齿轮箱载荷冲击较大。随着不断的冲击，齿轮箱齿面剥落严重，产生较多的铁屑，同时铁屑对轮齿面造成更大的影响，加大点蚀程度，形成恶性循环，最直观的运行数据就是齿轮箱入口油压降低。齿轮箱发生故障后，该机组频繁报出齿轮箱入口油压低故障，说明铁屑已经将滤芯堵住，影响了齿轮箱的过滤以及通过性，影响了油压。同时该机组变桨类故障仍在频繁报出，加剧了铁屑的产生。随着油压的降低，仅有少部分齿轮油参与了散热循环系统，造成油温不断上升，直至预警停机。随着温度的升高，尤其在夏季高温大风天气，齿轮油的黏度降低，不能建立标准的油膜，轮齿直接接触摩擦，进而形成疲劳损伤。

上述分析的机组比较典型，其他机组基本都是经历这个过程，直至下架维修，因此作为风电场运行监视来说，对于机组频繁的变桨类故障，应及时进行深度维护。

因此，相对柔性的刹车过程，从一定程度上可以大大降低整个过程对齿轮箱的冲击载荷，有效避免此类久而久之齿轮断齿的发生。例如，更换黏性相对较大的液压油，换装刹车阻尼管，有效延长从刹车动作到机组制动的时间。而齿轮箱的损坏类型有齿轮（断齿、点蚀、胶合、磨损、疲劳裂纹、其他）、轴承（烧伤、滚珠脱出、保持架变形及断裂）、轴（断裂、磨损）、其他，占比分别为 60.12%、19.35%、10.62%、9.91%，因此当后台报出刹车类故障时，要深度分析是否对齿轮箱造成损伤。

2.5　日常维护

在下架的 172 台损坏齿轮箱中，齿轮箱是/否专项维护所占的比例分别为 13.95%、86.05%。从一定意义上来讲，是否开展齿轮箱专项维护对齿轮箱的寿命会产生重要影响。损坏齿轮箱的机组内窥镜检查工作均因震动监测预警或运行异常时才开展，因此合理周期开展内窥镜检查很有必要；油品检验周期应根据场站投运行时间进行确定。

此外，取油样的规范程度可以从源头上决定油品检测结果的准确性，应严格按照油样取用规范操作，同时选择合适的天气，防止环境对油样产生污染。

在日常巡检及年度定检过程中，根据齿轮箱油位的高低，使用适当的工艺及时补油，避免因齿轮箱润滑不良造成高温，长期运行致使齿轮箱造成损坏。

3　防范措施

3.1　运行方面

（1）针对振动监测，建议将数据接入两级集控中心，针对不同机型的振动检测值，超前干预，针对预警值提前组织开展场级分析会，查找原因并闭环处理，同一机组出现预警 2 次，则需报业务部门并请专业队伍进场处理。

（2）每天观察油温、高速轴温数值，对于油温、轴温达到预警值的机组，风电场组织分析检查，连续出现2次预警的机组，风电场报业务部门并请专业队伍进场检查，必要时开展滤油工作。

3.2 检修方面

（1）油品管理，油品化验每年不少于2次，采购便携式油品在线检测装置，月度巡检时抽检油样。油品化验增加添加剂化验项目，化验结果邀请系统内专业人员及热工院专家组织讨论，对于需要更换油品的机组及时换油。

（2）内窥镜检查，每年对齿轮箱进行2次全覆盖内窥镜检测，检查报告中有预警位置时，风电场需报业务部门并组织邀请系统内专业人员及热工院专家组织讨论，制定专项解决方案。

（3）增加齿轮箱散热系统改造、齿轮箱辅助系统治理项目，采购油品过滤装置、在线化验装置。

4 结束语

出现大部件损坏，早期老旧机组质保期内管理经验不丰富，根据各区域公司调研数据，齿轮箱系统性的专项维护较为欠缺，包括但不限于本体内窥镜检查、油品检测、辅助系统维护、滤油换油等。对油冷散热系统进行改造，使油温快速降温，保证油膜质量。优化油压报警逻辑。将齿轮箱油池温度、油泵出口压力、齿轮箱入口油温、齿轮油路分配器入口油压、输出轴内外侧轴承温度等参数在控制逻辑上进行相应关联。开展状态检修，对齿轮箱系统、变桨系统进行深度维护，保证设备稳定运行，控制减少快速回桨次数。优化快速回桨控制策略，可在保证安全的前提下降低回桨速率，降低冲击载荷，减少对齿轮箱的损伤。

后续治理工作需加强新投机组管理，在"双碳"战略驱动下，风电机组必将大幅度增加，及时诊断变得尤为重要。在线诊断技术成为提升齿轮箱可靠性的有效切入点，通过在线数据传输，建立远程管理平台，数据接收端的运维人员可根据运行数据，实时对齿轮箱的运行状态进行监控，并进行故障预警，提前发现可能会出现的故障点，快速找出故障点。同时在设计、制造及建设阶段开展好技术监督工作，为齿轮箱全生命周期可靠运行奠定坚实基础。

（上接25页）
负荷分配，在保证风场负荷不变的情况下对风电机组的负荷进行经济负荷分配，使各机组在经济负荷下运行，提高了各台风电机组乃至全场的可利用小时。

4 结束语

LDS系统利用风电机组实测历史数据进行仿真分析，根据风电场实测数据和风功率预测数据计算得到能够准确反映机组实际工况的预测风功率曲线，并由此曲线修正风能利用系数优化风电机组运行策略，结合其他数据模型共同搭建起最终的风电场风电机组优化运行模型。风电场收到调度信号后，将有功功率设定值分配给各台机组，通过设置常规发电机组群及调度响应机组群，将机组划分为不同群组，并设置不同的功率分配优先级，结合调度指令，将功率设定值按不同优先级下发给各机群，使得总输出功率平稳可靠，优化后的功率分配结果经过风电机组仿真分析与比较，表明风电场可以及时响应调度信号，同时验证该系统的有效性。

老旧风电机组发电机运行故障分析及预防措施

王建国，高斌，吴棣，王向伟，王启江，孙京奥，高金波，杨羿

（华能新能源股份有限公司）

摘　要： 随着技术的不断革新和国家政策的扶持，近年来国家大力发展风力发电，对于风电机组来说，发电机是它的重要组成部件，发电机一旦出现故障，就会直接影响到风电机组的运行。本文通过对某公司近年来的故障数据进行统计分析，从发电机常见故障，日常管理，预防维护等方面进行探讨，进而提升风电机组的可靠性。

关键词： 风电机组；发电机故障；日常管理；预防维护

1 针对的问题

截至 2021 年 10 月底，某公司管理已投产风电机组数量为 5052 台，搜集近 3 年运行数据，该公司系统内共发生发电机损坏事件 321 起，风力发电机组均由主机供货厂家负责组装或生产制造，其中发电机均由主机生产单位委托发电机生产厂商生产。发电机的种类主要为鼠笼式异步发电机、双馈异步发电机，损坏的发电机主要为双馈异步发电机。

2 故障统计

2.1 主机品牌故障运行情况

对统计期内发电机故障的统计，各大主机厂商的相关情况为：品牌 1 损坏数量 219 台，占比 68%；品牌 2 损坏数量 41 台，占比 13%；品牌 3 损坏数量 36 台，占比 11%；其他机型共 25 台，占据 8%。

2.2 发电机品牌故障运行情况

经对故障发电机品牌的统计，涉及维修及下架更换的发电机主要为品牌 A、B、C、D、E、F、G，各品牌发电机故障台数如图 1 所示。其中品牌 A、B 发电机占比 80% 左右。

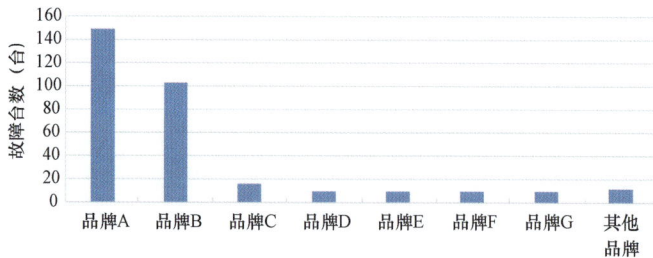

图 1　各品牌发电机故障台数

2.3 发电机损坏前运行年限

从发电机运行年限来看，发电机损坏时运行年限主要集中在 8～12 年，占据约 70% 的比例，其中有一小部分为返修发电机再次损坏。

2.4 发电机故障部位统计

经发电机故障部位的统计,发电机损坏位置在定/转子处占比 72%,轴承类占比 13%,其他占比 10%,振动过大占比 5%。定/转子处问题包括转子绕组开路、短路,定/转子绝缘不合格,引出线开路等。轴承类的有主轴松动,转轴电腐蚀、磨损、裂纹,轴承发热抱死等。其他包括定子槽楔脱落,发电机驱动端平衡盘松动、损坏,铁芯损坏等。

从发电机损坏前相关运行数据统计及分析,通过比对发电机损坏前的电流、电压、温度、振动等相关数据,大多数发电机在损坏前未明显表征出电流、电压等异常现象,在轴承类故障方面能有效体现出来振动存在异常的现象。

3 故障原因分析

3.1 故障分析方向

通过对该公司发电机故障信息收集,从机组品牌及发电机生产厂商综合分析,机组品牌 1、品牌 2、品牌 3 故障较高,品牌 A、B 发电机损坏较多,品牌 C、D、E、F 次之。从发电机故障分类来看,定/转子绕组部位发生故障最高,转轴及轴承次之。

3.2 故障分析内容

3.2.1 集中性故障

(1) 设计不合理。早期的发电机在转子引出线拐角弯曲半径、集电环、转轴磨损、定/转子绝缘处理、散热通风等方面的缺陷,在后期运行中多次出现转子引出线在离心力作用下断裂、集电环打火、电刷过度磨损、轴承及转轴损坏、定转子绕组绝缘击穿等现象。比如品牌 B 早期发电机,为软线绕组,转轴与铁芯配合不足,容易造成平衡块在高速运转过程中脱落,存在一定设计缺陷;运行年限过长,转子气隙不均匀,导致轴电压过高,同时该发电机集电环结构存在缺陷容易导致损坏。由于非传动端集电环室内集电环滑道窄,且电刷数量较少,而且集电环为"机载"滑环,即集电环安装在发电机转子轴的尾端,集电环实际是单端支撑的悬臂梁结构,故发电机在高速旋转过程中,受离心力和径向不平衡力矩的作用,集电环将不可避免地产生径向抖动,尤其是在启动和调速运行时,现象更为明显。集电环的抖动振幅、频率很高,电刷的压力弹簧根本无法响应,因此,造成电刷和集电环接触不良,造成严重的打火,致使滑环表面烧蚀,电刷也随之损坏。

另外,故障统计中,转子绕组开路情况较多,大部分是由于发电机本身制造工艺问题,例如品牌 A 发电机运行年限较长,老化情况较严重,在设计上该型发电机存在转子引出线弯曲半径小应力集中,转子极间联线制作 R 弧不规范的缺陷,易导致转子引出线、中性环、极间连线烧损情况发生。随着设备运行年限增加,老化情况也在加剧,发电机在运行过程中,绕组受大电流、大电压冲击,转子过桥线易在折弯的地方烧断,进而伤及转子绕组使其烧损,最终导致发电机无法运行。另外,发电机的剧烈振动也可能使得在转子过桥线与绕组焊接处电阻变大,最终导致过桥线烧损、断裂。

(2) 制造工艺不良。比如某型号发电机转子绕组发生损坏且轴与转子铁芯连接部位发生断裂,发生断裂情况可能是由于设备出厂时的焊接工艺存在问题,设备长时间运行,所属部位为高速旋转部位,振动情况严重,最终导致发生断裂。随着设备老化,伴随着轴承磨损振动情况日益严重,易造成转子绕组的中性环位置可能发生炸裂或者断裂情况。加之转子散绕组的设计,

33

易造成转子温度升高的情况出现，转子非驱动端绕组长期在高温下运行，导致中性环以及引出线焊接点部位绝缘加速老化，在较长的时间与温度作用下绝缘材料电气强度明显降低，就会出现短路、接地现象，从而导致引出线烧损、断裂。

（3）内部元器件老化，降低发电机使用寿命。发生故障的发电机有一小部分是返修发电机，运行几年后发生损坏，不排除返修工艺存在不达标及内部老化或局部受损的元器件未修复的现象，因发电机长时间处于高温运行状态，电气绝缘强度将会逐步降低。

（4）检修维护不到位。部分发电机转轴磨损或轴承发热卡死，究其根本原因为轴承室润滑不良导致。一是发电机集电环碳粉清理不到位，碳粉进入到轴承室，加剧了轴承的磨损；二是自动润滑系统失效、润滑管道堵塞、油脂加注量不足或油脂型号加注错误等维护标准不到位造成；三是检修工艺不标准，未严格执行发电机塔上维修工艺标准，采用蛮力拆卸或安装轴承，造成轴头位过度磨损；四是在轴对中作业中，未严格执行发电机轴对中标准，造成机组振动较大，长期在较大转矩下运行引发了轴承损坏、转轴与铁芯出现相对位移等较大故障。

3.2.2　其他故障

（1）工厂制造工艺缺陷。同一批次发电机在工厂内加工制作时，由于操作人员工艺安装、焊接不良、异物吊入等人为过失，造成发电机的偶发性故障。

（2）转轴磨损。一是发电机、齿轮箱与叶轮为一套完整的转动链系统，由于传动系统前端受损，引起发电机转轴受到外力破坏；二是轴承疲劳损坏未及时更换，轴承内圈发热严重与转轴粘接，造成转轴同心度降低，需进行焊接修复或更换。

（3）冷却系统失效。风冷或水冷系统散热能力下降，使发电机长期在高温环境下运行，降低了发电机电气绝缘性能及发电能力，导致定/转子出现匝间短路、断路等现象。

（4）轴承类故障。通过对轴承类故障统计及分析，各品牌发电机轴承均采用 SKF 轴承，润滑油脂品牌为品牌 a、品牌 b、品牌 c、品牌 d，从油脂使用情况来看，品牌 a 油脂使用情况较好，其余品牌油脂均会出现板结现象。

4　采取的措施

4.1　维修

针对故障发电机，结合故障损坏现象、损坏部位及初步的损坏原因，确定塔上维修或下塔返厂维修方式，制定维修方案及工艺标准，实施故障发电机的维修。

4.2　发电机整机备件储备

为避免风电机组因缺少发电机整机备件造成的长时间停运，通过区域内备件联储及故障品维修的方式，缩短等待发电机整机备件时间。目前采取的措施主要为全新发电机采购与同型号发电机联合储备、发电机维修框架签署等措施，解决发电机整机供应问题。

4.3　加大发电机的日常维护及保养

结合巡检及定检作业标准，严格执行巡检及定检内容，重视发电机冷却系统维护保养、集电环碳粉清理、电刷更换及安装工艺要求、轴对中、油脂加注周期及自动润滑系统的维护、绝缘电阻及直流电阻的测试、轴承运行状况的检测等，通过日常的维护保养，使发电机处于稳定、良好的运行环境。

5　维护或技改建议

（1）重点加强发电机绕组温度监控。建议结合主机厂家提供的机组保护定值，梳理发电机保护整定定值，避免出现未整定、整定错误等现象，对在报警值范围内机组加大巡检力度，发现异常及缺陷及时进行分析处理。可采取在转子、定子接线盒电缆压接端子、电缆头等处粘贴测温贴，定期对转子、定子接线盒进行拆开检查，针对变色测温贴部位及时进行处理。定期检修时对发电机散热系统进行检修，防止发电机散热不良。

（2）加大机组振动监测。建议完善实时振动监测系统报警功能，对振动异常的机组及时发出警告，及时登塔检查发电机运行情况，避免故障范围的扩大。

（3）进一步细化发电机巡检及定检标准。结合发电机的结构设计，制定各机组的巡检及定检内容，细化可具体实施操作的巡检及定检项目内容，提升巡检及定检工作质量，确实发电机良好冷却、旋转部件机械润滑良好、密封部位封闭性能良好、辅助设施运行良好。如关注发电机废油排出、定/转子接线电缆发热老化、电刷磨损、集电环磨损情况，高质量开展碳粉清理、散热系统维护、自动润滑系统维护、轴承更换、轴对中等工作。

（4）加强发电机易损件备件储备。结合发电机运行情况，梳理发电机相关易损件，及时更换寿命到期或老化损坏的元器件，并严格把守发电机易损备件采买质量关，确保合格质量的发电机易损件备品备件储备充足。

（5）编制发电机专项检修计划及方案。结合发电机运行实际情况，梳理制定发电机专项检修方案，如发电机散热系统的检修、定转子接线端子压接不规范、轴承寿命到期更换等易于在塔上实施的检修，落实资金计划，结合现场实际，编制专项检修维护计划，消除发电机运行存在的缺陷或安全隐患。

（6）加大批次性设计缺陷技改，密切关注技改质量。结合批次性发电机存在转子过桥线烧断、引出线拐角半径过小、槽楔脱落、平衡块脱落等集中性的问题，找准故障原因，制定整改方案及费用预算，在资金预算充足的条件下集中进行技改。同时密切关注技改后发电机的运行情况，总结评估技改后发电机的运行效果。

老旧风电机组叶片运行故障分析及预防措施

王建国， 高斌， 吴棣， 黄杰伟， 王向伟， 高金波， 杨羿， 陈其

（华能新能源股份有限公司）

摘　要： 随着风电机组运行年限的增长，机组叶片损坏率呈增长趋势，叶片损坏带来的安全隐患和经济影响较大，严重时会出现叶片折断，甚至会对周围行人或公共建筑造成危害，给公司造成较大的负面影响。为有效延长风电机组叶片使用寿命，深入分析某公司 8 家区域公司风电机组运行数据，分析叶片的损坏原因，并提出防范措施及工作建议，进而提升风电机组的可靠性。

关键词： 风电机组；叶片损坏；损坏原因；防范措施

1　针对的问题

截至 2021 年 10 月底，某公司管理已投产风电机组数量为 5052 台，搜集近 3 年运行数据，该公司系统内共发生叶片损坏事件 24 起，如表 1 所示。

表 1　　　　　　　　　　　　　　叶片受损情况信息表

区域公司	风电场	风电机组编号	风电机组型号	叶片型号	损坏简述	运行年限
A	某风电场	73 号	MY1.5sL‑89/80（s）	M1.5‑43.5G S‑520	叶片 2 离叶根 20m 处折断	6 年
A	某风电场	02 号	WD49‑750	HT23.5	叶片最大弦长处折断	7 年
B	某风电场	209 号	SL1500‑82	LZ43.5‑1.5	叶片 3 叶尖开裂	6 年
B	某风电场	74 号	SL1500‑77	SHFRP37.5	叶片 1 离叶根 9m 的 PS 面与 SS 面主梁弦向开裂	11 年
B	某风电场	74 号	SL1500‑77	SHFRP37.5	叶片 2 离叶根 3m 前缘贯穿性开裂	11 年
B	某风电场	57 号	SL1500‑77	SHFRP37.5	叶片 3 横向裂纹	10 年
B	某风电场	54 号	SL1500‑77		所有叶片开裂，变桨轴承损坏	12 年
B	某风电场	27 号	SL1500/89	LZ43.5‑1.5	叶片开裂	6 年
B	某风电场	11 号	SL1500/89	LZ43.5‑1.5	叶片根部至叶尖，约 40m 长开裂	7 年
B	某风电场	13 号	SL1500‑77	2007—B1‑188	叶片边缘开裂	12 年
B	某风电场	19 号	SL1500‑77	HFRP37.5	叶片 3 开裂	12 年
B	某风电场	20 号	SL1500‑77		叶片叶尖开裂	12 年
B	某风电场	63 号	SL1500‑77	HFRP37.5	桨叶 2 开裂	12 年
C	某风电场	81 号	南车	TMT42.15	雷击导致叶片 2 开裂	9 年

区域公司	风电场	风电机组编号	风电机组型号	叶片型号	损坏简述	运行年限
D	某风电场	A-09	FD77B	1.5MW-40.3	雷击导致叶片损坏	4年
D	某风电场	M-02	MY1.5Se	1.5-Aeroblade	叶片折断，更换3支叶片	2年
D	某风电场	D-01	FD77B	1.5MW-40.3	雷击导致叶片2损坏	5年
D	某风电场	19号	FD70B	HT34	褶皱发白	11年
D	某风电场	20号	FD70B	HT34	褶皱发白、后缘叶根裂纹	12年
D	某风电场	22号	FD70B	HT34	褶皱发白、裂纹	12年
D	某风电场	32号	FD70B	HT34	褶皱发白、裂纹	12年
D	某风电场	26号	FD70B	HT34	褶皱发白、裂纹、风蚀	12年
D	某风电场	18号	FD70B	HT34	叶片内部存在浅表层纤维擦伤裂纹	12年
D	某风电场	23号	FD70B	HT34	褶皱发白、裂纹、风蚀	12年

根据叶片损坏统计分析，叶片开裂11起、叶片折断3起、雷击损坏3起、叶片出现褶皱7起，其中叶片开裂与褶皱（工艺）占比较大，是叶片损坏的最常见形式。

损坏的叶片中，运行年限5年以内的占13%，运行年限5~10年的占29%，运行10年以上的占比58%，可见老化是叶片损坏的关键因素，随着风电机组运行年限的增加，系统内叶片损坏数量逐年递增。

2 故障原因分析

通过对上述24起叶片损坏事件进行分析，现将叶片损坏原因总结如下。

2.1 区域公司A

A公司某风电场73号风电机组桨叶2折断事件，经专业机构勘查及取样检测分析（排除气候因素、批次性质量问题、监造失职、运输及吊装过程损伤等），原因为该台风电机组叶片2开裂后，气动外形发生变化导致载荷不均，在大风作用下超出极限载荷发生断裂。该叶片在运行过程中叶尖出现小裂纹，风蚀、涡流、轴向载荷因素促使叶尖开裂，因未能及时发现并修复，开裂逐步扩大，导致叶片气动外形发生变化，进而造成载荷不均匀，风速约16m/s时超出极限载荷断裂。

A公司某风电场02号风电机组叶片最大弦长处，叶片折断事件，损坏原因可能是：

（1）叶片出厂质量缺陷，风电机组经历后期复杂的运行工况，缺陷恶化，导致叶片断裂。

（2）因设备老化，黏合剂失效，叶片最大弦长处合模开裂，叶片受力出现薄弱点，导致叶片断裂。

（3）叶片出厂运输、吊装阶段遭受撞击，构成隐患，在风电机组运行过程中损伤部位逐渐加重，致使叶片断裂。

2.2　区域公司 B

B公司某风光电站 M-02 机组在投运 2 年后，其 1.5-Aeroblade 叶片发生折断，而同批次的 33 台风电机组运行至今 10 年未发生类似事件，排除设计缺陷及叶片批次问题。损坏原因可能是由于叶片出厂运输或吊装过程中遭受撞击，在风电机组运行过程中损伤部位逐渐加重，致使叶片断裂。

B公司某风电场 19、20、22、32、26、18、23 号风电机组在运行 11~12 年后，出现工作面中间垫布弦向裂纹，内腔检查时发现工作面与非工作面均存在弦向褶皱发白，全场 33 台 FD70B 均存在类似情况。初步分析原因为 HT34 叶片存在批次性制造工艺问题。叶片主梁中间垫布铺层较多且多为单向玻纤布，布层铺设时若拉力不均匀，铺设不平整，固定不牢固，玻纤布会存在松散、弯曲现象，在真空吸注时存在玻纤布松散，弯曲的位置便产生褶皱，有时还伴随树脂固化的热应力和化学应力的共同作业而形成褶皱。叶片运行初期叶片主梁存在的褶皱一般不会显现出明显的损伤，随着运行时间的推移，叶片主梁存在褶皱的区域会逐渐出现表面弦向细微裂纹、内部结构分层发白等，若此时仍不能及时发现主梁区域存在的褶皱缺陷并对缺陷及时进行维修处理，损伤区域会急速扩展，叶片主梁结构失效，最终导致叶片断裂。建议请专家对该批次叶片进行全面彻底排查，制定解决措施，避免缺陷扩大造成事故。

2.3　区域公司 C

C公司某风电场 81 号风电机组叶片在 2020 年 6 月 7 日受雷击损坏，故障发生前 3 个月内风电机组振动监测报告未见异常，查看机组防雷检测报告数据，风电机组均压环与接地装置、塔基控制柜与均压环、塔筒配电柜与均压环、叶片根部法兰盘与机舱钢骨架、钢骨架与风电机组塔筒连接过渡电阻均在合格范围内，但未见叶尖至叶根防雷通道测试值。损坏原因可能是：

（1）叶尖至叶根防雷通道阻值不符合规定要求。

（2）接闪器与叶片接触不严密，存在裂隙。

（3）叶尖接闪器被漆覆盖，未完全裸露，不能有效引雷。

（4）雷击部位避开叶尖接闪器，防雷通道未介入。

（5）雷电流过大，超过通道泄流限值。

另外，C公司某风光电站 D-01、A-09 号风电机组也受雷击损坏，初步判断原因与上述风电机组类似。

2.4　区域公司 D

D公司某风电场 13、54、20 号等多台风电机组叶片出现开裂，开裂的主要原因有：

（1）设计、生产制造时对叶片尾边区域及叶片表层重视不够，胶衣耐磨性不够。风电机组运转一段时间后，起叶片外固合保护作用的树脂胶衣已被风沙抽磨至最低固合力点，叶片光泽退化，产生麻面，进而出现纤维布漏出、复合材料气泡破碎，形成大砂眼，叶片裂纹增宽、增长、加深，小砂眼向深处扩张的现象，导致风电机组运行时出现阻力、杂音、哨声。

（2）风沙磨损侵蚀，修复不及时。

（3）叶片呼吸孔堵塞以及累计损伤。

（4）叶片在阳光、酸雨、狂风、自振、风沙、盐雾等不利的条件下随着时间的变化而发生着变化，在许多风场叶片都会因为老化而出现自然开裂、沙眼、表面磨损、横向裂纹等。

3　叶片受损原因分析

上述各区域公司叶片损坏事件的简要分析，均具有代表性，但不具有普遍性，风电机组叶片的运行维护工作关系复杂、牵扯面广，从个例反馈并提出整治方向较为片面，结合目前行业内统计数据，依照国家、行业、企业相关要求，风电机组叶片受损普遍原因大致分为设备监造、出厂检验、运输吊装、定巡检、设备监测、自然老化、不可抗力等。

（1）设备监造不到位，人员专业水平无法满足监造要求。主要体现在对设备制造流程、工艺、质量等相关要求不熟悉，造成只注重时间节点、进度，不注重产品制造的实际情况；以及只看合格资料，不重视制造商企业管理是否优化，生产模具是否成熟、稳定，原材料质量是否高于行业平均水平，制造、试验的硬性指标数据是否贴合实际，制造过程管控是否落实到位等问题。

（2）设备出厂检验监管不到位，人员疏于细节。风电机组叶片在制造商批量生产后，可能涉及缺陷探查、引雷通道测试、配重分装等工序，如不了解制造商产能排产、库房堆放、设备转载等内部细节，极有可能出现掉包、贴假签、装载受创、缺陷隐藏等问题。

（3）设备运输困难，可研不到位，主要体现在山地、高原型风电场。随着风电场资源不断开发，优等风资源除海上风场之外，山地、高原型风电场风资源优势明显，但伴随的是进站、干线、支线道路的地形、人文自然环境错综复杂，单机容量不断增加导致叶片不断加长，传统或适用平原地带的平板运输方式已无法满足要求，即便如此，举升运输方式进入山地、高原时同样困难重重。另外，可研是否到位、现场考察是否全面、人员管理是否落实等问题直接关系到叶片运输的安全性、可靠性。根据 NB/T 10209《风电场工程道路设计规范》要求，应当严格审核并控制选线、路线、路基、路面、桥梁隧道、沿线设施等环节。

（4）倒场监管、防护措施落实不到位，主要体现在批量倒运和设备暂留环节。风电场建设工作面广、设备滞留原因，人员疏于现场监管，不注重叶片的防护措施，由于地方人文和自然气候的因素，可能会导致叶片受损情况发生。

（5）设备吊装冒风险，投产抢时间。叶片在吊装期间，除满足实际吊装条件之外，人员疏于缺陷记录，无法将后续的维修事宜工作闭环落实到位，加之工期紧张，随着时间的推移，存在缺陷的叶片在投运后将失去首道防护措施。

（6）设备定期巡检不重视、不闭环，维护不及时，未能尽早发现隐患、制定防范措施和修复方案。现阶段风电场运行维护中传统的叶片巡检方式仍占主导，相较于无人机巡视，传统的巡检方式较难发现叶片的缺陷，导致未能及早发现隐患并进行消缺处理。另外，在发现缺陷后，受采购流程、合同签订流程的影响，存在维修滞后的情况，可能导致叶片受损扩大的情况。

（7）设备监测形式受限。目前行业内主要有两大监测系统，一是在线振动监测系统，二是叶片在线健康（状态）监测系统。叶片在旋转过程中，受力改变、交替变化，风况的不稳定性，都会引起风力机的振动，甚至受损。风电机组材料老化、硬件物理疲劳、恶劣环境等原因引起的叶片物理性能下降、损坏，影响到风电机组的工作效率。传统的专业巡检、振动监测不能更加精细的反馈风电机组叶片参数变化和运行规律。

（8）不可抗力因素导致设备损坏，包括雷暴、沙尘、低温、高温、盐腐蚀等。

4　防范措施及工作建议

（1）完善叶片监造及验收机制，避免出现批次性工艺问题。在后续的基建项目主机采购招标中，增加对叶片补强工艺的要求；在监造合同中增加关于叶片的监造内容，并加强设备交货验收时对叶尖部位的检查力度。

（2）加强叶片到货验收管理，应派专业人员做好叶片的到货验收，必要时用专用工具进行探伤，避免受伤叶片安装运行。

（3）加强风电机组巡检，巡检时通过对比三个叶片的扫风声音来判断是否有异常，存在异常的机组，风电场组织进行分析并择机登机检查，出现哨音的机组，风电场组织分析并开展无人机巡视叶片工作。

（4）叶片无人机巡检每年不低于 2 次，叶片内腔检查每年不低于 1 次，并建立电子档案，做好照片存档，方便每次巡检后进行对比，以掌握叶片损伤情况的变化过程及损伤程度。

（5）建议各公司可与叶片维修单位签订叶片维修框架协议，减少叶片维修过程因审批、签订合同等事宜造成等待时间过长的问题，原则上建议对于异常叶片自检查结束 15 日内修复。

（6）对叶片引雷通道进行测试，每年至少完成 1 次叶尖至塔基引雷通道测试，确保通道阻值在合格值范围内。同时对接闪器进行检查，排查接闪器锈蚀严重、与叶片接触不严密等问题。

（7）加强对风功率曲线的分析，对于运行超过 10 年、出力不足的风场，开展叶片专项排查治理，以解决风蚀、叶片自然老化带来的相关问题。

（8）变桨轴承，严格按要求定检标准执行油脂加注工作，每年按照化学技术监督标准进行抽样化验，针对结果异常机组，风电场邀请系统内专业人员及热工院专家组织讨论，制定专项维护方案。

（9）变桨齿圈，月度巡检时检查齿面磨损情况并补充开齿润滑油，对于齿面已出现磨损的机组增加自动润滑装置。

老旧风电机组主轴 （承） 运行故障分析及预防措施

王建国， 高斌， 吴棣， 赵凤伟， 王向伟， 高金波， 杨羿， 李铮
（华能新能源股份有限公司）

摘 要： 随着风电机组运行年限的增长，机组传动链中主轴轴承的损坏率呈增长趋势，主轴轴承损坏带来的经济影响较大，更换轴承需下架叶轮、主轴，甚至连同齿轮箱一同下架。为有效延长主轴轴承使用寿命，深入分析某公司 8 家区域公司风电机组运行数据，并从日常管理及轴承清洗、密封圈改造等技术干预方面提出延长轴承使用寿命的方案，进而提升风电机组的可靠性。

关键词： 风电机组；主轴损害；日常管理；技术干预

1 针对的问题

截至 2021 年 10 月底，某公司管理已投产风电机组数量为 5052 台，搜集近 3 年运行数据，该公司系统内共发生主轴损坏事件 41 起，其中轴承类缺陷 40 起，缺陷主要集中在滚珠点蚀及磨损、保持架磨损等；主轴断轴类故障 1 起（内置式，主轴自身存在缺陷），主要对主轴轴承损坏缺陷进行分析。

数据分析显示，轴承平均损坏年限为 7.97 年，占比 85%，详见表 1。

表 1 主轴轴承损坏信息表

序号	风电场	机组编号	同类机组总台数（台）	损坏时间	润滑脂	轴承品牌	损坏部件	损坏前运行年限（年）
1	某风电场	93 号	133	2020 年 9 月	美孚	FAG	主轴轴承	10
2	某风电场	17 号	67	2017 年 1 月	壳牌	瓦轴	主轴轴承	6
3	某风电场	51 号	67	2017 年 1 月	壳牌	瓦轴	主轴轴承	6
4	某风电场	50 号	67	2017 年 1 月	壳牌	瓦轴	主轴轴承	6
5	某风电场	55 号	67	2019 年 6 月	壳牌	瓦轴	主轴轴承	8.5
6	某风电场	28 号	67	2019 年 6 月	壳牌	瓦轴	主轴轴承	8.5
7	某风电场	39 号	67	2019 年 6 月	壳牌	瓦轴	主轴轴承	8.5
8	某风电场	64 号	67	2019 年 9 月	克鲁勃	瓦轴	主轴轴承	8.5
9	某风电场	36 号	67	2019 年 9 月	克鲁勃	瓦轴	主轴轴承	8.5
10	某风电场	24 号	67	2019 年 9 月	克鲁勃	瓦轴	主轴轴承	8.5
11	某风电场	32 号	67	2019 年 10 月	克鲁勃	瓦轴	主轴轴承	8.5
12	某风电场	44 号	67	2019 年 10 月	克鲁勃	瓦轴	主轴轴承	8.5
13	某风电场	61 号	67	2019 年 10 月	克鲁勃	瓦轴	主轴轴承	8.5
14	某风电场	27 号	67	2020 年 5 月	克鲁勃	瓦轴	主轴轴承	9.5
15	某风电场	67 号	67	2020 年 5 月	克鲁勃	瓦轴	主轴轴承	9.5

序号	风电场	机组编号	同类机组总台数（台）	损坏时间	润滑脂	轴承品牌	损坏部件	损坏前运行年限（年）
16	某风电场	20 号	67	2020 年 5 月	克鲁勃	瓦轴	主轴轴承	9.5
17	某风电场	33 号	67	2020 年 5 月	克鲁勃	瓦轴	主轴轴承	9.5
18	某风电场	25 号	67	2020 年 5 月	克鲁勃	瓦轴	主轴轴承	9.5
19	某风电场	39	33	2021 年 2 月	壳牌	瓦轴	主轴轴承	11
20	某风电场	42	33	2021 年 3 月	壳牌	瓦轴	主轴轴承	11
21	某风电场	M - 06	33	2017 年	美孚	瓦轴	主轴轴承	6
22	某风电场	O - 10	33	2018 年 6 月	美孚	瓦轴	主轴轴承	7
23	某风电场	09F	12	2019 年 4 月	美孚	瓦轴	主轴轴承	7
24	某风电场	2 - 18 号	93	2020 年 6 月	美孚	瓦轴	主轴轴承	9.5
25	某风电场	1 - 32 号	93	2021 年 1 月	美孚	瓦轴	主轴轴承	10
26	某风电场	51	33	2019 年 1 月	美孚	瓦轴	主轴轴承	6
27	某风电场	404	50	2021 年 7 月	美孚	瓦轴	主轴轴承	6.5
28	某风电场	53	33	2019 年 1 月	美孚	瓦轴	主轴轴承	6
29	某风电场	E - 04	132	2015 年 11 月 17	克鲁勃	瓦轴	主轴轴承	6
30	某风电场	I - 07	132	2017 年 11 月	克鲁勃	洛轴	主轴轴承	7
31	某风电场	G - 07	132	2017 年 11 月	克鲁勃	洛轴	主轴轴承	7
32	某风电场	I - 04	132	2017 年 5 月	克鲁勃	洛轴	主轴轴承	7
33	某风电场	3 - 08 号	24	2021 年 5 月	壳牌	瓦轴	主轴轴承	9
34	某风电场	2 - 15 号	48	2021 年 1 月	壳牌	瓦轴	主轴轴承	5.5
35	某风电场	2 - 22 号	48	2021 年 5 月	壳牌	瓦轴	主轴轴承	5.7
36	某风电场	2 - 03 号	48	2021 年 5 月	壳牌	瓦轴	主轴轴承	5.7
37	某风电场	2 - 17 号	48	2021 年 6 月	壳牌	瓦轴	主轴轴承	5.8
38	某风电场	25 号	64	2020 年 1 月	美孚	SKF	主轴轴承	11
39	某风电场	09 号	64	2021 年 1 月	美孚	SKF	主轴轴承	12
40	某风电场	67 号	67	2021 年 4 月	美孚	瓦轴	主轴轴承	5

2 故障原因分析

（1）机组配套的主轴结构存在设计缺陷，造成轴承损伤。

（2）机组投运年限长，轴承保持架、滚珠发生疲劳性损伤。

（3）主轴轴承密封结构不合理，油脂外溢导致润滑效能下降。

（4）润滑油脂选型存在问题。早期使用油脂低温流动性及高温抗板结性能差，造成润滑效果下降。

（5）管理失位。质保期内对厂家定检维护工作监管不到位，可能导致轴承缺油运行，造成部件磨损加剧。

（6）状态检修不到位，检查检测工作不到位，未及时发现设备异常，造成故障扩大或轴承磨损。

（7）主轴轴承选型可能存在问题，需继续深入研究。

3　轴承及轴承密封圈清洗方案

3.1　轴承清洗方案

（1）使用专用高压清洗机，通过清洗剂对轴承及滚珠进行反复冲洗。接口位置包括轴承两个注油口及一个排油口，对其分别进行 30min 左右的冲洗。

（2）油脂冲洗干净后，静置 10min，使用空气压缩机通过前、后两个注油口分别吹入压缩空气，直至内部清洗剂完全干净为止。

（3）加注足量的新油脂。

3.2　轴承密封圈改造方案

（1）原 VA 型端面密封结构特点。

1）VA 型端面密封由端面密封唇与底座组成一体结构，一般采用 NBR 丁腈橡胶或 HNBR 氢化丁腈橡胶材质，具有良好的耐油性和耐候性，是早期风电机组标配的主轴密封。

2）VA 型端面密封依靠其密封唇与外密封环外端面过盈配合实现密封功能。

3）当旋转轴与外密封环因制造、装配、运行等原因出现轴向相对位移或轴窜时，VA 型端面密封的密封唇或因压缩过紧而加速磨损导致密封失效，或因密封唇过盈量不足而导致密封失效，或因密封唇脱离外密封环外密封端面而导致密封失效。

4）在线更换时，容易因接口处粘接不牢而断裂脱落，使主轴承处于无密封状态。

（2）新型 DL 双端面密封结构特点。

1）DL 双端面密封，主要由支撑环、DL 油封、卡箍、调节阀板组成。

2）支撑环采用碳钢或不锈钢材质或铝合金（阳极硬化处理）材质；DL 油封一般采用 HN-BR 材质；卡箍和调节阀板采用不锈钢材质。

3）DL 油封设有内外各 2 件轴向端面密封唇，分别与轴承座外密封环外端面和支撑环内端面过盈配合，实现密封功能。

4）位于 DL 油封轴向内外侧的密封唇通过相互制约和油封颈部弹性变形，可有效适应旋转轴与轴承座外密封环之间的轴向位移。

5）在 DL 油封轴向内侧密封唇上开设多个内排脂口，可有效将轴承腔内的旧脂排至支撑环与轴承座外密封环共同形成的密封腔内，在重力作用下通过外排脂孔排至位于轴承座正下方的集油盘。

6）为了避免因每台风电机组工况差异导致旧脂排泄过量或过少，在支撑环正下方设置有调节阀板，用于调节旧脂排泄量。

通过两种密封结构分析可见，早期使用的 VA 型端面密封结构易发生变形、失效，造成轴承润滑效果降低，加剧部件磨损；新型 DL 双端面密封可有效避免油脂外溢、结构失效等情况发生，提高润滑可靠性。

VA 型端面密封结构如图 1 所示，新型 DL 双端面密封结构如图 2 所示。

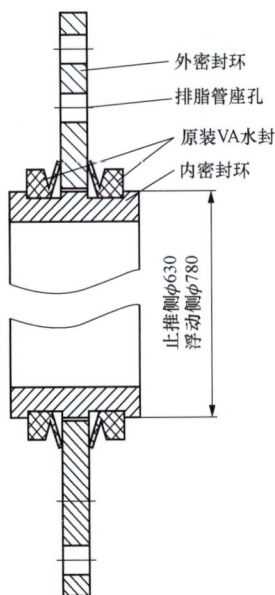

图 1　VA 型端面密封结构　　　　图 2　新型 DL 双端面密封结构

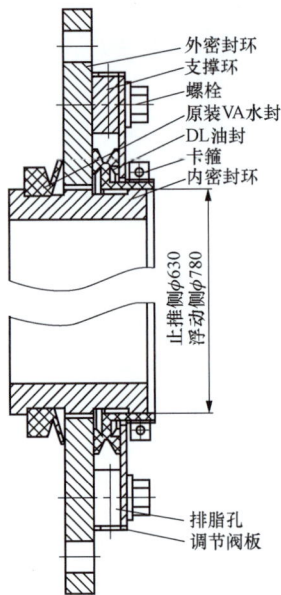

4　防范措施及整改计划

（1）运行监控中重点监控主轴轴承温度、振动信息，定期分析"功率 - 温度"变化趋势；利用集控中心智慧运维平台，搭建数据分析模型，加强轴承温度、振动等关键指标的监视与分析，及时发现异常并采取有效措施，消除设备隐患。

（2）定期开展轴承专项巡视检查，重点对废油脂进行检查，必要时进行油化验检测；按照技术监督管理要求，定期取样化验，重点加强铜、铁等金属含量的监测；对存在异常的要增加检测频次，通过数据比对与分析，确定磨损情况。

（3）按技术规范要求开展油脂加注工作，针对已发生磨损的，要缩短油脂加注周期；必要时可加装自动润滑装置，提高润滑可靠性，改善轴承运行工况。

（4）年度定检时对轴承进行开盖检查，开展磨损比对分析，判断磨损趋势，做好状态检修及预防性更换计划。

（5）定期开展主轴超声探伤工作。

5　工作建议

（1）对早期机组加装轴承自动润滑系统（注脂泵）。

（2）建立油脂化验实验室（依托检修中心），自主开展油脂金属分析，及时发现设备异常。

（3）对早期轴承密封结构进行改造，应用定型橡胶或径向金属密封结构，提高轴承密封可靠性，改善润滑环境。

（4）制定轴承专项检查方案，建议按照三年为一个周期，开展轴承深度维护工作，将轴承全部废油脂清除，使用专用清洗剂进行清洗，观察保持架、滚珠状态，并加注新油脂。对存在异常磨损的，要加强维护，必要时进行预防性更换，建议更换为进口轴承。

山地风力发电机组常见故障处置对策研究

付尚兵

（贵州黔西南金元新能源有限公司维检中心）

摘　要： 在风力发电系统中，电气设备稳定运行是风力发电机组安全运行的重要保障，由于山地风力发电所处环境的特殊性，会对电气设备的运行产生一定的影响，一旦电气设备出现故障，则直接影响到风力发电运行的安全性和稳定性。本文对山地风力发电电气运行中的常见故障进行分析研究，找出问题原因，提出预防故障暴露的针对性措施，最大程度地降低电气设备的故障率，确保风力发电的安全稳定运行。

关键词： 风力发电机组；常见故障；处理

1　风力发电机组运行中的主要故障

1.1　塔筒故障原因分析及处理方法

风力发电机组塔筒常见故障种类有塔筒变形、塔筒掉漆、塔筒焊缝开裂、塔筒震动、塔筒内积水、塔筒表面油污等故障。

1.1.1　塔筒变形故障原因及处理方法

1. 故障原因

运输时米字支撑刚度差；塔筒受外力撞击导致变形。如叶片脱落碰撞、外部吊车违规操作导致碰撞等。

2. 处理方法

应在卸车前测量孔距，确定是否变形，建议运输时采用槽钢 14 或采用米字撑。应加强现场风力发电机组力矩螺栓巡检，变形的塔筒进行更换。

1.1.2　塔筒掉漆原因及处理方法

1. 掉漆原因

（1）因涂层使用寿命超限产生的旧涂层粉化、脱落、起泡、松动等造成的。

（2）塔筒表面处理不彻底或没有进行表面处理的情况下进行了油漆施工而造成的涂层脱落、松动、污物潮湿空气浸透至底材所造成的。

（3）涂装施工过程中漆膜厚度不均匀，出现大面积底漆膜现象，没有起到很好的防腐效果所造成的。

（4）运输、吊装过程中没有得到很好的保护造成涂层损伤。

（5）由于自然灾害（如特大风沙等）使得涂层损伤。

（6）外部人为破坏。

2. 处理方法

出现（1）～（4）种情况时应先咨询厂家是否有补救措施，进行补漆，必要时拆除塔筒重新返厂处理。出现（5）情况时，发现问题及时进行补漆处理，防止生锈，降低塔筒使用寿命。出现（6）情况时，应加强风力发电机组巡视。

1.1.3　塔筒焊缝开裂故障原因及处理方法

1. 故障原因

（1）塔筒焊接工艺不合格，导致塔筒焊缝开裂。

（2）塔筒运输过程造成损坏。

2. 处理方法

出现（1）情况时，塔筒焊接应该严格按照风力发电机组塔筒规范。为避免出现（2）情况，应在塔筒安装前进行外观和超声波检测。

1.1.4 塔筒振动故障原因及处理方法

1. 故障原因

（1）气动力：风载荷直接作用在塔筒上也会对塔筒产生动载荷。

（2）重力：机舱和风轮的重心位置也是设计时必须考虑的一个重要参数。

（3）惯性载荷：由于风载荷的随机性，会引起塔筒的振动。

（4）控制系统的运行载荷：风力发电机组在运行过程中，控制系统和保护系统使机组启动、停车（包括紧急停车）、偏航、变桨、脱网时，都会引起机组结构和塔筒部件的载荷变化。

2. 处理方法

为避免出现（1）情况，应尽量避免将风力发电机组安装在风向变化多样的地形位置上。出现（2）和（3）情况，应联系风力发电机组制造厂家协商解决。出现（4）情况时，检查风力发电机组控制系统逻辑关系是否正常，必要时对控制程序进行优化。

1.1.5 塔筒内积水原因及处理方法

1. 故障原因

（1）塔筒周围地势较高，积水顺着排水口流入塔基，或通过塔筒与塔基法兰连接处渗入塔基内部造成内部积水。

（2）机舱顶部通风盖板损坏或机舱盖板未盖紧，导致雨水留入塔基内部。

2. 处理方法

出现（1）情况时，应在塔基周围修建一条排水渠，同时观察风力发电机组塔筒是否发生下沉，发生下沉及时处理。出现（2）情况时，应先检查机舱通风盖板状态，对损坏的机舱通风盖板进行更换，同时打开塔基排水口将积水排尽，排水口不管用时，使用抽水泵进行排水。

1.1.6 塔筒表面油污故障原因及处理方法

1. 故障原因

（1）风力发电机组的液压系统、偏航系统、齿轮油系统、变桨系统漏油导致塔筒表面布满油液，风刮起的尘土粘在塔筒表面，致使塔筒表面脏污。

（2）机舱顶部密封不严导致机舱进水，机舱底部掺入的雨水通过塔筒根部流到塔筒表面，造成套筒表面脏污。

（3）使用水枪清洗风力发电机组散热器时，未清理好废水，使废水流到塔筒处，造成塔筒脏污。

2. 处理方法

出现（1）情况时，应首先检查漏油点并进行处理，其次清理渗漏的油液，最后，找专业清洁人员清理塔筒表面油污。出现（2）情况时，最好在下雨时候确认漏雨点，并进行标注。出现（3）情况时，应将使用的废水清理干净，避免留到塔筒上。

1.2 桨叶故障原因分析及处理方法

风力发电机组桨叶常见故障类型有面漆损伤、胶衣脱落、外层纤维损伤、迎风前缘开裂、薄边开裂故障、PVC损伤、穿透损伤、断裂烧毁。根据损伤状况，将损伤的叶片进行等级分类，确认等级后以便制定相应的叶片修复计划对损伤叶片进行修复。现将叶片损伤等级进行分类，具体分为A、B、C、D四个级别。

1.2.1 面漆损伤、胶衣脱落故障原因及处理方法

1. 故障原因

由于风沙磨损、飞鸟撞击、雷击造成的胶衣损伤和面漆损伤属于D级损伤，此类损伤程度较轻。

2. 处理方法

（1）将脱落面漆区域打磨平整保证打磨后损伤区域无残留面漆，尽量使打磨区域呈矩形。

（2）打磨后将打磨残留的粉尘清理干净。

（3）面漆修复。

1.2.2 外层纤维损伤、迎风前缘开裂、薄边开裂故障原因及处理方法

1. 故障原因

由于雷击和运输划伤所导致的外层纤维损伤、迎风前缘和后缘开裂，属于C级损伤。

2. 处理方法

处理方法与1.2.1处理方法大体一致。根据工艺要求在天气、温度、风速等允许的情况下，一般需要对损伤部位进行3次处理，耗时1天左右。

1.2.3 PVC损伤、穿透损伤故障原因及处理方法

1. 故障原因

穿透损伤和PVC层受损，属于B级损伤。

2. 处理方法

处理方法与1.2.1处理方法大体一致。根据工艺要求在天气、温度、风速等允许的情况下，一般需要对损伤部位进行4次处理（上下吊篮4次），耗时2天左右。

1.2.4 断裂烧毁故障原因及处理方法

1. 故障原因

由于雷击导致叶尖烧毁，叶根部位遭受雷击或者裂痕等，属于A级损伤。

2. 处理方法

由于损伤状况严重，出现这种损伤就必须请厂家具有相应资质的叶片修复工程师对其进行修复。

1.3 主轴故障原因分析及处理方法

风力发电机组主轴常见机械故障类型有主轴漏油、主轴异常噪声。

1.3.1 主轴漏油故障原因及处理方法

1. 故障原因

（1）主轴密封圈紧固弹簧过松，导致橡胶密封圈与主轴之间间隙过大，主轴漏油。

（2）主轴旋转过程中，会有一定的晃动，会使主轴密封圈产生间隙，引起主轴漏油。

2. 处理方法

调节主轴密封圈弹簧的松紧度，使密封圈松紧度适中。应特别注意的是密封圈弹簧弹力不是越大越好，如果弹力过大，会使液化的废油不能及时排出，进而影响轴承使用寿命。

1.3.2 主轴异常噪声故障原因及处理方法

1. 故障原因

（1）主轴润滑油液缺失，主轴轴承长期干磨，导致轴承损坏。

（2）主轴轴承安装不到位，轴承受力不均，导致轴承滚动体、内环、外环损坏，严重情况会导致主轴磨损。

2. 处理方法

出现（1）情况时，应加强定检管理，定时对现场风力发电机组进行维护，同时加强定检知识培训，使其掌握正确的定检方法。出现（2）情况时，只能加强巡检，或在主轴加装振动监测装置，避免故障加重，更换主轴。

1.3.3 主轴电气故障类型及处理方法

1. 故障类型

风力发电机组主轴常见电气故障类型为主轴轴承（止推、浮动）温度故障。

2. 处理方法

（1）检查主轴轴承 PT100 的阻值，判断是否损坏。

（2）检查机舱柜传感器的接线。

（3）检查轴承是否有异常噪声。

（4）更换主轴轴承 PT100。

（5）更换控制器输入模块。

（6）检查主轴止推轴承是否有漏油现象，如果漏油需要更换密封圈并进行注油。

1.4 联轴器故障原因分析及处理方法

风力发电机组联轴器可以分为刚性联轴器和弹性联轴器。弹性联轴器常见故障类型有联轴器撕裂，刚性联轴器几乎不容易出故障。

联轴器撕裂故障原因及处理方法如下：

1. 故障原因

（1）联轴器连接螺栓松动，联轴器旋转过程中晃动导致联轴器撕毁。

（2）发电机底脚松动，发生相对位移，导致齿轮箱与发电机不对中。

2. 处理方法

联轴器损坏后，不能直接进行更换，应使用激光对中仪重新对发电机对中。如果不重新对中，新安装的联轴器还会损坏。

1.5 齿轮箱故障原因分析及处理方法

风力发电机组齿轮箱常见机械故障类型有齿轮油位低、齿轮箱温度高、齿轮箱内部齿轮损坏。

1.5.1 齿轮油位低故障原因及处理方法

1. 故障原因

（1）齿轮箱更换滤芯后未加注齿轮油或加注的量不够。

（2）齿轮油冷却系统管路、泵体和过滤器渗油或漏油。

（3）齿轮箱壳体漏油。

2. 处理方法

出现（1）情况时，根据现场情况制定齿轮箱注油标准，更换过滤器后，必须注入定量齿轮油。出现（2）情况时，加强日常巡视，发现有渗油和漏油必须及时处理，发现一例处理一例。出现（3）情况时，齿轮箱箱体漏油是当前比较突出的一个问题。当前的处理方法有紧固齿轮箱体螺栓、齿轮箱漏油处打胶、齿轮箱下侧加装接油盘。

1.5.2　齿轮箱温度高故障原因及处理方法

1. 故障原因

（1）齿轮油冷却回路故障，如齿轮油泵电动机损坏、齿轮油泵损坏、齿轮油温控阀损坏、齿轮油散热器阻塞、齿轮油散热电动机损坏等。

（2）齿轮箱顶部散热通道堵塞。

（3）外部环境高温，导致齿轮箱热量散不出去。

2. 处理方法

出现（1）情况时，在控制面板启动齿轮箱独立泵进行测试，观察电动机状态，如果电动机转动，在其出口处压力测点处，加装压力表测量出口压力，最终找到故障点。

出现（2）情况时，应检查散热器出口处盖板是否完全打开，现场风力发电机组通风口一般完全打开。

出现（3）情况时，外部环境高温，风电机组停机正常，不需要处理。

1.5.3　齿轮箱内部齿轮损坏故障类型及处理方法

（1）齿轮裂纹、断齿。齿轮由于各种原因造成的裂纹是断齿的前兆。断齿的原因有以下两种情况：

1）多次重复弯曲应力和应力集中造成的疲劳折断；

2）突然过载或严重冲击载荷作用引起过载折断。

（2）齿面点蚀。齿轮的点蚀是齿轮传动失效形式之一。即齿轮在传递动力时，在两齿轮的工作面上便产生细小的疲劳裂纹。当裂纹中渗入润滑油，在另一轮齿的挤压下被封闭在裂纹中的油压力就随之增高，加速裂纹的扩展，直至齿轮表面有小块金属脱落，形成小坑，这种现象被称为点蚀。轮齿表面点蚀后，造成传动不平稳和噪声增大。

（3）齿轮磨损。它是齿轮啮合过程中齿轮表面不断摩擦和消耗的过程。润滑油不足或油质不清洁会造成齿面磨粒磨损，使齿廓改变，侧隙加大，以至由于齿轮过度减薄导致断齿。一般情况下，只有在润滑油中夹杂有磨粒时，才会在运行中引起齿面磨粒磨损。并非所有的磨损都定义为损伤，齿轮运行初期发生的正常磨损有利于改善设备运行状态和润滑条件。

（4）齿面胶合。在高速重载的齿轮传动中，往往因温度升高，润滑油的油膜被破坏，接触齿面产生很高的瞬时温度，同时在很高的压力下，齿面接触处的金属局部黏结在一起。出现齿面胶合后将产生强烈磨损，为了防止胶合，可采用黏度较大或抗胶合性能较好的润滑油、提高齿面硬度及降低表面粗糙度等措施。

（5）轴承损伤。多起因于安装、使用、润滑上不注意，从外部侵入的异物，对于轴、外壳的热影响之研究不够充分等。关于轴承的损伤状态，如滚子轴承的套圈、挡边的卡伤，原因可考虑润滑剂不足、不适合、供排油构造的故障、异物的侵入、轴承安装误差、轴的挠曲过大，也会有这些原因重合。因此，仅查找轴承损伤，很难得知损伤的真正原因。可是，如果知道了轴承的使用机械、使用条件、轴承周围的构造、了解事故发生前后的情况，结合轴承的损伤状态和几种原因考察，便可以防止同类事故再发生。例如：轴承处有漏电流或振动。

1.6　齿轮箱常见电气故障处理方法

1. 齿轮箱温度故障（输入轴、输出轴）

（1）检查齿轮箱的PT100的阻值，判断是否损坏。

（2）检查传感器回路的接线。

（3）检查齿轮箱散热器工作状态，如果脏需清理散热器片。

（4）更换齿轮箱的 PT100。

（5）更换传感器或控制器。

2．齿轮箱油位故障

（1）检查齿轮箱箱体或油路是否漏油。

（2）检查机舱柜油位控制回路接线。

（3）更换齿轮箱油位传感器。

3．齿轮箱入口和出口油压压差故障

（1）检查滤芯是否堵塞。

（2）油泵运行时，检查齿轮箱是否漏油。

（3）检查压差传感器及电器控制回路。

（4）更换压差传感器。

2　双馈异步发电机故障原因分析及处理方法

山地风力发电机组双馈异步发电机常见机械故障类型有发电机定子绕组故障、发电机转子绕组故障、发电机轴承故障。

2.1　发电机定子绕组故障原因及处理方法

1．故障原因

（1）发电机运行过程中，受到温度变化影响，热胀冷缩，绝缘会发生变化，材料变脆，气隙扩大，会引起定子绕组绝缘放电匝间短路，定子绕组绝缘破坏。

（2）发电机转子扫膛。

2．处理方法

更换新的发电机，损坏的发电机返厂修理。

2.2　发电机转子绕组故障原因及处理方法

1．故障原因

（1）发电机转子扫膛。

（2）双馈异步发电机转子与变流器相连，变流器故障，导致转子绕组过电流烧毁转子。

2．处理方法

更换新的发电机，损坏的发电机返厂修理。

2.3　发电机轴承故障原因及处理方法

1．故障原因

一般由于润滑油量使用不正确、油质出现问题、轴承损坏等原因造成。

2．处理方法

更换新的轴承，更换轴承时最好成对更换。可以通过加装振动监测设备，时刻监测轴承运行情况。

2.4　发电机常见故障类型及处理方法

1．发电机绕组温度超限类故障，PT100 或卡件出现问题

（1）检查发电机绕组的 PT100 的阻值，判断是否损坏。

（2）检查控制器超限温度设定值是否正常。

（3）检查传感器线路是否短路或者断路。

（4）更换发电机绕组的PT100。

（5）如果PT100和接线都没有问题，但是主控显示U1绕组温度值不正确，则可判定为卡件问题，可更换。

2. 风扇问题造成温度升高

（1）检查风扇的实际转向是否正确、工作电压是否正常。

（2）检查风扇控制参数是否正常。

（3）检查风扇控制回路是否正常。

3. 发电机轴承温度超限故障

（1）检查发电机轴承温度的PT100的阻值，判断是否损坏。

（2）检查控制器超限温度设定值是否正常。

（3）检查温度传感器电气回路的接线。

（4）检查发电机轴承润滑有否缺失或注油较多。

（5）检查发电机轴承是否有异声。

4. 发电机风扇保护开关动作故障

（1）检查发电机风扇的三相绕组阻值是否相等。

（2）检查断路器保护开关的状态，并调整整定值。

（3）检查保护开关反馈信号回路状态。

（4）检查风扇电动机轴承声音及固定情况。

（5）检查风扇：X690-6-L1、X690-6-L2、X690-6-L3的接线。

（6）检查发电机风扇电动机是否转动或反转。

5. 发电机电刷故障

（1）检查电刷长度是否正常。

（2）检查限位开关接线，正常时应为通路。

（3）检查控制是否正常。

（4）更换发电机电刷。

3 山地风力发电机组的运行维护对策分析

（1）完善风力发电机组检测维修流程。完整的检测维修流程在风力发电机组运行维护工作中占据着重要地位，可以从根本上保证运行维护工作的有序进行。在对风力发电机组进行管理的时候，需要对组成的线路以及各个元件进行全面、仔细的检测。如果出现问题，需要合理检验线路的承受能力。当线路或元件不能继续使用时，需要予以更换，维修之后还要进行质量检验，合格后才可以使用。通常而言，检测顺序为先检测局部故障，之后再对整个线路进行检测以及维修。

（2）加强定期维护工作，完善维护相关内容及管理制度。为了保证风力发电机组运行维护工作的顺利进行，需要进行定期的检查与维护，还需要完善定期维护制度。通过制度对运行维护人员起到一定的约束作用，使其全身心地投入到维护工作中去，提高维护工作的开展效率，减少故障所造成的危害。同时对定期维护的方案及时间进行明确，进而不断提升风力发电机组的检修质量。

（3）提高运维检修水平。因为维护人员的业务水平和熟练度，很大程度上影响了检修工作的质量和速度，所以提高维护人员的整体素质是很有必要的。提高维护人员的素质可以通过培训的方式实现，定期对维护人员进行培训，并建立考核制度，确保培训的效果，在考核时可以适当地采取奖罚措施，将考核的成绩与风电场的奖金福利待遇挂钩，对考核成绩优秀的采取适当的奖励，而成绩较差的就适当降低福利待遇的标准。这样能够很好地提高员工的积极性。在熟练员工的技术上，可以建立专门的场所帮助维修人员熟练风力发电机组维修技术，并可以采取比武的形式，考核员工的维修熟练度，提高员工的积极性。

4　结束语

对山地风力发电场风力发电机组运行过程中出现的问题及其维护工作进行合理分析，是保障设备正常运转的基础。在管理层面，维护时认真、精细地进行检查，是有效防止故障隐患出现的核心，控制和消除缺陷隐患，才能使设备的可利用率和完好率得到有效提高。

参考文献

［1］龙源电力集团股份有限公司．风力发电职业培训教材．风力发电机组检修与维护　第四分册．北京：中国电力出版社，2016.

［2］龙源电力集团股份有限公司．风力发电职业培训教材．风电场生产运行　第三分册．北京：中国电力出版社，2016.

第2部分
风电机组和塔筒典型故障与分析

陆上风电机组基础开裂问题原因及处理方法分析

邹倦福

（中广核新能源湖南分公司）

摘　要： 以陆上风电机组为例，主要阐述陆上风电机组基础开裂的基本情况及发生基础开裂的原因分析，结合设备运行原理、工况及影响因素，制定有效的处理措施，通过处理优化，有效避免因风电机组基础开裂问题恶化，进而导致倒塔事故的发生。

关键词： 开裂；翻浆；空腔；载荷；裂缝

1　概述

基础是风电机组运行的根基，基础工程的施工工艺、施工质量、运行情况直接影响到整个风电机组运行的安全性、经济性，从安全性来分析，基础部分的安全性对整个风电机组的运行安全起着决定性作用，基础一旦产生开裂、空腔、沉降、偏移、变形等不良现象，将影响机组安全运行。从经济性来分析，基础采用铆栓或基础环等结构方式，基础造价占整个风电机组工程的 25％～35％，一旦开展基础加固将造成长期停机损失。因基础运行隐患导致整个机组倒塔和长期停机，将造成几百万甚至上千万的经济损失。

2　基本情况介绍

我国从 1985 年开始研制并网型风力发电机组至今，已走过 30 余年历程，在风力发电机组发展历程中从摸索走向成熟，从萌芽走向辉煌，风电机组也不乏各种问题缺陷存在，基础开裂也是其中问题之一，放眼整个风力发电行业，基础开裂问题已成为风电机组运行的严重威胁。

3　原因分析

（1）机组服役期间重复动荷载和大偏心受力导致基础损伤。

（2）基础环与混凝土界面间缺乏足够的抗剪能力，荷载造成两者间界面分离。

（3）脱粘向下扩展至椭圆形穿筋孔处，机组运行荷载将由穿环钢筋及孔内混凝土承担，穿环钢筋及该局部混凝土结构受拉破坏。

（4）基础施工工艺不合格、施工过程质量差、施工材料不合格等导致混凝土强度不够，造成基础开裂等问题。

4　基础损伤过程

风力发电机组塔筒和基础运行期间始终承受着重复动荷载和大偏心作用力带来的疲劳荷载，基础环对混凝土的作用是反复的。基础环与混凝土界面间缺乏足够的抗剪能力，易造成两者间界面的脱开。此外，基础环下法兰处混凝土存在高应力集中，导致该局部混凝土因受到反复挤压和收拉而破碎。此类风电机组基础损伤过程如下。

第一步：机组服役期间，基础环下法兰载荷将部分力分解到基础环壁，破坏基础环与基础之间的黏结力，基础环与混凝土界面脱开（从顶面开始），形成初始裂缝。

第二步：随着风荷载长期作用，裂缝向下扩展的过程中，一旦深度越过穿筋孔时，孔内混凝土及钢筋开始受力（长期的剪切疲劳作用将导致穿环钢筋截面损失甚至疲劳受剪脆断，以及穿筋孔内混凝土破碎散落）。

第三步：当裂缝进一步延伸至下法兰时，将导致下法兰与其周边混凝土松动，外悬挑部分将对其周边混凝土造成磨损。同时，裂缝向外扩展的过程中，随着风力发电机组塔筒摇摆幅度的加大，也导致基础环周表层混凝土因往复冲压而破碎。

第四步：长期服役期间重复动荷载和大偏心力作用下，基础环下法兰周边混凝土经反复挤压和磨损后形成混凝土破碎及部分混凝土研磨成粉。同时，防水被撕拉破坏。

第五步：当防水未能及时修复，雨水顺着基础环壁流入椭圆形穿筋孔处，会造内部钢筋锈蚀，该结构更易被破坏；同时，雨水顺着基础环壁流入基础环下法兰处，被破损的混凝土粉末形成砂浆状液体被带至基础内外表面，导致基础环底部空隙增大。空隙的增大又进一步使基础环在恶劣天气下振幅变大，进一步磨耗底部混凝土，如此恶性循环，将导致基础环下法兰附近混凝土形成空腔和空隙增大。

第六步：在运行期间风力发电机组基础始终承受重复动荷载和大偏心作用力下，塔筒摇摆幅度将加大，基础环与穿环钢筋因直接接触而导致大量穿环钢筋疲劳脆断。此时，塔筒因底部空腔加大而导致筒身倾斜严重，左右及上下摇摆加剧，以致无法正常运行，甚至倒塔。

5　基础开裂问题分析诊断方法

（1）目视检查基础防水带表面是否存在裂纹、防水带脱落、开裂、鼓包等老化开裂情况。

（2）目视检查基础内外混凝土表面是否存在裂纹、开裂等情况，记录裂纹的深度、长度、宽度等尺寸参数。

（3）目视检查基础内外翻浆情况，确认翻浆严重程度。

（4）基础环水平检查、测量。分别将风力发电机组机头按一个方向偏航，每45°停留1次，至少偏航360°以上，检查、测量风力发电机组基础环水平的变化情况，检查基础是否存在偏移、倾斜、下沉等情况。

（5）使用超声波断层扫描设备，检查基础开裂、空腔等情况。

（6）基础环内外侧基础表面及基础环侧壁取芯，通过取芯样品检测、判定混凝土强度是否符合质量标准。

（7）取点钻芯2m，通过视频检查基础混凝土内部运行情况，是否存在空腔、开裂等情况。

（8）在无风或小风状态下，停机，使用水准仪，将观测尺置于基础环上法兰面采取8点测量方法进行观测。

6　基础开裂问题修复措施

通过检查检测手段，确定基础开裂问题程度，基础问题程度分为轻微、一般及严重三种。

6.1　完成基础损伤程度轻微修复

对基础表面存在轻微裂缝、混凝土轻微挤压破损、防水撕裂破坏等缺陷进行修复处理，基础裂纹修复后，基础整体强度相当，防水效果达到无渗漏、无渗透。

6.2　完成基础损伤程度一般修复

对基础表面开裂严重、混凝土挤压破损程度一般、基础环与基础缝隙较大、塔筒内部基础渗水积水严重、轻微翻浆等缺陷进行修复处理，基础裂纹修复后，基础整体强度相当，复原度高，防水效果达到无渗漏、无渗透，机组运行良好、无缺陷、无反复。

6.3　完成基础损伤程度严重修复

对基础大量翻浆、基础环附近表面混凝土挤压破碎严重、基础空腔较大、塔筒倾斜、晃动、下沉等缺陷进行修复处理，基础缺陷修复后，防水效果达到无渗漏、无渗透，强度达到设计要求，机组经检查测试基础及塔筒无振动异常、下沉情况，基础水平度在设计范围内，通过修复，满足风电机组运行要求，消除风电机组运行隐患。

6.4　处理措施及流程

现以陆上风电机组基础开裂严重问题为例，处理的具体措施及流程如下：

（1）回填土开挖 50cm，便于基础侧壁取芯及基础加固施工作业，如图 1 所示。

（2）确认通注浆孔位置，通过混凝土三维超声断层扫描检测确定灌浆孔位置（注：避免钻芯伤到基础钢架结构）。

（3）根据基础混凝土开裂翻浆情况，对开裂翻浆部位钻取灌浆孔，通过钻浆孔，检查基础内部开裂情况，同时择取基础开裂位置确定灌浆孔。

（4）清洁空腔，使用高压水枪清洁基础开裂内腔，清除内部混凝土残渣、泥土等杂质，确保空腔内部清洁。

（5）空腔抽水干燥，将冲洗的基础空腔污水及杂质抽取排出空腔，并干燥基础空腔，确保基础空腔清洁、干燥，如图 2 所示。

图 1　回填土开挖

图 2　烘干机控干实物图

（6）水平度测量，准确判断出基础环倾斜的方向。综合现场损伤观测及水平度测量分析结果，确定基础顶升最低点及需安设千斤顶顶升部位。

（7）风力发电机组人工纠偏先调整机舱方向，使基础环水平度偏差在稍小范围内，做好水平测量记录。在风力发电机组塔筒内部基础环下放置千斤顶。利用千斤顶将下沉一侧的基础环和塔筒顶起实现纠偏目标，风力发电机组人工纠偏分多次进行，支顶时千斤顶同时均匀施力，基础环水平度达到偏差范围内（≤3mm）时，调整完毕。

（8）调配灌浆材料，按照灌浆材料进行专业配比，调配完成后，调整灌浆设备灌浆压力，使用灌浆设备将灌浆材料注入基础空腔。

备注：灌浆材料采用环氧树脂。合格的材料，各项参数标准应符合现场施工要求，抗压强度大于或等于 65MPa，抗拉强度大于或等于 30MPa，受拉弹模大于或等于 2500MPa，抗弯强度大于或等于 45MPa，伸长率大于或等于 1.2%。

（9）基础表面凿除，使用凿毛机或电镐对风力发电机组基础内外表面进行全面凿毛，凿除至原基础保护层厚度。

(10) 基层清理，并执行表面裂纹再次修复；凿除表后将松动的混凝土进行剔除，并采用高压水枪冲洗干净。

(11) 焊接栓钉，竖向植筋。基础环内外植筋间距小于或等于 500mm，梅花形布置。采用 ϕ12 螺纹钢筋，长度为 500mm，植入深度为 250mm。再布置径向间距为 400mm，并预留不少于 30mm 保护层厚度，对基础环内外壁进行栓钉焊接。栓钉间距小于或等于 200mm，梅花形布置，竖向布置共三层，如图 3、图 4 所示。

图 3　梅花形布置图

图 4　竖向布置图

(12) 植筋和支模板，采用高压水枪冲洗表面并干燥，喷涂界面剂，基础环内外再浇筑 300mm 厚超高性能混凝土（注意：控制入模温度及水化热，里表温度、表面及气温温差）。完成后需要进行养护。地面压光后及时采用薄膜进行覆盖，保持湿润，养护时间不少于 3d，养护期间不允许压重物和碰撞。

(13) 塔筒沉降、基础水平度测试。通过设备测量风力发电机组所有观测点的沉降量，沉降差控制倾斜率为 0.3%。除进行沉降观测外，还应观测基础环水平度偏差，保证施工后，基础环水平度偏差满足 2mm 的设计要求。

(14) 防水施工。

1) 表面处理，清除原有的失效防水体系，采用手动和电动工具对基础环表面进行打磨除锈，即无油脂、浮锈、污物、氧化皮、沙粒、灰尘、杂物等；并对周边的基础混凝土进行清理，表面无污物、沙粒、灰尘、杂物等。

2) 选用优异的防水材料，防水材料应具有良好的可塑性（具有一定弹力，抗撕拉能力）、附着力好（满足与碳钢、混凝土间良好的附着力）、较强的环境适应力（可耐酸、碱、盐腐蚀），同时具有长效的保护周期。

3) 涂刷涂料底涂，基础环表面清理达标后，将"多元共聚"涂料底涂按甲乙组分三比一的比例混合均匀后，在基础环表面与风力发电机组基础混凝土待施工表面涂刷。基础环上涂层宽度约为 70mm，基础混凝土上涂层宽度约为 120mm。涂刷需均匀一致、整齐美观，无漏涂、流挂等现象。

4) 注入聚氨酯密封胶，采用专用缝隙注胶枪将西卡聚氨酯密封胶注入基础环与基础混凝土之间的缝隙，确保缝隙注入的粘弹体密封胶连续、饱满，沿塔筒底部一周，形成完整密封层，阻止空气、水分、杂质进入。

5) 涂刮涂料面涂，将"多元共聚"涂料面涂按甲乙组分三比一的比例混合均匀后，均匀涂刷在已经刷过底涂的基面上。在涂刷过程中，应横竖刷两遍，确保无漏刷基面。有细小裂缝的可先用底涂刷一遍；较宽裂缝应先进行修补，再按照上述步骤进行施工。（注意：面涂施工因在底涂基本凝固干燥后进行，同样需要注意防雨）

（15）安装在线振动检测设备，保证设备修复后监测风力发电机组运行情况是否存在振动异常等。

（16）竣工验收，施工完毕后进行验收工作，要求施工过程及质量严格按照方案施工执行，施工后起到基础恢复效果达到工艺质量要求。

7　结论

基础开裂问题通过修复后，修复效果明显，加固后满功率运行各项数据及基础状态正常。现场定期开展基础巡视工作观察机组运行情况，同时通过在线振动监测设备，每日对数据进行分析，保证设备安全持续运行。

8　建议

（1）每月对风力发电机组基础进行排查，留存图片资料，开展对比、分析，做到基础变化、防水情况有迹可查。

（2）每年开展塔筒垂直度、基础沉降观测，发现异常则加大观测频次，同时开展专项检测。

（3）对可疑、塔筒晃幅偏大的机组安装塔筒健康在线监测系统，实现基础安全预警和健康管理。

（4）基础加固运行 1 年开展后评估，检测、评估基础运行状况，验证加固效果。

（5）根据防水材料性能及密封效果，推荐每五年进行防水带移除重做，雨水无法进入基础结构内部，就可以控制基础缺陷的发生和扩展。

（上接 67 页）

1）对于已经开裂的部位，用高强度焊材进行补强焊接，采用技术方法增强焊缝的强度，同时对四个方向都要进行焊接，这样可以解决短期机组不能运行的问题。

2）从长期来看，要从根本上解决问题，还需要对原结构进行优化改造，以使此类问题不再出现。

（2）主轴支撑座附近主机架裂纹，依据此部位的受力特点及类似机组出现问题的普遍出现，建议加强场内所有机组此部位的日常巡检，一有发现裂纹应及时进行修复，做到"早检测、早发现、早修复"，以确保机组安全运行。

（3）齿轮箱附近主机架裂纹初步判断为工厂焊接缺陷引起的偶发性裂纹，应对其他同类机组此部位进行抽检，以确定是否为偶发性裂纹。若其他机组未发现相同裂纹，则只需对此机组裂纹进行焊接修复即可。

5　结论和建议

机组底架开裂，究其原因，是设备工艺存在缺陷，再加上机组运行时间长，日常检修维护工作处理不到位，导致机组底架开裂问题频发，属于批量性问题；焊接修复后，要加强对机组底架的巡检工作，日常维护检修时，认真完成每项工作，不可疏忽大意，避免此类问题发生，保证机组安全平稳运行。

风电机组螺栓状态无损检测方法分析与比较

王生润

（国家电投东北新能源发展有限公司）

摘　要： 螺栓作为风电机组连接各部件的关键固件，其状态将直接影响风电机组的安全生产。由于长时间运行，螺栓应力变化及环境影响导致螺栓会出现松动、破损、断裂、变形等各种异常状态，需要定期对螺栓状态进行监测。本文分析了常用的螺栓状态监测方法，并对不同的检测方法进行了分析对比，得到不同检测方法的特点，为风电机组螺栓状态检测方法的选择提供了参考。

关键词： 螺栓；无损检测；超声波；探伤

1　概述

风电机组主要部件包括叶片、机架、塔筒、主轴、轮毂等，螺栓是连接风电机组各部件的关键零件。由于风电机组螺栓特别是叶片处轮毂的螺栓长期工作在野外恶劣环境下及复杂工况下，导致螺栓处于温度变化大、负荷及应力交变工作状态，极易发生松动、断裂等故障。严重的螺栓故障将会直接影响机组的安全生产，据统计，叶片掉落的主要原因就是轮毂出现螺栓松动和断裂。螺栓故障如果不能及时发现和处理，极易导致故障的恶化，进而影响风电机组其他部件的负荷平衡问题，甚至出现倒塔等严重安全生产事故。因此，需要对螺栓的状态及松动情况进行定期检测，保证结构的安全有效运行，避免安全隐患。

2　常用螺栓状态检测方法分析

由于风电机组螺栓工作环境的特殊性及测量条件的限制，对螺栓状态进行监测只能采用无损检测的方法。

2.1　压电阻抗法

压电阻抗技术是将压电材料（PZT）紧贴在螺栓的端面，当螺栓结构损伤时会改变结构的机械阻抗，当给粘贴在压电材料基体上的 PZT 施加交流电场时，由于 PZT 的机电耦合效应，PZT 产生电响应。对比结构在无损伤时 PZT 的电阻抗谱，能够明确结构损伤的演化状况，识别损伤，从而实现对结构健康状态的监测。

2.2　射线检测法

射线利用 X 射线、γ 射线穿透被检螺栓，当射线在穿透物体的过程中会与物质内部结构发生相互作用。如果被螺栓内部存在裂纹、断裂等缺陷时，射线传播过程中产生的衰减与正常螺栓衰减系数不同。

2.3　电阻应变片法

在螺栓上贴上应变电阻，当螺栓发生松动等异常情况时，螺栓所受应力与正常工况下的应力不一致，将导致应变电阻阻值的变化。通过比较正常工况与异常情况下的应变电阻阻值变化规律，可以判别螺栓松动等状态。

2.4　超声波法

超声波检测基本原理是超声波在介质中传播时，由于介质的变化会使超声波信号发生反射、折射等。对于探伤系统而言，超声波在被检测对象内部传播时，由于缺陷处的传播介绍发生变化，缺陷特征就会以回波信号的形式反应，通过对缺陷信号的分析、识别、判断来实现无损探伤。

相对于其他常用检测方法，超声波穿透力强，自身能量高，传播方向性好。风电机组螺栓扭矩大、直径粗，超声波在这样的结构中进行传播时，螺栓裂纹，松动等状态对超声波传播特性的改变更明显。超声波用于风电机组螺栓状态检测可以获得更明显的特征信号，同时超声波检测的显示是以波形的状态直接呈现，具有更高的分辨率和可靠性，可以提高螺栓缺陷类型探测的准确性，因此，利用超声波作为传感器对风电机组螺栓状态进行监测是目前常用的选择。

3　基于超声波的螺栓状态检测方法分析

超声波检测方法分类众多，螺栓状态检测常采用方法按照原理来区分一般有超声波检测方法的穿透法、能量法、脉冲发射法等。

穿透法采用一发一收双探头进行探伤，一个探头作为发射探头在螺栓的一端发出超声波信号，另一个探头作为接受探头在螺栓的另一端接收回波信号。当螺栓内部存在裂纹等缺陷时，其超声波的穿透能量将下降，通过能量检测来判断被测物体是否存在缺陷。

能量法是指随着螺栓链接预紧力的变化，超声波透过接触面时能量会随着预紧力的变化而发生变化，通过检测超声波能量的变化来判断螺栓链接的状态。超声波在螺栓链接接触面的传播机理，预紧力越大，超声波通过接触面向外扩散能量越多。通常该方法用于螺栓预紧力的检测。

脉冲反射法是指通过超声波探头发出超声波信号，信号在螺栓内部通过缺陷及表面时会发生发射折射，螺栓的连接状态会以回波信号的形式反应在时间轴上，若螺栓因内部缺陷导致连接失效，则缺陷处会反射回波信号；若螺栓因为松动导致连接失效，螺栓松动时预紧力变化明显，螺栓会出现伸缩现象，也可以通过底面反射的回波来判断连接的状态。

根据探头数量区分超声波检测方法又分为单探头、双探头、相控阵探头等。单探头结构简单，一个超声波探头通过时序控制既作为发送探头又作为接收探头，一般用于螺栓松动和探伤。双探头采用一发一收双探头进行探伤，超声波信号强度及分辨率较单探头更强。相控阵探头使用多个超声波探头，组成相控阵，根据相控阵雷达原理进行探伤，可以准确定位螺栓内部缺陷位置及缺陷类型。

超声波类型又分为纵波、横波和表面波，纵波直探头检测方式直接贴在检测对象表面，常用于检测垂直于接触面的内部缺陷；横波斜探头常用于检测缺陷与接触面呈一定角度的情况。

4　风电机组螺栓状态检测方法分析与比较

风电机组内部连接部件较多，不同部件连接螺栓类型，尺寸均不一致。以某 1.5MW 机组为例，其不同部位使用的螺栓尺寸见表 1。

表 1　　　　　　　　　　　　　　　　不同部位使用的螺栓尺寸

螺栓部位	螺栓类型	螺栓尺寸
变桨轴承内圈螺栓	外六角螺栓	M30×240mm
偏航轴承与底座连接螺栓	外六角螺栓	M30×290mm
主轴与定子支架连接螺栓	外六角螺栓	M30×170mm
主轴与机舱底座连接螺栓	外六角螺栓	M36×300mm
30m 塔筒法兰螺栓	外六角螺栓	M42×220mm

对于不同螺栓状态的监控，根据其位置不同、型号不同，以及要求检测的参数不同，可以选择不同的超声波检测方法。

4.1 基于脉冲反射法单探头的螺栓探伤测试

基于脉冲反射法单探头通常可以对螺栓内部是否有损伤进行探测，根据回波的能量大小和延迟时间，可以基本确定螺栓内部的缺陷大小和大概位置，但是精度一般相对较低。根据风电机组螺栓材料的要求及超声波传播特性，探头中心频率为 2.5MHz，尖脉冲激励重复发射频率为 400Hz，尖脉冲峰值电压一般选择 150V 以上，脉冲宽度为 600ns 左右。分别测试 24cm 有伤螺栓、24cm 无伤螺栓、10cm 有伤螺栓、10cm 无伤螺栓及 42cm 无伤螺栓。正常螺栓与有缺陷螺栓对比如图 1 所示。

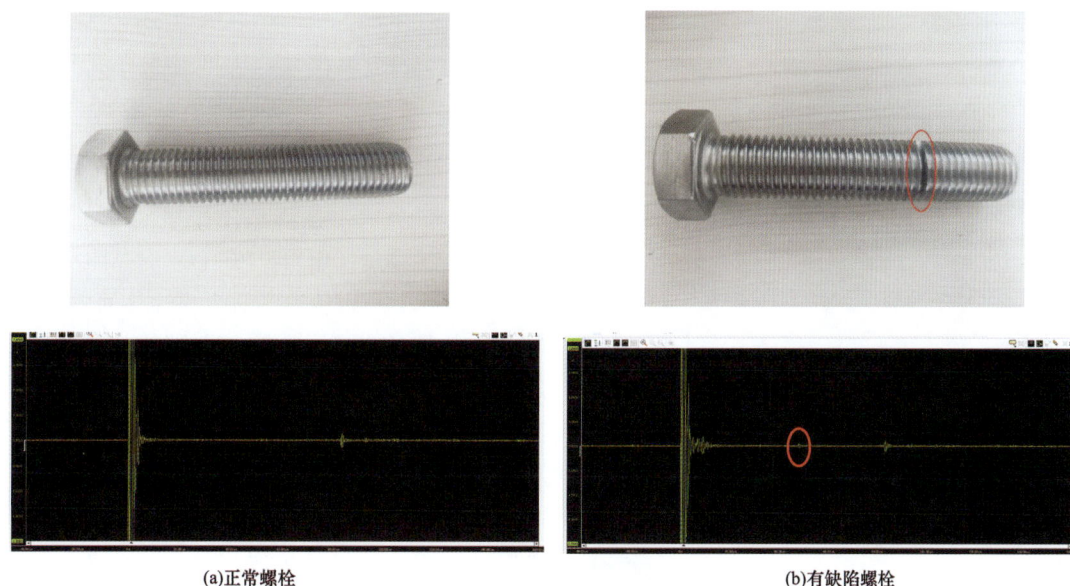

(a)正常螺栓   (b)有缺陷螺栓

图 1　正常螺栓与有缺陷螺栓对比

分别对正常螺栓和有缺陷的螺栓进行超声波脉冲反射测试，观察其回波信号，发现正常螺栓只是在底面附近处看见回波，而具有缺陷的螺栓在底面回波和激励波之间发现了缺陷回波。根据回波时间及能量大小基本能确定缺陷的位置和严重程度，但是该方法相对精度较低，无法区分缺陷类型。

4.2 超声波测量螺栓轴向应力测试方法

通过对螺栓内部声波的传播速度的测量进而来测量其内部轴向应力。在紧固件的屈服强度内，其长度伸长量与所受的轴向紧固力成一定的线性比例关系，而紧固件内部的轴向应力与其长度的伸长量的比值为特定的常数，即弹性模量，通过声弹性理论知识可知，相关螺栓内部声波的轴向传输速度与其所受的轴向应力有关，从而可得出螺栓所加载的轴向力的载荷。

目前利用超声波测试螺栓轴向应力的仪器比较常用的是 BoltMikeⅢ型超声螺栓轴向应力检测仪，该检测设备是美国 StressTel 公司生产研制的一种螺栓应力检测仪。该仪器事先对未施加应力的螺栓利用单探头测量其长度，然后在机组上测试加载了确定紧固力的螺栓长度。根据螺栓材料特性，超声波声弹传播特性及温度特性，可以计算得到螺栓紧固程度。

4.3　超声波相控阵螺栓测试方法

超声相控阵是一种将相控阵理论与传统超声检测结合起来的新技术，其原理与相控阵雷达相似。超声相控阵检测系统具有多个独立的压电晶体换能器形成阵列，实现超声波的发射与接收。根据声波的干涉理论，通过控制各个阵元激发相同频率超声波的幅值或相位，可以在空间中形成稳定干涉声场。超声相控阵检测技术一般通过相位控制的方法来形成无损检测所需的干涉声场。各个阵元接收到的超声回波，按照与发射延时相反的接收延时叠加合成，最终得到完整的被测螺栓内部缺陷的 3D 模型，可以更精确定性、定位缺陷。

SLY - 3D01 型螺栓裂纹检测仪是一种用于螺栓裂纹检测的专用仪器，该仪器使用相控阵 3D 实时超声成像技术，可以快速实时生成螺栓的内部 3D 图形并标示螺栓内部缺陷，适用于中、大型螺栓或销钉的在线无损检测。

由图 2 可以看到，利用超声波阵列可以对螺栓内部缺陷的情况进行 3D 成像，可以对缺陷的位置、缺陷类型、缺陷严重程度做出比较准确的诊断，为后续的运维工作提供较好的数据支持。但是使用该方法的设备一般比较复杂昂贵，同时无法对螺栓紧固力等

图 2　相控阵超声波缺陷测试

其他参数进行测量。

5　结束语

超声波无损检测更适合锻件检测，其检测效率高，能够同时检测结构表面及内部损伤。常规无损检测方法一般只能检测特定的结构缺陷，而超声波的强穿透性决定其能够检测结构内部特殊部位的缺陷。本文通过比较各种无损检测方法在风电机组螺栓状态检测的应用，分析各种检测方法原理、特点及应用情况，对风电机组螺栓状态检测与运维方法的选择上提供相应参考。

风电机组叶片高强度连接螺栓断裂原因分析

张曜野， 贾震宇

（国家电投集团湖北新能源有限公司 生产技术部）

摘　要： 对断裂的螺栓进行化学成分分析、强度测试、断面分析后，判定此高强度螺栓为腐蚀疲劳断裂，其主要原因为工作环境较为恶劣，其次为材料存在太多氧化钛夹杂，增加了材料脆性，降低了材料的腐蚀疲劳性能。对损坏的螺栓及其周边螺栓进行了更换，并提出后期维护建议，以确保机组安全稳定运行。

关键词： 风电机组；叶片；高强度螺栓

1　概述

某风场已投运 12 年，值班员在全场巡视过程中，听到 3 号风电机组轮毂内传出异响，随即停机对轮毂进行检查。检查发现轮毂与叶片的连接螺栓断裂一根并掉出，螺栓螺纹部分断裂遗留在叶片螺孔内。检查该机组其他叶片螺栓均未发现松动迹象。将遗留叶片孔洞内的断丝取出并更换新螺栓后，并以断栓为中心，更换其左右各 4 颗螺栓。后续对该风电场所有机组叶片螺栓进行了专项排查，未发现有其他螺栓断裂、松动现象。

2　叶片连接螺栓断裂的常见原因

风电机组在运行过程中，风能带动叶片旋转将其转化为动能，通过叶片根部将动能传给风力机转子，带动发电机发电。叶片根部是重要的连接部位，在能量转化中起着关键作用。叶片工作时，根部承受着复杂的剪切、挤压、弯扭载荷组合作用，极易出现叶片连接螺栓疲劳断裂，据前期对同类型问题的调查分析，造成叶片螺栓断裂的可能原因有以下几种。

2.1　螺栓预紧力不满足要求

螺栓在安装、维护过程中，紧固力矩过大或者过小将影响螺栓的使用寿命。预紧力过大，可能造成螺栓拉伸应力超过螺栓材料屈服强度极限，产生塑性变形，甚至断裂。预紧力过小，将增加螺栓疲劳载荷循环幅值（连接件在工作载荷作用下产生分离，降低连接体的刚度），降低螺栓与连接件之间的摩擦力，使得螺栓连接副达不到设计要求的锁紧功能，在工作载荷作用下，螺栓连接件之间产生相对运动，使螺栓承受额外弯矩、拉伸和剪切等复杂的交变载荷，加剧螺栓的失效。

2.2　螺栓松动

螺栓松动也会增加螺栓的疲劳载荷，降低螺栓使用寿命。叶片在运行过程中，变桨、阵风、风切变等因素将使叶片螺栓受到冲击、振动等交变载荷，因此叶片在运行一段时间后，不可避免地出现连接螺栓松动，也会增加螺栓的疲劳载荷，降低使用寿命。

2.3　螺栓质量不合格

叶片螺栓质量问题通常表现在内部缺陷及外部损伤。正常叶片螺栓硬度应达到 10.9 级，芯部要求材质为 90% 以上回火索氏体＋回火托氏体，且表面无明显脱碳现象。如果螺栓本身出厂质量达不到要求，在后期运行中极易导致断裂。另外，螺栓外部存在损伤，也是导致断裂的主要原因，例如螺栓锈蚀。螺栓锈蚀主要源于施工阶段螺栓、螺牙表面防腐层与局部机体受损，降低了螺栓整体抗腐蚀能力，长时间运行就会在机体受损处出现锈蚀，并进一步形成裂纹源，造成螺栓的疲劳断裂。

3　风电机组叶片高强度螺栓断裂原因分析

3.1　基本概况

该风力发电场已投运 12 年，该风电场机组使用的叶片螺栓规格为 M30，强度等级为10.9级。

3.2　理化检测

3.2.1　断面分析分析

1. 宏观分析

螺栓在齿根处出现断裂，颜色呈灰黄色，断面锈蚀较严重，边缘有磨损现象，中间有轻微纹路。断面存在严重氧化腐蚀现象，断裂源附近为变形组织，如图 1 所示。

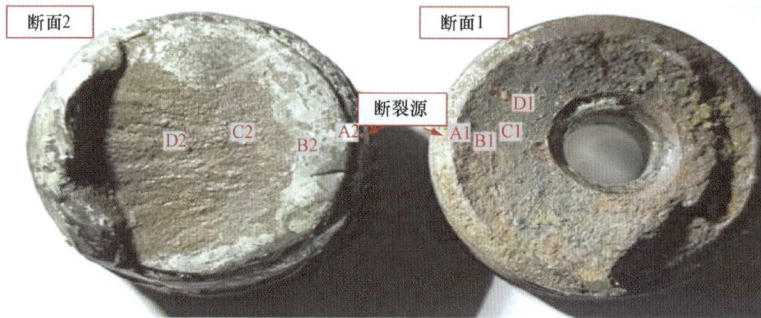

图 1　宏观形貌

2. 电镜（SEM）分析

采用扫描电镜对螺栓断口裂纹微观形貌进行检测分析，断面表面主要呈氧化覆盖形貌，如图 2 所示。

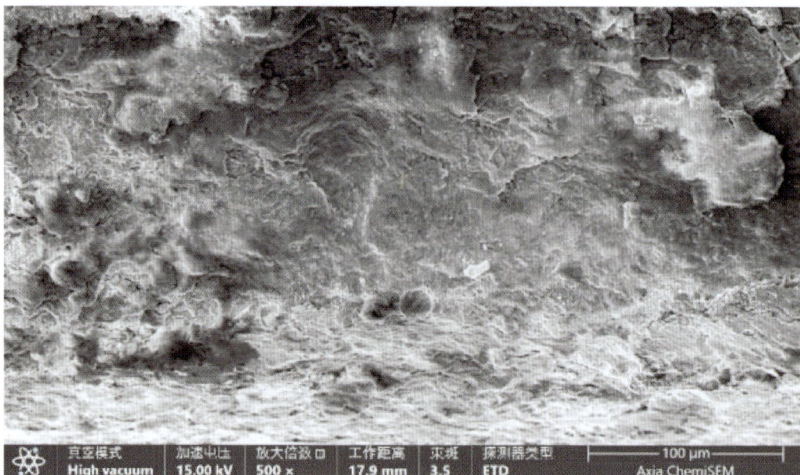

图 2　微观形貌

3.2.2 化学成分分析

经能谱分析知，断面有 O、S、Cl 等腐蚀元素，螺栓存在较多氮化钛夹杂，增加材料的脆性。

3.3 安装与维护影响

经检查确认，该风电场叶片螺栓均按照设计和工艺要求进行安装，并按照半年一次的频率进行维护，紧固力矩、安装工艺、维护方案均符合技术要求，可以排除安装及维护原因导致叶片螺栓断裂。

3.4 结论

判定此高强度螺栓为腐蚀疲劳断裂，其主要原因为工作环境较为恶劣，其次为材料存在太多氧化钛夹杂，增加材料脆性，降低了材料的腐蚀疲劳性能。

4 处理措施及后期维护建议

4.1 处理措施

出现叶片螺栓断裂后，应及时更换断裂螺栓，以避免其他螺栓继续断裂，处理方法主要有 2 种，一是就地在风力发电机组上将损坏螺栓取出，以断栓为中心左右各 4 颗螺栓完成更换；二是使用吊车将整个叶片吊下，重新进行叶片安装，并更换所有根部螺栓。目前现场多采用第 1 种方法处理叶片螺栓断裂问题，但采用第 1 种方法后，需进行持续观察，如仍多次出现断裂现象，则需采用第 2 种方法。针对本次螺栓断裂，采取了第 1 种方法进行处理，对损坏的螺栓及其相邻的螺栓进行了更换。

截至目前，螺栓更换后风电机组运行正常，再未出现螺栓断裂情况。

4.2 后期维护建议

风力发电机组的日常维护与故障处理是保障风电机组可靠运行，降低大型维修成本、延长机组使用寿命的重要技术手段，针对出现的叶片螺栓断裂事件，在后期维护中还需做到以下几点。

(1) 定期对全风电场叶片螺栓力矩进行检查，发现问题及时处理。

(2) 每年对螺栓力矩定期检查时，应严格按照厂家力矩值要求进行。

(3) 定检工具要按时进行力矩校验，特别是力矩扳手和液压站。

(4) 严格按照厂家维护手册规定周期进行力矩维护。

以上对风电机组高强度连接螺栓断裂进行了初步探讨，以后在工作中要善于总结、思考，善于提出问题、分析问题、解决问题，加强日常巡检及定检工作，降低风力发电机组的故障频率以及重复性故障问题，为风力发电机组经济可靠运行提供保障。

风电机组机舱底架开裂问题的处理与预防

摘　要： 机舱底架是风电机组的重要组成部分，三一 1.5MW 机组采用的是多部位焊接的结构，实现将机舱各部件（包括主轴系统、齿轮箱、发电机系统、偏航系统、液压系统及其他部件）连接成整体，实现机组发电功能；且在能满足载荷要求的情况下，自重比较重。

关键词： 三一 1.5MW 机组；机舱底架；开裂

1　引言

新华风电场 A、B 两期风力发电机组为 66 台三一 SE8715 型机组，2016 年投产并网运行，至今已运行 5 年。随着机组运行时间的增加，设备逐渐老化。设备工艺缺陷、运行环境恶劣等问题，使个别机组出现机舱底架开裂现象。机舱底架作为发电机组的重要组成部分，底架的整体性能和可靠性会直接影响整机的性能和可靠性，机舱底架开裂轻则机组报出振动超限故障，重则会出现倒塔事故，对风电场造成一定的经济损失。此机型机组属于三一旧机型，底架采用焊接结构，为满足客户需求，目前市场上三一新机型均采用铸造底架，整体性能和可靠性会比焊接底架好很多，有效地提高了机组运行时的安全系数。

2　机舱底架结构介绍

机舱底架是风电机组的重要组成部分，采用多部位焊接的结构（内外两个立板、三个横梁，两个工字梁及两个减振支架）。底架是连接塔筒和机舱的关键部位，在整个机组中占着不可或缺的地位，使各部件得到合理的装配，而且能满足载荷要求，保证机组在发电时安全平稳的运行。底架结构示意图如图 1 所示。

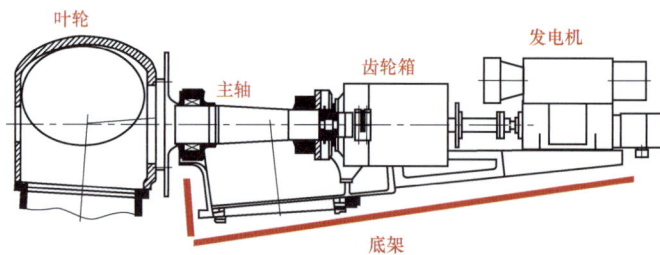

图 1　底架结构示意图

3　底架开裂原因分析及优化方案

3.1　底架开裂发生概况

随着机组运行时间的增加，设备自身工艺的缺陷，大风季节较多，风向变化频繁，机组产生晃动不可避免，底架各部位焊接处出现不同程度裂缝，在小风天气下，不影响机组正常运行，但是也存在安全隐患，大风时由于机组会产生晃动，底架开裂严重的机组，会报出振动超限故障，不能满足发电需求。

3.2 原因分析与诊断

3.2.1 偏航刹车与主机架连接部位

本机组偏航刹车机构为盘式液压刹车，裂纹部位为偏航刹车液压设备与主机架的连接结构件，起制动连接作用，在偏航刹车时可减小由机舱偏航引起的叶轮振动，保护机组安全及延长机组寿命。此部位裂纹缺陷使偏航刹车作用减弱或失效，严重危及机组安全，缩短机组寿命。前期对此部位的焊接修复采用二氧化碳气体保护焊工艺，此种工艺焊接线能量较高，易产生焊接缺陷，导致焊缝质量不佳。同时，焊接过程一味追求焊缝厚度，使焊缝部位形成隆起，造成焊缝与母材在熔合线处形成应力集中，在偏航刹车过程中易产生裂纹。偏航刹车与主机架连接部位裂纹如图 2 所示。

图 2　偏航刹车与主机架连接部位裂纹

3.2.2 主轴支撑座附近主机架裂纹

主轴支撑座附近是整个主机架受应力最大的部位之一，此部位在各主机生产厂家的各种机组中均会出现裂纹，属于易发裂纹。此部位主要作用为固定主轴前端，承载叶轮转动时传导至主轴的重力与振动，是非常重要的风电机组结构件之一。由于此部位承受应力水平较高，若出现裂纹，裂纹扩展速度会比较快，同时裂纹深度也比较深，裂纹若不及时消除，会加重叶轮及主轴在运行时的振动，危及整个机组的安全运行。造成此类裂纹的原因有主机架强度原因、结构原因、机组运行振动因素等。主轴承支撑座附近主机架裂纹如图 3 所示。

3.2.3 齿轮箱附近主机架裂纹

此部位位于齿轮箱侧下方，为由主机架水平面延伸向内焊接的一块斜板，是主机架单侧独有结构。焊缝为工厂焊缝。经现场勘察，开裂部位焊缝下凹，焊接时未盖面，裂纹位于工厂焊缝熔合线上，应属于焊缝缺陷引起的裂纹。此裂纹应属偶发性裂纹，现场焊接修复即可。齿轮箱附近主机架裂纹如图 4 所示。

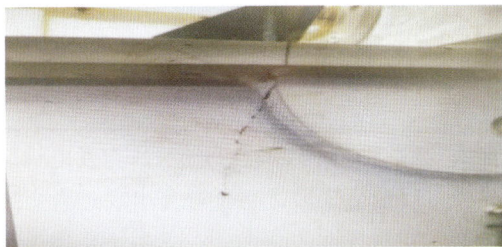

图 3　主轴支撑座附近主机架裂纹

图 4　齿轮箱附近主机架裂纹

4　裂纹修复处理建议

（1）偏航刹车与主机架连接部位裂纹主要原因为主机厂设计缺陷所致，偏航刹车部位所受应力极大，应采用铸造的方式与主机架一体成型，不应采用斜板焊接结构。因此，对于采用斜板焊接结构的机组，建议分以下两步进行修复。

（下转 58 页）

风力发电机组叶片连接螺栓断裂原因及处理措施

李军， 张尚军

（五凌电力有限公司新能源分公司）

摘　要： 某风电场在进行风电机组定期巡检时发现叶片连接螺栓存在断裂情况，从螺栓的断面分析，螺栓的断面较为平整，疲劳贝纹线较为明显，裂纹源、裂纹扩展区、瞬断区都较为明显，不同区域因为开裂的时间的先后也呈现出不同的锈蚀程度，属于典型的疲劳断裂失效形式。全场排查后发现多台机组存在此问题，因此对所有机组进行了叶片连接螺栓的整体更换，原力矩法紧固方式改为拉伸法紧固。

关键词： 风力发电机组；叶片连接螺栓断裂

1　概述

某风电场安装有 23 台双馈型风力发电机组，单机容量为 2200kW，在进行风力发电机组定期巡检时发现一只叶片连接螺栓出现断裂，断裂位置在螺母处，巡检人员在基础周围寻得掉落的螺母。随后组织主机厂家进行全场排查，发现其他机组也存在类似故障，在得到有效处理之前累计出现叶片螺栓断裂共 9 台次。本文针对风电机组叶片螺栓断裂原因进行分析，并提出处理措施及后期维护建议。

2　叶片连接螺栓断裂故障常见原因

风电机组在运行过程中，开顺桨、阵风、风切变等因素都可能导致叶片根部螺栓受到冲击、振动，形成交变载荷，长时间运行后，极易出现叶片螺栓疲劳断裂，根据前期对同类型问题的调查分析，造成叶片螺栓断裂的可能原因有以下几种。

2.1　螺栓存在质量缺陷

叶片螺栓质量问题通常表现在内部缺陷及外部损伤。M36X518 叶片螺栓硬度应达到 10.9级，螺栓楔负载应大于或等于 850kN，拉伸强度大于或等于 1040MPa，屈服强度大于或等于940MPa。螺栓本身出厂质量达不到要求，在后期运行中极易导致断裂。

2.2　螺栓预紧力力矩不满足要求

叶片连接螺栓安装时应严格按照《现场机械安装工艺》以及 GB/T 19568《风力发电机组装配和安装规范》执行，现场安装及后期维护中应严格按规定力矩值进行，避免出现过力矩或欠力矩。过力矩会导致螺栓应力强度下降，甚至在力矩维护中发生直接断裂；欠力矩长期运行会导致螺栓松动，叶片振动加剧，造成叶片断裂和叶片变桨轴承与轮毂法兰接触面间隙变大等问题。

2.3　设计强度不满足要求

风力发电机组设计叶轮系统载荷计算结果与实际工况存在差异，机组运行时叶轮旋转产生的扭转力超过螺栓设计强度极限，在运行中也易出现断裂。因此主机厂家在对风电机组进行载荷计算、仿真时应根据所在风电场围观选址数据做复核，不同的风电机组开发平台对设计有较大影响。如果风电机组载荷分布不均匀，对叶片螺栓的强度有很大影响，正常运行时叶片受力全部集中在叶根连接螺栓，面对山地风场出现的湍流、强阵风等极易造成螺栓断裂。

2.4 安装过程控制不满足要求

安装过程控制主要是叶片连接螺栓螺纹处润滑剂（二硫化钼）涂抹不到位。按要求螺栓润滑剂应全涂抹，如果润滑剂涂抹不规范，会导致螺栓扭矩系数偏差，进一步造成预紧力的不一致与不均匀，最终导致螺栓断裂。

3 原因分析与诊断

3.1 叶片连接螺栓断裂理论分析

针对风力发电机组叶片连接螺栓断裂问题，委托第三方检测机构对螺栓化学成分、力学性能等进行了相关检测，检测结果如图1～图3所示。通过数据可以看出受检螺栓符合技术指标。

化学成分			
检验项目	检验标准	技术指标	检验数据
C(%)	GB/T 4336—2016	0.38~0.45	0.40
Si(%)	GB/T 4336—2016	0.17~0.37	0.28
Mn(%)	GB/T 4336—2016	0.50~0.80	0.74
P(%)	GB/T 4336—2016	≤0.020	<0.010
S(%)	GB/T 4336—2016	≤0.020	<0.008
Cr(%)	GB/T 4336—2016	0.90~1.20	1.08
Mo(%)	GB/T 4336—2016	0.15~0.25	0.19
结论	以上所检项目符合GB/T 3077—2015中42CrMoA标准。		

图 1   断裂螺栓化学成分检测结果

检查依据			t							
检验项目		技术指标	检验结果							
			1	2	3	4	5	6	7	8
螺栓机械拉伸试验	屈服强度 $R_{p0.2}$(MPa)	—	1000	—	—	—	—	—	—	—
	抗拉强度 R_m(MPa)	—	1094	—	—	—	—	—	—	—
	断后伸长率 A(%)	—	16.5	—	—	—	—	—	—	—
	断面收缩率 Z(%)	—	56	—	—	—	—	—	—	—
−40℃螺栓冲击功(J)		—	71.0	72.0	73.0	—	—	—	—	—
螺栓表面硬度（HV）		—	354.1	—	—	—	—	—	—	—
螺栓芯部硬度（HV）		—	350.3	—	—	—	—	—	—	—
螺栓硬度差（HV）		—	3.8	—	—	—	—	—	—	—

图 2   断裂螺栓机械拉伸实验结果

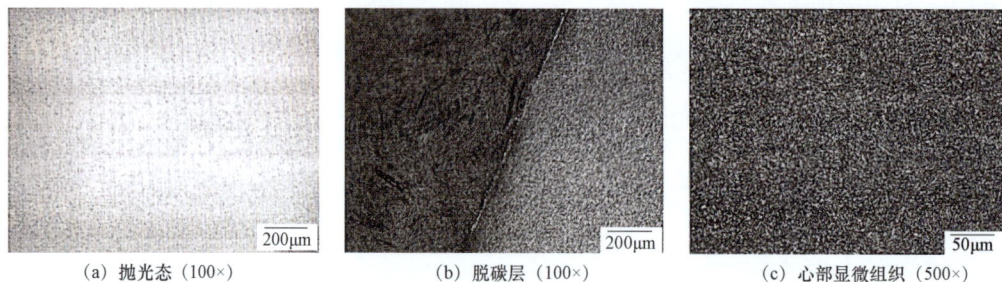

(a) 抛光态（100×）	(b) 脱碳层（100×）	(c) 心部显微组织（500×）

图 3　镜检结果

3.2　叶片连接螺栓断裂现场分析

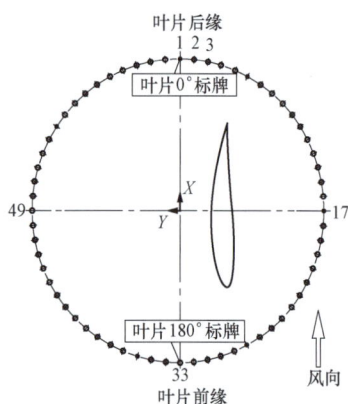

图 4　螺栓编号规则

注：1. 从叶根往叶尖看，目前状态：
　　　停机，顺梁。
　　2. 叶片处于 Y 形，此叶片为 Y 形
　　　中竖直的叶片。

巡检发现的 3 台风电机组叶片连接螺栓断裂在叶片的第 35 号螺栓至 39 号螺栓位置，该位置正处于叶片前缘。正常运行时叶片受力全部集中在叶根螺栓，叶片展开时，在其 0°和 180°位置叶片螺栓受力最大，因此螺栓断裂部位多发生在 180°位置。螺栓编号规则如图 4 所示。

从螺栓断面的失效形式上看，与螺栓在低应力下的失效形式比较接近，可以判断失效螺栓的预紧力不足。

螺栓预紧力不足基本上是因为螺栓力矩未打到位。螺栓预紧力越小，当叶根外载到一定程度以后，相同的外载变化，引起的螺栓上的应力变化越大，也就是相同的叶根疲劳载荷，螺栓所受的疲劳载荷会越大，因此螺栓的疲劳寿命会大大降低，从而导致断裂。

螺栓断裂的位置为螺栓与六角螺母或者叶片内部圆螺母配合的第一个螺牙处，即螺栓受载最大区域。从螺栓的断面分析，螺栓的断面较为平整，疲劳贝纹线较为明显，裂纹源、裂纹扩展区、瞬断区都较为明显，不同区域因为开裂的时间的先后也呈现出不同的锈蚀程度，属于典型的疲劳断裂失效形式。叶片连接螺栓断裂形貌如图 5 所示。

图 5　叶片连接螺栓断裂形貌

3.3　发现螺栓断裂故障后的排查

巡检发现叶片连接螺栓断裂后应第一时间对风电机组进行全面检查，变桨轴承与叶片连接 A/B/C 三个轴所有螺栓用敲击方法对螺母进行敲击，听声音辨别有异常声响则有断裂倾向，由此判断该机组内是否还有其他螺栓存在裂纹未断开情况。单台机组排查完毕后应对全场其他机组进行一次排查，对排查到出现类似问题的机组首先停运处理，防止隐患扩大。

3.4　叶片连接螺栓断裂处理措施

（1）发现螺栓断裂后预紧该台风力发电机组三支叶片的所有螺栓。

（2）发现螺栓断裂后为保证风力发电机组安全应将风力发电机组停运。

（3）应更换断裂螺栓本身和左右 4 颗共 9 颗螺栓。

（4）若风电场 20％以上风力发电机组出现叶片连接螺栓断裂情况应联系主机厂家进行全场更换。

4　结束语

通过分析论证，结合相关检测结果可以确定螺栓断裂特征为疲劳断裂，主要原因为现场安装工艺不满足要求，导致螺栓扭系系数偏差，影响螺栓预紧力。针对这一情况风电场与主机厂家共同确认更换叶片连接螺栓紧固工艺，由原有力矩法紧固方式改为拉伸法进行紧固，对连接螺栓进行 100％力矩拉伸，后期风电机组应加强叶片连接螺栓处维护检查。

参考文献

[1] 杨校生 . 风力发电技术与风电场工程 . 北京：化学工业出版社，2011.

[2] 陶春虎 . 紧固件的失效分析及其预防 . 北京：航空工业出版社，2013.

（上接 81 页）

风电机组塔筒连接螺栓未采取防松措施，螺栓松动是导致螺杆疲劳断裂的主要原因，结合面渗水导致螺杆结合面部位腐蚀是引起疲劳裂纹的重要因素。

3　结束语

为避免出现螺栓断裂事故，除对前期运输、安装过程加强监管外，在后期维护中还需做到以下几点。

（1）定期对全风电场螺栓力矩进行检查，发现问题及时处理。

（2）每年对螺栓力矩定期检查时，应严格按照厂家力矩值要求进行。

（3）定检工具要按时进行力矩校验，特别是力矩扳手和液压泵。

（4）严格按照厂家维护手册规定周期进行力矩维护。

1）新购螺栓进行入厂检测，确保螺栓材质、性能合格。

2）塔筒连接螺栓应采取防松措施，确保运行过程中螺栓连接紧固、可靠。

3）优化塔筒间密封措施，防止塔筒连接螺栓积水腐蚀现象的再次发生。

海上单桩气体腐蚀导致变频器故障探讨与治理

刁新忠， 季笑

（华能江苏清洁能源分公司）

摘 要： 及时进行海上单桩风电机组桩基内的微生物清理，消除腐烂发酵源头，能有效减小有毒气体对人员的伤害、对设备的损害，是保证人身安全、保证风力发电机组寿命的有效途径；将单桩内海水排尽、淤泥清理、表面固化，是一种简单可行、经济实用的防毒防腐措施。

关键词： 海上风电；单桩基础；有毒气体；防毒防腐

1 背景

为了实现碳达峰、碳中和的目标，我国海上风电进入了高速发展阶段，到 2021 年中，我国海上风电装机容量已超 11GW。因为单桩基础适合于 0～25m 的水深，统计数据表明海上风电机组中单桩基础形式所占比例在 65% 以上。但单桩基础内有毒气体对人体损害、对设备腐蚀的报道屡见不鲜，如何经济有效地保障设备运行环境，消除毒腐气体，是必须解决的问题。

华能大丰海上风电场有 91 台风电机组，其中 2 台为多管桩基础，89 台为单桩基础，单桩风电机组塔底与其下部桩基依靠密封处理后的底部平台盖板隔离。在打桩时遗留在桩基内的淤泥及微生物等发酵腐烂，导致塔底有强烈的刺激性气体。此气体严重危及人身安全，也腐蚀了塔筒内电气设备（如接触器、开关、母线铜牌等），引发了设备跳闸、短路、保护失效等故障。

2021 年 9 月 13 日 13：38：50，华能大丰海上风电场 37 号风电机组报变频器 1 故障激活故障，现场检查发现 A11 柜 F2 开关跳闸，对后面线路排查，线路无松动、短路、接地；拆下 F2 供电开关，发现触点存在腐蚀情况，判定为单桩气体腐蚀设备元器件导致该故障，更换该断路器后，风电机组恢复正常。

后续对 20 台海装 H151‑5MW 机组开展气体腐蚀情况专项检查。根据检查结果可以看出部分继电器、铜排、接线端子、熔断器均出现不同程度的腐蚀情况，严重影响控制系统的安全可靠性。本文为解决控制回路元器件免受气体腐蚀干扰，对单桩风电机组内毒腐气体的防治开展研究。

2 试验

根据风电机组内部元器件腐蚀情况排查结果，为了验证毒腐气体对风电机组的影响，风电场在所有风电机组塔底和一层平台悬挂了崭新铜片进行测试，2 个月后进行了复查，发现铜牌已经产生不同程度的腐蚀，检查结果如图 1、图 2 所示。如图中所示，2 个月铜排的腐蚀情况还是比较严重的，风电机组变频器柜和主控柜在这种环境下长时间运行，必然导致元器件被腐蚀，从而引发控制回路和主回路异常，最终导致机组故障，设备损坏。

图 1　标准铜牌腐蚀情况对比（新铜片）

图 2　标准铜牌腐蚀情况对比（腐蚀铜片）

3　解决方案

（1）做好充分的保人身、保设备的安全措施，如通风、停电等。

（2）积水清理。

1）桩内水面至桩顶法兰高 H_1。

2）桩内泥面至桩顶法兰高 H_2。

3）将高度为 H_2-H_1 的水量抽尽。

（3）淤泥清理。

1）泥浆泵吸排：使用高压水枪抽取海水，使海水与淤泥充分混合，再由泥浆泵把混合的泥浆抽出。

2）桩基底部覆盖层处理。根据覆盖层的软硬程度，确认清理的厚度，以单桩内原始泥面标高或桩体内壁记号为基准，一般控制在向下 0.3～0.5m、或遇硬质土层即可，如图 3、图 4 所示。

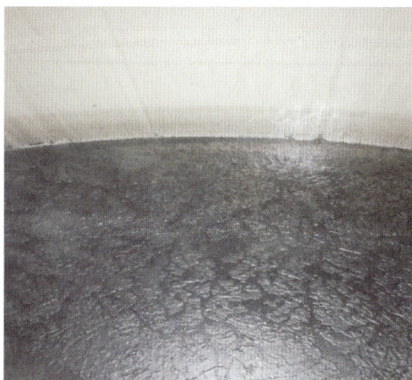

图 3　管桩内部淤泥清理前后对比（清理前）

图 4　管桩内部淤泥清理前后对比（清理后）

（4）表面固化。桩内淤泥处理完成后，在桩内撒水泥进行固化处理，如图 5 所示。

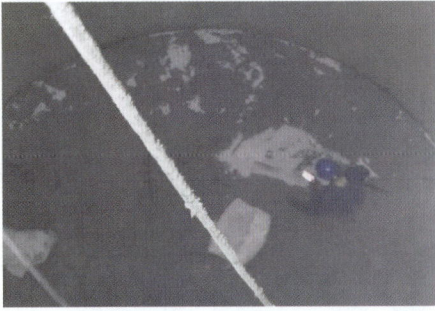

图 5　管桩内部水泥铺设

3.1　气体检测

工作结束后，邀请有资质的检测公司对桩内气体进行检测。检测结果良好（ND 标识未检出，硫化氢限值为 $0.001\mathrm{mg/m^3}$）。

3.2　盖板密封处理

采用聚氨酯密封胶对塔底平台盖板密封。

管桩内气体泄漏点有 2 个：管桩密封盖的接口处（如图 6 所示）、管桩通风系统与管桩之间的接口处（如图 7 所示）。

图 6　管桩底部密封

图 7　管桩通风接口密封

4　结论

以一台 5.0MW 的风电机组变频器断路器拉弧烧毁为例，考虑到运输时间、海上连续工作的不确定性，大概需要 4 人处理 20 天左右，加上人工费、物料费等，总体可减少损失约 150 万元。

因此，对单桩风电机组进行这种较简单、易操作的防毒防腐处理，从根源上有效地避免了气体的产生，保障了设备的运行环境，避免了设备因海上特殊的运行环境导致控制回路异常，提高了风电机组可利用率，提升了发电量，避免了不必要的经济损失。

参考文献

[1] 员伟峰. 浅谈临海潮湿环境下的钢结构防腐现状及有效措施 [J]. 化工管理, 2019 (12): 211 - 212.

[2] 刘刚. 石油化工企业钢结构的腐蚀与防护 [J]. 石油化工腐蚀与防护, 2019, 36 (3): 13 - 16.

风电机组连接螺栓断裂分析及处理

摘　要： 根据某风场风电机组在运行过程中，叶片根部螺栓受到冲击、振动，形成交变载荷，长时间运行后，出现叶片螺栓疲劳失效断裂；塔筒连接螺栓未采取防松措施，导致塔筒连接螺栓断裂、失效。针对事件的实际情况对断裂螺栓进行检查、分析原因并采取对策，从而避免或减少螺栓断裂事件的发生。
关键词： 连接螺栓；断裂原因分析；处理建议

1　叶片连接螺栓及塔筒连接螺栓

1.1　叶片连接螺栓

风电机组叶片工作时，根部承受着复杂的剪切、挤压、弯扭载荷组合作用，应力状态复杂易产生结构失效，因此叶片根部连接螺栓必须具有足够的强度、刚度、局部稳定性、胶接强度和疲劳断裂强度。如 2MW 的风电机组，叶根弯矩达到 7000～8000kN·m，离心力能够达到 1000kN，一旦叶根部位出现螺栓连接失效问题，叶片与轮毂分离，发电机无法正常工作，甚至导致灾难性的质量和安全事故，因此，叶根连接部分受力性能的保证对叶片的安全运行起着决定性的作用。一般情况下，螺栓的强度主要包括静强度、疲劳强度和韧性强度。为了保证螺栓连接既不会在最不利载荷下发生高应力强度断裂，也不会在循环载荷下发生低应力疲劳破坏和裂纹断裂破坏，就必须对螺栓连接进行静强度、疲劳强度和断裂强度校核。

1.2　塔筒连接螺栓

塔筒是风电机组的重要组成部分之一，风电机组的正常运行与塔筒的稳定性密切相关。作为连接上、中、下段塔筒的关键部件，塔筒连接螺栓在风电机组的运行过程中，将会传递风作用在风电机组上形成的各种载荷，其服役情况将直接影响塔筒的稳定性，进而影响整个风电机组的运行。

2　案例分析

2.1　案例分析 1

某风电场机型 XE105 - 2000 的叶片螺栓断裂部位主要发生在变桨轴承侧的螺纹部分（螺母与变桨轴承的接触位置），部分螺栓断裂部位在螺杆部分。机组使用的叶片螺栓规格为 M36× 745，材质为 42CrMo，强度等级为 10.9 级，硬度要求为 35～45HRC，涂层为锌铬涂层，力矩要求为 1550N·m，压力为 28.2MPa；42CrMo 钢的机械性能、特性及适用范围：强度、淬透性高，韧性好，淬火时变形小，高温时有高的蠕变强度和持久强度。

2.1.1　常见叶片螺栓断裂时检查

根据某风电场叶片螺栓断裂时运维人员通过 HMI 人机界面查看故障代码，一般系统会出现故障代码"T - 334 限位开关位置错误"红色故障信息，此时运维人员需登机进行检查叶片连接螺栓是否有异常，但仅依靠此信息判断叶片螺栓断裂还显得不足，需要加装更先进的设备来进行监测分析判断。

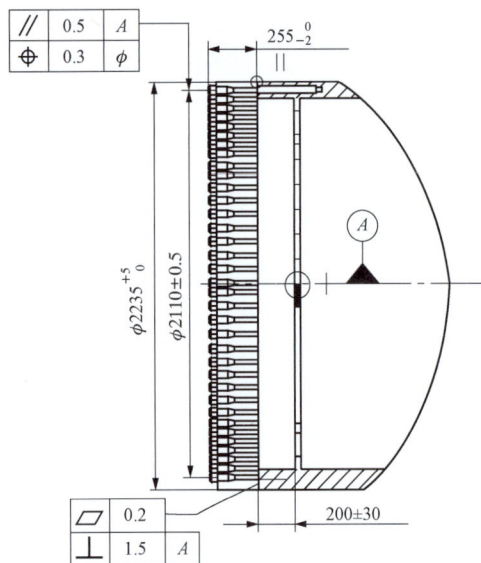

图 1　某叶片接口尺寸图

2.1.2　叶片螺栓断裂原因分析

机型 XE105 - 2000 的叶片螺栓断裂形式主要为疲劳断裂。风力发电机组在运行过程中，为保证风能利用最大化，机组会根据风速、风向而频繁进行变桨、偏航等动作，同时由于阵风、风切变的影响，将使得叶片连接螺栓不断受到冲击、横向振动等交变载荷，因此叶片在运行一段时间后，叶片连接螺栓力矩出现松动现象，使得叶片连接螺栓组受到的应力增大，最终导致连接螺栓疲劳寿命降低，出现叶片螺栓疲劳断裂现象。

仿真分析基于正常运行情况，分别计算在失效 1 根和 3 根叶片螺栓的情况下，其余叶片螺栓应力情况，分析情况如图 1～图 3 及表 1 所示。

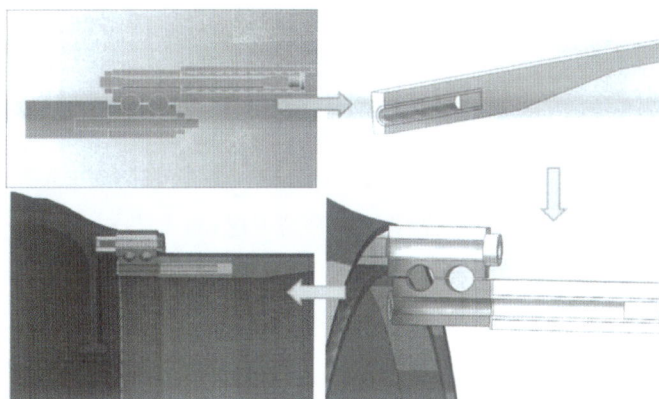

图 2　建模过程

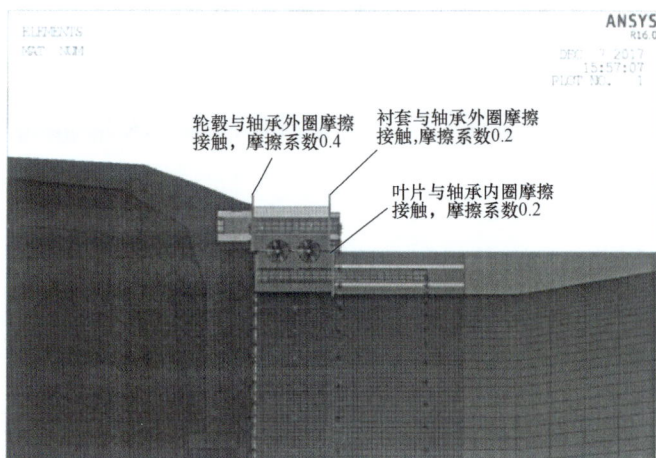

图 3　法兰接触面摩擦系数

表 1	仿真分析数据		MPa
项目	完整螺栓，正常施加预紧力	断 1 根	断 3 根
疲劳安全系数	1.4429	1.4059	1.2753
极限应力	837	868	936

2.1.3 数据分析（以某风电场 XE105 - 2000 机组变桨系统作为分析对象）

1. 疲劳安全系数

根据 IEC 61400 对风力发电机组高强度螺栓疲劳安全系数要求，高强度螺栓的疲劳安全系数要求大于 1.265，从上述数据分析可得：当断裂 1 根叶片螺栓时，临近叶片螺栓组的疲劳安全系数较高，对剩余叶片螺栓组的疲劳寿命影响较小；当一片区域连续断裂 3 根叶片螺栓时，临近叶片螺栓组的疲劳安全系数下降幅度为 9%，已经非常接近临界值。

2. 极限应力

根据 GB/T 3098.1—2010《紧固件机械性能　螺栓、螺钉和螺柱》以及高强度螺栓采购验收规范，对高强度螺栓"规定非比例延伸 0.2% 的应力"即屈服强度的要求，叶片螺栓的屈服强度应大于或等于 940MPa，实际叶片螺栓厂生产的叶片螺栓的屈服强度会稍微高于 940MPa。另外，IEC 61400 对风力发电机组高强度螺栓极限安全系数要求大于 1.1，从上述数据分析可得：当断 1 根叶片螺栓时，对临近叶片螺栓的最大极限应力没有显著影响；当一片区域连续断裂 3 根叶片螺栓时，临近叶片螺栓的最大极限应力下降幅度为 8%，考虑极限安全系数 1.1，在极限工况时临近叶片螺栓组容易出现塑性变形，可能导致临近叶片螺栓提前失效。

2.2 案例 2

对某风电场 XE105 - 2000 一台机组 T1 与 T2 塔筒段连接螺栓进行检查，发现 1 根螺栓断裂，72 颗螺栓松动，整圈共 152 颗螺栓。螺栓材质为 42CrMo，规格为 M36×240，螺栓等级为 10.9 级，螺栓力矩要求为 2085N·m，压力值要求为 37.5MPa。运维人员对断裂螺栓、附近松动的旧螺栓、未安装的同等级新购螺栓进行失效分析。

2.2.1 试验方法及结果

断裂螺栓、旧螺栓和新螺栓外观形貌如图 4 所示。

螺栓在螺杆正中间断裂，断裂位置正对 T1 与 T2 塔筒结合面，断口平整，断面锈蚀严重，断裂断杆断裂部位（T1 与 T2 塔筒结合面）外表面存在严重腐蚀，存在较为明显的腐蚀麻坑，且该部位外表面颜色相对较深，说明该位置存在严重疲劳撞击迹象，如图 5 中所示断裂螺栓。在松动更换下来的旧螺栓杆部（T1 与 T2 塔筒结合面）也存在发黑区域（见图 5 框线标识），表明该区域也存在明显疲劳撞击痕迹，与断裂螺栓的断裂位置吻合。断口表面可见明显的疲劳黑纹，断裂类

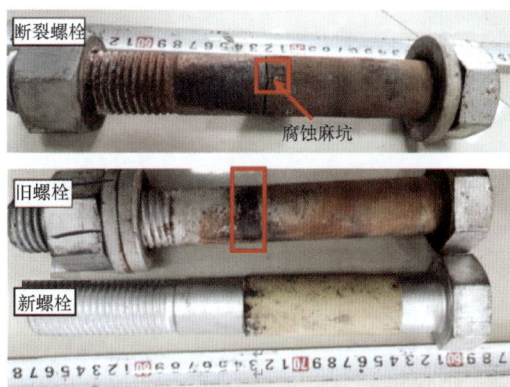

图 4　各螺栓宏观形貌

图 5　断口形貌

型属于典型的疲劳断裂，断口形貌如图 5 所示，分为疲劳源区、扩展区和瞬断区，从图中可知，瞬断区较小，说明所受到的应力水平较小。

2.2.2　光谱分析

在母材上取样进行光谱分析，材质符合设计要求。定量光谱分析详见表 2，基本技术参数见表 3。试样磨平后进行定量光谱分析。分析结果见表 4。

表 2　　　　　　　　　　　　　定量光谱分析

机组型号	XE105－2000	部件名称	塔筒连接螺栓		
数量	3	规格（mm）	M36×240	材质	42CrMo
执行标准	GB/T 14203—2016《钢铁及合金光电发射光谱分析法通则》				

表 3　　　　　　　　　　　　　基本技术参数

仪器型号	SPECTROTEST	仪器编号	XD－SYS－104

表 4　　　　　　　　　　　　　分析结果

元素	标准要求	1 号试样	2 号试样	3 号试样
C	0.38～0.45	0.421	0.439	0.425
Si	0.17～0.37	0.264	0.268	0.233
Mn	0.50～0.80	0.766	0.755	0.781
Cr	0.90～1.20	1.03	1.02	1.01
Mo	0.15～0.25	0.204	0.202	0.185
p	<0.035	0.0101	0.0109	0.0100
S	<0.04	0.0060	0.0063	0.0065

检测结果：符合要求。

2.2.3　金相试验

在螺栓纵截面上取样进行分析，断裂螺栓和旧螺栓均存在明显的链状夹渣，如图 6 所示。金相试验分析详见表 5、表 6。

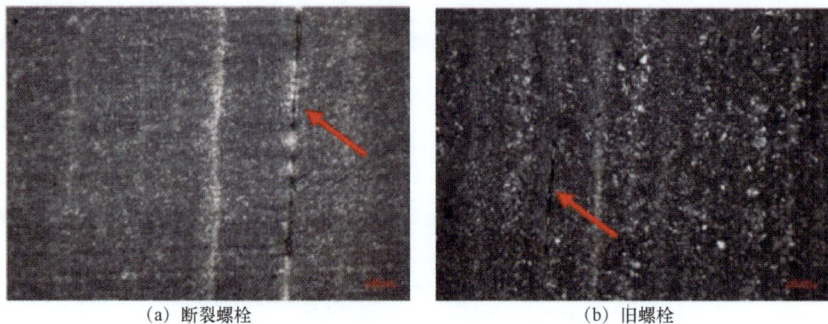

（a）断裂螺栓　　　　　　　　　　　（b）旧螺栓

图 6　断裂螺栓和旧螺栓芯部夹杂形貌

表5   金相检验

机组型号	XE105‑2000	部件名称		塔筒连接螺栓	
数量	3	规格（mm）	M36×240	材质	42CrMo
执行标准		GB/T 13298—2015《金属显微组织检验方法》			

表6   基本技术参数

仪器型号	Zeissprimotech	仪器编号	XD‑SYS‑103/2021‑6‑22

在断裂螺栓、未断螺栓和新螺栓（对比样）分别取样进行金相试验，试样编号分别为1号、2号、3号。金相图片如图7~图12所示。

图7 1号样金相组织：马氏体

图8 1号样组织中存在链状夹杂

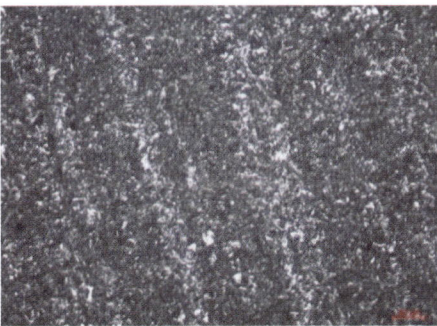

图9 2号样金相组织：马氏体

图10 2号样组织中存在链状夹杂

图11 2号样螺杆外壁疑似被撞击位

图12 3号样金相组织：马氏体

2.2.4　硬度试验

在螺栓横截面上进行布氏硬度检测，断裂螺栓，旧螺栓和新螺栓的硬度值分别为 335HB、335HB、330HB，检测结果符合 GB/T 3098.1—2010《紧固件机械性能　螺栓、螺钉和螺柱》对 10.9 级螺栓的要求。硬度试验报告见表 7，基本技术参数见表 8。

表 7　硬度试验报告

机组型号	XE105 - 2000	部件名称	塔筒连接螺栓		
数量	3	规格（mm）	M36×240	材质	42CrMo
执行标准	GB/T 231.1—2009《金属材料 布氏硬度试验　第 1 部分：试验方法》、GB/T 3098.1—2010《紧固件机械性能　螺栓、螺钉和螺柱》				

表 8　基本技术参数

仪器型号	HB 3000B	仪器编号	XD - SYS - 102

对断裂螺栓、未断螺栓及新螺栓（对比样）分别在螺杆中部取样进行硬度试验，试样编号分别为 1 号样、2 号样、3 号样。检测结果见表 9。

表 9　检查结果

序号	样品编号	硬度值（HB）					
		数值 1	数值 2	数值 3	数值 4	数值 5	平均值
1	1 号	335	335	333	335	337	335
2	2 号	335	339	335	333	335	335
3	2 号	341	321	331	329	329	330

标准要求：315～375HBW。

检测结果符合要求。

2.2.5　拉伸试验

在旧螺栓和新螺栓上纵向取样进行力学性能试验，其抗拉强度、屈服强度、断后伸长率满足 GB/T 3098.1—2010《紧固件机械性能　螺栓、螺钉和螺柱》对 10.9 级螺栓的要求。拉伸试验报告见表 10，基本技术参数见表 11。

表 10　拉伸试验报告

机组型号	XE105 - 2000	部件名称	塔筒连接螺栓		
数量	1	规格（mm）	M36×240	材质	42CrMo
执行标准	GB/T 3098.1—2010《紧固件机械性能　螺栓、螺钉和螺柱》、GB/T 228.1—2010《金属材料拉伸试验 第 1 部分：室温试验方法》				

表 11　基本技术参数

仪器型号	电子万能试验机 UTM5105	仪器编号	JS - SYS - 21

对旧螺栓和新螺栓取拉伸试样进行拉伸试验，编号分别为 1 号和 2 号。检验结果见表 12。

表 12   检验结果

编号	截面尺寸(mm)	抗拉强度 R_m(MPa)	屈服强度 $R_{p0.2}$(MPa)	断后伸长率 A(%)	标准要求
1-1	10×4	1069	948	11.5	
1-2	10×4	1057	950	12.0	
1-3	10×4	1041	951	12.0	R_m：≥1040MPa
2-1	10×4	1045	943	10.5	$R_{p0.2}$：≥940MPa
2-2	10×4	1048	945	11.0	A≥9%
2-3	10×4	1050	945	11.0	

检测结果符合要求。

2.2.6 冲击试验

在断裂螺栓、旧螺栓和新螺栓上分别取样进行冲击试验，在 -20℃下吸收能量 kV 满足 GB/T 3098.1—2010《紧固件机械性能 螺栓、螺钉和螺柱》对 10.9 级螺栓的要求。冲击试验报告见表 13。

表 13   冲击试验报告

机组型号	XE105-2000	部件名称		塔筒连接螺栓	
数量	3	材质	42CrMo	试验温度	-20℃
缺口类型	V形	试验尺寸（mm）	10×10×55	缺口深度	2mm
执行标准	GB/T 229—2007《金属材料 夏比摆锤冲击试验方法》、GB/T 3098.1—2010《紧固件机械性能 螺栓、螺钉和螺柱》				

在断裂螺栓，旧螺栓和新螺栓上分别取样进行低温冲击试验。检验结果见表 14。检测结果符合要求。

表 14   检验结果   J

序号	检验部位	KV_2 冲击值			
		实测值1	实测值1	实测值1	平均值
1	杆部	66.5	64.0	65.0	65.0
2	杆部	61.0	58.0	55.0	58.0
3	杆部	64.0	45.0	62.5	57.0

综合原因分析：断裂螺栓金相试验发现螺栓存在一定程度偏析，偏析带上分布着明显的链状夹杂。现场检查发现，由于此风电机组 T1 和 T2 塔筒间的连接螺栓存在大量松动现象，螺栓松动比例达 47.2%，且松动螺栓在两塔筒结合面处存在明显的磕碰痕迹，说明螺栓松动导致了塔筒之间存在明显振动。风电机组塔筒连接螺栓未采取防松措施，长期运行过程中螺栓大面积松动，在风电机组运行作用下塔筒振动对松动螺栓造成了持续疲劳振动，在振动结合面由于腐蚀造成的外表面腐蚀坑处产生应力集中，从而形成疲劳裂纹的萌芽、扩展，并最终导致断裂。

（下转 71 页）

第3部分
叶轮典型故障与分析

某双馈风电机组叶轮转速比较故障分析处理案例

艾勇，瞿峭刚

（新疆龙源风力发电有限公司）

摘　要： 双馈风电机组控制系统为保障风电机组的安全，保障机组不超速、过速运行，风电机组采集叶轮转速与发电机转速，分别对转速进行监控与预警，当机组过速或叶轮转速与发电机转速不成比例时，会触发故障报警，并执行快速停机，此故障在某风电场频繁发生，威胁到机组的安全运行。

关键词： 风力发电机组；转速比较；过速；故障分析

1　故障逻辑

叶轮转速比较故障：当风电机组不在停机状态，叶轮转速大于 4.5r/min 时，并且叶轮转速 1、叶轮转速 2 与发电机转速（除去齿轮变比）任意两个信号差值大于 1.3r/min，持续 3s，触发此故障。

2　原因分析

为彻底解决此故障，在线录制并分析了风电场 66 台机组的 3 个转速波形图，发现问题主要分为以下四类。

（1）叶轮转速 1、叶轮转速 2 信号为方波或波动异常。导致机组转速发生变化时叶轮转速不能与发电机转速良好匹配，达到故障限值时，故障触发；分别检查变桨滑环编码器及联轴器，均未发现异常，此现象是由于超速模块内部部件老化或超速模块损坏导致。叶轮转速信号呈方波状如图 1 所示，叶轮转速信号异常波动如图 2 所示。

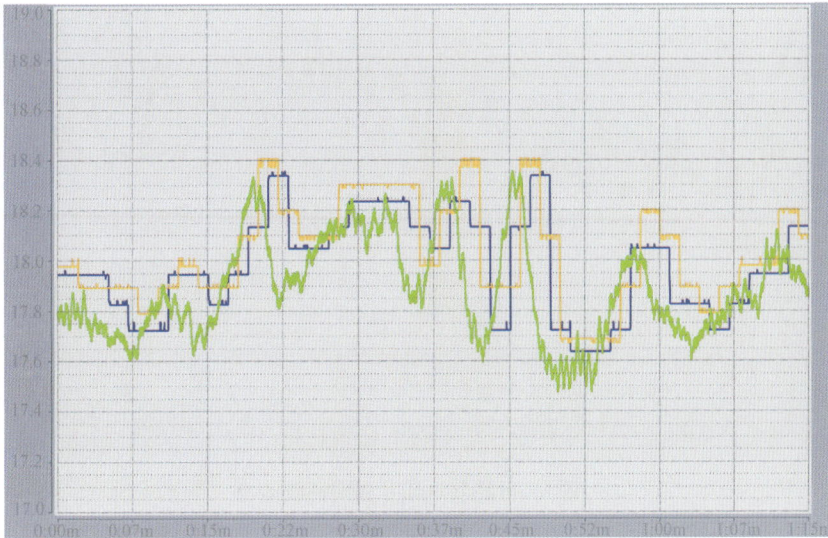

图 1　叶轮转速信号呈方波状

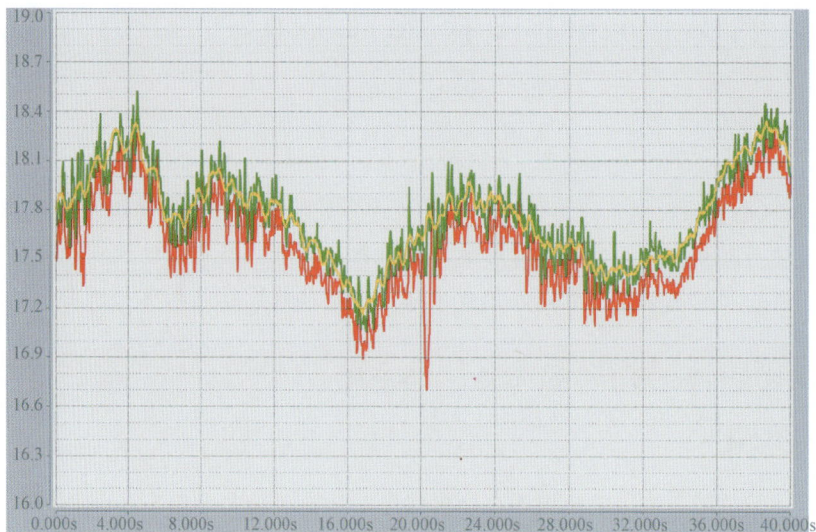

图 2　叶轮转速信号异常波动

（2）叶轮转速 1 及叶轮转速 2 信号周期性波动。在某一时刻，叶轮转速 1 或 2 与发电机转速差值过大，触发故障，此类故障的原因为变桨滑环轴窜动、变桨滑环轴承跑圈、滑环固定支架断裂，导致滑环轴在旋转时上下波动，从而使编码器采集的信号发生周期性的波动，叶轮转速信号与发电机转速信号存在差值，触发故障，特别在大风时更为明显。叶轮转速信号周期性波动如图 3 所示，变桨滑环轴前端橡胶磨损严重如图 4 所示，变桨前端轴承内圈贴合面变形，轴承跑圈如图 5 所示，变桨滑环固定端支架断裂如图 6 所示。

图 3　叶轮转速信号周期性波动

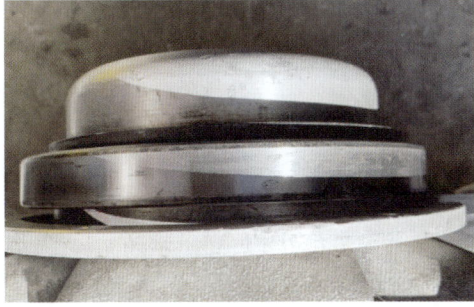

图 4　变桨滑环轴前端橡胶磨损严重　图 5　变桨前端轴承内圈贴合面变形，轴承跑圈

图 6　变桨滑环固定端支架断裂

（3）发电机编码器信号异常突变。此故障是由于发电机编码器屏蔽不良或编码器内部部件损坏或干扰导致。发电机编码器信号异常如图 7 所示。

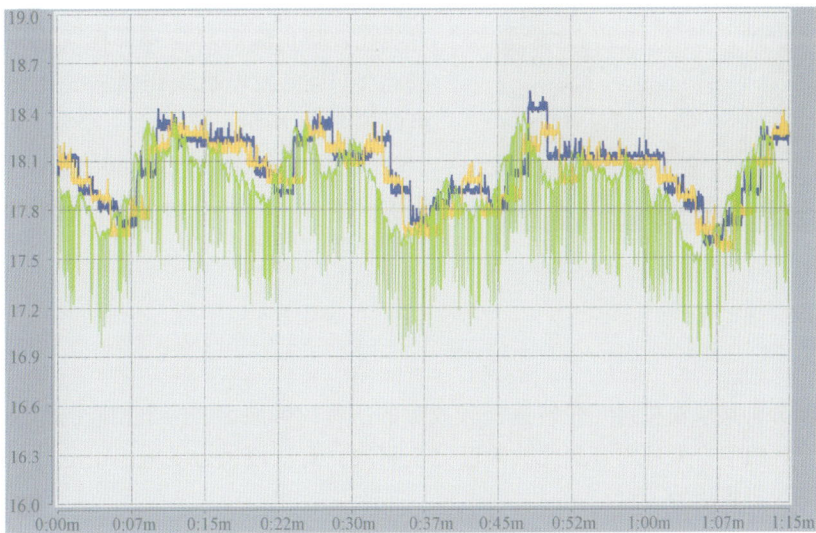

图 7　发电机编码器信号异常

（4）其他问题。除上述问题之外，机组不对风，背对风启动机组会导致发电机转速为负，而叶轮转速为正触发故障；也有发电机编码器损坏，发电机转速为 0 导致故障触发。

3　处理措施

针对以上不同的故障原因，分别列出以下解决办法。

（1）针对叶轮转速 1、叶轮转速 2 信号为方波或波动异常问题，通过更换超速模块内部损坏老化器件或新的超速模块解决。机组中的超速模块如图 8 所示。

（2）针对叶轮转速 1 及叶轮转速 2 周期性波动问题，使用尺寸合适的铁板将转轴前端的橡胶圈与机壳固定，保证转轴不窜动，并清洗滑环，对变桨滑环轴承进行加固，固定滑环支架，从而解决此类问题。

变桨滑环轴固定如图 9 所示。

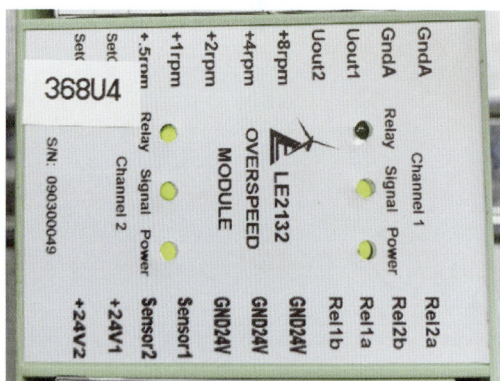

图 8　机组中的超速模块

图 9　变桨滑环轴固定

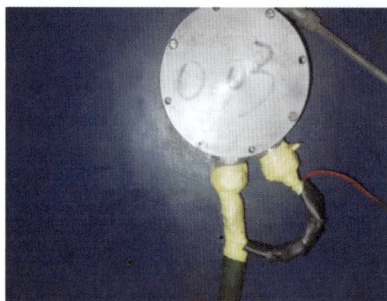

图 10　发电机编码器进线孔封堵及重接屏蔽线

（3）针对发电机编码器信号异常突变，重新对发电机编码器屏蔽线进行接地，封堵不使用的进线孔，防止编码器信号干扰或编码器损坏，解决此类问题。发电机编码器进线孔封堵及重接屏蔽线如图 10 所示。

（4）2021 年共发现的问题机组 23 台，严重机组 12 台，异常机组 9 台，告警机组 2 台，并完成故障处理。

4　结论

本文全面分析某双馈机组叶轮转速比较故障的所有故障原因，给出相应的解决方案，根据效果验证，上述机组自处理之日起此故障已完全解决，对双馈风力发电机组的叶轮转速比较故障的分析与解决提供借鉴。

风力发电机组叶片损坏分析

胡鹏飞[1]， 张超[2]

（1. 华能东营河口风力发电有限公司； 2. 华能新能源有限公司山东分公司）

摘　要： 风力机叶片是风力发电机组吸收风能的关键部件，造价占整个机组的 23% 以上。叶片断裂未及时发现继续运行，将会给机组带来灾难性事故。风力机单机容量的增大和所处环境的恶劣导致风力机主要组成部分的风力机叶片故障发生率不断上升，所以对风力机叶片运维热点问题进行分析具有十分重要的实际意义。

关键词： 风力机叶片；运维热点；损坏分析

1　引言

目前大型风电叶片的结构都为蒙皮主梁形式，蒙皮主要由双轴复合材料层增强，提供气动外形并承担大部分剪切载荷。后缘空腔较宽，采用夹芯结构，提高其抗失稳能力，这与夹芯结构大量在汽车上应用类似。主梁主要为单向复合材料层，是叶片的主要承载结构。腹板为夹芯结构，对主梁起到支撑作用。在风力发电机中叶片的设计直接影响风能的转换效率，直接影响其年发电量，是风能利用的重要一环。

2　损伤背景及现场检查情况

随着电力发展的要求和科技的进步，对风力机的单机功率的要求越来越高，也就导致风力机长度越来越大，如图 1 所示，这也导致叶片的问题越来越不容忽视。这就要求对叶片的故障能够及时地进行监测，及时地对叶片早期故障进行监测，可以有效降低叶片故障的发生、合理安排维修计划，并防止由于叶片故障导致整个动力系统发生故障，减少经济损失。

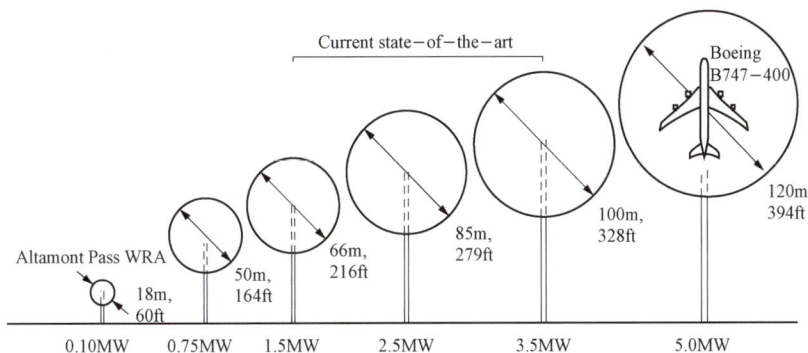

图 1　风力机叶片长度发展

叶片的故障可以有很多种分类方式，从其表现形式方面予以划分，具体可以分为叶片表面有砂眼、叶片开裂、叶片结冰、叶片表面腐蚀。

3　故障特征描述

3.1　设计不合理造成的故障

随着国内风电产业的发展，叶片故障问题也时有出现。叶片剪腹板受到来自外界的交变载荷作用下出现断裂现象之后同风电叶片壳体分离；叶片上的前后缘粘接强度不够，经过长期的风吹日晒出现开裂；作为叶片连接的重要部分叶根，由于风力发电机叶片在结构设计上的不合理，造成了叶根固定螺栓的磨损甚至有可能造成叶片受力的不平衡扭断，严重者直接造成叶片正常运行后脱离轮毂的约束，直接击中塔架，从而造成风力发电机系统直接报废的重大经济损伤，以上的这些设计上的问题都会给风电机组带来致命的伤害。

3.2　生产缺陷造成的故障

叶片质量的高低直接由其制造过程所决定。当前叶片制造已经由手糊工艺转变为真空灌注方式，然而，风电叶片壳体中的纤维布和芯材的铺设方式、树脂的浇注固化、叶片表面的黏接剂刮涂等诸多工艺流程，仍然需要工作人员的手工操作，但是通常由于工作人员的操作不当以及质量把关不到位，导致制造而成的叶片出现粘接宽度不够、铺设的纤维布褶皱、缺胶和气泡等众多缺陷。据有关风电事故报告，叶片粘接开裂是影响叶片安全的重要区域，这是由于大多数粘接是盲粘，造成了气泡或者缺陷此类缺陷的产生。

3.3　外部环境造成的故障

外部环境的好坏对风电叶片的正常运行起着重要的作用，目前悬挂在空中的风电叶片外部环境中主要受到以下几种主要的易导致叶片产生故障的因素：雷击、雨雪、风沙、化学腐蚀、台风等。雷击对风电叶片造成的破坏性最大，雷击是造成叶片发生折断和火灾的主要因素；风沙天气会对叶片表面造成重要的损伤，风沙是造成表层破损、内部材料老化和降低使用寿命的主要因素；腐蚀也是造成材料老化的原因；台风对风电机组的影响是致命性的重要因素。

3.4　运行不恰当造成的故障

运行不当造成的故障主要由两方面造成。

（1）飞车。风电机组刹车系统一旦失灵，转速不断增加的叶轮会出现飞车现象，情况严重时会将叶片抛出，造成重大风电事故。

（2）超额运行。有些风电场为提高近期的经济效益，使得风电系统在超高风速下工作，造成风电机组系统超额功率工作，极易造成叶片过早疲劳失效。

4　原理分析

4.1　冲击裂纹损伤发生的机理

冲击对风电叶片表面造成的损伤最为明显。内部损伤区域范围较小且内部结构损伤主要是沿着厚度以及各个不同分层方向的裂纹。叶片壳体结构的平纹布铺层是上下两层碳纤维相互垂直分布而且上下两层中的每一层中的经纬向碳纤维相互交织，由于每层中经纬向碳纤维相互交织，存在着交织点，而且纤维不直，存在弯曲起伏，交织点会低于冲击能量的传播速度，因此主要能量集中在冲击点位置，造成冲击点位置的损伤最为严重，发生了沿着厚度和部分分层方向的裂纹，也即发生了叶片表面内的纤维断裂。

4.2 前缘磨损发生的机理

正常工作的叶片前缘部分较薄，叶尖线速度较大，有些海上风力发电机叶片叶尖速度甚至能够达到 300km/h，因此前缘区域通常也是磨损最严重的区域。由于风沙、雨水、冰雹等的冲蚀作用，叶片前缘区域出现点蚀的现象；随着前缘磨蚀的加深，呈现分布不均匀的沟槽状缺陷，叶片前缘保护层经受一定程度的损伤；损伤再一步严重，前缘发生成块、不间断的沟槽状损伤，直至表面涂层脱落、基体出现损伤、分层和脱落。

5 叶片失效故障预控方法

5.1 材料管控

招标选择叶片生产商时应审查其质量管理体系认证及运行情况。对叶片原材料的质量及来源、工序管理等提出具体要求。尤其是叶片胶衣应选用高强度耐磨蚀的优质材料。执行工艺标准，不得任意压缩单支叶片生产周期而不执行相应的质量控制手段，导致叶片出现质量事故。进场待安装叶片应检查其有无明显气泡、色差、针眼、皱褶、浸渍不良、芯材缺损、错位或芯材对接缝隙超出要求范围等缺陷。

5.2 生产过程管控

叶片设计、生产应坚持优先保证强度，并在此基础上优化叶片效能设计。在以最小的叶片重量获得最大的叶片面积，具有更高的捕风能力的同时，使其具备良好的空气动力学外形及结构。丹麦某公司在 61.5m 复合材料叶片样机的设计中对其叶片根部固定进行了改进，在保持根部直径的情况下，能够支撑的叶片长度比改进前增加了 20%，并使用叶片预弯曲专有技术，进一步降低了叶片的重量并提高了其安全性。

5.3 运行过程管控

选择有运输叶片能力的企业承揽运输任务，安装前及安装后及时进行预防性维修，确保叶片处于可靠、完好状态，这也是保证风电机组安全、可靠运行的重要环节。

5.4 环境因素管控

定期（雨季之前）检测叶片接雷系统正常可靠，接地电阻小于 4Ω，确保将雷电流安全地从雷击点传导到接地轮毂，避免叶片内部雷电电弧的形成。对在生产过程中产生的有缺陷的叶片，以及在运输途中、使用中发现的有凹陷、破损、穿伤等问题的叶片，要及时进行修复，防止雷击损伤。

参考文献

[1] Tony Burton. 武鑫 . 风能技术 [M] . 北京：科学出版社 . 2007.

[2] 王有裙 . 风力发电机组振动监控系统研究 [D] . 硕士学位论文，北京交通大学，2010.

[3] Ribrant J. Reliability Performance and Maintenance A Survey of Failures in Wind Power Systems [D] . Sweden：Kth School Of Electrical Engineering，2006.

[4] 蒋东翔，洪良友，等 . 风力机状态监测与故障诊断技术研究 [J]，风力发电，2008.9.40 - 44.

[5] HameedZ，Hong Y S，Cho Y M，Et Al. Condition Monitoring And Fault Detection Of Wind Turbines And Related Algorithms：A Review [J] . Renewable and Sustain Energy Rev. 2007.05（008）：1 - 39.

G97-2000 风力发电机组 804 两个叶片之差非常大故障案例

崔文伍

（中广核新能源山东分公司）

摘　要： 比例阀是一种新型的液压控制装置。在普通压力阀、流量阀和方向阀上，用比例电磁铁替代原有的控制部分，按输入的电气信号连续地、按比例地对油流的压力、流量或方向进行远距离控制。与普通液压元件相比，比例阀不仅能减少元件数量，简化油路，还能实现对执行机构的位置、速度、力量的控制，并能减少压力变换时的冲击。在液压变桨风电机组上，比例阀是变桨系统的核心部件，是通过它来实现叶片的平滑变桨。同时比例阀也是一个非常脆弱的部件，通常会受液压油质量、外部机械伤害等影响而损坏。

关键词： 比例阀；控制线缆；模块；电磁阀

1　背景情况介绍

故障发生时系统运行方式为 110kV 甲线带电运行；35kV 1 段、2 段母线带电运行；1 号、2 号、3 号、4 号集电线路带电运行；1 号、2 号主变压器带电运行；1 号、2 号接地变压器带电运行；SVC、SVG 带电运行。

2　事件发生经过

1 月 15 日，某风电场 B22 号风电机组报出两个叶片之差非常大故障，风电场维护人员对 B22 风电机组进行故障排查，经过排查判断为比例阀损坏，更换了比例阀后故障消除。

3　原因分析

两个叶片之差非常大故障触发条件为：风电机组在"暂停"或"运行"状态下，超过 200ms 的时间内，两个叶片位置偏差大于 4°。机组报出两个叶片之差非常大故障主要包括以下几种原因：

（1）风电机组轮毂柜 SA 模块通信丢失或损坏。

（2）比例阀控制线缆损坏或断裂。

（3）比例阀电气或机械故障损坏。

（4）Balluf 传感器或其控制线缆损坏。

（5）Y242C、Y243C 电磁阀或其控制线缆损坏。

（6）变桨油缸机械故障。

（7）变桨传动连杆机械故障。

4　处理方法及注意事项

（1）在底部控制屏上做变桨距测试，发现 A、B 叶片变桨正常，C 叶片桨距角无变化。重新进行变桨距测试并实际观察 C 叶片位置，发现 C 叶片未动作。根据实际情况，可以初步判定是 C 叶片系统问题导致的风电机组故障，如图 1 所示。

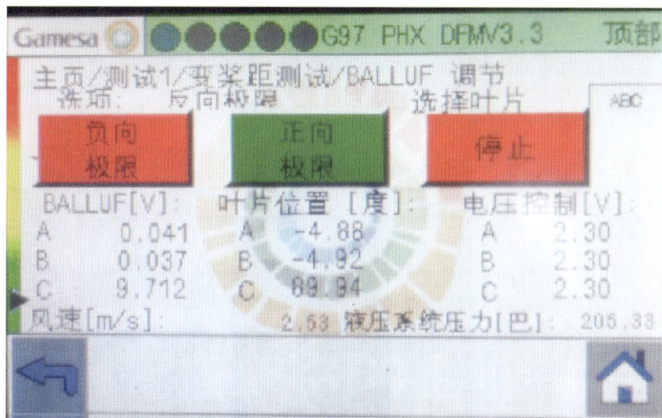

图 1　变桨距测试

（2）进入达轮毂内检查发现 C 叶片阀岛护板脱落且变形，比例阀 Y250C 的电控部分脱落。由实际表象可以判定为阀岛护板脱落，撞击比例阀，导致比例阀故障，从而引起了风电机组故障，如图 2 所示。

图 2　阀岛护板脱落

（3）经检查比例阀 Y250C 内部线路无破损，将其重新固定安装后，做变桨测试，C 叶片仍然没有变桨。为确认故障点，从信号源头着手。根据图纸找到 SA2 模块接线在端子排上的位置，在做变桨测试时使用万用表测量 SA2 模块输出电压，电压在正常范围内，且随叶片变桨位置变化而变化，并观察 SA2 模块信号灯指示正常，确认模块没有损坏，如图 3 所示。

（4）SA2 模块电压是通过 WS250C 线缆传至比例阀的。查图纸找到 WS250C 线缆端子的位置，逐根测 WS250C 线缆阻值，都为 0.6Ω 左右。做变桨距测试时，每根线的电压都正常，判定 WS250C 线缆正常，如图 4 所示。

（5）通过信号检查得知，信号已经通过线缆传输给了比例阀，检查比例阀是否动作。选择使用排除法来判断。由液压图可知：电磁阀 Y242C 和电磁阀 Y243C 控制高低压油的通断，进而使油缸动作、叶片变桨。如果电磁阀 Y242C 和电磁阀 Y243C 损坏，不管比例阀动不动作，C 叶片都不会变桨。于是，又检查了电磁阀控制线缆无异常。做变桨测试，电磁阀有动作声音且电磁阀电磁机构带有磁性，间接排除了电磁阀损坏的可能性。

（6）排除了电磁阀损坏的可能性，我们又假设：变桨油缸机械故障卡死或变桨连杆机构机械卡死，也可能导致 C 叶片不变桨。于是我们又目测变桨油缸和变桨连杆机构无异常。又通过液压图可知：若是由变桨油缸机械故障卡死或变桨连杆机构机械卡死导致 C 叶片不变桨，最直接的方法是查看 86.2 测点有没有油压，于是我们又使用液压表测量油压，液压表显示无压力，从而排除了变桨油缸机械故障卡死或变桨连杆机构机械卡死导致 C 叶片不变桨的可能性。

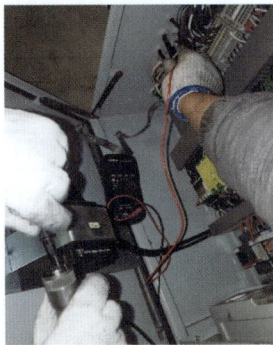

图 3　SA2 模块测试　　　　　　图 4　WS250C 线缆检测

（7）排除了其他可能性，那么故障点就显而易见了——比例阀。于是我们更换了新比例阀，重新做变桨距测试，C 叶片变桨正常，故障消除。在重新安装阀岛护板后，为防止比例阀电磁机构脱落，在紧固所有固定螺栓后，又做了防脱落的措施。

5　故障总结

（1）机故障的故障点非常多，在工作前应考虑好有哪几种可能性，这样有利于快速处理故障。

（2）查看图纸并结合现场实际故障情况，找出与故障相关部件逐项排查，并进行处理。

（3）轮毂内部件容易松动，每次进入轮毂工作应全面检查各部件的接线、螺栓等有无异常。

（4）在难以确认某个元件是否损坏时，可以使用排除法来进行鉴定，这样更节约时间，且方便准确。

（5）经常做故障处理记录，总结经验，再遇到此故障，可参考故障记录先排查容易损坏部件，提高工作效率。

（上接 102 页）

25V 左右。据此可以判定为二极管 D3.1 为故障点。

2）将 D3.1 更换后，风电机组恢复正常运行，告警信号并未出现重复的情况。

对故障二极管进行拆解后，发现其内部电路板上的焊脚存在一处虚焊，由于较长时间运行或者较大负荷运行就会导致该模块输出电压不稳定，从而导致故障发生。

5　总结

处理虚焊这一类故障常用的方法为直接观察法、电流电压检测法、振动法等。本文基于电压电流检测法，对风电机组轮毂中的二次元器件的虚焊进行排查，方法较为实用、省时，并且对工器具的要求不高。但是需要运行维护人员在检查处理的过程中，具备良好的手法和有着较好的耐心。

SL1500‑82 机组轮毂驱动故障分析

李廷栋，　刘水德

（甘肃龙源风力发电有限公司）

摘　要： 某风电场选型机组为 SL1500‑82 风电机组，自 2010 年投运以来，随着运行年限的增加，各类故障也日益突显，伴随近几年来，在各方面的技术改造，目前，变频系统的故障基本消除，很少再发生变频系统的故障，但变桨系统的各类故障明显增多，有很多变桨的故障都会引起机组报出"轮毂驱动"这一故障，而究其主要原因还是因为变桨变频器运行不稳定引起，现场主要处理方法以更换变桨变频器为主。因此，在统计中显示全场的所有故障中，"轮毂驱动"故障频次最高，现就此故障进行分析。

关键词： 轮毂驱动；KEB 变频器

1　引言

SL1500‑82 机组为三叶片、水平轴式风力发电机组，采用变速变桨双馈的发电技术，是特别为高效利用陆地风能而开发的系列机型。主要由叶片、轮毂、齿轮箱、发电机、控制系统、偏航系统、变桨系统、塔筒等部分组成。变频器选用美国超导的 PM3000W；偏航、变桨均采用 KEB 变频器控制；主控采用的是巴赫曼系统。

通过对 2019—2021 三年全场的故障统计分析，发现现场发生频次最多的为"轮毂驱动"故障，该故障为机组安全链中的一个重要环节，当机组运行中发生该故障时，机组执行紧急停机命令，桨叶快速收回，以确保机组安全可靠停机。

2　故障基本情况

在对某风电场近三年的故障数据分析时发现：位列第一的就是故障代码为 13 的"轮毂驱动"故障，其次就是故障代码为 9 的"看门狗"故障，仅这两个故障就占到机组所有故障的90％以上，而"看门狗"故障是由"轮毂驱动"等故障引起的机组通信异常所报，因此故障的根源还是"轮毂驱动"故障。

"轮毂驱动"故障是由机舱控制柜 NCC310 柜内的 A240.1 模块 I22 口所采集，正常情况下 I22 口会持续检测到 24V 电压的高电平，如果该接口接收到电压为 0 或低于某一限定值的低电平，则主控则会报出 13 号"轮毂驱动"故障。

在机组所有的 14 级安全链中，除以下 5 个：①SS‑0——保险反馈；②SS‑1——急停按钮；③SS‑2——叶轮超速；④SS‑3——三叶片均有故障；⑤SS‑4——制动存储继电器之外，其他包括"轮毂驱动"在内的所有故障节点都是串联在一起的，并且当节点前面的开关断开时，后面节点的故障被屏蔽，不再显示到界面上，因此，可以判断：在单独报出"轮毂驱动"故障时，说明图 1 中 4 号出线正常，也即 3 号进线电源完好，只是 5 号出现被断开了。因此，对该故障的原因进行分析，即寻找 5 号线断开的原因。从图 1 可知：故障原因有如下两个。

（1）变桨控制柜内接触器－K21.3、－K31.3、－K41.3 断开。

（2）整个回路的接线端子排、滑环等元器件虚接或损坏。

比如以下这种情况：断线引起变桨柜内的安全继电器－K25.2/－K25.2.1（1 号柜）、－K35.2/

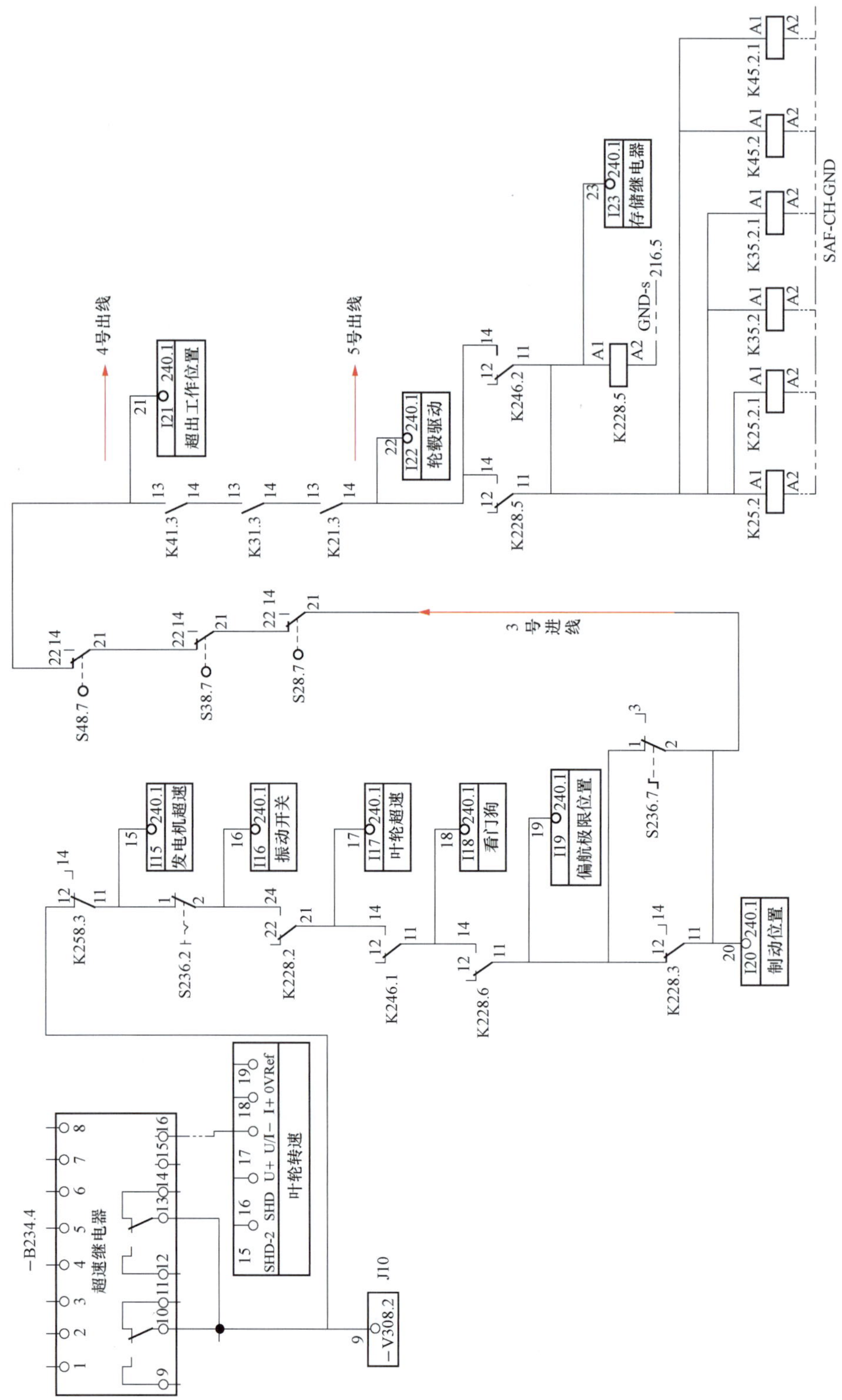

图 1　组轮毂安全链简图

—K35.2.1（2 号柜）、—K45.2/—K45.2.1（3 号柜）的 A1 口失电，使得变桨变频器的 10 号口反馈失电，使得变桨变频器进入紧急停机模式，断开变桨变频器 26 号口的继电器控制电源，最终的结果是变桨控制柜内接触器—K21.3、—K31.3、—K41.3 失电，从而报出"轮毂驱动"故障，由于这三个接触器触点处于串联关系，所以任一叶片的这一变桨故障，都会因为到 A240.1 模块 I22 口的反馈被断开而报出该故障。

以 1 号变桨柜内接触器—K21.3 为例分析，如图 2 所示。

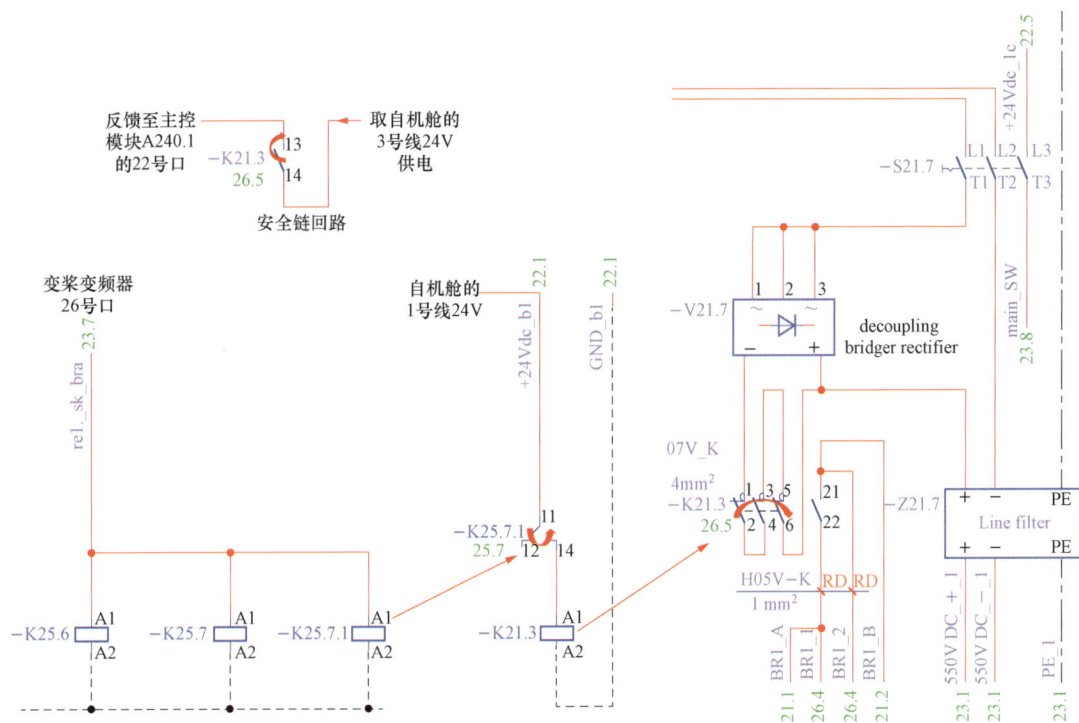

图 2　柜内接触器—K21.3 控制逻辑分析

3　原因分析与诊断

通过上面的分析得知，按电源到反馈的顺序，该故障回路经过的电器元器件有：24V 电源（主要分析进轮毂的回路，因此省去机舱柜内部分元器件）经过过电压保护器—F238.2 后经齿轮箱中空轴内的轮毂大线 3 号线与滑环连接，然后将各支叶片的限位开关—S28.7、—S38.7、—S48.7 串联起来，分 4 号、5 号线两条回路，其中 4 号线最后回到机舱 A240.1 模块 I21 口，反馈丢失时机组报出"超出工作位置"故障，5 号线经过各个变桨柜将接触器—K41.3、—K31.3、—K21.3 的辅助触点串联起来，最后回到机舱 A240.1 模块 I22 口，反馈丢失时机组报出"轮毂驱动"故障。

在整个回路中，任一节点或元器件出现问题，都会导致最终的反馈无法到达模块的相应接口完成正常状态反馈，所以在排查该故障时，需要检查的元器件主要有 24V 电源、过压保护器、限位开关、滑环、变桨变频器、模块 A240.1、变桨柜内接触器，并检查回路各端子接线接触良好且回路线路完好、无断点。此外，由于变桨柜内接触器的 A1 口电源是通过轮毂大线的 1 号线供给，所以在接触器不吸合的情况下，还应仔细检查接触器供电电源回路正常，如图 3～图 5 所示。

图 3　过压保护器　　　图 4　KEB 变频器　　　图 5　A240.1 模块

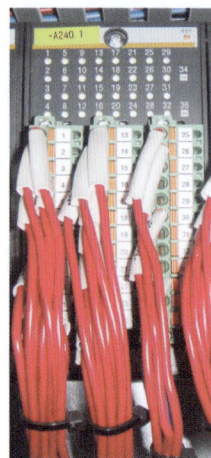

4　故障处理过程

通过现场大量的检修检验看，在风电场并网初期，该故障的主要原因为轮毂内接线固定不牢靠，时常会出现断线、虚接等引起的轮毂驱动故障，主要体现在柜体之间的控制电缆和 CAN 通信电缆磨损、折断等。近年来，随着维护质量的提高，因线路问题引起的该故障已完全消除，随之出现了变频器运行不可靠等原因导致的故障频发。

现阶段最常见的故障原因有：

（1）相应叶片报出"叶片停止超时故障"导致变桨变频器停止工作，随后变频器 26 号口无 24V 电源输出，使得变桨柜内中间继电器－K25.7.1、－K35.7.1、－K45.7.1 触点断开，断开后有机舱 1 号线供电给接触器－K21.3、－K31.3、－K41.3 的回路断开，因此断开了轮毂驱动的反馈回路，机组报出此故障，如图 6 所示。

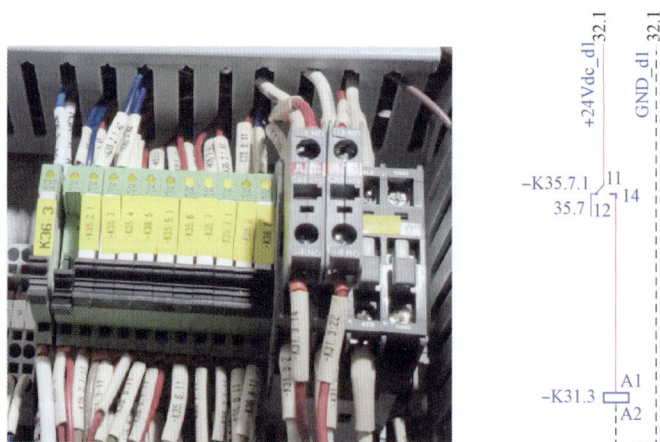

图 6　柜内接触器、中间继电器及其控制回路

（2）通过对变桨变频器的拆解、维修发现，其控制板上的继电器触点随着运行年限的增加，容易损坏，并且其控制板的 24V 电源回路电容值会随着运行年限的增加而衰减，使得输出电压

无法满足回路的要求电压，从而最终还是导致柜内接触器－K21.3、－K31.3、－K41.3 的回路断开，报出此故障。控制板电源组件见图 7，控制板继电器组件见图 8。

图 7　控制板电源组件

图 8　控制板继电器组件

（3）夏天会出现的常见原因如下：

1）变频器内部散热风扇损坏引起内部过热。

2）IGBT 模组上导热硅脂失效，引起变频器功率模块过热。

以上两种情况都会导致变频器工作异常，从而附带出"轮毂驱动"故障。

功率模块组件见图 9。

图 9　功率模块组件

5　结论及预防措施

针对现场高频出现的"轮毂驱动"故障，目前所采用的主要处理方法如下。

（1）更换变桨变频器整体，然后将其送维修厂家进行电源电容更换、继电器更换，并对 IG-BT 模块进行导热硅脂涂抹后再使用。

（2）倒换试用控制板，大多情况下可以短时间缓解对备件的需求。

（3）在日常工作中加强对变桨变频器的检查，及时更换冷却风扇，确保平稳夏季高温时段。

（4）加强与厂家人员沟通，解决因主控程序等原因引起的"叶片停止超时"问题，从而降低机组变桨故障。

联合动力 1.5MW 风电机组叶轮转速比较故障分析与处理

高可， 雒凯凯

（甘肃龙源风力发电有限公司）

摘　要： 本文介绍了风电机组运行过程中叶轮转速与发电机转速比较出错引发的故障，详细分析叶轮转速采集原理、发电机转速采集原理、故障触发原理、故障原因分析。针对故障原因，结合风电机组转速采集比较的工作原理，说明故障现场诊断方案，并全面介绍针对此故障的系统性预防措施，从而有效解决和避免现场运行过程中故障的发生，提升风电机组的发电量。

关键词： 风电机组；转速采集；故障触发；预防措施

1　引言

某风电场位于甘肃省酒泉市，该风电场采用联合动力 UP82 - 1500kW 双馈风力发电机组共33 台，于 2010 年 8 月投入运行并网发电。2021 年 6 月 15 日，F1406 机组报叶轮转速比较故障，随即安排检修人员登塔处理，检修人员在检查叶轮转速采集系统与发电机转速采集系统后均无发现异常，随即重新启机。但故障没有消除。通过观察发现，每当风电机组在并网的一瞬间，机组报出叶轮转速比较故障。通过故障文件数据分析，发现并网时刻发电机转速低于风电机组标准值。最终检查发现由于机组联轴器打滑，导致叶轮转速与发电机转速不匹配，触发此故障。

2　故障基本情况

叶轮转速比较故障触发条件是：当风电机组不在停机状态，叶轮转速大于 4.5r/min 时，并且叶轮转速与发电机转速差值大于 1.3r/min 时，触发此故障。

3　原因分析与诊断

联合动力 UP82 机组控制系统如图 1 所示。该机组发电机转速由 ABB 变频器 NTAC 模块采集，发送至主控。转子转速由滑环尾部编码器采集后，送至过速模块，由过速模块再发送到 KL3404 四通道模拟量输入模块，形成转子转速 1 与转子转速 2。将从变频器程序获得的发电机转速折算至叶轮转速，主控系统通过对采集到的三个转速进行极差值计算，当差值大于 1.3r/min 并延时 3s 时，触发此故障。

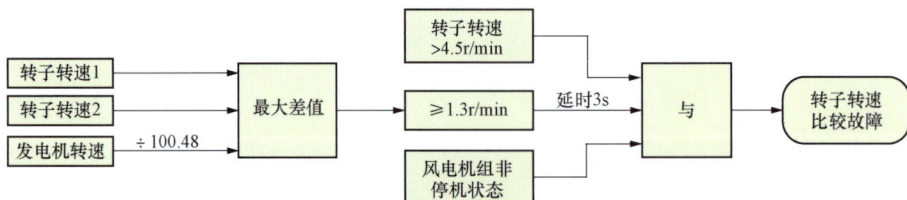

图 1　联合动力 UP82 机组控制系统

通过对故障原因进行分析，以及通过查看故障文件，发现该机组在故障触发时，叶轮转速 1

与叶轮转速 2 转速相同，叶轮转速与叶轮位置转速也相同，说明滑环尾部编码器工作正常，所测量并发出的转速均为实际转速。

利用变频器调试卡，查看故障时编码器波形，发现编码器波形正常，无干扰，该故障不是由编码器干扰造成的波形混乱导致的，属于机械硬件故障，如图 2 所示。

Time		rotor_speed_1	rotor_speed_2	converter_motor_speed	motor_speed*	差值	
2021/6/22	23:17:58	12.93741	12.9545	1312.9	13.06628185	-0.128871847	
2021/6/22	23:17:59	12.93741	12.9545	1312.9	13.06628185	-0.128871847	
2021/6/22	23:18:00	13.10831	13.09122	1328.2	13.21855096	-0.110240955	
2021/6/22	23:18:01	13.27921	13.22794	1343.1	13.36683917	-0.087629172	
2021/6/22	23:18:02	13.55266	13.51848	1350.2	13.4375	0.11516	
2021/6/22	23:18:03	14.185	14.15082	1163.1	14.12902	2.609562102	差值
2021/6/22	23:18:04	14.64644	14.62935	1127.6	14.60755	3.424306242	大于
2021/6/22	23:18:05	15.62059	15.62059	1047.7	15.59879	5.193639363	1.3r/min时
2021/6/22	23:18:06	16.08203	16.08203	1055.6	16.06023	5.576456752	
2021/6/22	23:18:07	16.30421	16.28712	1050.8	16.26532	5.846407452	延时
2021/6/22	23:18:08	16.03076	16.01367	1055.4	15.99187	5.527177197	3s报
2021/6/22	23:18:09	15.24461	15.22751	1054.3	15.20571	4.75197465	故障
2021/6/22	23:18:10	14.04828	14.03119	1061.8	14.00939	3.48100293	
2021/6/22	23:18:11	12.61269	12.57851	1084	12.55671	1.824473439	
2021/6/22	23:18:12	11.02329	10.98911	1017.2	10.12340764	0.899882357	
2021/6/22	23:18:13	9.707328	9.656056	906.7	9.023686306	0.683641694	
2021/6/22	23:18:14	7.588122	7.571032	710.8	7.074044586	0.514077414	

图 2　故障查看

4　故障处理过程

（1）查看该机组检修记录，近期频报变频器 AB 脉冲、Z 脉冲故障，之前处理记录显示换过发电机编码器，重新紧固发电编码器屏蔽线，没风没法测试，后期风电机组并网仍报此故障。

（2）对编码器线逐一测量阻值，阻值都很低，未发现问题。

（3）尝试更换发电机编码器，故障仍然报出。

（4）更换叶轮转速编码器，故障仍然报出。

（5）测试急停试验，发现发电机联轴器存在明显打滑现象。

（6）更换发电机联轴器，风电机组运行故障未再报。

5　结论和建议

在分析叶轮转速比较故障时，通常以电气设备为主要怀疑对象，在排除发电机编码器和转速传感器等电气设备之后，没有第一时间考虑机械系统联轴器的问题。并且在故障分析中，总是以经验进行判断，不能对风电机组采集的数据进行有效的分析，耽误故障处理时间。

防范措施如下：

（1）对弹性联轴器画标记线，并定期进行检查。

（2）应全面排查发电机编码器及通信线，及时发现缺陷。

（3）注意编码器的屏蔽线工艺要求。

（4）故障处理中加强数据分析的应用。

（5）在故障处理时，第一次就明确故障点，减小登塔次数。

一种风电机组轮毂中二次元器件虚焊的检查处理方法

王炳乾, 左云东

（华能大理水电有限责任公司）

摘 要： 风电机组轮毂为转动部件，其中的二次元器件发生虚焊现象时，运行维护人员无法在风电机组运行时，直接在轮毂中来观察元器件工作情况进而判断虚焊部位，故检查处理此类故障较为困难，是风电行业运行维护的一类难题。针对该类故障，本文提出一种检查处理风电机组轮毂中二次元器件虚焊的检查处理方法。

关键词： 风电机组；轮毂；虚焊；检查处理方法

1 引言

风电机组的轮毂为转动部件，当风电机组正常运行时，运行人员无法滞留在轮毂中。当其中的二次元器件发生虚焊现象时，运行维护人员无法在风电机组运行时，直接在轮毂中观察元器件工作情况进而判断虚焊部位，故检查处理此类故障较为困难，是风电行业运行维护的一类难题。本文基于某风电场发生的具体实例，即 03 号风电机组轮毂中的桨叶 2 控制柜内二极管模块 D3.1 发生虚焊现象，提出一种风电机组轮毂中二次元器件发生虚焊时的检查处理方法。

2 故障现象

风电机组报"变桨通信故障、桨叶 2 看门狗故障"，机组故障停机。运行人员在停机后立即登上风电机组对故障进行诊断，但在对回路所涉及的元器件进行测量诊断、紧固涉及回路的二次端子、检查清洗通信滑环后发现，并没有发现元器件损坏、二次端子松动现象或者通信滑环异常，风电机组的报警信号也能手动复归，机组能正常启机。但是机组无法长时间运行，在高负荷或者低负荷运行 1 天左右就会报出同样的告警信号并停机。

参照厂家风电机组典型故障案例处理手册中变桨通信故障中提出的故障处理方法，指出"判断触发故障的根本原因，而不是触发的状态码。有些时候真正的原因并非主控触发的状态码"，结合故障现象及已经实施过的处理手段，判断故障可能为桨叶 2 控制柜内某元器件发生虚焊现象。

3 处理难点

对于该故障的处理存在以下难点：

（1）由于故障点的元器件位于轮毂内部，轮毂为转动部件，当风电机组正常运行时，运行人员无法滞留在轮毂中，也就无法通过直接在轮毂中观察的方法，来判断虚焊的部件。

（2）由于变桨通信回路涉及控制、供电以及检测等回路，可以说几乎囊括了桨叶 2 控制柜内几乎所有的元器件，若是采用挨个替换元器件以达到检查出虚焊元器件的方法，则太过于费时费力。

4 检查处理方法

虚焊是常见的一种线路故障,是在生产过程中,因生产工艺不当引起的,时通时不通的不稳定状态;或是电器经过长期使用,一些发热较严重的零件,其焊脚处的焊点极容易出现老化剥离现象所引起的故障。根据对 03 号机组的处理及处理后的运行情况可以肯定,该故障是由于元器件在运行过程中,由于发热,导致其虚焊部位出现老化剥离,进而导致机组故障停机。基于其发热导致故障的原理,对此次故障的处理方法如下:

(1)准备工器具:凤凰起子,万用表,绝缘胶布、热风枪。

(2)待检测元器件:电源模块 3 个、二极管模块 2 个、电压电流监视器 1 个、看门狗继电器 1 个、驱动器(通信输出端、检测输出端)1 个、控制器(电源检测、信号输出)1 个。

元器件电路图如图 1~图 4 所示。

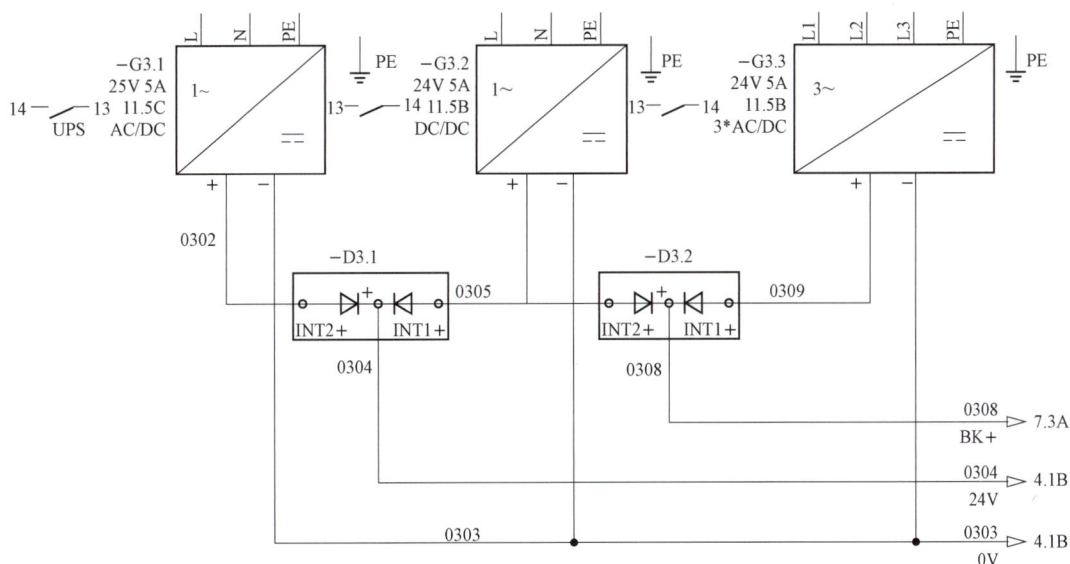

图 1 电源模块及二极管模块

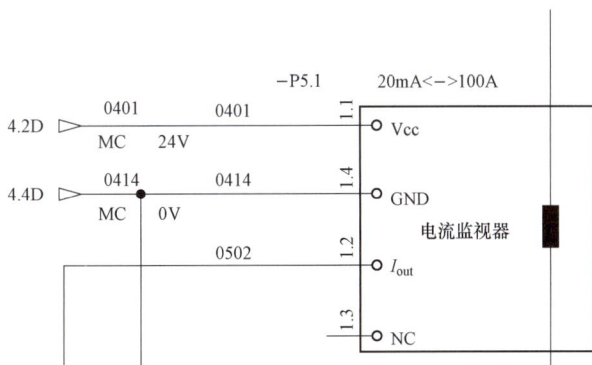

图 2 电压监视器

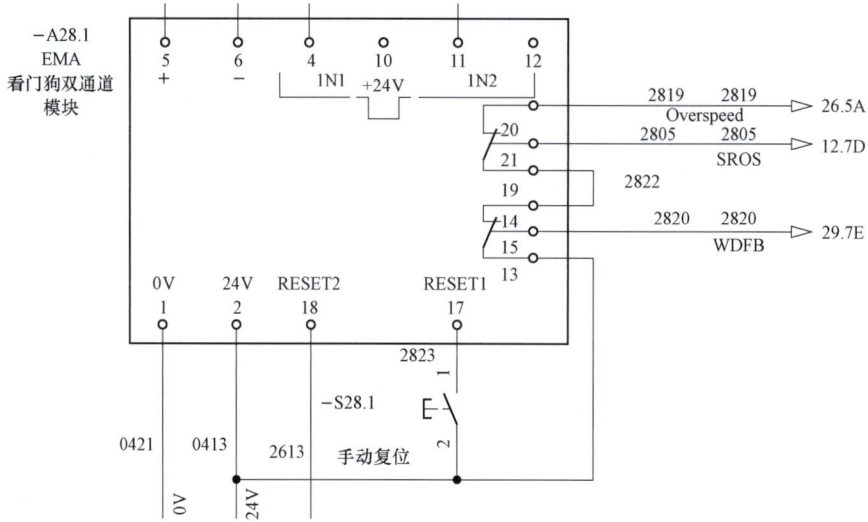

图 3　看门狗继电器

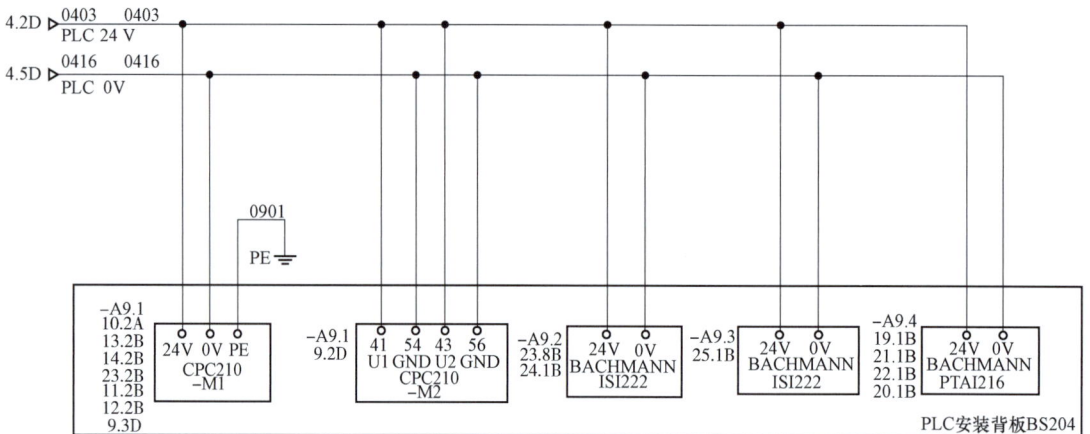

图 4　控制器

（3）检测方法。

1）将二次元器件断电，让其回复正常室温，并检查此时故障为能被清除的状态。

2）将热风枪温度调至 50℃（轮毂内的控制柜正常运行温度为 45℃左右），对单一待测元器件进行加热。

3）恢复所有元器件的供电，并注意观察元器件工作情况。

4）使用万用表测量元器件输出端的电压情况，并在主控柜上检查报出的故障以及其复归情况。

（4）注意事项。

1）在进行检查的过程中，使用的工器具必须为检验合格的工器具。

2）在每进行加热检查一个元器件前，必须先断电，保证用电安全以及保证非故障设备不被破坏。

3）必须有 2 人以上才能进行检查，严禁单独一人操作。

（5）检测结果。

1）在对二极管 D3.1 进行检测时，发现其输出端电压在 0～11V 之间波动，其正常电压为

（下转 92 页）

第4部分
变桨系统典型故障与分析

2MW 风电机组变桨系统看门狗断开故障案例分析

谢延生， 孙海生

（广东国能龙源新能源有限公司）

摘　要： 变桨控制系统是变桨距风力发电机组的核心部分之一，安装在风力发电机组的轮毂内，用于对风电机组叶片的定位和控制。本文主要阐述了 2MW 风电机组变桨系统常见的一种故障，对原因进行分析并对后续风电机组的检修维护提出建议。

关键词： 变桨系统；看门狗；散热；数据分析

1　引言

本文讨论的机组为 2MW 双馈型风力发电机组，采用三叶片、水平轴、上风向形式，变桨系统通过变桨电机驱动变桨减速器带动桨叶旋转实现变桨，三个桨叶采用独立控制器变桨方式，变桨电机为一个三相交流感应电机，具有独立散热风扇，能够自动调节电机温度。该风电场风电机组运行年限为 5~6 年。

2　故障基本情况

（1）故障时间：2021 年 9 月 25 日，4 号风电机组报出故障代码："OAT 变桨看门狗断开故障"，代码释义：OAT 变桨系统 3 个 PMM 或 3 个 PMC 的看门狗断开。3 个桨叶收回 89°，风电机组故障停机。

（2）做好相关安全措施后，登塔进轮毂检查，发现变桨中控箱的轴－220V 单极空气开关 F11 跳闸。断电验电后，测量 F11 空气开关下口对地绝缘正常，检查空气开关本体正常、接线紧固、型号正确；检查由 F11 空气开关供电的 1KM1 接触器线圈阻值正常，没有短路现象；检查 1KM1 接触器主触点回路阻值正常，没有粘连现象。

（3）试合 F11 空气开关，1KM1 接触器正常吸合，检查三相电压正常，轴一的 PMM 电源管理模块、PMC 控制模块工作状态正常。复位风电机组故障，恢复正常运行。

3　故障触发逻辑分析

3.1　变桨系统看门狗回路逻辑

如图 1 所示，当变桨系统 3 个桨叶的 PMM 模块或 PMC 模块正常时，其内部看门狗触点闭合，K21 看门狗继电器得电，K21 触点闭合反馈给主控一个 24V 看门狗信号，当主控接收不到该 24V 看门狗信号，则会报出 "OAT 变桨看门狗断开故障" 代码。

3.2　变桨系统看门狗的作用

监视变桨控制器运行状态，当程序陷入死循环的时候，执行相应的保护措施，保障设备稳定运行。看门狗断开的原因主要有：

（1）控制器失电；

（2）控制器硬件故障；

（3）控制器失去通信或收到干扰；

（4）控制器程序出错。

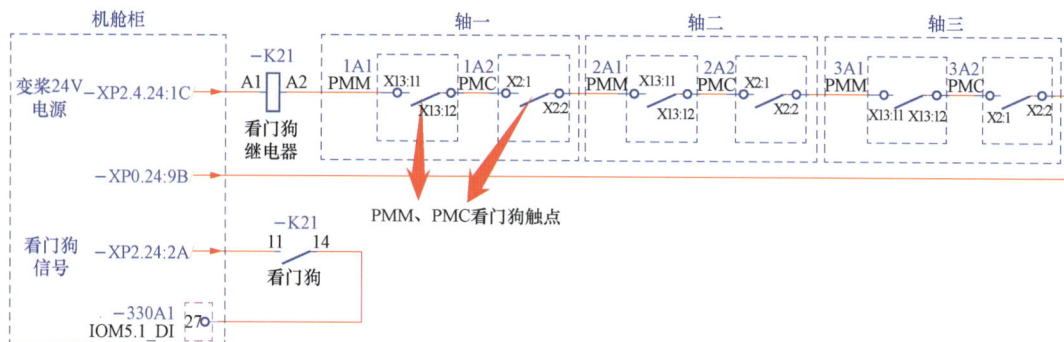

图 1　变桨看门狗回路

3.3　变桨轴箱 PMM 模块上电回路逻辑

如图 2 所示，F11 空气开关闭合后，当湿度满足低于 80% 的条件时，1B6 湿度控制器常闭触点 2/3 闭合，1KM1 接触器线圈得电自锁，同时三相主触点闭合，PMM 电源模块 400V 上电，控制器开始工作。

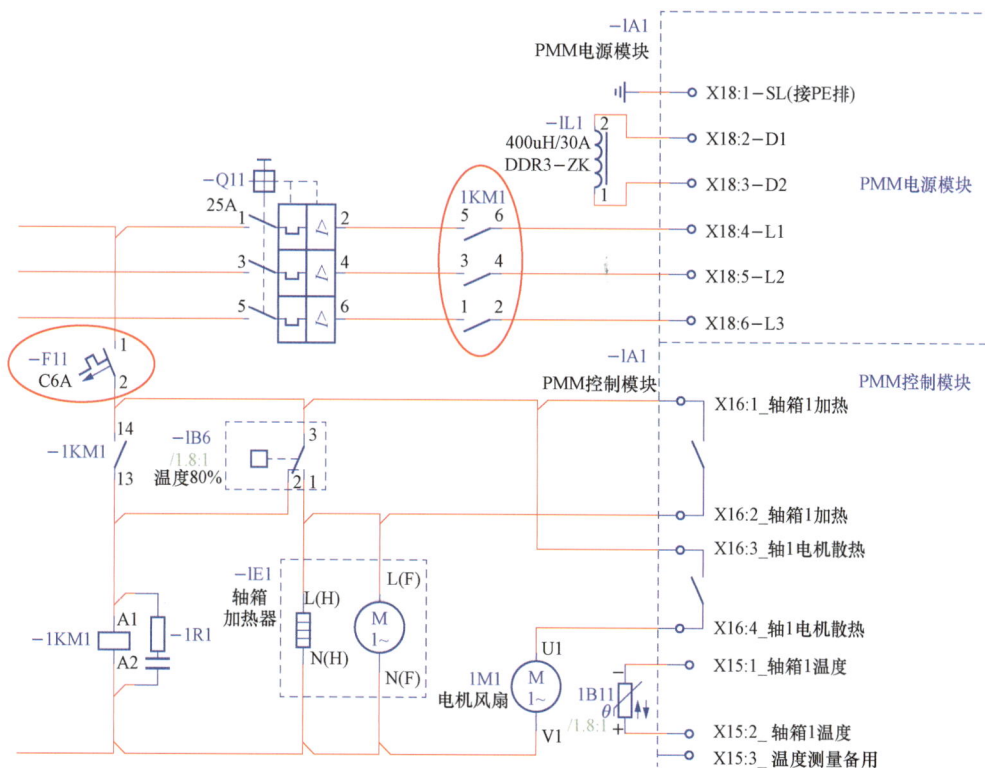

图 2　轴箱 PMM 模块上电回路

3.4　该故障触发逻辑分析

由上述两个回路的分析可知，当 F11 空气开关跳闸后，1KM1 接触器失电，三相主触点断开，PMM 电源模块断电停止工作，其内部的看门狗触点断开，从而使 K21 看门狗继电器失电，K21 触点断开，主控接收不到 24V 看门狗信号，最终报出"OAT 变桨看门狗断开故障"代码。

4　原因分析与诊断

该故障的主要原因是 F11 空气开关跳闸引起，因此重点分析空气开关跳闸原因。

4.1　空气开关 F11 本体问题

空气开关型号参数选择错误，导致定值偏小则会引起跳闸；空气开关本体脱扣器异常导致跳闸；接线松动导致打火。在首次登塔检查中已排除该问题。

4.2　接触器 1KM1 问题

1KM1 线圈由 F11 空气开关供电，线圈短路将造成空气开关跳闸。在首次登塔检查中已排除该问题。

4.3　轴箱加热器 1E1 问题

由图 2 可知 1E1 轴箱加热器由 F11 供电，1E1 短路故障将造成空气开关跳闸。1E1 轴箱加热器启动需满足以下条件：

(1) 湿度大于 80％时，1B6 湿度控制器动合触点闭合，开始加热；

(2) 在温度低于 5℃时，PMM 控制模块内部触点闭合，开始加热。

由故障时刻的天气情况可判断上述两个条件均不满足，1E1 轴箱加热器并没有启动，可排除该问题。

4.4　电机风扇 1M1 问题

由图 2 可知，1M1 电机风扇由 F11 供电，1M1 电机短路或者堵转故障将造成空气开关跳闸。1M1 电机风扇启动需满足条件：在变桨电机温度高于 80℃时，PMM 控制模块内部触点闭合，风扇启动开始给电机散热。结合故障时刻瞬时风速为 11m/s，功率为 2015kW，桨叶处于动态调节状态，可推断此时桨叶电机温度较高，散热风扇在启动状态。

综上所述，结合首次登塔排查情况分析，可大致判断该故障的原因为桨叶电机风扇问题造成 F11 空气开关跳闸，下一步将导出故障数据进行验证。

5　故障数据分析

(1) 桨叶 1 电机温度如图 3（a）所示，故障时刻前电机温度已超过 80℃，达到电机风扇启动条件，风扇启动开始散热，故障时刻桨叶 1 电机平均温度为 82.78℃，与正常桨叶 2 电机温度对比如图 3 所示，平均高 2.5℃。可判断此时桨叶 1 电机散热不良，导致温度异常升高。

(2) 桨叶电机电流对比。故障时刻前桨叶 1 电机电流在额定电流范围内，可排除电机绕组问题导致电机温度升高。

(3) 导出故障前 2 个月的全场机组桨叶电机温度数据进行对比，发现 4 号风电机组桨叶 1 电机温度从 8 月 5 日开始出现异常，最大值达 86.51℃，且均为大风满发时出现高温，到 9 月 25 日报出第一次故障。

(4) 数据分析结果：排除桨叶电机绕组问题，可判断为电机散热不足导致温度异常升高，原因可能为①散热风扇轴承卡涩引起堵转；②散热风扇启动电容损坏；③散热风扇电机绕组损坏；最终导致散热风扇空气开关跳闸，报出故障。由于散热风扇启动条件为 80℃，所以在风速较小，桨叶不需频繁变桨的时候风扇未启动，机组仍可正常运行，只有大风满发时才可能报出故障，建议立即检查电机散热风扇，消除隐患。

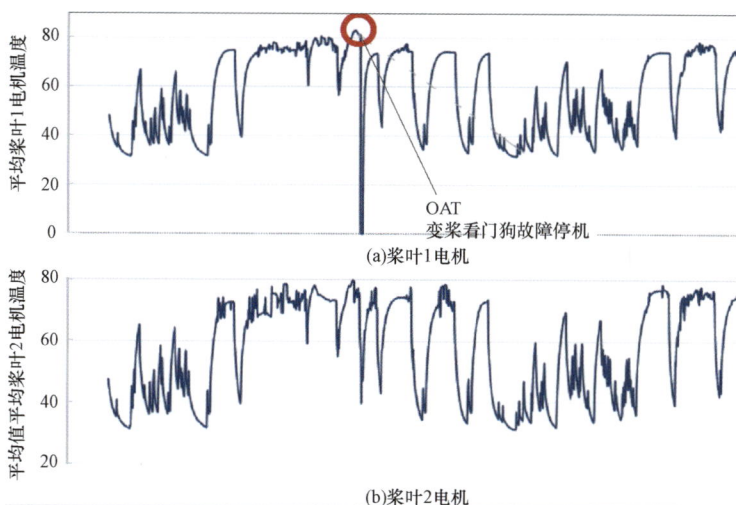

图 3　桨叶 1、2 电机温度对比

6　故障处理过程

（1）10 月 7 日，大风满发时 4 号风电机组再次报出同样故障，与数据分析结果一致。做好相关安全措施后，登塔进轮毂检查，测试桨叶 1 电机散热风扇无法启动，更换新备件，测试正常。进一步检查变桨电机三相绕组阻值正常、三相阻值平衡、对地绝缘正常，排除变桨电机绕组问题。

（2）对散热风扇进行解体检查，启动电容容值正常，风扇轴承转动有异响，测量电机主绕组阻值无穷大，为绕组问题导致风扇故障。

7　结论和建议

本次故障为变桨电机散热风扇绕组问题导致，故障初期造成变桨电机散热不良温度异常升高，没有触发故障；故障后期风扇电流增大，造成空气开关跳闸报出故障。

该故障为典型的散热问题导致，在运行年限较长的风电机组中较为常见，通过本次故障案例分析，给后续风电机组的检修维护提出几点建议：

（1）加强机组运行数据分析，提前发现异常的数据并进行预知检修，有效减少机组故障次数和故障停机时长。如本次故障案例中，通过桨叶电机温度数据的分析，可以提前发现 4 号机组桨叶 1 电机温度异常，即可进行计划检修排查异常原因。

（2）定期维护时应加强对散热方面的检查，该风电场机组已运行 5～6 年，个别部件已处于老化阶段，如本次故障案例中的电机散热风扇，在定期维护中应做好启动测试，观察散热风量是否正常，轴承转动是否卡涩、是否异响，启动电容容值是否正常等。

（3）运用数据分析指导定期维护，形成一个完善的预警－检修模式，有效提高定期维护质量，降低机组非停时长，保证机组的安全稳定运行。

某型号风电机组变桨电机电磁刹车故障原因分析

王洋羊，缪京东

[龙源电力集团（上海）新能源有限公司]

摘　要： 某风电机组在运行寿命期，先发生变桨电机超温故障，后因齿形带崩断导致桨叶位置不可控，经过查找原因分析，为变桨电机刹车片磨损严重，电磁刹车失效所致，最后采取对故障机组电磁刹车摩擦片及齿形带进行更换，并对全场风电机组变桨电机电磁刹车回路进行排查方法，处理此次事故。

关键词： 风电机组；变桨电机电磁刹车；故障；原因分析

1　事故经过及处理措施

某风电场安装有直驱型 121～2500 风电机组 19 台，该机型运行 5 年以来，变桨故障占据 47%。主要故障有变桨位置偏差大故障、变桨逆变器 OK 信号丢失故障、变桨电机温度高故障等，使风电机组不能正常运行。

2020 年 5 月 17 日 09：25，5 号风电机组报出变桨位置偏差大故障，后台监控显示 3 号桨叶在故障时刻桨叶位置为 84.6°，随后桨叶在 87°左右来回变动，电机温度持续升高。

5 月 17 日 10：12，检修人员到达故障风电机组发现塔底显示屏新增故障为 3 号变桨限位开关触发故障，AC3 OK 信号丢失故障，查看电机温度为 42℃。

5 月 17 日 10：37，检修人员上塔进行手动开桨，未听到电磁刹车动作声音，在断电瞬间齿形带压板崩开，机组产生强烈振动，固定齿形带压板的四颗螺栓断裂，齿形带压板卡入涨紧轮中，齿形带发生形变损坏。桨叶当时位置在 120°附近。

5 月 17 日 12：32，检修人员对故障进行分析，判断故障原因为电机电磁刹车失效，叶片失去刹车阻力，撞限位后崩开齿形带压板。

5 月 18 日 10：35，检修人员更换齿形带及电磁刹车后机组恢复正常运行。

5 月 19 日，检修人员对全场风电机组进行变桨电机温度排查，并做故障预警。

2　故障原因分析

结合机组故障现象，导出机组故障时刻数据文件，具体分析如下：

（1）桨叶变化：机组故障前在停机状态，3 个桨叶位置为 88.13°附近。故障前 3.98s 3 号桨叶开始开桨，变桨至 84.61°时触发变桨位置比较偏差大。故障前后桨叶位置变化如图 1 所示。

（2）控制输出：查看变桨逆变器输出信号，故障前没有输出，故障后有输出。

（3）从故障前桨叶角度和逆变器输出的情况看，没有输出的情况下桨叶位置出现大幅度变化，有两种可能。一是桨叶角度真实发生变化，二是旋转编码器数据跳变。从故障前后数据看，旋转编码器数据未发生跳变，桨叶真实变化的可能性最大。

（4）未变桨时桨叶角度变化，可能原因有齿形带与驱动轮跳齿或电机刹车失效空转。如果出现跳齿的情况，桨叶实际角度与旋编角度会出现偏差。从故障后信号触发的情况看，87°接近开关触发角度为 86.85°，未出现上述角度偏差现象。

(a)故障前

(b)故障后

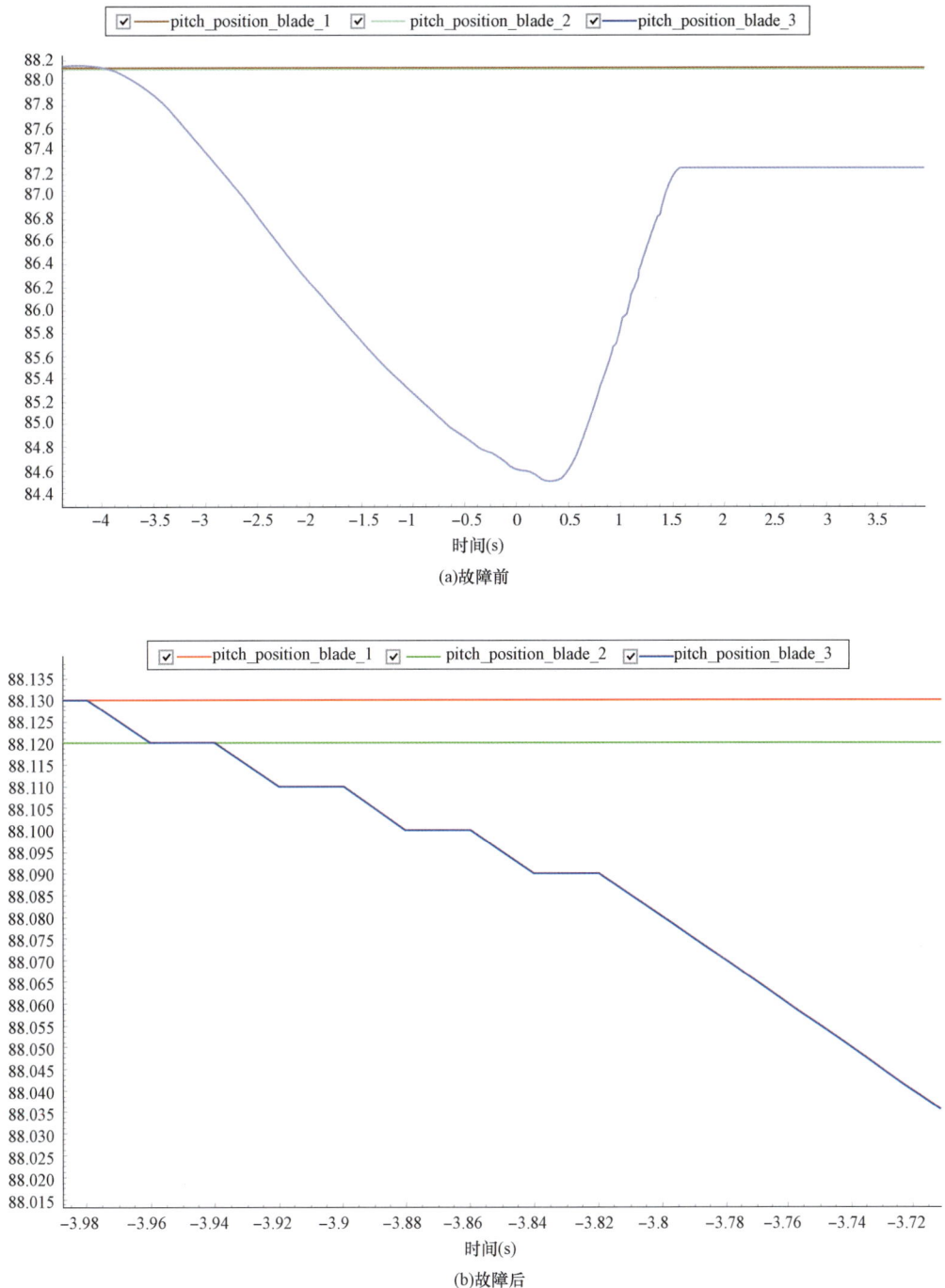

图 1　故障前后桨叶位置变化

（5）对拆解下的变桨电磁刹车进行带电测试，工作正常；检查拆解下来的刹车片，发现刹车片表面有裂纹，且磨损严重，是导致变桨电机刹车失效空转的主要原因。事故刹车片如图 2 所示。

（6）从机组运行的历史数据分析，可以从变桨电机温度的变化作为刹车异常的预警信

图 2　事故刹车片

号。可以看出桨叶在小角度运行时，电机温度会一直高于其他两支桨叶。当桨叶保持待机或停机状态时，电机温度与其他两支桨叶温度基本一致。也从侧面说明电磁刹车制动力不足。

（7）对 5 号风电机组变桨电机 2020 年 1 月至 5 月的 10min 数据进行分析，发现 3 号桨叶在数据统计电机温度一直高于其他两支桨叶。

3　原因分析

电磁刹车故障可能有以下几种原因：

（1）电磁刹车回路信号异常，在大风天变桨电机频繁动作情况下刹车未及时动作，导致刹车片磨损严重、电机温度升高（对电控回路来说，不存在大角度或小角度的区别，因此故障风电机组因电控回路问题而导致刹车片异常磨损的情况偏小）。

（2）电磁刹车盘固定螺栓松动，导致刹车间隙变小，也可能引发刹车片磨损严重、电机温度升高，长期振动摩擦造成制动力矩变小或者失去制动力矩（此种情况发生概率比较大）。

4　结论与建议

5 号风电机组从 2019 年 11 月开始出现变桨电机温度异常现象，3 号桨叶电机温度一直比其他两只桨叶温度高；到了 2020 年春夏季温度上升，机组在运行时电机温度有时达到 100 多摄氏度；最后机组因刹车片磨损严重，失去制动力矩后崩开齿形带压板，造成机组故障停运。现已对全场风电机组进行变桨温度分析；此外，针对此类故障风场制定具体措施如下：

（1）每月对风电机组变桨电机温度进行统计分析，检查是否出现单只桨叶变桨电机温度异常现象。

（2）结合日常风电机组巡视作业，对变桨刹车回路进行检查，检查电磁刹车阻值是否正常，手动变桨时能否听到清晰的电磁刹车打开的声音，刹车回路接线是否正常。

（3）风电机组报出变桨位置偏差大后，要重点分析机组 B 文件，在故障时刻同时分析桨叶位置及变桨电机电压，是否出现电机无输出桨叶位置突然变动；若发生此类情况，检查重点查看以下几个数据：桨叶位置是否来回变化或丢失、电机是否持续有输出电流、电机温度是否持续升高、限位开关是否触发；若出现上述情况，需至现场将故障叶片锁在正下方，并将叶片锁住，防止桨叶晃动导致齿形带崩断。

（4）除了从温度异常做数据预警外，检修时也可拆开变桨电机后壳检查刹车磨损情况，对磨损粉末较多的刹车片进行更换。

参考文献

［1］张军昌．对某风力发电组变桨轴承故障的原因分析 ［J］．科学论坛，2015（10）：110 - 111.
［2］魏本建，李志梅．风电机组电动变桨距控制系统设计 ［J］．测控技术，2010，39（1）：19 - 20.

某风电机组安全链动作故障浅析

吕朋

（新疆龙源风力发电有限公司）

摘　要： 安全链是风电机组的最后一道保护。当变桨系统故障掺杂安全链故障后会产生很强的迷惑性。通过对机组故障文件分析、原理图及时序逻辑分析，最终锁定缩小故障范围确定故障点，可以降低运行维护人员故障处理时间，提高机组可利用率。

关键词： 风电机组；Vensys 变桨系统；安全链动作；原因分析

1　引言

本文故障分析数据为某风电场的 1500kW 风冷型风电机组，使用倍福主控模块、Vensys 变桨系统。机组位于西北戈壁地形，夏季干热冬季干冷。在机组运行 5 年左右开始批量报出此故障。此故障无明显故障点，手动复位可暂时消除故障状态，每次故障时刻的现象都不一样。

2　故障基本情况

该风电场安装有直驱型风电机组 66 台，运行 9 年以来，变桨故障占比较高，主要故障有变桨位置偏差大故障、变桨逆变器 OK 信号丢失故障、变桨电机温度高故障、变桨子站通信故障等使风电机组不能正常运行。

该机组采用进口 Vensys 变桨方案，变桨软件版本为 21122，采用一代变桨减速器（输出旋向与输入旋向相反），减速比为 126.667，具备电机过温保护功能。

（1）故障号：098。

（2）故障名称（英文）：Error _ safety system _ safety chain OK。

（3）故障名称（中文）：安全链动作。

（4）故障触发逻辑：当变桨外部安全链不正常时立即触发。

（5）故障时刻 SCADA 显示叶片角度分别为 88.19°、0°、88.28°。

3　故障原因分析

使用机组 SCADA 系统，导出机组故障时刻数据文件，具体分析如下：

安全链故障分为变桨内部和变桨外部安全链，这两种故障时常较难区分。由于故障数据里没有直接可以观察内外部安全链信号的数据，SCADA 显示 2 号叶片角度为 0°，运维人员就地检查，2 号叶片确实处于未收桨状态。

3.1　查看机组叶片角度数据

通过查看机组叶片角度数据可得，1 号、3 号柜角度变化同步，故障时刻后正常回桨，2 号叶片角度一直在 0°不变，判断故障范围在 2 号柜。

3.2　查看机组电容电压数据

通过查看机组电容电压数据得出，2 号叶片在故障后高、低电压均未发生明显跌落变化，得出变桨逆变器 AC2 未输出，故变桨电机未输出变桨动作。

3.3　查看机组 AC2 故障信号数据

3 支叶片 AC2 均无故障信号。

3.4　查看机组 2 号叶片 5°接近开关信号（选取 1 号叶片角度为动作参考）

通过查看得出，2 号叶片确实没有动作，5°接近开关在 0 时刻（故障时刻）附近跳变为低电平持续不变，初步判断接近开关电源丢失。

3.5　查看机组 2 号叶片 92°限位开关信号（选取 1 号叶片角度为动作参考）

通过查看得出，92°限位开关在 0 时刻附近跳变为低电平持续不变，初步判断 92°限位开关电源丢失。

3.6　查看机组 2 号叶片 NG5 - OK 信号（选取 1 号叶片角度为动作参考）

通过查看得出，NG5 - OK 信号在 0 时刻附近跳变为低电平持续不变，初步判断 NG5 - OK 信号电源丢失。

3.7　查看机组 2 号叶片编码器警告信号（选取 1 号叶片角度为动作参考）

通过查看得出，编码器警告信号在 0 时刻附近跳变为低电平持续不变。

3.8　查看机组 2 号叶片全部数字量信号（选取 1 号叶片角度为动作参考）

通过查看得出，该机组 2 号叶片 5°接近开关、92°限位开关、编码器警告信号、NG5 - OK 信号均在 0 时刻附近丢失，AC2 及变桨电机未动作。

3.9　相关故障解释及结果判断

相关故障解释及结果判断见表 1。

表 1　相关故障解释及结果判断

序号	丢失信号名称	信号丢失时刻	故障名称	故障触发时间	故障判断
1	旋编警告	-0.12ms	旋编电池电压低	持续 500ms	不触发
2	5°接近开关	-0.08ms	发电位置传感器异常	持续 140ms	不触发
3	92°限位开关	-0.06ms	变桨限位开关触发	持续 80ms	不触发
4	NG5 - OK 信号	-0.06ms	变桨充电器反馈丢失	持续 4s	不触发
5	17K4 线圈失电	-0.02ms	变桨安全链触发	持续 40ms	不触发
6	19K7 外部安全链 OK 信号	-0.02ms	变桨故障 1.4	持续 20ms	变桨急停请求

综上所述，该机组 2 号叶片 13.1T2 模块正常（未报出变桨通信故障），5°接近开关、92°限位开关、编码器警告信号、NG5 - OK 信号几乎同时丢失，AC2 及变桨电机未动作，且上述信号均为 13T1 模块所带负载，在 13T1 模块 24V 回路失电后，机组所有与 13T1 有关的高电平全部丢失，且 AC2 收不到使能命令，致使叶片卡死在 0°，19K7 继电器线圈虽然得电，但因为其触点反馈的是 13T1 的 24V，所以直接报出"变桨外部安全链故障"。

故：此次故障为 2 号柜 13T1 模块 24V 回路失电引起，经现场排查确认，运行维护人员更换 13T1 模块后，机组恢复运行。

4 故障分析佐证数据

4.1 机组变桨系统电气图 （见图1）

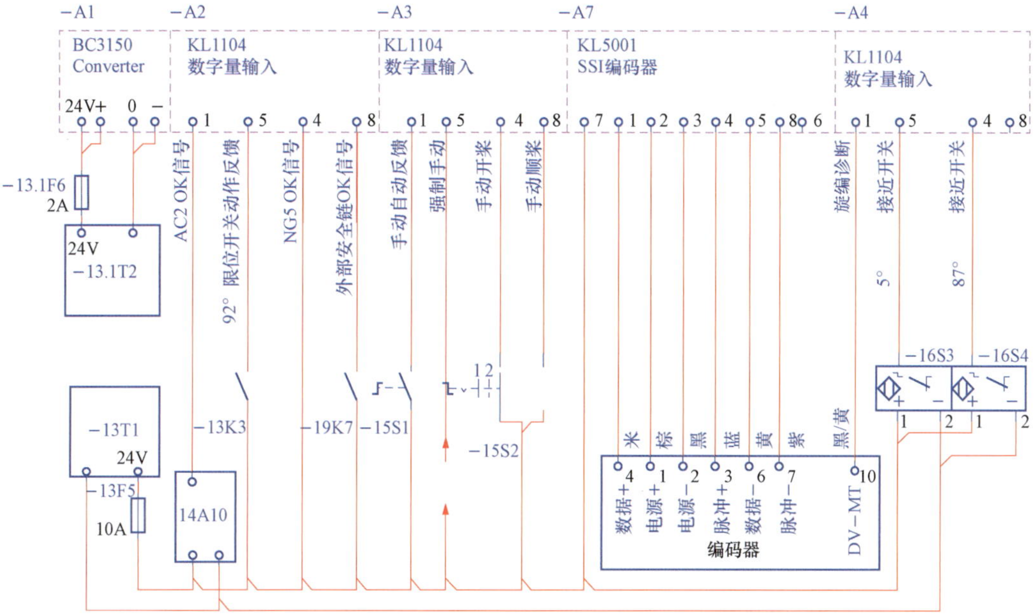

图1 机组变桨系统电气图

4.2 旋转编码器（见图2）

工作电压	10～30V DC，带有电压反接保护
电流消耗	最大50mA(电感/电阻负载)，24V DC
SSI脉冲频率	62.5kHz～1.5MHz(取决于电缆长度)
单稳态触发器时间	20μs
脉冲中止	最小25μs
编码变化频率	800kHz
精度	±0.0250(400kHz)，±0.050(800kHz)

图2 旋转编码器

由厂家提供说明书可得，编码器工作电压 U_b 为 10～30V DC，当电压大于 U_b～3.5V 时输出旋编诊断信号，因 KL1104 最低有效输入电压为 15V，即旋编正常的输出最低电压为 $15+3.5=18.5(V)$。

4.3 接近开关

由厂家提供的说明书可以得到，接近开关工作的电压范围为 10～30V DC。

4.4 倍福 KL1104 数字量输入模块

由厂家提供的说明书可以得到，模块采集的高电平信号电压范围为 15～30V DC，低电平信号电压范围为：-3～5V DC。

4.5　倍福 KL2408 数字量输出模块

由厂家提供的说明书可以得到，模块的额定电压为 24V DC（－15％～＋20％），换算后为 18～28.8V DC，即模块正常工作的最低输入电压为 18V。

4.6　逆变器工作原理

由厂家提供的逆变器工作原理可知，只有当 KL2408 模块发出 AC2 使能命令的同时且受到 KL4001 的收桨命令（0～4.48V 为收桨），AC2 才会输出控制叶片收桨，但因 13T1 损坏，KL2408 模块无法输出，导致 AC2 收不到使能信号，紧接着 13K3 继电器失电，Key 回路断开，AC2 彻底无法工作，故无法报出逆变器故障。

4.7　变桨急停请求逻辑

由图 3 得，外部安全链输入信号丢失 40ms 即可触发故障字 1.4，又因此故障字触发直接引起紧急停机请求。

此时因变桨内部安全链正常的 17K4 继电器仍然得电，但变桨已经丢失外部正常 19K7 触发急停请求，通过 DP 反馈给主控，此时刻主控报出"098 安全链动作"故障。

5　故障分析时序汇总

系统图如图 4 所示。

时刻 1：当 13T1 模块损坏后，电压从 24V 开始慢慢跌落，当电压跌落至 18.5V 以下时，编码器的诊断信号输出电压将低于 15V，此时 A4 模块将无法收到高电平信号，触发"旋编警告故障"。

时刻 2：当电压持续跌落至 15V 以下时，此时 A4 模块将无法收到高电平信号，触发"5°接近开关故障"。

时刻 3：当电压持续跌落至 15V 以下时，此时 A2 模块将无法收到高电平信号，触发"92°限位开关故障""变桨充电器反馈丢失故障""变桨安全链触发"，由于电压低于 KL2408 模块、13K3 继电器模块动作电压，AC2 使能回路彻底断开。

时刻 4：当电压持续跌落至 10V 以下时，此时旋转编码器无法正常工作，即 KL5001 模块采集的桨叶角度为 0°。

分析时序汇总见表 2。

6　故障原因分析

风电场发现损坏的 13T1 模块均因温度高造成，夏季戈壁滩温度高，加上密闭的轮毂导致变桨柜内热量无法散去，且更换的 13T1 模块散热板背部导热硅脂干涸。

根据某厂家的高温高湿交变湿热试验分析报告显示：

DC-DC 模块对高温高湿环境的适应性较差，2 号模块带载运行时出现输出电压降至 2～3V 不断跳动，且短时间内可恢复的现象，恢复正常后手动指定电子负载 6A、13A 半载满载运行，发现给定满载电流 13A 时，模块输出电压降至 3.277V，说明该模块限流拐点提前。

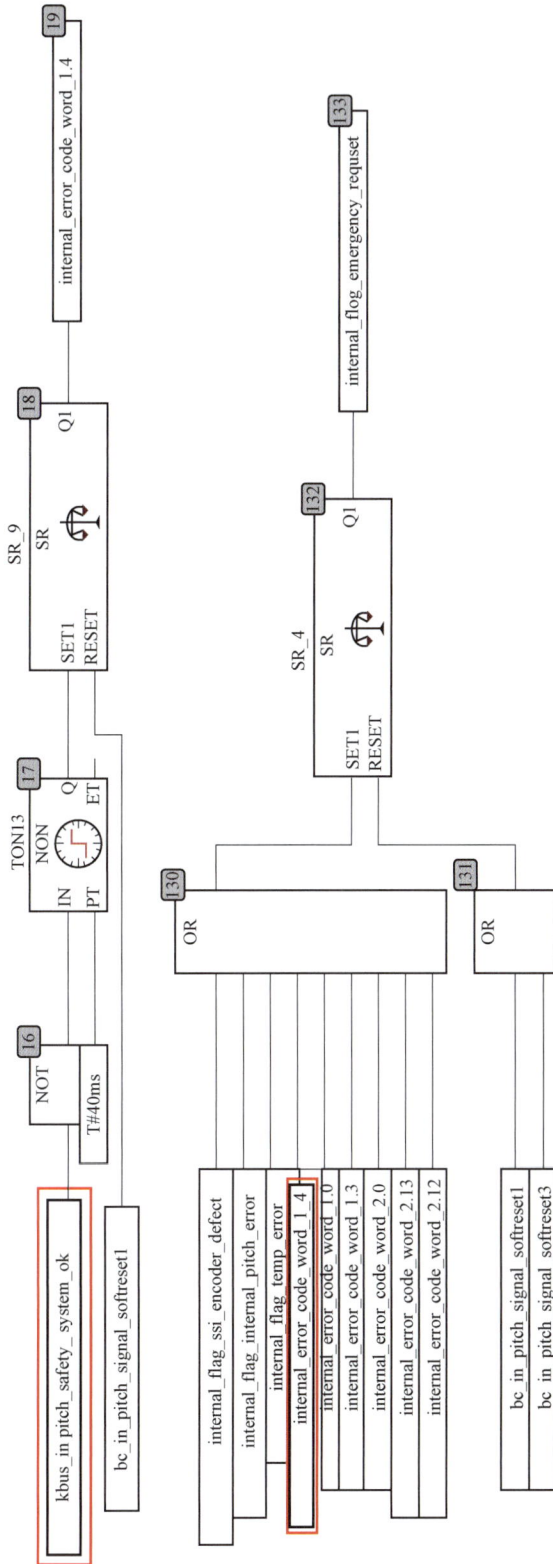

图 3　变桨急停请求逻辑

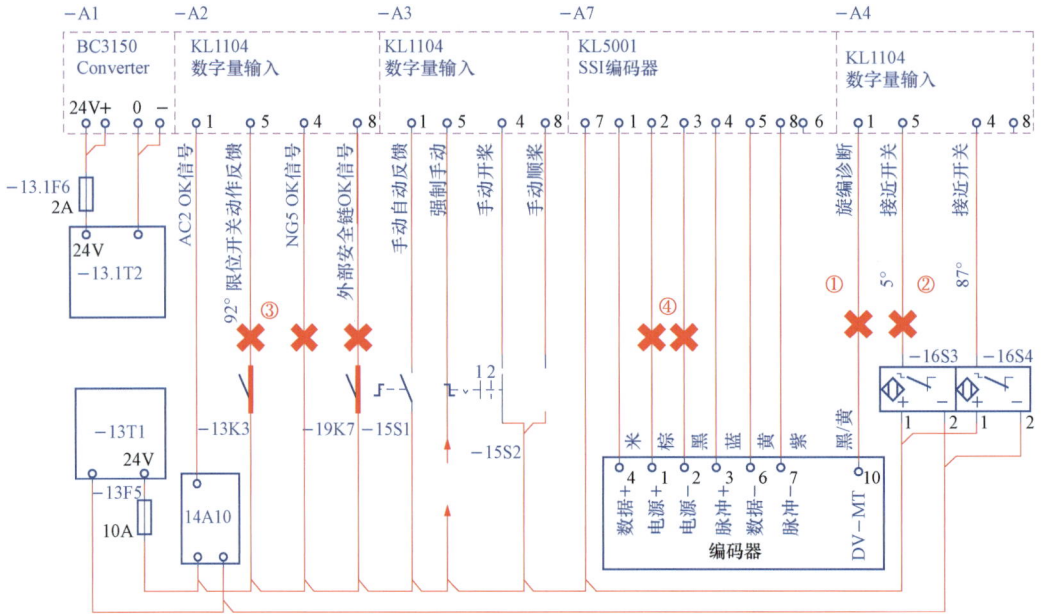

图 4　系统图

表 2　分析时序汇总表

时间	角度1	角度2	角度3	1号电容高电压	2号电容高电压	3号电容高电压	AC2-OK	90°	5°	87°	NG5-OK	旋编诊断	变桨急停请求	备注
−90	0.48	0.47	0.46	59.47	59.043	58.277	1	1	1	0	1	1	0	机组正常
−0.12	0.48	0.47	0.46	59.111	58.692	59.24	1	1	1	0	1	0	0	①-旋编诊断丢失
−0.1	0.48	0.47	0.46	59.097	58.686	59.244	1	1	1	0	1	0	0	
−0.08	0.48	0.47	0.46	59.119	58.691	59.237	1	1	0	0	1	0	0	②-5度信号丢失
−0.06	0.48	0.47	0.46	59.115	58.696	59.231	1	0	0	0	0	0	0	③-92度、NG5_OK、19K7信号丢失
−0.04	0.48	0.47	0.46	59.111	58.7	59.226	1	0	0	0	0	0	0	
−0.02	0.48	0.47	0.46	59.109	58.703	59.233	1	0	0	0	0	0	1	变桨急停请求
0	0.48	0.47	0.46	59.106	58.705	59.239	1	0	0	0	0	0	1	安全链动作

续表

时间	角度1	角度2	角度3	1号电容高电压	2号电容高电压	3号电容高电压	AC2-OK	90°	5°	87°	NG5-OK	旋编诊断	变桨急停请求	备注
0.02	0.48	0.47	0.46	59.105	58.696	59.244	1	0	0	0	0	0	1	
0.04	0.48	0.47	0.46	59.125	58.7	59.247	1	0	0	0	0	0	1	
0.06	0.48	0	0.46	59.087	58.692	59.217	1	0	0	0	0	0	1	④-角度2丢失
0.06	0.48	0	0.46	59.034	58.696	59.171	1	0	0	0	0	0	1	
4.00	28.87	0	28.93	57.757	58.686	58.157	1	0	0	0	0	0	1	
6.14	45.36	0	45.37	58.969	58.685	57.691	1	0	0	0	0	0	1	顺桨过程
13.76	88.19	0	88.28	59.455	58.661	58.233	1	0	0	0	0	0	1	
13.78	88.19	0	88.28	59.449	58.661	58.223	1	0	0	0	0	0	1	
29.96	88.19	0	88.28	59.126	58.613	59.563	1	0	0	0	0	0	1	
29.98	88.19	0	88.28	59.142	58.622	59.568	1	0	0	0	0	0	1	

在湿热交变环境条件下，测试样品经过近30天的耐久测试，4个模块样品相继出现失效现象，1号、2号模块均出现脉冲形式输出，而且时好时坏，输出不稳定，放置7天后测试又基本正常。3号模块失效时输出电压降低至12V左右，一段时间后完全无输出。4号模块在测试27天时失效，无输出。

7 故障预防措施和建议

(1) 在巡检、定检中仔细检查变桨柜内是否存在短路、接地现象。

(2) 在巡检、定检中检查13T1模块输入输出是否正常，若输出低于24V，立即进行更换。

(3) 在巡检、定检中仔细检查13T1模块散热是否正常，散热不良会引发13T1模块迅速老化损坏。

(4) 在3～5年维护中，检查13T1模块背板的导热硅脂是否干涸。

（上接228页）

等，同时元器件的寿命也有限，导致风电机组运行过程中会经常有故障报出。因此降低故障率，减少运行维护成本，提高经济性一直是风电场的重点研究课题。运行维护人员只有不断地提高个人的技能水平，严把维护检修质量关，同时对风电机组各个部件的预警信息及时分析，及时消除隐患，才能有效地降低风电机组故障率。

某型号风电机组变桨通信故障分析

魏占鑫

（山西龙源新能源有限公司）

摘　要： 随着风电机组使用年限的增加，各种部件由于设计缺陷和使用寿命的限制，风电机组会频繁报出各种批量性故障。风电机组的故障直接影响发电量，也给设备健康运行带来隐患。因此，采取可靠的研究方法分析故障部位，准确处理故障势在必行。

关键词： 新能源；变桨；通信

1　变桨通信系统结构组成

变桨通信系统主要由五部分组成，分别是主控系统、滑环、变桨主柜、3个变桨轴柜、通信线及接头。变桨系统信号从塔基柜 CPU 控制器发出经机舱柜 Profibus－DP 转接模块到滑环，再由滑环传入到变桨主柜。

接头功能主要是连接 Pfofibus 电缆和站点，接口采用 RS485 串口，为9针式插口，一路进线端子，一路出线端子，内置终端电阻，通过 ON/OFF 打开或关闭终端电阻。当开关打到 ON 时，进线端子接到内置终端电阻上；当开关打到 OFF 时，进线端子与出线端子连通，与内置终端电阻不连接。

风电机组变桨滑环是指变桨通信滑环，主要由滑环体、电刷组件、精密轴承、电刷固定支架、外罩组成；其中滑环体和电刷的质量将直接影响滑环的可靠性和寿命，在滑环中俗称摩擦副，一般配对使用。滑环是风电机组主控和持续旋转的轮毂变桨电源、信号和数据通信的关键设备，变桨滑环在整个风电机组的价值占的份额很低，但滑环的任何故障将会给风电机组带来停机故障，滑环的可靠性对风电机组的稳定运行至关重要。

通信线采用 RS485 屏蔽电缆，一红一绿两根信号线，内置编织网屏蔽层（接地处理），可以有效防止信号干扰，提高电磁兼容能力。

2　变桨通信工作原理

Profibus 为开放式现场总线系统。其由 Profibus - FMS、Profibus - PA 和 Profibus - DP 三部分组成，其中 Profibus - DP 主要应用于现场级，是一种高速的通信连接，它被设计为自动控制系统和设备级分散的 I/O 之间进行通信使用，因而可满足快速又简单地完成数据的实时传输，1.5MW 风电机组变桨系统正是使用此类通信方式，高效传输变桨数据。

Profibus - DP 有多主站和单主站两种通信结构，而目前风电机组使用的为单主站方式，其余设备为从站，网络属于纯主－从系统，主站与从站之间通信为主从轮询方式。通信主站为塔底 CPU（倍福 CX1020），塔底控制系统为1个从站，机舱控制系统为1个从站，变桨主柜为1个从站，总共4个站点，站号依次为11号、20号、22号和42号。通信利用物理传输介质为数据链路层提供物理连接，以透明地传送比特流。由于塔上塔下传输距离较远，所以采用光纤介质；机舱柜和变桨系统之间采用屏蔽双绞线，为 RS - 485 协议，其传输技术为半双工通信方式。

变桨系统在运行过程中时时进行数据交换，通信故障检测时间为1s。上述任何一环出现故障都会影响通信，安全链动作，风电机组立即停机。

3 变桨通信故障分析

3.1 变桨后台无字节

风电机组后台查看，无字节。故障点基本都在 2T1、EL6731、变桨 DP 头这几个部件上。若重启变桨 PLC 后，故障消除，风电机组运行不久，再次报通信故障，则为滑环问题。

3.2 变桨后台有字节

风电机组后台查看，有字节。但是风电机组报通信故障。此故障最不容易找到故障点，下面重点研究怎么快速找到故障点。

查看如图 1 所示数据。repeat counter 和 noanswer counter 的数据，当我们看到 20 号、22 号、8 号站点，这两个数据都大，那么通信故障点就在 20 号站点，一般都是 DP 头电阻跳动或者屏蔽线松动造成。当我们看到 22 号、8 号站点，这两个数据都大，故那么通信故障点就在 22 号站点，一般都是 DP 头电阻跳动或者屏蔽线松动造成。当我们看到只有 8 号站点这两个数据都大，故那么通信故障点就需要认真排查滑环到变桨柜的通信质量，此时也是故障点最难发现的时候。

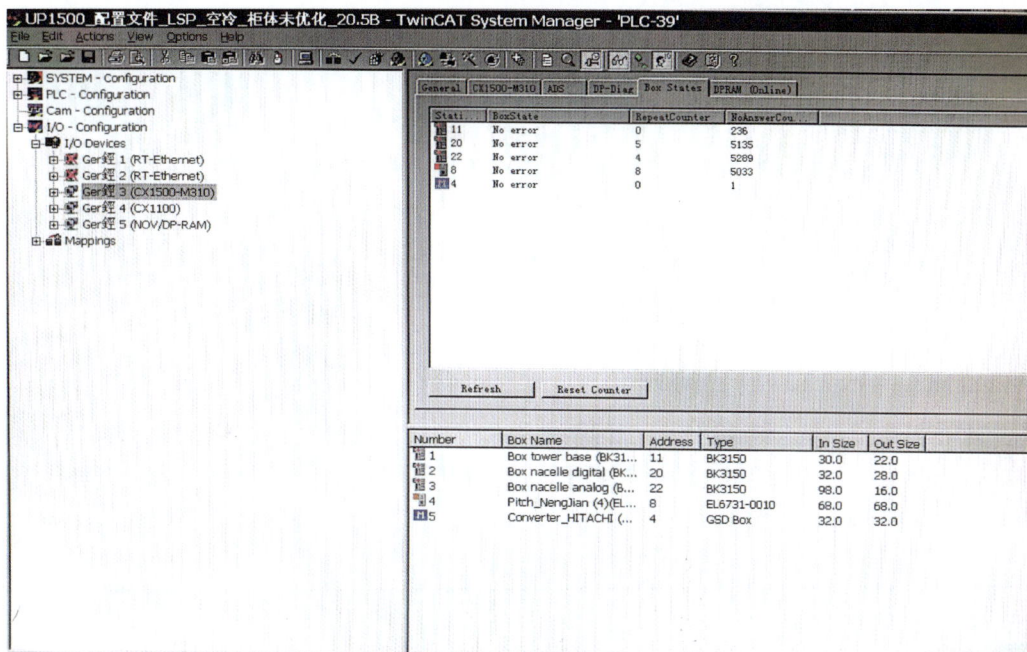

图 1 故障数据

建议先检查变桨柜 DP 头屏蔽、变桨柜 8F1 接线，确认良好后，可以在滑环通信插头处测量电阻，1、2 脚为 220Ω，3 脚接地为 1Ω 以下，若偏差太大，需要更换对应的 DP 头。如果上述检查都没有问题，但是故障还是时有发生，建议更换新的滑环或者更换滑环通道。经处理后若故障还是时有发生，那就只能更换风电机组大线（一般换大线在确认所有查找的故障点没问题后更换）。通过这个逻辑，我们处理变桨通信故障（通信时好时坏）可以缩短时间，大大增加机组可利用率。

某直流变桨系统"BIT"故障浅析

王娟，艾勇

（新疆龙源风力发电有限公司）

摘　要： 风电机组变桨系统作为大型风电机组控制系统的核心部分之一，对机组安全、稳定、高效运行具有十分重要的作用。稳定的变桨控制已成为当前大型风电机组控制技术研究的热点和难点之一，而早期投产运行的直流变桨系统存在着一些问题，本文针对某直流变桨系统的变桨充电器"BIT"故障，进行了分析和解决。

关键词： 风电机组；变桨系统；变桨充电器；"BIT"故障

1　引言

某风电场 165 台风电机组安装使用某品牌直流变桨系统，本品牌直流变桨系统分为"第一代"与"第二代"产品，其中 A 风电场安装使用 132 台"第一代"变桨系统，B 风电场安装使用 33 台"第二代"变桨系统。这两代变桨系统均易报"变桨充电器 BIT"类故障，此故障在变桨系统故障中，A 风电场占比 20%，B 风电场占比 47%。

2　故障逻辑

当变桨系统电池充电器（AC400 或 AC500）报警后，内部继电器断开，变桨 PLC 丢失充电器的 1 个及以上信号（BIT1 或 BIT0），便会触发"error _ pitch _ battery _ charger _ error _ bit0 _ sys _ X"或"error _ pitch _ battery _ charger _ error _ bit1 _ sys _ X"故障。

3　原因分析

无论是 AC400 还是 AC500 充电器，充电器内部有逻辑控制单元，并设置 22 个故障，只要其中一个报警触发，那么则会断开相应的继电器，从而触发变桨的充电器故障，行业内大家常说的 bit0 与 bit1 其实应该是 bitO 与 bitI 故障，从图 1 中可以看出，作用于 relay2 的故障有 15 个（bitI），作用于 relay1 的故障有 7 个（bitO）。

要想解决"BIT"类频发故障就要找出此充电器在报什么故障，而这两代变桨系统在变桨系统设计上电池充电器的充电原理不同，因此在故障表现上不同，针对两类变桨系统分别做以下分类分析。

3.1　A 风电场

本次随机抽取了 A 风电场的 8 台风电机组，成功下载了 22 个变桨充电器的故障记录，每个变桨充电器只能保存最近的 100 条故障，可能最近故障未解决会导致本故障次数偏高，但根据故障记录可以看出风电场变桨充电器的故障类别较多，其中故障频次最高的为 Mains voltage is too high（输入电压高），次数达到 755 次，充电器内缓存此故障累计 3596 次（仅缓存此故障）；其次是电池故障 174 次、温度类故障 305 次、输入/输出电压低类故障 93 次，见表 1。

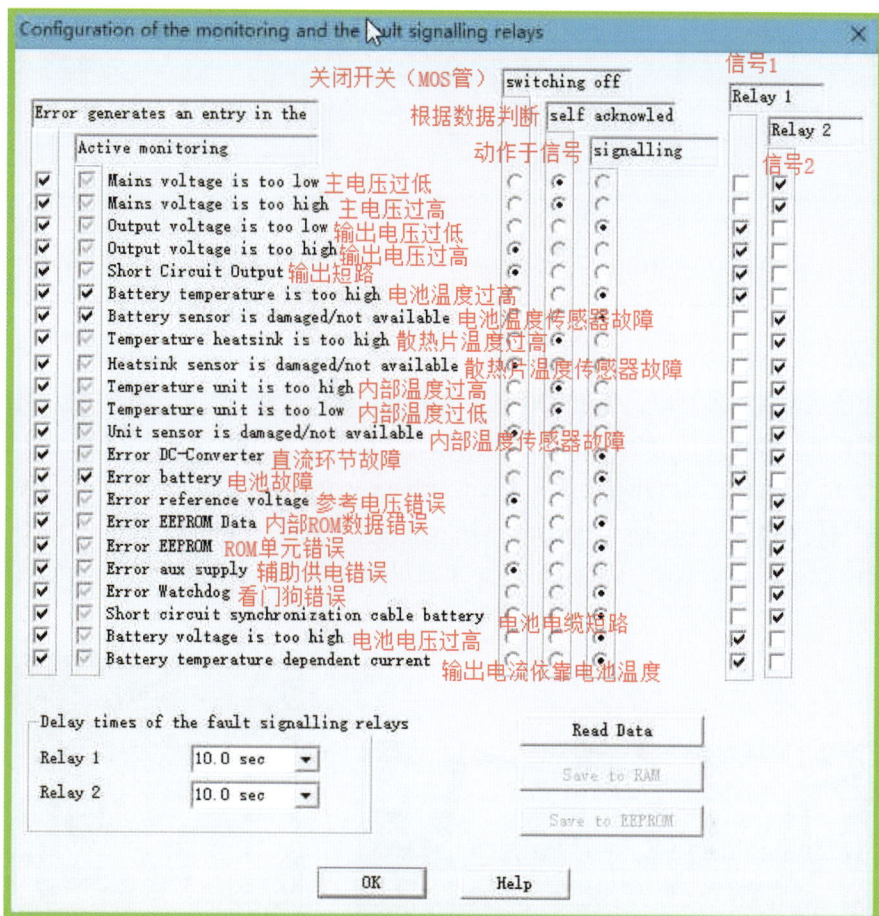

图 1　变桨充电器故障列表

表 1　　　　　　　　　　**A 风电场 22 个变桨充电器故障明细**

序号	故障名称	故障次数
1	Mains voltage is too high 输入电压高	755（累计 3596）
4	Error battery 电池故障	174
3	Battery temperature dependent current limitation is activec 电池温度达到限定值	164
6	Battery sensor is damaged/not available 电池温度传感器失效	83
7	Mains voltage is too low 输入电压低	83
5	Battery temperature is too high 电池温度过高	50

序号	故障名称	故障次数
8	Output voltage is too low 输出电压低	10
2	Temperature unit is too high AC400 内部温度高	8

根据分析：Mains voltage is too high（输入电压高）故障是由于此机组的 400V 系统中性点未接地，由于三相负载不对称、各相对地绝缘电阻不对称、各相分布电容不对称，机组带接地故障运行等原因，中性点的对地电压会产生漂移，从而导致单相电压忽高忽低，且"地电位"不能钳位为 0，短时的电压抬升则会触发 Mains voltage is too high（输入电压高）故障，短时的电压跌落则会导致 Mains voltage is too low（输入电压低）故障，如图 2 所示。

Battery sensor is damaged/ not available（电池温度传感器失效）故障是由于电池温度传感器断路或短路造成，现场多发为传感器线路断线导致，如图 3 所示。

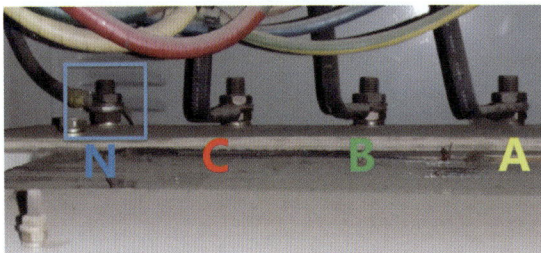

图 2　400V 系统中性点未接地　　　　图 3　温度传感器导线断裂

Battery temperature is too high（电池温度过高）故障普遍原因为电池损坏（鼓包、漏液）导致温度过高或加热器温控开关损坏导致，由于充电器有温度限制，一旦电池柜温度超过（—20～45℃）范围，便会导致此故障 Battery temperature dependent current limitation is activec（电池温度达到限定值）。Temperature unit is too high（内部温度高）AC400 内部超过 75℃，则触发此故障。

3.2　B 风电场

"第二代"变桨系统与"第一代"变桨系统有所区别，其充电回路由 1 个充电器、3 个接触器及 3 个电池组组成，由变桨 PLC 控制三个接触器轮回充电，时间间隔为 20min，切换充电回路同时也要切换电池温度传感器回路，如图 4 所示。

通过调取 7 台机组的 AC400 故障文件，分析归类主要由以下两种情况。

3.2.1　输出电压高导致"BIT"类故障

从图 5 中可以看出此台机组每小时最多触发 3 次，最少触发 1 次"输出电压高故障"，刚好和 20min 轮回充电一次的逻辑相符，可以判短此故障是在切换充电回路时触发的此故障。

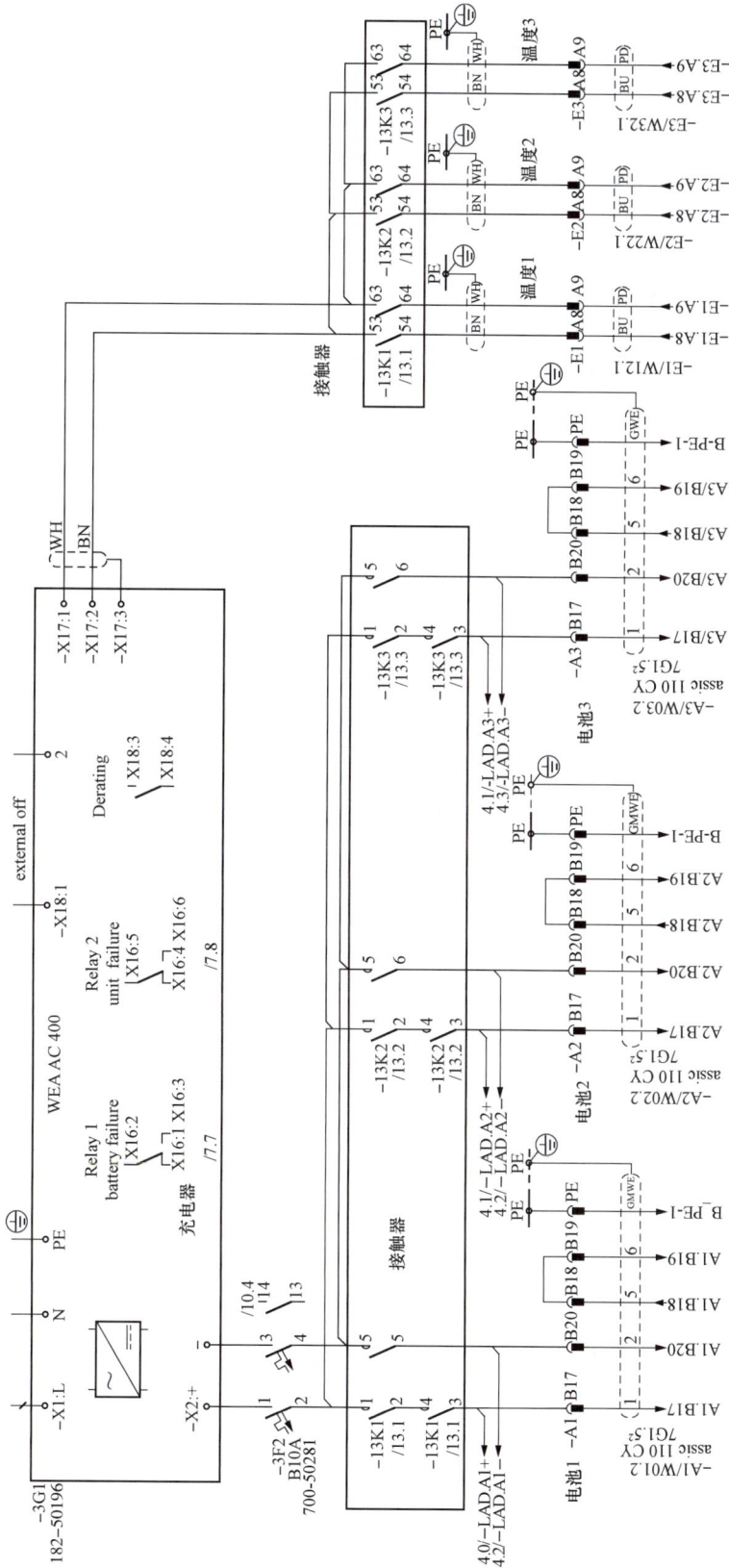

图 4 "第二代"变桨电池充电回路

123

No.	Oper.	Error	Min- or	Error	Unit State
100	2097 h	Output voltage is too high	270.5 V	5319.7 sec	Stop
99	2097 h	Output voltage is too high	265.6 V	< 0.1 sec	Stop
98	2097 h	Output voltage is too high	292.7 V	0.1 sec	Stop
97	1968 h	Output voltage is too high	266.0 V	73.3 sec	Stop
96	1968 h	Output voltage is too high	267.4 V	< 0.1 sec	Stop
95	1968 h	Output voltage is too high	265.3 V	< 0.1 sec	Stop
94	1967 h	Output voltage is too high	267.0 V	< 0.1 sec	Stop
93	1966 h	Output voltage is too high	266.3 V	< 0.1 sec	Stop
92	1965 h	Output voltage is too high	268.8 V	< 0.1 sec	Stop
91	1965 h	Output voltage is too high	267.7 V	< 0.1 sec	Stop
90	1964 h	Output voltage is too high	269.5 V	< 0.1 sec	Stop
89	1964 h	Output voltage is too high	268.4 V	< 0.1 sec	Stop
88	1964 h	Output voltage is too high	267.4 V	< 0.1 sec	Stop
87	1963 h	Output voltage is too high	265.6 V	< 0.1 sec	Stop

图 5　输出电压高类故障

根据登塔检查测试发现，每当控制电池充电接触器断开时，会有大概率触发此故障，该变桨系统使用的充电接触器型号为 SIEMENS 3RT1017 - 1BB41，根据手册解释此接触器为 3 相电动机用交流接触器，在 400V 额定电压时标准通过电流为 12A，而实际所接回路为 230V 直流电，输出电流最大为 1.2A，在正常使用时此接触器是满足要求的。"第二代"变桨系统中使用的充电接触器如图 6 所示。

图 6　"第二代"变桨系统中使用的充电接触器

但在接触器断开时，AC400 充电器并不会关闭输出，故此接触器是带直流充电电流断开的，以图 7 为例解释。

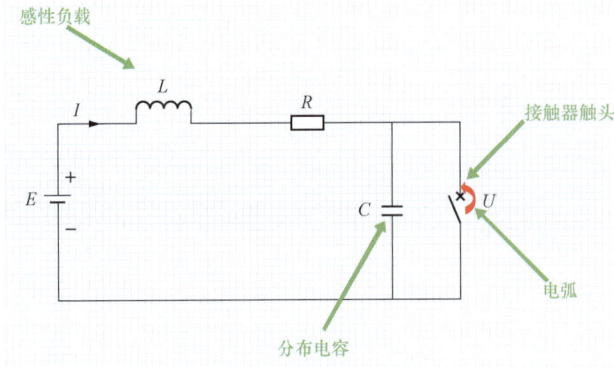

图 7　充电回路简图

根据图 7 可列出以下式子，即

$$E = L\frac{\mathrm{d}I}{\mathrm{d}t} + RI + U \tag{1}$$

式中 E——电源电压；

　　I——充电电流＋接触器断开的电弧电流；

　　U——动静触头电弧电压。

由于充电器内有感性负载 L，当 I 趋近于 0 时，电感的感应电动势最大，则 U 可达到 U_{max}，于是可得

$$U_{max} = E - L\frac{\mathrm{d}I}{\mathrm{d}t}\bigg|_{I \to 0} \tag{2}$$

从式（2）中可以看出，除去电感量 L、断开时间 t 由设备参数和特性决定，无法修改外，要想解决此问题就只能从电弧电流 I 来入手，电流变化率越小，则 U 越小，由于对感性负载及能量守恒来说此电流可能凭空减小，只能使用某种设备来降低或吸收此部分能量，从而降低电流变化率，对于这种突变电流可以使用阻容吸收来降低电流变化率，或使用 TVS 管来钳位输出电压。

3.2.2　接触器不吸合导致 "BIT" 类故障

从图 8 中时序可以看出，此类故障是先报出 Battery temperature dependent current limitation is activec（电池温度达到限定值）故障，再报出 Battery sensor is damaged/ not available（电池温度传感器失效）故障，最后报出 Error battery（电池故障）。

43	66305 h	Error battery	----	1248.2 sec	Running
42	66305 h	Battery sensor is damaged/not available	----	1624.8 sec	Running
41	66305 h	Battery sensor is damaged/not available	----	17.6 sec	Running
40	66303 h	Battery sensor is damaged/not available	----	6553.5 sec	Stop
39	66303 h	Battery temperature dependent current limitation is active	----	16.8 sec	Stop
38	66303 h	Battery sensor is damaged/not available	----	0.5 sec	Stop
37	66303 h	Battery temperature dependent current limitation is active	----	2.1 sec	Stop

图 8　接触器不吸合类导致的故障截图

时序中可以表明先是报出"温度传感器不在曲线范围内"，然后报出"温度传感器失效"，最后报出"电池故障"。

由于 AC400 检测温度有一定延迟，所以电池温度在传感器断开时可能会先触发"电池温度达到限定值"，再触发"电池温度传感器失效故障"，所以当电池温度传感器断开时必定会触发"传感器失效"，但不一定会触发"温度传感器不在曲线范围内"故障。最后报出"电池故障"的原因是 AC400 会每隔 5min 降低输出电压，检测电池电压低于定值会触发此故障。

综上所述，以上 3 个故障均是由于传感器导线断开和电池导线断开导致，这两类导线接在一个接触器上，由此可以判断此故障是由于接触器长时间断开导致的，且是 3 个接触器都不吸合。

根据测试发现，接触器是否能吸合与变桨 PLC 采集的各电池柜体温度有关，一旦本电池柜体温度超过限定值则此电柜的接触器就不会吸合，目前 11 版程序的温度限制为 45℃，12 版程序为 50℃。

由于 B 风电场所处地区夏季环境温度高，2021 年夏季极端高温可达 37℃，平均高温可达 30℃以上，分析本年 5—7 月轮毂温度可以看出，就轮毂温度高出 50℃点很多，也有特别小的部分散点超过 55℃，如图 9 所示。

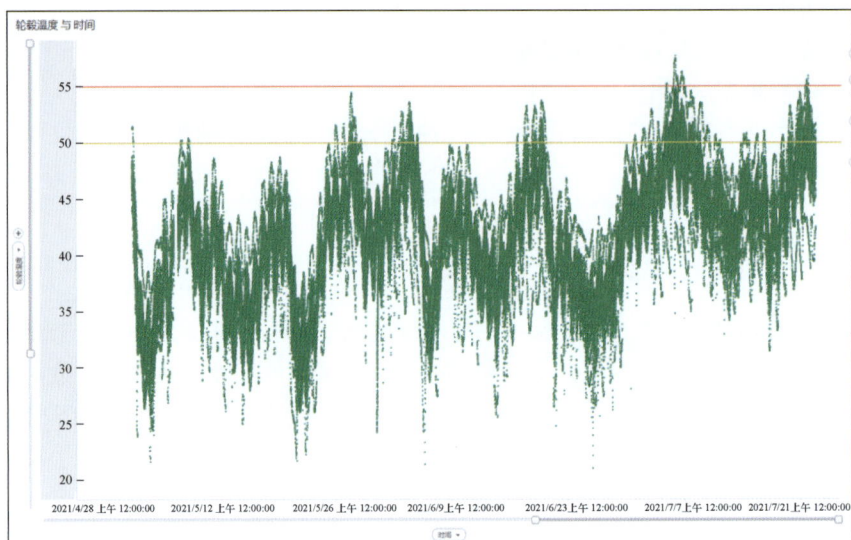

图 9　5—7 月轮毂温度散点图

由此判断在这种高温环境情况下，导致轮毂内温度过高，从而导致三个电池柜温度都高，PLC 不输出接触器吸合命令，最终触发故障。在变桨充电器 AC400/500 对电池柜的温度也有监测和故障设定，其温度故障值为 55℃，故只要将变桨 PLC 的温度定值修改为 55℃ 或将其限值功能取消，使用 AC400 充电器的故障判断来进行保护即可。

4　结论

本文全面分析了该类变桨系统中存在的一些问题，并给出相应的解决方案，以故障为切入点，结合各版本变桨系统实际情况，开展了数据分析、问题研究，提出了各故障可行且有效的解决方案，提高了老旧变桨系统的稳定运行能力。

（上接 136 页）

5　总结

变桨子站总线故障在 2.5MW 机组中出现概率比较大，目前各个 2.5 项目中均报出过该故障，处理此类故障需要有一个清晰的思路，通过上述内容的了解，大概可以掌握 2.5MW 变桨子站的故障特点，可以更加方便快捷地处理该类型故障。

1.5MW 机组变桨电磁刹车控制系统优化研究

王磊， 刘博

［国华 （哈密） 新能源有限公司］

摘 要： 针对风力发电机组变桨系统中变桨电磁刹车继电器存在动作不灵敏导致机组报出变桨位置比较偏差大故障、大风天气桨叶无法正常收回、存在叶轮飞车的安全隐患等情况，提出改善措施，现将原来 K2 继电器线圈控制机械触点闭合实现电磁刹车动作方式改造为由变桨电磁刹车驱动器模块与 K2 继电器触点共同控制变桨电机电磁刹车动作方式，解决了因原来 K2 继电器动合触点频繁动作，放电打火发生氧化导致电磁刹车回路电阻增加、电流过小、无法产生足够大的磁场来吸合触点的问题。通过电磁刹车驱动器接收驱动信号执行变桨，抗干扰能力强，提高了变桨电磁刹车回路的安全性与可靠性，以保证风力发电机组安全、可靠运行。

关键词： 变桨系统；变桨电磁刹车驱动模块；K2 继电器

1 引言

变桨驱动是整个风力发电技术中的核心部分，变桨距机构的主要作用是调节桨距角以控制功率和风轮转速。此外，在风速过大或停机时，变桨执行机构要把叶片调整到顺桨位置以保护风电机组。1.5MW 机组的变桨系统，采用的是各自独立的变桨执行机构，通过机电执行机构进行制动控制。

2 风电机组变桨系统

2.1 风电机组变桨系统介绍

变桨控制系统简单来讲，就是通过调节叶片的桨距角，改变气流与桨叶的攻角，进而控制叶轮捕获风能。

电机变桨距执行机构是利用变桨电动机对叶片进行单独控制，由变桨电机、变桨减速器、变桨驱动系统组成，其结构紧凑、可靠。但其动态特性相对较差，有较大的惯性，特别是对于大功率风电机组。而且电机本身连续频繁地调节桨叶位置，将产生过载，使电机损坏。

变桨制动功能是由电机尾部的电磁刹车实现的，电磁刹车系统由变桨逆变器 AC2、K2 继电器、电磁刹车、24V DC 电源组成。其中变桨制动机构是靠哈丁头 XS6 与变桨柜内控制元件连接。

2.1.1 变桨电磁刹车动作原理

变桨电磁刹车制动的原理为利用通电线圈产生的磁场吸引衔铁动作，使制动轮或衔铁与制动盘相互脱离；线圈断电后在弹簧的作用下释放衔铁，使制动轮或衔铁与制动盘相互摩擦实现制动。控制原理如图 1 所示。

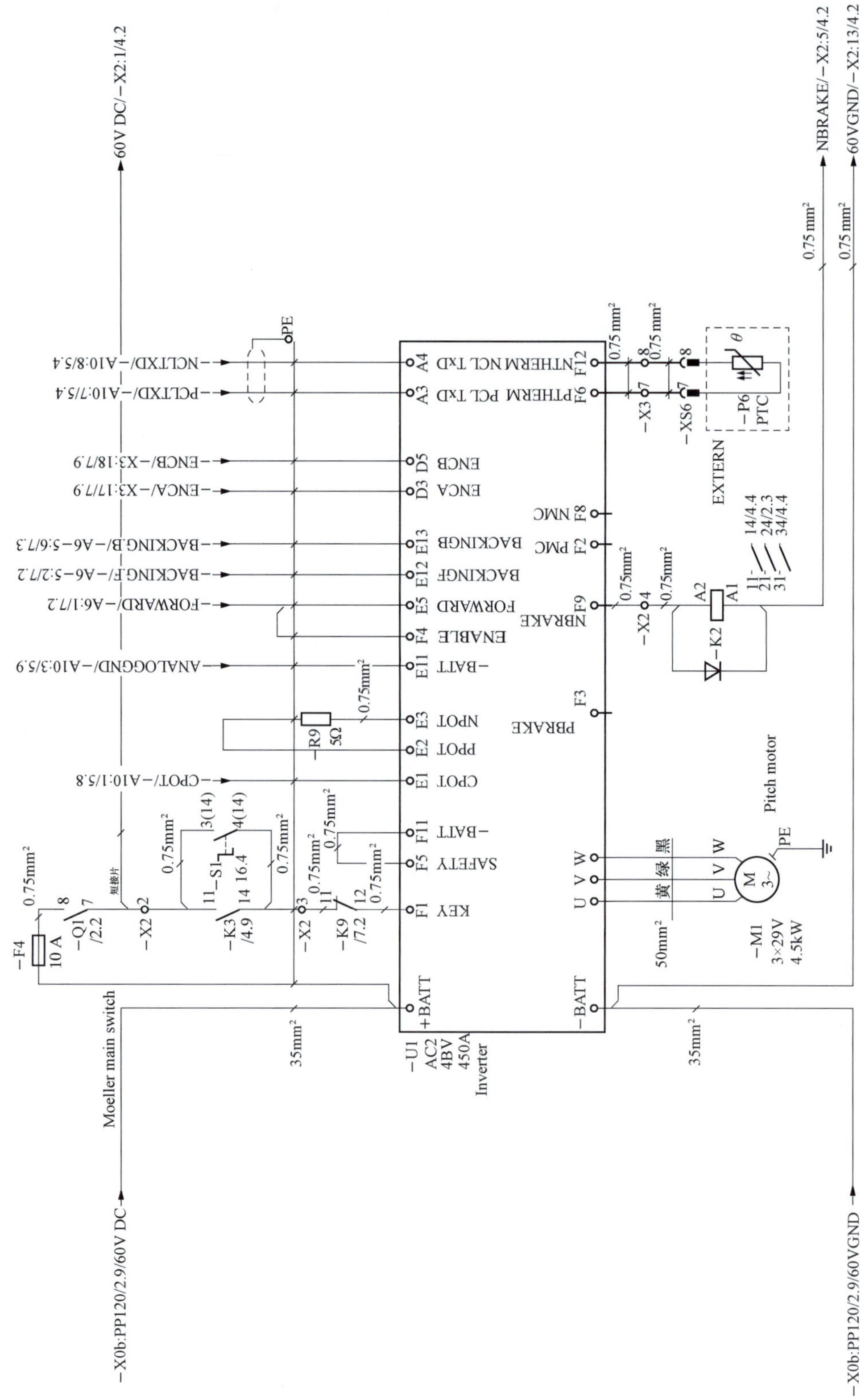

图 1　变桨电磁刹车回路控制原理图

2.1.2 变桨执行动作流程

当变桨系统要进行变桨动作时，通过 PLC 发出变桨命令，AC2 F9 端子电压置零，控制 K2 继电器得电，则电磁制动线圈得电，吸引衔铁松开制动，然后变桨电机拖动变桨动作；当变桨停止时，K2 继电器失电，从而电磁制动线圈失电，衔铁被释放进行抱闸。变桨系统控制原理拓扑图如图 2 所示。

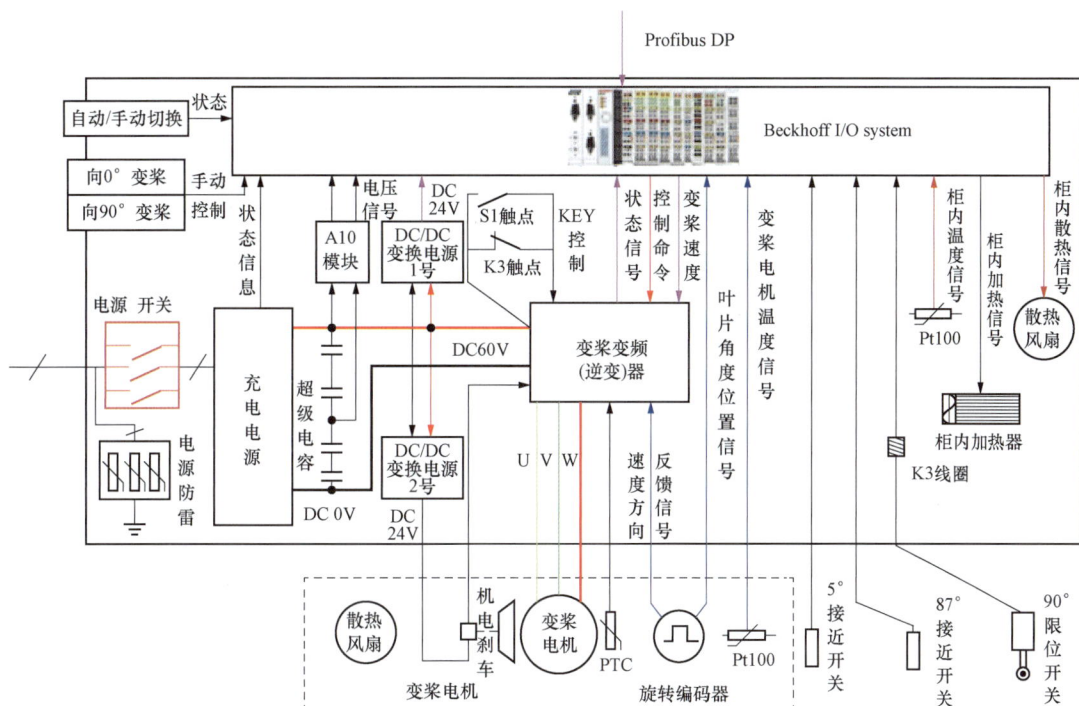

图 2　变桨控制系统拓扑图

2.2　变桨电磁刹车常见问题

在小风或者大风天气变桨系统频繁动作，导致变桨电磁刹车频繁松闸，K2 电磁刹车继电器因频繁吸合其触点会发生放电打火现象，造成一定程度的氧化，其回路的阻值也会随氧化程度的加深而变大，导致继电器在 24V 电压下没有足够电流通过线圈，通过的电流不足以产生足够大的磁场吸合回路，刹车无法动作从而造成变桨电机电磁刹车闸锁死，报出变桨位置比较偏差大故障。

3　针对电磁刹车继电器触点氧化粘连的措施

3.1　定期更换新批次高质量的电磁刹车继电器

在风电机组变桨系统中，针对变桨电磁刹车动作不灵敏导致机组报出故障，现场提出对 K2 继电器进行坏 1 换 3 的措施（一个 K2 继电器失效，同时更换 3 个变桨柜 K2 继电器），有效降低了变桨电磁刹车回路的故障。但如果遇到风速多变的气候、限功率等造成变桨频次增高的因素影响时 K2 继电器还是会有一定的损坏率。后期发现已更换继电器的机组在运行 1.5 年左右时，机组再次报出故障。为了排除原批次 K2 继电器质量问题。现场开展对损坏 K2 继电器、正常使用 K2 继电器、全新 K2 继电器进行拆解测量分析，前后累计损坏的继电器 6 个，正常工作（使用中未损坏）的继电器 6 个，全新的继电器 6 个。拆解前先对其常开触点吸合后的回路进行阻值测量（实物测试图如图 3 所示）。

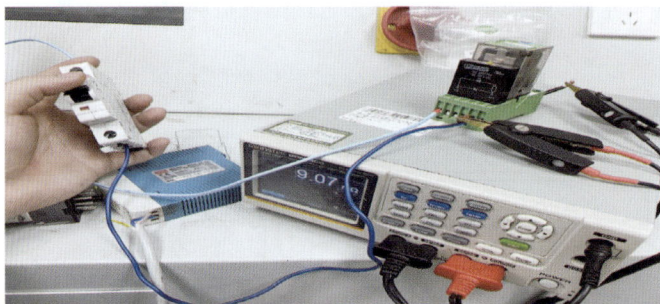

图 3　将 K2 继电器插入继电器底座并接通 24V 电源测量其动合回路的阻值

测量发现完全失效的 K2 继电器动合触点闭合后测量回路阻值为 108.27～493.63MΩ 之间，正常运行 K2 继电器动合触点闭合后测量回路阻值为 9.07～31.10MΩ 之间，全新 K2 继电器动合触点闭合后测量回路阻值为 8.13～9.02MΩ 之间，说明随着继电器动作次数的增加，继电器动合触点氧化程度增加，回路电阻增加导致电流过电流无法产生足够大的磁场吸合触点，机组报出故障。

3.2　电磁刹车驱动器控制电磁刹车

减少 K2 继电器动合触点动作次数为此项问题的核心，使用 K2 继电器动合触点配合电磁刹车驱动器来实现电磁刹车动作，可避免继电器触点氧化问题，增加继电器使用寿命。

电磁刹车驱动器配合 K2 继电器实现电磁刹车动作的原理如下：

第一开关装置的第一端连接电源；刹车驱动信号输入装置的第一输出端与第一开关装置的控制端连接，刹车驱动信号输入装置的第二输出端与第一开关装置的第二端连接，刹车驱动信号输入装置的输入端从外部接收刹车驱动信号，从而控制第一开关装置的第一端和第二端的导通与断开，第一开关装置的第二端还与电磁刹车线圈的第一端连接，电磁刹车线圈的第二端接地。风力发电机组变桨电机的电磁刹车驱动器可以采用第一开关装置作为主回路实现电磁刹车线圈供电的控制，减小电磁继电器触点在频繁地切换过程中的机械和电气寿命的损耗，可以极大地提高电磁刹车驱动器的使用寿命；当第一开关装置故障时采用电磁继电器作为保护切换回路，可以实现电磁刹车驱动器在故障模式下仍然可以可靠地切断电磁刹车线圈的供电；根据电磁刹车线圈中的电流变化设计短路和过电流保护电路，此电路同时还具备自恢复和错误重试的功能，提高电磁刹车驱动器的健壮性及抗干扰能力；EMC 保护电路可在电路中发生过电流、短路、浪涌冲击等异常时均可以保护器件不发生损坏，提高电磁刹车驱动器的抗干扰能力。

3.3　具体设计实施方案

优化后变桨电磁刹车控制原理图如图 4 所示。强制手动变桨原理如图 5 所示。实施效果图如图 6～图 8 所示。

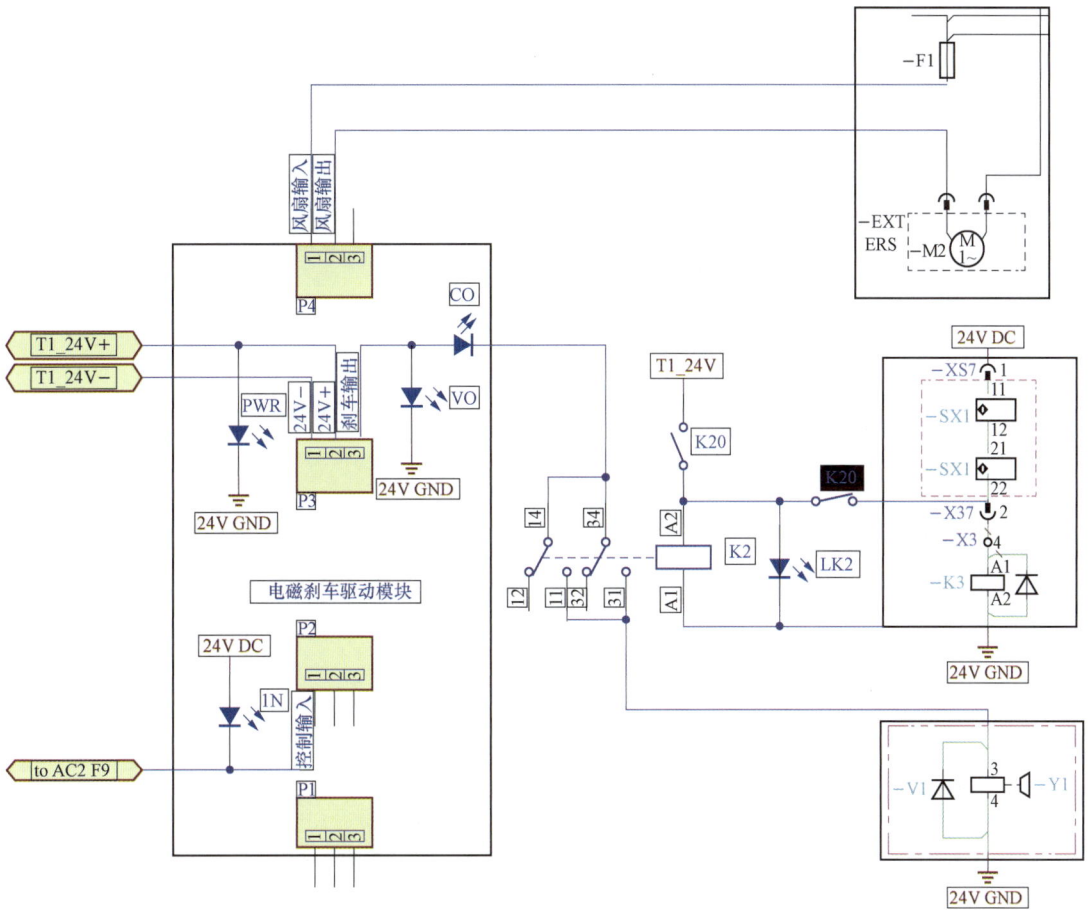

图 4　变桨电磁刹车控制原理

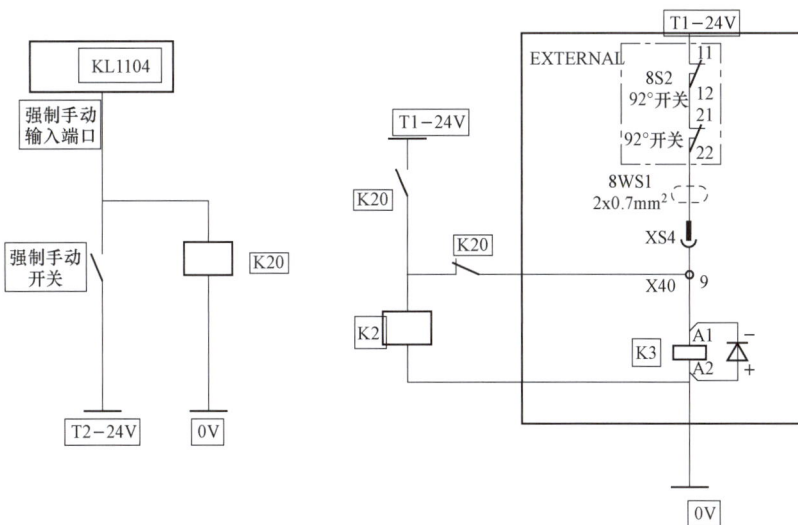

图 5　强制手动控制原理

图 6   电磁刹车驱动模块

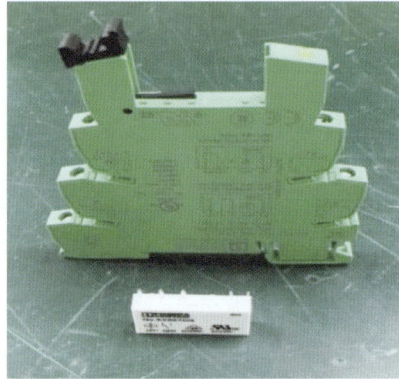

图 7   K20 继电器

图 8   技术改造后柜体布局

4   结论及效果

变桨电磁刹车故障是变桨系统中最严重的故障之一。据相关统计表明，由变桨电磁刹车不松闸导致的变桨故障占风电机组总故障的 30％。由此可见，变桨系统的运行可靠对机组安全、稳定、高效地运行具有十分重要的作用。

此项技术改造优化工作，大大降低了风力发电机组变桨系统故障频次，电磁刹车驱动器作为主回路实现电磁刹车线圈供电的控制，减小电磁继电器触点在频繁地切换过程中的机械和电气寿命的损耗，极大地提高电磁刹车驱动器的使用寿命，采用电磁继电器作为第一开关装置故障时的保护切换回路，可以实现电磁刹车驱动器在故障模式下仍然可以可靠地切断电磁刹车线圈的供电，提高了变桨电磁刹车回路的安全性和稳定性，降低了登机次数以及故障停机时长，提高了整机安全运行稳定可靠性。

121/2500 机组变桨子站总线故障分析

刘贵阳

（中广核新能源河南分公司南召望远风电场）

摘　要： 变桨子站总线故障在 121/2500 机组整机故障维护中占有较大比例。该故障具有故障点较多，且存在干扰源，故障难以一次性解决等特点。本文对 2.5MW 机组变桨子站总线故障的常见原因进行总结，并结合现场典型故障进行分析，2018 年后进行系统分析处理后该故障有显著的降低，2019 年该故障减少到三次。整个故障的处理取得了明显的效果。

关键词： DP 通信；E 总线；变桨子站异常；机组配置；分体柜机组；自主变流 C 版

1　2.5MW 机组变桨通信系统结构介绍

2.5MW 机组控制系统主要包含塔底主控柜、水冷 1 号柜、水冷 2 号柜、机舱主控柜，机舱测量柜。主控柜体之间模块采用 E－bus 通信，并主控与变流系统、变桨系统通信采用 DP 通信。2.5MW 整体风电机组系统通信系统简图如图 1 所示。

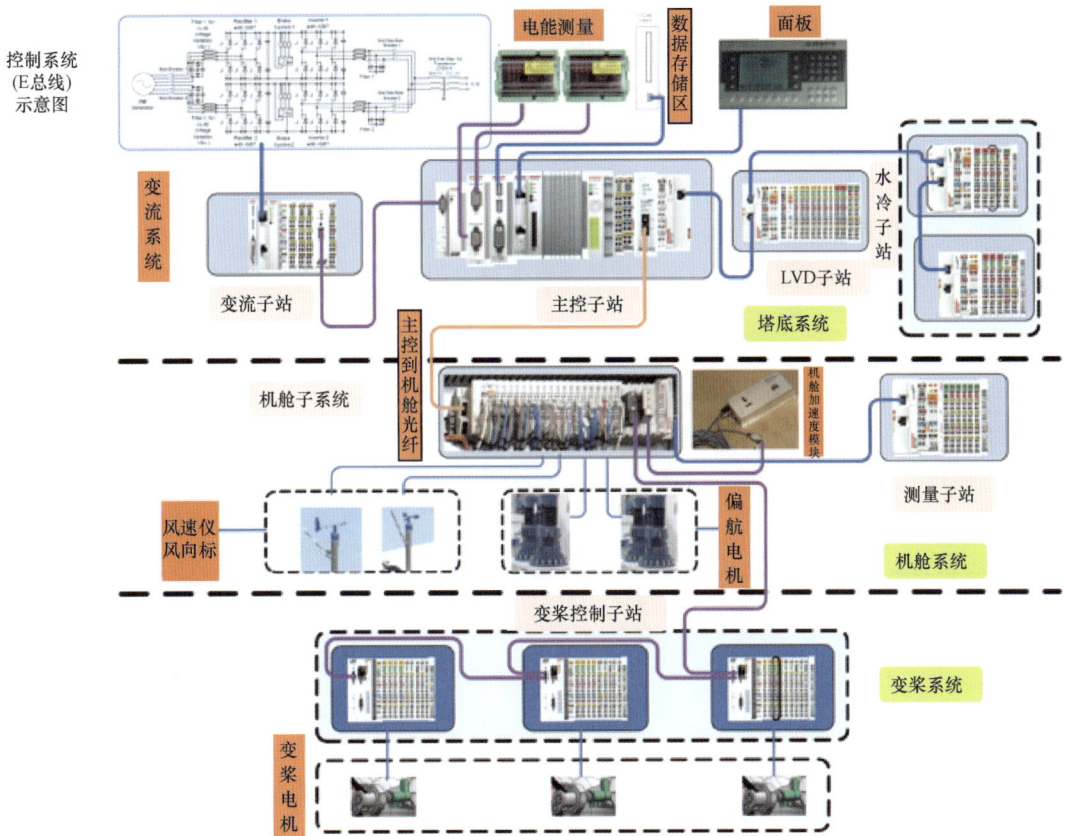

图 1　2.5MW 整体风电机组通信系统简图

国产 Vensys 变桨控制柜主电路采用交流－直流－交流回路，由逆变器为变桨电机供电。PLC组成变桨的控制系统，通过核心控制器 BX3100 和主控制系统交互通信，接受主控制系统的指令

133

（主要是桨叶转动的速度指令），并控制交流调速装置驱动交流电动机，带动桨叶朝要求的方向和角度转动，同时监测变桨系统的内部信号，把它直接传递给主控制系统。

2　2.5MW 机组变桨子站故障原因

2.1　变桨柜内 DP 回路问题

（1）主要有 DP 头损坏。指 DP 头的插针损坏，DP 头内部的终端电阻损坏，终端电阻不为 220Ω。

（2）DP 线路损坏或接线问题。指 DP 线或光纤存在断点、虚接、红绿线接反、进出线接反、DP 头 ON 和 OFF 拨错（1 号，2 号柜为 OFF，3 号柜为 ON）以及 DP 线屏蔽线没有接好或 DP 线和交流电源（400V/230V）绑扎在一起，造成干扰，也会产生 DP 通信故障。

（3）外部线路虚接或器件损坏造成的内部干扰。例如，滑环长时间没有维护、变桨柜内 400V 进线动力线的中性线线虚接、400V 的端子排生锈、变桨充电器 NG6 内部有线虚接脱落、滑环信号电缆和动力电缆绑扎不牢等，都会导致机组容易报 41、42、43 变桨子站总线故障。

2.2　DP 主站及其子站模块损坏或者物理地址错误

主要指的是变桨柜内 BX3100 损坏或者没有上电。PLC 通信模块的物理地址和软件中设置的地方不一样，检查子站的物理地址是否正确，如与实际配置不符，应立即调整。1 号、2 号、3 号柜对应的子站为 41、42、43。

2.3　普通模块损坏

（1）变桨柜内 BX3100 或者其他 PLC 模块、变桨柜内的信号防雷损坏等都会导致该故障发生。例如变桨柜中的 KL3204 通信芯片损坏，KL3204 与 BX3100 之间的 K-Bus 通信不通，进而影响 BX3100 工作不正常，也会报变桨子站总线故障。在此种情况下，KL3204 之后所有 PLC 模块都不工作，指示灯全灭。

（2）机舱柜中的 E 总线模块损坏，导致 EL6731 和 EK1501 通信不通，进而影响 BX3100 工作不正常，也会报该子站总线故障。例如，机舱柜 E 总线供电模块 EL9410 损坏也会导致变桨数据与 EL6731 不通，导致机组报出变桨子站总线故障。

3　典型变桨子站故障现象

某风电场于 2015 年 1 月 10 日开始首台吊装，2015 年 2 月 9 日首台调试，2015 年 4 月 26 日全部并网发电。风电机组配置为 121/2500 机组、国产 Vensys D 版、自主变流 C 版、中材/中复叶片 59.5、高澜水冷、塔筒高度为 90m。

2016 年和 2017 年该风电场出现变桨子站故障 17 次，2018 年 1—3 月出现变桨子站故障 12 次。故障数量占比一直位居前 2 位。下文对出现的典型故障进行分析。

3.1　机组报出单个或者两个变桨子站通信故障或者变桨内部安全链故障

报出该故障的主要现象是报出单个或者 2 个变桨子站故障，也有部分机组报出变桨内部安全链故障，随后会报出 3 个变桨子站故障。故障可自复位，报出故障时变桨柜单个柜体或者 2 个柜体数据丢失，全部为 0，变桨子站状态为 2。登机检查不能发现明显异常点，所有数据通信均正常。

如图 2 所示，机组报出 42、43 变桨子站总线故障。

profibus					
error_profi_node_2_diag	off	error_profi_node_8_diag	off	error_profi_node_9_diag	off
error_profi_node_11_diag	off	error_profi_node_20_diag	off	error_profi_node_21_diag	off
error_profi_node_41_diag	off	error_profi_node_42_diag	on	error_profi_node_43_diag	on
profi_node_2_diag_info	0	profi_node_80_diag_info	0		
profi_node_41_diag_info	0	profi_node_42_diag_info	2	profi_node_43_diag_info	2
error_profi_node_8_fuse1_defect	off	error_profi_node_9_fuse1_defect	off	error_profi_node_11_fuse1_defect	off
error_profi_node_20_fuse1_defect	off	error_profi_node_21_fuse1_defect	off	warning_profi_node_80_fuse1_defect	off

图 2　机组报出 2 个变桨子站故障的 f 文件

如图 3 所示，机组报出 2 号和 3 号柜内无数据。

pitch temperatures					
error_pitch_power_sup_temp_1_high	off	error_pitch_power_sup_temp_2_high	off	error_pitch_power_sup_temp_3_high	off
error_pitch_power_sup_temp_1_low	off	error_pitch_power_sup_temp_2_low	off	error_pitch_power_sup_temp_3_low	off
error_pitch_capacitor_temp_1_high	off	error_pitch_capacitor_temp_2_high	off	error_pitch_capacitor_temp_3_high	off
error_pitch_capacitor_temp_1_low	off	error_pitch_capacitor_temp_2_low	off	error_pitch_capacitor_temp_3_low	off
error_pitch_conv_temp_1_high	off	error_pitch_conv_temp_2_high	off	error_pitch_conv_temp_3_high	off
error_pitch_conv_temp_1_low	off	error_pitch_conv_temp_2_low	off	error_pitch_conv_temp_3_low	off
error_pitch_motor_temperature_1_high	off	error_pitch_motor_temperature_2_high	off	error_pitch_motor_temperature_3_high	off
error_pitch_motor_temperature_1_low	off	error_pitch_motor_temperature_2_low	off	error_pitch_motor_temperature_3_low	off
pitch_motor_temperature_1	37.90 C	pitch_motor_temperature_2	0.00 C	pitch_motor_temperature_3	0.00 C
pitch_capacitor_temperature_1	19.40 C	pitch_capacitor_temperature_2	0.00 C	pitch_capacitor_temperature_3	0.00 C
pitch_converter_temperature_1	19.00 C	pitch_converter_temperature_2	0.00 C	pitch_converter_temperature_3	0.00 C
pitch_cabinet_temperature_1	22.60 C	pitch_cabinet_temperature_2	0.00 C	pitch_cabinet_temperature_3	0.00 C
pitch_power_supply_temperature_1	22.60 C	pitch_power_supply_temperature_2	0.00 C	pitch_power_supply_temperature_3	0.00 C

图 3　机组报出 2 个变桨子站故障的 f 文件

3.2　机组报出 3 个变桨子站总线故障

该故障会报出 41、42、43 三个变桨子站总线故障。故障不可复位，通过网页或者 f 文件可以发现机组三个变桨柜内数据均无数据。登机检查会发现变桨柜内 BX3100 通信灯为红色。机舱柜内 EL6731 数据亮红灯。机舱柜内现象如图 4 所示。

该故障当紧固或者重新安装 EL6731 模块后，EL6731 正常启动，变桨数据正常。但是会出现 EL6751 故障灯亮，显示故障状态或者 EK1110 灯不亮，观察组态内测量柜无数据，如图 5 所示。

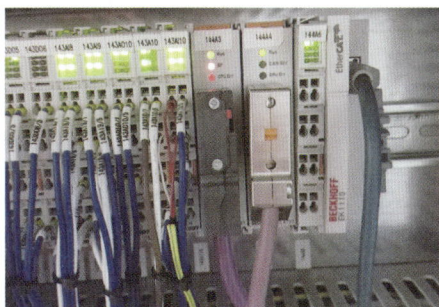

图 4　机舱内 EL6731 故障时所亮的灯

图 5　重新插拔或者松动 EL6731 后 EL6751 显示故障状态

4　典型故障处理方法

（1）对于第一种现象，因为故障点较多且可以在极短的时间复位，甚至自行复位后机组可以运转数天。因此故障较为难以处理，故障可自行复位，内部通信存在干扰可能性较大，硬件损坏概率较低。

1）连接组态，查看组态内 Device 10（EL6731）的状态，点击 reset counter 进行置位清零；点击 refresh 进行刷新，查看通信质量；正常情况下通信正常全部为 0，如有异常数据会增加并有计数；可根据具体信号数值判断异常子站点。

2）通过组态查看 Device 4，在 Ethercat‐Advanced settings‐diagnosis‐online view 设置增加 change 信号查看 online 列模块状态是否 op 及 CRC 数值。可通过模块状态及变化数值确认异常通信模块，状态正常情况下：CRC 数值都为 0；如果不为 0，则该模块和该模块前后都可能损坏。对相应的模块进行倒换后观察故障是否转移。

3）如果检查发现所有通信均正常，检查 DP 头是否有异常，和正常的柜体倒换 DP 头和BX3100，做好记录进行观察。同时对柜体内线缆进行绑扎。

4）如果故障现象依旧未变化，对报出故障的柜体将柜体内模块一分为二分别倒换到其余两个变桨柜，观察故障是否转移。

5）如果故障依旧未转移，更换滑环到变桨柜的信号电缆。

该风电场报出的第一种类型故障，涉及 10 台机组，没有发现硬件损坏的现象。最终确认为机组滑环信号电缆绑扎不合理，发生松动，导致通信受到干扰。滑环到变桨柜信号电缆在滑环拨叉上绑扎，扎带数量少而且机组长期运行后出现松动，在 2018 年 3—4 月的半年检修后对信号线缆进行绑扎后，该故障没有再报出过。绑扎效果如图 6 所示。

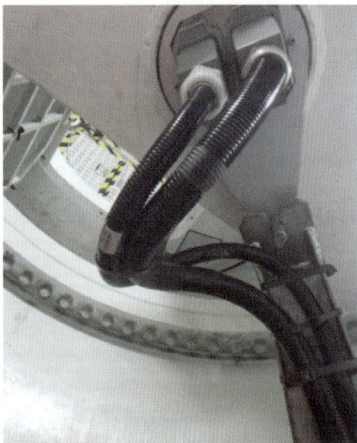

图 6　重新绑扎的信号电缆

故障原因是滑环拨叉为锥形方钢，横截面积越往发电机方向越小，在机组运行一段时间后，扎带会向横截面积小的位置滑动，导致滑环信号电缆受到干扰而报出故障。在后续的整合柜机型和 3S 机型上对滑环拨叉进行了改建，在滑环拨叉设置绑线槽，方便用扎带进行捆绑，从设计上杜绝了该问题。

（2）对于第二种现象，因不可复位故障处理相对简单。EL6731 亮灯不正常，无数据传输。造成的原因可能是EL6731 本体损坏或者是其前后模块损坏。

1）更换 EL6731 前面的测温模块 EL3204，发现故障未消除。

2）更换 EL3204 前面的模块 EL9410。EL9410 供电端子主要是给右侧端子供电。在机组中主要给后续端子模块进行直流 24V 供电，更换后机组恢复正常。

该故障的主要原因是 EL9410 损坏后供电能力下降，导致 EL6731 供电能力不足，数据无法正常传输。因此不更换该模块，仅仅按照正常处理 E 总线故障的模块插拔紧固，重启 CE 均不能使机组恢复正常。

（下转 126 页）

B 风电场 33 号机组变桨逆变器 OK 丢失故障分析

李丹

（国家电投东北新能源发展有限公司）

摘　要： 本文对 B 风电场 33 号机组在运行过程中报出的 2 号变桨逆变器 OK 丢失故障进行了细致的分析，经过多次实地检查与资料查阅，最后得出准确的结论，并将故障处理完全消除。变桨逆变器 OK 丢失故障原因复杂多变，查明故障原因才能快速有效排除故障。

关键词： 变桨逆变器 OK；超级电容

1　故障分析及处理过程

1.1　故障描述

2021 年 9 月 21 日，B 风电场 33 号机组报出 2 号变桨逆变器 OK 丢失故障。故障可以复位并运行一小段时间。

1.2　故障分析

通过观察 B 文件来判断逆变器 OK 信号的闪烁次数，绘制出的时序图如图 1 所示。

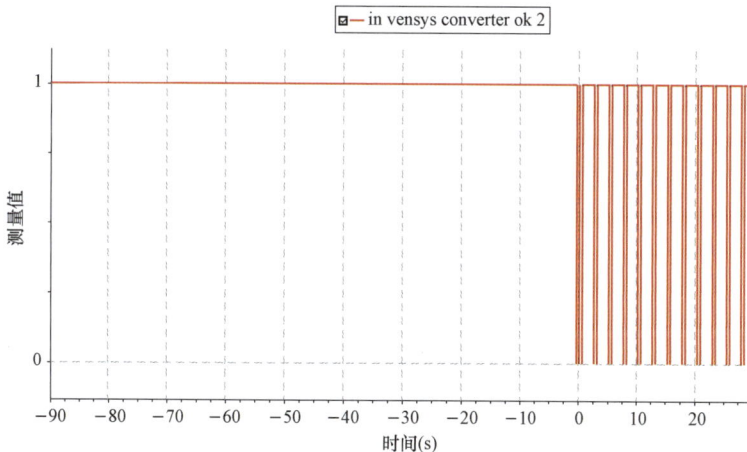

图 1　绘制出的时序图

可见逆变器 OK 信号闪烁次数为 1，主要原因为 AC2 内部逻辑出现错误，需要对 AC2 进行重新断电上电操作；如果故障仍然存在，需要重新下载 AC2 的参数；如果仍有问题，则需要更换 AC2。

1.3　处理过程

根据故障现象及处理指南的建议，现场人员首先对与 AC2 相关的接线进行逐一检查，包括旋转编码器至 KL5001 模块之间的哈丁头及接线、AC2 输入及输出接线、变桨电机接线盒接线，确认无问题后对柜体断电上电，逆变器 OK 信号并未恢复正常；于是现场维护人员重新下载 AC2 参数，之后手动变桨进行测试，未发现任何问题后，松开叶轮，使用手柄频繁变桨，也未报出故障。启动机组，机组运行 0.5h 后再次报出 2 号变桨逆变器 OK 丢失。

故障报出后，维护人员观察就地监控界面，逆变器 OK 指示灯闪烁次数为 1，登机检查并无其他问题后，更换变桨逆变器 AC2，更换完毕后手动变桨进行测试，机组并未报出变桨逆变器 OK 丢失故障，而是报出 42 号子站总线故障。复位后使用手柄变桨无异常，维护人员再次启动机组，机组运行 40min 后再次报出 2 号变桨逆变器 OK 丢失故障，指示灯闪烁 1 次。

此次故障报出后，维护人员在观察就地监控实时数据时，发现 2 号变桨电容高电压在 56.2V 左右时，NG5 充电后其电压可迅速上升至 60V，又瞬间跌落至 56.4V，当电压值缓慢下降至 56.2V 时超级电容会再次进行充电。观察 B 文件，发现 2 号变桨电容高电压存在明显异常，故障时刻 3 只桨叶电容电压时序图如图 2 所示。

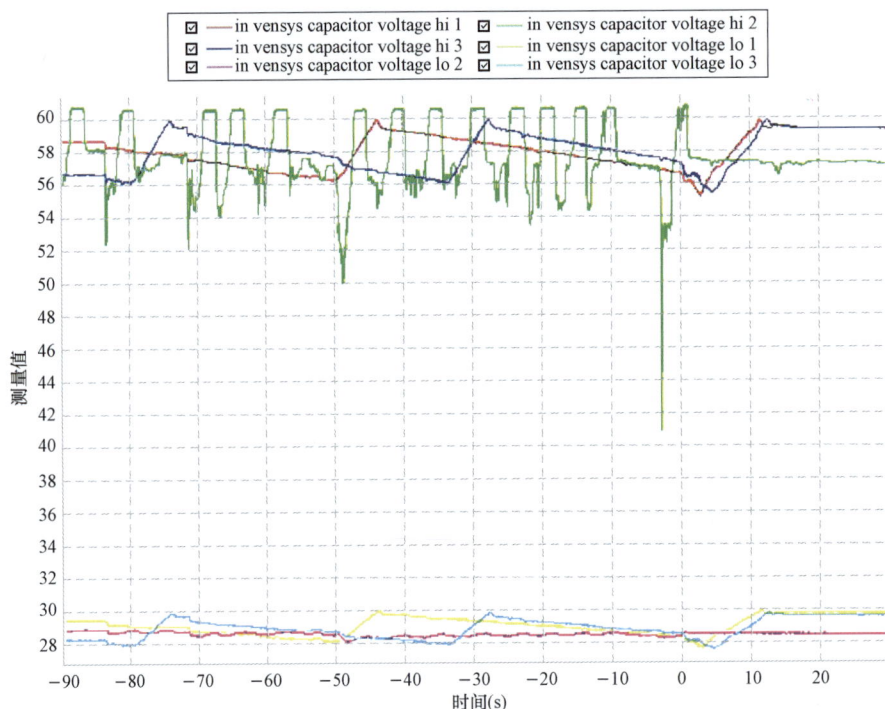

图 2　电容电压时序图

据维护人员反映，之前在排查故障时，NG5 会频繁地进行充电工作，但观察最初两次 B 文件中的超级电容电压值并无明显异常。在手动变桨时也曾报过 42 号子站总线故障。以上迹象表明，故障很有可能是因超级电容失效，电压无法保持稳定而导致。维护人员再次登机，测量 2 号变桨超级电容的高电压，发现超级电容在被充电后高电压值难以保持在 57V 以上。维护人员进一步对超级电容的单体电压进行测量，发现其中一个超级电容的电压值随着 NG5 充电在 11～15V 之间跳变，由此判断此超级电容存在问题。维护人员更换了超级电容后，手动变桨与手柄变桨测试均无异常。启机后机组恢复运行并再未报出此故障。

2　总结

AC2 作为变桨驱动电源，自身工作时由 4 组超级电容提供稳定的 60V 直流电源，其 F 端口共 12 个针，其中 F1 为驱动器的使能信号端口，通过 F1 端口引入 60V 高电平信号，AC2 才允许自身工作。当 AC2 内部检测到 F1 端口的直流电压波动范围超过一定数值后，内部逻辑诊断 AC2 不满足正常工作条件，因此报出故障。AC2 部分电气原理图如图 3 所示。

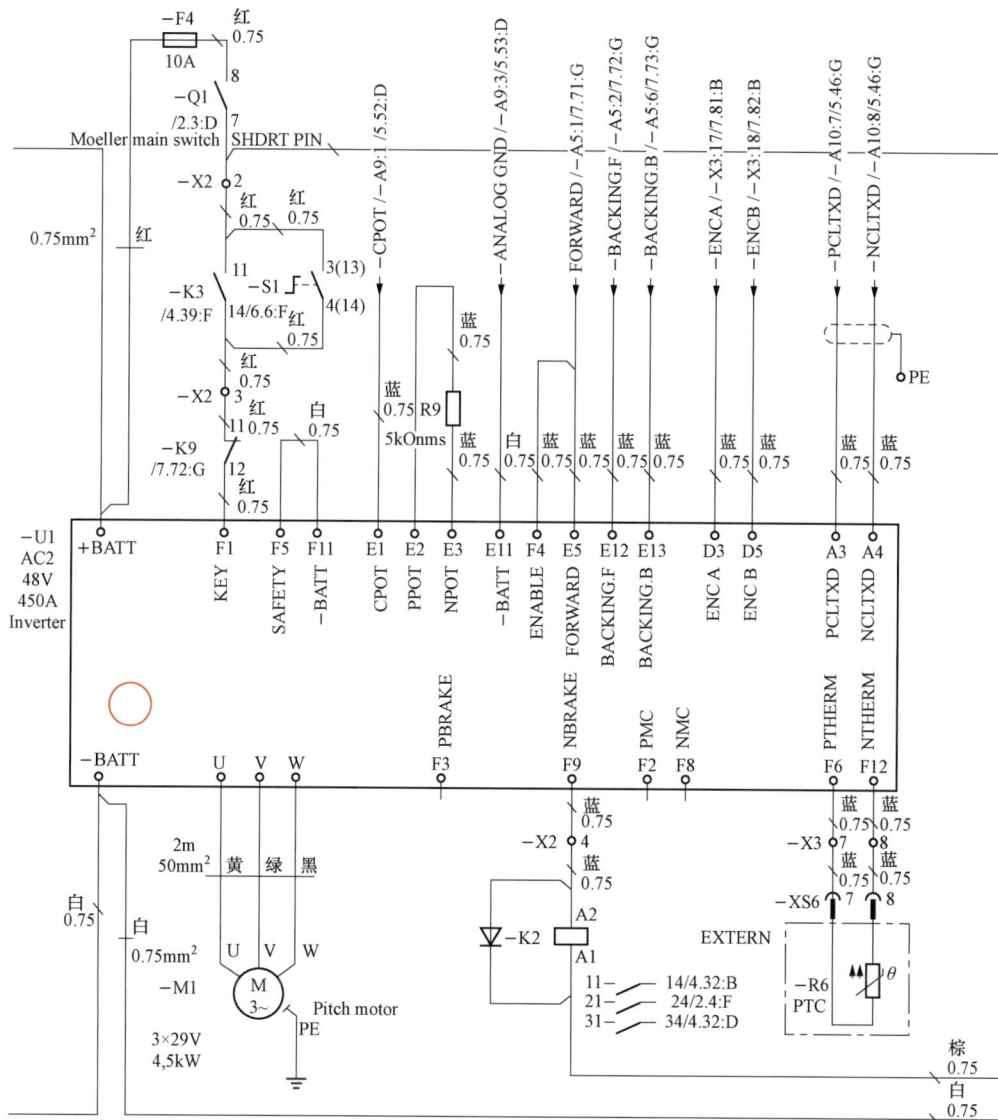

图 3 AC2 部分电气原理图

变桨逆变器 0K 丢失故障的引发原因比较多，情况也颇为复杂。现场在处理故障的过程中应抓住故障处理过程中遇到的每一个可疑点，并追根溯源，结合故障现象找到真正的故障原因。

变桨电池故障典型案例分析处理及日常运行维护

王占坤

（华能辽宁清洁能源有限责任公司）

摘　要： 变桨蓄电池为变桨直流系统的安全运行及维护提供可靠的保障。针对某风电场的变桨蓄电池及充电设备在实际运行中出现的问题进行分析探讨，总结出一些运行及维护经验。

关键词： 变桨蓄电池；运行；维护

1　变桨电池常见故障

变桨蓄电池是变桨直流系统中不可缺少的设备。变桨系统正常时，变桨蓄电池组处于浮充电备用状态，当机组处于紧急停机状态或者失去电网电压时，变桨蓄电池直接驱动变桨电机，将叶片收回到安全位置。在交流失电或者紧急停机状态下，变桨蓄电池作为备用能源显得尤为重要。

2021 年 5、6 月开始该风电场风电机组频报变桨电池欠电压故障，导致风电机组叶片不能回到安全位置，在大风天很容易出现超速飞车等事故，为避免此事故发生，自 2021 年 7 月中旬开始，风电场人员利用小风天气对 24 台风电机组变桨电池进行深度检查维护。检查结果主要原因有蓄电池内阻失效（见图 1）、蓄电池架松动断裂（见图 2）、固定蓄电池胶失效、固定蓄电池胶垫硬化失效（见图 3）、蓄电池接线端子虚接氧化（见图 4）。

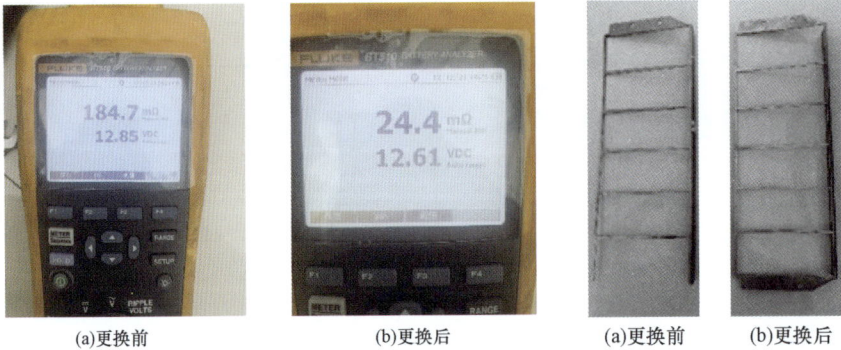

(a)更换前　　　　　(b)更换后　　　　　(a)更换前　　　　　(b)更换后

图 1　更换前后电池内阻　　　　图 2　更换前后电池固定支架

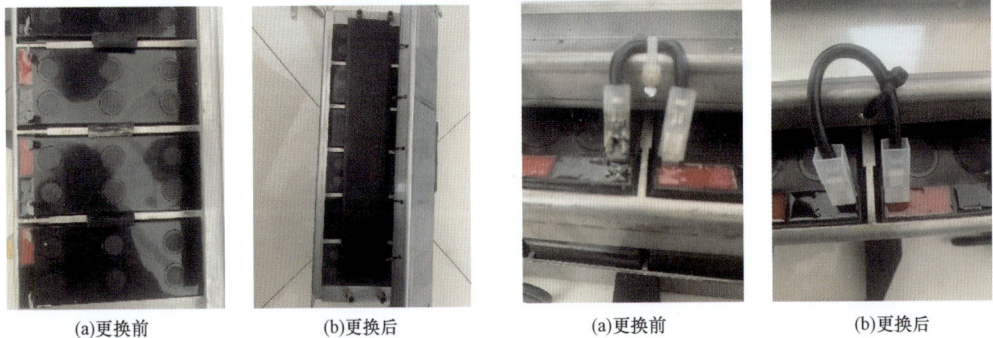

(a)更换前　　　　　(b)更换后　　　　　(a)更换前　　　　　(b)更换后

图 3　更换前后固定胶垫　　　　图 4　更换前后电池接线端子

针对上述问题对变桨蓄电池进行内阻测量，找出不合格的电池进行更换，检查蓄电池连接线，对接头松动的进行紧固，对蓄电池接线端子氧化和破损的进行更换。同时，为了防止由于固定电池的双面胶黏性降低，风电机组旋转时蓄电池在支架内产生晃动，在蓄电池与固定支架处加装固定胶皮，使其更加牢固。

变桨蓄电池禁止新老组合，容量不同的变桨蓄电池不可在同一组中串联使用，风电场制定专项方案将全部蓄电池进行拆除，将内阻相近的电池重新组成一组进行回装，很大程度上延长了电池寿命，减少了不必要的经济损失。历时一个半月多的时间，已将所有风电机组全部维护完成，经过对变桨电池维护后的风电机组，效果显著，据统计 6—7 月中旬，变桨蓄电池故障约 10 台次，故障时间 89.9h，损失电量 4.82 万 kWh，维护后近半年内未发生变桨后备电源故障，有效地解决了由于变桨电池欠电压而引发的风电机组停运，对设备进行优化及深度维护，使风电机组运行状态得到了良好的提升，减少了由于电池故障带来的电量损失，为风电机组日后的健康稳定运行提供了安全性保障。F01 风电机组变桨蓄电池内阻、电压测量结果见表 1。

表 1　　　　　　　　　　F01 风电机组变桨蓄电池内阻、电压测量结果

风电场名称机组号	机组号	日期	内阻测试仪编号	记录人	环境温度（℃）		
某风电场 1 号机组	F01	2021 年 8 月 8 日			25		
电池型号：LC‐R127R2							
序号	1 号叶片			2 号叶片		3 号叶片	
	电池位号	内阻	电压	电池位号	内阻	电压	电池位号	内阻	电压
1	1	27.8	13.19	1	26.7	13.33	1	34.7	12.78
2	2	27.7	13.21	2	27.4	13.34	2	33.0	12.82
3	3	25.5	13.18	3	28.8	13.33	3	35.8	12.80
4	4	26.7	13.19	4	26.8	13.36	4	38.0	12.80
5	5	27.3	13.16	5	26.6	13.36	5	32.7	12.81
6	6	28.3	13.19	6	115.4	12.2	6	31.9	12.80
7	7	26.5	13.19	7	18.7	13.22	7	31.4	12.81
8	8	184.3	12.90	8	18.7	13.25	8	28.2	12.82
9	9	0	12.28	9	18.7	13.24	9	31.2	12.82
10	10	102.3	12.02	10	18.2	13.25	10	28.0	12.80
11	11	28.8	13.24	11	18.7	13.25	11	27.5	12.83
12	12	26.2	13.24	12	18.8	13.22	12	28.7	12.83
13	13	25.5	13.21	13	27.6	13.31	13	32.1	12.84
14	14	25.9	13.20	14	25.3	13.34	14	29.5	12.85
15	15	26.0	13.23	15	31.6	13.31	15	31.2	12.84
16	16	27.4	13.22	16	28.3	13.32	16	28.4	12.85
17	17	27.2	13.22	17	27.7	13.29	17	28.3	12.86
18	18	28.5	13.22	18	27.6	13.34	18	29.2	12.84
19	19	26.5	13.22	19	29.1	13.30	19	33.3	12.84
20	20	26.3	13.17	20	26.7	13.32	20	28.7	12.85

风电场名称机组号	机组号	日期		内阻测试仪编号	记录人	环境温度（℃）
某风电场 1 号机组	F01	2021 年 8 月 8 日				25
电池型号：LC-R127R2						
序号	1 号叶片			2 号叶片			3 号叶片		

序号	电池位号	内阻	电压	电池位号	内阻	电压	电池位号	内阻	电压
21	21	26.7	13.17	21	28.6	13.30	21	28.7	12.84
22	22	33.7	13.23	22	27.3	13.31	22	34.2	12.84
23	23	30.4	13.21	23	29.8	13.30	23	33.3	12.84
24	24	25.8	13.17	24	30.0	13.30	24	35.0	12.85

注：机组每个叶片有 24 只电池。

单节变桨蓄电池内阻大于 42MΩ（含连接线大于 52MΩ 时）或者电池电压低于 12V 时失效，对于测量结果，我们将风电机组电池更换，并将换下的同内阻蓄电池进行重新匹配回装。然后对每个叶片电压进行测量，电压值为 310V 左右，基本满足正常的电压输出需求。故障得到及时解决，保证了变桨直流系统的正常运行。

由于是免维护变桨蓄电池，且变桨直流系统为自动控制充电模式，运行比较可靠，运行状况也一直良好，因此对免维护变桨蓄电池性能缺乏了解，把免维护理解为不维护。而通常所说的"免维护"是在规定条件下使用期间不需维护的一种变桨蓄电池。所谓变桨蓄电池的免维护是相对传统铅酸变桨蓄电池维护而言，仅指使用期内无需加水。电池组中的免维护变桨蓄电池实际上只能免去补充加水工作，经较长时间放置后仍需进行补充电维护，为更好地促进变桨蓄电池的投入、运行及日常检查维护等工作。针对该风电场的免维护变桨蓄电池及充电设备在实际运行中出现的问题，总结一些免维护变桨蓄电池的投入使用与维护经验。

2　变桨蓄电池的安装及日常维护

2.1　注意事项

在实际工作中变桨蓄电池的安装，一般应注意以下几点：

（1）变桨蓄电池安装前应彻底检查变桨蓄电池的外壳，仔细查看有无破裂处。

（2）变桨蓄电池应避免阳光直射，环境应通风、干燥。

（3）变桨蓄电池之间应保持一定距离，确保散热良好。

（4）变桨蓄电池安装前应逐个检测变桨蓄电池的开路电压；否则，应先均衡充电。

（5）变桨蓄电池安装应牢靠，必要时可采用绝缘填充物。

2.2　变桨蓄电池的运行监视

变桨蓄电池组在正常运行时以浮充电方式运行，浮充电压值一般控制为 13V，在运行中主要监视变桨蓄电池组的端电压、浮充电流，及每只变桨蓄电池的电压。

（1）变桨蓄电池应定期检查变桨直流系统正常运行状态下的单只端电压及总电压，最好能定期进行维护，确保变桨蓄电池组随时都具有额定容量，以保证运行安全可靠。

（2）变桨蓄电池的工作状态下的浮充电压应为 1.05 倍变桨蓄电池组的额定电压，均充电压应为 1.1 变桨蓄电池组的额定电压，主充电电流应为电池组额定容量的 0.1 倍，如有偏差应及时调整。

（3）变桨蓄电池宜在 15～35℃ 的环境下充电，当环境温度超过大于 45℃ 时，应采取降温措施。

（4）注意不要让变桨蓄电池长期搁置不用，不要长期处于浮充电状态而不放电。尽量避免使变桨蓄电池过电流或过电压充电，每次放电完后应及时充电。

（5）注意防止变桨蓄电池过放电。当有紧急停机或电网故障造成交流电源中断时，变桨直流系统会立即投入，驱动变桨电机，提供变桨后备电源，若变桨蓄电池组端电压下降到 288V 时，交流电源还未恢复，应手动断开变桨蓄电池组的供电，以免因变桨蓄电池组过放电而损坏。当交流电源恢复送电时，充电装置应自动进入恒流充电－恒压充电－浮充电。

2.3 变桨蓄电池的维护

运行中的维护应经常检查项目如下。

（1）应经常检查变桨蓄电池浮充电压、浮充电流是否正常。

（2）应经常检查变桨蓄电池组连接处是否松动，测量端电压。

（3）检查变桨蓄电池的清洁度、端子的损伤痕迹，外壳及壳盖的损坏或过热痕迹。

（4）应定期打扫，以防变桨蓄电池绝缘降低。

（5）注意当变桨蓄电池因单只容量不够需更换时，只能一次性全部更换或将内阻相近的电池组装成一个新电池组，不能仅把性能指标不够的变桨蓄电池单独更换下来；否则会因变桨蓄电池的内阻不平衡而影响整组电池的发挥，缩短整组电池的使用寿命。

3 结论

变桨蓄电池是变桨直流系统重要的组成部分，它对变桨直流系统的可靠运行及电力系统的安全运行都有着极其重要的作用。通过合理科学的运行和维护措施，既可以有效地提高变桨蓄电池的运行效率，又能延长其使用周期，保证变桨直流系统可靠运行。经过几年的实际运行，我们逐渐摸索出免维护变桨蓄电池及充电设备运行使用维护的一些经验，对出现的问题能够进行处理和解决，保证了变桨系统的安全运行。同时，根据实际取得的经验落实到运行中去，使运行、检修人员便于监护、维护变桨蓄电池，提高了风电机组的安全性和可靠性。

变桨系统故障预想的研究

张焱， 赵庭煜

（华能辽宁清洁能源有限责任公司）

摘　要： 某风电场一期采用机型为 WD82-1500A，配置七柜直流变桨系统，随着现场运行时间增加，厂家退出市场，器件老化，变桨系统稳定性以及可靠性降低，容易发生变桨系统无法收桨，导致风轮过速，使得风电场生产工作存在重大安全隐患。为解决该隐患问题，风电场决定进行相关变桨系统技术改造研究，增强风电机组的安全性及可靠性。

关键词： 风电机组；变桨安全链；故障；改造

1　变桨控制系统的基础原理

1.1　在风电机组达到运行条件时，正常运行，调节桨叶角度

（1）当输出功率小于额定功率时，桨距角维持在 0°附近。

（2）当输出功率达到额定功率以后，风电机组主控制系统控制变桨系统根据输出功率的变化调整桨距角的大小，改变气流对叶片的攻角，从而改变风力发电机组获得的空气动力转矩，使发电机的输出功率保持在额定功率。

1.2　风力发电机组的刹车系统， 顺桨停机保护功能

（1）在正常停机和快速停机的情况下，风电机组主控控制变桨系统将叶片角度调整在 89°附近，使叶轮逐渐停止。

（2）在安全链断开的情况下，变桨系统自主紧急顺桨停机至软件或者硬件限位，实现叶片气动刹车，起到安全保护作用。

2　预设变桨问题的发生

风电场为了研究此课题，从假设该风电场某台风电机组报变桨通信故障开始，预估故障触发风电机组叶轮，发电机高低速轴存在超速现象，故障排查分析变桨 PLC 死机，安全链回路存在短路，侧风偏航系统 DZ260 模块发现前期安全链测试完成后未复位。分析如果变桨 PLC 死机，变桨内部安全链保护将失去作用，存在较大安全隐患。以此为契机场内组成系统故障研究小组，对此问题进行研究。

3　变桨问题改造的初期思路

基于变桨系统的收桨原理，在此基础上，研究对变桨安全链回路进行技术改造，新增硬件看门狗，实现在 PLC 状态异常情况下收桨的功能。

3.1　初期七柜变桨系统安全链技术改造介绍

3.2　该风电场运行的七柜直流变桨系统安全链升级改造介绍

（1）增加 1 个中间继电器，其线圈由中控柜内标识为 8A5 的 EL2008 数字量输出模块的 4 号端子控制得失电。

（2）如图 1 所示，4K1 继电器的触点串联至 EFC 总回路中。

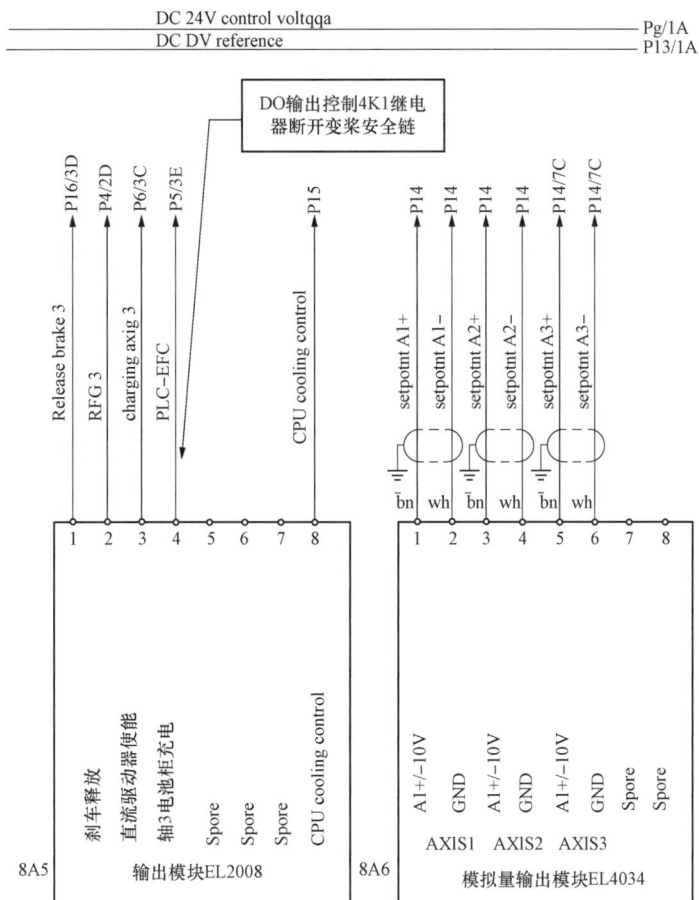

图 1　安全链技术改造

　　该方案使得变桨 PLC 可以通过 DO 点对 4K1 线圈进行控制，从而主动切断 EFC 安全链。

　　根据现场的情况：PLC 在主程序受到干扰情况下，PLC 的 DO 点都保持原输出状态，导致变桨系统报出故障后，CPU 无法控制 DO 点状态，该继电器不动作，此时不能切断变桨系统内部 EFC 回路。

　　综上，对于该工况需要对 PLC 添加监控回路，当 PLC 死机或模块出现问题后，使其能够切断变桨内部安全链，保证机组运行安全。

4　七柜变桨系统安全链进一步改造思路

　　安全链升级单线图如图 2 所示。

　　通过在 PLC 中新增一段程序，检测各 PLC 模块状态以及 PLC 和主控之间的通信检测。

　　变桨主控柜增加一个脉冲继电器，脉冲继电器动合触点串入变桨安全链，当发现各个模块有异常或通信有异常时，或者模块脉冲信号断了，则该触点动作，切断变桨系统安全链，保证系统安全收桨。

145

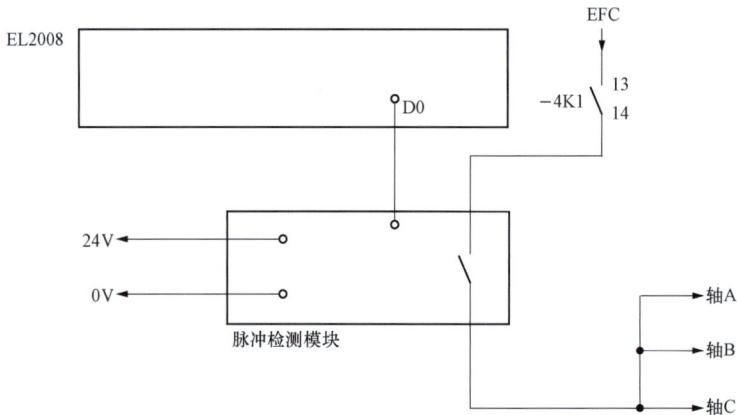

图 2　安全链升级单线图

5　直流变桨系统安全链改造的实施

5.1　改造的具体实施过程

（1）本次安全链改造需要新增脉冲继电器。

（2）脉冲输入选用 8A5 模块的 8 号脚作为脉冲输出。

（3）脉冲继电器电源取自中控柜内 24 V 母线端子。

（4）拆下原有接到 4K1 继电器 14 脚上电缆，接到 K1 继电器 14 脚上，K1 继电器 11 脚接到 4K1 继电器 14 脚上，实现脉冲继电器的动合触点接入到安全链回路内。

5.2　直流变桨系统程序升级

本次安全链改造同时需要软件升级，软件升级的主要目标是增加 DO 输出脉冲功能，同时优化软件，新增通信，模块监控，使得变桨系统在通信故障或模块损坏时能够完成收桨。

6　总结

变桨系统是风电机组非常重要的组成部分，变桨系统发生故障将会严重威胁风电机组的正常运行，所以研究故障机理，诊断故障原因对降低机组故障发生率、缩短检修时间、降低检修成本、提高机组的安全性与经济性都有重要的作用。风电机组的安全稳定运行是每个风电场最重要的课题，本文总体方向是围绕假设该风电场某台风电机组报变桨通信故障，风电机组叶轮、发电机高低速轴存在超速现象这一问题进行讨论研究，最终出具具体方案进行技术改造的案例，研究对象为 WD82-1500A 风电机组。目前该风电场按照本文所研究项目对场内 3 台风电机组进行了技术改造实验，通过这几个月的观察，这 3 台风电机组的稳定性以及可靠性都有大幅度提升，效果明显，也充分证明了此项研究的可行性．希望本论文所研究的故障技术改造问题对于其他风电场发生同样故障问题时能具有参考价值。也希望各个风电场可以有效预防此类事件的发生。

风电机组变浆系统紧急模式故障分析

周鸿雁

（中广核新能源控股有限公司浙江分公司）

摘　要：　风力发电机组的核心部件之一变浆系统能够通过控制叶片的浆距角，有效地控制风力发电机组对风能的吸收，对机组安全、稳定、高效运行具有十分重要的作用。分析变浆控制系统故障不仅能降低经济损失，更能防止安全事故的发生。

关键词：　风力发电机组；变浆系统；故障分析

1　引言

某风电场采用 WD115 - 2000 型机组，变浆系统为 TR - 2. XG 型变浆系统。变浆系统紧急模式故障发生的现象多变，如果变浆紧急顺浆回路无异常，那么三片叶片都会顺浆至 89°安全位置。

2　故障基本情况

变浆系统结构如图 1 所示，采用了低压交流异步驱动控制技术和超级电容后备电源技术。

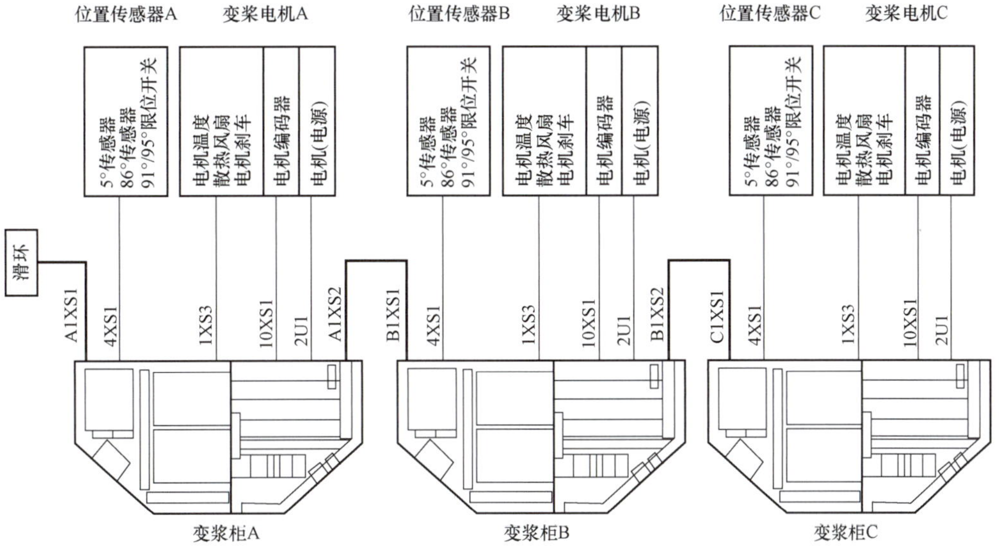

图 1　变浆系统结构

根据调研使用电动变浆的风电场 TOP5 故障之一均有变浆系统紧急模式故障。变浆系统紧急模式故障的停机等级为"RP"（变浆后备电源驱动停机），复位等级为"MR"（手动复位）。假设变浆系统位置环和速度环控制均无故障，则三片浆叶通常均在 89°安全位置。变浆系统紧急模式故障因变浆系统内部故障原因多样，因此故障现象也复杂多变。

3　原因分析与诊断

3.1　触发逻辑

变浆系统紧急模式故障的触发逻辑：变浆系统状态异常时断开 8K3 供电，使得变浆安全链继电器 11K1 失电，叶片执行紧急顺桨至 89°安全位置。

3.2　变桨系统 11K1 失电原因

根据变桨系统紧急顺桨原理图（见图 2）可知变桨系统 11K1 失电原因如下。

（1）主控系统安全链 2 故障 K65.5 继电器异常。

（2）主控紧急顺桨命令继电器 K107.3 继电器异常。

（3）变桨系统 3 个轴柜 8K3 继电器都会导致失电。

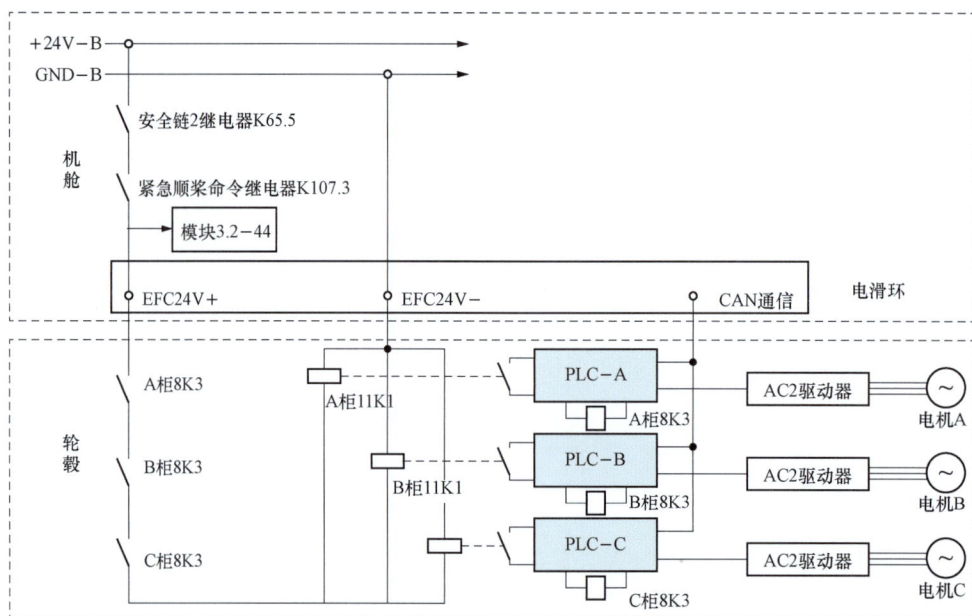

图 2　变桨系统紧急顺桨原理图

3.3　变桨系统 8K3 失电原因

变桨系统异常由变桨系统程序判定。主要原因如下。

（1）温度异常：如电机超温、伺服驱动器超温、控制柜超温等。

（2）电压异常：电容电压低、电容中间点电压异常、400V 主电源故障等。

（3）桨叶位置异常：如桨叶位置过高，桨叶位置过低，91°、95°限位开关等。

（4）电机转速异常：如电机超速、电机堵转等。

（5）传感器类：如 3°～5°位置传感器、86°～88°位置传感器。

（6）变桨通信异常。

（7）变桨安全链异常。

（8）其他：如 PLC 卡件、控制软件程序等。

3.4　故障处理过程（检查、分析、解体或维修分析等）

故障处理过程可以按照如下分析思路开展：首先对结合故障现象对故障时刻的数据进行分析；其次登塔进入机舱、轮毂就地测量检查；最后整改验证。

3.4.1　桨叶位置异常引起变桨系统紧急模式故障处理过程

3.4.1.1　数据分析

通过主控后台分析软件 gateway 触发记录（故障时刻毫秒级数据），查看变桨系统 3 个轴柜的状态 1 和状态 2。主控系统与变浆系统 CANopen 通信协议如图 3 所示。

序号	点名	二进制	点描述	备注
1	status1.0	1	伺服的 Can 通信正常	NOT (converter_no_ok)
2	status1.1	0	95°限位开关动作	i_bo_95_deg_1
3	status1.2	1	主电源正常	NOT (sg6_no_ok)
4	status1.3	0	手动操作允许	i_bo_auto_manual
5	status1.4	0	强制手动	i_bo_forced_manual_mode
6	status1.5	1	SSI 状态正常	NOT (i_b8_position_sensor_status_1.6)
7	status1.6	0	90°位置传感器信号	i_bo_90_deg
8	status1.7	0	心跳	heartbeat_pitch
9	status1.8	0	分配器1信号	i_bo_feedback_distributor_1
10	status1.9	0	分配器2信号	i_bo_feedback_distributor_2
11	status1.10	1	Teach 操作完成	positions_teached
12	status1.11	0	紧急模式（8K3）	emergency_request
13	status1.12	0	桨叶位置值过小	blade_angle_to_low
14	status1.13	0	桨叶位置值过大	blade_angle_to_high
15	status1.14	0	90°位置传感器故障	switch_90_deg_defect
16	status1.15	0	3°位置传感器故障	switch_3_deg_defect
1	status2.0	0	SSI 编码器故障	ssi_encoder_defect
2	status2.1	0	超速	pitch_speed_to_high
3	status2.2	0	安全链（11K1）	NOT (i_bo_relais_savety_chain)
4	status2.3	1	1G1 工作正常	i_bo_SG6_ok_1
5	status2.4	1	1G1 工作正常	i_bo_SG6_ok_1
6	status2.5	0	电容电压过低	capacitor_voltage_to_low
7	status2.6	0	电机堵转	motor_stall_error
8	status2.7	0	伺服超温(75℃)	controller_temperature_to_high
9	status2.8	0	轴箱超温(65℃)	pitch_box_temperature_to_high
10	status2.9	0	中间点电压故障	error_cap_voltage
11	status2.10	0	3°位置传感器信号	i_bo_3_to_5_deg
12	status2.11	0	润滑油位	i_bo_grease_level
13	status2.12	0	电机超温	motor_temperature_to_high
14	status2.13	0	电机超温且堵转	motor_temperature_to_high_motor_stall
15	status2.14	0	91°限位开关动作	NOT (i_bo_91_deg_1)
16	status2.15	0	电机制动器继电器故障	4k8_error

图 3　主控系统与变浆系统 CANopen 通信协议

通过故障时刻的出发记录数据结合主控与变浆系统 CANopen 通信协议可知，变浆系统轴柜 1、2、3 的状态及异常结果如表 1 所示。

表 1　　　　　　　　　　　　故障时刻变浆系统内部状态

变浆系统轴柜	状态 1			状态 2		
	10 进制	转换成 2 进制	异常状态	10 进制	转换成 2 进制	异常状态
1	3237	1010 0101 0011 0000	紧急模式 8K3	2076	0011 1000 0001 0000	(1) 11K1 异常。 (2) 润滑油位异常
2	3205	1010 0001 0011 0000	(1) SSI 状态异常。 (2) 紧急模式 8K3	16388	0010 0000 0000 0010	(1) 11K1 异常。 (2) 91 限位开关动作
3	3237	1010 0101 0011 0000	紧急模式 8K3	28	0011 1000 0000 0000	11K1 异常

重点补充说明：根据主控和变浆系统通信协议二进制查表可知变浆系统内部状态及故障情况：

(1) 变浆系统 3 个轴柜的变浆系统状态继电器 8K3 反馈信号都异常；

(2) 3 个轴柜的变浆安全链继电器 11K1 反馈信号都异常。

(3) 变浆系统内部还报润滑油位信号异常（变浆润滑告警状态等级为 30 级，并不影响机组正常运行）

通过表 1 可知，变浆系统 3 个轴柜的 8K3 和 11K1 反馈信号都异常，轴柜 2 的 91°限位开关动作，通过查看故障时刻的毫秒级触发记录中桨叶角度，发现故障报出后桨叶 1、桨叶 3 均已回桨至 89°左右位置，但桨叶 2 角度发生跳变，角度显示为－281.5°。

综上所述：初步分析本次故障原因为变桨系统桨叶 2 角度突变至－281.5°，桨叶超过限位开关 91°，PLC 判定限位开关触发系统不正常，使轴柜 2 的 8K3 失电。因此，要解决该故障就要找到变桨系统桨叶 2 位置跳变的原因。

检测桨叶位置角度是通过变桨电机编码器通过信号线最终反馈给变桨系统 PLC 模拟量模块 KL5001，如图 4 所示。

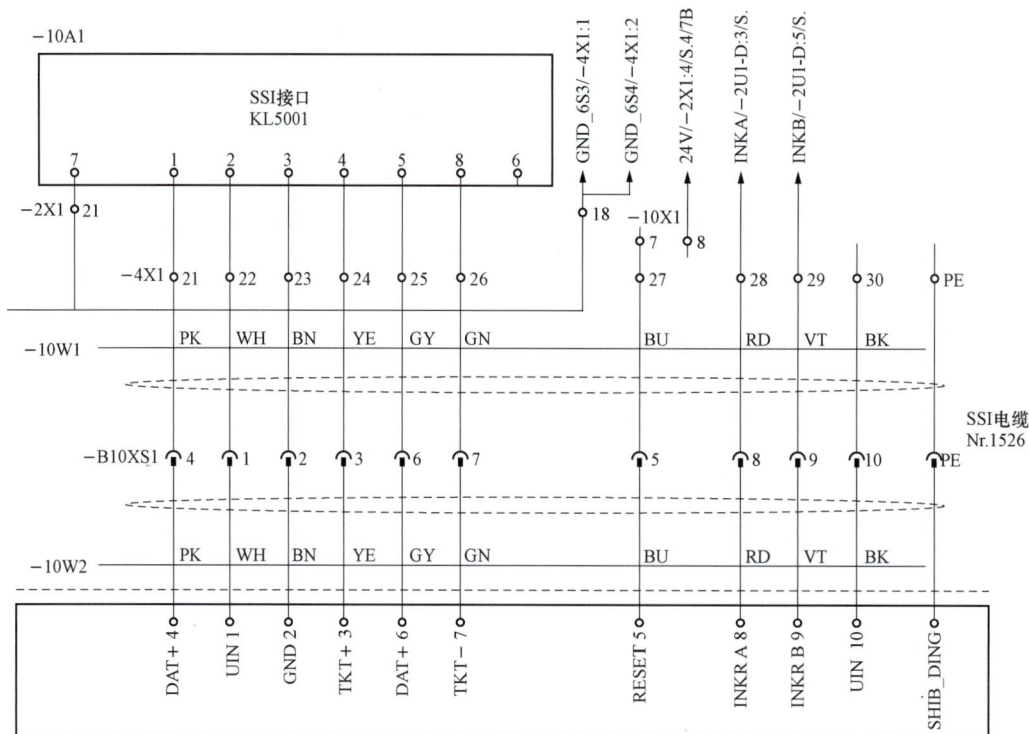

图 4　桨叶位置检测原理图

因此，桨叶 2 位置跳变的可能原因有 PLC 模块 KL5001 与编码器之间的连接回路存在虚接、开路或者短路、编码器故障等。

3.4.1.2　登塔实际检测

进入轮毂查看桨叶 2 实际位置已回桨至 89°左右，KL5001 模块各指示灯均正常，KL5001 与编码器之间的连接回路接线均良好，因此判断原因可能为编码器故障。现场发现 4K1、4K2、4K3、4K4、4K5、4K6、4K7、4K8 继电器均失电，通过原理图可知这些继电器均由 2T1 电源供电。使用万用表测量 2T1 电源，有 90V 输入，无 24V 输出，因此初步判断 2T1 电源损坏。

3.4.1.3　整改测试

更换变桨系统轴柜 2 变桨电机编码器和 2T1 电源并重新对桨叶 2 实际零度进行校准、TEACH 后，手动测试桨叶 2 角度，无异常。

综上排查分析结果可知，此次故障报出的原因为轴柜 2 的编码器和 2T1 电源损坏导致。

3.4.2　主控系统紧急顺桨命令继电器 K107.3 失电，引起变桨系统紧急模式故障处理过程

梳理电气原理图不难得出主控系统紧急顺桨命令原理图，如图 5 所示。

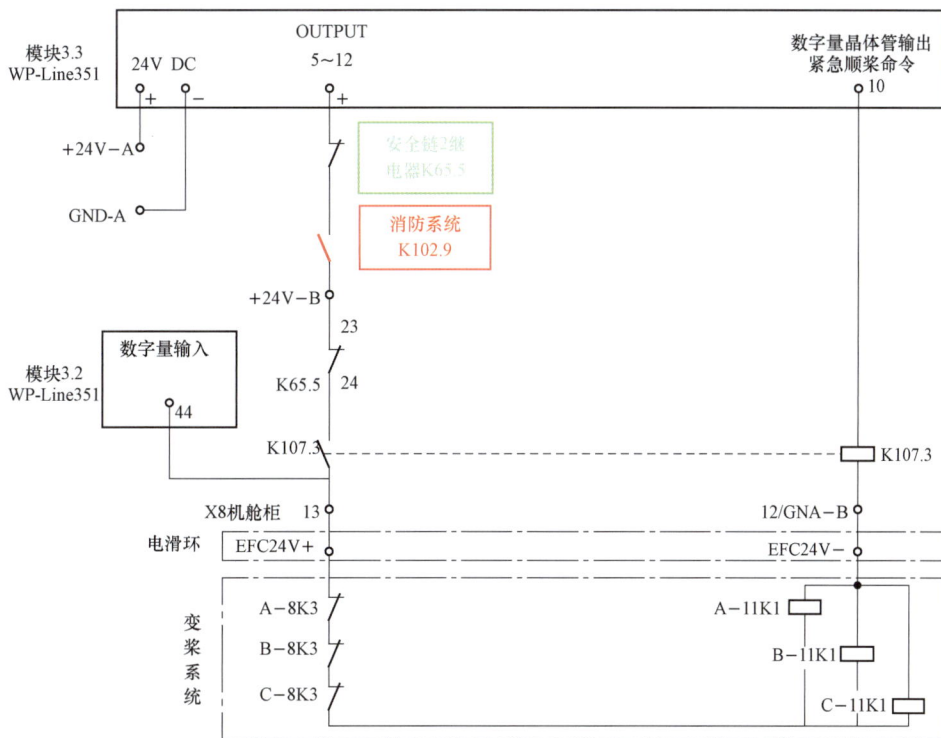

图 5　主控系统紧急顺桨命令原理图

根据图 7 可知，引起主控紧急顺桨命令继电器 K107.3 失电的原因如下。

（1）主控程序出错时不能准确发出 EFC 紧急顺桨命令。

（2）硬件损坏：当主控发出 EFC 命令后，至变桨系统 EFC 信号回路中硬件问题包括 K107.3 损坏、模块 3.3 异常等。

（3）主控模块 3.3 供电异常：包括 24V 供电开关电源、模块 3.3 数字量输出 5～12 的 24V 供电异常（安全链 2 继电器 K65.5 异常、消防系统 K102.9 异常）等。

4　结束语

变桨系统紧急模式故障原因复杂多变，但是对主控系统、变桨系统电气原理图进行梳理形成各个最小功能单元的闭环原理图，就不难分析变桨系统故障的触发逻辑，再熟练使用风电机组后台分析软件对故障时刻的毫秒级数据进行分析就不难找到故障原因。

风电机组变浆系统常见故障分析

贾慧超， 王万隆

（华能吉林发电有限公司新能源分公司团结风电场）

摘　要： 变浆系统是风力发电机组中重要的组成部分，它根据风速的变化调节桨叶节距角，稳定发电机的输出功率，并且利用空气动力学原理使桨叶顺桨90°与风向平行，使风电机组气动停机。变浆系统能否正常运行，直接影响到机组的安全稳定，对机组安全运行起到至关重要的作用。本文主要阐述某风电场变浆常见故障、处理方法及防范措施。

关键词： 风电机组；变浆系统；故障

1　引言

该风电场装机容量为244MW，共计122台风电机组，风电机组全部为双馈机组，变浆驱动方式为电动变浆。自2015年投产以来，变浆系统故障占总故障的60％以上，通过对故障进行分析，采取措施，取得了一些成效，提高了风电机组可利用率。

2　变浆系统介绍

变浆控制系统由七个柜体组成：3个轴控柜，3个蓄电池柜（或超级电容）和1个中控柜。他们不仅实现风电机组启动和运行时的桨距调节，而且能够在事故情况下担负起安全保护作用，实现叶片顺桨操作，具备变浆系统的故障诊断、状态监测、故障状态下的安全复位功能，同时还完成了变浆系统的雷电保护控制、电池管理等功能，确保了系统的高可靠性。

3　变浆系统功能实现

电动变浆系统不仅实现风电机组启动和运行时的桨距调节，还实现了风力发电机组的气动刹车功能。在正常停机和快速停机的情况下，变浆系统将叶片回桨到89°位置，使叶轮转速逐渐下降到停转。在三级故障或安全链断开的情况下，在变浆系统紧急停机，每一个叶片分别由各自的蓄电池控制完成顺桨操作，即使叶片碰到91°限位开关，利用叶片的气动刹车，起到安全保护作用。

4　变浆系统故障分析及处理

4.1　变浆角度有差异

4.1.1　原因分析

叶片角度不符合要求，变浆电机上的旋转编码器（A编码器）得到的叶片角度将与叶片角度计数器（B编码器）得到的叶片角度做对比，两者如果相差太大，超过系统设定值，将报错。

4.1.2　处理方法

方法一，由于B编码器是机械凸轮结构，与叶片的变浆齿圈啮合，精度自身不高且会不断磨损，在有较大晃动时有可能产生较大偏差，因此可以先选择复位，排除故障的偶然因素。

方法二，如果反复报此故障，检修人员需进轮毂检查A、B编码器，检查的步骤是先看编码器接线与插头，若插头或接线松动，拧紧后可以手动变浆观察编码器数值的变化是否一致，若有数值不变或无规律变化，检查线是否有断线的情况。

4.2 变浆限位开关故障

4.2.1 原因分析

叶片设定值在91°触发限位开关，若触发时角度与91°有一定偏差会报此故障。

4.2.2 处理方法

检查叶片实际位置，限位开关长时间运行后会松动，导致撞限位时的角度偏大，此时需要一人进入轮毂，一人在中控器上微调叶片角度，观察到达限位的角度，然后参考这个角度将限位开关位置重新调整至刚好能触发时，在中控器上将角度重回91°。限位开关是由螺栓拧紧固定在轮毂上的，调整时需要专用工具。

4.3 变浆电机温度高

4.3.1 原因分析

温度过高大多数由于线圈发热引起，有可能是电机内部短路或外载负荷太大所致；过电流也引起温度升高。

4.3.2 处理方法

先检查可能引起故障的外部原因，变浆齿轮箱是否卡滞，变浆齿轮有无异物；再检查因电气回路导致的原因，常见的是变浆电机的电磁刹车是否打开，检查电气刹车回路有无断线，接触器有无损坏或不能吸合。排除了外部故障再检查电机内部是否绝缘老化或被破坏导致短路。

4.4 变浆机械故障

变浆机械部分的故障主要集中在减速齿轮箱上，保养不到位加之齿轮箱自身质量问题，使减速齿轮箱有损坏，卡滞转动不畅的情况下会导致变浆电机过电流并且温度升高，因此有电机过电流和温度高的情况频发时，要检查减速齿轮箱。

4.5 变浆蓄电池故障

4.5.1 变浆蓄电池充电器故障

4.5.1.1 原因分析

轮毂充电器不能充电，有可能充电器已经损坏，也有可能是由于电网电压过高导致无法充电。

4.5.1.2 处理方法

观察停机代码，一般轮毂充电器不工作引起三面蓄电池电压降低，将会一起报"叶片蓄电池电压故障"。检查充电器，测量有无230V交流输入，若有230V交流电压说明输入电源没问题；再测量有无24V直流输出，有输入、无输出则可更换充电器进行测试，若由于电网电压短时间过高引起，则电压恢复后即可复位。

4.5.2 蓄电池电压低故障

4.5.2.1 原因分析

若只是单面蓄电池电压故障，则不是由轮毂充电器不充电导致，可能由于蓄电池损坏、充电回路故障等原因引起。

4.5.2.2 处理方法

按下轮毂主控柜的充电实验按钮，三面反复测试充电情况，此时检测吸合的接触器出线端有无230V直流电源，再顺着充电回路依次检查各电气元件的好坏，检查时留意有无接触不良等情况，确定充电回路无异常，则再检查是否由于蓄电池本身故障导致不能充电。

4.6　滑环原因

该类型变桨系统的风电机组绝大多数变桨通信故障都由滑环接触不良引起。齿轮箱渗漏油时造成滑环内进油，油附着在滑环与插针之间形成油膜，导电性能降低，导致变桨通信信号时断时续，致使主控柜控制单元无法接受和反馈处理超速信号，导致变桨系统无法停止；也有由于滑环的内部构造原因，会出现滑环滑道与触针接触不良等现象，也会引发信号的中断或延时，其中不排除触针会受力变形。

5　预防措施

定期检查测试蓄电池单体电压，定期做蓄电池充放电实验，并将蓄电池检测时间控制在合理区间内，机组运行过程中密切注意电网供电质量，尽量减少大电压对轮毂充电器及 UPS 的冲击，尽可能避免不必要的元器件的损坏。定期开展滑环的维护清洗工作，保证滑环的通信及供电正常，有针对性地测试超速模块的功能，避免该模块故障所形成的超速。

风力发电机组变桨轴承开裂故障研究与分析

张云， 陈文浩

（五凌电力有限公司新能源分公司）

摘　要： 风力发电机组变桨轴承开裂属于重要故障，本文从变桨轴承开裂处外表面及断口、变桨轴承堵球孔结构、位置和变桨轴承连接结构、刚度等方面对故障产生原因进行具体分析，并针对原因提出加强变桨轴承本体结构、优化变桨轴承堵球孔位置和优化变桨轴承螺栓连接结构等措施预防、应对类似故障，为后续风电机组运行维护起到一定借鉴作用。

关键词： 风力发电机组；变桨轴承；故障；分析

1　引言

变桨轴承与变速齿轮箱、直流电机、变桨控制系统、后备电源等组成风力发电机组变桨传动系统。变桨轴承通过螺栓连接叶片与轮毂，主要用于改变叶片的桨距角，改变叶片和机组的受力情况，起到传递叶片载荷给轮毂的作用，是风力发电机组的重要组成部分，确保发电机组输出功率的稳定，笔者基于其重要性对某风电场变桨轴承外套圈叶片侧堵球孔处开裂故障进行具体研究及分析。

2　故障基本情况

风电场运行维护人员在日常登机巡检中发现风电机组变桨轴承外表面出现渗油现象，并有一定开裂情况，开裂情况发生在与轮毂连接侧的变桨轴承外套圈，如图1所示，靠近叶片侧轴承滚道堵球孔侧。

(a)变桨轴承开裂间隙　　(b)变桨轴承开裂表面　　(c)变桨轴承渗油情况

图1　风电机组变桨轴承表面情况

针对此情况为避免事故扩大，将变桨轴承拆卸进行深度检查。从拆卸下的变桨轴承观察，此次故障主要集中在变桨轴承，其轮毂铸件未受到损坏，开裂发生在堵球孔导销部分并扩展至下部堵球孔部位，如图2所示。

在拆下的轮毂变桨轴承未断裂面中发现有油脂泄漏、堵球销腐蚀等现象，说明已有开裂前期趋势。其断裂面开裂部位是在高应力区域、堵球孔尖锐边缘及堵球销孔锥形边缘部位，如图3所示。

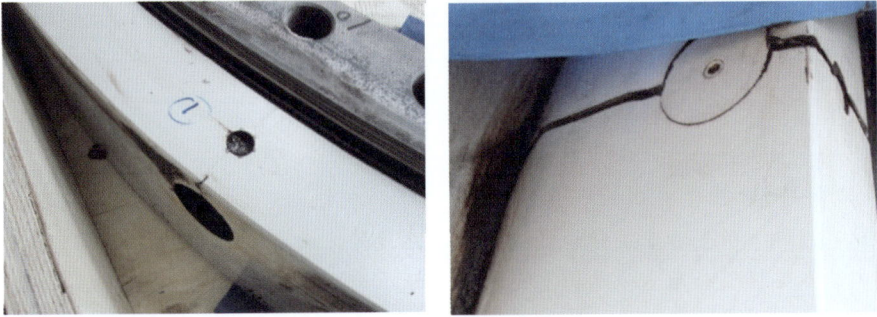

图 2　拆卸后变桨轴承开裂情况

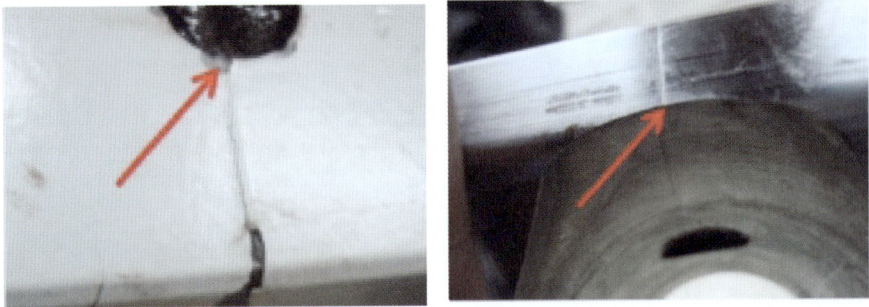

图 3　堵球塞拆卸后变桨轴承外套圈表面外观情况

3　原因分析

3.1　变桨轴承表面及断口分析

变桨轴承堵球塞和堵球孔均有锈蚀情况,如图 4 所示,主要由于堵球销与轴承孔洞之间存在间隙且堵球孔有变形导致堵球销位置有水进入轴承,这是造成锈蚀的直接原因,锈蚀从而减少部件疲劳强度。

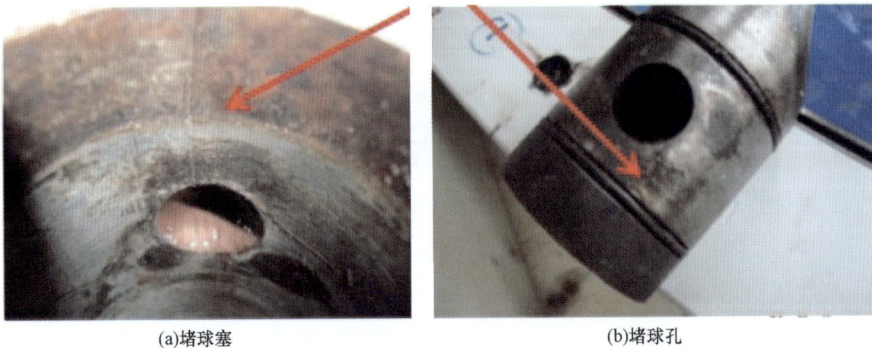

(a)堵球塞　　　　　　　　　　　　　　(b)堵球孔

图 4　堵球塞与堵球孔表面锈蚀情况

以开裂表面为基础选择典型断口位置使用扫描电镜进行处理分析,电镜检查试样如图 5 所示,电镜扫描情况如图 6、图 7 所示。

从图 5 可知电镜检查试样存在明显的锈蚀现象，装球孔左侧区域轻微锈蚀，装球孔及其右侧区域锈蚀严重，且两孔相交处属于明显的应力集中区域，但是电镜扫描试样两孔相交边缘处如图 5 中红圈所示未作倒角处理，故造成开裂现象主要由圆锥销与销孔配合不良和销孔内壁存在微裂纹导致疲劳断裂。

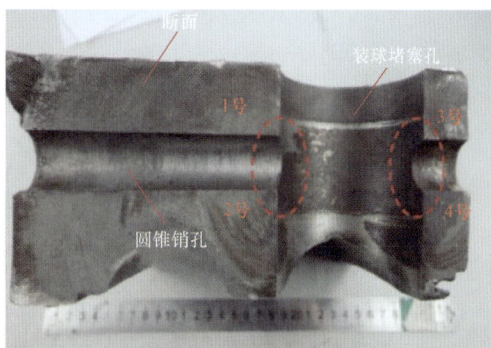

图 5 电镜检查试样

从图 6、图 7 可见孔壁存在严重的磨损沟槽，沟槽底部可见大量细小台阶，台阶扩展方向与沟槽方向垂直，且边缘存在明显的撕裂台阶、明显的疲劳辉纹，辉纹间距较窄，可以看见明显的韧窝形貌，说明被扫描试样断口存在较严重的带状偏折。

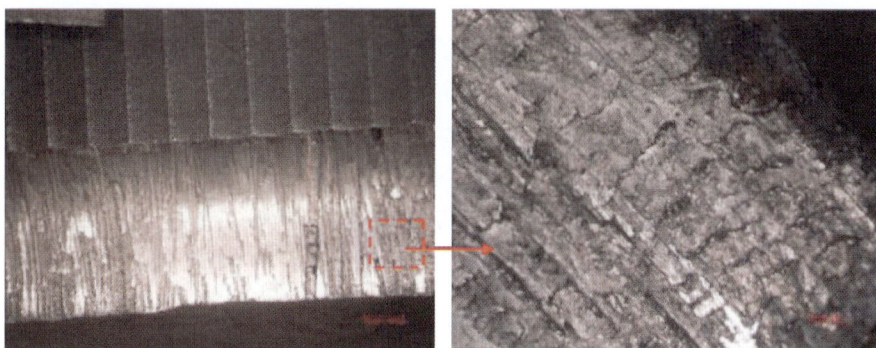

图 6 圆锥销孔内表面低倍形貌

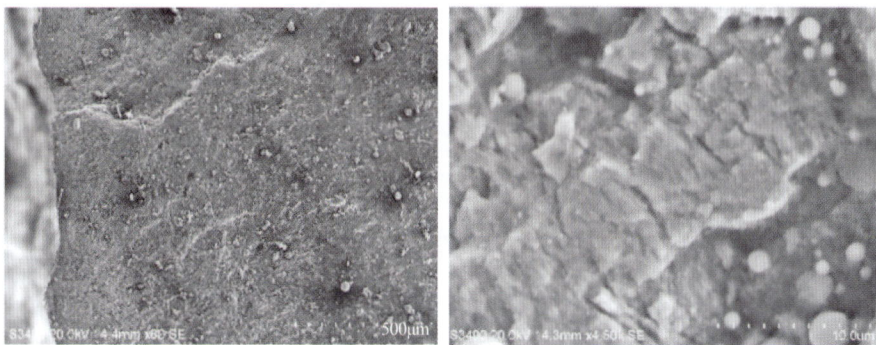

图 7 断面微观形貌

3.2 变桨轴承堵球孔结构分析

运行维护人员发现的变桨轴承开裂位置即靠近叶片侧堵球孔位置如图 8 所示。开裂位置有大量的油脂外泄漏，如图 9 所示。

从图 8 可以看到该部分轴承结构由于堵球塞孔和堵球销孔的存在，局部变得薄弱，从拆卸下的堵球塞边缘出现刺边，结构组合中的尖角部分未做倒角处理，两孔相交处属于明显的应力集中区域，可能加剧堵球孔位置的疲劳损伤，首先从堵球销处产生开裂，扩展到堵球塞，最终造成轴承外圈外侧环切断，变桨轴承疲劳开裂。

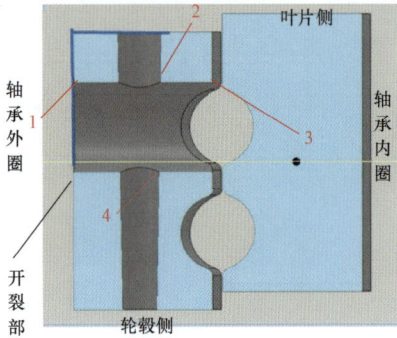

图 8　失效位置截面图

图 9　拆卸下的堵球塞

3.3　变桨轴承堵球孔位置分析

堵球孔位置作为变桨轴承的设计薄弱点，应避免堵球孔处于最大载荷区域，堵球孔位置的工艺处理需避免应力集中。该风电场机组堵球孔处于 18°（开裂位置）和 198°位置，该区域属于非最大载荷区，但其疲劳载荷较大，根据图 10 可以看出，该风电场风力发电机组堵球孔布局位置有 150°～180°、345°～0°，其位置均靠近疲劳载荷区，将堵球孔位置布置在 210°和 330°附近区域更有利于变桨轴承受力。由上述可知，堵球孔位置布置不当也是变桨轴承开裂的原因之一。

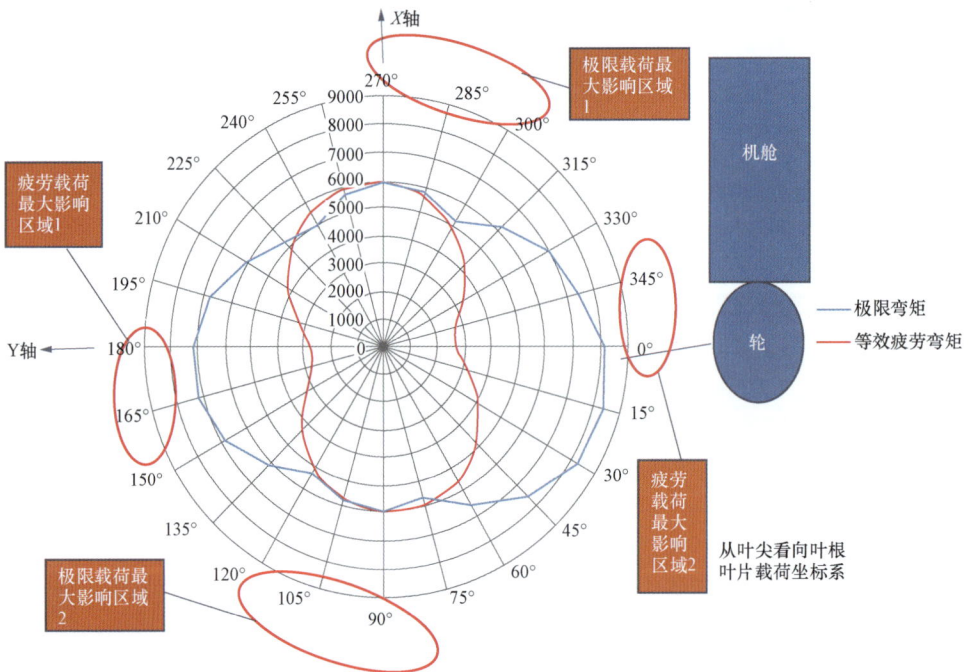

图 10　叶根受力分布雷达图

3.4   变桨轴承连接结构及刚度分析

现场通过理论计算和有限元仿真分析，结果如图 11 所示。轴承滚道及螺栓的极限及疲劳强度满足安全要求，但由于出现现场螺栓松动和断裂，变桨轴承的承载区域发生变化，局部区域出现应力超大现象，导致轴承运转不顺畅。同时，由于山地风电场湍流度大，风况载荷较复杂，可能出现非正常风况，导致变桨轴承载荷超出额定设计载荷，也可导致轴承运转出现偏差。轴承外圈螺栓采用盲孔，现场叶片刚度经过改造，不断加固的叶片造成与变桨轴承连接刚度不匹配现象，引起结构件的变形较大，不利于变桨轴承整体受力，从而导致变桨轴承发生损伤。

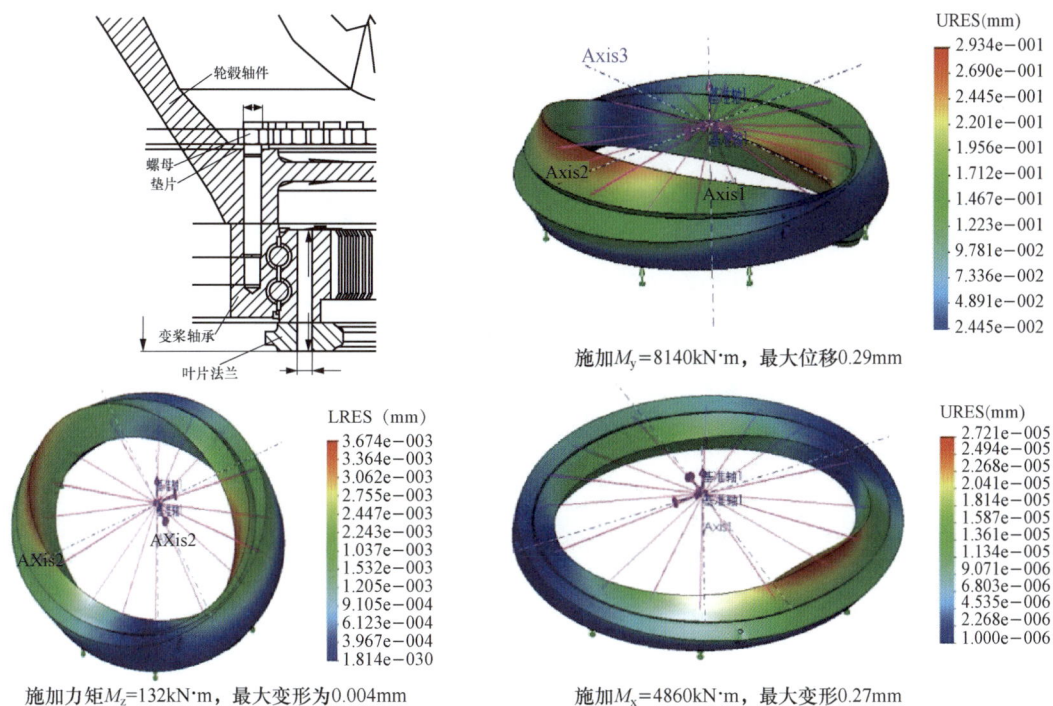

施加 M_y=8140kN·m，最大位移0.29mm

施加力矩 M_z=132kN·m，最大变形为0.004mm

施加 M_x=4860kN·m，最大变形0.27mm

图 11   变桨轴承变形云图

4   处理措施

4.1   加强变桨轴承本体结构

在维持原机组轮毂安装接口一致的情况下，将原轴承的外径增加 8mm，轴承内外圈高度增加 30mm，轴承本体的截面积增加能显著提高轴承抗弯和抗扭的刚度和强度，使得轴承运行过程中变形更小、轴承内部滚动体的接触应力更均匀。变桨轴承截面图如图 12 所示。

4.2   优化变桨轴承堵球孔位置

根据叶根载荷分布图，将轴承外圈堵球孔位置，以叶片零位为基准，沿顺时针方向由 18°与198°调整至 324°与330°，使得外圈堵球孔位置的应力更小，有利于提高轴承外圈薄弱环节的疲劳强度，实际优化后如图 13 所示。

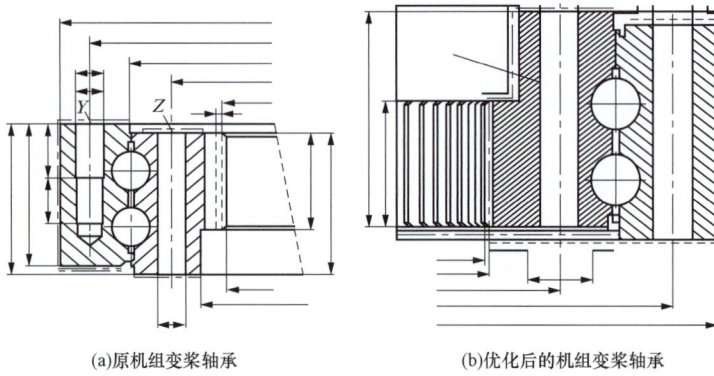

(a)原机组变桨轴承　　　　　　　　(b)优化后的机组变桨轴承

图 12　变桨轴承截面图

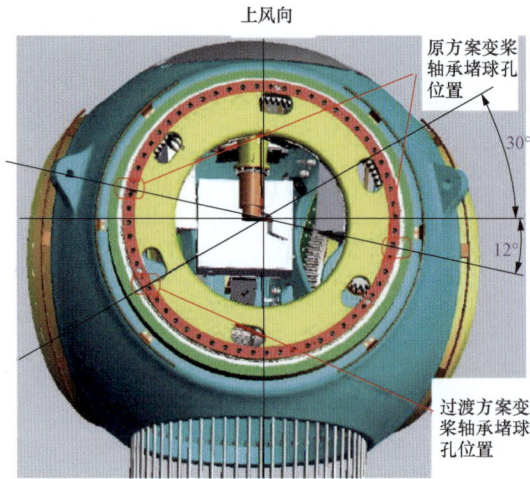

图 13　变桨轴承堵球孔位置

4.3　优化螺栓连接结构

4.3.1　增加变桨轴承与轮毂之间的螺栓连接刚度

将轴承外圈的螺栓安装孔由原来的盲孔改为通孔，并采用双头螺柱连接轮毂，螺栓连接的夹紧长度随轴承外圈高度增加而加长，从而提高了连接螺栓的疲劳寿命；将轴承外圈的叶片侧端面由螺母压紧，并加装防止动垫板，从而使轴承外圈承受螺母的压应力，有效提高轴承外圈的疲劳寿命；轮毂与轴承外圈的连接螺栓维护力矩仍然可以在轮毂内施加，保证了维护便捷性，有利于通过有效维护来规避螺栓松动带来的轴承连接刚度丧失的风险。

4.3.2　增加变桨轴承与叶片之间的螺栓连接刚度

更换原叶片根部螺栓，调整螺栓安装预紧值，规避螺栓重复施加扭矩后复用的风险；使叶片螺栓连接的夹紧长度随轴承内圈高度增加而加长，从而提高了连接螺栓的疲劳寿命。

（下转 174 页）

风电机组变桨轴承失效故障分析

詹翔，丁建新

（华能江西清洁能源有限责任公司）

摘　要： 随着经济发展，人们对用电需求不断升高，同时对用电的稳定性需求也提高。风电场故障可以导致并网运行异常，影响供电的稳定性。因此，一旦出现故障需要及时排查、解除、恢复并网运行。本文以某风电场为例，针对变桨轴承失效故障进行分析，并提出相应的应对措施，为风电场排除变桨轴承失效故障提供参考。

关键词： 风电场；变桨轴承；分析；原因；处理

1　变桨轴承失效故障介绍

在巡检过程中发现，该风电场一期 2MW - FD108C 机组的变桨轴承存在裂纹，如图 1 所示。

对于风电机组而言，风电机组变桨轴承的状态直接关乎风电机组能否在设计寿命期内安全可靠地运行，该风电场风电机组变桨轴承裂缝的出现不但极大程度影响结构的使用性能和使用寿命，甚至可能会因为轴承开裂导致风电机组损伤和人员伤亡，造成极大的经济损失和不必要的社会舆论。

为此，现场对轴承进行外观检查，该轴承外圈共断裂 4 处，断口表面相对粗糙且存在明显放射线且放射线收敛于齿根部位，在螺栓孔位置滚道以及挡边存在多处凹坑；对轴承外圈进行荧光磁粉检测，发现断口齿根处均存在微裂纹，螺栓孔位置滚道面也存在多处裂纹。

图 1　变桨轴承裂纹

2　变桨轴承失效故障分析

为保证变桨轴承分析的可靠性，共进行以下 6 个检测项目。

2.1　化学成分分析

取自轴承外圈试样，采用 OES 和 O/N/H 仪进行了化学成分分析，由表 1 可知，轴承外圈的化学成分符合标准 GB/T 29717—2013《滚动轴承　风力发电机组偏航、变桨轴承》中牌号 42CrMo 的技术要求。

表 1　　化学分析结果

样品	化学成分（wt,%）										
	C	Mn	Si	Cr	Mo	Ni	Cu	S	P	H	O
轴承外圈	0.43	0.71	0.25	1.14	0.19	0.028	0.024	0.005	0.013	<0.00006	0.0009

续表

样品	化学成分（wt,%）										
	C	Mn	Si	Cr	Mo	Ni	Cu	S	P	H	O
	根据标准 GB/T 29717—2013										
42CrMo	0.41～0.45	0.60～0.80	0.17～0.37	1.00～1.20	0.15～0.25	≤0.30	≤0.20	≤0.025	≤0.025	≤0.0002	≤0.0020

2.2　硬度测试

取自轴承外圈试样，进行硬度测试，其测试标准为 GB/T 4340.1—2009《金属材料　维氏硬度试验　第 1 部分：试验方法》。测试结果见表 2，结果显示齿面近表面平均硬度为 605HV，齿根近表面平均硬度为 561HV，芯部的平均硬度为 253HV，均符合标准。

表 2　　　　　　　　　　　　硬度测试结果

测试项目	样品	测试位置	测试结果			
			1	2	3	平均值
HV0.5	轴承外圈	1 号断口齿根近表面	566	551	565	561
HV0.5	轴承外圈	1 号断口齿面近表面	614	605	595	605
HV1	轴承外圈	芯部	256	246	256	253
根据客户提供的技术要求						

基体硬度 250～290HB，齿面表面硬度 50～60HRC，齿根表面硬度 50～60HRC
根据标准 GB/T 1172—1999《黑色金属硬度及强度换算值》转换成
基体硬度 252～295HV，齿面表面硬度 512～698HV，齿根表面硬度 512～698HV

为了确定齿面和齿根的硬化层深度，采用显微维氏硬度计进行硬度梯度测试，以 40HRC（根据标准 GB/T 1172—1999 转换成 381HV）为硬度临界值进行硬化层深度判定。发现存在齿根、齿面硬化层深度不满足要求。

2.3　拉伸测试

拉伸试样取自轴承外圈和螺栓，测试标准为 GB/T 228.1—2010《金属材料　拉伸试验　第 1 部分：室温试验方法》。结果显示轴承外圈标准取样位置处拉伸试样的拉伸性能均基本符合标准 JB/T 6396—2006《大型合金结构钢锻件　技术条件》的技术要求；螺栓拉伸试样的性能均符合标准 NB/T 31082—2016《风电机组塔架用高强度螺栓连接副》中 10.9 级的技术要求。

2.4　冲击试验

试样取自轴承外圈和螺栓，根据标准 GB/T 229—2020《金属材料　夏比摆锤冲击试验方法》进行冲击试验。结果显示冲击试样在标准取样位置处 −40℃的平均冲击吸收功值为 38J，螺栓在 −45℃的平均冲击吸收功值为 57J，均符合要求。

2.5　金相测试

在轴承外圈芯部以及断口齿根位置分别制取截面金相试样，依次镶嵌、磨抛和腐蚀，观察其微观组织，发现金相组织存在偏析，滚道表面裂纹尾端存在沿晶倾向，同时金相显微镜下进行非金属夹杂物的显微评定，发现非金属夹杂物不满足标准规定的要求。

2.6 宏观检测与 SEM - EDS 分析

断口的断裂扩展方向是由齿根往内扩展，断口局部区域发现疲劳条纹，齿根裂纹源处发现存在着一些夹杂物，其中较大的尺寸可达 $95.87\mu m \times 37.91\mu m$，其成分中除有高含量的 Al、Si 元素外，还含有较高含量的 K、Ti、Ca 等元素；3 号断口裂纹从齿根往内扩展，部分区域断口呈现解理断裂特征，齿根裂纹源附近发现存在较大面积的非金属夹杂物（密集分布区域达 1mm 以上），其成分除含有很高含量的 Al、Si 元素外，还含有较高含量的 K、P、Mg 等元素。将断口附近的较大 C 型齿面裂纹打开后显示其断口形貌呈沿晶特征。

根据以上试验分析变桨轴承发生失效的原因，其轴承外圈的断口裂纹源处存在较大的和密集分布的非金属夹杂物是其发生断裂的主要原因，EDS 检测显示其成分除含有很高含量的 Al、Si 元素外，还含有较高含量的 K、P、Mg 等元素，显示其属于脆性的铝硅酸盐非金属夹杂物，由于其尺寸和聚集区域大并处于断口的裂纹源区域，这大大降低了轴承外圈的疲劳强度甚至断裂强度。此外，轴承外圈的齿面硬化层裂纹以及滚道硬化层上的裂纹均发现呈沿晶特征，显示其可能为感应淬火微裂纹。

总结：

（1）变桨轴承外圈 D 类细系非金属夹杂物等级为 1.5 级，不符合相应标准要求（≤1.0 级）。

（2）变桨轴承外圈的齿面硬化层和滚道面硬化层中所存在的裂纹呈沿晶特征，显示其可能存在感应淬火微裂纹。

（3）变桨轴承外圈断裂裂纹源均位于其齿根处，一处断口呈疲劳断裂特征，另一处断口呈解理断裂特征。

（4）变桨轴承外圈断口裂纹源处存在较大的和密集分布的铝硅酸盐非金属夹杂物，这是导致其断裂失效的主要原因。

（5）变桨轴承螺栓的拉伸性能符合相应标准要求。

3 变桨轴承失效故障处理

由以上原因分析可知，变桨轴承本身设计质量就会导致裂纹的产生，原先使用 FL-HSW2175D 变桨轴承，其螺栓安装部分的设计厚度较薄，而根据检查发现的断裂口多在螺栓连接处这一点不难看出，在螺栓和螺孔接口多次在交变切应力的作用下，且因为载荷分布不均匀，所以导致变桨轴承出现裂纹，并且变桨轴承本身存在着微动磨损，这直接减小了变桨轴承的疲劳强度和疲劳寿数，同时风电机组的桨叶振荡幅度较大，在这些振荡载荷的效果下更是加快了裂纹的成型和扩张，最终导致了变桨轴承裂纹的产生。

因此，在综合考虑经济和时间效益后，提出整体更换所有包含此类轴承的方案，并将变桨轴承检查列入日常风电机组巡检工作。

4 结束语

总而言之，变桨轴承作为风电机组的一个重要组成部分，在风电机组的生产中需要严格执行相关的质量标准。同时，在日常维护中也需要对此类易磨损的部件进行重点维护，通过对变桨轴承失效进行原因分析及采取改造方案后，避免了此类故障的发生，提高了机组运行性能，促进公司和风电场的发展。

风力发电机组变桨滑环常见故障机理与研究

杨家兴，　齐春祥，　王志勇

（华能新能源股份有限公司辽宁分公司）

摘　要： 在风力发电机组中，变桨滑环主要作用是实现风电机组机舱控制系统与变桨系统之间功率和数据信号的传输，是变桨系统重要部件之一。目前，由变桨滑环故障引起的机组停机次数占比较高，现场工程师有必要通过深入分析故障原因、精细化日常维护和有效的技术改造，来提高变桨滑环的整体寿命和运行稳定性。本文主要介绍了变桨滑环的结构及工作原理，并结合现场变桨滑环故障案例分析，提出可靠的预防性措施，促进风电机组运维水平的有效提升。

关键词： 风电机组；变桨滑环；故障；预防维护

1　引言

变桨系统是风电机组的重要组成部分，它可以通过控制桨距角来控制风轮转速，从而达到恒定输出功率的目的。

变桨滑环主要起到机舱控制与变桨控制之间传输动力电源、安全链控制信号以及变桨数据通信的作用。初步统计，老旧风电机组中变桨滑环故障引起故障停机占比超过全年故障50％左右。若滑环出现问题，将直接导致安全链断开，造成机组急停回桨，对机组安全运行产生不可预估的潜在危害。

结合此种情况，本文针对变桨滑环典型故障进行分类和剖析。

2　变桨滑环结构及工作原理

变桨滑环主要用于风电机组设备转动部件与静止部件之间的电气连接，是向旋转状态下的设备持续提供电源和信号传输的关键部位。主要由滑环主体（包括滑环体、电刷、精密轴承组成）、温控系统、外壳、连接电缆组成，其中滑环体和电刷俗称摩擦副，如图 1 所示。

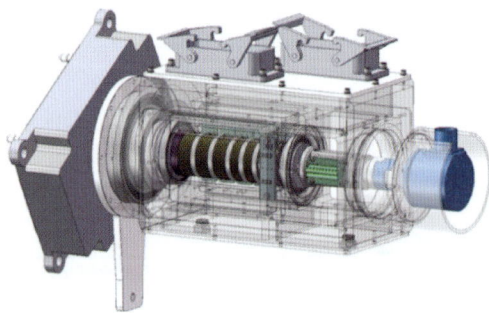

图 1　变桨滑环结构示意图

变桨滑环原理是滑环体和电刷旋转接触并保持一定的压力，来达到传输电压、电流以及数据等信号。其摩擦副的匹配度对于滑环寿命和性能起决定因素。

3　变桨滑环常见故障

当前，滑环出现故障，主要体现两类：一般性故障和严重性故障。

3.1　一般性故障

一般性故障是指现场可处理性故障，故障类型有芯体内接触导通性问题、密封问题、主要附件损坏、滑环外部损伤、磨屑问题以及刷针跳动问题等。

3.2 严重性故障

严重性故障是指现场无法修复，滑环遭到破坏性损坏，需要返厂维修处理；故障类型有滑环内部烧损、滑环各通道短路或断路的问题、主轴跳动过大、芯轴偏磨、芯轴滑道镀层磨耗过大等。

4 变桨滑环常见故障分析

4.1 滑环体与电刷导通问题

滑环体和电刷接触不良会造成信号传输丢失，其产生原因多为连接器插针变形、锈蚀或因密封性不好，致使油污覆盖滑环体表面造成。风电机组机舱与变桨之间通信，通过滑环采用 Profibus-DP 或 CAN-open 通信总线进行交互，安全链控制通过通道与叶轮转速检测装置连接，故伴随机组故障现象为信号、通信通道的信号缺失，复位后正常，间断性又出现故障。针对本类故障，用万用表检测各路通断、精密阻值仪检测各通道的动态阻值，还需要拆开滑环，清除油污等污染物，更换损坏部件，如图 2～图 4 所示。

图 2　滑环体油污

图 3　滑环密封性破损

4.2 主要附件损坏问题

变桨滑环集成了电路板、编码器、浪涌保护器、加热器以及温控器等元件，电气元件的损坏也会导致机组报送故障停机。结合所报故障代码，逐步排查分析，若出现以上故障，需要更换相应零部件，再次进行测试，直至滑环指标参数符合技术要求。

图 4　插针变形及油污

常见的编码器故障常伴随现象为编码器跳变、转速差偏大，复位后正常。其主要原因有滑环支撑杆不牢固，振动传导导致转速突变；编码器联轴节松动，导致转速失真；编码器本身故障干扰。采用示波器观测编码器波形，静态波形出现不规则齿形，表示编码器电路系统故障；波形正常的表示编码器无故障，则需检查联轴节、支撑杆，如图 5、图 6 所示。还有滑环内浪涌保护器损坏，用万用表测量其通断判断是否损坏，如图 7 所示。

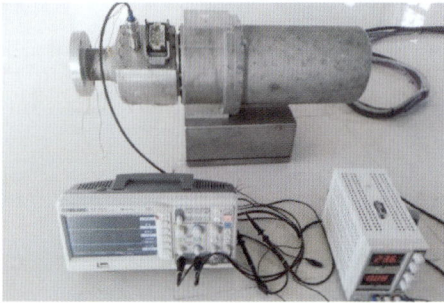

图 5　编码器检测无信号波形

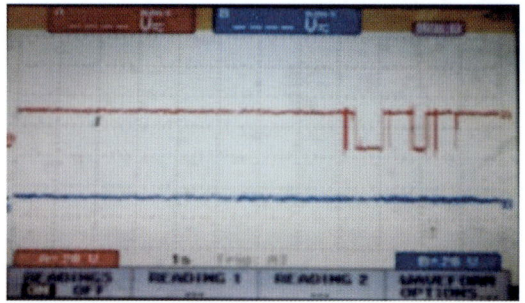

图 6　编码器不规则信号抖动波形

4.3　滑环外部损伤问题

滑环外部损坏主要体现在壳体外部结构损坏，电缆破损，编码器联轴节和航空插头损坏，防水接头、密封件损坏。这类一般性问题的损坏，通过肉眼或仪器测量即可判断，维修相对简单，通过清理维修和换件，或用专业工具调整，可以恢复。

4.4　磨屑及刷针跳动问题

在动力传输和信号传输方面 U 形滑环和 V 形滑环各有优势，其结构如图 8 所示。

图 7　浪涌保护器检测

从结构看，U 形滑环的导电环和电刷丝之间的接触面是一个圆弧面，而 V 形滑环采用单针结构，刷针与环道之间有两个接触点。随着滑环转动，滑环体与电刷丝之间的接触面积在不断变化，一旦有杂物入侵或者磨损的残屑落到滑环体的槽中，势必引起接触面积发生变化，使得滑道不平，电刷就会随着旋转产生波动，进而可能产生电火花及电磁干扰，故 V 形比 U 形滑环受振动影响小，信号传输更稳定。

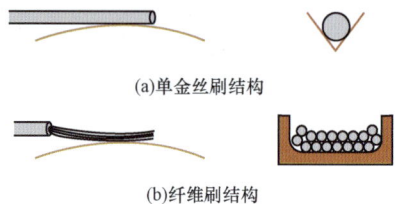

(a)单金丝刷结构

(b)纤维刷结构

图 8　U 形滑环与 V 形滑环示意图

另外，由于单刷针结构，在振动条件下，以及刷针卡紧结构松动情况下，会出现刷针跳动现象。尤其信号通道，会出现突然的信号中断报警，复位后又恢复的情况，这就需要用动态阻值检测仪，测试滑环通道的动态阻值，以判断刷针与滑环体的接触性能。

4.5　滑道烧损问题

滑道烧损多是在滑环芯体内部，因为在整个系统滑环芯体摩擦副是最脆弱的地方，一旦发生大电流、接触故障、接地不良等情况，就会导致滑环滑道打火、点蚀、烧灼等问题，尤其是 230V 通道，通道仅采用单针通道，在逆变器电压波动时，以及 230V 系统启动时，电流的波动较大，很容易造成烧损，如图 9 所示。

图 9　滑道烧损示意图

4.6 通道短路、断路的问题

滑环经常会出现各通道导通或者断路的情况。运行时主要表现为空气开关频繁跳闸，信号通道或通信通道频繁报错。个别虽然未短路，但在测量相间绝缘时，数值仅 50MΩ，甚至更低，这种情况下滑环装机后自检无法通过。排除外部原因，此类故障多是由于滑环芯体内部导通或者断路所致，通过绝缘及耐压测试，可以判定这一故障，如图 10 所示。一旦确定主轴内部绝缘过低或者通道断路，需要更换主轴。

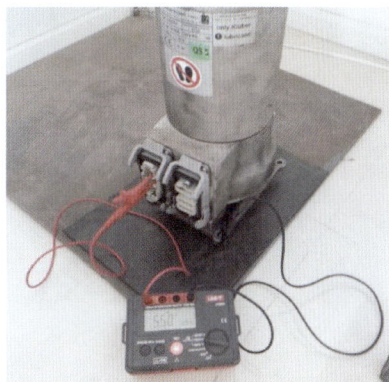

图 10 滑环绝缘测试

4.7 主轴跳动过大，芯轴偏磨问题

滑环装机运行时，个别会出现"摆尾"现象，此类即滑环出现跳动。这种情况的原因，多是由于滑环主轴承与支撑结构配合尺寸出现了问题或轴承抱死，导致轴承台磨损。这种问题需要维修或更换支撑结构，如果芯轴偏磨已经导致环面磨损，需要更换主轴。初期早发现，进行修复解决，还可以避免损失，一旦出现主轴偏磨、跳刷打火，甚至烧损的情况，滑环将难以修复。

图 11 滑环通道镀层磨耗示意图

4.8 芯轴环道镀层磨耗问题

滑环的振动过大，造成环道磨耗不均，局部磨损严重；或者通道电流出现突变，可能会在环道上出现烧损疤痕，破坏环道镀层，如图 11 所示。这种情况需要对环道进行修复或者更换主轴。

5 变桨滑环预防维护

滑环定期维护和机组定期维护时间应保持同步，一般周期每年进行一次。主要内容应包括：

（1）检查滑环外壳等零部件是否有腐蚀现象。

（2）检查各电缆接头是否出现松动现象。

（3）拆除滑环上的支撑杆，转动滑环定子，检查轴承是否有异声、振动等现象，检查各密封圈、密封垫是否有损坏。

（4）打开滑环外壳，检查刷束和滑环是否有明显的电蚀、机械损伤、污染物等，并清理污物。

（5）清洗滑环过程严格按照维护手册执行，清洗后恢复安装，保证滑环完整性、可靠性和稳定性。

频繁清洗滑环会对滑环使用寿命产生一定影响。因此，在定期维护对滑环导电环道进行清洗时，严禁使用油基清洗剂，以防对环道和电刷产生腐蚀。清洗时，禁止拆卸电路板，清洗完使用热风枪均匀烘干，对每个导电环道适量喷涂润滑油。同时，完成对外部通信线及 Harting 接头等部件的重点检测和维护。

（下转 170 页）

风力发电机组变桨通信故障处理

单彪

（华能新能源股份有限公司上海分公司）

摘　要： 在风力发电机组中，主控系统和变桨系统通常采用现场总线（CANopen）进行通信，由于设备转动和电磁环境复杂等原因，导致变桨系统故障大多是瞬间动作，其中动力电缆的干扰信号窜入信号电缆、通信线固定不牢或者模块、滑环都可能引起"变桨系统通信故障"。

关键词： CANopen；模块；滑环

1　变桨距控制系统

变桨系统安装在风力发电设备的轮毂内，它可以实现 3 个叶片独立电动变桨，每个叶片上都有一个备用电池箱或蓄电池，以维持当电网掉电、变桨供电或控制单元故障时，系统能正常工作。3 个轴柜驱动器间通过以太网连接至 EtherCAT 耦合器 EK1100 模块上，在通过 CANopen 通信模块 EK6751 和 EK6731‑0010 模块经过防雷模块传至滑环底座，最后通过滑环内部滑道连接至 6731‑0000 上，形成一个完整的通信回路。具体通信回路如图 1 所示。

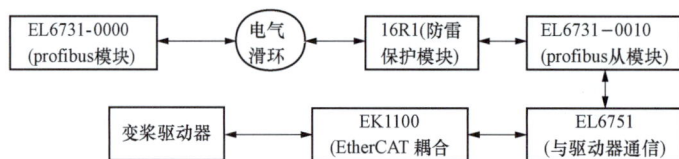

图 1　通信回路

2　CAN 总线介绍

Can 总线是德国 bosch 公司为解决现代汽车中众多的控制与测试仪器之间的数据交换而开发的一种串行数据通信协议。它是一种多总线，通信介质可以是双绞线、同轴电缆或光纤通信，速率可达 1Mbit/s，通信距离可达 10km。CAN 协议的最大特点是废除了传统的站地址编码，而代之以对通信数据块进行编码，使网络的节点数理论上不受限制。

3　故障排查分析

3.1　通信模块

通过模块状态灯显示，可最直观地排除相关故障。将风电机组打到服务模式，打开机舱上主控柜门观察 EL6731 Profibus 通信主/从模块状态，故障灯对应故障见表 1。

表 1　　　　　　　　　　　　　故障灯对应故障

	灭	EtherCAT 初始化状态 INIT
RUN 绿灯	2Hz 闪烁	EtherCAT 准备操作状态 PREOP
	1Hz 闪烁	EtherCAT 安全模式状态 SAFEOP
	亮	EtherCAT 正常操作模式 OP

续表

	灭	主站、从站工作正常
BF 红灯	1Hz 闪烁	主站正常，至少一个从站正常
	亮	主站通信故障
CPU‑Error 红灯	亮	EL6731 CPU 错误
	2Hz 闪烁	EL6731 初始化

轮毂内检查 EtherCAT 耦合器 EK1100 模块，具体状态显示如图 2 所示。

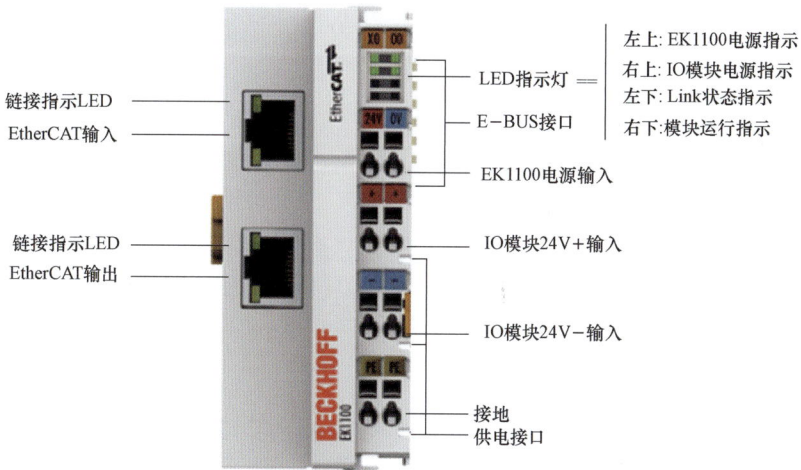

图 2　状态显示

3.2　通信回路

若通信回路有断点或者通信线固定不牢靠，会造成通信闪断，从而报出故障。可将 profibus DP 头拆下，用万用表打至欧姆挡测其 DP 头的 3、8 插针之间的阻值。如测得为 110Ω 则可判断机舱与轮毂之间的通信线路正常，DP 头无损坏、滑环正常；若测其 DP 头阻值不为 110Ω，则进行分段测量找其故障点。可将检测线路分为二段，第一段，主控柜 DP 头至滑环航空插座母针段；第二段，滑环航空插座公针至轮毂轴 3 控制柜 DP 头。

3.2.1　第一段检查方法

断电，将滑环的航空插头卸下，用万用表欧姆挡测量航空母针 4、5 之间的阻值，若为 220Ω，则可判断主控柜 DP 头至滑环航空插头之间的线路正常，DP 头无损坏，可继续进行第二段检查；若不为 220Ω，则该线路存在问题，疑似可能的问题如下。

（1）DP 头损坏。

方法：将 DP 头卸下，并打开与之相连的线，卸下单独测量 DP 头 3、8 间的阻值，若为 220Ω，则 DP 头正常；若为其他值，则该 DP 头需进行更换。

（2）DP 头通往航空插头的线及航空插头本身。

方法：用万用表蜂鸣挡进行校对。西门子 DP 头内部部件如图 3 所示。

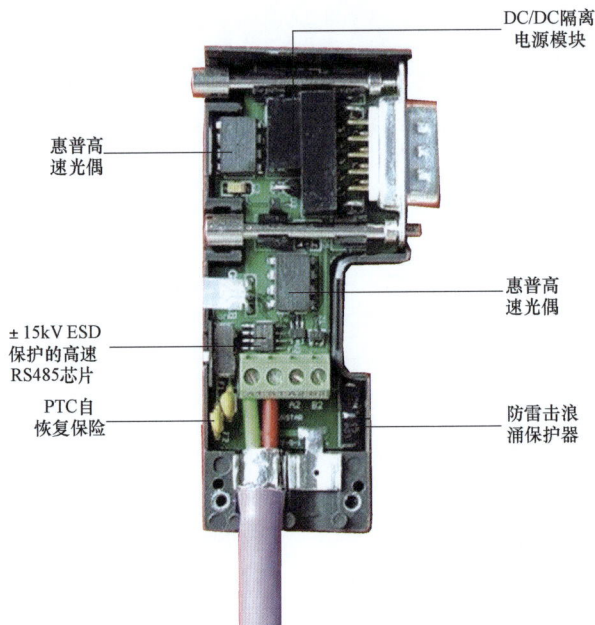

DC/DC隔离
电源模块

惠普高
速光偶

惠普高
速光偶

±15kV ESD
保护的高速
RS485芯片

防雷击浪
涌保护器

PTC自
恢复保险

图 3　DP 头内部部件

3.2.2　第二段检查方法

同样用万用表欧姆挡测量滑环航空插头公针 4、5 之间的阻值，若为 220Ω，则判断滑环航空插头公针至滑环底座至轮毂线路正常，DP 头无损坏；若不为 220Ω，则疑似故障有：

（1）轮毂轴 3 柜的 profibus DP 头损坏。

方法：将 DP 头卸下打开将与之相连的线卸下单独测量 DP 头 3、8 间的阻值，若为 220Ω 则 DP 头正常，若为其他值则需进行更换。

（2）滑环本身。

方法：①手动转动滑环听其声音是否有异响；②用万用表蜂鸣挡测其航空插头公针至底座的通断情况。

（3）滑环底座至轮毂的线路。

方法：将轮毂里 DP 头卸下，并拆开 DP 头将其线短接，用万用表蜂鸣挡测量滑环底座 4、5针测其线路通断。

4　结束语

基于 CAN 总线的变桨距风力发电控制系统具有突出的可靠性、实时性和灵活性，其系统成本低，易于维护。本文以上海电气风力发电机组的变桨系统，结合现场常见变桨故障，列出系统化的排查方法，此排故原理和思路可与其他类型的变桨系统相结合，广泛应用。

参考文献

[1] 杨校生 . 风力发电技术与风电场工程 . 北京：化学工业出版社，2011.
[2] 杨春杰 . CAN 总线技术 . 北京：北京航空航天大学出版社，2010.

（上接 167 页）

6　结束语

本文通过对变桨滑环常见故障进行案例分析，探究故障发生的根本原因，有针对性地提出故障处理方法，有效促进风电机组变桨滑环故障率的大幅降低，为保证风电机组安全运行提供可参考价值，力争为无故障风电场建设起到积极的推动作用。

风电机组变桨三角法兰倾倒故障的处理与预防

翟强

（华能吉林发电有限公司新能源分公司）

摘　要： 某风电场一期安装 58 台 G58‑850 型风电机组，容量为 4.93 万 kW，2005 年 12 月机组并网运行，变桨系统采用液压变桨驱动装置（含变桨液压缸、变桨杆、空心轴等），通过三角法兰与三支叶片铰接，将变桨缸及变桨杆的直线运动转化为叶根轴承的圆周运动，实现叶片桨矩角的变化。

关键词： 液压；变桨；三角法兰；加固装置

1　引言

随着设备运行时间的增长，正常机械磨损不可避免，沙尘等进入各零部件配合间隙更加重磨损，由于空心轴是支撑三角法兰的主要承载部件，叶根轴承损伤、叶片零位漂移或各零部件配合间隙过大都将导致空心轴受力偏载，而空心轴作为主要承载部件仅通过 8 颗 M10 螺栓与三角法兰刚性连接，受力偏载将直接导致该 8 颗螺栓断裂，严重时三角法兰倾倒。

2　变桨系统工作原理介绍

图 1 中绿色部件为旋转运动部件，黄色部件为线性运动部件，蓝色部件为旋转与线性运动部件。图 1 与图 2 中，变桨系统通过 1 变桨液压缸→驱动 2 变桨杆，2 变桨杆→通过 5 推力轴承

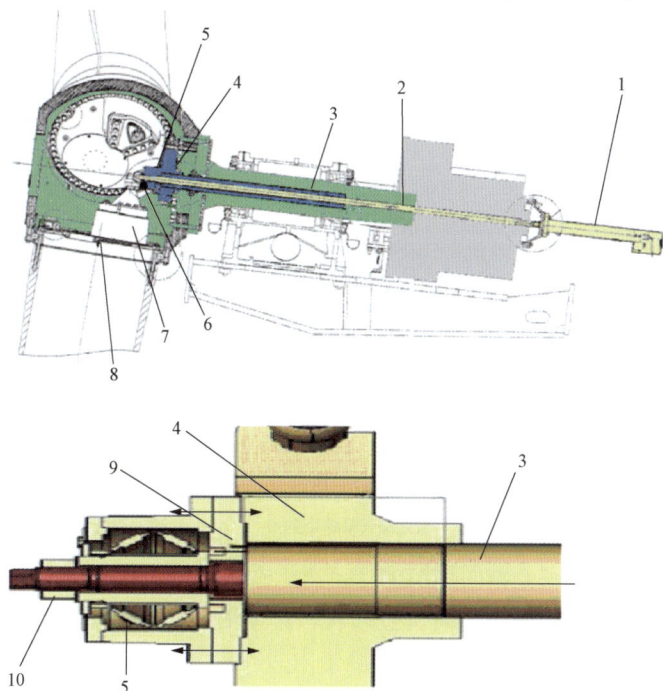

图 1　变桨系统结构图

1—变桨液压缸；2—变桨杆；3—空心轴；4—三角法兰；5—推力轴承；
6—连杆；7—"销"状叶片支撑；8—叶根轴承；9—挡板；10—超级螺母

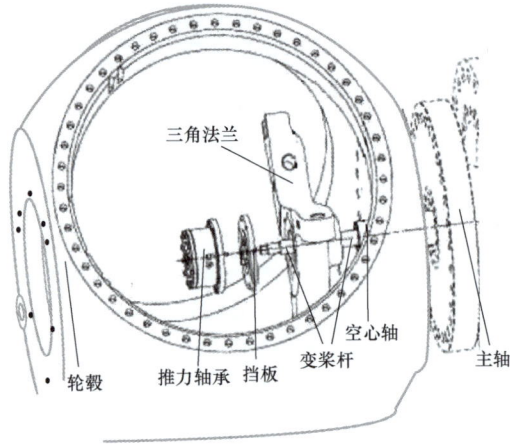

图 2　变桨系统局部图

（及超级螺母）→与 4 三角法兰刚性连接，3 空心轴→经 9 挡板→通过 8 颗螺栓→与 4 三角法兰刚性连接，4 三角法兰→通过三根 6 连杆→分别与三支叶片的 7 "销"状叶片支撑铰接，7 "销"状叶片支撑铰接→通过螺栓→与 8 叶根轴承连接。液压驱动系统通过以上连接方式将变桨杆的直线运动转化为叶根轴承的圆周运动，从而实现调节叶片位置的目的。

3　故障基本情况

监控系统显示风电机组故障触发，故障代码为 800（变桨角度错误）、803（变桨角度低），检修人员现场检查发现三角法兰倾倒以及变桨杆折断，详细检查后发现空心轴、保护钢筒以及叶片与三角法兰连接杆均发生不同程度的损坏，但已无法继续使用，需对其进行更换，故障恢复工作预计需要 5～6 天的时间。

4　原因分析与诊断

（1）在设备完好情况下，风电机组并网时，空心轴在运行工位 0°左右工作，空心轴探出主轴 25cm 左右，这种位置由于空心轴大部在主轴腔内，是最稳定状态。限电情况下，单机调整功率，空心轴随三角法兰向前端移出，而风电机组处于高速旋转状态，同时风的不稳定性，造成 3 个叶片受力不等，不均衡的作用力作用在三角法兰上，造成三角法兰、变桨空心轴与保护钢桶不处于同心位置，致使三角法兰外檐和保护缸筒法兰侧外檐受力过大，三角法兰内孔阶梯壁和保护缸筒变形，使变桨线性运动阻力增大，导致空心轴螺栓拉断。

（2）恶劣的机组运行环境（包括自然环境与周边风电场影响），使得该风电场机组变桨频次较高（需要进一步检查验证），导致空心轴螺栓轴向应力和剪切应力较高，并且交变载荷显著，同时导致三角法兰中心孔与空心轴间隙增大，三角法兰微小倾斜，相应的连接拐臂铰接不完全中心对称，导向块磨损严重，加剧了螺栓的负载，最终螺栓相继发生疲劳与过载断裂，三角法兰倾倒故障。

5　故障分析及处理过程

5.1　故障分析

液压站压力不足，变桨杆在响应时间内，调控不到位。风电机组频繁变桨，会增加变桨部件的工作频次，造成部件损坏。变桨油缸活塞正常工作是在油缸内沿直线往复运动。液压站压力不足造成频繁变桨，或者变桨轴承卡涩带动变桨油缸旋转，造成变桨油缸的损坏。叶片与三角法兰连接拐臂、导向杆锈蚀，在变桨时，运动受阻，也会造成空心轴连接螺栓折断，造成三角法兰倾倒。

5.2 故障维修

（1）87°锁止三角法兰。

（2）拆开变桨油缸与齿轮箱法兰连接螺栓（M16×70）。

（3）打开变桨轴承端盖（M6 内六角螺栓）。

（4）拆卸 M36×2/W 超级螺母。首先松开 8 个 M10 内六角螺栓，然后再松开超级螺母及其垫圈。松 M10 内六角螺栓不要一次拧松螺栓，应均匀地松开。工作前，在变桨杆头端划水平红线作为标记，以观察变桨杆转动。

（5）拆下变桨轴承与三角法兰的 8 颗 M12×65 连接螺栓，操作时，应拖住变桨轴承，防止变桨轴承掉下。

（6）拆下空心轴与空心轴法兰的 8 颗 M12×40 连接螺栓。

（7）测量空心轴与石墨轴承的间隙，要求最大间隙不能超 0.5mm。

（8）更换新的 8 颗 M12×40，以及 8 颗 M12×65 螺栓，紧固力矩为 72N·m。

（9）测量三角法兰与空心轴法兰间隙，标准为不超过 0.1mm，如果超过 0.1mm，应将空心轴推入三角法兰。并重新按项目 8 紧固力矩。

（10）变桨油缸与齿轮箱法兰的 M16×70 螺栓紧固，力矩为 174N·m。

（11）回装超级螺母，交叉紧固超级螺母上 8 个内六角螺栓，第一次紧固至 8.5N·m，最后一次紧固至 12N·m。

（12）安装三角法兰固定装置。

（13）测试变桨动作是否正常、有无卡涩等异常现象。

6 机组故障的解决方案

通过添加一套工装结构辅助空心轴与三脚法兰的固定装置，提高空心轴和三脚架的连接强度，3 个轴向特殊定制的"螺母"增强三角法兰和螺母的连接关系，三角法兰加固装置属于辅助装置，具有拆卸功能，不影响设计要求，当空心轴发生一定损坏时也可通过三角法兰加固装置来弥补，从而提高三角法兰的稳定性。加固装置图如图 3、图 4 所示。

因此，三角法兰装置在不改变设计要求的前提下进行加固，可以提高空心轴与三角法兰的连接刚性，降低三角法兰倾倒的可能性。

7 结论和建议

当发生三角法兰倾倒故障时，通常损坏备件及价格为变桨轴承 1.34 万元、变桨杆 2.95 万元、空心轴 0.94 万元、液压缸 2.9 万元、保护缸筒 0.13 万元，共计 8.26 万元，通常维修三角法兰倾倒故障需要 5~6 天的时间，电量损失一般在 0.8 万元，三角法兰加固装置预计费用在 0.44 万元左右，每台风电机组直接节省材料费用 7.8 万元，而完成三角法兰加固改造时间预计为 6~8h，改造时一般多为小风时期，从而大幅度地缩短风电机组故障停机而造成的电量损失，改造停机损失预计为 0.05 万~0.1 万元，改造后不仅提高了风电机组安全稳定运行能力，每台改造后预计节省费用 8.61 万元。一旦出现三角法兰倾倒故障时只能更换风电机组损坏的变桨系统备件。这样对公司是种巨大损失。三角法兰加固装置属于辅助装置，具有拆卸功能，不影响设计要求，就算空心轴有一定损坏，也可通过三角法兰加固装置来弥补。因此，对三角法兰倾倒问题的解决方案是加装三角法兰加固。

图 3　通过工装设计增强空心轴和三角法兰连接

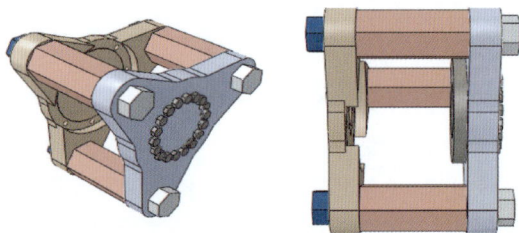

图 4　工装与零部件设计

（上接 160 页）

5　结束语

山地风电场湍流度大，风况载荷复杂，若变桨轴承产品的质量本身存在问题，就有可能出现堵球塞、锥销和堵球孔配合不当等问题，因此建设期间及进行相关技术改造时必须把控产品质量；其次通过及时、规范的风电机组现场维护工作确保变桨轴承可靠的运行环境，避免堵球销、堵球塞组合的尖锐边缘处于高应力区域，减少轴承堵球孔处存在应力集中与变桨轴承的冲击载荷，保障轴承的使用寿命。

参考文献

[1] 孙振生．大功率风力发电机组变桨轴承设计与应用技术研究［D］．大连交通大学，2020．
[2] 周正强．风力发电机组变桨轴承断裂失效分析［J］．装备制造技术，2019（08）：99 - 103．
[3] 付洋洋，王荣．风力发电机组用变桨轴承外圈断裂的原因［J］．机械工程材料，2019，43
　　（04）：83 - 86．

关于风力发电机组变桨电机常见故障的研究

梁永胜

（国家电投东北新能源发展有限公司）

摘　要： 风力发电机组变桨系统中变桨电机是其组件核心之一，其工作性能的可靠性直接影响风电电能质量。

目前对风力发电机组变桨系统运行原理进行分析，发现随着国产直流变桨电机运行时间的延长，诸多风电场直流变桨系统出现故障频发问题，给运行维护带来很多不便，增加了运行维护成本。本文通过对变桨电机各部件进行针对性维护，解决了风电机组变桨电机存在的问题，通过对变桨电机的预防性维护前后的对比分析，证明了对变桨电机维护的可行性，提高了变桨系统的稳定性。

关键词： 风电机组；变桨系统；变桨电机；预防性维护

1　所属领域

随着新能源技术的突破发展，风力发电机组额定功率越来越大，叶片越来越长，导致叶片及变桨轴承越来越重，从而变桨电机受到的负载也越来越大，变桨系统的可靠性影响风电机组发电效率，特别是变桨系统中变桨电机。因此，大功率风电机组变桨系统的变桨电机故障频发问题是迫切需要解决的。

2　技术背景

风力发电机组变桨系统所有部件均安装在轮毂上，风力发电机组正常运行时变桨系统随轮毂以 10r/min 以上的速度旋转。叶片通过变桨轴承与轮毂相连，每个叶片都要有自己的相对独立的变桨驱动系统。变桨系统的作用是根据风速的大小自动调整叶片与风向之间的夹角，实现风轮对风力发电机有一个功率恒定的输出，利用空气动力学原理可以使桨叶顺桨 90°附近与风向平行，使风电机组停机，如图 1 所示。

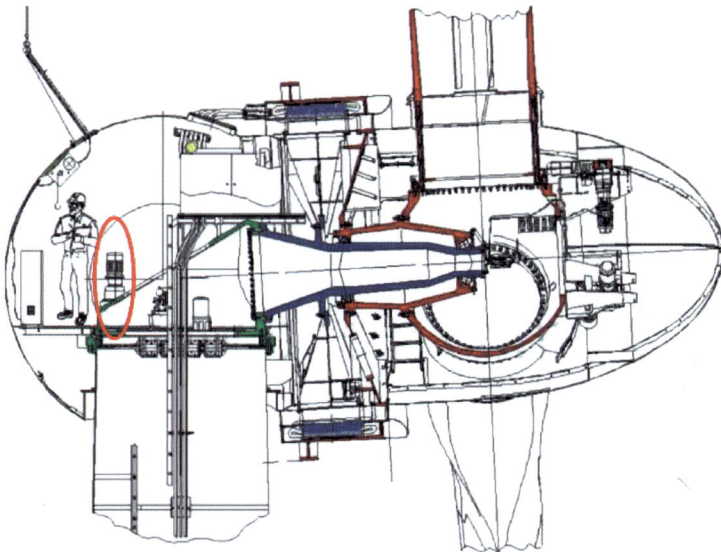

图 1　变桨系统结构

3　定桨失速风电机组与变桨变速风电机组之比较

3.1　定桨失速型风电机组

发电量随着风速的提高而增长，在额定风速下达到满发，但风速若再增加，机组出力反而下降很快，叶片呈现失速特性。

3.1.1　优点

（1）机械结构简单，易于制造。

（2）控制原理简单，运行可靠性高。

3.1.2　缺点

（1）额定风速高，风轮转换效率低。

（2）电能质量差，对电网影响大。

（3）叶片复杂，重量大，不适合制造大型风电机组。

3.2　变桨变速型风电机组

风电机组的每个叶片可跟随风速变化独立同步地变化桨距角，控制机组在任何转速下始终工作在最佳状态，额定风速得以有效降低，提高低风速下机组的发电能力，当风速继续提高时，功率曲线能够维持恒定，有效地提高了风轮的转换效率。

3.2.1　优点

（1）发电效率高，超出定桨机组 10％以上，电能质量提高，电网兼容性好。

（2）高风速时停机并顺桨，降低载荷，保护机组安全。

（3）叶片相对简单，质量轻，利于制造大兆瓦级风电机组。

3.2.2　缺点

变桨机械、电气和控制系统复杂，运行维护难度大。

4　常见变桨电机易发故障原因分析

4.1　电机积碳

直流变桨电机通过电刷系统向转子电枢供电，碳粉脱落无法排除。电刷（电刷由铜粉和石墨粉压制）的碳粉、铜粉积累过多，进入电机，与油污混合，混合物附在电机绕组与铁芯、换向器等部件上，造成电机气隙发生变化、主磁通分布不均、漏磁增加、部件绝缘下降等一系列问题，如图 2 所示。

图 2　电机积碳

4.2　刹车抱死

变桨制动系统设于电机内部，刹车抱闸需要经常动作。长时间积累抱闸间隙偏离正常值，造成刹车抱闸无法正常打开，风电机组变桨无法正常动作，甚至造成变桨电机过电流烧毁，如图 3 所示。

4.3　轴承失效

经过现场拆解发现变桨电机轴承存在以下失效点：

（1）轴承磨损，轴承内部滚子损坏振动过大。

（2）轴承过温，轴承摩擦阻力过大。电机运转过程中轴承严重过热。

失效轴承如图 4 所示。

图 3　刹车抱死　　　　　　　　　图 4　失效轴承

4.4　换向器极性端融化

正常情况下电刷与换向器之间为"滑触"结构，在换相时会产生轻微电火花，不会对设备产生危害。如果换向器表面严重磨损，电刷磨损形成严重积碳，刷握压力异常，电刷位置不在物理中行线上等异常状态时，将引起严重电火花，最终导致电机运行温度过高，使电机失效，如图 5 所示。

4.5　电枢、励磁绕组烧损，过载严重

通过对电机拆机发现，这种绕组烧毁情况，一般由于电机长期过载高温，引起电枢、励磁绕组匝间或对地绝缘下降，导致电枢、励磁过电流烧毁，如图 6 所示。

图 5　换向器极性端融化　　　　　　图 6　绕组烧毁情况

4.6　电机温度高故障

（1）电机散热风扇卡死，导致电机内部热量无法散出，长时间运行热量集聚导致电机温度升高。

（2）绕组断路、短路、漏电、接触不良，轴承磨损。

4.7　其他不常见故障

PTC 故障，加热带损坏导致冬季电机温度过低，测速电机损坏导致信号无法反馈到驱动器，

报 NI 故障。编码器联轴器滑丝导致电机与编码器转速不一致，报桨叶差值大故障。

5　变桨电机主动维护保养内容

（1）整机清洗清理方法。电机前端盖、后端盖、定子、转子、电磁刹车、刹车片用鼓风机清理沉积碳粉，专用油污清洗剂兑 80％水，高压清洗机冲洗电机部件，清理完毕干燥箱 100℃ 烘干 8h，如图 7 所示。

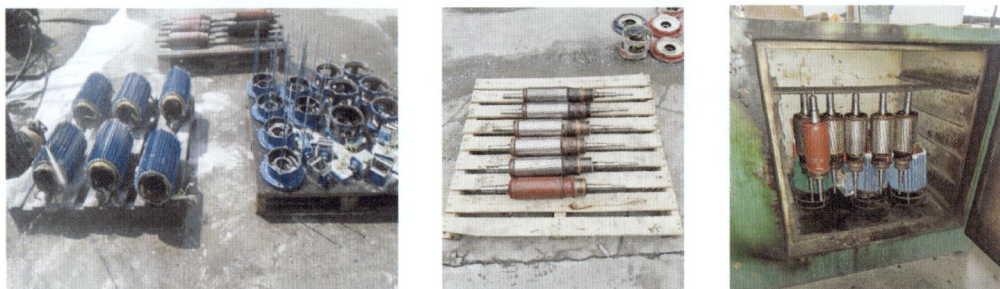

图 7　整机清理清洗

（2）电机内部无油清理方法。电机前端盖、后端盖、定子、转子、电磁刹车、刹车片用鼓风电机组清理沉积碳粉，酒精毛刷清洗电机前端盖、后端盖、电刷架、定子、转子，酒精喷壶清洗电机部件。清理完毕干燥箱 80℃烘干 4h，如图 8 所示。

（3）转子换向器处理。清洗烘干完毕转子后，换向器沟槽用断锯条刮刀清理沟槽挂壁碳粉，换向器用 1000 号砂纸旋转打磨 10 圈。换向器平面、侧面无弧点和异物，换向器沟槽用牙刷配酒精精细清理，保证换向器无毛刺、短路。检查换向器连线焊点，发现有缺锡、不熔锡，需 300W 大烙铁补焊，如图 9～图 11 所示。

图 8　电机内部无油清理

图 9　换向器线束异常、过电流

图 10　换向器线束焊接

图 11　换向器沟槽清理

（4）转子绕组匝间耐压测试。换向器 3 铜极为 1 相电极，匝间测试仪设置 2000V，黑线在中间（地），另外红线（正极）在两侧各间隔 2 铜极，顺时针旋转一周依次测试绕组匝间耐压。两条脉冲波形重合，积差小于 15% 合格，不合格需更换电枢，如图 12 所示。

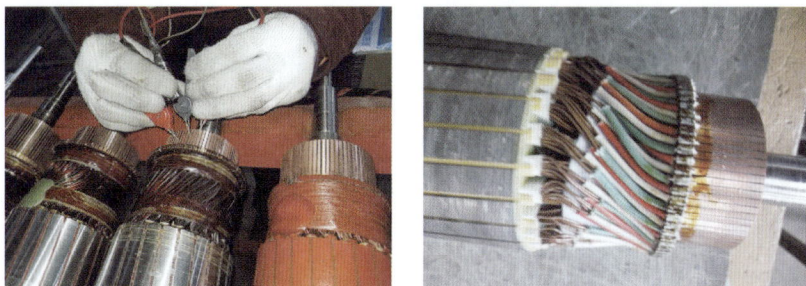

图 12　电枢匝间测试

（5）同步更换左右轴承。喷涂定子、转子部分的防潮防锈油漆，如图 13 所示。

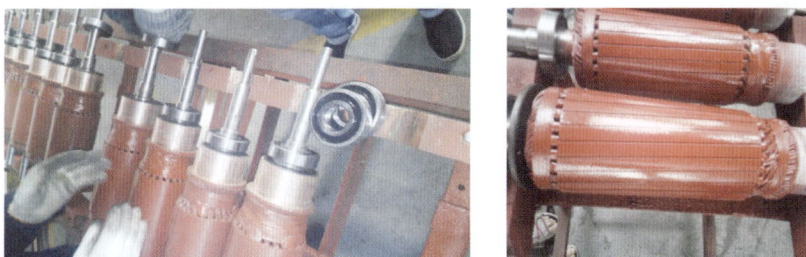

图 13　同步更换左右轴承

（6）轴平衡检测如图 14 所示。

（7）更换测速机 4 只电刷，更换电机本体电刷 4 只，如图 15 所示。

（8）电磁刹车测试与调整。线圈 180V DC 供电动作正常，无动作需更换电磁刹车。刹车片全新厚度为 12.5mm，磨损大于 1.5mm 更换，用卡尺测量并调整电磁刹车 4 个对称点位置小于刹车片 1.5～2mm。限位螺栓涂抹螺栓紧固胶，如图 16 所示。

图 14　轴平衡检测

图 15　电刷更换

179

（9）电机定子绕组绝缘补胶。定子绕组绝缘电阻、直流电阻测定完毕，查看定子线圈引出线根部、漆包线表面无磕碰伤漆、线皮断裂，如发现异常用导热绝缘硅胶补胶封闭，不合格需更换定子绕组，如图 17 所示。

图 16　电磁刹车测试与调整

图 17　定子绕组绝缘补胶

图 18　各机械部分尺寸检测

（10）散热风电机组测试：220V AC 供电，风电机组运转正常，无异响。

（11）检测各机械部分尺寸是否合格，如图 18 所示。

（12）组装完成后，利用电机测试平台带负载测试电机，调节电刷架，确定中性点，使得电机正反转电流平衡，如图 19 所示。

（13）变桨电机整体调试（负载、电流、功率、扭矩、转速、电磁刹车力矩、测速机反馈电压输出、各测温元器件测量、散热风扇是否正常启动等），测试完毕后安装电刷密封盖、安装散热风电机组，检查机械机构，如图 20 所示。

图 19　带负载测试电机

图 20　变桨电机整体调试

（下转 213 页）

基于 mcODM 的风电机组变桨系统故障检测

匡子杰

（华能湖南清洁能源分公司）

摘　要： 针对风力发电机组变桨系统运行数据样本类别不平衡、样本分布复杂的问题，提出了基于多类最优间隔分布机（multi-class Optimal Margin Distribution Machine，mcODM）的风电机组变桨系统故障检测方法。该方法选择风电机组功率输出作为主要状态参数，利用 Pearson 相关系数对风电数据采集与监视控制系统中风电机组历史运行数据进行相关性分析，剔除与功率输出状态参数相关性较低的特征。对余下特征进行二次分析，缩减样本数量，降低样本复杂度，将数据集分为训练集和测试集，训练集用来训练故障检测模型，测试集用来进行测试。使用国内某风电场运行数据进行实验验证。实验结果表明，与其他多种支持向量机相比，所提方法故障检测准确率和精度更高，漏报率和误报率更低。

关键词： 变桨系统；风电数据采集与监视控制系统；Pearson 相关系数；多类最优间隔分布机；故障检测

1　引言

风力发电机组通常运行在复杂多变的不稳定自然环境中，常年受到阳光、雨水、风沙等侵蚀，同时风电机组运行于高空，其主要零部件也都位于空中的机舱内，当其运行时，会有许多故障隐患。一旦风电机组因故障而引起长时间停机，将带来大量维护检修花费以及零件更换成本，风电场发电效率降低，引起巨大的经济损失[1]。

变桨距系统是风电机组中的重要部分，主要包括叶片、轮毂等部件，这些部件在平均维修时间、材料成本以及所需技术人员数量中，属于高占比部件[2]，因此，保障风电机组变桨系统的安全平稳运行就显得尤为重要。及时有效地针对变桨系统进行状态监测和故障检测，对于风力发电行业来说，具有良好的经济效益以及工程实用价值[3]。

当前风电机组故障检测工作主要建立在风电数据采集与监视控制系统（Supervisory Control And Data Acquisition，SCADA）的数据分析基础上，通过分析机组运行过程中产生的数据，如功率、振动、温度等，针对性建立相关模型，得到机组运行状态、故障情况等信息，从而达到故障检测的目的[4]。

故障检测方法主要包括两个方面：特征选择、检测模型。从 SCADA 系统中选择能很好地反映出机组故障情况的状态参数，通过训练建立检测模型，实现风电机组状态监测和故障检测。文献［5］提出了一种基于高斯过程的风电机组状态监测方法，通过 SCADA 系统数据预测风功率曲线，从而实现风电机组的偏航故障检测。文献［6］提出了一种基于生成性对抗网的小波变换故障检测方法，通过先验知识将风电机组正常运行数据转化为粗糙故障数据，建立生成性对抗网模型，实现故障检测。文献［7］将 SCADA 系统中的数据作为输入，利用外生输入非线性自回归神经网络来估计变速箱部件的温度信号，计算估计值与信号测量值之间的偏差，结合报警日志信息综合分析，确定风电机组的运行状态。但是，过多使用人工经验所确定的特征参数，会使得故障检测过程中加入人为影响因素，导致检测过程受到干扰，同时由于 SCADA 系统的特殊性，机组运行数据会产生缺失、异常等情况，要从大量原始数据中提取有效特征是比较困难的，这个过程的效率可能较低[8]，并且当前对 SCADA 系统的使用技术还未成熟，系统状态参数间存在强耦合性情况，使用这些参数时会导致冗余问题，最终使得模型过拟合，因此 SCADA 数据还存在更多的潜能等待挖掘[9]。

支持向量机（Support Vector Machine，SVM）作为一种以统计学理论为基础的机器学习方法，有较好的学习性能，在多分类识别、回归预测等很多领域得到了成功的应用[10-12]，在风电机组故障研究领域中也深受广大学者的青睐，包括使用支持向量机对风电机组进行故障诊断、预测[13-15]。文献［16］将对角谱和聚类二叉树同 SVM 相结合，对风电机组齿轮箱进行故障检测。文献［17］提出了一种基于多级模糊支持向量机分类器的风力发电机组故障诊断方法，在振动信号中通过经验模态分解法提取故障特征向量，并对模糊聚类算法的核函数参数进行优化，通过多级模糊支持向量机实现风电机组的故障诊断。文献［18］提出了一种基于最小二乘支持向量机的变桨系统故障预测方法，采用粒子群优化算法对多类最小二乘支持向量机分类器进行特征参数优化，从而实现变桨系统故障预测。但是，在支持向量机中，由于其分类过程是建立在寻找最小间隔最大化的超平面的基础上，泛化性能不高，并且面对复杂的非线性多分类问题时，可能导致最终的优化过程成为不可微分的非凸过程[19]。为了解决这个问题，张腾等人研究提出了多类最优间隔分布机[20]，该算法在故障检测过程中，针对样本分布特性寻找分布模型，同时考虑样本均值和样本方差，使得分类性能更高。通过多个数据集的实验，验证了其准确度和泛化性能，同时优化过程中模型复杂度相对较低。

针对风力发电机组变桨系统故障检测中样本不平衡且分布复杂的问题，提出了一种基于 mcODM 的风电机组变桨系统故障检测方法。该方法主要包括三个部分：首先，对风电机组 SCADA 数据进行预处理，包括数据清洗、归一化操作等；其次，结合风电机组运行机理，利用 Pearson 相关系数分析各参数之间的相关性，从而进行特征选择；最后，构建样本集，将数据集分为训练集和测试集，训练集用来训练检测模型，测试集对其进行测试，实验数据采用国内某风电场实际运行数据。实验结果表明，该方法的故障检测准确率和精度更高，漏报率和误报率更低。

2　风电机组变桨系统

风力发电机组变桨距系统的作用是当风轮对风时，改变叶片的迎风面积，从而控制风轮旋转扭矩，配合偏航系统，使得风电机组在不同风环境下保持稳定的发电效率[21]。当前风力发电机的变桨系统主要分为液压变桨系统和电动变桨系统。

液压变桨系统通过一套曲柄滑动结构，驱动每个叶片同步变桨。该套系统对变桨信号响应频率快，变桨扭矩大，有利于集中布置和集成化，多用于大型风力发电机组中，但是其结构相对复杂，属于非线性系统，可能存在液压油泄漏、卡顿等问题[22]。

电动变桨系统对每个叶片设立了独立的控制机构，由变桨控制器、伺服驱动器、备用电源组成，能实现每个叶片单独变桨。传动结构相对简单，运行稳定，可靠性高，但是其动态特性较差，有较大的惯性，当风速变化较快时，频繁变桨可能导致控制器过热，从而损坏机体[23]。

一旦风电机组变桨系统发生故障，将会导致叶片变距异常，风轮旋转扭矩处于非期望值，转速过低会影响风能捕获率，旋转机械能通过齿轮箱传动链到达发电机，致使发电机转速异常，最终影响机组功率输出。因此，变桨系统的安全稳定运行，对于风力发电机组平稳、高效发电有着重要意义。

在风力发电机组变桨系统的故障检测工作中，如何从大量的 SCADA 数据中获取能有效反映变桨系统特性的状态参数是一项重要步骤，由于 SCADA 系统的特殊性，涉及变桨系统的参数复杂多样，其中还存在相互间具有强耦合性的参数。所以，在进行特征选择时，既要优化模型复杂度，减少计算时间和计算量，选择有效的状态参数，又要考虑冗余项，删除多余参数，避免模型过拟合。

本文所提方法主要针对大型风力发电机组中电动变桨系统的故障检测工作，实验数据为实际风电场中的运行数据，样本类别多样，具有典型的数据类别不平衡、分布复杂等问题。

3　风电机组变桨系统故障检测

风电机组变桨系统故障检测，对获取的机组运行数据进行预处理，选择有效特征，构建样本数据集，将数据集划分为训练集和测试集，训练集训练检测模型，测试集对其进行测试。图 1 所示为基于 mcODM 的风电机组变桨系统故障检测方法流程。

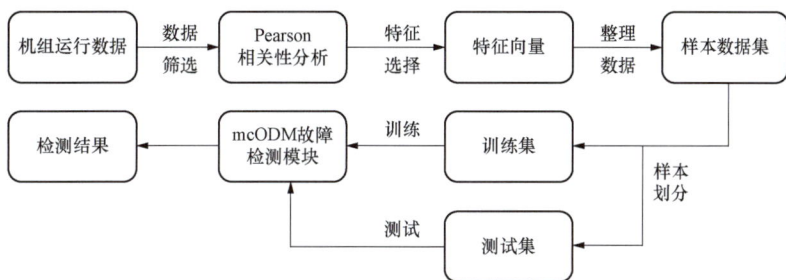

图 1　基于 mcODM 的风电机组变桨系统故障检测方法流程

3.1　数据清洗与预处理

为了获得风力发电机组变桨系统的故障样本，使用了某风电场实际风电机组运行数据，数据包含机组正常运行时刻、变桨系统故障时刻的传感器监测数据。由于实际运行工况中存在不稳定环境因素、传感器异常等问题，会导致信息处理出错、数据缺失、数据异常等问题。因此，对于获取的原始数据通过以下方法进行清洗与预处理。

Step1：剔除数据集中包含"无数据"变量的时刻。

Step2：剔除所有数据都是"0"的状态变量。

Step3：根据风电机组的故障记录，选取故障开始发生前半小时至故障结束后半小时的数据。

Step4：利用公式（1）进行样本数据归一化处理。

$$X' = \frac{X - X_{\min}}{X_{\max} - X_{\min}} \tag{1}$$

式中：X' 表示归一化后的数据；X 是一个状态参数；$X_{\min}$ 和 $X_{\max}$ 分别表示该状态变量中的最小值和最大值。

归一化可以使得模型在寻找最优解的过程中变得平缓，更容易收敛到最优解。

3.2　特征选择

根据变桨系统的机理分析可知，当变桨系统故障时，最终影响的主要状态参数是机组的功率输出。因此进行特征选择时，通过 Pearson 相关系数，将其他风电机组运行参数与机组功率输出做相关性分析，删除与变桨系统相关度较低的参数。

Pearson 相关系数是由英国统计学家 Karl Pearson 于 20 世纪提出。它反映了两个变量之间的相关程度，其计算公式为

$$\rho_{X,Y} = \frac{\text{cov}(X,Y)}{\sigma_X \sigma_Y} = \frac{E((X-\mu_X)(Y-\mu_Y))}{\sigma_X \sigma_Y} \tag{2}$$

式中：$\text{cov}(X,Y)$ 表示两个变量的协方差；μ_X、μ_Y 和 σ_X、σ_Y 分别为两变量的均值和标准差。

式（2）定义了总体相关系数，当变量 X、Y 的样本量为 n 时，样本 Pearson 相关系数可以写为

$$r = \frac{\sum_{i=1}^{n}(X_i-\overline{X})(Y_i-\overline{Y})}{\sqrt{\sum_{i=1}^{n}(X_i-\overline{X})^2}\sqrt{\sum_{i=1}^{n}(Y_i-\overline{Y})^2}} \tag{3}$$

其中，r 描述的是两个变量之间线性相关强弱的程度，r 的取值在 -1 与 $+1$ 之间，即 $-1 \leqslant r \leqslant +1$，其性质如下：

当 $0 < r < 1$ 时，两变量正相关，且 r 越接近 1，变量正相关性越大；

当 $-1 < r < 0$ 时，两变量负相关，且 r 越接近 -1，变量负相关性越大；

当 $|r| = 1$ 时，两变量完全线性相关；

当 $r = 0$ 时，两变量线性无关。

为进一步降低样本规模，减少模型计算复杂度，避免模型过拟合，将第一次筛选出来的状态变量进行二次 Pearson 相关性分析，删除部分相关性较高参数，剔除冗余量。

通过 Pearson 相关系数对数据集进行特征选择后，将正常和故障样本分别划分为两部分，一部分作为训练模型的训练集，另一部分作为测试集对模型进行性能测试。

3.3　mcODM 算法

设一个特征的集合为 $X=[x_1,\cdots,x_k]$，其对应的类别标签集为 $Y=[K]$，其中 $[K]=\{1,\cdots,k\}$。给定一个训练集 $S=\{(x_1,y_1),(x_2,y_2),\cdots,(x_m,y_m)\}$。定义一个映射函数 φ，通过核函数 κ 将样本集映射至高维空间 $\varphi:X \rightarrow H$，对应权向量为 $\omega_1,\cdots,\omega_k$。对每个权向量 ω_l 定义一个记分函数 $\omega_l\varphi(x)$，每个样本的特征值和其对应的标签，会使得该样本的记分函数值达到最大，即 $h(x)=\text{argmax}_{l\in Y}\omega_l\varphi(x)$，从而引出间隔定义，即

$$\gamma_h(x,y) = \omega_y\varphi(x) - \max_{l\neq y}\omega_l\varphi(x) \tag{4}$$

当计算产生一个负间隔时分类器分类错误。

用 $\overline{\gamma}$ 表示间隔的平均值，因此最优间隔分布机可以表示为

$$\min_{\omega,\overline{\gamma},\xi_j,\varepsilon_j} \Omega(\omega) - \eta\overline{\gamma} + \frac{\lambda}{m}\sum_{j=1}^{m}(\xi_j^2+\varepsilon_j^2)$$
$$\text{s.t.} \quad \gamma_h(x_j,y_j) \geqslant \overline{\gamma}-\xi_j$$
$$\gamma_h(x_j,y_j) \leqslant \overline{\gamma}+\varepsilon_j, \forall j \tag{5}$$

式中，$\Omega(\omega)$ 是正则项；η 和 λ 是平衡参数；ξ_j 和 ε_j 分别是间隔 $\gamma_h(x_j,y_j)$ 与间隔均值 $\overline{\gamma}$ 的正、负偏差；$(1/m)\sum_{j=1}^{m}(\xi_j^2+\varepsilon_j^2)$ 为方差。

对 ω 进行缩放，间隔均值可以固定为 1，样本 (x_j,y_j) 与间隔均值的偏差为 $|\gamma_h(x_j,y_j)-1|$，该最优间隔分布机可改写为

$$\min_{\omega,\xi_j,\varepsilon_j}\Omega(\omega) + \frac{\lambda}{m}\sum_{j=1}^{m}\frac{\xi_j^2+\tau\varepsilon_j^2}{(1-\theta)^2}$$

$$\text{s. t. } \gamma_h(x_j, y_j) \geqslant 1 - \theta - \xi_j, \gamma_h(x_j, y_j) \leqslant 1 + \theta + \varepsilon_j, \forall j. \tag{6}$$

式中，$\tau \in [0, 1)$ 是平衡两种不同偏差的参数（大于或小于间隔均值），$\theta \in [0, 1)$ 是零损失参数，它可以控制支持向量的个数，即解的稀疏性，$(1-\theta)^2$ 是将上述第二项成为 $0 \sim 1$ 损失的替代损失。

对于多分类问题，正则项 $\Omega(\omega) = \sum_{l=1}^{k} \| \omega_l \|_{\text{H}}^2 / 2$，结合间隔定义，mcODM 表达式为

$$\min_{\omega_l, \xi_j, \varepsilon_j} \frac{1}{2} \sum_{l=1}^{k} \| \omega_l \|_{\text{H}}^2 + \frac{\lambda}{m} \sum_{j=1}^{m} \frac{\xi_j^2 + \tau \varepsilon_j^2}{(1-\theta)^2}$$

$$\text{s. t. } \quad \omega_{y_j}^{\text{T}} \varphi(x_j) - \max_{l \neq y_j} \omega_l^{\text{T}} \varphi(x_j) \geqslant 1 - \theta - \xi_j, \tag{7}$$

$$\omega_{y_j}^{\text{T}} \varphi(x_j) - \max_{l \neq y_j} \omega_l^{\text{T}} \varphi(x_j) \leqslant 1 + \theta + \varepsilon_j, \forall j$$

式中，λ、τ 和 θ 是前面所述的平衡参数。

参数采用网格搜索法选取，λ 从序列 $[2^0, 2^2, 2^4, \cdots, 2^{20}]$ 中确定，τ 和 θ 从 $[0.2, 0.4, 0.6, 0.8]$ 中确定。

3.4 故障检测性能评价标准

评价模型的故障检测模型性能，引入混淆矩阵，混淆矩阵的定义如表 1 所示。

表 1 混淆矩阵

项目	预测正常类样本数	预测故障类样本数
实际正常类样本数 P	TP	FN
实际故障类样本数 N	FP	TN

其中：

TP：样本集中原本属于正常类的样本被预测为正常类的样本的数目；

FP：样本集中原本属于故障类的样本被预测为正常类的样本的数目；

FN：样本集中原本属于正常类的样本被预测为故障类的样本的数目；

TN：样本集中原本属于故障类的样本被预测为故障类的样本的数目。

利用混淆矩阵，可以获得如下的 5 个评价指标。

准确率为

$$\text{Accuracy} = \frac{\text{TP} + \text{TN}}{\text{TP} + \text{FN} + \text{FP} + \text{TN}}$$

精度为

$$\text{Precision} = \frac{\text{TP}}{\text{TP} + \text{FP}}$$

F1 分数为

$$\text{F1} - \text{score} = \frac{2}{1/\text{Precision} + 1/\text{Recall}}$$

误报率为

$$\text{FPR} = \frac{\text{FP}}{\text{TN} + \text{FP}}$$

漏报率为

$$\text{FNR} = \frac{\text{FN}}{\text{TP} + \text{FN}}$$

4　实验分析

4.1　数据描述

为验证所提风力发电机组变桨系统故障检测方法的有效性，本文采用山东某风电场一年内实际运行数据进行实验。该风电场共有 33 台 1.5MW 变速变桨风电机组，每台机组通过传感器与监控中心相连，数据采样间隔为 2s，采集数据储存于数据库中。

其中 11 号机组于 2016 年 3 月 14 日发生变桨主电源故障，故障开始时间为 00：43，结束时间为 01：29。选择故障开始前 30min 至故障结束后 30min 这一时间段内的数据作为实验数据，既能对样本进行有效分类，又能充分反映该故障特性。因此，状态参数的选取时间段为 3 月 14 日 00：13—01：59。部分原始数据如表 2 所示。

表 2　　　　　　　　　　　　　　2016 年 7 月 23 日故障风电机组部分数据

状态参数	时间									
	00：38：02	00：40：14	00：46：18	00：55：46	01：01：42	01：05：16	01：16：22	01：21：08	01：32：34	01：40：22
风轮转速（r/m）	17.38	16.97	9.36	1.23	0	0	0	0	0.21	0.14
发电机转速（r/m）	1763.6	1702.8	1214.6	27.3	8.9	7.3	9.0	6.1	953.4	1651.6
轴承 A 温度（℃）	43.8	42.6	44.0	47.7	48.5	48.4	47.1	46.7	454	45.2
轴承 B 温度（℃）	45.1	45.8	46.2	44.5	48.8	47.3	46.4	45.5	46.8	47.1
变桨电机电流 1（A）	120	80	0	0	0	0	0	0	0	40
变桨电机电流 2（A）	70	50	20	0	0	0	0	0	30	20
变桨电机电流 3（A）	50	40	40	0	0	0	0	0	10	50
刹车压力（N）	0	27.53	110.14	124.47	160.29	143.21	120.45	150.41	140.12	134.47
1min 平均风速（m/s）	8.32	9.95	10.39	8.87	9.81	10.32	11.14	9.48	8.22	9.13
U1 相绕组电流（A）	890	832	32	6	6	6	6	6	4	4
U2 相绕组电流（A）	883	838	37	6	6	6	6	6	4	4
U3 相绕组电流（A）	880	828	35	6	6	6	6	6	4	4
...	...	...	...	...	...	...	...	...	...	...

状态参数	时间									
	00:38:02	00:40:14	00:46:18	00:55:46	01:01:42	01:05:16	01:16:22	01:21:08	01:32:34	01:40:22
润滑油滤网入口压力（N）	−3.96	−3.78	−3.67	−3.54	−3.66	−3.92	−3.96	−3.88	−3.68	−3.86
润滑油滤网出口压力（N）	5.77	6.04	3.03	2.78	4.66	3.45	6.20	2.97	3.42	2.64
液压主系统压力（N）	143.12	151.24	160.14	152.13	130.24	163.48	153.46	143.34	132.04	130.19
对风角度（°）	4.21	3.24	5.25	3.54	2.14	1.67	3.45	2.87	2.21	4.15
电网电压（kV）	407.2	406.4	405.7	407.2	403.1	401.8	406.7	405.3	404.1	405.9
桨距角 1（°）	0.25	0.33	89.04	89.04	89.04	89.04	89.04	89.04	89.04	89.04
桨距角 2（°）	0.27	0.34	89.02	89.02	89.02	89.02	89.02	89.02	89.02	89.02
桨距角 3（°）	0.27	0.33	89.04	89.04	89.04	89.04	89.04	89.04	89.04	89.04
桨距控制器定位点（°）	56.21	52.47	0	0	0	0	0	0	0	0
变桨电容电压（V）	59.23	59.17	59.10	59.11	59.14	59.18	59.17	59.21	59.33	59.12
偏航速度（°/s）	0	0.12	0	0	0	0	0	0	0	0
机舱振动（mm）	0.06	0.04	0.01	0.01	0.01	0.02	0.02	0.01	0.02	0.03
齿轮箱入口油温（℃）	46.5	44.1	45.6	43.9	43.2	44.5	44.7	43.5	42.3	44.9
发电机扭矩偏差（N·m）	56.63	44.12	23.14	17.19	0.12	0.11	0	0	0	0

4.2 选择样本特征

根据风电机组运行机理可知，当变桨系统发生故障时，直接受影响的状态参数为机组的功率输出。利用 Pearson 相关系数分析各变量与功率输出的相关性，从而筛选出有效变量。

将上述状态参数的原始数据先做数据清洗，剔除包含"无数据"和所有状态变量都为"0"时刻的数据，归一化处理后，分别与输出功率做相关性计算，部分计算结果如表 3 所示。

表 3　　　　　　　　　　　　　　　　　　　部分相关性计算结果 1

状态参数	Pearson 相关系数	状态参数	Pearson 相关系数
风轮转速（r/m）	0.97753	U3 相绕组电流（A）	0.99985
发电机转速（r/m）	−0.99738	变桨电机电流 2（A）	0.80794
轴承 A 温度（℃）	0.33852	润滑油滤网入口压力（N）	−0.02909
轴承 B 温度（℃）	−0.26418	润滑油滤网出口压力（N）	−0.81853
变桨电机电流 1（A）	0.79989	变桨电机电流 3（A）	0.80471
1min 平均风速（m/s）	−0.20292	对风角度（°）	0.21073
U1 相绕组电流（A）	0.99992	电网电压（kV）	−0.88644
…	…	…	…
U2 相绕组电流（A）	0.99988	桨距角 1/（°）	−0.94581
桨距角 2（°）	−0.94072	机舱振动（mm）	0.58414
桨距角 3（°）	−0.95908	刹车压力（N）	0.12353
偏航速度（°/s）	0.03103	齿轮箱入口油温（℃）	−0.25683
变桨电容电压（V）	0.56784	发电机扭矩偏差（N·m）	−0.85781
液压主系统压力（°）	0.02426	桨距控制器定位点（°）	−0.85769

　　从表 3 的相关性结果可以看出，这些状态参数中，部分变量与输出功率的相关性较低。根据 Pearson 相关系数的性质，剔除相关系数绝对值小于 0.55 的变量，留下相关系数绝对值大于 0.55 的变量作为该故障的主要影响因素，如表 3 中加粗的部分。为了防止冗余变量对模型训练的干扰，导致模型产生过拟合等问题，将这些状态变量相互做第二次 Pearson 相关系数的计算，找出相关性较大的冗余参数，对样本容量进行约简。部分二次 Pearson 计算结果如表 4 所示。

表 4　　　　　　　　　　　　　　　　　　　部分相关性计算结果 2

Pearson 相关系数	桨距角 1	变桨电机温度 1	风轮转速	变桨电机电流 1	…
叶片 1 偏角	0.99998	−0.60992	−0.97406	−0.83843	…
变桨电机温度 2	−0.58954	0.99863	0.64357	0.51048	…
桨距角 2	0.99981	−0.60992	−0.97406	−0.83843	…
变桨电机电流 2	−0.85505	0.53974	0.83172	0.91606	…
…	…	…	…	…	…

　　表 4 的部分计算结果可以得出，叶片 1 偏角和桨距角 1 的相关系数接近 1，桨距角 2 和风轮转速相关系数同样接近 1，不同部位的相同状态参数之间的相关性也很高，它们在反映变桨系统的运行状况时，作用基本相同。如果模型同时考虑这些状态参数，将会引入冗余变量，增加模型的复杂度和计算量，同时可能产生过拟合等问题。因此，结合表 3 和表 4 的相关性结果，剔除冗余参数，余下的状态参数构建样本特征集。

4.3　实验结果

　　将风电机组正常运行时的样本集归为正常类别，发生变桨主电源故障时的样本集归为故障类别。划分整个样本集为两部分，每一部分都包含了正常、故障两类数据，分别作为模型的训练集和测试集。训练集用来训练 mcODM 模型，测试集用来对模型进行测试。实验引入一对多 SVM（one-versus-rest SVM，ovrSVM）和一对一 SVM（one-versus-one SVM，ovoSVM）进行对比。此项工作在 Matlab 平台上完成。

根据模型性能评价指标，选取准确率（Accuracy）、精度（Precision）、F1-score、漏报率、误报率五个指标进行对比，采用十折交叉验证，检测结果取平均值。

表 5 为准确率与精度的对比结果，图 2 所示为准确率与精度的盒形图，表 6 为 F1-score、漏报率、误报率的对比结果。

表 5　　　　　　　　　　变桨主电源故障检测性能对比 1

检测模型	准确率（Accuracy）	精度（Precision）
mcODM	93.88%（±0.0345）	98.01%（±0.0185）
ovrSVM	90.15%（±0.0237）	93.93%（±0.0095）
ovoSVM	89.40%（±0.0514）	96.93%（±0.0126）

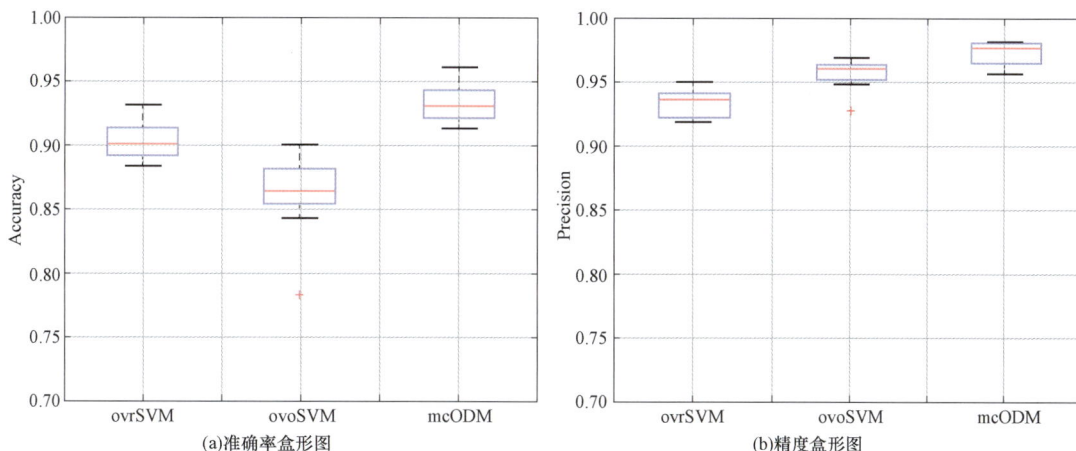

图 2　变桨主电源故障检测准确率和精度盒形图

表 6　　　　　　　　　　变桨主电源故障检测性能对比 2

检测模型	F1-score	误报率（FPR）	漏报率（FNR）
mcODM	0.9601（±0.0027）	6.85%（±0.0127）	5.92%（±0.0116）
ovrSVM	0.9375（±0.0013）	22.70%（±0.0084）	6.43%（±0.0237）
ovoSVM	0.9302（±0.0019）	10.64%（±0.0092）	10.59%（±0.0134）

以上结果显示，mcODM 模型的准确率、精度和 F1 分数高于其他两个模型，漏报率和误报率为最低。

为验证本文所提方法的普适性，选取了该风电场中发生不同变桨系统故障的多台机组的运行数据进行实验。该风电场第 23 号机组 2016 年 7 月 23 日发生变桨桨叶 1 伺服器驱动温度超限故障，表 7 为准确率与精度的对比结果，图 3 所示为准确率与精度的盒形图，表 8 为 F1-score、漏报率、误报率的对比结果；第 28 号机组 2016 年 6 月 8 日发生变桨系统急停故障，表 9 为准确率与精度的对比结果，图 4 所示为准确率与精度的盒形图，表 10 为 F1-score、漏报率、误报率的对比结果。

表 7　变桨桨叶 1 伺服器驱动温度超限故障检测性能对比 1

检测模型	准确率（Accuracy）	精度（Precision）
mcODM	92.07%（±0.0214）	93.84%（±0.0426）
ovrSVM	89.94%（±0.0186）	90.23%（±0.0329）
ovoSVM	84.40%（±0.0621）	88.74%（±0.0084）

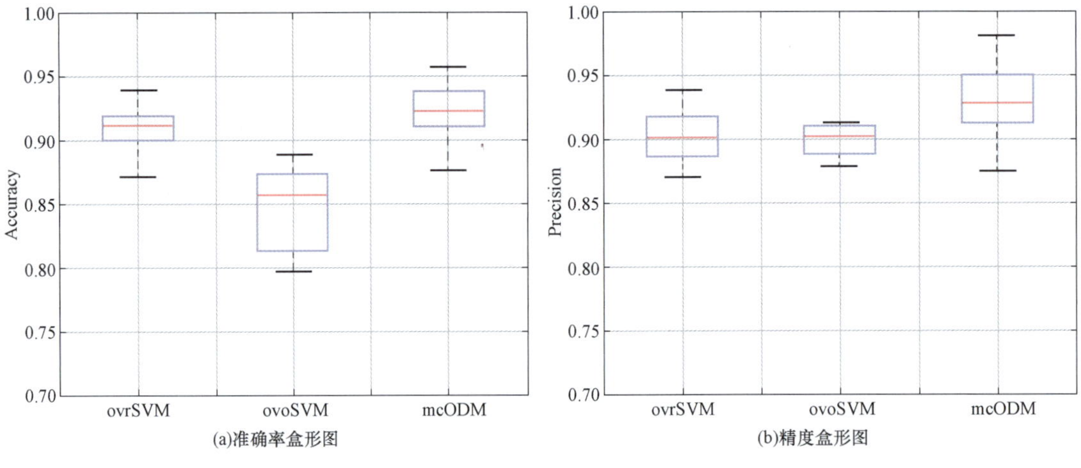

图 3　变桨桨叶 1 伺服器驱动温度超限故障检测准确率和精度盒形图

表 8　变桨桨叶 1 伺服器驱动温度超限故障检测性能对比 2

检测模型	F1-score	误报率（FPR）	漏报率（FNR）
mcODM	0.9812（±0.0023）	4.17%（±0.0134）	6.07%（±0.0112）
ovrSVM	0.9527（±0.0018）	12.15%（±0.0121）	7.82%（±0.0082）
ovoSVM	0.9011（±0.0012）	11.39%（±0.0219）	18.48%（±0.0148）

表 9   变浆系统急停故障检测性能对比 1

检测模型	准确率（Accuracy）	精度（Precision）
mcODM	92.73% （±0.0219）	94.41% （±0.0427）
ovrSVM	88.14% （±0.0271）	92.83% （±0.0316）
ovoSVM	87.81% （±0.0184）	89.76% （±0.0251）

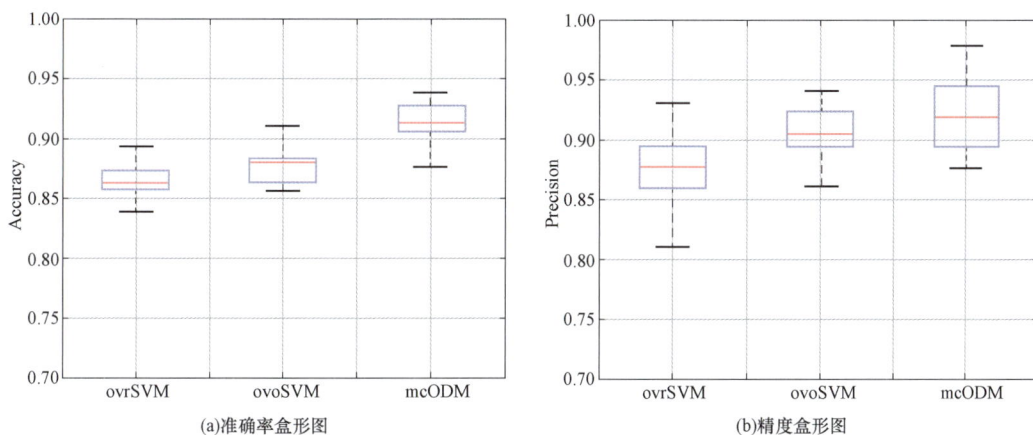

(a)准确率盒形图   (b)精度盒形图

图 4   变浆系统急停故障检测准确率和精度盒形图

表 10   变浆系统急停故障检测性能对比 2

检测模型	F1 - score	误报率（FPR）	漏报率（FNR）
mcODM	0.9716 （±0.0024）	10.25% （±0.0121）	3.52% （±0.0057）
ovrSVM	0.9515 （±0.0019）	18.70% （±0.0079）	7.43% （±0.0081）
ovoSVM	0.9408 （±0.0021）	20.07% （±0.0237）	9.51% （±0.0048）

在变浆浆叶 1 伺服器驱动温度超限故障、变浆系统急停故障检测中，mcODM 模型的准确率、精确率、F1 分数最高，漏报率和误报率最低。

从上述对比结果可以看出，对于不同风电机组变浆系统故障，mcODM 模型通过寻找样本分布特性，建立分布模型，具有高效的样本分类性能，有较好的泛化能力。结合前文所提出的特征参数选择方法，剔除相关性较低的状态参数，约简样本容量，减小模型训练负担，避免过拟合，将 mcODM 算法与所提特征选择方法结合运用于风电机组变浆系统故障检测工作中，能有效地使故障检测能力达到较高水平。

5   结论

本文提出了基于 mcODM 风电机组变浆系统故障检测方法。在特征选择步骤中，根据风电机组变浆系统运行特性，通过 Pearson 相关性系数进行特征提取，充分考虑状态参数之间的相关性，二次 Pearson 分析优化模型复杂度，在保证检测率的前提下剔除冗余参数，防止模型过拟合。解决了从大量 SCADA 数据中选择能有效反映变桨系统故障的特征参数的问题。对于检测模型，将 mcODM 模型成功应用于风电机组变桨系统的故障检测工作中，该模型结合间隔均值和方差，充分考虑样本分布特性，解决了变桨系统故障样本类别不平衡、分布复杂，从而难以有效进行分类的问题。

为验证该方法的普适性，选取了不同变桨系统故障的风电机组 SCADA 数据进行故障检测实验，同时引入 ovrSVM 和 ovoSVM 模型进行对比。实验结果表明所提方法具有较好的泛化能力，针对风电机组变桨系统故障的检测准确率和精度更高，漏报率和误报率更低。

在风电机组的故障检测工作中，由于机组的工作环境、负载等多种因素的影响，其运行工况复杂多变，导致很多情况下难以达到对整机的故障检测要求。因此，针对变工况条件下风力发电机组整机的状态监测与故障检测研究，能有效降低机组故障发生率，提高机组运行稳定性。

参考文献

[1] Moné, Christopher, et al. 2015 Cost of Wind Energy Review [J]. Technical Report, 2017, NREL/TP - 6A20 - 66861.

[2] Tautz - Weinert J, Watson S J. Using SCADA data for wind turbine condition monitoring - a review [J]. IET Renewable Power Generation, 2017, 11 (4)：382 - 394.

[3] Md Liton Hossain* ID, Ahmed Abu - Siada ID, Muyeen S M. Methods for Advanced Wind Turbine Condition Monitoring and Early Diagnosis：A Literature Review [J]. Energies, 2018, 11 (5)：1309.

[4] YANG Wen - xian, Court Richard, JIANG Jie - sheng. Wind turbine condition monitoring by the approach of SCADA data analysis [J]. Renewable Energy, 2013, 53：365 - 376.

[5] Pandit Ravi Kumar, Infield David. SCADA - based wind turbine anomaly detection using Gaussian process models for wind turbine condition monitoring purposes [J]. IET Renewable Power Generation, 2018, 12 (11)：1249 - 1255.

[6] LIU Jin - hai, QU Fu - ming, et al. A Small - sample Wind Turbine Fault Detection Method with Synthetic Fault Data Using Generative Adversarial Nets [J]. IEEE Transactions on Industrial Informatics, 2018：1 - 1.

[7] CUI Yue, Bangalore Pramod, et al. An Anomaly Detection Approach Based on Machine Learning and SCADA Data for Condition Monitoring of Wind Turbines [J]. IEEE International Conference on Probabilistic Methods Applied to Power Systems, 2018：1 - 6.

[8] Khan Samir, Yairi Takehisa. A review on the application of deep learning in system health management [J]. Mechanical Systems and Signal Processing, 2018, 107 (1)：241 - 265.

[9] DAI Ju - chuan, YANG Wen - xian, et al. Ageing assessment of a wind turbine over time by interpreting wind farm SCADA data [J]. Renewable Energy, 2018, 116 (2)：199 - 208.

[10] ZHOU Sheng - han, QIAN Si - lin, CHANG Wen - bing, *et al*. A Novel Bearing Multi - Fault Diagnosis Approach Based on Weighted Permutation Entropy and an Improved SVM Ensemble Classifier [J]. Sensors, 2018, 18 (6)：1934.

[11] Eseye Abinet Tesfaye, ZHANG Jian - hua, ZHENG De - hua. Short - term Photovoltaic Solar

Power Forecasting Using a Hybrid Wavelet - PSO - SVM Model Based on SCADA and Mete-orological Information [J] . Renewable Energy, 2018, 116 (2): 1 - 24.

[12] ZHENG Han - bo, ZHANG Yi - yi, LIU Jie - feng, *et al*. A novel model based on wavelet LS - SVM integrated improved PSO algorithm for forecasting of dissolved gas contents in power trans-formers [J] . Electric Power Systems Research, 2018, 155: 196 - 205.

[13] Kevin Leahy, R. Lily Hu, et al. Diagnosing and Predicting Wind Turbine Faults from SCA-DA Data Using Support Vector Machines [J] . International Journal of Prognostics and Health Management, 2018, 9 (1) .

[14] ZHAOHong - shan, YU Feng, et al. Fault diagnosis of wind turbine bearing based on sto-chastic subspace identification and multi - kernel support vector machine [J] . Journal of Modern Power Systems & Clean Energy, 2019, 7: 350 - 356.

[15] XIAO Hong - yuan, SUN Yue - jia, JIN Yi - bo, et al. Optimization about Fault Prediction and Diagnosis of Wind Turbine Based on Support Vector Machine [C] // International Con-ference on Measuring Technology & Mechatronics Automation. IEEE Computer Society, 2018.

[16] LIU Wen - yi, WANG Zhen - feng, HAN Ji - guang, et al. Wind turbine fault diagnosis method based on diagonal spectrum and clustering binary tree SVM [J] . Renewable Ener-gy, 2013, 50: 1 - 6.

[17] HANG Jun, ZHANG Jian - zhong, CHENG Ming. Application of multi - class fuzzy support vector machine classifier for fault diagnosis of wind turbine [J] . Fuzzy Sets and Systems, 2016, 297 (8): 128 - 140.

[18] LIANG Tao, ZHANG Ying - juan. Variable Pitch Fault Prediction of Wind Power System Based on LS - SVM of Parameter Optimization [C] // Chinese Intelligent Automation Con-ference, 2017: 303 - 312.

[19] Chauhan Vinod Kumar, Dahiya Kalpana, Sharma Anuj. Problem formulations and solvers in linear SVM: a review [J] . Artificial Intelligence Review, 2018: 803 - 855.

[20] ZHANG Teng, ZHOU Zhi - hua. Multi - Class Optimal Margin Distribution Machine [J] . Pro-ceedings of the 34th International Conference on Machine Learning, 2017, 70: 4063 - 4071.

[21] Eduard Muljadi, Chaz Butterfield. Pitch - controlled variable - speed wind turbine generation [J] . IEEE Transactions on Industry Applications, 2001, 37 (1): 240 - 246.

[22] HUANG Ye, QI Ji - bao. Hydraulic Motor Driving Variable - Pitch System for Wind Turbine [J] . Telkomnika Indonesian Journal of Electrical Engineering, 2013, 11 (11) .

[23] LI Hui, YANG Chao, Hu Yao - gang, et al. An improved reduced - order model of an electric pitch drive system for wind turbine control system design and simulation [J] . Renewable energy, 2016, 93 (aug.): 188 - 200.

1.5MW 机组变桨过限位分析及预防措施

郭晓东

（国家电投东北新能源发展有限公司）

摘　要： 1.5MW 机组变桨驱动器 I 型（以下简称变桨系统）是机组的重要组成部分，主要功能是通过对叶片桨距角的控制，实现最大风能捕获以及变速运行，风电机组通过改变风电机组的桨叶角度来调节风力发电机的功率以适应随时变化的风速，同时还是风力发电机组的主刹车系统（气动刹车）。本文通过对变桨系统冲限位案例的原因分析，提出预防机组冲限位的有效措施，保障设备安全、可靠运行。

关键词： 变桨系统；冲限位；原因分析；预防措施；可靠运行

1　引言

为了保证机组能够处于正常角度范围内，保证机组安全，1.5MW 机组通过旋转编码器进行监测叶片电气位置，通过 5°及 87°接近开关监测叶片机械位置，当因某种原因接近开关或叶片角度位置出现问题时，92°限位开关最后后备保护切断变桨驱动器输出，保证机组叶片角度在正常范围内，保护机组各部件不受损坏。当风电机组故障或正常停机时，风电机组顺桨到 87°，此时由旋转编码器进行电气位置的监测，实时反馈叶片电气位置，顺桨至 87°或叶片挡块触发 87°接近开关后，控制系统切断变桨驱动器命令，风电机组变桨结束，变桨电机电磁刹车抱闸制动，机组停机至 87°顺桨位置。若此时机组旋转编码器及 87°接近开关同时出现反馈问题，机组顺桨到 87°位置后，因变桨驱动器未接收到停止命令，叶片将继续执行变桨命令，当触发 92°限位开关后，限位开关动断触点状态改变，切断驱动器使能信号，停止变桨命令，变桨电机电磁刹车抱死，机组顺桨到 92°。

2　变桨过限位原因分析

2.1　接近开关问题

当机组正常停机或故障停机时，机组执行顺桨命令，此时变桨叶片回桨至 87°时，应触发 87°接近开关，变桨系统检测到 87°接近开关触发，停止变桨命令，变桨驱动器驱动停止。

（1）若 87°接近开关损坏未反馈信号，叶片将继续变桨直至 92°限位开关触发切断变桨使能命令，叶片停止。

（2）若 87°接近开关线路虚接未反馈信号，叶片将继续变桨直至 92°限位开关触发切断变桨使能命令，叶片停止。

（3）若 87°接近开关位置调整错误，包括因安装原因导致接近开关与挡块距离过远或接近开关挡块位置调整错误未反馈信号，叶片将继续变桨直至 92°限位开关触发切断变桨命令。

（4）若 5°接近开关损坏或线路短路，5°接近开关反馈信号，系统检测到 5°接近开关与 87°接近开关同时反馈，系统程序保护将继续执行变桨命令，叶片将继续变桨直至 92°限位开关触发切断变桨使能命令，叶片停止。

2.2　变桨驱动器出错

当机组正常停机或故障停机时，机组执行顺桨命令，此时变桨叶片回桨至 87°时，电磁刹车损坏，但因为变桨驱动器内部出现问题，系统发送停止变桨命令，而变桨驱动器接收信号后无反应继续执行变桨命令，叶片将继续变桨直至 92°限位开关触发切断变桨使能命令，叶片停止。因为变桨驱动器内部有故障检测功能，驱动器会根据各种故障报出相应代码，通过发送脉冲信号来判断故障原因，所以此种情况极少发生，但不排除驱动器内部逻辑故障。

2.3 PLC 模块损坏

机组变桨系统有多个模块，而与变桨控制系统及驱动系统相关的包括 KL5001、KL4001、KL1104、KL2408 等，当变桨系统与控制系统相关模块损坏，如 5°和 87°接近开关反馈模块 KL1104 损坏，变桨控制系统未接收到反馈信号、KL2408 模块指令下发错误，应停止变桨却继续执行变桨命令等，都会导致叶片变桨直至 92°限位开关触发切断变桨使能命令，叶片停止。

2.4 程序出错

变桨系统控制器 BC3150 内含变桨系统组态及变桨系统程序，当变桨系统程序出现问题时，如程序错乱持续下发变桨命令、程序内部检测错误计算出 87°及 5°接近开关同时触发或 87°接近开关未触发等，都会导致叶片变桨直至 92°限位开关触发切断变桨使能命令，叶片停止。

2.5 限位开关损坏

当机组执行顺桨命令时，因某种原因如接近开关或反馈异常，导致机组冲 92°限位，若 92°限位开关也损坏，事件将扩大，此时执行紧急停机命令，叶片以 7°/s 顺桨，此时变桨电机持续变桨，将会导致齿形带断裂，齿形带压板损坏，叶片处于失控状态，后果相当严重。

2.6 变桨电机电磁刹车失效或损坏

当机组正常停机或故障停机时，机组执行顺桨命令，主控发送命令到变桨驱动器，变桨驱动器 F4 接收高电平后 F9 输出 0V，K2 得电，而此时若 K2 继电器损坏、线路虚接、电磁刹车线圈损坏等将会导致电磁刹车抬闸失败，变桨电机将会带刹车执行变桨动作，若运行及检修人员通过变桨后台数据未发现异常，电机将会长期带闸变桨，电磁刹车片因长期磨损将会越来越薄，摩擦力越来越小最后失去抱闸作用，而当机组执行紧急停机或大风天气时，电磁刹车无法为变桨电机提供制动作用，叶片将会冲限位，严重将会使齿形带断裂，齿形带压板损坏，叶片处于失控状态，后果相当严重。

3 机组变桨冲限位的预防措施

3.1 接近开关

当机组报 5°或 87°接近开关故障时，要立即通过 F 文件及 B 文件进行分析，并登机进行详细排查，手动测试接近开关是否正常，检查接近开关与挡块距离调整是否正常，检查接近开关线路有无因轧带绑扎问题磨损情况，检查接近开关哈丁头处有无松动，哈丁头 PG 锁母有无过紧导致线路出现部分断芯，检查哈丁头内接线是否虚接或哈丁头接线不规范，导致线路过长搭接至哈丁头处出现接地。同时，检修人员要结合定检工作，按照上述方法进行测试，如发现异常立即进行排查处理。

3.2 限位开关

因机组轻易不会撞 92°限位开关，所以对于 92°限位的定期检查测试变得尤为重要，检修人员要结合巡检定期对限位开关进行测试，包括限位开关本身与挡块距离及行程的调整是否正常，限位开关接线有无虚接情况，手动触发限位开关观察后台数据反馈是否正常，执行手动变桨命令时同时手动触发限位开关观察是否变桨命令立即停止，检查 K3 继电器是否正常，线路有无虚接情况，K3 继电器反馈触点接线有无松动。

3.3　旋转编码器

当机组报 3 支叶片角度偏差大时候，要立即通过 F 文件及 B 文件进行分析，并登机进行详细排查，检查叶片调零是否准确，手动变桨观察变桨数据有无跳变，检查旋转编码器两端接线有无松动磨损，尤其是变桨电机后壳体部分，旋转编码器线无任何保护直接从电机后壳体处穿出，应在壳体压着线缆处增加防护胶带，避免线缆磨损，检查变桨定检后壳体固定是否牢靠，避免壳体脱落导致旋转编码器及线缆损坏，检查旋转编码到柜体里的 14 号旋转编码清零线是否与地线连接可靠，避免因干扰问题导致角度跳变，定期检查旋转编码与电机联轴器缓冲垫有无损坏情况，缓冲垫损坏将会导致旋转编码计算角度出现偏差，同时检修人员要结合定检工作，按照上述方法进行测试，如发现异常立即进行排查处理。

3.4　变桨驱动器

当机组报逆变器 OK 丢失故障时要根据故障代码进行详细排查，逆变器 OK 丢失故障不可对其进行复位处理，必须通过 F 文件及 B 文件进行分析，登机检查故障灯闪烁次数，根据指导手册进行处理，若登机检查闪烁一次（内部逻辑故障）且未发现其他问题，可对其进行重新上电操作，若机组再次报相同故障必须更换变桨驱动器。同时，检修人员要结合定检工作，定期检查变桨逆变器散热风扇是否正常、接线有无松动、动力电缆哈丁头处是否固定牢靠、电缆是否用轧带固定牢靠，尤其重点检查变桨逆变器侧三相动力电缆有无因安装问题长期与柜体散热风扇支架磨损，如发现问题应立即处理，见图 1。

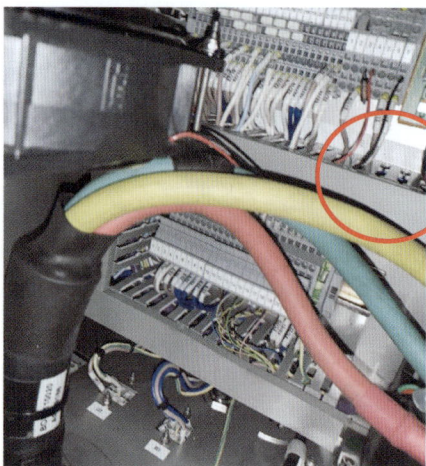

图 1　变桨驱动器检查

3.5　PLC 模块

检修人员要结合定检及巡检工作定期对变桨系统各个模块接线进行检查，检查有无接线松动情况，执行手动变桨模式，进行手动变桨测试，检查变桨各反馈信号是否正常，尤其接近开关、限位开关、电磁刹车等反馈是否正常，检查手动自动变桨速度反馈是否正常，如发现问题立即处理。

3.6　变桨程序

检修人员应结合定检工作重新刷变桨程序，保证机组变桨程序稳定，避免机组程序长期运行工作不稳定导致执行变桨命令时出现错误，同时应联系主机厂商，若程序更改需重新更新变桨程序时应立即联系公司并出具相关说明，现场第一时间对机组变桨程序进行更新，并观察运行稳定性。

3.7　电磁刹车

运行人员及检修人员应定期对后台数据进行分析，尤其当机组某一叶片报叶片角度偏差大

（下转 217 页）

GW131-2200 风力发电机组 217 变桨系统位置比较故障的分析

宋昊阳

（中广核新能源山东分公司）

摘　要： 变桨系统通过控制叶片的角度来控制风轮的转速，进而控制风电机组的输出功率，并能够通过空气动力制动的方式使风电机组安全停机。目前主流变桨有液压变桨和电动变桨两种形式。本文通过对天诚同创变桨系统的简要介绍，了解变桨系统的工作原理，分析机组记录的故障文件，对故障文件中各项相关数据进行分析，判断故障可能产生的原因，通过对变桨动作过程中，整个回路进行分析，解决现场故障。

关键词： 变桨；位置；比较；电磁刹车

1　变桨系统简要介绍

变桨系统采用的基本工作原理是通过交流（AC）—直流（DC）—交流（AC），即输入变桨柜的三相交流 400V 动力电源，经过充电器 NG6 整流后，输出 100V 的直流电压，经变频器 AC2 逆变之后，变成 48V 的三相交流电驱动变桨电机运转，从而驱动叶片在 0°～90°之间变化。

变桨电机采用交流异步电机。倍福 PLC 模块组成变桨的控制系统，它通过现场总线（profi-bus-DP 总线）和主控制系统交互通信，接受主控制系统的指令（主要是桨叶转动的速度指令），并控制变频器 AC2 来驱动交流电动机，带动桨叶朝要求的方向和角度转动，同时监测变桨系统的内部信号，把它直接传递给主控制系统。

每个叶片的变桨控制柜，都配备一套超级电容组，作为备用的 UPS 电源。超级电容储备的电能，在保证变桨控制柜内部电路正常工作的前提下，足够使叶片以 6°/s 的速率，从 0°顺桨到 90°。特殊情况下，当来自滑环的电网电压掉电时，超级电容直接给变桨控制系统供电，可保证整套变桨控制系统的正常工作，使叶片顺桨安全停机。

变桨系统主要元器件的连接图如图 1 所示。

2　电磁刹车动作原理

电磁刹车制动的原理比较简单：利用通电线圈产生的磁场吸引衔铁动作，使制动轮或衔铁与制动盘相互脱离；线圈断电后在弹簧的作用下释放衔铁，使制动轮或衔铁与制动盘相互摩擦实现制动。

3　变桨位置比较故障的定义

变桨位置比较故障定义：3 个叶片位置差值的最大值持续 20ms 大于或等于 3.5°时，报变桨位置比较故障（error_pitch_position_blade_cmp）。

4　故障文件的分析

4.1　f 文件的分析

图 2 和图 3 所示为 f 文件的截图，两种很有代表性的变桨位置比较故障，图 2 该变桨位置比

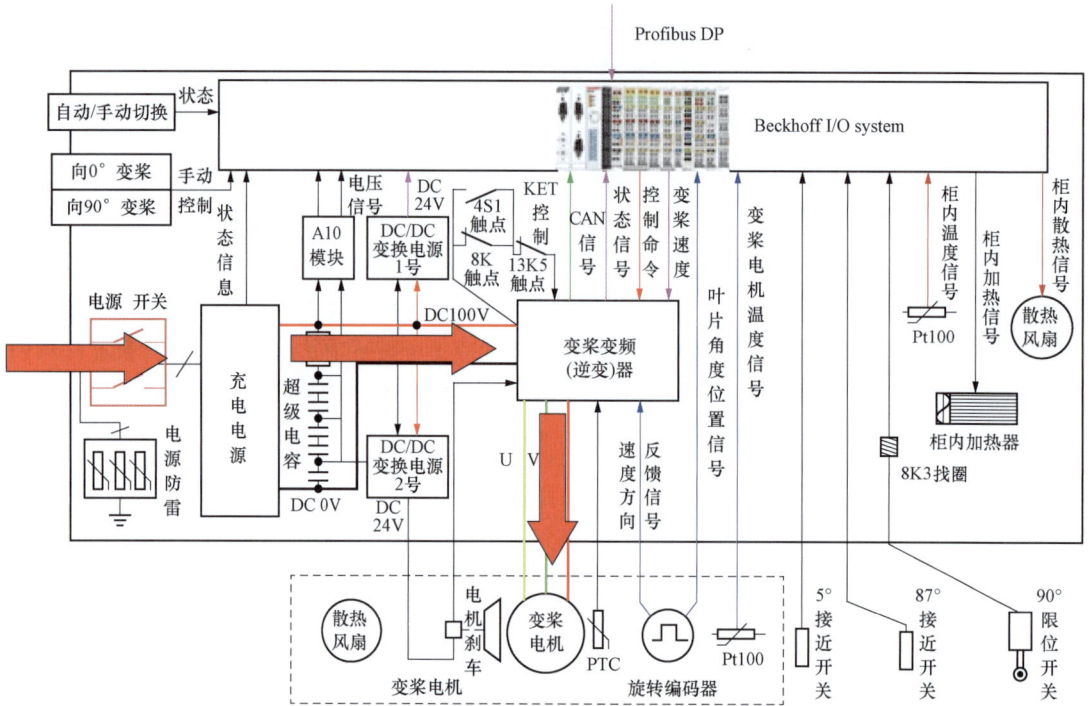

图 1　变桨系统主要元器件的连接图

较故障之后，叶片始终在 0°附近，未收回至 87°的顺桨位置，图 3 叶片在 75°附近时，报变桨位置比较故障后，叶片收回到 87°位置。图 2 中桨叶 1 和桨叶 2 的位置相差 3.56°，满足大于 2°的条件，机组报变桨位置比较故障。图 3 中桨叶 1 和桨叶 3 之间的角度差为 3.56°，故机组报变桨位置比较故障。

pitch position			
error_pitch_position_range_sensor_1	off	error_pitch_position_range_sensor_2	off
error_pitch_position_end_switch_1	off	error_pitch_position_end_switch_2	off
error_pitch_pos_sensor_safety_pos_1	off	error_pitch_pos_sensor_safety_pos_2	off
error_pitch_min_position_1	off	error_pitch_min_position_2	off
error_pitch_position_blade_cmp	on	.	.
pitch_position_blade_1	0.29	pitch_position_blade_2	3.85
gh_pitch_control_blade_position_setpoint_min	0.00		

图 2　f 文件的截图（一）

pitch position					
error_pitch_position_range_sensor_1	off	error_pitch_position_range_sensor_2	off	error_pitch_position_range_sensor_3	off
error_pitch_position_end_switch_1	off	error_pitch_position_end_switch_2	off	error_pitch_position_end_switch_3	off
error_pitch_pos_sensor_safety_pos_1	off	error_pitch_pos_sensor_safety_pos_2	off	error_pitch_pos_sensor_safety_pos_3	off
error_pitch_min_position_1	off	error_pitch_min_position_2	off	error_pitch_min_position_3	off
error_pitch_position_blade_cmp	on	.			
pitch_position_blade_1	75.97	pitch_position_blade_2	75.84	pitch_position_blade_3	72.41
gh_pitch_control_blade_position_setpoint_min	0.02				

图 3　f 文件的截图（二）

4.2　b 文件的分析

图 4 中，可以发现在 0°附近，1 号变桨系统出现了拒动，叶片始终停留在 0°，而图 5 则是在

桨叶顺桨过程中，3 号桨叶动作迟缓导致叶片间的角度差大于 3.5°，报位置比较故障。对于相同的故障，出现不相同的状态，我们可以通过相同的分析方法，解决故障的发生原因。

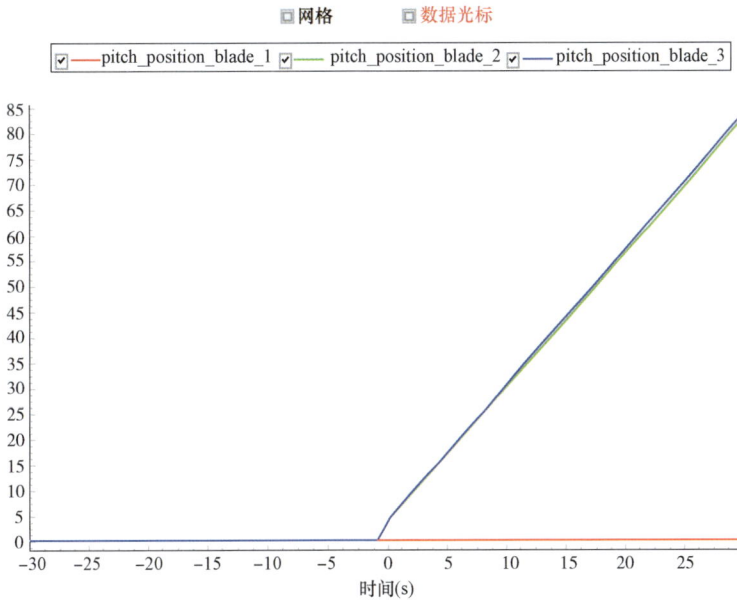

图 4　b 文件（一）

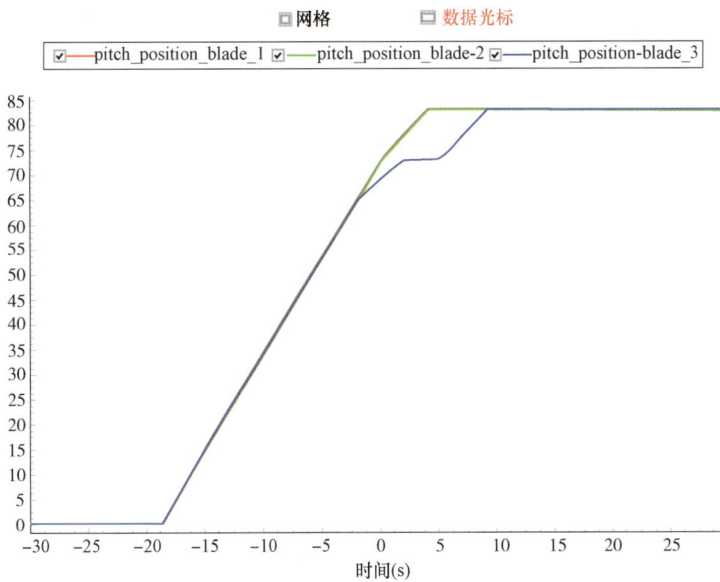

图 5　b 文件（二）

4.3　其他相关数据的分析

（1）对变桨电机温度变化进行分析，图 6 中 1 号桨叶变桨电机的温度没有任何变化，也就是说变桨电机没有电流输入，而使其温度没有任何变化，而图 7 可以发现 3 号变桨电机的温度出现明显升高。

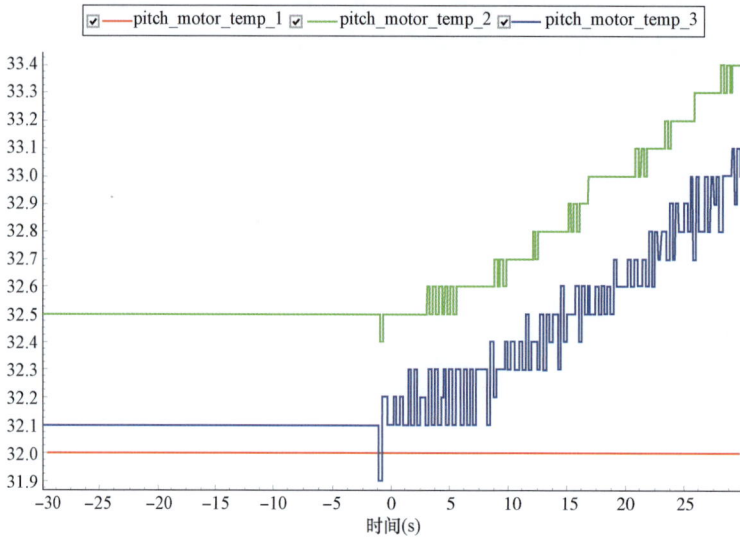

图 6　温度没有任何变化

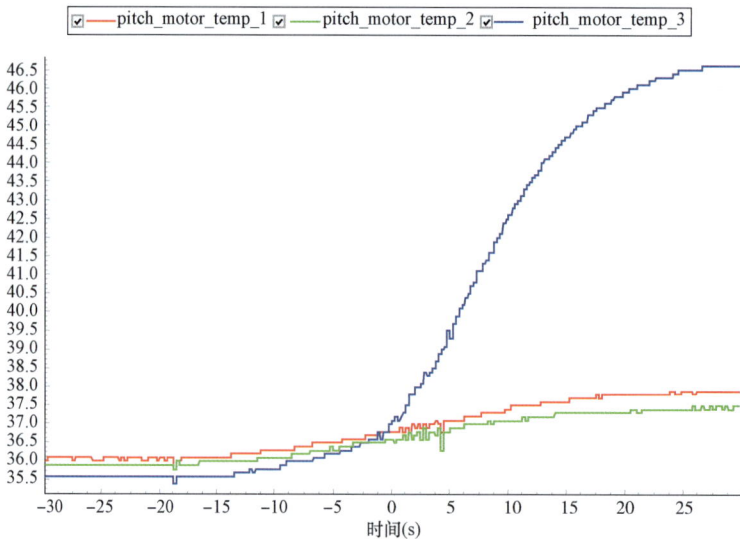

图 7　温度出现明显升高

　　（2）对变桨电机电流进行分析，由图 8 可以发现，3 号桨叶在运行过程中出现了电流明显增大的情况，也就是说电磁刹车没有完全松开，导致 3 号桨叶角度与另外两个桨叶角度偏差出现较大，从而导致了变桨位置比较故障。

5　故障点分析

5.1　AC2 变频器

　　AC2 变频器作为变桨过程中的重要元器件，它是控制驱动变桨电机运行的直接元器件，AC2 将输入的直流电逆变成满足变桨电机运转的交流电，根据变桨原理图纸，AC2 变频器的 B9

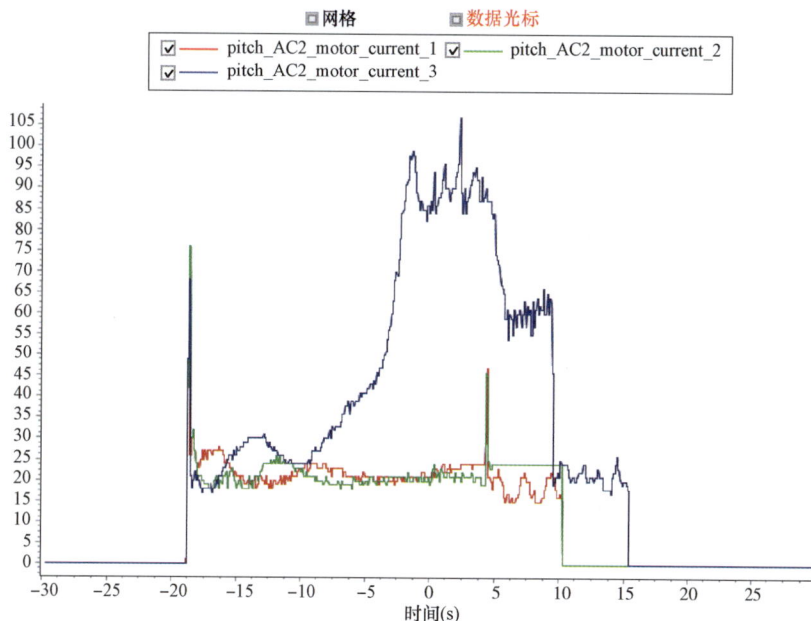

图 8　电流增大

端子，在变桨输出时，给出一个 0V 的低电平，使得 5K1 继电器获得一个 24V 电压差，5K1 继电器得电后，其动合触点闭合，电磁刹车系统 Y1 继电器线圈得电，电磁刹车松闸，变桨电机运行。当 AC2 没有输出时，变桨电机无法运行，需要现场测试 AC2 输出是否正常，AC2 输出正常，则分析其他可能故障点。

5.2　5K1 继电器

5K1 继电器是直接控制电磁刹车线圈的元器件，它的两组动合触点串联在电磁刹车回路中，当 5K1 继电器得电后，其动合触点闭合，电磁刹车线圈动作松闸；当 5K1 继电器断电后，其动合触点断开，电磁刹车线圈断电，刹车将电机抱死，从而固定叶片的位置。5K1 继电器得动合触点接触不良或虚接，会直接影响到电磁刹车得电与失电。

5.3　T1 电源

T1 电源作为电磁刹车系统的供电电源，如果 T1 不能正常工作，或者输出电压不正常，电磁线圈也不能正常吸合与断开，也会导致变桨位置异常。T1 的输出电压为 24V，它的损坏，同样会导致电磁刹车不能工作，需要现场进行测量其输出，输出正常，则 T1 电源供电正常。

5.4　变桨电机抱闸片

电磁刹车的线圈可以测量其阻值，直接测量端子排 X30 的 3 号端子和 4 号端子便可以测量出电磁刹车线圈的阻值，阻值正常则说明线圈未损坏。

5.5　旋转编码器导致

在机组运行过程中，当旋转编码器出现数据跳变时，PLC 系统采集的编码器数据便会出现异常，从而导致变桨速度异常。在该机组中，并没有出现编码器数据跳变的现象，可以排除编码器损坏导致角度偏差大的原因。

（下转 205 页）

GW131-2200 风力发电机组 120 号 1 号变桨子站总线异常故障

李嗣功

（中广核新能源山东分公司）

摘　要： GW131-2200 型风电机组，机舱顶部与底部控制柜间通信采用多模玻璃光纤，各子站之间采用 DP 通信方式，可完全满足机组通信要求。风电机组属于风电场主要的发电设备，如果风电机组运行过程中因受到不利因素的影响而发生通信故障，将会对机组的正常运行产生严重的负面影响，因此应当对风电机组总线通信故障原因进行及时调查并且要采取对应的措施进行有效整改。本文以某风电场风电机组为例，介绍和分析了风电机组通信故障的具体原因，并对整改措施进行总结。

关键词： 通信 DP 头；子站；信号线；屏蔽

1　引言

　　该风电场是典型的山地项目，共有 GW131-2200 风电机组 21 台。GW131-2200 风电机组为直驱型风力发电机组，叶轮直径为 131m，塔筒高度为 140m，额定功率为 2200kW，额定风速为 12.5m/s。2019 年 10 月 4 日，该风电场 10 号风电机组报出 80 号轮毂测控子站总线异常警告，紧接着报出 41 号、42 号、43 号变桨子站总线异常故障。

2　整机通信介绍

　　GW131-2200 机型整机通信图如图 1 所示，紫色的线缆表示 DP 线缆，蓝色代表光纤线缆。

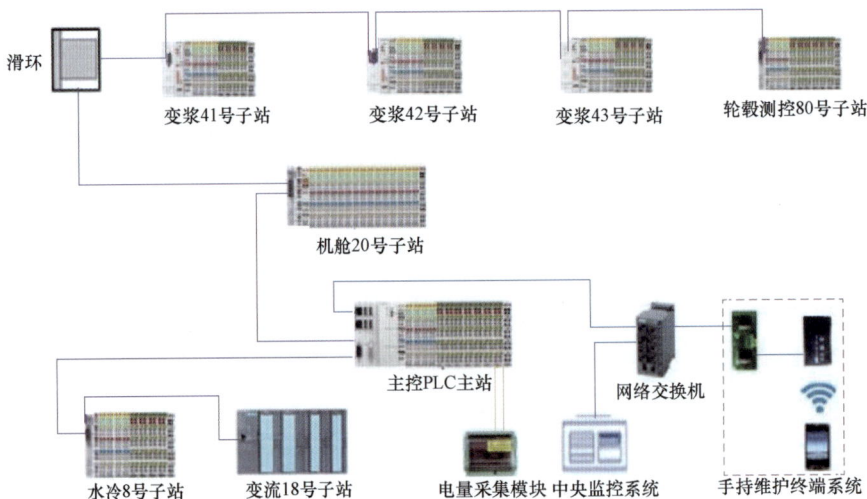

图 1　整机通信图

3　故障解释

　　变桨子站总线状态字持续 220ms 不为 0，如图 2 所示。

故障号	故障名称				故障变量						
	1#变桨子站总线异常				error_profi_node_41_diag						
	故障使能	不激活字	设置不激活字	容错类型	故障值	极限值	故障值延时时间	容错时间	极限频次	容错时间 2	极限频次 2
120	TRUE	0	32	2	1.000	1.000	t#220ms	t#24h	2	t#72h	3
	允许自复位次数	复位值	复位时间	允许远程复位次数	长周期允许远程复位次数	长周期统计时间	警告停机等级	故障停机等级	启动等级	偏航等级	预留
	0	0.00	t#2.5m	0	0	t#168h	4	4	0	0	TRUE
	故障触发条件										
	41 号（1#变桨）子站总线状态字持续 220ms 不为 0										

图 2 变桨子站总线状态

4 故障分析

（1）DP 头 3/8 针接触不良或 DP 头松动。

（2）DP 线接触不良。

（3）屏蔽接地端连接不合格。

（4）滑环有积灰或失效。

（5）某个子站受到干扰造成多个子站同时异常。

（6）DP 头拨码松动信号电缆与动力电缆存在干扰。

（7）信号电缆与动力电缆存在干扰。

5 处理过程

（1）查看故障文件，如图 3 所示。

Warning History list			
WarnHisCode1	3120#Error profibus node 41# fault(1# pitch box)	WarnHisTime1	2019-10-04-11:31:15.000
WarnHisCode2	3126#Error profibus node 80# fault(lubricating cabinet)	WarnHisTime2	2019-10-04-11:31:15.000
WarnHisCode3	3122#Error profibus node 43# fault(3# pitch box)	WarnHisTime3	2019-10-04-11:31:15.000
WarnHisCode4	3121#Error profibus node 42# fault(2# pitch box)	WarnHisTime4	2019-10-04-11:31:15.000
WarnHisCode5	3126#Error profibus node 80# fault(lubricating cabinet)	WarnHisTime5	2019-10-04-11:12:16.468
WarnHisCode6	3126#Error profibus node 80# fault(lubricating cabinet)	WarnHisTime6	2019-10-04-11:00:18.488
WarnHisCode7	3126#Error profibus node 80# fault(lubricating cabinet)	WarnHisTime7	2019-10-04-10:51:54.268
WarnHisCode8	3126#Error profibus node 80# fault(lubricating cabinet)	WarnHisTime8	2019-10-04-08:37:51.708
WarnHisCode9	3126#Error profibus node 80# fault(lubricating cabinet)	WarnHisTime9	2019-10-04-08:15:23.208
WarnHisCode10	3126#Error profibus node 80# fault(lubricating cabinet)	WarnHisTime10	2019-10-04-07:20:55.708

图 3 故障文件 1

2019 年 10 月 4 日，先是持续报出 80 号轮毂测控子站总线异常警告，接着报出 41 号、42 号、43 号变桨子站总线异常警告，最后报出 41 号、42 号、43 号变桨子站总线异常故障。

故障解释子站总线状态字持续 220ms 不为 0，报出该故障，图 3 中 80 号、41 号、42 号、43 号子站状态字均不为 0，状态字显示为 2，说明子站通信丢包，受到外界干扰。在图 4 中看到发生故障后的 0.04s，状态字显示为 8，说明此时子站通信中断。

（2）连接组态，查看丢包数据，如图 5 所示。

图 5 中各个子站均有通信丢包情况，判断某个子站受到干扰造成各个子站同时异常。丢包次数重置计数器（reset counter）后，数据清零，同时再恢复（refresh）数据，显示数据为 0；机组静态状态下，机组不运行时，子站通信正常，无法判断具体是哪个子站受到干扰而同时各个子站异常。

排除法切换主控光电转换模块 OFF 码为 ON，连接组态，恢复数据，显示 20 号、41 号、42

#timestamp	wPitch1BrakRlyC	wPitch2BrakRlyC	wPitch3BrakRlyC	profi_in_profi_node_41_diag	profi_in_profi_node_42_diag	profi_in_profi_node_43_diag	Check
-0.34	3330.000	3250.000	3310.000	0.000	0.000	0.000	0.000
-0.32	3330.000	3250.000	3310.000	0.000	0.000	0.000	0.000
-0.30	3330.000	3250.000	3310.000	0.000	0.000	0.000	0.000
-0.28	3330.000	3250.000	3310.000	0.000	0.000	0.000	0.000
-0.26	3330.000	3250.000	3310.000	0.000	0.000	0.000	0.000
-0.24	3330.000	3250.000	3310.000	0.000	0.000	0.000	0.000
-0.22	3330.000	3250.000	3310.000	2.000	2.000	2.000	0.000
-0.20	3330.000	3250.000	3310.000	2.000	2.000	2.000	0.000
-0.18	3330.000	3250.000	3310.000	2.000	2.000	2.000	0.000
-0.16	3330.000	3250.000	3310.000	2.000	2.000	2.000	0.000
-0.14	3330.000	3250.000	3310.000	2.000	2.000	2.000	0.000
-0.12	3330.000	3250.000	3310.000	2.000	2.000	2.000	0.000
-0.10	3330.000	3250.000	3310.000	2.000	2.000	2.000	0.000
-0.08	3330.000	3250.000	3310.000	2.000	2.000	2.000	0.000
-0.06	3330.000	3250.000	3310.000	2.000	2.000	2.000	0.000
-0.04	3330.000	3250.000	3310.000	2.000	2.000	2.000	0.000
-0.02	0.000	0.000	0.000	2.000	2.000	2.000	0.000
0.00	0.000	0.000	0.000	2.000	2.000	2.000	0.000
0.02	0.000	0.000	0.000	2.000	2.000	2.000	0.000
0.04	0.000	0.000	0.000	8.000	8.000	8.000	0.000
0.06	0.000	0.000	0.000	8.000	8.000	8.000	0.000
0.08	0.000	0.000	0.000	8.000	8.000	8.000	0.000
0.10	0.000	0.000	0.000	8.000	8.000	8.000	0.000

图 4　故障文件 2

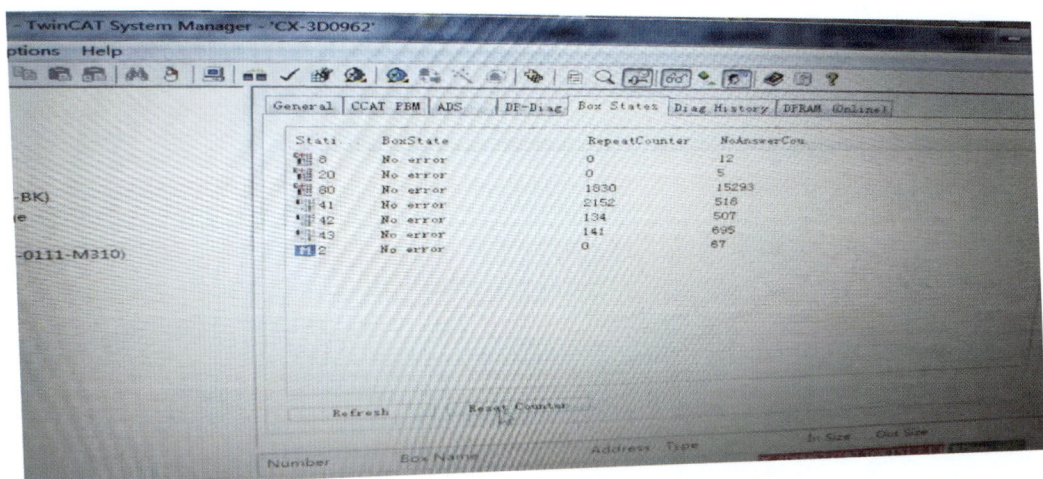

图 5　丢包数据

号、43 号、80 号子站均有通信数据丢包，41 号 DP 头 OFF 码拨 ON，显示 42 号、43 号、80 号子站均有通信数据丢包，用同样的方法测试剩余子站，组态显示均正常。

机组启机后，观察各个子站通信数据，发现各子站数据瞬间都存在丢包，此时怀疑主站 41 号受到干扰从而造成各个子站同时异常。拆下主站 DP 头，发现是 DP 线压接不合格造成的干扰，如图 6 所示，重新制作 DP 线，并做好屏蔽接地端，一切就绪，机组再次启机，观察各个子站通信数据再无丢包情况。

机组运行一周后，再次频繁报出 80 号轮毂测控子站总线异常警告，41 号、42 号、43 号变桨子站总线异常警告，直至报出 41 号、42 号、43 号变桨子站总线异常故障。

连接组态，查看各子站通信，80 号、41 号、42 号、43 号通信丢包严重。

检查轮毂各子站 DP 头与通信回路。检查 DP 头无失效，通信回路无虚接。此时判断滑环失效，更换新的滑环，机组运行半个月后，再次报出该故障。

考虑到大风、湍流、地形地貌等情况，判断动力电缆与信号电缆存在磁场干扰，重新绑扎滑环到 1 号变桨柜的通信线缆（与动力电缆中间用屏蔽层隔开绑扎），并重新布线紧固，使动力电缆与信号电缆处在相对隔离的位置，启机运行一个半月，未发现机组有异常。

图 6　DP 头

6　故障处理总结及建议

通信故障看似简单却也透露着复杂，有时仅凭经验和故障文件也无法判断故障点，需耐心排查。此次通信子站异常故障，从最初 DP 头、DP 线检查，再到接地、滑环的判断及更换，最后从滑环到变桨 1 号柜动力电缆和信号电缆的倒换，基本通信回路已全面检查并做出分析。通过此故障，希望同类项目遇到类似问题，能尽快排查故障点，减少停机时间和发电量损失。

（上接 201 页）

图 9　拆卸下电磁刹车后的照片

5.6　其他故障点

如变桨电机损坏，在没有严重的过电流情况下，变桨电机损坏的可能性较小，线路端子接线虚接，这也可能会导致机组报此故障，另外，如图 9 所示拆卸下电磁刹车后的照片，发现刹车盘面存在大量的磨损后的刹车片碎屑，该机组曾 3 次报变桨位置比较故障，将该处的刹车片碎屑清理之后，机组运行已经超过 1 个月，再未报变桨位置比较故障。

6　总结

通过对两台机组相同故障不同现象的分析，发现故障文件截图，图 2 中导致故障原因是 AC2 没有输出，叶片未能正常顺桨至 87°位置；而图 3 的原因是电磁刹车磨损，大量的碎屑使得电磁刹车不能正常运行，从而导致桨叶不定期出现速度减缓，从而导致机组报变桨位置比较故障。在对该刹车盘进行清理之后，一个多月的时间，再也没有出现过该故障。

风电机组变桨系统超级电容故障浅析

邵生强， 宋鹏云

（甘肃龙源风力发电有限公司）

摘　要： 风电机组运行过程中，常常随着风速的变化频繁变桨，工作环境恶劣，故障率居高不下，变桨系统对于风电机组的安全运行有着至关重要的作用，变桨系统对于风电机组的运行效率及其安全性能具有决定性作用。

关键词： 风电机组；超级电容；变桨系统；故障

1　引言

GW82 - 1500kW 风电机组是水平轴、三叶片、上风向、变桨柜调节的永磁直驱同步风力发电机组，采用 Vensys 变桨系统。Vensys 变桨系统主要有两方面的作用，一是功率调节作用，该变桨系统是采用变桨柜控制机组叶片吸收风能，通过控制桨柜角，调节风能的利用率；二是气动刹车作用，Vensys 变桨系统是 GW82 - 1500kW 风电机组唯一安全停车的方法，采用叶片快速顺桨来实现气动刹车停机。超级电容作为 Vensys 变桨系统的后备电源，在风电机组安全停车方面有着至关重要的作用。超级电容故障的排除及其维护安装工艺，对于机组的安全运行有着决定性的作用。

2　故障基本情况

某日 15：12：19，机组报出变桨安全链触发故障，检修人员快速读取数据并进行分析，并未发现有任何异常数据及危害机组运行的可能性，经确认无误后，重新启动机组，机组正常运行。次日 01：22：16，机组报出变桨安全链故障，并且多次人工自启停机。经检查，所有回路供电电源正常、通信回路都是正常状态，测量超级电容电压也都在正常范围之内，当机组叶片处于手动状态变桨时变桨良好，无故障现象。当机组转为自动模式启动时则会报出故障，随后进行深入分析。

3　原因分析与诊断

3.1　超级电容主回路原理

后备电源由 4 组超级电容串联而成，充电器额定充电电压为 60V，超级电容电压检测接线如图 1 所示。该系统中，为了更加准确检测超级电容运行状态，在串联的第二组和第四组超级电容正极取了两个检测点，分别检测高、低电压，检测回路通过 14A10（超级电容电压转换模块）将超级电容高电压 60V、低电压 30V 转换为倍福模块适宜检测的电压范围，从而更加准确、稳定地监测超级电容高低电压。

3.2　超级电容电压转换模块 （14A10） 原理图

超级电容电压检测原理如图 2 所示。超级电容高、低电压通过 14A10 模块的输入端到内部的 PCB 板，经过处理再由输出端直接连接到变桨控制模块 KL3404 上，现取高压 60V 回路进行分析。由图 2 可以看出，超级电容 60V 输入电压通过两个串联电阻接地，阻值分别为 5.1kΩ、51kΩ，运用了串联分压的原理，计算得 $60 \times \dfrac{5.1}{5.1+51} 5.5（V）$，由此可知超级电容电压为 60V

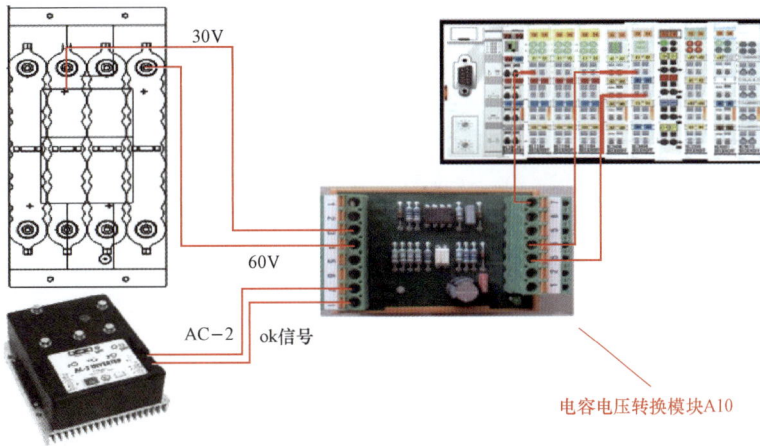

图 1　超级电容电压检测接线

时，检测回路最终输出电压为 5.5V。同理可得，低压检测回路输出电压为 2.8V。14A10 模块将超级电容的高、低电压转化成倍福模块 KL3404（工作电压为 -10～+10V 之间）能够可靠检测的电压范围。

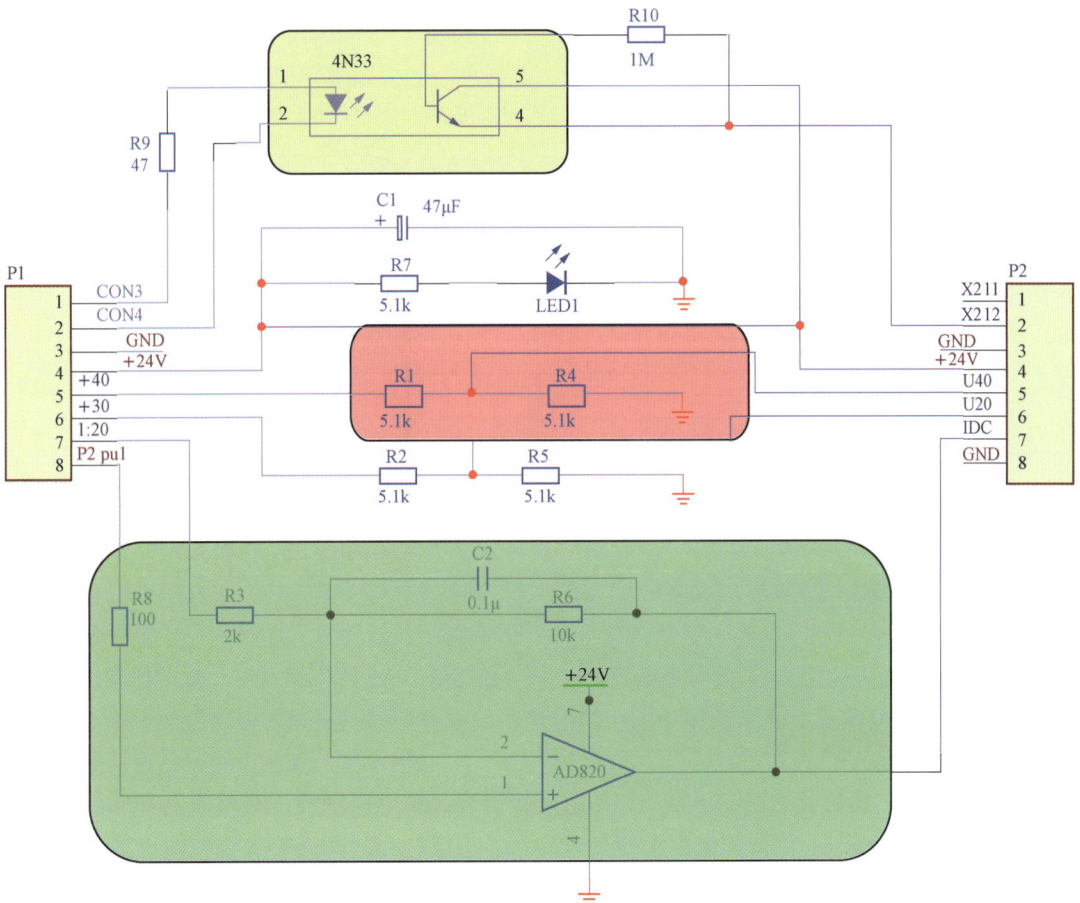

图 2　超级电容电压检测原理

3.3　原因分析

　　导出 F 文件（故障时刻数据记录）与 B 文件（故障前 90s、后 30s 数据记录）进行分析。查看 F 文件，发现故障时刻机组叶片角度、变桨逆变器温度、变桨程序版本号等多项数据为 0，超级电容高低电压存有明显异常，初步分析为 2 号变桨子站通信中断导致。

　　对机组 B 文件进行分析（见图 3）：选取数据分别为 2 号叶片角度（pitch _ position _ blade _ 2）、2 号叶片超级电容高电压（in _ vensys _ capacitor _ voltage _ hi _ 2）、2 号叶片超级电容低电压（in _ vensys _ capacitor _ voltage _ lo _ 2）。在故障前 89s 时发现超级电容高电压有轻微波动，此时低电压正常、叶片并未执行任何动作，说明高电压这一回路存在异常。在故障发生时刻，叶片位置、超级电容高电压、低电压同时跳变为 0，持续 5s 后，数据恢复正常。这三个数据同时闪断，说明 2 号变桨子站通信丢失，这也验证了我们对 F 文件的分析结果。通信丢失的主要原因有变桨控制器故障、DP 总线故障、变桨控制器供电中断。这里采用排除法进行分析：如果变桨控制器损坏导致数据闪断，变桨数据大概率不会自行恢复，且故障前 89s 不会发生超级电容高电压单一数据的波动，故可以排除变桨控制器故障；如果 DP 总线故障，故障时刻叶片应该开始顺桨，而 B 文件显示叶片在变桨数据丢失期间，角度未发生变化，故可以排除 DP 总线故障，因此此故障初步判断为变桨控制器供电中断导致。中断原因可能为 T2 电源模块故障、超级电容故障、线缆故障。结合故障前 89s 时，超级电容高电压发生闪变，故障点很可能在第三、四组超级电容上，若这两组超级电容存在虚接，T2 电源模块输入的 60V 会存在闪断情况，导致变桨控制器供电存有闪断，与故障波形吻合。

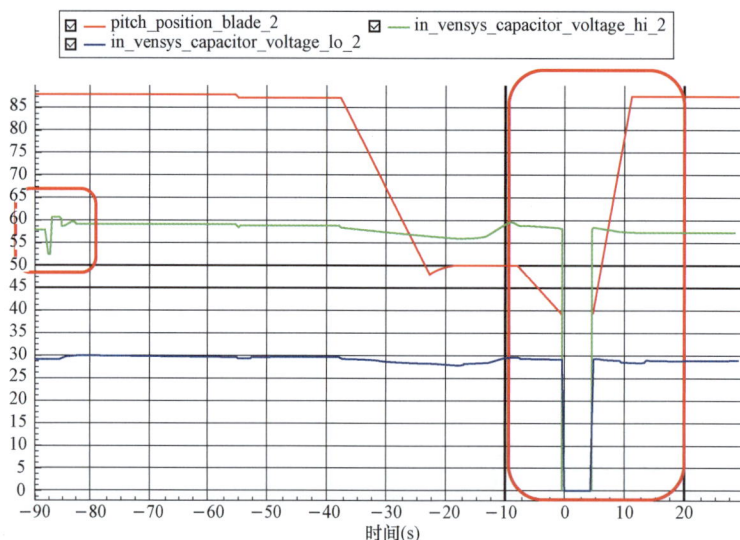

图 3　故障波形

4　故障处理过程

　　经上述分析，将故障点锁定至第三、四组超级电容。第一次登塔，对超级电容外观进行检查，外观正常，无鼓包、漏液，温度无明显升高；各超级电容之间连接的自锁螺母均处于紧固状态，未发现异常；检查 300A 熔断器外观正常，测量阻值正常，但拆下检查发现熔断器内部断裂虚接，更换熔断器，机组恢复正常。第二次登塔，发现 300A 熔断器处有明显的打火痕迹，经测量熔断器已损坏。连续两次熔断器损坏，说明熔断器不是意外熔断，存在其他原因。检查超级电容电压正常，将超级电容进行放电操作，当电压低于 2V 时，测量 4 块超级电容组内阻，均处于正常范围，未发现异常，拆出超级电容发现电容底座的减振棉已经脱落。由于减振棉的脱落导致相邻两块超级电容存有间隙，机组转动起来存有间隙的两块超级电容上下移动，使得电容之间的熔断器扭断，这验证了为什么第一次熔断器断裂但无熔断痕迹。重新安装电容底座的减振棉，对电容进行可靠固定，并更换超级电容熔断器后，超级电容自动充满电，故障消除，再未报出。经了解，该机组前不久更换过超级电容，由于不了解安装工艺，减振棉脱落未引起安装人员重视。

5 结论

引起超级电容电压跳变的原因如下：

（1）可能是电容的质量问题。超级电容工作在频繁的充放电状态，需要有很好的性能。目前的控制方式是变桨充电器给超级电容充电，超级电容为变桨负载提供电源。这种控制方式对电容的特性和质量要求很高。电容生产厂家对产品的使用寿命这样描述："在常温 25℃、额定电压下工作，超级电容的寿命可达 10 年以上，循环使用寿命超过百万次"。从产品要求上确实已存在隐患（2009 年投产至今，未更换超级电容）。

（2）超级电容固定螺母松动，导致机组在长期运行过程中，部分回路形成虚接，使得出现电压跳变情形。这种情况，通过更换自锁螺母可以解决。

（3）超级电容安装时底座防震棉脱落或者严重变形，致使超级电容与固定夹板之间存有间隙，起不到减振保护作用。在风电机组启动后，由于变桨柜的旋转使超级电容上下移动导致熔断器扭断，最终导致故障报出，这就要求超级电容的安装工艺要达标。

6 结束语

这是一起典型的人为故障，由于检修人员对超级电容更换知识了解甚少，导致故障发生。考虑采用超级电容作为变桨后备电源机组的机型较多，为避免此类故障出现，各现场应提高设备维护工艺，提前结合现场实际做好风险预控、危险点辨识、专业技术培训，不能一味地只求进度，最后导致疑难故障产生。本文对当前风电场风电机组变桨后备电源故障进行了分析，并提出了相应的解决方案，希望能为风力发电从业人员提供一定的借鉴意义。

参考文献

[1] 闫慧丽. 风电机组变桨系统故障定位的方法研究 [D]. 华北电力大学；华北电力大学（北京），2017.

[2] 鲁斌，田炜，刘剑，潘晨. 基于超级电容的变桨系统后备电源设计 [J]. 国网电力科学研究院，2013，32（5）：46-47.

[3] 孟勇，浅析金风 1.5MW 机组变桨逆变器 OK 信号丢失 [J]. 内蒙古科技与经济，2013，290（16）：78-79.

关于联合动力 1.5MW 机组 Pitchmaster 过温故障

苏延龙，朱泽

（甘肃龙源风力发电有限公司）

摘　要： 本文对我国风力发电技术进行了简单的阐述，针对联合动力风电机组遇到的轮毂散热改造问题进行了分析，同时针对相关问题提出了对应的解决办法和预防措施。

关键词： 联合动力；轮毂散热；改造

1　引言

某风电场联合动力 1.5MW 风电机组，已运行 9 年。经生产统计，机组 LUST 变桨系统故障呈逐年上升趋势。2021 年故障率统计中，在夏季时，变桨高温故障占全年故障率的 18% 左右，严重影响风电机组的安全稳定运行。伴随着设备的不断老化，如何保证安全运行、满发多供、提高风力发电机组使用率，是摆在风电场的一个现实课题。变桨系统作为风电机组重要的组成部件，如何降低故障率，提高可靠性，是这个课题的重要组成部分。

2　故障基本情况

现场发现变桨柜散热性能极差，内部温度升高引起故障率较高，其高温对机组安全稳定运行的影响表现为以下几个方面。

（1）联合动力 1.5MW 机组 Lust 变桨系统由于 1 个主柜和 3 个轴柜是完全密封的，在系统运行期间柜内元器件会有热量产生，不能与外界进行热量交换，导致热量在设备内部积聚，直接导致变桨后备电源充电器温度超过报警值，使得充电器无法给电池正常供电，导致变桨系统报电池电压低故障频发，机组故障停机。

（2）变桨驱动器（Pitchmaster）在运行期间，由于自身携带的两个 24V 风扇夏季期间远远达不到散热效果，导致变桨驱动器内部温度升高，常报"Pitchmaster 温度高"故障被迫停运（超过 55℃），导致故障停机。

由于风电机组结构设计的合理性和运行环境的特殊性，不可能给变桨系统单独配备散热器和空调，那么变桨系统优势变为劣势，同时为变桨本体散热遗留了运行隐患，散热不好就会造成变桨系统运行温度居高不下。由于变桨系统主要由电子元器件组成，如果长期运行在高温环境下，将导致变桨系统驱动器、充电器及倍福模块等器件快速老化，大大缩短使用寿命。高温是所有电子设备寿命缩短的最大原因，因此，有效降低变桨系统运行温度是延长使用寿命的主要工作内容。

3　原因分析与诊断

（1）对变桨控制柜柜门增加风扇，实现变桨控制柜空 - 空散热，从而降低变桨控制柜柜内温度。

（2）对轮毂加装风扇，实现轮毂内外空 - 空散热，并将风扇出风通过导风道引至轴控柜（Pitchmaster）散热片外围。某风电场联合动力风力发电机组的变桨系统采用电动变桨控制。变桨电池充电器采用 AC400/AC500，其输入电压为交流 230V，在充电器上设置电池柜温度检测端口，根据电池柜温度的变化，输出为直流 215～242V，其对应关系如图 1 所示。

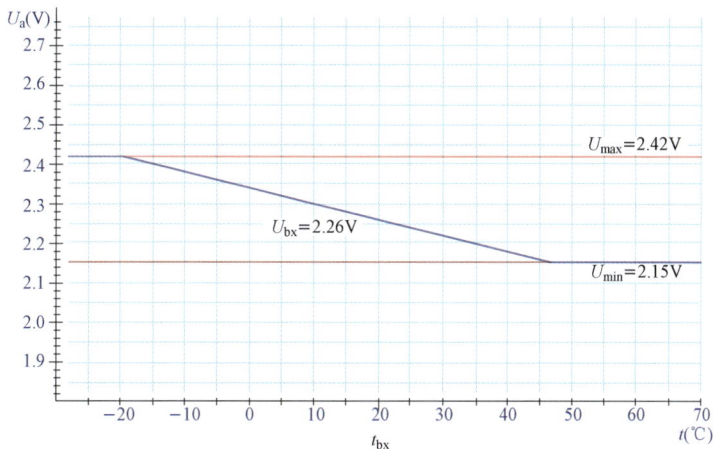

图 1　温度与输出电压关系

并且，在充电器上设置动合触点来检测充电回路是否正常，正常工作时触点闭合，使得 24V 反馈回路正常；如果发生故障，则会报出"pitch battery charger error bit1 或者 bit0"故障，其原理图如图 2 所示。

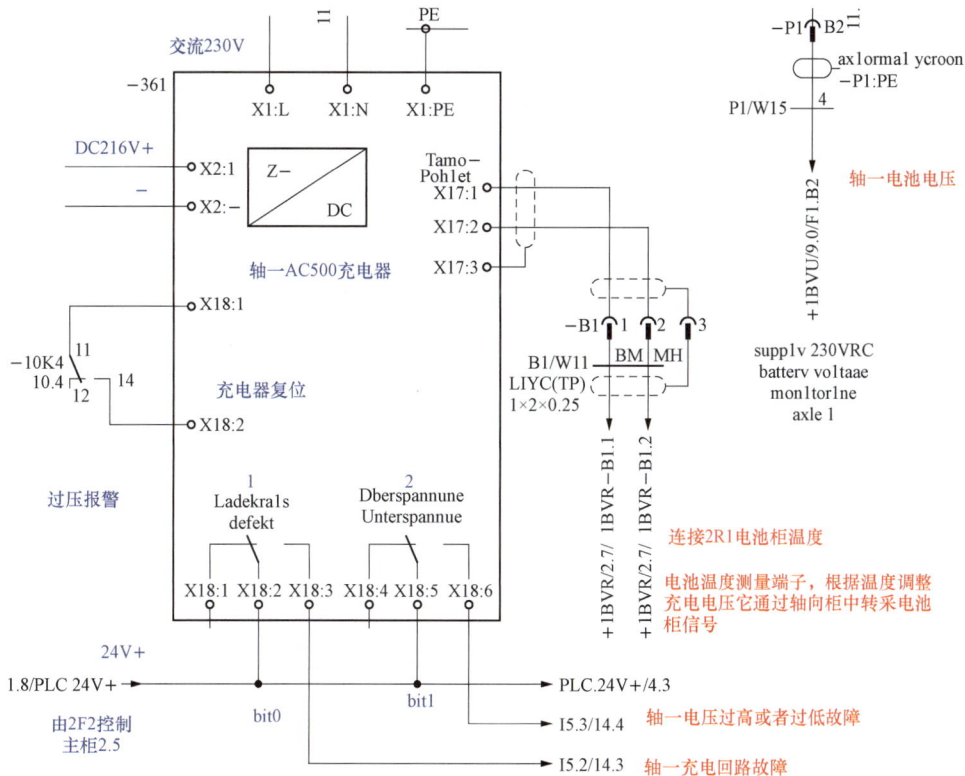

图 2　充电器故障原理图

通过对设备运行情况的观察,在升温较大,控制柜温度较高的情况下,bit1/bit0 故障就频繁发生。由于天气突然变暖,某风电场因 bit1/bit0 故障机组达 15 台,登机检查发现充电器表面温度达 50℃左右,控制柜温度在 45℃左右,而充电器输入与输出都正常,说明其充电功能正常,只是反馈出现问题,导致故障发生。而这一故障频发情况在晚上温度降低时全部可以复位,结合这一情况并通过后期持续观察,得出温度高是引起这一类故障的主要因素。

4　故障处理过程

在变桨控制柜门上加装 1 组进气风扇和 3 个排气孔,主要用于柜内温度散热,降低 AC400 的工作环境温度,如图 3 所示。

1 号孔为进气孔,安装进气风扇总成;2～4 号孔为排气孔,安装滤网,分别位于 3 个 AC400 旁边,实现 AC400 所产生的热量排出,降低柜内温度。柜门安装航空插头,方便柜门拆装。风扇采用温控模块控制,保证降低柜内温度的同时延长风扇使用寿命,提高设备运行稳定性。

轮毂散热方案:在轮毂口加装 3 个风扇,通过导风道将冷空气直接引至轴控柜(pitchmaster)散热器外围,如图 4 所示。

图 3　变桨控制柜柜门散热布局图　　　　图 4　轮毂散热示意图

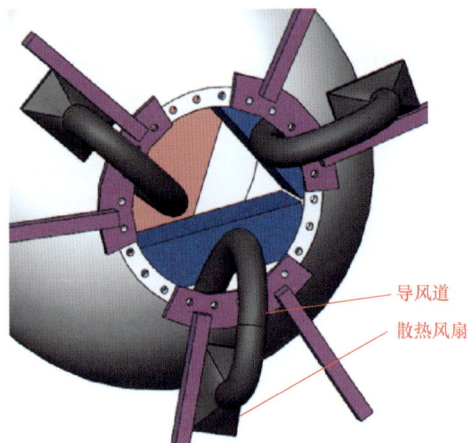

定制风扇支架,利用机组现有导流罩前支架进行风扇固定,留出维护人员进入轮毂通道;导风道采用小风阻铝箔风管;3 台风扇同样适用温控器控制。

5　结论和建议

通过长时间运行观察,发现在夏季高温季节,主控柜的温度会达到 50℃左右。

但由于主控柜的温度只通过温度检测模块 2A1 检测控制,温度只通过该模块显示屏显示,没有通过 PLC 将信号传送到风电机组数据采集系统,所以无法直接采集数据来分析控制柜柜体温度。为了更好地分析主控柜加装散热风扇的结果,于 2021 年 7 月 31 日对 F1415 风电机组主控柜加装一个测温 TV 接至 3 号电池柜的温度测量模块,于 2021 年 8 月 3 日对 F1331 风电机组主控柜加装一个测温 TV 接至 1 号轴柜的温度测量模块,用这两个模块的测量结果代表主控柜的测量温度,从而达到数据采集存储的目的,以便于数据分析。通过采集 8 月 3 日 15 时

（F1331 风电机组 TV 安装结束后）—8 月 10 日 0 时的温度，得到如图 5 所示结果。

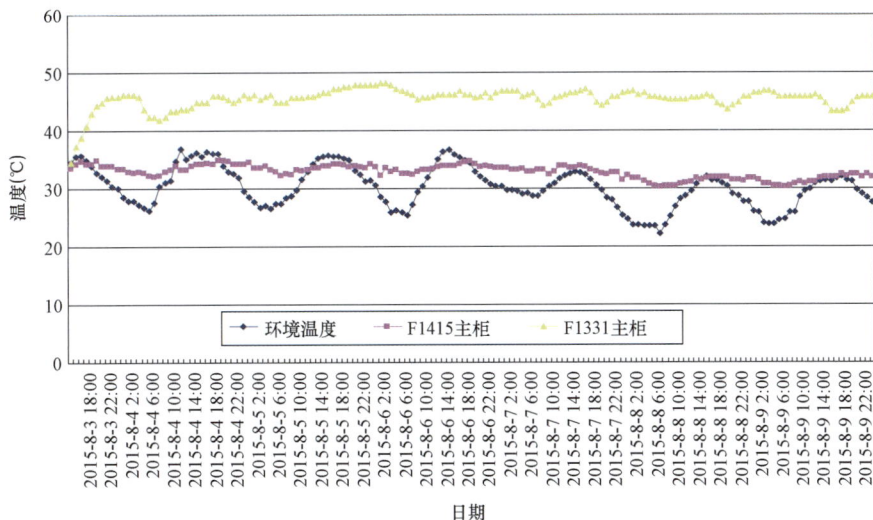

图 5　变桨柜温度分析图

如图 5 所示，纵坐标代表的是温度值，可以看出环境温度在 25～35℃ 的范围内规律变化，F1415 的主控柜温度也有稍微的规律变化，但基本维持在 33℃ 左右，而 F1331 的温度则一直处于较高的状态，起点处温度较低是因为该机组的采样开始时间为 PT 加装完成后恢复送电后开始采样，才会出现这种上升明显的趋势。从走势图可以看出，未进行技术改造主控柜散热的温度一直保持在 45℃ 上下。并且该数据取样时间并不是气温最高时间段，在高温时节，主控柜的温度将会达到 50℃ 左右。通过上述分析发现，该技术改造方法对主控柜的散热起到很大作用，温度降低幅度至少在 10℃ 以上。

（上接 180 页）

6　结论和建议

本文针对变桨电机常见故障问题进行研究，主要涉及变桨电机预防性维护的研究。通过主动更换变桨电机轴承、主电刷、测速电机电刷、刹车片，主动维护检测转子电枢、定子绕组、散热风扇、抱闸，清理电机内部碳粉、油脂等异物，同时对电机进行动平衡检测及整体功率测试。不断维护优化风力发电机组变桨系统变桨电机零部件，为电机提供有利工况环境，从而降低变桨电机失效率，提升机组整体运行稳定性。大大地延长变桨电机的使用寿命，减少运行维护成本与人员工作量，减少对国外变桨电机的依赖。

参考文献

[1] 周文香. 风力发电机组变桨系统故障分析 [J]. 电气制造，2013，09：73 - 75.

[2] 张军昌. 对某风力发电机组变桨轴承故障的原因分析 [J]. 科学家，2015.10：110 - 111.

基于液压变桨机组变桨系统工作错误故障分析

石培孝，王斌

（甘肃龙源风力发电有限公司）

摘　要： 伴随着风电行业的飞速发展，早期定桨距机组发电性能待解决的问题逐渐显露，变桨距机组开始逐渐成为风电市场的主流，液压变桨机组最先开始崛起，其中液压变桨机构在液压变桨风电机组中具有重要作用，而变桨拐臂是液压变桨机构内重要的传动部件之一，是一种用来连接变桨三脚架与"销"状叶片支撑件的构件，由于"销"状叶片支撑件与叶片变桨轴承内圈相连，变桨拐臂可以通过"销"状叶片支撑件，随着变桨三脚架的轴向移动，带动变桨轴承内圈实现叶片$-5°\sim88°$绕其纵轴转动，进而可实现变桨距控制，在液压变桨系统安全、稳定运行中发挥关键作用。本文通过对液压变桨系统工作错误故障进行分析，旨在通过探索液压变桨系统内变桨拐臂在特殊工况下实际运行寿命，确定液压变桨系统传动机构最佳的预防性维护方式，保障风电机组全寿命产生的最大经济价值。

关键词： 液压变桨；变桨三脚架；变桨拐臂；寿命

1　引言

某风电场项目总装机容量为 14.25 万 kW，共安装风电机组 155 台，其中安装 104 台 GamesaG58 机型（其中 36 台于 2004 年 7 月并网发电，2006 年 9 月出质保；14 台于 2006 年 9 月并网发电，于 2008 年 11 月出质保；54 台于 2006 年 12 月并网发电，于 2009 年 5 月出质保）。104 台 GamesaG58 机组统一配备液压变桨，变桨系统采用 OPTITIP 控制技术，为液压变桨机组提供优质的控制策略，目前该型机组液压变桨系统已运行 17 年之久，由于是液压变桨，运行期间故障集中表现在液压变桨系统。

2　故障基本情况

自 GamesaG58 机型投运以来，风电场 36 台 Team 机型风电机组频繁报变桨类故障，通过对历史数据挖掘分析，主要故障为变桨系统工作错误故障。现场运行维护人员检查后，初步分析自然环境恶劣、受湍流影响，变桨机构响应滞后。沙尘严重，液压系统内受到污染，影响比例阀等电磁阀的有效动作，采取集中更换到年限液压油与液压滤芯，集中更换老旧变桨轴承，但变桨系统运行一段时间后还是报出相同的变桨系统工作错误故障。

3　原因分析与诊断

故障名称：变桨系统工作错误故障。

触发条件：（INGETEAM）控制系统内部 SA 控制参考桨角值和实际桨角值执行误差在 3°以上，持续 2s 时产生。检测回路主要由 BALLUFF、BH2351（U17）EA0 组成。

变桨系统控制检测回路图如图 1 所示。

4　故障处理过程

4.1　处理过程 1

锁定叶轮，机舱侧风 90°。操作触摸屏进入变桨测试菜单，激活高速刹车，输入任意变桨值

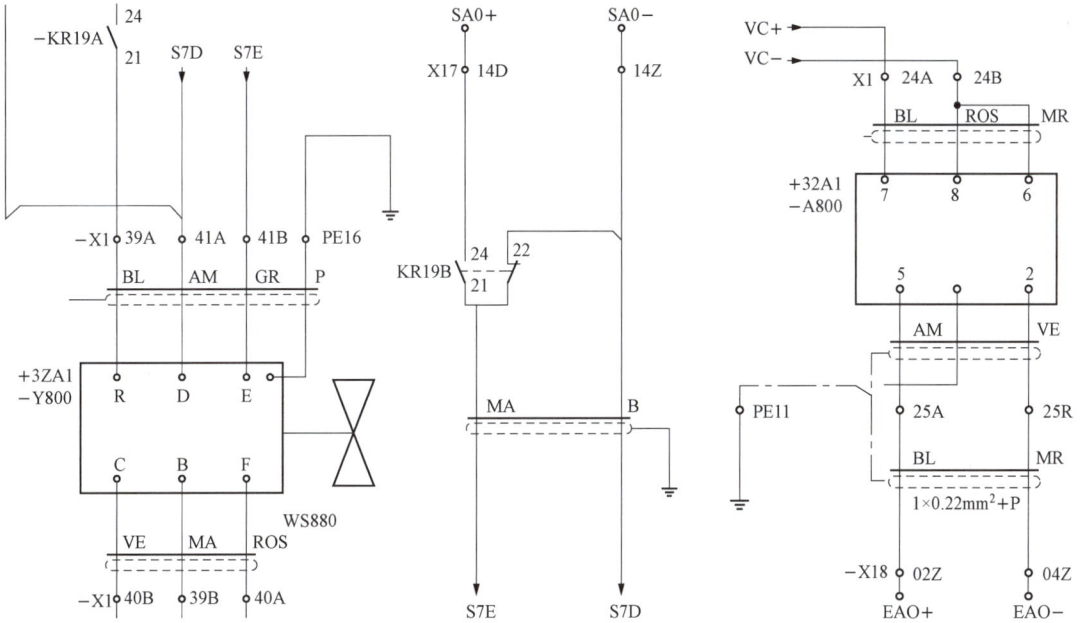

图 1　变桨系统控制检测回路图

后指令不执行，同时伴随报变桨系统工作错误故障，观察继电器带电正常，测量比例阀供电正常，指令给定电压均正常。考虑比例阀阀芯动作卡涩或比例阀电路损坏，拆解故障比例阀后发现阀芯处有异物卡涩，此异物为变桨液压缸内部防转特氟龙滑块碎屑。更换比例阀后故障消除。进一步检查变桨缸活塞杆随行程杆转动，考虑最终原因为变桨推力轴承卡涩引起，随即检查后确定为推力轴承损坏，更换变桨缸和变桨推力轴承，清洗液压管路。随后对变桨缸拆解后发现内部防转特氟龙滑块损坏，存在大量碎屑，如图 2 所示。

4.2　处理过程 2

锁定叶轮，机舱侧风 90°。操作触摸屏进入变桨测试菜单，激活高速刹车，输入任意变桨值可有效执行，检测值反馈值均正常。测试中发现轮毂内有异响声音，考虑内部机构存在异常，检查后发现变桨拐臂变桨异响声大，三脚架晃动幅度大，在桨角值 88°时，拐臂受力不均，可手动晃动拐臂，进一步检查确定为变桨拐臂损坏，分析为拐臂运行年限久，球头锈蚀磨损，内部断裂，间隙变大，使得三支叶片变桨时存在三脚架受力不均，机构卡涩。更换变桨拐臂后故障消除，异响也消失。变桨拐臂损坏拆解图如图 3 所示。

图 2　液压变桨缸防转特氟龙滑块损坏拆解图

图 3　变桨拐臂损坏拆解图

图 4　变桨轴承滚道损坏拆解图

4.3　处理过程 3

锁定叶轮，机舱侧风 90°。操作触摸屏进入变桨测试菜单，激活高速刹车，输入任意变桨值可有效执行，检测值反馈值均正常。变桨过程中可明显感觉变桨有卡顿迹象，到达某一位置轮毂内有异响。进一步检查发现变桨轴承排出油脂内存在大量铁屑，确定为变桨轴承损坏。吊装更换变桨轴承后故障消除。变桨轴承滚道损坏拆解图如图 4 所示。

4.4　处理过程 4

锁定叶轮，机舱侧风 90°。操作触摸屏进入变桨测试菜单，激活高速刹车，输入任意变桨值执行有卡顿，伴随轮毂内异响明显，且叶片不可有效转动。进一步检查后发现变桨空心轴螺栓断裂，变桨空心轴从三脚架退出，三脚架失去支撑、倾倒。随即恢复变桨系统后更换变桨轴承及其附件后故障消除，分析最终原因为变桨三脚架受力不均，导致变桨空心轴与三脚架连接螺栓断裂，最终导致三脚架失去支撑而倾倒。空心轴从变桨三脚架退出图如图 5 所示，变桨三脚架倾倒图如图 6 所示。

图 5　空心轴从变桨三脚架退出图　　　　　　图 6　变桨三脚架倾倒图

5　结论及建议

5.1　变桨类故障与变桨机构损坏结论

（1）变桨轴承与轮毂存在不同心，主要是因为变桨轴承安装不到位或制造过程中安装孔与轮毂预制孔中心偏差较大而引起了"咬"螺栓的现象，在运行中咬合较大的地方是应力相对集中的部位，长时间运行后容易造成螺栓疲劳断裂。

（2）变桨系统在设计中存在缺陷，在轮毂内通过控制系统测试，或将叶轮吊至地面使用工装进行变桨时，可以发现变桨过程中三叶片动作有滞后、不同期，尤其是变桨工作启动的一瞬间，不同期的现象十分明显，叶轮在转动过程中如发生变桨跳动（发电机转速检测问题或控制问题），那么因为不同期的存在，个别叶片在跳动过程中受力大，如设备急停后执行紧急顺桨，尤其是高速转动过程中紧急顺桨，不同期引起的单个叶片受力将更大。这也是叶片轴承损坏、导向空心轴法兰损坏、变桨空心轴螺栓断裂的原因之一。

（3）三脚架因自身重力、叶片重力影响导致变桨空心轴的旋转轴线存在偏差，三脚架和变桨空心轴通过过盈配合安装后其应力集中到了变桨空心轴与滑动轴承和导向空心轴上，现场导向空心轴在三脚架倾倒后100％损坏，滑动轴承内轴瓦严重磨损。属于产品设计上的不足。

（4）推力轴承损坏后轴承卡涩、卡死导致变桨行程杆随叶轮转动，行程杆转动后会引起变桨液压缸内防转特氟龙滑块损坏，由原有的方孔变为圆孔，特氟龙滑块在液压缸内磨损后的特氟龙碎渣流入比例阀内，引起比例阀卡涩，设备频繁报变桨错误，拆卸比例阀后能在阀芯内看到特氟龙磨损后的碎渣。发生比例阀卡涩的同时伴随着止退垫圈和锁紧螺母损坏，在传动系统中止退垫圈和止退螺母是与变桨锁子环配合使用的，锁定变桨行程杆与推力轴承内圈，保证行程杆和推力轴承内圈相对静止的状态，因此变桨三脚架倾倒前的特征之一就是比例阀卡涩，清理比例阀时由肉眼可见残渣，同时止退垫圈和锁紧螺母有损坏的可能性。

（5）在转速测试中进行转速测试，以500r/min为初始转速，听取30s后无跳动，将转速逐步递增至150r/min，直至1100r/min，在每次递增后均要听取变桨有无跳动情况，如存在跳动，则查明跳动的原因并处理。

（6）检查变桨蓄能器压力是否正常，确保变桨蓄能器能够紧急顺桨。

5.2 建议及效果

通过技术经济评估后，建议风电场采购某公司加强型变桨轴承及附件对36台风电机组，共计108个老旧变桨轴承进行了批量替换，更换后，为及时评估改造后的效果，对同期变桨系统故障报警次数进行对比，发现自运行以来，未发生变桨系统工作错误故障，未发现变桨系统部件损坏，机组运行正常，验证更换后的效果明显，故障从根本上得到了根治。

（上接196页）

或变桨电机稳定异常时，应立即观察F文件及B文件，观察回桨速度是否异常，电机温度是否偏高，登机检查进行手动变桨观察电磁刹车有无抬闸动作，检查电磁刹车控制回路线缆有无松动破损情况，检查K2继电器工作是否正常、反馈触点是否正常。若减速器有渗油情况应立即对其进行处理，避免齿轮油进入电磁刹车内导致电磁刹车损坏或打滑。

4 总结

1.5MW机组变桨驱动器Ⅰ型对于叶片过限位采取了多重保护措施，运行维护人员一定要根据故障记录进行认真分析，找出机组过限位原因，并可根据上述预防措施结合现场实际制定更多预控方案，避免机组因过限位问题导致齿形带断裂情况发生，使机组健康稳定运行。

参考文献

［1］王建录，赵萍，林志民，等．风能与风力发电技术．3版．北京：化学工业出版社，2012.
［2］叶杭冶．风力发电机组的控制技术．3版．北京：机械工业出版社，2015.

风电机组变桨系统常见故障解析

曹玉鹏，　张海涛

（甘肃龙源风力发电有限公司）

摘　要： 在大力发展风电的同时保证能源的安全、稳定供应尤为重要，全力推进风能发电技术便志在必行。因此，本文对联合动力 1.5MW 风电机组变桨系统常见故障进行探究。

关键词： 风电机组；故障

1　风电机组变桨系统介绍

变桨系统包括三个相对独立的变桨轴箱，编号分别为轴箱 A、轴箱 B 和轴箱 C，以及与各轴箱连接的伺服电机、位置传感器和限位开关。每个轴箱单独控制一个桨叶，轴箱与轴箱、轴箱与电机之间通过电缆连接。电机通过减速箱连接至桨叶法兰齿轮。

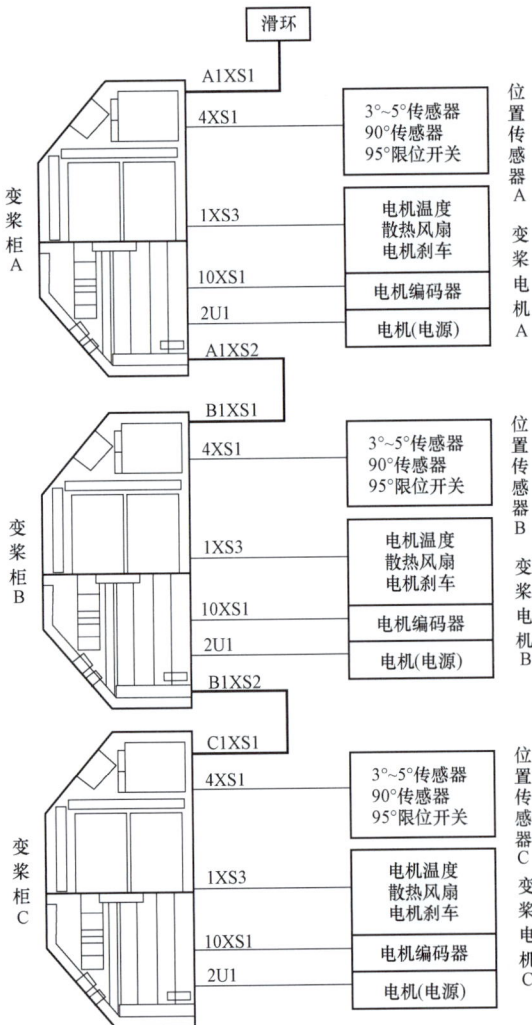

图 1　变桨系统

系统外部进线经滑环接入系统，其进线有 3×400V＋N＋PE 三相供电电源回路、PROFIBUS‐DF 通信回路，以及安全链回路。如图 1 所示。以上 3 路由机舱柜引出连接至 A 柜，再由 A 柜连接至 B 柜，B 柜到 C 柜。三相电源在送入下一轴箱前倒换了相位，以避免各轴箱加热器、电机风扇等单相负载均使用同一相供电而造成三相电源不平衡。

三个轴箱内部布置基本相同，布置详见安装说明，其右侧 A 区安装电容 2C1、2C2、2C3、2C4，4 个电容串联接线，以及安装有进线开关 1Q1、1F2，接线端子 1X1、1X2，转换开关 6S1、6S2。左侧底部 B 区安装电源管理模块 1G1、交流伺服驱动器 2U1，以及加热器 1E1。考虑 B 区散热需求，功率器件均安于散热板上。C 区为控制板，C 板一侧装有合页，作夹层设计安装于 B 区上方，C 板安装有控制 PLC，24V 电源 2T1、2T2，温度控制开关 1S1，接线端子排 2X1、4X1，继电器组以及控制空开 2F2、2F3、2F4、1F4、1F5。轴箱背面为外部接线插头，其连接都经过电压保护端子 4X1。轴箱正面装有系统总开关和模式转换开关。

桨叶的位置由电机内置的光电编码器送出信号至 PLC 运算获得。为了校准和监视桨叶位置，桨叶上装有两只接近开关，一只负责 3°～5°桨叶位置监视与校准，另外一只负责 90°桨叶位置监视与校准。正常情况下，桨叶运行区间为 0°～89°。当系统顺浆时，桨叶收回至 89°。若 PLC 本身或与伺服通信故障，收浆超过 95°，触发限位开关，此时伺服断电、电机抱闸。95°限位开关作为变奖系统最后一条安全措施，保证了系统的安全运行。系统每个轴箱均由一套独立 PLC 控制。PLC 需完成的控制任务有：

（1）轴箱作为风电机组主控的从站接受主控发送的指令信号，并且回传本轴运行状态，3个轴箱 PROFIBUS-DP 通信站号分别为 51、52 和 53。

（2）监视变奖系统的运行状态，当出现异常情况时断开安全链，通知风电机组进入紧急状态。

（3）PLC 通过 CAN 总线连接伺服驱动器，控制电机到达所需位置。

由于变浆系统工作环境温度范围大，当温度较低时，为了避免 PLC 等控制器件失效，系统安装有轴箱加热装置 1E1。温度设定由 1S1 温控开关控制。当轴箱内部温度低于 5℃时，PLC 不启动，1E1 模块加热。当温度高于 5℃，1S1 控制 PLC 正常启动；当系统启动后，其工作热耗散可维持正常工作温度。另外，当轴箱内部温度大于 50℃时，PLC 启动 1E1 散热风扇。

变浆系统超级电容模组参数为 500F、16V。4 个模组串联，工作电压为 60V，最大持续放电电流可达 150A。电源管理模块将系统电源和充电模块合二为一，超级电容模块并联于直流母线上，主备电源在紧急模式下可无延时切换。系统选用宽输入电压范围的 24V 开关电源为 PLC 和继电器等控制器件供电。

正常工作时变浆系统接受主控制指令控制桨叶到达设定位置。当风电机组系统故障，安全链断开时，变浆系统进入紧急模式，桨叶以 9°/s 迅速顺浆至安全位置，保护了风电机组的安全运行。若变浆系统交流供电故障，则整个系统由超级电容供电，8s 左右后变浆系统进入紧急模式。另外，由于本实用新型 3 个轴箱均由独立的 PLC 系统控制，若一台轴箱故障，另外两台接收到安全链断开信号后可保证风电机组系统安全停机。

2 风电机组变浆系统常见故障处理方法

2.1 故障 1：超级电容电压低

2.1.1 触发条件

主控变浆都判，当任一轴箱变浆系统电容电压低于 53V DC 时，报此故障。

2.1.2 原因分析

（1）超级电容损坏。

（2）电源管理模块损坏。

（3）伺服驱动器与主控 CAN 通信中断。

（4）伺服驱动器损坏。

2.1.3 处理方法

（1）观察模块显示灯是否正常，如亮红灯，观察 95°限位开关是否动作，4K2、4K3 是否掉电，伺服是否断电。重新上电，断开/闭合 2F2。测量 5X1 的 2 和 3 端子间电阻应为 602。若上述操作均不起作用，检查变频器接线端子是否牢固，测量 F1 与 2X1 的 22 电压是否为 60V DC。

（2）检查电源管理模块进线空气开关是否闭合，闭合状态时，手动变奖，观察电容电压是否维持 60V DC（如果是两个充电器则维持 56～60V DC）；是否过电压；电源管理模块工作显示灯是否正常，正常工作灯颜色为绿色，如不正常，更换电源管理模块。

分别测试 4 块电容端电压，如有单块电压不正常（正常约为 15V DC），更换电容。

2.1.4　故障处理注意事项

更换超级电容、电源管理模块、伺服驱动器前一定要将超级电容充分放电。

2.2　故障 2：超级电容电压高

2.2.1　触发条件

主控判断，当变桨系统任一轴箱电容电压高于 63V DC 时，报此故障。

2.2.2　原因分析

（1）超级电容损坏。

（2）电源管理模块损坏。

（3）伺服检测错误。

2.2.3　处理方法

（1）用万用表测量直流电压 2F2 的 2 端与 2X1 的 22 端电压，确认伺服检测显示电压与实际电压是否相符，如不相符检查伺服输入是否正常，更换伺服 AC2。

（2）检查电源管理模块进线空气开关是否闭合，闭合状态时，手动变奖，观察电容日电压是否维持 60V DC（如果是两个充电器则维持 56～60V DC）；电源管理模块工作显示灯是否正常，正常工作灯颜色为绿色。

（3）如确认充电器故障更换电源管理模块，并确认电容是否因过电压而损坏。

2.2.4　故障处理注意事项

更换超级电容、电源管理模块、伺服驱动器前一定要将超级电容充分放电。

2.3　故障 3：变桨 95°限位开关

2.3.1　触发条件

主控判断，当变桨系统任一轴箱 95°限位开关动作，报此故障。

2.3.2　原因分析

（1）95°限位开关损坏。

（2）变桨电机电磁刹车损坏。

（3）伺服控制器损坏。

（4）主控 PLC 故障。

（5）电磁刹车继电器损坏。

2.3.3　处理方法

（1）检查变桨 95°限位开关是否正常、是否在触发位置。如果在触发位置，说明 95°限位开关工作正常。

（2）检查电磁刹车继电器是否正常动作，如果电磁刹车继电器正常动作，应检查变桨电机电磁刹车及电机本身是否运行正常。如果电磁刹车继电器不吸合，则检查伺服控制器是否正常，检测信号时都正常。

（下转 225 页）

浅谈变桨逆变器 OK 信号丢失故障

冯玉凤

[中广核新能源投资 （深圳） 有限公司山西分公司]

摘　要： 风力发电机组故障率相比其他形式发电的故障率较高，为提高运行人员的技术水平，提高风电机组的利用率，现就变桨逆变器 OK 信号丢失故障作出相应的分析。

关键词： 风电机组；变桨电机；逆变器；断线

1　引言

目前，新能源风力发电场使用的机组类型较多，本文论述 GW1500 - 82 风电机组典型故障变桨逆变器 OK 信号丢失案例，该风电机组采取水平轴、三叶片、上风向、变速变桨距调节、直接驱动、外转子永磁同步发电机并网发电。该机组额定输出功率为 1.5MW，功率控制在额定风速以下采取变速调节，额定风速以上采取叶片桨距角可根据风速与输出功率自动调节，通过变桨逆变器发出指令使 3 支叶片同时开桨、收桨来达到功率控制的目的。

2　元件介绍

变桨逆变器又称 AC2，是当今最为先进的技术（IMS 功率模块、Flash 内存、微处理器控制、CanBus），如图 1、图 2 所示。

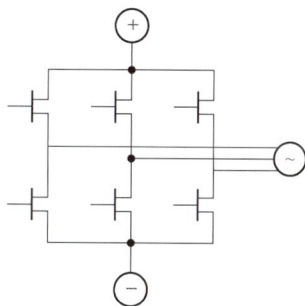

图 1　AC2　　　　　图 2　AC2 内部示意图

AC2 额定电压为 48V，最大电流为 450A，实际使用时由 60V 的直流稳压电源供电，工作频率为 8kHz，输出电压为 3 相 29V，频率范围从 0.6～56Hz。

结合变桨系统如图 3 所示。E1 端口控制变桨速度与方向，接收 0～10V 的有效电平，0～5V 向 90°变桨；5～10V 向 0°变桨。E5 接收主控松闸输入信号，并通过内部程序分析通过 F9 输出松闸输出信号，由变频器输出给继电器绕组，控制触点吸合，使电机松闸。并对变桨电机发出变桨指令，实现变桨功能。

3　故障基本情况

本场站某一机组报出 2 号桨叶变桨逆变器 OK 信号丢失故障，现场人员通过后台风电机组监

221

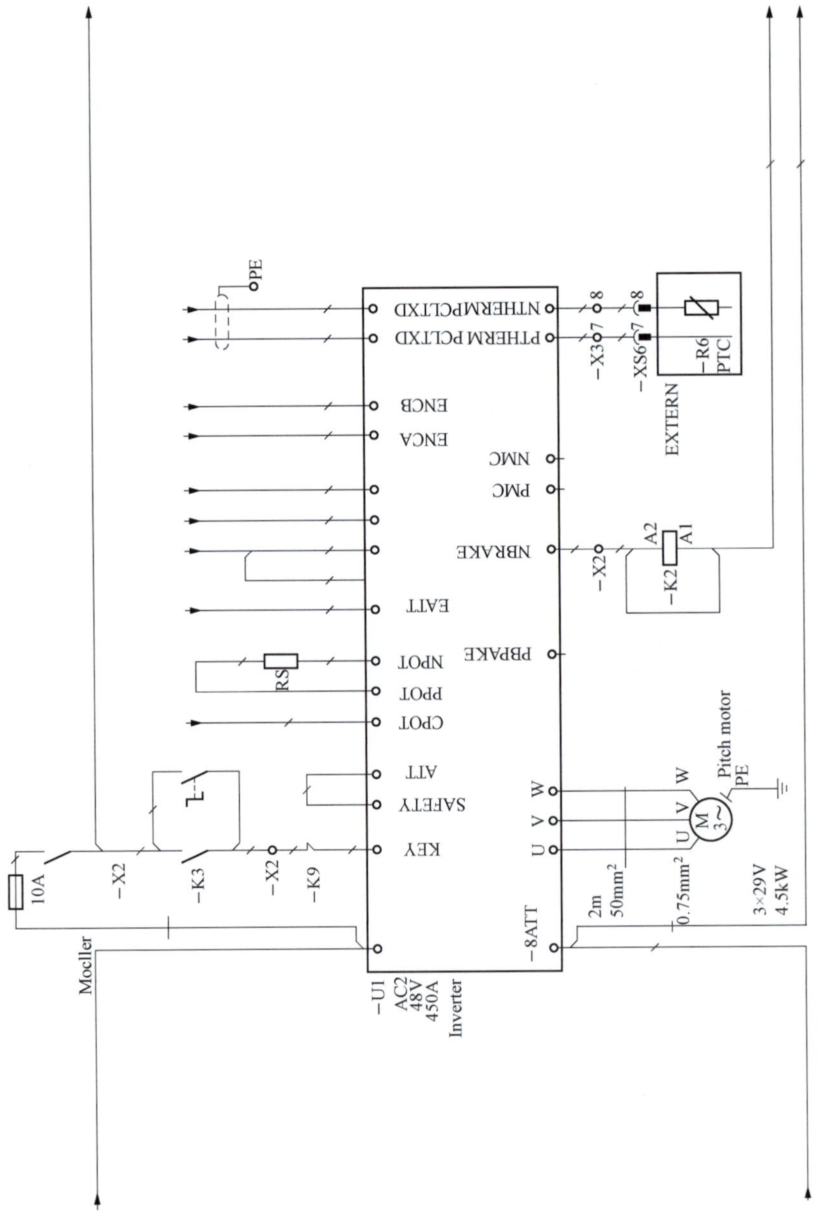

图 3　变桨系统图

控查看风电机组数据，发现 1 号、3 号桨叶已经收回到 87°，2 号桨叶没有收桨，处于 0°位置，同时查看该风电机组的其他变桨数据，发现其他数据均正常，2 号桨叶变桨电机的温度比其他变桨电机温度轻微升高。

4　故障分析

由于该风电机组故障现象为叶片没有收桨，且变桨风电机组温度没有明显升高，故排除变桨电机堵转，证明变桨柜内 K2 继电器、变桨电机电磁刹车良好。观察变桨数据没有发现变桨位置出现跳变的情况，故排除旋转编码器故障。初步判断故障原因为变桨逆变器温度高，AC2 自我保护；变桨电机缺相；AC2 接线松动或损坏；模块 KL4001 失效。

电磁刹车电气接线图如图 4 所示。

由故障数据可知，变桨电机温度没有明显升高，证明变桨电机没有堵转。图 4 显示变桨柜内的 K2 继电器是控制变桨电机电磁刹车的电源，若 K2 继电器吸合，电磁刹车得电动作，松开刹车，变桨电机则可以实现变桨功能，由此可见，该故障桨叶没有收桨，与此两元件无关。

根据故障文件观察故障时刻，监控后台显示桨叶位置没有跳变，排除旋转编码器故障。当变桨电机旋转编码器发生故障时，监测的叶片位置发生错误，将此刻桨叶位置回传到 AC2，认为自身发生启动故障，随即报出变桨逆变器 OK 信号丢失（该元件损坏也会报出三支叶片变桨位置偏差大故障）。

变桨功能是 AC2 给其他电气元件一系列电信号所实现，因此若其发生故障损坏，则肯定会引发故障产出，无法实现变桨功能，并且与故障名称相符合变桨逆变器 OK 信号丢失。如果 AC2 接线松动，动作元件无法收到指令，则也无法完成变桨功能。

若变桨电机缺相则会导致 AC2 发出指令，变桨电机无法实现正常变桨功能，故障现象与此相同，由于缺相运行，变桨电机启动时，三相电流不平衡，未断相电流会急剧增大，此时 AC2 智能保护报出变桨逆变器 OK 信号丢失故障。

主控模块 KL4001 发出 0～10V 有效电平，该电平控制变桨的方向与速率，达到故障变桨目的。如果该模块损坏，则 AC2 无法发出变桨信号，系统也会报出变桨逆变器 OK 信号丢失。

5　故障处理过程

（1）通过故障 B 文件中的变桨逆变器 OK 信号的数字量可以看出逆变器 OK 信号闪烁频次为 3 次。

AC2 的 OK 信号闪烁频次为 3 次对应的是 AC2 内部电容充电失败、VMN 低和 VMN 高故障。该故障的正确处理思路是首先检查 AC2 到变桨电机的三相动力接线是否松动、断开或磨损，是否对地短路或虚接；其次检查 AC2 的"KEY"使能输入信号是否为+60V DC，测量端子 X2-2 直流电压，最后判断 AC2 损坏，更换 AC2。

（2）现场作业人员根据以上思路将其桨叶"手动/自动"开关切至手动，并重新对变桨柜上电，先将其桨叶收回至 87°，发现可以正常收桨。现场作业人员为排除干扰，多次进行变桨，在手动模式下和自动模式下都可以正常变桨，此刻怀疑 AC2 接线存在虚接情况，在运行过程中信号出现闪断，导致报出故障，为了进一步确认，人员测量 KL4001 的 1 号口输出电压，变桨不动作时其输出电压为 4.8～5.0V，则又排除 KL4001 模块损坏导致故障。

（3）运行人员通过就地监控观察风电机组故障消除，现场作业人员对风电机组进行启机，

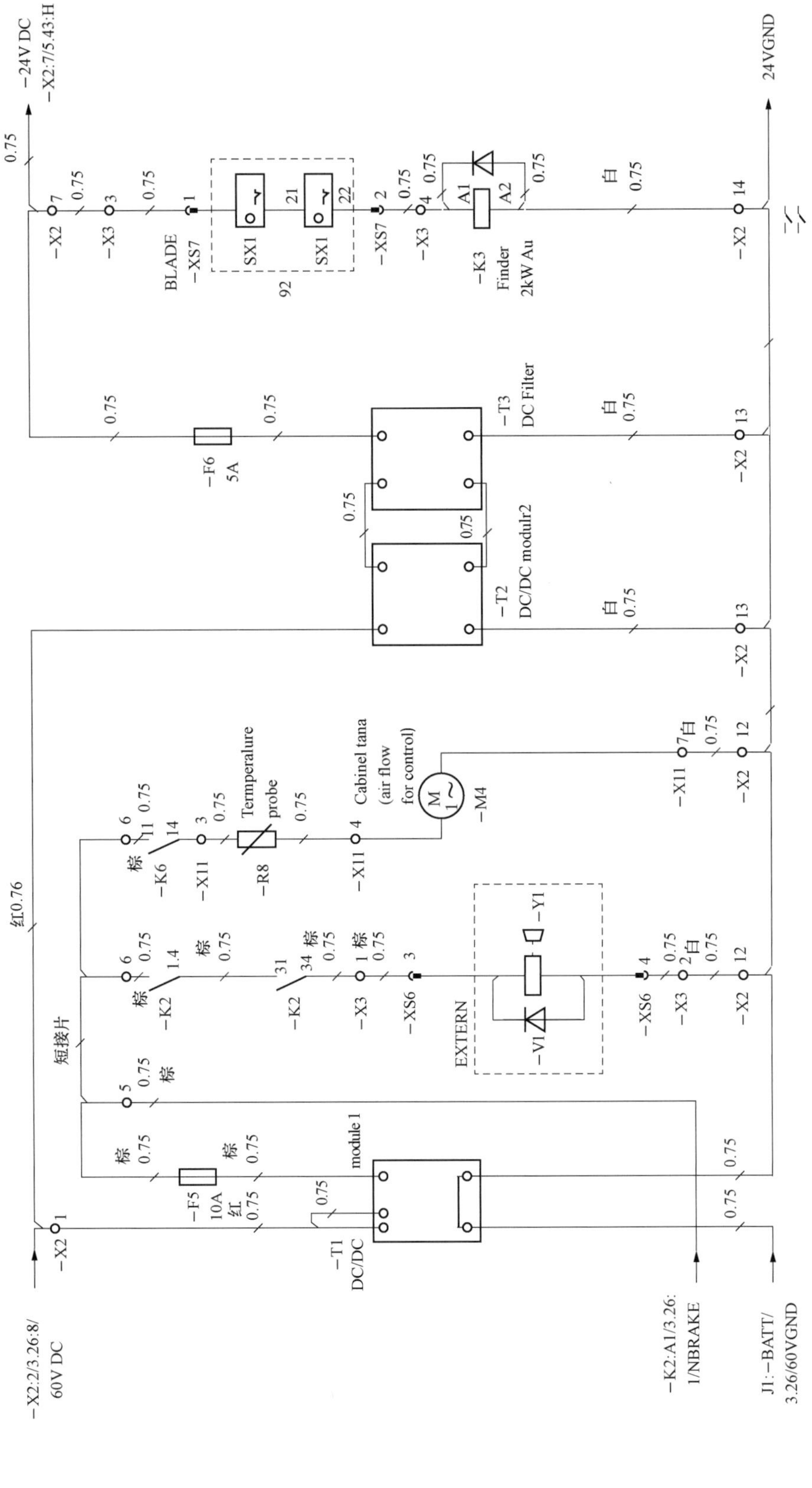

图 4　电磁刹车电气接线图

待风电机组运行 30min 左右，风电机组再次报出变桨逆变器 OK 信号丢失，并且 OK 信号依然闪烁为 3 次。

（4）人员目测变桨电机接线盒内接线、变桨电机至 AC2 的线路没有损坏现象，故判断故障为 AC2 损坏导致。故对 AC2 进行更换工作后，将风电机组启机。

（5）机组再一次报出同样的故障，怀疑变桨电机内阻出现故障，虽可以完成变桨操作但内部电流发生变化。便进行了对变桨电机接线拆除工作，于是发现接线盒内最下面的 B 相线鼻子处接线磨损严重，断股铜线已超过 4/5，但由于被其他两相挤压，存在虚接现象。

（6）更换变桨电机动力电缆 B 相线鼻子重新接好后，机组故障彻底消除，并网发电。

6 故障结论

本台机组报出的变桨逆变器 OK 信号丢失故障原因为风电机组运行过程中轮毂转动，变桨电机接线摆动较大，导致内部接线存在摆动并存在受力现象。上诉现象导致变桨电机动力电缆 B 相线鼻子接线存在铜线多股断裂，引发故障的产生。

7 故障处理建议及预防措施

作业人员对每一个故障点进行排除时，应进行深度的分析，要以合理的数据支持，不能以经验作出判断或目测时对看不到的地方不予理睬，要关注每一个细节，关注每一条故障数据。

场站维护人员应在风电机组定检时，对变桨电机接线盒出线锁紧帽进行检查，并需检查是否存在动力电缆没有使用扎带绑紧的情况。一旦发现隐患应及时上报，并合理地安排消缺。

（上接 220 页）

3 结束语

风电机组维护及常见故障处理是保障机组正常运行的关键，在风电场风电机组运行的过程中，良好有效的故障处理不仅能够保持风电场发电量的稳定性，同时也能够大幅度提高电力企业对风力发电的利用效率，并且使得风电场的运行更加安全。

EN106 - 1800 变桨系统故障分析

刘立飞

（中广核新能源山东分公司）

摘　要： 作为风力发电的核心设备，风力发电机组发挥着关键性的作用。因此，不仅要对风力发电机组进行周期性的维护保养，更要注重风力发电机组健康、稳定运行，对风力发电机组的各种子系统进行全面分析，保证故障发生时能快速判断故障点，消除故障，让风电机组迅速恢复并网发电。

关键词： 风电场；电气设备；风力发电机组；维护；故障

1　引言

某风电场安装 87 台 EN106 - 1800 风力发电机组，47 台 EN110 - 2300 风力发电机组，总装机容量为 264.7MW。建设一个 3 台主变压器容量为 100MVA 的升压站，总投资 30 亿元人民币。该风电场于 2014 年 8 月 28 日正式开工建设，2015 年 9 月 25 日升压站带电；2018 年 12 月 25 日全部并网发电，2019 年 3 月 23 日工程转生产。自并网投运以来，风电机组变桨系统故障一直是困扰现场的一大难题，平均每年变桨系统故障达到 60 次，占总故障次数的 1/3。风电机组变桨系统，属于电动变桨。常见故障有 Profibus 故障、EFC 故障、电机堵转故障、CAN 通信故障、位置传感器故障等。由于轮毂空间狭小，且有 3 个轴控制系统柜，元器件较多，并且通过变桨滑环与机舱柜相连，所以故障报出后排查起来较为复杂。该风电场 2021 年 5 月 4 日报出变桨系统 400V 故障，历经 12 天，更换大大小小元器件 20 多个，最终风电机组恢复运行，视为典型故障案例，下文将对此次故障进行深入分析。

2　该风电场 A145 风电机组变桨 400V 故障分析

2.1　变桨系统内部电气连接　（见图 1）

2.2　变桨系统控制逻辑

2.2.1　正常模式

400V 电源正常，温度正常，未撞限位，400V 电源通过 1Q1（400V 供电总开关）→1F2（400V 供电空气开关）→1G1（电源管理模块，400V/75V）→1F6（熔丝）→AC2→2M1（变桨电机）。具体逻辑：4K2 及 4K3 线圈得电，动合触点闭合，8K1 辅助触点闭合，AC2 中 F1 KEY 回路得电；AC2：F9 给 0V 信号，4K1（制动线圈）得电吸合发出变桨指令。

2.2.2　手动模式

400V 电源正常，温度正常，未撞限位，6S1 右旋（手动模式），主回路同上，控制逻辑为 6A1 1 端口置 1，本桨叶小于 94，另外两桨叶大于 85，6S2 左旋，6A1：4 端口置 1，顺时针变桨，6S2 右旋；6A1：5 端口置 1，逆时针变桨，转速 2°/s。

2.2.3　强制手动

400V 电源正常，温度正常，2X1 端子排 9、10 口短接，6S1 右旋（手动模式），主回路同上，控制逻辑为 7A1：1 收到强制手动信号，8A1：6 输出手动允许信号，8K5 得电辅助触点闭

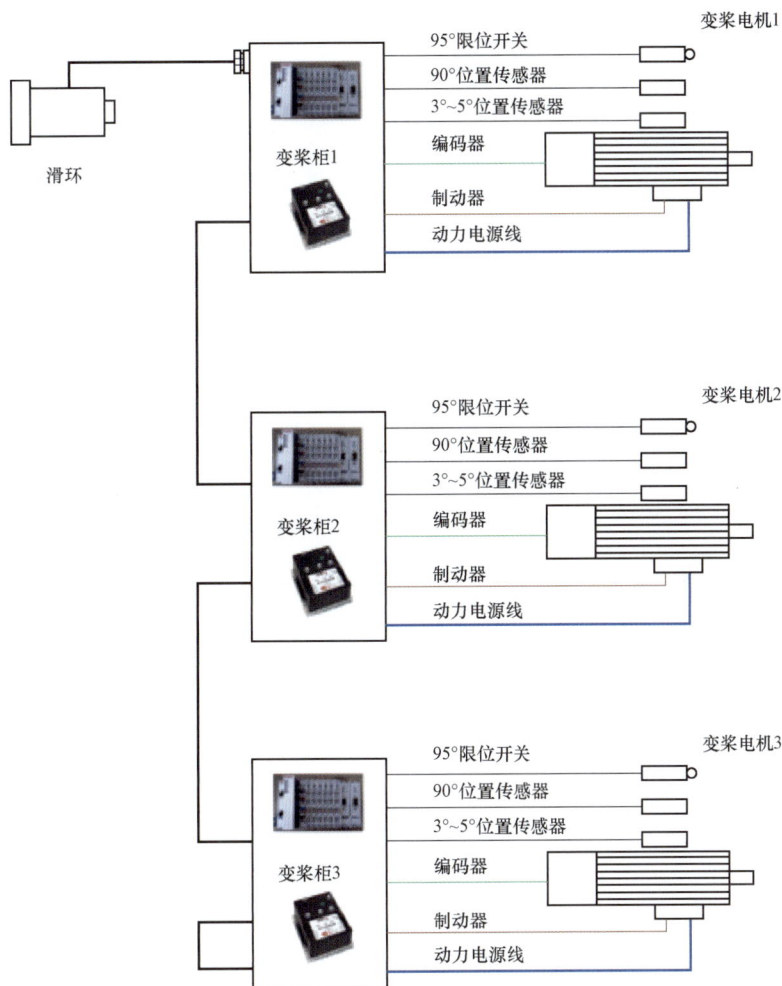

图 1 变桨系统内部电气连接

合，8K1 辅助触点闭合，AC2 中 F1 KEY 回路得电，AC2：F9 给 0V 信号，4K1（制动线圈）得电吸合发出变桨指令，转速 7°/s。

2.2.4 紧急回桨

400V 主电源故障，通过串联超级电容 C1C2C3C4C5 给 AC2 供电，控制逻辑为 6A1：2 当机舱 24V 直流 EFC 信号断开时，11K1 开关断开，6A1：2 置零，变桨紧急顺桨。紧急回桨后，需触发人工手动模式，伺服才能重新得电，并手动变桨解除 95°限位。6S1：两位带保持开关，手动/自动转换开关，同时取消紧急顺桨（W6），8K5：Finder 46 系列继电器，手动允许，撞 95°限位后断开，当手动模式及反转信号得到，则吸合，2U1 得电。2U1 正常情况下得电，辅助触点吸合，KEY 回路导通，给 2U1 提供工作电源，撞限位时脱离 95°限位失电。

2.2.5 手操盒控制

调试期间，无 400V 主电源，手操盒 DP 头插到 A12XS1 上，手操盒 75V 供电连接到超级电容两端，手操盒控制正反转信号分别接入 AC2 的 E：13 及 F：4 接口，手操盒 AC2 75V 直接给到 KEY 回路，进行手操盒控制变桨。

3　故障基本情况

2021 年 5 月 4 日 14：13，风电机组监控后台报出 A145 风电机组机舱柜 400V 供电保护空气开关跳开故障代码：SC02_02_018。故障报出时现场天气为瞬时雷电。

4　原因分析与诊断

初步怀疑变桨系统遭受雷电流入侵，导致变桨 400V 电源空气开关跳开。

5　故障处理过程

（1）首次处理，登塔检查，发现变桨 400V 电源空气开关跳开，检查空气开关上口电压正常，下口无接地现象。试合空气开关无效，变桨滑环线有 4 根线缆破皮、短接。更换变桨滑环线及变桨滑环，恢复后报出变桨通信故障。

（2）再次处理，检查通信模块正常，测量 11-K4 有电，测量 11-FA1 1.2.6.5.8.7 口有电，测得 11.12 口没电，测量 DI005 无问题，发现 EFC 反馈无信号，得出结论为轮毂或滑环接线或模块有问题。检查轮毂与滑环室接线导通，测得无误，检查滑环室与滑环 CN 柜进线接线盒导通无问题，检查轮毂变桨柜内元器件，检查无问题，对 A 桨与 C 桨 PLC 进行交换测试，交换时发现 A 桨 PLC 异常，更换新备件，原 A 桨 PLC 有异味，疑似烧毁。更换完成后检查回路接线，发现 A 桨、C 桨 PLC 的 DP 插头烧毁，B 桨 PLC 烧毁，机舱柜 EL6731 模块失效。全部更换失效备件，故障变为主控未收到 EFCF 反馈信号。

（3）最后登塔，再次检查发现防雷器损坏，更换防雷器，故障消除。风电机组恢复正常运行。

6　结论

（1）检查过程中发现，滑环与滑环接线处电源线长时间磨损，破裂，造成接地拉弧，轮毂内多个元器件烧坏。分析原因：因 A145 风电机组在 2020 年 10 月 8 日更换过一次滑环，因滑环线装配问题，导致滑环线持续受力，风电机组长时间运行后滑环线磨损，出现 400V 供电断开故障。

（2）故障处理时间较长，轮毂内多个元器件失效，需单个桨叶，多次重叠查询故障，更换驱动器等设备需要等待电容放电。

7　预防措施

（1）强化定检质量及检修质量，防止重复维护或检修。

（2）现场故障检修时禁止使用返厂维修后的备件，防止因备件问题导致故障难以消除。

（3）现场要保证备件充足，防止因备件不足，造成风电机组长时间停机。

（4）大风天气、雷雨天气过后及时对风电机组进行登塔巡检，定期对风电机组振动报告、各部件温度信息等进行分析，发现异常及时进行登塔检查。

8　结束语

风力发电机组内部元器件相互关联，运行时受外部影响较大，如雷击、大风振动、停送电

（下转 117 页）

第5部分
风电机组传动系统典型故障与分析

某 1.5MW 机组齿轮箱入口压力低问题研究探讨

安世林

（中广核新能源控股有限公司西北分公司）

摘　要： 齿轮箱是在风力发电机组中应用很广泛的一个重要的机械部件。其主要功能是将风轮在风力作用下所产生的动力传递给发电机并使其得到相应的转速，齿轮箱承受来自风轮的作用力和齿轮传动时产生的反力，必须具有足够的刚性去承受力和力矩的作用，防止变形，保证传动质量。齿轮箱的润滑系统对齿轮箱的正常工作具有十分重要的意义，大型风力发电齿轮箱必须配备可靠的强制润滑系统，对齿轮啮合区、轴承等进行喷油润滑。在齿轮箱失效的原因中，润滑不足占一大半，通常认为润滑油温度是部件疲劳的主要原因，而忽略了齿轮箱压力问题，齿轮箱通常采用的是强制润滑，一旦不能保证足够的入口压力，势必影响润滑油的流量，造成齿轮、轴承润滑不良情况的发生。

关键词： 齿轮箱；油泵；压力；参数；寿命

1　背景介绍

早期风电机组受技术引进的消化吸收不充分，以及设计、加工和试验测试经验不足等因素影响，设备运行稳定性差、故障率高、发电能力弱、随着运行年限的增长，齿轮箱缺陷问题逐步暴露，齿轮及轴承疲劳磨损导致部件失效较为严重，下架更换率居高不下，不仅造成运行维护成本逐年增高，而且影响设备安全稳定运行。

本次主要针对齿轮箱入口压力低的问题进行研究和分析，提升设备运行的可靠性，消除因润滑不良造成的批量性疲劳失效问题。该研究具有较强的推广性，主要通过设备性能、运行参数和逻辑方面进行全方面的研究分析，均具有技术改进空间，操作性、推广性，范围可涵盖所有面临出现该问题的双馈机组。

经过统计发现，预警频繁的齿轮箱输入级、中间级和输出级都出现了批量性的齿轮早期疲劳失效现象，与金属零件寿命期内磨损过程规律曲线严重不符，金属零件磨损过程曲线如图 1所示。

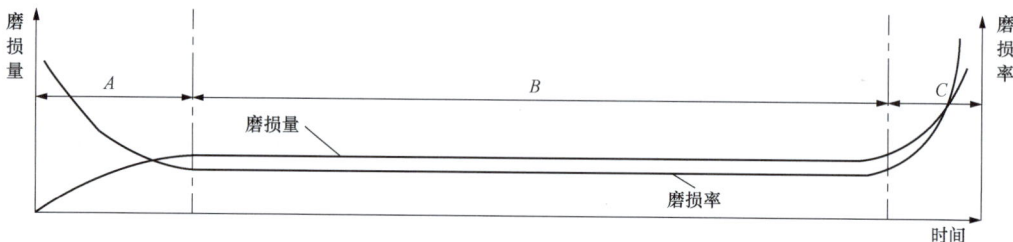

图 1　金属零件磨损过程曲线

A—磨合磨损阶段；B—稳定磨损阶段；C—剧烈磨损阶段

经过统计发现，早期风电机组正常运行时，齿轮箱入口压力值大部分压力介于 0.05～0.08MPa 之间，同时根据近三年数据统计发现，在运的 560 台风电机组齿轮箱上塔大修率达 62%，运维期齿轮箱下塔率达 35%，严重影响设备运行可靠性，设备运维成本逐年升高。齿轮箱失效故障照片如图 2 所示。

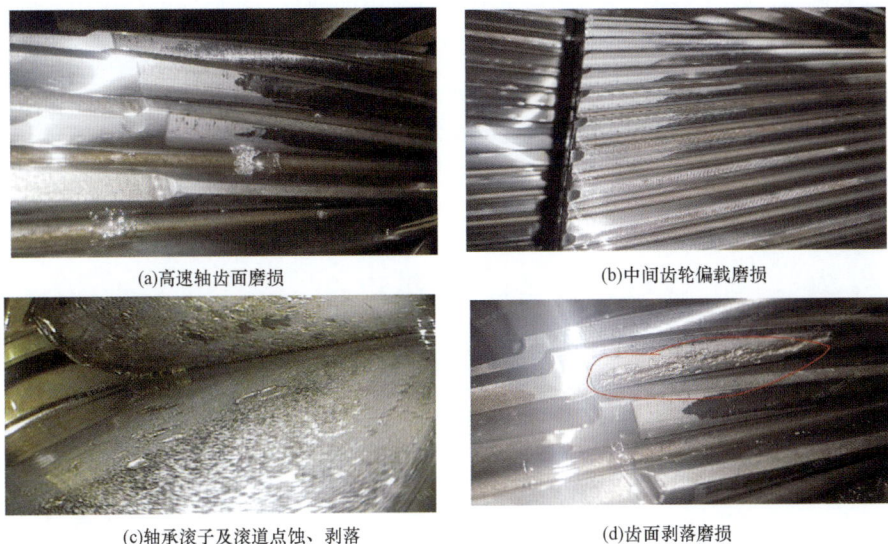

(a)高速轴齿面磨损

(b)中间齿轮偏载磨损

(c)轴承滚子及滚道点蚀、剥落

(d)齿面剥落磨损

图 2　齿轮箱失效故障照片

2　原因分析

润滑油入口压力高低直接反应齿轮箱润滑系统供油量多少，进而影响齿轮和轴承的润滑效果，最终影响齿轮箱使用寿命的长短。根据目前行业内同机型使用的齿轮箱运行参数对比，齿轮箱运行入口压力不得低于 0.08MPa，而某 1.5MW 机型中，齿轮箱入口压力运行下限设置为 0.05MPa。

根据流量与压力的计算结果显示单台齿轮箱，入口压力从 0.1MPa 下降到 0.05MPa 时，润滑油流量减少 29.4%；入口压力 0.08MPa 下降到 0.05MPa 时，润滑油流量减少 20.9%。润滑流量的减少，势必造成齿面、轴承润滑出现润滑不良的情况。

根据运行数据及状态发现，在冬季齿轮箱润滑油在黏度较大时，电气泵启动后风电机组入口压力过高，依靠机械泵维持入口压力，但因黏度较大，机械泵供给的压力高于启动压力 0.08MPa，因此造成电气泵处于停运状态，而机械泵供给的油量不能够满足润滑需求量，最终导致齿轮箱轴承温度偏高，进一步证明润滑油的流量大小影响润滑效果。

通过调取运行数据可以看出，目前在运的 560 台齿轮箱，60% 存在入口压力偏低运行的情况。要提高齿轮箱运行可靠性，延长使用寿命，解决入口压力低问题是有效遏制齿轮箱故障的有效措施之一。

造成齿轮箱齿轮泵性能下降的主要原因如下：

（1）齿轮油泵内部齿轮磨损，结构间隙的变化造成内漏，其容积效率下降，齿轮油泵输出功率大大降低，损耗全部转化为热能，因此会引起齿轮箱油泵过热现象。

（2）齿轮油泵壳体磨损，主要使轴套孔的磨损（齿轮轴与轴套的正常间隙为 0.09～0.175mm，最大不得超过 0.2mm）。齿轮工作受压力油的作用，齿轮箱尖部靠近齿轮泵壳体，磨损齿轮油泵的低压腔部分，齿轮两端面和端盖之间的端面间隙过大，间隙过大造成泄漏量加剧，占总泄漏量的 75%～80%；另外，油液存在杂质会造成壳体内工作面成圆周似的磨损。

（3）油封磨损、胶封老化，随着齿轮油泵运行年限的增长、热胀冷缩的作用，齿轮泵密封出现老化变质，空气会从油封与主轴轴颈之间的缝隙或从进油口接盘与齿轮油泵壳体结合处被吸入齿轮油泵，经回油管进入油箱，在油箱中产生大量气泡，一方面降低了油泵性能，另一方面造成油液产生乳化和气泡现象，造成齿轮、轴承润滑不良。

（4）齿体出现裂纹、齿轮泵径向间隙与轴向间隙过大，油温过大造成油液黏度过小、过滤器堵塞、溢流阀故障等均会引起齿轮泵压力不足现象。

3　针对齿轮箱压力低问题技术改进研究

为了进一步提升润滑可靠性，保证齿轮箱运行稳定性，主要从以下三个方面进行技术改进，以保证齿轮箱入口压力，保证充足的齿轮箱润滑流量。

3.1　运行参数方面的改进

查看后台运行参数，润滑泵运行依靠参数设置进行控制，默认油泵启动压力为 0.08MPa，油泵停止压力为 0.05MPa，油泵压力低停机压力为 0.05MPa，而根据现场调查发现，大部分机组油泵入口压力保持在 0.05～0.08MPa 之间运行，而根据齿轮箱产品技术说明，保证齿轮箱正常运行的润滑压力保证在 0.08～0.8MPa 为合格。因此，根据 1.5MW 机组运行情况，将运行参数进行优化，具体如下：

（1）齿轮箱电动机泵启动运行参数由 0.08MPa 修改为 0.3MPa，主要解决冬季环境温度较低，齿轮箱润滑油黏度较大，油泵启动后入口压力过大。油泵停止，此时齿轮箱转速达到一定值时，机械泵投入运行能够提供大于 0.08MPa 入口压力，而此时电动机泵不投入运行，润滑流量由机械泵提供，无法满足正常润滑。因此将油泵启动压力修改为 0.3MPa，以便保证电动机泵能够及时投入，保证润滑流量。

（2）齿轮箱入口压力报警停机值由 0.05MPa 修改为 0.06MPa，为了提高发电效率，保证机组能够正常运行，入口压力低报警停机值不宜设置过高，增加预警逻辑，实现预防性检修。

（3）齿轮箱油泵停止压力由 0.05MPa 优化为 0.08MPa。齿轮箱油泵停止压力需增加到最大值，需考虑冬季环境温度较低情况，润滑油黏度较大，避免齿轮箱油泵电动机频发启停，出现跳闸现象，将油泵停止压力设置为最大值。

3.2　运行逻辑优化

通常齿轮箱入口压力接入后台 SCADA 监控系统，而保护逻辑中只有入口压力低故障停机，当齿轮箱入口压力出现偏低后，运行检修人员无法及时发现，可能造成齿轮箱长时间处于润滑不良的情况下运行。因此，在主控保护逻辑中增加齿轮箱入口压力低告警运行逻辑，当风电机组正常运行时，齿轮箱入口压力介于 0.06～0.08MPa 之间运行、持续时间达到 30min 以上时，机组告警运行不停机，检修人员可选择在小风天气进行预防性检修处理，从而不会影响机组发电效率。

3.3　齿轮箱泵性能方面

（1）齿轮箱电动机齿轮泵因使用年限过长，泵体密封原件失效，导致泵体密封不严，存在泄压、气蚀现象，甚至存在通过泵体后呈现泡沫状；无法提供正常供油，针对以上情况进行检查更换密封元件。

（2）结合机组预警情况，针对齿轮箱油泵齿轮磨损、性能下降泵体进行更换。

4　经济效益

4.1　风险防控

本方案通过优化齿轮箱电动机泵运行参数及运行逻辑，保证齿轮箱润滑可靠性，避免因润滑不良造成的齿轮箱故障，而在优化运行参数及运行逻辑需要投入的成本基本可以忽略不计，技术操作性强，通过修改主控程序就可实现。同时，实现齿轮箱入口压力的预警功能，为老旧风电场齿轮箱运行维护提供决策支撑，为财产安全可靠提供有力保障，有效避免重大设备质量故障的发生。

4.2　节约运维成本，增加发电量

若因齿轮箱润滑不良造成齿轮箱疲劳失效，而解决方案主要是通过塔上开箱检修和下架更换，按照目前市场价格，更换齿轮箱吊装费用为 25 万元左右，一台新的齿轮箱在 70 万左右，塔上开箱维修费用单台需要 21 万元左右，可以看出无论是维修费用还是更换费用，若出现批量性失效问题，必然会给风电场带来不可估计的经济损失。同时，齿轮箱一旦出现故障停机，无论是更换还是塔上维修，必然影响发电效率。通过技术改进，保证齿轮箱润滑良好，避免因润滑不良造成的齿轮箱失效故障，可实现降本增效。

（上接 273 页）

（10）拉动固定主轴和增速机的各手拉葫芦，使增速机扭力臂与减振垫无间隙，预紧弹性支撑上盖螺栓。

5　结束语

在塔上更换支撑轴能避免主吊进场，节省更换费用及周期，同时因避免了叶轮、轮毂下塔，可以有效地规避大件吊装相关风险。更为重要的是在确定塔上更换支撑轴方案后，从方案定稿到更换完成并恢复机组发电前后仅用 7 天左右，相对下塔更换的方案，安全性、效率性、经济性更强。风力发电作为电网电源的不可或缺的组成部分，其发展势头已不可逆转，全国风电装机已超 3 亿 kW，对于风力发电故障处理相关的研究暂应进一步加强。只有重视并切实做好风电机组相关故障处理工作，不断降低故障处理时间，才能更好地保障风电机组的安全、稳定运行，为市场提供更好的电源保障。

参考文献

杨校生 . 风力发电技术与风电场工程 . 北京：化学工业出版社，2011：179 - 182.

风电机组振动故障原因分析及处理

陈有程，阚玉波

（吉林龙源风力发电有限公司）

摘　要： 风电机组振动超限类故障是一个非常常见的故障，因为涉及电气、传动、控制、结构、环境很多因素，使得该类故障分析及处理有一定难度。本文通过真实案例，详细阐明机舱加速度超限故障分析过程，为该类故障提供解决方案。

关键词： 振动；控制；桨距；加阻

1　概述

　　风电机组振动超限类故障较为常见，不仅因为风电机组结构，细长的叶片及塔筒，沉重的机舱容易产生振动。还有多环节的传动链及偏航系统；复杂的控制策略，开关过程、控制过程，加之一系列动态载荷，如阵风、湍流、波浪（海上风电机组）、地震、叶轮转动等；都有容易激发机组强烈振动。另外，测量回路中测量本体、线路虚接及干扰问题造成的测量信息错误引发故障也占了该类故障触发相当大的比重。以上提及的部分都使得该故障频次较高。相反，目前风电机组普遍仅安装了机舱水平方向（X 前后、Y 左右、Z 上下）加速度传感器，又无机组主要部件固有频率仿真结果，一旦发生实际振动，很难找到振动部位，在无经验可循的情况下便大大增加了处理难度。

　　振动故障的处理及分析过程需要有一定的专业知识，涉及方面包括电气、传动、控制、结构、环境很多因素。本文主要通过描述真实振动案例分析和解决的过程，寻求该故障的普遍解决办法，为解决风电机组振动故障提供参考和借鉴。

2　测量回路引发故障

2.1　检测回路基本原理

　　为防止机组振动引发严重后果，一般风电机组会配备加速度传感器计量机舱振动情况，有些机组厂商还会增加摆锤作为后备保护串入安全链中，通过调节摆锤的重心高度，达到相应的加速度限值要求。

　　加速度传感器主要通过对内部质量块所受惯性力的测量，利用牛顿第二定律获得加速度值，根据传感器敏感元件的不同，常见的加速度传感器包括电容式、电感式、应变式、压阻式、压电式等。大部分整机厂商应用的是一种电容式加速度传感器，输出信号是加速度正比电压。也有整机厂商应用的是 PCH，使用 CAN 通信进行传输信号，可以测量 X、Y、Z 三个方向加速度值。

　　以某机型为例，这种传感器（见图 1）可以测量 X 和 Y 两个方向上的振动加速度，测量范围为 $-0.5g \sim +0.5g$（g 为重力加速度），相对应输出的信号范围为 $0 \sim 10V$。将信号以电压形式传给 KL3404。该传感器属于测量仪器，可

图 1　加速度传感器

通过内部滑动变阻器旋钮校准最大值及最小值。信号传递给 KL3404 后，还需要主控进行带通滤波，滤波后经过计算得到有效值。如图 2 所示，利用两个时间系数取得的低通滤波值做差，再取其平方和的平方根，其主要目的是补偿衰减，平衡误差。一般来讲整机采用的加速度传感器对于低频段测量精度较高，抗混频功能较差。

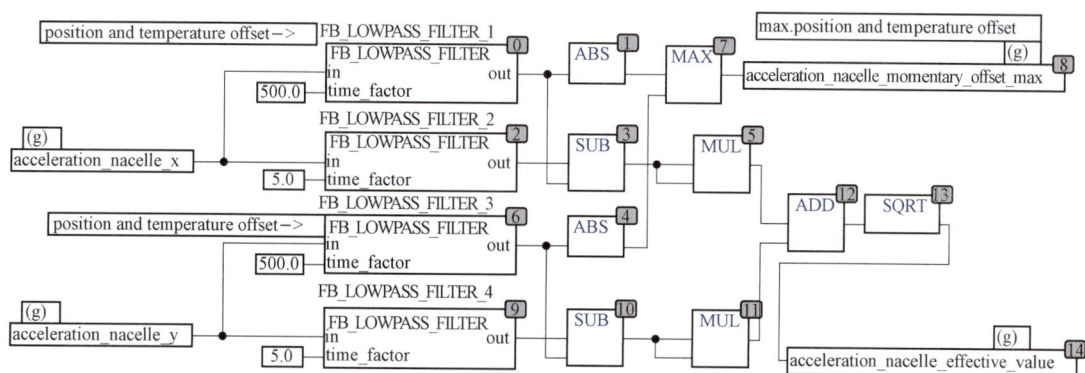

图 2　机舱加速度滤波过程逻辑框图

2.2　检测回路故障处理

无论使用哪种加速度传感器，都会不同程度地受到其测量本体可靠、传输线路可靠、接收信号模块故障及干扰问题的影响，从而引发故障。因测量本体、接收信号模块以及线路虚接问题，经细致检查或替换备件的方法可以找到故障点。另外，在新投入风电场可能出现设计算法过于敏感，特殊天气导致机组误报振动加速度故障。

信号干扰问题，风电机组使用的振动模块，更加注重低频段测量精度，模块本身就具备滤波及抗混频功能。为防止机组误报，主控程序中还会再次对有效值进行滤波，因此一般情况下不会发生信号干扰，引发故障。如果排除真实振动引发故障及测量本体及线路问题，可针对干扰问题，对信号通道屏蔽层进行接地（必须保证接地点可靠）；远离强电场或增加屏蔽管；找到干扰源。

3　实际振动引发故障

机组实际振动触发限值并不多见，即便发电机及齿轮箱轴承、主轴轴承发生异常，一般不会引发机舱加速度超过限值。

3.1　实际振动故障特点

（1）发生在相对高风速段或启停过程。

（2）能够感受到机组运行声音异常及高能振动。

（3）从加速度数据（毫秒级）看幅值存在渐变过程，不存在跳变。

3.2　导致实际振动的原因

（1）塔筒基础或结构刚性未达到设计要求，导致固有频率下降，与叶轮转频过于接近引发共振。

（2）机械传动链的某一异常振动频率与系统固有频率重合。

（3）控制系统设计缺陷，导致机组在启停过程中没有很好地避开大部件固有频率。

（4）控制系统异常。

（5）叶轮转矩波动导致共振。

4　案例解析

4.1　基本情况概述

某风场装机 33 台 1.5MW 机组，于 2009 年并网发电，风电场位于坝上，周围有林地。机组采用永磁同步发电机，风轮直接驱动，采用全功率被动整流并网。

从数据库故障日志查询，该风场 7 号机组于 2016 年 5 月开始频繁报出"机舱加速度超限故障"，（该故障解释，在待机、启动、并网、维护模式下，偏航系统没有偏航的情况下，机舱加速度有效值滤波后的值≥0.135g）。截至 2018 年 2 月该机组报"机舱加速度超限故障"频次达到 642 次，查看故障数据见图 3（采集间隔 20ms，故障前 90s，故障后 30s）在故障 0 时刻，机舱加速度有效值滤波后为 0.146g，达到故障触发值。观察故障特点，故障时均处于额定风速（12m/s）区，故障时刻感受晃动明显。

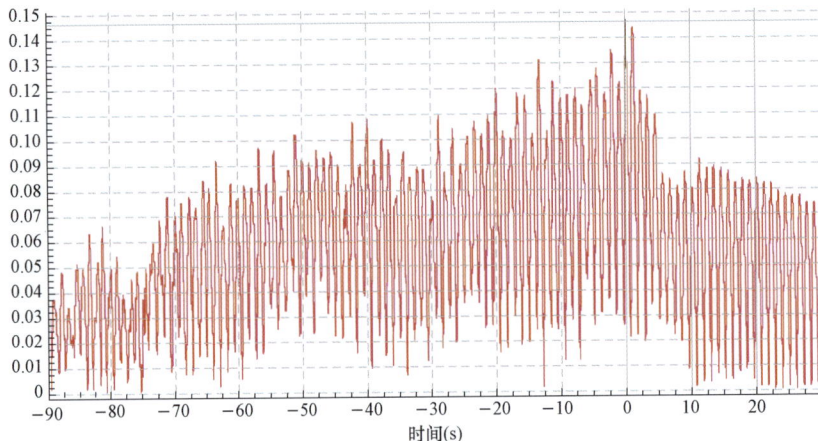

图 3　故障 B 文件机舱加速度有效值

4.2　故障分析

通过观察振动数据及实地勘查，明确该机组为实际振动，排除检测回路问题导致误报的可能。并对该台机组相关程序及参数和其他 32 台机组进行核对，完全一致，排除因控制策略问题导致机组振动。

对机组机械部分进行检查，包括桨距平衡度、基础水平度、塔筒螺栓连接、轮毂内部螺栓情况、主轴承情况、叶轮锁定销、叶轮锁定闸、塔筒连接螺栓、偏航刹车盘、偏航轴承、偏航余压、叶轮空转、机舱偏航，均未发现异常情况。

通过傅里叶变换，观察机舱加速度振动频谱，振幅最大频率为 0.45Hz，该频率为塔筒（前后、左右）一阶模态固有频率（来自机组厂家主要部件固有频率仿真结果）。可确定某一个振源与塔筒发生了共振。故障前后 90s 机舱加速度振动频谱如图 4 所示。

此时需要确定的就是振源来自何处，通过故障文件查看见图 5，该图采集了母线电流（boost 电流）、母线电流给定值（boost 电流给定值）、二极管整流后电压（不可控直流电压）、y

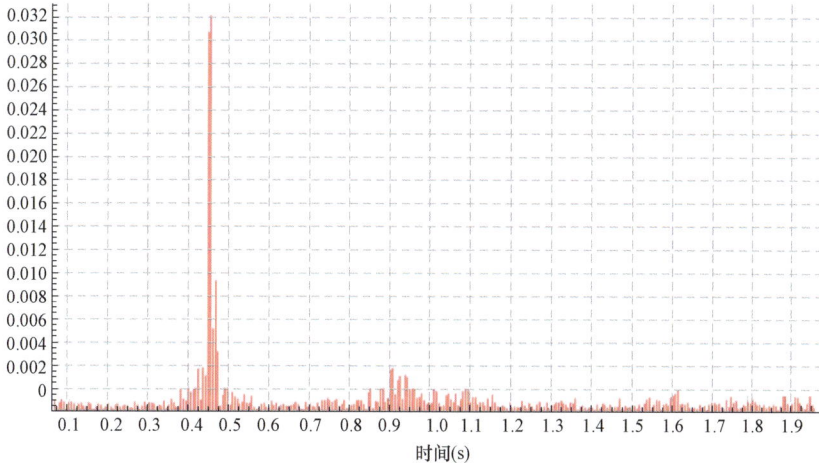

图 4　故障前后 90s 机舱加速度振动频谱

轴机舱加速度值。

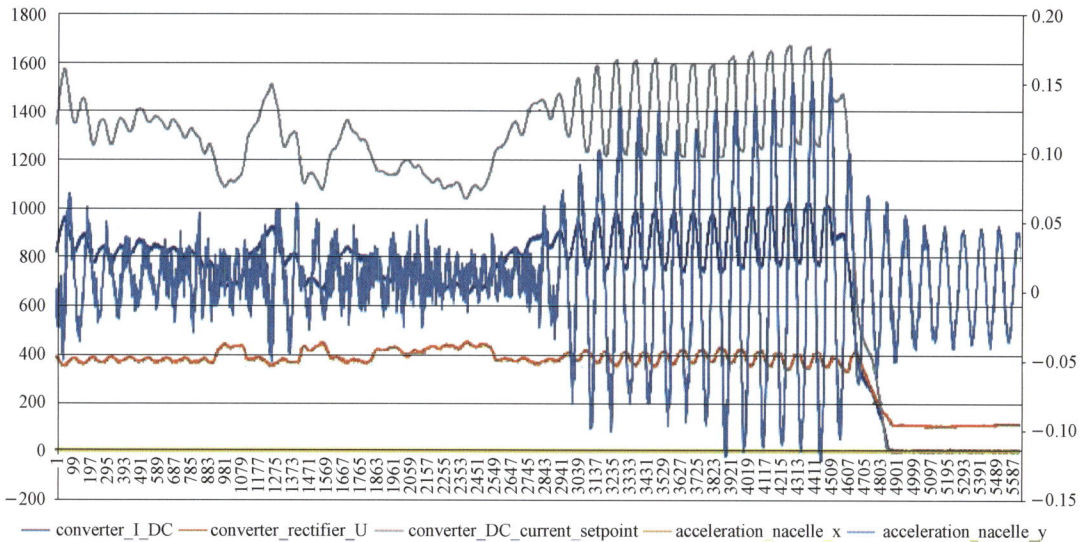

— converter_I_DC　— converter_rectifier_U　— converter_DC_current_setpoint　— acceleration_nacelle_x　— acceleration_nacelle_y

图 5　各参数与机舱加速度数据对比

可见在故障触发前有一段明显的震荡过程，同时加速度幅值不断扩大，最后达到限值，触发故障，经过计算该震荡频率为 0.45Hz 左右，与捕捉到的最大振幅频率相同。可基本确定导致塔筒共振的原因是叶轮转矩波动引发。

这里简述一下该机组被动整流过程，参考图 6。发电机输出经不可控整流后，经过 boost 升压电路注入直流母线电容，此处的控制目标是将电感电流控制为给定直流量（为了从发电机最大可能的拉取功率）。该给定量由主控根据 GH 策略计算得到的发电机功率设定（参考量为发电机转速），除以变流器整流电压，即得到 boost 电流设定，并通过通信电缆将设定指令传递给变流器。

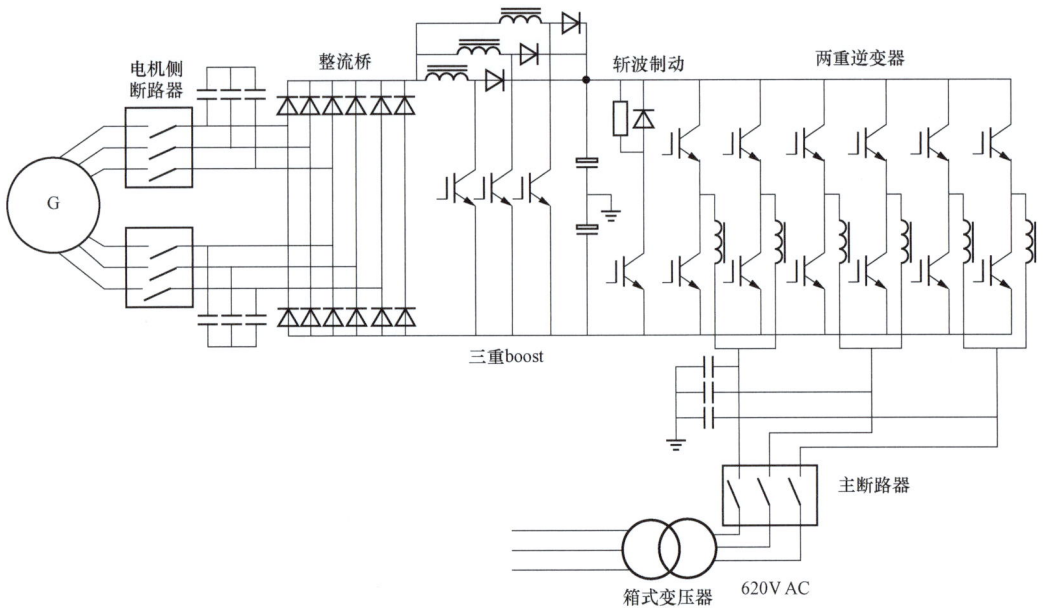

图 6　1.5MW 被动整流电器图

当 boost 电流发生波动后，母线电压、输出有功功率、发电机转矩都将发生波动，当这个波动与机组某一部件固有频率重合时就将引发共振。由图 5 可以看到 boost 电流给定值与二极管整流后电压在同时波动。根据前面的被动整流介绍 boost 电流给定值，主要参考量是发电机转速，同时二极管整流后唯一影响电压波动的也是发电机转速。

然而影响发电机转速的变量，一是湍流，二是桨距调节（被动整流不进行转矩控制）。

通过调取故障文件发现，查看桨距变化情况，发现机组在进入额定风速段后，桨距角开始调节，桨叶角度每 10s 进行了 4.5 周期调节，如图 7 所示。桨距角的变化频率恰好为共振频率。

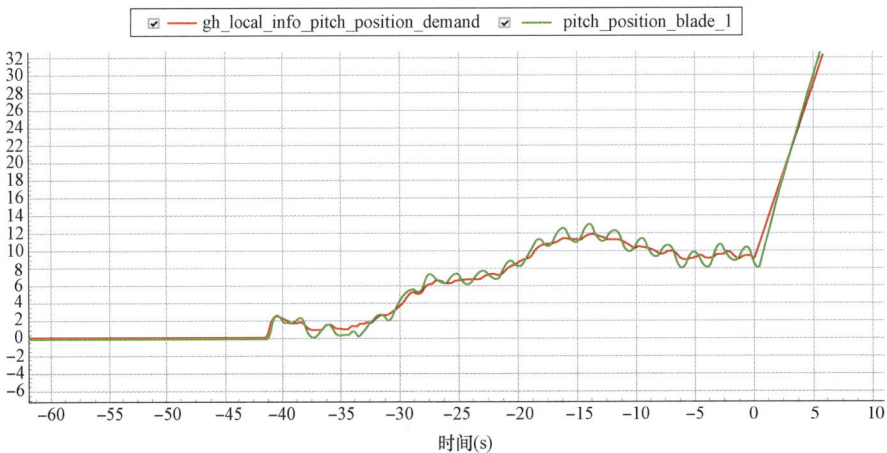

图 7　桨距角设定值与实际值对比

4.3 故障处理

通过以上分析，一是确定导致塔筒共振原因是叶轮转矩波动；二是叶轮转矩波动是由桨距角变化造成的。疑问在于为什么该机组桨距变化不同于其他机组（其他机组没有因桨距角变化引发振动），通过 TwinCAT Scope View 软件检测其他机组桨距变化发现，在额定风速至切出风速之间，每 10s 变化周期在 7 个以上，完全可以避开共振频段。

根据前文，该机组并不是每一次到达额定风速以上都会报该故障，只有在特定时候将桨距角调节速率变慢，目的是滞后于风速变化，减少疲劳载荷，这是启动加阻的过程。

在变桨的控制策略中，PID 的输入量引入机舱加速度信号（前后）的目的是当风速介于额定风速与切出风速之间时，通过对塔架顶部 fore-aft 方向一阶固有频率加速度信号检测，在发电机转速——叶片桨距角控制环路中增加一项与塔架顶部 fore-aft 方向一阶固有频率速度成正比的控制量，来达到增加塔架 fore-aft 方向运动阻尼，来实现减小塔架 fore-aft 方向疲劳载荷的效果。如图 8 所示，其中 $C(s)$——发电机转速环路控制器；$G_{act}(s)$——变桨执行机构动态特性；W_T——风电机组动态特性；$G_{tow}(s)$——塔架反馈环路；ω_{SET}——发电机转速给定值；W_g——发电机实际转速；ϕ_T——塔架顶部 fore-aft 速度。

机组进入额定风速以后，通过桨距角调节控制转速，然而桨距角变化必定带来叶轮升力和阻力（大部分为前后推力）变化，如果可以将这个量引入发电机转速-叶片桨距角控制环路中，为振动提供阻尼适应风速变化，将大大降低塔架疲劳载荷。由图 8 中 PID 控制可以看出加阻后变桨机构动态特性是受到加速度（前后）影响的。湍流越大，为了抑制振动直接表现为响应速度越滞后。

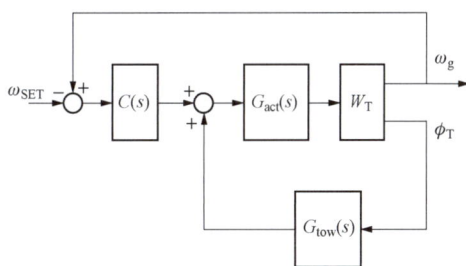

图 8　fore-aft 方向塔架加阻工作原理

通过对比该机组附近的其他机组，桨距角变化速率并没有变化，说明实际情况中并没有遇到较强湍流。排查机组启动加阻的原因，将重点放到机组 fore-aft 方向塔架加阻闭环控制中。最后通过排查发现加速度模块（如图 1 所示），X（前后）与 Y（左右）信号反接。这就导致了实际控制就变成了非闭环控制，控制桨距角变化的量没有得到真实反馈，将持续变化，直到桨距角变化频率与塔筒一阶固有频率发生共振，导致机组停机。

5　总结

机舱加速度超限故障可以把握以下几个基本方法。

（1）判断是否为真实振动，查看故障时机组运行状态。例如：风电机组处于停机或维护模式下报出很有可能与测量回路有关；观察振动加速度时域图，查看是否有振动放大过程，而非突然变化。

（2）如果判断为实际振动，观察振动频域，振幅较大频段是否集中，对应该频段找到与此相近的大部件各阶各模态固有频率，同时通过频段推测震源所在位置。例如：故障时叶轮转速为 $10\sim15r/min$，对应转频为 $0.167\sim0.25Hz$，共振频率如果在该频段内，很有可能因气动不平衡引发振动。

（下转 249 页）

风电机组齿轮箱油液监测典型案例分析

梁培沛，李泽乙

[龙源（北京）风电工程技术有限公司]

摘　要： 作为风电机组传动链中的核心部件，齿轮箱对整机的安全、高效运行起着至关重要的作用。油液监测技术的引入，为风电齿轮箱的状态监测和故障预警提供了一项有效的技术手段。本文通过对风电场润滑管理各环节中典型案例的分析，介绍油液监测技术在新油验收、机组验收、设备运行状态跟踪、按质换油方面的重要作用。

关键词： 风电机组；齿轮箱；油液监测

1　风电机组润滑系统及齿轮箱

目前主流风电机组润滑部件主要分为两类：一类是依靠润滑油进行润滑的部件，包括主齿轮箱、偏航电动机小齿轮箱、液压系统部件；另一类是依靠润滑脂进行润滑的部件，包括主轴轴承、发电机前后轴承、偏航齿圈、变桨轴承等。其中主齿轮箱是整机传动链的核心部件，其作用是将叶轮、主轴的低速转动通过各级轮系进行增速，转化成发电机端的高速转动，最终实现机械能向电能的转化，其运行状态直接关系到风电机组的设备可靠性和发电量。风电机组常用润滑剂及其使用部位见表1。

表 1　　　　　　　　　　　　　风电机组常用润滑剂及其使用部位

润滑剂类型	使用部位
齿轮油	主齿轮箱，偏航电机齿轮箱
液压油	液压站，变桨、刹车系统
润滑脂	主轴轴承、叶根轴承、发电机轴承、偏航轴承

2　油液监测在风电现场润滑管理中的作用

国内风电场日益重视对风电设备的状态监测，并引入了诸如振动监测、油液监测等技术手段，目前，绝大多数风电机组齿轮箱采用的油液监测手段为离线实验室监测，即由专人从设备的固定取样点上定期提取代表性的油样，及时送至实验室进行检测、分析，之后由实验室将结果报告给风电现场用以指导设备运维。

在风电场润滑管理的流程中，油液监测技术主要应用于以下几个环节。

（1）新油入库检测。对新购油品进行检验，杜绝以次充好、牌号错误等现象。

（2）机组出质保验收。评估油品性能和机组状态，为出质保验收提供数据支撑。

（3）齿轮箱换油后检测。评估换油过程是否规范，有无油品错用、污染等违规操作。

（4）设备的定期油液监测。通过合理的周期取样对在用油性能及设备状态进行跟踪。

（5）后期润滑油劣化趋势监测。通过对磨损元素、添加剂等指标的趋势变化进行按质换油。

3　风电场油液监测的典型案例

3.1　新油验收

某风场在采购润滑油时，发现部分新购齿轮油与库存齿轮油外观不一致，取样送检后，检测结果见表2。

表 2 两种新油的检测结果对比

检测对象	酸值（以 KOH 计，mg/g）	磷元素含量（mg/kg）	硼元素含量（mg/kg）
库存齿轮油	0.96	355	26
新购齿轮油	0.62	156	12

根据表 2 和图 1 中检测结果可见：两种新油的酸值和主要添加剂元素含量均有较大差别，同时其红外光谱 900～1400 区间内有明显差别，由此推断该两种新油的牌号不一致。

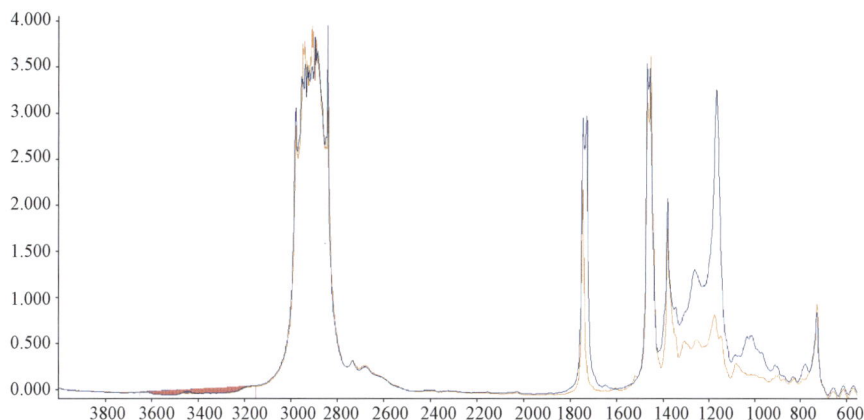

图 1 两种新油的红外图谱对比

原因分析：后与风电场及供油商核实，该批次油品在配送过程中进行过分装，分装时油品牌号标识错误，建议现场及时退换了该批次油品，本次监测避免了新油品的大面积混用错用可能导致的润滑不良。新油品供应是风电场润滑管理的源头输入性因素，是设备润滑安全的基础环节，在规范供应环节上应注意以下几个方面：

（1）风电设备造价高、运维标准高，主齿轮箱等关键部件对润滑剂的要求也较高，由于润滑性能等方面原因，目前风电润滑剂多被美孚、壳牌、福斯、嘉实多等国外石化巨头所垄断，采购时应尽量寻找其指定代理商进行集中采购。

（2）国内润滑油市场鱼龙混杂，常有以次充好、以旧充新等事件发生，如润滑油过滤再生后充当新油、矿物油或半合成油充当合成油进行售卖等。

（3）润滑油是一个细分领域，多数现场人员对其没有深入认识和了解，因此在新油采购时，除要求供应商出具相关质量证明文件外，仍建议通过第三方检测机构对采购的油品进行抽检，保证新油的规范供应。

3.2 换油过程不规范

某风场一台机组更换新齿轮箱，同时更换润滑油，运行三个月后取样送检，连续两次检测结果均异常，数据见表 3。

表 3 两种新油的检测结果对比

检测对象	40℃运动黏度 （mm²/s）	酸值 （以 KOH 计，mg/g）	磷元素含量 （以 KOH 计，mg/g）	铁元素含量 （以 KOH 计，mg/g）
换油后第一次取样	182.56	0.65	302	12
换油后第二次取样	186.72	0.68	288	30
库存齿轮油	322.20	0.88	352	<2
库存液压油	31.82	0.45	240	<2

由表 3 数据可见：换油后连续两次取样检测均出现齿轮油黏度、酸值、添加剂磷元素含量均较库存的齿轮油低，且由于黏度不能满足设备润滑要求，使用时间仅三个月的齿轮油中铁元素含量出现了异常升高，设备已有异常磨损萌芽。

原因分析：后与现场确认，该风电场风电机组类型多、油品牌号多，个别油桶上标签已模糊无法辨认，运维人员在加油时未进行确认，误将无标识的液压油混入到齿轮油中，导致了油品的混用，建议现场及时更换齿轮油。为杜绝此类现象发生，现场润滑管理需注意：

（1）目前风电用润滑剂多为国外品牌，中文标识较少，对于现场人员的辨识能力有一定要求，可采取加贴中文标识的方法加以明确区分。

（2）油品存放需要分类、分区存放，以免混淆错用。

（3）换油后 3 个月内宜进行一次油液监测，以确定换油过程的规范性，如有不规范操作也可及时进行补救。

3.3 机组出质保验收

某风电场出质保前 3 个月对全场机组主齿轮箱油进行油液监测，其中一台机组齿轮油指标变化趋势如图 2 所示。

图 2 某质保期内风电机组主齿轮箱润滑油指标趋势变化

由图 2 可见：2014 年 4 月该机组齿轮油中铁元素和 PQ 均有异常升高，同时伴有添加剂磷元素降低的现象，分析铁谱显示，油中磨粒在 $10\mu m$ 左右，推断其齿面已有轻微点蚀，内窥镜检查结果如图 3 所示。

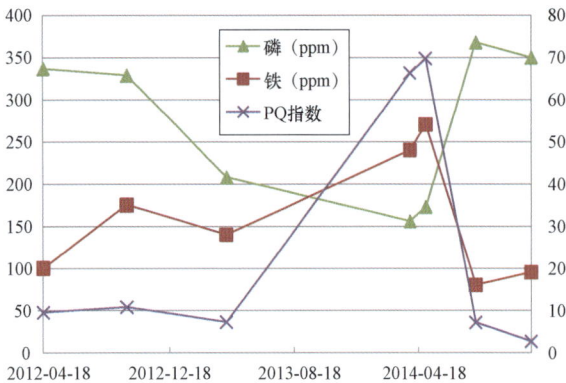

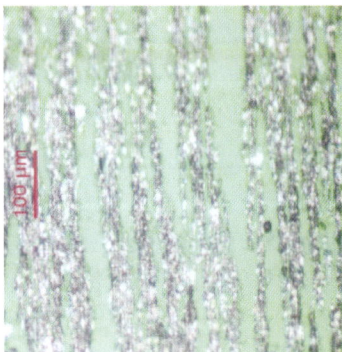

(a)分析铁谱图片　　　　(b)齿面内窥镜检查图

图 3 该机组齿轮油分析铁谱图片及齿面内窥镜检查图

后与整机厂商协调，对该机及时更换了齿轮油和滤芯，在之后的油液监测中，机组齿轮油各项指标均恢复正常。

原因分析：机组出质保验收是风电场管理的重要环节，需对设备整体运行状态作出合理评估，并对可能存在的风险与整机厂商进行协调处理，保障出质保后设备的正常运行。该案例说明：油液监测作为设备无损检测的技术手段之一，既可预警故障，也可预防隐患，可以为风电场发现并消除润滑故障隐患；一般在出质保前3个月内做一次油液监测较为适宜。

3.4 设备运行中状态跟踪

某机组在定期的油液监测中，2014年底出现磨损铁元素和PQ值异常升高现象，其数据变化趋势如图4所示；分析铁谱显示其齿轮油中含有粒径大于300μm的疲劳磨损颗粒，由此对端其齿面有明显点蚀，且较为严重，随即对该机组主齿轮箱齿面进行内窥镜检查，结果显示其齿面已有部分划伤，并有疲劳剥落导致的凹坑，现场已停机检修。

原因分析：多数风电机组齿轮箱装有粗滤器和精滤器，其所过滤的目标颗粒的粒径分别为50μm和10μm；当设备处于正常磨损时，其磨损颗粒的粒径一般小于10μm，当有10μm以上的颗粒剥落时，设备将进入异常磨损的初期，当出现50μm以上的颗粒时，设备异常磨损的状态已显现，此时常伴有滤芯堵塞报警、油温高报警等现象，应及时检查滤芯内部和下部托盘处是否有铁屑、齿轮箱下部磁棒是否吸附铁屑（或悬挂磁铁到齿轮箱下部检查是否有铁屑吸附）或目测检查齿面磨损情况，该操作事项宜引起运行维护

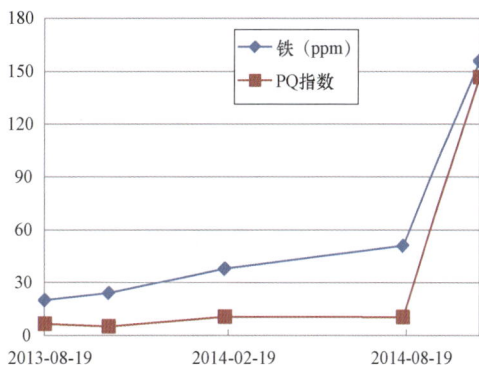

图4 某机组定期油液监测的数据变化趋势

人员高度重视。这种案例中的设备磨损呈渐进式发展，可以通过前期对铁元素的监测来发现，并通过及时更换齿轮油和滤芯来杜绝或减缓异常磨损的发生。

某齿轮箱齿面明显点蚀机组铁谱图片及内窥镜照片如图5所示。

(a) 分析铁谱图片   (b) 内窥镜照片

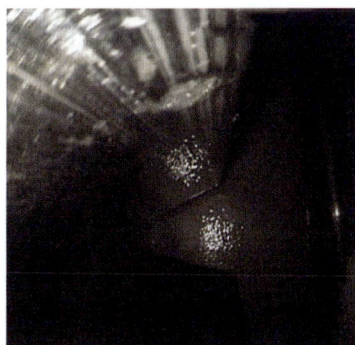

图5 某齿轮箱齿面明显点蚀机组铁谱图片及内窥镜照片

3.5 瞬态崩齿

风电场运行维护人员在2014年4月日常巡检过程中发现某机组齿轮箱振动较大，油液监测

发现铁磁颗粒超标，铁元素尚在正常范围内，见图 6；分析铁谱发现大量大于 $100\mu m$ 的剥落磨粒和滑动磨粒，建议停机检修；后内窥镜检查发现齿轮箱已崩齿，见图 7。

原因分析：对于非渐进型的崩齿故障，油液监测尚无法通过铁元素的逐步升高，在过程中作出有效预警，而多是通过崩齿后的异常磨损作出判断，存在技术上的滞后性。此类案例多发生于年运行小时数较高、选址于湍流区或频繁启停的机组。

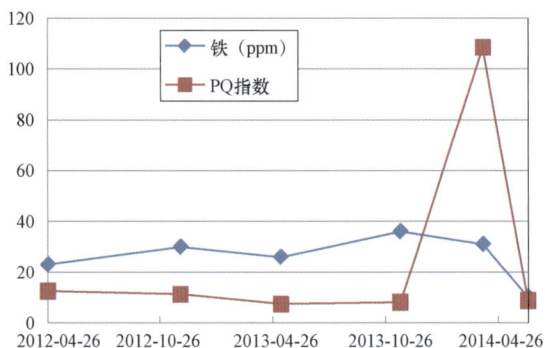

图 6 某机组定期油液监测的数据变化趋势

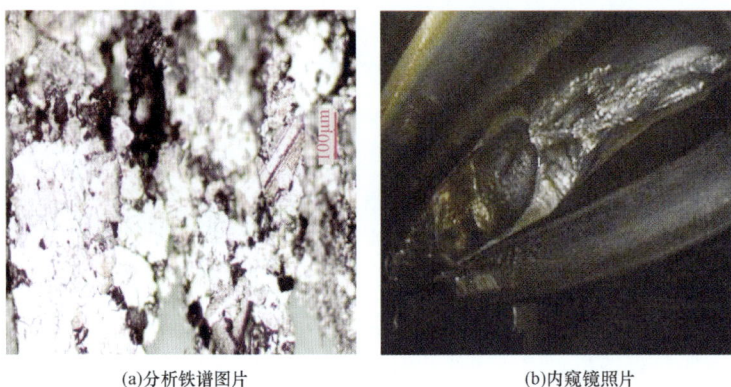

(a)分析铁谱图片   (b)内窥镜照片

图 7 某瞬态崩齿齿轮箱分析铁谱图片和内窥镜照片

3.6 油品劣化后的按质换油

某机组齿轮油在 2013 年 6 月的用油时间已接近 6 年，随后在 2014 年监测中发现其水分含量有明显上升趋势，并达到注意限，外观乳化明显，同时伴有铁元素和 PQ 指数升高的现象，分析铁谱出口区锈蚀颗粒较多。

原因分析：经与现场确认，该机组在运行维护时未及时更换齿轮箱呼吸孔内干燥剂，导致齿轮油在昼夜温差作用下，外界环境中的水汽在齿轮箱内壁不断凝结，最终导致齿轮油的乳化；内窥镜检查发现该机组齿面已有锈蚀。此类案例呈现南少北多现象，因为南方风电场对水汽的重视程度普遍较高，而北方风电场运行维护人员认为当地气候干燥，而对冷凝水的形成、干燥器的更换没有足够重视。

某齿面锈蚀机组的油液监测数据变化趋势如图 8 所示，某齿面锈蚀机组的分析铁谱图片、齿面内窥镜照片及呼吸孔正确维护方式如图 9 所示。

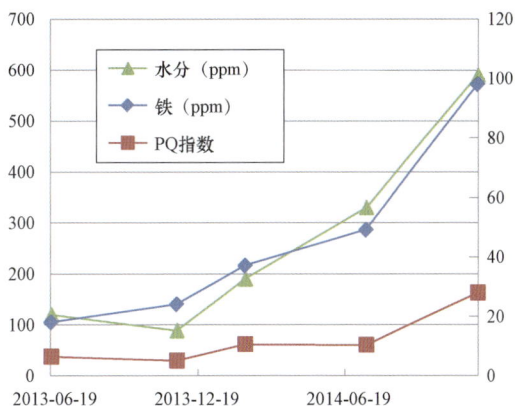

图 8 某齿面锈蚀机组的油液监测数据变化趋势

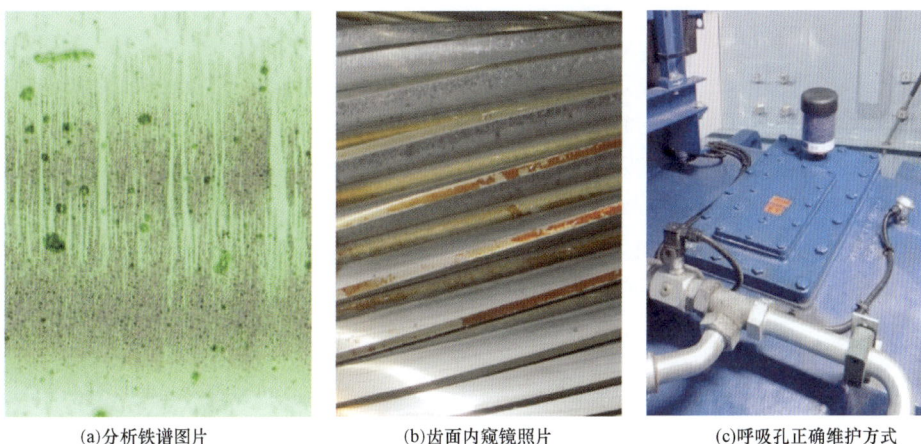

(a)分析铁谱图片   (b)齿面内窥镜照片   (c)呼吸孔正确维护方式

图 9 某齿面锈蚀机组的分析铁谱图片、齿面内窥镜照片及呼吸孔正确维护方式

4 结论

本文通过对风电场润滑管理各环节中典型案例的总结，展现了油液监测技术在润滑管理和故障预警方面的重要作用；作为状态监测技术的重要分支，油液监测技术在风电机组润滑领域的应用越加广泛，随着国内风电产业的发展，相信油液监测技术也会得到越来越多的关注。

参考文献

［1］秦树人，齿轮传动系统检测与诊断技术［M］. 重庆：重庆大学出版社，1999.

［2］张波，朱志成，盛迎新，等. 风电机组齿轮箱油液在线监测方法研究［J］. 风力发电 2011（05）：8‐13.

［3］张培林，李兵，徐超，等. 齿轮箱故障诊断的油液、振动信息融合方法［M］. 北京：机械工业出版社，2011.

［4］汪德涛，林亨耀，设备润滑手册［M］. 北京：机械工业出版社，2009.

关于 SL1500 风电机组齿轮箱油温高问题的研究及设备检修过程的思考

王旭

（内蒙古龙源新能源发展有限公司）

摘　要： 本文通过对风电机组齿轮箱油温高进行的散热器技术改造过程回顾，对技术改造过程中发现的油温高问题进行再研究，对风电场设备运行维护、检修进行了深入思考，提出了治理建议，对提高设备的可靠性有一定的帮助。

关键词： 齿轮箱；油温；检修过程

1　SL1500 风电机组齿轮箱油温高问题技术改造过程回顾

1.1　齿轮箱油温高原因分析

SL1500 机组出厂时配置大重齿轮箱和 HYDAC 润滑冷却系统，在机舱温度达到 40℃ 以上且满负荷运行时会出现批量的机组油温高（超过 75℃）限负荷运行情况，经过专项研究分析后发现是所使用齿轮箱机械效率低、发热量大、所使用散热器换热容量偏小导致。

SL1500 风电机组使用 HYDAC 润滑系统的散热器总成是针对国外齿轮箱机械效率设计，国内齿轮箱机械效率低，并且参考的环境温度一般是 35℃，极限不超过 40℃，由于机组实际运行中机舱环境温度已经达到 45℃，远远满足不了齿轮箱的换热要求，散热器总成的换热量小于齿轮箱的发热量，因此造成齿轮箱油温升高。

1.2　齿轮箱油温高解决方案

针对以上问题研究小组提出两个思路，一是降低机舱内温度；另一个是增大散热器面积。根据散热器换热公式可知，散热器总成的换热效率 P 与进、出口空气温差有很大关系，机舱内温度升高换热效率会大幅降低，因此，降低机舱内温度，可提高散热器总成的换热能力，控制齿轮箱油温升高，做了两个尝试。

$$P = CQ\rho(T_2 - T_1)$$

式中　C——空气比热，取 1.004kJ/（kg·℃）；

$\quad\quad Q$——空气流量；

$\quad\quad \rho$——空气密度，取 1.05kg/m³；

$\quad\quad T_2$——空气的出口温度；

$\quad\quad T_1$——空气的入口温度。

1.2.1　降低机舱内环境温度

一是在机舱开孔安装轴流风扇进行测试，实际进入机舱的空气并不足以降低齿轮箱油温，主要因为夏季环境温度相对就高，在风量一定的情况下，所产生温差换热效率不能大于齿轮箱发热效率。

二是直接将风量引入散热器下方并进行密封处理，实际进风量并不足以产生散热器所需进风量，严重影响了换热效率，齿轮油温升较改造前更严重。

因此，在机舱开孔加装轴流风扇，强制引入外界空气进入机舱，可在一定程度上改善机舱温度，但并不能达到降低齿轮油温的目的。

1.2.2　增加散热器空气流量

根据公式可知，在温差不变的情况下增加空气流量也可增加散热器总成换热效率，但目前使用风扇电动机极对数已经是 2 对，转速为 1440r/min，在现有基础上改变极对数增加转速，电动机尺寸将会有较大变化，不适用于现有结构，因此未实施。

1.2.3　提高风冷散热器的换热能力

在温差、流量变化不大的情况下，按齿轮箱冷却系统的原理分析，要提高润滑冷却系统的换热能力，还可以增加散热器总成的换热能力，需要增加散热器总成的换热面积，可以在现有散热器总成的基础上再加一组散热器总成。

1.3　增加散热器方案的实施

与散热器厂家合作共同研究散热器内部结构，进行散热量计算，定制散热器组，试验验证，最终确定在 SL1500 风电机组原有 HYDAC 散热器总成外并联一组散热器，保证机组在环境温度高时的散热效率，提高换热能力，如图 1 所示。

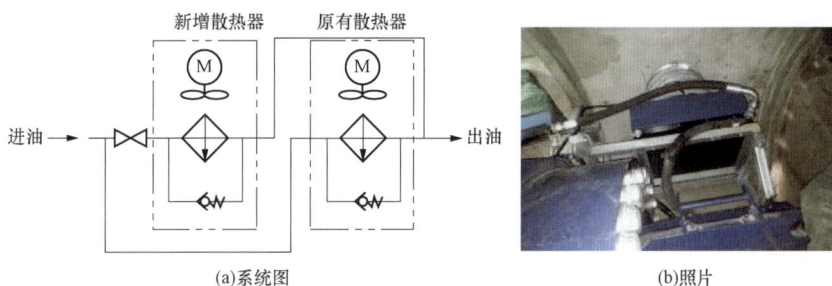

图 1　增加散热器示意图

并联散热器，能够增加机舱内空气的循环风量，在一定程度上也能够抑制机舱内环境温度的升高，提高换热效率。

1.4　新增散热器后的运行情况

新增散热器安装好后与原散热器并联运行，风扇电动机同时动作，由 PLC 统一控制，从试验机组 A4-066 风电机组运行数据可看出，经历连续三天风速 10m 以上、环境温度在 35～45℃的情况下，齿轮箱油温未达到 75℃，可以说明并联一组散热器效果是显著的。

1.5　批量技术改造后出现的问题

在 2017 年批量进行齿轮箱散热器技术改造过程中大部分机组齿轮箱油温得到控制，因只有在高温满负荷时才能体现效果，随着技术改造范围的扩大，又逐步出现齿轮箱油温超过 75℃ 的情况，面对这个问题进行了再次深入的研究。

2　技术改造过程中的再研究

在技术改造过程中发现，加装散热器后的机组依然有油温高情况出现，这是在改造过程中没有想到的情况。从 SL1500 风电机组齿轮箱润滑冷却系统原理分析可知，在保证了散热器总成散热能力的前提下，油温高问题主要出现在冷却系统回路，具体分析影响因素有以下几方面，并提出了对应防范措施。

2.1　通风罩固定的完好性

通风罩漏风会造成散热器出口热风再次进入进风口，散热器两侧温差减小，甚至趋于一致，散热效率会大幅降低，因此确保散热器通风罩固定的完好与密封至关重要。

措施：原固定方式为硬性卡箍容易脱落，将硬性卡箍的材料变成柔软的抱箍材料，可使导风罩受力均匀，严实密闭。

2.2　温控阀运行状态

SL1500 风电机组油冷系统使用温控阀为 45℃开启、60℃完全打开，因此前齿轮箱油温长期偏高，温控阀长期在闭合状态，蜡囊容易过度变形而弹性降低，造成推力杆不能正常伸长，导致换向阀口不能完全打开，部分油液直接回油箱不经散热器散热而造成油温升高。

措施：需要定期对温控阀进行更换，并检测更换下温控阀状态是否正常，进行再次利用。

2.3　单向阀运行状态

SL1500 风电机组油冷系统 1MPa 单向阀用于旁路低温油压高，散热器内 0.6MPa 单向阀用于旁路散热器翅片阻塞，在低温启动时，由于油液内杂质影响，会造成单向阀动作后不能完全回位，导致单向阀低于开启压力提前开启，油液大部分不经散热器循环直接回到油箱，不能降低油温。

措施：可在油泵启动过程中用测温枪测量单向阀后部管路温度，如与进油口油温一致说明单向阀已经失效，需要更换处理，也可将单向阀后端油管拧下启动油泵观察压力及单向阀出油口。

2.4　散热器通风量降低

风电场环境一般风沙或柳絮较多，长期运行散热器风道容易堵塞，导致进风口风量减少，散热器热交换能力下降，严重影响散热器总成的散热效率。

措施：定期清理散热器尘土，每年春季对散热器进行清洗，并用手持式风速仪测量散热器各部位通风量达到 5m/s 以上，保证通风量。

2.5　散热风扇电动机转速低

SL1500 风电机组油冷散热风扇电动机使用双速电动机，正常使用为高速，如果接为低速，散热风扇转速会下降一半，影响散热器通风量。

措施：可定期用钳形电流表检查散热风扇电动机电流，如果为 7A 说明连接是高速，如果为 4A 说明连接为低速，并用手套测试风扇方向为向上吸力，尤其是在清洗散热器或反向吹风后进行检查。

2.6　测量回路准确度

SL1500 风电机组齿轮箱油温 PT100 测温回路的模拟地与系统数字地混接，造成回路中数字信号的变化对模拟地信号的影响，经测量会导致齿轮箱油温 PT100 温度值高于实际温度 5℃左右，使机组满发温度区间变窄，提前进入限负荷状态（75℃），造成电量损失。

措施：将系统模拟地与数字地做分离，减少数字地对模拟地的影响。

3　风电场设备检修的建议

通过这次齿轮箱油温高技术改造的实施过程可知，设备表现出来的问题往往是多方面原因造成的,并非一种措施可以解决所有问题,本文所述在对散热器总成进行技术改造的前提下。同样,也要保证 2 中 6 个方面是正常的才可以确保机组齿轮箱油温的正常,但同样也不能忽略齿轮箱自身问题的存在。

在早期试验过程中就曾发现风电场 8 号风电机组齿轮箱油温高问题经过各种方法尝试效果都不理想,并联散热器技术改造后有所改善但是依然温度高,当时发现高速轴断过齿进行了更换,其他并未发现异常,次年在滤芯处发现大量铁屑,检查齿轮箱内部齿面剥落严重。

可见造成齿轮箱油温高的原因有很多,在冷却系统各方面均正常的情况下,不能盲目地通过扩大散热器面积降低油温,否则会掩盖问题根本原因,造成更大的问题。

需要检修人员深入研究设备性能、原理,提升技能,探讨检测方法,引入新设备、新技术,明确观测值,进行量化指标,使检测简单化,才能确保油冷系统各部件运行正常。例如手持式风速仪、振动测试仪和内窥镜的使用等。

4 风电场设备运行维护的建议

通过技术改造过程的实施认识到,由于风电场设备运行多年,机组运行状态千差万别,不能用单一的方法对待每一台机组,对于该风电机组齿轮箱油温高问题的解决,还要在技术改造的基础上做到以下几点。

(1)巡视与定期维护相结合,在定期维护项目中增加温控阀、单向阀、散热器通风量、电机电流的检查,在巡视项目中增加散热器通风罩的检查,明确检查标准,并列为重点执行项目。

(2)进行数据分析,设备的变化都会反映到日常运行数据中,定期观测数据变化,掌握齿轮箱油温异常机组。

(3)做好循环检修计划,不断根据设备运行状态的变化调整检修重点,直至所有机组运行水平趋于一致,达到目标后列为普通项目持续关注。

在日常工作中进行设备检修的最终目的在于消除设备缺陷和隐患,使设备运行在良好的状态中,问题趋于可控,进行状态检修、计划性检修。

5 结论

通过风电机组齿轮箱油温高问题的研究,对风电场设备的运行、维护和检修有了一个全新的认识。明白了风电设备要向着无故障风电场建设目标迈进,重点要在运行过程中掌握设备信息,明确数据异常机组,设备维护时要确定重点执行项目,明确执行标准,检修工作要深入思考,研究性能原理,掌握新知识新方法提升技能。

(上接 239 页)

(3)注意观察特殊异响发生是否有规律,每只叶片的扫风声音,周边环境是否具有一定特点,故障发生时是在哪种特定情况下等。例如:如果机组处于并网过程或功率控制过程,那么很有可能与控制策略有关。

浅析某 2MW 双馈风电机组振动安全链的故障处理

余永圳，邱泽岳

(广东国能龙源新能源有限公司山门维保中心)

摘　要： 风电机组安全链回路是独立于主控制程序的最后一级，也是最重要的一级硬件保护措施。一般采用反逻辑设计，将风电机组内的各个重要部件的信号串联在一起，当其中某个环节达到触发条件时，机组将执行紧急停机指令，保障机组安全稳定运行。振动信号是安全链中尤为重要的一环，当机组出现异常振动时，振动传感器会将信号传输给安全链模块，判别是否执行紧急停机指令，避免造成故障扩大。

关键词： 风电机组；安全链；振动

1　故障基本情况

该型号机组设置了多级别的停机方式，包括正常停机、变桨停机、电网停机、快速停机、安全停机和紧急停机等，安全链故障执行紧急停机方式。

当主控在 0.5s 内检测到机舱前后振动绝对值超过 0.12g 时，机组报"机舱振动限值"故障，属于故障停机等级。当机舱振动值达到振动传感器内设定的保护定值，机组报"振动安全链"故障，触发风电机组级安全链停机。

2　故障现象

不同故障原因导致振动安全链故障发生的现象有所不同，主要有以下三类：

(1) 风速大且风向变化快，尤其出现在湍流严重的机位。

(2) 风速较大，且风电机组处于偏航状态。

(3) 风速小，机组正常运行，无偏航。

3　原因分析与诊断

故障原因主要分为电气方面、机械方面和其他原因。

(1) 电气方面原因。包括元件损坏、接线松动、程序参数设置不当或者信号干扰等。具体原因有 PLC 模块 300K7 损坏、PLC 模块背板损坏、振动传感器 24V 供电丢失、振动传感器损坏、防雷模块 362U3 损坏、检测回路接线松动、发电机编码器干扰、其他信号干扰等。

(2) 机械方面原因。即机组实际发生了振动情况，主要是叶片、齿轮箱、发电机等大部件损坏，齿轮箱、发电机等大部件固定螺栓松动或弹性支撑损坏，齿轮箱与发电机不对中，偏航刹车余压过大，偏航刹车盘残留过多磨损材质或油污，偏航刹车片磨损等。

(3) 其他原因。包括突发阵风、电网突然断电、三倍频共振、振动传感器固定不牢固等。

4　故障处理过程

(1) 首先查看风电机组 SCADA 监控系统报文代码。

(2) 分析故障数据。查看故障发生时的风况，判断是否存在阵风突变的情况，通过故障时的文件判断机组是否在执行偏航等操作，同时可利用视频监控查看故障时刻机组是否存在振动过大，再根据故障数据进一步分析具体的原因。

（3）就地检查机组故障原因。对机械部分、电气回路和程序参数作进一步的详细检查处理。

5　典型故障案例

5.1　偏航时刻振动过大

5.1.1　故障现象

从故障前后的数据看出，风电机组正处在偏航的状态，此时，机舱 X、Y 轴的振动值开始突增，直至达到设定的参数值后机组故障停机。如图 1、图 2 所示。

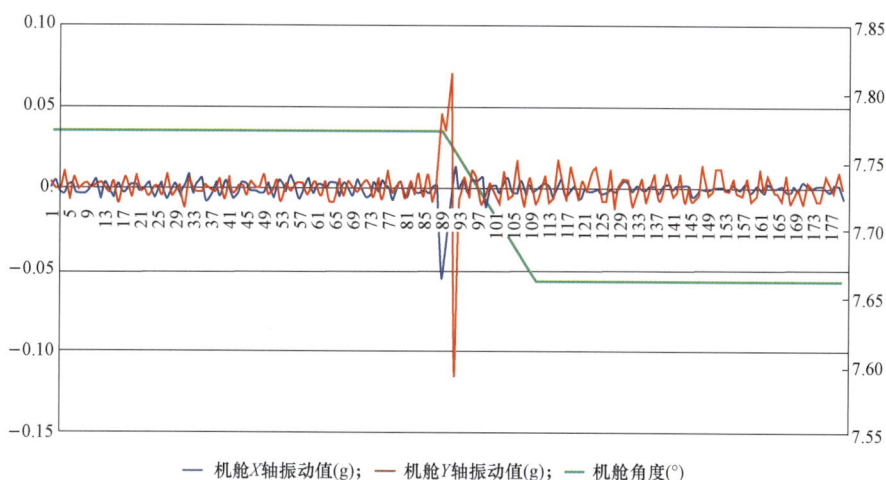

机舱 X 轴振动值(g)；　　机舱 Y 轴振动值(g)；　　机舱角度(°)

图 1　偏航时 Y 轴振动值超限 1

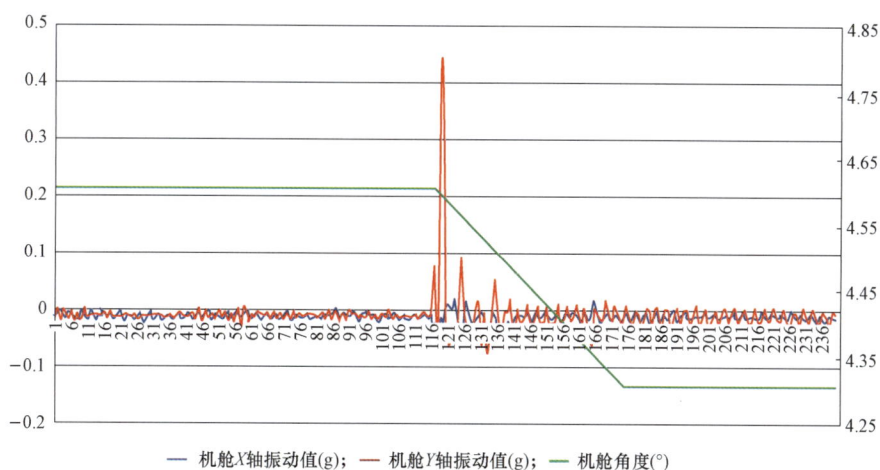

机舱 X 轴振动值(g)；　　机舱 Y 轴振动值(g)；　　机舱角度(°)

图 2　偏航时 Y 轴振动值超限 2

5.1.2　解决措施

（1）检查偏航余压是否过高。

（2）检查刹车钳是否无法及时松闸。

（3）检查偏航制动器刹车片磨损情况。

（4）及时清理刹车盘异物，保持刹车盘光洁、平整。

5.2　振动传感器损坏或接线松动

5.2.1　故障现象

从故障前后的数据看出，风电机组正常运行时，机舱振动幅值均发生数据跳变，且变化曲线一致。如图3、图4所示。

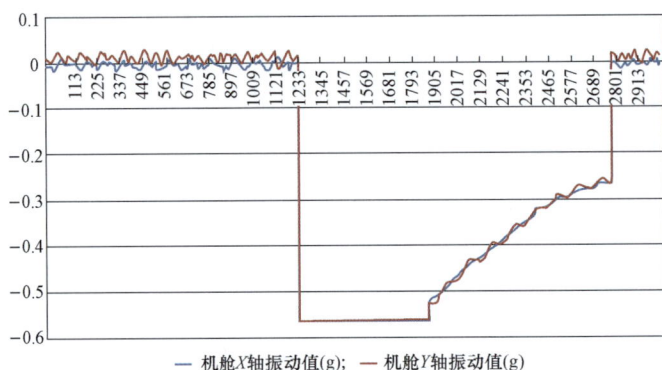

图3　运行时刻 X、Y 轴振动值同时发生跳变 1[3]

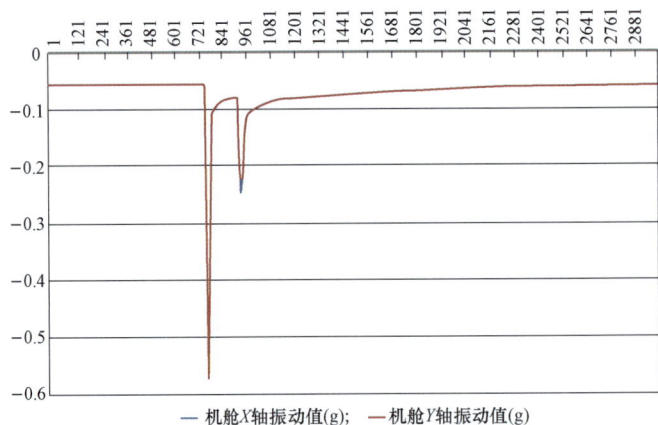

图4　运行时刻 X、Y 轴振动值同时发生跳变 2

5.2.2　解决措施

（1）检查振动传感器是否固定牢固。

（2）检查振动传感器线是否有破损。

（3）检查振动传感器性能是否正常。

5.3　非控制问题引起

（1）检查机舱设备，如联轴器、齿轮箱发电机弹性支撑等大部件损坏导致振动严重，需要进行处理更换；齿轮箱与发电机不对中，应重新进行对中。

（2）发电机编码器干扰，可利用变流器录波软件监测编码器波形，确认是否为编码器干扰所致；可检查编码器至变频器的线是否有破损；编码器线屏蔽层接线工艺是否符合要求。

6　结论与建议

振动安全链故障涉及的因素很多，当故障发生时，应结合故障文件进行分析，根据不同情况制定不同的处理措施。同时，在日常的定检维护中，有以下几点建议：

6.1　偏航系统

（1）定期清理偏航刹车盘上的碳粉、油污等。

（2）检查偏航制动器刹车片磨损情况，若磨损过大或不均匀，应及时进行更换。

（3）检查偏航余压是否符合规定，及时进行调整。

6.2　传动系统

（1）定期检查发电机、齿轮箱等大部件的固定螺栓力矩标线是否发生偏移，按规定力矩值进行禁锢。

（2）检查弹性支撑是否完好。

（3）检查联轴器是否出现打滑现象。

（4）定期开展发电机对中工作。

6.3　信号检测回路

（1）检查振动传感器固定是否牢靠。

（2）检查接线是否有松动。

（3）检查信号线是否有破损。

（4）更换振动传感器时应按厂家规定进行参数配置。

（上接 264 页）

［8］张绍辉，罗洁思 . 基于频谱包络曲线的稀疏自编码算法及在齿轮箱故障诊断的应用［J］.
　　振动与冲击，2018，37（04）：249 - 256.

［9］刘辉海，赵星宇，赵洪山，等 . 基于深度自编码网络模型的风电机组齿轮箱故障检测［J］.
　　电工技术学报，2017，32（17）：156 - 163.

［10］郭鹏，David Infield，杨锡运 . 风电机组齿轮箱温度趋势状态监测及分析方法［J］. 中国
　　　电机工程学报，2011，31（32）：129 - 136.

［11］蔡安江 . 基于人工神经网络技术的齿轮箱故障诊断应用研究［C］. 陕西省机械工程学会 .
　　　陕西省机械工程学会第九次代表大会会议论文集 . 陕西省机械工程学会：陕西省机械工程
　　　学会，2009：162 - 167.

浅谈齿轮箱油温超限故障处理

吴蕾

（华能新能源股份有限公司上海分公司）

摘　要： 本文对齿轮箱油温故障进行分析判断，介绍了齿轮箱油温超限故障存在的几种可能性，从齿轮箱油温实际值高及油温虚高两个方面阐述了故障检查思路及处理办法，总结了发生此类故障的可能原因及预防措施。

关键词： 齿轮箱油温；温度超限；故障处理

1　概述

　　齿轮箱润滑油的主要功能为润滑、冷却、清洁以及保护作用。在齿轮箱运行的过程中，齿轮箱润滑油可以在齿轮及轴承表面有效形成润滑油膜，减少齿轮间的直接接触，同时吸收齿轮箱运行过程中所产生的热量，带走齿面或轴承表面存在的污染物，能够很好地提升齿轮、轴承的可靠性，提高齿轮箱的运行寿命。因此，齿轮箱润滑油的运行参数对风电机组平稳运行具有至关重要的作用。

　　伴随着风电机组运行时间加长，齿轮箱油温超限的故障日趋明显，实际排查过程中，油温超限故障诱发因素较多，且重复性较高，因此深入分析齿轮箱油温超限原因并及时采取相应的预防性措施能够有效降低故障发生频次，提升风电机组运行可靠性。

2　齿轮箱油温超限原因分析

　　结合我场近几年齿轮箱油温超限故障案例分析，齿轮箱油温超限故障主要有齿轮箱油温测量回路故障及齿轮箱油温实际值超限两大类型。

2.1　齿轮箱油温测量回路故障

　　在风电机组实际运行过程中，如果油温测量回路出现接线松动或温度传感器 PT100 损坏等情况也会带出齿轮箱油温超限故障，以下结合我场风电机组油温测量回路原理图（见图 1）进行具体分析。

　　由图 1 可见，齿轮箱油温测量回路主要原理为：温度传感器 PT100 测量齿轮箱油温后经端子排 33、34 号口将温度模拟量信号传输到主控模块 KL3204 中。

2.1.1　温度传感器 PT100 故障

　　风电机组常用测温传感器为 PT100 铂热电阻测温传感器，该温度传感器在 0℃时，阻值为 100Ω。在理想情况下，温度每升高 1℃，温度传感器阻值增加 0.385Ω。如果齿轮箱油温测量传感器 PT100 损坏，则会直接导致齿轮箱油温数据异常并报出油温超限故障。

2.1.2　测量回路线路故障

　　由图 1 可见，整个油温测量回路中，PT100 接线经端子排 33、34 端口进主控模块，若 PT100 处、端子排 33、34 端口处或主控模块处接线松动、虚接，那么在风电机组运行过程中会断断续续报出齿轮箱油温超限故障；若 PT100 至端子排或端子排至主控模块间有线路接线断开，那么齿轮箱油温数据测量显示实际温度将远高于 100℃。

2.1.3　主控模块故障

　　某风电场风电机组采用倍福 KL3204 模拟量数据输入模块接收齿轮箱油温信号。风电机组

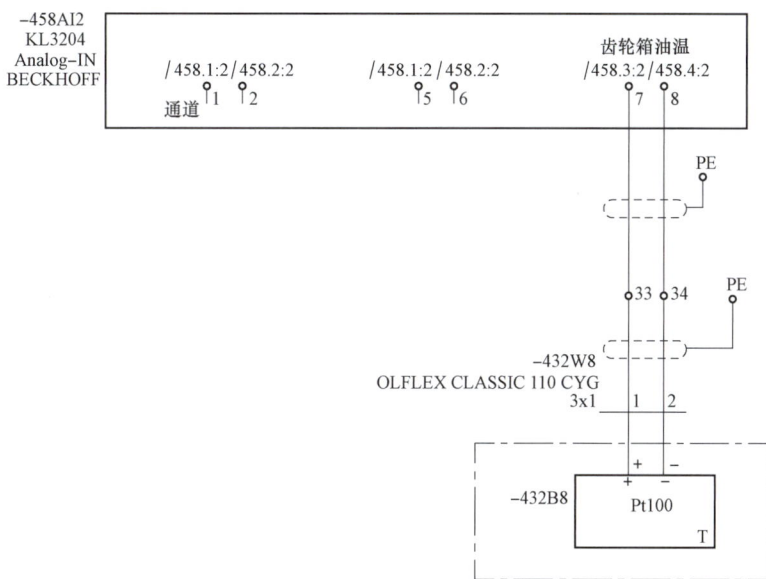

图 1　齿轮箱油温测量回路原理图

实际运行过程中，若 KL3204 模块损坏，出现模块亮灯情况异常，则表示此时该模块损坏，已无法正常显示齿轮箱油温数据。或者风电机组在长期运行过程中导致模块松动，出现模块供电不足等情况，从而误报其他故障。

2.2　齿轮箱油温实际值超限

当风电机组报出齿轮箱油温超限故障，且通过红外测温枪测量齿轮箱表面温度发现齿轮箱表面温度确实高时，可判断此时为齿轮箱油温实际值超限。以下结合齿轮箱油路循环原理图（见图 2）对此类故障进行分析。

由图 2 可知，齿轮箱润滑油经齿轮箱油泵及溢流阀到齿轮油过滤器处过滤，过滤完成后经温控阀调整流向。当油温低于温控阀设定温度 45℃时，齿轮油直接回齿轮箱。当油温高于温控阀设定温度 45℃时，温控阀开启，60℃时温控阀全开，在此切换过程中，齿轮油将同时在直通齿轮箱的管路及去油水冷却器的管路中过流。并伴随着切换过程两路流量大小有变化，但总量不变。

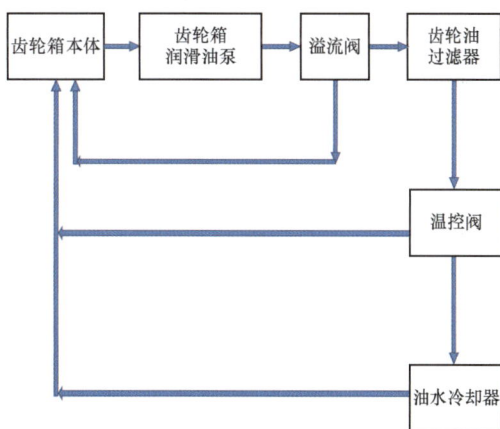

图 2　齿轮箱润滑油路

2.2.1　温控阀损坏

齿轮油能否通过油水冷却器进行冷却，主要是依靠温控阀调节齿轮油在两个管道中的流向。当温控阀损坏不动作或性能降低时，实际油温已超过温控阀动作阈值，但温控阀仍未动作，导致齿轮箱润滑油无法经油水冷却器进行有效及时的冷却，油温持续快速升高，从而导致油温超限。结合我场近年数据，此类故障是导致油温超限故障的主要原因。判断此类故障可根据齿轮箱润滑油及齿轮箱冷却水油水温差值来进行分析，若故障风电机组油水温差明显高于其他风电机组，则可判断是由温控阀损坏引起的油温超限故障。

2.2.2　油水冷却系统性能降低

齿轮油经油水冷却器进行冷却，而油水交换器中的冷却水经散热片由齿轮箱冷却水冷却风扇进行散热。若齿轮箱冷却水压力不足或散热片长时间未清理，散热器表面污垢明显，则会影响齿轮箱冷却水散热质量，从而导致冷却水温无法及时降低，最终导致油温无法有效降低。

2.2.3　齿轮箱润滑油性能降低

风电机组长期运行后，若未按技术监督有关规定，对齿轮箱润滑油每 3～5 年更换一次，则齿轮箱润滑油各项指标逐渐劣化，导致润滑油保护能力降低，齿轮间摩擦增大，发热增大，从而油温升高，最终报出油温超限故障。判断此类故障要结合油样数据分析报告，及时跟踪齿轮油品质及性能情况，若有必要需及时更换齿轮油。

若齿轮油过滤器堵塞，会导致齿轮油流速偏低；且长期未更换过滤器滤芯会导致齿轮油无法得到有效过滤，油的品质无法得到保障，润滑及冷却能力降低，从而导致齿轮箱轴承及油温自然升高。

2.2.4　齿轮箱齿面及轴承损伤

风电机组长期运行后，若未得到有效及系统性的维护，有可能出现齿轮箱齿面不光滑、啮合不到位或轴承振动较大等情况，此时齿轮箱本体温度或高低速轴温明显升高。齿轮油对齿面及轴承润滑降温后，温度自然升高。此类故障需结合齿轮箱轴温及振动数据分析判断，出现情况较少。

3　齿轮箱油温超限故障排查及处理

排查故障前，可先从风电机组后台读取故障时间点前后，齿轮箱油温、齿轮箱水温、齿轮箱轴承温度等数据，若齿轮箱油温数据在某个时间点急剧变化，则一般判断此类故障为油温测量回路故障。

3.1　油温测量回路故障排查及处理

3.1.1　温度传感器故障排查及处理

找到齿轮箱油温测量温度传感器，打开 PT100 接线盒，用万用表现场测量 PT100 阻值大小，根据阻值大小测算温度并与实际温度对比，判断 PT100 是否正常，如果出现明显数值偏差则说明此 PT100 损坏。此时可先更换备用 PT100 继续使用，后续对损坏的 PT100 及时更换。

3.1.2　线路故障排查及处理

重新紧固测量回路接线，包括 PT100 接线、端子排接线、主控模块接线，判断 PT100 至主控模块间接线是否有虚接、短路或断路的情况，若有及时检查线路。

3.1.3　主控模块故障排查及处理

检查主控模块是否松动，供电是否正常。针对我场 KL3204 模块，可通过模块信号灯情况判断模块是否正常工作。也可通过计算机与主控连接，使用 TwinCAT System Manager 软件读取模块工作情况，判断模块是否正常工作。

3.2　齿轮箱油温实际值超限故障排查及处理

3.2.1　温控阀损坏故障排查及处理

后台调取故障风电机组齿轮箱油水温差，与其他风电机组对比，若明显出现油水温差数值大于其他风电机组的情况，则一般判断为温控阀故障导致，采取现场更换齿轮箱温控阀的形式排除此类故障。

3.2.2 油水冷却系统性能降低排查及处理

结合后台数据，若发现齿轮箱油温及水温均偏高的情况，则此时检查风电机组齿轮箱冷却水系统，观察冷却水压力是否达到要求值，若冷却水压力不足及时补充冷却水。检查冷却水散热片表面是否堵塞、影响散热效果，及时对散热片表面进行清洗。

3.2.3 齿轮油性能降低排查及处理

根据风场油样分析报告，判断故障风电机组齿轮油性能情况，对超出标准要求的应及时更换齿轮箱润滑油。同时风电机组年度定检工作中应及时更换齿轮箱油过滤器，避免由于过滤器堵塞造成的齿轮油流速过慢。

3.2.4 齿轮箱齿面及轴承损伤排查及处理

桨叶开桨，观察齿轮箱在运转时内部是否有异响。对轴承轴温数据、齿轮箱振动数据等进行分析，结合定期开展的齿轮箱内窥镜检查工作，对齿轮箱齿面啮合松紧程度、齿面光洁度、清洁度进行仔细检查，检查齿面疲劳损伤程度以及轴承是否有磨损、灼伤、热膨胀等异常情况。

4 齿轮箱油温超限故障预防措施

针对以上故障类型，提出以下建议：

（1）点检、定检风电机组维护时注意加强端子排及模块接线检查，提早消除虚接隐患。

（2）针对夏季高温月份提早开展散热片表面冲洗工作，及早加注齿轮箱冷却水，确保齿轮箱油水冷却系统正常。

（3）加强风电机组值班监盘工作，尤其是大风天风电机组轴承温度、齿轮箱油水温度的观察，提早发现温控阀性能下降隐患，开展温控阀更换工作。

（4）结合化学技术监督，定期开展油品分析工作，按规定按要求定期开展齿轮油更换工作。

（5）定期开展齿轮箱内窥镜检查工作，结合齿轮箱振动数据分析，保障齿轮箱本体安全稳定运行。

5 结论

齿轮箱油温超限故障主要可从以上总结的两大故障类型着手考虑，现场检查时可根据实际情况逐项排查，找出具体原因，并提出针对性改善措施，避免其他风电机组发生类似重复性故障。

（上接 278 页）

7 结论和建议

齿轮箱是双馈风电机组最容易发生故障的部件之一，通过监测齿轮箱高速轴振动信号，发现驱动链方向塔筒振动加速度（RMS）超限故障现象并排除故障的过程，说明了对齿轮箱的振动监测与故障诊断具有较强的现实意义。

齿轮箱高速轴存在异常振动，现场运行维护人员需要检查齿轮箱运行情况，检查机组运行过程中是否存在异常；还需对发电机驱动端轴承磨损情况进行检查，发电机运行过程中是否存在异响，改善轴承润滑情况，密切注意轴承温度变化情况。

风电机组齿轮箱油温异常诊断方法与预警策略研究

王灿，姜海苹

[龙源（北京）风电工程技术公司]

摘　要： 针对风电机组故障样本数据少，风电场故障记录不准确的实际问题，本文提出风电机组齿轮箱故障预警方法结合风电机组设计机理以及运行维护经验，使用无故障运行数据构建齿轮箱油温异常模型，依据实际运行数据与预测数据的偏差，按照指定的预警策略给出预警。本文方法采用 Docker 技术实现了生产环境的跨平台、轻量化部署，经现场验证准确率高，能够大大提高风电机组运维效率，间接提升发电量。

关键词： SCADA 数据；Docker 技术；齿轮箱；轻量化部署；故障诊断

1　概述

由于风电机组受风速、风向的影响，长期在变转速、变负荷状态下运行，使得机组运行工况具有波动性、间歇性的特点。而齿轮箱作为变速机构，因其结构设计紧凑，部件之间耦合性较强，长期受到交变载荷和冲击载荷作用，容易造成齿轮磨损、点蚀和轴承表面损伤等故障，因此齿轮箱故障在风电机组机械类故障中所占比例较高、维护过程复杂、维修条件要求高、停机时间长、维修成本高等。据行业统计数据显示，风电机组 60% 以上的故障都发生于齿轮箱部位。美国国家可再生能源实验室（NREL）对风电装备零部件失效导致的停机维护时间进行了统计分析[1]，累计分析了约 30200 台风电机组从 2008 年到 2012 年的各类故障导致的平均停机维护时间，结果：齿轮箱失效导致的发电量损失占比最大[2]。

从风电机组齿轮箱机械工程学角度分析发现，油温高、磨损是风力发电机组齿轮箱的常见故障。在齿轮箱运行的过程中，由于摩擦生热、环境温度的变化、荷载大小以及运行转速的变化，引起变速箱传动齿轮与齿轮箱油的热传递。油温升高会使油高温分解、黏度降低，而油温过高时将导致齿面润滑效果不良，从而造成齿面局部过热，产生胶合等故障。尤其是春季和夏季，齿轮箱油温高导致的机组限功率运行、故障停机等问题突出，困扰着各个风电场，严重影响了机组的发电量和风电场收益，因此，对齿轮箱油温进行分析，识别齿轮箱油温的异常变化，可以提前感知风电机组齿轮箱故障特别是附属部件故障的早期征兆，例如：风冷散热器堵塞、温控阀失效、油泵电动机损坏、冷却风扇电动机损坏等[3]。

目前，风电机组齿轮箱的状态监测方法主要有基于声音信号的监测、基于振动信号的监测和基于温度信号的监测等。对于基于声音信号的监测，目前行业内技术成熟度不高，需要加装需要安装大量 AE 传感器，同时每个 AE 传感器需要一个专用的信号采集系统，除此之外，因采集的声信号信噪比较低，需要对其进行去除背景噪声的处理。对于基于振动信号的监测，虽然传统的振动信号的分析技术已经比较成熟，但是需要对监测齿轮箱的各个部位加装振动传感器，施工成本高，很难在工业方面实施。在风电机组的运行过程中，温度信号是各部件结果健康与否的指示灯，因此从经济型、可行性出发，充分挖掘 SCADA 系统采集数据的价值是重中之重。近年来随着人工智能算法的兴起，给基于 SCADA 数据的故障诊断带来了新的研究思路。同时，从风电机组大部件的设计机理出发，在正常工作情况下，风电机组的所有组件和子系统温度及温升均有规律可循。因此，监测风电机组部件的温度变化能用于风电机组健康状态的判断，故本文选用基于 SCADA 数据对齿轮箱油温进行建模,给出齿轮箱油温异常的预警。

针对齿轮箱温度故障诊断,文献[4,5]基于数据挖掘的思想对风电机组的 SCADA 数据建立非线性状态估计诊断模型(NSET),并使用极限学习机对 NSET 进行改进,提高了对风电机组齿轮箱的状态预测的准确性。文献中应用 Morlet 小波变换对风力发电机组齿轮振动信号进行去噪后利用 WVD 提取其故障特征信息实现对风力发电机组的齿轮故障诊断。王星达等采用回声状态神经网络对风电齿轮箱进行故障诊断,该方法与传统的 BP 神经网络相比降低了网络模型陷入局部最优解的风险,提高了网络收敛速度;文献[6]在对齿轮箱进行故障诊断时采用遗传算法优化 BP 神经网络的混合算法,此算法虽然在解决全局收敛性时效果明显,但也存在多方面的局限性,如算法过于复杂,操作性差;文献[7]在对齿轮箱进行故障诊断时,利用混合蛙跳算法高效的全局寻优能力,对 BP 神经网络结构进行优化,减短了训练时间,提高了训练精度;文献[8]提出了一种基于风电机组 SCADA 和振动信号的深度自编码网络,利用该网络从数据中判断出齿轮箱的状态特征。文献[9,10]对齿轮箱的油温和轴承温度构建过程记忆矩阵,通过温度的预测残差判断齿轮箱的状态特征。文献[11]在对齿轮箱进行故障诊断时,选用 RBF 神经网络的方法,此方法虽然比 BP 神经网络诊断效果优异,但其对样本数据要求高,当采样数据不足时,无法正常工作。

本文根据 SCADA 运行数据,采用机器学习的回归方法构建齿轮箱油温的预测模型。考虑齿轮箱附属部件故障特征的重叠性以及现场故障记录表可能存在的偏差,本文在使用 SCADA 系统采集到的机组运行数据和维修记录数据的同时,结合机组技术规格文档,筛选齿轮箱正常运行的状态空间,并进行建模。将模型预测结果与实际运行结果进行比对,对偏差较大的机组预警。

2 数据支撑

齿轮箱附属部件故障预警模型的构建,需要的数据支撑包括三个部分:风电机组 SCADA 运行数据、故障检修记录和机组技术规格文档。

(1)风电机组 SCADA 运行数据:本方法选取 SCADA 系统 10min 数据作为目标数据。以河北某风电场 67 台 UP82—1500 型号风电机组 2017 年 11 月至 2018 年 12 月数据为例,该数据包括风电机组 ID、风电场 ID、功率因数、发电机有功功率、发电机转速、风速、齿轮箱油温、主轴承温度等指标。

(2)故障检修记录:主要存储了风电场各风电机组历史故障记录。该数据包括风电场、风电机组 ID、机型、开始时间、结束时间、故障报文、停机原因、停机类型等信息。

(3)机组技术规格文档:机组技术规格文档主要描述了机组运行参数情况,对正常数据定义起着关键性的作用。其核心参数说明包括:功率因数、风速、发电机转速、风轮转速、发电机功率等。以 1.5MW 风电机组为例,表 1 是机组部分参数正常运行区间。

表 1　　　　　　　　　　　机组正常运行参数区间列表

参数	值区间	参数	值区间
发电机转速（r/min）	[977，1965]	风速（m/s）	[3，25]
发电机功率（kW）	[0，1500]	风轮转速（r/min）	[9.7，19.5]

3　模型建立

参考数据挖掘标准流程（cross-industry standard process for data mining，CRISP-DM）将模型的建立分为 3 个步骤：①数据准备；②模型建立；③模型评估。

3.1　数据准备

数据准备过程主要包括异常值处理、特征选择、正常运行数据定义等过程。

3.1.1　异常值处理

异常值识别策略主要包括阈值识别及数据统计观察识别两种方法。其中，阈值识别是依据风电机组技术规格文档及风电机组维护经验提供的指标正常值范围进行识别。具体而言，若某一指标值不在正常值范围内，则用 NaN 值来替换该值。数据统计观察识别主要是通过前期数据探索过程中发现指标值为−902、出现的频次较高且连续出现，经确认该值为异常值。对于该值的处理，则用 NaN 值进行替换。

3.1.2　缺失值处理

风电机组运行数据缺失值主要集中在三类：第一类，整条记录数据缺失；第二类，整列数据缺失；第三类，数据中个别记录存在缺失值。对于第一、二类缺失值的处理，采用删除的方式。对于第三类异常值，由于风电机组运行存在惯性，使用上一时刻值进行填充。

3.1.3　重复值处理

通过对运行数据的观察及可视化分析发现，风电机组运行数据中存在重复值，即同一机组中，连续多个时间点各指标值均相等。针对运行数据集中存在重复值的问题，采用行删除的方式进行处理，具体而言，若任意两行或者多行的所有指标列数值均相等，则将这两行或多行全部进行删除。

3.1.4　特征选择

本文方法采用 pearson 相关性分析法和风电机组设计机理，过滤掉相关性较低、缺少的指标及指标值为空的列，进一步规范数据指标的一致性和有效性。

基于数据描述及探索结果，选取 2018 年 6 月至 2018 年 12 月所有机组数据，针对初选指标的均值特征进行相关性分析，发现风向、功率因数、网侧频率、齿轮箱油压 4 个指标与其他指标相关性均低于 0.1，因此需要对其进行过滤。

3.1.5　正常数据的定义

风电机组在不同的风况条件下有不同的运行模式。一般来说，根据风速大小可以将风电机组运行分为 4 个区。

待启动区：风速低于切入风速时，风电机组不发电没有输出功率。

最大风能捕获区：当风速处于切入风速与额定风速之间时，风电机组通过控制转速，使其工作在最大风能捕获区域，此时风电机组桨距角 $\beta=0°$，叶尖速比接近最佳值。

恒功率运行区：当风速处于额定风速与切出风速之间时，风电机组工作在恒功率区域，此时风电机组通过变桨距系统改变叶片的桨距角控制风能捕获，使作用于风轮上的气动转矩基本保持不变，从而保证功率在额定功率附近。

大风切出区：当风速超过切出风速时，风电机组制动停机，具体如图 1 所示。

在不同工况下风电机组的参数范围不同。正常数据的定义与识别对模型的构建及故障预警策略的制定非常重要。当前，本模型正常数据的定义主要依据机组技术规格文档、风电机组运维经验等，具体如下：

（1）正常运行数据必须满足相关风电机组技术规范要求。

（2）添加正常情况下齿轮箱油温限制。根据两种不同的工况（最大风能捕获区，恒功率运行区）采用 2σ 法分别确定齿轮箱油温的上下限值。具体如图 2、图 3 所示，其中 μ 代表油温均值，σ 表示方差。

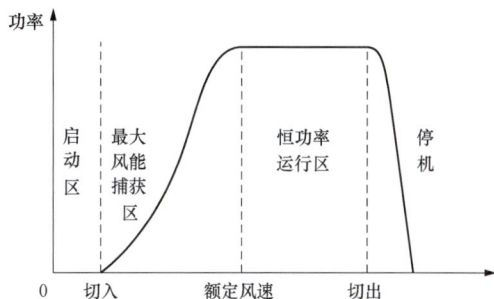

图 1　风电机组工况示意图

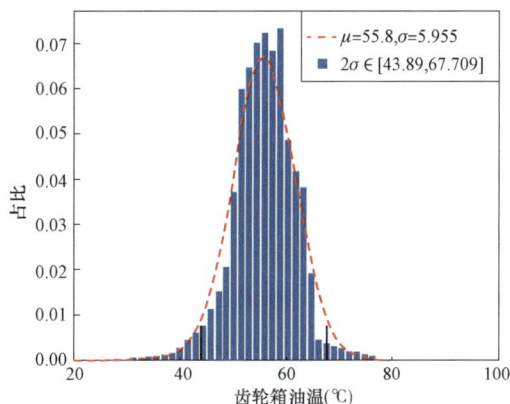

图 2　河北某风电场齿轮箱油温分布情况
（最大风能捕获区）

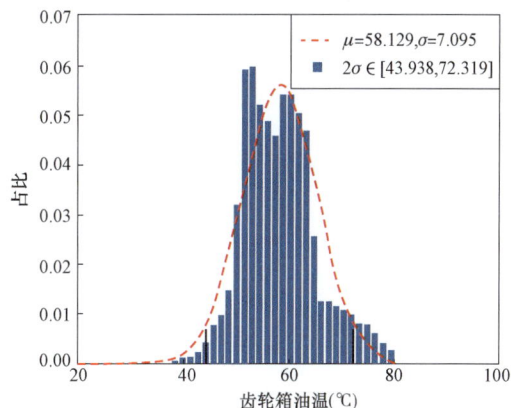

图 3　河北某风电场齿轮箱油温分布情况
（恒功率运行区）

3.2　建立模型

构建齿轮箱油温回归预测模型。针对齿轮箱油温的预测，选取 4 种回归预测模型作为候选模型，通过模型评价指标选择最优的回归模型，并将其应用于齿轮箱附属部件故障预警模型中。

本文选取 4 种回归预测模型作为候选模型，分别是 Random Forest 回归、Adaboost 回归、GBDT 回归、KNN 回归。他们是决策树、迭代、提升、近邻四类算法中表现较为优异的代表性算法。同时通过网格搜索法确定各模型的最优参数。

3.3　模型评估

目前对回归预测模型的评价指标，主要包括：

3.3.1　均方误差 （MSE）

$$\text{MSE} = \frac{1}{m} \sum_{i=1}^{m} (y_i - \overline{y}_i)^2 \tag{1}$$

式中　m——序列的长度；

　　　y_i——真实值；

　　　$\overline{y}_i$——预测值。

3.3.2　均方根误差 （RMSE）

$$\text{RMSR} = \sqrt{\text{MSE}} = \sqrt{\frac{1}{m} \sum_{i=1}^{m} (y_i - \overline{y}_i)^2} \tag{2}$$

3.3.3 平均绝对误差 （MAE）

$$\mathrm{MAE} = \frac{1}{m} \sum_{m}^{1} \mid (y_i - \overline{y}_i) \mid \tag{3}$$

本文采用 K‑Fold 交叉验证方法对四个回归模型进行训练及测试，从而选择模型评价 MAE 值最小的分类模型作为最终应用于机组运行故障数据识别模型。具体结果如表 3 和表 4 所示（其中 $K=5$）。从表 2 和表 3 不难发现，选择随机森林回归模型默认参数在最大风能追踪区和恒功率区具有较好的预测效果。

表 2　最大风能追踪区四种回归模型 K—Fold 交叉验证 MAE 值结果

回归模型	模型 1	模型 2	模型 3	模型 4	模型 5
随机森林回归	0.391	0.394	0.397	0.394	0.391
AdaBoost 回归	0.408	0.412	0.414	0.412	0.407
梯度提升决策树回归	0.57	0.571	0.577	0.573	0.57
KNN 回归	0.896	0.896	0.902	0.898	0.899

表 3　恒功率区四种回归模型 K‑Fold 交叉验证 MAE 值结果

回归模型	模型 1	模型 2	模型 3	模型 4	模型 5
随机森林回归	0.466	0.457	0.475	0.482	0.478
AdaBoost 回归	0.501	0.495	0.476	0.497	0.481
梯度提升决策树回归	0.594	0.578	0.595	0.601	0.602
KNN 回归	0.981	0.967	0.981	0.984	0.967

4　模型部署

齿轮箱油温异常模型部署采用 Docker 技术，该技术将 python 代码、模型及模型所依赖的第三方库统一封装在一个可移植的镜像中，该镜像可以在任意搭建有 docker 环境的 Linux 机器上运行，且仅需要部署该镜像就可以启动算法模型，无需部署其他环境。

5　预警策略

针对原数据集特征，本文的齿轮箱油温异常预警策略为：针对不同工况的数据，将其输入到对应的预测模型中得到齿轮箱油温预测值，在此基础上，计算齿轮箱油温实际值与预测值之间的残差并对其 1h 进行均值聚合；同时，利用 3σ 法对模型训练过程中测试集得到的残差来确定残差阈值；最后，令 7 天内累计 3h 以上超过残差阈值则发出警报，从而实现附属部件的故障预警。预警策略流程如图 4 所示。

基于上述构建的模型，将 2019 年 10 月 67 台风电机组数据经过数据读取、指标过滤、数据处理、模型预测，最终得到预测结果，如表 4 所示。

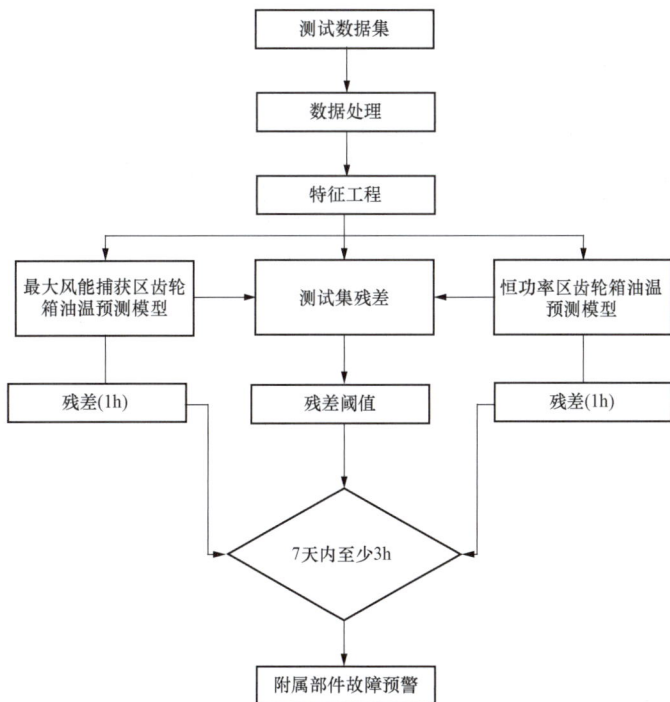

图 4　预警策略流程图

表 4　　　　　　　　　　　　　　　模型验证结果

序号	机组编号	报警时间	报警信息	是否在故障记录中/时间
1	10 - 01	2019 - 10 - 06 22：00：00	齿轮箱油温残差超过阈值	是/2019 - 10 - 16 17：09：26
2	12 - 01	2019 - 10 - 01 01：00：00	齿轮箱油温残差超过阈值	是/2019 - 10 - 07 13：28：47
3	10 - 02	2019 - 10 - 01 01：00：00	齿轮箱油温残差超过阈值	是/2019 - 11 - 17 16：59：15
4	10 - 04	2019 - 10 - 01 01：00：00	齿轮箱油温残差超过阈值	否
5	11 - 10	2019 - 10 - 01 08：00：00	齿轮箱油温残差超过阈值	是/2019 - 11 - 01 11：09：35

从上述预测结果中可知，本文方法提出的齿轮箱故障预警模型 10 月份报警 5 次，4 次是准确的，对于风电机组编号为 110 - 04 在故障记录中尚未存在，借助预测结果对应的原数据集中齿轮箱油温变化趋势可视化功能导出该机组齿轮箱油温变化趋势图，如图 5 所示（水平线表示齿轮箱油温报警阈值）。

从可视化结果不难发现，机组 10 - 01、10 - 04 机组在 2019 年 10～11 月中多次齿轮箱油温大于或等于阈值且持续时长大于 1h 以上，因此，有理由怀疑有可能存在故障记录缺失的情况。

6　结论

随着人工智能及大数据的广泛应用，为风电机组故障预警提供了广阔的思路。但是在模型落地到生产环境的过程中，还是有困难存在。譬如，故障样本少，在使用人工智能方法时存在

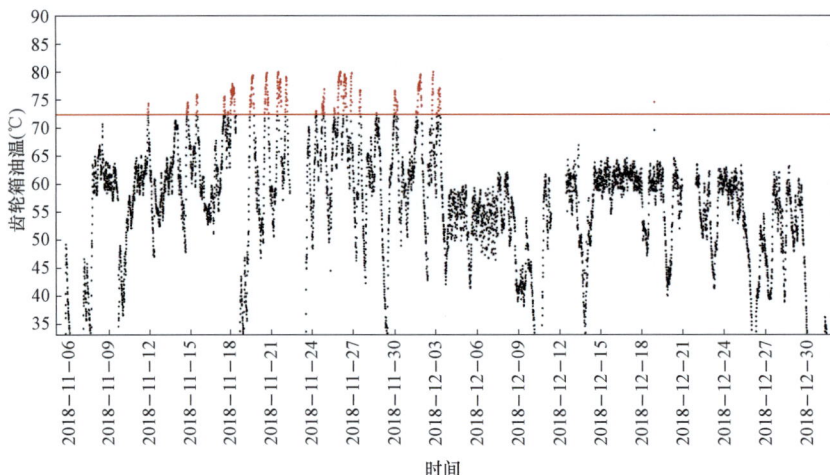

图 5　10 - 04 号风电机组齿轮箱油温变化趋势

样本不平衡，不仅如此，各种故障之间存在故障特征的重叠，加上风电场的故障记录表存在漏报及记录不准确的问题，对模型准确率有较大的影响。本文提出风电机组齿轮箱故障预警方法结合风电机组设计机理以及运行维护经验，使用正常运行数据构建齿轮箱油温异常模型，依据实际运行数据与预测数据的残差，找出异常。

　　在提高风电机组发电性能的同时不增加运行维护人员的工作量也是本文考虑的因素，模型准确率只是一方面，预警策略的研究也至关重要。

　　本文使用了 Docker 技术，实现模型在风电场环境的部署，占用资源少，运行维护简单，方便在不同服务器之间迁移。

参考文献

［1］SHENGS. Gearbox Reliability Collaborative Update：PRG5000G 60141 ［R］. Go l d e n，Col-or a do：Nation a lRe Gnewable Energy Laboratory（ NREL），2013.

［2］陈雪峰，郭艳婕，许才彬，等 . 风电装备故障诊断与健康监测研究综述 ［J］. 中国机械工程，2020，31（02）：175 - 189.

［3］张帅 . 风电机组齿轮箱油温高原因探讨及解决方案研究 ［C］. 中国农业机械工业协会风力机械分会 . 第六届中国风电后市场交流合作大会论文集 . 中国农业机械工业协会风力机械分会：中国农业机械工业协会风力机械分会，2019：108 - 112.

［4］刘华新，刘红艳，韩中合，等 . 基于卷积神经网络的风电机组齿轮箱状态监测方法 ［J］. 可再生能源，2020，38（01）：53 - 57.

［5］贾子文，顾煜炯 . 基于数据挖掘的风电机组齿轮箱运行状态分析 ［J］. 中国机械工程，2018，29（06）：650 - 658.

［6］张细政，郑亮，刘志华 . 基于遗传算法优化 BP 神经网络的风电机组齿轮箱故障诊断 ［J］. 湖南工程学院学报（自然科学版），2018，28（03）：1 - 6.

［7］王宇 . 基于混合蛙跳算法优化神经网络的齿轮箱故障诊断研究 ［J］. 机械工程师，2018（08）：61 - 63，66.

（下转 253 页）

风电机组双馈发电机轴承常见故障与诊断

张秉龙，李杨

（华能四平风力发电有限公司）

摘　要： 轴承是双馈发电机重要组成部分之一，在发电机故障中，有60％～70％的故障是由轴承故障引起的，往往因为轴承故障未能及时诊断并有效处理，最终导致发电机下塔维修。因此，及时准确地诊断出双馈发电机轴承故障对提高风电机组的运行效率、可靠性和降低维修成本具有重要意义。

关键词： 风电机组；双馈发电机轴承；常见故障与诊断

1　概述

随着风电机组运行年限的增加，机组运行状态明显逐年降低，发电机是风电机组中重要核心部件，由于运行环境等因素的影响，发电机故障经常发生，其中最常见的故障为发电机轴承故障。轴承故障起因和征兆往往表现出多元性；发电机运行中由于负载条件、环境条件或其他运行条件的变化，会出现各种故障，这些故障又会以各种不同的征兆表现出来。

2　风电机组双馈发电机轴承故障因素

在双馈发电机中，轴承是最重要的部件之一，轴承故障都是按一定机理发生和发展的，有一定的客观规律，轴承故障是由多种因素造成的，每种因素造成轴承损坏的形式也不一样，有疲劳损坏、腐蚀损坏、电蚀损坏和操作不当引起的损坏，每种损坏的形式都会在轴承本身留下特殊且独有的痕迹。据不完全统计，轴承故障中疲劳损坏占30％、腐蚀损坏占30％、电蚀损坏占30％、操作不当引起的损坏占10％。

2.1　轴承疲劳损坏

轴承从开始使用到第一个材料疲劳点出现的时间长短和这段时间轴承的转速、负载的大小、润滑及清洁度有关。疲劳是负载表面下剪应力周期性出现所形成的结果，经过一段时间后，这些剪应力便引发细小的裂纹，然后逐渐延伸到表面。当滚动体经过这些裂纹形成的小块面积后，有些裂纹便开始脱落，形成所谓的"剥皮现象"，随着剥皮的情况继续扩大，轴承损坏将无法正常使用。

造成轴承疲劳损坏的条件不同，轴承损坏所呈现的症状也不一样。损坏轴承出现的麻点或脱落，通常称为蚀损斑，一般是由轴承润滑不良（见图1）或受污染物的作用（见图2）而产生的。是由于滚珠的几何变形和弹性变形，在剧烈变化的荷载下润滑油膜破裂，造成金属与金属的摩擦（滚珠与滚道），引起接触表面由于粘连作用而发生破裂（见图3）。

造成轴承疲劳损坏的因素还有因发电机对中不良所造成的。其现象为轴承运行轨迹偏移，滚到边缘受载区产生疲劳磨损（见图4），这种现象在早期轴承运行时可依据轴承运行声音、振动等判断出来，通过对发电机对中进行调整，避免轴承疲劳损坏。

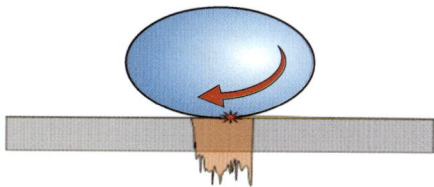

图1　轴承润滑不良导致滚珠与滚道摩擦

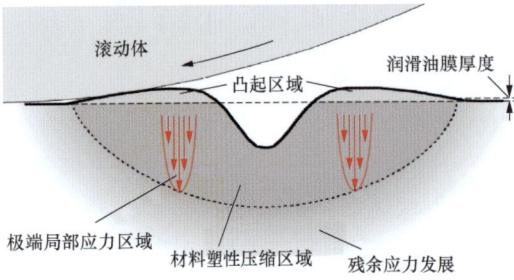

极端局部应力区域　　材料塑性压缩区域　　残余应力发展

图 2　滚珠滚过污染物时所产生的塑性变形

图 3　轴承疲劳损坏现象

2.2　轴承腐蚀损坏

轴承腐蚀损坏主要是由于湿气或水从损伤的、破损的或不适当的密封圈进入轴承；或者是轴承座内温度变化，内部空气冷凝，水分不断积聚所造成的。主要表现为滚珠、滚道和保持架上带有黑色或褐色（见图 5）渣状物，振动和噪声增大，磨损加剧，游隙增大或预载减小。

图 4　发电机对中不良引起的疲劳磨损

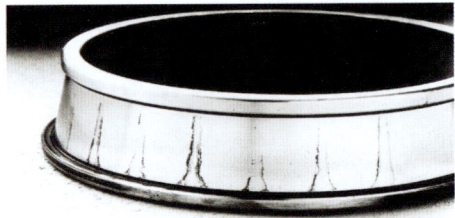

图 5　滚道表面出现黑色的蚀痕

2.3　轴承电蚀损坏

在双馈发电机中，轴承电蚀损坏是十分常见的，主要是因为静电、接线错误、接地不当、绝缘不够而造成轴承严重损伤。轴承电蚀损坏主要表现为局部熔化造成凹坑或连续凹槽导致噪声和振动（见图 6）。随着科技的发展，目前采用绝缘轴承、绝缘端盖和通过对发电机进行加装接地电刷，将轴电流通过电刷引导进入大地，减少流过轴承的轴电流。

2.4　轴承因操作不当引起的损坏

轴承在安装过程中往往因为操作不当，用错误或者暴力的方法进行安装，使得轴承在安装时就已经发生了由坚硬、锋利的物体对轴承造成的损伤（见图 7）。

图 6　轴承在连续过电流的情况下
造成外圈连续沟槽的条纹

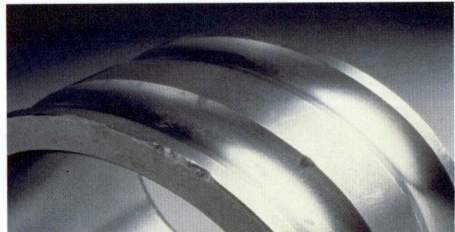

图 7　敲击过载造成轴承损伤

3 风电机组双馈发电机轴承故障及诊断

风电机组的设计寿命一般为 20 年，正常情况下轴承运行应灵活、无异音。轴承出现故障后，发电机常表现为轴承运行声音增大、轴承温升过高、发电机振动，长时间运行最终导致轴承抱死、发电机转子扫膛及其他部件损坏，这时发电机需下塔维修。

3.1 双馈发电机轴承故障案例 1

轴承损坏，发电机其他零部件完好（见图 8）。轴承损坏现象：发电机振动变大，运转声音异常，轴承温度升高。诊断方法：装有在线振动测试的机组，通过振动频谱可以发现故障；通过监控数据对发电机轴承温度进行对比分析；巡检时听发电机运行声音。

3.2 双馈发电机轴承故障案例 2

轴承损坏，轴承内圈与转轴发生相对运动，转轴抱死，轴承内外盖、轴承挡损坏（见图 9）。轴承损坏现象：发电机轴承温度瞬间升高，轴承抱死，发电机故障停机。原因分析：长时间未对轴承加注润滑油脂，轴承未得到良好润滑。发生此类故障需对发电机下塔维修。

图 8　轴承损伤

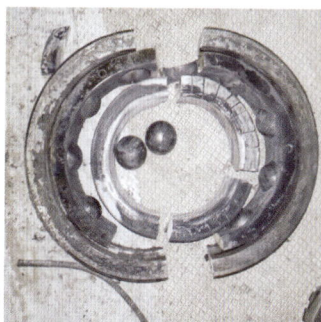

图 9　轴承因润滑不良导致损坏

4 双馈发电机轴承更换方法

4.1 双馈发电机轴承拆解

驱动端轴承拆解：拆联轴器、拆测速环、拆电刷环、拆前轴承外盖、拆轴承挡、拆前端盖、拆轴承（见图 10）。

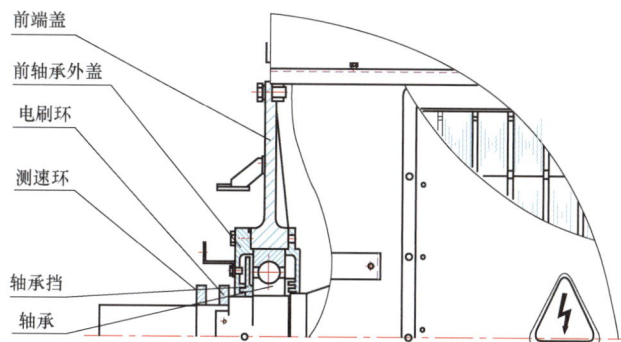

图 10　驱动端轴承示意图

非驱动端轴承拆解：拆滑环室、拆滑环、拆外风扇、拆后轴承外盖、拆轴承挡、拆后端盖、拆轴承（见图 11、图 12）。

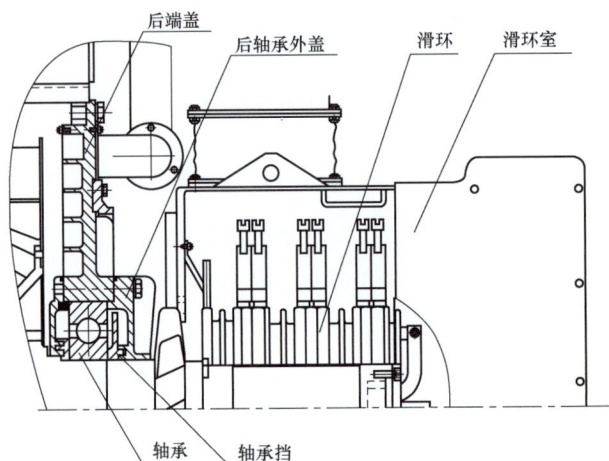

图 11　非驱动端轴承示意图

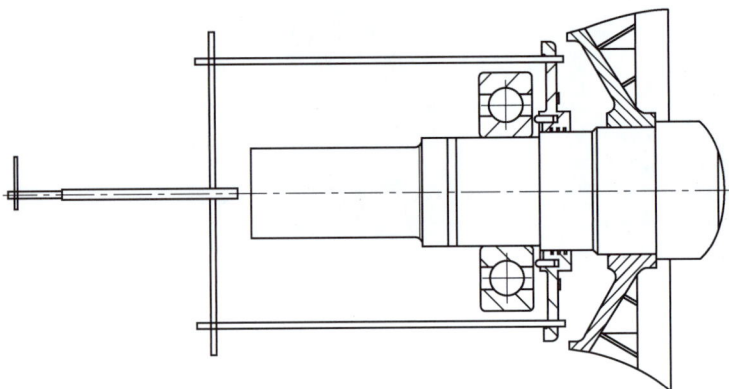

图 12　轴承拆除示意图

4.2　双馈发电机轴承安装

用脱脂棉白布擦掉轴承内、外盖，前端盖，外甩油环，内甩油环上的旧润滑脂，用干净的刮刀给前轴承内盖油槽内涂满润滑脂。

用脱脂棉白布清洁轴承挡，并涂上薄薄的一层润滑脂。

装好涂抹过润滑脂的轴承内盖、内甩油环，注意安装到位。

采用轴承专用加热器加热轴承，加热过程需保证轴承不被污染，加热温度为 120℃。

轴承外圈有字一面向外，配戴干净隔热手套将轴承装入驱动端轴承位，使其紧靠轴肩。禁止用硬物敲击轴承，禁止用手直接触摸轴承。

待轴承冷却后用干净的刮刀给轴承加润滑脂。

按与拆卸相反的步骤装配恢复发电机。

4.3 双馈发电机轴承更换注意事项

卸下的零件应妥善保管，不可随意堆放，零部件均应小心轻放，避免因撞击、挤压造成变形或损坏。

重装端盖时，各紧固螺栓上宜加少许油脂并相互交叉逐渐拧紧，不能先紧一个再紧其余，这样可避免轴承承受额外应力和定子、转子之间气隙不均匀。

需要紧固的配件安装好后，需对每一处紧固螺栓进行力矩检查。

5 结论

风电机组双馈发电机轴承故障在机组运行第三年最为明显，如果在前三年未对发电机轴承运行状态做到良好的维护，后续将会导致轴承故障频繁发生，这时如果未对故障轴承进行及时更换，最终会引起发电机故障，发电机需要下塔维修。因此，有效、及时地对双馈发电机轴承进行维护并及时更换，可以减少非常大的维修成本和不必要的停机电量损失。

（上接 300 页）

4 结论及效果

由于压力继电器所产生的误动作，在很大程度上增加了风电机组的故障率，降低了风电机组液压传动系统的安全可靠性。通过现场技术改造，机组报液压泵无反馈故障同比降低 80%，提高了机组的可利用率。

风力发电机组齿轮箱扭力臂支撑轴故障处理

胡拓

（五凌电力有限公司新能源分公司）

摘　要： 齿轮箱作为风力发电机组核心组成部分，其运行状况，直接影响着风力发电机组安全稳定运行。机组长时间、重负荷运行，容易使齿轮箱老化、磨损，进而发生故障，造成安全事故。而齿轮箱故障处理往往工期长、风险大，因此如何减少故障处理时间显得尤为重要。本文从风力发电机组支撑轴工作原理出发，尝试探讨一种风电机组塔上更换齿轮箱支撑轴的方法，以期为行业内相关人士提供有价值的参考。

关键词： 老化、磨损；齿轮箱支撑轴；故障处理

1　概述

某风电场共安装 35 台 2.0MW 双馈式风力发电机组，2020 年 10 月 3 日风力发电机组后台监控系统报某风力发电机组"风力发电机组振动超限故障停机"，停机前机组风速为 8.0m/s，出力为 1.8MW。电场运行维护人员登机检查发现该台故障风力发电机组齿轮箱左侧扭力臂支撑轴断裂，齿轮箱轻微向上翘起，联轴器脱落。

2　风力发电机组齿轮箱扭力臂、支撑轴基本情况介绍及支撑轴断裂的原因分析

风力发电机组在运行过程中，叶轮及轮毂动载荷经过主轴传导至齿轮箱，使得齿轮箱产生较大振动和左右摆幅，因此一般齿轮箱设计上均会采用扭力臂＋支撑轴＋弹性支承的方式，将齿轮箱的轻微摆动传导至弹性支撑上，用于减少齿轮箱的磨损及提高齿轮箱的可靠性。

风是一种可再生能源，但是其方向、大小、密度都是实时变化的，因此在机组满负荷运行情况下，若风速突然发生较大变化或电网突然掉电等，外加气压梯度力的影响，叶轮气动不平衡会引起偏载，造成支撑轴疲劳断裂。

该风电场某台机组由于长期存在叶片气动不平衡且支撑轴圆弧处存在机加台阶，气动不平衡会引起偏载，而支撑轴圆弧处存在机加台阶则造成应力集中，这两方面的因素是造成该台风电机组齿轮箱支撑轴出现疲劳断裂的主要原因。

3　塔上更换齿轮箱支撑轴可行性分析

风力发电机组传动链主要由叶轮、主轴、主轴轴承、齿轮箱、联轴器等部组成，且主轴略微向上抬起以使叶轮远离塔筒。在机组正常运行情况下，以主轴轴承中心点为支点，齿轮箱力矩＋主轴力矩小于叶轮力矩，因此需设计齿轮箱扭力臂结构以提供更多的力矩用于平衡传动系统力矩。

以主轴轴承中心为支点传动链系统各处力矩计算值如表 1 所示。

表 1   传动链各处力矩值

项目	叶轮	主轴	齿轮箱	支撑轴
G/t	$G_1=67$	$G_1=10.31$	$G_1=21.2$	$G_1=54.32$
L/mm	$L_1=2844$	$L_2=323$	$L_3=2886$	$L_5=2320$
力矩=$G \times L$	$M_1=190548$	$M_2=3330.13$	$M_3=61183.2$	$M_4=126034.67$

当齿轮箱支撑轴其中一根断裂后，机组因振动超限停机，传动链力矩在齿轮箱稍向上抬起后重新恢复平衡。此时只需要在主轴与齿轮箱连接处重新施加一个下压力矩 M_4 亦可恢复平衡。

$$下压力矩 \ M_4 = (M_1 - M_2 - M_3) = 126034.67$$
$$现场测量 \ L_4 = 1580mm$$
$$因此需下拉力 \ F = M_4/L_4 = 79.77(t)$$

4 齿轮箱支撑轴更换实施过程

4.1 工字钢横梁安装，用于吊装支撑轴

（1）将 100mm 的 H 形钢横梁工装放置在机舱框架横向钢上方，横梁工装下方分别对应齿轮箱高速轴和扭力臂支承轴位置，便于吊装。使用螺杆固定横梁工装。H 形钢横梁工装安装示意图如图 1 所示。

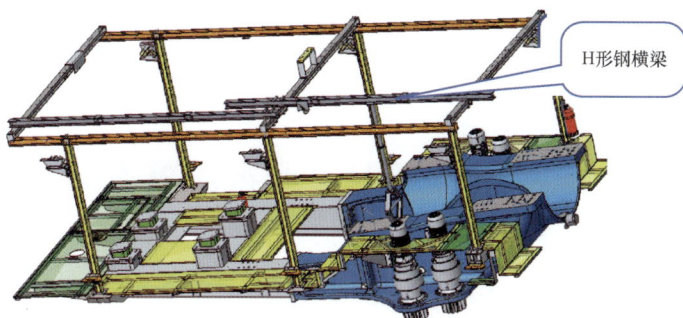

图 1   H 形钢横梁工装安装示意图

（2）在 H 形钢横梁工装上安装手链单轨小车，通过调节安装螺母进行安装。把 0.5t 手拉葫芦与 1t（具体型号应根据支撑轴重量而定）圆吊带依次挂在手链单轨小车上。

（3）使用千斤顶加竖直支承加固横梁工装，竖直支承应使用螺栓连接固定。

4.2 主轴固定

（1）将一条 50t×2m 高强 RH01 型圆型吊带两端分别穿过前底架圆孔。

（2）用一条 50t×2.4m 圆型吊带绕主轴固定位置一周，吊带两端下放长度应等长。

（3）各用 50t（或 25t×2）手拉葫芦连接 50t×2.4m 圆型吊带两侧。

主轴固定示意如图 2 所示。

4.3 齿轮箱固定

使用卸扣、吊带、手拉葫芦将齿轮箱各吊耳处与机舱架连接。齿轮箱固定示意如图 3 所示。

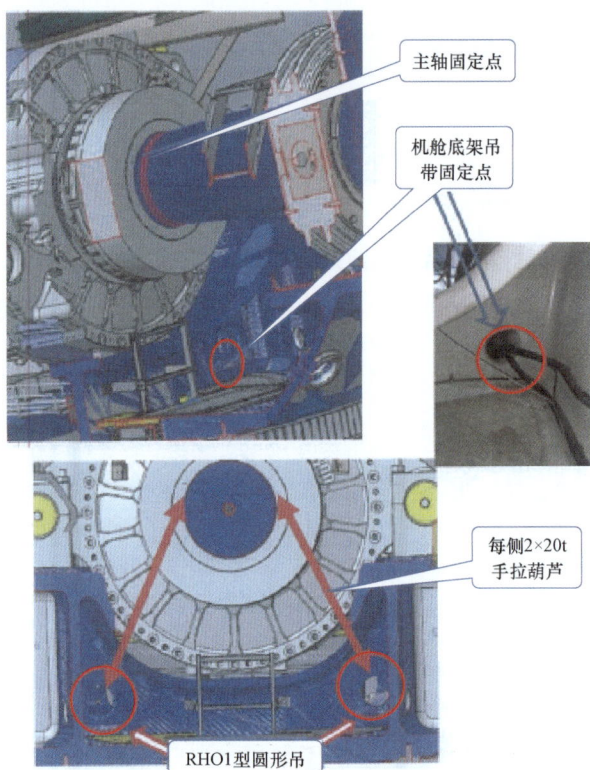

图 2　主轴固定示意图

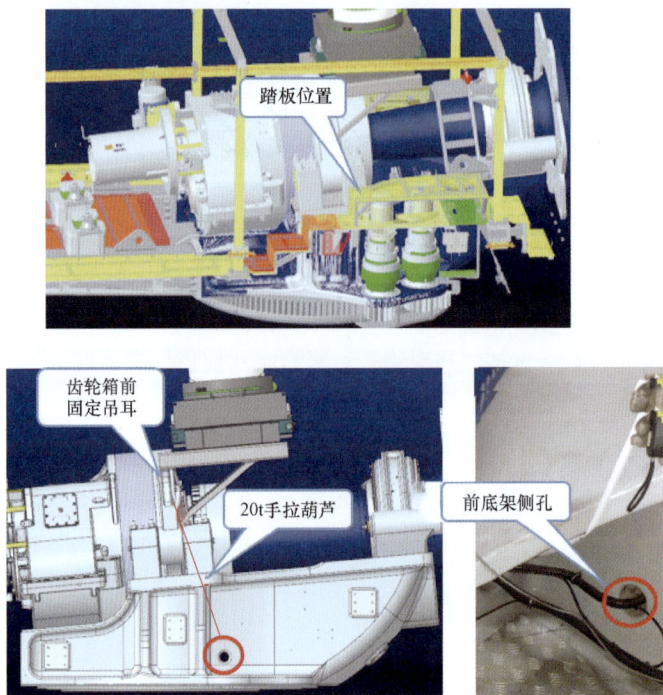

图 3　齿轮箱固定示意图

4.4 支撑轴更换

（1）同时拉动主轴处手拉葫芦、齿轮箱各处手拉葫芦，使主轴与齿轮箱向下移动，将支撑轴断裂处与支撑上盖卡死处的位置脱开，恢复间隙。

（2）拆除弹性支承上盖及底座，使用小吊车拉至不影响后续工装处。

（3）拆除断的支撑轴：将断轴两侧断面打磨平整，使用磁力钻在短轴处沿扭力臂曲孔钻孔，钻孔时注意断轴截面上的孔位置，不得对扭力臂内孔造成损伤。

（4）使用定制工装和200t千斤顶将断轴取出。并将扭力臂内孔打磨光滑、清洁。断轴取出示意如图4所示。

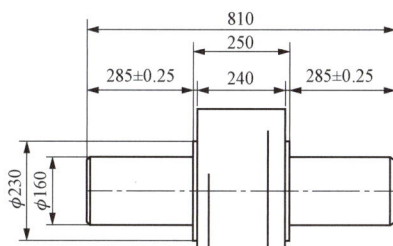

（5）持续加热扭力臂内孔至90℃，同时将新支撑轴放入液氮中冷却3h以上，使之形成过盈配合。新轴安装过盈配合如图5所示。

图4 断轴取出示意图　　　　图5 新轴安装过盈配合

（6）销轴尺寸公差冷冻到位后快速将销轴安装到扭力臂销孔内并测量两端的尺寸为（285mm±0.25mm），配合公差为（+0.046～0）/（+0.113～+0.084），具体型号根据各自扭力臂内孔及支撑轴而定。

（7）安装增速机支撑底座，销孔与定位销对正，支撑底座落实与机架贴实；安装增速机下减振垫，减振垫侧面与支撑底座外端面平齐，上端面与支撑底座的上表面平行；带白线的减振垫安装在增速机的左下和右上方（面向轮毂方向），即承压侧。

（8）安装弹性支撑的双头螺柱，用S₁₂六角扳手将双头拧入。

（9）安装支撑底座与支撑上盖配合的4个20×90 GB 120.2《内螺纹圆柱销　淬硬钢和马氏体不锈钢》定位销，将增速机上减振垫放在增速机支撑轴上，安装支撑上盖。

弹性支撑安装示意如图6所示。

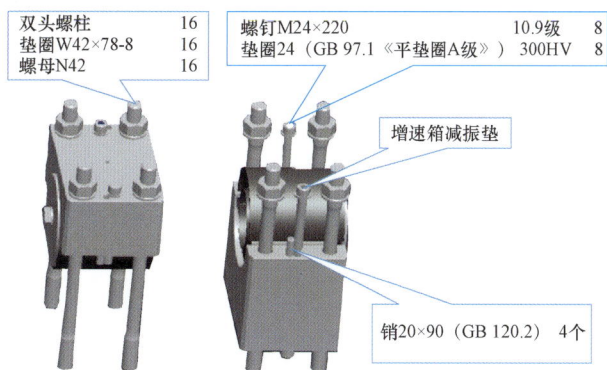

图6 弹性支撑安装示意图

（下转233页）

273

基于 Drivetrain 系统风电机组振动监测和故障分析

肖祥文

（华能新疆公司东疆分公司）

摘　要： 风电机组振动监测是在主轴、齿轮箱和发电机组等主要部件处，通过传感器布置振动监测点，监控中心根据各个监测点提供的振动信号进行分析，并诊断部件故障情况。本文通过 Drivetrain 系统的状态监测与诊断分析功能，详细阐明振动过大故障分析过程，这种方法对于风电机组的状态监测与故障诊断有显著的效果，为解决风力发电机组振动故障提供参考和借鉴。

关键词： 振动监测；传感器；振动信号；Drivetrain 系统

1　Drivetrain 系统概述

Drivetrain 系统是一个状态监测与诊断分析系统，主要用于风力发电在线状态监测，通过数据采集器 DAU 采集原始数据、处理分析数据并传输到服务器端显示和存储，它能够接入振动传感器（包括振动类型加速度、速度），位移传感器，转速传感器（接近式开关、编码器）。

2　振动故障基本情况

风电机组出现振动，极容易损坏风电机组设备，即使短期内不出现问题，长期运行，也将对风电机组造成不可恢复的影响。风电机组出现振动可能的原因很多，包括电气方面、机械方面诸多可能引起的因素，如叶轮不平衡、叶轮零刻度偏差引起的振动，变桨轴承损坏引起的振动，主齿轮箱内部轴承、齿轮损坏引起的振动等。不同的振动现象，处理办法不尽相同，差异性很大，需要首先进行分析，再进行处理。

3　振动故障分析与诊断机理

风电机组振动故障诊断是利用风电机组旋转部件运行时的各种特征参数来识别机组的运行状态，确定故障发生的部位和严重程度，并分析故障发生的原因，及时准确地排除故障。风力机的检测和诊断要根据相关的数据和信息，来进行故障的定性分析确定故障。

4　传动系统典型故障

4.1　叶片故障

叶片是风电机组实现风能转换成机械能的主要部件，由于长期处于暴露条件下工作，很容易出现故障，对主轴不平衡以及振动和噪声状态产生影响，造成主轴、齿轮箱、发电机等部件的振动和损坏。

4.2　齿轮故障

齿轮在运行过程中，齿面承受交变压应力、交变摩擦力以及冲击载荷的作用，将会产生各种类型的损伤，导致运行故障甚至失效。

4.2.1　点蚀

齿面在接触点既有相对滚动，又有相对滑动。滚动过程随着接触点沿齿面不断变化，在表面产生交变接触压应力，而相对滑动摩擦力在节点两侧方向相反，产生交变脉动剪应力。两种交变应力的共同作用使齿面产生疲劳裂纹，当裂纹扩展到一定程度，将造成局部齿面金属剥落，形成小坑，称为"点蚀"故障。

4.2.2 过载引起的损伤

对于风电机组，由于瞬时阵风、变桨操作、制动、机组启停以及电网故障等作用，经常会发生传动系统载荷突然增加，超过设计载荷的现象。如果设计载荷过大，或齿轮在工作时承受严重的瞬时冲击、偏载，使接触部位局部应力超过材料的设计许用应力，导致齿轮产生突然损伤，轻则造成局部裂纹、塑性变形或胶合现象，重则造成齿轮断裂。

4.3 轴承故障

4.3.1 疲劳损伤

滚动轴承在正常工作条件下，由于受交变载荷作用，工作一定时间后，不可避免地会产生疲劳损伤，导致轴承失效。轴承疲劳损坏的主要形式是在轴承内、外圈或滚动体上发生"点蚀"，点蚀发生机理与齿轮点蚀故障机理相同。

4.3.2 其他形式损伤

超载造成轴承局部塑性变形、压痕，润滑不足造成轴承烧伤、胶合，润滑油不清洁造成轴承磨损等。

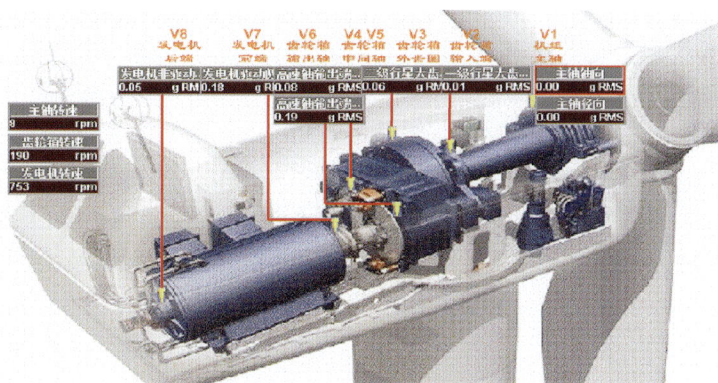

图 1　风电机组传动链振动监测点位布置图

5　振动监测点位及加速度传感器的安装

风电机组传动链振动监测点分布见表 1。

表 1　　　　　　　　　　风电机组传动链振动监测点分布表

序号	监测对象	监测方向
1	机组主轴	水平径向
2		垂直径向
3	齿轮箱输入端	垂直径向
4	齿轮箱外齿圈	垂直径向
5	齿轮箱中间轴	垂直径向
6	齿轮箱输出轴	垂直径向
7	发电机前端	垂直径向
8	发电机后端	垂直径向

6　故障处理过程

　　某风电场机组 9 月在运行时报驱动链方向塔筒振动加速度（RMS）超限故障，故障解释为驱动方向振动加速度滤波值超过最大值。现场对电气方面有可能导致机组报此故障发生的原因进行逐一排查。

　　（1）检查驱动侧振动传感器电源正常。

　　（2）检查驱动侧振动传感器外接线路及浪涌正常。

　　（3）分析原因有可能为干扰引起，检查传感器外接线缆屏蔽正常。

　　（4）更换驱动侧振动传感器，故障仍未消除。

　　排除了电气方面可能导致机组振动故障发生的因素，于是检查机械方面可能导致振动故障发生的原因，检查叶片轴承螺栓未发生松动，至此故障一时难以查出。为了对故障源进行定位，通过对在线振动监测系统进行数据跟踪，捕捉到轴承内圈损伤振动信号的频率。

　　由于机械引起振动故障的发生必然存在一个趋势，通过故障机组趋势图波形分析，可以清晰地辨识出故障可能存在的点位。于是对各个振动监测点的振动趋势图进行调取，数据源选择 5～8 月大风季节期间，此时段风载较大，数据具有代表意义。最终由趋势图显示齿轮箱输出轴和发电机驱动端在 8 月有明显振动产生，振动波形分别如图 2、图 3 所示，反观其他监测对象并无异常显示，初步分析导致机组报驱动链方向塔筒振动加速度（RMS）超限故障的原因为齿轮箱内部齿轮损坏和发电机驱动端轴承损坏或发电机不对中引起。

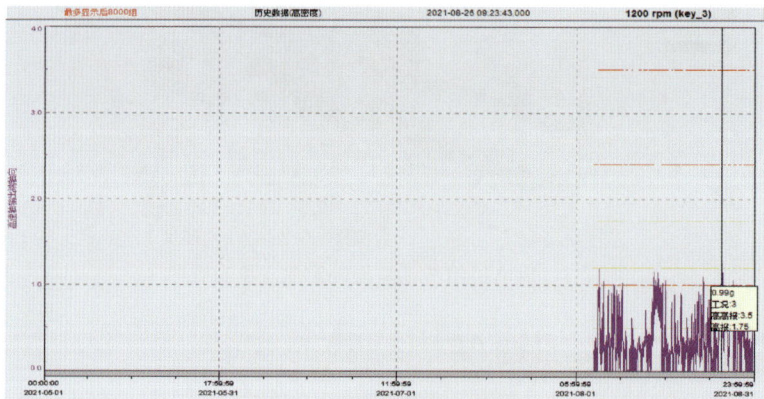

图 2　高速轴输出端轴向趋势图

　　由高速轴输出端轴向趋势图和发电机驱动侧径向趋势图可以看出，机组运行在工况 3，在额定转速 1200r/min 下，振动报警值显示为高报和高高报。

　　现场数据上传到诊断中心服务器，首先经过时域处理，可以由时域波形图 4 看出，在机组额定运行过程中，机组齿轮箱高速轴振动监测点出现了异常冲击振动信号，信号具有强烈的周期性，对振动信号作傅里叶转换分析，绘制高速轴输出端轴向频谱图 5。从图 5 中可看出，频谱中最突出的峰值成分是频率 659Hz 及其前七次谐波，此外，频谱中谐波两侧存在明显的边带成分，边带成分的间隔等于调制波的频率，通常是故障齿轮轴的转频，即高速轴旋转频率。这些边带成分的存在，一定程度上表明，齿轮箱在中速和高速级部位可能存在齿轮故障。对现场齿轮箱进行内窥镜检查发现高速轴齿面点蚀严重。

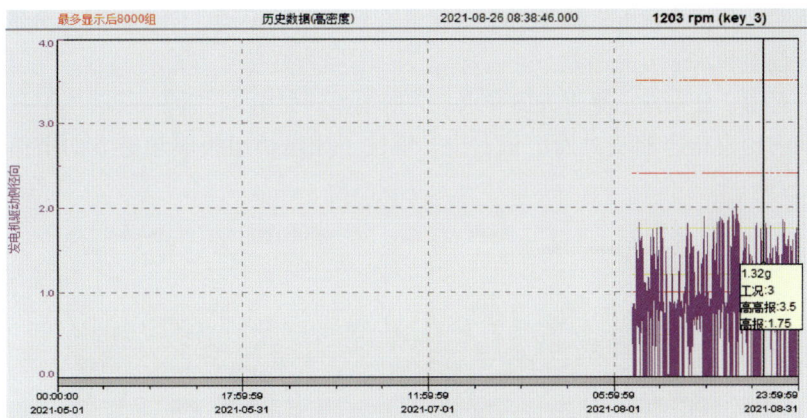

图 3　发电机驱动侧径向趋势图

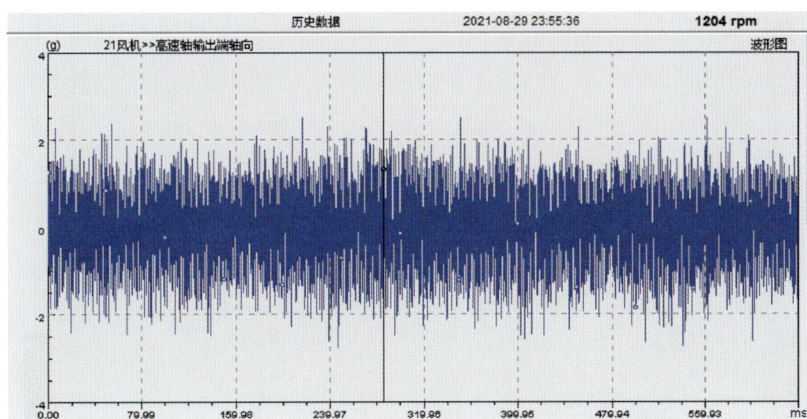

图 4　高速轴输出端轴向时域波形图

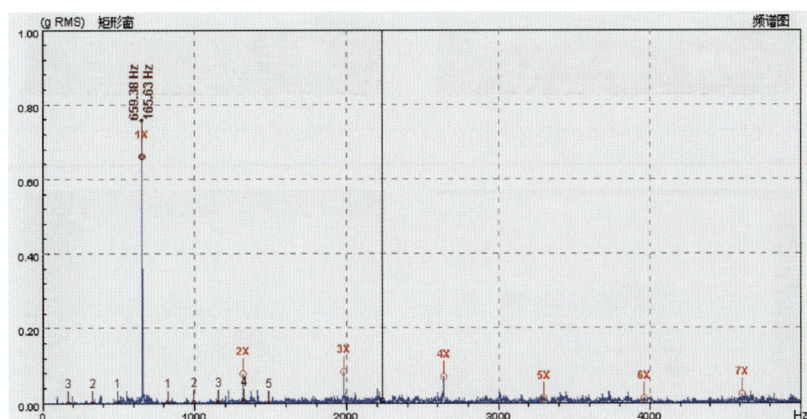

图 5　高速轴输出端轴向振动频谱图

进一步判断发电机驱动侧振动产生的原因及对机组驱动链方向塔筒振动加速度（RMS）超限故障产生的影响，对发电机驱动侧径向波形频谱图 6 进行进一步分析，分析方法相同，这里不再做详细阐明，分析为发电机轴不对中引起发电机驱动端振动。图 7 和图 8 分别为发电机对中前垂直方向偏差和水平方向偏差。

对发电机对中，分别减小垂直方向和水平方向偏差，如图 9、图 10 所示。

通过更换齿轮箱高速轴及对发电机对中，解决了风电机组报驱动链方向塔筒振动加速度（RMS）超限故障。

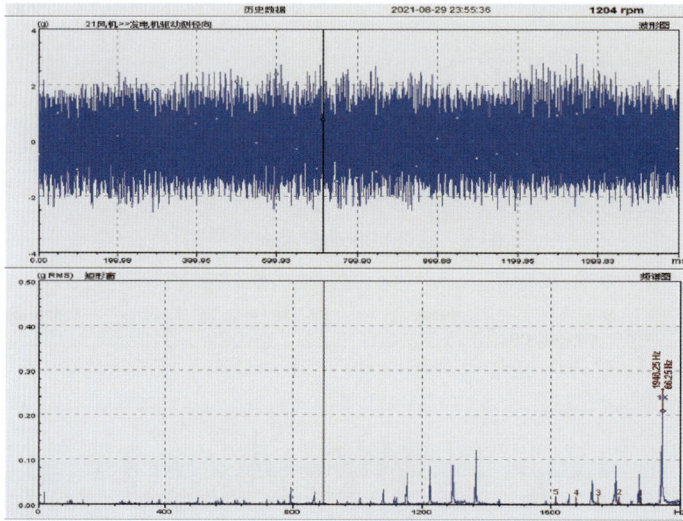

图 6　发电机驱动侧径向波形频谱图

图 7　发电机对中前垂直方向

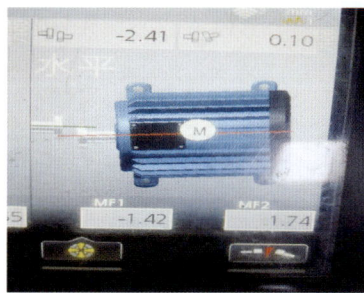

图 8　发电机对中前水平方向

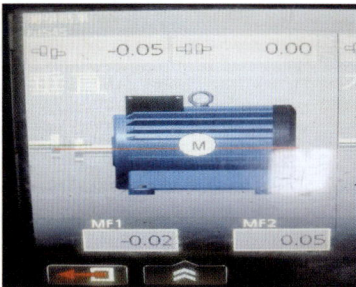

图 9　发电机对中后垂直方向

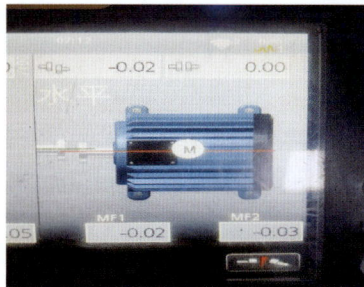

图 10　发电机对中后水平方向

（下转 257 页）

基于振动信号的风电机组齿轮箱故障诊断典型案例分析

徐卿， 郝利兵， 张维新， 孙海涛

（中广核内蒙古分公司苏右风电场）

摘　要： 传动部件作为风电机组的重要组成部分，而齿轮箱又是传动链中的核心部件，齿轮箱的运行状态决定着风电机组的发电效率。因此，能够对齿轮箱运行状态进行健康监测，显得十分重要。本文以齿轮箱轴承的振动数据为研究对象，对振动数据进行时域、频域分析，结合轴承振动机理，拾取齿轮箱故障的特征频率，定位故障，体现了振动分析技术在齿轮箱故障诊断领域的重要作用，为风电机组传动链故障的健康监测提供了一种科学的诊断方法。

关键词： 振动；故障诊断；轴承振动机理；故障频率

1　概述

　　齿轮箱是风力发电机组的重要传动机构，因此，齿轮箱的可靠性和安全性极其重要，是保证风电机组正常运行的关键部件之一。双馈异步发电机组的齿轮箱一般采用一级行星二级平行结构，主要结构有法兰、箱体和输出齿轮，变速机构有齿轮、行星轮和太阳轮。齿轮箱接收叶轮的扭矩，通过低速轴传递给中间轴，中间轴将大扭矩低转速传递给高速轴的低扭矩高转速，最终完成风能—机械能—电能的转化。由于齿轮箱中间轴从低转速到高转速的传递，扭矩变化比较大，对中间轴轴承的冲击能力较大，因此，齿轮箱中间轴齿面磨损和中间轴轴承的断裂是齿轮箱的主要故障。

　　振动信号一定程度上能够反映部件的运行状态，不同部件以及故障部件的通过频率不同，通过分析轴承的故障机理，能够分析出设备正在发生的问题。因此，本文通过安装在齿轮箱外各传动轴承座处的振动传感器，采集齿轮箱的振动数据，通过分析振动信号的时域图和频谱图，结合振动机理，诊断出故障部位，得出基于振动信号对故障的有效性。

2　案例分析

　　本文以内蒙古东部区域某风电场 7 号风电机组齿轮箱为案例，统计分析了齿轮箱轴承半年内的振动数据，结果发现三个测试点的有效值逐渐变大，且在发电机转速达到 1600r/min 时，存在明显的冲击。齿轮箱各轴系运行参数如表 1 所示。

表 1　　　　　　　　　　　　　　齿轮箱各轴系运行参数

轴系	转速（r/min）	转频（Hz）	齿轮啮合频率（Hz）
高速	1600	26.6	613.3
中速	372	6.2	
低速	92	1.5	117.7

　　本文使用垂直安装在齿轮箱入口径向、低速轴承轴向和高速轴承径向的加速度传感器采集齿轮箱轴承的振动信号，其安装测点分布图如图 1 所示，CH1、CH2 为测量主轴振动传感器，

CH3、CH4、CH5 为本文采用的齿轮箱轴承测量传感器，CH6、CH7、CH8 为测量发电机振动传感器。

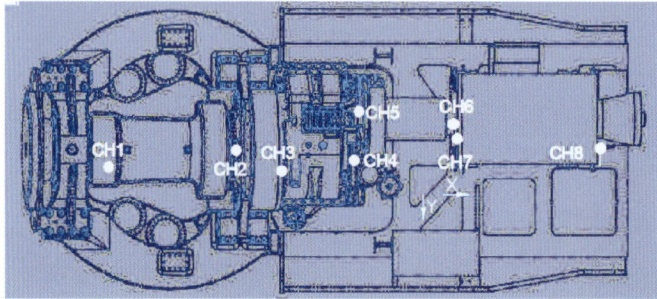

图 1　测点分布图

在风力发电机组正常运行状态，采集齿轮箱三个测试点的振动数据，通过傅里叶变换，分析数据的时域、频域信号，对齿轮箱做出评估。列举 7 号风电机组 3 月、7 月和 11 月的振动加速度值，如表 2 所示。

表 2　　　　　　　　　　　　　　　　振动加速度值　　　　　　　　　　　　　　　　m/s²

测点及方向	加速度有效值		
	2021 - 03 - 21　01：10	2021 - 07 - 15　23：16	2021 - 11 - 25　21：05
齿轮箱输入端径向	4.92	9.5	10.5
齿轮箱中速端轴向	7.8	11.3	17.2
齿轮箱高速端径向	6.35	8.6	16.1

从表 2 看出，齿轮箱中间轴的振动程度最大值为 17.2m/s²，按照 GB/T 29531—2013《泵的振动测量与评价方法》，并与齿轮箱生产厂家的设备参数对比，此数值已经超出正常运行范围，为不合格状态。

2.1　数据分析

在 2021 年 3 月 21 的常规振动数据统计分析中发现，齿轮箱中速端振动数据的有效值超出预警值，查看振动时域图发现在发电机转速达到 1600r/min 时，冲击不太明显。登塔检查轴承温度和取油样化验，均未发现异常。在此后的运行中，加强了对振动数据的分析频率，从 3～7 月，振动数据有效值有小幅度的增加，但是到了 11 月，三个测试点的振动数据均超过报警值。

2.2　振动分析

不同时间段的时域分析图如图 2 所示。

从图 2 可以看出，齿轮箱中间轴在 3 月运行数据平稳，没有出现明显的冲击现象。而在 7 月，中间轴出现了少量的冲击波，也就是常说的故障早期阶段。但是在 11 月，冲击现象已经非常明显。不同间段对应的频谱图如图 3 所示。

从图 3 中可以看出，在 3 月，只有风电机组自转频率 26.6Hz 以及他的 2 倍、3 倍、4 倍频，出现倍频的原因可能是轴承松动，但此时齿轮箱还能正常运行；7 月在倍频的基础上，出现了大量的边频；到 11 月，经计算出现了齿轮箱中间轴 64Hz 的轴承故障特征频率。

综合上述的时域分析图、频谱图，齿轮箱 7 月之前的振动信号主要以风电机组自转频率为

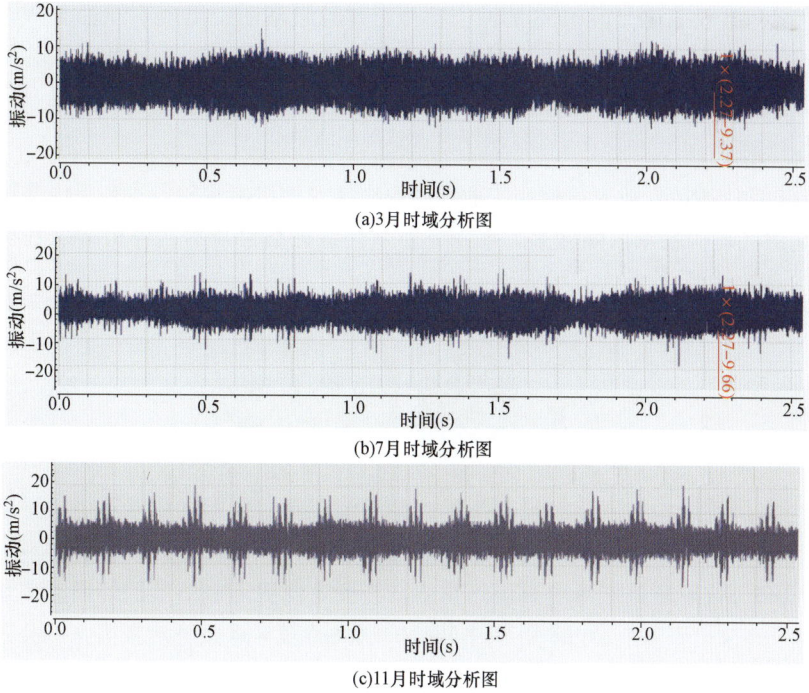

图 2 不同时间段的时域分析图

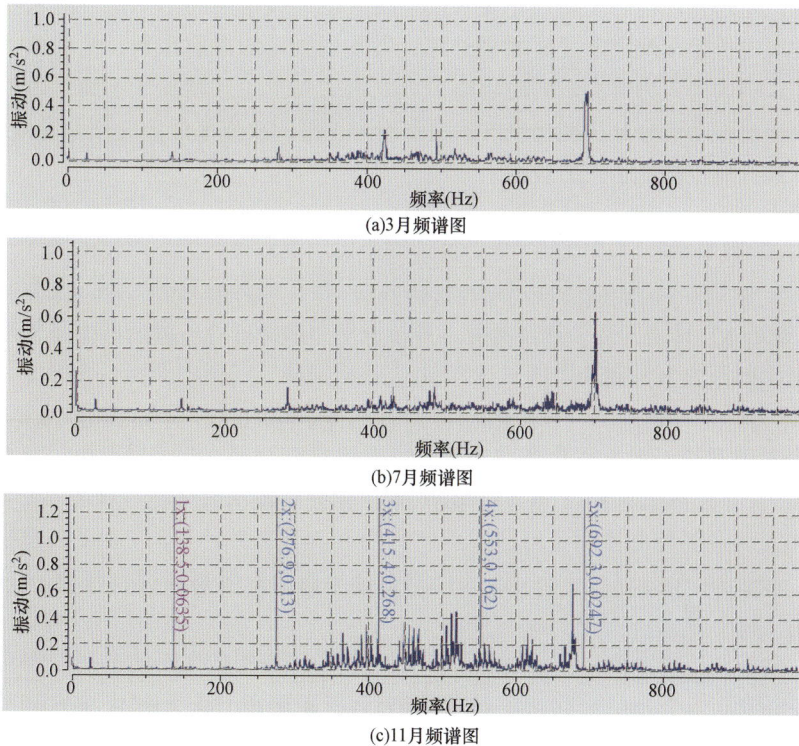

图 3 不同时间段的频谱图

主，7～11月之间出现了 $\Delta t = 0.0156$ 的冲击信号，并且频率图中出现中间轴 $\Delta f = 62\text{Hz}$ 的通过频率。到11月，通过计算出现了中间轴轴承 $\Delta f = 64\text{Hz}$ 的故障频率，并且出现大量边频。因此，笔者认为齿轮箱中间轴轴承本体状态不良。

2.3　检修与验证

2021年11月，邀请专业人员使用工业视频内窥镜对该机组齿轮箱进行了内窥镜检查，检查结果发现中间级叶轮侧轴承内圈开裂，如图4所示。检查结果与本文分析结果基本一致，验证了振动分析的有效性。

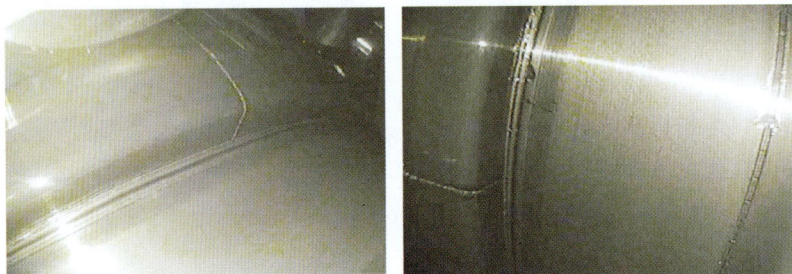

图4　工业视频内窥镜检查结果图

3　结论和建议

风力发电机组运行环境的复杂性，导致风电机组运维成本居高不下。目前风电机组的运行维护一般是在风电机组出现故障之后才去处理，做不到故障的提前预判。这种被动式的检修工作不仅需要投入极大的人力财力，同时也给风力发电的安全生产增加了不确定因素。本文的案例分析证明，通过振动信号分析能比较准确地预测齿轮箱的故障部位，变被动维修到主动预防，节约维修成本的同时也降低了人力资源。

参考文献

[1] 吕琛，王桂增．基于时频域模型的噪声故障诊断 [J]．振动与冲击，2005，24（2）：5．

[2] 张文斌，周晓军，林勇，等．基于谐波小波包方法的旋转机械故障信号提取 [J]．振动与冲击，2009，28（3）：87-89．

[3] Sait A S，Sharaf-Eldeen Y I．A Review of Gearbox Condition Monitoring Based on vibration Analysis Techniques Diagnostics and Prognostics [M]．2011，3．

[4] 郑勇．基于小波和能量特征提取的旋转机械故障诊断方法分析 [J]．电子测试，2017（10X）：3．

[5] 唐贵基，邓飞跃．基于改进谐波小波包分解的滚动轴承复合故障特征分离方法 [J]．仪器仪表学报，2015，36（1）：9．

[6] 张友顺．旋转机械状态监测中的振动分析与案例研究 [C] // 中国石油和化工自动化协会；中国化工装备协会．中国石油和化工自动化协会；中国化工装备协会，2014．

[7] 沈玉成，孙冬梅，袁倩．基于峭度的概率密度分析法在风电回转支承故障诊断中的应用研究 [J]．机床与液压，2017，45（23）：4．

[8] 吴冠宇．风电齿轮箱齿轮故障预警与诊断的研究 [D]．华北电力大学，2016，28-39．

一种风电机组齿轮箱轴承孔冷熔脉冲焊修复方法

周国栋， 姜东

（华能江苏清洁能源分公司）

摘 要： 齿轮箱内部结构复杂，运行工况变化频繁，周期性应力、负荷骤变、油质变质均会对齿轮箱本体产生影响，齿轮、轴承、孔座等部位会出现不同程度的磨损、劣化，本文结合某风电场实际检修工作，讨论研究通过冷熔脉冲焊技术完成轴承孔修复工作。

关键词： 齿轮箱；轴承孔；冷熔

1 设备缺陷情况及检查分析

某风电场 32 号风电机组报出齿轮箱振动异常故障，振动值为 0.21g。经检查发现，齿轮箱断齿，中速轴轴承"走外圈"。在对齿轮箱进行整体检查后，确定该故障是由于齿轮箱中速轴发动机侧轴承孔磨损造成，磨损最严重位置磨损厚度达 0.65mm，如图 1 所示。

找到轴承孔基准面，利用修复手段恢复轴承孔原始尺寸及形位公差，即可保证齿轮箱中速级轴承恢复原同心度运行。

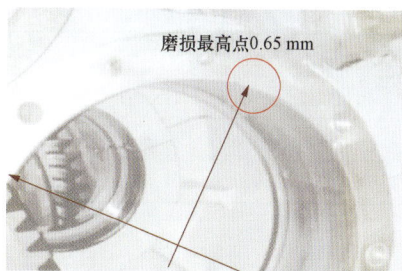

图 1 齿轮箱轴承孔

2 维修方案对比

常规解决方案包括轴承孔车削嵌套维修、激光熔覆表面处理、冷熔脉冲焊修复。轴承孔车削嵌套维修需将齿轮箱下架返厂维修，吊装和运输成本高，耗时长；激光熔覆对环境要求较高，不适用于在空间狭小、易燃物较多的机舱内开展；冷熔脉冲焊属常温焊补，基体不发热，对空间要求较小，经综合分析，选用冷熔脉冲焊技术修复轴承孔。

3 冷熔脉冲焊方案实施

3.1 解体揭盖，现场清理

停运风电机组并做好安全措施后，进行解体揭盖，拆卸部件妥善保存，拆除周边的线缆、探头等，确保现场有一定的空间，满足人员实施焊接、打磨工作。

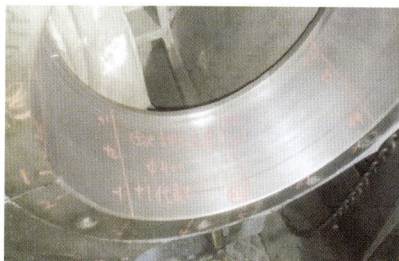

图 2 磨损量精测

3.2 磨损情况精测

清理轴承孔表面，检查齿轮箱轴承孔表面情况，测量各档内径尺寸，检查磨损程度和范围，确定补焊区域。齿轮箱轴承孔表面在高接触压应力的作用下，局部产生疲劳磨损，表象为出现少量麻点或凹坑，已形成疲劳层，基体强度已显著下降，在表面清理时打磨去除，如图 2 所示。

3.3 表面无损检测

表面处理后，使用 ACFM 便携式金属检测仪对轴承孔表面进行检测，避免遗漏隐性缺陷影响修复质量。

3.4 实施冷熔脉冲焊

选用强度高、塑性好且耐腐蚀的镍基焊材对轴承孔表面进行修复，本次修复采用 42GrMo。42GrMo 化学成分及力学性能见表 1、表 2。

表 1　42GrMo 化学成分　　　　　　　　%

成分	含量	成分	含量
碳	0.38~0.45	铬	0.90~1.20
硅	0.17~0.37	钼	0.15~0.25
锰	0.50~0.80		

表 2　42GrMo 力学性能

力学性能	参数	力学性能	参数
抗拉强度（MPa）	≥1080（110）	断面收缩率（%）	≥45
屈服强度（MPa）	≥930（95）	冲击功（J）	≥63
伸长率（%）	≥12		

注意补焊宜缓速均匀，关注基材温升情况，焊点整齐致密，避免造成气孔缺陷。焊补后轴承孔表面如图 3 所示。

3.5 恢复轴承孔的尺寸精度

对补焊区域进行打磨，完成粗加工，基本恢复齿轮箱轴承内孔尺寸。

利用加工好的同轴承外径尺寸芯棒，加研磨剂对轴承孔内圈表面进行研磨，用红丹检查接触情况，恢复轴承孔内圈表面接触精度，如图 4 所示。

图 3　焊补后轴承孔表面　　　　　图 4　焊补后轴承孔表面

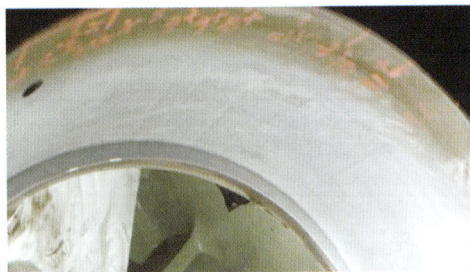

3.6 加外圈带防转槽轴承和加防转销

新装配中速级轴承选用同型号外圈带防转槽轴承，并在箱体轴承内孔相应位置打孔装配防转销。

3.7 表面清洁及部件回装

对轴承座孔表面进行清洁，将拆卸部件进行回装，恢复线缆、探头。

4　修复后设备状态监测

调取修复后 1 个月、半年、一年设备运行数据进行分析，修复效果良好，风电机组在高负荷状态下，轴承振动数据、轴承温度数据均正常，如图 5、图 6 所示。

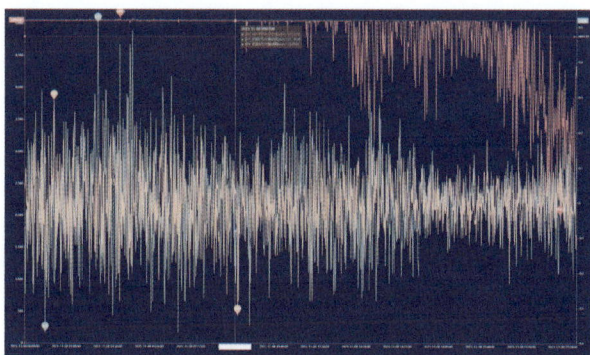

图 5　修复后功率‑振动曲线

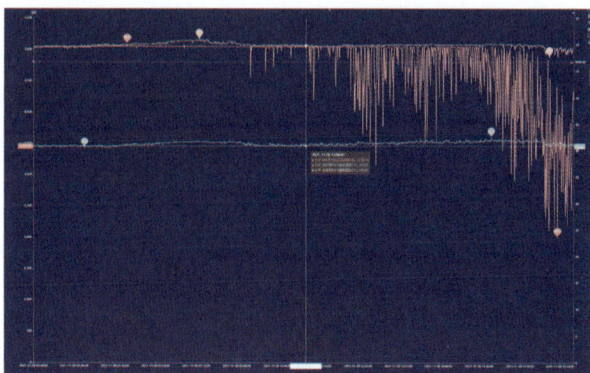

图 6　修复后功率‑温度曲线

该风电场已对齿轮箱轴承孔磨损较严重的 4 台齿轮箱进行了机舱内揭盖更换中速级和轴承孔修复处理，轴承孔修复全部采用冷熔焊修复手段。修后跟踪齿轮箱设备运行状况平稳，振动、温度等各项参数均较修前有明显改善，全部在正常值范围内，定期开盖检查也未发现修复轴承孔再有轴承"走外圈"现象。

5　总结

伴随风电行业的发展，兆瓦级风电机组机械缺陷逐渐显露，严重影响设备可靠运行。在处理齿轮箱轴承座孔磨损缺陷过程中，传统工艺往往会受到施工现场位于高空、空间狭小等因素限制而选择将齿轮箱下架处理，维修成本高且维修时间长。冷熔焊技术发展已经成熟，将该技术引入风电机组机械设备表面处理工作，在保证被修复设备表面性能的前提下，充分发挥其低温性和灵活性两大优势，在机舱内就地对轴承座孔进行表面处理，省去齿轮箱拆卸、吊装、运输等工作，大幅度节省了维修时间和维修成本。

风电机组叶轮"转速比较"故障处理

段同裕，张海涛

（甘肃龙源风力发电有限公司）

摘　要： 风能是一种干净、储量极为丰富的可再生能源，它不会随着本身的转化和利用而减少，自20世纪70年代末以来随着世界各国对环境保护能源短缺等问题的关注，大规模利用风电来减少空气污染，减少有害气体排放量。我国华北、西北、东北及东南沿海地区有丰富的风能资源，风电装机容量也在逐年稳步增长，因此对风电机组从业者的技术水平也提出了更高的要求，本文以联合动力1.5MW机组典型故障"叶轮转速比较"故障为例进行了深入分析。

关键词： 转速比较；联轴器损坏；接触器；箱式变压器

1　概述

"转速比较"故障约占风电场总故障的2%，该故障一般较少报出，故障涉及风电机组传动系统、发电机、变频器等重要系统的相关零部件，本文以实际发生案例为基础，采用故障树分析法，重点分析了引发该故障的一些比较隐蔽的因素和处理方法。

2　故障基本情况

2021年5月某风电场F1406号风电机组报"转速比较"故障，现场检修人员登塔检查，滑环编码器、发电机编码器、超速模块、转换模块等部件未发现异常情况，随后检修人员拆除联轴器防护罩进行检查，发现联轴器严重打滑，已完全丧失原有功能，现场更换联轴器并对发电机对中后机组投入运行，运行不到一星期后机组再次报出"叶轮转速比较"故障，检修人员再次登塔检查，发现高速联轴器因严重打滑而失效，检修人员根据故障处理手册和实际经验检查了设备的相应系统，仍未发现故障点，于是怀疑有可能是变频器出现异常而引发该故障，对变频器机侧和网测模块抽出检查并未发现异常，在检查至机侧主接触器K1时发现K1的A相发生粘连。

3　原因分析与诊断

3.1　故障触发条件

当风电机组不在停机状态，叶轮转速大于4.5r/min，并且叶轮转速与发电机转速差值大于1.3r/min时，触发此故障。

3.2　故障现象

（1）机组并网后报"叶轮转速比较"故障（主故障）和"电网三相电流不平衡"故障（次故障）。

（2）叶轮转速与发电机转速不同步，发电机转速过高。

（3）风电机组过功率。

3.3　风电机组传动系统介绍

风电机组传动系统简图如图1所示。

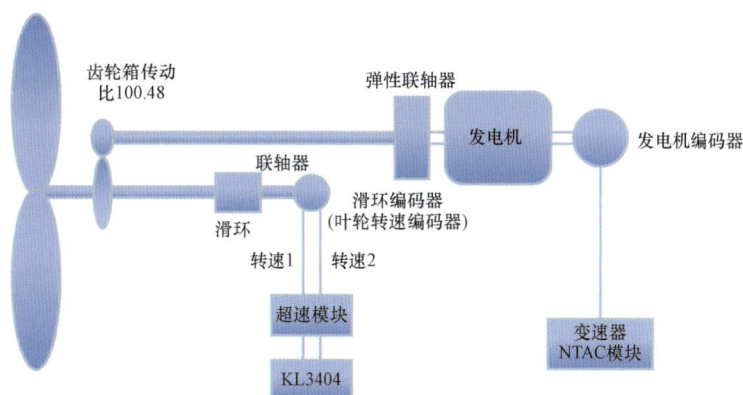

图 1　风电机组传动系统简图

　　风电机组传动系统主要由主轴、低速联轴器、齿轮箱、高速联轴器等部件组成，通过上述部件将叶轮的低转速转换为符合发电机发电所需的高转速。高速连轴器作为重要部件除满足传递扭矩的要求之外还需满足相应的绝缘要求，以防止发电机轴电流窜入齿轮箱，导致齿轮箱齿轮遭受电腐蚀，从而损坏齿轮箱。

3.4　原因分析

　　该机组在报出故障的瞬间机组叶轮转速为 17.321r/min，变频器根据程序计算得出发电机的转速为 1740r/min（齿轮箱的增速比为 1∶100.48），而此时发电机的实际转速为 15450r/min，叶轮转速和发电机转速之间的转速差经换算后达 1.882r/min，远超出其故障触发阈值 1.3r/min。

3.4.1　故障判断

　　根据传动系统简图和设备运行原理判断故障可能存在于下列方位。

（1）超速模块、主控测量输入模块 KL3404。

（2）滑环及滑环编码器。

（3）发电机编码器、变频输入编码器转换模块 NTAC 模块。

（4）变频器模块损坏。

3.4.2　故障检查

　　根据上述分析进行检查。

（1）超速模块正常或超速模块接线无松动，KL3404 模块正常。

（2）滑环编码器正常或联轴器无松动，滑环编码器插头无松动，屏蔽良好。

（3）发电机编码器正常或接线良好，无断线、虚接；发电机编码器屏蔽线无松动或接地良好；变频器 NTAC 模块损坏；发电机编码器与 NTAC 模块之间无断线，变频器控制单元 NDCU 正常。

　　为再次验证发电机编码器是否正常，通过变频器录波软件对发电机编码器进行录波，如图 2 所示。

　　通过波形分析可得出编码器工作正常，并未出现干扰现象。

　　K1 接触器如图 3 所示。

（4）拉出变频器 ISU、INU 模块并对立面 IGBT、驱动板进行检查测试均正常，未发现明显的过温和损坏痕迹。随后拉出 LCL 滤波模块检查机侧主接触器，拆下转子侧主接触器，发现 K1 的 A 相触头烧坏严重。

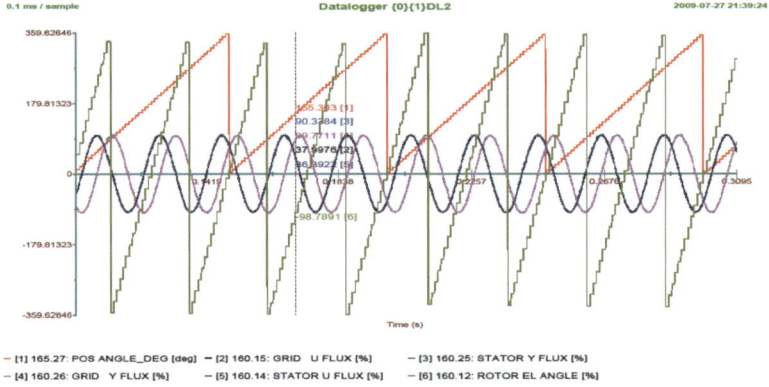

图 2　发电机编码器录波

　　检查发现接触器 K1 下口 A 相母排有变色现象。因为下口母排是从箱式变压器低压侧引线，因此怀疑箱式变压器有问题，检查发现箱式变压器。运行时发出异常电流声。转子侧 A 相母排如图 4 所示。

图 3　K1 接触器

图 4　转子侧 A 相母排

　　对箱式变压器停电，拆开箱式变压器油池盖板后发现箱式变压器油池内部高压融管支架固定螺栓脱落，导致掉落的支架与箱式变压器壳体接触，产生接地放电拉弧现象。

　　箱式变压器高压融管支架掉落放电位置如图 5 所示。

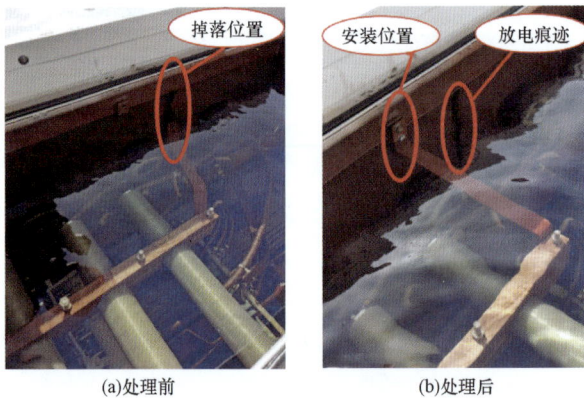

(a)处理前　　　　　　　(b)处理后

图 5　箱式变压器高压融管支架掉落放电位置

（下转 291 页）

引起风力发电机组振动故障的原因及解决方法

崔玉彬

（国家电投东北新能源发展有限公司）

摘　要： 文章基于对风电机组运行安全以及振动分析，基于在线振动状态监测系统，总结其在运行中的常见故障以及相应的振动诊断方法，以供参考。

关键词： 风力发电机组；振动故障；原因；解决

1　引言

目前随着我国经济社会的飞速发展，人们日常生活以及工农业生产中对电能的需求量与日俱增，与此同时，全球生态环境逐渐恶化，我国也因此提出了发展低碳经济的战略要求。风能作为一种清洁型能源，在发电行业中广泛应用，近年来风电机组的装机容量也有逐步快速增长的发展趋势。但是此类风力发电机组运行中出现概率较高的故障就是振动故障，不仅会引发安全事故，而且还会耽误正常生产，影响机组的发电效率。为此就需要研究引发风电机组振动故障的原因并寻求相应的预防和解决方法。

2　风力发电机组的运行安全分析

风力发电机组在运行中采取主动对风的方式，也就是始终保证风电机组叶轮处于迎风状态，将风能最大化转换为机械能来驱动发电机运转发电。而由于风电机组叶片的直径较大，且处于环境恶劣的野外，在长时间的运行过程中，容易由于不可预见的自然因素以及其他外力等对机组造成影响或者破坏，进而会影响其运行安全。加之目前的风电机组采取全自动的运行方式，通过自动化系统的应用实现自我控制，结合状态检测系统来实现自动运行和无人值守的管理模式。为了实现上述目的，在其机组控制系统中采用的是基于 PLC 以及传感器、执行机构、控制器等组成的控制系统。其主要原理就是通过传感器来收集机组运行参数信号，在控制器监测到系统运行参数或者某项指标发生异常时则向执行机构发出相应的调整命令。总结其中容易出现的异常，主要以振动故障为主，且直接影响机组的运行安全，这也是本文讨论的重点。

3　风力发电机组振动分析

在此机组中的机舱内部安装有振动传感器，可以监测超过允许幅值的最大振动信号，并将此信号发给机组的主控制器并发出振动异常报警，或者根据情况决定是否要停机。这就是应用机组自我保护的主要方式，可以及时提醒工作人员来处理或者停机，避免故障进一步扩大。但是这也会影响机组的正常运行而造成经济损失。对机组运行中的故障进行总结可知，由于振动问题而引发的故障占到故障总数的 2/3 左右，如果风速达到 10～14m/s，由于振动原因而造成的机组停机概率会达到 84.6％以上，而在风速处于其他范围之内时的振动故障概率则较低。为此，此时段则成为风电机组发电的黄金区域。要重点分析此区域中的振动故障原因并加以控制，以大幅度提升风电机组发电效率，提升其发电经济效益。

4　风力发电机组振动故障类型

4.1　塔筒和机舱振动故障

塔筒和机舱的振动主要由自然风引起,且表现为低频振动。其中由于风轮叶片受到扭矩和推力等因素而引起水平方向上的振动故障,或者是受到不平衡力以及塔影效应而引发振动。尽管在设计阶段会特意避开叶片的激振频率,但是由于自然风在不断改变频率,仍然可能会发生与塔筒和机舱的共振现象。针对此问题则需要应用变桨系统对速度、曲线进行调整并增加系统阻力,实现塔筒振动幅度的降低。

4.2　轴承振动故障

作为机组传动系统中最为精密的轴承,其一旦出现振动故障通常会出现以下振动频率:

(1)在故障初期的随机超声频率,大概在 5000~60000 Hz 的范围之内。

(2)轴承零部件的自振频率,此范围为 500~2000 Hz,不会受到转速的影响。

(3)轴承出现故障时会表现出外环故障、内环故障、滚珠体故障以及保持架故障等特征频率,此频率不会受到转速影响,而且最早会出现内环故障,也不会因为基频而引发保持架故障,但是在出现滚珠体故障时通常会同时出现保持架故障,外环故障的幅值在内环故障的幅值以上。

(4)内环或者外环故障频率以及和频、差频等属于轴承滚珠体的通过频率。

4.3　齿轮箱振动故障

齿轮箱振动故障主要表现出不同故障的齿轮振动频率、振动特征以及振动频谱线的表现不同,针对此类故障则需要采取在线监测的方式,将正常的振动频谱作为基准来在线监测齿轮箱的运行情况,比较实际运行的振动频谱与此基准来诊断和监测齿轮箱故障。引起此故障的原因可能是由于润滑不当而造成轴承和齿面损坏,比如润滑剂失效或者散热不佳等原因。或者是在设计阶段存在参数精度方面的设计问题,以及由于齿轮箱部件出现共振等原因而引发齿轮断裂、偏移故障等剧烈振动引发的危害等。

5　风力发电机组振动故障的诊断

在目前的振动故障诊断过程中,主要采取倒频谱分析,冲击脉冲技术,包络谱分析技术,尖峰能量技术,小波分析技术,峭度、偏斜度和峰值因子分析方法等开展故障诊断,得出准确反映设备运行状态的数据和结果。为了降低故障概率,需要对润滑剂进行定期检查,及时补充和更换润滑剂。还要结合不同用户的实际需求对设计数据进行调整,以应对不同地区的不同风力变化以及交变应力等。通过在线振动状态监测系统的应用对风电机组传动链运行状态等进行评估和诊断,及时发现故障隐患并进行准确和快速的诊断与处理。

6　风电机组在线振动状态监测系统

在风电机组中针对振动故障所采用的状态监测系统主要是 SCADA 系统,主要用于对风电机组各部件以及子系统的状态参数数据进行采集和记录,经过对比分析来判断设备和系统运行情况。此系统主要由振动传感器和转速传感器、智能采集单元等组成,通常在传动链的主轴、齿轮箱以及发电机等容易出现振动故障的部位设置振动监测点,将低频加速度传感器安装在主轴承、一级行星轮大齿圈等转速较低的位置,其他部位则需要安装通用型加速度传感器。此系统所采用的技术主要有频谱分析、时域分析以及变速变载分析技术等，可以评估齿轮箱和发电机的平衡、对中、连接和齿轮啮合等状态，结合风速、转速以及功率等参数对评估标准进行智能调整，并作出归一化的评估值。

7 结束语

振动故障是风电机组运行中的常见故障，其会对机组的正常和安全运行产生直接影响。为此就需要基于其安全运行以及出现振动的原理，总结其常见故障，采取正确有效的故障诊断技术以及应用在线振动状态监测系统来预防和处理振动故障，保障机组的稳定运行。

参考文献

[1] 章筠．风力发电机组振动故障诊断案例推理系统［J］．装备机械，2018（2）：13‐16.
[2] 杨衍．某风电场机组振动故障实测分析［J］．风能，2018，No.105（11）：75‐78.
[3] 李浪，刘辉海，赵洪山．风力发电机振动监测与故障诊断方法综述［J］．电网与清洁能源，2017，33（008）：94‐100，108.

（上接 288 页）

4 故障处理

更换联轴器，重新紧固高压熔管固定支架螺栓后机组恢复运行。

5 结论和建议

综上所述，该故障的主要原因为箱式变压器接地引起 A 相电流发生变化，导致转子侧接触器 A 相触点发生粘连，变频器控制发电机转子电磁转矩时发生偏差，导致风电机组传动系统转矩突变，引发联轴器损坏。

该故障具有一定的代表性，为避免该故障的重复发生提出以下三点建议。

（1）定期检查高速联轴器是否出现打滑现象，对打滑严重的应及时停机并进行处理。

（2）在日常巡视中尤其要注意箱式变压器的运行声音，对箱式变压器运行声音异常的应立即停运进行检查。

（3）加强现场运行维护人员培训，培养从系统角度思考问题的能力。

EN93‐1.5 风电机组齿轮箱油池温度高于上限值故障处理

何忠楠

（中广核新能源山东分公司）

摘　要： 对于双馈机组而言，齿轮箱油温高始终是困扰现场运行维护工作的难题，尤其是大风天气风电机组批量出现齿轮箱油温高告警甚至故障停机，本文介绍了几种齿轮箱油温高的处理方法，能够有效地降低齿轮箱油温高故障频次。

关键词： 齿轮箱油池温高；温控阀；冲洗；滤芯

1　引言

随着科技的发展在各种新能源的开发过程中，风电技术也逐步成长并成熟起来，成为新能源中的主流能源之一，因此世界各国都在开发和制造本国的风力发电机。如今国内风电机组主流机型为双馈机组，双馈机组的齿轮箱油温高问题是一个普遍存在的共性难题，随着运行时间的增长，批量出现齿轮箱油温高告警及故障。本文针对 EN93‐1.5 风电机组齿轮箱油池温度高于上限值，介绍故障处理方法，目的是为了对齿轮箱油池温度故障处理提供处理思路，希望在今后风电机组运行维护过程中提供一定的帮助。

2　故障基本情况

EN93‐1.5 风电机组齿轮箱油池温度高于上限值故障报出条件为齿轮箱油池温度达到 75℃，齿轮箱油池温度达到 70℃为告警状态。

3　原因分析与诊断

根据多次齿轮箱油池温度高于上限值故障处理及不同的故障原因，该故障的主要成因如下。

（1）齿轮箱油池油量问题。齿轮箱油量少，是平时故障处理时遇到的原因，也是最为常见的故障原因；齿轮箱油池油量加得过多，油黏度大，妨碍齿轮箱油散热，也会导致齿轮箱油池油温过高故障，可以理解为油量过多，超出散热系统的工作负荷，无法满足正常的冷却循环。综上所述，处理齿轮箱油池温度高于上限值故障时，在检查齿轮箱油位时，不应只关注油位观察窗是否低于下限值，同时也要观察油位观察窗是否高于上限值，齿轮箱加油加得过多同样会导致齿轮箱油温异常升高。

（2）齿轮箱油循环系统问题。此类问题的故障点主要集中在温控阀上；在齿轮箱油循环系统中，润滑油经过过滤器过滤后到达温控阀，温控阀可以根据润滑油油温来控制润滑油流向，一般当油温低于 45℃时，润滑油无需经过冷却，直接进入齿轮箱油路分配块，而当油温高于 45℃时，温控阀开始工作，润滑油将先进入散热器，经散热器冷却后，润滑油回到齿轮箱油路分配块。

风电场温控阀故障，大多数并不是温控阀本身损坏，而是温控阀顶针因润滑油的杂质产生卡涩，当油温达到 45℃时顶针无法推动活塞上移，切换油路，导致热油无法进入散热器散热，直至油温升至报警温度，故障停机。

温控阀工作时的工作原理如下：

1）依靠密封在活塞内的空气，受热膨胀推动活塞的反作用力，以及弹簧的弹力，共同作用于阀体，使之移动，达到切换油路的目的。

2）当油温过高，密封的空气受热膨胀时，推动活塞上移，由于活塞顶在温控阀盖上无法移动，迫使阀体在活塞的反作用力下，克服弹簧的阻力，推动阀体下移，从而断开直通油路，接通油冷却通道，高温润滑油进入散热器进行冷却后，再进入齿轮箱。

3）当油温降低，密封的空气收缩，弹簧的弹力逐渐大于活塞的作用力时，弹簧推动阀体上移，从而断开冷却油路，接通直通油路，润滑油直接进入齿轮箱。

4）温控阀在油温达到45℃开启，50℃时全开，在此切换过程中，油将同时在只用齿轮箱的管路和通往散热器的管路中过流，并随着切换过程，两路流量大小有变化，但总流量不变。齿轮箱温控阀阀芯及阀体如图1所示。

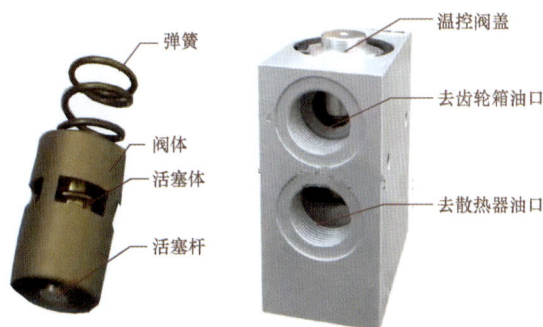

图 1 齿轮箱温控阀阀芯及阀体

齿轮箱油循环系统问题还存在一种情况，就是齿轮箱滤芯堵塞问题，造成滤芯堵塞的主要原因在于齿轮箱润滑油随着使用年限的增加，油中的杂质随之增加，在齿轮箱润滑油循环的过程中，经过滤芯过滤，久而久之滤芯的通过性能下降，造成同样的压力下通过滤芯的油量下降，出口油压下降，润滑油循环效率降低，同样润滑油的散热效果也随之下降，润滑油的冷却效率与齿轮箱运行过程中的发热效率不平衡，润滑油油温就会逐渐升高，直至达到报警温度，故障停机。

（3）齿轮箱散热系统问题。主要集中于散热器表面被柳絮、油泥、灰尘等杂物附着，由于风电机组的安装位置全部在野外环境，树木会产生柳絮，风电机组所处位置风力较大，灰尘也比较大；首先，杂物附着造成散热器通风间隙变小，通风量达不到要求，散热效果下降，造成润滑油油温升高；其次，柳絮、油泥、灰尘等附着物的热交换效率远远低于金属的热交换效率，造成散热器自身散热效果不佳，润滑油冷却效果下降，润滑油油温升高。

（4）电气回路故障，例如温度传感器故障、接线虚接甚至断路、模拟量输入模块故障等，同样是齿轮箱油池温度高于上限故障的原因之一，主要的故障表现为温度850℃，或者润滑油油温异常跳变且温度跳变幅度大。

4 故障处理过程

（1）齿轮箱油池温度高于上限值故障的处理思路，监控后台导出故障报文并解析成表格形式，根据解析的故障报文并结合 SCADA 监控界面的信息综合分析。

（2）通过分析能够初步判断故障原因，观察齿轮箱入口油压和齿轮箱油池温度，若齿轮箱入口油压只有 0.1MPa 左右，甚至更低，很有可能是滤芯脏，通过性下降了；若润滑油油温跳动较大，一种是齿轮箱漏油，油池油量少，导致温升很大，另一种是电气回路问题；若油温逐渐升高且油压正常，很大可能是温控阀的问题、散热器问题、齿轮箱油位高。

（3）处理此故障，首先观察齿轮箱观察窗，观察油位情况，若油位高于上限值需放油至标准油位线处，当然此种情况几乎不存在；若油位低于下限值，需打开齿轮箱加油盖板进行加油，并查找有无漏油点，较为常见的漏油点为滤芯桶及循环系统油管。

（4）确认油位没有问题后，可以手动启动油泵，使用红外线测温仪分别测量温控阀控制的两个出口油管温度，若油池温度高于 50℃，连接散热器入口的油管温度低于返回齿轮箱的油管温度，则可以确定温控阀没有动作切换油路，需更换温控阀或清洗温控阀活塞杆；温控阀拆卸步骤：使用穴用卡簧钳将卡簧拆除，拆除卡簧前需在温控阀阀体下方放置接油容器，卡簧拆除后滤芯桶内的润滑油会顺着温控阀阀体流出，卡簧拆除后，阀体温控阀端盖会随着弹簧力被推出，温控阀也会随着润滑油一同出来。

（5）按拆卸步骤倒序将新的温控阀安装回阀体即可，安装时注意温控阀的安装方向，活塞杆需顶在阀体小端盖上。

（6）排查温控阀的油路切换问题的同时可以同步观察散热器表面柳絮、灰尘多不多，是否影响通风散热和热交换效率；解决此类问题的有效方法就是冲洗，将附着的柳絮、油泥、灰尘冲洗干净，使散热器的散热效果恢复如初。

（7）散热器的清洗需准备高压水枪并配 5m 左右的高压水管、洗车泵、一桶清水，取用塔筒壁处的电源，连接高压水枪油管，启动洗车泵，在散热器下方铺好接水用的塑料布，然后进行冲洗，冲洗干净后，将脏水倒至塔筒外，擦干散热器。

5　结论和建议

EN93-1.5 风电机组齿轮箱油池温度高于上限值故障，是 1.5MW 风电机组乃至所有双馈风电机组普遍存在的通病，双馈风电机组运行几年后均会批量出现齿轮箱油温高问题，始终困扰现场运维检修人员；本文对齿轮箱油温高故障，从各种不同角度进行切入分析，在今后处理齿轮箱油温高故障时，可以参考本文针对该故障的分析作为故障处理时的辅助参考建议如下。

（1）温控阀作为易损件，库存量可以多一些，甚至可以将温控阀作为耗材使用，每 2～3 年随着风电机组定检定期更换，更换周期可以根据各自风电场温控阀使用年限自行决定。

（2）将散热器冲洗工作纳入风电机组定检工艺中，每次定检都进行齿轮箱散热器冲洗，可以大幅度降低齿轮箱油温高的故障台次和故障率。

（3）根据齿轮箱润滑油运行年限，适当调整滤芯更换周期，由一年更换更改为半年更换，或更换新的齿轮箱润滑油。

第6部分
液压系统典型故障与分析

风电机组液压系统典型故障案例分析

杨策， 梁培沛

［龙源 （北京） 风电工程技术有限公司］

摘　要： 风电机组液压系统的结构与原理十分复杂，它在风电机组制动和偏航变桨过程中起着十分重要的作用。当出现工作不正常或故障时，不能盲目拆卸，应对其进行基本检查，根据液压系统的结构、工作原理与日常工作经验、液压油各项性能指标的变化分析出其产生故障的根本原因，为进一步拆解维修提供依据。本文主要通过液压油的各项指标的变化判断故障可能产生的原因。

关键词： 风力发电；液压系统；故障诊断

1　引言

风力发电机组液压油在液压系统中起着传递动力、密封、冷却、润滑的重要作用。由于风电场多建在风力资源丰富、偏僻而空旷的地方，工作条件恶劣，因此必须采用专用的液压油，以满足其工作特性的需要。由于风力发电机的液压站处于风力发电机机舱的内部，维修起来费时费力，十分不便。其故障初期虽然对液压站工作影响不大，但有很大的潜在威胁，如不及时进行诊断修理，将使液压系统损坏程度不断加重，甚至失去修理价值。因此，通常通过定期检测液压系统内液压油的性能指标来随时关注液压系统是否出现问题，找到产生故障的真正原因，及时进行修理，从而避免造成更大的损坏，做到防患于未然[1]。

2　风电机组液压系统

2.1　液压系统的组成

液压系统的组成部分称为液压元件，液压元件的功能分类如表1所示。

表 1　　　　　　　　　　　　　　液压系统组成与功能

元件	组成	功能
动力元件	油泵	将原动机的机械能转换成液体（主要是油）的压力能
控制元件	液压阀（压力控制阀、流量控制阀和方向控制阀）	在液系统中控制和调节液体的压力、流量和方向，以满足执行元件对力、速度和运动方向的要求
执行元件	液压马达、液压缸	把系统的液体压力能转换为机械能的装置，驱动外负载做功
辅助元件	油箱、蓄能器、滤油器、油管及管接头、密封圈、压力表、油位计、油温计等	传递压力能和液体本身调整所必需的液压辅件，其作用是储油、保压、滤油、检测等
液压油	矿物油和合成型液压油	液压系统中传递能量的工作介质

2.2　液压系统的原理

液压系统为轮毂内的变桨系统以及齿轮箱高速轴上的刹车系统提供液压动力。其原理是在特定的机械、电子设备内，利用液体介质的静压力，完成能量的蓄积、传递、控制、放大，实现机械功能的轻巧化、精细化、科学化和最大化。液压系统原理如图 1 所示。

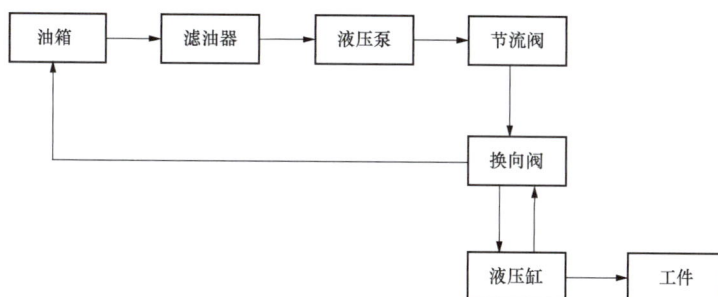

图 1　液压系统原理图

3　典型案例

3.1　液压缸出现磨损

（1）故障现象：某风电场某机组液压系统出现卡顿至偏航、变桨不能如期完成操作。经检查液压缸出现拉缸。该系统液压油检测结果如表 2 所示。

表 2　　　　　　　　　　　　　　故障机组液压油各项检测指标

清洁度	Fe 元素（ppm）	Cu 元素（ppm）	PQ 值	黏度（mm²/s）
23/21/15	60	<2	15	28

（2）检测结果显示：该系统液压油的清洁度水平已经严重超标，磨损铁元素含量也已超标，但铁磁颗粒含量正常。

（3）产生原因：出现这种现象的原因是液压系统内出现异常磨损，颗粒污染物加剧元件的磨损，引起液压杆磨损。

3.2　液压缸密封部位异常磨损

（1）故障现象：某两个风电场同一机型均出现滑动套部位异常磨损，取该系统液压油检测结果如表 3 所示。

表 3　　　　　　　　　　　　　故障机组液压油各项检测指标

风电场	油品使用时间（月）	黏度（mm²/s）	清洁度	Fe 元素（ppm）	Cu 元素（ppm）	Si 元素（ppm）	PQ 值
1 号	47	17	23/20/14	202	91	16	102
2 号	48	38	25/20/18	1185	149	8	58
新油	0	32	18/16/13	<2	0	0	5

（2）检测结果显示：两个风电场所用液压油的清洁度都出现严重超标现象，且磨损铁磁性颗粒含量过大，取样的液压油中出现肉眼可见金属颗粒，油品中磨损金属元素含量严重超标且出现了平时少见的金属元素铜（Cu），液压油黏度分别出现下降和上升且已不能满足润滑油黏度要求。

（3）产生原因：密封件损坏是液压系统常见的故障之一，主要与密封件的材料、安装以及与液压油的适应性等因素有关。但使用相同类型密封件的其他机组并未出现异常，可以排除密封件与液压油不适应的因素。但元素分析结果显示，油中的铁（Fe）、硅（Si）、铜（Cu）元素含量偏高，判定密封件损坏至外来污染物进入液压系统，促使液压系统出现异常磨损并伴随金属剥落，此类故障常伴随漏油。

3.3　比例阀堵塞

（1）故障现象：某风电场某机型液压系统出现故障，经检查发现液压系统比例阀出现堵塞。液压系统的比例阀起分配液压油去不同油路的作用，比例阀一旦堵塞液压系统将不能进行正常工作，从而导致风电机组出现故障。故障机组液压油各项检测结果如表 4 所示。

表 4　　　　　　　　　　　故障机组液压油各项检测结果

风电场	油品使用时间（月）	黏度（mm²/s）	清洁度	Fe 元素（ppm）	Cu 元素（ppm）	PQ 值
1 号	40	27	23/21/17	<2	<2	108.1
2 号	40	27	22/21/19	<2	<2	30.6
新油	0	32	18/16/13	<2	<2	5

（2）检测结果显示：两台机组的清洁度水平严重超标，铁磁颗粒含量超标但磨损铁元素含量正常，在用液压油黏度降低，不能满足设备润滑要求。

（3）产生原因：该油清洁度高是因磨损金属颗粒多而造成的。同时液压油黏度降低，设备润滑效果不好，润滑系统有关摩擦副发生异常磨损，油中大量金属颗粒将比例阀堵塞。

4　预防措施

针对以上几种故障采取以下措施：

（1）定期取样检测液压油各项指标，控制油液清洁度水平在合格范围内。故障原因和污染源未确定之前不可随便换油或拆卸系统元件，避免造成不必要的损失。

（2）定期检查系统密封性是否良好，防止污染物进入液压系统导致异常磨损产生。

（3）定期更换液压系统滤芯，以保证液压油的清洁度满足各元件使用要求。

5　结论

风力发电机组所处气候环境十分恶劣，机组经受各种极端工况的考验。而液压系统对风电机组的安全运行起着重要作用，因此必须确保液压系统可靠工作。

本文通过对风电场液压系统中出现的典型故障进行总结分析，展现了油液监测技术在润滑管理和故障预警方面的重要作用，随着国内风电产业的发展，相信油液监测技术也会得到越来越多的关注。

参考文献

陈畅．液压系统故障诊断与维修典型案例的研究［J］．理论与算法，2016，(6)：29，63．

1.5MW 机组液压系统压力继电器微动开关优化研究

王磊，　潘甲祥

［国华　（哈密）　新能源有限公司生产技术部］

摘　要： 针对某风电场 1.5MW 风力发电机组频繁报出液压泵无反馈故障的情况，通过综合分析，发现压力继电器微动开关触点氧化粘连导致此故障报出的占比达 80%，经现场可靠性试验验证，压力继电器使用金触点微动开关，可以有效降低故障率。

关键词： 压力继电器；故障原因；触点氧化

1　简介

1.5MW 风力发电机组中，压力继电器起到对液压系统安全保护及检测系统压力的作用，影响风电机组的工作可靠性和安全性，因此，解决压力继电器误动作及触点氧化粘连问题，对风电机组的正常运行起着至关重要的作用。

压力继电器是利用液体的压力来启闭电气触点的液压电气转换元件。当系统压力达到压力继电器的设定值时，发出电信号，使电气元件（如电磁铁、电机、时间继电器、电磁离合器等）动作，使油路卸压、换向，执行元件实现顺序动作，或关闭电动机使系统停止工作，起安全保护作用。压力继电器有柱塞式、膜片式、弹簧管式和波纹管式四种结构形式。下面对柱塞式压力继电器（见图 1）的工作原理作一介绍：外面的压力通过小柱塞与压在滑块上的弹簧力平衡，柱塞上的压力由弹簧力的大小而定，弹簧力可由另一侧的螺母（或滚花手轮）来调节，调好后可用一锁紧螺钉锁紧。滑块在弹簧力作用下使微动开关处在压下状态，而当作用在小柱塞另一侧的外部压力达到调定值时，小柱塞推动滑块移动，释放微动开关。压力继电器的任务是把系统某一较稳定的压力信号反映出去，以控制其他的顺序动作，但它由于自身和外界的原因，有可能发出误信号，影响液压系统的工作可靠性和安全性。因此，对使用压力继电器时的误动作现象进行探讨，显得十分必要。

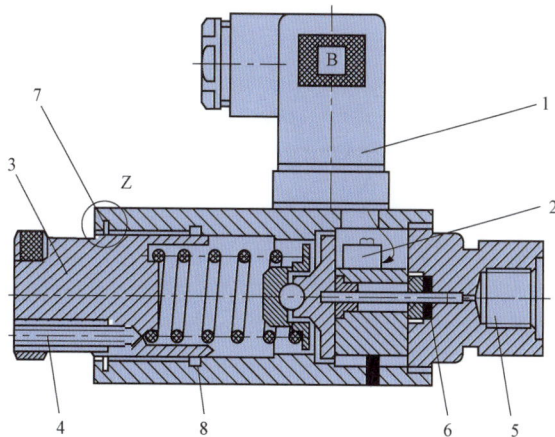

图 1　柱塞式压力继电器

1—插头 DIN43650；2—微动开关；3—带刻度的调节手轮；4—锁紧螺钉；

5—进油口（G1/4 母螺纹）；6—密封件；7—卡圈；8—O 形密封圈

2　1.5MW 机组液压泵无反馈故障原因分析

2.1　分析过程

在机组偏航动作完成后，液压站在建压过程中，机组报出液压泵反馈故障，维护人员将机组打到维护状态后，登机检查处理，人工手动测试液压泵：使用机舱维护手柄手动偏航、手动刹车，观察发现正在建压途中首先 106K3 液压泵接触器跳开；然后反馈触点到模块 119DI9：5 的灯熄灭。

根据程序发现液压泵反馈故障生成有两种情况：

（1）系统压力达到整定值后持续 4s 液压泵反馈信号没有消失。

（2）系统压力低于设定值持续 4s 液压泵无动作反馈。

2.2　处理过程

从故障现象上可以排除 2.2 中（1），因为当偏航结束（或刹车结束）后液压站就开始工作了，液压泵也有动作声音，故问题就出现在 2.2 中（2），通过查看电气图纸发现机组液压泵的动作受系统压力继电器、断路器 105Q2、继电器 106K4、接触器 106K3、PLC 模块影响，用万用表检查断路器 105Q2、继电器 106K4、接触器 106K3 的接线情况，均未发现接线松动、线圈、触点不动的情况，问题就缩小到了压力继电器和 PLC 模块上。

液压泵正在工作的时候会跳开，首先怀疑压力继电器 105S4 损坏的可能性最大，机舱柜侧通过手柄刹车然后松开，观察 106K3 跳开的时间，通过观察液压站旁边压力表的指示，发现结果是压力达到 150MPa 后，液压站还在动作，然后几秒钟后跳开，通过观察，发现为压力继电器的问题，在压力达到额定值后期触点 1、2 没有跳开导致，为了进一步确认，从端子排 X105.2 处测量结果也是一样，X105.2 端子有 24V 电存在，根据情况，更换了压力继电器。启动机组，问题消失。

3　1.5MW 机组压力继电器损坏原因分析

通过分析，压力继电器故障共计有两类，一类为继电器不动作动作，另一类为继电器误动作。

（1）因柱塞与套体配合不好，致使柱塞卡死，导致压力继电器不动作。

（2）微动开关定位偏移。1.5MW 机组液压系统压力继电器的微动开关，原来仅靠一个螺钉压紧定位，不致前移，一个螺钉固定力不足，且在接线、拆线时，力矩掌握不到位，造成微动开关错位，导致压力继电器微动开关动作值改变，发生误动作。

（3）微动开关不灵敏。随着风电机组并网时间增加，机组液压系统频繁动作，导致压力继电器微动开关触电氧化严重，致使触点粘连，使微动开关信号不正常而误发动作信号。

（4）压力继电器制造精度不好。微动开关弹簧精度不好，弹力不够，致使触点压下后便无法弹起，导致压力继电器误动作。

综上所述，并结合现场故障分析，1.5MW 机组液压系统故障 80% 是由于压力继电器微动开关氧化粘连，造成微动开关动作不灵敏引发的，为降低液压泵无反馈故障率，并提升压力继电器微动开关的工作寿命，经现场可靠性试验验证，进行压力继电器技术改造，将原来压力继电器银触点微动开关改为金触点微动开关，有效降低故障率。

（下转 269 页）

华能某风电场风力发电机组液压系统主压力过低故障分析

摘　要： 风电机组的液压系统是风力发电机组系统中的重要组成部分。液压系统是保证风电机组在偏航过程中能均匀稳定运行的核心，同时在紧急停机的情况下，保证风电机组能够顺利停机。在风电场的维护中发现，液压系统故障报错主要为主压力过低，本文就液压系统主压力过低故障进行了原因分析和故障处理过程的总结，对机组故障维护具有重大帮助。

关键词： 风力发电机组；液压系统；故障分析；主压力过低

1　引言

华能某风电场位于甘肃省定西市通渭县境内，风电容量为 100MW，安装上海电气 W2000HC 型 2.0MW 双馈异步发电机组 50 台。

W2000HC 型风力发电机组液压系统主要作用为发电机组主动式轴刹车和偏航刹车的制动控制，主要由齿轮泵、电机、油箱、集成控制块及管路组成。液压系统结构如图 1 所示。

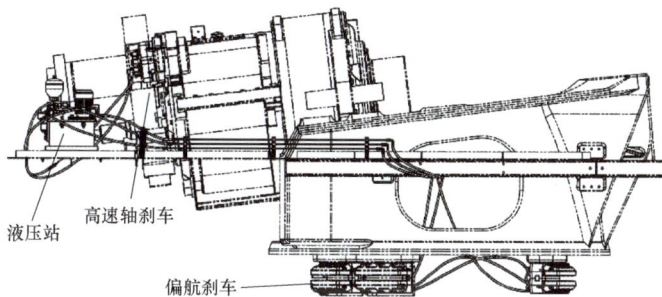

图 1　风力发电机组液压系统结构图

在液压系统的运行中，控制系统通过控制集成控制块的电磁阀来实现对偏航刹车器和轴刹车器的制动控制。为了实现对发电机转子的制动需要，在齿轮箱的高速轴侧配置了一个轴刹车器。当机组需要制动时，液压系统向轴刹车器提供高压油使其产生足够大的制动力矩，并作用在与主轴相连的刹车盘上以使其减速，直到停止。只有当转子静止时，才完成刹车动作。

通过液压系统的工作原理可以看出，液压系统在风力发电机组中起着关键作用，使偏航制动系统的液压回路在风电机组运行中适用较为频繁。随着液压系统的频繁工作，故障也随之而来。液压系统一旦出现问题，将带来重大的影响，偏航系统无法动作，高速轴无法正常刹车。

2　故障基本情况

液压系统的主要故障有液压系统主压力过低、液压油油位超限、液压系统反馈超时等，本文主要分析主控系统报"液压系统主压力过低"故障，该故障基本情况为就地检查后发现液压站频繁打压，或出现"无法自动打压"的现象，手动打压至 13MPa 以后压力提升缓慢，压力达到正常值 16MPa 后突然掉压，经检查发现液压站抽油齿轮泵故障。

3　原因分析及诊断

为了分析液压系统主压力过低故障原因，对液压系统进行了回路分析，分析了液压系统的主回路，分析了液压系统的主回路，液压系统手动打压回路如图 2 所示。

通过以上的故障分析，可以得出液压系统主压力过低的原因有以下几点可能。

（1）回路中的单向阀损坏，导致系统无法保压，进而导致液压齿轮泵频繁打压。

（2）单向阀中有异物，导致单向阀异常。

（3）液压站抽油齿轮泵故障。

（4）液压站抽油齿轮泵密封圈损坏。

4　故障处理过程

液压站出现频繁打压现象，根据液压系统主回路的减压流程及主回路中的各个部件，逐个开展以下检查、处理方法。

4.1　检查液压回路中连接件是否漏油

处理方法：对液压回路各部件及管路接口进行全面检查，如有渗漏油现象，则卸掉主回路的压力且断电，将渗油部位拧紧或者重新安装。

4.2　检查主单向阀是否失效

处理方法：将主回路压力卸掉且断电，分别检查主单向阀，检查阀体动作是否正常、有无异物卡涩、密封圈有无损坏，若单向阀损坏，更新单向阀或者清理杂物，然后恢复安装。

4.3　检查电机与齿轮泵是否正常

处理方法：检查电机与泵体联轴器，若齿轮泵损坏更换齿轮泵；联轴器良好，可继续拆解齿轮泵连接，检查齿轮泵本体及其密封垫圈。

液压站齿轮泵本体及联轴器如图 3 所示。

4.4　检查电磁阀是否卡涩

处理方法：拆下电磁阀，检查动作是否卡涩，如有，则清除卡涩物。

4.5　检查一、 二级保护溢流阀设定值是否过低

处理方法：观察压力表，将溢流阀压力调高至设定值。

经逐项检查及部件拆解对比分析，近期出现的"液压系统主压力过低"主要故障原因为齿轮泵故障，导致液压系统频繁打压，6 台次故障中有 5 台次更换了齿轮泵，1 台次更换了齿轮泵密封圈。

表 1 中列出了显示液压系统主压力过低的可能的原因以及处理过程。

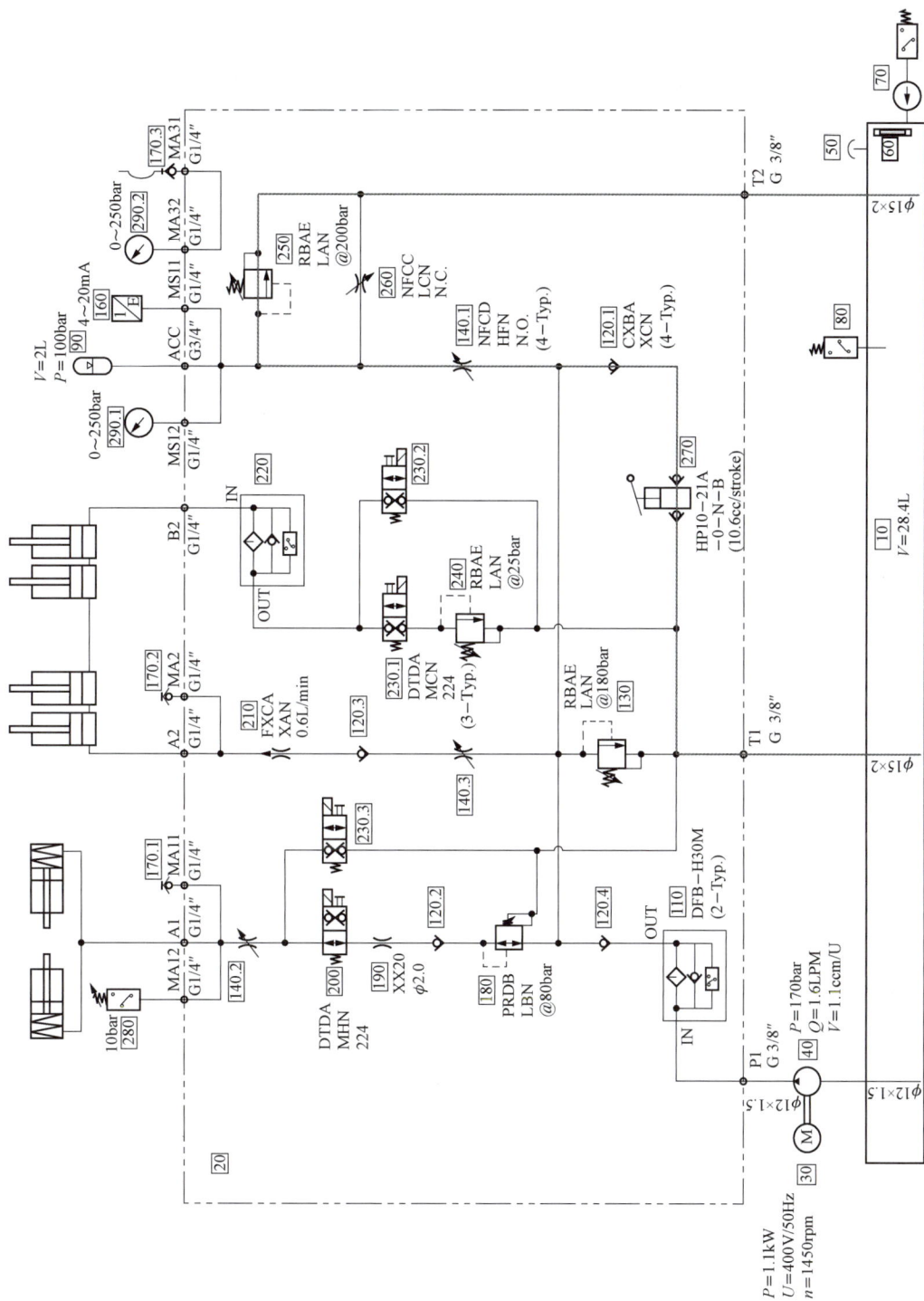

图 2 风力发电机组液压系统手动打压回路

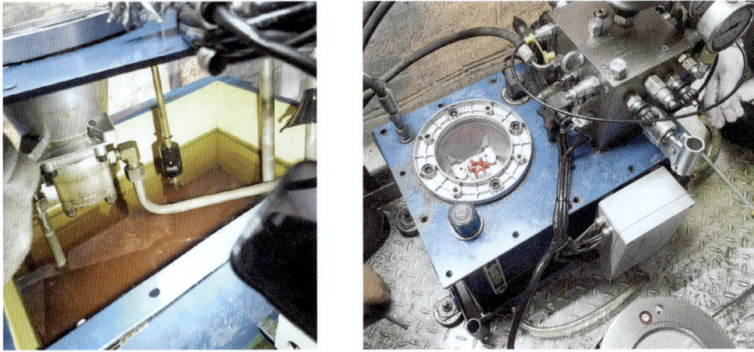

图 3　液压站齿轮泵本体及联轴器

表 1　　　　　　　　　　液压系统压力过低的原因分析及排除方法

故障原因	排除故障的方法
部件及管路接口渗漏油	紧固或重接
单向阀失效	清洗或更换单向阀
电机故障	更换电机
齿轮泵故障	更换齿轮泵或密封圈
电磁阀卡涩	更换电磁阀
一、二级保护溢流阀设定值过低	调高至设定值

5　结论和建议

　　液压系统在风力发电机组中具有重要意义。液压系统出现故障报错，风电机组的偏航系统将无法动作，高速轴也无法正常刹车。本文对液压系统主压力过低故障原因进行了分析，得出主压力过低的原因，并且给出了相对应的处理过程。通过整个故障的分析，本文给出了以下的建议和预防措施。

　　（1）定期更换各回路滤芯，系统回路中的固体颗粒污染物会集中在滤芯中，应在风电机组定检中进行全面更换，保证系统管道及部件中的污染物减少。

　　（2）定期检查或者更换密封件。丁腈橡胶密封件长期使用后会出现老化的现象，同时在长期受压状态下会出现永久变形的现象，导致密封性不良。

　　（3）定期紧固液压站各部件。系统运行时间过长会出现接头或固定螺钉松动的现象。后期会引发各种故障，因此应在巡检过程中检查，在风电机组定检过程中逐个紧固，紧固过程中拧紧力均匀。

　　（4）定期对液压油进行取样化验，如果油质出现下降，应更换液压油，预防因此导致的设备或系统产生故障。

参考文献

[1]　芮晓明. 风力发电机组设计. 北京：机械工业出版社，2010.

（下转 309 页）

浅析液压系统原理及典型问题

任建华

（华能华家岭风力发电有限公司）

摘　要： 液压系统是风力发电机组安全稳定运行的重要保障。随着电动变桨技术的不断进步，液压变桨逐步退出陆上机组，近年来陆上风电机组的液压系统仅为高速轴、偏航系统提供制动油源。本文从液压系统工作原理出发，分析了应用于不同机型的两种液压系统之间控制方式的差异，结合我风电场液压系统典型问题，阐述某型液压系统产生典型问题的原因，总结出液压系统较优设计方案及治理措施。

关键词： 风力发电；两种液压系统；轴刹车；偏航刹车；典型问题

1　引言

根据 JB/T 10426.1—2004《风力发电机组制动系统　第 1 部分：技术条件》要求，风力发电机组需有 2 套独立的制动系统，即气动力矩制动和机械制动。风电机组可在任意 1 支叶片处于收桨位置时使风轮减速，保证风电机组转速处于正常范围，但无法使风轮处于完全静止状态，在开展部分检修作业时，需要将风轮静止，此时需要液压系统为风电机组高速轴刹车卡钳提供制动力矩，刹车卡钳作用于刹车盘，使风轮制动静止。

风电机组在待风停机、对风发电状态下，为保证机舱在突变风况下保持稳定，液压系统为多个偏航刹车卡钳提供刹车力，使机舱制动静止。

风电机组在发电状态下需要跟踪风向偏航对风时，为确保机组在复杂动载荷影响下稳定偏航，液压系统需为偏航刹车卡钳提供一定的偏航背压（残压），卡钳在系统残余压力作用下夹持着刹车盘以产生一个适当阻尼，防止驱动装置反转，以保证机舱平稳偏航至预定位置。

2　液压系统（第 1 种）原理介绍

液压系统主要由电机、液压泵、油箱、集成控制块和管路组成。主控系统通过 24V 信号控制相关继电器，首先由液压泵持续为液压系统主回路提供一定压力范围的油压，再根据机组当前所需动作目的来控制集成控制块上的电磁阀位置，调节高速轴刹车卡钳、偏航刹车卡钳液压油供给，从而实现高速轴刹车制动、偏航刹车制动、带阻尼偏航对风等工作状态。

现以某公司生产的第 1 种液压系统原理图（见图 1）举例说明。

2.1　主回路建压过程

机组正常情况下由压力传感器（160）持续监测液压系统主回路压力值，当压力低于14.5MPa 时，主控系统控制电动机运转，由齿轮泵抽取液压油经滤芯、单向阀（120.4）向主回路提供高压油源，压力达到 17MPa 时停止，为防止压力传感器故障导致齿轮泵持续打压造成设备损坏，主回路采用两级溢流阀将超过设定值的压力油泄回油箱，以确保主回路压力在安全范围，当压力超过 18MPa 时，一级保护溢流阀（130）动作，当压力超过 20MPa 时，二级保护溢流阀（250）动作。

在机组初始安装或因其他原因导致液压系统失电而无法建压时，可由手动泵（270）对主回路进行手动建压，从而确保机组刹车保护功能正常投运。

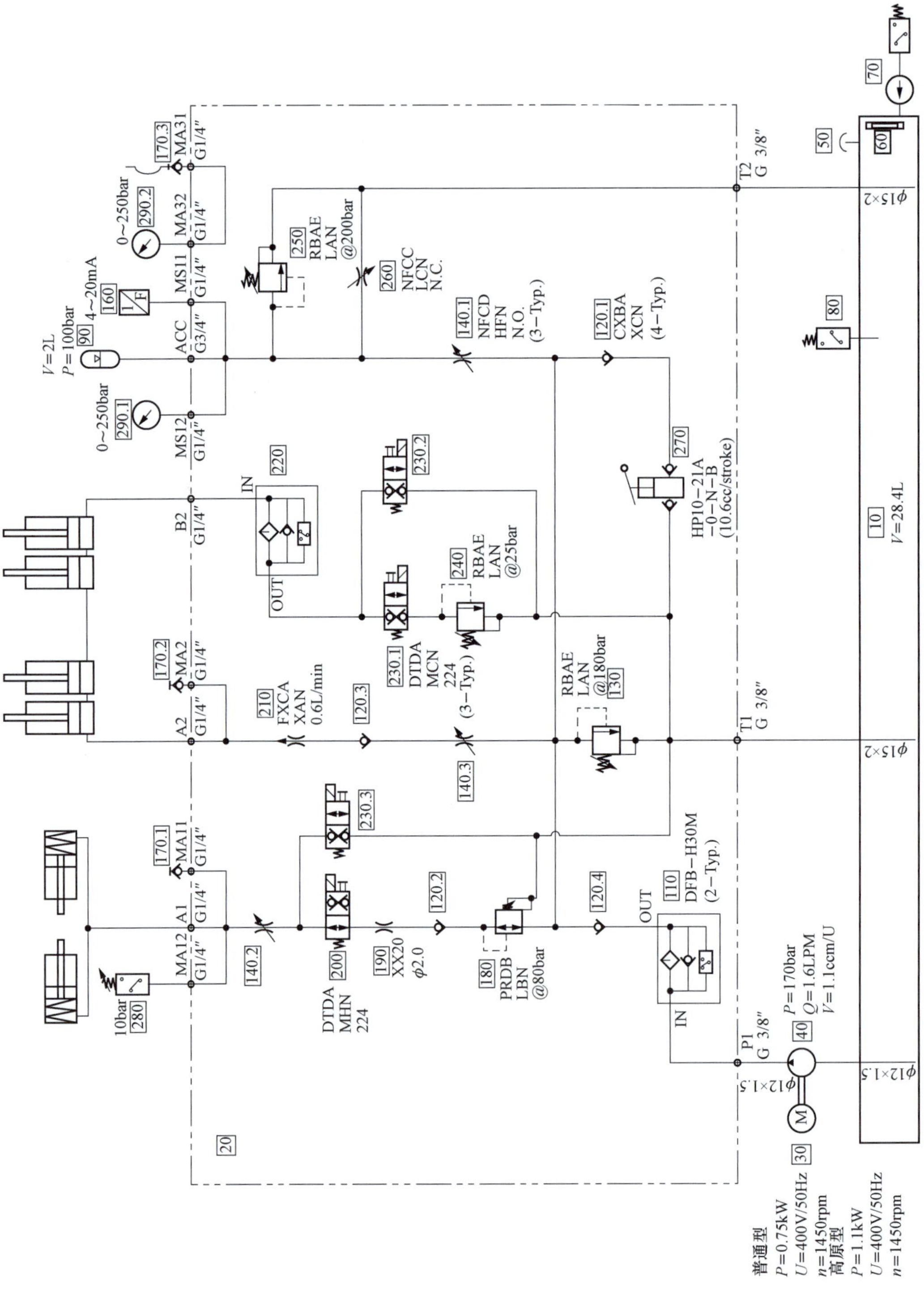

图 1　第 1 种液压系统原理图

主回路与高速轴刹车回路、偏航刹车回路相连，当系统压力处于 14.5～16MPa 范围内时，由储能罐（90）作为系统和元件的漏损补偿，从而减少齿轮泵运行频次。

2.2　高速轴刹车制动

在风电机组正常状态下，电磁阀（200）与电磁阀（230.3）持续得电，电磁阀（200）阻断主回路与高速轴刹油缸，电磁阀（230.3）使刹车油缸与油箱接通，泄掉油缸内液压油，刹车卡钳在弹簧力的作用保持松开状态。

当风电机组需要进行刹车动作时，电磁阀（200）与电磁阀（230.3）同时失电，电磁阀（230.3）阻断油缸与油箱形成封闭回路，电磁阀（200）使主回路与油缸接通，液压油经减压阀降低至 8MPa，压力油进入油缸，推动刹车片进行刹车。

此种电磁阀失电刹车控制方式可有效避免风电机组 24V 控制回路异常失电导致高速轴刹车无法动作的情况发生，提高了机组安全性。

2.3　解揽/手动偏航

风电机组在停机状态时，电磁阀（230.1）与电磁阀（230.2）保持失电状态，阻断偏航油缸与液压站油箱，形成封闭回路，主回路液压油作用于偏航油缸，使偏航刹车器与刹车盘锁死。

当风电机组在偏航解缆或手动偏航时，电磁阀（230.2）得电动作，使刹车油缸与油箱相连，泄去油缸内液压油，风电机组在偏航驱动机构下开始偏航。

2.4　发电状态对风偏航

风电机组在发电状态且与风向偏差角度在适当范围内时，主回路液压油作用于偏航油缸，使偏航刹车器与刹车盘锁死。此时若风向突变，风电机组需要偏航对风，电磁阀（230.1）得电动作，主回路高压油源经偏航油缸→电磁阀（230.1）→溢流阀（240）与油箱相连，溢流阀（240）使偏航油缸内保持 2.5MPa 液压油，使得在发电对风状态下保证机舱偏航过程中的稳定性。

3　两种不同液压系统差异分析

3.1　偏航刹车回路差异

图 2 所示为第 2 种液压系统偏航回路，风电机组偏航系统在静止状态时，主回路向偏航刹车模块供给高压油源，电磁阀（9.1）、电磁阀（9.7）均失电，截止阀（9.5）关闭，高压油源经单向阀（P）→电磁阀 9.1 进入偏航刹车器油缸，偏航油缸回油在电磁阀（9.7）处形成闭合回路，此时主回路压力作用在偏航刹车油缸内，处于刹车状态；

当风电机组需要解揽/手动偏航时，电磁阀（9.1）、电磁阀（9.7）均得电动作，电磁阀（9.1）阻断主回路压力，电磁阀（9.7）使偏航刹车油缸与油箱连同，偏航刹车油缸内液压油回流至油箱，实现偏航动作。

风电机组在正常状态下，偏航油缸内压力等于主回路压力，当风电机组需要带阻尼偏航时，仅电磁阀（9.1）得电动作，电磁阀（9.7）在偏航油缸回流方向形成闭合，电磁阀（9.1）在阻断主回路压力的同时使偏航油缸进油方向的液压油回流至溢流阀（9.3）处，经溢流阀保留 1.5MPa 残压，实现带阻尼偏航。

此种（图 2）液压系统偏航控制方式较第 1 种（图 1）在偏航油缸与主回路之间增加了二位三通电磁阀，在保持 2 路 24V 信号控制的前提下完成偏航两种逻辑控制；重点是在偏航油缸泄

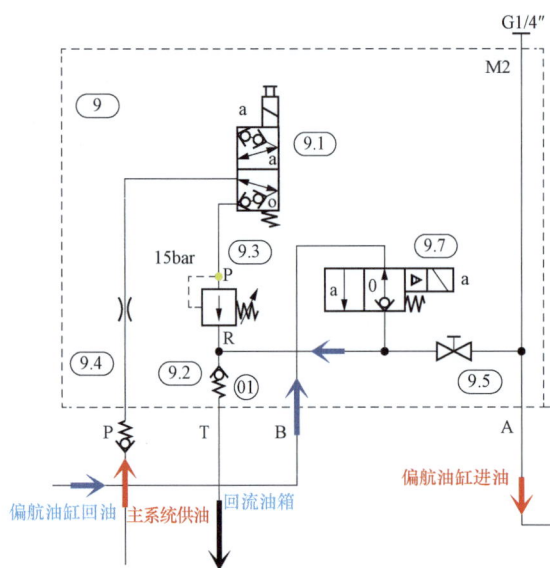

图 2　偏航刹车模块

压或部分泄压时彻底阻断了液压主回路与偏航油缸泄压回路，避免了偏航动作时液压主回路迅速掉压。

3.2　轴刹车回路差异

图 3 所示为第 2 种液压系统轴刹车回路，图 4 所示为第 1 种液压系统高速轴刹车回路。

第 2 种液压回路（图 3）在风电机组正常运行时二位三通电磁阀（8.2）失电，轴刹车油缸内液压油经 C→B→单向阀（8.14）回流至油箱，此时轴刹车器在弹簧力的作用下松开刹车盘；当需要轴刹车制动时，电磁阀（8.2）得电动作，阀芯内 C→B 阻断，A→C 接通，使主回路高压油源作用于轴刹车器油缸，完成刹车动作。

第 2 种轴刹车回路较第 1 种在电磁阀前端减压阀上存在明显差异，图 3 采用二通减压阀，图 4 采用 3 通减压阀，由于阀的三通结构原理，在轴制动器无刹车动作时，来自主回路的高压油存在减压阀的进出口两侧，使主回路高压油泄漏至右侧，经蓝色箭头回流至油箱。

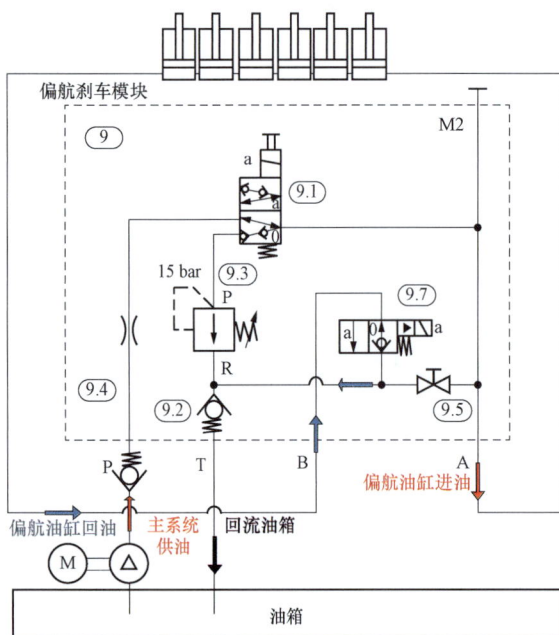

图 3　第 2 种液压系统轴刹车回路

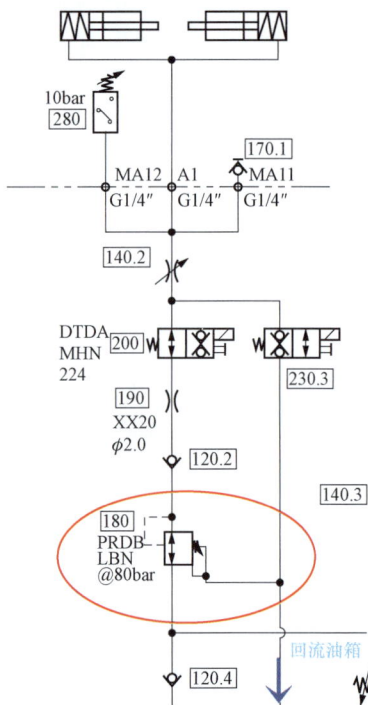

图 4　第 1 种液压系统高速轴刹车回路

4 液压系统典型问题及原因分析

4.1 第 1 种液压系统典型问题

以某风电场液压系统为例，使用第 1 种液压系统，在投产运行 4 年后全部风电机组液压油中铁含量及颗粒物超标，投产 5 年内共有 37 台风电机组液压系统齿轮泵损坏更换，齿轮泵发生故障台数占风电机组总数的 38.5%，远高于某型风电机组齿轮泵故障率 7.5%。

4.2 故障原因分析

基于本文 3 中对两种不同液压系统差异分析，第 1 种液压系统存在以下问题：

（1）轴刹车回路在 3 通减压阀处存在着约 10mL/min 的流量泄漏，使液压系统静态保压能力减弱，增加液压系统齿轮泵运行频次。

（2）在风电机组偏航时，液压系统会将偏航刹车器油缸内液压油卸回油箱，而第 1 种液压系统在主回路与刹车器之间无有效阻断，在偏航动作时会使主回路压力迅速失压，泄压流量为 0.6L/min，因失压速率过快，储能罐已无法有效补充，当压力低于 14.5MPa 下限时，齿轮泵介入打压，补压流量为 2.0 L/min。高速轴制动刹车流量为 1L/min，若在风电机组偏航过程中机组需要执行高速轴刹车动作，考虑齿轮泵介入时差，受偏航回路泄压影响，会导致高速轴刹车动作滞后、制动时间过长的情况发生，存在一定的安全风险；同时风电机组偏航会导致主回路压力低于下限，液压系统齿轮泵频繁启动，长此以往会加速齿轮泵磨损，减少齿轮泵寿命，磨损产生的铁屑会对液压油产生内生污染，从而影响液压系统整体健康水平。

5 结束语

第 1 种液压控制回路存在设计缺陷，影响机组安全、健康、稳定运行。

针对第 1 种液压控制回路存在的问题，需借鉴第 2 种液压系统原理，将轴刹车回路中三通减压阀更换为二通减压阀；同时更换液压系统偏航控制块、增加 1 组二位二通电磁阀，使风电机组在偏航动作时能够阻断偏航刹车器油缸与液压系统主回路压力，避免发生因偏航动作导致液压系统主回路掉压问题的发生，从而降低齿轮泵运行频次，减少异常磨损。

（上接 304 页）

[2] 管小兴，丹晨，高宏伟，等．MW 级风力发电机组液压制动系统研究［J］．液压气动与密封，2018，38（11）：54-58.

[3] 陈旭．浅谈风力发电机刹车系统控制策略［J］．科学技术创新，2018（33）：46-47.

[4] 李通．双馈风力发电机组故障分析及防范措施［J］．电子世界，2019（18）：141-142.

G58‐850 风力发电机组 207 液压站油温高故障案例

张云鹏

（中广核新能源山东分公司）

摘　要： 屏蔽线缆常用于电气控制系统和配电装置内，固定敷设，具有防干扰性能高、电气性能稳定等优点，广泛应用于电站、矿山和石油化工等行业。屏蔽电缆的屏蔽层主要由铜铝等非磁性材料制成，并且厚度薄，远小于使用频率上金属材料的集肤深度。屏蔽电缆的屏蔽线是为减少外电磁场对电源或通信线路的影响而专门采用的一种带金属编织物外壳的导线，同时也具有防止线路对外辐射电磁能的作用。屏蔽线需要接地，外来的干扰信号可被屏蔽层导入大地，从而使电缆具有非常好的电磁兼容性。风电机组中也使用了大量的屏蔽线缆，用于传输各种信号。屏蔽线缆虽然有诸多的功能特性，但是不按正确的方法使用，不仅不能发挥它的功能特性，还会引发其他故障。

关键词： 油温；屏蔽线缆；信号干扰；屏蔽

1　引言

某风电场共有歌美飒 G58‐850 风电机组 58 台。G58‐850 风电机组为双馈型风力发电机组，叶轮直径为 58m，轮毂中心距地面高度为 65m，额定功率为 850kW，额定风速为 14m/s，由液压油缸驱动变桨机构。

2021 年 2 月 16 日，A22 号风电机组报出 207 液压油温高故障，风电场运行维护人员赶到 A22 号风电机组现场对其进行故障处理，检查了液压油温检测回路，重新接入了 WS281 和 WS585 线缆屏蔽线后故障消除，风电机组运行正常。

2　原因分析

液压站油温高故障触发条件为液压站油温高于 65℃。机组报出液压油温高故障主要包括以下几种原因：

（1）液压站存在漏压现象导致液压站电机泵频繁打压。

（2）蓄能器损坏或蓄能器气囊压力低导致液压站电机泵频繁打压。

（3）液压油温 PT 模块损坏。

（4）液压油温 PT100 损坏。

（5）液压油温传感器线缆损坏、接线错误或松动。

3　故障处理过程

（1）看风电机组故障列表，确定故障范围。由图 1 可知故障点只有液压油温高。

图 1　故障列表照片

（2）到达机位后，从触摸屏中可以看到液压站油温和发电机前轴承历史最高温度分别为 224.2℃和 205.9℃，如图 2 所示。说明发生故障时系统检测到的对应温度超过了 200℃，但是当前实际温度为正常温度。以经验判断，液压油温和发电机轴承温度不可能真的到达 200℃以上，应在高出报警温度后自动停机，自然冷却，因此初步判断为风电机组的温度检测系统出现了异常。复位后，进行液压系统测试，液压系统打压和保压状态正常，排除频繁打压导致故障触发的可能性。

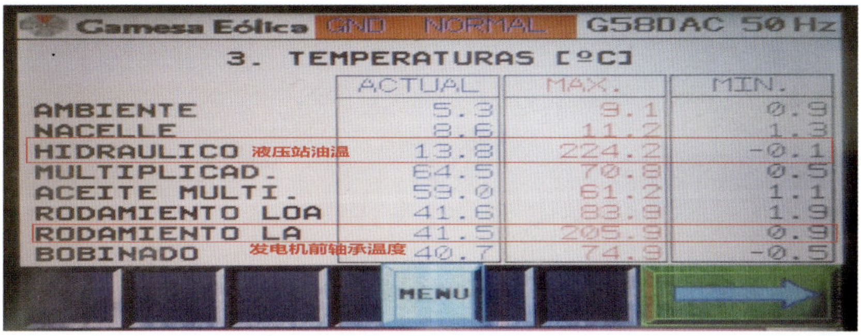

图 2　触摸屏照片

（3）通过此温度现象，从图纸可以找出故障点的整条回路。

（4）从图纸中看出：异常温度的传感器全部接在 PT3 温度模块上，液压站油温传感器为 R206，接在 PT3 模块的 1.1 和 1.2 端子上，线缆号为 WS281，发电机前轴承温度传感器为 R011，接在 PT3 模块的 2.1 和 2.2 及 2.3 端子上，线缆号为 WS585。

（5）测量液压站油温传感器的电阻值为 106.1Ω，通过计算公式 $R＝100＋0.38T$，可以得出当前油温为 16℃，油温正常，可以间接得出当前温度传感器状态正常。

（6）检查液压站油温传感器接线，校验无松动。检查 WS281 线缆的电阻值，测量阻值正常，线缆线芯无异常。

（7）由于 PT1～PT4 模块型号相同，于是将 PT1 模块和 PT3 模块倒换使用。重新启动风电机组，风电机组在启动过程中再一次报出了液压站油温高故障。

（8）再次登塔检查，发现 WS281 和 WS585 线缆屏蔽线未接入。于是，将这两条屏蔽线缆的屏蔽线重新接在了接地母排上，再次启动风电机组，风电机组运行正常，再未报出故障，故障消除。最终认定为是控制柜内的复杂电磁环境干扰到了线缆传输的信号，而 PT 模块接收到了被干扰的信号（即错误信号），导致风电机组 PLC 检测错误信号报警，引发了故障。

4　故障处理总结及建议

由于风电机组上存在特殊的电磁环境和电流电压波动现象，所以接好屏蔽线缆的屏蔽线对保证信号的平稳传输和 PLC 模块的正常运行尤为重要。在进行风电机组检查时，尤其是主控系统，一定要将屏蔽线接好，以保证风电机组控制系统信号传输稳定，减少故障的发生。

第7部分
风力发电机典型故障与分析

风电机组双馈异步发电机常见故障原因及智慧运维

马江龙，董明

（河北龙源风力发电有限公司）

摘　要：　风力发电机组早期在设计上技术不成熟和其特殊的运行工况，故障率较高。对双馈异步发电机常见故障的诊断成为运行维护人员必要掌握的实用技术，针对双馈异步发电机的故障原因及智慧运维进行了分析。

关键词：　风电场；双馈异步发电机；智慧运维

1　风电场双馈异步发电机介绍及工作原理

1.1　风电场双馈异步发电机介绍

双馈异步发电机的转子为绕线型，发出的电力从定子绕组直接向电网输出，同时从变转速的转子通过变流器达到与电网同步的频率馈入电网的发电机。双馈异步风力发电机是变速恒频风力发电机组的核心部件。该发电机主要由发电机本体和冷却系统组成，发电机本体由定子、转子和轴承系统组成，冷却系统多为水冷、空冷。

1.2　风电场双馈异步发电机的工作原理

所谓双馈指的是双端口馈电，就是定子跟转子都可以发电，互相切割磁感线。双馈发电机必须配合变频器使用。变频器给双馈发电机的转子中施加转差频率的电流进行励磁，调节励磁电流的幅值、频率、相位，实现定子恒压恒频输出。功率是馈入转子还是从转子输出取决于发电机的运行条件：在超同步状态，功率从转子经变频器馈入电网；而在亚同步状态，功率从电网流向转子。双馈异步发电机变速恒频的特点，适应了风力发电机组转速范围大的运行方式；其功率因数可调的特点，有利于风电场接入点的电网电压稳定性。

2　风电场双馈异步发电机常见故障及原因

（1）发电机绕组温度高。发电机三相绕组温度高于155℃报出此故障。

故障原因：水冷发电机，多为冷却液循环管路、阀块等处存在漏水、失效等原因造成冷却液泄漏，冷却系统压力不足。空冷发电机，冷却风扇电动机、扇叶等损坏造成散热效果下降。测温PT100损坏或接线松动也会触发此故障。

（2）发电机轴承温度高。发电机轴承温度大于110℃报出此故障。

故障原因：发电机轴承的润滑不良。分为两种情况，一是轴承内部缺少润滑油脂造成干摩擦；二是维护后轴承内部油脂过多，导致散热不好。测温PT100损坏或接线松动也会触发此故障。

发电机轴承油密封损坏如图1所示。

（3）发电机集电环故障。集电环表面灼伤，电刷异常磨损。

故障原因：发电机绕组绝缘低、动态性能欠佳、

图1　发电机轴承油密封损坏

313

轴电流影响、集电环相间绝缘低。

发电机集电环故障如图 2 所示。

（4）转子绕组故障。测量转子三相绕组有断路。

故障原因：转子引出线断线、引出线线夹损坏。发电机转子引出线结构设计不合理，导致长时间运行，造成引出线弯折处疲劳折断。绕组故障还包括发电机内部铜排（绕组）损坏，匝间短路、相间短路等。

发电机转子引出线断线如图 3 所示。

图 2　发电机集电环故障

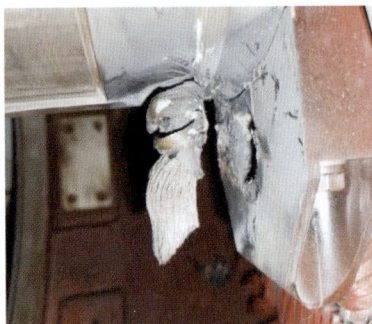

图 3　发电机转子引出线断线

（5）发电机绝缘故障。包括定子绕组绝缘故障、励磁绕组绝缘故障，内部或外部引出线绝缘损坏，接头松动。

故障原因：绝缘老化损坏，由于变频发电机可实现频繁的启动制动，使发电机绝缘频繁地处于循环交变应力作用下，使发电机绝缘加速老化。

发电机电缆对外壳放电如图 4 所示。

（6）发电机异常振动。

故障原因：

1）机械方面：轴承润滑不良，轴承磨损，紧固螺钉松动，发电机内有杂物。

2）电磁方面：发电机过载运行，三相电流不平衡，缺相，转子绕组发生短路故障，笼型转子焊接部分开焊造成断条。

轴承振动引起端盖磨损如图 5 所示。

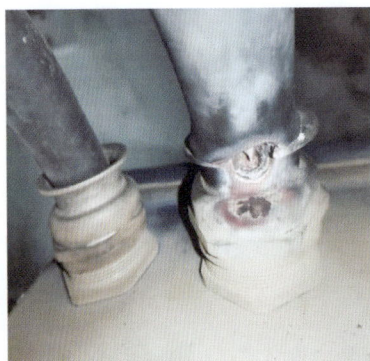

图 4　发电机电缆对外壳放电

图 5　轴承振动引起端盖磨损

（下转 345 页）

XE96/2000 型风力发电机组"发电机超速"课题研究

刘文斌，王永鹏

（中广核甘肃民勤风力发电有限公司）

摘　要： 近年来，风力发电行业发展迅速，风电机组安装容量日趋增多，风电机组倒塔、着火、超速等问题屡见不鲜，风电机组安全运行成为风电设备管理的重点问题。本次针对 XE96/2000 型风力发电机"发电机超速"故障频发情况进行研究，查找该故障原因，彻底解决此类故障，保证风电机组安全稳定运行，提高可利用率。

关键词： 发电机超速；变流器；定子过载

1　故障基本情况

P03 号风电机组 2020 年 2 月 24 日 04：08 监控系统报"发电机超速"故障，故障发生时风速为 14.5m/s，风电机功率为 2015kW。该故障可以自动复位，但风电机组并网运行后会重复报警。

通过调取后台数据发现，故障时发电机最高转速为 18.2r/min，大于风轮额定转速 16.83r/min，处于真实超速状态。而且风电机组在报"发电机超速"故障同时都会伴随变频器故障，主控故障事件列表如图 1 所示。

6949	P03	2020-02-24 上午 03:17:51	报警	A390	开始	轮毂供电未准备好		0
6950	P03	2020-02-24 上午 03:17:51	故障1	T021	开始	主变频器故障请求		0
6951	P03	2020-02-24 上午 03:17:51	故障1	T026	开始	变频器未准备好		0
6952	P03	2020-02-24 上午 03:17:51	故障1	T307	开始	变桨驱动1故障或叶片1要求紧急变桨		0
6953	P03	2020-02-24 上午 03:17:51	故障1	T308	开始	变桨驱动2故障或叶片2要求紧急变桨		0
6954	P03	2020-02-24 上午 03:17:51	故障1	T309	开始	变桨驱动3故障或叶片3要求紧急变桨		0
6955	P03	2020-02-24 上午 03:17:56	故障1	T458	开始	发电机超速		0
6956	P03	2020-02-24 上午 03:17:57	故障1	T470	开始	编码器通信错误		0
6957	P03	2020-02-24 上午 03:17:57	故障1	T476	开始	NINT板电流测量或RMIO和AINT之间的通信需错误(NINT板故		0
6958	P03	2020-02-24 上午 03:17:57	故障1	T479	开始	电机堵转		0
6959	P03	2020-02-24 上午 03:18:05	故障1	T026	关闭	变频器未准备好		0
6960	P03	2020-02-24 上午 03:18:06	报警	A390	关闭	轮毂供电未准备好		0

图 1　主控故障事件列表

2　原因分析诊断

风电机组频繁报出"发电机超速"故障，针对此情况，首先需了解"发电机超速"故障的原因，之后再联系附带变流器后台故障现象，找到相互之间的关联性，彻底解决问题。

发电机转速测量有两个途径，一是通过接近开关测量，将转速信号传递到超速继电器；二是通过转速编码器对轮毂转速进行监测，对两个转速值进行对比。

根据故障现象和以上控制策略分析，判定引起"发电机超速"故障的原因可能有以下几个方面：

（1）风轮转速传感器或超速继电器损坏，导致检测到转速异常误报"发电机超速"故障。

（2）风轮转速编码器损坏或信号接入模块损坏。

（3）变频器故障导致主控报出"发电机超速"故障：当变频器发生故障时，变频器机侧 IG-BT 作为主要转矩控制输出原件立即停止对发电机的转矩控制，发电机失去转矩控制时，主控系统未及时通过桨叶回桨控制发电机转速下降，而当时风速较大，导致发电机转速突然升高，触发"发电机超速"故障。

通过分析故障时刻后台信息以及数据记录，因为故障出现在大风时段，且报"发电机超速"故障时均会有变流器故障伴随，后台记录故障顺序为变频器故障在前，发电机超速故障在后，符合此类情况，所以此故障处理的出发点依然在变流器。

3　故障处理过程

根据以上原因分析，决定从变频器故障着手进行处理。故障处理过程如下：

现场连接变频器后台软件，根据故障时间，查看变频器触发故障时刻报出故障，如图 2 所示。P03 号风电机组于 2020 年 2 月 24 日 04：08 先后报了"功率模块过热""电机超速"故障；04：15 时刻先后报出"定子过载""电机超速""定子电压过压"故障。

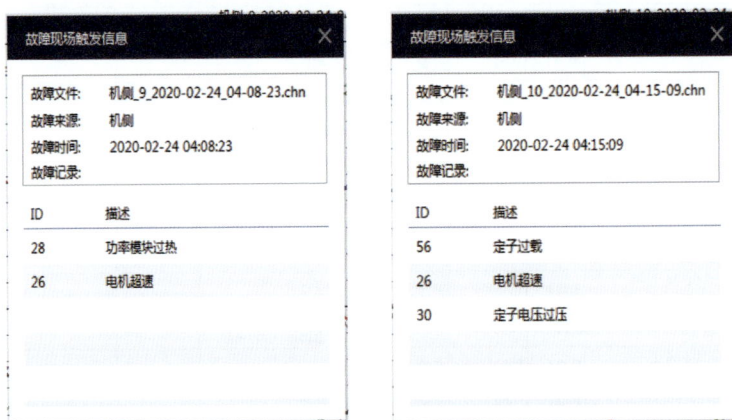

图 2　变流器监控软件故障时刻触发信息

故可判断，04：08 时刻变流器因"功率模块过热"故障导致机组停机，但是由于此刻风速较高，发电机的转速不会立刻降下来，转速会有一个短时间的小幅上升，导致停机瞬间变流器关联报出"电机超速"故障。04：15 时刻变流器因"定子过载"故障导致停机，附带引起"电机超速"故障，原因同上。

变流器故障事件列表如图 3 所示。

序号	类别	日期	时间	来源	代码	名称	状态	DSP索引	备注
1	F-故障	2020-02-24	08:50:56	机侧	26	电机超速		739	外部故障
2	F-故障	2020-02-24	08:50:56	机侧	56	定子过载		738	内部一般故障
3	F-故障	2020-02-24	06:43:04	机侧	26	电机超速		731	外部故障
4	F-故障	2020-02-24	06:43:04	机侧	56	定子过载		730	内部一般故障
5	F-故障	2020-02-24	04:15:07	机侧	26	电机超速		723	外部故障
6	F-故障	2020-02-24	04:15:07	机侧	56	定子过载		722	内部一般故障
7	F-故障	2020-02-24	04:08:20	机侧	26	电机超速		715	外部故障
8	F-故障	2020-02-24	04:08:20	机侧	28	功率模块过热		714	内部故障
9	F-故障	2020-02-20	00:36:53	机侧	26	电机超速		687	外部故障
10	F-故障	2020-02-20	00:36:53	机侧	56	定子过载		686	内部一般故障
11	F-故障	2020-02-13	17:46:34	网侧	44	功率模块过热		454	内部一般故障
12	F-故障	2020-02-13	17:43:46	机侧	26	电机超速		639	外部故障
13	F-故障	2020-01-15	19:31:01	机侧	37	辅助电源故障		377	内部严重故障

图 3　变流器故障事件列表

3.1　功率模块过热原因检查处理

"功率模块过热"故障一般发生在机组大功率时段，因为变流器柜内散热风扇损坏或水冷系统故障导致变流器的热量无法有效散出，从而导致报此故障。查看故障时刻的高分辨率数据，可以看出变流器的进出口水温稳定在 45℃以下（如图 4 所示），并未报水冷过温故障，也未报水冷压力低故障，故怀疑是变流器柜内散热风扇损坏或水冷系统散热不佳。

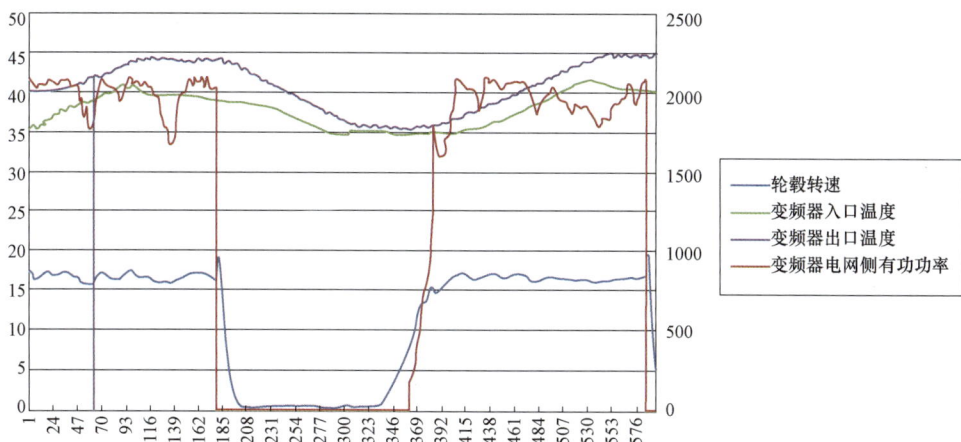

图 4　故障时刻的高分辨率数据

手动启动变频器散热风扇，观察风扇运行情况，发现网侧 2 组功率模块散热风扇轴承噪声较大，转动缓慢，无法正常散热，机侧 1 组功率模块散热风扇损坏，故对损坏的 3 组散热风扇进行了更换，更换完毕后，手动测试风扇，运行良好，可以达到正常散热的效果。功率模块过热故障处理完毕。

3.2　定子过载故障原因检查处理

风电机组变流器报定子过载故障，同时在变流器软件后台查看告警信号，发现频繁报机侧 1 组与 2 组不均流告警，如图 5 所示。

代码	名称	状态	DSP索引
1030	主控转矩给定突变告警	清除	521
1030	主控转矩给定突变告警	置位	520
1008	电网电压跌落告警	清除	221
1008	电网电压跌落告警	置位	220
1030	主控转矩给定突变告警	清除	156
1030	主控转矩给定突变告警	置位	155
1030	主控转矩给定突变告警	清除	110
1030	主控转矩给定突变告警	置位	109
1007	模块1组与2组不均流告警	清除	80
1007	模块1组与2组不均流告警	置位	79
1007	模块1组与2组不均流告警	清除	78
1007	模块1组与2组不均流告警	置位	77

图 5　变流器告警列表

通过软件对变频器故障时刻机侧电流波形进行分析，如图 6 所示。

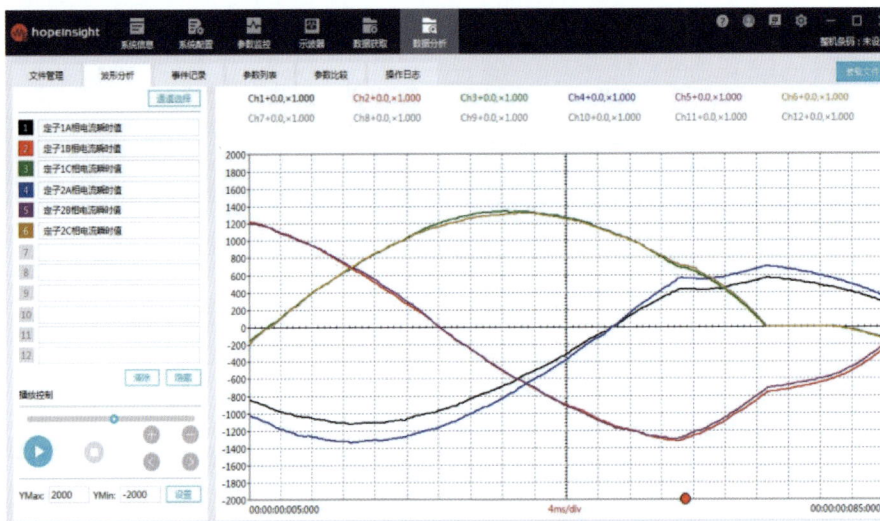

图 6　故障时刻机侧电流波形

通过图 6 得出表 1 数据（以下数值均为绝对值）。

表 1　　　　　　　　　　　　　　　　波峰电流值　　　　　　　　　　　　　　　　A

相	波峰电流最大值	波峰电流最小值	波峰电流有效值
A	1360	1120	1240
B	1360	1360	1360
C	1360	1360	1360
△值	0	240	120

查看变频器设置定值，定子电流不平衡告警值为 141A，定子电流不平衡故障值为 212A，表 1 中电流不平衡值已超过告警和故障定值，说明变流器测得的定子电流数值异常，但是机组的实际网侧输出有功功率正常，则故障可能是定子电流的检测回路有问题，导致测量的电流不准，误报导致停机。变频器定值设置如图 7 所示。

图 7   变频器定值设置

根据以上分析，以及变频器故障时刻机侧电流波形进行查看，判断为 A1 相电流异常，可能为机侧 A1 相电流互感器损坏或电流检测板损坏，根据风电场整体故障频发情况，电流互感器的可能性更大，遂对 A1 相电流互感器进行了更换，更换完毕后，手动启机，通过后台软件观察变流器机侧三相电流值，三相及相间全部平衡，故障处理完成，风电机组恢复正常运行。后续再未报出"发电机超速"故障。

4   故障处理结论

（1）变频器散热风扇损坏，导致机组报功率模块过热停机。

（2）变频器机侧电流互感器异常，导致机组报定子过载停机。

（3）当变频器发生故障时，变频器机侧 IGBT 作为主要转矩控制输出原件立即停止对发电机的转矩控制，导致发电机短暂失去转矩控制，而主控系统未及时通过桨叶回桨控制发电机转速下降，导致发电机转速突然升高，触发"发电机超速"故障。

5   故障处理注意事项

（1）检查网侧电流互感器前必须断开箱式变压器低压侧断路器，且在风小的情况下进行，防止误碰到风电机组进线处带电母排以及风电机组转动时网侧母排上产生电流造成人员触电。

（2）变频器断电后必须充分使 IGBT 功率模块放电，一般情况下需要放电 10min 左右，放电完毕检查确无电压后方可在 IGBT 上工作。

（3）一般情况下不得在运行状态的变频器上作业，如需在运行的变频器上进行调试或检查时，严禁打开防护罩、防护挡板。

（4）安装或拆除功率柜、并网柜防护挡板前必须断开箱式变压器低压侧断路器，等待

10min，使直流母排、滤波电容充分放电后才可进行。

（5）运行中的变频器 IGBT、铜排、电感和电缆等部件温度较高，在断电后必须充分冷却，防止烫伤人员。

6　经验反馈及预防措施

（1）全面排查风电机组变频器电流互感器、电容器散热风扇、电抗器散热风扇、IGBT 散热风扇损坏情况并进行更换。

（2）对风电机组变频器做一次动态录播发功测试，检测变频器各元器件运行情况，如有损坏立即更换。

（3）全面核对风电机组变频器参数，对于错误参数进行统一调整。

（4）强化变频器巡检。在变频器巡检项目中增加软件历史故障查看项目，对于变频器历史告警进行及时消缺。

（5）通过 P03 号风电机组主控系统"发电机超速"故障处理，发现导致"发电机超速"故障的根本原因，对后续处理此类故障提供了宝贵的经验。

7　建立流程标准

（1）建立"发电机超速"故障处理流程标准，如图 8 所示。

（2）建立电流互感器更换流程图，如图 9 所示。

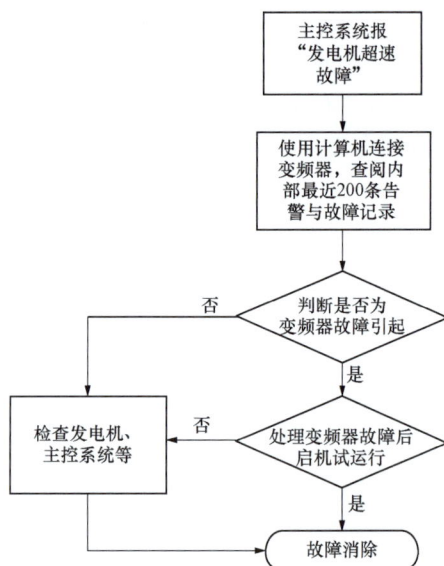

图 8　"发电机超速"故障处理流程

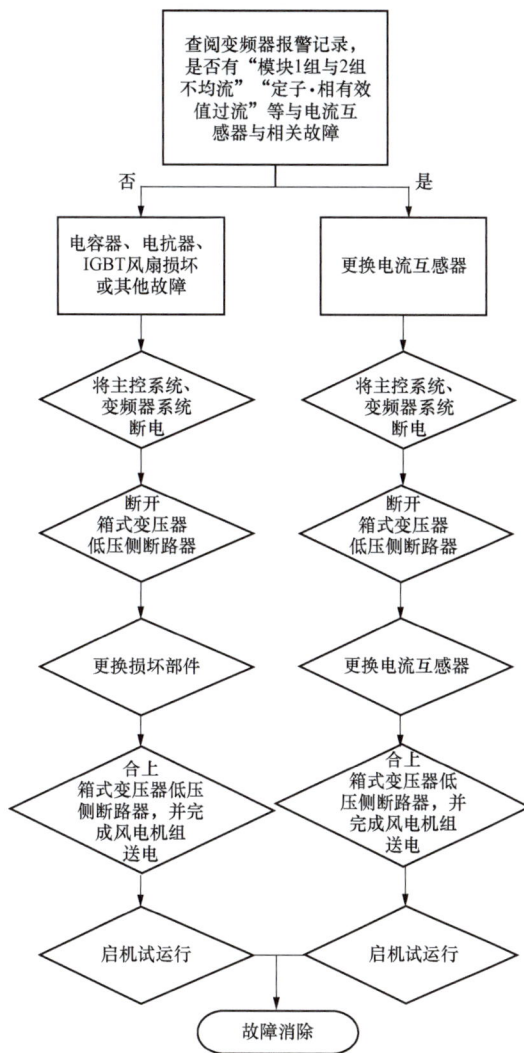

图 9　电流互感器更换流程图

2.0MW 双馈风力发电机组齿轮箱过温原因分析及解决方案

陈佳伟

（国家电投东北新能源发展有限公司）

摘　要： 本文简要介绍在夏季高温、高风速下，2.0MW 双馈风力发电机组齿轮箱温度超过机组设定值，造成风力发电机组停机并进行原因分析。该文从优化齿轮箱水冷散热系统及调整分配器流量分配等方面，通过技术改造创新，极大降低机组过温次数，提升机组发电量。

关键词： 风力发电机组；齿轮箱水冷系统；散热器；油分配器

1　齿轮箱过温存在问题的原因分析

某风电场位于内蒙古赤峰市，项目采用 W2000C-99-80 双馈异步风力发电机组 50 台，采用 FD2250B-01-00R9 型号齿轮箱，于 2013 年投运，该地区气候特点夏季平均气温在 35℃ 左右，并伴有柳絮、风沙。机组齿轮箱设定的停机值为水温 70℃、油温 80℃、低速轴 90℃、高速轴 90℃。随着风力发电机组运行年限增加，机组散热系统存在的设计余量不足、设计存在缺陷、系统元器件老化等问题也暴露出来，导致现场齿轮箱出现过温现象，使得风力发电机组出现限功率、停机等情况，通过分析，此项目风力发电机组齿轮箱过温主要有以下原因。

（1）水冷散热系统冷却器由于自身设计原因，虽然散热功率能够达到初期运行条件，但没有考虑系统运行一段时间后整体的热平衡及环境影响，散热效率下降。当地气候温度高、柳絮多等严重影响水冷系统通风，散热片自身也被附着物堵塞，严重时散热功率只能达到实际需要的 70%～80%，无法满足正常热交换。

（2）齿轮箱润滑系统在设备正常运转时实现润滑、冷却及过滤三种功能。现运行的风电机组齿轮箱润滑系统多采用温控阀控制方式（图 1 所示为润滑系统原理）。齿轮箱底部润滑油经过油泵进入过滤器进行过滤，然后通过散热器冷却后进入分配器对齿轮箱轴承及齿面进行润滑，当油温较低时，介质有三种通路回齿轮箱：①经过旁通安全阀直接回齿轮箱底部；②通过温控阀经分配器后进入齿轮箱；③经过散热器回分配器然后进入齿轮箱。当油温较高时所有介质经过散热器冷却后进入分配器并进入润滑点后回齿轮箱。在高温时，45℃ 温度控制阀经过一段时间的工作后容易损坏失效，因此温控阀不能及时关闭或关闭不严，导致部分介质不经过散热器冷却直接去分配器。

（3）低速轴承温度过高的主要原因为油分配器内部分配流量不合理，从日常数据看，高低速轴承温度差在 20℃ 左右较为普遍，风电机组正常运行条件下各个温度，监测点都有温度过高预警温度设置点，设备运行最佳状态是所有实际运行温度距预警点差值越大越好，同时高低速轴承温度差差距不大，说明油量分配较好，齿轮箱润滑系统使用的是 320 系列润滑油，随着温度变化运动黏度系数变化较大。因此不同的油温对于管路及设备产生的沿程压力损失和局部压力损失差距较大，即当油温较低时，整个系统压力偏高；当油温较高时，整个系统压力偏低。因此，需要调整分配器对于各润滑点的分配比例。

（4）水冷液缺失和水冷循环泵损坏，通过中央监控数据的查看和数据对比，同工况、同条件下，部分机组的齿轮油温度与冷却液温度相差 20～30℃，而正常温差为 8℃，通过对此类机

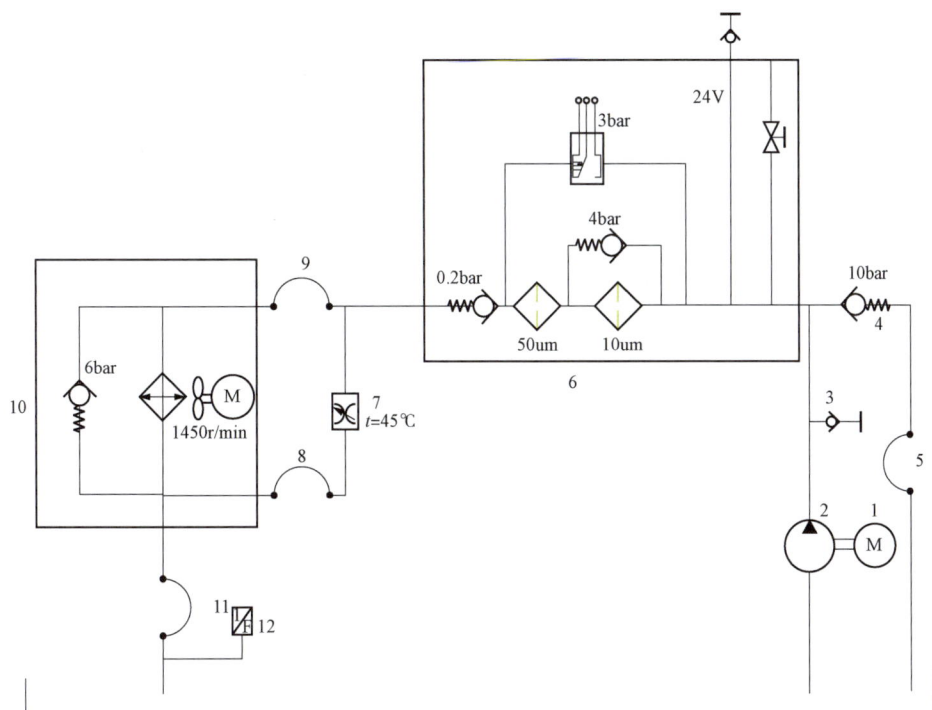

图 1   润滑系统原理

注：1bar＝0.1MPa，余同。

组登机检查，发现存在循环水泵损坏的情况，部分机组水冷液缺液，水循环散热回路不能正常工作也是造成齿轮箱温度过高的重要原因之一。

（5）机舱温度偏高，导致齿轮箱工作环境温度过高，因此，当齿轮箱出现正常温升后，会使齿轮箱温度更接近报警值，容易出现温度过高的故障。

2   关于风力发电机组齿轮箱系统优化调整及措施

（1）散热器优化改造。从散热片方面考虑，选择在目前使用的散热片基础上散热功率提升15％以上的散热片，外翅片选用低压阻通透型，内部无锯齿交错结构，全部为光滑表面，通风孔隙提高至原来的 2.5 倍以上。从散热风电叶片角度，利用现有风扇电动机使用冗余量进行提高，选用莫迪温桨叶，风量在现有基础上提升 1.5 倍以上，既解决了润滑系统通风热交换问题，也对机舱降温进行较大改善。改造后的散热系统整体散热能力得到较大程度提高。由于通透性好，更容易清理柳絮，同时使用寿命更长。新型散热片及桨叶如图 2 所示。

（2）优化调整油路控制，达到及时换热、降低油压的目的。图 3 设置的安全阀替代原始的温控阀就是基于这一原理。当油温高时，保持此阀处于关闭状态，所有介质通过散热器进行冷却；当油温低时，部分介质通过开启安全阀直接回齿轮箱，从而减小散热器及其后端附件工作压力，达到既分流又减压的作用。

（3）调整油分配器重新对低速轴承的油量分配，增加对低速轴承的供油量，保证润滑和降温，现有主分配器分流包括两部分。一部分是外部管路，这部分主要向低速端供油；另一部分为分配器下端，其供油为低速端和高速端。主要问题为外部管路流量偏小，在分配器内部进行

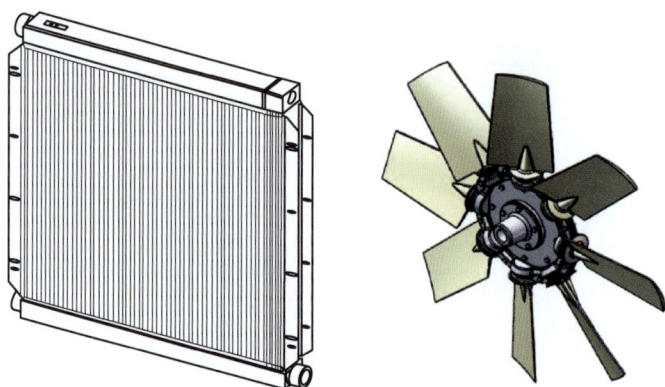

图 2　新型散热片及桨叶

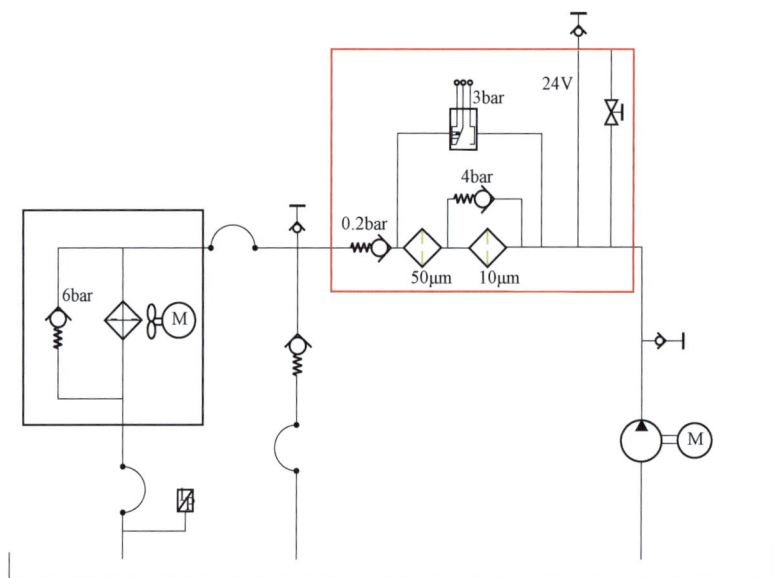

图 3　改造后的风电润滑系统原理图

扩孔，确保外部循环流量增加；调整低速端与高速端油量分配，降低低速、高速端之间温差的同时，解决低速端问题。

（4）在机舱尾部增加轴流散热风扇，风扇受温控开关的控制，当机舱温度高于 30℃时轴流风扇启动，对机舱内温度进行散热，从而降低齿轮箱整体的运行温度。

3　结束语

综上，齿轮箱过温问题要从多方面进行治理，风电机组设计寿命为 20 年，如何使齿轮箱在最佳运行环境中达到设计寿命是每一个运行人员应该关注的，该项目齿轮箱过温治理对机组全生命周期安全稳定运行具有非常重要的意义。

某风电场 2MW 风电机组发电机绕组温度高故障案例

刘发炳

(中广核新能源控股有限公司云南分公司)

摘　要： 随着风电机组运行年限的增加，设计中的缺陷、产品质量、装配工艺、维护中的不足、恶劣环境下的损耗以及发热、振动和电蚀，加速了发力发电机组各系统的老化，影响设备安全运行的问题逐渐凸显。本文针对 2.0MW 风电机组绕组温度高问题的原因分析、解决方案和措施实施、评审、验证进行了探讨，最后做了总结和后续计划。

关键词： 绕组温度；蓄能罐；散热器

1　概述

某风场从 2019 年开始陆续出现部分机位发电机在大风时段绕组温度偏高，对比 2018 年运行数据平均温度高出 8℃以上，现场从发电机的冷却系统运行状况、控制程序逻辑、温度采集等各方面进行分析，制定了相应的整改措施和技改方案。

通过对发电机的冷却系统运行状况、控制程序逻辑、温度采集等各方面进行分析，制定了相应的整改措施和技术改造方案，彻底解决了发电机绕组温度高问题，将发电机绕组温度降低至与其余 10 台机位相同，并消除因绕组温度高引起的故障。

2　问题描述

该风电场装机容量 48MW，安装了 24 台三合一 W2000‐93‐80 风力发电机组。2013 年 12 月 12 日首台风电机组并网发电，风电场从 2019 开始陆续出现部分机位发电机在大风时段绕组温度偏高，对比 2018 年运行数据平均温度高出 8℃以上，2019 年至今共有 14 台机组存在绕组温度高问题，因发电机绕组温度高及冷却系统问题引起的故障频次总计 30 次，故障停机时间近 340h，累计损失电量 18.255 万 kWh，造成经济损失约 11.1 万元。

存在发电机绕组温度高的机位中，部分机位最高运行温度达到了 130℃之后风电机组故障停机，部分机位持续出现运行温度超过 120℃。部分异常机组绕组温度异常数据分析情况及故障机位统计见图 1、表 1。

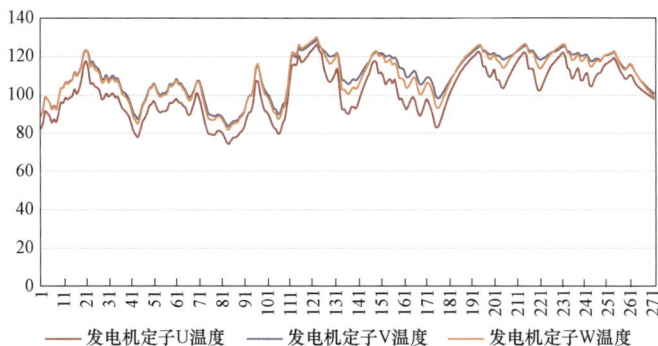

图 1　1224 风电机组发电机绕组温度异常数据（单位：℃）

表 1　　　　　　　　　　　　发电机温度故障统计表

序号	设备编号	故障开始日期	停机时间（h）	故障名称	故障原因及处理措施
1	1215	2019-01-07	0.25	发电机绕组 W1 温度超限	自动复位
2	1216	2019-01-07	2.10	发电机绕组 W1 温度超限	自动复位
3	1103	2019-01-16	5.06	发电机绕组 W1 温度超限	现场检查发现，冷却水压力低，补充冷却水后故障消除
4	1104	2019-02-13	0.15	发电机冷却水温度超限	自动复位
5	1213	2019-04-06	1.48	发电机绕组 V1 温度超限	现场检查未发现异常，复位后启机运行，待运行观察
6	1217	2019-04-09	4.22	发电机绕组 U1 温度超限	无异常后限功率运行
7	1213	2019-05-06	1.00	发电机绕组 U1 温度超限	自动复位
8	1218	2019-05-08	3.76	发电机冷却水温度超限	现场检查发现 PT 接线端子松动，经重新紧固接线后故障消除
9	1107	2019-05-16	3.38	发电机冷却水温度超限	检查发现发电机冷却水压力不足，添加水后压力恢复正常
10	1224	2019-05-21	9.13	发电机冷却水温度超限	检查发现发电机缺冷却水，添加冷却水后故障消除
11	1224	2019-05-26	9.77	发电机绕组 U1 温度超限	远程复位（现场）
12	1224	2019-05-29	13.65	发电机冷却水温度超限	检查发现 PT 接线松动，紧固后故障消除
13	1224	2019-06-09	0.02	发电机绕组 W1 温度超限	自动复位
14	1218	2019-06-24	14.20	发电机冷却水温度超限	现场检查发现 PT 接线接触不良，重新紧固接线后温度恢复正常
15	1104	2019-07-31	0.38	发电机冷却水温度超限	自动复位
16	1223	2019-07-07	43.60	发电机绕组 U1 温度超限	现场检查发现冷却水泵损坏，更换后故障消除
17	1104	2019-08-01	0.00	发电机冷却水温度超限	检查发现 PT100 接线松动，紧固后故障消除
18	1110	2019-08-23	7.08	发电机绕组 W1 温度超限	更换冷却水泵储能罐胆囊并添加冷却水
19	1110	2019-08-26	116.55	发电机绕组 V1 温度超限	检查发现冷却水箱漏水，有小孔，2 号冷却水箱用 2 个堵头封堵
20	1103	2019-09-19	34.20	发电机绕组温度超限	现场发现蓄能罐内部水囊漏水，更换发电机蓄水罐水囊
21	1107	2019-10-23	0.20	发电机绕组 U1 温度超限	自动复位
22	1220	2019-10-28	9.12	发电机绕组 U1 温度超限	现场检查发现 PT 接线插口损坏，有虚接，更换 PT100 接线插口

序号	设备编号	故障开始日期	停机时间（h）	故障名称	故障原因及处理措施
23	1102	2019 - 12 - 27	5.59	发电机冷却水温度超限	检查发现发电机冷却水管排气阀损坏，导致漏水，更换新的排气阀并加注冷却水后故障消除
24	1105	2020 - 01 - 06	4.12	发电机冷却水温度超限	现场检查发现排气阀渗水，更换排气阀后故障消除
25	1102	2020 - 01 - 13	0.07	发电机冷却水温度超限	远程复位（现场查看报文温度无跳变）
26	1102	2020 - 01 - 14	1.26	发电机冷却水温度超限	检查发现冷却水测温 PT100 接线松动，紧固接线，故障消除
27	1102	2020 - 01 - 14	22.91	发电机冷却水温度超限	检查发现 PLC 反馈模块故障，更换后故障消除，备件型号：X20AT422
28	1105	2020 - 02 - 13	0.18	发电机冷却水温度超限	自动复位
29	1109	2020 - 02 - 25	0.17	发电机冷却水温度超限	自动复位
30	1109	2020 - 02 - 25	26.38	发电机冷却水温度超限	现场检查发现发电机冷却水风扇接触器（型号：3RT6026 - 1NB40）及数字量输出模块（型号：DO9322）损坏，更换后故障消除

3 原因分析

因发电机温度故障导致风电场故障率增加，该温度故障有逐渐成为该风电场 TOP5 故障的可能，现场非常重视，立即组织人员调查处理和对问题进行分析，从发电机冷却系统硬件、主控参数设置、控制逻辑、发电机自身设计、维护工艺等几个方面进行了分析。

3.1 控制系统原因分析

3.1.1 监测回路 PT100 及模块原因

风电机组长期运行中，会因振动原因导致温度传感器或监测模块接线松动；因空气中的湿度因素使接线端或模块之间的接触面氧化，造成接触不良的现象；也会因电压的波动或雷击导致 PT100 或监测模块损坏。致使出现温度数值偏高或故障停机的情况。

3.1.2 控制逻辑无法满足机组运行条件

因控制程序版本老旧，长久未更新，老版本的程序逻辑已无法满足现行机组的运行条件，导致机组在不同风况条件下运行时控制逻辑无法提供最优散热方案。

另外，机组程序更新时文件更新不全，部分机位虽然已更新了最新版本，但是控制逻辑文件不是最新版本，也会导致同风电场机组、部分机位散热效果不佳的情况，此时需要对程序版本和控制逻辑参数进行核对。程序版本和控制参数核对如图 2 所示。

3.2 发电机冷却系统问题分析

当双馈水冷风力发电机在机舱内工作时，机舱内设有一个水箱，用来盛装冷却介质，冷却介质通过水泵加压，被发送到管道里，管道通向发电机，发电机机壳内设有循环水路，冷却介

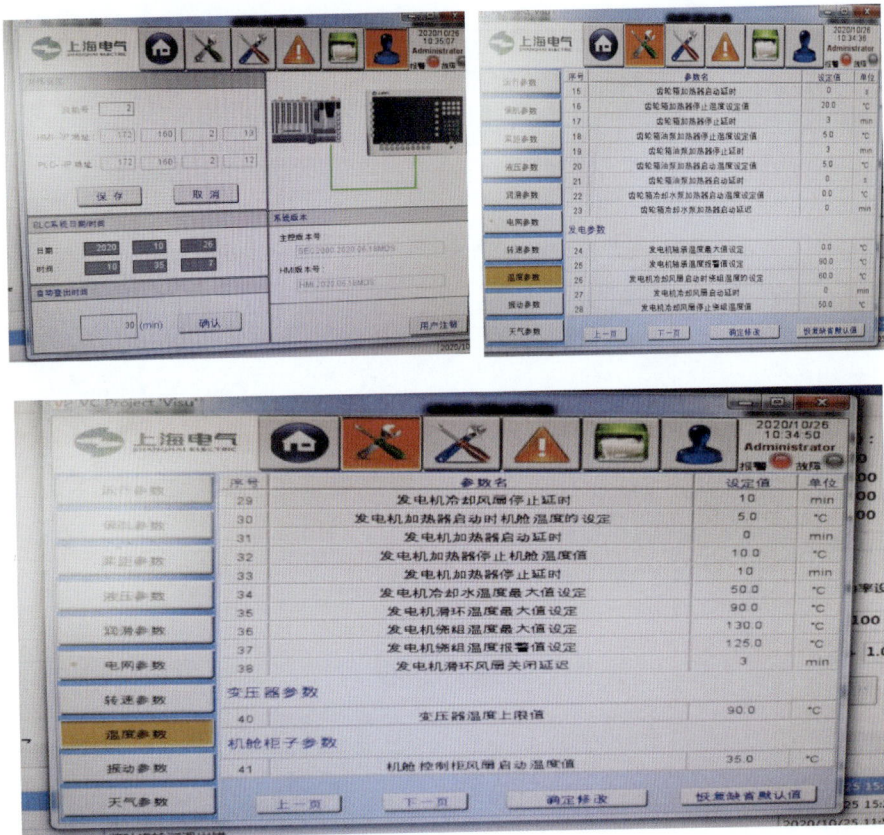

图 2　程序版本和控制参数核对

质经循环水路与发电机进行热交换,对发电机进行冷却。

由于机体表面与流体之间的对流换热,可以通过热传导及物质传递的方式综合进行,当机体表面比流体温度高时,热首先通过传导从机体传给机体壁附近的流体粒子。被传递的能量高于流体粒子的内能,通过流体运动跟流体粒子一起被传递出去。当被加热的流体粒子到达低温区域时,热再通过传导由高温粒子传递给低温粒子。基于以上原因及机舱内的有限空间,目前发电机水冷系统一般采用在有限的冷却介质储存空间内尽量增大冷却介质即流体的流速,让机体产生的热量通过流体运动被流体粒子尽快带走。对流换热传递能量时,要受传导及物质传递两方面的影响。除了液体金属以外,一般流体的导热系数都比较小,因此能量的传递主要依靠流体粒子的混乱运动。换句话说冷却介质流速高,因此在换热时需要的温度梯度低,单位时间内,质子带走热量快,发电机温升得以降低。

发电机绕组温度高的机位存在以下问题。

3.2.1　蓄能罐破损

在冷却系统中,蓄能罐主要作用表现在以下几个方面:做辅助动力源、紧急动力源,补充泄漏和保持恒压,吸收液压冲击,吸收脉动,降低噪声等。

现场人员在进行检查时发现部分机位储能罐外观损坏,主要表现在有破损、漏气的情况,需要更换储能罐。储能罐外观损坏照片如图 3 所示。

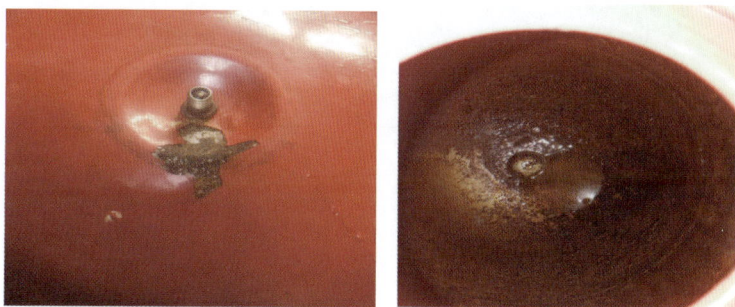

图 3　蓄能罐外观损坏照片

3.2.2　储能罐内部水囊损坏或脱落

蓄能罐内的水囊是用于隔离气压和水压的部件，以保证冷却系统的压力在规定范围内，一般情况下现场通过按压进气口，查看是否有水，判断水囊损坏或脱落问题。水囊脱落或损坏，均会导致蓄能罐进水，蓄能罐进水会导致内部压力减少，可用的冷却介质降低，致使散热效果大幅度下降。蓄能罐内水囊损坏如图 4 所示。

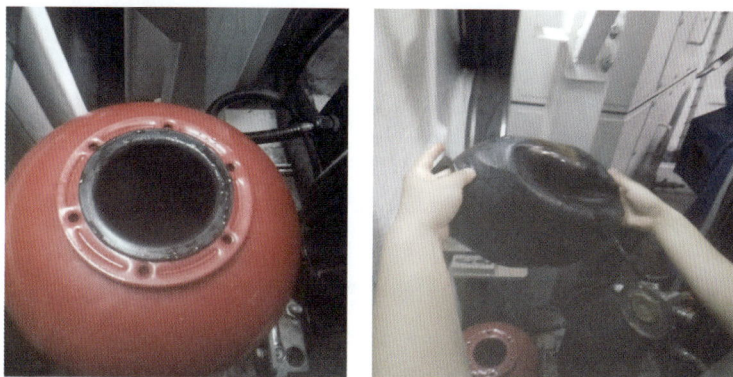

图 4　蓄能罐内水囊损坏

3.2.3　蓄能罐气压不足

机组在长时间运行之后如果维护不到位或蓄能罐自身原因会出现气压不足的情况，导致冷却系统正常运行的压力减小、冷却介质流速降低，此时机组会因冷却水压力不足停机。通过冲入规定的气体压力，可使系统恢复正常。蓄能罐保压不足如图 5 所示。

3.2.4　冷却液不足

机组在长时间运行之后，如果冷却系统密封出现问题（管道连接处渗漏、蓄能罐破损、散热片渗漏等）、维护不到位或蓄能罐自身原因会出现冷却液不足的情况。冷却液不足如图 6 所示。

3.2.5　散热器污垢多或破损

散热器有一个进水口及出水口，散热器内部有多条水道，这样可以充分发挥水冷的优势，带走更多的热量，散热器表面污垢增多会降低空气流过散热器内部的速度，致使散热效率下降。在检查中发现部分机位散热片有渗漏的情况，当散热片漏液后会导致冷却系统内冷却介质减少，也会降低散热效果。散热器堵塞和渗漏如图 7 所示。

图 5 蓄能罐保压不足

图 6 冷却液不足

图 7 散热器堵塞和渗漏

3.2.6 冷却水泵电动机和电机泵异常

在冷却系统中电动机和电机泵是冷却介质传输速度的重要保证。风电机组长期运行过程中，冷却液内的杂质增多会损坏电机泵内部元器件，电压的波动或雷击会导致电机损坏，电动机自身的轴承损伤和卡涩、控制电动机启动电源的接触器卡涩等多种原因都会致使冷却液流速下降或停止流动，导致散热故障发生。检查水泵电动机和电机泵如图 8 所示。

3.3 措施计划

3.3.1 根据控制系统原因分析

根据上述原因分析，计划 4 月底前完成对主控程序及参数的检查及核对工作。核对程序参数如图 9 所示。

图 8 检查水泵电动机和电机泵

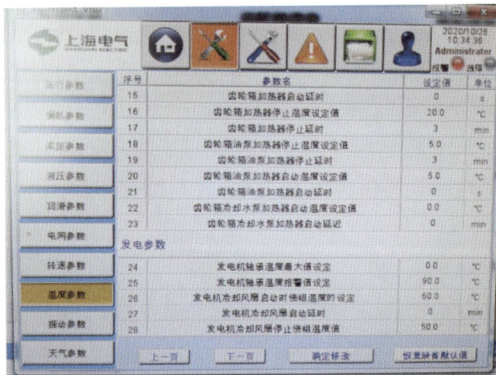

图 9 核对程序参数

3.3.2 根据冷却系统原因分析

（1）针对冷却系统分析中原皮囊式蓄能罐长时间运行出现皮囊脱落、皮囊渗漏、罐体破损漏气等问题，经过多次试验，将原有的皮囊和罐体分开的蓄能罐更换为目前风电行业使用较多的一体式隔膜储能罐，新的蓄能罐内胆与罐体为一体设计，风电机组长期运行时能有效防止内胆脱落，同时能避免内胆与罐体出现摩擦导致内胆破损的情况。将原皮囊式蓄能罐更换为一体式隔膜蓄能罐如图 10 所示。

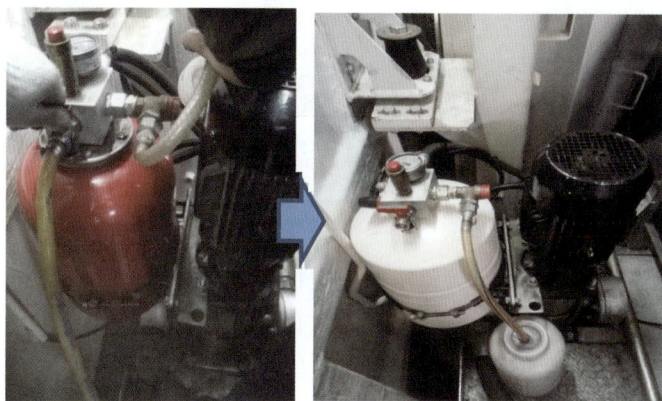

图 10　将原皮囊式蓄能罐更换为一体式隔膜蓄能罐

（2）针对散热器污垢多问题，在 6 月开始的定检维护中使用特定清洗剂及高压水枪对所有散热器进行一次精细化冲洗维护。精细化冲洗散热片如图 11 所示。

图 11　精细化冲洗散热片

（3）针对散热器渗漏问题，从实际出发，与最新机型的散热器进行比对分析，确认了将损坏的散热器更换为最新生产的散热器，因最新生产的散热器对基板的厚度，翅片的高度、厚度、间距和数目进行了优化。同时，对散热器的导流罩及风扇电动机进行彻底检查，通过优化散热系统的风道增强系统对流换热效果。将渗漏的散热器更换为最新生产的散热器如图 12 所示。

（4）针对冷却水泵电动机及电机泵问题做好备件储备，在 6 月定检维护中对所有机组进行排查，对发现异常的进行更换。更换存在问题的水泵电动机如图 13 所示。

图 12　将渗漏的散热器更换为最新生产的散热器

3.4　措施评审

　　风电场选取两台温度较突出的机位按照相应措施进行了处理，运行三个月以来发电机绕组问题数据明显下降且未报出相应的温度故障，该措施方案验证可行。

3.5　措施实施

　　实施时间：2020 年 4 月 1 日—8 月 31 日。

3.6　实施验证

　　该风电场 8 月完成了相应措施处理，运行已有三月。在 9 月、10 月都出现过长时间的大风天气风电机组满负荷运行的情况下，发电机绕组温度运行正常，未再报出超温故障。整改后 1224 发电机绕组温度数据如图 14 所示。

图 13　更换存在问题的水泵电动机

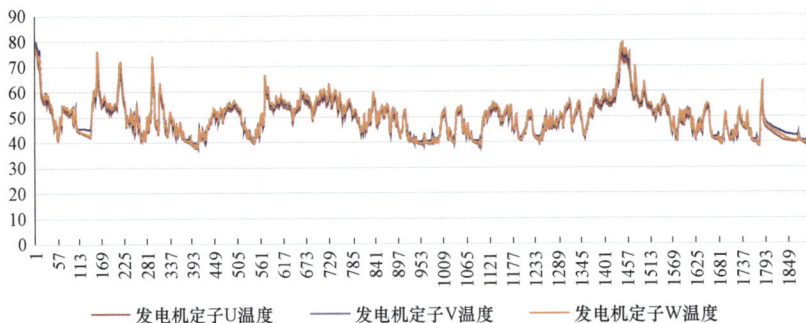

图 14　整改后 1224 发电机绕组温度数据（单位：℃）

4　结论或后续计划

　　通过本次发电机绕组温度高问题措施的制定与实施，达到了预期的效果，提升了风电机组

（下转 336 页）

双馈异步发电机轴电流引起的编码器信号增量异常故障分析

王敬

（华能新能源股份有限公司上海分公司）

摘　要： 在我国的风力发电系统中双馈异步风力发电机（Doubly Fed Induction Generator，DFIG）凭借其卓越的性能，被广泛投入使用。本文阐述了双馈型风力发电机组因轴电流而导致的机组并网故障的案例，简要分析了轴电压、轴电流产生的原因，并提出了如何有效防止轴电压、轴电流产生的一系列方法。

关键词： DFIG；轴电流；编码器；变流器；EMC

1　引言

双馈异步风力发电机是目前风力发电系统中的主流机型之一。随着双馈异步风力发电机的广泛应用，其轴电流问题也不断涌现。在已有的研究中，多数反映出因轴电流引起的轴承电蚀问题，而在机组实际的运行过程中我们发现，轴电流的危害不仅仅会对发电机轴承造成电侵蚀，还会对发电机编码器造成严重干扰，导致机组无法并网。

通过对历史案例的总结与分析，发现存在因发电机轴电压、轴电流而引起发电机编码器增量异常的现象。

2　案例描述

28 号 2MW 双馈异步机组于 6m/s 的风况下（型号 W2000N - 93 - 80）开始启机，发电机转速上升达到 1200r/min，变流器（型号 WOODWARD SGE21.1）直流母排预充电完成，变流器机侧 MSC 开始励磁，持续一段时间后，机组始终无法并网，伴随着发电机转速出现异常，主控程序报出并网故障，变流器内部报出故障代码 F28（编码器增量监视错误）。故障代码描述如表 1 所示。

表 1　故障代码

故障代码	故障说明	厂家指导建议
F28：Pickup fault	编码器增量监视报错，影响安全运行	检查实际运行情况、观察编码器信号轨迹（A/B/N）、检查编码器与变频器主控的接线

从变流器 Concycle System Tool 软件中可以监视到，在启机升速的过程中发电机编码器所显示的转速始终保持平稳，而在变流器给转子励磁过程中，机侧 MSC 电流会出现异常波动，同时变流器 CSC 检测到编码器数据异常，发电机转速出现波动。发电机转速、变流器机侧电流及 CSC 故障信号波形如图 1 所示。

经过对现场设备的检查发现，当变流器给发电机转子励磁时，由于发电机转轴轴电压的存在，发电机转轴对前轴承（驱动端）端盖产生放电现象，形成所谓的电火花加工（electric discharge machining - EDM）电流[1]。

一般情况下，发电机编码器的接地线、屏蔽线采用与发电机本体外壳直接连接的方式接地，

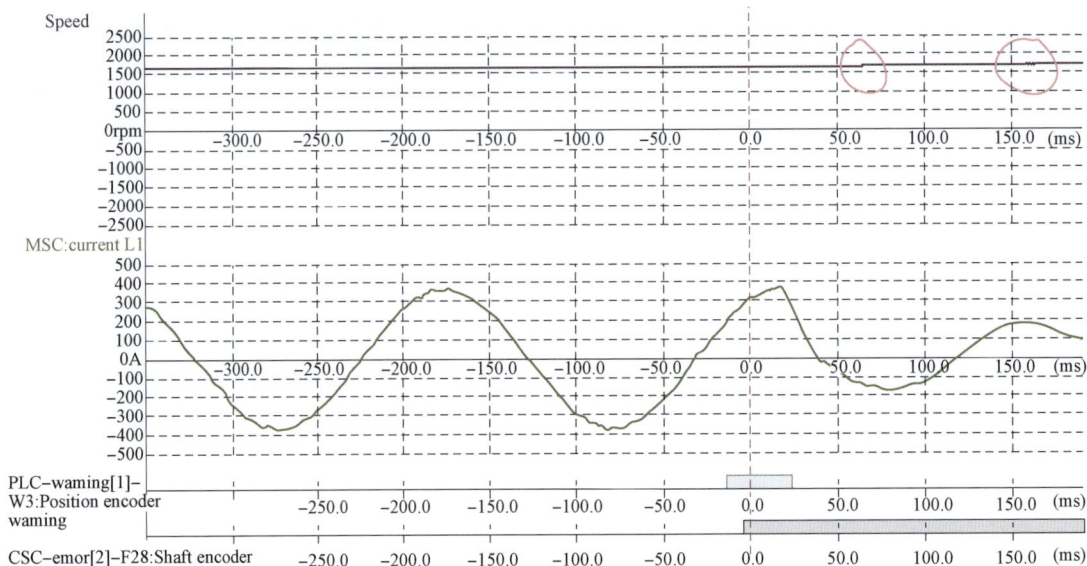

图 1　故障信号波形

如图 2 所示。因此，当出现 EDM 电流时，考虑高频脉冲电流会通过发电机本体外壳上连接的接地线或屏蔽线间接对编码器数据产生影响，导致编码器增量报错，机组无法完成并网。

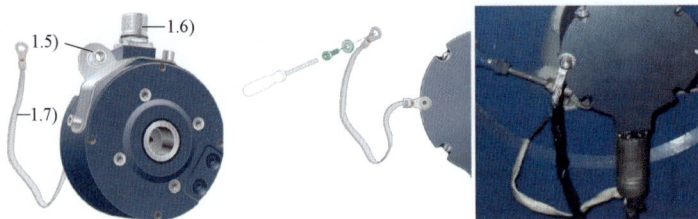

图 2　连接方式

在进一步的检查中确认，由于发电机接地电刷接触不良，使发电机轴电流无法通过接地电刷引导接入大地，造成轴电压对发电机轴承端盖放电。经过维护人员处理，调整了接地电刷刷架并更换全新的接地电刷后再次尝试并网，此时 EDM 电流消失，机组一次顺利完成并网。

3　轴电压、轴电流的产生

一般认为磁路不均衡是电机中产生轴电压的主要原因[2]。而双馈异步发电机以功率器件作为励磁电源时，电机轴电流问题更加严重。文献 [3] 指出，具有高载波频率（例如 10kHz 以上）的 IGBT 逆变器导致电动机的轴承比低载波频率的逆变器驱动时损坏更快。不难类比，双馈异步发电机在高载波频率下引起的轴电压与轴电流也会更大。

双馈异步风力发电机组在运行时发电机转子绕组连接变流器机侧逆变桥，变流器机侧 IGBT 采用 PWM 调制方式给转子绕组进行交流变频励磁。在这种励磁供电方式下，变流器机侧输出电压为一系列高频电压脉冲，因此在任意时刻下的三相电压矢量和均不为零，产生的零序分量将导致转子绕组和地之间形成共模电压 U_{com}[4]。此时电机中的轴电压主要由于电源电压不平衡引起，共模电压 U_{com} 的取值也直接受直流母线电压和 IGBT 调制方式的影响[4]。由于静电耦合，电机的各个气隙间存在着大小不等的杂散电容，电机内部的杂散电容耦合构成了共模回路，而变流器的 PWM 脉宽调制必然会导致双馈异步发电机励磁系统中产生大量的高频谐波分量，这类谐波分量会在发电机的转轴与定子绕组等部分中形成电磁感应，通过共模回路在发电机转轴上形成轴电压。

轴电流的形成基本有两种途径。一种途径是高频 PWM 脉冲电压在耦合回路中产生 du/dt 电流，经过轴承电容传到大地形成轴电流；另一途径是轴电压的存在，当轴电压达到一定程度后能够击穿油膜传导至轴承外圈，此时轴承内外滚道相当于短路，外圈通过机座与地形成回路，从而在轴承上形成很大放电电流，即 EDM 电流[1]。

4 抑制轴电压、 轴电流的方法与改进措施

（1）可以采取抑制轴电流的相关措施，避免转轴以电火花的方式对轴承端盖进行放电，典型方法有如下：

1）安装接地电刷。双馈机组接地电刷的作用是将轴电流通过接地电刷引导进入大地，减少轴电压对轴承外圈的电势差。一般接地电刷的安装主要有三种形式：发电机非驱动端装单接地电刷；发电机非驱动端安装两个接地电刷，发电机驱动端和非驱动端同时安装接地电刷。我风电场 W2000N-93-80 型双馈风电机组发电机非驱动端安装有两个接地电刷，即使如此，在风电机组长时间运行过程中依旧可能由于振动或电刷架的偏置造成电刷的接触不良。为进一步改进电刷的接地效果，可在发电机驱动端增设接地电刷。

2）使用绝缘轴承和绝缘端盖。绝缘轴承的原理是采用等离子喷涂技术，在轴承内圈或外圈上喷涂一定厚度的陶瓷绝缘涂层[5]。特殊的喷涂工艺可形成一层厚度均匀、黏附力极强的均匀涂层，增加轴承绝缘能力。仅提升轴承绝缘能力虽然能够对轴承起到保护作用，但不能解决轴电流对轴承端盖放电的问题。因此还必须采用优质的绝缘端盖技术，相当于在轴承外圈与端盖之间增加一层绝缘间隙。这样轴承外圈与端盖之间的等效电容很小，容抗很大。例如，采用特氟龙材料的绝缘端盖，其容抗值比轴承润滑膜的容抗值更大，可以很好地限制轴电流对端盖的放电现象。

3）加装共模抑制器、共模电容等其他方式[6]。

（2）尽可能地避免轴电流对发电机编码器的干扰，在安装编码器时务必按照（Electromagnetic Compatibility，EMC）电磁兼容性要求进行。以 LEINE&LINDE 编码器为例，发电机编码器的屏蔽层需向后对折包在环箍上，旋上螺帽时需将屏蔽层与编码器外壳压实。同时屏蔽层需在远端单端接地，即靠近变流器的一侧采用单端接地，如图 3 所示。编码器的接地线与屏蔽层均不建议与发电机外壳连接，接地线可单独连接地网，避免 EDM 电流造成的干扰。

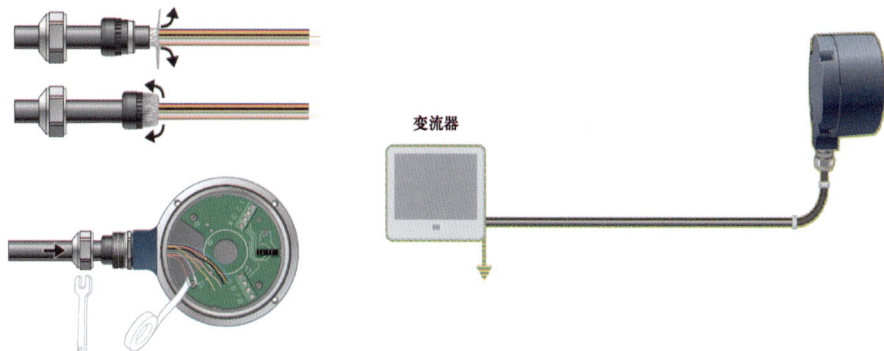

图 3 靠近变流器的一侧采用单端接地

5　结束语

双馈异步发电机产生轴电流的情况有很多，但无论在哪种情况下，只要轴电压足以击穿轴承油膜或者对轴承端盖产生沿面放电构成闭合回路，就会在发电机转轴上产生轴电流。因此提升轴承及端盖绝缘强度，阻断发电机轴电流回路和可靠安装接地电刷，可以从根本上防止轴电流的产生。另外，将编码器的接地线、屏蔽线与发电机外壳隔绝，满足电磁兼容性要求，也可以从一定程度上避免轴电流对编码器的干扰。经过现场实践证明，上述方式对双馈异步发电机轴电流的防止具有良好的作用，可有效保障风电场双馈发电机的安全生产。

参考文献

[1] 万健如，禹华军，刘洪池．变频电机轴电压与轴电流产生机理及其抑制［C］．中国电工技术学会电力电子学会第八届学术年会论文集，682-687.

[2] A. von Jouanne et al. An evaluation of mitigation techniques for bearing currents，EMI and over-voltages in ASD applications. IEEE Transactions on Industry Applications［J］. Vol. 34，NO. 34 September/October 1998，p1113-1122.

[3] Don Macdonald，Will Gray. PWM Drive Related Bearing Failures. IEEE Industry Application Magazine［J］. July/August 1999，p41-47.

[4] 刘瑞芳，任雪娇，陈嘉垚．双馈异步风力发电机的轴电流分析［J］．电工技术学报，2018，33（19）：4517-4525.

[5] 刘瑞芳，陈嘉垚，朱健，等．轴承绝缘对双馈异步发电机高频轴电压和轴电流抑制效果研究［J］．电工技术学报，2020，35（Sup1）：212-219.

[6] 陈嘉垚．双馈异步风力发电机轴电流的分析与抑制［D］．北京：北京交通大学，2016.

（上接 332 页）
发电量和可利用率，降低了风电机组故障时间，实施中小组成员进一步加深了图纸查阅、风电机组接线、部件组装等相关知识的学习。同时，小组人员在问题导向、质量意识、个人能力、团队精神、PDCA 质量管理等各方面都有很大提高。营造了良好的团队合作氛围，增强了团队凝聚力，提升了发现问题、解决问题的能力。

因该风电场运行已有 7 年，部分机位发电机和齿轮箱散热器内部附着的污垢较多，散热效果较其他机位偏低，针对此问题，风电场将积极采购备件，计划 12 月之前将这些机位的散热器更换为最新生产的散热器，进一步改善机组的散热效果。

SL1500 机组偏航振动故障分析

吴昊

（华能吉林发电有限公司新能源分公司）

摘　要： 滑环是风电机组变桨系统的重要组成部分，用以连接旋转的轮毂舱和相对静止的主机机舱的信号和动力传输纽带。实现变桨控制系统的电源、限位控制、信号反馈等在轮毂舱执行机构与主机舱控制系统之间的电气连接。

关键词： 滑环；维护；经济效益

1　引言

采用电动变桨的风力发电机组，滑环为风力发电机组变桨系统提供动力电源，并负责控制系统和变桨系统的通信数据传输和安全链信号的连接。虽然滑环在整个风力发电机组中所占整机价值比例非常低，但是滑环整体性能、可靠性及工作寿命却会直接影响整机的性能和可靠性。由于早期滑环的原始设计缺陷和后期维护等各方面问题导致滑环造成的故障越来越多，给风电场造成了较大的经济损失。根据统计，电动变桨机组变桨故障一般占机组整体故障的 40%，而其中由滑环导致的故障占 50%，因此，滑环的可靠性对机组的稳定性起着至关重要的作用。

2　风电机组变桨滑环介绍

风力滑环是用于在风力涡轮机的机舱和轮毂之间传输电力和电信号的装置，包括两个相对旋转的部分：转子和定子；滑环是风力发电机的关键电气部件，其运行可靠性直接影响风力发电机的安全运行；风力滑环主要由滑环体、电刷组件、导电环、绝缘材料、轴承、电刷固定支架、防尘罩等辅助部件组成。电刷由贵金属合金材料制成，与导电环槽对称接触。电刷的弹性压力与导电环槽滑动接触，传递信号和电流。

通过调查发现国内大量风电场在运行两年以后滑环会出现故障频发的现象，主要表现为滑环密封性能不足导致轴承进入橡胶粉末卡死轴承以及滑道受齿轮油污染严重导致变桨通信信号闪断，机组故障频发，现场运行维护人员又对滑环维护缺乏必要的了解和专业维护技术以及必要的工具、备件，导致滑环出现问题后无法得到有效的维护，所以很多风电场都是对滑环进行简单的清洗，由于没有专用润滑油，滑道和电刷无法进行有效的润滑，而这又会进一步加速滑环的老化。

3　滑环故障原因分析及优化方案

某风电场装机容量为 99MW，于 2011 年建设投产运行，风电机组运行两年之后变桨滑环故障频发，通过拆卸滑环进行检查发现导电环道内有大量的橡胶粉末，污染电刷，使弹力下降，导致转子转动时电刷振动大。拆卸轴承发现轴承内部进入大量橡胶粉末污染物，轴承内无润滑油脂。上述问题表明，该型号滑环设计存在重大缺陷，滑环机械密封性能无法满足要求，导致轴承及转子污染严重。由于该风场所使用滑环采购时并未提供技术和维护服务，所以无法得到厂家的质保维护。

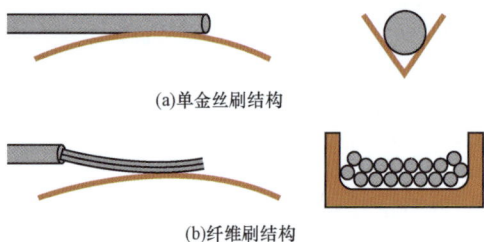

(a)单金丝刷结构

(b)纤维刷结构

图 1　单金丝刷和纤维刷结构示意图

滑环无磨损，刷束与耐磨环道组成摩擦副，本身摩擦损耗极小。另外，由于采用刷束结构，其与环道的接触压力大幅降低，更减少了磨耗。进口滑环刷针采用单金属丝，与环道的接触点只有 2 个，而贵金属纤维刷束的接触点可以达到 8～10 个，同等压力情况下，摩擦点压强只有单金属丝的 20%～25%。接触稳定性高、磨削极少，不需要清理。单金丝刷和纤维刷结构示意如图 1 所示，单金丝刷滑环如图 2 所示，纤维刷滑环如图 3 所示。

图 2　单金丝刷滑环

图 3　纤维刷滑环

为适应各种气候条件下密封要求，选择特种防油氟橡胶，实现低温的稳定性和耐油防老化的特性。另外，在主轴承外侧采用迷宫式密封结构有效地阻挡风沙、盐雾等地侵蚀。采用迷宫密封、接触密封、轴承密封三级结构。滑环密封真正达到 IP65。而进口滑环只采用密封轴承一道密封结构。进口滑环单层密封如图 4 所示，三层密封设计如图 5 所示。

图 4　进口滑环单层密封

图 5　三层密封设计

另外，进口滑环的主轴与前端头是分体式的，当风电机组齿轮箱空心轴内部有油水的时候，油水会从前端头位置流进滑环腔内，造成滑环的短路烧损等问题。我风电场的滑环，主轴与前端头是一体结构，端部完全密封，即使齿轮箱空心轴进入了油水，也不可能进入到滑环体内。

4　结论

滑环这种旋转部件容易在两年后集中爆发故障，随着时间的增长滑环更换次数将会越来越频繁。风电场应对滑环运行情况引起重视，加强滑环维护，避免滑环大面积损坏。

风力发电机组发电机系统典型故障案例分析

于波，沈波

（华能四平风力发电有限公司）

摘　要： 风力发电机组中发电机是核心部件之一，发电机作为风力发电机组将机械能转化为电能的装置，直接影响输出电能的品质和效率，本文通过常见发电机故障的原因分析，结合发电机系统典型故障案例中发电机部件损坏的规律性进行归纳总结，提前做好预防措施，使其运行可靠、提高效率、满足向电网输出电能的要求有着重要现实意义。

关键词： 风电机组；发电机；典型案例

1　引言

风力发电机组存在风能到机械能和机械能到电能两种能量转换过程。风轮在风的作用下转动，将吸收的动能转化为机械能，通过发电机将机械能转化为电能。发电机作为风力发电机组将机械能转化为电能的装置，直接影响到输出电能的品质和效率，也影响整个风能转换系统的性能和结构。

并网型风力发电机组最常用的发电机为双馈异步发电机、直驱永磁同步发电机（见图1、图2）。

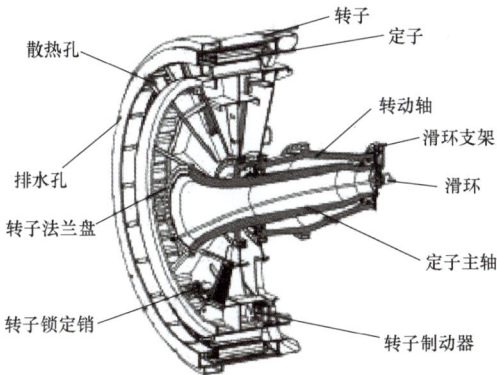

图1　双馈异步发电机

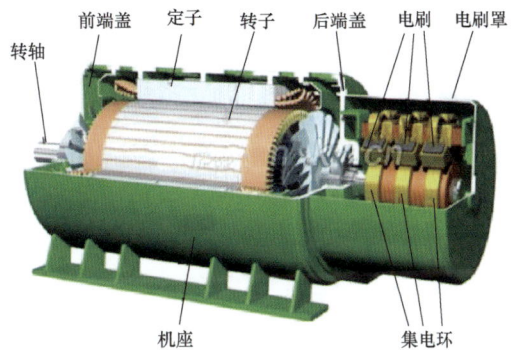

图2　直驱永磁同步发电机

由双馈发电机组成的发电系统见图3所示，定子侧直接接入三相工频电网，转子侧通过变频器接入电网。因为定子与转子两侧都可以向电网馈送能量，所以称为双馈发电机。其结构类似绕线型异步发电机，具有三相感应绕组，带有集电环和电刷。

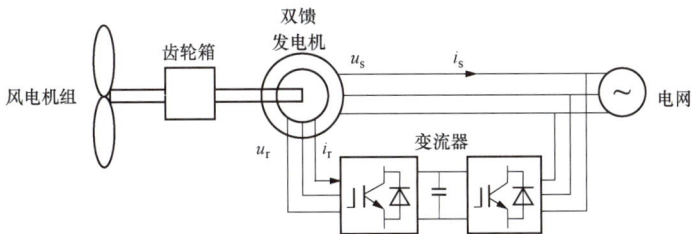

图3　双馈式风力发电系统

永磁同步发电机是一种以永磁体进行励磁的同步发电机，应用于风力发电系统，称为永磁同步风力发电机。永磁同步风力发电机没有齿轮箱，风力机主轴与低速多极同步发电机直接连接，所以称为直驱式永磁同步风力发电机。直驱式并网运行风力发电系统采用了低速多极永磁同步发电机，因此在风力机与发电机之间不需要安装升速齿轮箱，成为无齿轮直接驱动系统，系统结构如图 4 所示。其中，变频的作用是把频率和电压变化的电能转换为恒频恒压的电能输送到电网中。

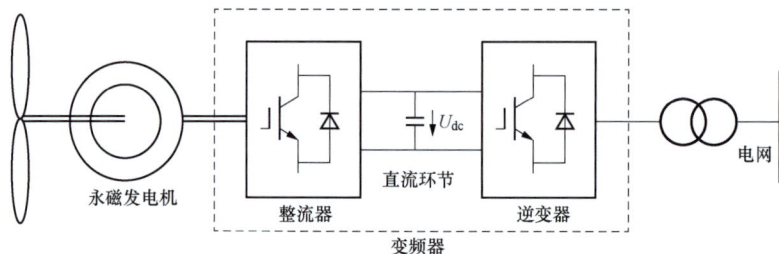

图 4　永磁直驱同步风力发电系统

2　风力发电机组发电机常见故障

2.1　发电机振动大

2.1.1　故障原因

（1）发电机与齿轮箱耦合不好。

（2）转子动平衡不好。

（3）发电机系统振动太大。

（4）轴承受轴电流电蚀。

（5）地脚螺栓松动。

（6）转子断条。

2.1.2　处理方法

（1）重新耦合好。

（2）重校动平衡。

（3）调整系统振动。

（4）检查轴承电蚀情况加装轴电流接地装置。

2.2　发电机噪声太大

2.2.1　故障原因

（1）发电机装配不好。

（2）轴承损坏。

（3）定子线圈绝缘损坏或硅钢片松动。

（4）滑环表面粗糙有烧痕。

（5）冷却器噪声大。

2.2.2　处理方法

（1）检查耦合情况，重新耦合。

（2）更换绝缘轴承。

（3）修复定子绕组绝缘层。

（4）修磨滑环表面，使光洁层与电刷接触良好。

（5）检查风扇或更换冷却器。

2.3 发电机过热

2.3.1 故障原因

（1）轴承过热。

（2）散热故障。

（3）发电机过载。

（4）系统振动过大。

（5）冷却空气流量小。

（6）定子绕组局部短路。

2.3.2 处理方法

（1）检查轴承，对症处理。

（2）排除通风故障。

（3）减小负载。

（4）处理修复定子绕组线圈更换绝缘材料。

（5）检查冷却器工作情况。

2.4 滑环温度过高

2.4.1 故障原因

（1）电刷和滑环接触不良。

（2）滑环冷却不够。

2.4.2 处理方法

（1）检查电刷建膜情况，调整弹簧压力，改善接触。

（2）检查轴流风扇工作是否正常。

2.5 轴承发热或不正常杂声

2.5.1 故障原因

（1）润滑脂过多或不足。

（2）轴承损坏。

（3）发电机过载运行。

（4）润滑脂牌号不对。

（5）滑环风扇故障。

（6）轴承与轴配合过松（走内圈）。

（7）轴承与端盖配合过松（走外圈）。

2.5.2 处理方法

（1）油脂过多时，发电机应低速（约 500r/min）运行 2h 左右。油脂不足，补充油脂（一般油脂应为轴承室内部容积的 1/2～2/3）。

（2）更换轴承。

（3）降低负载。

（4）更换润滑脂。

（5）更换轴流冷却风扇。

3 发电机故障案例解析

3.1 轴承变形使转轴卡死

两端轴承盖变形如图 5 所示。

图 5 两端轴承盖变形

解体检查：发电机两端内轴承盖变形，在正常装配情况下与转轴相蹭。使发电机无法正常旋转，封环与转轴的过盈量不足。

原因分析：发电机轴承在高温下，内轴承盖变形与转轴相蹭，发电机转轴无法正常旋转。

3.2 轴承抱死，高温使得线圈烧损

案例图解如图 6、图 7 所示。

图 6 非传动端轴承位损坏

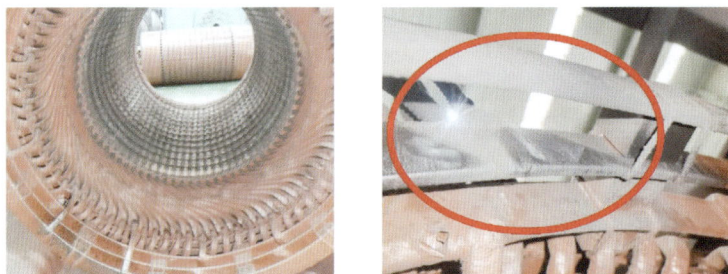

图 7 定子端部绝缘碳化

解体检查：发电机非传动端轴承位损坏；定转子电气检查合格，但定子端部线圈绝缘碳化；非传动端内外轴承盖与转轴摩擦。

原因分析：由于发电机转子轴承抱死，影响电机的动平衡，使轴承与转轴和配件粘连，转子转动异常，使配件与转子产生非正常摩擦，导致轴承盖损坏，在轴承抱死时高温使得线圈烧损，最终导致发电机无法正常运行。

3.3 转子绕组匝间短路

案例图解如图8～图10所示。

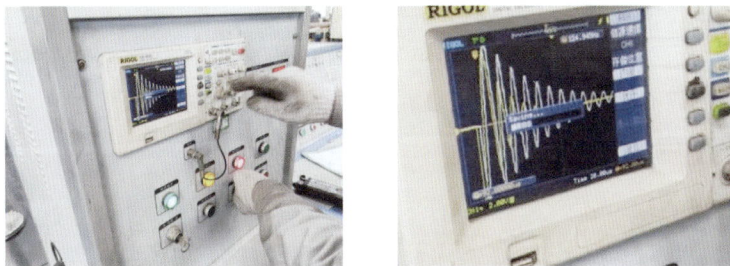

图8 转子绕组匝间耐压波形不重合

图9 轴承位损坏封环粘连转轴

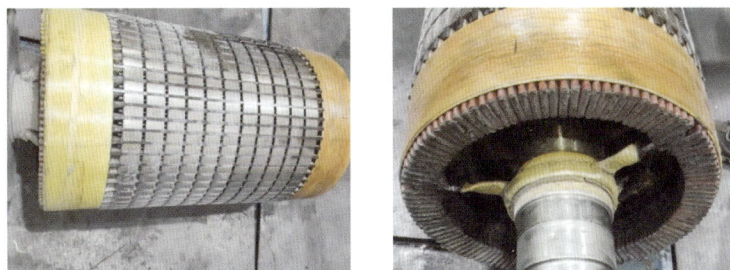

图10 匝间短路

解体检查：转轴轴承位和封环位磨损、下陷，封环粘连在轴承上，转子绕组匝间耐压检查不合格，匝间短路。

原因分析：轴承使用时未及时加注润滑油，导致轴承润滑不良，在发电机高速旋转过程中，转子与轴承、端盖之间干磨，瞬间会产生高温，使轴承局部烧熔，转子匝间短路。轴瓦烧坏，导致发电机轴承与转轴粘连，致使发电机轴承与转轴损坏。

3.4　定子绕组绝缘击穿

案例图解如图 11～图 14 所示。

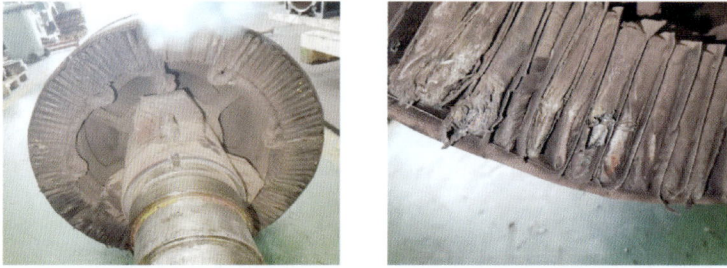

图 11　转子端部发黑绝缘破损

图 12　定子绕组发黑绝缘破损

图 13　平衡盘被电流击伤　　　　　图 14　端盖轴承室有划痕

解体检查：定子绕组直流电阻检测，使用微阻计测量定子三相直流电阻值：U - V 为 3.12mΩ，V - W 为 3.57mΩ，U - W 为 3.14mΩ。三相电阻偏差大于或等于 3%，不合格。定子绕组匝间耐压检测，RZJ - 15 绕组匝间冲击耐电压试验仪测量电压为 4000V，3s，波前时间 0.5μs，三相波形不重合，不合格。定子绝缘电阻检测，用 LNI - T UT502A 绝缘电阻表测量定子绕组的绝缘电阻为 0MΩ，接地。定子绕组对地耐压检测，PVT - 15 电机工频耐电压试验仪 2500V（50Hz），1min，击穿。转子绝缘电阻检测为 15.3MΩ，绝缘低。转子绕组对地耐压检测为 4000V（50Hz），1min，绕组击穿。发电机定子/转子线圈大面积发黑，绝缘破损；定子三相不平，接地；转子绝缘低；平衡盘被电流击伤，端盖轴承室有划痕。

原因分析：定子/转子线圈绝缘被击穿导致大电流，造成尖端放电，从而使定子线圈匝短路，导线炸裂，转子线圈破损接地，最终导致发电机无法运行。

4　发电机维护与保养

日常巡检应注意检查发电机地脚与联轴器之间连接螺栓是否紧固；发电机接线盒内接线柱与电缆连接螺栓是否紧固；绝缘电阻是否满足要求；转动部件应有保护装置；轴承维护和润滑并定期进行油脂加注；滑环和电刷维护并定期更换电刷和清理滑环室内碳粉，避免三相环引发火灾。

（1）绝缘电阻低时应采取烘潮处理，开启加热装置干燥。如果是双馈机还应将滑环、电架与转子电气分开，逐项进行绝缘检查。

（2）三相电压或电流不平衡、绕组短路、接地情况，应考虑发电机是否出现过短时电压过高导致绝缘破损。

（3）轴承与润滑情况，检查轴承轴电流电蚀情况，轴承要定期注油润滑，平均维护间隔时间为 6 个月，检查轴承转动灵活无异声，温升不超过 55℃。

（4）滑环维护要检查表面光洁度，滑环室要定期清理碳粉，更换电刷。

（5）发电机振动大情况，应检查地脚螺栓是否松动，如果正常应从对中检测、转轴跳动、转子动平衡等方面进行检查处理。

（6）冷却通风系统，无论是空冷还是水冷冷却都应检查散热风扇电动机工作条件是否正常，接线无松动。

5　结论语

通过对常见发电机故障的原因分析，结合发电机系统典型故障案例中发电机部件损坏的规律性进行归纳总结，做好日常与定期检查维护工作，根据发电机转速、温度、振动测点数据的累计，提前做好预防措施，使发电机运行可靠、提高效率、满足向电网输出电能的要求。

（上接 314 页）

3　风电场双馈异步发电机智慧运维方案

（1）值班监盘时关注轴承运行温度，尤其注意在大风满负荷运行情况下发电机轴承的温度。对数据进行记录，并对温度变化的趋势进行分析，及时做好预防性维护，并对异常数据进行筛查。定期加注轴承油脂，驱动端及非驱动端轴承每运转 3500h，加注 100g 规定型号的油脂，加注油脂时注意废油脂的清理。

（2）值班监盘时关注绕组运行温度。通过建立预警模型，当绕组温度超过设定值后，生成预警及时进行预防性检修。定期检查水冷系统、空冷系统、绕组测温 PT100 接线的情况。

（3）关注风电机组运行时电压、电流运行等参数。发现异常突变及不平衡等缺陷及时停机进行检查、处理。

（4）定期测量发电机绕组绝缘。用 1000V 绝缘电阻表测量定子、转子绝缘电阻；最小绝缘电阻冷态（约 20℃）为 $10M\Omega$，如果测量值达不到要求的最小值，不要启动发电机，应对绕组进行干燥。

风电场风电机组发电机非驱动端轴承温度超限故障原因分析及处理方法

覃道友， 王德旗

（中广核新能源湖南分公司）

摘　要： 论述了风力发电场风电机组发电机非驱动端批次报非驱端轴承超限停机的实际情况，结合基本原理，讨论了非驱动端轴承超限停机的具体原因，通过现场排查及化验分析，提出了切实可行的治理方法，通过改造处理，成功消除批次性故障。

关键词： 非驱动端；轴承超限；批次；处理

1　引言

新能源作为电力行业重要的一部分，不仅绿色环保，还充分利用了大自然的可再生资源，对电力的安全生产、稳定运行意义重大。研究表明地球上可用来发电的风力资源约有 100 亿 kW，几乎是现在全世界水力发电量的 10 倍。目前全世界每年燃烧煤所获得的能量，只有风力在一年内所提供能量的 1/3，因此，国内外都很重视利用风力来发电，开发新能源。因此，确保风力发电机组的正常运行十分重要。

2　发电机的作用及工作原理

2.1　发电机的作用与分类

发电机分类有双馈发电机和永磁直驱发电机两种。其主要作用是用于将机械能转化为电能。作为重要转动设备，尤其是在夏季高温天气，超过额定风速的工况下运行时，发电机的轴承特别是尾部的非驱动端轴承，会频繁出现轴承温度高的故障，结合某风场全年的统计数据，发电机轴承温度高在风电机组温度高类的故障中占比甚至超过 80%。此次主要围绕双馈发电机机型进行讨论。

2.2　双馈发电机优缺点

（1）优点：发电机极数少、体积小、质量轻、结构简单，发电机受力小。

（2）缺点：需要齿轮箱增速。

2.3　发电机的特性及工作原理

2.3.1　发电机的特性

风力发电机连接电压为 690V，频率为 50Hz，为 4 极发电机，有两个极对和六个定子线圈；在转速为 1000～2000r/min 范围内运行，三种运行模式为亚同步、同步、过同步；采用双馈送电方式。

2.3.2　发电机的工作原理

双馈发电机是一种交流励磁双馈异步发电机，将定子、转子三相绕组分别接入两个独立的三相对称电源：定子绕组直接接入电网，转子绕组通过频率、幅值、相位都可以按照要求进行调节的变频器接入电网。

发电机向电网输出的功率由两部分组成，即直接从定子输出的功率和通过变频器从转子输出的功率。双馈发电机的转子通过双向变频器与电网连接，实现功率的双向流动。根据发电机转速的变化，变频器通过调整转子外加电压的频率及相位，实现发电机的恒频输出。

3 轴承超限的原因

3.1 过润滑

润滑脂的选用及维护。润滑脂性能的好坏，决定了滚珠与滚柱间的摩擦系数，更换质量较好的润滑脂，可有效降低由于摩擦产生的热量。对于选定的润滑脂品牌，其性能已经固定，但在使用过程中可能造成污染，降低其性能，应定期更换或补充润滑油。

发电机运行过程中，维护周期过短，短时间内进行多次油脂加注，导致过多的油脂堆积在发电机内部，无法及时排出；或者注脂策略异常，导致注脂速度过快，发电机在长时间的运行中，废油脂无法排出，温度将逐步升高，导致轴承温度超限故障停机。

3.2 欠润滑

发电机定期维护时间过长，导致注脂泵中油脂过少，或者注脂策略异常，注脂速度过慢，发电机内部油脂过少，无法对高速运行的发电机内部进行及时的润滑及降温作用，导致轴承温度逐步上升，最后超温告警或故障停机。

3.3 油脂堵塞

当注油口堵塞时，油脂无法正常进入发电机进行润滑降温，导致内部欠润滑，从而轴承温度将逐步升高；当排油口堵塞时，废油脂无法从发电机内部及时排出，长时间堆积将导部轴承阻力增大温度升高。

3.4 轴承偏磨

通过提高发电机安装质量减小发电机转子重心与轴承中心的偏差距离，确保轴承内外圈的间隙和窜动量符合设计值，从而减少轴承自身的发热量。在发电机长时间的运行中，发电机轴承将会逐步发生偏移，若未及时进行发电机维护，未对发电机轴承进行对中校对，轴承将会发生偏磨的情况，导致温度升高。

3.5 轴承滚道电蚀

发电机在运行时，若未及时对接地电刷进行检查、测量、更换，导致接地电刷磨损严重，无法正常消除轴电流，使得发电机轴承滚道长期被电蚀，对轴承的滚道造成损坏，将会使轴承温度逐步上升；或当轴电流过大时，同样会使轴承滚道长期被电蚀，也会导致轴承温度升高。

3.6 模块及测温元件异常

当信号接收模块或者测温元件PT100异常故障时，也可能造成发电机轴承温度超限故障，造成假故障告警信号。

3.7 轴承绝缘失效

当轴承绝缘失效时，在发电机的整个运行期间，轴电流将会长期对轴承进行电蚀并击穿，导致轴承短路，从而轴承温度将逐步升高。

3.8 保持架及滚珠损坏

当保持架与滚珠损坏时，发电机在运行时，摩擦增大，轴承持续运行时，由于摩擦将会使轴承温度逐渐升高。

3.9　通风冷却效果差

提高发电机冷却质量、冷却效果，对于发电机轴承的温度升高影响极大。增加冷却器的流量、改用冷却效果较好的冷却器，并及时检查定期更换，确保冷却器的正常运行。

4　故障分析

4.1　故障经过

某风电场共安装28台单机容量为2.5MW的双馈风电机组，总装机容量为70MW，平均海拔220～340m，炎热季节时风电场风电机组批量报发电机非驱端轴承超限停机，查看故障文件，主故障号2038，该故障为发电机轴承温度达到90℃时，轴承高温报警，轴承温度达到90℃持续30min或者轴承温度达到95℃持续10s，轴承高温停机，批量停机多达同时停机14台，达到总机组的50%。待发电机非驱动端轴承温度下降至70℃时可远程复位启机。远程启机大约5min后，温度仍然上升到故障告警温度，无法长时间远程复位启机运行。

2021年5月14日风电机组运行状态及告警记录如图1、图2所示。

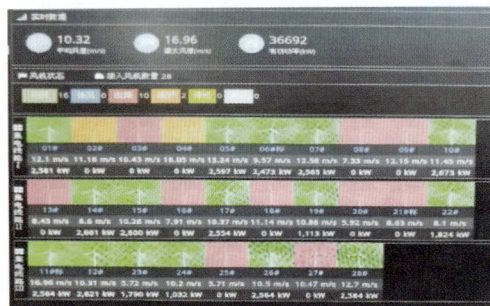

图1　风电机组运行状态　　　　　　　　图2　告警记录

4.2　故障原因

技术人员登机对发电机进行排查，发电机运行过程中，轴承滚动正常，无异响。发电机润滑泵内为红色美孚油脂SHC100，通电后油管正常出油，轴承注油正常。检查两端接油盒及轴承外盖排油口，轴承两端接油盒内无油脂排出，轴承外盖排油口油脂堆积，堵住排油口。清理轴承油脂，对轴承进行检查，发现轴承内外圈及保持架色泽光亮，各部件正常，如图3、图4所示。

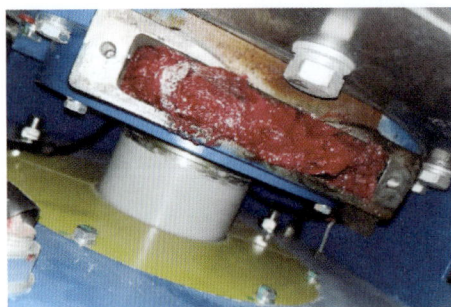

图3　排油口油脂堆积　　　　　　　　图4　轴承检查

通过对轴承注脂程序进行调查，目前该风电场注油控制逻辑为48h注脂泵运行300s，相比最新的注脂控制逻辑注脂量要多，属于注脂过多情况。通过现场排查，可以总结发电机轴承并无损坏，注脂泵注脂正常，轴承室油脂过多且存在板结，排油口堵塞，废油无法正常排出。

通过对该机组从并网以来的运行数据进行分析，可以看出机组运行一段时间后，发电机轴承温度较运行初期有一定上升，随运行时长增多逐步上升，属于油脂堆积表现。

典型告警机组的发电机运行数据如图5所示。

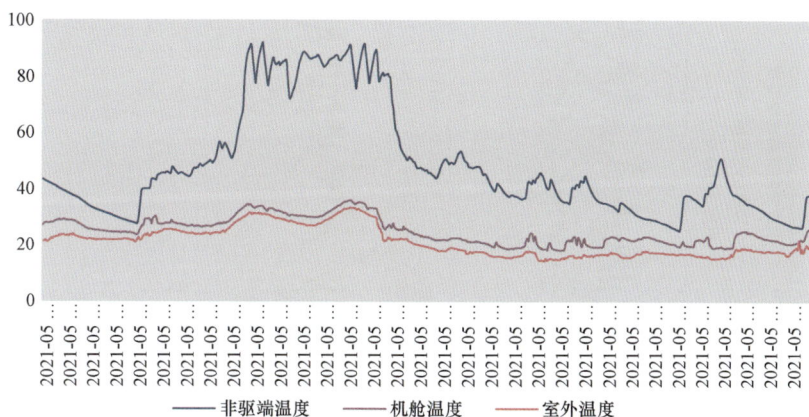

图5 典型告警机组的发电机运行数据（单位：℃）

通过现场调查，结合运行数据分析，引起轴承高温的主要原因如下：

（1）美孚油脂SHC100适用于高速、重载的应用，应用温度范围广，能有效延长轴承使用寿命。但其有一定的黏度，轴承间歇运行使油脂流动性较差，长时间运行后，废油脂依附在轴承腔室内无法排出，堆积板结，轴承散热不良导致高温。

（2）轴承注脂程序为注油控制逻辑48h注脂泵运行300s（折算注脂量为48h注脂2.4g），相比最新的注脂控制逻辑注脂量要多（最新注脂量为24h 80s，折算注脂量为24h注脂0.6g），注脂泵注脂速度过快，导致短时间内注脂过多，引发油脂堆积正是由于上述原因，发电机经过近一年运行，轴承室油脂堆积过多，导致轴承运行散热不良，进而引起高温停机。

4.3 处理措施

针对风电场轴承高温问题，制定以下对策、措施。

（1）从油脂上改善油脂润滑及流动性。发电机轴承由美孚油脂SHC100更换为黏度小、流动性较好的克鲁勃油脂。

（2）从控制逻辑上调减轴承注脂量。按照最新控制策略更新主控程序，调减注脂量，优化发电机润滑注脂逻辑，由每48h注脂300s，改为每并网运行24h注脂80s。

（3）从散热上增加散热风扇散热效果。通过对发电机散热风扇百叶窗处，每间隔一片去除叶片的方式，增加散热风扇的散热效果，以及时对发电机内部进行散热。

（4）在年检期间，用激光对中仪检查发电机对中数据，提高发电机安装质量，减小发电机转子重心与轴承中心的偏差距离，确保轴承内外圈的间隙和窜动量符合设计值，从而减少轴承自身的发热量。

风电机组发电机技改后运行数据如图6所示。

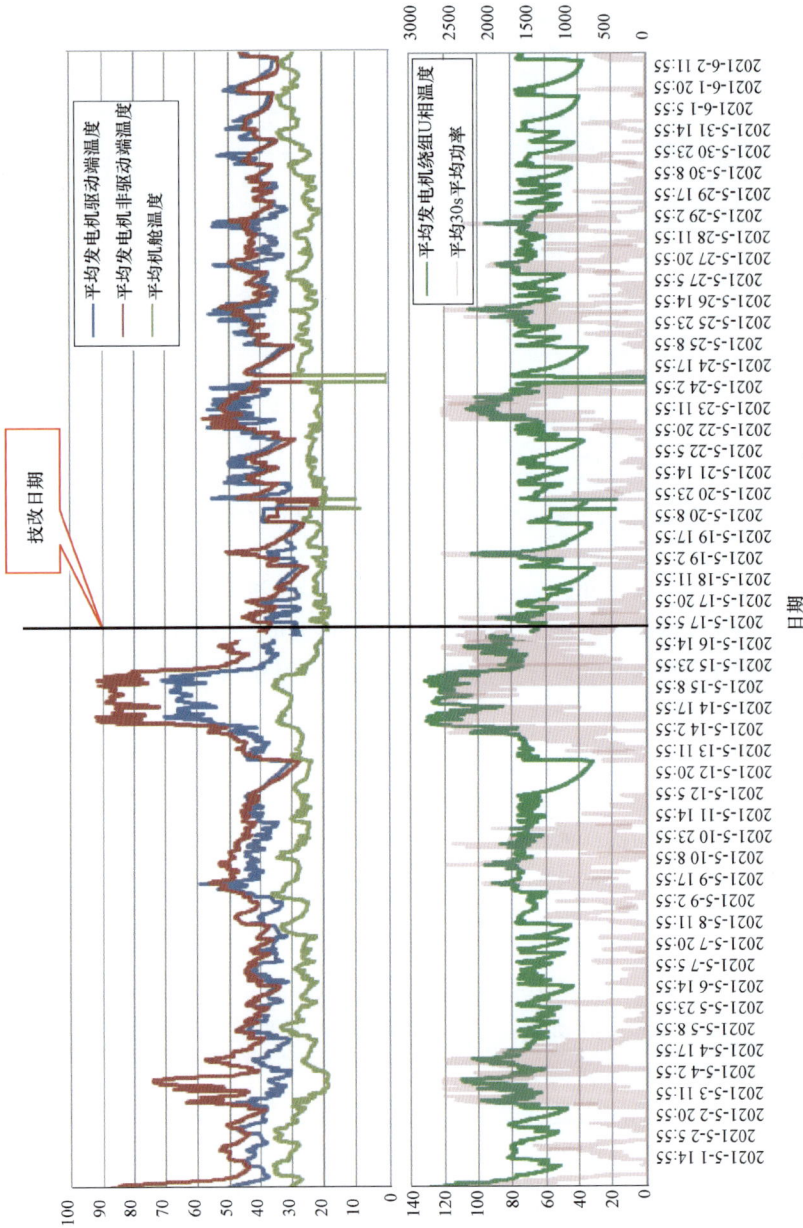

图 6　风电机组发电机技改后运行数据

通过对发电机运行数据进行分析，技改后轴承运行温度明显下降，轴承高温隐患消除。

5 工作心得

通过对所有发电机轴承油脂的更换以及散热风扇百叶窗的技术改造，有效地使发电机非驱动端高温故障告警消除，保证了风力发电机组的安全稳定运行。一方面本次故障的消除，有效降低了轴承温度高的问题，增加了轴承的使用寿命，从而实现风电机组轴承温度高故障率的降低，风电机组可利用率实现提升，具有良好的经济效益；另一方面由于发电机安装在高空的机舱内，部分机舱设计狭小，频繁地拆装发电机轴承是一项耗时耗力的工作，而且非驱动端轴承接近机舱尾部的吊物孔，在安全方面也存在很大的风险。通过处理，减少了人力、物力的大量投入。

6 结束语

发电机轴承温度高问题有效解决为风电场提供了安全稳定运行的基础，能够对设备缺陷及时进行分析，并快速、有效地解决，同时也能对于类似问题出现，提供一个有效的分析思路和解决办法，也希望今后对于风电场的各类疑难问题得到有效的解决。

参考文献

[1] 黄宏臣. 加速度包络解调方法在风力发电机滚动轴承早期故障诊断应用研究. 机械设计与制造, 2021.
[2] 陈星. 风力发电机轴承疲劳失效与电腐蚀故障的辨析. 机械工程与自动化, 2021.
[3] 王新亮. 双馈式风电机组发电机轴承故障探析. 中国设备工程, 2020.
[4] 陶晶. 双馈风力发电机组常见的转轴及轴承故障分析. 工程建设与设计, 2020.

（上接 355 页）
其发电机在转子星型环及引出线部分设计上存在一定的缺陷，绝缘性能也相对薄弱，风电机组在长期运行过程中由于电气、机械方面应力的影响，容易造成绝缘异常及击穿而短路，对风电机组运行构成安全隐患。风电场对 33 台 1.5MW FD93H 双馈式风力发电机组发电机转子星型环及转子引出线进行全面检查，对存在问题的发电机星型环及转子引出线绝缘进行绝缘加固改造处理，处理至今未发生过同类型风电机组故障。

某风电场 1.5MW FD93H 双馈式风力发电机组发电机"转子漏电流过大"故障分析及处理

张祎斌， 左云东

（华能大理水电有限责任公司）

摘　要： 本文主要从某风电场 1.5MW FD93H 双馈式风力发电机组发电机"转子漏电流过大"典型故障基本情况、故障原因分析与诊断、故障处理过程及预防措施各方面进行阐述，提出被实践证明行之有效的故障处理对策与整改措施。

关键词： 双馈式风力发电机组；转子漏电流过大；发电机转子星型环；变频器；数字直流电桥

1　引言

某风电场总装机容量为 49.5MW，共安装 33 台单机容量为 1.5MW 的 FD93H 型双馈式风力发电机组，自 2014 年投产运行以来，共发生发电机"转子漏电流过大"故障 8 次，其故障主要原因为发电机转子星型环或转子三相引出线绝缘破损。此故障在风电机组运行中的占比较大、重复性较高、处理时间较长且有一定的针对性，为进一步提高风力发电机组可利用率、缩短风电机组故障处理时间及防范此类故障重复发生，现就此故障展开论述，分析其可能的故障原因，总结历次故障处理经验及方法，为双馈式风力发电机组此类故障诊断处理提供有效对策，并提出行之有效的预防措施，确保双馈式风力发电机组安全、稳定、高效运行。

2　故障基本情况

1.5MW FD93H 型双馈式风力发电机组发电机"转子漏电流过大"故障属于隐蔽性故障，故障时风电机组不会直接报出"发电机转子漏电流过大"而故障停机，而是通过其他表象性故障，如"变频器错误""变频器未就绪""变频器报电网错误"等，报出故障而停机，因此此类故障分析、排查存在一定难度，需结合经验判断。本文以某风电场 09 号风电机组"转子漏电流过大"典型故障分析处理为例展开论述。10 月 12 日 9 时 02：19，某风电场风电机组远程监控软件报出 09 号风电机组"变频器错误""变频器未就绪"故障停机，现场人员发现该风电机组报错后立即到中控室查看该风电机组的各种状态信号，发现风电机组变频器故障信号灯亮红灯报错，便立即将该风电机组手动停机至维护状态。09 号风电机组监控报警界面如图 1 所示。

3　故障原因分析与诊断

现场人员对 09 号风电机组"变频器错误""变频器未就绪"故障原因进行初步分析，此故障涉及风电机组发电机、变频器、主控及一、二次回路等多个分系统，其故障原因可能由于主控误检测、变频器内部故障、变频器至发电机一次回路及发电机本身绝缘异常、短路等原因引起，需要逐一进行排查方能找到故障点及原因。现场人员对风电机组远程监控上的各种状态信号及风电机组故障回放记录进行查看后，考虑并假定故障点在风电机组变频器部分，具体故障点查找需到机位调取变频器故障原始记录数据及故障录波波形进行分析才能做出进一步判断。制定了以变频器为故障排查起点，从下至上依次排查导电回路直至最后检查发电机和先二次后一次的排除法故障处理方案。

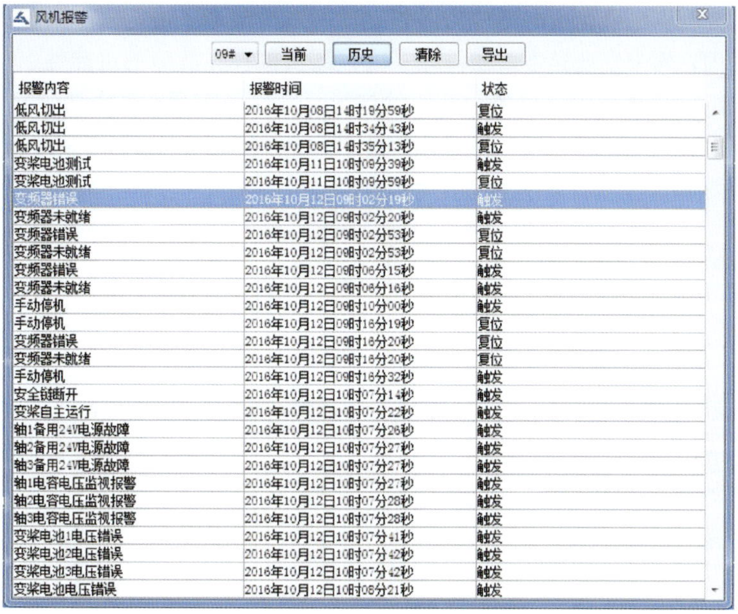

报警内容	报警时间	状态
低风切出	2016年10月08日14时19分59秒	复位
低风切出	2016年10月08日14时34分43秒	触发
低风切出	2016年10月08日14时35分13秒	复位
变桨电池测试	2016年10月11日10时09分39秒	触发
变桨电池测试	2016年10月11日10时09分59秒	复位
变频器错误	2016年10月12日09时02分19秒	触发
变频器未就绪	2016年10月12日09时02分20秒	触发
变频器错误	2016年10月12日09时02分53秒	复位
变频器未就绪	2016年10月12日09时02分53秒	复位
变频器错误	2016年10月12日09时06分15秒	触发
变频器未就绪	2016年10月12日09时06分16秒	触发
手动停机	2016年10月12日09时10分00秒	触发
手动停机	2016年10月12日09时16分19秒	复位
变频器错误	2016年10月12日09时16分20秒	复位
变频器未就绪	2016年10月12日09时16分20秒	复位
手动停机	2016年10月12日09时16分32秒	触发
安全链断开	2016年10月12日10时07分14秒	触发
变桨自主运行	2016年10月12日10时07分22秒	触发
轴1备用24V电源故障	2016年10月12日10时07分26秒	触发
轴2备用24V电源故障	2016年10月12日10时07分27秒	触发
轴3备用24V电源故障	2016年10月12日10时07分27秒	触发
轴1电容电压监视报警	2016年10月12日10时07分27秒	触发
轴2电容电压监视报警	2016年10月12日10时07分28秒	触发
轴3电容电压监视报警	2016年10月12日10时07分28秒	触发
变桨电池1电压错误	2016年10月12日10时07分41秒	触发
变桨电池2电压错误	2016年10月12日10时07分42秒	触发
变桨电池3电压错误	2016年10月12日10时07分42秒	触发
变桨电池电压错误	2016年10月12日10时08分21秒	触发

图 1　09 号风电机组监控报警界面

4　故障检查处理过程

根据以上分析，现场人员办理好 09 号风电机组工作票、准备好所需工器具及变频器后台专用计算机到达 09 号风电机组机位现场，做好相应安全措施后，开始检查。首先用变频器后台专用计算机和专用转换接头连接到变频器的控制板接口，打开变频器调试软件读取该风电机组故障原始数据，发现风电机组变频器机侧报出发电机“转子漏电流过大”的故障信息，并无其他故障信息，便排除了变频器网侧存在故障的可能性。09 号风电机组变频器故障记录界面如图 2 所示。

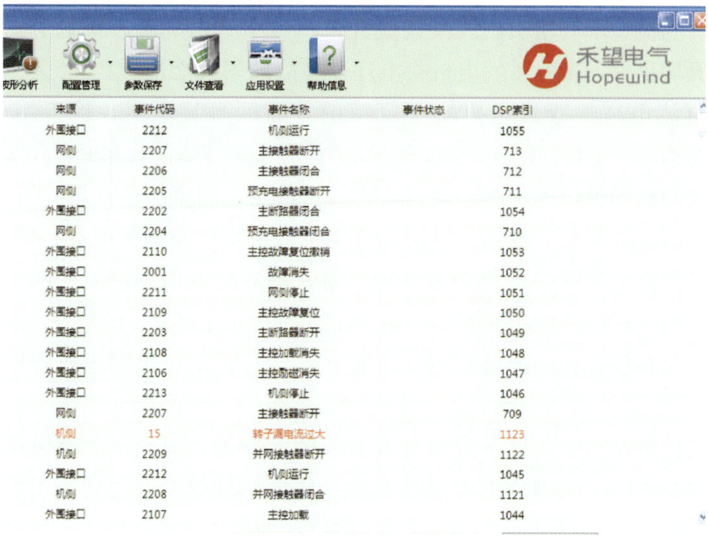

来源	事件代码	事件名称	事件状态	DSP索引
外围接口	2212	机侧运行		1055
网侧	2207	主接触器断开		713
网侧	2206	主接触器闭合		712
网侧	2205	预充电接触器断开		711
外围接口	2202	主断路器闭合		1054
网侧	2204	预充电接触器闭合		710
外围接口	2110	主控故障复位撤销		1053
外围接口	2001	故障消失		1052
外围接口	2211	网侧停止		1051
外围接口	2109	主控故障复位		1050
外围接口	2203	主断路器断开		1049
外围接口	2108	主控加载消失		1048
外围接口	2106	主控励磁消失		1047
外围接口	2213	机侧停止		1046
网侧	2207	主接触器断开		709
机侧	15	转子漏电流过大		1123
机侧	2209	并网接触器断开		1122
外围接口	2212	机侧运行		1045
机侧	2208	并网接触器闭合		1121
外围接口	2107	主控加载		1044

图 2　09 号风电机组变频器故障记录界面

现场人员对变频器机侧转子电流检测回路元器件及接线端子进行了全面检查，并对检测回路进行了端子紧固，均未发现异常，便排除了变频器机侧存在故障的可能性。后用变频器调试软件调取风电机组故障时变频器故障录波原始波形，发现确实存在发电机"转子漏电流过大"的实际情况，但无法确定是发电机本身还是变频器至发电机之间一次回路的哪一部分存在问题。09 号风电机组变频器故障录波界面如图 3 所示。

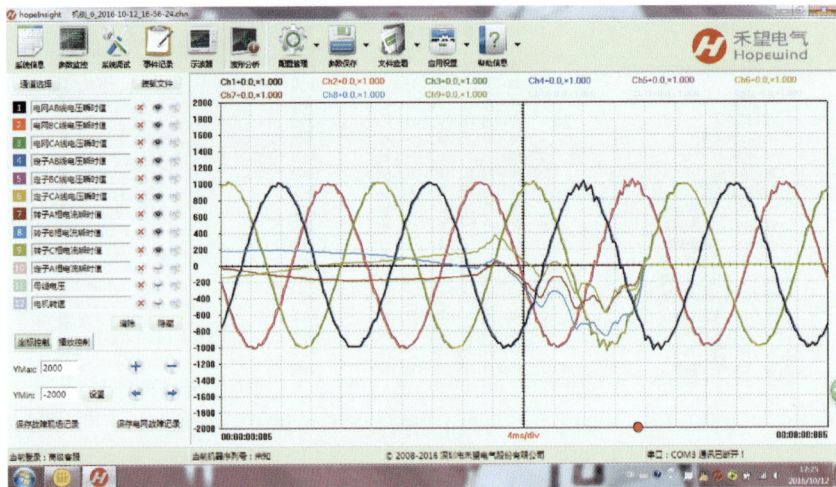

图 3 09 号风电机组变频器故障录波界面

在完成变频器至主控二次回路全面检查无异常并采取相应的断电措施后，现场人员对变频器至发电机转子一次回路进行进一步检查。在塔基把变频器至发电机靠变频器侧的发电机转子线缆脱开并悬空，然后到机舱把导电轨至发电机的转子线缆从发电机转子接线盒处脱开，并用数字绝缘电阻表检查了从发电机转子接线盒处至变频器处转子电缆的相间和对地绝缘，经检查各相阻值均正常。故排除了转子电缆和转子导电轨存在故障的可能性。

现场人员把发电机转子绕组引出线接线脱开，用数字绝缘电阻表检查了发电机集电环的相间和对地绝缘阻值均正常，排除了发电机集电环存在故障的可能性。

然后用数字直流电桥检查发电机转子绕组的各相间直流电阻，检查结果为 K - M 相为 58.8mΩ、M - L 相为 35.6mΩ、L - K 相为 58.7mΩ，转子绕组 M - L 相间阻值偏低。故初步判断为发电机转子绕组的相间阻值不平衡，该发电机转子绕组之间可能存在短路情况。

为了更加准确地进行判断，现场人员使用专用工具依次对发电机码盘、端盖、滑环室罩壳、电刷架、集电环进行拆除及进一步检查未发现异常，解开发电机内部转子绕组引出线螺栓，用数字直流电桥对发电机转子绕组引出线 K、M、L 间阻值进行测量，结果与之前所测一致，该发电机转子绕组确实存在绕组相间或星型环短路情况。09 号风电机组发电机转子绕组引出线如图 4 所示。

进一步对发电机进行拆解，取下发电机端盖、轴承端盖、轴承及内部风扇后露出发电机转子星型环，发现发电机转子星型环上有灼烧痕迹。依次仔细对发电机转子引出线、转子绕组内部、转子星型环其他部分进行全面检查，未发现其他部位存在有异物、绝缘破损、灼烧、脱落等痕迹，基本锁锭故障点在转子星型环上。09 号风电机组发电机转子星型环上烧灼痕迹如图 5 所示。

图 4　09 号风电机组发电机转子绕组引出线　　图 5　09 号风电机组发电机转子星型环上烧灼痕迹

经进一步分析、协调及可行性研究，决定对发电机转子星型环及 K、L、M 三相引出线进行更换。10 月 14 日，风电机组同型号转子星型环及 K、L、M 三相引出线备件到达现场，完成发电机转子星型环及 K、L、M 三相引出线更换方案及注意事项制定后，开始对发电机转子星型环 K、L、M 三相引出线进行更换。

使用专用工具拆除旧的发电机转子星型环的环氧树脂绝缘层，用钢锯锯开星型环与转子绕组各相之间的连接铜排，取下旧的星型环及 K、L、M 三相引出线，重新焊接、安装新的转子星型环及 K、L、M 三相引出线，用专用绝缘材料重做绝缘并涂刷环氧树脂绝缘层。新转子星型环及 K、L、M 三相引出线如图 6 所示，环氧树脂绝缘涂刷如图 7 所示。

图 6　新转子星型环及 K、L、M 三相引出线　　图 7　环氧树脂绝缘涂刷

待环氧树脂绝缘冷却固化后，在发电机转子 K、L、M 三相引出线线端处再次用数字直流电桥测量发电机转子绕组的相间直流电阻，测量结果：K-M 为 58.9mΩ，M-L 为 58.8mΩ，L-K 为 58.9mΩ，发电机转子绕组 K、L、M 三相的相间阻值基本平衡，符合发电机正常运行要求。

对发电机各部件完成回装并静置 24h 后，风电机组于 10 月 16 日 15：00 启机，限功率 500kW 运行正常，而后完全放开功率运行，未再报出同类型故障。

5　预防措施

针对风电场重复发生 1.5MW FD93H 双馈式风力发电机组发电机 "转子漏电流过大" 故障情况，现场组织人员协同厂家人员对重复发生的同类型故障展开了故障原因分析与总结，发现其不是特例，而是普遍存在于同批次生产的 1.5MW FD93H 双馈式风力发电机组中的典型故障。

（下转 351 页）

浅谈发电机冷却水压力异常故障处理

戴夏君

（华能新能源股份有限公司上海分公司）

摘　要： 本文对发电机冷却水压力异常故障进行分析判断，介绍了发电机冷却水压力异常故障存在的几种可能性，从发电机冷却水压力实际值偏低及水压力虚低两个方面阐述了故障检查思路及处理办法，总结了发生此类故障的可能原因及预防措施。

关键词： 发电机冷却水；故障处理；预防措施

1　引言

发电机冷却水的主要功能是保证发电机冷却水不间断地流经定子绕组内部，从而将发电机定子绕组由于损耗引起的热量带走，以保证定子绕组的温升（温度）符合发电机运行的有关要求。在发电机运行的过程中，发电机冷却水自发电机壳体水套，经水泵强制循环，通过热交换器和蓄能水箱后，返回发电机壳体水套。所使用的冷却水是防冻液与蒸馏水按一定比例混合，调整冰点应满足当地最低气温的要求。为提高发电机的运行寿命，设置循环冷却装置至为关键，因此，发电机冷却水的运行参数对风电机组平稳运行具有至关重要的作用。

伴随着风电机组运行时间加长，发电机冷却水压力异常的故障日趋明显，实际排查过程中，水压异常故障诱发因素较多，且重复性较高，因此只有深入分析发电机冷却水压力异常原因并及时采取相应的预防性措施，才能够有效降低故障发生频次，提升风电机组运行可靠性。

2　发电机冷却水压力异常原因分析

结合我场近几年发电机冷却水压力异常故障案例分析，发电机冷却水压力异常故障主要有发电机冷却水压测量回路故障及发电机冷却水压实际值低于报警值两大类型。

2.1　发电机冷却水压测量回路故障

在风电机组实际运行过程中，如果水压测量回路出现接线松动或压力传感器损坏等情况也会带出齿轮箱油温超限故障，以下结合我场风电机组水压测量回路原理图进行具体分析。

由图1可见，发电机冷却水压测量回路主要原理为：压力传感器测量发电机水压后经端子排 4X6 - 23 号口将压力信号传输到主控模块 X20DI9371 中。

2.1.1　压力传感器故障

风电机组发电机冷却系统常用压力传感器测定循环水泵中的水压，该水压小于 0.6bar 时，压力传感器由 ON 至 OFF，主控模块接收到反馈信号即报出冷却水压力异常故障。如果发电机冷却水压力传感器冷却损坏，则会直接导致发电机水压反馈信号异常，并报出冷却水压力异常故障。

2.1.2　反馈信号回路线路故障

由图1可见，整个水压反馈回路中，压力传感器接线经端子排4X6 - 23端口进主控模块，若压力传感器处、端子排23端口处或主控模块处接线松动、虚接，那么在风电机组运行过程中会断断续续报出发电机冷却水压力异常故障；若压力传感器至端子排或端子排至主控模块间有线路接线断开，那么发电机冷却水压反馈即中断，即报出压力异常故障。

2.1.3 主控模块故障

我风场风电机组采用贝加莱 DI9371 数字量输入模块接收发电机冷却水压是否满足条件的信号。风电机组实际运行过程中，若 DI9371 模块损坏，出现模块亮灯情况异常，则表示此时该模块损坏。

2.2 发电机冷却水压实际值低于报警值

当风电机组报出发电机冷却水压异常故障，且通过现场检查水压确为压力低时（见图1），可判断此时为发电机冷却系统缺冷却水。以下结合发电机冷却水循环工作的原理图（见图2）对此类故障进行分析。

图1 压力表显示压力低   图2 发电机冷却水循环原理图

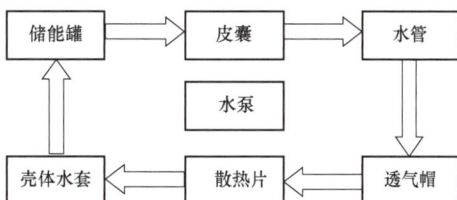

由图3可知，发电机冷却水自发电机壳体水套，经水泵强制循环，通过热交换器和蓄能水箱后，返回发电机壳体水套。

2.2.1 储能罐或皮囊损坏

储能罐的作用是利用气体（空气）的可压缩性质研制的皮囊式充气蓄能器。当压力升高时冷却水进入蓄能器，气体被压缩，直到系统管路压力不再上升；当管路压力下降时压缩空气膨胀，将冷却水压入回路，从而减缓管路压力的下降。①储能管破损漏气；②皮囊破损或皮囊撑大失效（见图4）；③皮囊脱落，储能罐充水。上诉三种情况均会使水压异常。

图3 破损的皮囊

2.2.2 冷却水管渗漏

冷却水经水管流至各装置，随着使用年限的增加，水管或多或少出现不同程度的裂纹，有的出现渗水漏水情况，导致冷却系统冷却液流失，从而报出发电机冷却水压异常故障。

2.2.3 透气帽渗漏

透气帽（见图4）的作用是排除管路中的气体。随着使用年限的增加，透气帽的密封材质被冷却液慢慢侵蚀，透气帽上侧渗水，导致冷却系统冷却液流失，从而报出发电机冷却水压异常故障。

2.2.4 散热片渗漏

散热片为全铜制，铜的导热性能好，冷却水流至散热片内部轨道，通过冷却风扇鼓风进入波纹翅片，将冷却水温带走，从而达到降低冷却水温的效果。其中，风电场每年都会对散热片

进行冲洗，在不规范的冲洗过程中，导致散热片上的轨道出现破损，而后出现渗漏冷却液的情况（见图 5），从而导致发电机冷却水压异常。

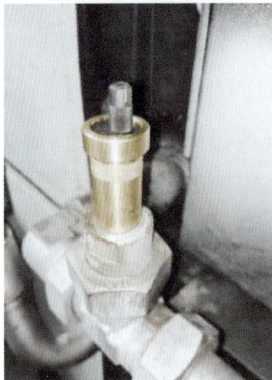

图 4　透气帽　　　　　图 5　渗漏的散热片

3　发电机冷却水压力异常故障排查及处理

3.1　水压反馈信号回路故障排查及处理

3.1.1　压力传感器故障排查及处理

找到发电机冷却系统压力传感器，由于压力传感器无法用万用表测量判别，可通过替换法判别。若此时水压为 0.6bar 以上的正常值时，压力异常故障仍然存在，此时即可通过更换压力传感器观察故障是否消除。

3.1.2　线路故障排查及处理

重新紧固压力传感器反馈信号回路接线，包括压力传感器接线、端子排接线、主控模块接线，判断压力传感器至主控模块间接线是否有虚接、短路或断路的情况，若有及时检查线路。

3.1.3　主控模块故障排查及处理

检查主控模块是否松动，供电是否正常。针对我场 DI9371 模块，可通过模块信号灯情况判断模块是否正常工作。

3.2　发电机冷却水压实际值低于报警值故障排查及处理

3.2.1　储能罐或皮囊损坏故障排查及处理

可以在现场使用气压表测量储能罐的显示值，标准为 1.8bar，若气压为 0bar，其一，可尝试补充气压，若气压补充不上或在补气时明显听到储能罐本体出现漏气声，则更换储能罐；其二，可使用小螺栓敲击储能罐本体，听发出的声音，充满水的声音比较沉闷，打开储能罐检查，皮囊破损或严重变形失效，则更换皮囊，更换时注意紧固螺栓对角拧紧。补充气压时，注意储能罐底部的气门芯螺栓必须拧紧。

3.2.2　冷却水管渗漏排查及处理

现场检查每条冷却水管有无裂纹、鼓包、破洞、漏钢丝等情况，水管周围有无冷却液泄漏的迹象。若有，及时更换。

3.2.3　透气帽渗漏排查及处理

透气帽一共有 4 个，分别为发电机本体上、散热片上下两个及冷却系统阀块上，透气帽漏液一般表现为可拧松的帽子处有大量冷却液，若发现有漏液，则及时更换，更换时注意使用大号活扳固定底部，管钳拧松透气帽。

3.2.4 散热片渗漏排查及处理

通过观察散热片表面，可发现许多散落在翅片上的多个水点，仔细观察，可发现水点为冷却液，此时，冷却系统的状态为水压慢慢下降，直到降到报警值，故可合理安排检修计划，组织人员更换散热片。注意：散热片质量较沉且安装高度偏高，人员需特别注意高处物体打击。

4 发电机冷却水压力异常故障预防措施

针对以上故障类型，提出以下建议：

（1）检修人员可在风电机组维护时加强端子排及模块接线检查，提早消除虚接隐患。

（2）加强数据分析，尤其是重复故障发生时，故障频次增加，需引起重视。

（3）对于使用年限较长的储能罐内皮囊、水管及透气帽，提前做好计划进行更换。

（4）对于散热片的冲洗需加强人员技术培训，防止设备批量性遭到破坏。

5 结论

发电机冷却水压力异常故障主要可从以上总结的两大故障类型着手考虑，现场检查时根据实际情况逐项排查，找出具体原因，并进行针对性处理，形成一套系统的冷却水压力异常故障处理方法。

参考文献

杨校生 . 风力发电技术与风电场工程［M］. 北京：化学工业出版社，2015.

（上接 364 页）

转速与 2 个叶轮 Overspeed 转速比较值偏差较大，造成机组故障，进行故障处理时，在检查发电机 Gpulse 模块时需要锁定叶轮，防止叶轮旋转发电，造成触电事故。其次，需要断开机舱柜的 24V 电源。打开发电机开关柜测量保险，通常一个保险烧坏就会造成 Gpulse 模块输入缺少一相信号，从而造成 Gpulse 模块采集的脉冲信号出错，导致转速比较故障。保险测量可以使用万用表测量通断。在故障处理之前首先要认真查看图纸和故障文件，通过故障文件分析转速比较故障的类型，然后再开展故障处理工作，故障处理过程中要做好安全防护工作。

MY1.5MW 机组发电机集电环故障诊断分析及其防范措施

詹彪，白玉鹏

（华能贵州清洁能源分公司）

摘　要： 目前国内早期投运的双馈异步风力发电机组多数采用风冷发电机，此类发电机在运行过程中存在碳粉堆积导致集电环烧损情况，集电环担负着发电机系统的动力传输，对机组的安全稳定运行起着至关重要的作用。本文针对 MY1.5MW 机组发电机结构特点和集电环故障情况，详细介绍了通过对发电机集电环室增设排风挡板方式，改变风路流向及风流量，减轻碳粉堆积，达到降低集电环故障的目的。

关键词： 风力发电机组；发电机；集电环；排风装置

1　引言

MY1.5MW 机组采用强制风冷冷却方式，发电机集电环为发电机提供励磁电流调定子电压、调定子频率、调定子无功功率、调转子的滑差有功功率，是发电机系统非常重要的功率单元，其主要由滑环组、电刷、刷架等组成。滑环组与电刷一同作用将转子电流与外部供电设备连接起来，实现动静电能转换；刷架是则保持电刷位置不发生位移的装置，并通过它施予电刷压力，有效地使电刷和集电环连接为一体。

实际运行过程中，发电机集电环因滑环室产生的碳粉不能及时排出，并附着在滑道表面，长此以往造成集电环表面相间爬电、打火等现象，致使集电环滑道受损，产生明显的条痕、擦伤、凹坑、斑点等缺陷，最终导致集电环损坏，若不能及时发现可能连带引起变频器功率模块损坏。因此，本文详细介绍了通过改变滑环室冷却介质风路流向的方法，以降低集电环故障为目的，提升机组的安全稳定运行水平。

2　故障基本情况

经现场统计分析，MY1.5MW 机组发电机系统故障率相对较高的一般为电刷类故障和集电环类故障，电刷磨损故障占总故障次数的 50％左右，集电环故障占总故障次数的 30％左右，而 40％以上的电刷磨损故障均为非正常磨损故障，一般由于集电环表面滑道不光滑、不平整导致快速且不规则磨损；集电环类故障一般为滑道表面打火、环火、爬电、烧结等。综合分析，引起发电机系统故障率高的主要原因在于集电环。因此，分析研究解决集电环故障对机组的稳定运行具有重要的意义。

3　原因分析及诊断

对发电机内部结构研究发现，发电机上腔内设有刷架和冷却风电机组，刷架自上腔的端部至中部延伸，冷却风电机组设置在上腔的尾部，滑环室靠近上腔的一侧设有进风口，靠近下腔的下方设有出风口，进风口与出风口之间的上腔和下腔形成密封风路（如图1所示）。

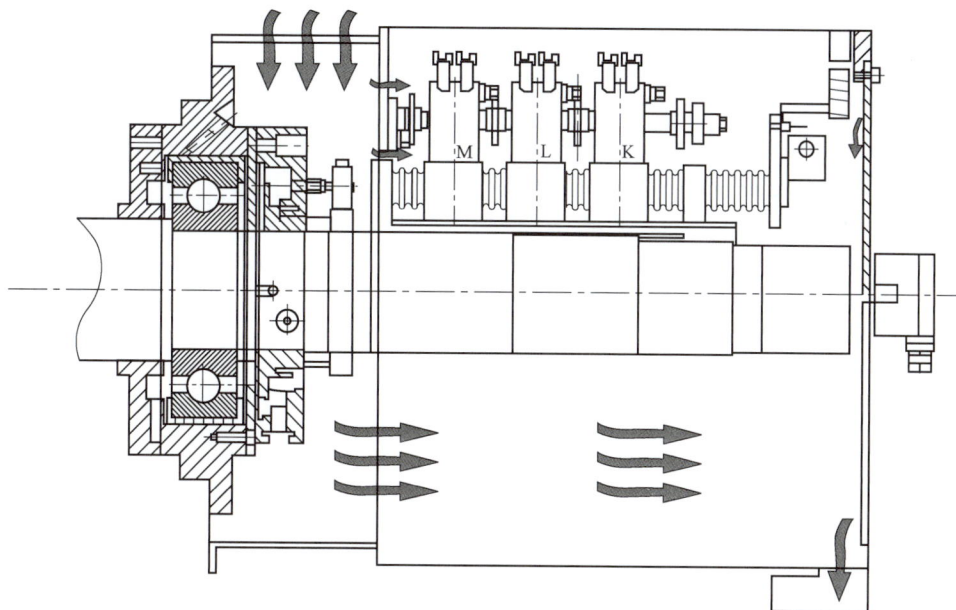

图 1　原发电机内部结构图

　　滑环室冷却风 75％从刷架系统对面流过，而这 75％的风不起排碳和冷却电刷、刷架系统的作用，流经电刷及刷架的风量不足 25％，导致设备长期工作，碳粉无法完全吹出，碳粉堆积，形成环火，引起滑环烧损。

4　故障处理过程

　　为透析机组集电环损坏的原因，经过对风冷电机结构研究及滑环拆解检测分析发现，此类发电机滑环室存在严重的通风设计缺陷，易导致发电机滑环表面长期碳粉堆积和严重散热不良，最终引起滑环烧结损坏。风电场对发电机集电环进行检测发现，已发生故障的集电环表面存在明显的划痕、凹坑、斑点、打火腐蚀现象，表面氧化膜呈暗黑色；对暂未故障的集电环进行表面粗糙度检测，工作面粗糙度普遍高于正常值范围，表面氧化膜开始逐渐分解。

　　为解决发电机滑环室冷却散热不良导致集电环损坏问题，采用在滑环室进风侧加装挡风板方法，改变滑环室冷却风路及通风量，提高发电机滑环的冷却效果，并将残留在滑道表面及电刷架内的碳粉及时排出，减少由于碳粉堆积对设备造成的损害。在滑环室进风侧加装挡风板后，冷却风从滑环室安装侧网板进风口进入，利用挡板，强制使冷却风从刷架、电刷表面，经端罩风扇，从出风罩排出，从而实现了风冷发电机滑环室的高效散热，并利于导风和碳粉的排出（如图 2 所示）。

　　经过加装滑环室挡风板以后，改变滑环室冷却风路，使得滑环室冷却风从不足 25％，提升至 78％以上，冷却风从刷架系统流过，不仅带走大量的碳粉，而且对电刷和刷架有很好的冷却效果，最大限度地减缓了滑环的损坏概率。通过改变发电机内部风路后，集电环表面再未出现碳粉堆积现象，集电环故障率降低 80％以上。

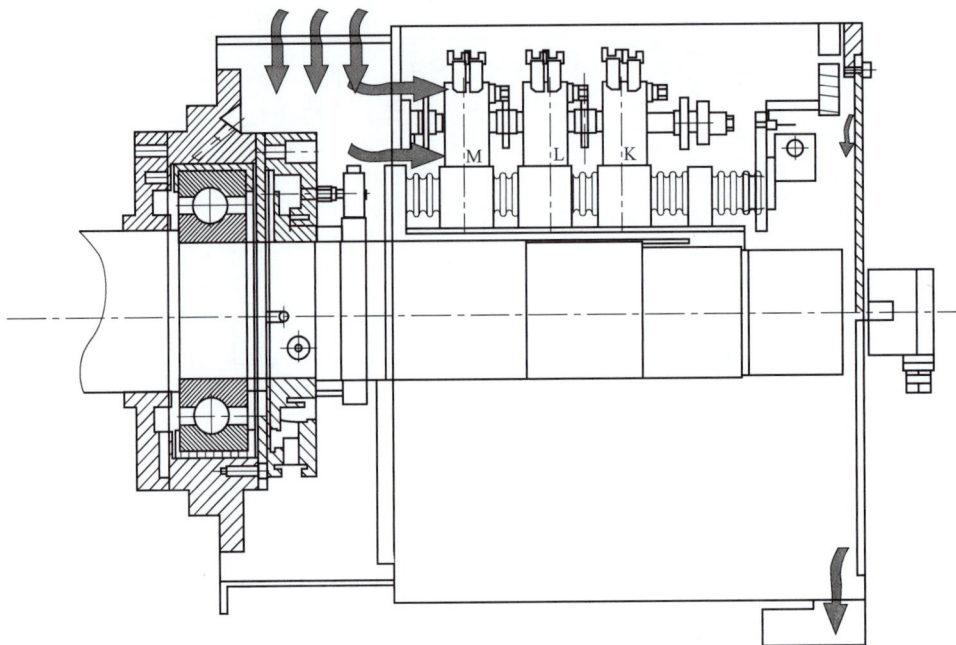

图 2　改造后发电机内部结构图

5　结论和建议

为解决发电机集电环故障率较高问题，通过对发电机内部结构进行研究，最终通过在滑环室加装挡风板方式，使冷却风从滑环室安装侧网板进风口进入，改变冷却风路及通风量，利用挡板并通过端罩风扇强制使冷却风流经刷架、电刷表面，使得滑环室冷却风从不足 25%，提升至 78% 以上，冷却风从刷架系统流过，利于碳粉排出，使电刷和刷架具有良好的冷却效果。

该方式具有较强的实用性，挡风板安装方式简单，可长期预防集电环损坏，降低机组非停次数，减少电量损失，提升机组的发电效益，同时有效降低了设备的运维成本。

参考文献

[1] 赵永升，赵国亮 . 发电机集电环及电刷故障探析 [J] . 中国新技术新产品，2010（18）：156 - 156.

[2] 李阳桂 . 发电机集电环短路及其改善 [J] . 农村电气化，2006（7）：49 - 50.

[3] 蒲宏彬，胡秀华 . 发电机集电环发热现象浅析及处理意见 [J] . 黑龙江科技信息，2009（26）：19 - 19.

[4] 李刚，齐莹，李银强，等 . 风力发电机组故障诊断与状态预测的研究进展 [J] . 电力系统自动化，2021，45（4）：180 - 191.

1.5MW 风冷发电机组转速比较故障浅谈

王建阳， 张蒙

（华能新疆清洁能源分公司）

摘　要： 为了更准确及时地处理 1.5MW 风冷发电机组故障，针对风电机组日常维护中出现的转速比较故障，分析 1.5MW 风电机组导致转速比较故障的原因及故障处理步骤。

关键词： 转速比较；接近开关；Gpulse 模块；Gspeed 模块；Overspeed 模块；Freqcon 变流器

1　故障基本情况

1.1　转速测量的工作原理

1.5MW 风电机组的转速信号来源主要有 Overspeed 模块提供的转速信号、Gspeed 模块提供的叶轮转速信号。

叶轮转速主要由安装在主轴前轴承上的两个叶轮转速接近开关测得的速度脉冲信号输入到 Overspeed 模块，模块经过转换把数字量转换成模拟量输入到 PLC 里，得到叶轮转速 1 和 2，并且叶轮转速与设定值比较，用来判断叶轮是否过速，一旦过速信号触发会导致安全链动作。

发电机转速主要由两个 Gpulse 模块分别连接在发电机的两套绕组出线的 3 相上，从发电机出线得到的电压信号经过转换输出 24V 脉冲信号，输入到 Gspeed 模块对两个输入的脉冲电压换算得到发电机转速的模拟量。

1.2　转速比较故障分类

转速比较故障主要包括转速比较 1、转速比较 2、转速比较 3、转速比较 4，故障触发的条件如下：

转速比较 1：机组不处于停机过程模式下，最大发电机转速大于或等于 4.5r/min 时，Gpluse 模块和 2 个过速模块采集的发电机转速值任意两个的差值：持续 3s，大于或等于 2r/min。

转速比较 2：机组不处于停机过程模式下，最大发电机转速大于或等于 4.5r/min 时，Gpluse 模块和 2 个过速模块采集的发电机转速值任意两个的差值：持续 2s，大于或等于 3r/min。

转速比较 3：机组不处于停机过程模式下，最大发电机转速大于或等于 4.5r/min 时，Gpluse 模块和 2 个过速模块采集的发电机转速值任意两个的差值：持续 0.4s 大于或等于 4.5r/min。

转速比较 4：变流器开始调制 1s 后，Gpluse 模块、过速模块 1 和变流器反馈的发电机转速值任意两个的差值持续 3s 大于或等于 2r/min。

2　故障原因分析与诊断

2.1　故障现象

中央监控系统告警 "××风电机组转速比较 1（2、3、4）故障告警" 通过后台导出故障文件 b 文件和 f 文件。

打开 f 文件，找到 generator speed 进行故障判断和分析。error_generator_speed_comparing_1 由 OFF 变为 ON 可以判断为转速比较 1 告警，此时过速模块叶轮转速 2 为 5.69r/min，发电机转速为 3.09r/min，差值为 2.69r/min，大于 2r/min、小于 3r/min，满足转速比较 1 触发条件。

打开 b 文件，查看发电机转速、叶轮转速 1 和 2，进行故障分析。此时建议使用数据分析软件制作曲线进行对比。通过曲线对比可以得出发电机转速与叶轮转速差值大于 2r/min、小于 3r/min，转速比较 1 故障触发。

2.2 故障原因

（1）转速对应的测量回路接线出现松动。

（2）叶轮转速接近开关损坏，接近开关与主轴码盘的距离不符合标准要求。

（3）发电机转速测量回路的保险烧坏。

（4）Overspeed、Gspeed、Gpulse 模块接线松动或者模块损坏。

（5）测量转速信号的倍福模块接线松动或者模块损坏。

（6）发电机断路器器内反馈信号出错，导致机组出现转速错误或故障。

3 故障处理过程

（1）检查叶轮转速测量接近开关，首先检查叶轮转速测量接近开关有无损坏现象，接近开关屏蔽线外表是否出现绝缘皮损坏，连接头是否出现松动；其次检查接近开关与码盘的距离是否合适，一般码盘距离 3～5mm 为合适，检查方法可以使用金属物体挡住接近开关顶部看接近开关灯是否常亮。观察发现接近开关损坏则需要更换接近开关。

（2）检查发电机开关柜 Gpulse 模块，首先检查模块接线是否松动，查看模块是否异常，模块异常更换模块。其次检查 Gpulse 回路上的保险是否正常，用万用表测量通断，判断保险好坏，如果保险损坏则更换保险。

（3）检查机舱控制柜 Gspeed 模块和 Overspeed 模块，此时在叶轮自由旋转的情况下，观察 Overspeed 模块上 pulse_sensor_1 和 pulse_sensor_2 是否以相同的频率进行闪烁。或者在机舱使用笔记本连接就地远程监控界面进入主控程序，检测转速信号的 3 个变量，观察检测的信号，叶轮转速 1、叶轮转速 2 和发电机转速的数值。如果叶轮转速 1 和叶轮转速 2 数值不一样，或者模块闪烁的频率不一致，则 Overspeed 模块故障，需要更换此模块；如果 Gspeed 模块异常，则需要更换此模块。

（4）检查测量转速的倍福模块，检查测量转速的倍福模块 KL3404 指示灯 E1、E2 是否正常，模块接线是否松动，可以通过倒换 KL3404 模块来判断模块是否正常，如果倒换后模块告警，则模块损坏，此时更换 KL3404 模块。

（5）检查发电机断路器的反馈回路的接线，反馈回路到模块的排插是否松动，断路器吸合是否正常，如果断路器反馈信号被短接，导致机组断路器没有吸合，但是反馈信号是吸合，导致机组报出 Overspeed 故障。

4 结论及建议

叶轮转速比较故障主要是机组运行状态下，转速大于或等于 4.5r/min 时，发电机 Gspeed

（下转 359 页）

某型 2.0MW 发电机冷却风扇高低速控制优化

丁建新，邬思泓

（华能江西清洁能源有限责任公司）

摘　要： 本文就风力发电机组并网运行后最常出现的一种故障现象进行分析处理，并详细描述了排查原因的过程，给风力发电机组平时的日常维护提供故障诊断帮助。

关键词： 风力发电机；发电机冷却系统；发电机冷却风电机组运行反馈信号；控制回路

1　发电机冷却系统简介

江西省某风电场 50 台风电机组均采用某型 2.0MW 的风力发电机组。该机组是具有三叶片、上风向、变桨变速控制的永磁直驱风力发电机。该系列风力发电机组电控系统分别由几组子系统组成。其中，发电机冷却系统由两个独立的散热系统组成，每个系统主要由进风道、出风道、离心双速电机组成，出风道内安装有 PT100 用于监测出风口温度。两套散热设备位于主轴两侧对称位置。双速电动机实现冷却风扇电动机高低速运行机制——4 极低速运行、2 极高速运行。

2　发电机冷却系统工作原理

发电机冷却系统采用强制风冷冷却，由机舱进风口过滤网、发电机散热直筒风道及散热离心机和电气控制部分组成。冷却系统通过气体交换给发电机散热，即使机舱外低温空气通过滤网进入机舱，再经过发电机滤棉进入发电机内部，通过热传递给发电机散热，再由离心风电机组将热空气抽到机舱外部，如此循环给发电机散热。

散热离心风电机组实现 4 极低速、2 极高速运行的控制原理：低速（4 极）运行时闭合 119K3、119K4 继电器，高速（2 极）时闭合 119K5、119K6、119K8、119K9 继电器。

发电机冷却控制回路通过高、低速互锁控制，防止高低速控制紊乱。

3　故障基本情况

该风电场风电机组自 2017 年并网运行以来频繁发出"发电机冷却高低速运行反馈丢失故障"告警，使得风电机组多次误动作停机。该信号故障机理是中控发出的发电机冷却高/低速运行信号状态与发电机冷却高速运行反馈信号状态不一致持续 4s 触发此故障。

图 1 所示为故障解释。

4　故障原因分析与诊断

现场检修人员针对此故障现象进行了全面的分析和检查，对所有可能引起"发电机冷却高低速运行反馈丢失故障"信号发出的故障原因进行了梳理，以下列出了所有可能引起故障的原因。

4.1　线路可能存在虚接漏接短接现象

根据风力发电机组机舱图纸检查了整条信号控制回路，确认线路不存在虚接漏接短接现象，即排除线路问题引起的"发电机冷却高低速运行反馈丢失故障"。

故障号	故障名称				故障变量					
	发电机冷却高速运行反馈丢失				error_generator_cooling_high_speed_feedback					
	故障使能	不激活字	设置不激活字	容错类型	故障值	极限值	故障值延时时间	容错时间	极限频次	容错时间2	极限频次2
	TRUE	4	0	2	1.000	1.000	t#4s	t#24h	3	t#24h	3
241	允许自复位次数	复位值	复位时间	允许远程复位次数	长周期允许远程复位次数	长周期统计时间	警告停机等级	故障停机等级	启动等级	偏航等级	预留
	3	0.00	t#2.5m	3	7	t#168h	3	3	0	0	TRUE
	故障触发条件										
	主控发出的发电机冷却高速运行信号状态与发电机冷却高速运行反馈信号状态不一致持续4s										
	Error Name										
	Error_generator_cooling_high_speed_feedback										

图 1　故障解释

4.2　发电机冷却风电机组控制输出模块 KL2134 故障

通过风电机组后台调试功能分别启动发电机冷却风扇低速和高速运行，检查 141DO7 输出模块的故障报警 E1 和 E2 灯并未亮灯，即显示正常；当发出高、低速运行指令时，分别用万用表测量 119K11 的 A1 端口和 119K12 的 A1 端口电压，从未接通带电 24V 到接通电压无这一变化，即排除了风电机组控制输出模块故障引起的"发电机冷却高低速运行反馈丢失故障"。

4.3　接触器辅助触点接触不良

当发电机冷却风电机组实际高速运行，但反馈"发电机冷却高低速运行反馈丢失故障"时，及时用万用表测量继电器 119K3 的 21/22 动断触点、119K4 的 21/22 动断触点是否导通，经检查，继电器能够正常吸合，触点正常断开。同理，当发电机冷却风电机组实际低速运行，但反馈"发电机冷却高低速运行反馈丢失故障"时用万用表测量继电器 119K5 的 21/22 动断触点、119K6 的 21/22 动断触点、119K8 的 21/22 动断触点、119K9 的 21/22 动断触点是否导通，经检查，继电器能够正常吸合，但多次试验就会发现继电器触点动作不够灵敏，吸合通断不到位，个别几对触点甚至失效，造成"发电机冷却高低速运行反馈丢失故障"信号误发。

4.4　发电机本体损坏

测量发电机三相绕组阻值是否平衡，万用表打到通断挡，测量绕组对地是否导通；经检查电机三相绕组阻值在正常范围，即排除了发电机本体损坏的原因引起的"发电机冷却高低速运行反馈丢失故障"。

4.5　发电机冷却风电机组控制输入模块 KL1104 模块损坏

通过风电机组后台调试功能分别启动发电机冷却风扇低速和高速运行，查看 141DI14 模块的 E1 和 E2 灯并未亮灯，即显示正常；测量 141DI14 模块的 1 和 5 端口从未接通带电 24V 到接通电压无这一正常变化，即排除了风电机组控制输入模块故障引起的"发电机冷却高低速运行反馈丢失故障"。

经过对以上有可能引起故障的 5 个关键环节逐个进行检查分析，判断频繁引起风力发电机组误报"发电机冷却高低速运行反馈丢失故障"信号的原因为现场控制柜内高、低速控制回路某个接触器辅助触点动作失效。

5　故障处理过程

在对发电机冷却风电机组控制回路进行全面排查后，检修人员通过在高、低速控制及状态反馈回路各并联一组同规格的辅助触点的方式，从而提高整个控制回路动作的稳定性、准确性、适应性，最终避免风力发电机组机因故障误停机的现象，减少场站发电量无故损失。根据现场控制回路实际情况和需要，所增加的辅助触点类别及数量如表 1 所示。现场改造如图 2 红圈内所示（增加一组同规格的辅助触点）。

表 1　　　　　　　　　　现场控制回路优化增加的触点类别

序号	标识	名称	规格型号		单位	数量
1	119K3	动合辅助触点	CA4 - 10	1NO	个	2
2		动断辅助触点	CA4 - 01	1NC	个	1
3	119K4	动合辅助触点	CA4 - 10	1NO	个	2
4		动断辅助触点	CA4 - 01	1NC	个	1
5	119K5	动合辅助触点	CA4 - 10	1NO	个	1
6		动断辅助触点	CA4 - 01	1NC	个	1
7	119K6	动合辅助触点	CA4 - 10	1NO	个	1
8		动断辅助触点	CA4 - 01	1NC	个	1
9	119K8	动合辅助触点	CA4 - 10	1NO	个	1
10		动断辅助触点	CA4 - 01	1NC	个	1
11	119K9	动合辅助触点	CA4 - 10	1NO	个	1
12		动断辅助触点	CA4 - 01	1NC	个	1

图 2　现场发电机冷却系统优化后的控制回路

6　结论

对每台风力发电机组发电机冷却控制回路进行优化改造后，双冗余设计使得设备可靠性和机组的稳定性大大提高，截至目前尚未发生"发电机冷却高低速运行反馈丢失故障"误告警迫使机组停机的现象。

某风电场风力发电机绕组引出线整改

冯宗海

（华能海南清洁能源分公司）

摘　要： 某风电场机组在最近半年运行过程中先后三次出现双馈异步发电机转子端部的驱动侧绕组中性点引出线（过桥线）及集电环侧绕组引出线跨接部分（过桥线）断裂原因分析及处理情况。

关键词： 双馈异步发电机；绕组引出线；整改

1　设备基本情况

某风电场 5 台双馈异步发电机型号为 YJ93A，额定定子/转子电流为 1060/370A；16 台双馈异步发电机型号为 YSSF450L-4，额定定子/转子电流为 1063/386A。两种发电机额定功率、转速相同，分别为 1520kW、1800r/min。

2　提出问题

机组投运发电至今十年，在最近半年运行过程中，先后三次出现双馈异步发电机转子端部的驱动侧绕组中性点引出线（过桥线）及集电环侧绕组引出线跨接部分（过桥线）断相炸断、烧毁，最终导致转子相间及匝间绕组、绝缘层、无纬带等部位损坏，影响机组安全稳定运行及发电量提升。

2.1　故障现象

某风电机组在运行过程中报（80-74）变频器检测到故障：转子 A 相过电流，运行人员将风电机组切至"服务"模式，复位故障后报出（80-70）Crowbar 自检失败，手动做变频器 Crowbar 测试未通过。调出故障时刻变频器监控系统故障时检测到的数据：Crowbar 电阻压降 66V，转子三相电流波形异常。

检修人员登塔检查机侧变频器、转子接线盒、发电机电刷、集电环均无异常。将发电机转子三相电刷全部拔出，用 500V 绝缘电阻表测量转子绕组三相引出线对地绝缘电阻：A 相对地阻值为 550MΩ，B 相对地阻值为 550MΩ，C 相对地阻值为 550MΩ。用直流电阻测试仪测量发电机转子绕组直阻，AB 相间、AC 相间无法测出数值，BC 相间直阻为 31.43MΩ。初步判断发电机转子三相直阻不平衡，有可能发生转子匝间短路现象。

注：参照 GB/T 12846《1000kV 交流电气设备预防性试验规程》规定 1000V 以上或 100kW 以上的电动机各相绕组直流电阻的相互差别不应超过最小值的 2%。

在现场将发电机非驱动端解体检查，发现转子绕组 A 相连接处有明显烧断痕迹（见图 1），在解开每相连接包扎焊接处时，发现另一相的连接焊接处也有明显的断裂情况（未完全断开，见图 2）。

2.2　原因分析

（1）原发电机在出厂时采用磷铜焊接，磷铜焊条熔点高，流动性稍差，并且脆。

（2）原连接处采用对接方式进行焊接，引出线与中性环接触面积小，并且铜排质量较差，焊接不牢固。

图 1 烧断痕迹

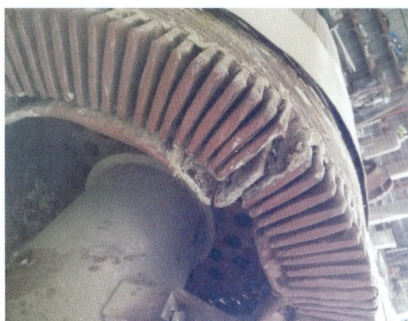

图 2 断裂情况

（3）转子端部绕组无填充，转子连接线与转子绕组空间间隙过大，绑定不牢固，固定强度不够，在高转速运行条件下容易褶皱变形。

（4）发电机长期在振动、电磁力的作用下，使过桥线承载能力降低，从而断裂。

3 整改措施

（1）将焊接材料从磷铜改为银，银焊条具有优良的工艺性能，不高的溶点、良好的润湿性和填满间隙的能力，并且强度高、塑性好，耐蚀性优良，各方面优于磷铜焊条。

（2）将焊接方式由对接改为搭接，对原焊接点重新焊接，跨接加固，相当于在易损点处分流加固。此方法不损伤绕组原有绝缘，动平衡变化小。

1）A 发电机。从原过桥线引出端离绕组端面约 3mm 处加 L 形状铜排，L 形铜排的弧度保持在 $120°\sim150°$ 之间，且每相所用铜排规格长度及弧度必须一致，焊接延伸长度保持一致。图 3 中黄线部分为跨接铜排部分，安装后见图 4。

图 3 A 发电机跨接铜排

图 4 A 发电机安装后

2）B 发电机。在过桥线易损处加长度为 50mm 的 S 形铜排，图 5 中黄线部分为跨接铜排部分，安装后见图 6。

3）具体施工步骤及注意事项：

a. 进行施工作业前必须对维修前发电机的振动值、绝缘电阻、三相直阻等数据进行测量，并详细记录。

b. 拆除发电机驱动端轴承端盖以及平衡盘，使过桥线及中性环外露。

c. 将需要焊接面的绝缘层小心剥开，剥开的过程中不能损伤到绕组的绝缘层。

图 5　B 发电机跨接铜排　　　　　图 6　B 发电机安装后

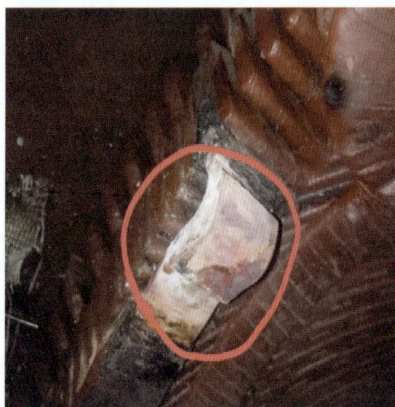

d. 将需要焊接表面的氧化层打磨干净。

e. 将原过桥线与中性环连接点重新加固焊接，再将 L 形铜条跨接焊接。跨接的焊接点延长线不得低于 80mm。

f. 焊接时需要用浸水的石棉布将周边的绕组包裹，以防损伤到绕组绝缘层。

g. 焊接完成后检查焊接表面，并待温度降到环境温度时进行绝缘处理。

h. 进行绝缘处理时先将表面处理干净，用亚胺薄膜单层半叠包扎不低于 3 层；再用云母带包扎也不低于 3 层；然后用热缩带包扎并且不少于 2 层；最后均匀涂抹环氧树脂并用热风枪加热。

i. 在做绝缘处理时确保不能有油污及水汽和其他杂质进入绝缘层内。

j. 焊接及绝缘处理完成后测量绝缘电阻及三相值阻，数据符合要求方可恢复其他附件。发电机全部恢复完成后需再次测量振动值、绝缘电阻、三相直阻，进行三次数据对比，数据符合要求方可并网运行。

（3）针对转子连接线与转子绕组绑定不牢固，对端部跨接线（过桥线）进行绝缘包扎，并使用环氧树脂胶灌注端部绕组，更换绑扎部分。

1）将原转子引出线与绕组接头处绝缘层小心处理干净，并将固定螺栓拆除，做好相序标记，将引出线任意一端线鼻子剪掉，从轴孔内把旧引出线抽出。

2）剪与旧线同样长的电缆并加防磨处理后穿入轴孔，再做线鼻子接头处理。线鼻子与绕组接触面连接时要打磨平滑并加导电膏，然后做绝缘处理。

3）中间固定夹板不易将转子引出线拉得太紧，避免长期受力缩短引线使用寿命。

4）在空心轴内做灌胶处理。

（4）针对所有双馈机组发电机的集电环进行车工、抛光处理，避免集电环表面凹凸不平造成的过电流、打火。在发电机驱动侧安装接地环，减缓因为集电环电腐蚀振动加剧造成的发电机损坏。

4　效果检查

为了检查效果，对整改后发电机转子运行情况进行跟踪，统计发电机转子故障的次数。整改后 6 个月发电机转子损坏故障次数为 0。

4.1　安全效益

发电机并网转速为 1107r/min，额定转速为 1800r/min，运行中转子温度可以达到 100℃以上。此次改造提高了发电机绕组引出线牢固度，避免了转子相间及匝间绕组、绝缘层、无纬带等部位损坏带来的火灾隐患。

4.2　经济效益

通过本次整改，发电机绕组引出线故障次数有所降低，在利用小风期间进行发电机解体检查处理，避免了发电机损坏带来的电量损失及返厂维修吊装带来的高额费用。据统计：整改前 6 个月，发电机绕组引出线损坏总次数达到了 3 次，平均每两个月有 1 次故障，严重影响机组安全稳定运行，亟待解决。改造后的 6 个月时间里，无发电机绕组引出线损坏，避免了因发电机绕组引出线损坏带来的电量损失及返厂维修吊装带来的高额费用。

4.2.1　设备损坏方面

发电机绕组引出线断裂后，会导致转子相间及匝间绕组、绝缘层、无纬带等部位损坏。根据市场调研，单台返厂解体检查维修的费用在 8 万元左右，吊装费用 5 万元。如不及时进行改造，3 台发电机返厂维修费用约为 39 万元。

4.2.2　损失电量方面

发电机绕组引出线断裂会造成一定电量损失。根据统计，未整改前因发电机绕组引出线断裂造成机组停机 3 次。每次需停机 1 天。停机 3 次约损失电量 8 万 kWh。每度电按税后 0.506 元计，损失约 4 万元。如更换发电机，停机造成的电量损失将会更多。

5　巩固措施

完善风电机组季度巡检与年度维护表内容，在发电机检查维护项目中增加"测量转子直流电阻"一项，在发电机绕组引出线有异常时及时发现，提高设备健康水平，并纳入月度小指标考核里。

6　结论

本次整改解决了发电机绕组引出线牢固强度不够的问题，避免了因发电机绕组引出线断裂造成的转子相间、匝间绕组、绝缘层、无纬带等部位损坏，电量损失及返厂维修吊装带来的高额费用，对机组的安全经济运行提供了保证。通过此次整改，解决了双馈异步发电机绕组引出线疲劳断裂的问题，提高了机组安全运行的可靠性，具有良好的经济效益、社会效益和推广应用前景，值得在业界内广泛推广。此外，《风力发电机绕组引出线加固结构》实用新型专利已获得国家知识产权局授权。

浅析风电机组发电机典型故障检查及处理方法

马文彪

（国电投东北新能源公司）

摘　要： 发电机是风电机组传动系统的重要部件，因其转速最快、且长时间运转，很容易出现磨损。本文结合某风电场的实际案例，研究了风电机组发电机故障的判断解决方案，结果表明此方案可直接判断直驱风力发电机组双绕组发电机在测量数据正常的情况下，发电机是否损坏，建议进一步推广使用。

关键词： 风力发电机组；发电机；变流器；故障

1　引言

风力发电机组大部件中包含的发电机作为风电机组中直接进行能量转换的关键部件，其运行稳定性直接影响着机组的整体性能。在影响发电机运行的诸多因素中，长时间的转动磨损占据很大比例。常用的发电机检查方法有外观检查、异响判断、阻值测量等。因直驱机组的发电机需下塔维修更换，就需要有明确的判断及直观的证明支持，以免误判造成非必要的经济损失。

2　风力发电机组的故障基本情况

某风场一期 49.5MW 项目采用单机容量为 1.5MW 风力发电机组 33 台，于 2009 年 12 月 26 日全部并网发电。截至 2021 年，已运行 12 年。目前 33 台机组正常并网运行。2020 年，一年内发生机组发电机损坏并完成吊装更换的机组共计 5 台，其中包含一期 22 号机组。

2020 年 9 月 29 日，Scada 监控系统显示一期 22 号机组报"变流器紧急停机"故障，就地检查变流器系统面板显示 1U1 模块报"78 Gen unit fault（整流侧单元故障）"、3U1 模块报"73 Genbreaker fault（发电机断路器故障）"及"31 IGBT Temp（IGBT 过温）"故障。复位后，故障消除，未判断故障现象；启动机组后，在机组准备并网过程中，再次报出该故障。

3　故障原因分析及诊断

（1）通过故障代码显示，确定该故障主要为机侧 3U1 模块报出的故障为主要故障，首先对"73 Genbreaker fault（发电机断路器故障）"进行检查，故障解释见图 1，登机检查发电机开关柜 2 内断路器吸合状态，显示正常，为"OFF"位，储能正常。

（2）在塔底变流柜显示屏进行断路器吸合试验，主断路器及机侧断路器吸合正常动作。由此判断，发电机断路器控制回路及吸合功能正常，排除机侧断路器本体及控制回路故障的可能。怀疑故障原因为检测回路信号异常后跳闸。

（3）再对"31 IGBT Temp（IGBT 过温）"故障进行检查，故障解释（见图 2），检查水冷系统水温及循环散热情况正常，由此判断此故障为变流系统检测瞬间电流变大导致故障停机。

4　故障处理过程

（1）首先对变流器 3U1 模块（机侧 2 整流单元）进行检查（见图 3），先后完成了 ASIC 板及 3U1 模块整机的更换工作，故障仍未消除。判断故障点为机侧断路器检测过电流跳闸。

73. Genbreaker fault 发电机断路器故障	
故障解释	
控制器发出的吸合、断开命令与断路器实际状态不符	
故障原因	处理方法
1 控制回路问题	检查4K1继电器是否闭合；检查2K11、3K12继电器供电以及触点是否正常；检查2K12、3K13继电器供电以及触点是否正常；做空开吸合试验时，对应断路器2Q1检查2K1、2K2继电器、对应2Q2检查3K1、3K2继电器是否吸合正常
2 主断路器储能电机损坏	断路器上显示"charged"，即线圈已储能，如不正常，检查230V供电电源或更换断路器
3 断路器的MN、MT线圈不吸合	更换保持、吸合线圈，如不正常更换断路器
4 断路器不执行分闸命令	将变流器断电后或分闸命令发出后，断路器状态显示"ON"，更换断路器
5 过流跳闸	K9继电器断开导致，正常状态为闭合；霍尔传感器及插头或更换过流保护模块；断路器设定值是否正确
6 信号线断开	根据电路图纸测量变流器至发电机开关柜内的两组十芯线电缆是否导通；1号发电机开关柜到2号开关柜的电缆是否导通；230V供电回路是否正常
参考：75. Genbreaker trip 发电机开关跳闸	

图 1　发电机断路器故障解释

故障解释	
IGBT过温导致	
故障原因	处理方法
1 负载大，瞬间过流	对比参数是否正确，重新下载参数
2 ASIC板损坏导致	更换ASIC板
3 变流器失效	因模块内部短路导致瞬间电流较大，报出过温，处理短路点
4 水冷散热效果不良	检查水冷温度是否过高，改善水冷系统散热效果
参照41号故障IGBT temp解决	

图 2　IGBT 过温故障解释

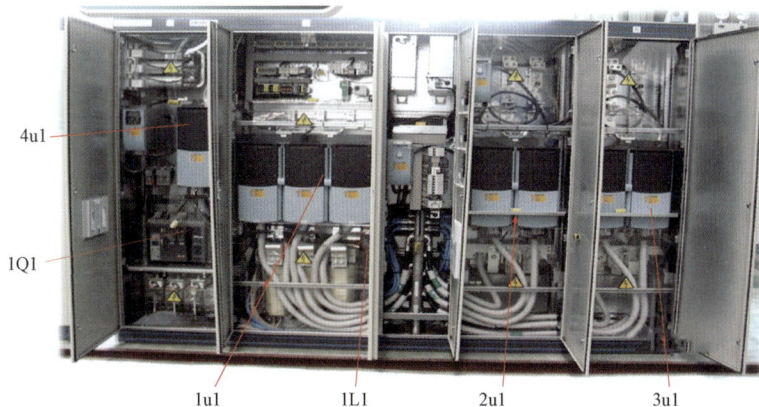

图 3　机侧 2 整流单元

（2）检查机侧断路器设定值，设定值正确。

（3）因 1.5MW 机组使用 LEM 的霍尔电流互感器（见图 4）和 OverCurrent（过电流）模块（见图 5）进行发电机的过电流和不平衡故障的监测保护，当机组发电机出现过电流、缺相、不平衡故障时，过电流模块根据霍尔电流互感器测量的电流对发电机断路器的欠压脱扣线圈断电，分断发电机断路器进行保护。防止因霍尔电流互感器及过电流模块损坏导致断路器跳闸，分别对其进行更换后，故障仍未消除。

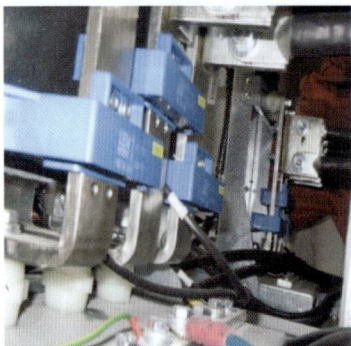

图 4 霍尔电流互感器

图 5 过电流模块

（4）通过以上检查判断，排除了元器件损坏导致的检测过电流情况，怀疑发电机确实有过电流存在。

1）外观检查：相较之前发电机损坏情况，外观存在黑色粉末的情况（因内部磁钢脱落，磨损导致），一期 22 号机组没有此类情况。

2）异响检查：一期 22 号机组存在轻微异响情况（风电机组运行时间长，导致内部磁钢及绕组存在磨损情况），其他正常运行机组也存在此类情况，仍无法由此判断发电机损坏。

3）绝缘测量：通过对一期 22 号机组的发电机绕组 2 的引出线的直阻及接地电阻进行测量，均未发现异常。绕组 2 的接地电阻为 459MΩ；直阻为 18.99MΩ。

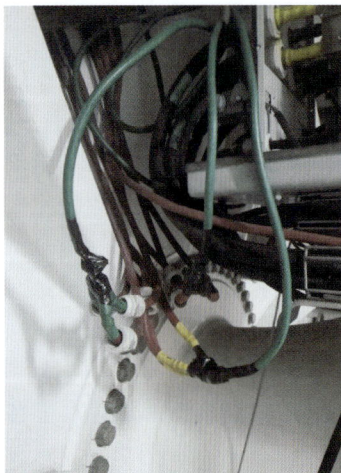

图 6 接线照片

4）因无法完全准确判断发电机是否损坏，防止人为判断失误对发电机进行吊装更换后，故障未消除，造成严重的经济损失。现场人员经过讨论，决定将发电机两个绕组引出线与开关柜 1、2 接线进行调换连接，通过故障现象是否转移至变流 2U1 模块，判断发电机是否损坏。

将原接线改为发电机绕组 1 引出线 U1、V1、W1 分别连接发电机开关柜 2 接线铜排 -7X5 的 4、5、6；发电机绕组 2 引出线 U2、V2、W2 分别连接发电机开关柜 1 接线铜排 -7X3 的 4、5、6；因引出线长度不足，使用特制的铜线连接、胶带进行绝缘包扎，如图 6 所示。

5）做好防护措施后，人员撤离机舱，启动机组后，变流器 2U1 模块报"73 Genbreaker fault（发电机断路器故障）"及"31 IGBT Temp（IGBT 过温）"故障，故障实现转移，由此判断发电机绕组 2 损坏，导致运转过程中存在过电流情况。

6) 完成故障判断后, 联系发电机厂家发货, 后续完成了一期 22 号机组的发电机吊装更换工作, 机组恢复运行。

5 应对措施

(1) 定期开展风力发电机组发电机外观检查, 有无发黑、异响的问题, 重点检查发电机排水孔有无黑色粉末。

(2) 根据维护手册要求定期进行发电机轴承油脂加注, 利用塞尺测量轴承间隙, 并记录数据。

(3) 使用绝缘电阻测试仪对发电机绕组定期进行对地绝缘及组间绝缘测量。

(4) 对发电机检查形成记录台账, 及时进行数据分析, 预防发电机突然损坏, 而无备件供应的情况, 提前完成厂家备货需求, 缩短供货周期。

6 结束语

风力发电行业装机容量日益扩大, 发展迅速, 直驱机组研发生产成熟, 占比较重, 介绍了直驱发电机组发电机的故障排查, 以及相应的解决方案。对以后风力发电机组的故障排查及检修提供了思路, 具有一定的参考价值。

(上接 389 页)

故障恢复后, 690V 电源无接地放电现象, 变频器及变桨系统内的 IGBT 等电子元件供电不再存在放电引起的谐波干扰, 运行工况稳定, 不再报出故障。

5.2 预防措施

(1) 定期检查风电机组机组运行数据, 对异常情况及时进行筛查与处理。

(2) 日常巡视过程中, 仔细倾听设备运行声音, 发现异常及时进行处理。

(3) 定期对干式变压器、测量变压器等变电设备进行维护, 防止变电设备原因导致风电机组故障。

基于单向阀失效导致风力发电机齿轮箱油温高故障原因分析

肖新，朱泽

（甘肃龙源风力发电有限公司）

摘　要： 随着风力发电机组运行时间年限的增长双馈风力发电机组齿轮箱类故障日益增加，本文通过对风力发电机组齿轮箱散热回路中旁路单向阀不同工况进行分析，旨在更好地维护齿轮箱散热回路。确定齿轮箱散热系统的工作性能及故障预防措施，从而使齿轮箱在合适的油温下工作和润滑。

关键词： 风力发电；齿轮箱；单向阀

1　引言

某风电场项目容量为 142.5MW，其中安装 105 台某型机双馈异步风力发电组，该项目于 2010 年 4 月投产。105 台机组统一配备某品牌 1∶61.966 速比的齿轮箱，齿轮箱采用机械齿轮泵和电气齿轮泵双散热回路进行油路散热，其中机械泵与齿轮箱高速轴啮合进行泵油，并进行齿轮箱强制润滑。当齿轮箱温度达到 55℃ 启动电气泵，泵油进入散热器进行散热冷却。

2　事件经过

自 2017 年 6 月起，风电场 105 台某型风电机组频繁报出齿轮箱油温高，通过对历史故障进行分析，现场运维人员检查后，初步分析自然环境恶劣，风沙大、柳絮多，散热器散热风道和油道有异物，导致散热器散热性能严重下降，只要对散热器散热通道和油道进行清理后可以解决此问题。但散热器运行一段时间后还是报出相同的故障，故障并未消除。

3　原因分析及处理过程

3.1　齿轮箱散热原理

齿轮箱机械泵内部齿轮由齿轮箱高速轴驱动。这样，机械泵在传动系统旋转时就可进行机油分配操作。机油泵必须配备有相关部件，以确保润滑油只朝同一个方向流动。这样，即使传动系反向缓慢旋转时也不会造成故障。

根据齿轮箱中的润滑油温度和机舱温度通过顶部机柜启动和停止齿轮箱散热器上的风扇，当油温达到 55℃ 的温度时，或当机舱温度超过 35℃（启动）或低于 30℃（停机）时，电机会进行相应的启动或停机操作。在运行和暂停模式中，润滑油散热器风扇会根据齿轮箱油温或机舱温度自行运行。必要时，比如机舱温度或齿轮箱油温过高时，或者两者温度都高时，润滑油散热器风扇就会启动。在暂停或紧急停机模式中，风扇将会关闭。

电气泵油路辅助冷却系统是主系统的支持元件，目的是将油温保持在设定范围。油路由一个油泵（此泵通过三相 690V，1.5kW 电动机驱动）泵的作用是将润滑油从齿轮箱中直接引入机舱顶部的散热器中。该装置搭配有适当的阻尼器。机油通过软管和管道流入齿轮箱上部，从而回流到齿轮箱。在运行和暂停模式中，泵和风扇就会自行启动运行。当机器切换至停止模式或处于紧急停机模式时泵和风扇就会停止工作。当润滑油温度超过59℃并且风电机组处于待机、运行或者正在进行相应的测试时，系统就会开始运转。如果油温低于55℃、机组处于停机或紧急模式且没有进行测试，则电气泵就会停止运行。某风电机组齿轮箱散热图及标识说明见图1、表1。

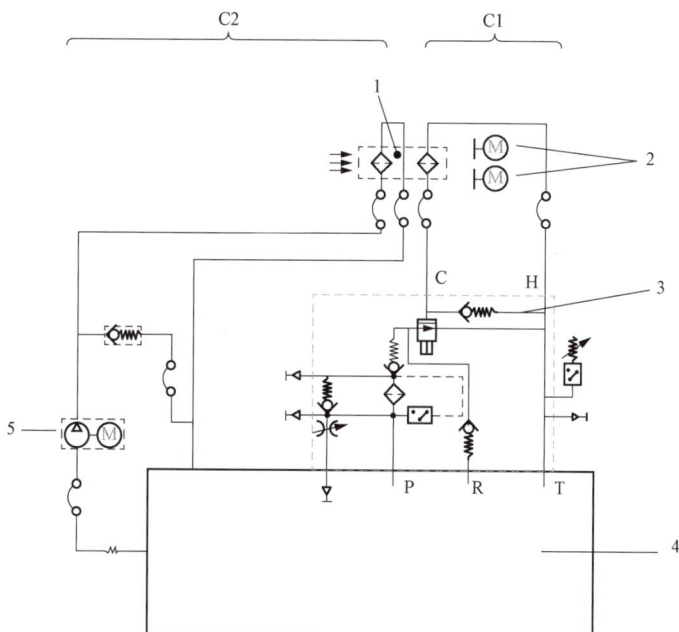

图 1　某风电机组齿轮箱散热图

表 1　齿轮箱散热图标识说明

标识名称	标识说明	标识名称	标识说明
C1	机械泵油路 - 主油路	3	机械泵油路阀组
C2	电气泵油路 - 辅助油路	4	齿轮箱
1	散热器	5	电气泵组
2	电动风扇		

3.2　故障名称：齿轮箱油温高

触发条件：齿轮箱油温超过设定值（80℃）并持续超过20s时产生，油温低于75℃时恢复。

处理过程：在机组停止状态，电气泵运行时用红外线测温仪对电气泵旁路软管进行测温，发现旁路软油管内温度高于机舱温度。拆解电气泵旁路软油管发现在电气泵运行正常时旁路软油管内有润滑油流过，充分证明了该电气泵旁路单向阀已失效，更换同型号 257/6 100 GAS 单向阀后该故障消除。

案例中通过对以上故障处理，判断为单向阀本身问题，导致齿轮箱油温高故障的触发，对更换下的单向阀进行拆解分析，发现单向阀内部阀芯卡涩，齿轮箱铁屑卡涩，弹簧压力不足不能正常工作，拆解后的单向阀如图2～图4所示。

图 2　杂质造成阀芯不归位

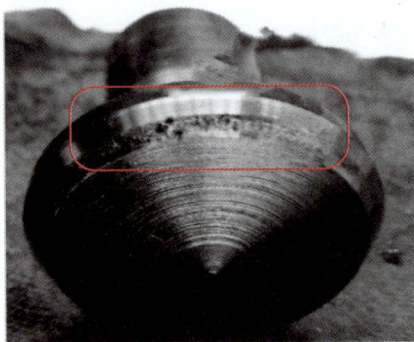

图 3　接触面磨损造成油液渗漏　　　　图 4　卡圈与阀芯磨损造成油液泄漏

电气泵回路内旁路单向阀失效影响因素有很多，如长期频繁动作，内部弹簧弹性系数降低；阀芯动作形成间隙缺陷、毛刺或形成金属屑颗粒；加之齿轮箱磨损金属颗粒在间隙卡涩造成阀芯无法归位。以上原因加上特殊的运行工况均可提前达到单相阀实际运行寿命，单向阀机械寿命是评价单向阀性能好坏的主要指标，本案中单向阀随着动作次数的不断增加，阀芯表面的磨损、弹簧压力下降、动作不灵敏，齿轮箱金属颗粒不断累积，机械性能不断退化，最终引起单向阀批量失效。

4　措施及效果

通过技术经济评估后，风电场采购 257/6 100 GAS 型单向阀对 105 台风电机组，共计 105 个频繁动作的单向阀进行了批量替换；更换后，为及时评估改造后的效果，对同期齿轮箱油温高故障报警次数进行对比，验证更换后的效果，效果明显，以上油温高故障从根本上根治。

5　总结

齿轮箱散热系统在风电机组运行过程中起着重要的作用，尤其是老旧机组齿轮箱故障占比尤为突出，通过本案例齿轮箱油温高故障分析，根本原因为旁路单向阀批量失效，我国老旧机组运行年限久远，加上恶劣的运行工况，一些用在特定位置的单向阀提前达到了的实际运行寿命，单向阀经济价值并不高，但因此导致故障停机带来的电量损失、人工成本巨大。目前我国风电机组中对单向阀缺乏有效的测试与评估方法，导致单向阀的可靠性状态信息未知，给风电机组安全经济运行带来了挑战，针对这一问题，首先应对风电机组中单向阀的失效机理进行分析，进而提出一种单向阀可靠性评估方法。通过单向阀有限元及动力学仿真模型的分析，推导超程时间的退化模型，进而得到单向阀剩余寿命的预测模型。进而提前掌握风电机组上单向阀的实际运行寿命，为预防性检修维护提供数据支撑。保障风电机组全寿命产生的最大经济价值。

第8部分
变流器及电气典型问题分析

35kV 集电线路单相接地故障扩大至接地变压器保护越级动作的事件分析

张庆波， 王宇

（吉林龙源风力发电有限公司）

摘　要： 通过对 35kV 线路单相接地故障扩大至接地变压器保护动作事件进行分析，阐明了 35kV 出线的电缆外铠接地错误时，对零序电流保护产生拒动的影响，采用调整电缆及零序 TA 相对位置的方法，解决了零序电流保护拒动的问题，可为 35kV 零序电流保护越级跳闸快速处理提供参考。

关键词： 零序电流；接地变压器；单相接地

1　引言

目前风电场变电站 35kV 集电线路多采用加装接地变压器，构成低阻接地接线方式，形成 1 条零序电流通道，以便当主变压器低压侧 35kV 母线及其所带集电线路（简称 35kV 系统）发生接地故障时，根据接地点所在位置，由相应零序保护有选择性动作，将接地故障隔离，以防电弧重燃引发过电压，从而保证电网设备的安全[1]。

在正常运行时，35kV 集电线路接地保护处于正常投入状态。此时，一旦发生接地故障，35kV 集电线路保护装置能够快速隔离接地故障点，保证设备的安全。

2　事件分析

2016 年 11 月 23 日，某风电场发生了 35kV 集电线路单相接地故障，详细情况的后台报文如表 1 所示。

表 1　　　　　　　　　　　35kV 集电线路单相接地故障的后台报文

发生时间	告警对象	告警动作
21：00：09.068	35kV 1 号接地变压器保护测控 _ 整组启动	SOE 动作
21：00：09.068	35kV 01 线保护测控 _ 整组启动	SOE 动作
21：00：10.072	35kV 1 号接地变压器保护测控 _ 零序过电流Ⅰ段出	SOE 动作
21：00：10.107	35kV 1 号接地变压器保护测控 _ 35kV 1 号接地变压器开关合位	SOE 分
21：00：10.124	35kV 1 号接地变压器保护测控 _ 零序过电流Ⅰ段出	SOE 返回
21：00：10.553	全站事故总信号	遥信变压器位合
21：00：24.115	35kV 01 线保护测控 _ 接地报警	SOE 告警
21：00：24.117	35kV 01 线保护测控 _ 接地报警	SOE 告警
21：00：24.115	35kV 03 线保护测控 _ 接地报警	SOE 告警
21：00：24.140	35kV 02 线保护测控 _ 接地报警	SOE 告警
21：01：44.179	35kV 01 线保护测控 _ 过电流Ⅰ段出口（BC 相）	SOE 动作
21：01：44.214	35kV 01 线保护测控 _ 35kV 01 线开关合位	SOE 分
21：01：47.704	全站事故总信号	遥信变压器位分

注　"_"之前的内容为保护装置名称，"_"之后的内容为保护及报警名称。

通过表 1 的报文可以看出，21：00：10.072，35kV 1 号接地变压器零序过电流 I 段保护动作使其跳闸；经过约 35s，35kV 01 线过电流 I 段保护动作，35kV 01 线开关跳闸；35kV 01 线开关跳闸后，故障消除，全站事故总信号复归。

2.1 保护定值的分析

针对此事件进行讨论，保护定值如表 2 所示。

表 2 保护定值表

定值名称	定值参数
35kV 1 号接地变压器零序过电流 I 段保护定值	1A、1s
35kV 集电 01 线零序过电流 I 段保护定值	1A、0.5s
35kV 集电 01 线过电流 I 段保护定值	10A、0s
35kV 集电 01 线 TA 变比	400/5
35kV 集电 01 零序 TA 变比	150/5

从表 2 可以看出，各段零序保护出口的定值逻辑正确。

2.2 故障报文分析

对该事件的故障报文进行分析，主要针对保护动作准确性、逻辑关系正确性进行深入分析，分析结果如下：

（1）对 35kV 1 号接地变压器保护装置的报文进行检查，该保护装置的报文如表 3 所示。

表 3 35kV 1 号接地变压器保护装置的报文

项目	内容
保护动作时间	2016 - 11 - 23，21：00：10.072
保护名称	零序过电流 I 段动作
零序电流值	$3I_0 = 1.96A$

保护报文显示，35kV 1 号接地变压器故障零序电流大于零序过电流 I 段保护整定值，过电流 I 段保护正确动作。

（2）对 35kV 01 线保护装置的报文进行检查，该保护装置的报文如表 4 所示。

表 4 35kV 01 线保护装置的报文

项目	内容
保护动作时间	2016 - 11 - 23，21：01：44.179
保护名称	过电流 I 段动作
故障电流值	$I_p = 30.451A$

保护报文显示，35kV 01 线没有零序保护动作，35kV 01 线故障电流大于过电流 I 段保护整定值，过电流 I 段保护正确动作。

（3）故障录波显示，35kV 1 号接地变压器跳闸前，35kV 母线的三相电压分别为 $U_a =$

33.9kV、$U_b=2.8$kV、$U_c=35.2$kV，35kV 01 线零序电流为 0.69 A；在 35kV 01 线跳闸后，母线电压恢复正常。

（4）故障录波显示，35kV 01 线跳闸前，35kV 01 线 B、C 相最大电流达到 30.451A。

由此推断，单相金属性接地故障发生在 35kV 01 线 B 相的某一点，由于 35kV 01 线零序 TA 未能有效检测到零序电流，35kV 01 线零序过电流保护未能有效动作，导致 35kV 1 号接地变压器越级跳闸。35kV 01 线 B 相对 C 相电缆持续放电，导致 C 相绝缘破坏，发生相间短路，35kV 01 线过电流 Ⅰ 段保护动作，35kV 01 线开关跳闸。

经现场检查确认，35kV 01 线开关柜内高压电缆 B、C 相绝缘破坏，发生相间短路，与推断结论相符。

2.3　35kV 01 线零序 TA 运行情况分析

35kV 01 线零序 TA 基于基尔霍夫电流定律（KCL），即假设流入某节点的电流为正值，流出电流为负值，则此节点的电流的代数和等于零。图 1 所示为 35kV 系统接地电流分布图。

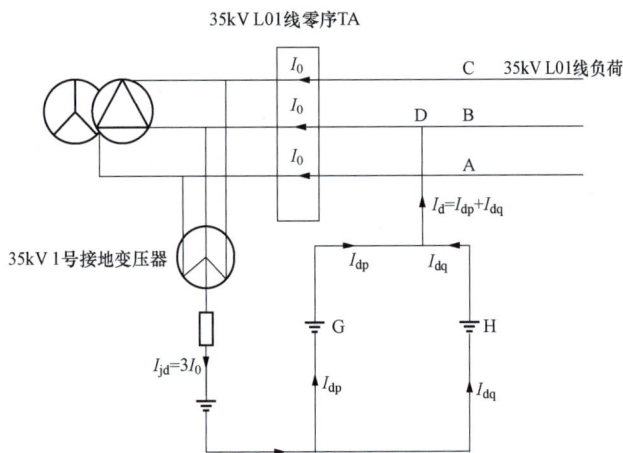

图 1　接地电流分布

如图 1 所示，G、H 两点为电缆两端外铠接地点，G、H 两点以上代表电缆两端外铠，G、H 两点以下代表大地良导体。正常情况下，当 D 点发生金属性接地故障时，35kV 01 线零序 TA 检测到的零序电流 $I_d=3I_0=I_{dp}+I_{dq}$。当 35kV 01 线零序 TA 把外铠也套住时，TA 检测到的电流为 $I_d=3I_0-I_{dp}=I_{dq}$，远小于实际电流值。这样零序保护的灵敏度会大幅降低，容易造成保护拒动的情况[1]。

图 2 所示为故障前零序 TA 与电缆金属屏蔽接地线位置图。现场检查发现，电缆金属屏蔽接地线与零序 TA 处于同一水平位置（见图 2），使 35kV 01 线零序 TA 检测到的零序电流包含电缆金属屏蔽接地线部分电流，使检测到的零序电流远小于 35kV 1 号接地变压器所检测到零序电流，进而导致发生单相接地故障时，35kV 01 线零序保护拒动，35kV 1 号接地变压器零序保护越级动作的发生。

3　解决方案

调整电缆金属屏蔽接地线及零序 TA 相对位置：重新制作 35kV 01 线电缆终端，将 35kV 01 线电缆接地点调整到零序 TA 上方，将电缆接地线再穿过零序 TA 接地。整改后的零序 TA 与电缆金属屏蔽接地线位置图如图 3 所示。

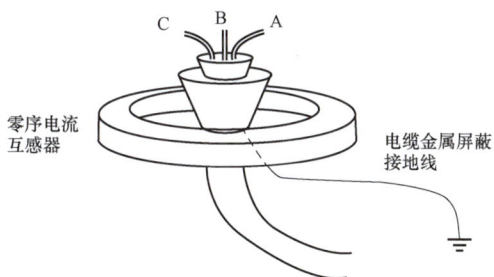

图 2　故障前零序 TA 与电缆金属屏蔽
接地线位置图

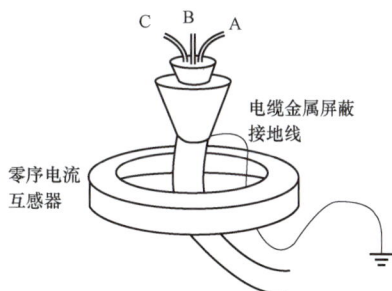

图 3　整改后的零序 TA 与电缆金属屏蔽
接地线位置图

整改后，对 35kV 01 线零序 TA 进行升流试验，验证变比为 150/50，正常，伏安特性正常。通过外加与故障电流大小相等的电流，即外加 1.96A 电流，测量零序保护动作出口时间，35kV 01 线零序 TA 保护试验采样值测量结果如表 5 所示。

表 5　　　　　　　　　35kV 01 线零序 TA 保护试验采样值　　　　　　　　ms

保护名称	第一次保护出口时间	第二次保护出口时间	第三次保护出口时间
35kV 集电 01 线零序过电流 I 段保护	512	524	519
35kV 1 号接地变压器零序过电流 I 段保护定值	1026	1042	1031

从表 5 的测量结果可以看出，35kV 集电 01 线零序过电流 I 段保护出口时间均小于 35kV 1 号接地变压器零序过电流 I 段保护出口时间 500ms 左右，符合保护动作逻辑。

4　结论

本文对某风电场发生的一起 35kV 线路单相接地故障扩大至接地变压器保护越级动作的事件进行了分析，发现环形零序 TA 把电缆外铠套住时，零序 TA 检测到的电流会大幅降低，严重影响零序过电流保户的灵敏度，容易造成保护拒动。当现场发生环形零序 TA 把电缆外铠套住的情况时，可以采取重新制作 35kV 01 线电缆终端，调整电缆金属屏蔽接地线及零序 TA 相对位置的方式，从而可解决 35kV 01 线零序电流保护拒动的问题。

参考文献

[1] 宋想富，叶灿伦 . 一起 10kV 线路跳闸扩大至接地变保护动作事件分析［J］. 机电工程技术，2012（11）：95 - 98.

[2] 曹欣勇，张强 . 10kV 小电阻接地系统的单相接地故障分析及 10kV 出线电缆外铠接地方法对零序电流保护的影响［J］. 天津电力技术，2008（2）：14 - 17.

风电机组电网电压不平衡原因分析及处理

裴玉明，　赵志刚

（吉林龙源风力发电有限公司）

摘　要： 风电机组电网电压不平衡是一个较常见的故障，因为涉及电气、控制、测量、环境等多方面因素，使得该类故障分析及处理有一定难度。本文通过一个真实案例，详细阐明机舱加速度超限故障分析过程，为该类故障提供解决方案。

关键词： 不平衡；非金属性；电压降低；电压升高

1　引言

现场风电机组为联合动力 1500 机型，使用倍福主控系统，LUST 变桨，ABB 一代变频器，风电机组装配有对应的电能测量端子 KL3403。SCADA 系统设定相电压幅值范围为 340～460V，超出此范围时报"电网电压过低"或"电网电压过高"故障，相电压不平衡限值为 50V，任意两相差值超出限值后报"电网电压不平衡故障"。

2　故障基本情况

本案例中风电机组并未报出电网电压类故障，此机组长期频报变桨类、变频器类故障，现场检修人员多次检查未发现故障点，复位后风电机组仍可正常并网运行，故障频率约为 5 天一次。经数据分析人员对风电机组各项数据进行分析时，发现风电机组电网电压存在不平衡现象，但未达到故障限值。其中 A 相电压为 390V 左右，B 相电压为 370V 左右，B 相电压为 410V 左右。现场检查跌落式熔断器、箱式变压器，均未发现异常。

3　原因分析与诊断

联合动力 1500 机组倍福主控系统的电网电压是由 KL3403 卡件进行测量，通过采集的电压与电流量，实时向主控反馈电网运行状态。

3.1　电能测量端子接线图

风电机组箱式变压器输过来的 690V 电源经过 2D4 开关之后，分成了两路，一路直接通过电缆输送到机舱进行供电，另一路在经过 2Q1 开关到达塔底柜的 690V/230V 测量用变压器，主控采集测量用变压器低压侧电压实现对电网 690V 电压的监测。

电流的采集则是通过变频器 MCB 后方的电流互感器进行采集，采集到的数据传送至电能测量端子，随后通过 Profibus 将数据传送至主控 PLC。

3.2　电能测量端子原理

电能测量端子是一种基于倍福 I/O 系统的新型三相电力线测量总线端子，它使用电力管理可以用于任何现场总线系统。其内部存在逻辑程序，可以对能源进行管理和分析，内置能量计量器，可预处理在过程映像中直接提供均方根值，在控制器上无需高计算能力。可直接获得有效功率（P）、视在功率（S）、功耗（W）、功率因数（$\cos\psi$）。

KL3403 结构如图 1、图 2 所示。

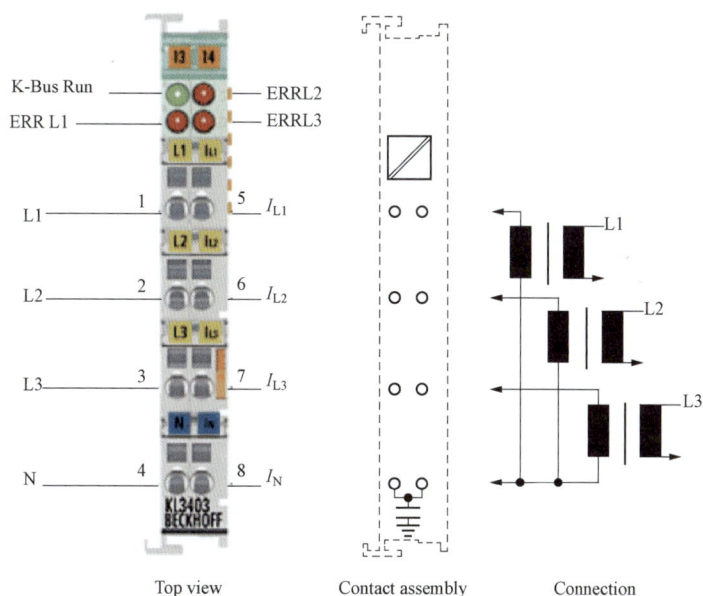

图 1　KL3403 结构图 1

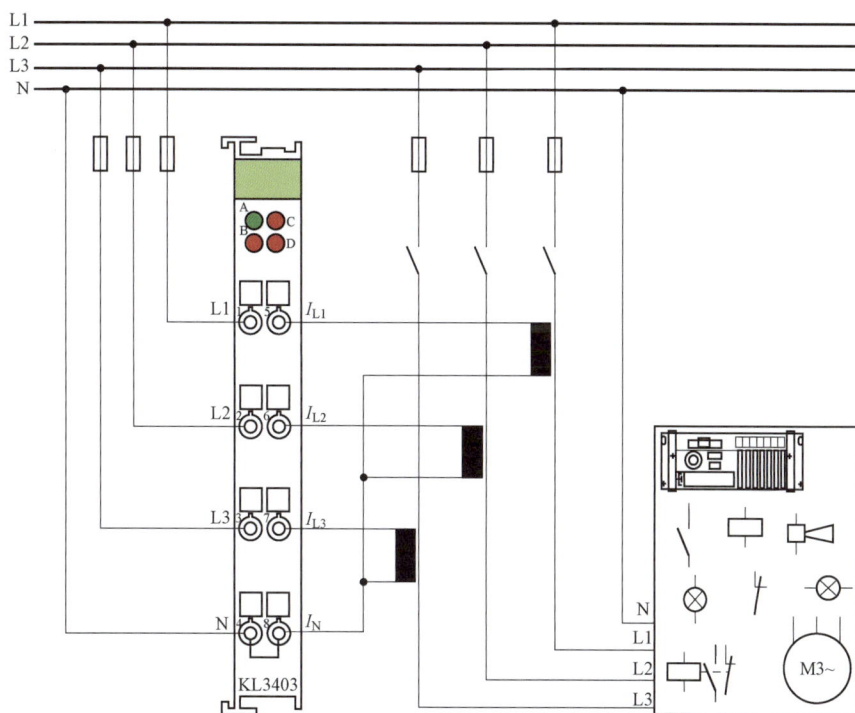

图 2　KL3403 结构图 2

KL3403 采用 K‑Bus 数据传输模式，其自身拥有 4 个状态指示灯。

Bus Run：K‑Bus 数据传送。

ERR L1：L1 与 N 之间的电压小于 10V（默认）。

ERR L2：L2 与 N 之间的电压小于 10V（默认）。

ERR L3：L3 与 N 之间的电压小于 10V（默认）。

3.2.1　测量原理

KL3403 带有 6 个模拟/数字转换器，用于 3 相电流和电压值采集。约 $16\mu s$ 刷新一次。三相的采集和处理是同步的，对一相的信号处理进行说明。总功率和总能耗代表 3 相的总和，电流是指平均电流值。

从单向曲线可与看出，记录和处理对于三相是一致的。KL3403 测量原理如图 3 所示。

3.2.2　均方根值计算

$$U = \sqrt{\frac{1}{n}\sum_1^n u^2(t)} \quad I = \sqrt{\frac{1}{n}\sum_1^n i^2(t)}$$

式中　$U(t)$——瞬时电压值；

　　　　$I(t)$——瞬时电流值；

　　　　n——测量值的数量。

3.2.3　有效功率测量

$$P = \frac{1}{n}\sum_n^1 u(t)\cdot i(t)$$

式中　P——有效功率；

　　　　n——采样次数（64000 次/s）；

　　　$u(t)$——瞬时电压值；

　　　$i(t)$——瞬时电流值。

图 3　KL3403 测量原理图

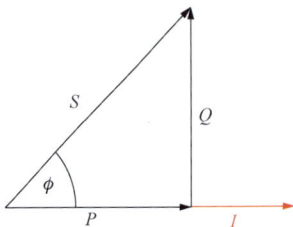

3.2.4　视在功率测量

在实际电网中，不是所有的负载损耗都是纯电组的。在电流和电压之间存在相位角。这对于按上述方法确定的电压和电流均方根值只能导出视在功率（$S = U \cdot I$），如图 4、图 5 所示。

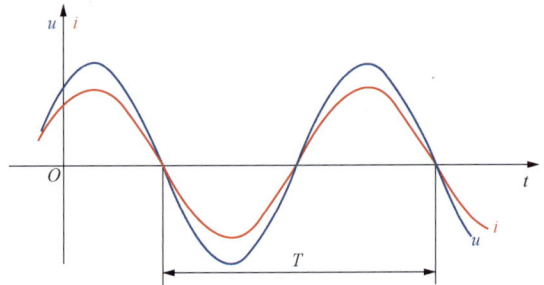

图 4　KL3403 视在功率测量 1

S—视在功率；P—有效功率；

Q—电抗性功率；ϕ—相移角。

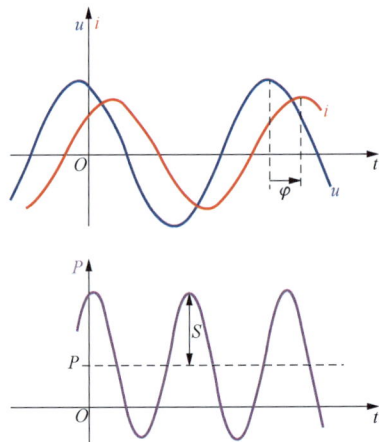

图 5　KL3403 视在功率测量 2

3.3 电网电压不平衡分析

联合动力系统为一个中性点不接地系统，设三相对地电容为 C_0，A 相非金属性接地，其过渡电阻为 R_n。

中性点发生电压偏移为

$$\dot{U}_{od} = \frac{\dot{U}_{AO}Y_A + \dot{U}_{BO}Y_B + \dot{U}_{CO}Y_C}{Y_A + Y_B + Y_C}$$

式中 $\dot{U}_{AO}$、$\dot{U}_{BO}$、$\dot{U}_{CO}$——三相的相电压，其值用 $\dot{U}_\phi$ 表示。

Y_A、Y_B、Y_C——各相对地导纳，包括了泄漏电导和对地电容，泄漏电导很小，可以忽略不计。

联合动力中性点系统如图 6 所示。

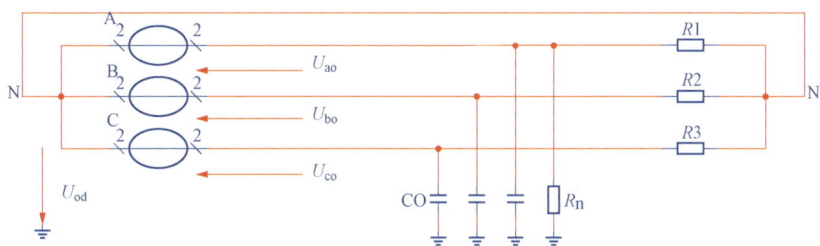

图 6 联合动力中性点系统图

由于 A 相经过渡电阻 R_n 接地，则得

$$Y_A = \frac{1}{R_n} + j\omega C_0$$

$$Y_B = Y_C = j\omega C_0$$

代入上式可得

$$-U_{AO} = U_{od} + j3\omega C_0 R_n U_{od}$$

当 R_n 变化时，U_{od} 始终的轨迹是以相电压 U_{AO} 为直径的位于顺时针一侧的半圆，如图 7 所示。

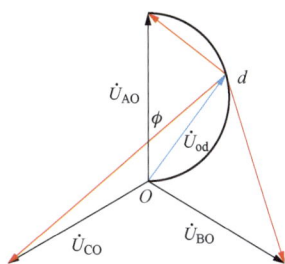

图 7 U_{od} 变化图

可见，没有接地时，$R_n = \infty$，$U_{od} = 0$；完全接地时，$R_n = 0$，$U_{od} = U_\phi$（相电压）；经 R_n 接地，U_{od} 在 $0 \sim U_\phi$ 内变化。

设一个单相接地系数 k，$k = \dfrac{U_{od}}{U_\phi}$，$0 \leqslant k \leqslant 1$。

结合上述公式，可计算。

3.3.1 A 相对地电压

$U_{ad}^2 = U_{ao}^2 - U_{od}^2$，两边同时除以 U_ϕ，则 $\dfrac{U_{ad}}{U_\phi} = \sqrt{1 - k^2}$，可得表 1。

表 1   A 相 k 值

k	0	0.5	1
$\dfrac{U_{ad}}{U_\phi}$	0	0.866	1

3.3.2　B 相对地电压

$U_{bd}^2 = U_{bo}^2 + U_{od}^2 - 2U_{bo}U_{od}\cos\phi$，两边同时除以 U_ϕ^2，则 $\left(\dfrac{U_{bd}}{U_\phi}\right)^2 = 1 + 2k^2 - \sqrt{3}\,k\,\sqrt{1-k^2}$，可得表 2。

表 2　B 相 k 值

k	0	0.349	0.5	0.655	1
$\dfrac{U_{bd}}{U_\phi}$	1	0.823	0.866	1	1.732

3.3.3　C 相对地电压

$U_{cd}^2 = U_{co}^2 + U_{od}^2 - 2U_{co}U_{od}\cos(120° + \phi)$，两边同时除以 U_ϕ^2，则 $\left(\dfrac{U_{cd}}{U_\phi}\right)^2 = 1 + 2k^2 + \sqrt{3}\,k\,\sqrt{1-k^2}$，可得表 3。

表 3　C 相 k 值

k	0	0.756	0.937	1
$\dfrac{U_{cd}}{U_\phi}$	1	1.732	1.82	1.732

综合三相数值，可得关系曲线如图 8 所示。

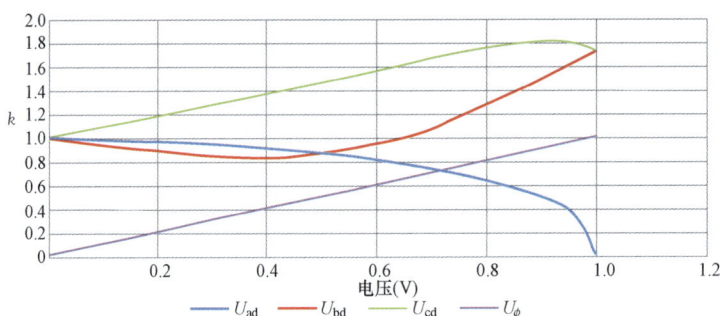

图 8　电压与 k 关系图

得到了单相非金属性接地时的三相电压曲线，可以分析得到当单相非金属接地时，对地电压最高的那一相的下一项为接地相。例如 C 相最高，则它的下一相为接地相。此方法可以较快速判断非金属接地相。

4　故障处理过程

4.1　检查电能测量端子 KL3403

（1）检查卡件本体有无烧灼痕迹。

（2）检查输入电压端口电压值，数值不平衡。

（3）更换 KL3403 后数值仍不平衡，排除测量原因。

（4）检查塔底柜底部 690V/230V 测量变压器接线，未发现异常。

（5）测量变压器高压侧，三相不平衡。

4.2　检查箱式变压器低压侧

（1）穿二级防电弧服打开箱式变压器低压侧。

（2）观察低压侧三相电压表示数，存在不平衡现象。

（3）使用万用表交流挡测量断路器下口电压，线电压仍存在不平衡现象。

（4）将箱式变压器低压侧断路器拉开后，检查三相电压表及断路器上口，三相电压恢复正常。

（5）根据现场情况，判断故障点存在于风电机组侧。

4.3　检查风电机组供电

（1）断开塔底柜 690V 断路器 1D7 后，使用万用表测量 X0 端子排电压，仍不平衡，排除风电机组用电设备原因。

（2）将箱式变压器低压侧断路器拉开，确认断路器下口无电压。打开塔底干式变压器外壳，检查发现 A 相接线排与螺栓烧断，接线杆与外壳有明显的放电痕迹。故障点如图 9 所示。

图 9　故障点

（3）由于接线排与螺栓之间仍有电弧作为连接，未完全断开，与外壳放电导致非金属性接地，接地导致 A 相仍有电压，但不足 400V。

5　结论及预防措施

5.1　结论

上述干式变压器故障处理完毕后，风电机组 690V 三相电压恢复正常，变桨及变频器故障不再频繁报出，风电机组恢复正常运行状态。

初步判断为干式变压器高压侧 A 相连接螺栓松动，在运行状态下不断相互放电，放电产生的热量逐步将铝制连杆烧损，但由于电压较高，连杆与螺栓之间仍可通过电弧达到电气连接状态，但由于连杆脱落，A 相与干式变压器外壳绝缘距离不足，导致 A 相非金属性接地，电压降低。

（下转 375 页）

风电场主变压器铁芯接地电流超标原理分析及处理措施

李志强

（内蒙古龙源新能源发展有限公司）

摘　要： 主变压器铁芯接地电流超标在风电场不是常见现象。本文通过某风电场主变压器铁芯接地电流超标这一异常现场，从原因分析、临时措施、停电大修处理及相关建议进行细致阐述。对其他风电场设备安全、稳定运行有较大指导意义。

关键词： 变压器铁芯接地电流；电磁环流；超标

1　引言

变压器铁芯是变压器的核心部件，是变压器的导磁回路，电能由一次绕组转换为磁场能后经铁芯传递至二次绕组，在二次绕组中再转换为电能。电力变压器在正常运行时，绕组周围存在电场，而铁芯和夹件等金属构件处于电场中，若铁芯未可靠接地，当悬浮电位大于对地放电电压时，则会产生放电现象，损坏绝缘。因此，铁芯必须有一点可靠接地，如果铁芯由于某种原因出现另一个接地点，形成闭合回路，则正常接地的引线上就会有环流。其一方面造成铁芯局部短路过热，甚至局部烧损；另一方面，由于铁芯的正常接地线产生环流，造成变压器局部过热，也可能产生放电性故障。因此，准确、及时诊断变压器铁芯接地故障并采取积极措施，对于系统的安全、稳定可靠运行意义重大。

2　主变压器铁芯环流原因分析

2.1　变压器铁芯

变压器结构如图1所示。

图 1　变压器结构

铁芯是变压器中主要的磁路部分。通常由含硅量较高、表面涂有绝缘漆的热轧或冷轧硅钢片叠装而成。铁芯和绕在其上的线圈组成完整的电磁感应系统。电源变压器传输功率的大小，取决于铁芯的材料和横截面积。

2.2　变压器夹件

夹件是用来夹紧铁芯硅钢片的，同时夹件上可以焊装小支板，把装固定引线的木件。夹件的位置在铁芯上下铁轭的两侧。

2.3　常见的接地方式及优缺点

目前，许多变电站主变压器的铁芯和夹件接地方式为分别通过小套管引出主变压器外壳后，再通过引线接地，但引出小套管后接地情况有以下两种：

（1）第一种接地方式。铁芯和夹件分别由小套管引出外壳，然后通过连接片连接到一起接地。

（2）第二种接地方式。铁芯和夹件分别由小套管引出外壳，然后分别接地。

当主变压器正常运行时，两种接地情况没有什么不同；但是，当主变压器内部出现夹件和铁芯短接、铁芯多点接地情况时，这两种接地方式的优劣就显现出来了。

第一种接地方式（如图 2 所示）：当主变压器发生铁芯和夹件通过金属丝或高阻短接后，由于主变压器在运行时有漏磁，会在"铁芯 - 夹件 - 外部铁芯与夹件连接片"回路里形成环流 I，而这一环流并没有通过外接引线流入大地。因此，在外接引线监测处不能测量到接地电流增大的缺陷。

第二种接地方式（如图 3 所示）：当发生铁芯和夹件通过金属丝或高阻短接后，会在"铁芯 - 铁芯接地点 - 大地 - 夹件接地点 - 夹件"回路里形成环流 I。由于此电流通过了外部引线，因此，很容易在外接引线监测处测量到增大的接地电流，且 A、B 监测点的电流一样大。

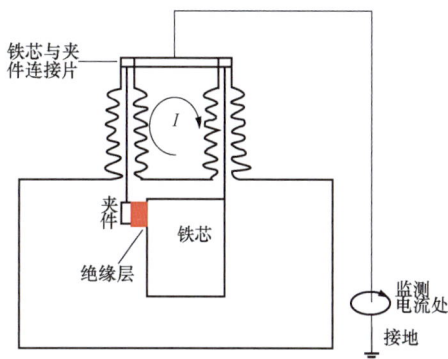

图 2　铁芯和夹件由连接片连在一起后接地　　图 3　铁芯和夹件引出套管后分别接地

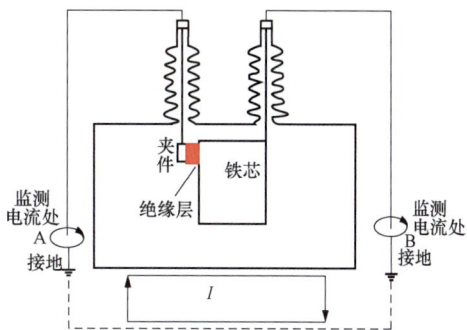

另外，当主变压器为铁芯多点接地情况时，因为夹件与大地不能形成导电回路，故在 A 监测点测量不到电流增大情况；而铁芯则能在"铁芯 - 接地引线 - 大地 - 铁芯另一接地点"形成回路，故在 B 监测点能测量到增大的接地电流。

因此，采用这种接地方式还能进一步区分主变压器内部接地缺陷部位，为判断缺陷提供可靠依据。

2.4　变压器铁芯有且只有一点接地

若变压器铁芯及夹件没有接地，则铁芯及夹件对地的悬浮电压，会造成铁芯及夹件对地断续性击穿放电，铁芯及夹件一点接地后消除了形成铁芯悬浮电位的可能。但当铁芯及夹件出现两点以上接地时，铁芯及夹件间的不均匀电位就会在接地点之间形成环流，并造成铁芯及夹件多点接地发热故障。变压器的铁芯接地故障会造成铁芯局部过热，严重时，铁芯局部温升增加，轻瓦斯动作，甚至将会造成重瓦斯动作而跳闸的事故。烧熔的局部铁芯造成铁芯片间短路故障，使铁损变大，严重影响变压器的性能和正常工作，以至必须更换铁芯硅钢片加以修复。因此，变压器铁芯及夹件不允许多点接地只能有且只有一点接地。

2.5　测量标准

理论上铁芯一点接地时，其接地电流为 0，但由于实际运行时三相电压相位不可能完全对称、各绕组间电容也不可能完全相等原因，接地线中总会呈现出一定数值的接地电流，但此电流不可以超过 100mA。

选用量程精度较高的钳形电流表进行测量，风场变压器铁芯和夹件接地电流的大小，变压器铁芯和夹件接地电流均不大于 100mA。

2.6　铁芯夹件多点接地的原因

根据运行及检修经验，造成铁芯夹件多点接地的原因很多，主要原因可归结为以下几个方面：

（1）变压器在制造或大修过程中，如果铁刷丝、起重用的钢丝绳的断股及微小金属丝等被遗留在变压器油箱内，当变压器运行时，这些悬浮物在电磁场的作用下形成导电小桥，使铁芯与油箱短接，这种情况常常发生在油箱底部。

（2）潜油泵轴承磨损产生的金属粉末进入主变压器油箱中导致铁芯与油箱短接。

（3）变压器油箱和散热器等在制造过程中，由于焊渣清理不彻底，当变压器运行时，在油流作用下杂质往往被堆积在一起，使铁芯与油箱短接，这种情况在强油循环冷却变压器中容易发生。

（4）铁芯上落有金属杂物，将铁芯内的绝缘油道间或铁芯与夹件间短接。

（5）变压器进水使铁芯底部绝缘垫块受潮，引起铁芯对地绝缘下降。

（6）铁芯下夹件垫脚与铁轭间的绝缘板磨损脱落造成夹件与硅钢片相碰。

（7）夹件本身过长或铁芯定位装置松动，在器身受冲击发生位移后，夹件与油箱壁相碰。

（8）下夹件支板距铁芯柱或铁轭的距离偏小，在器身受冲击发生位移后相碰。

（9）上、下铁轭表面硅钢片因波浪突起，与钢座套或夹件相碰。

（10）穿心螺杆或金属绑扎带绝缘损坏，与铁芯或夹件等相碰。

3　铁芯接地电流超标的常见处理方案

3.1　运行中的检测方法

在运行中，可使用高精度钳形电流表测量铁芯外接地线中电流，来判断是否存在多点接地故障，如果铁芯和夹件分别引出接地，可分别测量其接地线上电流来大致判断是否存在多点接地故障，电流数值一般不超过 100mA。

不停运临时处理方法如下。

（1）打开铁芯夹件接地线运行。

（2）在铁芯夹件接地线上串接限流电阻。

其中，打开接地线运行的方法常用于故障电流较大时，而串接限流电阻的方法则多用于故障电流不稳定时。两种方法都不能消除内部故障点，但可将故障电流限制在标准规定的范围内或使变压器满足铁芯夹件一点接地的要求。

3.2　停电检测及处理方法

停电后可通过绝缘电阻表测量铁芯及夹件引出的接地排测量之间的绝缘电阻来判断是否存在多点接地故障。

如果经检测存在多点接地故障，可采取以下几种方式进行处理。

（1）电容放电冲击法。电容放电冲击法是利用电容器积累的大量电荷通过被试变压器铁芯夹件外引接地套管向故障点冲击，使不稳定的故障点受到大电流冲击而"溃散"开来，从而消除多点接地故障的方法。

（2）进人检查法。进人检查则是将变压器本体，绝缘油全部排尽，再让检修人员穿专用的服装进入变压器内部进行故障的检查和定位的检修方法。

（3）吊罩（吊芯）检修的方法。该方法是将变压器绝缘油全部排尽，将变压器的钟罩吊起移开，结合直观观察、高压试验的方法进行彻底的内部故障排查的方法，变压器吊罩后，不论是直观观察或高压试验均更易发现故障点，同时吊罩后能够对铁芯、夹件进行冲洗（用绝缘油），对油箱底部的金属杂质进行清扫，并对绝缘油进行过滤。该方法不仅对常见的多点接地故障效果好，而且对不稳定的铁芯多点接地故障效果很好。

4　案例分析

4.1　异常描述及基本情况

2014 年 10 月 20 日，某风场进行日常例行主变压器铁芯接地电流检测，发现变压器铁芯和夹件接地电流均为 15A 左右，超相关规程规定的 0.1A。该风电场装机容量为 48MW，安装有容量 100MW 主变压器一台，为某主变压器厂家生产的型号为 SFZ10－100000/220 变压器，变压器铁芯与夹件分别通过小套管引出接地。变压器于 2014 年 9 月 30 日正式投入运行。

风电场立即组织技术人员进行现场检查测量分析，经现场仔细查验。

（1）变压器出厂试验报告全部试验项目都合格，铁芯及夹件绝缘电阻符合要求。

（2）现场安装由公司技术人员全程跟踪变压器试验调试，且各项交接试验都合格，铁芯及夹件绝缘电阻也符合规定要求。

公司组织电科院、变压器厂家、公司专业技术人员进行讨论分析，确定整改方案，最终确定初步方案及措施：将夹件外接扁铁回路串联 1000Ω 陶瓷电阻（见图 4），作为临时措施。将电阻串入后，实测铁芯、夹件接地电流均为 48.9mA，在正常范围。

4.2　缺陷处理

4.2.1　初次发现异常分析处理结果

2014 年 11 月 10 日，由公司牵头，主变压器厂家对主变压器铁芯接地缺陷进行第一次停电检查，并用电容冲击发生器进行冲击（见图 5），经过电容放电反复几次冲击，最终在 7kV 电压冲击后，测量铁芯及夹件对地电阻正常、铁芯对夹件绝缘电阻恢复正常，运行后接地电流在 0.1A 以内，暂时消除了故障点，试验数据见表 1。

图 4　夹件外接地回路串接 1000Ω 陶瓷电阻

图 5　主变压器厂家使用电容冲击发生器对主变压器进行冲击

表 1　　　　　　　　第一次电容冲击发生器冲击后的试验数据　　　　　　　　MΩ

试验时间	铁芯对地	夹件对地	铁芯对夹件
2014 年 11 月 10 日	3950	4220	5460

4.2.2　后续缺陷发展情况及应对措施

（1）在风电场的密切监视及检测下，第一次冲击运行大约半年后又出现铁芯及夹件接地电流超标，后续陆续反复出现几次，见表 2。

表 2　　　　　　　反复接地电流超标铁芯和夹件的接地电流测量数据　　　　　　　A

设备名称	测试时间	铁芯电流	夹件电流
1 号主变压器	2014 年 10 月 20 日	15.3	15.2
1 号主变压器	2015 年 7 月 04 日	14.1	14.2
1 号主变压器	2015 年 7 月 19 日	13.8	13.8
1 号主变压器	2016 年 4 月 06 日	14.97	15.09
1 号主变压器	2018 年 6 月 24 日	14.5	14.5
1 号主变压器	2019 年 8 月 15 日	14.3	14.3

（2）每次发现接地电流超标后立即串入限流电阻，防止故障进一步恶化，并联系主变压器厂家进行电容冲击。

（3）缩短了变压器绝缘油色谱检测周期，由原来每年两次缩短为每年 4 次，比较每次试验数据，分析是否有气体增长趋势，均未发现异常增长，并将主变压器列为技术监督专项跟踪检测设备。

（4）对变压器进行定期红外成像测温，均未发现过热及其他异常情况。

4.2.3　停电大修处理

2019 年 8 月 16 日，停电对变压器进行放油，进入箱体内检查，高压侧上铁轭部位靠近高压侧末级铁部位，发现铁芯单片受外力所致与上铁轭夹件部位接触，通过排查铁芯单片具有反弹性，采用插板刀将问题点挑开，复试检查发现单片与主体铁芯并列叠装，与夹件部位保持良好的安全距离 2.5cm。用绝缘表测试时铁芯和夹件以及对地绝缘良好，数据如表 3 所示。

表 3　　　　　　　　　大修后铁芯、夹件绝缘情况　　　　　　　　　MΩ

设备名称	处理时间	铁芯对地绝缘电阻	夹件对地绝缘电阻	铁芯对夹件绝缘电阻	备注
1 号主变压器	2019 年 8 月 16 日	52300	13900	19600	内检处理后
1 号主变压器	2019 年 8 月 17 日	0.3	0.4	0.3	抽真空时
1 号主变压器	2019 年 8 月 21 日	5060	5780	7930	大修投运前

主变压器抽真空时铁芯及夹件对地、铁芯对夹件绝缘电阻降低很多，公司与主变压器厂家人员现场召开分析讨论会，最后确定属于正常现象，有关资料对此有过专门研究及试验数据。

经过分析，变压器铁芯及夹件电流超标，判断属于出厂时缺陷，厂家组装时工艺不良造成上铁轭单片铁芯受力弯曲与夹件搭接，未投运前搭接处由于夹件外表有漆膜保护，未形成短路点；在投运后受电动力影响振动，与上铁轭固定夹件摩擦碰触，造成铁芯及夹件存在短路点。

5 总结

变压器铁芯、夹件结构紧凑，都处在变压器油箱内部，当它们间的绝缘破损或者对地绝缘破损时，不易查找定位，因此采取有效的管理手段，减少或者避免铁芯多点接地故障的发生十分重要，如图6、图7所示。

图6 检修前铁芯单片翘角

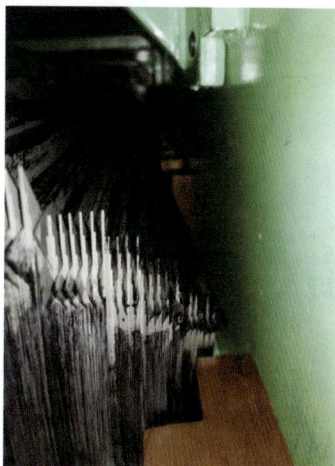

图7 检修后

铁芯、夹件发生多点接地故障主要是设计、制造、运输过程中的原因。因此，管理过程中要加强对厂家人员的监督和管理，加强运输过程的管控；安装过程中，进入检查时应重点检查变压器铁芯、夹件移位情况。同时，加强变压器的日常巡视、检测工作，对于反映变压器内部缺陷的测试，应按规范定期进行，发现异常及时处理；针对已发现存在铁芯、夹件绝缘薄弱点的变压器，可加装专用的限流电阻，以限制由多点接地引起接地电流超标。

参考文献

［1］张志奎，许岩峰.一起220kV变压器夹件接地故障及处理［J］.变压器，2013，50（10）：B1‑B2.

［2］左文启，顾渊博.变压器铁心多点接地问题的研究及实例分析［J］.变压器，2010，47（2）：49‑53.

［3］彭刚.110kV变压器铁心多点接地故障处理［J］.2009，46（7）：68‑69.

某风电机组发电机断路器异常故障分析案例

艾勇， 陈朝春

（新疆龙源风力发电有限公司）

摘　要： 本故障为 Freqcon 变流器的典型因程序参数错误，导致风电机组批量报出"发电机断路器故障"。为现场的运行维护带来很大困扰，对机组的安全稳定运行造成威胁。通过对机组的故障文件分析、逻辑分析、程序研究，最终确定故障点，彻底解决此故障，提高了机组可利用率。

关键词： 风力发电机组；Freqcon 变流器；发电机断路器故障；原因分析

1　引言

新疆某风电场有 66 台 1.5MW 风电机组，容量为 9.9 万 kW，机型配置为 Freqcon 变流器、倍福主控、VENSYS 变桨，一期机组于 2012 年投产，二期机组于 2015 年投产。根据数据统计，该风电场全部机组频繁报出发电机断路器异常故障，自 2020 年 6 月 19 日—10 月 11 日，33 台机组共报出发电机断路器故障 282 台次。主要故障现象为在切出维护或复位故障状态后，机组启动时会报出发电机断路器异常故障（预充电正常，机侧断路器无法正常吸合）。

2　故障逻辑

机组进入启动状态后，变流控制器发出预充电命令，充电完成后，变流控制器再同时发出网侧断路器、机侧断路器合闸命令，机侧断路器合闸信号通过变流到机舱的控制电缆到达电机侧断路器（28K9→122K11→合闸线圈）；电机侧断路器吸合反馈信号传输到机舱的 20 号子站，再通过 DP 通信传到主控 PLC。

主控 PLC 接收到变流器的 READY 信号后，检测机侧断路器的合闸状态，40ms 未收到合闸反馈信号即报出发电机断路器异常故障。

3　分析判断

目前行业里在运的此 1.5MW 机组，同样存在发电机断路器故障，但故障普遍出现在冬季，原因为天气寒冷，断路器润滑油黏稠无法合闸导致，解决方案为对断路器进行加热器改造，但该电电场机组断路器均已完成加热器改造，且故障不分季节。

通过对 08、09、10 号机组进行现场测试，发现机组从维护状态切至待机状态后，按下启机按钮，均报出发电机断路器异常故障，遂登机检查。

（1）对发电机断路器本体及合闸回路进行检查，断路器操动机构润滑良好，多次合闸测试均动作顺畅、无卡涩，由此排除因断路器机构卡涩造成故障的可能。

（2）为测试故障现象将机组打至维护状态后启动机组观察发现：当变流板发出 24V 合闸信号后，122K11 接触器能正常吸合，动作灵敏；脱扣线圈动作无卡涩，行程到位；合闸线圈能正常得电，但是存在以下三种现象。

1）122K11 接触器、欠压线圈均在毫秒级时间内吸合后断开。

2）合闸线圈不完全吸合，同时在毫秒级时间内断开，断路器不动作。

3）合闸线圈吸合，断路器合闸后马上跳开。故障机组断路器动作前如图 1 所示，故障机组断路器动作时如图 2 所示。

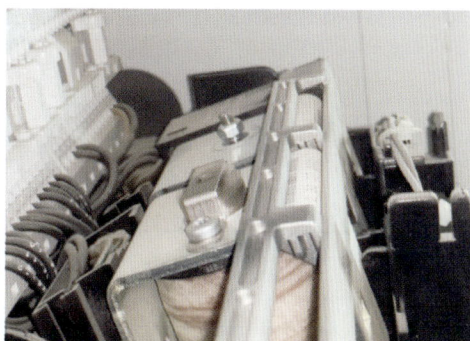

图 1　故障机组断路器动作前　　　　　图 2　故障机组断路器动作时

经过反复检查测试，线圈、断路器、控制接触器各触点无电蚀，接触良好，均无异常，又因为断路器在没有吸合时触发此故障，故排除断路器欠压线圈，合闸线圈，122K11 接触故障的可能。122K11 接触器触点如图 3 所示。

图 3　122K11 接触器触点

（3）进一步梳理一期机组变流系统启动逻辑，主控发出变流器启动信号（profi_out_converter_on），等待 15s（init_converter_time_to_be_ready_max_limit 此参数为主控设定）后，收到变流器准备反馈信号（profi_in_converter_ready），延时 40ms 未收到电机侧空气开关反馈信号（profi_in_generator_contactor_feedback），报发电机断路器异常故障，由此可知该机组从主控发出变流器启动信号后共计 15.04s 后若接收不到电机侧空气开关反馈信号便会触发此故障，如图 4～图 6 所示。

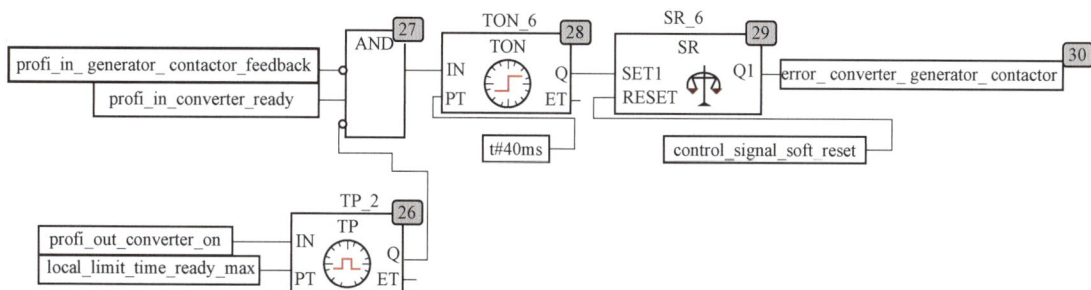

图 4　变流器启动逻辑图

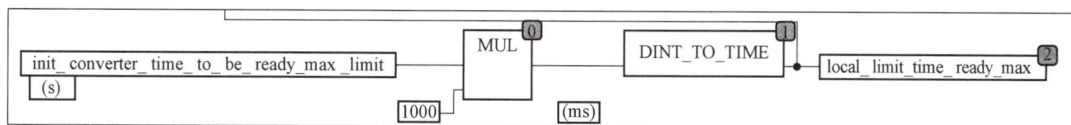

图 5　准备信号时间换算逻辑

```
# converte precharge max time
init_converter_time_ to_be_ready_max_limit = 15
```

图 6　时间设定值

4　故障原因

根据以上控制逻辑，在机组由停机状态转为待机状态期间使用 Scope view2 软件录波，08 号机组的预充电时间为 16.148s（如图 7 所示），此时网侧相电压为 346V（转换线电压为 599V）。

正常启动机组时间为 14.761、14.21、14.649s（如图 8 所示），此时网侧电压为 362V（转换为线电压为 626V）。

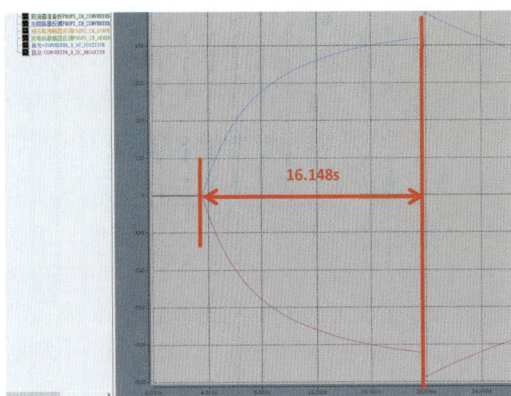

图 7　故障时充电时间

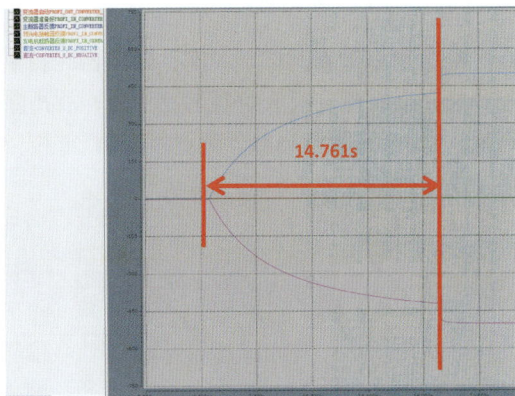

图 8　正常时充电时间

根据充电时间与网侧电压、直流母线电压计算关系，即

$$U_{DC} = \sqrt{2}U_{AC}(1 - e^{\frac{-t}{RC}})$$

转换等式为

$$e^t = \frac{1}{\left(1 - \dfrac{U_{DC}}{\sqrt{2}U_{AC}}\right)^{\tau}}$$

$$\tau = RC$$

式中　e——常数；

　　R、C——电阻、电容。

由此可知：当网侧相电压 U 越小时，充电时间越大。

预充电完成后（接近 15s 时），主断路器合闸完毕，变流器 ready 信号传至主控，机侧断路器反馈信号无法在 40ms 内得到反馈，报出故障；或断路器在收到合闸信号后还未来得及完成合闸动作，此时逻辑时间已结束，从而报出故障。虽然主断路器与机侧断路器的合闸信号是同时发出的，但是机侧断路器的控制回路元件多，线路长（塔底的 28K9→塔底至机舱控制电缆→122K11→欠压线圈动作→断路器 OK 触点闭合→合闸线圈动作→断路器机械动作→合闸信号反馈等），与主断路器吸合时间相差 220ms，远远大于 40ms，由此触发故障。机侧断路器与网侧断路器反馈时差如图 9 所示。

故预充电时间过长，占用故障总时间过多，导致发电机断路器来不及吸合或来不及反馈从而触发此故障。因预充电时间处于故障总时间的临界点，电压的高低波动会造成此故障有时报出有时不报出，或表现为风电场大负荷时电压低故障频发，小风天小负荷时电压高故障频次低，另有风电场在做完预充电实验或报此故障后立即复位启机，机侧断路器便能正常吸合是由于直流母线电压未完全释放，从而减短预充电时间，机侧断路器有更富余的时间进行吸合和反馈。

母线电压未完全释放启机后的实例如图 10 所示。

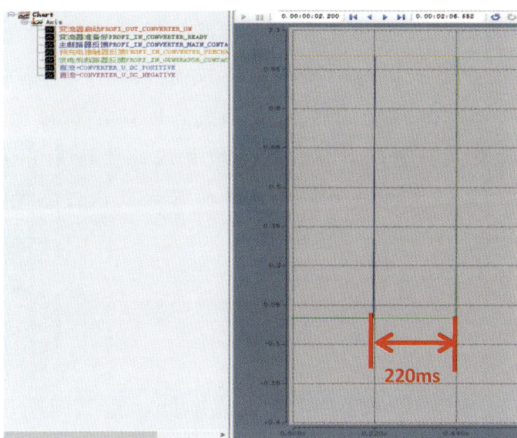

图 9　机侧断路器与网侧断路器反馈时差

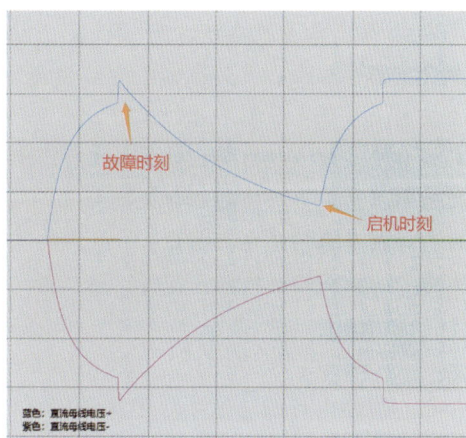

图 10　母线电压未完全释放启机后的实例

5　处理措施

更改 init 文件夹 wtg_info 文件内 init_converter_time_to_be_ready_max_limit 时间参数（15s 更改为 18s），询问厂家后，也证实此参数为调试时录入错误。本机型此参数正常值应为 25s。

注：此参数本风电场二期（25s），B 风电场二期（25s），C 风电场（30s），可修改为 25s。

6　效果评估

对 08 号机组 init 文件夹 wtg_info 文件内 init_converter_time_to_be_ready_max_limit 时间参数进行更改（15s 更改为 25s）后实验并录波，发电机断路器在网侧电压 340V 时正常合闸，故障消除。

7　结论

本文以典型故障为切入点，结合风电场实际情况，利用数据分析软件、控制系统录波软件，对风电机组故障进行数据采集、分析及处理，提出了可行且有效的解决方案，通过计算和数据处理，将实际中的问题提炼、分离出来，帮助风电场准确地进行故障诊断，分析问题原因，进行风电机组故障进行处理，保障设备可靠稳定运行。

35kV 输电线路防雷技术改造浅谈——以晋西北地区某风电场为例

李浩， 杨洪志

（山西龙源新能源有限公司）

摘　要： 架空输电线路可实现长距离电力输送，有效扩大电力服务范围、降低服务成本，但受自然灾害影响较大，尤其在雷电活动频繁地区，遭受雷击引起跳闸的概率较高。跳闸会影响电力系统的正常供电、增加维护工作，更有可能损坏站内设备，造成重大损失。因此，在输电线路的设计中必须重视防雷设计，本文结合晋西北地区某风电场具体工况环境并以此为研究背景，通过采取若干综合防雷措施，提高线路耐雷水平，降低雷击跳闸率，实现线路和站内设备的安全运行，提高电网供电可靠性。

关键词： 35kV 输电线路；雷击；防雷措施

1　引言

架空线路由导线、地线、绝缘子串、杆塔、接地等部分组成，建设成本低，施工周期短，易于检修维护，如今已经成为较普遍输送方式[1]。但由于架设分布范围广，架设路径大多为高山、旷野或丘陵，基本采用高塔架设，大部分暴露在自然环境中，极易受自然灾害影响，留下安全隐患，给线路的应用带来不良影响，造成供电区域大面积停电[2,3]。其中遭受雷击是架空输电线路运行过程中常见的故障因素，其强大的力量给电网的安全带来了严重的威胁[4]。最常用的防雷措施主要有以下几种：

（1）架设架空避雷线。避雷线具有旷野防止雷电直接击中、雷电流分流和增大耦合系数的作用。

（2）加装氧化锌避雷器。

（3）增加绝缘长度，更换绝缘结构高度更高的合成绝缘子。

2　风电场 35kV 架空输电线路介绍

本文以晋西北地区某风电场为例，选取风电场七回 35kV 集电线路，主要分为南北两区。北区三回，分别为Ⅰ、Ⅱ、Ⅲ线（其中Ⅱ、Ⅲ线有 95 基铁塔，为同塔双回线路）；西南区三回，分别为Ⅳ、Ⅴ、Ⅵ线（其中Ⅴ、Ⅵ线有 48 基铁塔，为同塔双回线路）；东南区一回，为Ⅶ线。北区Ⅰ、Ⅱ、Ⅲ线地处雷暴频繁地区，线路组塔共计 251 基塔，遭遇雷击概率较大。历年雷击跳闸统计情况详见表 1。

表 1　　　　　　　　　　　　集电线路雷击跳闸次数统计

线路	2015 年	2016 年	2017 年	2018 年	2019 年	总数
Ⅰ	7	2	9	5	7	30
Ⅱ	2	2	5	4	7	20
Ⅲ	4	1	4	4	6	19
Ⅳ	1	2	2	1	0	6

线路	2015 年	2016 年	2017 年	2018 年	2019 年	总数
Ⅴ	0	3	3	1	1	8
Ⅵ	0	5	0	3	1	9
Ⅶ	0	1	4	1	2	8

3 集电线路防雷技术改造及效果

3.1 集电Ⅰ线防雷技术改造

根据表1统计，某风电场集Ⅰ、Ⅱ、Ⅲ线自投产以来共发生雷击跳闸69次。集电Ⅰ、Ⅱ、Ⅲ线发生雷击后故障主要体现在瓷瓶破损、风电机组终端塔避雷器击穿、箱式变压器高压侧避雷器击穿及风电机组自动灭火装置雷击误喷。

Ⅰ线所处地带落雷密度大，雷电活动异常频繁，线路防雷设计应以防直击雷为主并兼具防感应雷的能力，直击雷造成的地电位反击会导致多相绝缘子闪络，故将原设计方案在易击段采用换相交错、每杆塔安装一只多间隙避雷装置的方式，调整为易击段每个杆塔3相全装的方式，进行三相保护。多间隙避雷装置结构及安装方式如图1所示。

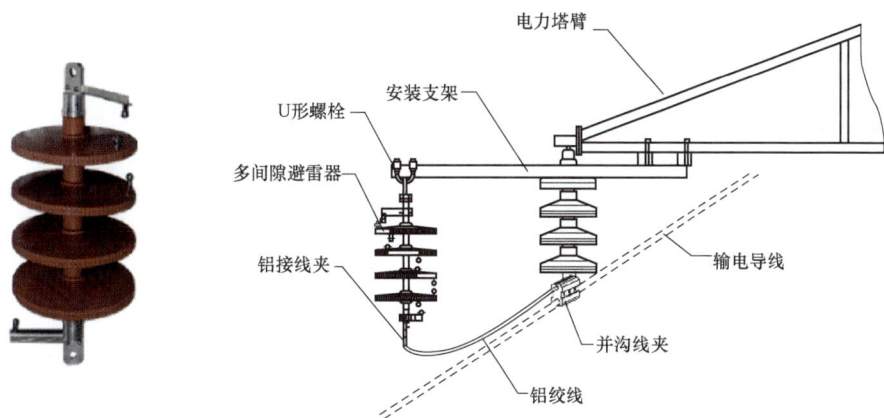

图 1 多间隙避雷装置结构及安装方式

多间隙避雷器由主间隙和多腔室结构的灭弧间隙串组成，具有结构简单、性能优越的特点；通流能力可达 30kA，是氧化锌避雷器的 3～6 倍，可耐受多脉冲雷电冲击；装置属于间隙结构的放电单元，泄放雷电流更加充分，残压水平低，其保护效果更好；对接地电阻没有特殊要求，利用杆塔自然接地即可；同时多间隙避雷装置无易受潮易老化元件，不会造成炸裂燃烧等险情，无需特殊的维护检测，正常巡检时观测外观即可[5]。

考虑集电Ⅰ线线路较长，原设定的易击段保护范围不够，扩大易击段杆塔10基，总计增加108只多间隙避雷装置，同时为了观测记录重点杆塔的雷电活动，监测多间隙避雷装置的使用及保护效果，进行雷电活动对线路的影响分析，便于雷击后巡线检查和维护，增加雷电流监测装置6套，在重点杆塔位置安装，工作截面如图2所示。

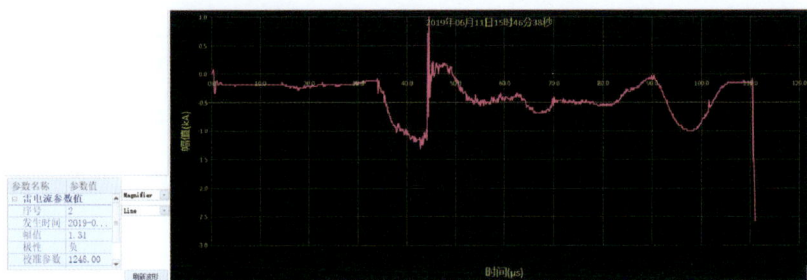

图 2　雷电流监测装置

3.2　集电Ⅱ、Ⅲ线防雷技术改造

风电场 35kVⅡ 与 Ⅲ 集电线在原线路铁塔绝缘子串顶部加装钢化玻璃绝缘子。这类绝缘子用于高压和超高压交、直流输电线路中绝缘和悬挂导线。其特点是头部尺寸小、质量轻、强度高和爬电距离大，可节约金属材料和降低线路造价。钢化玻璃绝缘子具有零值自破的特点。只要在地面或在直升机上观测即可，无需登杆逐片检测，降低了工人的劳动强度[6]。年运行自破率为 0.02%～0.04%，可以节约线路的维护费用。耐电弧和耐振动性能好，在运行中遭受雷电烧伤的新表面仍是光滑的玻璃体，并有钢化内应力保护层，它仍保持足够的绝缘性能和机械强度；导线覆冰引起舞动，玻璃绝缘子经测试，机电性能没有衰减，自洁性能好，不易老化。

Ⅱ、Ⅲ线共有杆塔 126 基，全部为自立式角钢塔，其中耐张塔 66 基、直线塔 60 基。全部杆塔中，单回塔 31 基，双回塔 95 基。原线路绝缘子采用 XWP－7 型防污绝缘子。悬垂绝缘子串使用 4 片 XWP－7 绝缘子，耐张绝缘子串使用 5 片 XWP－7 绝缘子，跳线串使用 4 片 XWP－7 绝缘子。线路与场内原有 10kV 输电线路及县级公路有交叉跨越时，跨越两侧采用双串结构。某风电场 35kV 集电线路Ⅱ、Ⅲ线防雷改造采用加强绝缘方式，选取历年雷击高风险区共计 67 基铁塔进行在原绝缘子串加装一片 U70BP/146M 型空气动力钢化玻璃绝缘子，总计数量为 621 片。

3.3　集电Ⅳ、Ⅴ、Ⅵ、Ⅶ线防雷技术改造

对于使用常规高度杆塔的输电线路而言，提高线路耐雷水平的最有效的措施就是降低杆塔的接地电阻[7]。根据《送电线路设计手册》：土壤电阻率 $\rho \leqslant 100\Omega \cdot m$ 时，可以杆塔自然接地，无需另设人工接地装置；在 $100\Omega \cdot m < \rho \leqslant 300\Omega \cdot m$ 的地区，应设置埋深不小于 0.6m 的人工接地装置；在 $300\Omega \cdot m < \rho \leqslant 2000\Omega \cdot m$ 的地区，多采用接地体埋深不小于 0.5m 的水平敷设接地装置。根据 2020 年 4—5 月预试单位对某风电场 35kV 集电线路铁塔接地电阻测试结果，选取接地电阻大于 20Ω 的铁塔，采取降低接地电阻的方法，以增加雷击电流泄流能力，如图 3 所示。

通过采用 ϕ15 热镀锌圆钢和加装接地模块来实现降接地电阻施工，技术改造后杆塔的接地电阻标准应不大于 10Ω。本次技术改造选取某风电场因雷击造成跳闸的集电Ⅳ、Ⅴ、Ⅵ、Ⅶ线进行降接地电阻施工，该线路铁塔接地电阻大于 20Ω 数量为 53 基。

在风电场 35kV 集电线路近几年的防雷技术改造过程中，基本采用以上三种措施混用的方式来完成防雷。2018 年 9 月选取集电Ⅰ线易遭雷击 39 基铁塔进行加装多间隙避雷器改造，每基塔安装其中一相，按照 A、B、C 三项顺序滚动安装，保证 39 基塔中 A、B、C 三相各安装 13 只避雷器；选取集电Ⅱ、Ⅶ线地势较高的 80 基铁塔实施加装氧化锌避雷器防雷技术改造，每基塔安

装三相避雷器，总计安装氧化锌避雷器 240 只；2020 年 6 月选取同年 4 月接地电阻测试阻值大于 20Ω 以上铁塔进行降接地电阻施工和铁塔两端导线加装防绕击式避雷针施工，其中集电 I 线实施 46 基接地电阻改造和加装 25 组防绕击避雷针，集电 II 线实施 12 基接地电阻改造和加装 24 组防绕击避雷针，集电 II、III 线同塔双回线路实施 22 基接地电阻改造和加装 17 组防绕击避雷针。

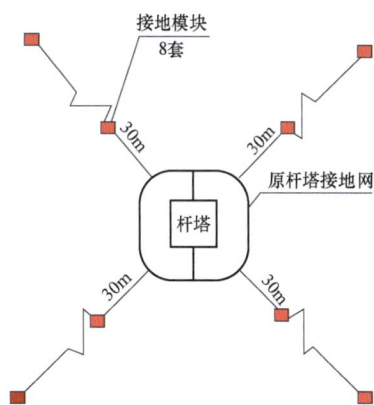

图 3　以杆塔为中心设置中心加辐射型等电位接地

4　结论

　　风电场通过利用新技术防雷产品进行防雷改造，实现了集电线路的有效防护，保护了线路设备，保护效果、经济效益都有明显的提升，对风电场的安全运营起到了良好的保障。

　　（1）同期对比：风电场 I 线每年跳闸次数为 7～9 次，2021 年实施多间隙改造后，2021 年雷击跳闸次数为 3 次，集电线路因雷击跳闸次数大幅下降。

　　（2）设备损坏情况对比：2021 年同区其他线路 II、III、IV 线雷击跳闸，事故造成箱式变压器损坏、电缆头击穿、避雷器损坏等设备损坏。I 线虽然跳闸，但没有造成设备故障及损坏，多间隙避雷器的安装对线路设备起到了保护作用。

　　（3）相比往年天气异常，该地区 2021 年雷暴天气多，强度大，6 月 9 日 I 线路探测落雷达到了 272.4kA，远高于往年，在此恶劣的天气情况下，I 线仅发生跳闸，但没有造成设备损害，整体跳闸次数也较往年明显减少，说明防雷改造起到了良好的防雷保护效果。

　　（4）风电场改造采用的多间隙避雷装置利用多间隙熄弧技术，通流能力高达 30kA，热容量大，对接地电阻要求较低，没有易受潮易老化元器件，不会形成故障点，无需定期的预防性试验，极大减少了后期运行维护工作量，节省了大量的运行维护成本。

参考文献

[1] 陈秀莲，陈怡. 山区架空配电线路防雷接地技术研究 [J]. 科学技术创新，2021（32）：61 - 63.

[2] 王凡武，康磊，张书晗，缪翔平，朱继新. 关于高原风电场集电线路防雷研究 [J]. 云南水力发电，2021，37（09）：122 - 125.

[3] 郭晋平，霍艳丽. 35kV 架空电力线路防雷措施探讨 [J]. 科技风，2010（21）：194. DOI：10.19392/j. cnki. 1671 - 7341. 2010. 21. 176.

[4] 罗正刚. 35kV 架空线路的防雷技术措施研究 [J]. 贵州电力技术，2014，17（01）：64 - 66. DOI：10.19317/j. cnki. 1008 - 083x. 2014. 01. 027.

[5] 张海虎. 架空输电线路防雷与接地的设计分析 [J]. 电气技术与经济，2021（04）：69 - 71.

[6] 李光荣. 35kV 架空输电线路防雷措施分析 [J]. 科技创新与应用，2015（20）：198.

[7] 母健. 35kV 架空线路防雷措施分析 [J]. 科技创新与应用，2015（09）：59 - 60.

风电场主变压器空充保护误动事例分析

苏亮， 张云， 曾神刚

（五凌电力有限公司新能源分公司）

摘　要： 根据某风电场主变压器检修后空载充电过程中连续两次跳闸且差动保护动作的事故进行分析，通过对现场一次回路、二次回路、装置内部及谐波波形进行检查、分析，确认是励磁涌流现象导致保护误出口。针对事故原因和实际情况提出采用联络变压器、调整保护配置等方式避免励磁涌流导致保护误动。

关键词： 主变压器；差动保护；谐波；励磁涌流

1　励磁涌流及其制动方式

1.1　励磁涌流简介

变压器空载合闸时，由于变压器导磁材料磁化曲线的非线性特点[1]，在一定的铁芯剩磁、电源电压作用的情况下，会产生幅值相当于额定电流6～8倍的励磁涌流。

变压器稳定运行时绕组端电压为式（1）、式（2），其饱和磁通如式（3）。

$$u(t) = U_m \sin(\omega t + \theta) \tag{1}$$

$$u(t) = \frac{\mathrm{d}\phi}{\mathrm{d}t} \tag{2}$$

$$\phi_m = \frac{U_m}{\omega} \tag{3}$$

式中　U_m——正弦交流电压的最大值；

　　　ϕ_m——变压器最大磁通量。

结合式（1）、式（2）可转换为式（4），即

$$\phi = \int u(t)\mathrm{d}t = -\phi_m \cos(\omega t + \theta) + C \tag{4}$$

式中　C——积分常数，当变压器投入瞬间 $t=0$ 时，此时变压器铁芯饱和或因带电压所带剩磁为 ϕ_S，据式（4）可得积分常数为

$$C = \phi_m \cos\theta + \phi_S \tag{5}$$

结合式（4）、式（5）可知，当空载合闸时变压器铁芯磁通为

$$\phi = -\phi_m \cos(\omega t + \theta) + \phi_m \cos\theta + \phi_S \tag{6}$$

其中第一项为稳态磁通，后两项为暂态磁通，会在一定程度上衰减。由式（1）、式（3）、式（6）可知，当变压器空载合闸半个周期后，变压器铁芯磁通达到最大且远大于变压器铁芯的饱和磁通，此时励磁涌流激增。其次影响励磁涌流的还有变压器合闸时的初相角 θ、铁芯中剩磁的大小和方向、回路阻抗[2]、铁芯材料及变压器容量。

1.2　制动方式

通常来说差动保护对励磁涌流的判定方式有二次谐波制动及波形制动两种[3]。

二次谐波制动即通过差流中的二次谐波量来判定励磁涌流，保护装置中一般设定二次谐波制动系数为0.15，当差流中二次谐波量与基波的比值（二次谐波比）大于制动系数时，保护装置即判定为励磁涌流。在二次谐波制动的基础上通常又分为分相制动、三相制动或门制动，分

相制动即当三相中仅一项二次谐波比率大于二次谐波制动系数时，保护装置只闭锁该相的差动继电器；三相制动或门制动即当三相中任一项二次谐波比率大于二次谐波制动系数时[4]，保护装置将三相差动继电器闭锁。

波形制动即通过波形对比来判定励磁涌流。变压器内部故障时，差流基本都为正弦波且波形对称，而发生励磁涌流时其波形往往偏向时间轴一侧，具有衰减缓慢的特点[5]，三相变压器典型波形还有间断性、顶尖性等特点。

2 案例分析

某风电场安装两台额定容量为 50000kVA 的主变压器，共用同一段 110kV 母线。在 110kV 线路检修后恢复送电过程中，先给 1 号主变压器充电，待 1 号主变压器空载运行后给 2 号主变压器充电，2 号主变压器先后两次充电的过程均未能顺利合闸且跳 2 号主变压器高压侧断路器，两次跳闸均为保护 B 套动作报比率差动动作。现场以先一次后二次、先回路后装置[6]的故障排查原则进行了深度检查。表 1 为 2 号主变压器的基本参数，图 1 所示为该风场部分一次主接线图。

表 1　　　　　　　　　　　　　2 号主变压器的基本参数

项目	参数	项目	参数	项目	参数
型式	SSZ11-50000/110	额定电压（kV）	115/10.5/36.75kV	联接组编号	YNd11d11
额定容量（kVA）	50000/12000/50000	空载电流（A）	0.10%	空载损耗（kW）	23.4
短路阻抗	11.01%	额定频率（Hz）	50	出厂编号	170072
相数	3	出厂时间	2017.07		

2.1 一次设备检查

两次跳闸发生时，2 号主变压器至 520 断路器回路外观均无明显故障现象，现场人员在第一次跳闸时利用可对应仪器对 2 号主变压器进行绝缘电阻、绕组直流电阻、主变压器三相变比及绕组连同套管介损测量；第二次跳闸后，在第一次试验检测的基础上增加对一次侧相关电流互感器的伏安特性试验及主变压器的油样检测。各试验数据如表 2～表 6 及图 2 所示。

表 2　　　　　　　　　　　　　绝缘电阻试验数据　　　　　　　　　　　　　　　　　　MΩ

试验部位	跳闸前 R''_{60}	第一次跳闸后	第二次跳闸后
L-HM+E	25100	12700	14000
M-LH+E	15900	23900	19800
H-LM+E	25100	23000	24000

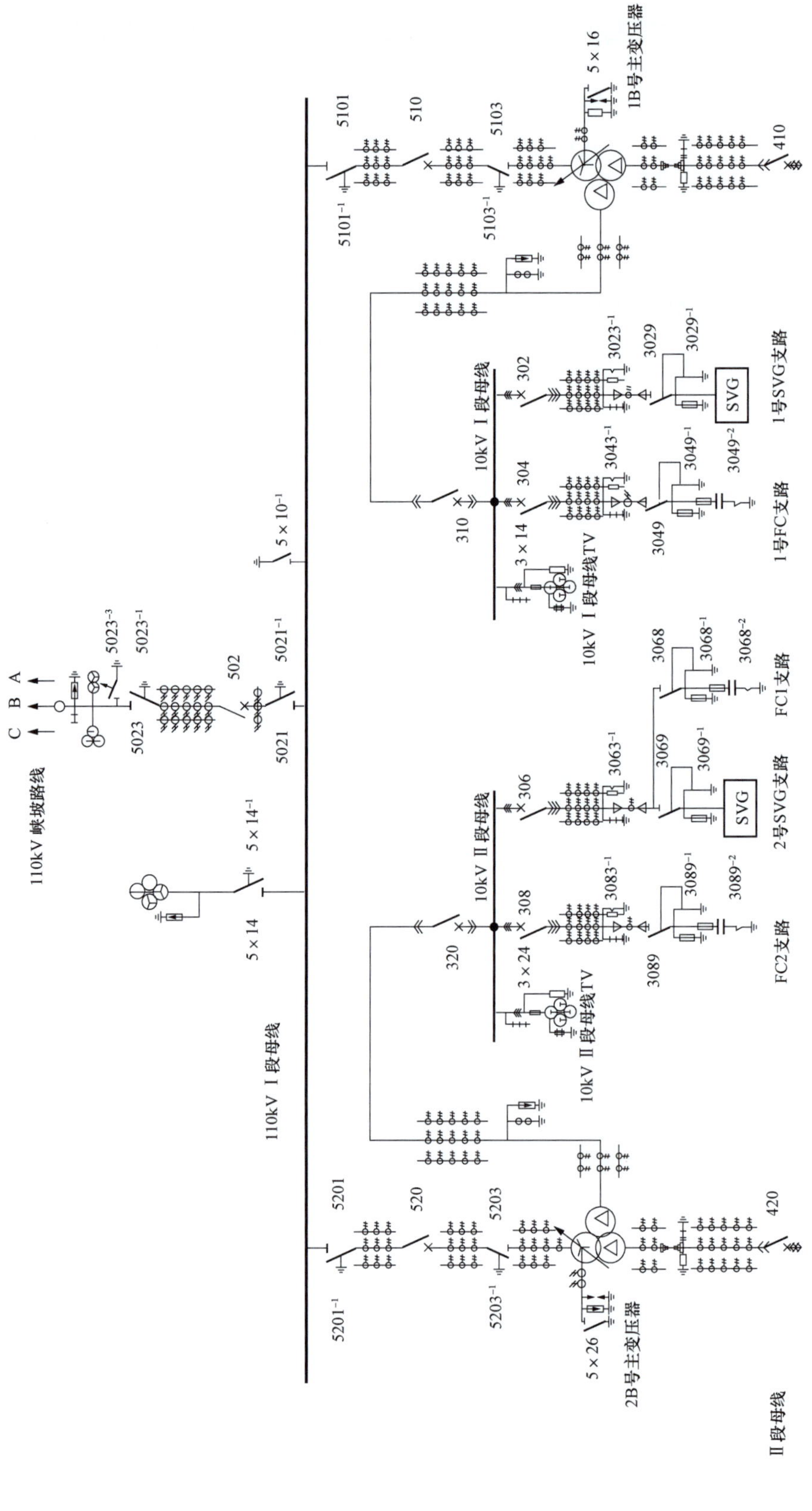

图 1　某风场部分一次主接线图

表3   绕组直流电阻试验数据（9B档）   MΩ

试验部位		跳闸前	第一次跳闸	第二次跳闸
高压侧	A - O	539.6	539.6	540.0
	B - O	539.7	539.9	540.1
	C - O	539.9	540.1	540.3
中压侧	a - b	91.48	93.00	93.12
	b - c	91.41	92.98	93.28
	a - c	91.47	93.00	93.15
低压侧	a - b	36.00	36.73	36.92
	b - c	36.03	36.71	36.89
	a - c	36.04	36.73	36.92

表4   三相变比试验数据

试验部位		跳闸前		第一次跳闸		第二次跳闸	
		实测	误差（%）	实测	误差（%）	实测	误差（%）
高—中	AB/ab	3.13	0.29	3.13	0.13	3.13	0.13
	BC/bc	3.13	0.29	3.13	0.12	3.13	0.12
	CA/ca	3.13	0.29	3.13	0.13	3.13	0.13
中—低	AB/ab	3.50	−0.46	3.49	−0.43	3.49	−0.43
	BC/bc	3.50	−0.46	3.49	−0.42	3.49	−0.42
	CA/ca	3.50	−0.46	3.49	−0.43	3.49	−0.43
高—低	AB/ab	10.95	−0.26	10.94	−0.23	10.93	−0.17
	BC/bc	10.95	−0.25	10.94	−0.26	10.92	−0.34
	CA/ca	10.95	−0.25	10.94	−0.26	10.92	−0.34

表5   绕组连同套管介损测量数据

试验部位	跳闸前		第一次跳闸		第二次跳闸	
	$\tan\sigma$(%)	C_x(pF)	$\tan\sigma$(%)	C_x(pF)	$\tan\sigma$(%)	C_x(pF)
L - HM+E	0.283	18530	0.245	18520	0.243	18530
M - LH+E	0.290	23370	0.275	23370	0.273	23370
H - LM+E	0.293	10410	0.271	10720	0.272	10520

表6   油样测量数据

气体种类	H_2	CO	CO_2	CH_4	C_2H_6	C_2H_4	C_2H_2（≤5）	总烃（≤150）
含量	244.75	365.77	4193.76	22.13	3.72	4.40	0.00	30.25

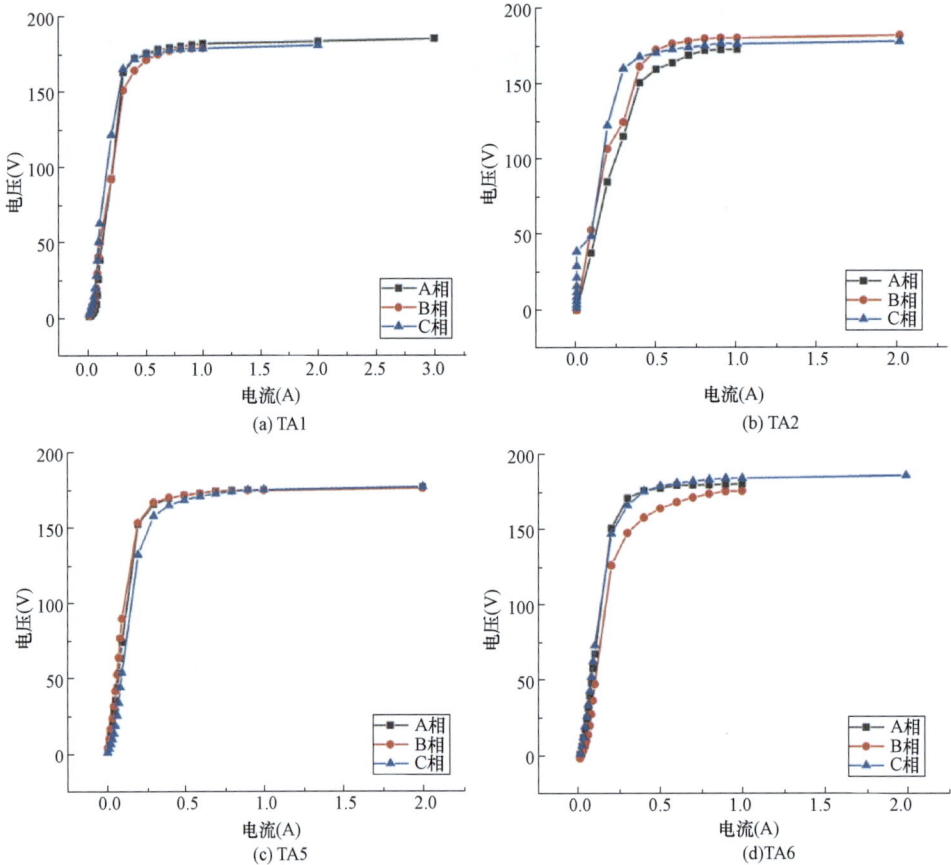

图 2　伏安特性曲线

　　从上表数据可知在第一次跳闸后各试验数据与跳闸前对比，2 号主变压器各侧绝缘正常且无明显差异变化，各侧绝缘值、绕组直流电阻、三相变比及介质损耗都与第一次跳闸前基本一致。由此可说明，第一次跳闸并非变压器本身内部放电故障导致。第二次跳闸后各试验数据与第一次跳闸后、跳闸前数据对比，无明显差异，且由图 2 伏安特性曲线可知，线路电流互感器内部无故障，无匝间短路等现象，由表 6 可知 2 号主变压器各侧油质正常，无超标项，进一步说明第二次跳闸非主变压器内部故障或一次侧回路存在故障。

2.2　二次设备检查

　　该风电场 2 号主变压器采用的是 NSR694RF‐D60 变压器成套保护装置，高压侧的 TA 变比为 400/5，高压侧额定电流为 3.14A，分 A、B 两套保护，两套保护定值均一样，具体如表 7 所示。

表 7　　　　　　　　　　　　　　　　2 号主变压器保护部分定值清单

名称	解释	整定值
比率差动投退	比率差动投退	ON
二次谐波闭锁投退	励磁涌流二次谐波闭锁投退 （此控制字投入为二次谐波闭锁，退出为波形对称闭锁）	ON
比率差动定值	比率差动启动电流定值	0.5
二次谐波闭锁定值	二次谐波闭锁定值	0.15

故障发生时，由于保护装置、故障录波装置与 GPS 时钟对时不一致，在时间上有偏差，以实际保护动作先后顺序为准。查看 A、B 两套保护装置，两次跳闸均跳 B 套保护比率差动动作[7]，具体如图 3 所示，两次跳闸故障的波形如图 4、图 5 所示。

(a)第一次跳闸   (b)第二次跳闸

图 3 跳闸时保护装置显示

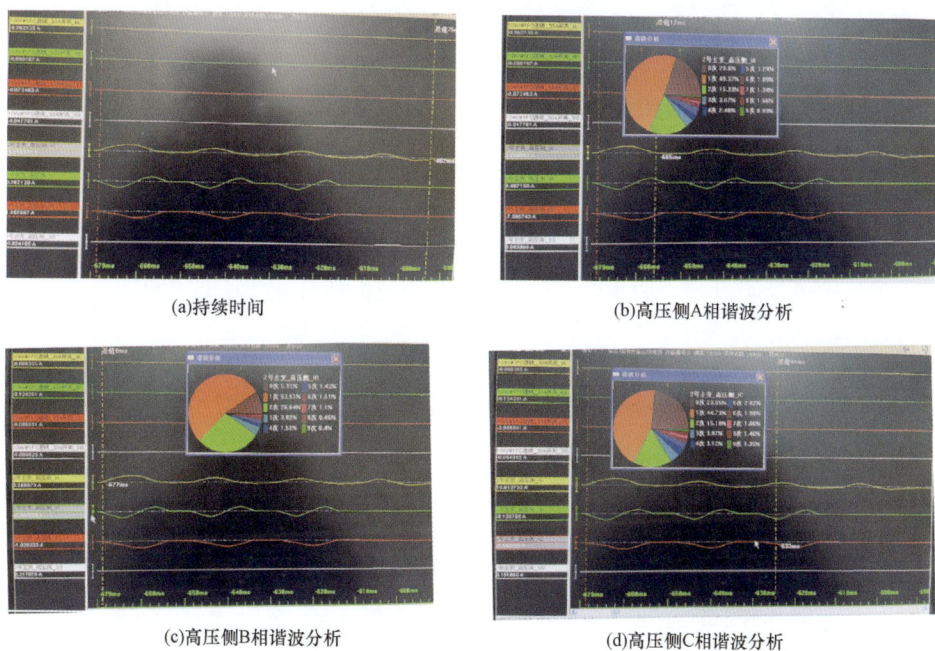

(a)持续时间   (b)高压侧A相谐波分析

(c)高压侧B相谐波分析   (d)高压侧C相谐波分析

图 4 第一次跳闸时波形图

据图 4（a）可知第一次跳闸持续时间为 75ms，据图 4（b）～图 4（d）可知 A 相在故障开始后第 12ms 其二次谐波比率为 15.33%，最高电流值达到 24.75A；B 相在故障起始其二次谐波比率为 26.64%；C 相在故障开始后第 44ms 其二次谐波比率为 15.19%，最高电流值达到 20.33A。

据图 5（a）可知第二次跳闸持续时间为 82ms，时间略长于第一次，据图 5（b）～图 5（d）可知 A 相在故障开始第 13ms 二次谐波比率达到 15.10%，电流最高达到 22.05A；B 相在故障始二次谐波比率即达到 26.21%；C 相在故障开始第 44ms 二次谐波比率达到 15.19%，电流最高达到 20.72A。

经试验验证 B 套保护装置差动保护的动作时间为 30ms，不论在第一次或第二次跳闸时 C 相都没有及时闭锁差动保护，相差的 14ms 证明差动继电器有足够的时间动作，从而发生比率差动动作。

(a)持续时间

(b)高压侧A相谐波分析

(c)高压侧B相谐波分析

(d)高压侧C相谐波分析

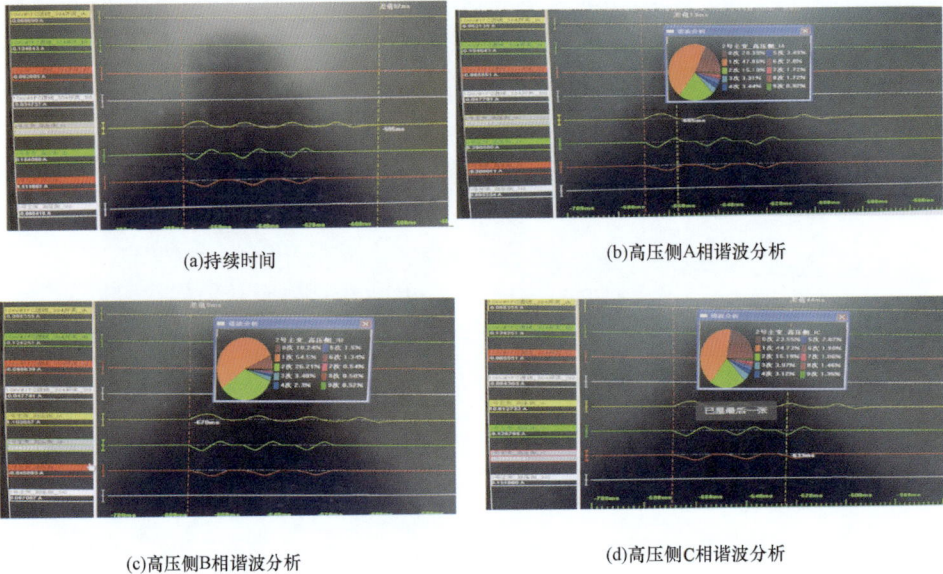

图5　第二次跳闸时波形图

2.3　原因分析

两台主变压器接在同一段110kV母线上，两次发生跳闸故障时，电场110kV母线为带电状态，1号主变压器为空载状态，两次跳闸的A、C两相波形都具有一定的间断性、二次谐波比率大且最大电流均达到高压侧额定电流的6倍以上，为典型的励磁涌流现象。现场根据实际情况将1号主变压器一侧各负载全部充电，且修改B套保护的谐波比率制动系数为0.09，再次对2号主变压器进行充电，最终合闸成功，此时的波形如图6所示。

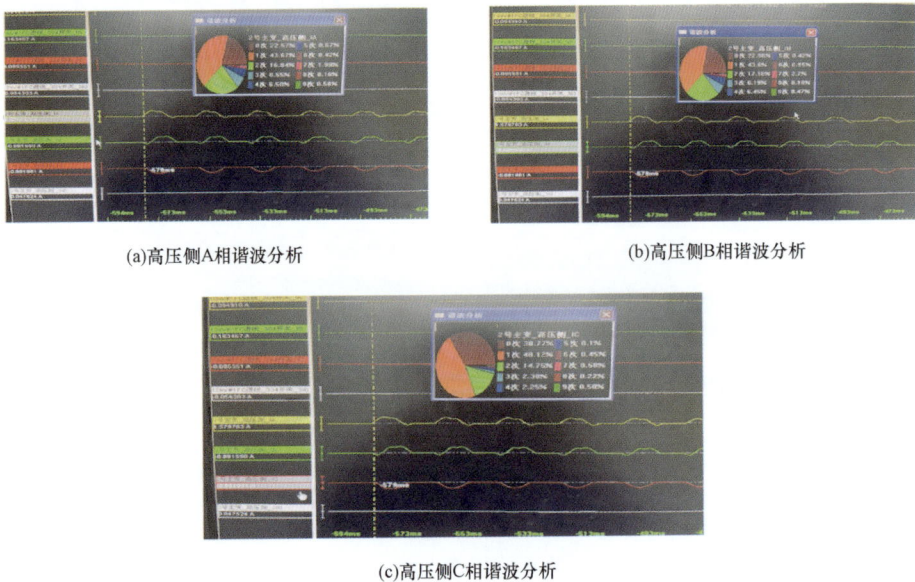

(a)高压侧A相谐波分析

(b)高压侧B相谐波分析

(c)高压侧C相谐波分析

图6　成功合闸时波形

从图 6 可知成功合闸时的波形仍表征为典型的励磁涌流波形[8]，据图 6（a）、图 6（b）可知 A、B 两相在合闸初始二次谐波比率分别为 16.84％、17.18％，据图 6（c）可知 C 相在合闸初始二次谐波比率为 14.75％，最高电流值达到 14.24A，虽然 B 套保护装置的二次谐波闭锁值改为了 0.09，但此时 A 套保护装置的二次谐波闭锁值仍为 0.15，鉴于 A 套保护装置差动保护的启动时限为 0ms，此时比率差动动作仍存在时间。初步分析，2 号主变压器最终能顺利充电，改变运行方式占据主要作用。

3　结束语

励磁涌流现象为变压器空充时的常见现象，为避免类似事故再次发生，建议从以下几方面加强防范[9]。

（1）将风电场存在的两套保护装置，一套设置为二次谐波闭锁，另一套设置为波形识别闭锁，加强对励磁涌流的辨识，正确区分励磁涌流与其他短路电流。

（2）将同一段母线上的两台主变压器进行充电时，采用联络变压器的方式即将其中一台主变压器完成充电并带上负载后再对另一台主变压器进行充电。

（3）针对二次谐波闭锁执行情况，可在三相制动和分相制动中合理选择，合理规避变压器剩磁的突变点，消除或者减小励磁涌流。

参考文献

[1] 和敬涵，李静正，姚斌，等 . 基于波形正弦度特征的变压器励磁涌流判别算法 [J]. 中国电机工程学报，2007（04）：54 - 59.

[2] 李波，江亚群，侯立峰，等 . 利用波形曲率识别变压器励磁涌流的新方法 [J]. 电力系统及其自动化学报，2010，22（06）：93 - 98.

[3] 李岩 . 新型微机变压器保护的设计与开发分析 [J]. 才智，2013（31）：291.

[4] 薛洁 . 高压变压器冲击启动送电解析 [J]. 电子技术与软件工程，2013（19）：143.

[5] 翁汉琍，陈皓，万毅，等 . 基于巴氏系数的变压器励磁涌流和故障差流识别新判据 [J]. 电力系统保护与控制，2020，48（10）：113 - 122.

[6] 狄淑春，李雪莲，王朋飞 . 一起 110kV 主变差动保护误动作故障分析与处理 [J]. 科技展望，2016，26（24）：112.

[7] 崔勇，张英磊，朱宝，等 . CT 修试引起 500kV 主变差动保护动作分析及对策 [J]. 电气技术，2012（04）：40 - 43.

[8] 耿大勇，郑士鹏，任辉 . 一种变压器软起动控制方法的研究 [J]. 辽宁工业大学学报（自然科学版），2014，34（01）：16 - 19.

[9] 宋微浪，唐斌，胡晓骏，等 . 一起励磁涌流致变压器差动保护误动作事故的分析 [J]. 上海电气技术，2017，10（02）：40 - 43.

1.5MW 风电机组断路器低温不吸合问题浅析

王凤辉[1]，尹博[2]

（1. 中国广核新能源控股有限公司运维事业部； 2. 中国广核新能源控股有限公司吉林分公司）

摘　要： GW82-1500 风电机组 Switch 变频器机组低温天气故障停机后，大量机组在故障修复后的启动过程中报机舱开关柜内发电机侧断路器吸合失败故障，故障报出后需要登塔打开开关柜使用热风枪对断路器进行烘烤，为缓解设备缺陷，设备厂家对机舱开关柜进行加装加热板技术改造，风电机组故障得到缓解，但个别风电机组故障严重，在−20℃以下天气仍存在不吸合故障，且随着长时间运行，技术改造加热板也出现异常，会额外导致断路器故障，部分风电机组加热板被迫拆除；安装加热板仅为治标不治本的缓解措施，要想消除断路器缺陷，还要从断路器本身着手，查找根因，彻底消除断路器缺陷。对故障断路器进行吸合试验，观察断路器吸合、反馈、断开原理，并对断路器进行拆解分析，判断断路器低温不吸合原因为断路器分闸传动杆及合闸准备连动杆的机械润滑油脂为常温型，在低温天气时启动扭矩大于塔簧的弹性扭矩，断路器脱口线圈动作后分闸传动杆及合闸准备连动杆无法快速到达吸合准备位置，导致吸合线圈动作后无法触发断路器吸合机构，断路器吸合失败，所以通过更换低温性润滑油脂的方式可以从根本上解决断路器低温不吸合问题。经过现场试验，将断路器润滑脂清洗并加注新型低温润滑脂后，断路器在低温天气吸合正常。因此，清洗断路器常温油脂并加注新型低温润滑脂，可有效解决断路器低温不吸合问题。

关键词： GW82-1500；Switch 变频器；发电机侧断路器；低温

1　背景情况

2012 年前安装的 GW82-1500 Switch 变频器风电机组均存在低温天气发电机侧断路器不吸合问题。

冬季低温天气风电机组停机再次启动过程中主控系统报变流器紧急停机故障，变频系统报 73Genbreaker fault（发电机断路器故障），经排查为断路器因低温无法吸合。该故障需要登塔打开机舱开关柜，使用热风枪对断路器进行烘烤加热，加热时间与环境温度和断路器故障程度相关，最短需要 10min，最长约 40min，烘烤完毕后需要尽快恢复并启动风电机组，否则断路器冷却后将需要重新烘烤加热。

故障多数发生在线路停电或故障停机之后，因冬季北方道路积雪，运维检修道路不畅，批量风电机组出现低温故障将极大地增加风电机组故障时长，给现场带来极大的困扰，同时，在烘烤过程中容易对断路器造成损伤，已有多台断路器因过度烘烤而损坏更换，给风电机组运行带来安全隐患。

为缓解设备缺陷，设备厂家对机舱开关柜进行加装加热板改造，风电机组故障得到缓解，但个别风电机组故障严重，在−20℃以下天气仍存在不吸合故障，且随着长时间运行，改造的加热板也出现异常，成为故障源而导致断路器故障，部分加热板被迫拆除。

安装加热板仅为治标不治本的缓解措施，故障不能根治，且长时间后反而成为故障源；为降低风电机组故障损失及人员成本投入并消除风电机组安全隐患，亟需从根本上解决断路器低温不吸合缺陷。

2 问题浅析

2.1 原因分析

断路器合闸失败为综合性故障，故障涉及系统较多、故障回路较长，本文结合风电机组故障逻辑、电气回路及断路器结构，分析风电机组无故障时断路器吸合失败原因如下：

（1）变流器控制器故障（包含控制器、控制板、程序等）。

（2）断路器分、合闸线圈控制继电器故障。

（3）发电机过电流保护模块故障（包含霍尔传感器、Ocurrent）。

（4）K9 继电器故障。

（5）断路器分、合闸线圈故障。

（6）断路器分、合闸反馈开关故障。

（7）各位置线路虚接。

（8）断路器未储能。

（9）断路器机械故障。

2.2 故障诊断

将故障原因分为电气故障［原因（1）～（7）］和机械故障［原因（8）、（9）］进行分析诊断。

2.2.1 电气故障诊断

对断路器进行重复分合闸试验，试验结果如下：

（1）下达断路器吸合命令后，断路器分、合闸线圈控制继电器均正常动作，且动合触点输出均正常。

（2）断路器内分、合闸线圈均有动作。

（3）无断路器吸合反馈，断路器实际状态也为未吸合。

（4）手动触发断路器内部吸合反馈开关，变流器控制器可收到断路器吸合反馈信号。

通过观察试验过程中各电气元件的动作及结果，与正常断路器吸合逻辑对比，可排除设备电气故障。

2.2.2 机械故障诊断

因为断路器仅在冬季故障，而在春秋及夏季不报故障，所以考虑为温度对断路器的影响，对断路器外壳进行加热 30min 后断路器可以正常吸合，可以辅助判断断路器低温故障为断路器本体故障，排除外部电气控制影响。

准备正常断路器一个，与故障断路器进行动作过程对比，观察动作逻辑，分析判断故障断路器缺陷位置。

将两个断路器进行拆解，拆下断路器分、合闸线圈，手动重复模拟断路器合闸动作，记录解析断路器合闸过程机械部分动作逻辑，见表1。

表 1　　　　　　　　　　　　　　机械部分动作逻辑

序号	正常断路器	故障断路器
1	断路器储能	断路器储能
2	按压、释放分闸传动杆	按压、释放分闸传动杆

续表

序号	正常断路器	故障断路器
3	分闸传动杆动作时发现一联动机构动作，命名为"合闸准备连动杆" 分闸传动杆与合闸准备连动杆快速动作	分闸传动杆释放后不回弹或回弹缓慢，合闸准备连动杆无动作或动作极其缓慢
4	按压合闸按钮	按压合闸按钮
5	合闸按钮按下过程中会触动合闸准备连动杆，继续按压合闸按钮	合闸按钮不会触动合闸准备连动杆，继续按压合闸按钮
6	合闸传动杆旋转，断路器吸合	合闸传动杆不旋转，断路器不吸合
7		使用热风枪直接对断路器分闸传动杆及合闸准备连动杆进行直吹加热，30s 后重复序号 1～6，断路器可以正常吸合

（1）经过对比两断路器机械动作逻辑及故障断路器直吹加热试验得出初步结论：

1）因断路器拆除各电气元件后无法手动吸合断路器，排除断路器内部电气部件的影响。

2）故障断路器低温时分闸传动杆与合闸准备连动杆未快速回弹释放，导致合闸按钮按下过程中无法接触合闸连动杆而导致无法吸合断路器，最终风电机组报出断路器吸合失败故障。

分闸传动杆与合闸准备连动杆如图 1 所示。

图 1　分闸传动杆与合闸准备连动杆

（2）根据试验结论，继续分析低温时分闸传动杆与合闸准备连动杆未快速回弹释放原因，对断路器分闸传动杆及合闸准备连动杆进行细致观察，分闸传动杆及合闸准备连动杆回弹动力来源于弹簧，动力恒定，分析故障原因如下：

1）固定间隙受温度影响热胀冷缩，夹紧分闸传动杆及合闸准备连动杆。

2）润滑脂低温转矩大，弹簧弹力不足。

3　根因分析及解决方案

3.1　根因分析

润滑脂与固定间隙作用位置相同，通过清理润滑脂的方式将作用力单一化分离，便于根因判定。

使用化油器清洗剂将分闸传动杆及合闸准备连动杆周围润滑脂清洗干净。

在低温时（-20℃以下）无润滑脂状态进行断路器吸合试验，发现断路器可以正常吸合。

再使用冷却剂继续降低分闸传动杆及合闸准备连动杆固定间隙温度（-40℃以下），在无润滑脂状态进行断路器吸合试验，发现断路器可以正常吸合。

经过多次试验，可排除固定间隙受温度影响热胀冷缩，夹紧分闸传动杆及合闸准备连动杆，锁定故障根因为断路器润滑脂低温扭矩大及塔簧弹力不足。

3.2 解决方案

经过前面分析，已确认断路器低温不吸合根因为断路器润滑脂低温扭矩大及塔簧弹力不足。

解决方案如下：

3.2.1 方案一：更换大扭矩弹簧

弹簧安装于断路器内部，更换大扭矩弹簧需要完全拆解断路器，需要专业工器具及试验平台的同时，对于现场人员来说这是一项非常专业与困难的作业，很容易发生拆卸完成无法复装的风险，且作业时间较长，暂不进行选择。

3.2.2 方案二：更换润滑脂

经过咨询，断路器使用润滑脂为常温型润滑脂，常温润滑脂不适用于北方严寒地区，将润滑脂更换为低温型应该可以解决问题，且更换润滑脂步骤简单，便于实施，可以进行考虑；下面对更换油脂方案进行试验，以验证方案可行性。

北方地区常用断路器低温润滑脂为 Mobil SHC 460WT、Mobil Grease 28 等，根据网络查询，Mobil SHC 460WT 可用于 -30~150℃，无低温转矩数据，其高温性能更优异；Mobil Grease 28 为低温航空润滑脂，低温转矩为 0.41N·m，低温性能优异。

为彻底解决设备缺陷，选用低温性能最好的润滑脂试验，步骤如下：

3.2.2.1 断路器拆解

拆卸断路器外壳、分闸线圈、合闸线圈、储能电机、过电流保护开关；拆卸过电流保护开关时动作要轻，避免损坏线缆及塑料元件。

3.2.2.2 清洗原润滑脂

使用化油器清洗剂清洗图 2 中 1、2、3、4、5 位置的油脂，清洗过程中要频繁转动分闸传动杆，以保障原润滑脂清洗干净，避免残留物迟滞传动机构，影响试验结果，甚至导致试验失败。

图 2　断路器清洗位置

3.2.2.3 加注新润滑脂

待化油器清洗剂挥发干净并确认原润滑脂已清洗干净后使用注射器对图 2 的 5 个清洗位置加注新润滑脂（品牌型号为 Mobil Grease 28），加注要缓慢，过程中要频繁转动分闸传动杆，确保润滑脂进入摩擦间隙，达到最大润滑效果。

3.2.2.4 低温条件下断路器吸合试验

将断路器于－20℃环境下放置 12h，使断路器充分冷却，然后在－20℃环境下进行吸合测试，每间隔 1min 测试 1 次，总计 10 次，10 次间隔测试断路器均可以正常吸合。

在图 2 的 1～5 位置喷冷却剂，使温度下降至－40℃以下进行断路器吸合测试，每间隔 1min 测试 1 次，总计 10 次，10 次间隔测试断路器均可以正常吸合。

4 结论

经过故障诊断、根因分析、方案验证与结果对比，可明确判定本批次 1.5MW 断路器低温不吸合问题根因为常温型润滑脂不适用于北方严寒天气，环境温度低时常温润滑脂扭矩大，原装弹簧无法完成驱动，导致断路器合闸信号无法作用于合闸转动杆而断路器吸合失败，通过更换低温型润滑脂可有效解决断路器低温不吸合问题。

参考文献

[1] 伊政潮 . 框架式断路器在风电行业的应用 [J].电气制造，2012（06）.

[2] 江旭 . ABBEmax 系列框架式断路器储能故障分析与应对措施 [J].电子技术与软件工程，2014（13）.

[3] 金建达 . 低压框架式断路器用控制器的测量与控制技术 [D].苏州大学，2006.

[4] 耿宾 . 框架式断路器附件试验与检测技术的研究 [D].河北工业大学，2015.

[5] 王永鑫 . 低压断路器电磁脱扣特性的研究 [D].同济大学，2008.

（上接 578 页）

5 建议

（1）机组偏航系统安装与机组匹配的偏航软启动器，优化偏航电机的启停。

（2）偏航电机加装温度测点连接到后台，通过智慧数据分析，提前发现温度异常的电机，对其进行检查，必要时提前更换。

（3）加强日常巡视检查，发现减速器底座固定螺栓有松动的，将其拆卸下来，重新涂抹螺纹紧固胶后，按照规定力矩值打紧，避免进一步发展成减速器内部打齿。

82 - 1500 Switch 变频器风电机组柜体冷却风扇故障处理——自主设计 82 - 1500 Switch 变频器循环风扇系统

王凤辉[1]，尹博[2]

(1. 中国广核新能源控股有限公司运维事业部；2. 中国广核新能源控股有限公司吉林分公司)

摘　要： 自主设计、改造循环风扇，将内置启动电容外置，解决电容更换的拆卸、拆壳困难；技术改造成本低、收益高，相对收益比例达百倍；优化工艺流程，将电容检测、更换时间缩短 40 倍，提高工作效率；补充完善风电机组定检手册，将被动检修转为预防性检修。

关键词： 82 - 1500 Switch 风扇；启动电容；1F11

1　引言

82 - 1500 Switch 变频器风电机组柜体内部使用两个外置风扇进行散热，风扇根据环境情况及程序控制，按需求启停；因风扇启停频繁，平均使用 3～5 年即会发生损坏。不仅增加维护费用，同时也增加现场人员工作量，伴随机组停机造成发电量损失。

2　故障基本情况

82 - 1500 Switch 变频器风电机组主控系统报变流器紧急停机故障，变流器 1U1 面板报 61 Cabinet Cooling fan（柜体冷却风扇故障）。

停机说明见表 1。

表 1　　　　　　　　　　　　　　　　　停机说明

项目	内容
变流器紧急停机故障触发条件	变流器急停信号（总线）为 1 或变流器故障信号（硬件）为 0
故障停机等级	变流器故障紧急停机：变桨速度为 6°/s，变流器调制和空气开关同时断路器

3　原因分析与诊断

(1) 主控系统变流器紧急停机故障解释见表 2。

表 2　　　　　　　　　　　主控系统变流器紧急停机故障解释

故障号	故障名称（中文）	故障名称（英文）	故障变量
458	变流器紧急停机	Error _ converter emergency stop	error _ converter _ Eemergency _ Stop
故障触发条件		变流器急停信号（总线）为 1 或变流器故障信号（硬件）为 0	

(2) 变频器 61 Cabinet Cooling fan（柜体冷却风扇故障）故障分析见表 3。

表 3　　　　　　　　　　变频器 61 Cobinet Cooling fan 故障分析

故障解释		启动信号发送后，冷却风扇的反馈信号丢失导致
	故障原因	处理方法
1	风扇启动失败	（1）检查冷却风扇是否启动，有无堵转。 （2）动力电缆是否接线正常。 （3）3K4 接触器是否吸合
2	反馈信号丢失	检查 3M1、3M2 风扇的反馈触点是否松动，线路是否虚接
3	熔断器熔断	1F11 熔断器熔断导致，检查线路有无短路，更换熔断器
4	冷却风扇损坏	检查风扇有无损坏，更换冷却风扇

因变流系统有故障报出，主控系统跟随报出变流器紧急停机故障，是正常状态，故障根源在变流器。

4　故障处理过程

4.1　设备检查

4.1.1　1F11 空气开关跳闸

空气开关下回路存在过载、短路情况；主要检查线路有无短路、接地，风扇是否堵转。

4.1.2　风扇启动失败

（1）检查冷却风扇是否可以启动，有无堵转，启动过程是否快速。

（2）检查 3K4 接触器是否吸合。

（3）检查供电电源是否正常。

（4）检查电缆接线是否正常。

4.1.3　反馈信号丢失

检查风扇 3M1、3M2 的反馈触点是否松动，反馈信号回路是否存在虚接。

4.1.4　冷却风扇检查

检查风扇有无损坏，对风扇 3M1、3M2 分开测试。

（1）拔下风扇 3M2 接线端子，合上 1F11 空气开关，启动风扇，测试风扇 3M1 是否启动，1F11 空气开关是否跳闸。

（2）拔下风扇 3M1 接线端子，合上 1F11 空气开关，启动风扇，测试风扇 3M2 是否启动，1F11 空气开关是否跳闸。

（3）检测风扇启动电容容值是否正常（$4\mu F$）。

4.2　检查结果

打开变流柜，发现 1F11 空气开关跳闸，检查主回路及反馈回路线路无破损、短路、接地、虚接等现象；风扇 3M2 旋转滞涩；风扇启动测试中风扇 3M1 可以启动，但启动过程长达 10s、风扇 3M2 启动后 1F11 空气开关立即跳闸。

根据检查结果分析，风扇 3M2 内部短路导致 1F11 空气开关跳闸，报出 61 Cabinet Cooling fan（柜体冷却风扇故障），风扇 3M1 启动缓慢，同样为异常状态。

4.3　风扇拆解

（1）将风扇进行拆解。

（2）3M1 风扇绕组正常。

（3）轴承无异物，旋转顺畅。

（4）风扇 3M2 绕组已严重烧毁，轴承处存在铜渣。

（5）剪断两风扇启动电容接线并测量容值，发现容值均远低于 $4\mu F$，其中 3M2 风扇启动电容容值已经下降至 100nF。

损坏风扇拆解如图 1 所示。

图 1　损坏风扇拆解

4.4　维修分析

根据检查结果及风扇拆解测量分析，风扇因启动电容容值不断下降，导致风扇逐渐启动缓慢，最后容值下降至无法启动风扇，风扇通电后因无启动电容而堵转，长时间工作后绕组高温烧损、短路，1F11 空气开关跳闸，短路产生的铜渣落入轴承，导致风扇旋转滞涩。

风扇 3M1 绕组及轴承正常但启动缓慢，更换新的启动电容后进行测试，风扇可在 3s 内快速启动，验证了启动电容是风扇故障的根因。

5　结论和预防措施

5.1　结论

根据检查结果、风扇拆解测量及后续试验验证，风扇启动电容容值下降是故障的根本原因。

根据调查，全国 82 - 1500 Switch 变频器风电机组柜体冷却风扇均存在频繁损坏情况，风扇平均寿命仅为 3～5 年，造成风电场备件损失的同时是大量的故障停机时间及人工成本的投入，从根本上解决故障的行动势在必行。

5.2　预防措施

5.2.1　实施方案

为做到故障预防，需要对全场风电机组冷却风扇启动电容进行预防性更换。但原风扇启动电容至于风扇壳体内部，且使用螺栓固定，更换较为复杂，风扇接线为端子压接，端子口径较小，新装风扇接线较为费力，且无法进行电容无损测量。旧风扇如图 2 所示。

鉴于上述弊端，需要对风扇加以改造，设计一套新的循环风扇系统：

（1）将内置启动电容外置，解决电容更换的拆卸、拆壳困难，便于后期更换，如图 3 所示；

（2）更改接线方式，增加中间对接端子，解决电容无法无损检测问题，同时便于增加定检检查项目，持续跟踪设备状态，更加便于更换，如图 4～图 6 所示；

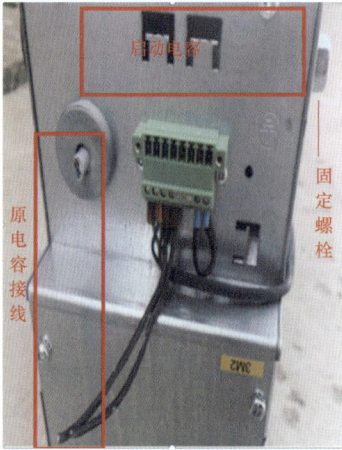

图 2 旧风扇

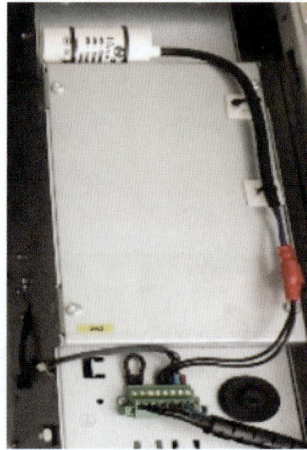

图 3 启动电容外置

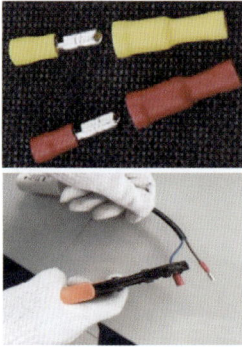

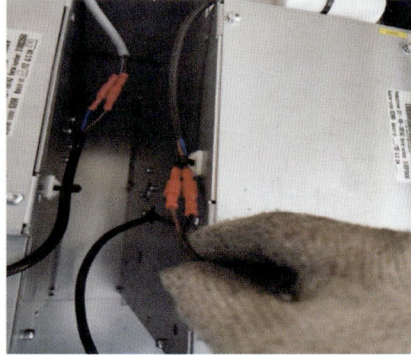

图 4 更改接线方式为快接端子

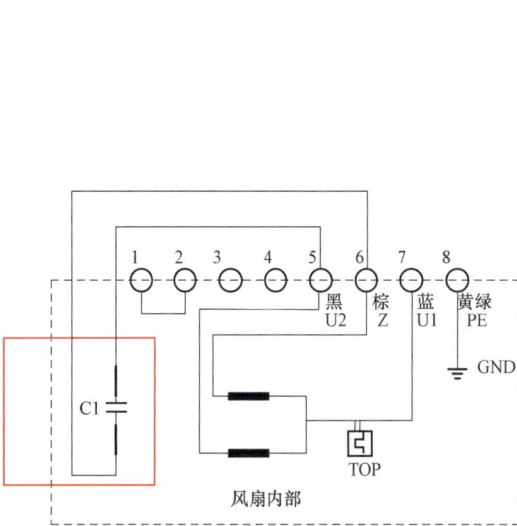

图 5 接线图 - 改造前

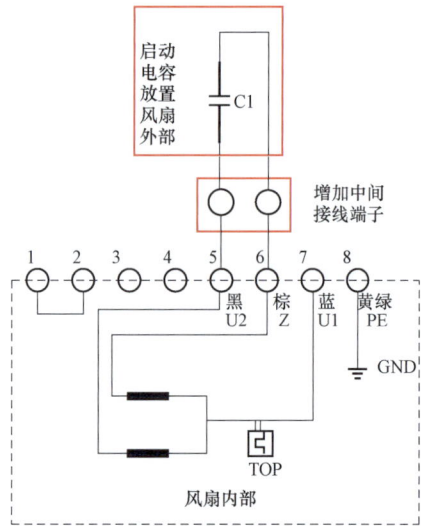

图 6 接线图 - 改造后

（下转 487 页）

双馈风能变流器定子电缆支架异常发热问题分析及解决措施

陈海亮， 刘振

（五凌电力有限公司新能源分公司）

摘　要： 随着风电产业的飞速发展，风力发电机组单机容量在不断增大，在发电机组出口电压一定的情况下输出电流也在不断增大，大电流带来的发热隐患在风力发电机组运行过程中日益凸显，本文主要分析某风电场在日常运行维护过程中发现的变流器支架发热问题以及处理方法。

关键词： 变流器；电缆支架；定子电缆；发热

1　引言

某风电场一期工程共安装 16 台 WG3000KDF 型双馈变流器，额定容量为 3369kVA。2021年 5 月 10 日，电场运行维护人员使用红外热成像仪对该变流器进行例行巡检测温过程中发现，定子电缆支架存在明显异常发热情况，随后抽查了几台变流器，都存在不同程度的发热情况。

2　变流器定子电缆支架异常发热现象

2.1　发热位置

发热位置位于变流器并网柜上端电缆支架，该支架主要用于承载机舱发电机定子引出电缆，如图 1 所示。

2.2　发热点温度

后续测量多台变流器电缆支架，异常发热点温度均在 70～95℃不等，最高温度达 95.6℃。红外热成像测量如图 2 所示。

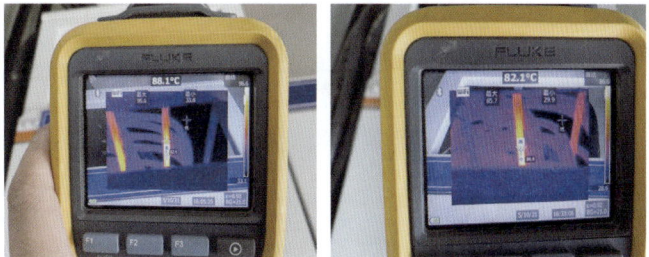

图 1　发热位置　　　　　　　　　图 2　红外热成像测量

3　危害

电缆长期与高温物体接触将加速电缆绝缘老化、出现绝缘破损，造成定子接地故障风电机组停运，严重情况下将导致火灾。

4 原因分析

定子电缆从变流器上方第 1 个固定夹下来后，从变流器左侧顶部进入变流器，电缆进入变流器前预留了一个 S 形落水弯，最后固定在变流器顶部支架上，如图 3 所示。

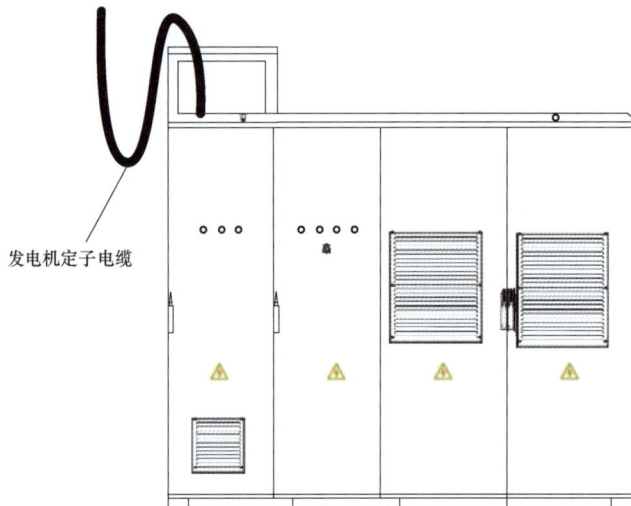

发电机定子电缆

图 3 落水弯示意图

此处电缆支架使用的是普通碳钢材料，电阻率较小，支架为目字型结构，三相电缆从不同的 "□" 中穿过，三相交流电在支架中产生交变磁场从而产生感应电动势，形成涡流，导致了电缆支架发热，如图 4、图 5 所示。

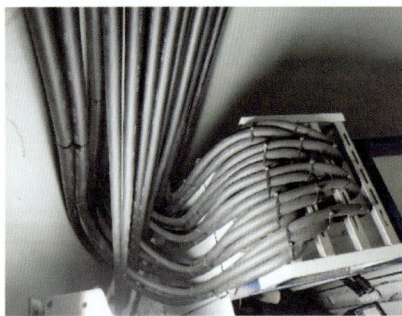

图 4 电缆固定安装方式

并网柜

图 5 电缆穿过支架方式

5 解决措施

5.1 切断导体回路

使用工具将电缆支架的 2 根横梁进行切割，如图 6 所示。

切割完成后模拟现场工况测试 2h，温度趋于稳定，支架最高温度为 48℃，无明显热点，如图 7、图 8 所示。

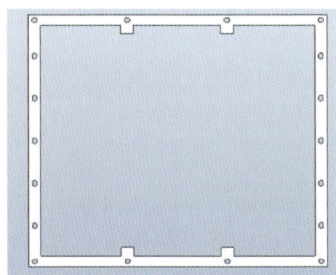

图 6　切割位置　　　　　图 7　电缆支架测试　　　　图 8　温度测量模拟测试

5.2　重新固定电缆

使用绝缘固定梁依托原支架上的固定孔进行固定，对定子电缆进行重新捆扎固定，如图 9 所示。

5.3　现场验证

整改完成后重新对电缆支架进行红外测温，无异常现象，如图 10 所示。

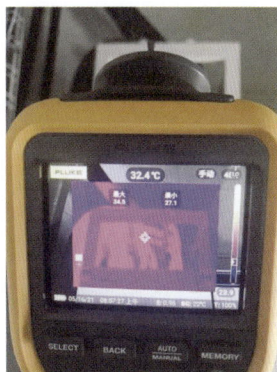

图 9　横梁固定位置　　　　　图 10　整改后温度测量

6　防范措施

（1）加强对风电机组电气安装的管理，及时发现设备设计中存在的不合理地方，在安装阶段提出疑问并解决。

（2）完善巡检标准，制定专项巡检计划，在高温季节每周开展一次电气大电流部件、接头等红外成像测温工作，保存巡检记录并分析大电流部件温度趋势。

7　结束语

该风电场变流器电缆支架异常发热现象发现并解决及时，不仅有效预防了电场安全事故的发生，且该问题由场站首次发现，相关设备厂家根据问题现象整改了上千台问题设备，提高了设备可靠性，避免了经济损失。通过对该问题的分析也给风电场的日常运行维护工作提供了指导，尤其是高温季节加强大电流部件的日常巡检工作及日常运行维护，保证人身安全、设备可靠。

风力发电机组通信光缆受雷击原因及其防雷对策

李友

（华能云南富源风电有限责任公司）

摘　要： 风力发电机组通信光缆普遍选用金属加强芯的光纤进行通信连接，而未选用非金属加强芯光缆进行通信连接，是造成通信光缆受雷击的主要原因，针对这种情况，制定出相应的防护措施，防止光缆受雷击，保证机组通信系统正常运行。

关键词： 光缆；雷击；防护措施

1　引言

雷电虽然不能对光纤通信产生干扰，但雷电闪击大地时常给光缆以机械损伤，造成光纤通信中断。因此，掌握光缆遭遇雷击机理，认识光缆遭遇雷击原因，制定光缆防雷措施，在光缆通信维护中有着十分重要的意义。

2　光缆遭遇雷击损坏成因分析

雷电闪击大地时，闪击点的电位显著升高，并随着与闪击点的距离渐远，其电位逐渐下降，形成所谓"电位漏斗"。落地点的电位最高，若土壤的电阻率均匀，就会形成以雷击点为圆心的一个导电半球，该导电半球体的电位量化公式为

$$U_0 = \sqrt{\rho I E_0} / \sqrt{2\pi}$$

式中　ρ——土壤电阻率，$\Omega \cdot m$；

$\quad$ I——雷电流，kA；

$\quad$ E_0——土壤临界击穿场强，kV/m。

随着与雷击点的距离 r 的改变，地中各点的电位 U_r 将按下列规律变化，即

$$U_r = \rho I / (2\pi r)$$

式中　ρ——土壤电阻率，$\Omega \cdot m$；

$\quad$ I——雷电流，kA；

$\quad$ r——与雷击点的距离，m。

可见，随着 r 的增大，电位呈现出漏斗形急剧下降。

设位于电位漏斗区域内的光（电）缆，其塑料外护套的耐压为 U_D，当护套所在的地电位 $U_r \geqslant U_D$，便可能将外护套绝缘击穿，如令 $U_r = U_D$，即可得出导致发生这种击穿的危险距离 r 为

$$r = \rho I / (2\pi r U_D)$$

式中　r——击穿点至雷击点的距离，m；

$\quad$ U_D——塑料外护套的耐压，kV。

由于光缆加强芯可靠接地，可以视为零电位或者低电位，光缆护套被击穿导致金属铠装层呈高电位状态，对低电位进行放电生成电弧，烧熔光纤造成光缆机械损坏。

3　光缆的防护措施

将光缆的加强芯、钢铠和铝带做等电位处理，并可靠接地，具体流程如下：

（1）用十字螺丝刀松开加强芯和光缆，将光缆适当上拔。然后用美工刀对光缆进行环切。从绝缘层断口处往下 40mm 范围内切掉绝缘层漏出其下的钢铠，然后从钢铠断口处往下 20mm 范围内切掉钢铠、防水层，漏出铝带。制作缠绕线、等电位线、导线。

1）缠绕线制作。取 9 根 1.5mm² × 300mm 的 2 类导体铜电缆用剥线钳剥出其中的铜芯，用作缠绕线。

2）等电位线制作。取 3 根 6mm² × 300mm 的铜芯软电缆用剥线钳将两头各剥出 100mm 铜芯。等电位线其中一根要在另一头用环型预绝缘端头固定（命名为 3 号等电位线）。

3）导线制作。取 1 根 6mm² × 700mm 的铜芯软电缆将两头各剥出 20mm 长铜芯，并用环型预绝缘端头固定。

（2）等电位线缠绕绑扎、接地。

1）等电位线缠绕方法。将等电位线从上往下缠绕，缠绕 20mm 在金属加强芯上，缠绕 20mm 在铝带上，缠绕 20mm 在钢铠上（缠绕线要紧密），如图 1 所示。

2）等电位线接地方法。多条光缆等电位线进行串联，等位线末端可靠接地，如图 2 所示。

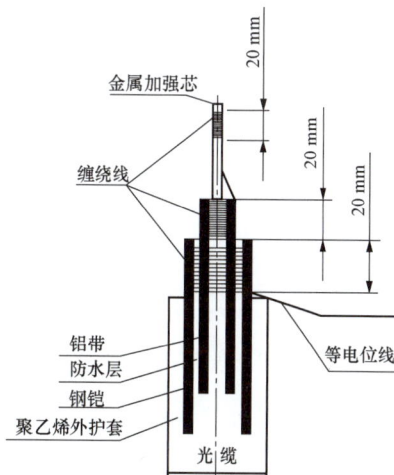

图 1　等电位线缠绕

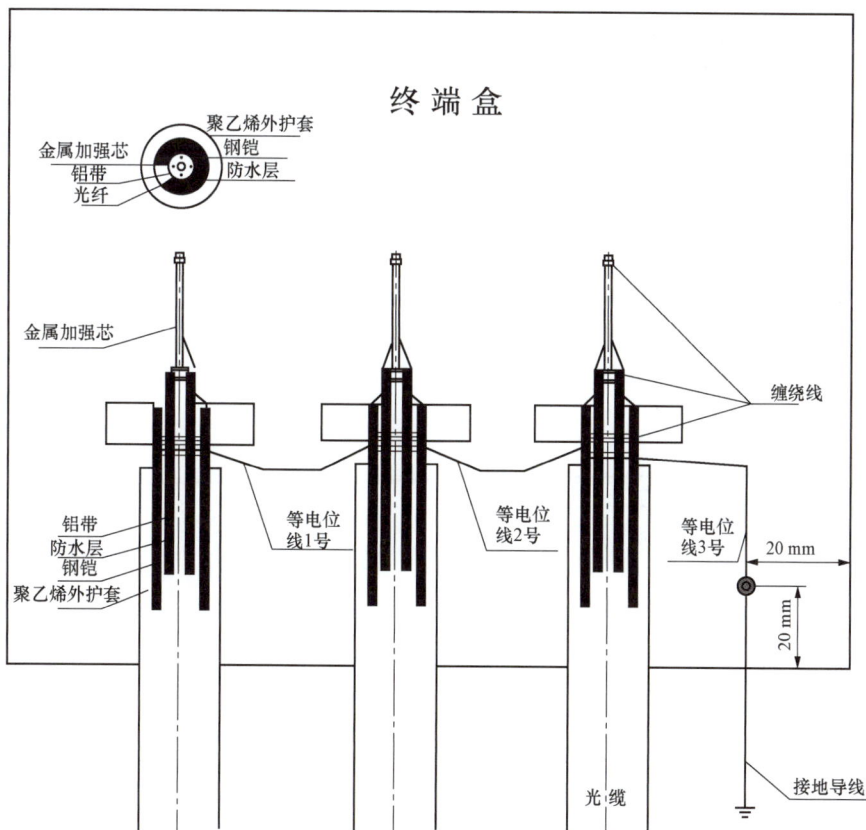

图 2　等电位线接地

风电机组变频器滤波回路典型故障分析

董恩雷， 刘勇

（华能呼伦贝尔风力发电有限公司）

摘　要： 某风电场变频器的滤波回路熔丝 D014Q2、电容投切接触器 E014K2 及连接熔丝与接触器之间的线缆经常出现烧损的现象，故障较为典型。

关键词： 变频器；滤波回路；典型故障

1　故障现象

变频器的滤波回路如图 1 所示。

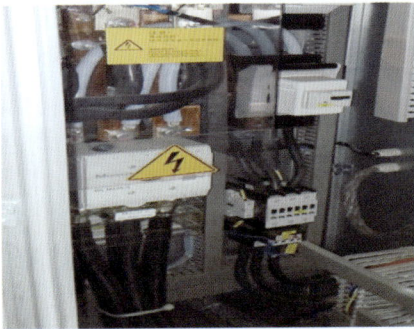

图 1　滤波回路实物图

滤波回路的进线接到主接触器的前端，经过 160A 熔丝 D014Q2 之后，连接到电容投切接触器 E014K2，经过限流电阻再到电容。滤波回路的熔丝和接触器放置在配电柜中、控制盒的后面。

根据现场实际案例确定，变频器的滤波回路熔丝 D014Q2、电容投切接触器 E014K2 及连接熔丝与接触器之间的线缆经常出现烧损的现象。某风场变频器（33 台），平均每年有两至三起因滤波回路出现的问题，一般集中在夏天出现损坏。

变流器滤波回路熔丝、电容投切接触器及连接熔丝与接触器之间的线缆烧损的情况相当普遍，图 2 所示为现场烧损的图片，可能导致如下后果。

（1）导致机组故障停机，发电量损失。

（2）熔丝、电容投切接触器等备件损失。

（3）电缆、电容投切接触器烧损时，可能会导致网侧 690V 对 PE 短路，可能导致模块损坏、网侧主回路熔丝损坏等情况。

（4）电缆、电容投切接触器烧损，可能引起机柜起火，存在安全事故及火灾隐患。

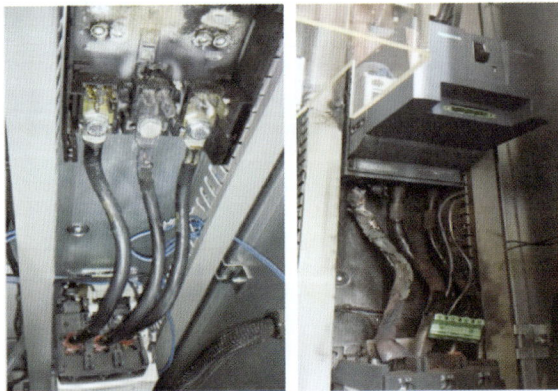

图 2　滤波回路现场烧损图片

2 故障原因分析

2.1 器件选型分析

以某 1.5MW 变流器为例，熔丝选择 120A 或者 100A 慢熔，接触器选用 GE 的 CL07A300M，接触器结构及参数如图 3 所示。

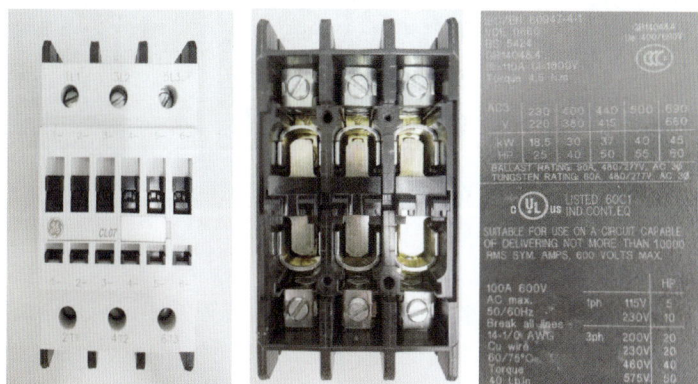

图 3　电容投切接触器

某滤波回路电容连接方式如图 4 所示，3 个 3×55.8μf 电容采用三角形接法，3 个 40μf 电容采用星型接法。

图 4　滤波回路电容实物

根据电容接法，可计算出 690V/50Hz 电网情况下的基波电流为

$$I = U \times 2\pi fc$$
$$= 400 \times 2 \times 3.14 \times 50 \times 55.8 \times 3 \times 3 + 40 \times 10 - 6$$
$$= 68(A)$$

实际运行时电网会有高次谐波，电网电压也会波动，那么滤波电容电流可能达到 85A 及以上。根据此电流，进行了滤波接触器热测试。环境温度约为 29℃，接触器触头温度最大达 151.6℃，温度达到 122.6K，如图 5 所示。

同时，对电容投切接触器合闸后的接触阻抗进行测试，多

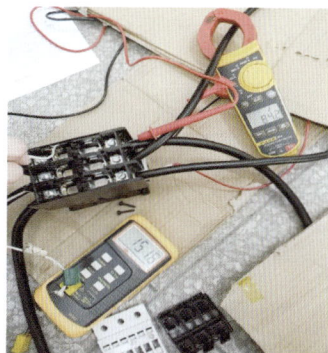

图 5　电容投切接触器温升测试

427

次分合闸后，发现接触器接触阻抗变化非常大，最大时达到其他两相的 31 倍，通过同样电流情况下温升也会相差 50K 以上，不满足使用要求，如图 6 所示。

图 6　电容投切接触器接触阻抗测试

2.2　散热分析

滤波回路中有熔丝、电容投切接触器、限流电阻和电容等器件，回路中线缆的接触点较多。在正常运行的电流下，电缆、熔丝和熔丝底座上的功率损耗就比较大，而且熔丝存在接触不良的风险。且熔丝 D014Q2 及其下端的线缆左右为线槽，上下端都有器件，正常运行时，熔丝底座和下端线缆处在一个密闭的环境中，熔丝底座上所产生的热量无法散出，持续累积之后将熔丝、接触器和线缆烧损。

图 7 所示为电容投切接触器 E014K2 接线端子处温度高达 118℃，此时现场环境温度在 10℃左右，如果夏天环境温度高达 30～40℃，端子处温度会高达 138～148℃，风险非常大。

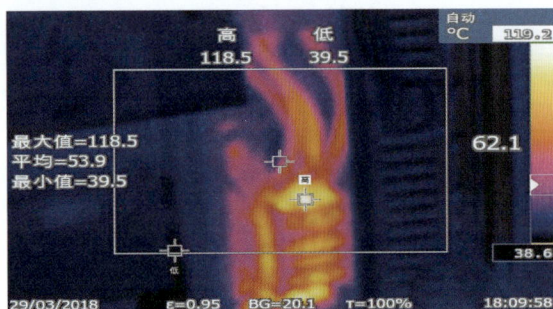

图 7　红外成像测试

3　故障解决方式

针对目前滤波回路容易烧的情况进行改造，方案如下：

将滤波回路从主接触器前端移动到定子侧，并网接触器后端，同时增加电流互感用于滤波回路过电流保护。

4　结束语

改造后滤波回路电缆连接限流电阻与电缆，中间没有串联熔丝、电容投切接触器，可以彻底避免熔丝、电容投切接触器及电缆过热问题。

风电场变流器水冷系统故障分析及改进升级

邹明， 杨勤发，曹前

（华能湖南清洁能源分公司）

摘 要： 某风电场风电机组采用的直驱型全功率变流器是一种由直流环节连接两组电力电子变换器组成的背靠背变频系统，采用交 - 直 - 交的逆变方式将直驱式风力发电机所发频率、幅值、相位不一的交流电传输转换为频率、幅值、相位稳定的交流电送入电网。在永磁直驱风力发电机组中，全功率变流器的发热量大，过高的温度会严重影响变流器的安全稳定运行，为使变流器能正常运行，需采用水冷系统进行冷却。本文着重对变流器水冷系统故障进行了原因分析，并提出整改方法。

关键词： 全功率变流器；水冷系统故障；改造

1 引言

风力发电作为一种清洁无公害的可再生能源，具有经济效益可观、环境友好、基建周期短、装机规模灵活等特点，使得国内外都非常重视风力发电的开发利用。近年来在国家政策的大力扶持下，我国风力发电行业得到了飞速发展，机组装机容量成倍增长。在风力发电行业快速发展、技术水平显著提高、制造产业能力快速提升、市场应用规模不断扩大的大环境下，变流器作为风力发电过程中不可或缺的主设备之一，其装配规模也由此得到迅猛扩张，但与此同时变流器水冷故障、噪声与振动、发热等各类问题也逐渐显现出来，其中尤以水冷故障动作频繁，影响严重。轻则造成管路压力低，触发报警风电机组停运；重则冷却液滴漏至母排模块处，导致短路甚至设备烧损。

2 变流器冷却系统运行原理

直驱型全直流变流器冷却系统采用水冷冷却，其组成元件为水冷电机、连接管路、风水换热器、外部风扇等。其中网侧电抗、定子侧电抗、IGBT 模块由冷却液通入后循环直接冷却。风水换热器则是连接水冷系统及风扇的纽带，风扇将热风吹向冷却板冷却，冷却板将热量传递给内部循环的冷却液，由冷却系统将柜内的热量传递出变流器。

3 变流器水冷系统故障现象描述及原因分析

3.1 现象描述及失效统计

2016 年 5 月，某风电场多台次风电机组变流器相继报出"变流器冷却压力低"故障，导致风电机组停机，经现场检查发现各故障均存在一共同现象：变流器后柜风水换热器处漏液，部分变流器甚至因漏液导致短路，造成模块损坏。风电场立即组织人员开展问题排查和分析工作，同时进行检测。水冷故障详细统计如表 1 所示。

表 1　　　　　　　　　　　　　　　　水冷故障详细统计表

序号	变流器	故障时间	损坏设备
1	57 号	2016 年 5 月 10 日	S0 柜后门风水换热器漏水维护
2	56 号	2016 年 5 月 6 日	S2 柜后门风水换热器漏水维护
3	58 号	2016 年 5 月 23 日	S1 柜风水换热器漏水维护
4	49 号	2016 年 5 月 14 日	S1 柜风水换热器漏水维护
5	49 号	2016 年 5 月 14 日	S0 柜后门风水换热器漏水维护
6	57 号	2016 年 5 月 13 日	S1 柜后门风水换热器漏水维护
7	52 号	2016 年 5 月 13 日	S0 柜门风水换热器漏水维护

3.2　风水换热器故障分析

　　该批次风电机组投运时间为 2015 年 5 月，运行时间仅为 1 年，对故障风水换热器进行分析检测，发现换热器内部水道点状腐蚀，于接口处出现较大缝隙，造成密封不严、冷却液泄漏，此为水冷系统故障直接原因。

　　选取 57 号变流器 S0 柜风水换热器进行剖片分析，发现其内部水道受侵蚀，呈现不规则状，出现漏点，并在水道处发现白色沉淀物，如图 1、图 2 所示。

图 1　风水换热器剖面

图 2　黑色导电胶布中间位置为水道漏点，
表面为白色沉淀物

　　对白色沉淀物置于电镜下观测，可以看出明显白色沉淀物，进行元素分析，发现主要成分为 O、Al、Si 元素，如图 3～图 6 所示。

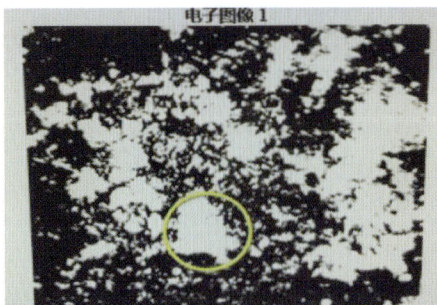

图 3　检测明显白色沉淀物

图 4　元素分层检测

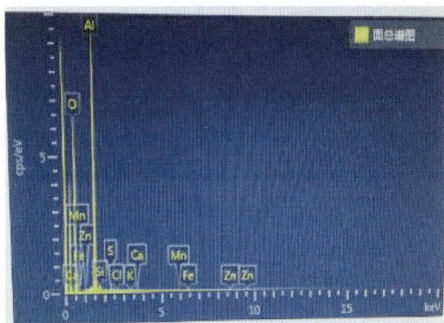

图 5　元素分析

元素	wt%	wt% Sigma
O	59.65	0.12
Al	37.14	0.10
Si	0.94	0.03
S	0.48	0.03
Cl	0.11	0.02
K	0.20	0.02
Ca	0.11	0.02
Mn	0.20	0.04
Fe	0.66	0.04
Zn	0.51	0.07
总量	100.00	

图 6　成分列表

对成分结果进行分析，发现 AL、O 元素占绝大部分，判断为铝的氧化混合物，因风水换热器成分为铝合金，依此判断风水换热器内部与冷却介质发生置换反应，产生了电化学腐蚀。通过调查，该公司同型号风水换热器应用于多个风电场，但在其他风电场未发生类似问题，判断为冷却介质存疑。

3.3　冷却介质分析

变流器冷却系统介质使用某公司生产标准冷却液，其主要成分为水、乙二醇、三乙醇胺、缓蚀剂等，取用故障风水换热器所使用冷却液，命为样本 A；取用未使用冷却液，命为样本 B。对其成分进行检测分析，结果对比见表 2。

表 2　　　　　　　　　　　　　两种冷却液成分对比

成分名称	已使用冷却液（样本 A）	未使用冷却液（样本 B）
水	51%	50.52%
乙二醇	48.86%	48.82%
三乙醇胺	0.11%	0.5%
缓蚀剂	0.03%	0.16%
pH 值	7.44	8.66

通过对比发现，在样本 A 中乙二醇胺含量、pH 值、缓蚀剂较样本 B 中大为降低。而某公司冷却液出厂报告显示 pH 值在 8.5～9 之间，各成分含量与样本 B 较为一致。

三乙醇胺作为 pH 值的缓冲剂，可以有效抑制 pH 值的下降，在冷却液中有少许添加，而缓蚀剂在三乙醇胺水溶液中可以有效缓解铝合金件材受侵蚀速度，且在 pH=8～10 范围内作用明显，pH 值降低则失去作用。

3.4　故障原因分析

通过两份样本成分分析，判断为冷却液在使用过程中三乙醇胺、缓蚀剂等成分受到稀释，导致无法起到保护作用。

通过对冷却装置安装调试过程的调查，发现维护人员在对设备的调试阶段，未统一使用某公司冷却液，而是使用自带冷却液对冷却装置进行循环、排气试验。而在运行较长一段之间之后，在未排尽原有冷却液的情况下，直接使用某公司冷却液进行补充至充足压力，造成了冷却液混用。

　　通过对维护人员使用自有的冷却液进行取样成分分析，发现其成分为水（51.22%）、乙二醇（48.78%），pH 值为中性，缺少三乙醇胺及缓蚀剂成分。而在相关冷却系统设备运行规范中则要求：所使用冷却液 pH 值需在 7.5～8.5 之间，且需含有铝制材料的缓蚀剂，禁止不同品牌的冷却液混用。

　　由上面分析可得出结论：在冷却系统调试阶段，维护人员使用不合格冷却液，运行阶段，使用标准冷却液，造成两种冷却液混用，直接稀释了三乙醇胺及缓蚀剂含量，降低了 pH 值，缓蚀剂的含量降低导致电化学腐蚀的加速，而电化学腐蚀的结果则会导致 pH 值降低及电导率升高，但由于三乙醇胺含量降低，其抑制 pH 值下降功能受到限制，pH 值降低则会降低缓蚀剂作用，电导率升高则会加大极化电流，加快电化学反应，在双重作用下，风水换热器受侵蚀速度加快，内部水道受损蚀穿，进而冷却液泄漏，导致系统管路压力低，触发控制系统控制风电机组停机。

4　技术改进、 验证

4.1　技术改进升级方案

　　某风电场根据风电机组冷却压力低故障现象及原因分析，为降低对设备影响，加强对所有风电机组运行监护，并决定对该批次 5 台风电机组冷却系统进行改进升级，具体改进措施如下。

　　（1）考虑风电机组冷却系统存在混用冷却液现象，决定使用标准冷却液对现使用冷却液进行更换，并在之后维护中不混用冷却液。

　　（2）考虑之前所使用风水换热器水道芯板厚度为 0.8mm，为避免再次出现水道被蚀穿现象，决定全部更换为水道芯板厚度为 1mm 的风水换热器。

　　（3）在冷却系统内增设 pH 传感器，并将信号接入控制系统，监测冷却液 pH 值变化。

4.2　改进方案验证

　　某风电场于 2016 年 6 月完成对该批次 5 台风电机组升级改造，至 2017 年 9 月，该批次风电机组冷却系统未再次发生风水换热器受侵蚀导致漏液故障。

5　结束语

　　经验证，变流器冷却系统改进升级方案效果显著，某风电场积极组织开展变流器冷却系统批次性改进升级工作，并于 2018 年 1 月全部整改完成，截至 2018 年 12 月，整改后的风电机组变流器冷却系统运行工况良好，未再次出现风水换热器受侵蚀现象。

优化风电场 AVC 系统补偿方式的应用

摘　要： 针对某风电场存在无功考核，向电网公司咨询考核细则，查明该风电场无功考核的原因，并优化该风电场 AVC 系统补偿方式，使该风电场减免无功考核。通过对该风电场 AVC 系统无功补偿装置的组成、无功补偿装置的优先级的配置、AVC 系统补偿算法逻辑进行全面了解，并对有功功率与无功功率变量关系进行分析，从而确定该风电场 AVC 系统的最佳补偿方式。

关键词： 优化；AVC 系统；无功补偿装置

1　引言

某风电场装机容量为 49.5MW，安装 17 台 SE146 - 3.0 风力发电机组（其中 1 台限发 1.5MW）。新建一座 110kV 升压站，安装 1 台容量为 50MVA 有载调压升压变压器，自建 1 回 110kV 架空线路 21.884km，接入 220kV 变电站。由于对侧变电站不向风电场提供反向实时功率相关数据，导致 AVC 系统不能准确补偿关口计量点无功功率，从而关口计量点无功功率不达标。通过对该风电场 2020 年 12 月、2021 年 1 月、2021 年 2 月下网电费结算单的分析，该风电场存在无功考核，考核费用分别为 20439、1680、9172 元，给该风电场运行带来了经济损失。

为了使该风电场关口计量点无功功率达标，2021 年 3—7 月，风电场联合 AVC 厂家开展了专题分析研究工作，并优化风电场 AVC 系统补偿方式。

2　风电场有功功率、无功功率产生的原理

2.1　风电场有功功率产生的原理

人们对风电场有功功率的理解非常容易，以该风电场为例，图 1 所示为风电转化成电能过程示意图。风电机组叶片捕捉风能带动叶轮转动使风能转换成机械能，叶轮带动发电机转动使机械能转换成电能，通过变频器调节固定频率，通过风电机组单元箱式变压器升压，然后通过集电线路汇集，再通过主变压器再次升压，最后通过送出线路与电网连接，向用户输送电能。单位时间内风电机组向用户输送电能的能力称为有功功率。

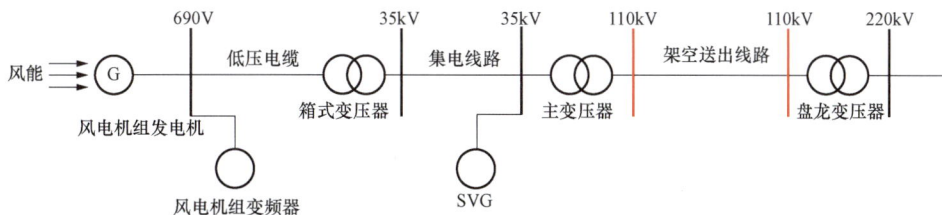

图 1　风电转化成电能过程示意图

2.2　风电场无功功率产生的原理

在正弦电路中，无功功率的概念是清楚的，而在含有谐波时，至今尚无公认的无功功率定义。但是，对无功功率这一概念的重要性和无功补偿重要性的认识，却是一致的。无功功率补

偿应包含对基波无功功率的补偿和对谐波无功功率的补偿。

导线流过交流电时，由于同截面相间有电压差，产生导电电极效应，从而产生容抗。

根据导线间的电容计算公式计算线路电容，则

$$C = \frac{0.024}{\lg D_{eq}/r} \times 10^{-6}\,(\text{F/km}) \tag{1}$$

式中　D_{eq}——三相间的几何距离，m；

　　　r——导线半径，m。

电缆相间间距小，而架空线路相间间距大，由此可见电缆的电容远大于架空线路的电容。因此可得，出风电场风电机组电能输送时的容性无功主要由风电机组低压电缆及集电线路电缆产生。

风电机组发电机发出的电能须经箱式变压器、主变压器升压。变压器在升压过程不可避免涉及电磁感应，从而产生感抗。

根据变压器电感计算公式计算变压器电感可知

$$L = \frac{\mu N^2 S}{I} \tag{2}$$

式中　L——变压器线圈的电感，H；

　　　μ——变压器铁芯的导磁率，H/m；

　　　N——线圈匝数；

　　　S——变压器铁芯磁回路的截面积，m^2；

　　　I——变压器铁芯的磁回路的平均长度，m。

根据视在功率计算公式可知

$$S = \frac{S_1^2}{U_1^2}Z, Z = R + j(X_C - X_L) \tag{3}$$

$$X_C = \frac{1}{2\pi f c} \tag{4}$$

$$X_L = 2\pi f L \tag{5}$$

在电能输送过程中，当电容和电感不相等时，由于其两端的电压与流过的电流有 90°角的相位差，所以不能做功，也不消耗有功功率，但它参与了与电源的能量交换，这就产生了无功功率，产生功率损耗，降低了发电机和电网的供电效率。即使输送纯有功功率，依然会产生无功功率。

风电机组变频器的调节是通过控制晶闸管调节频率，晶闸管在控制过程中不可避免地产生谐波。因此，风电场无功功率补偿包含对基波无功功率的补偿和对谐波无功功率的补偿。

3　优化风电场 AVC 系统补偿方式的意义

3.1　用容抗来抵消感抗可降低功率损耗

根据视在功率损耗公式，即

$$\Delta S = \frac{P^2 + (Q_C - Q_L)^2}{U^2}R + j\frac{P^2 + (Q_C - Q_L)^2}{U^2}X \tag{6}$$

可以看出，用容抗来抵消感抗，可降低功率损耗，因此，风电场电能经变压器升压向电网输送电能时须进行无功补偿。

3.2　就地无功补偿可降低功率损耗

以该风电场 AVC 系统为例，风电场的无功补偿装置有 SVG、风电机组变频器。图 2 所示为

该风电场 AVC 系统无功补偿装置配置图。风电场 AVC 系统优化前，风电场无功功率主要由风电机组变频器补偿，不足部分由 SVG 装置补偿。

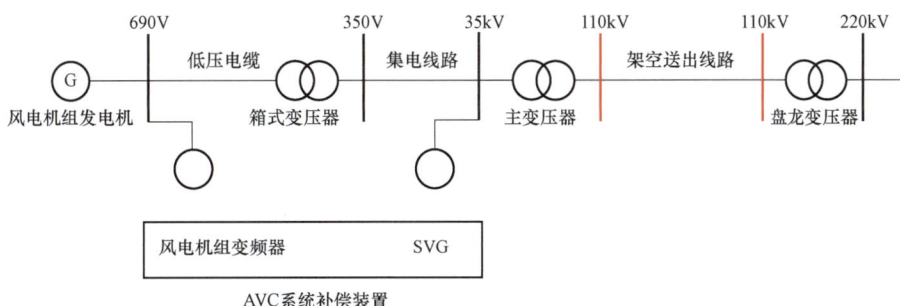

图 2　某风电场 AVC 系统无功补偿装置配置图

根据电阻计算公式，即

$$R = \frac{\rho L}{S} \tag{7}$$

式中　R——电阻；

ρ——电阻的电阻率，由其本身性质决定；

L——电阻的长度；

S——电阻的横截面积。

显然，风电场无功功率主要由风电机组变频器补偿提供并经过长距离传送是不合理的。合理的方法应是在需要消耗无功功率的地方产生无功功率，这就是无功补偿就近补偿原则。风电场 AVC 系统优化后：第一优先级为 SVG，第二优先级为风电机组。

即当 SVG 无功补偿装置能满足风电场 35kV 及 110kV 输电网所需无功时，风电机组变频器只需补偿风电场 690V 输电网所需无功。

当无功补偿装置 SVG 全容量运行时不能满足风电场 35kV 及 110kV 输电网所需无功时，为确保风电场无功功率达标，风电机组变频器不仅补偿风电场 690V 输电网所需无功，还需补偿风电场 35kV 及 110kV 输电网所需无功的差额。

因此，优化风电场 AVC 系统补偿方式，缩短无功输送距离，可有效降低损耗。

4　风电场 AVC 系统偏移补偿的校正

4.1　无功补偿偏移校正原因

根据功率计算公式，即

$$S = \frac{S_1^2}{U_1^2} Z, Z = R + \mathrm{j}X \tag{8}$$

在输送线路上，即使输送纯有功功率，依旧会产生无功功率。因此，计量考核点与参考补偿点不一致时，存在无功补偿偏差，须对风电场 AVC 系统偏移补偿进行校正，图 3 所示为该风电场参考点与计量考核点示意图。

这就很好地解释了该风电场配置了无功补偿装置，升压站出口功率因数达标，还会有无功考核。该风电场送出线路为自建线路，计量考核点设在对侧变电站，风电场 AVC 系统采集升压站出口实时功率相关数据进行无功参考补偿。

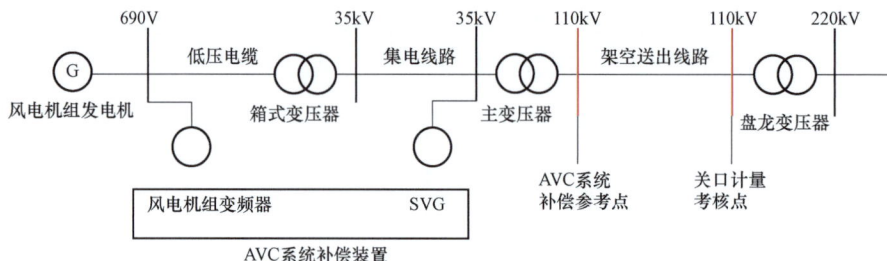

图 3　某风电场参考点与计量考核点示意图

4.2　偏移补偿量计算

对于偏移补偿参数计算比较复杂，而且与线路的截面积、长度，环境温度等参数变化而变化。

较为便捷快速的得出补偿偏移参数，可用等距描点分析法，粗略地分析出有功功率与偏移补偿量的线性关系，以及偏移补偿的起点。

无功功率是随有功功率变化而变化的，是动态平衡参数。为了明确无功功率补偿量与有功功率的关系，对风电场 49.5MW 的容量进行 50 等分，对每个有功功率等分点的参考补偿点无功功率和计量考核点无功功率进行统计。经多次的 50 等分统计，发现该风电场有功功率在 35MW 以下时，参考补偿点无功功率和计量考核点无功功率满足要求，而有功功率在 35MW 以上时，参考补偿点无功功率满足要求，但计量考核点无功功率不满足要求，存在补偿偏差，须进行补偿偏移校正。基于此基本情况，风电场对有功负荷 35MW 及以上时进行大量无功偏差统计，表 1 所示为某风电场所需偏差补偿量均值。

表 1　　　　　　　　　　　　　　某风电场所需偏差补偿量均值

当全站有功在 35MW 以下时，无功偏差为正或为 0，不需偏差补偿			
全站有功 P（MW）	系数	偏移	需偏差补偿量均值 Q（Mvar）
35	x	y	0.4
36	x	y	0.45
37	x	y	0.5
38	x	y	0.55
39	x	y	0.6
40	x	y	0.65
41	x	y	0.7
42	x	y	0.75
43	x	y	0.8
44	x	y	0.85
45	x	y	0.9
46	x	y	0.95
47	x	y	1
48	x	y	1.05
49	x	y	1.1
50	x	y	1.15

表格数据关系解释：当出线有功发到 35MW 时，无功补偿偏差应为 0.4Mvar；当发到 49.5MW 时，无功补偿偏差应为 1.1Mvar。找到 $35 \times X - Y = 0.4$ 和 $49 \times X - Y = 1.1$ 线性关系，得出 X 为 0.05，Y 为 -1.35。为论证有功率 $P \times 0.05 - 1.35 = Q$（无功功率）这个公式，即有功功率在 35～49.5MW 之间时，无功偏差补偿应呈线性增长，对其他有功功率点进行复核，图 4 所示为无功补偿偏移补偿折线图。系数为 0.05，偏移为 -1.35，满足无功补偿偏移补偿。

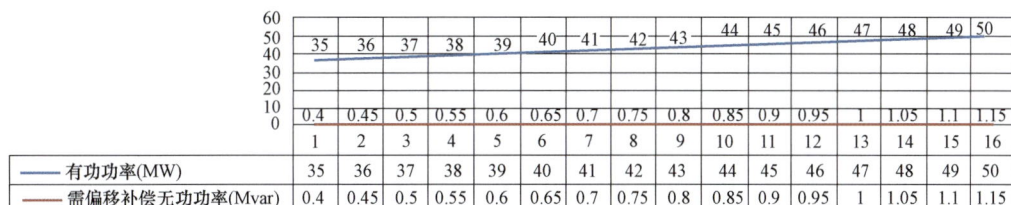

35	36	37	38	39	40	41	42	43	44	45	46	47	48	49	50
0.4	0.45	0.5	0.55	0.6	0.65	0.7	0.75	0.8	0.85	0.9	0.95	1	1.05	1.1	1.15
1	2	3	4	5	6	7	8	9	10	11	12	13	14	15	16

—— 有功功率(MW)	35	36	37	38	39	40	41	42	43	44	45	46	47	48	49	50
—— 需偏移补偿无功功率(Mvar)	0.4	0.45	0.5	0.55	0.6	0.65	0.7	0.75	0.8	0.85	0.9	0.95	1	1.05	1.1	1.15

图 4　无功补偿偏移补偿折线图

5　优化风电场 AVC 系统补偿方式后的效果

从无功补偿的响应时间来看，无功补偿比以前响应快，无功波形更加平稳。从经济效益来看，优化后试行第一个月，该风电场无功满足电网要求，无无功考核，并得到了 132 元的奖励。优化后试行第二个月，该风电场无功满足电网要求，无无功考核，并得到了 116 元的奖励，为风电场带来了良好的运行经济效益。

参考文献

［1］王泽忠，黄天超．变压器地磁感应电流 - 无功功率动态关系分析［J］．电工技术学报，2021，36（9）：1948 - 1955. DOI：10.19595/j. cnki. 1000 - 6753. tces. 200334.

［2］李秉冠．基于就地无功补偿方式的降低台区线损应用实践探究［J］．电力系统装备，2020（21）：36 - 37.

网侧逆变器温度高故障分析及处理

逯登龙，杨博，张秉元

（中广核新能源华北分公司）

摘　要： Switch 变流器工作的可靠性对温度和湿度十分敏感，温度太高直接影响电子器件的使用寿命。Switch 变流器采用一套水冷系统对变流器的热量进行转换。Switch 变流器采用主动整流的方式来控制发电机以及和电网并网，其控制方式为分布式控制，其中 1U1、2U1、3U1、4U1 在变送发电机功率的过程中，由于损耗的存在，将会有大量的热量聚集，其热量为 42kW，这些热量需要被水冷系统带走，以维持和稳定变流器 1U1、2U1、3U1、4U1 这些核心功率模块的器件温度在允许范围内。水冷系统的工作原理可以理解为水冷循环在高温的变流器内吸热，在低温的环境下放热完成一个热量转移的过程。水泵将管路循环水送入散热器，散热器将热量散掉后将冷却液送回到冷却系统，水冷系统再将冷却液送回到变流器，以此循环。

关键词： 热量；变流器；冷却系统

1　背景介绍

某风电场装机容量为 100.5MW，采用 67 台 GW1500 - 82 机组，该机组配置为 Switch 变流系统。由于机组为全功率变流系统，机组满负荷运行且环境温度较高时，机组运行时产生积热较多，因此对散热系统要求较为苛刻，若水冷无法及时散热将导致机组报出逆变器温度高故障，严重则影响元器件的使用寿命。根据中央监控系统故障信息统计，2019 年全年网侧逆变器温度高故障频次累计 388 次，夏季或大风期间机组满负荷运行时还引起机组批量性脱网事故发生，极大地影响了电网的稳定性和风电场的经济效益。故障解释如图 1 所示。

变流器网侧逆变器温度高 error_converter_line_inverter_temperature										
故障使能 Enable	不激活字 InactiveWord	设置不激活字 SetInactiveWord	容错类型 ErrTolType	故障值 Fault Value	极限值 Critical Value	故障时间(ms) ErrTi me	容错时间(s) ErrTolTime	极限频次 CriticalFreq	容错时间2(s) ErrTolTime2	极限频次2 CriticalFreq2
TRUE	1	0	0	70	70	100	0	0	0	0
自复位 AutoRstCt	复位值 Reset Value	复位时间(ms) Reset Time (ms)	SCADA复位 ScadaRstCt	长周期SCADA复位 Total ScadaRstCt	长周期统计时间(s) TotalTimForScadaRst	警告停机等级 Warn Level	停机等级 Stop Leve l	启动等级 Start Level	偏航等级 Yaw Leve1	预留 space
3	60	2.5min	3	7	168h	3	3	0	0	
故障触发条件 Error triggering condition										
变流器网侧逆变器温度持续100ms≥70℃ The temperature of converter line inverter is equal to or higher than 70℃ for 100ms.										

（行号 465）

图 1　故障解释

变流器逆变器温度高故障说明：当变流器网侧逆变器温度持续 100ms 大于 70℃，则报出此故障。

2　故障原因分析

2.1　三通阀损坏

在水冷系统中，温控阀的作用：当水温低于设定值（25℃）时，阀芯关闭，避免冷却液进入散热器旁路；当高于设定值（40℃）时，阀芯全部开启，强制冷却液全部经过散热器旁路，提高散热效果。当介于 25～40℃时，根据水温逐步开启，部分冷却液经过散热器旁路。水冷系统原厂配置三通阀为机械三通阀，三通阀长期动作后磨损严重，三通阀会无法全部打开，当水冷水温升高后三通阀将无法完全连通外部循环管路进行热量交换，机组易报出变流系统过温故障。

温控阀无法正常全部开启时，高温工况下流体循环回路如图2所示。

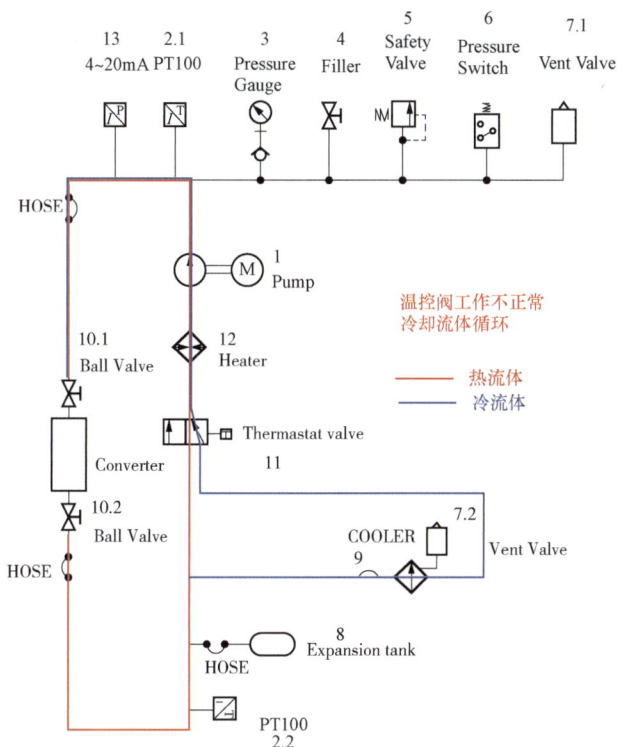

图 2　温控阀无法正常全部开启时，高温工况下流体循环回路

可见，当温控阀工作不正常（无法在水温较高时正常全部开启），将导致部分热流体不经过散热器，直接返回下一个循环中。这部分热量将无法被有效带走，从而导致高温报警现象。

2.2　膨胀罐损坏

1500kW 水冷系统水泵出口设有压力平衡罐，作用相当于隔膜式蓄能器，正常情况下通过压力平衡罐把压力能转换为弹性势能储存起来并维持水泵出口压力的稳定，从而维持水冷系统内压力在一个较小的范围内波动。防止压力随温度变化大幅震荡。它的工作原理可以这样理解：储压罐内部有一个气囊，气囊里充的是氮气，气囊的初始压力为一个定值（1.5bar）。当系统水温升高或由于其他原因引起压力增大时，储压罐内气囊被压缩，管路中的一部分水进入储压罐。当储压罐内气体压力与管路压力达到某种平衡关系时，管路压力保持不变。这样，原本较大的压力变化被储压罐缓冲，压降变得较小；当温度降低或由于其他原因引起系统压力减小时，储压罐会减缓压力的下降幅度，从而保证水冷系统工作在一个系统压力相对比较平稳的环境下。

由于现场使用的膨胀罐为隔膜式，且壳体材质为普通碳钢，冷却液直接与壳体接触。碳钢壳体在空气和冷却液的双重作用下会发生缓慢的化学反应。经过长时间接触发生反应后，导致冷却液变质，膨胀罐壳体锈蚀，受污染的冷却液流经冷却系统，会进一步导致水冷管路结垢堵塞。同时，罐体锈蚀后产生的锈化产物会反过来作用于皮囊，导致皮囊破损或寿命下降。隔膜式膨胀罐内部锈蚀如图 3 所示。

图 3　隔膜式膨胀罐内部锈蚀

2.3　变流器内部阻塞，传热效率下降

变流器内部水阻主要来自内部扰流丝和结垢、堵塞等。污垢和堵塞还会影响扰流效果，导致热量无法高效地传递到冷却液中。

为了验证变流器内部阻力，现场在系统变流器流路串入一个电磁流量计，并在变流器进出水口处各安装一个压力表，测量核定流量下的变流器水阻，测量数据如图 4、图 5 所示。

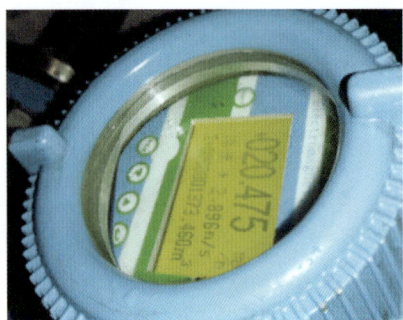

图 4　经过变流器流量：342L/min　　　　图 5　变流器进出口压差：0.9bar

可见，在经过变流器流量为 342L/min 时，变流器自身压损为 0.9bar。而根据变流器厂家提供的参数，在流量 330L/min 时，最高水阻不超过 0.6bar。实际水阻高于设计水阻约 50%，基本可确定变流器内部存在堵塞问题。

为了确定变流器热量传递效率，取以下两组出阀水温基本相当的变流器模块温度进行对比，见表 1。

表 1　　　　　　　　　　　　　　　**变流器模块温度**

项目	高温数据				正常数据			
逆变器温度	70	69	69	70	59	57	56	56
出阀水温	34.1	33.59	37.95	31.49	35.09	33.46	31.99	33.49
ΔT	35.9	35.41	31.05	38.51	23.91	23.54	24.01	22.51

可见，在变流器出阀冷却液温度基本都在 35℃ 左右时，逆变器温度差异明显（10~15℃），说明部分高温报警变流器的热交换能力下降，模块热量无法有效传递到热沉板的冷却液中，从而导致高温报警故障。

2.4　外循环散热器散热效率下降

该风电场机组所在的地理环境为草原丘陵地貌，春季风沙较大，夏季则多杨絮柳絮，易造成散热片堵塞。另外，近年来散热风扇损坏也是外循环散热器散热效率下降的重要因素。外置散热器的堵塞情况如图6所示。

图6　外置散热器的堵塞情况

2.5　变流柜内部散热风扇损坏

变流系统3号控制柜内装有3M1、3M2两个轴流风扇，负责柜体间空气流动，另外，在变流器功率本体及ASic板各装有散热风扇，将热量从功率模块内部排出。

3　解决方案

3.1　变流器深度维护工作

Switch变流器的整个散热系统包含强制散热系统和变流器本体散热两部分，无论两部分散热系统哪个环节出现问题都有可能造成系统散热能力衰减，导致变流器过温故障，引起过温故障点不是唯一的，需系统性排查、维护、优化变流器过温现象。该风电场于2020年5—7月开展变流器深度维护工作，已全部完成，主要处理措施。

（1）检查水冷系统压力正常，静态压力为3.4bar，进阀动压范围：(3.0±0.3)bar为正常。

（2）检查水冷循环泵，旋转方向正常，无异响。

（3）检查水冷系统滤网无堵塞。

（4）检查外散热器表面无堵塞。

（5）检查冷却液清澈无杂质。

机组水冷系统各项参数指标正常，如压力、流量。同时，保证施力系统强制散热正常，水冷系统工作正常，见表2。功率模块维护见表3。

表2　　　　　　　　　　　　　　　　　系统排查

操作	项目	说明	图例	操作	项目	说明	图例
1	系统压力	水冷系统静态水压及进出阀动态压力正常（检测）		2	主循环泵	水冷系统循环系统工作正常，循环泵完好且旋转方向正确（检测）	

续表

操作	项目	说明	图例	操作	项目	说明	图例
3	主过滤器	滤网需清洁，无明显附着物		6	冷却液	冷却液无变色、存在杂质的情况	
4	模块过滤器	滤网需清洁，无明显附着物		7	外散热器	（1）检查散热器上是否灰尘和异物（检测）（2）检查散热器风扇转动是否正常（检测）	
5	膨胀罐气囊	气囊需保证完好，储气功能正常		8	运行参数	保证水冷散热系统各运行参数正常，标准范围内	

表 3　　　　　　　　　　　　　　　　　功率模块维护

操作	项目	说明	图例	操作	项目	说明	图例
1	扰流丝	抽出旧扰流丝，更换新扰流丝（全换）	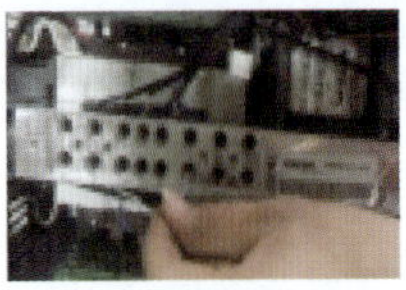	4	ASIC 板散热风扇	变流模块 ASIC 板散热风扇正常（检测、有问题更换）	
2	内循环散热器	内循环散热风扇运行正常（检测）		5	启动电容	轴流风扇启动电容更换（检测、有问题更换）	
3	模块散热风扇	变流模块支撑电容的冷却风扇（检测、有问题更换）		6	管道清洗	模块管道结晶严重，需进行清洗	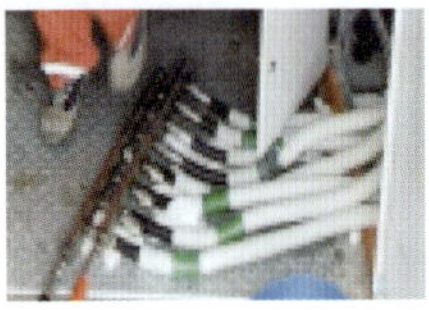

　　扰流丝在模块中起到流量缓冲的作用，目的是让冷却液更好地带走模块内的热量，由于其特殊的结构，冷却液内的杂质容易在其表面堆积结垢，对逆变器温度高的机组功率模块拆解发现，热流丝表面结垢严重，进一步验证了冷却系统内堵的原因，是逆变器温度高故障的主要症结所在，需对全场变流器功率模块扰流丝进行全部更换。扰流丝结垢情况如图 7 所示。

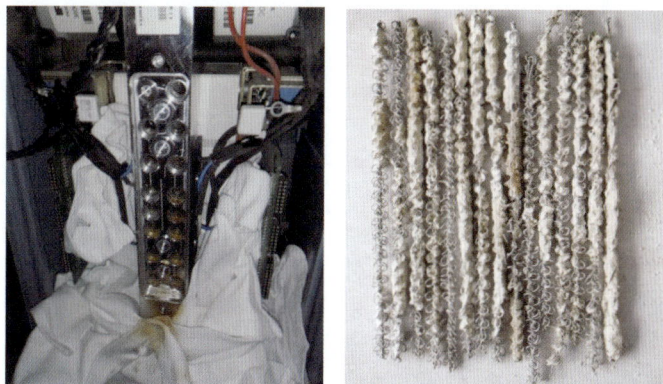

图 7   扰流丝结垢情况

3.2   电动三通阀改造

为进一步提升水冷系统三通阀运行的可靠性，增强水冷系统的散热效率，该风电场于 2020 年 9 月 25 日—10 月 21 日开展电动三通阀改造工作，将原先机械三通阀（见图 8）改造为电动三通阀（见图 9），机械三通阀依靠内部感温包和弹簧在不同温度环境下相互作用推动阀芯动作，缺点为冷却液内的杂质及三通阀长时间磨损导致三通阀卡涩，运行过程中较不可靠。改造后的电动三通阀可根据水温变化，由机组 PLC 发出指令控制三通阀的不同开度，较机械三通阀更加灵敏、可靠。

图 8   机械三通阀

图 9   电动三通阀

3.3   膨胀罐改造

皮囊式膨胀罐（见图 10）可以将冷却液与壳体完全隔绝，避免两者接触反应。同时，不锈钢壳体可以避免壳体内部受盐雾空气等因素影响产生锈蚀。将隔膜式膨胀罐更换为皮囊式膨胀罐。

4   效果评价

根据这两项工作举措，基本完成了本年度变流器逆变器温度高故障清零目标，对 2019 年 7—11 月与 2020 年 7—11 月的变流器逆变器温度高故障记录对比，故障频次由 133 次下降为 3

图 10　皮囊式膨胀罐

次（经排查为电动三通阀质量原因）。

5　日常持续维护措施

变流器系统逆变器温度高故障是日积月累形成的，所以要求运行维护人员日常工作中加强对设备维护力度。

（1）根据运行监控数据分析，判断水冷系统运行状况，并提前制定相应的措施。水冷系统静态水冷系统进阀压力为 3.6bar，运行状态下进阀压力不小于 2.5bar，冷却液流量为 400L/min，若流量过低可能存在内阻问题。

（2）网侧、机侧逆变器模块的热量到达冷却液后，由水冷泵、三通阀、散热器三者配合将热量传递到空气中，冷却液的质量也相当重要。购买厂家推荐的正品冷却液，并且做到 2 年更换一次，更换的时候将冷却系统残余的废液清理干净。

（3）在多沙尘、杨絮等季节后应做好水冷散热片的清洁工作，散热孔之间无异物堵塞。

（4）进行定期维护工作或制定专项工作对滤网、轴流风扇、散热风扇进行试验、检查，保证滤网清洁，轴流风扇、散热风扇运行情况完好。

变流器升级改造对提高发电量的研究

刘守恒

（国家电投东北新能源发展有限公司）

摘 要： 变流器是风电机组的关键部件，其故障影响着风电机组的安全、可靠、持续运行。本文对变流器的自身性能进行了优化提升，并且对低电压穿越系统结构进行了整改，减少变流器损坏的次数。改造后的变流器可以达到增加风力发电机的发电量和使用年限，并且可以有效地控制温升的目的。针对具体的变流问题给出了具体详细的分析和切合实际可行的解决方案，结果显示通过给出的方案能够有效降低变流器的故障率，使风力发电机组的发电量得到提高。

关键词： 风力发电机；变流器；优化改造；故障率；温升；发电功率

1　引言

随着风电机组的长期运行，大功率变流器等成为机组故障率的高发部件之一，因此，解决变流器的问题是提高风电机组可靠运行的有效途径之一。

文献［1］变频器采用"一拖一自动旁路"回路设计方式，通过模拟量控制，以及改造后的运行信号判断，最后经过试验验证，变流器的设计满足要求，且可靠性和稳定性较好，给机组运行提供了更大的收益。文献［2］对变流器的改造主要包括硬件变更、软件开发、实验项目，验证了变流器优化后的发电量高于优化前的发电量，分析了风电机组各部件的故障发生情况，然后利用仿真实验证明了这一结论的真实性。文献［3］立足于风电变流器的故障机理，建立了变流器故障海上风电场风电转换系统的模型，研究了风电变流器故障对海上风电场可靠性的影响。文献［4］以变流器机侧 IGBT 经常失效为例，通过仿真和机组同步转速的特性分析了可能对变流器产生的影响，得出的结论是在机组同步转速情况下，变流器机侧的 IGBT 严重发热，使芯片承受的温度超过极限值，导致失效。

2　变流器问题分析

2.1　问题汇总

各个型号的变流器汇总如表 1 所示。

表 1　　　　　　　　　　　　　**问题汇总表**

PM1000/GT1/GT2	PM1000/GT1/GT2
（1）机侧和网侧功率单元破损严重。 （2）网侧的接触器主触点粘连在一起不能工作。 （3）滤波电阻超高温。 （4）电抗器温度远超正常范围。 （5）被动式 Crowbar，无低穿功能。 （6）没有 UPS。 （7）缺少霍尔电流传感器检测控制	（1）被动式 Crowbar，无低电压穿越功能。 （2）功率组件和控制单元维修困难。 （3）控制电路板经常性故障且维修费用高

2.2　问题分析

2.2.1　功率单元损坏

（1）功率单元 IGBT 的容量比较小。型号为 PM1000、国通一代和国通二代选用的机网功率控制器是 FF450R17ME4，以上的结构采用的是单管，一共有 3 只；对于机侧功率电子器件设计选用 FS100R17KE3，此系统结构为并联，每一相有 2 个，一共 6 个。

根据栅极电抗器及其额定的电流参数、柜内的环境温度 45℃ 来进行模拟仿真，得到的结果如图 1 所示。

网侧功率单元　　　　　　　　　　　机侧功率单元

Junction Temperatures				Junction Temperatures		
✓ IGBT	141.2	℃		✗ IGBT	125.5	℃
✓ Diode	125.2	℃		✓ Diode	93.2	℃
Switching Losses				Switching Losses		
IGBT	227.667	W		IGBT	56.477	W
Diode	108.302	W		Diode	21.956	W
Conduction Losses				Conduction Losses		
IGBT	143.776	W		IGBT	78.223	W
Diode	12.694	W		Diode	6.391	W

图 1　机网侧功率单元仿真

从上述结果看出，当网侧 IGBT 温升到达上限（结温 150℃），且 IGBT 温度已经超出标准温度（结温 125℃）。仿真表明，IGBT 工作在温度极限状态。在夏天炎热的时候，风电场变流器柜子内的温度可以达到 50 多摄氏度，IGBT 非常容易出现过热炸毁的现象。

（2）控制系统电路板抗干扰技术能力弱。如图 2 所示，只有环氧板隔离在中间，抗干扰作用为零，因此弱点信号非常容易受到干扰。

（3）水管漏水。水管以卡扣式连接方式与动力装置连接，容易导致密封性能差。特别是动力装置多次替换后，铜管和卡环发生漏水，直接导致动力装置被炸飞。

（4）网侧熔断器应该为快速熔断器，这里是普通型，不能快速起到保护作用，响应速度慢，不能对网侧变流器达到有效的保护。

2.2.2　网侧的接触器主触点粘连在一起

大部分原因如下，流过触头的电流太大，导致分断功能丧失，这种电流最大值在直流电容充电时比较容易生成，并且在变频器的一次侧，由于比较大的电流脉冲

图 2　控制板布局图

使接触器主触头打开，导致主触头材料破损。但因为此时线圈还带电，所以触头发生闭合粘连；控制电压不稳定也是原因之一，变压器的容量小、电机启动时的线电压下降、控制回路的中间继电器不能够承受线圈吸合时耗散的功率，这些都是产生控制电压不稳定的原因，从而引起继电器触头抖动，导致触头粘连。表 2 说明了 A185 接触器在不同环境中的电流承载能力。

表 2　　　　　　　　　　　　　　A185 接触器载流量

温度	载流量
≤40℃	270A
≤55℃	255A
≤70℃	185A

2.2.3 滤波电阻损坏

滤波通过的角接电容为 $3×32.4\mu F$，滤波进行电阻每相两个 $1\Omega/600W$ 电阻可以并联，因此经过每一个单一的电阻的电流大约为 19A，电阻一直运行的功率大约为 350W。由此，电阻的负载率已经超过 60.0%，夏天时，会使电阻温度太高，导致滤波电阻损坏。

2.2.4 低电压穿越功能匮乏

被动式不能满足国家标准的要求，直流母线也没有斩波电路。如果变流器出现故障或者在低电压穿越过程中，直流部分的母线电压会上升很多，溢出的能量只能累积在电容处，并且因为电容容量有上限，所以会发生击穿危险。

2.2.5 预充电电阻经常性损坏

因为电容在直流母线一侧很大，当变流器预充电启动时，瞬时冲击很大，尤其是在风速较低的情况下，变流器需要不断地启动，导致冲击能量不断积累，最后导致电阻损坏。

2.2.6 电抗器温度高

换流柜为全封闭机柜，机网一侧的反应器产生的热量较大，而柜内的散热主要依靠的是两个水和空气的热交换器，散热能力非常有限，柜内的热空气不能全部及时排除出，导致机柜内的温度不断积累升高，最后形成反应堆温度高而报警的故障。

2.2.7 缺少 UPS

由于存在部分没有 UPS 的机组，当配电部分突然断电时，断电时可能会使控制信号动作，最后造成 IGBT 误损坏。

2.2.8 没有电流传感器

通过将电阻转换为电压来检测网络侧的电流。因为电阻的特性存在温漂过程，他的阻值随温度升高而升高，这就会使电阻的测量精确度不够准确，直接导致输出信号的准确性不够精确。

2.2.9 控制单元、功率组件集成，更换复杂

PM3000W、PM3000S 将控制电源、电源模块集成，有利有弊。其优点是外围的电缆很少并且结构非常紧凑；缺点是 IGBT 发生局部爆炸时，整个动力元件和控制单元都会损坏，因为其安装在机舱内，所以维修和更换很不方便，其次整套零部件的成本较高。

为证明改造变流器可以提高发电量和增加运行时间，变流器改造前后的故障率如表 3 所示。从表 3 中可以看出，改造前变流器故障率高达 42.3%，改造后的变流器故障率降至 3.2%。从这个数据来看，改造变流器可以提高风电机组的效率，有效地减少运行和维修的成本，并且提高风电机组的发电量。

表 3   风电机组故障类表

故障类型	改造前故障百分比	改造后故障百分比
变流器故障	42.3431673	3.2676497
电机故障	0.39643	0.59468
轮毂类故障	30.06405	43.46235
偏航类故障	4.51128	2.54698
风速仪故障	0	0.28329
中压柜故障	0.12468	0
振动类故障	0	6.23359
水冷类故障	1.8797	0
刹车类故障	1.8797	2.9465

故障类型	改造前故障百分比	改造后故障百分比
安全链类故障	1.79465	1.41652
齿轮箱类故障	3.7956	11.6498
状态机类故障	1.12657	19.2364
转速检测故障	1.124659	5.38469
系统保护故障	0.12531	0
电器柜类故障	7.26459	2.54139

3　变流器改造优化的主要内容

3.1　功率单元设计

参数按照机侧 500A 设计，网侧取 200A，加上 1.2 倍的负载以确保安全，对于机侧直接用单模块设计法，消除了原来的并联方式。功率单元用母线作为连接，并有缓冲吸收的电路，有效地增加了安全性，减少了电压击穿的隐患。对控制单元和水管的连接方式做了改变，从卡套式变换为扣压式螺纹连接，加强了设备的气密性以及方便性。

3.2　网侧主接触器设计

因为如果机柜内的温度太高会导致设备的载流能力下降，所以将原来接触器替换，增加载流能力和韧性。

3.3　滤波电阻选型设计

将原来的电阻替换为 $0.5\Omega/600\mathrm{W}$，这样可以有效地降低电阻负载率，从而降低电阻的温升，这样就增加了电阻的使用时间。

3.4　低电压穿越模块设计

图 3 所示为低电压穿越系统框图，在交流一侧用 IGBT 型有源 Crowbar 电路，可以杜绝暂态冲击电流影响转子侧的变流器。

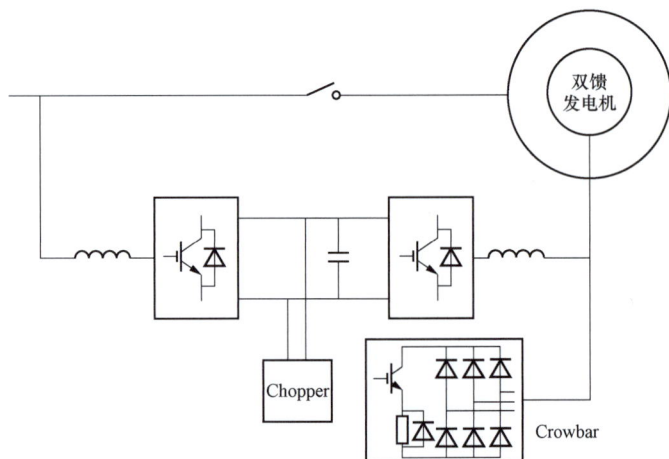

图 3　低电压穿越系统框图

3.5 预充电电阻

从 $22\Omega/200W$ 的电阻替换到 $22\Omega/500W$ 的电阻，使抗电流冲击能力提升。

3.6 变流器柜内散热

为避免温度过高产生警报，考虑在顶部加装风扇散热系统，使柜内的热量可以排出去，使柜内温度在一定范围内，保证内外环境温度一致。

3.7 增加 UPS

对于缺少 UPS 的机组，加装 2kVA 的 UPS，增加系统的可靠性。

3.8 增加电流传感器

在机网一侧加装专用的高精度电流传感器，提升控制和检测的有效性。

3.9 增加独立控制单元

集成的控制单元，利用功率单元与光纤直接连接，增加了安全性，强电和弱电分开，并且和功率单元分别设计，运维方便，工作量小。具有很大的数据存储容量，可以保存故障之前和故障之后的相关数据。

4 升级改造效果及发电量分析

4.1 系统原理

升级改造后的系统原理如图 4 所示。

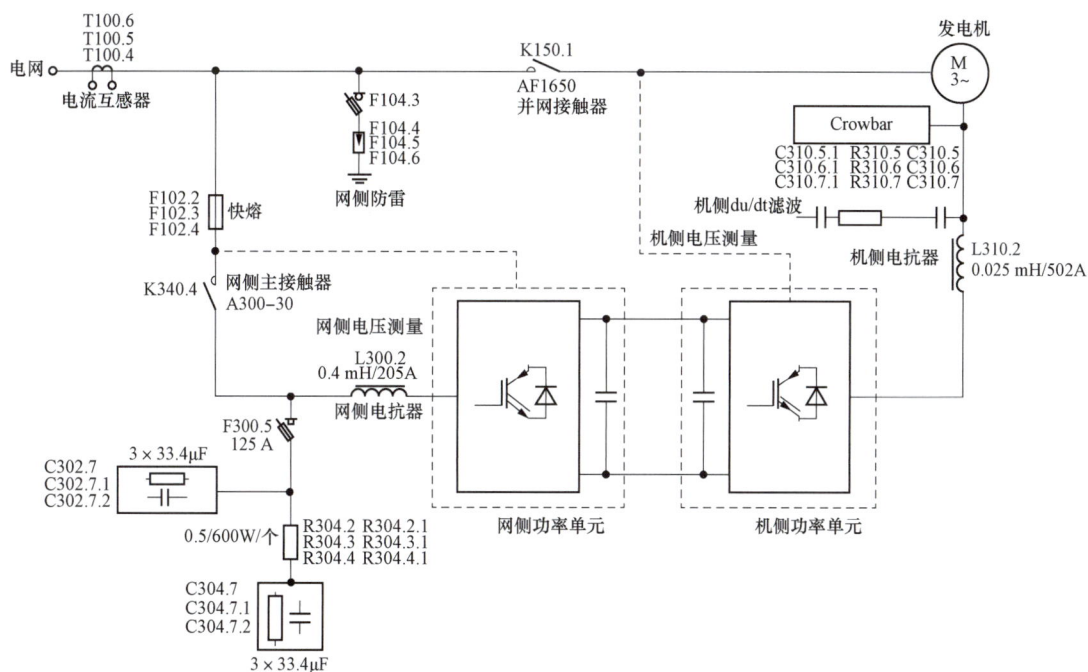

图 4 优化后的原理框图

对风电场机组的变流器进行了改造。对功率单元进行替换，加装了新的网侧滤波电阻和网侧主接触器，此外还加装了低通模块和风扇冷却装置。然后对此机组进行一个月的观察，得出发电量、故障率等，如表 4 所示。

表 4　　　　　　　　　　　　　　　机组改造前后一个月数据

项目	改造前	改造后
可利用率（%）	95.98	99.65
发电量（MWh）	5.23	300.72
耗电量（kWh）	190.58	27.02
发电时间（时：分：秒）	29：23：22	566：18：44
故障次数（次）	120	30
平均风速（m/s）	6.89	5.78
最大风速（m/s）	23.35	23.43
发电机平均转速（r/min）	244.35	1113.64
停机时间（h）	532	154

从表 4 中数据分析可知，经过变流器改造优化之后的机组故障次数大幅度下降，机组的总故障次数从 120 次下降到 30 次，发电时间也呈倍数增长，从原来的 30h 上升到 560h。

4.2　改造前后温升对比

表 5 数据所示是改造机组与未被改造机组在全功率时温度升高情况的对比。

表 5　　　　　　　　　　　　　　　　温升对比　　　　　　　　　　　　　　　　℃

温升内容	改造后 机舱内温度：7.6		改造前 机舱内温度：9.2	
	2h 满功率运行温度	温升	2h 满功率运行后温度	温升
发电机温度	65.89	11.7	68.36	21.6
机侧电感温度	56.9	47.7	91.1	83.5
网侧电感温度	106.2	97	127.9	120.3
机侧半导体温度	28.5	19.3	52.7	45.1
网侧半导体温度	26.7	17.5	56.8	49.2
变频器温度	2.55	1.2	5.35	3.6

从表 5 中数据分析可以得知，改造后的温度与改造之前相比，机网侧工作温度、机网侧电感和控制电路板的温度还有变流柜的温度都下降了大概 30℃ 左右。从以上数据可以看出，改造之后的系统安全可靠程度有了很大提升。

4.3　改造前后发电量对比

变流器改造之后的发电功率如图 5 所示，与改造之前相比，改造后的发电功率有显著的提升，在额定风速时功率可以达到 5300kW 左右。

近几年的风资源分布情况为大部分的风速都集中在 3.6～8.6m/s 之间。根据数据分析可知改造之后的发电量大幅提高。

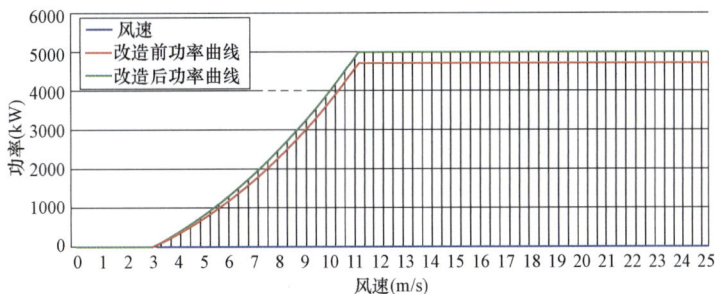

图5 变流器改造后的功率曲线图

5 总结

经过改造前后的数据分析可知，功率曲线有了明显的上升，得到的其他方面的性能优化主要包括以下几项：

（1）变流器的故障率下降了39.1%，而且发电量提高达600%。

（2）经过改造后的变流器机舱温度从9.2℃下降到了7.6℃。

（3）增加了风扇冷却装置和低电压穿越功能，使风力发电机组的运行时间从29h增长到566h，安全系数有很大提升。

（4）变流器的故障次数从120次下降到30次。

对变流器的性能进行优化改造后，设备运行和维修的成本也有了改观，从而保证了风电场的收益，同时也为后面大功率的风电机组变流器的选择做出了一定的参考。

参考文献

[1] 张天放，陈娟. 引风电机组变频器改造控制优化及节能效果分析 [J]. 河南科技，2015 (15)：56-58.

[2] 陈雷，董烁昶，于保春. 5MW风电机组变流器性能优化对提高发电量的研究 [J]. 电器工业，2019 (09)：59-60.

[3] 罗炜，曾至君，李凌飞，等. 风电机组变流器对海上风电场可靠性的影响 [J]. 南方电网技术，2021，15 (11)：22-33.

[4] 陈志强，于彬. 双馈风电机组同步转速工况下变流器运行分析 [J]. 吉林电力，2021，49 (05)：50-53.

[5] 潘晟. 利用BESS提高双馈风电机组低电压穿越能力 [J]. 仪器仪表用户，2011，18 (5)：96-99.

[6] 孙承奇，潘庭龙，纪志成. 基于PSCAD的双馈风电机组低压穿越控制策略 [J]. 江南大学学报：自然科学版，2014，13 (3)：275-281.

[7] 胡子晨. 中功率风电变流器的效率优化设计研究 [D]. 上海：东华大学，2014.

[8] 黄玲玲，曹家麟，符杨. 海上风电场电气系统现状分析 [J]. 电力系统保护与控制，2014，42 (10)：147-154.

[9] Besnard F，Fischer K，TjembergL B. A model for the optimizationof the maintenance support organi-ation for offshore wind farms [J]. IEEE Transactions on Sustainable Energy，2013，4 (2)：443-450.

1.5MW 机组三相电流不平衡故障分析

胡敏志

（国家电投东北新能源发展有限公司）

摘　要： 在风力发电机组中，变流器电流直接或间接地反映了机组功率、扭矩的大小，同时三相电流之间的相互关系也反映了机组的状态，因此对三相电流的监测对于机组是至关重要的。本文主要阐述三相电流不平衡故障分析和处理过程，并对该故障做了简单总结。

关键词： 变流器；电流互感器；三相电流；电流检测

1　机组信息

（1）故障机位：FD2-41。

（2）故障风速：9.29m/s。

（3）环境温度：3.5℃。

2　故障现象描述

2020年2月4日某风电场二期41号机组报出"三相电流不平衡故障"。现场人员到达机位后发现故障灯亮起，检查线路主回路未发现异常，电流互感器外观完好，复位后机组故障消除，机组可正常运行，但是观察三相电流发现B相电流值始终比A相和C相小20％左右，当功率达到1500kW以后机组报出故障。故障F文件如图1所示。

grid					
error_grid_voltage_max	off	error_grid_voltage_min	off	error_grid_voltage_unsymmetry	off
grid_U1	399.18 V	grid_U2	398.45 V	grid_U3	399.33 V
error_grid_current_max	off	error_grid_current_unsymmetry	on	.	.
grid_I1	1310.36 A	grid_I2	1110.73 A	grid_I3	1290.28 A
error_grid_frequency_max	off	error_grid_frequency_min	off	.	.
grid_F1	50.01 Hz	grid_F2	50.01 Hz	grid_F3	50.01 Hz
error_grid_active_power_limit_max	off	error_grid_active_power_limit_min	off	error_grid_active_power_relation	off
error_grid_phase_active_power_comp	off	error_grid_active_power_lost	off	.	.
grid_P1	522.62 kW	grid_P2	437.71 kW	grid_P3	513.20 kW
grid_active_power	1473.53 kW	converter_in_power	1478.00 kW	.	.

图1　故障F文件

3　故障原因分析

通过查阅资料可知，"三相电流不平衡"故障解释为三相电流之间差值的绝对值的最大值大于有功功率乘以系数0.05后加上系数150的和，持续1s，风电机组报此故障。执行快速停机过程，可以自动复位。

3.1　故障分析

由此可以看出机组故障确实存在电流不平衡，现针对该问题进行如下分析。

（1）通过面板和故障文件分析具体哪一相电流造成故障报出。

（2）结合变流实时数据进一步判断该相电流出现偏差来源，是测量回路出现问题，还是该相电流本身偏低。

（3）如果是测量回路出现问题导致电流偏低，需要再进一步判断是器件问题，还是此回路接线问题。

（4）如果是三相电流本身确实存在偏低现象，再进一步判断是变流器系统内部问题，还是变流系统之外问题。

3.2 故障原因

3.2.1 网侧动力电缆出现虚接或短路

如果网侧动力电缆出现虚接或短路直接造成该相电流偏大，同时还可能出现放电现象。虚接或短路问题可直接通过观察即可排除。

3.2.2 变流器内部出现问题

如果变流器内部出现问题，在逆变过程中可能会造成某项逆变失败，电流偏低现象。判断变流器是否出现问题可以利用变流器软件对变流器出口电流进行在线监测，观察其是否出现不平衡现象。

3.2.3 检测回路线路出现虚接或短路

电流检测回路主要是从电流互感器开始连接到变流柜内 1×4 端子排，如图 2 所示，再经过一条 4×1.5 的 7m 电缆从变流柜连接到主控柜内，进入端子排 $\times 16.1$ 后再进入电能表。因此通过检测该段线路和测量通断即可判断问题所在。

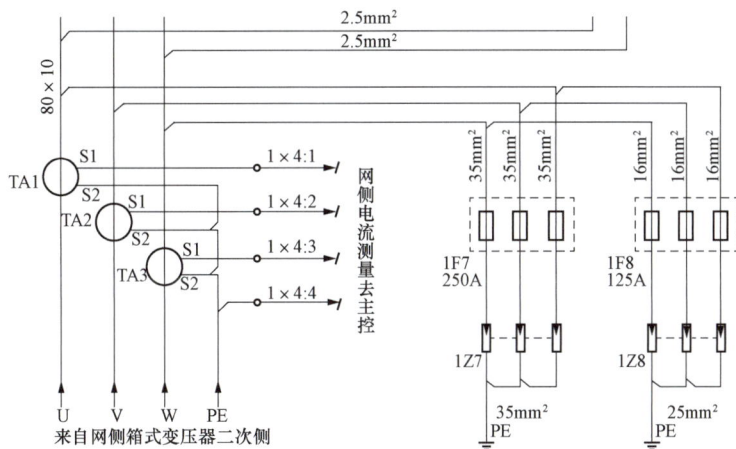

图 2 电流检测回路（一）

3.2.4 电流互感器

电流互感器原理是依据电磁感应原理，由闭合的铁芯和绕组组成。它的一次绕组匝数很少，串在需要测量的电流的线路中；二次绕组匝数比较多，串接在测量仪表和保护回路中。电流互感器在工作时，它的二次回路始终是闭合的，因此测量仪表和保护回路串联绕组的阻抗很小，电流互感器的工作状态接近短路。因此，电流互感器一、二次绕组出现问题有可能造成测量值不正常。检查电流互感器是否损坏通常可以通过测量二次回路的内阻或者调换方法。

3.2.5 检测元件 PAC3200 出现问题

对检测元件 PAC3200 进行检查。

4　故障处理过程

（1）通过故障 B 文件的三相电流曲线，可以发现三相电流 B 相电流始终比其他两相偏小，功率越高偏差值越大。初步判断为 B 相电流应该为故障线路。

为了进一步确定 B 相电流出现偏差是测量回路出现问题导致，还是该相电流本身偏低导致故障报出，可以通过自主变流器就地监控软件对变流器网侧单元出口电流进行在线监测，数据如图 3 所示。

A、B、C 三相电流值相差无几，均在正常范围内波动。因此，可以判断该故障是由于电流检测回路出现问题导致的。

（2）现场人员对检测回路进行一一排查，当排查到变流柜到主控柜连接电缆时发现两端接口处都出现了明显的老化现象，如图 4 所示。面对该现象现场人员分析可能是由于电缆老化造成电缆出现内阻增大可能，导致电流互感器传送信号衰减，进而造成三相电流出现偏差。于是对连接电缆进行了更换，但是更换完毕后电流偏差仍然存在，故障仍未彻底消除。

b(V)	Vsc(V)	Isa(A)	Isb(A)	Isc(A)	Vdc(V	analog	P(k
.08	379.52	263.43	263.41	270.50	1037.4	206.40	25
.14	389.54	278.99	269.65	281.76	1037.4	278.85	26
.88	382.94	223.20	215.80	212.24	1037.4	231.25	26
.85	390.17	315.06	328.39	315.90	1037.3	206.06	27
.74	389.23	266.37	263.48	280.05	1037.5	277.63	28
.27	388.28	257.61	254.69	258.38	1037.1	255.46	29
.72	383.50	341.17	346.33	345.27	1037.4	200.94	30

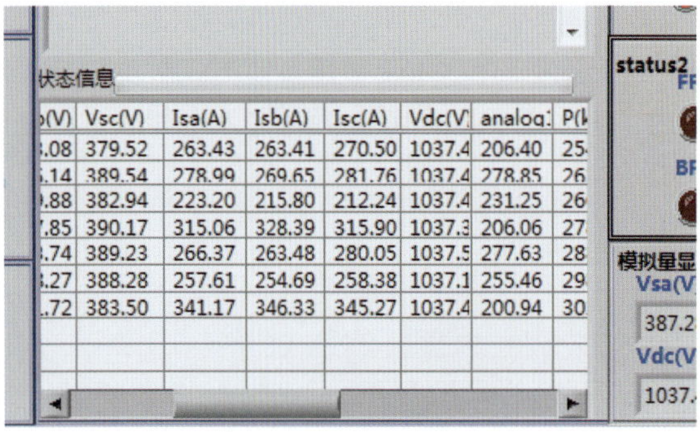

图 3　在线监测数据

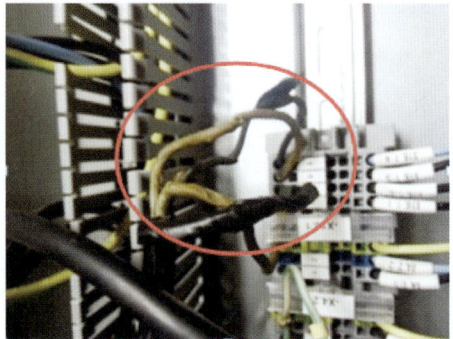

图 4　连接电缆

（3）对 B 相和 C 相电流互感器进行了调换，发现故障现象转移，因此，可以最终判定为电流互感器出现损坏造成此故障，更换后机组恢复正常。

5　总结

此次故障最终是由于电流互感器损坏，导致三相电流检测出现偏差，进而导致故障发生。由于机组电流互感器拆卸极其烦琐，并且动力电缆上下又无法使用钳形电流表，所以只能通过由简到繁的排除法对其进行一一排查，最终找出故障点。同时，在处理故障过程中要充分利用手中的便利条件进行进一步分析，如本文中利用变流软件确认变流器输出电流正常 。此外，这种思路同样可以延伸到电压互感器方面问题以及变压器问题等。经过这次故障的处理对机组故障分析有了很大的进步。

2.5MW 风电机组 1 号柜 24V 开关电源 1 保护控制板失效问题分析

李少博

（中电投东北新能源发展有限公司）

摘　要： 本文通过对 2.5MW 风电机组 1 号柜 24V 开关电源 1 保护控制板失效故障案例进行研究分析，剖析控制板失效的现象及原因，并通过实际情况列举解决办法，再对以往的常规办法加以补充，希望给同类型故障处理带来更多帮助。

关键词： 控制器；程序

1　概述

某风电场位于辽宁省鞍山市台安县桓洞镇境内，场区范围中心坐标位于东经 $122°31'04''$，北纬 $41°31'09''$，地形为海拔 $7\sim13m$ 的平原。风电场地处平原地区，地势平坦，风电机组周围是大片农田。风电场常年盛行东北风，2020 年平均风速为 5.38m/s，冬季最冷温度可达到 $-20℃$，夏季温度可达零上 25℃，全年温差较大，四季分明。机组 2019 年调试，2020 年 6 月正式并网运行。

风电机组采用上风向、水平轴、三叶片的并网型风电机组，机组运行环境温度范围为 $-30\sim40℃$，生存温度范围为 $-40\sim50℃$。风电机组型号为 GW130/2500；变桨配置为 2.5MW 变桨 I 型；变流配置为 2.5MW 变流 I 型；主控配置为主控柜 III 型；水冷配置为整合水冷柜。额定功率为 2500kW，叶轮直径为 130m，切入风速为 2.5m/s，额定风速为 9.3m/s，切出风速为 20m/s。

2　故障现象

2.1　天气情况

天气晴朗，北风 6.5m/s，故障前无大风沙尘或下雨。

2.2　风电机组状态

风电机组报出 1 号柜 24V 开关电源 1 保护、变流器紧急停机，1U3 安全链反馈异常故障，风电机组处于停机状态，断路器断开。

2.3　故障检查

用万用表检查开关电源输入为 380V，正常；输出为 24V，正常。检查蓄电池电压正常。断电测试蓄电池容量可以支持 $10\sim15min$。检查变流器内部报出 1U3 直流熔断器 1 异常，1U4 IGBT 本体温度高故障，检查熔断器回路正常，温度反馈电阻正常。更新 1U3 和 1U4 程序后，故障未消除。

现场更换 1U3 和 1U4 控制器并更新程序后，故障消除。

检查更换下的控制板，控制板无明显的烧损痕迹、无明显的腐蚀现象。

2.4　故障分析

由于检查控制板无烧损痕迹，无腐蚀现象，可以推测不是控制板本身问题，而是控制板内部程序问题，导致控制板工作不正常。公司联系相关方，对控制板进行检测，检测结果为控制板本体硬件一切正常。更新控制板基程序后，测试控制板运行正常。

3　处理措施

3.1　检查现场控制板

针对控制板基程序未激活的故障现象，检查现场控制板。

（1）根据 LED 运行灯判断，控制板右上角五个并排的红色 LED 灯中，最上边的运行的不在闪烁，表示基程序运行异常，需要更新基程序。

（2）根据软件故障。2.5MW 控制器报出故障如图 1 所示。

序号	故障代码	故障宏	故障名称	故障时间	故障注释
1	10627	CVT_2U3_DC_FUSE1_FAULT	2U3_直流熔断器1故障	——	
2	10519	CVT_2U3_STACK1_HW_OVER_CURRENT	2U3_STACK1硬件过流故障	——	
3	10629	CVT_2U3_DC_FUSE3_FAULT	2U3_直流熔断器3故障	——	

图 1　2.5MW 控制器报出故障

现场针对以上现象对故障控制板进行重新检查，发现与以上现象完全吻合，而且在倒换控制板后，故障现象也随之转移。

故此，可以确定此故障为电压波动导致基程序未激活。

查询记录档案，发现此故障只发生在 2019 年 3 月之前生产的刷写的基程序是 D190215 版本之前的新控制器，更新基程序可以消除此故障。

3.2　更新基程序方法

3.2.1　FPGA 程序以太网刷写

3.2.1.1　先更新支持以太网下载 FPGA 程序的 BF 程序

（1）连接上要更新的控制器，然后进入程序更新，更新 BF 程序，程序选择 1U11U32U12U3BF_APP_2.0&2.5FpgaUpdata_180821.ldrBF，如图 2 所示。

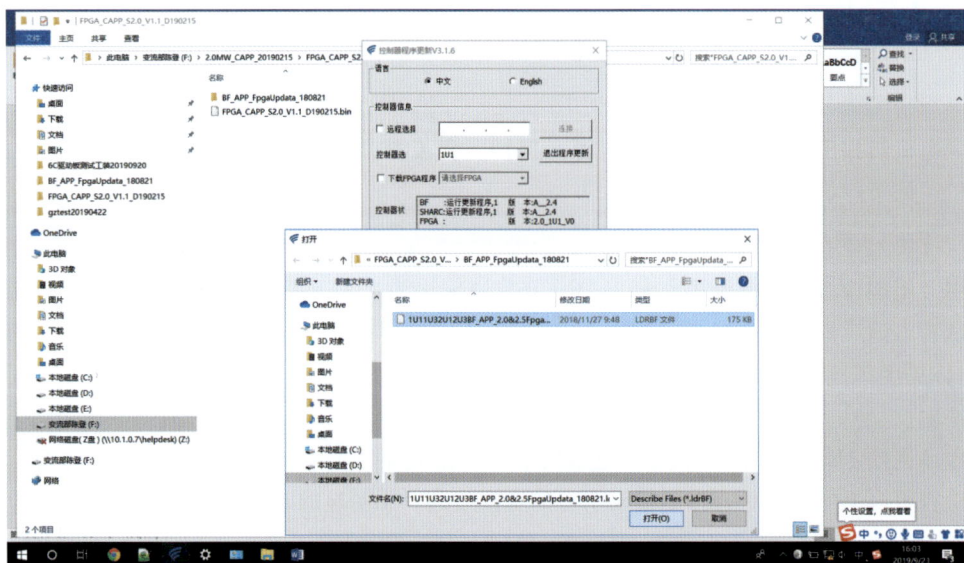

图 2　更新 BF 程序

（2）单击烧写，下载完成后单击确定，如图 3 所示。

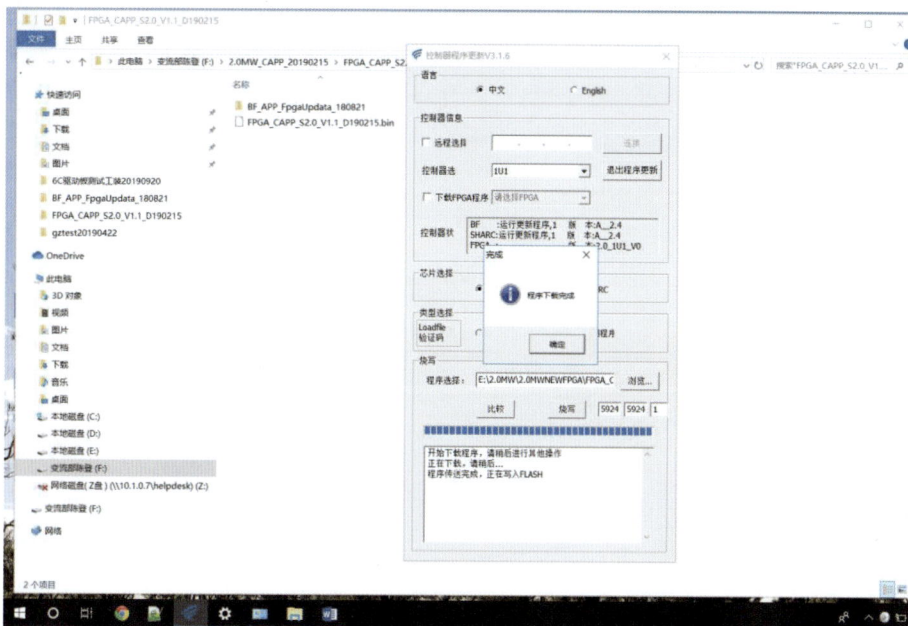

图 3　烧写

（3）下载完成后，退出程序更新，在控制器选项栏内选择无程序控制器进行连接，如图 4 所示。

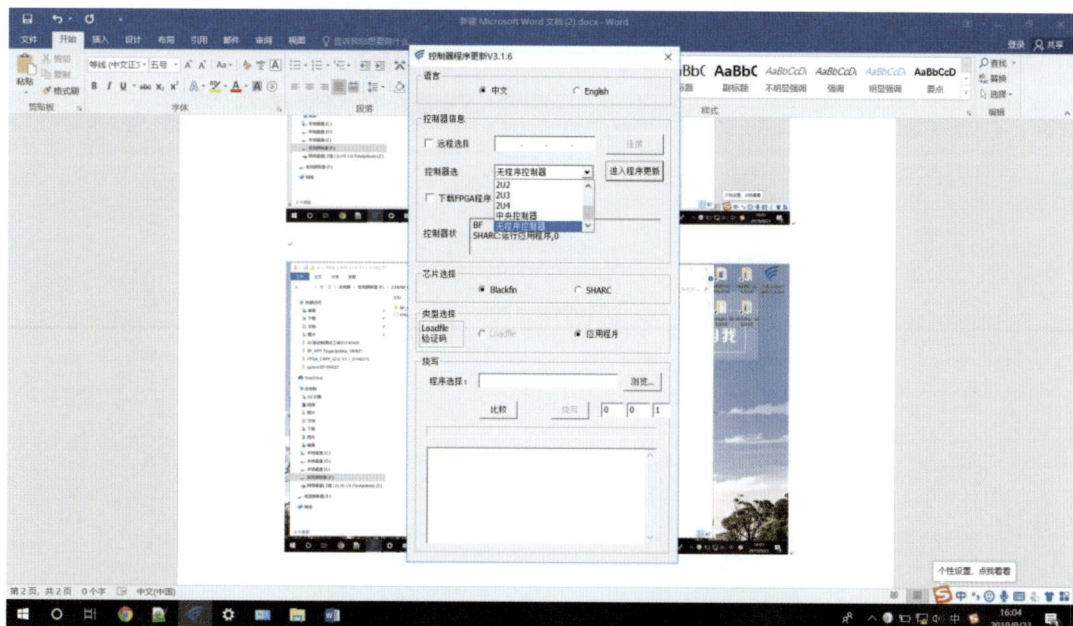

图 4　无程序控制器连接

3.2.1.2　以太网下载 FPGA 程序

（1）连接上无程序控制器后，控制器状态是 BF：运行应用程序，0 的状态下，勾选下载 FPGA 程序，单击下拉列表选择控制器，如图 5 所示。

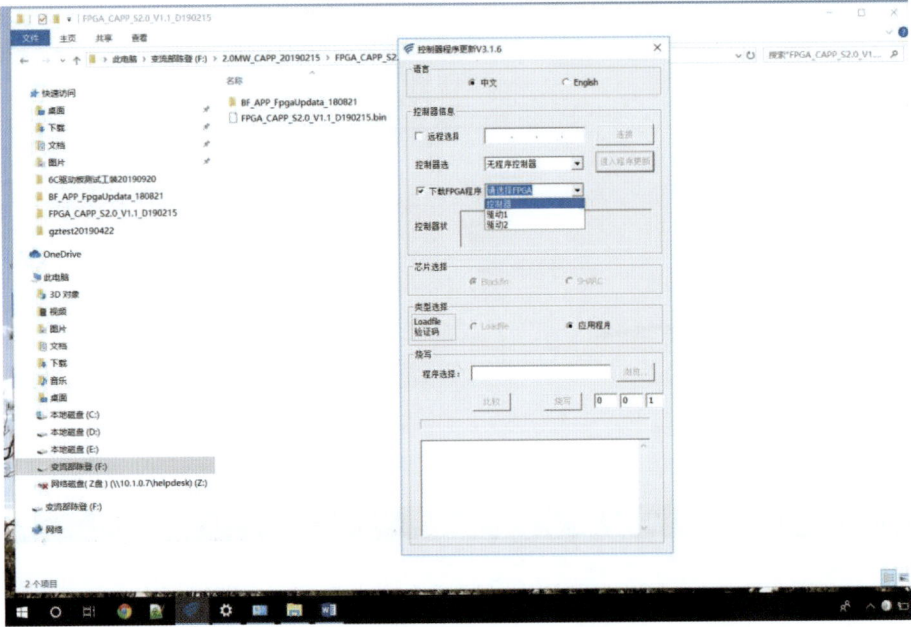

图 5　选择控制器

（2）连上控制器后，控制器状态会显示控制器、BOOT、APP 的状态，然后选择需要下载的 FPGA 程序，如图 6 所示。

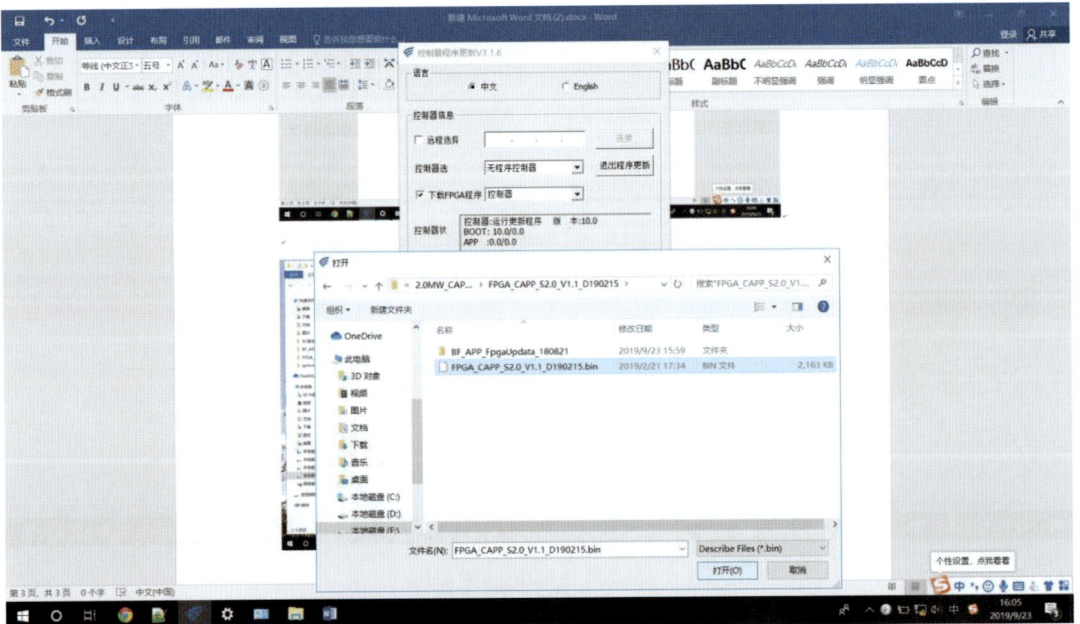

图 6　选择需要下载的 FPGA 程序

（3）FPGA 程序选择完成后，单击烧写，程序烧写时，进度条会显示烧写进度，程序烧写过程大概需要 3～4min。

（4）程序烧写完成后，单击确定。

（5）在下载 FPGA 程序的下拉菜单中，重新选择控制器。

（6）在控制器状态栏中 APP：后边会显示刚下载完成的程序名称，表示 FPGA 程序下载成功，如图 7 所示。

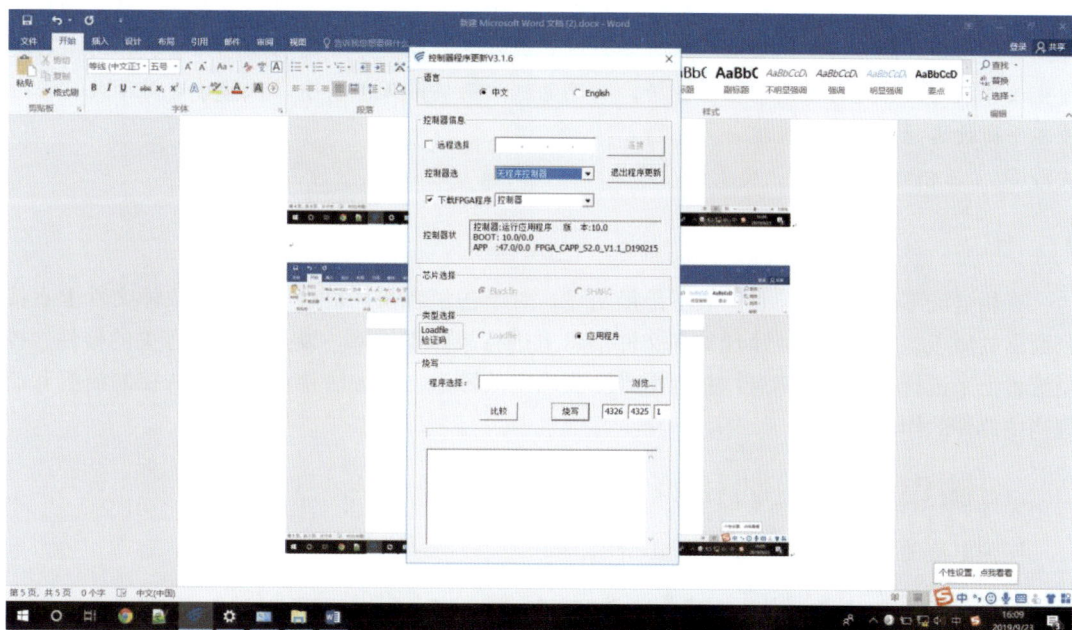

图 7　下载成功

3.2.1.3　将 BF 程序更新回原来运行的 BF 程序

（1）将下载 FPGA 程序的勾选去掉，然后单击进入程序更新。

（2）选择原来的 BF 程序，下载；下载完成后退出程序更新。

（3）选择 BF 程序对应位置的控制，控制器连接上，并显示对应的程序版本，且程序在运行应用程序，0 状态下，程序更新完成。

4　总结

此故障较为特殊并不常见，现场一般针对控制板都是更新程序，检查烧损痕迹，检查腐蚀现象，如不能解决问题，更换控制板处理，这样会造成备件消耗多，停机时间长，从而对风电机组的可靠、稳定、运行和经济效益造成一定影响。通过对本次故障的处理，可以对今后的同类型故障维修时增加一个方法，检查控制器基程序，判断程序问题可以现场更新，保证了机组更加稳定运行，提高了机组的运行效率。

在故障处理过程中，一个人的力量受到能力和见识等的局限，针对故障处理我们要多学习多探讨，弥补工作中的不足，找出更高效的解决办法来保证设备的稳定运行，最大限度地发挥设备的能力，为公司创造价值。

网侧三相电流不平衡故障分析

李节省[1], 胡言柱[2]

(1. 中广核新能源山东分公司龙山风电场；2. 中广核新能源山东分公司尚堂风电场)

摘　要: 三相电流不平衡会增加线路及变压器的铜损、铁损，降低变压器出力，还会造成三相电压不平衡，使供电质量降低、线路损耗加大。在 freqcon 变流系统中故障点较多，从表面现象可能看不出来故障点。本文重点从排除法的观点进行三相电流不平衡的故障点查找，对有可能发生故障点的器件进行了简单介绍分析，从风电机组的实际故障着手，让初学者对于处理三电流不平衡故障的了解更加直观。

关键词: 三相电流不平衡；变流板；故障文件；高压 I/O 板

1　引言

三相电流不平衡的故障点一般不是很明显，对于初学者往往很难从外观和故障文件上直接判断出故障点。本文仅从故障现象和文件信息上进行故障点排除，以及从与之有关的器件、控制流程上来进行探查其故障点，并运用排除法确定故障点。此方法重点是要理清控制流程和流程当中器件的作用。

2　网侧电流的控制和监控流程

网侧电流的控制和监控流程如图 1 所示。

电流互感器 ⟶ 高压I/O板 ⟶ 变流板 ⟶ 贝福模块 ⟶ PLC

IGBT

图 1　网侧电流的控制和监控流程

3　相关器件介绍

3.1　电流互感器

电流互感器简单来说相当于一个升压变压器，但在工作时二次侧绝对不允许开路；用万用表最小挡测量二次侧电阻，可以大致判断其好坏。如果电阻无穷大就是坏的，如果有些许电阻（哪怕指针动一下）就说明是好的。电流互感器一般不容易损坏，大部分是因为接线松动造成故障。

3.2　高压 I/O 板

高压 I/O 板是用来连接高压 I/O 信号、检测交流信号，主接触器及预充电接触器到变流板的控制单元。

高压 I/O 板 25 针 DSUB 电缆输入端口定义见表 1，高压 I/O 板 25 针 DSUB 针脚定义如图 2 所示。

表 1　　　　　　　　　　**高压 I/O 板 25 针 DSUB 电缆输入端口定义**

端口数	端口名称	端口描述	电压等级
1	电流检测 L1-a	电流检测 2000；1A	2V AC
2	电流检测 L1-b		

端口数	端口名称	端口描述	电压等级
3	电流检测 L2 - a		
4	电流检测 L2 - b		
5	电流检测 L3 - a		
6	电流检测 L3 - b		

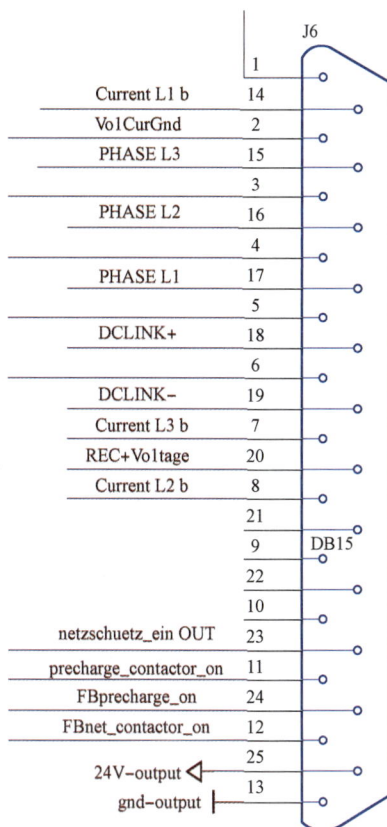

图 2　高压 I/O 板 25 针 DSUB 针脚定义

3.3　变流板

变流板是通过一个 4 针的哈丁连接器来提供 24V DC。

这个设备可以控制 10 支 IGBT 模块，6 支用于网侧逆变、3 支用于斩波升压、1 支用于制动。另外，它能实时计算出所有网侧有功、无功、有效电流值，有效电压值和频率等数据。这些 IGBT 是通过在变流板后面的 10×15 针 DSU B 连接器来连接的，风电机组的中央控制单元是依靠 Beckhoff profibus I/O 总线来完成通信的，数字量和模拟量信号也是通过变流板后面 2×37 针 DSUB 连接器，电网电压和电流信号是以 25 针 DSUB 连接到低压柜内的高压 I/O 模块。

3.3.1　变流控制板前、后面板介绍

交流控制板前、后面板如图 3 所示。

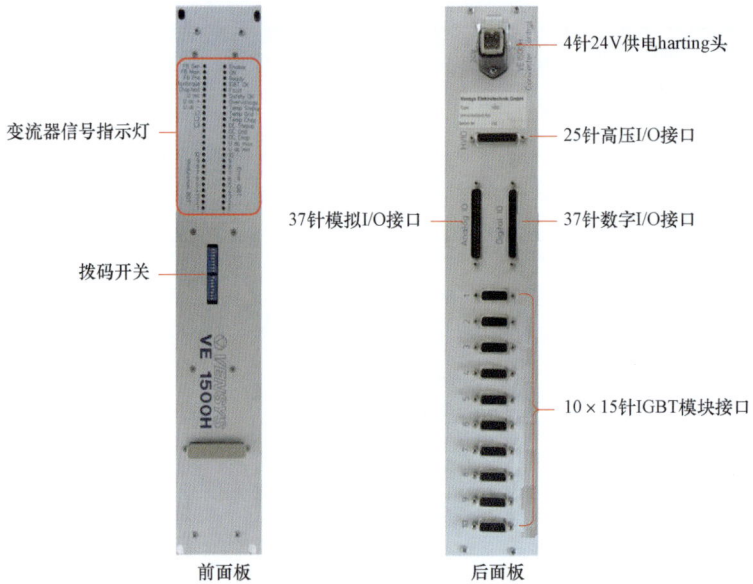

变流器信号指示灯

拨码开关

VE 1500H

前面板

4针24V供电harting头

25针高压I/O接口

37针模拟I/O接口 — 37针数字I/O接口

10×15针IGBT模块接口

后面板

图3 变流控制板前、后面板

3.3.2 变流前面板指示灯说明 （见图4）

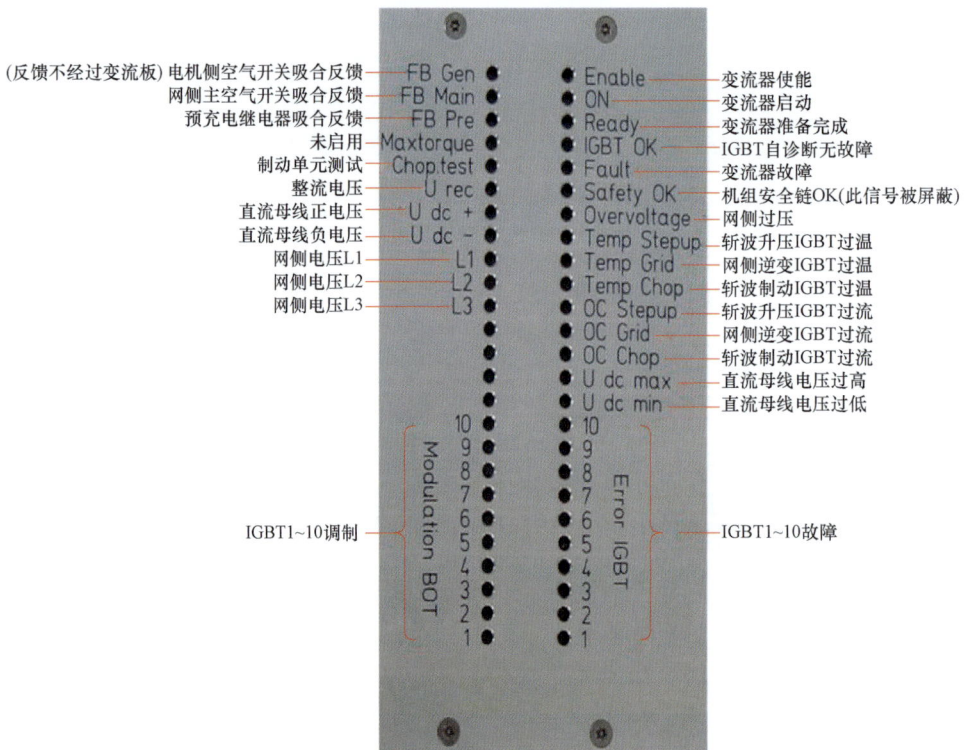

(反馈不经过变流板)电机侧空气开关吸合反馈 — FB Gen — Enable — 变流器使能
网侧主空气开关吸合反馈 — FB Main — ON — 变流器启动
预充电继电器吸合反馈 — FB Pre — Ready — 变流器准备完成
未启用 — Maxtorque — IGBT OK — IGBT自诊断无故障
制动单元测试 — Chop.test — Fault — 变流器故障
整流电压 — U rec — Safety OK — 机组安全链OK(此信号被屏蔽)
直流母线正电压 — U dc + — Overvoltage — 网侧过压
直流母线负电压 — U dc - — Temp Stepup — 斩波升压IGBT过温
网侧电压L1 — L1 — Temp Grid — 网侧逆变IGBT过温
网侧电压L2 — L2 — Temp Chop — 斩波制动IGBT过温
网侧电压L3 — L3 — OC Stepup — 斩波升压IGBT过流
— OC Grid — 网侧逆变IGBT过流
— OC Chop — 斩波制动IGBT过流
— U dc max — 直流母线电压过高
— U dc min — 直流母线电压过低

IGBT1~10调制 — Modulation BOT — Error IGBT — IGBT1~10故障

图4 变流板前面板指示灯

3.3.3 后面板 37 针数字 I/O 接口定义

变流板后面板 37 针数字 I/O 接口相关针脚见表 2。

表 2　　　　　　　　　　变流板后面板 37 针数字 I/O 接口相关针脚

针脚号	信号描述	连接到……	I/O（相对变流板）
15	变流器网侧逆变 IGBT 过电流	变流子站模块 29DI7.1	O
30	变流器网侧 IGBT 故障 低电平＝无故障	变流子站模块 29DI8.4	O
36	变流器 IGBT_OK 低电平＝IGBT 故障	变流子站模块 29DI5.8	O

3.3.4 后面板 10×15 针 IGBT 模块接口定义

变流板后面板 10×15 针 IGBT 模块接口相关针脚见表 3。

表 3　　　　　　　　　　变流板后面板 10×15 针 IGBT 模块接口相关针脚

针脚号	信号描述	I/O（相对变流板）	备注
7	ERROR（IGBT 故障信号）	I	
9	IIST（电流信号）	I	
14	TOP（上桥臂 IGBT 驱动信号）	O	
15	BOT（下桥臂 IGBT 驱动信号）	O	

3.4　贝福模块

KL3404（30AI5、30AI6）模拟量输入模块用于三相电流的检测。

3.5　IGBT

绝缘栅双极型晶体管（Insulated Gate Bipolar Transistor，IGBT）是由 BJT（双极型三极管）和 MOS（绝缘栅型场效应管）组成的复合全控型电压驱动式功率半导体器件，兼有 MOSFET 的高输入阻抗和 GTR 的低导通压降两方面的优点。GTR 饱和压降低，载流密度大，但驱动电流较大；MOSFET 驱动功率很小，开关速度快，但导通压降大，载流密度小。IGBT 综合了以上两种器件的优点，驱动功率小而饱和压降低。非常适合应用于直流电压为 600V 及以上的变流系统，如交流电机、变频器、开关电源、照明电路、牵引传动等领域。

IGBT 的开关作用是通过加正向栅极电压形成沟道，给 PNP 晶体管提供基极电流，使 IGBT 导通；反之，加反向门极电压消除沟道，切断基极电流，使 IGBT 关断。因为 IGBT 的驱动方法和 MOSFET 基本相同，只需控制输入极 N，所以具有高输入阻抗特性。当 MOSFET 的沟道形成后，从 P＋ 基极注入 N 一层的空穴（少子），对 N 一层进行电导调制，减小 N 一层的电阻，使 IGBT 在高电压时，也具有低的通态电压。

对于 IGBT 好坏可用万用表大致测量出来：用直流电压挡测量直流母线电压，确认电压低于 24V；然后将万用表设为二极管挡位，按照表 4 测量功率模块，并记录数据。IGBT 模块压降测量见表 4。

表 4	IGBT 模块压降测量	
红表笔接模块交流端 AC	黑表笔接模块正母排 DC+	0.2～0.3V
	黑表笔接模块负母排 DC−	示数不断增加
黑表笔接模块交流端 AC	红表笔接模块正母排 DC+	示数不断增加
	红表笔接模块正母排 DC−	0.2～0.3V

注　二极管导通压降为 0.2～0.3V，IGBT4 上桥臂与制动电阻并联无法测试反并联二极管导通压降，可测阻值为 0.9Ω。如要测量导通压降可将 IGBT4 交流端 AC 连线断开。在检测 IGBT 时，应当注意的是，很多时候测量值在正常范围内，但仍有很多时候 IGBT 是故障的。有时候从外边能看出 IGBT 熔断器弹出，或是 IGBT 本身炸坏，外表发黑。

有时 IGBT 损坏后，并不能从测量值来判断，需要根据现场情况观察 IGBT 外观及根据变流控制器共同去判定 IGBT 故障。

4　故障点和处理思路

4.1　故障点

就是控制和监控流程中用到的元器件以及连接线路；包括电流互感器、高压 I/O 板、变流板、贝福模块（KL3404）、IGBT。

4.2　处理思路

（1）查看表面信息：看有没有明显的相关器件报警，若有明显的器件报警或故障就应该先检查故障期间。

（2）闻味：闻一下有无焦糊味；若有焦糊味，应该是有器件烧坏。

（3）变流板面板信息查看和处理：最直观看到的是变流板和高压 I/O 板信息，看有没有直接报警。

（4）检查故障点各器件：检查各器件有无明显变化，用万用表测量电流互感器和 IGBT，判断其好坏，紧固故障点处接线。

（5）并网实测：上述检查如未发现异常，应进行启机并网；用钳形表进行实测。如果实测值也是三相电流不平衡，应该重点检查变流板和 IGBT。

5　三相电流不平衡故障的机组分析

某风电场 Freqcon 变流系统三相电流不平衡故障处理思路如下。

5.1　查看故障现象

2020 年 11 月 29 日机组报三相电流不平衡故障，查看信息故障电流为 1214.246、1340.812、1119.321A，复位一段时间后仍报，并且故障信息大致相同。初步判断应该不是误动，应该是器件性能故障。

5.2　查看故障解释

三相电流不平衡故障的解释说明见表 5。

表5 三相电流不平衡故障的解释说明

故障代码	故障名称		故障说明		
100202	电网三相电流不平衡故障		三相电流之间的差值高于设定值		
备注：故障设置值是在程序内通过计算得到	故障时间	故障设置值	正常停机	快速停机	紧急停机
	1s	计算值	0	1	0
	禁止自动复位	禁止所有偏航	禁止对风	禁止解缆	故障使能
	0	0	0	0	1
	复位时间	复位值	断安全链	断主空开	
	0	0	0	0	

解释说明：三相电流之间差值的绝对值的最大值大于有功功率乘以系数 0.05 后加上系数 150 的和，持续 1s，风电机组报此故障。执行快速停机过程，可以自动复位。

根据故障文件和故障电流，更加确定了其故障电流确实达到了故障值，更进一步确定了不是误报。

5.3 查看故障生成文件

（1）三相电流不平衡 F 文件如图 5 所示。

grid					
error_grid_global1	on	.	.	.	.
error_grid_voltage	off	error_grid_voltage_limit_max	off	error_grid_voltage_limit_min	off
error_grid_voltage_unsymmetry	off	.	.	.	.
converter_UL1	354.747 V	converter_UL2	365.978 V	converter_UL3	367.199 V
.	.	.	.	.	.
error_grid_current	on	error_grid_current_limit	off	error_grid_current_unsymmetry	on
converter_I1	1214.246 A	converter_I2	1340.812 A	converter_I3	1119.321 A
error_grid_frequency	off	.	.	.	.
converter_grid_frequency	48.976	grid_frequency_filtered	49.990	grid_frequency_temp_drift_offset	-0.848
error_grid_active_power	off	.	.	.	.
error_grid_active_power_limit_max	off	error_grid_active_power_limit_min	off	error_grid_active_power_relation	off
converter_active_power	1280.068 kW	grid_active_power_demand	1305.835 kW	.	.
error_grid_reactive_power	off	converter_reactive_power	-5.982 kvar	.	.

图 5 三相电流不平衡 F 文件

（2）三相电流不平衡故障的电流、功率曲线如图 6 所示。

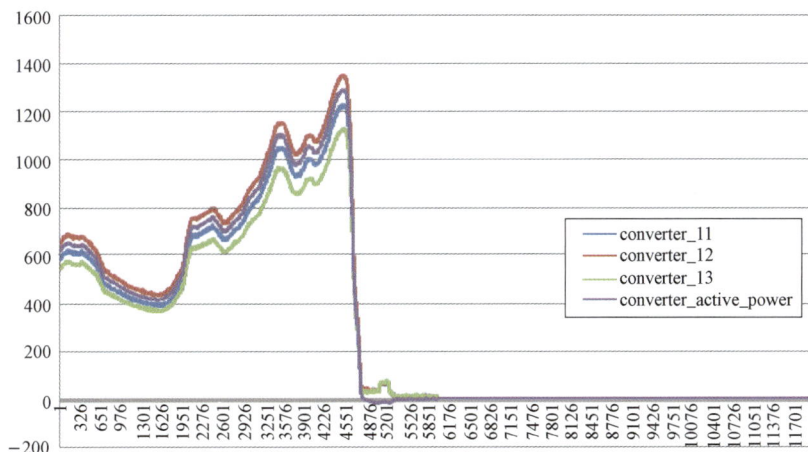

图 6 三相电流不平衡故障的电流、功率曲线

可以看出其动作过程符合 PLC 的程序判断，不属于误动。

5.4　故障处理

（1）观表面：进入现场未发现明显异味，打开塔底各配电柜柜门未看到有明显的器件损坏。查看变流板面板信息，也未发现明确的故障信息点。

（2）测器件：用万用表测电流互感器正常，在二极管挡位测 IGBT，管压降在正常范围内。

（3）紧固各器件所有接线点后重新启机并网进行验证：用钳形表进行实测，发现三相电流确实不平衡并随着功率的增大，不平衡电流也增大，最终报故障停机。这一点也验证了通过 b 文件制作的电流、功率曲线图，至此电流互感器、贝福模块、高压 I/O 板、PLC 和线路的故障排除。

（4）器件更换排除：从曲线图上还可以看出不平衡电流在功率超过 1200kW 时增大较快，并很快达到故障值。怀疑变流存在调制问题，把功率限制在 1000kW 后未报故障，运行两天后放开仍报。更换变流板后故障仍在，这基本排除了变流板的故障。现在就剩下 IGBT 这个故障点了，通过电流、功率曲线图看到 B 相电流始终高于其他两相，并且在功率超过 1200kW 时其值也是较其他两相产生突变。B 相电流对应的是 IGBT7、IGBT8，又进行仔细查看和测量后未发现异常，决定更换其中一个。更换 IGBT8 后机组正常，三相电流几乎相同，功率也能满发。

6　结束语

三相电流不平衡故障点中的模块、变流板、高压 I/O 板、IGBGT 等器件，有时候故障较隐蔽，或者说他们有可能只是性能上不稳定而造成故障。就像 C13 的 IGBT 故障，很有可能就是 IGBT 的触发性能不稳定，这时候单从故障文件和面板的故障信息上，可能并不能准确地判断出故障点。在故障点不明朗的情况下应将与其有关的所有接线进行紧固，从其故障现象上缩小故障点范围，最终用排除法在小范围内由易到难更换器件，并从中总结经验。

（上接 470 页）

6　注意事项

（1）更换高压 I/O 板和 KL3404，做好防静电措施，防止损伤器件。

（2）电阻柜更换时防止砸伤、挤伤；确保箱式变压器断电。

（3）严禁带电进行器件的更换，工作前验电。

7　总结

现场故障处理常常受制于工具、技能、环境等客观状况的影响；作为检修员应学会利用现有资源，保证安全的前提下，变换思维，灵活处理。对以上故障处理思路进行总结如下：

（1）排查方法：数据分析→历史对比→实地测量/测试→器件替换/维修。

（2）器件好坏判断：查看状态指示灯、查看外观、测量电压/电阻、测量波形/频率、器件调换等。

此类故障时，应通过软件分析故障数据，结合原理、图纸，找出故障范围，并结合以往经验逐一排查缩小范围，最后找到故障原因进行处理。另外，应加强定期维护，质量管控。

GW87/1500 风冷机组变流器的直流电压高故障案例

周宁

(中广核新能源山东分公司)

摘　要： 2021 年 5 月 4 日，沙沟风电场 A12 风电机组报出直流电压高故障，风电场检修人员赶赴现场对故障进行检查和处理；现场发现制动电阻柜烧毁，其余电气回路和器件无异常。检修人员根据变流器运行原理、能量守恒定律对故障数据进行分析，结合 Freqcon 变流器的直流电压高故障进行简单分析，总结解决器件性能不稳定触发故障的排查方法。

关键词： IGBT；斩波升压；高压 I/O 板；变流控制板；KL3404

1　基本信息

基本信息见表 1。

表 1　　　　　　　　　　　　　　　　基本信息

风速（m/s）	气温（℃）	故障名称	维修部件型号
8.5	5.6	Freqcon 变流直流器电压高故障	KL3404/电阻柜（ZX18 - 0.97/4V）

2　故障现象

（1）主控室中央监控软件 A12 机组报：变流器直流电压高故障。

（2）烧毁的电阻柜如图 1 所示。

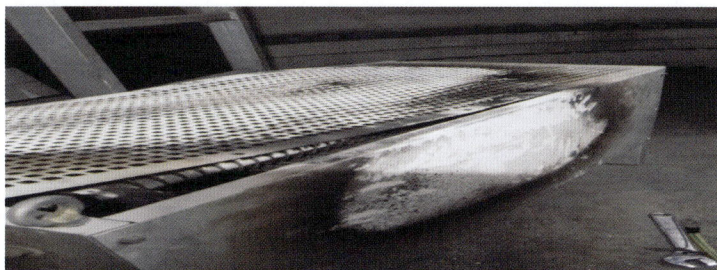

图 1　烧毁的电阻柜

（3）变流板状态指示灯（直流电压高、IGBT 01～10 号故障灯全部亮）。

3　故障分析（根据故障文件数据进行分析）

（1）为了解电阻柜到底消耗了多大的能量，首先将直流电压正和 Chopper 电流数据绘制成曲线，如图 2 所示。

由故障前数据曲线可以看出：直流电压正负电位差超过 1200V，变流 Chopper 触发，Chopper 动作逻辑正常；但是 Chopper 导通接近 10s 且电流大于 600A，已超出正常的逻辑控制。

（2）为了解造成能量无法送出的原因，将整个变流的能量输送绘制成曲线，如图 3 所示。

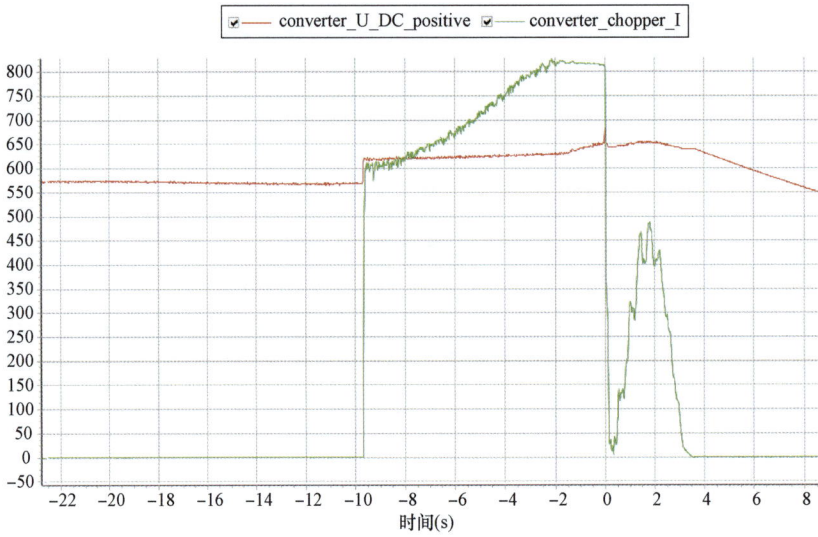

图 2　直流电压正和 Chopper 电流数据曲线

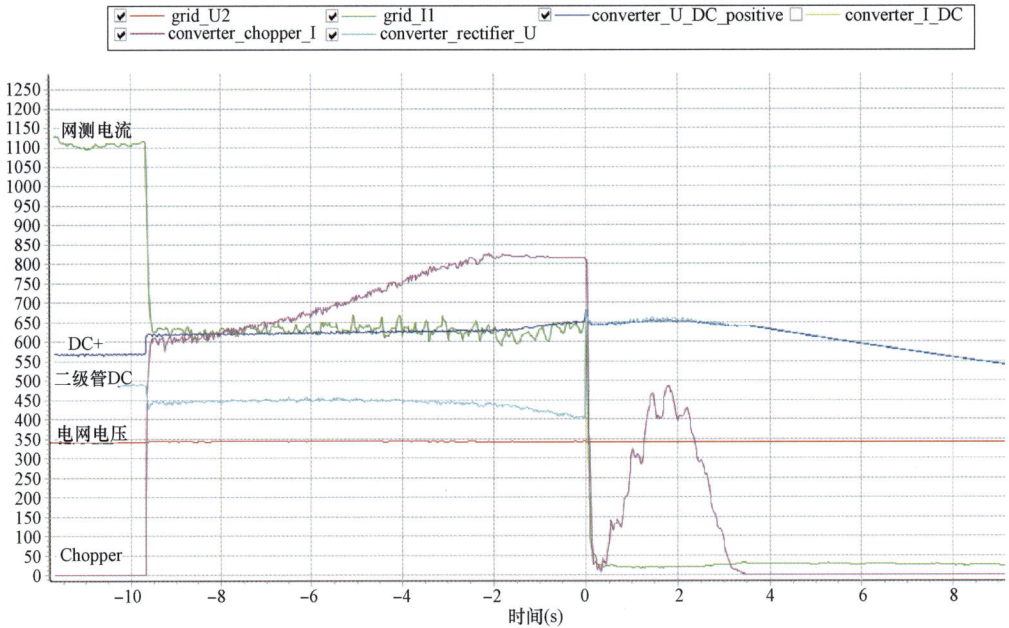

图 3　整个变流的能量输送曲线

由故障前数据曲线可以看出：故障前二极管整流电压下降、直流母线电压升高、网侧电流降低、电网电压无变化。因为 Freqcon 变流为不可控整流，根据能量守恒原则和变流能量流动控制逻辑，可以判断整流电压下降，向电网输送的能量对应减少逻辑是正确的；但是直流母线电压升高、Chopper 启动说明整个变流能量的流动控制出现了错误。

（3）为了更好地查找故障原因，将风速、转速、桨距角数据绘制成图形，如图 4 所示。

由故障前数据曲线可以看出：

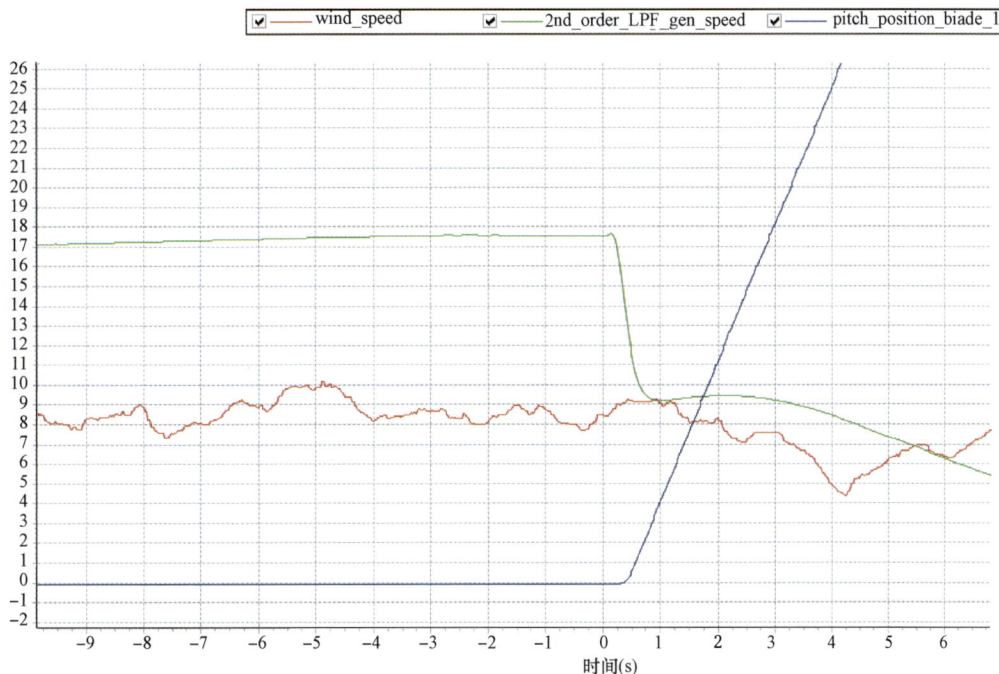

图 4　风速、转速、桨距角数据绘制图形

（1）转速约 17.5r/min 左右无较大波动。

（2）桨距角保持在 0°，无动作。

（3）风速在 8.5m/s 左右，无较大波动。

因为 GW87/1500 永磁直驱 Freqcon 变流为不可控整流，所以转速、磁通不变的情况下，整个风电机组的发电量不应该减少，因此，现场判断二极管整流电压突降 30V 为假信号（实际未降）或变流控制板内部故障，从而造成网侧输送的能量减少，多余能量积攒在变流母线被 Chopper 消耗，最后烧毁电阻柜。

4　处理方法

4.1　器件简介

4.1.1　变流板

变流板内部是模拟电路板，它能够配合 PLC 的主控程序命令，实现变流器的控制功能，是 Freqcon 变流器的一个重要部分。变流板能够控制变流器的启动、停止；通过控制 10 只 IGBT 模块调制工作，完成从发电机到电网的能量转换；通过监测主电路的电压、电流等信号，对变流器运行起到保护；并利用采集到的信号完成频率、并网功率等数据的计算。

4.1.2　高压 I/O 板

主电路电压、电流采样，驱动预充电、主空气开关动作，将监测的信号反馈给变流控制板。

4.1.3　KL3404（30AI6E3）

模拟量输入端子可处理 −10 V 和 +10 V 或 0 V 和 10 V 范围的信号。E3 通道负责监控变流器整流电压。

4.2　处理步骤

二极管整流电压的测量路径（包含变流板）为高压 I/O 板（32 脚）- 变流控制板 - KL3404（30AI6E3），如图 5 所示。

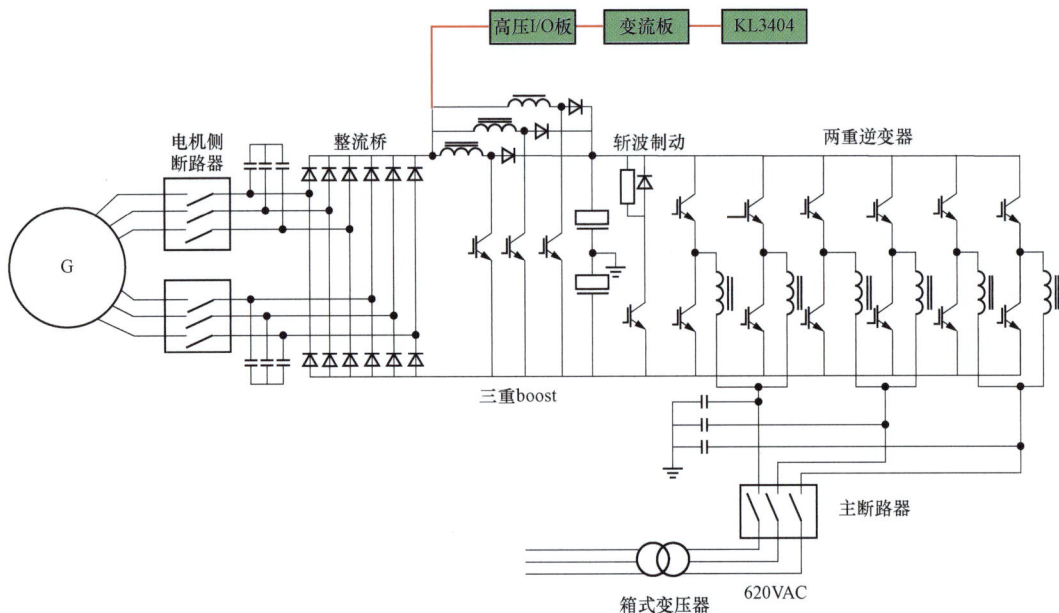

图 5　二极管整流电压的测量路径

（1）更换新电阻柜。

（2）由电阻柜铭牌可以知道其 150A 能耗电流可以运行 3s。考虑现场测量工具有限（只有万用表），为保证新电阻柜不被烧毁。决定将 KL3404 和高压 I/O 板换掉。复位限功率启机（4m/s），由笔记本监控软件密切注视 Chopper 电流，发现异常立即停机。运行 20min 未发现异常。判断变流板正常。

（3）将替换下的原 KL3404 重新装回，复位限功率启机。发电后，Chopper 电流时有时无，且电流较大，动作与现场实际母线电压无逻辑关系。立即停机，将其更换为新件。

（4）将替换下的原高压 I/O 板重新装回，复位启机，运行 20min 未发现异常；将监控权交与主控室，持续监控 2h，未见异常。

4.3　结论

通过以上处理步骤，可以判断出 KL3404 内部性能不稳定是造成电阻柜烧毁的主要原因。

5　备件、耗材及所需工具

备件、耗材消耗包括 KL3404、电阻柜、无水酒精、抹布若干、高压 I/O 板（未使用）、扎带等。

所需工具包括万用表，一字螺丝刀一把，小棘轮（10mm 套筒），活口扳手，斜口钳，一字小螺丝刀一把，力矩扳手，棘轮（含加长杆、24 套筒、18 套筒），小吊带（≥5m），头灯 3 个。

（下转 466 页）

PCH 的 ssd 开关断开导致安全链断开故障

金凯

[中广核新能源投资（深圳）有限公司山西分公司]

摘　要： 根据某风电场故障筛选出典型规模性的振动故障，故障名称为 PCH 的 ssd 开关断开导致安全链断开故障，做深度分析，此振动故障实际为机组偏航卡钳以及铜套摩擦片磨损严重导致的机组频发批量性故障，最小的影响是机组频发性启停机，机组无法正对风向；最大的影响将会导致机组无法偏航刹车，导致偏航电机摩擦片磨损，偏航电机无法刹车，偏航减速器损坏，继而大风期引发电缆扭断，发生火灾，烧毁机组。

关键词： 卡钳；铜套；摩擦片；PCH 振动

1　故障阐述

2018 年，某风电场双馈机组相继报出 PCH 的 ssd 开关断开导致安全链断开故障，现场人员首先分析了故障过程中的振动限值。发现机组未下达偏航指令，但扭缆角度发生 1° 左右的变化，因此可以得出机组发生了偏航滑移的结论，继而引发振动超限故障的发生。

通过分析发现，机组是在运行过程中发生的振动超限引发的故障，因此要重点检查机组机械连接部件。检修人员开工作票后到达风电机组现场做好完全措施后，开始对风电机组进行检查，以下分别对 $1.8\mu W$ 机型与 $2.1\mu W$ 机型做比较。

1.1　$1.8\mu W$ 机型

$1.8\mu W$ 机组报故障后重点检查项目包括偏航系统制动铜套（见图 1）、偏航电机摩擦片（见图 2）、塔筒螺栓（见图 3）、机舱机架固定螺栓（见图 4）等。

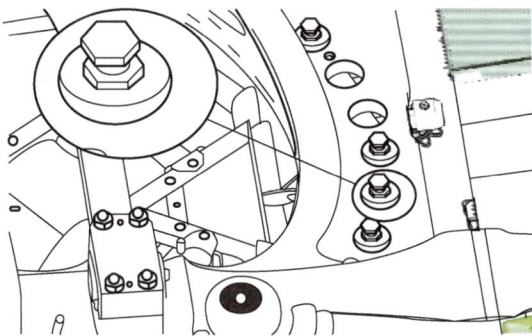

图 1　偏航系统制动铜套

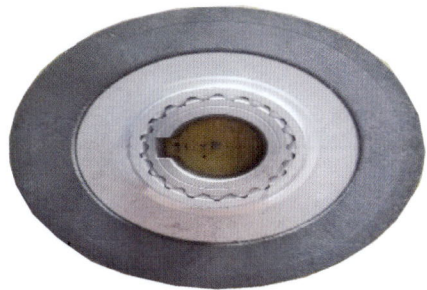

图 2　摩擦片示意

现场人员通过检查，最终发现 $1.8\mu W$ 机组铜套以及偏航摩擦片磨损严重，导致振动故障发生，结果如图 5～图 8 所示。

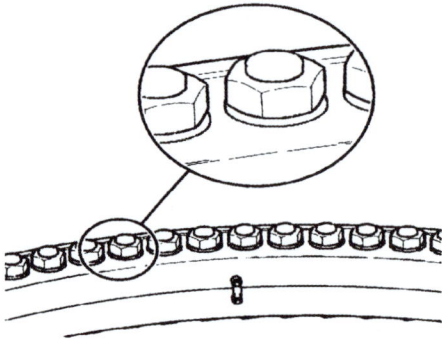

图 3　塔筒螺栓

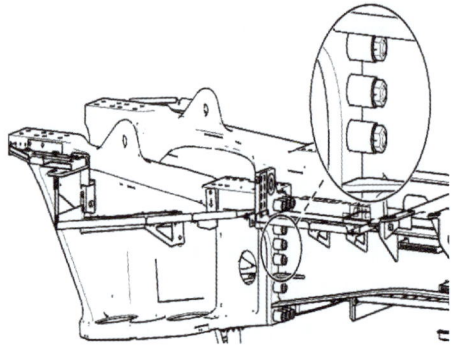

图 4　机舱机架固定螺栓

图 5　1.8μW 机组偏航铜套外表

图 6　取出后的偏航铜套

图 7　偏航电机制动电磁刹车

图 8　偏航电机摩擦片

发现取出后的偏航铜套表面摩擦片已经磨损殆尽，完全起不到制动效果；偏航电机制动电磁刹车表面摩擦盘已经烧毁开裂；偏航电机摩擦片已经完全磨成粉末状。

1.2　2.1MW 机型

2.1MW 机型检查项目包括机架偏航系统检查，如偏航卡钳的下摩擦片、上摩擦片，以及径向摩擦片。发现下摩擦片（见图 9）已经全部磨损殆尽，起不到制动效果，同时检查偏航系统，发现制动电磁刹车（见图 10）、刹车盘烧毁，制动摩

图 9　下摩擦片

擦片（见图 11）磨损殆尽。

图 10　制动电磁刹车

图 11　制动摩擦片

2　预防性维护

2.1　振动故障的预防性维护

2.1.1　下摩擦片维护工艺

下摩擦片厚度测量与磨损量计算如下。

2.1.1.1　原维护工艺

（1）维护周期：年度维护。

（2）维护说明：

1）用数显游标卡尺的深度尺测量孔测量卡钳表面到擦控组套的距离 X_2。

2）对于调节螺栓对边为 36 的卡钳：

剩余厚度为

$$H_2 = 4 - (X_2 - 46) + (108 - H)$$

磨损量为

$$\Delta X = (X_2 - 46) - (108 - H)$$

式中，H 为卡钳两侧上摩擦片的测量平均值，如 1 号卡钳 $H = (H_{1-5} + H_{1-7})/2$。

X_1 为出厂测量值，若 X_1 丢失，可用设计值 X_1' 代替，X_1' 跟 SW46 的初始设计转角工艺有关，可从表 1 查得（针对调节螺栓力矩和转角变更的，设计值 X_1' 按照变更后新的力矩和转角对应的值进行计算）。

表 1　　　　　　　　　　　　　　　　　　　　X_1' 值

转角工艺	对应 X_1' 值	转角工艺	对应 X_1' 值
30N・m+405°	50.6	30N・m+600°	51.7
30N・m+480°	51.0	30N・m+660°	52.0
30N・m+540°	51.3	30N・m+720°	52.3

（3）注意：

1）测量下摩擦片厚度必须是在锁紧螺栓及并紧螺母打紧后方可进行测量。

2）磨损量 $\Delta X \geqslant 3$ 时，即剩余厚度小于或等于 1mm 时必须全部更换。

3）要求每 3 年必须对 2 号或 6 号卡钳拆开，检查测量下摩擦片和铜套。

2.1.1.2　经研究后决定

（1）维护周期：年度维护。

（2）维护说明：

1）用数显游标卡尺的深度尺测量孔测量卡钳表面到摩擦组套的距离 X_2。

2）对于调节螺栓对边为 36 的卡钳：

剩余厚度为

$$H_2 = 4 - (X_2 - 46) + (108 - H)$$

磨损量为

$$\Delta X = (X_2 - 46) - (108 - H)$$

其中 H 为卡钳两侧上摩擦片的测量平均值，如 1 号卡钳 $H = (H_{1-5} + H_{1-7})/2$。

X_1 为出厂测量值，若 X_1 丢失，可用设计值 X_1' 代替，X_1' 跟 SW46 的初始设计转角工艺有关，可从表 1 查得（针对调节螺栓力矩和转角变更的，设计值 X_1' 按照变更后新的力矩和转角对应的值进行计算）。

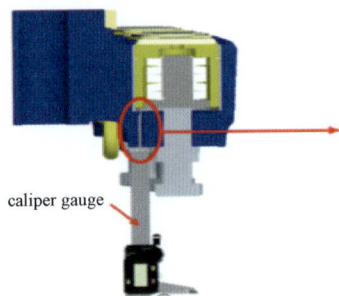

图 12　下摩擦片

2.1.2.1　原维护工艺

（1）维护周期：年度维护。

（2）维护说明：

1）调节螺栓预紧后重新测量各位置 H 值。

2）卡钳上摩擦片磨损量 $\Delta S \approx 108 - H$。

（3）注意：

以 8 卡钳均匀分布为例，1 号卡钳上摩擦片的平均磨损量为

$$\Delta S_1 \approx 108 - (H_{1-7} + H_{1-5})/2$$

JHS 卡钳初始 H 值为 108mm，当 $\Delta S \geqslant 5$mm 时，必须更换上摩擦片，如图 13 所示。

2.1.2.2　经研究后决定

（1）维护周期：年度维护。

（2）维护说明：

1）调节螺栓预紧后重新测量各位置 H 值。

2）卡钳上摩擦片磨损量 $\Delta S \approx 108 - H$。

（3）注意：

以 8 卡钳均匀分布为例，1 号卡钳上摩擦片的平均磨损量为

（3）注意：

1）测量下摩擦片厚度必须是在锁紧螺栓及并紧螺母打紧后方可进行测量。

2）磨损量 $\Delta X \geqslant 4$ 时，即剩余厚度小于或等于 2mm 时必须全部更换。

要求每 3 年必须对 2 号或 6 号卡钳拆开，检查测量下摩擦片和铜套，如图 12 所示。

2.1.2　上摩擦片维护工艺

上摩擦片数据记录和磨损量计算如下。

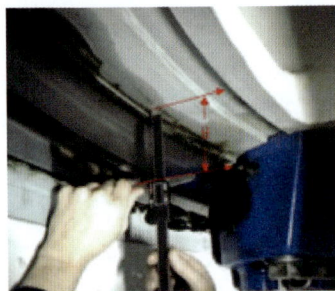

图 13　上摩擦片测量

$$\Delta S_1 \approx 108 - (H_{1-7} - H_{1-5})/2$$

JHS 卡钳初始 H 值为 108mm，当 $S \geqslant 4$mm 时，必须更换上摩擦片。

2.1.3 1.8MW 机型偏航铜套工艺规定

制动摩擦块测量如图 14 所示。

2.1.3.1 原工艺规定

（1）不拆开活塞，测量数值 X_2。

（2）摩擦块磨损量 $X_3 = X_2 - X_1$，X_1 为初始测量值。

（3）注意：

1）现场使用的刹车片厚度分为 7mm 和 10mm 两种，维护前明确该现场使用的刹车片原始厚度。

2）刹车片剩余厚度为 $4/7 - X_3$。

3）剩余厚度小于 1.5mm 需要更换。

图 14 制动摩擦块测量

2.1.3.2 经研究后决定

（1）不拆开活塞，测量数值 X_2。

（2）摩擦块磨损量 $X_3 = X_2 - X_1$，X_1 为初始测量值。

（3）注意：

现场使用的刹车片厚度分为 7mm 和 10mm 两种，维护前明确该现场使用的刹车片原始厚度。

刹车片剩余厚度为 $4/7 - X_3$。

剩余厚度小于 2mm 需要更换。

项目改进汇总展示见表 2。

表 2   项目改进汇总展示

机型	维护项目	原维护工艺规定	经研究后维护规定	新增维护项
2.1MW	偏航卡钳刹车片油脂用量	每维护周期涂抹量为 200g	每维护周期涂抹量为 2000g	每次维护前将旧油脂清理干净加注新油脂
	偏航卡钳下摩擦片厚度	磨损量 $\Delta X \geqslant 3$ 时，即剩余厚度 $\leqslant 1$mm 时必须全部更换	磨损量 $\Delta X \geqslant 4$ 时，即剩余厚度 $\leqslant 2$mm 时必须全部更换	—
	偏航卡钳上摩擦片厚度	JHS 卡钳初始 H 值为 108mm，当 $\Delta S \geqslant 5$mm 时，必须更换上摩擦片	JHS 卡钳初始 H 值为 108mm，当 $\Delta S \geqslant 4$mm 时，必须更换上摩擦片	—
1.8MW	偏航铜套摩擦片厚度	剩余厚度 $\leqslant 1.5$mm 需要更换	剩余厚度 $\leqslant 2$mm 需要更换	—
	偏航电机摩擦片	调整电磁刹车间隙为 $0.3 \sim 0.5$（mm）	每 5 年必须全部更换电机摩擦片	每 5 年清理电磁刹车间隙灰尘

3 结束语

风电场员工经过不懈的实践与努力，完善了机组维护工艺，避免了振动类故障发生导致的机组发电量损失停机，从而避免了更大的设备隐患，保障了冈电场的稳定运行。

风电机组变流器故障分析及处理

杨世彬， 谭茂

（五凌电力有限公司新能源分公司）

摘　要： 全功率变流器是风电机组重要的组成部分，连接发电机与电网，实现电能转换、电能稳定，控制发电机转矩并将发电机发出的电直接送到电网，变流器故障不利于电网侧的安全性及稳定性，对机侧而言无法控制发电机转矩。风电机组中的变流器一旦发生故障，会导致机组直接停摆，脱离电网，不利于电能资源的良好生产。鉴于此，对某风场直驱风电机组全功率变流器的相关典型故障进行了原因分析，如运行人员在 HMI 中发现某机组报"主变频器故障请求"红色告警时对该变流器工作期间的故障表现、影响因素及检查方法等内容做简单的分析，针对故障原因和实际情况提出采取的对策，从而尽量减少故障的发生。

关键词： 变流器；故障；分析；改进

1　全功率变流器结构

全功率变流器主要由软启单元、机侧滤波器、机侧变流器、网侧变流器、网侧滤波器、保护撬棒功能模块构成，见图 1 所示。

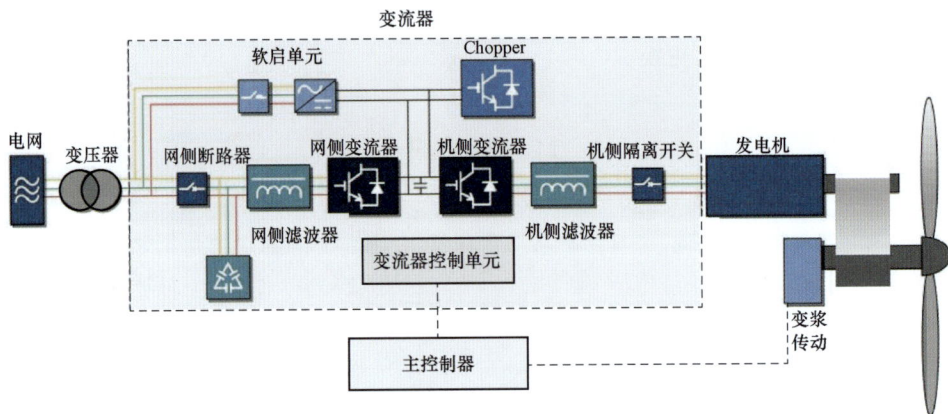

图 1　全功率变流器基本构成

1.1.1　软启单元

在断路器闭合前通过软启电路为直流母线上的支撑电容充电，实现软并网。

1.1.2　机侧滤波器

机侧滤波单元用于抑制机侧出现的电压尖峰和电压变化率。

1.1.3　机侧变流器

机侧变流器将发电机定子输出的三相交流电整流为直流电，实现发电机在不同的风速和转速条件下输出稳定的直流电压。

1.1.4　网侧变流器

网侧变流器将直流电转换成三相交流电送入电网，实现全功率风电机组的可靠并网运行。

1.1.5　网侧滤波器

用于抑制交流电压和电流谐波，以减小变流器对电网的谐波污染，满足并网电能质量的要求。

1.1.6　保护撬棒（chopper）

撬棒单元由撬棒控制单元与撬棒卸荷电阻单元两部分组成。撬棒控制单元包括 IGBT 及其电源、驱动电路等，安装在控制柜内部。卸荷电阻的作用是消耗电网电压跌落时直流侧的多余能量，卸荷电阻由外壳封装起来后安装在变流器主电路柜顶部。

2　案例分析

某风电场全功率变流器基本参数见表 1。

表 1　　　　　　　　　某风电场全功率变流器基本参数

机侧	视在功率（kVA）	2390	电压（V）	0～690
	额定电流（A）	2000	频率（Hz）	0～17
网侧	视在功率（kVA）	2270	额定电压（V）	690
	额定电流（A）	1900	频率（Hz）	47～53
型号	FD2000K		冷却方式	液冷
防护等级	IP54		序号	

2.1　变流器故障现象检查

根据某机组报变流器故障，通过查看 HMI 故障参数信息，可看出变流器故障各状态如图 2～图 5 所示。

图 2　变流器转矩速度控制

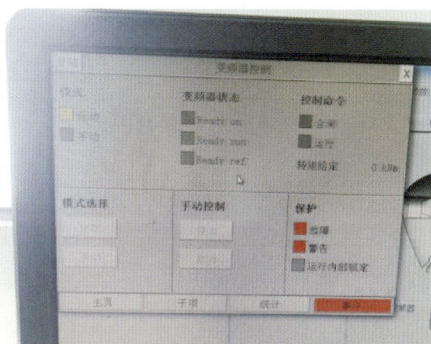

图 3　变流器控制

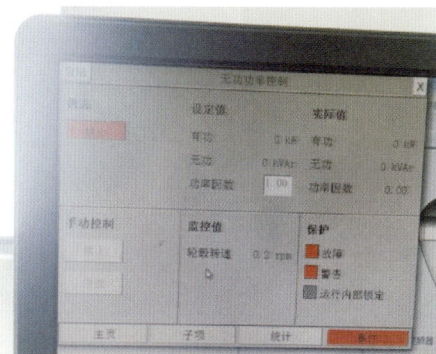

图 4　无功功率控制

图 5　变流器故障代码及信息

图 6 制动单元动力线接头损坏

通过图 2 可看出此时直流母线电压为 9V，正常运行为 1050～1070V，发电机电流为 0A，正常为 0～2000A；图 3 变流器状态 Ready on 使能信号灯、Ready run 信号灯为灭的状态，变流器正常运行时亮黄灯；图 4 此时有功功率无输出，为零；图 5 报出 T_021 主变频器故障请求，T_451 中间电路直流电压过电压，T_512 中间直流电路过电压，T_014 变频器 CAN 不能启动等故障，图 2～图 4 保护的故障、警告灯亮红灯。

综上图 2～图 5，判断变流器已出现故障，脱离电网运行。根据现场运行维护人员的检查，发现制动单元上的主要部件已损坏，主要损坏的部件如图 6～图 8 所示，此时必须对损坏的部件进行更换，才能对故障进行消除。

图 7 制动单元 IGBT 损坏

图 8 制动单元吸收电容损坏

2.2 风电机组变流器故障表现与原因

具体分析此机组变流器应用故障，可知主要包括变流器 T_021 主变频器故障请求，T_451 中间电路直流电压过电压，T_512 中间直流电路过电电压，T_014 变频器 CAN 不能启动等故障引发的断路故障、短路故障等，但运行人员从 HMI 中看到的变流器故障定义不仅限于这些范围，比如还有变流器 IGBT 过温、变流器水冷系统、脉冲编码器错误、数据配置错误等故障，如这些问题迟迟得不到解决，会导致变流器可能直接发生损毁、或永久性损坏。

对于引发变流器故障的原因进行总结分析，主要为：

（1）环境因素，如果风电场在风电机组发电期间，不重视设备使用的环境条件，直接在恶劣的环境之中使用发电机及变流器，那么会导致变流器受到影响发生故障，影响发电，尤其是设备存放环境属于高温、高热、高海拔、雷电多、湿度相对较大的环境，而且附近有着较多的油漬残留、灰尘堆积、电磁干扰严重时，便会导致风电机组变流器出现使用故障，变流器装置本身的性能会显著的降低。

（2）变流器本身。如风电机组进行发电期间，使用质量不达标的变流器；或者在安装变流器过程中，未做好变流器与附近装置的良好连接处理且引发了元件接触不良的情况，那么会导致这些变流器在实际应用中发生故障，影响风电机组的正常运行使用。关于风电机组变流器故障处理的研究，可以了解到绝缘栅双极晶体管（IGBT）在风电机组使用过程中容易发生故障，原因在于此种元件工作期间受到两端异常电压、电流的影响，使得元件温度会显著提高，如果温度迟迟无法降低至要求的范围内，而且元件工作时的运行效率参照集电极功耗最大值，有着明显的超出情况，说明该晶体管使用期间容易发生烧毁击穿问题。

（3）电网故障因素。该因素也为导致风电机组发生变流器故障的关键原因，也就是说风电机组运行期间，如果发生了电网故障，那么电能将无法有效地向着电网进行馈送处理，进而使得发电机侧、电网侧区域的电压水平和之前相比较有着非常明显的提高，如果发电机无法承受该负荷情况，易导致风电机组发生短路问题，而变流器受到影响会发生损坏问题。

2.3　风电机组变流器故障的诊断处理

基于直驱机组全功率变流器的常规故障，现场技术人员一般都是使用经验法进行判断，或是联系变流器设备厂家进行处理，某些时候只是从单方面的处理，而未能从根本上解决某些故障，想要进一步查找故障的根源，还得从变流器本身入手；基于某风电场变流器故障如主变频器故障请求需更换主柜及从柜机侧和网侧控制板、电压检测板、温度控制板、通信板等，亦或是重启主控程序，有些故障如制动单元击穿需更换驱动单元 IGBT、二极管，熔断器，光纤等，更多的是功率模块、制动单元、熔断器等，更换备件后虽然能处理问题，但是现场经常出现缺少备件的情况，导致机组停机时间过长、电能损失严重等问题，这就需要现场技术人员做好变流器的维护及定期检查工作，确保变流器稳定安全高效运行。

由于变流器在风电机组运行期间体现的价值高且变流器故障发生后产生的危害非常大，那么风力发电场设备管理技术人员要对当前的风电机组变流器故障的方式方法进行有效的学习研究并加以利用，最终使得风电机组变流器可以良好的发挥作用，各项故障问题得到及时有效地解决与排除，进一步提升变流器在发电机组运行期间的使用有效性。

（1）断路故障。该故障在风电机组运行时的发生率较高，对其进行诊断检查时需要采用先进的小波包分析法，依托该种方法能够对变流器整体运行情况进行全面检查，帮助技术人员尽快确定变流器断路故障所在位置，显著提高装置断路故障的检出、解决有效性。

（2）短路故障。具体进行该种故障检测时，可以分为整体与局部的检测两种方法，其中对于该故障进行风电机组的全局检测处理期间，需要使用传感器，该种方法为目前进行风电机组变流器短路故障全局检查处理时使用率非常高的一项技术，实际应用期间主要可以对变流器短路故障进行良好的检出。分析传感器的应用情况，可知变流器使用故障排查期间，需要在该装置的直流侧相应位置处进行传感器的安装使用，之后传感器在工作过程中能够对直流侧电流变化情况进行直观且准确的检测，之后技术人员可以将检测得到的数据参数与此处标准参数进行比较分析，如果两者之间出现了较大的偏差，说明此处电流存在异常，出现了故障问题，然后工作人员继续缩短故障发生范围，找出短路故障的发生位置，采用有效的处理办法及时进行处理，可以保证变流器的此种故障发生风险得到非常好的控制。同时，对于变流器进行局部的短路故障检查处理期间，需要对发生故障的支路进行故障排查，实际进行检查操作时，需要技术人员对于各条支路工作情况进行全面的检查分析，确保相应的短路故障位置确定后，故障第一时间得到处理解决。

G58 - 850 风力发电机组三角形接触器反馈故障案例

张云鹏

(中广核新能源山东分公司)

摘　要： 电气接线，对于我们电工看来是多么普遍而熟悉，在工作、生活随处可见，与我们息息相关。但是，因为它过于普遍，我们经常忽视它的重要性。据统计，风电机组上 60％ 以上的故障都会和电气接线有关。由于电气接线问题引发的风电机组故障屡见不鲜，过多的接线问题甚至会导致风电机组事故的发生。我们日常维护风电机组时，常常会忽视电气元件的接线，从而留下了发生故障的隐患。今年是精细化检修的一年，是检修产生质的飞越的一年，我们应当关注检修的每一个细节，洞察并处理每一项可能引发故障的隐患。下面由我为大家讲述一例由于电气接线问题引发风电机组诸多故障的案例。

关键词： 电气接线；接触器；反馈信号；系统回路

1　引言

G58 - 850 风电机组为双馈型风电机组，叶轮直径为 58m，轮毂中心距地面高度为 65m，额定功率为 850kW，额定风速为 14m/s，由液压油缸驱动变桨机构。

2021 年 5 月 2 日，某风电场 A39 风电机组报出三角形接触器反馈故障，风场运维人员赶到 A39 风电机组对故障进行检查和处理，未发现风电机组三角形接触器回路运行异常，启机后风电机组运行正常。5 月 3 日，A39 风电机组再次报出三角形接触器反馈故障并连带有液压系统反馈故障、齿轮箱附加泵反馈故障、顺时针电机故障等诸多故障，风场运维人员赶到 A39 风电机组现场，经过对故障现象的缜密分析和对故障的判断猜想，成功找到故障点——FM011 空气开关下口火线接线松动，在紧固接线后故障消除，风电机组恢复正常运行。

2　原因分析

2.1　图纸

根据图纸，找出了三角形接触器的回路。

（1）CCU 信号输出（24V）如图 1 所示。

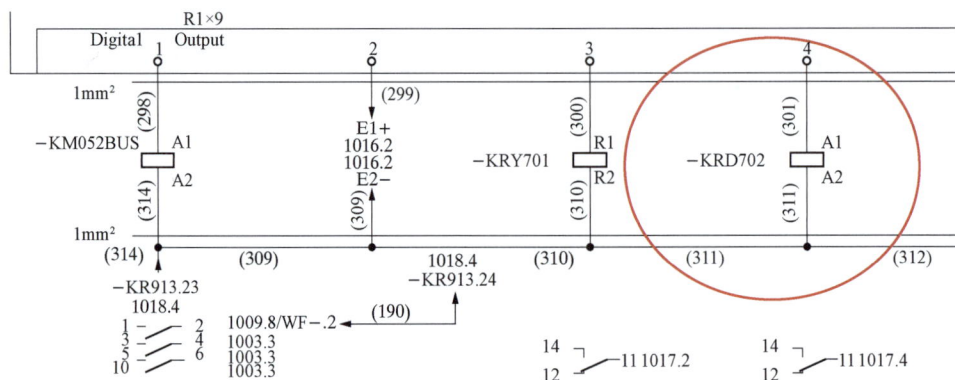

图 1　CCU 信号输出（24V）

（2）KRD702 继电器（24V→220V）如图 2 所示。

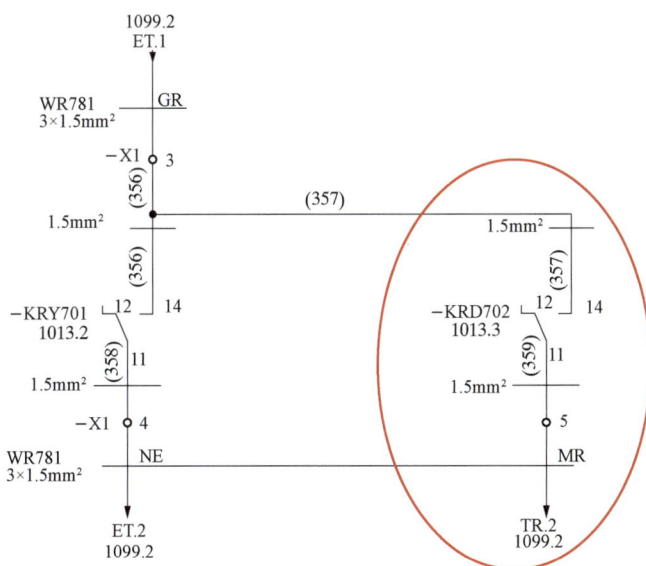

图 2　KRD702 继电器（24V→220V）

（3）KD702 三角形接触器（220V→690V）如图 3 所示。

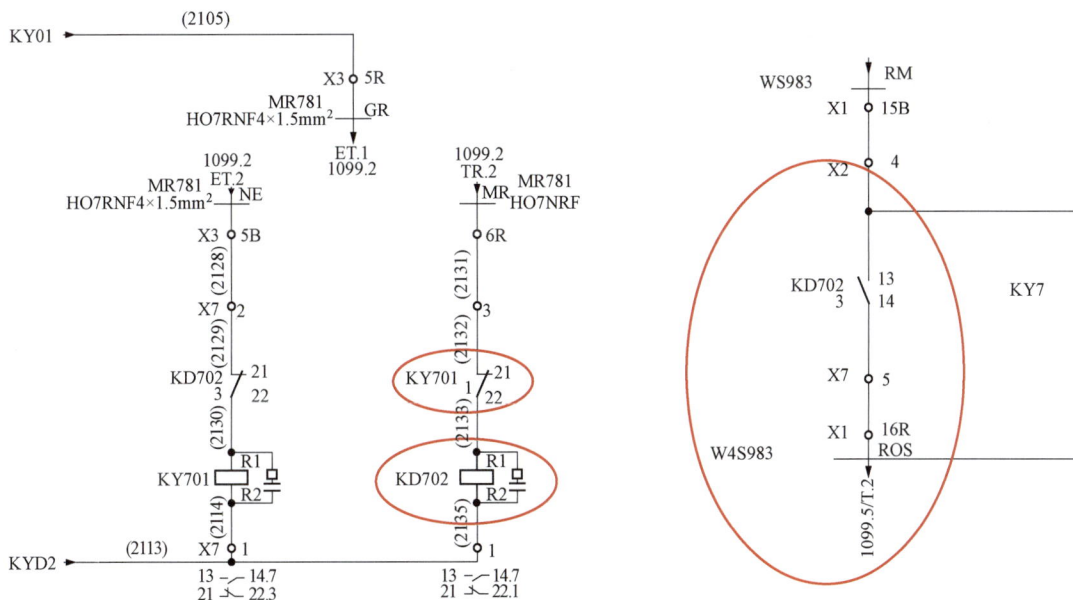

图 3　KD702 三角形接触器（220V→690V）

（4）接触器 220V 线圈电源 FM011 及 KR919 继电器（220V）如图 4 所示。

（5）CCU 信号反馈（24V）如图 5 所示。

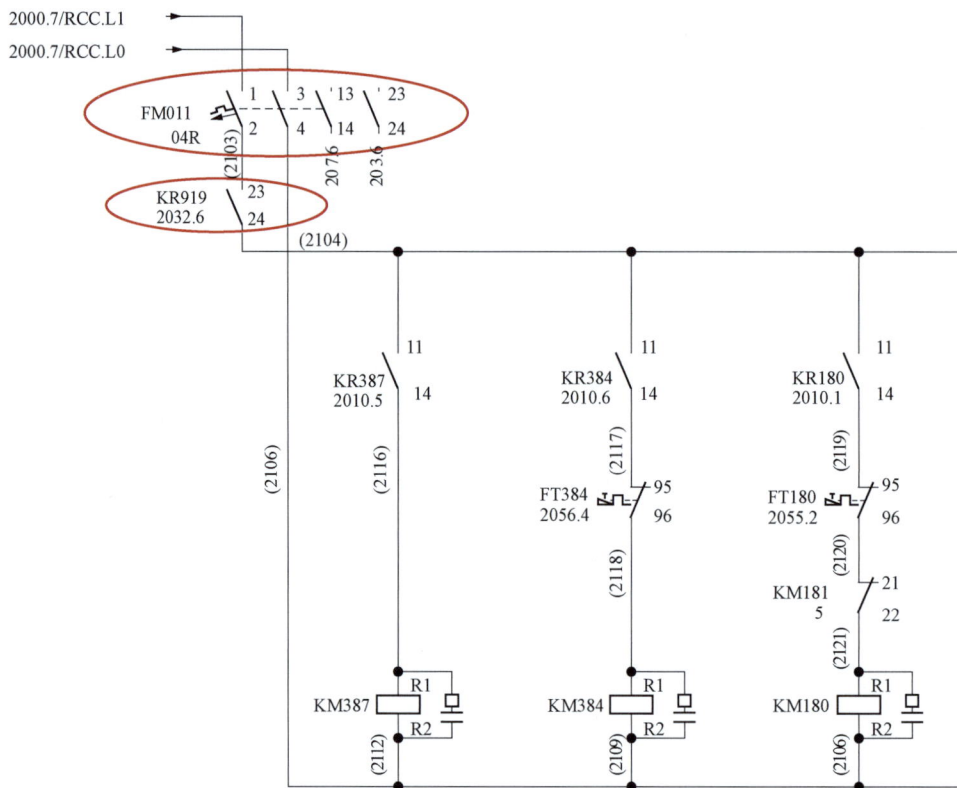

图 4　接触器 220V 线圈电源 FM011 及 KR919 继电器（220V）

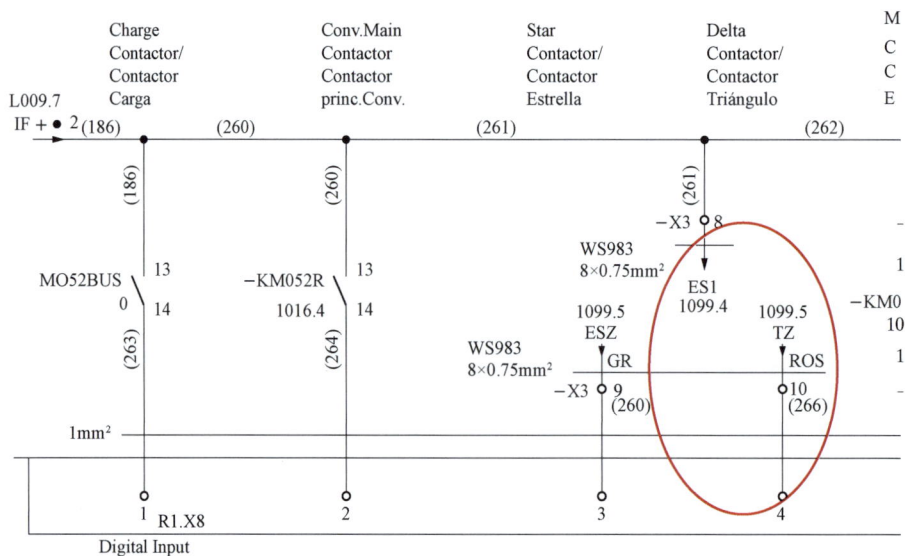

图 5　CCU 信号反馈（24V）

2.2　故障原因

通过对图纸进行分析，可以发现，机组报出三角形接触器反馈故障主要包括以下几种原因：

（1）三角形接触器损坏。

（2）三角形接触器反馈触点损坏。

（3）由于星形接触器和三角形接触器互锁，星形接触器误动作导致三角形接触器断开、闭锁。

（4）KRD702 继电器损坏。

（5）CCU 的 A1X9 - 4 输出触点损坏。

（6）CCU 的 A1X8 - 4 输入触点损坏。

（7）KR919 继电器损坏。

（8）FM011 空气开关损坏。

（9）三角形接触器回路线路接线问题。

3 故障处理过程

（1）5月2日，首先进行三角形接触器的空载测试，如图6所示，KD702 三角形接触器及其反馈触点正常动作，KRD702 继电器指示正常，CCU 信号输出指示正常，CCU 接收到的接触器状态反馈信号正常。

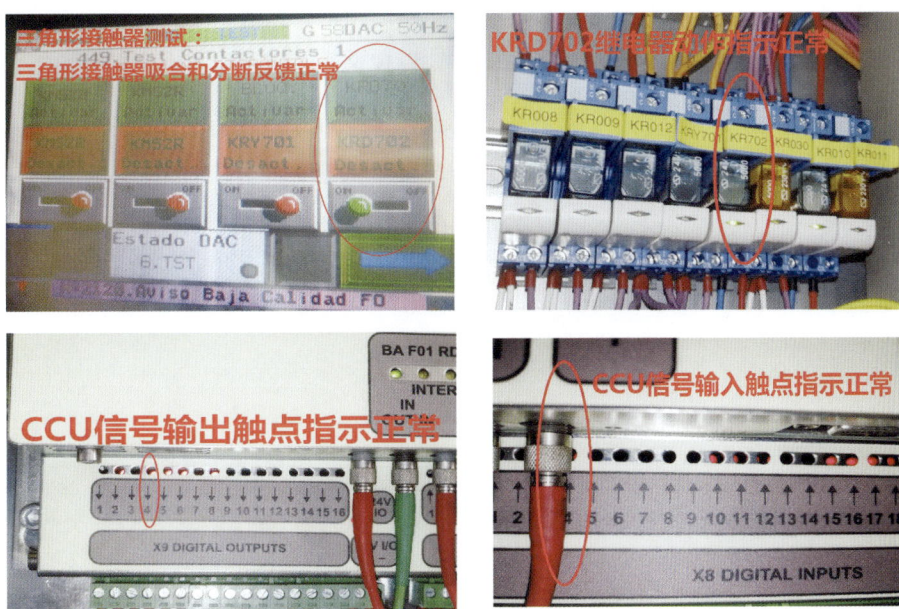

图 6 三角形接触器的空载测试

（2）如此情况表明整条回路空载下无异常。于是我们想：会不会是某点接触不良而引发的故障呢？我们又进行了多次测试，如图7所示，也未发现异常。接着，我们又检查了 CCU、继电器、接触器接线情况和它们的电压值情况，均正常，再次表明整条回路空载下无异常。

（3）既然空载情况下无异常，那么带负载情况下呢？于是测试三角形接触器带负载状态下的运行情况，结果仍正常。运行风电机组并等待 1h，三角形接触器带负载情况下吸合和分断均正常。于是，我们离开风电机组，认定故障是风电机组受环境干扰引发。

（4）5月3日，A39 风电机组又报出三角形接触器反馈故障，同时又报出其他一系列故障：液压系统反馈故障、齿轮箱附加泵反馈故障、顺时针电机故障等。对于这种一连串报出的故障，我们从经验上判断，肯定不是三角形接触器、液压站电机接触器、偏航电机接触器、齿轮箱油

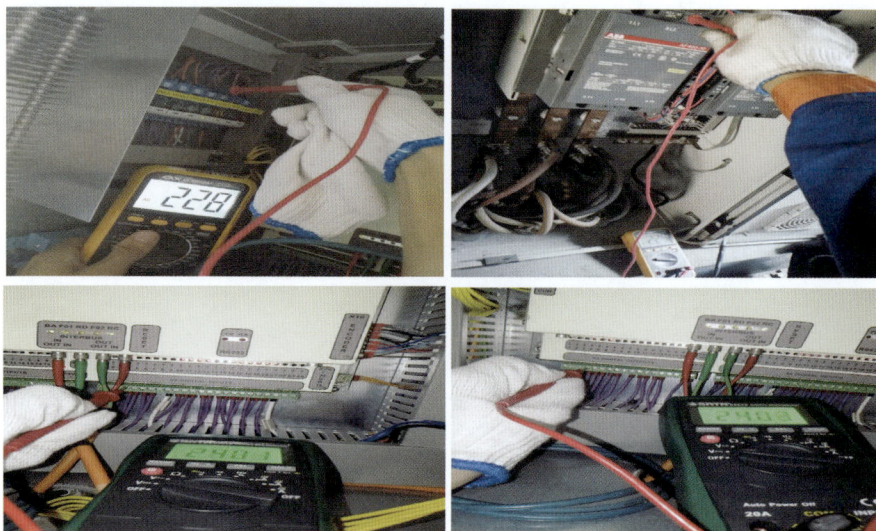

图 7　空载下无异常测试

泵接触器同时损坏而引发的。仔细分析故障列表，发现这一系列故障有共同的地方，那就是全都是接触器反馈故障，如图 8 所示。

图 8　故障列表

接触器动作是闭环控制，其过程为：控制器输出 24V 电源到继电器，继电器线圈吸合使触点动作，为接触器线圈供 220V 电，接触器线圈得电使接触器吸合，而接触器吸合又带动反馈触点动作，将 24V 电信号传回控制器。从这个过程中，我们可以找出接触器反馈故障的点：继电器、接触器、控制器输入输出模块、220V 接触器线圈电源。

（5）于是，在底部再次做三角形接触器测试，接触器未动作，但是 CCU 的输出信号已发出，KRD702 继电器动作指示正常。于是用万用表测量 KD702 三角形接触器线圈电压，发现没有 220V 的电压，这说明导致接触器不吸合的原因是接触器线圈无电。我们又相继做了液压站电机接触器测试、偏航电机接触器测试、齿轮箱油泵接触器测试，发现接触器均不动作。这时，我们猜想：这些接触器不吸合的原因可能全是因为接触器线圈无电。通过图 9 我们看到能引发接触器线圈无电的原因有两点：FM011 和 KR919 继电器。

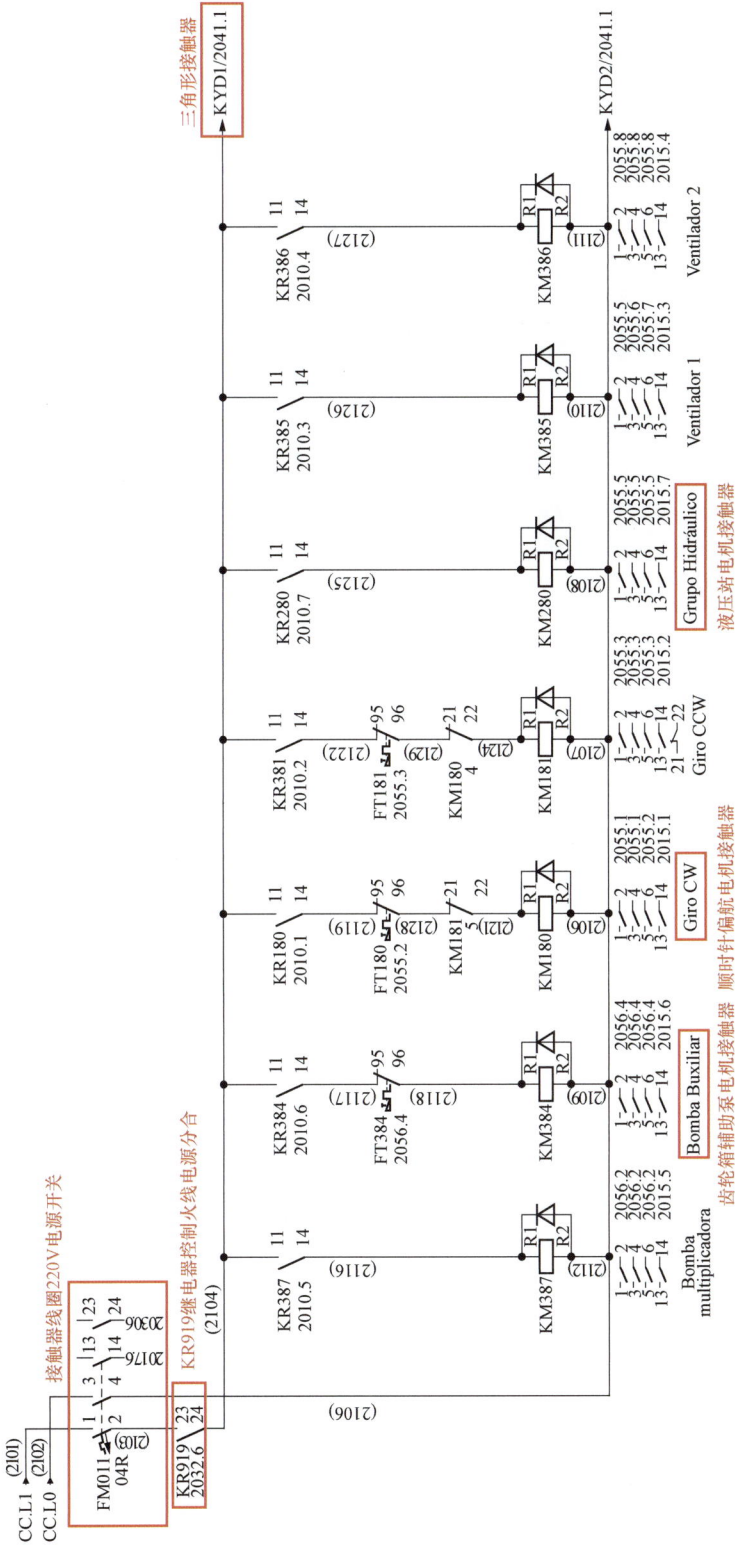

图 9 图纸

485

（6）打开顶部控制柜门后，发现 FM011 下口火线紧固螺栓松动。断开 FM011 后，用手可以轻松拽出其下口火线，并发现火线端子头有烧糊的迹象，说明接线松动已造成了端子头多次放电拉弧，如图 10 所示。

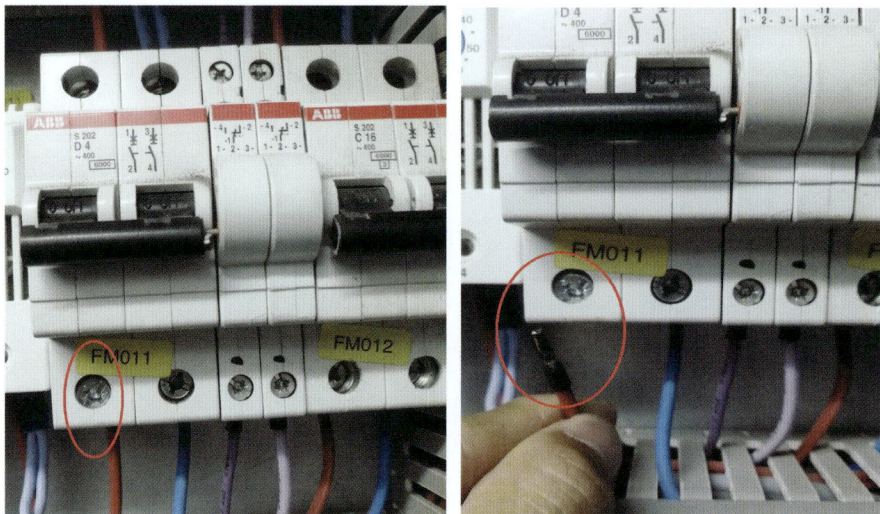

图 10 火线紧固螺栓松动

在检查完整根导线无异常后，清洁了端子头，并重新紧固接线。合上 FM011 空气开关后，测量其下口有 220V 电压，于是再次进行了相关接触器测试，接触器动作均恢复正常，故障消除。为排除 KR919 继电器对故障的影响，又检查了其运行状况和接线情况，结果无异常。最终确定故障原因为 FM011 空气开关下口火线接线松动。之后，我们又紧固了控制柜里其他元件的接线，发现均有不同程度的松动，这与风电机组长期振动和日常维护未进行接线端子紧固有很大关系。

4 故障触发场景还原

故障成功地处理完成后，我们回想故障发生情景如下：5 月 2 日风电机组报出三角形接触器反馈故障是因为：风电机组处于发电状态，其余接触器都未动作，在 FM011 空气开关火线已经松动的情况下，伴随着风电机组振动，FM011 空气开关火线松动加剧，导致火线与空气开关分离，使接触器线圈 220V 总电源掉电，使三角形接触器由吸合状态转变为断开状态，触发了故障。当我们到达风电机组现场进行测试检查时，这根火线又与空气开关贴合，使得接触器线圈 220V 电源恢复正常，所以测试均正常。从这个事件中可以发现：只局限地测量了 KRD702 继电器触点和 KD702 三角形接触器线圈有电压，就直接确认接触器线圈总电源 FM011 没有问题。因为未直接检查接触器线圈总电源开关 FM011，从而忽视了真正的故障点，导致风电机组故障再次触发。这值得我们深刻反省：检修工作要按部就班地进行排查。5 月 3 日，风电机组报出三角形接触器反馈故障、液压系统反馈故障、齿轮箱附加泵反馈故障、顺时针电机故障是因为风电机组处于发电状态，液压站电机接触器、齿轮箱辅助泵电机接触器、顺时针偏航电机接触器均在吸合状态时，FM011 下口火线与空气开关分离，导致相关接触器线圈 220V 总电源掉电，使相关的各接触器由吸合状态转变为断开状态，触发了一系列故障。

5 故障处理总结及建议

(1) 处理稍复杂的风电机组故障时，不能思维定式，不能总是将故障点局限于某几个常损坏的元件上，应仔细分析和检查与故障相关的每一个节点，不放过每一个细节，这样才能准确地发现故障点。

(2) 在机组报出多个故障时，应该仔细分析故障列表，发现并总结可能引发这些故障的某个或某几个相同的故障点，以这些相同的故障点为重心进行检修，往往能快速找出故障原因，从而大幅度提高处理故障的效率。

(3) 故障处理完成后，应该从故障点中吸取经验，检查此台风电机组是否还存在相类似的故障隐患，如本次故障中的故障点为接线松动，那么，就应该检查其他接线是否存在松动现象。这样可以极大地减小此台风电机组出现同类故障的可能性。

(4) 故障处理完成后，应还原故障发生的经过，这样有利于清晰地了解故障发生的原因，高效地掌握各部件之间的逻辑关系，通过对比各检修方法增强故障处理技能，丰富故障处理经验，达到事半功倍的效果。

(5) 在日常维护和检修时，应该重视像电气接线这样重要又容易被忽视的细节，对每一个重要的细节牢牢把关，对每一项风电机组隐患综合治理，这样才能做到真正意义上的精细化检修，才能使风电机组稳定运行。

（上接 420 页）

(3) 更换循环风扇启动电容，并安装粘扣，绑扎固定启动电容；

(4) 进行启动测试；

(5) 在风电机组定检手册中增加冷却风扇启动电容容值检测项目，发现容值小于 $2.5\mu F$ 的电容直接进行更换，如图 7 所示。

5.2.2 方案优势

(1) 提前更换全新启动电容，从根本上解决散热风扇损坏，消除人员成本投入，降低备件及故障电量损失；

(2) 优化工艺流程，将电容检测、更换时间从 40min 缩短为 1min，提高工作效率；

(3) 补充完善风电机组定检手册，将启动电容容值检测纳入风电机组定检手册，将被动检修转为预防性检修；

(4) 技术改造成本低、收益高，相对收益比例达百倍。

图 7 改造完成

此成果已在吉林区域全部场站落实实施，效果明显，技改方案简洁易做，可直接推广应用，目前已推广其他区域场站应用。

G97 - 2000 风力发电机组断路器故障案例

张云鹏

（中广核新能源山东分公司）

摘　要： MS325 系列电动机启动器集电动机控制和保护功能于一身，可对电动机和线路进行高效和可靠的短路、过载及断相保护。它既节约了成本和空间，同时也提供了在短路条件下的快速反应，分断在 3ms 内完成。其启动平稳性和对电网的冲击小等特点被广泛应用。但是由于老化、高温运行、长时间不操作等原因，往往会引发断路器的诸多小问题，如运行时达不到额定电流、开关动作指示不动作等。

关键词： 断路器；电机启动器；可靠性

1　概述

G97 - 2000 风电机组为双馈型风力发电机组，叶轮直径为 97m，轮毂中心距地面高度为 78m，额定功率为 2000kW，额定风速为 12m/s，由液压油缸驱动变桨机构。

2021 年 6 月 19 日，B22 号风电机组报出断路器故障，风场运维人员赶到 B22 号风电机组对其进行故障处理，检查并测试顶部变压器 TT002 的电源开关，重新将其分合后故障消除。

2　原因分析

机组报出断路器发生故障主要包括以下几种原因。

（1）控制柜某空气开关或断路器跳开。

（2）控制柜某空气开关或断路器反馈触点损坏、卡顿或内部结构变形。

（3）风电机组控制线路问题（线缆或其绝缘烧毁、接线端子松动或脱开）。

（4）CCU 或 PLC 损坏。

3　故障处理过程

（1）检查底部控制柜各个开关无异常，PLC 及 UPS 运行正常。

（2）底部控制柜检查后，确信一定是顶部控制回路问题。于是进行了登塔检查。发现风电机组运行异常：原本噪声很大的控制柜风扇运行声音（"嗡嗡"）却消失了。于是打开控制柜门，发现控制柜风扇未运行。

（3）检查控制柜各空气开关，发现空气开关全部运行正常。说明并没有因为电气线路或元件故障等原因导致柜内空气开关动作，如图 1 所示。

（4）为了更精准地找出故障支路，测量各空气开关的上口电压，发现 FM01、FM04、FM05、FM10、FM15、FM20 空气开关上口和下口电压均为 230V。然而 FM12、FM13、FM14、FM17、FM18、FM590 空气开关上口和下口电压均为 0V，如图 2 所示。

（5）通过图纸可以看出，FM01、FM04、FM05、FM10、FM15、FM20 空气开关为底部 UPS 供电，由于 UPS 运行正常，所以这条电气支路无故障。然而 FM12、FM13、FM14、FM17、FM18、FM590 空气开关为顶部 220V、无 UPS 供电。如今这些空气开关上口都没电，

图 1　空气开关检查

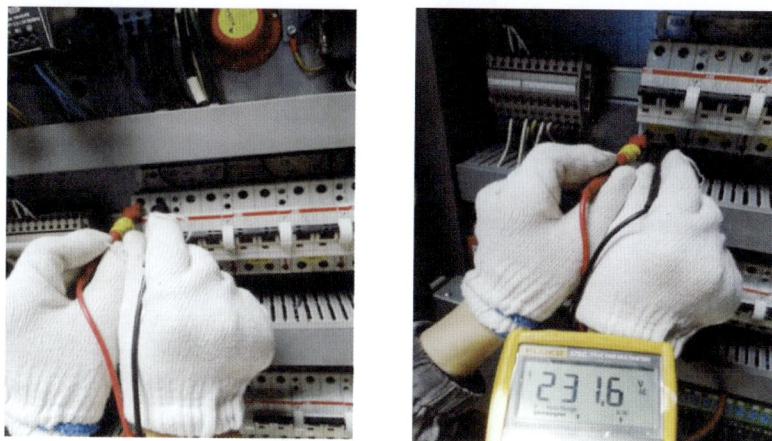

图 2　上口和下口电压测量

证实这条回路有问题，需要进一步检查 CCU 及顶部 220V 供电回路。

（6）通过目测 CCU 状态，屏幕显示 88，指示正常，说明 CCU 并未检测到故障。由于 CCU 故障排查起来比较麻烦，可暂时放下 CCU 故障问题，先排查顶部 220V 供电回路。

（7）通过图 3，可以看出顶部供电支路为 FG02 开关→FG010B 开关→TT002 变压器→FM09 空气开关。于是，用万用表分别测量 FM09 上下口、TT002 变压器端子排均无电压，如图 4 所示。

又测量了 FG010B 的下口电压无电，而上口电压却有 690V 的电压。如图 5 所示，虽然表面上 FG010B 在合位，但实际上此开关已经断开。

（8）由此可推断出 B22 风电机组断路器发生故障是由 FG010B 未正常运行而引发的。断电后，将其取下检查，使用万用表蜂鸣挡进行测试，证实了分合能力正常，分合机械结构正常。将此开关重新安装后，带电测试正常，复位风电机组后风电机组能够正常运行。于是怀疑可能是断路器老化和长时间未操作造成的误动作。重新分合断路器后故障消除，风电机组正常运行。

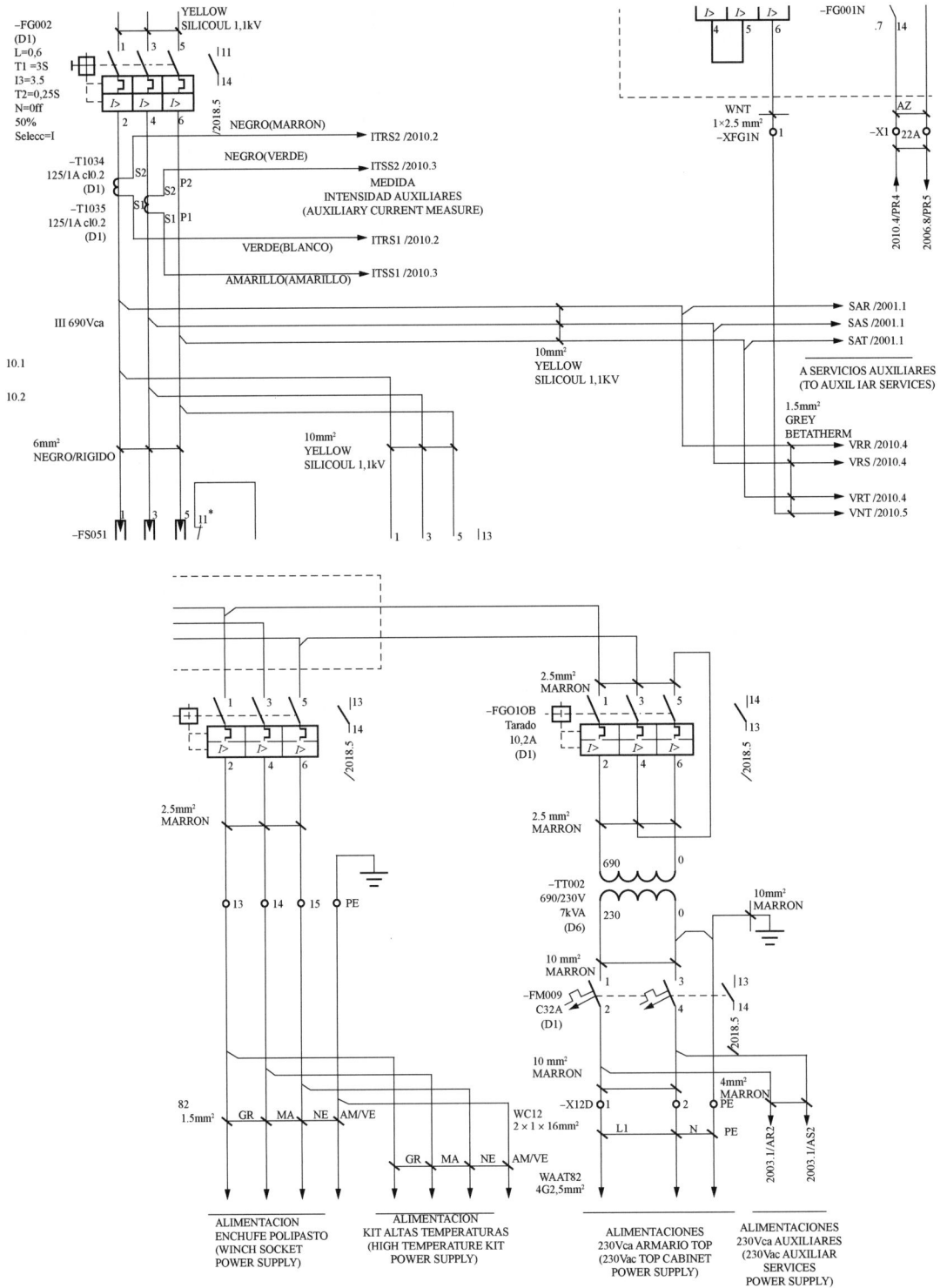

图 3 顶部供电支路

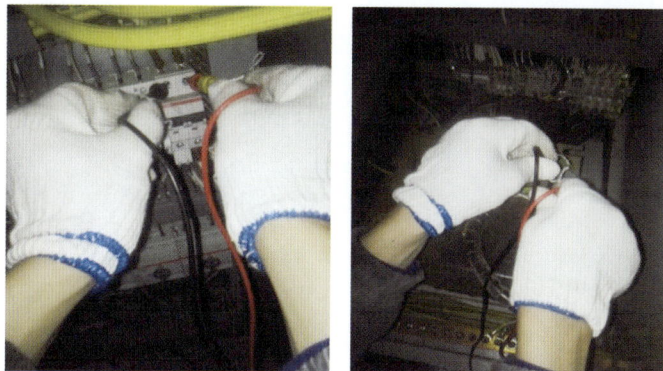

图 4　电压测量

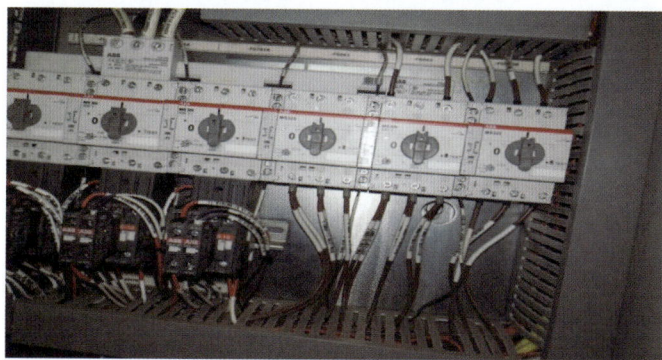

图 5　开关断开

4　故障处理总结及建议

（1）断路器发生故障要检查顶部及底部所有开关运行状态，涉及的开关较多，要按支路进行排查，才能更高效地发现故障点。

（2）断路器虽然可靠性强，但是由于老化、高温运行、长时间不操作等原因，往往会引发断路器的诸多小问题。

（3）开关的指示状态仅供参考，切不可完全相信，工作时一定要验明实际工作状态是否与其指示一致。

（4）在进行风电机组定检时，一定要对各个开关进行测试，避免开关因长时间不操作而导致不必要的问题发生。

G97－2000 风力发电机组 2106 温度测量失败故障案例

白浩

（中广核新能源山东分公司摘月山风电场）

摘　要： 电磁干扰是干扰电缆信号并降低信号完好性的电子噪声。在风力发电机运行中需要进行信号传输，同样也会受到电磁干扰。干扰源、干扰传播途径（或传输通道）和敏感设备称为电磁干扰三要素。因此，在解决电磁干扰的问题时，也要从这 3 个要素入手进行分析：设法降低电磁波辐射源或传导源，切断耦合路径，增加接收器的抗干扰能力。本文主要分享由于电磁干扰导致 G97 风电机组报 2106 温度测量失败故障的相关解决方案。

关键词： 电磁干扰；RS485 光隔离器

1　背景情况介绍

故障发生时系统运行方式为 110kV 某线带电运行；35kV 1 段、2 段母线带电运行；1、2、3、4 号集电线路带电运行；1、2 号主变压器带电运行；1、2 号接地变压器带电运行；SVC、SVG 带电运行；83 台风电机组全部投运，当前负荷为 10MW。

2　事件发生经过

此时正值夏季，阴天或雷雨季，G97 风电机组经常性、批量地报 2106 故障，经排查，干扰源通过信号线传导至模块，在 Sonic 与模块之间加装一个光隔离器，在电压互感器信号线上加装磁环后，效果显著，阴天或雷雨季不再因电磁干扰报 2106 故障。

3　原因分析

G97 风电机组报 2106 故障，主要包括以下几种原因：

（1）模块异常。

（2）负载异常。

（3）接线异常。

（4）电源异常。

（5）电磁信号干扰。

4　处理方法及注意事项

针对 G97 风电机组阴天、雷雨季频发 2106 故障，采取如下措施：

（1）检查模块供电电源无异常，后期更换电源——无效果，雷雨季、阴天仍然报 2106。

（2）检查负载无异常，后期更换负载——无效果，雷雨季或阴天仍然报 2106。

（3）检查模块无异常，后期更换模块——无效果，雷雨季或阴天仍然报 2106。

（4）检查接线无异常，后期更换线——无效果，雷雨季或阴天仍然报 2106。

排除以上 4 种原因，加上故障发生时的天气因素，很可能是干扰，针对干扰采取的措施如下：

1）在 SONIC 回路加装光隔离器。为了隔断从 SONIC 回路进入 PLC RS485 模块的干扰信号，在 SONIC 信号线进入 PLC RS485 模块的最末端加装 RS485 光隔离器。

如图 1 所示，RS485 光隔离器加在信号线 WX1 进 PLC 模块 RS485-1 侧，并将屏蔽线拆下不接，对于此屏蔽线可检查屏蔽线在 A6 接线盒处是否已接地，如果未接地可尝试在 A6 接线盒处将由 SONIC 信号线过来的屏蔽线接地。

对于原来连接 RxD＋、RxD－和 GND 的 3 根线可依次先与 RS485 光隔离器的＋A，－B 和 GND 连接，经过光隔离器后再用信号线依次连接 PLC RS485-1 模块的 RxD＋、RxD－和 GND。RS485 光隔离器如图 2 所示。

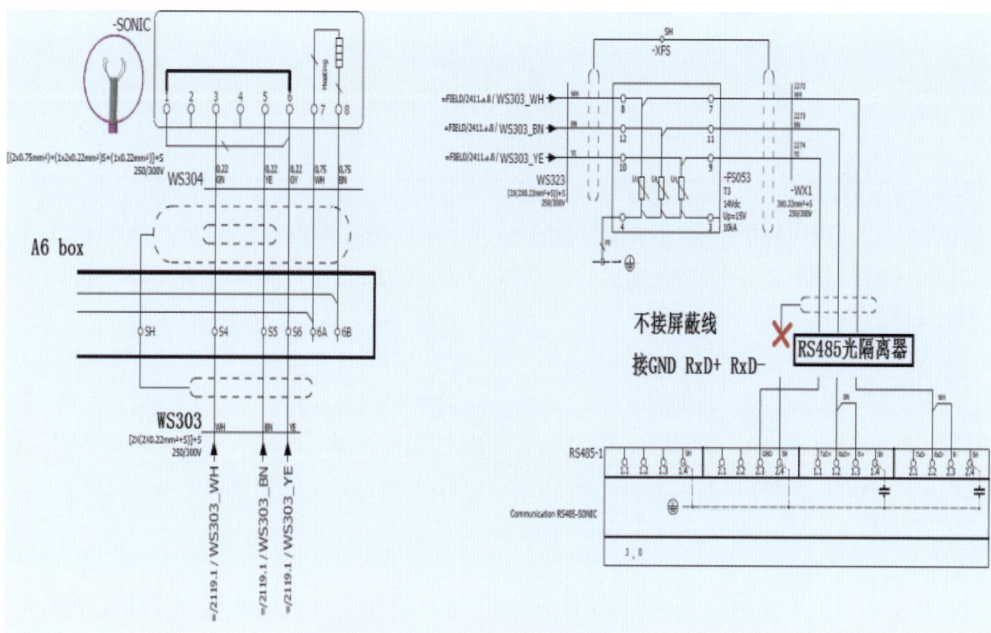

图 1　加装 RS485 光隔离器

图 2　RS485 光隔离器

2）在 PT100 回路加抗干扰磁环。风电机组中共有 9 组 PT100，按线径可使用三种磁环，见表 1。

表 1　　　　　　　　　　　　　　　　　　PT100 接线

线标	线外径（mm）	磁环内径（mm）	数量（台）
WS301	4		
WS380	4	5	3
WS383	4		
WS238	9		
WS538	10		
WS539	10	11	4
WS012	10		
WS438	12	13	2
WS439	12		

磁环有卡扣，可以打开，将线从中间的孔穿过，然后扣好即可。PLC - HUB 通信线外径为 5mm。采取上述抑制电磁干扰的措施后，经实践检验，效果明显，阴天或雷雨季不再因电磁干扰报 2106 故障。

5　反馈总结

针对 G97 风电机组阴天、雷雨季，因电磁干扰触发 2106 故障，可采用 sonic 与 RS485 模块之间加装光隔离器，电压互感器信号线上加装磁环，可以有效抑制电磁干扰，保证风电机组正常运行。

（上接 515 页）

风电机组一直以来采用都是单机的闭环控制方案，因此大大地忽略了大规模风电场内部机组间存在的相互影响。在大规模的风电场中，流场信息是可以从空间分布排列的各个机组上得到的，这些信息能够建立风场内及周围气流流动变化的模型，包括单一尾流和错位尾流。若对整个风电场的准静态和动态气流建模，通过整场控制的方法，优化风电场功率生成和输出，当阵风吹过风场时，就可以被机组感知、建模和跟踪。风电场操作者就可以根据气流的具体信息对个别需要的机组进行动态配置，以优化功率输出，实现整个风电场功率最大化，据文献［4］记载，风电场整场控制年发电量能够增加 4％ 左右。

参考文献

［1］邹强，刘波峰，彭镭等 . 爬山算法在风电机组偏航控制系统中的应用［J］. 电网技术，2010，34（5）：72 - 76.

［2］Ris - R - 1330（EN）Wind Turbine Power Performance Verification in Complex Terrain and Wind Farms.

［3］Na Wang，Kathryn E. Johnson，FX - RLS - Based Feedforward Control for LIDAR - Enabled Wind Turbine Load Mitigation.

［4］A. J. Brand J. W. Wagenaar，A quasi - steady wind farm flow model in the context of distributed control of the wind farm.

关于 1.5MW 风电机组变流系统编码器故障分析

魏斌， 张海涛

（甘肃龙源风力发电有限公司）

摘　要： 风电机组维修已经成了风电机组重点关注的问题。研究表明，就目前我国风电机组的发展而言，在技术层次上还存在着一定的缺陷，进而在风电机组的实际作业中经常会存在一些外界因素，影响着风电机组的运行性能，加大风电机组出现故障的概率，给我国风电机组的稳定发展带来巨大的影响。本文仅对 1.5MW 风电机组变流器编码器故障进行分析，并提出预防措施。

关键词： 编码器；风电机组；检修运用

1　故障基本情况

（1）风电机组设备情况简介。1.5MW 风电机组为变速恒频风电机组，采用的是双馈异步风力发电机结构。

异步发电机的定子绕组与电网直接相连，而转子经过变频器功率模块与电网相连；流经变流器的功率小于发电机额定功率的 30%；发电机转速范围为同步转速 ±30% 以内。

（2）故障情况。使用该变流器 ALSPA 软件读取到变流系统故障为 MPR7002，故障编号为 0350（Encoder fault）（释义：编码器故障）。

（3）变流器侧发电机编码器的接线见表 1。

表 1　　　　　　　　　　　变流器编码器接线端子排

变频器端子	电路板	电缆序号	编码器	来源	备注
X4-1	10.2		A		
X4-2	10.4		A−		
X4-3	10.6		B		（1）要求接地夹夹住屏蔽网。
X4-4	10.8		B−	发电机编码器端子	
X4-5	10.10		Z		（2）电缆序号和颜色可能与实物不同，具体参考实际情况
X4-6	10.12		Z−		
X4-7	10.18		+E		
X4-8	10.20		0V		

（4）只有当检测到发电机转速信号缺失时，比如说编码器电缆未接屏蔽层，启动网侧时才会报出编码器故障。更多的情况下，当发电机编码器异常时异常的转速会在变流器侧以多种形式的故障显现出来。

2　原因分析与诊断

（1）增量式编码器的基本原理。

1）增量式编码器的连接原理。

a. 单相连接用与单方向计数，单向测速；

b. A、B 两相连接，用于正反向计数，用于判断正反方向和测速；

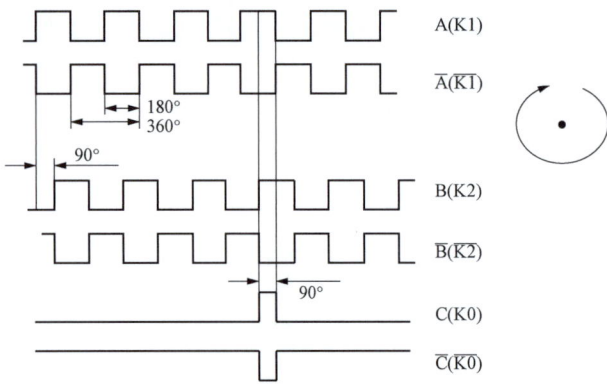

图 1　增量式编码器的输出示意图

c. A、B、C 三相连接用于带参考位修正的判断测速；

d. A－A、B－B、C－C 连接，由于带有对称的负信号连接电流对电缆的磁场贡献为零，衰减最小，抗干扰较强，可以进行长距离输出。

因为 A 和 B 两相相差 90 度，可以通过判断 A 相在先还是 B 相在先，从而判断正转还是反转。

2）增量式编码器的输出示意图如图 1 所示。

（2）检查编码器板（－A311AE83）X1 端子排附近的 3 个状态 LED 灯"H220‑BRDY""H120‑ARDY""H20‑ORDY"是否全亮。编码器板接口示意如图 2 所示。

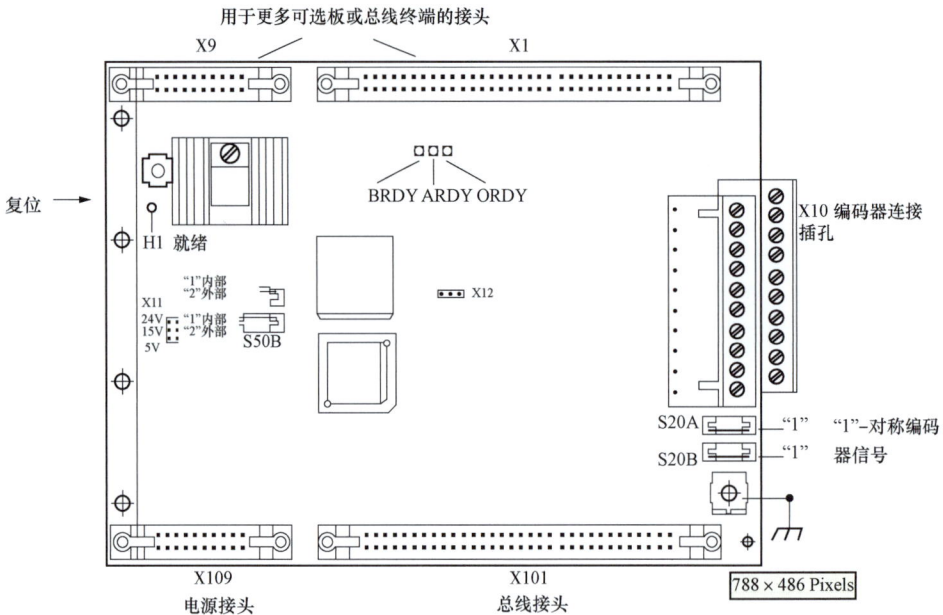

图 2　编码器板接口示意图

3　故障处理过程

（1）如果 3 个状态灯中，有灯未亮；那么初步判断可能的原因如下。

1）编码器线缆进变频器左侧柜（＋1S3）下方 X4 端子排接线松动。

2）变频器内部，X4 端子排至 编码器板（－A311AE83）X10 端子排接线松动。

3）编码器板损坏。更换编码器板，重新进行检查。

4）编码器线缆内部断线或者短线。

5）编码器线缆进发电机编码器接线松动。

6）编码器损坏。

（2）如果故障发生后，编码器板 3 个状态 LED 灯全亮，即故障可以复位；那么判断故障原因为电磁干扰或者接线松动。排查如下。

1）检查编码器线缆进变频器左侧柜（＋1S3）下方 X4 端子排处，屏蔽层接地是否良好。

a. 屏蔽层是否接地。

b. 屏蔽层长度是否超过 20mm。

2）检查 X4 端子排两端是否采用固定螺栓压紧。

3）测量编码器线缆屏蔽层对地电阻，是否小于 3Ω。如果过大，那么检查编码器线缆进发电机编码器处，编码器线缆屏蔽层与接头金属外壳接触是否充分。

4）编码器板供电电压，X11 端子跳线是否选择 24V。（对应编码器供电为 8～30V）

注：静电屏蔽就是用铜或铝等导电性能良好的金属为材料制作成封闭的金属外壳，并与地线连接，把需要屏蔽的编码器电路置于其中，使外部干扰电场的电力场不影响其内部的电路；反之，编码器内部电路产生的电力线也无法用外逸而影响外电路。静电屏蔽不但能够防止静电干扰，也一样能防止交变电场的干扰，因此，用导电材料制作并且接地对于防止信号干扰效果明显。

编码器器屏蔽及接线示意如图 3 所示。

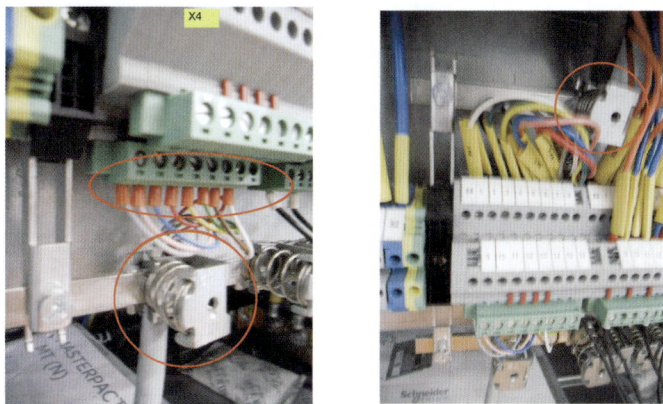

图 3　编码器器屏蔽及接线示意图

4　维护保养建议

（1）定期对编码器机械连接及配合部分进行检查，确认支架固定螺栓连接是否可靠。

（2）定期维护期间对编码器连接电缆接头及接线情况进行检查，尤其是编码器屏蔽接地情况，对存在磨损风险的部位做好防磨处理。

（3）定期对编码器内部进行清扫维护，避免碳粉灰尘堆积造成编码器短路损坏。

（4）检查编码器控制板运行环境温度，避免低温或高温造成控制板寿命减短。

EN77－1500kW 机组"充电故障"原因分析和处理

张浩，王斌

（甘肃龙源风力发电有限公司）

摘 要： 经统计，在风电场实际运行过程中，由"充电故障"造成的"变频器综合故障"处理耗时最长，平均处理时间达到 11.6h。为降低故障频次，减少故障停机时间，本文对变频器"充电故障"进行分析，按照本文所述进行排查检修，可快速排除 95％以上此故障。

关键词： 充电故障；变频器；故障分析；ALSPA PCS 软件

1 机组基本情况

1.5MW 机组采用双馈变频器，由网侧变频器和机侧变频器两部分、加上中间的直流母线环节组成。网侧变频器和机侧变频器具备相对独立的控制单元，均具备故障监控的功能。因此，变频器系统故障分为网侧变频器故障和机侧变频器故障两大部分。又根据故障的严峻程度，分为严重的 A 类故障和次严重的 B 类故障。按照以上的变频器故障分类，本文所述的"充电故障"属于网侧变频器 B 类故障（对应网侧变频器变量 7003）。在故障发生后的第一时间，检修人员应下载网侧变频器和机侧变频器的事件记录（event log）和故障记录（trip log），并把变量列表保存下来。然后根据变频器故障记录，查找故障名称及逻辑。

2 原因分析与诊断

2.1 故障现象

机组主控报出"变频器综合故障"，大多伴随着预充电过程中变频器发出刺耳声响，可通过 ASLPA PCS V3.1 软件连接变频器内部参数，通过软件参数可读出网侧 7003 NPR 第 13 位数字置"1"，故障记录（trip log）显示"charging failed"，可判断为充电回路故障。

2.2 充电流程

变频器的中间直流环节中的电解电容在没有建立电压前，充电间相当于短路状态，充电电流非常大，可能损害整流桥、直流母线和电容，因此，为了限制充电电流，必须增加预充电过程。

主控接收到变频器请求启动命令后，通过 X9：12 发送激活启动信号到变频器机侧控制板 A311A10 的 15.5。变流器接收到请求信号，开始执行网侧变流器启动流程（闭合预充电接触器 K016K3→网侧不控整流母线电压升至设定值 860V 左右）→闭合主滤波接触器 E014K2→K016K3 断开，主接触器 E014K4 闭合→网侧不控整流至 970V 左右→网侧相模块开始调制，直流母线电压上升至 1070V。

2.3 变流器软件参数设置

（1）在机组停机状态下，设置机侧变频器参数 3260 和 3261，为"PC"，变频器采用本地 PC 控制。

（2）设置变频器内部示波器录波，记录相关变量状态信息。

1）网侧变频器触发录波设置见表 1。

表 1 网侧变频器触发录波设置

模拟量通道		
A1	4F06	直流母线电压
A2	4F25	网侧电压 UV 相
A3	4F3C	接地电流
A4	646E	电网电压
数字量通道		
D1	4F82	FAULT A&B, 故障
D2	4F81	phase intrupt, 电网故障
D3	3107	Charging fault
D4	3E31	直流母线电压过高, 超过 1170V
D5	3E22	chopper 动作
D6	3E13	
D7	3100	L CONTR.: AUFLDZK2; 置 1 表示发出预充电指令
D8	643F	L CONTR.: Enable AC—cnctr; 置 1 表示发出闭合网侧接触器指令

通过 D1　0 到 1 的跳变来设置触发。

2）机侧变频器触发录波设置见表 2。

表 2　　　　　　　　　　　　　　机侧变频器触发录波设置

模拟量通道		
A1	422D	直流母线电压
A2	4F34	转子相角
A3	4F00	电网电压波形
A4	4F2E	电网电压
数字量通道		
D1	4F82	FAULT A&B, 故障
D2	6470	

通过 D1　0 到 1 的跳变来设置触发。

（3）设置机侧参数 3110 为 1, 启动网侧变频器。

3　故障处理过程

变频器预充电回路原理图如图 1 所示。

（1）如果直流母线电压正常充电至 1070V, 中间没有发生故障, 那么检查如下。

1）检查 K016K3、K116K3、E014K4 及其辅助触点接线是否接触良好。

2）检查网侧分配版（A300A20）X10 端子排接线是否良好。若以上接线有松动, 那么接线紧固。

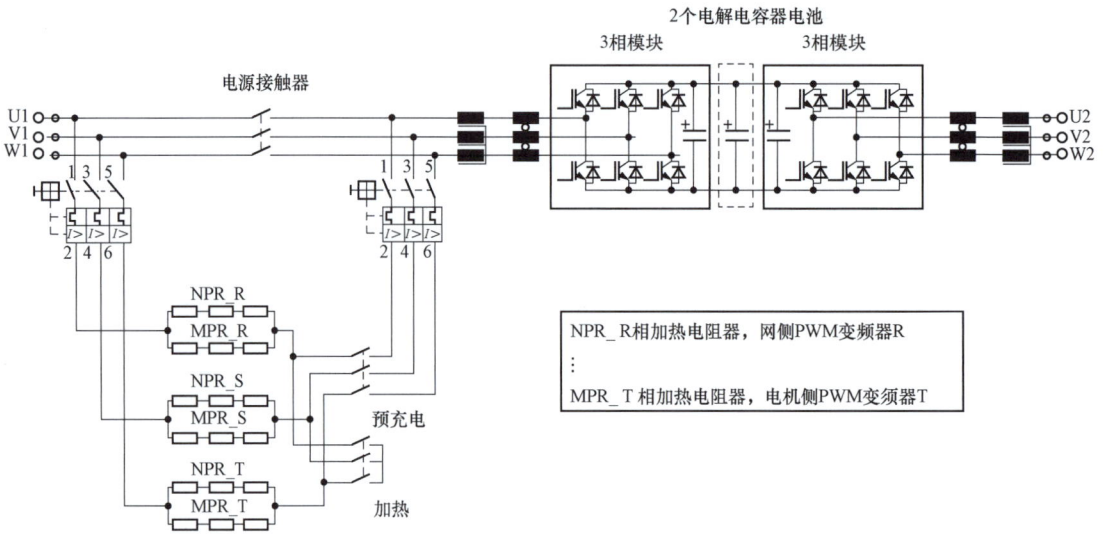

图 1　变频器预充电回路原理图

（2）如果在网侧变频器启动过程中发生充电故障，那么执行以下排查。

（3）下载网侧变频器内部示波器记录波形。查看模拟量 A2、A3 和 A4 波形是否正常。图 2 所示为正常波形，供参考。如果内部示波器 A2 和 A3 波形不正常，那么更换网侧模拟量采集板。

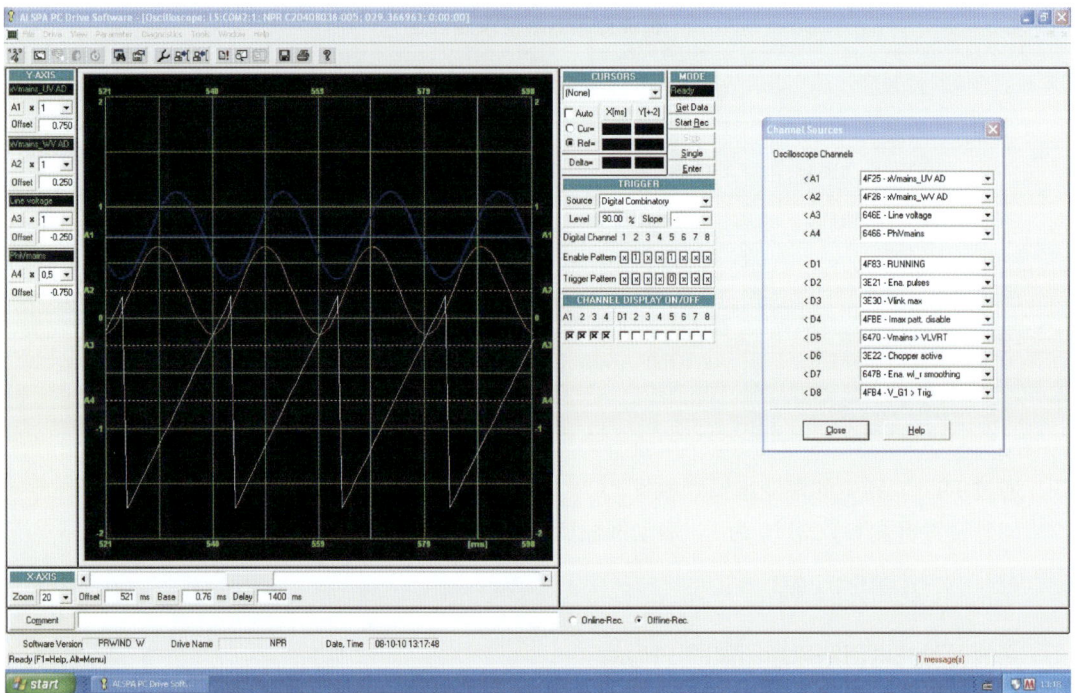

图 2　ASLPA 录波器设置

（4）对照图 3，依序排查以下可能故障点。

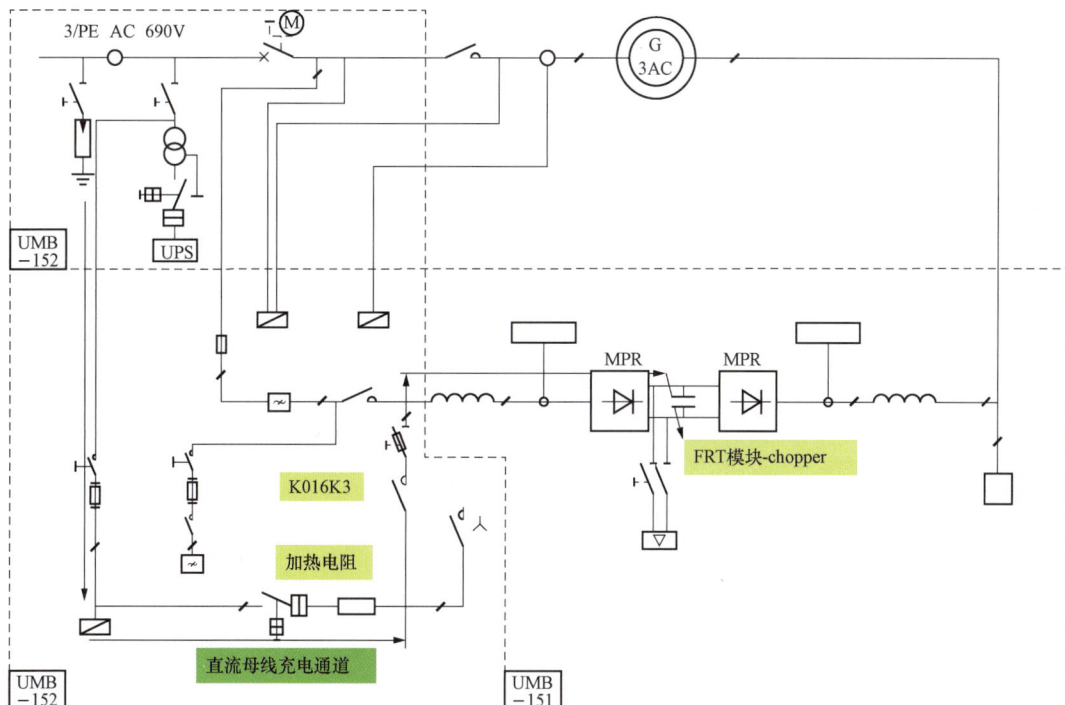

图 3　变频器预充电回路

1）网侧分配板（－A300A20）问题。在充电过程中，预充电指令没有给出。

2）K016K3 接触器接触不良，导致预充电回路中断。

3）功率模块中的加热电阻烧毁，导致直流母线电压上升慢，且低。

4）直流电压检测板损坏。

5）G020Q4 熔丝断开。

6）直流母排电容损坏。

7）chopper 动作。

（5）针对（4）中故障点 1）和 2）做如下措施。

1）检查录取波形 D2（3100 L CONTR.：AUFLDZK2）在充电过程中是否置 1，置 1 表示控制板发出了预充电指令。如果在充电过程中，出现 3100 置 0 的情况，说明控制板存在问题。

2）检查充电过程中网侧分配板（A300A20）端子排 X10：3/4 之间是否有 24V DC 电压。

如果没有，说明分配板没有发出预充电的指令，此时需要更换网侧分配板。如果网侧分配板端子排 X10：3/4 之间有 24V DC，说明分配板对接触器 K016K3 发出了预充电的指令。这时观察 K016K3 是否动作闭合。如果 K016K3 未动作，说明 K016K3 失效；如果 K016K3 闭合，检查直流母线电压（V－4F06）是否上升，若直流母线电压没有上升，说明 K016K3 接触不良或者 IGBT 加热电阻存在损坏。

（6）针对（4）中故障点 3）做如下措施。

断电后，人为强制使继电器 K116K3 吸合，断开 E010Q3，测量 E010Q3：2，4，6 两相之间电阻应为 360Ω。

501

（7）针对（4）中故障点 4）做如下措施。

用外部示波器测量，示波器配高压差分探头，与内部测量值进行比较。

（8）针对（4）中故障点 5）做如下措施。

拉开熔丝开关，检查熔丝是否安放到位。

（9）针对（4）中故障点 6）做如下措施。

将功率模块抽出，检查直流母排的外观。

（10）针对（4）中故障点 7）做如下措施。

在充电过程中，如果电压无法持续上升，那么留意变频器右侧柜（＋1S1）是否有声响。chopper 动作的时候，注意有声响。

4　结论和建议

根据现场检修记录统计，该风电场 60％以上预充电回路故障发生在网侧功率模块中的加热电阻及预充电电阻损坏，其余 40％为预充电接触器 K016K3 接触器卡涩、加热接触器 K116K3 损坏、开关 E011Q2 熔断等。可结合定期维护对网侧功率模块进行灰尘清理、K 系列控制接触器回路电阻测量及触点修复等手段进行预防。通过对以上易发故障点有针对性的维护，可降低现场 50％以上故障率。

（上接 510 页）

通过上述分析，电容容值衰减是导致过电流的直接原因。

4　预防措施

根据变流器及电网相关数据分析，目前采取的预防措施主要在以下几个方面：

（1）进行变流器支撑电容专项检查，检查对于电容容值下降 20％额定容值电容进行更换，严禁容值相差较大混用。原因如下。

1）截至目前电容运行已超过 11 年，该机组采用的电解电容标称寿命为 4000h，实际运行年限已远远超过标称使用年限。

2）从变流器拆解报告看出，目前风电机组变流器实际电容容值大多已发生不同程度衰减，容值衰减将加速电容寿命降低。

（2）采用专业设备对变流器 IGBT 及母线相关器件进行灰尘清理，保证设备散热良好，防止灰尘降低爬电距离，又会导致设备热阻增大，影响变流器相关部件散热。

（3）定期对变流器散热风扇、变流器柜体滤网、密封等部件进行检查。

（4）检查变流器 LCL 滤波系统相关器件有无异常、电容容值是否正常、电感值是否在正常范围内，对不在正常范围内的进行更换处理。

（5）在直流回路增加扼流线圈，抑制高频共模电压，防止系统发生谐振。

参考文献

宋亦旭 . 风力发电原理与控制 . 北京：机械工作出版社，2012.

1.5MW 机组斩波升压过电流故障分析

朱泽，王斌

（甘肃龙源风力发电有限公司）

摘　要： 随着无故障风电场建设提出，对新能源风力发电机组安全稳定运行提出了高标准、高要求。目前国际、国内主流风电机组为直驱和双馈风力发电机组，本文仅对西北区域直驱 Frecon 被动整流类型机组大批量报出斩波升压过电流故障导致功率模块失效进行分析，并提出预防措施。

关键词： 直驱；功率模块；失效；预防措施

1　引言

甘肃某风电场装机总容量为 30 万 kW，安装 200 台 GW82-1500 机组，于 2010 年 12 月全部并网发电。自 2021 年 10 月 17 日凌晨开始，该风电场频繁报出"斩波升压过电流"故障，出现 IGBT 功率模块损坏现象，截至 2021 年 11 月 9 日，共报出故障 71 台次，累计损坏 96 个 IGBT 功率模块、7 个变流控制器。

风电机组设备参数见表 1。

表 1　　　　　　　　　　　　　　　风电机组设备参数

风电机组类型		3 叶片、水平轴、上风向、变桨、变速、永磁直驱型
叶轮直径		82m
轮毂高度		70m
额定功率：P_n		1500kW
额定视在功率：S_n		1580kVA
额定电压：U_n		0.62kV
额定频率：f_n		50Hz
额定风速：v_n		10.3m/s
发电机	类型	永磁同步电机
	型号	GW1.5MW-TFY/YJ127A
变流器	类型	全功率（风冷）变流器（每台机组 3 个机侧 IGBT 功率模块，1 个制动 IGBT 模块，6 个网侧 IGBT 功率模块）
	型号	Freqcon1.5MW（B）
控制系统	PLC 型号	CX1020
	软件版本号	1500_FR_V180830_P200622
变桨系统	类型	电动变桨
	型号	Pitchbox 1.5MW V70-V77
	软件版本号	21122.00

2　故障基本情况

2021 年 10 月 17 日开始，甘肃、哈密及周边风电场相同机组相继出现 IGBT 过电流故障，同时伴随功率模块失效及熔断器熔断，由于损坏拆解后发现无法进行恢复，所以将损坏模块送至厂家维修部进行维修后再使用。现场拆解照片如图 1 所示。

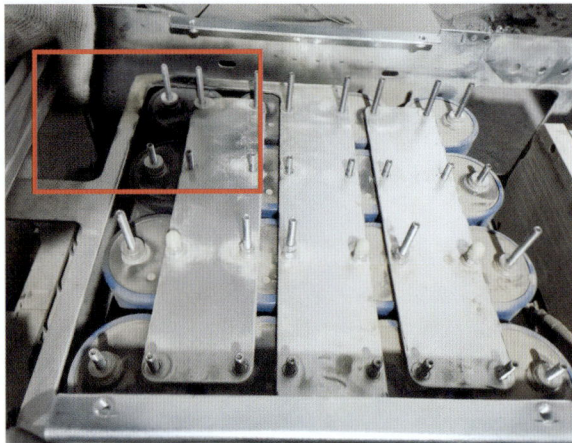

图 1　故障功率模块

通过查看相关故障文件，变流器模块损坏报出故障基本一致，故障发生时刻不定，最大风速为 16m/s，最小风速为 1.2m/s，机组故障在运行和待机状态下均会报出。

由于故障报文基本一致，所以针对一台相关故障文件进行分析，查看 A3 - 09 风电机组主控报出 b 文件、f 文件。

通过 f 文件查看故障代码：主控报出 446 故障，查询故障手册，如图 2 所示。

故障号	故障名称									
	变流器斩波升压过流									
	故障使能	不激活字	设置不激活字	容错类型	故障值	极限值	故障时间	容错时间	极限频次	容错时间2	极限频次2
446	TRUE	1	0	0	1	1	0ms	0ms	0	0ms	0
	自复位	复位值	复位时间(ms)	SCADA复位	长周期SCADA复位	长周期统计时间(s)	警告停机等级	停机等级	启动等级	偏航等级	预留
	0	0	2.5min	3	7	168h	7	7	1	0	
	故障触发条件									
	变流器斩波升压过流反馈									

图 2　446 故障说明

从图 2 看出，446 故障为变流器斩波升压过电流故障，故障无延时报出，风电机组紧急停机。

3　故障原因分析

3.1　变流器原理简介

Freqcon 变流器采用被动整流，如图 3 所示：发电机发出三相交流电通过三相无控整流整流为直流电，然后经 Boost 升压至直流母线 1200V，最后通过网侧功率模块三相逆变交流并网发电。

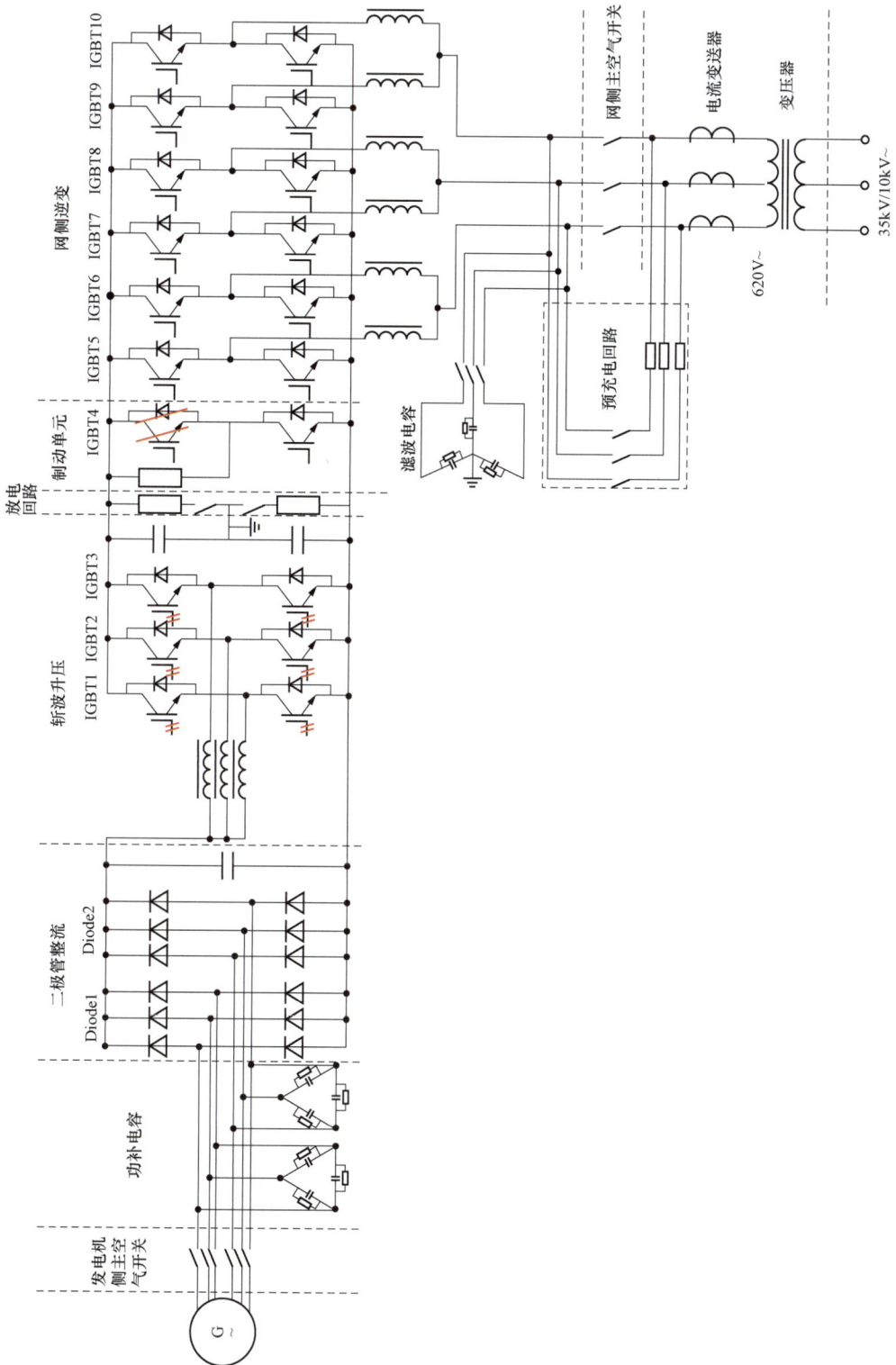

图 3　被动 Freqcon 主电路图

3.2　故障原因分析

（1）风电机组报出斩波升压过电流故障，分析斩波升压过电流原因，IGBT 斩波升压控制原理如图 4 所示。

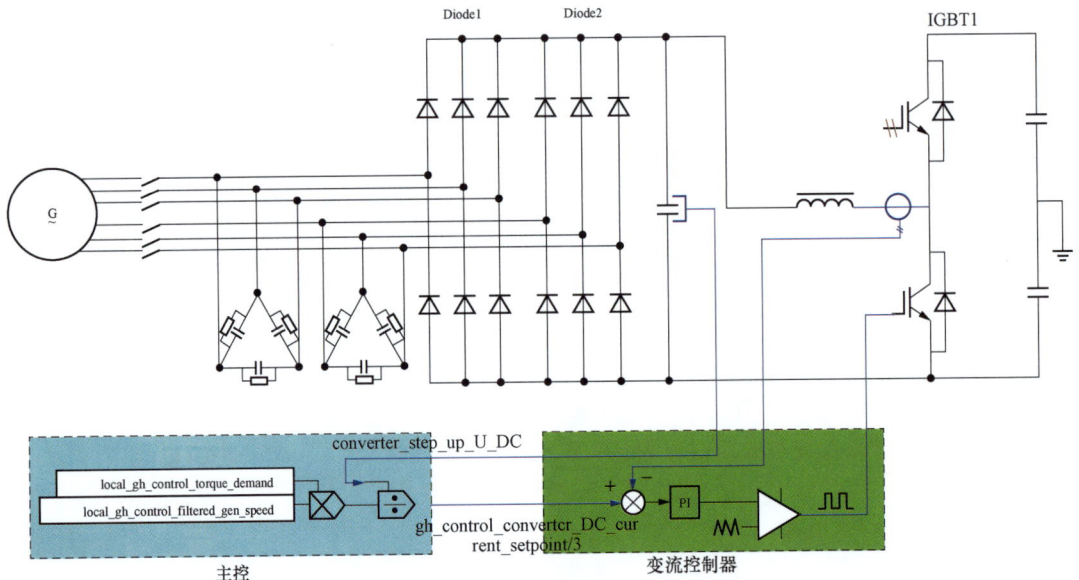

图 4　IGBT 斩波升压控制原理

斩波升压检测电流与转矩给定、发电机转速、采集直流母线电压相关，故对上述数据进行分析。

通过对该机组故障时刻 b 文件中变流器控制转矩进行分析，机组在故障时刻之前变流器控制转矩未发生突变，转矩指令正常。

通过对该机组故障时刻 b 文件中发电机转速进行分析，机组在故障时刻之前发电机转速未发生明显突变，发电机转速正常。

通过对该机组故障时刻 b 文件中不控整流电压进行分析，机组在故障时刻之前发电机直流电压未发生明显突变，电压正常。

通过 b 文件对转矩给定、发电机转速、采集直流母线电压数据进行分析，在故障之前变量未发生明显突变或异常，排除因为上述 3 个变量导致的斩波升压电流异常，故排除控制系统器件、检测导致该故障发生。

（2）失效功率模块较为分散，机侧、网侧模块均有损坏，通过拆解失效功率模块检测发现，大体失效主要有三类，通过分析故障文件，部分机组处于待机状态下发生故障，此时 IGBT 未触发动作，排除驱动控制问题，此时失效最大可能是直流正、负母排短路造成。

1）IGBT 直流正、负母排短路。

2）模块支撑电容损坏。

3）IGBT 本体正、负母排短路，吸收电容损坏。

通过分析上述 3 种功率模块失效形式，失效主要原因为模块正、负极短路造成大电流产生。分析直流母排短路主要原因，一是因为电网过电压导致绝缘击穿，二是因为支撑电容绝缘击穿导致直流母线接地短路，故障上述两个方面原因进行分析：

a. 电网因素。目前变流器频繁损坏设备主要集中在哈密变、敦煌变衔接的风电场，损坏设备主要集中在 Frecon 被动整流机组。这属于跨区域集中性问题，从电网相关参数检查，调取主控 b 文件、变流器故障数据、故障录波数据、PMU 相关数据。

通过上述电网相关数据分析，通过 b 文件进行数据分析，如图 5 所示，机组在故障时刻之前，电网电压值正常，未超过风电机组出口电压±10%越限，运行电压在正常范围；通过图 6 分析变流器直流母线电压，在机组故障前直流母线电压正常，直流母线正、负母排对地电压未超限，证明变流器控制正常，母线电压也无异常升压；通过图 7，故障之前，电流数据正常，无异常变化，故障时刻电流迅速增加，直流熔断器熔断；电网数据通过 PMU 采集数据分析，如图 8 所示，35kV 电压谐波含量，从目前数据未发现高次谐波超过规程标准值 4%。从以上数据暂时未发现电网电压明显波动及高次谐波含量超限问题，电网电压正常。

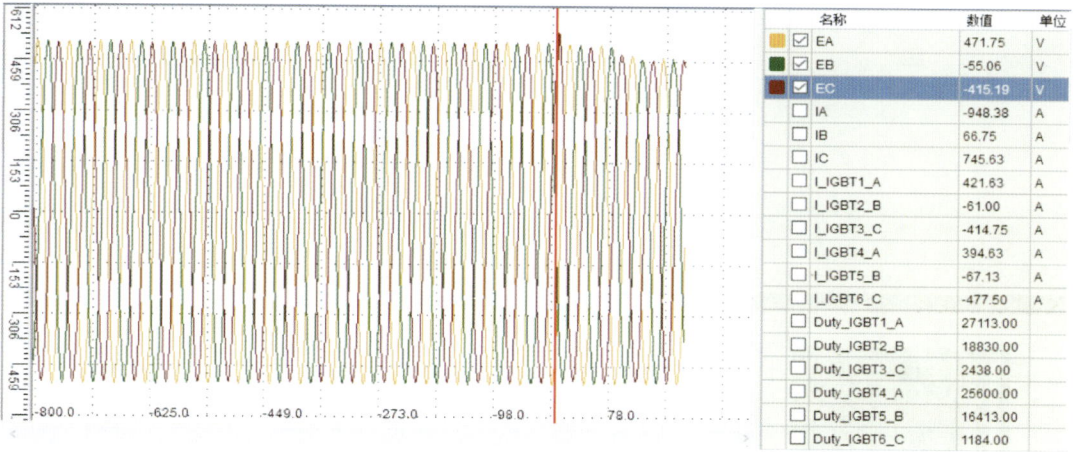

图 5　电网三相电压

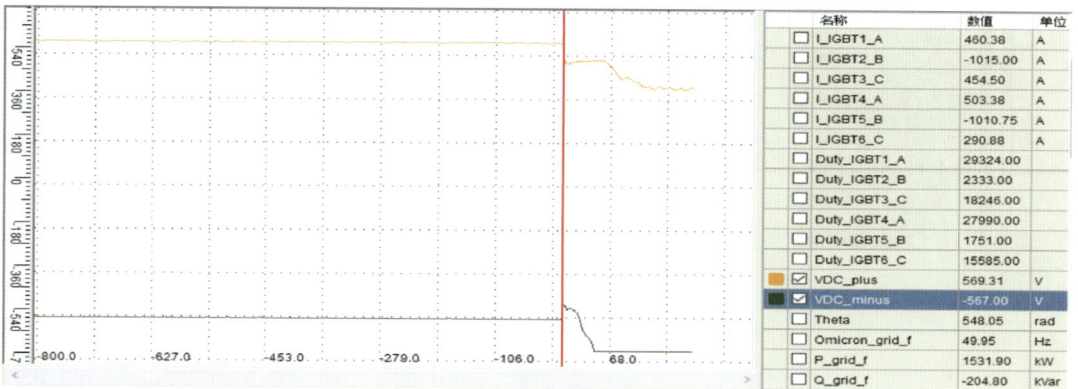

图 6　直流母线电压

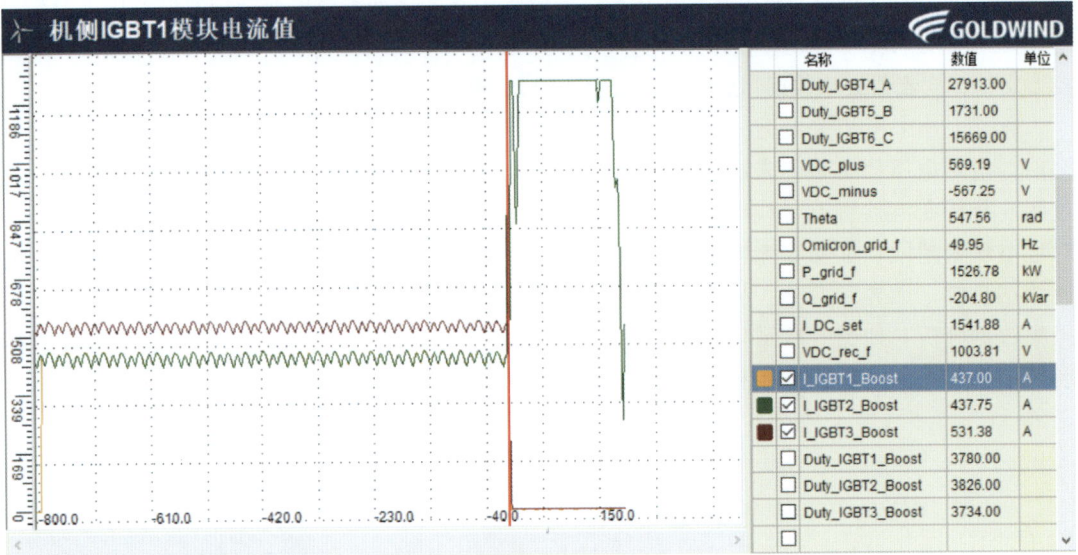

图 7　三相升压 IGBT 模块电流

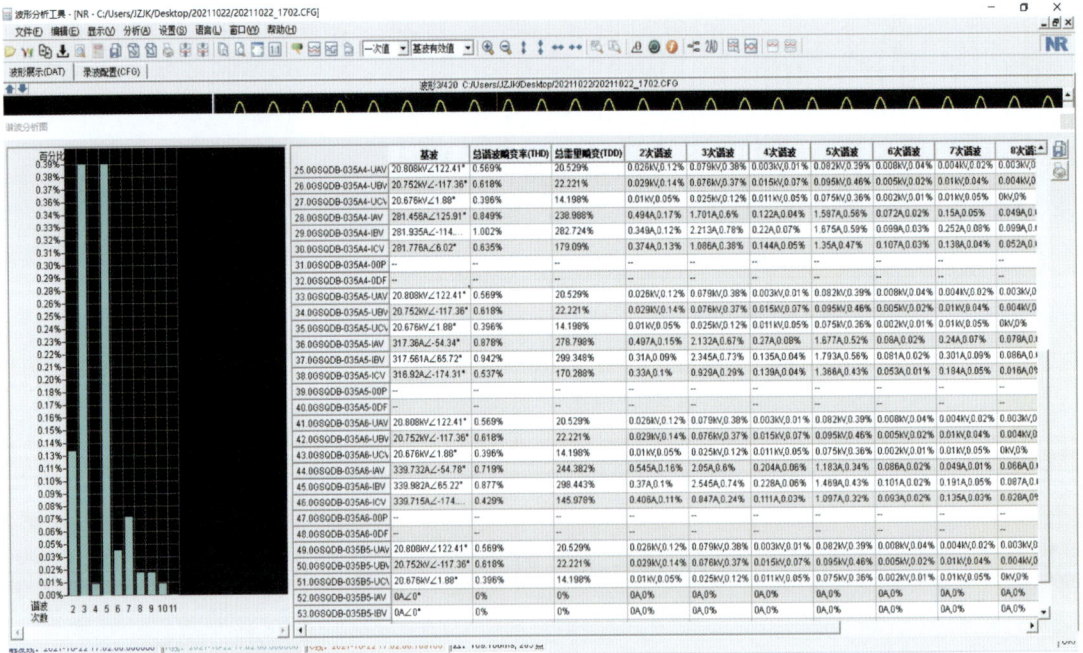

图 8　35kV 谐波含量分析

b. 设备问题。如图 9 所示，通过对 A3-09 风电机组变流器故障文件进行分析：升压斩波器 IGBT3 电流为 1249A，但实际由于霍尔传感器检测范围，未检测到最大电流，按照 IGBT 额定电流为 750A，此时电流已远大于 IGBT 额定电流，现场检查发现直流熔断器已熔断（额定电流为 800A）。Frecon 变流器 IGBT 模块组件参数见表 2。

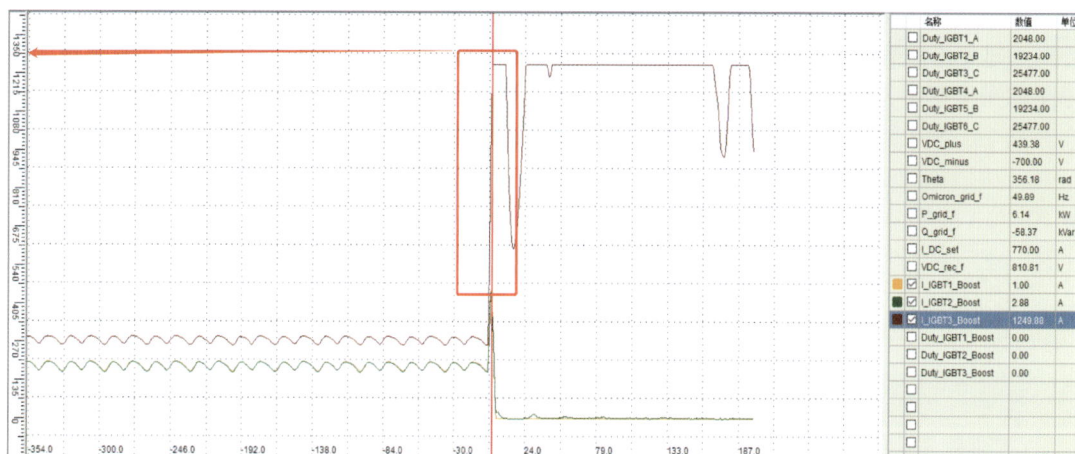

图 9　IGBT 电流值

表 2　IGBT 模块组件参数

IGBT 参数	额定电流	额定电压	开关频率	厂家	—
	750A	1700V	2.5kHz	赛米控	—
支撑电容	额定电压	浪涌电压	泄漏电流	厂家	容许误差（20℃ - 120Hz）
	DC400V	DC450V	≤5mA	日立	20%
吸收电容	额定电压	容值	运行时间	—	—
	DC1600V	0.47μf	11 年	—	—

　　根据现场实物照片及变流器模块拆解测量发现，大多为支撑电容损坏，部分机组吸收电容及过电压保护板损坏，从 IGBT 模块拆解报告统计分析，损坏主要设备为支撑电容炸裂，IGBT 损坏较少。电容检测如图 10 所示。

故障现象描述(损坏痕迹如下)：

☐ 完好　　☐ 熏黑　　☐ 烧黑　　☐ 烧伤

☐ 喷溅　　☐ 放电　　☐ 拉弧　　烧熔

☐ 氧化　　☑ 击穿　　☑ 漏液　　☐ 爆炸

☐ 绝缘皮损坏　　☑ 灰尘大

电容描述：该电容额定电流：400V；容值：
6800μF　电容的容值和漏电流检测情况如下：
测试标准：容值：6800 ±20%，漏电流：≤4mA
测试结果：合格 9 个；μF 损坏 7 个

损坏部位图片

容值	漏电流	容值	漏电流	容值	漏电流	容值	漏电流
6105	1.03	6247	22.6	6205	5.89	6032	1.09
6214	1.24	6242	1.23	6620	1.04	7950	1.18
9682	1.19	5987	7.47	8802	1.12	6369	1.15
6534	0.98	6328	6.07	6031	1.07	6258	1.06

图 10　电容检测

按照支撑电容标准容值 6800μF，测试发现部分电容容值已超过±20％。

通过变流器数据分析直流母线电压情况，如图 11 所示。

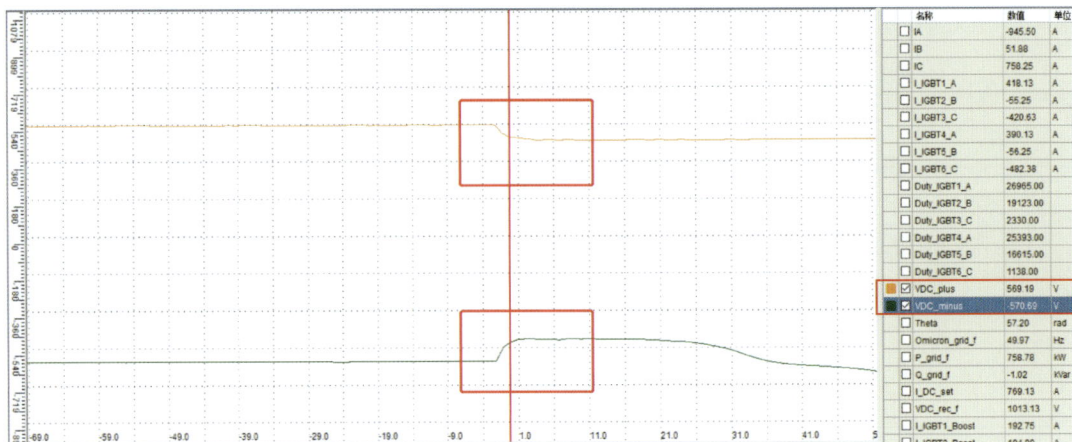

图 11　直流母线电压

在机组故障之前，直流母线电压正常，未超过直流母线电压故障值，标准直流母线电压为 1200V，此时电压为 1140V，属于正常电压范围，且在故障期间，电压值有所下降，电容损坏。但是针对此时电容电压，正、负母排对地电压为 570V，直流母线支撑电容结构如图 12 所示。

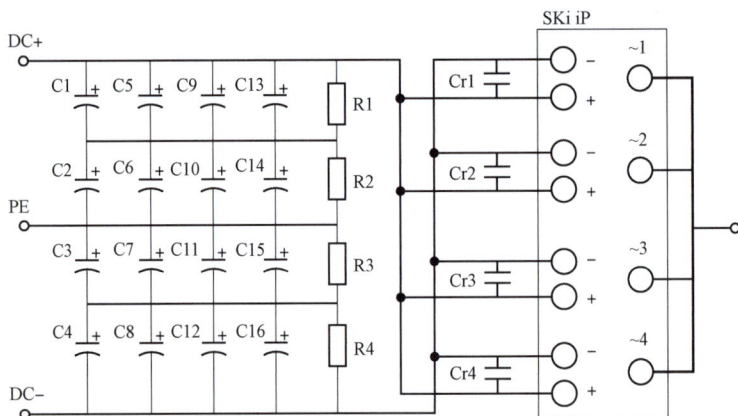

图 12　直流母线支撑电容结构

R1～R4—均压电阻；C1～C16—电解电容（注意极性）；Cr1～Cr4—吸收电容；SKiiP—SKiiP 模块

该电容为电解电容，该机组截至目前已运行 11 年，上、下母排由 16 个支撑电容组成。

对于同一支路，由于钳位电阻存在，电容两端电压相等。由于电容容值不一致，根据公式 $I=C\dfrac{\mathrm{d}u_c}{\mathrm{d}t}$，电压相等，则容值大的电流大，容值小的电流小。不同容值电流大小不一致，将导致支撑电容发热量增大，随着温度升高，电容耐压及泄漏电流随之增加，此时抵抗电压变化及变流器扰动能力不足，这将导致正常工况下虽然无电气量异常但是对于个别电容实际标称参数已降低或因个别电容长期过负荷运行，高温导致电容炸裂，使直流对地短路，电流上升。

（下转 502 页）

第9部分
偏航系统典型故障与分析

关于风电机组偏航控制系统优化浅析

侯晓林， 丁洋

（山东龙源新能源有限公司）

摘　要： 因风电机组偏航角度误差引起发电量损失一直未被量化，导致偏航误差问题至今未被引起重视，本文通过四个方面对偏航误差的产生进行剖析。结合激光雷达的试点安装，通过对偏航测量矫正前后数据对比，证实了激光雷达测风仪在低风速下可以明显提高风电机组发电量，为风电机组偏航控制系统优化提供了思路。

关键词： 偏航控制；优化；激光雷达

1　引言

偏航控制系统是水平风电机组控制系统重要组成部分，是风电机组实现快速精准有效对风，避免风能损失的关键部件，其快速平稳地对准风向，可使叶轮获得最大的风能[1]。

风电机组的偏航误差在实际运行的风电场中很普遍，很多的风力发电制造商及风电场业主很久以前就注意到风电机组在运行时，机舱的朝向是不一致的。通常只有一些偏航相当大的可以用目视区分，大部分无法目视确定，而且风电机组的偏航控制是不连续的，风电机组的偏航误差并不能通过一次的测量来确定，因此，由于一直来没有合适的测量手段来测量偏航误差，另外偏航误差所引起的发电量损失没有量化，所以偏航误差至今未被重视。当前运行的绝大部分风电机组均存在 5°～10°的偏航误差，并导致了年发电量的持续损失。

一项丹麦 RISOE 国家实验室的研究显示：风电机组测试的统计结果也显示了 70％以上的风电机组需要进行偏航的校正，40％以上的风电机组偏航的误差已经较严重地影响了风电机组的发电量。在 2008 年，激光雷达应用到风电机组偏航误差测量本文使用 A 风电场和 B 风电场两个风电场安装的 2 台激光雷达进行偏航误差测试数据及结果。

2　偏航误差产生的原因

由于风电机组的偏航控制是不连续的，所以，在一次瞬时的测量中，自然风与风电机组的主轴间必然会有一个角度，但从对一台风电机组的大量的测量中可以看到，风电机组前方的风与主轴存在一个平均偏航误差，以及在这个平均偏航误差基础上的偏航误差离散性。

传统的风电机组的测风装置都是安装在风电机组尾部，受叶轮扰动及机舱外形的影响，不能准确测量风速与风向，偏航误差是现有传统技术不能解决的系统性问题。风电机组的偏航误差主要来自以下四个方面。

（1）测风设备的安装误差。由于大部分风电机组的风向仪安装没有采用标定设备和作业指导书，通常可能会产生±2°～10°安装误差。

（2）叶轮涡流的影响。风的气流在通过转动的叶轮后，会产生很多涡流，使安装在机舱后部的风向仪不能准确地测量当时的瞬时风向，大部分的风电机组制造商在处理这些涡流时，都是将风向进行 25s～2min 的平均，以过滤掉涡流对风向测量的影响，但将平均值作为当前的瞬时值来控制风电机组的偏航动作，会造成一定的误差与风电机组偏航的离散性。

（3）旋转气流在机舱表面扰动引起的误差。气流通过一个旋转机械时，在其后部会产生一个旋转的气流场，这个气流场在风电机组机舱表面运动时，会对机舱后部的风向仪产生一个偏转风向，造成风向测量偏差。

（4）微观选址的影响。因为不同的微观选址，旋转气流形成的偏差与风电机组所处的位置的地形、方位有关，所以在同一风电场中每一台风电机组的偏差都不一样，导致风电机组周围的流场各不相同，其影响偏航误差的结果也不同。

3　偏航误差引起的功率损失

给风电机组带来发电功率损失的不仅仅是风电机组平均偏航误差，本质上，每时每刻由于风向的变化，投影到叶轮平面内的风速只是自由流风速的分量，都存在风能的损失。偏航控制就是要让风电机组在偏航部件疲劳载荷可控的前提下，最大程度地对准自由流风向。风电机组发电量的损失的另一个重要指标是风电机组偏航误差的离散性。偏航误差实例如图1、图2所示。

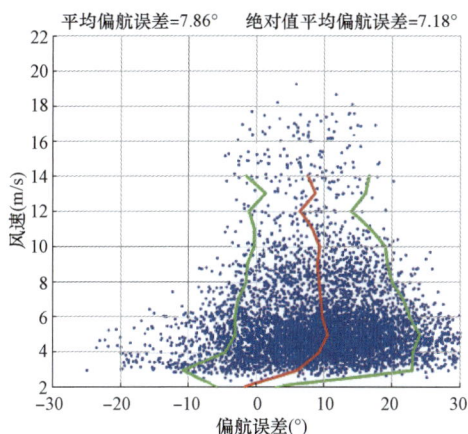

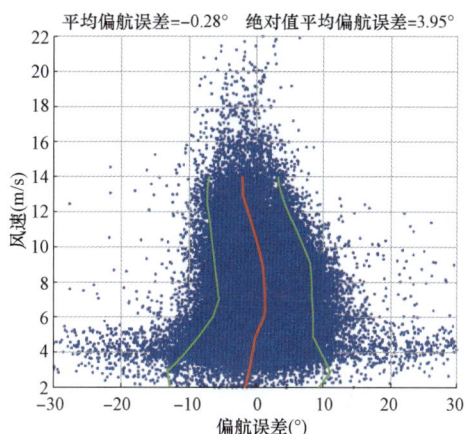

图1　偏航误差实例1　　　　　　　　图2　偏航误差实例2

在上面两个风电机组的偏航误差来看，图1所示风电机组平均偏航误差很大，离散性也很大；图2所示风电机组平均偏航误差不大，离散性也不大。偏航控制的目标是把图1所示风电机组控制到图2所示的状态。

4　平均偏航误差引起的年发电量损失

平均偏航误差引起的年发电量损失计算式为

$$P = \frac{1}{2} A v^3 \rho C_{\mathrm{p}} \tag{1}$$

式中　　A——叶轮平面面积；

　　　　v——自由流风速；

　　　　ρ——空气密度；

　　　　C_{p}——风能利用系数。

风电机组从风能中吸收的能量可以由式（1）得出，式（1）默认叶轮平面针对来流方向，假设存在偏航误差 θ，投影到叶轮平面的有效风速或者叶轮平面投影到自由流风向的有效面积都需要乘 $\cos\theta$ 系数，分别得到式（2）和式（3）。

$$P_{\mathrm{fL}} = \frac{1}{2} (A\cos\theta) v^3 \rho C_{\mathrm{p}} \tag{2}$$

式中　P_{fL}——风能年发电量。

$$P_{z\text{YL}} = \frac{1}{2} A(v\cos\theta)^3 \rho\, C_{\text{p}} \tag{3}$$

式中　$P_{z\text{YL}}$——自由流年发电量。

即同样的自由流风速对应的功率，对应的关系分别是 $\cos\theta$ 和 $(\cos\theta)^3$，根据早几年国外一些著名独立研究机构，如 Risoe、GL‑GH、NERL、ECN 等的研究结果表明，偏航误差与年发电量损失遵循 $\cos^2$ 的关系[2]，也就是

$$\Delta P = 1 - \cos^2\theta \tag{4}$$

但是，参考在我国以往进行的偏航误差矫正的经验，其矫正后的年发电量提升大于 $\cos^2$ 的关系，更加接近于 $\cos^3$ 的关系，所以以工程上采用式（5）进行评估。

$$\Delta P = 1 - 0.5(\cos^2\theta + \cos^3\theta) \tag{5}$$

一般认为，风电机组的平均偏航误差在 3°以内，由于对发电量的影响很小，在实际校正实施中不需要进行静态调整，在 3°以上的风电机组将进行调整。

但在实际应用中使用激光雷达对风电机组进行动态的偏航控制后，能带来比简单的静态调整更大的发电量的提升，实测结果甚至远远超过理论公式计算所得出的结果。

5　案例论证

图 3 所示为安装在 A 风电场、B 风电场，机组为同型号风电机组上的激光雷达实体图，从 2017 年 8—10 月，以及 2017 年 10 月—2018 年 2 月的有效数据分析来看，偏航误差分别为 5.8°、4.0°和−9.45°，如图 4、图 5 所示。具体数值见表 1。

表 1　　　　　　　　偏航测量矫正前后数据对比

风电机组号	矫正前		矫正后		矫正角度 (°)	AEP 提升
	平均误差 (°)	绝对值平均误差 (°)	平均误差 (°)	绝对值平均误差 (°)		
A 风电场 7 号	5.80	4.25	0.1	3.6	6	1.87%
B 风电场 5 号	4.04	4.63	0.0	3.2	4	1.07%

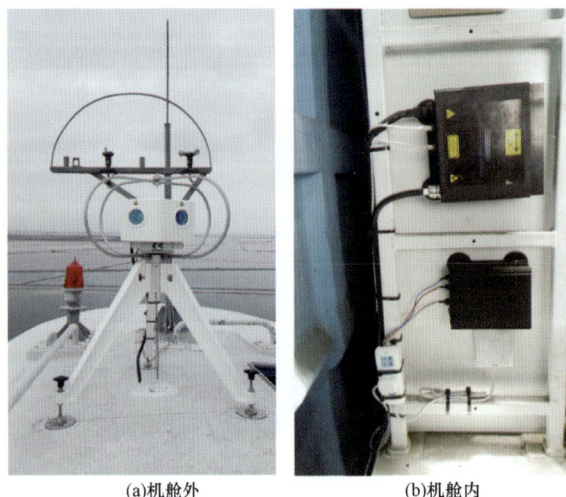

(a)机舱外　　　　　　(b)机舱内

图 3　激光雷达安装实体图

Measured Misalignment_Mean:5.80deg Abs Mean:4.25deg   Misalignment After simulation_Mean:0.1deg Abs Mean:3.6deg

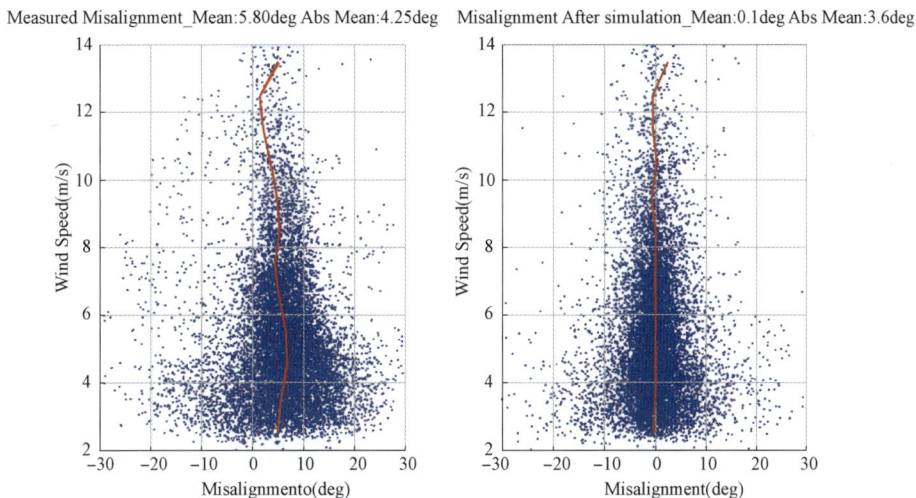

图 4   A 风电场 7 号风电机组的偏航优化结果

Measured Misalignment-Mean:4.04deg Abs Mean:4.63deg   Misalignment After simulation-Mean:0.0deg Abs Mean:3.2deg

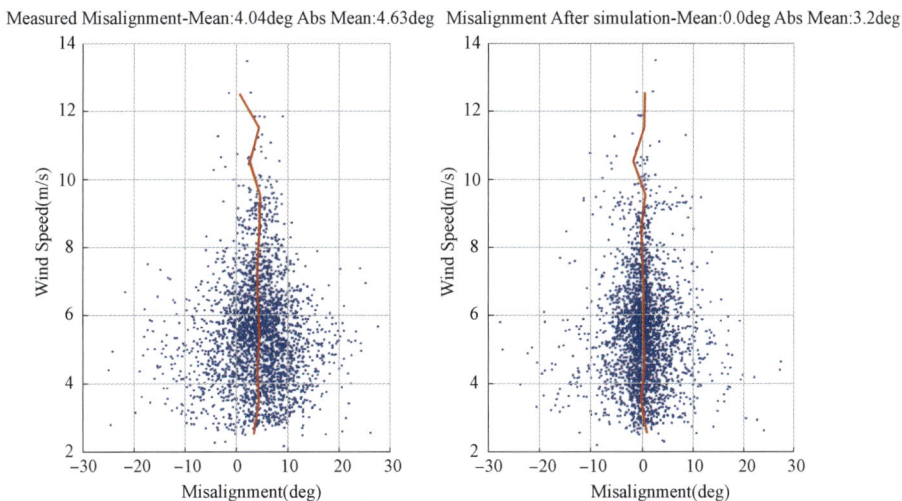

图 5   B 风电场 5 号风电机组的偏航优化结果

6   总结与展望

传统的风电机组的测风装置都安装在风电机组尾部,受叶轮扰动及机舱外形的影响,不能准确测量风速与风向,偏航误差是现有传统技术不能解决的系统性问题。由于偏航误差校正对发电量的改善主要体现在额定风速以下的功率提升,所以在低风速段,优化产生的效果最为明显。

通过用激光雷达检测叶轮前方 80m 处的风速情况,如果在控制系统的全力配合下,通过提前调整变桨角度,文献[3]显示可以降低 20％的塔架前后方向的载荷,降低 15％叶轮平面内的载荷。载荷的降低可以有效降低设备的故障率,并减少停机时间。

更为关键的是,激光雷达可以在叶轮前方 80m 处有效探测阵风,这就给风电机组主控系统预留出了足够多的时间,可以提前响应,以避免阵风可能对风电机组安全产生的影响。

(下转 494 页)

某型号风电机组偏航制动系统介绍及偏航滑移故障应对分析

江波，　胡灵勇，　王豪

（湖北龙源新能源有限公司）

摘　要： 本文介绍了某型号风电机组偏航制动系统，简要分析偏航滑移故障的成因及其故障处理的方法，提出了自己的观点和看法，希望能对偏航系统的维护有一定的帮助。

关键词： 偏航制动系统；偏航电机；偏航卡钳；偏航滑移

1　设备简介

某型号风电机组采用 13 个 EC100E 型被动式偏航制动器和 5 个 YEJ132S1 - 4 - ZJ009 型电磁制动三相异步电动机。如图 1 所示，制动器主要由上半基体、下半基体、预紧机构、碟形弹簧组件、下摩擦片和径向摩擦片组成，使用高强度螺栓与机舱主结构连接，通过预紧机构的螺母来调节碟簧组件，使下摩擦片产生对偏航齿圈的压紧力。机舱主结构与偏航齿圈之间安装有上摩擦片，主要用来支撑机舱和风轮的质量，并提供部分摩擦制动力矩。偏航齿圈和制动器之间安装有径向摩擦片，主要起到径向弹性支撑作用。上摩擦片、径向摩擦片、下摩擦片分别连通偏航制动器内的油道，通过机组自动润滑装置定时定量对摩擦片进行润滑，改善摩擦片的运行工况，减少偏航制动器的使用强度和维护周期，提高偏航制动器的使用寿命。通过数字模拟量传感器对摩擦片运行状态进行实时监测，通过后台查询数据即可获得一段时间内摩擦片的磨损运行情况，降低运行维护人员的工作强度，同时又可以预测摩擦片的使用寿命。13 个偏航制动器和 5 个偏航电机电磁制动器共同组成风电机组偏航系统的制动系统。

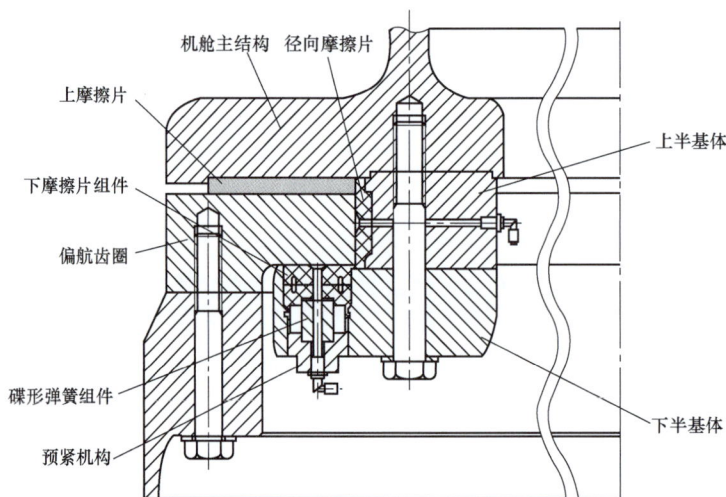

图 1　偏航制动器结构图

2　刹车片磨损状况

机组正常运行 7 个月后，在一次大风天气时 5 台机组连续报出"风电机组偏航速率异常"

故障，机组发生偏航滑移。维护人员登塔对偏航制动系统进行检查发现：

（1）偏航电机电磁制动器抱闸力矩消失，在抱闸未得电状态下，用手可以转动电机尾轴。

（2）偏航电机摩擦片异响磨损，摩擦层破裂，如图2所示。

3 故障原因分析

（1）机舱位置的保持力矩是由偏航制动器的夹持力矩和偏航电机电磁制动器制动力矩共同组成，当偏航电机电磁制动器刹车片随着使用过程中的累积磨损被消耗之后，电磁制动器将失去制动力矩。而在大风、山地等特定风场，风电机组前端水平方向的风速有严重的水平剪切，该水平剪切会使每次偏航结束之后偏航电机制动

图 2 偏航电机摩擦片磨损情况

过程中电机电磁制动器刹车片的磨损偏大，加快刹车片的磨损。由于来风方向的水平剪切偏载超过卡钳夹持制动力矩，所以将会推动机舱与塔顶齿圈发生相对运动，从而发生滑移。

（2）通过观察发现，机组报出"风电机组偏航速率异常"故障前，会频繁报出"机舱与风向偏离过大"告警。

（3）通过查看后台数据，机组在不偏航的状态下机舱角度变化了62.48°，如图3所示。

4 故障处理

经检查分析，偏航电机电磁制动器刹车片磨损严重是产生偏航滑移的根本原因。采取以下故障处理措施。

（1）使用毛刷、抹布彻底清理刹车片磨损残留在偏航电机电磁制动器中的铁屑粉末。

（2）更换相同型号的刹车片，调整刹车片与偏航电机电磁制动器的间隙在 0.3～0.5mm。若间隙小于0.3mm，电磁制动器衔铁能动作的行程太小，摩擦片上的压力不能完全释放，开闸不完全；若间隙大于0.5mm，那么空气部分的磁阻太大，产生的电磁力不足以克服弹簧阻力，无法把衔铁拉起，同样导致无法可靠地开闸。

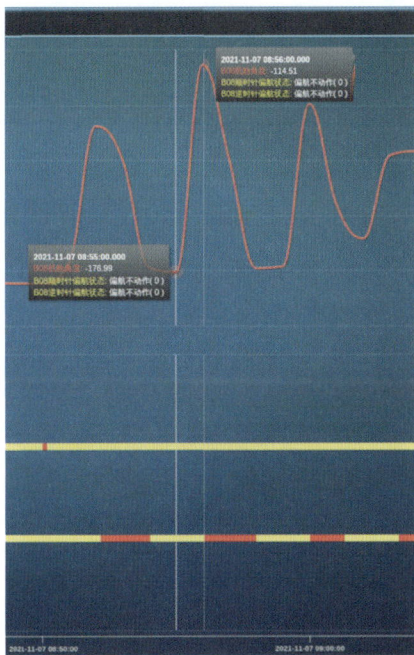

图 3 机舱角度变化曲线

采取上述措施更换5个偏航电机的电磁制动器刹车片后，现场进行多次手动偏航测试，电磁制动器均能正常工作，机组偏航制动系统恢复正常运行。

5 结论与建议

风电场机组偏航滑移产生的主要原因为山区风电场风电机组前端水平方向的风速有严重的

（下转 535 页）

偏航减速器损坏原因分析及控制策略优化

韩克信，宋奇峰

（河北龙源风力发电有限公司）

摘　要： 随着风电机组运行年限越来越长，机组受恶劣风况的影响引发偏航减速器损坏的情况也越来越多。本文结合某风电场 1.5MW 机组运行数据、偏航减速器拆解、偏航控制策略等，分析了导致减速器损坏的原因，提出解决该问题的方案，延长偏航系统的使用寿命。

关键词： 偏航减速器；控制策略；偏航电机

1　引言

风力发电机组在运行过程中，需要不断调整机舱角度，使风电机组正确对风，即使叶轮垂直于来流风向以获得更高的风能转化效率，从而得到最优的发电功率。偏航系统就是执行这一任务的主要组件，为避免风力发电机组在偏航过程中因载荷变化造成偏航振荡，同时为避免因偏航系统载荷方向、大小突变导致机舱不受控地旋转加速，因此在偏航过程中需要为偏航系统施加合适的偏航阻尼，保障整个偏航过程的安全性和平稳性。在偏航过程中，须克服机舱外载、卡钳运动阻尼和机舱重量产生的摩阻等各项载荷。若偏航阻尼过大，机组容易出现机舱振动、噪声加剧、刹车片非正常磨损等一系列问题；若偏航阻尼过小，机组并网运行时，机舱出现"滑动"，长期运行缩短偏航系统的使用寿命。本文将重点从偏航控制策略、偏航时余压、偏航电机的电磁制动等几方面论述偏航减速器损坏的原因，并提出问题解决方案。

2　偏航系统及偏航控制原理介绍

2.1　液压阻尼偏航系统

偏航系统框图如图 1 所示。

图 1　偏航系统框图

液压阻尼偏航系统主要包括偏航驱动（含偏航电机和偏航减速齿轮箱）、偏航轴承、偏航刹车盘、偏航制动器、液压管道、润滑系统、偏航编码器、扭缆保护装置、风速仪风向标及偏航控制单元等。液压阻尼偏航形式采用一部分偏航制动器以额定力矩固定在偏航齿圈盘上，另一部分可由液压单元控制夹紧或释放偏航制动器，需要偏航动作时，液压管路释放一定压力并保压运行，机舱可在偏航电机的驱动力下进行额定转速偏航，不需要偏航时，液压管道加压使偏航制动器与齿圈盘夹紧，从而与偏航电机电磁刹车共同实现机组制动效果。

2.2 偏航控制原理

由图2可知：机组的风速、风向传感器将信号传输至主控制器，主控制器通过内部控制逻辑，判断偏航的方向和角度，并控制软启动器和调相接触器控制偏航电机驱动偏航系统动作，通过液压式刹车部分投入的方式提供阻尼（偏航余压），机舱在偏航过程中，无论其驱动系统是否出力，偏航制动盘始终存在摩擦阻尼，最终让机舱平稳旋转，达到对风目的。当对风结束以后，偏航电机停止工作，液压刹车完全投入，偏航过程结束。

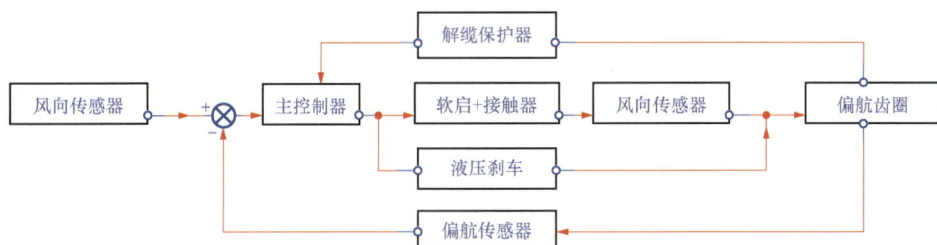

图 2　偏航控制模型

3　偏航减速器损坏分析

随着时间的推移，大量的风电机组进入十年疲劳期，陆续出现机械构件的批量损坏情况，本文以联合动力 1.5MW 机组偏航减速器为例，进行阐述、分析。

某风电场运行的过程中，风力发电机组频繁发生偏航减速器断齿损坏、偏航电机损坏等情况，如图3～图5所示。

3.1 偏航制动器偏航余压分析

以目前风电场采用的偏航制动器（TAC - WIND90 - S - 401）为例，对于整组制动器其主要参数如表1所示。

图 3　偏航减速器四级行星轮与行星架

图 4　拆下的四级行星轮正面图

图 5　拆下的四级行星轮背面

表 1　　　　　　　　　　　　　　　偏航制动器技术参数

制动器型号	90-S-401
活塞面积 A（cm^2）	127
摩擦系数 μ	0.4
工作压力 p（bar）（额定）	150
夹紧力＝工作压力×10×活塞面积	190500
制动力＝2×μ×夹紧力	152400

根据相应参数，当风电机组实际压力为 135～150bar 时，取 150bar 计算。

某天风速大于 12m/s，偏航时余压（半泄压）小于 10bar，采集偏航位置、偏航软启启动信号、偏航位置信号、液压站偏航半泄压力电磁阀动作、压力数值信号，具体动作逻辑分析如图 6、图 7 所示。

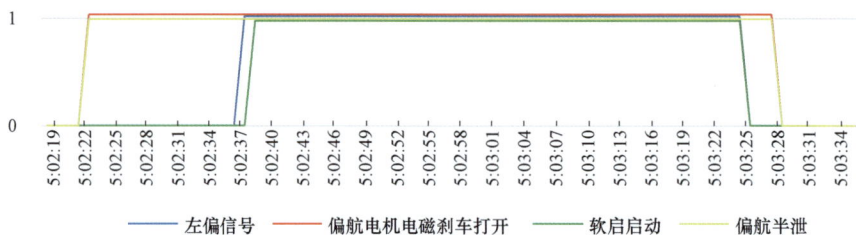

图 6　偏航动作时序图

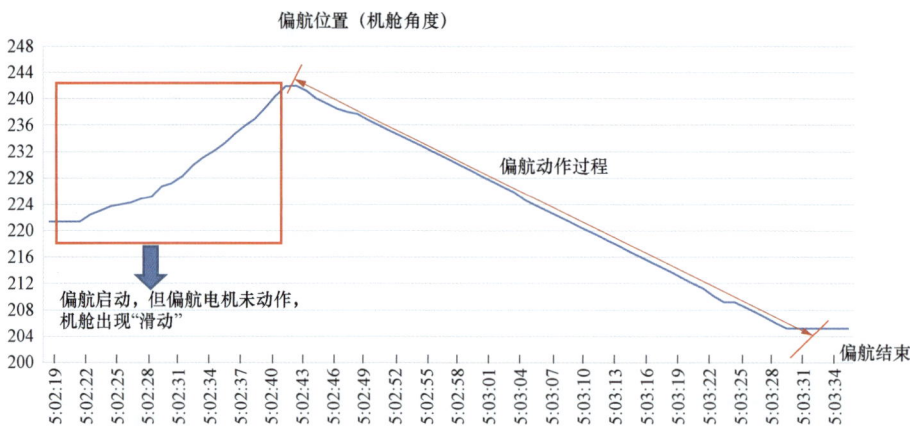

图 7　偏航角度变化曲线

通过现场实际数据对比与理论计算分析，不难判断，当偏航余压小于 10bar 时将导致风电机组的偏航外载扭矩远大于制动力矩，出现较为严重的打滑现象，这种情况会加剧风电机组偏航振动和产生噪声，严重时会在特定外载条件下，使偏航减速器超出设计耐受极限而使减速机断齿，或使偏航电机超载烧毁。

3.2　偏航电机电磁刹车制动力矩分析

偏航刹车力矩的选定以风电机组不允许偏航时，能够利用偏航刹车与偏航电机把机舱固定住为设计原则。选定的刹车钳的刹车扭矩加上偏航电机提供的电磁刹车的扭矩需大于正常发电时的偏航扭矩。风电场风电机组所用制动器为液压钳闸式制动器，偏航电机尾部电磁刹车制动力力矩为46N·m。主要参数如表2所示。

表2 偏航系统技术参数

偏航电机数量	4个	偏航小齿轮数	14个
电磁刹车力矩	46N·m	偏航大齿轮数	138个
传动比	1113		

4个偏航电磁刹车力矩折算到偏航轴承上扭矩为 $4 \times 46 \times 1113 \times 138/14 = 2018.646$(kN·m)。风电场机组运行5年后，偏航电机的电磁刹车失效较为普遍。

失效原因分析：因电气系统与液压系统功能试验的响应时间有一定差别，如同时发出指令，电机尾部的电磁刹车首先实现制动功能，而刹车卡钳受液压系统建压时间影响，尤其运行时间较长的机组，液压站建压时间过长，导致机舱偏航时的动能并未完全衰减，偏航电机电磁刹车超过允许的滑动值，长时间运行后偏航电机的电磁刹车快速失效，由于偏航电磁刹车失效，偏航结束时机舱由于受偏航外载荷影响（惯性动能），会再次出现"打滑"，偏航减速器势必也会出现损伤，同时也缩短偏航刹车片的使用寿命。风力发电机组使用4台偏航电机，当一台偏航电机的电磁制动的制动能力丧失，偏航轴承处的总制动力矩值为其余3台偏航电机电磁刹车制动力矩与偏航制动器制动力矩值总和，长时间运行，可能出现机舱不能完全制动，造成偏航电磁刹车批量性损坏。

3.3 偏航控制逻辑分析

3.3.1 主控偏航动作控制逻辑分析

（1）偏航启动逻辑：主控检测风向，判断对风角度，当风向满足偏航要求时，发出偏航指令，此时偏航电机电磁刹车打开、偏航半泄压打开，15s后偏航接触器（334K1或334K2）得电、主控给软启输出使能信号，1.5s后主控给软启启动信号，此后7.5s内软启进入斜坡启动阶段（偏航电机软启动），之后软启进入旁路状态（偏航电机全压启动）。

（2）偏航停止逻辑：当风向满足要求时，发出偏航停止指令，此时偏航接触器（334K1或334K2）失电、软启使能信号失电、软启启动信号失电，2s后偏航电机电磁刹车失电（抱闸）、偏航半泄阀关闭，如图8所示。

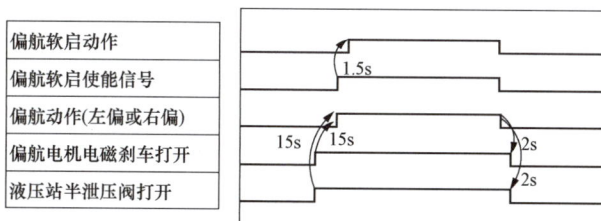

图8 偏航启动、停止逻辑图

3.3.2 风电场对偏航数据分析

某天风速大于12m/s，偏航时余压（半泄压为20bar）及电机电磁制动完好，采集偏航位置、偏航软启启动信号、偏航位置信号，以及液压站偏航半泄压力电磁阀动作、压力数值信号，动作逻辑及偏航位置角度，如图 9 和图 10 所示。

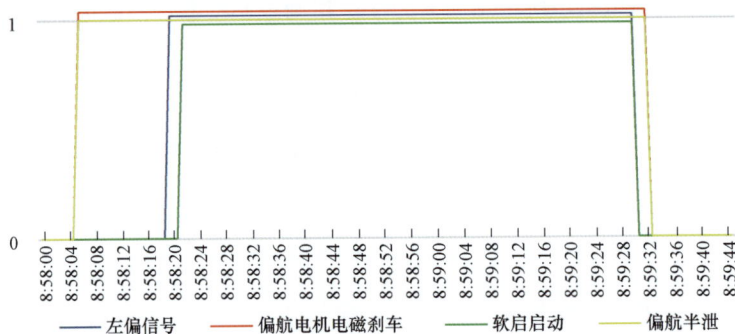

图 9　偏航动作时序图

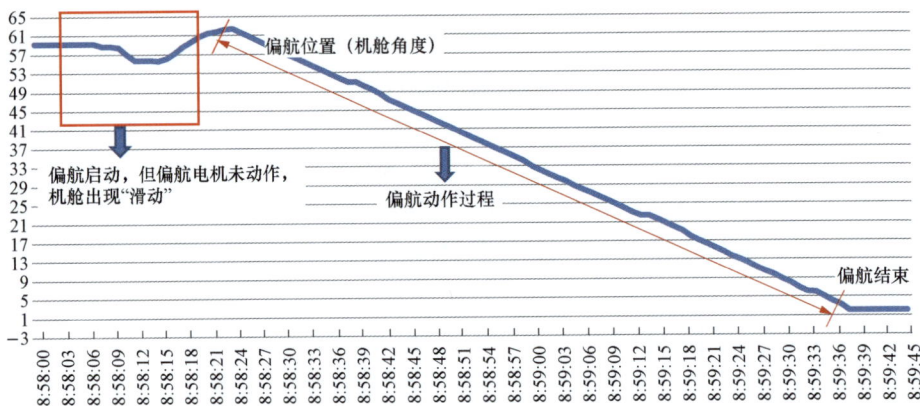

图 10　偏航角度变化曲线

根据图 9、图 10 可以看出，机组在并网运行过程中控制器发出偏航指令，电磁刹车打开，液压站泄压，但是由图 10 可以看出偏航电机没有动作之前，机舱已经"滑动"，当偏航电机通电后，此偏航电机先减速运行，之后出现 1～2s 的堵转，然后电机驱动偏航减速器运转，直至机组对风为止。

4　针对分析结果提出解决方案

4.1　偏航制动器偏航余压

定期检查偏航时余压（偏航时压力）、液压站建压时间，保证偏航时压力满足设计要求，压力过低甚至是 0bar 是不可取的。

4.2　偏航电机电磁制动

测试偏航电机的电磁刹车，定期更换偏航电机电磁刹车片，确保偏航电机电磁刹车制动力矩符合设计要求，避免偏航电磁刹车制动失效对整个偏航系统带来影响，从而降低断齿概率。

4.3　偏航控制逻辑优化

从 3.3 分析可以看出目前某风电场联合动力 1.5MW 机组偏航控制逻辑对偏航机械系统损害较大，不满足机组正常运行 20～25 年全寿命周期，需要进行优化。

4.3.1 优化后的偏航启动逻辑

主控检测风向，判断对风角度，当风向满足偏航要求时，发出偏航指令，此时偏航半泄压打开，14s 后偏航电机电磁刹车打开，15s 后偏航接触器（334K1 或 334K2）得电、主控给软启输出使能信号，1.5s 后主控给软启启动信号，此后 7.5s 内软启进入斜坡启动阶段（偏航电机软启动），之后软启进入旁路状态（偏航电机全压启动）。

4.3.2 偏航优化控制的核心思想

在主控给出偏航启动命令时（15s 延时后偏航动作），偏航刹车钳泄压，偏航电机未得电期间，通过偏航电机电磁刹车和液压阻尼共同提供制动力矩。通过调整电机电磁刹车打开时间，利用偏航电磁刹车提供电磁制动力矩，可有效防止在高风速下机舱位置出现"滑动"情况，避免因载荷突然变化导致的机舱偏航过速或反向运动带来的安全风险，以保障偏航过程的安全性和平稳性。

4.4 其他

按照风电机组检修技术要求的规定，对偏航减速器进行排查，测试减速器运转时是否存在异响，定期测量偏航轴承大齿轮与偏航减速器小齿轮啮合时的间隙，防止出现因齿侧间隙不一致而产生的齿间冲击，影响齿轮传动的平稳性和载荷分布均匀性。

5 结束语

偏航减速器作为风力发电机中的重要组成部分，在运行的过程中，减速器受到偏航冲击发生被动偏航，超过极限工况极易发生损坏，给风电场正常生产运行带来了较大损失。本文结合机组运行数据、偏航余压、偏航电机电磁刹车方面，给出偏航控制策略的解决方案，确保机组偏航系统在寿命周期内安全、稳定运行。

参考文献

[1] 杨校生，等. 风力发电技术与风电场工程. 北京：化学工业出版社，2011.

[2] 龙源电力集团股份有限公司. 风力发电机组检修与维护. 北京：中国电力出版社，2016.

[3] 李明伦，王益轩，刘玮，等. 风力发电机偏航减速器的运动设计与仿真 [J]. 中国重型设备，2015（3）：1 - 5.

[4] 陈波，何明，等. 兆瓦级风电机组偏航系统异响原因分析和改进 [J]. 风能，2012（11）：88 - 91.

[5] 王秀丽，李岚，杜鹏，等. 一种风力发电机组偏航系统的优化设计 [J]. 可再生能源，2015（3）：416 - 420.

1.5MW 机组偏航加速度超限振动异常治理

逯登龙， 张志东， 张秉元， 王雄英

（中广核新能源 华北分公司）

摘　要： 1.5MW 机组偏航系统在偏航刹车时，由液压系统提供 140～160bar 的压力，使与刹车闸液压缸相连的刹车片紧压在刹车盘上，提供制动力。偏航时，液压释放但保持 20～40bar 的余压，这样偏航过程中始终保持一定的阻尼力矩，大大减少风电机组在偏航过程中的冲击载荷，使齿轮破坏。持续的偏航余压必然导致摩擦片磨损的发生同时也伴随磨损粉末的产生，而偏航过程要求偏航刹车片与刹车盘必须保证平滑接触，任何磨损导致的凹凸均可能导致机组在偏航过程中发生异常振动。

关键词： 风力发电；偏航振动；粉末清理；偏航刹车片磨损；加速度超限

1　引言

　　某风电场 2014 年 11 月 16 日并网运行，风电机组运行时间已经接近 7 年，偏航振动类异常正在逐步增加，摩擦片不断磨损造成摩擦片粉末的堆积导致的振动不在少数。风电机组的振动类告警频发增加了风电机组的故障率，影响机组安全性，降低了机组可利用率及发电量，解决此类问题，提升安全性的同时，也间接提升了经济收益。同时加速度超限振动类告警为公司对风力发电机组风险指标重点关注项，对其整治可以有效减少振动对机组的影响，排除机组风险项。

2　偏航中加速度超限原因判断及分析

2.1　异常描述及可能原因说明

　　根据偏航过程中加速度超限的故障描述：机组在待机、启动、并网、维护模式下，偏航过程中，机舱加速度有效值滤波后的值大于或等于 0.135g，机组会报出偏航过程中加速度超限告警。偏航过程加速度超限即偏航过程振动超限，此告警常伴随机组实际偏航时振动大、异响异常共同发生。当前该风电场逐步增加的偏航中加速度、振动、异响异常的真实原因需要根据机组实际状况确认。

　　根据厂家故障处理手册及现场维护人员的经验，总结偏航过程中加速度超限告警原因可能性主要有以下几点：

　　（1）偏航驱动齿与大齿之间间隙不满足要求（0.5～0.9mm），或是有齿磨损、断齿等，导致造成机械振动。

　　（2）偏航轴承缺油造成润滑出现问题，导致机械振动。

　　（3）偏航余压正常为 20～24bar，余压过高也会导致刹车片与偏航盘之间的摩擦力增大，导致振动超标，报出故障。

　　（4）加速度检测模块质量问题或接线虚接，导致某一瞬间检测值突变，超出正常定值范围，导致故障报出。

　　（5）3 个偏航电机输出功率不一致，启动不同步，或是电磁刹车释放时间不一致，导致偏航时造成振动。

（6）偏航轴承油脂溢出、偏航制动器缸体渗漏、偏航制动液压管路渗漏导致油液或油脂侵入到偏航盘上，经过长时间偏航刹车片的摩擦挤压，在偏航盘上形成一层油膜，导致偏航时两者不能平滑摩擦，导致振动，情况严重，进而超出定值报出故障。若加上下述（7）中的碳粉原因，会形成一层油和碳粉的混合膜，情况更加严重。

（7）刹车片磨损时间长，刹车片磨损严重，碳粉长时间未清理导致碳粉堆积在刹车片和刹车盘之间，导致偏航时两者不能平滑摩擦，导致振动，情况严重，进而超出定值报出故障。

2.2　异常成因排查验证

根据上述 7 种可能的异常原因，分别拟定 7 种异常处理方案进行了实际验证，下面将结合 7 种方案，找出偏航中加速度、振动、异响异常的真实原因。

2.2.1　方案 1

2.2.1.1　大小齿间隙检测、排查

选取正常机组与频繁报故障机组各若干台，对机组的大小齿间隙进行检测，并全面检查有无断齿、齿磨损严重情况，尤其对频繁报此故障的机组进行重点检测记录，与未报故障机组数据进行全面对比分析，判断该原因是否为主要原因。

2.2.1.2　验证情况

选取近期报出偏航加速度机组（88、24、36、86、129、11），进行机组的偏航大小齿间隙进行检测，检测结果为偏航大小齿间隙均符合机组维护手册要求值，测量范围在 0.4～0.9mm 范围内（如图 1 所示），与正常机组一致。判断该原因不是异常主要原因。

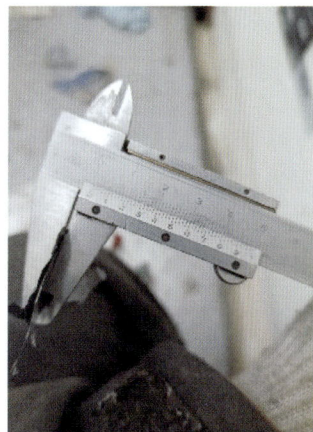

图 1　间隙测量

2.2.2　方案 2

2.2.2.1　偏航轴承润滑情况检查

选取正常机组与频繁报故障机组各若干台，对机组的润滑情况进行检查，手动进行偏航观察，听闻轴承润滑情况，与未报故障机组数据进行全面对比分析，判断该原因是否为主要原因。

2.2.2.2　验证情况

查看多台故障机组偏航轴承均有不同程度的渗脂现象（如图 2 所示），且自动加脂器油脂充足，手动偏航测试时异响主要来自偏航平台，偏航轴承未见明显异响，排除因油脂缺乏导致润滑不足，轴承磨损。判断该原因不是异常主要原因。

图 2　渗脂现象

2.2.3　方案 3

2.2.3.1　偏航余压检查

选取正常机组与频繁报故障机组各若干台，对机组的偏航余压进行检测，并调整至正常余压范围内，与未报故障机组数据进行全面对比分析，判断该原因是否为主要原因。

2.2.3.2　验证情况

对 86 号机组进行检查，发现 86 号机组偏航余

压偏大，为35bar左右，进行余压调整后故障消除，确定86号机组故障原因为余压偏大。检查其他机组偏航余压未发现明显异常。

判断该原因不是异常主要原因。

2.2.4 方案4

2.2.4.1 加速度模块检测检查

选取正常机组与频繁报故障机组各若干台，调取两项样本机组的历时故障数据（b文件），全面开展对比分析，观察故障机组是否存在加速度值突变的情况，与正常机组对比分析，判断是否为主要原因。

若存在突变情况，与正常机组对调加速度检测模块，再次验证；若对调后故障由正常机组报出，则证明加速度模块质量存在问题，进行批量更换处理。

2.2.4.2 验证情况

选取（88、36、74）3台机组进行故障文件分析，看加速度数据无突变。通过与正常机组比对，发现加速度数据仅在偏航时刻发生异常，且异常值仅在故障值0.135g处（如图3所示），可以确定加速度超限由偏航启动时引起，且部分机组在塔底可以听到偏航异响振动。选取115、36号机组作为试验机组，更换偏航加速度测量模块，更换后偏航加速度故障消除，可以判断新版加速度测量模块对偏航过程中加速度值有一定抑制作用，更换测量模块可以解决故障问题，但部分机组的异响振动未得到根本处理。判断该原因可抑制故障报出，但是未解决振动异响问题。

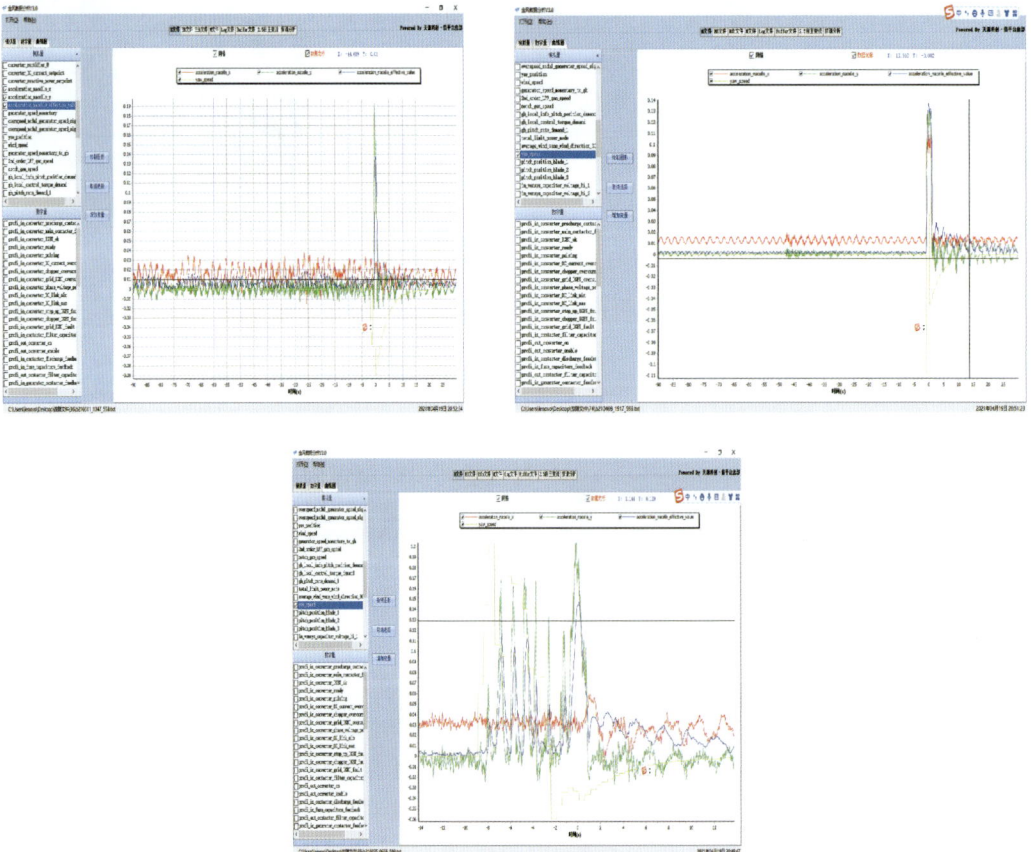

图3 加速度异常值

2.2.5 方案 5

2.2.5.1 偏航电机全面检查

选取正常机组与频繁报故障机组各若干台，对机组偏航电机进行全面检查。

首先对 3 个偏航电机手动偏航进行测试，听 3 个偏航电机的刹车是否同时放开、声音是否同步，对 3 个电磁刹车的释放同步性进行大概判断；其次打开 3 个偏航电机尾部端盖，对 3 个偏航电机电磁刹车间隙进行检测，检查是否满足要求，并调至间隙一致。最后用 3 块钳形电流表分别测试 3 个偏航电机的启动电流及偏航运行电流，观察启动电流是否一致、启动时间是否一致，若不一致再分析具体原因进行判断。

综合以上 3 方面，对故障频繁报出的机组与正常机组数据进行对比，判断是否为主要原因。

2.2.5.2 验证情况

选取 88 号机组与 12 号机组进行对比分析，进行偏航电机的全面检查，在偏航时进行 3 个偏航电机的启动电流及偏航运行电流的测试，对比发现电流在 4A 左右，正常。检查 3 个偏航电机刹车间隙均在 0.45mm，满足要求值，小于 1mm。判断该原因不是异常主要原因。

2.2.6 方案 6

2.2.6.1 油液渗漏治理

选取正常机组与频繁报故障机组各若干台，全面检查机组的偏航轴承油脂溢出情况及偏航制动器缸体渗漏、偏航制动液压管路渗漏情况，对频繁报故障机组偏航盘进行全面清理，对偏航轴承溢出点进行密封处理，对偏航制动器缸体进行全面更换，对液压管路全面进行更换，至所有渗漏不再发生。治理后运行一个月，与正常机组、清理前、清理后横向、纵向全面进行分析判断，判断是否为主因。若为主因，全面对渗漏油液情况进行批量技术改造处理。

2.2.6.2 验证情况

检查故障机组中 5 号机组偏航闸体漏油，但油液未漏至偏航刹车盘上，偏航刹车盘上以刹车片粉末为主，排除油液浸入刹车片导致的偏航异响振动。检查故障机组中 11 号机组偏航闸体漏油油液一定程度污染刹车片，造成偏航振动异响。清理更换刹车片后异响振动消除。判断该原因仅是个别少数机组异常原因，不是异常主要原因。

2.2.7 方案 7

2.2.7.1 彻底清理刹车片磨损粉末

选取频繁报故障机组若干台，对频繁报故障的机组碳粉全面进行清理，检查刹车片厚度。检查清理后运行一个月，与正常机组进行对比，确认全面清理对偏航过程中振动异响异常的影响。

2.2.7.2 验证情况

现场选取 5、24、36、74、129 号机组进行检查，发现刹车片厚度均大于 2.5mm。检查碳粉情况，发现均有不同程度的刹车片粉末堆积（如图 4 所示），对刹车片粉末进行清理后，5、36、74、129 号偏航加速度故障消除，24 号故障频率降低但未消除，可能原因为累积的碳粉已造成了刹车片不可逆的磨损，进而导致偏航振动异常。判断该原因为异常主要原因。

2.3 主要原因确认

经过各排查点的逐步排除分析，除上述偶发原因导致少数机组的偏航振动异响异常外，大部分机组的偏航振动异响与长期的刹车片磨损积灰有关，而由于新加速度测量模块可能对偏航过程中加速度值有一定抑制作用，通过更换新版加速度测量模块，虽然可以解决大部分机组的

图 4　刹车片粉末堆积

加速度故障频繁发生问题，但无法根治部分机组的异响振动问题。我们开展此次专项治理活动的根本目标是保证机组运行环境的安全稳定，不能止于机组带问题运行。

机组偏航异响振动的主要原因为刹车片粉末堆积造成刹车片不可逆的磨损，不平滑的刹车片造成异响振动。因此解决偏航振动异响的重点在于清理刹车片粉末。

3　一种基于偏航控制的带刮板的偏航自动吹灰装置设计

为了更好地清除 1500 机组偏航运行过程产生的刹车片粉末，减少刹车片粉末对偏航刹车片及刹车盘的伤害，设计在偏航刹车盘附近加装一种基于偏航控制的带刮板的偏航自动吹灰装置，用来尽最大可能地清扫刹车盘粉末。

3.1　风扇吹灰控制电路设计

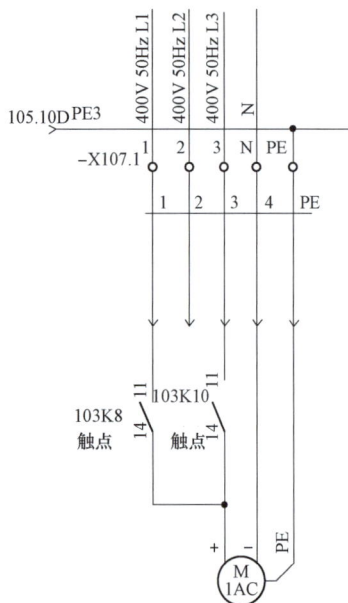

图 5　偏航清灰风扇

利用风力发电机本身的偏航控制逻辑，在其基础上进行风扇控制电路的设计。

风力发电机本身自带偏航控制系统，当风向与风轮的扫略面积不垂直时，通过风向仪提供的风向信号，由控制系统 PLC 发出指令，通过传动机构驱动机舱围绕塔架中心线旋转，使风轮始终处于迎风位置。因此，可以利用控制系统 PLC 发出的指令同时控制吹灰风扇的动作，通过 PLC 控制继电器触点接通 220V 电源，使吹灰风扇动作。偏航清灰风扇如图 5 所示。

在控制系统 PLC 发出指令，左右偏航接口分别并联接入 103K8、103K10 两个继电器的线圈，当左右偏航动作时，这两个继电器线圈得电；将 103K8、103K10 两个继电器的辅助触点分别串联接入到偏航清灰风扇的 220V 动力电源中，当这两个继电器线圈得电时，风扇启动，继电器线圈额定值为 24V，辅助触点额定值为 220V、6A，吹灰风扇的额定电压为 220V，额定电流为 2.3A。满足设计需求。

3.2 偏航自动吹灰装置设计

3.2.1 支架组件

用 30cm×10mm 丝杠作为支架的主支撑，主支撑通过 50mm 的大垫片及防松螺栓进行固定。在主支撑丝杠上穿入 2 根长 22cm、规格为 4cm 的角钢作为吹灰风扇支架，两根角钢分别在两侧开孔，孔距为 16.6cm。两根角钢使用螺栓进行固定，角钢位置可调节，如图 6 所示。

3.2.2 带压偏航刮板

使用弹簧作为压簧与刮板固定支架组合，用以提供给偏航牛筋刮板持续的压力，使牛筋刮板始终被压在偏航刹车盘上。

刮板选用 5cm×13cm 规格的牛筋刮板，弹簧选用弹力系数为 1N/mm，规格为 0.8×5×50 的 304 不锈钢弹簧，如图 7 所示。

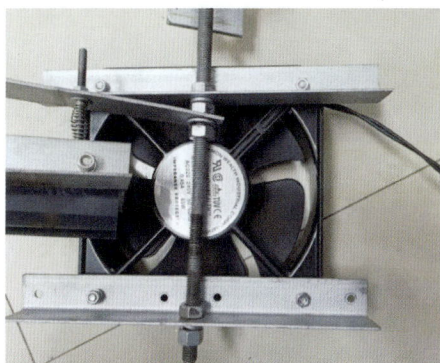

图 6 支架组件

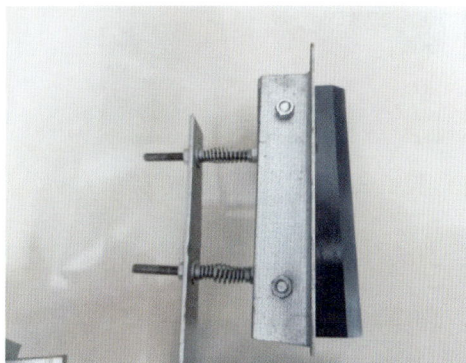

图 7 带压偏航刮板

3.2.3 吹灰风扇

风扇额定电压为 220V，额定功率为 65W，额定电流为 0.43A，规格为 20cm，边角孔距为 16.6cm。

将风扇使用螺栓固定安装在主支架上，如图 8 所示。

3.2.4 粉尘收集

粉尘收集使用一次性垃圾袋，用磁铁吸附于偏航刹车盘内侧自有孔洞中，如图 9 所示。

图 8 吹灰风扇

图 9 粉尘收集

3.3 偏航自动吹灰装置安装方法

在偏航刹车盘上方孔洞装设支架，支架上安装被弹簧压紧的偏航刮板，使刮板一直受力，被按压在偏航刹车盘上，从而实现持续加压的清理效果，同时将风扇电源接线接入偏航吹灰风扇控制电路，可以实现左右偏航时风扇动作吹灰，保证吹灰效率。在偏航刹车盘内侧开口安装用磁铁固定的粉尘收集袋，用以收集风扇吹落的刹车片粉末，如图 10 所示。

3.4　安装实际效果图

安装实际效果如图 11 所示。

图 10　偏航自动吹灰装置

图 11　安装实际效果

4　结束语

该风电场偏航过程中加速度超限异常专项治理，彻底查明了风电场偏航过程中加速度、振动、异响的真实成因，做到了每台机组的异常成因都进行了分析整治，不仅仅查明了真实成因，而且由此开发了一种基于偏航控制的带刮板的偏航自动吹灰装置，填补了目前 1.5MW 机组无专用清灰装置的空白。低成本地设计了清灰装置，在风力发电机的偏航对风功能基础上，通过带压刮板进行偏航刹车片粉末收集，再利用偏航控制电路控制大风量风扇启停进行刹车盘清理，来保证刹车盘的清洁度。使风力发电机在偏航对风阶段，吹灰装置持续地清理刹车盘上的粉末。解决人工清理的难题，使偏航闸一直工作在最优的环境中。

参考文献

[1] 龙源电力集团股份有限公司 . 风力发电职业培训教材 第四分册 风力发电机组检修与维护 . 北京：中国电力出版社，2016.

[2] 杨校生 . 风力发电技术与风电场工程 . 北京：化学工业出版社，2010.

风电机组偏航性能异常及检修方法研究

曲鑫

（华能吉林公司新能源分公司同发风电场）

摘　要： 风力发电进展快速，运作不平稳、设施的检验设备较为落后、风电设施占用土地资源较多等多种繁杂问题应运而生，提出有效、科学的解决措施对于推动风电设备优化以及完善具备极其重要的作用。基于此，本文对风电机组偏航性能异常及检修方法进行探讨，以供相关从业人员参考。

关键词： 风电机组；偏航性能异常；检修方法

1　风电机组偏航

目前对于风电设备的探讨主要倾向于部门投资下的效率最大化，把控科技在这之中占有极其重要的地位，它可以间接作用到风电设施的产出以及部件载荷。台风风速的不稳定性因素会对风电设备的运行造成一定的破坏和阻碍，使机组侧面受到的载荷比正面大出许多，这便要求风电设施的导航体系在台风来临之时，具备极高的科学性和合理性。

当前的风电设施把控运作器主要囊括变桨执行系统、转矩运作系统以及偏航运作系统这三类，对于偏航运作系统的探讨较为浅显，但是偏航系统的运作对于风电设备性能会造成一定影响：一方面，偏航的改变会缩减风力的获取；另一方面，偏航也会造成对各个组件负荷的提高。在偏航转子直径较小的风电设施上开展计算和量测探究，数据表明偏航事物对于叶片和负荷的作用。表明了有关 1.5MW 的风电设施在偏航改变的状况下负荷进一步提高，出现沿边变化的负荷效应伴着偏航的失误进一步提高。

经过风速大于额定风速的偏航失误，进一步表明了经过缩减风切片所造成的叶片负荷改变的合理性。经过以上探究可以得出偏航系统的运作对于风电设施具有很大的作用，因此偏航系统的探究不容忽略。

2　风电机组偏航性能异常分析

2.1　齿轮磨损故障

齿轮齿圈受损的原因很多，大抵可以分为以下几类：齿圈是经过齿轮之间的互相作用而运动的，一旦齿轮之中加入杂物，就较易引起损坏，进而缩减齿轮的运行时长；齿轮在工作之中必须有相对容量的润滑剂加以辅助，防止发生干摩擦的情况。润滑液会相对减少齿轮的摩擦力，进一步延长其运行时长。

2.2　制动系统液压管路渗漏

许多大型风电机组的偏航体系在运行两年之后，便会发生漏油的现象。作业员工一般会运用换刹车片的办法进一步加长风电设施的运行时间。只有在充分理解了风电设备的原理和观念后，才能进一步开展整治和优化，从根源上解决问题，而不只是依靠更换刹车片对缓解问题。在现实中，风电设备发生渗透现象是由于管道的接口松动造成的，或者是机组部件的损失引起的。

2.3　偏航制动系统压力不稳定

液压体系制造压力，在风电设备偏航对风的时候，为偏航制动系统供应较小的压力，进一步确保偏航体系稳固地开展作业。在这个进程之中，较易出现的问题是液压体系为偏航体系供应的压力不均衡。主要是由于液压体系的管道发生故障，或者设备损坏、部件出现问题等因素造成的。

3　风电机组偏航性能异常的检修方法

3.1　预防维修，定期检修

仔细研究风电设备的检验说明，准时由专业的具备高素质知识的工作人员工开展风电设备的检验修护。对于齿轮受损，需要定时检验，确保润滑液的使用次数，保证偏航齿轮不会在欠缺润滑的状况下运行。在风沙较大的环境下，需要进一步做好风电设备的维护作业，保证无异物破坏齿轮运行。对于自动加油的设施，具备充足的油脂是关键，注油的时长也需要严谨把控。制动体系液压管道损坏问题的处置办法是出现渗透问题时，要及时更换被损坏的零件，特别是密封零件，需要及时开展检验和更换。

3.2　人工听诊方法、振动检验法及数据开发法

人工听诊办法大多是操作人员依照运行经验来断定偏航系统能否出现问题。这种办法存有一定的阻滞性，人们的主观行为较强，成效较低且失误较大；振动检验法是一类精准的问题锁定程序并广泛运用在风电设备的问题检验之中，对于风电设备的叶片破损、偏航系统问题在内情况，在设施适应的位置装置振动器械进一步获得振动数据，运用信号处置及 BP 神经系统完成问题类型的链接，但是在振动检验法必须装置许多传感器的前提下，成本消耗较大而且繁杂，较难精准地锁定设施的早期漏洞；数据开发法是运用风场体系的基础之上，从风电设备的发电功效、转子速度等因素之间开展解析，从 SCADA 体系之中获取海量的信息开展解析。

3.3　电磁阻尼偏航系统

导航进程之中因为偏航设备供应电磁阻尼的偏航体系，从变频设备把控一些偏航点供应驱动力矩，与此同时，通过变频器把控这之中的偏航设备供应阻尼力矩，确保偏航的稳固性和安全。其体系构造与液压阻尼偏航系统相同，主控制设备向专门的运动把控设备发送有关命令，通过运动控制系统调整变频器，使偏航设备供应驱动力矩以及阻尼力矩，每个设备通过特殊的变频设施开展把控，各类变频设施运用直流母的办法相接。

3.4　偏航系统抗台风优化控制

在风电设备把控体系之中添加台风运作方式，风力机在台风降临的时候切换为台风模式，风力机便能够开展偏航，偏航设备经过偏航齿轮设施等运动装置使机组开展对风，使设备处于最小负荷的形态。但是因为台风状况的繁杂性、现实测量的方式具备一定局限、偏航设备传感器较难运作，运动有效的数据很难于把控体系的需求相适应。所以，为了进一步使风电设备快速精准的对风，进一步提升偏航系统的跟踪功能，缩减偏航系统的运作数目，此篇表明了偏航设备无速度把控，运用体系分辨以及数目估算的办法开展，进一步完善和改良偏航系统抗台风的最终策划。

（下转 560 页）

风电机组偏航电机总保护、偏航热继电器故障原因及处理措施

王志远

（国家电投东北新能源发展有限公司）

摘　要： 本案例详细描述某风电场一期 27 号风电机组偏航电机总保护、偏航热继电器故障原因及处理过程，通过升级偏航电机断路器保护的方式予以解决。

关键词： 偏航电机；保护；偏航热继电器；软启动器；断路器

1　现象及问题描述

该风电场一期 27 号风电机组在风速大于 10m/s 以上时，频繁出现偏航电机保护或者偏航热继电器故障，风电机组故障停机无法继续运行。使用的软启动为 DS6－340－30K－MX，偏航断路器为 3RV5031－4HA10（50A），在电机启动时，报出偏航电机总保护故障，并且大风天气比较频繁。现场试验，将 50A 断路器换成 63A 断路器后，偏航背压调成 0bar 时，偏航电机热继电器又会报故障。

2　关键过程及原因分析

（1）偏航电机 4 个，功率为 5.5.kW，额定电流为 11.5A，如图 1 所示。

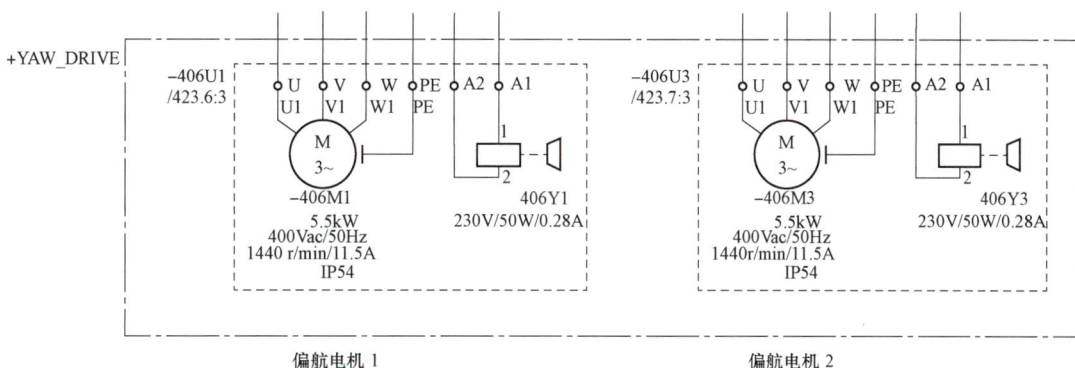

图 1　偏航电机

（2）偏航断路器，选型为 50A，整定为 50A。

（3）根据断路器设计规范，考虑一台电机发生短路时的情况，按照设计规范 1000V 以下的三相短路，电流冲击安全系数为 1.3，电机启动电流系数取 1.5，多台电机启动时，低压断路器的脱扣整定电流＝1.3×最大启动电流＋正常电流。因此，低压断路器的整定电流为 1.3×1.5×11.5＋3×11.5＝56.925（A）。

正常按照脱扣电流的 1.3 倍选择，考虑经济性，断路器额定电流的 85% 作为脱扣电流整定值选择断路器。但是，绝对不能小于 1.1 倍的整定电流，否则会由于制造精度、温度等原因引起误动作。断路器选择范围为 1.1～1.3 倍整定电流，即在 63～74A 之间选择一个低压断路器。

（4）根据软启动器配套说明书（上面标蓝色的），也同时验证需要使用 63A 塑壳断路器或 58A 低压断路器。

（5）低压断路器 3RV5031-4HA10 的特性。图 2 根据 IEC 60 947-4-1：2019《低压开关设备和控制设备》绘制。

图 2 反时限过载脱扣器（热过载脱扣器）的时间/电流特性曲线适用于直流和交流负载，频率为 0～400Hz。

图 2 特性曲线对应冷态下的特性。在工作温度下，热过载脱扣器的脱扣时间将减少 25%。

在正常工作条件下，断路器的三极都必须加载。保护单相或直流负载时，断路器三极必须串联。

对于 2 极和 3 极加载，当电流为设定电流的 3 倍以上时，脱扣时间最大误差为 ±20%。

图 2 瞬时电磁式过电流脱扣器（短路脱扣器）的脱扣特性曲线基于额定电流 I_n，对于配有可调热过载脱扣器的电动机保护断路器，I_n 对应设定范围的最大值。如果电流设置为其他值，则短路脱扣器的脱扣电流实际倍数增加。

电磁式过电流脱扣器的特性曲线对应工作频率 50/60Hz。对于较低的工作额率，至 400Hz 的更高频率，以及直流负载，必须考虑相应的修正系数。

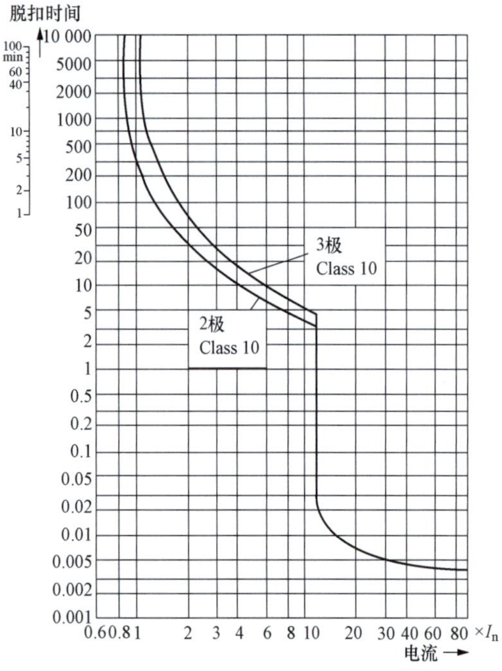

脱扣等级规定了从冷态开始，对称的三相负载在 7.2 倍整定电流时间，不同的脱扣等级具有不同的脱扣时间（t_A）：

CLASS 10A：脱扣时间为 2s＜t_A≤10s；

CLASS 10：脱扣时间为 4s＜t_A≤10s；

CLASS 20：脱扣时间为 6s＜t_A≤20s；

CLASS 30：脱扣时间为 9s＜t_A≤30s。

电动机保护断路器必须在该事件范围内脱扣。

即在工作情况下，脱扣时间将下降 25%，热过载脱扣器 CLASS 10：3～7.5s，通过实验在自动偏航时，4 台电机的启动电流为不超过 200A，启动电流时间为 2.8s。当电流为设定值电流的 3 倍以上时，脱扣时间最大误差为 ±20%，3～12s 500A 对应 3s，400A 对应 3s，300A 对应 3.18s，200A 对应 6s，150A 对应 12s，即在不超过 200A 时，脱扣时间最小情况为 6s。由于实验是在停机、小风状态下进行

图 2 3RV60/3RV50 的典型时间/电流特性曲线

的，所以如果在大风时，自动偏航必将产生很大堵转电流，在启动时，启动电流将很可能超过 300A，最终将导致热过载脱扣。同时，如果夏天风电机组长时间运行后，由于机舱环境温度升高，将会进一步降低热过载脱扣器的脱扣时间，导致故障发生。

3 解决方案及效果

方案一：升级电机断路器方案。

方案二：程序优化方案。采用优化程序的方式，将偏航制动时序和故障穿越功能优化的程序更新到风电机组中。

在偏航液压控制时序做优化，优化后动作的顺序是偏航激活‐延时1s‐偏航液压开始动作，液压刹车部分打开，同时偏航液压全刹车打开‐再延时2s‐偏航接触器动作，偏航开始启动‐当偏航启动起来具备偏航速度后（大于0.3），偏航全刹车失电。

现场采用方案一的方式进行处理，即更换为63A断路器，整定值为57A；并调整软启动器的启动电压至70%。经过观察，故障得到解决。

4 预防措施及规范建议

（1）故障的主要原因是主要断路器选型不合理；

（2）次要原因断路器热脱扣器延时特性以及偏航背压导致堵转电流加大时间加长。

（3）软启动器推荐外部验证50A断路器不合理。

（4）经过计算单台偏航驱动能够为风电机组提供的额定转矩为442942N·m，最大转矩为938437N·m，查询风电机组正常运行时（7m/s、偏航10.9°）的偏航平面处的整体转矩为1210kN·m，换算至单台驱动器分担的转矩为302.5kN·m，那么，正常运行的转矩达到驱动器额定转矩的68%，将会产生1s左右的堵转电流，如果风电机组运行的情况更加恶劣，堵转时间可能增加，（低压断路器在电流300A时只能保持3.18s）导致低压断路器保护动作。但是，如果加大启动电压，那么启动电流也会增大，最大可增加至322A，依然会导致低压断路器保护动作。这个就是我们整个偏航系统能够冗余的程度，一面是风电机组载荷，一面是保护，既要驱动载荷，又不能误动作保护，还要保护驱动器。综上所述，断路器选型较小，导致不能很好地避开启动电流与堵转电流，导致误动作。

（上接517页）

水平剪切，该水平剪切会使每次偏航结束之后偏航电机制动过程中电机电磁制动器刹车片的磨损偏大，加快刹车片的磨损，无法为机舱提供保持位置的力矩。因此，提出以下建议：

（1）在机组偏航电机电磁制动器中增加信号反馈点，当刹车片磨损到一定厚度或者电磁抱闸，与刹车片间隙超过规定范围时发出故障报警信号，风电机组进入停机模式，避免由于刹车片过度磨损，造成偏航制动力矩减少，而导致偏航滑移情况出现。

（2）根据机组偏航制动器与偏航电机之间的配合建模，增加偏航制动器的数量或者调整偏航制动器的制动力矩，增加偏航制动器与偏航齿圈的摩擦力。

（3）将机组偏航电机电磁制动器加入定期维护项目中，每半年进行一次检查维护，定期调整电磁抱闸与刹车片的间隙。

（4）在山区大风天气时运行人员加强风电机组的监盘，发现机组频繁报出"机舱与风向偏离过大"告警时，远程手动停机，对机组偏航制动系统进行检查维护。

风电机组偏航减速机断齿故障分析及处理

谢平，田毅辉

（五凌电力有限公司新能源分公司）

摘　要： 湖南某山地风电场地形地貌复杂，季节性湍流大，个别风电机组偏航减速机断齿故障较频繁，通过对个别风电机组机位微观选址、机舱振动、偏航角度出现滑移、日常维护保养情况进行分析，发现个别风电机组机位地势复杂，风况问题引起风电机组偏航减速机外载冲击较大，在风电机组上集中表现为机组振动较多、偏航滑移角度大及偏航减速机漏油，导致风电机组偏航减速机频繁断齿，针对这一特殊情况提出个别机位风电机组危险扇区管理，增加偏航减速机加强工装防止渗油、及时更换电磁抱闸等措施，减少及避免风电机组偏航减速机断齿损坏事件。

关键词： 风电场；偏航减速机；偏航滑移；扇区管理；偏航减速机加强工装

1　引言

偏航系统是风力发电机组必不可少的组成系统之一，偏航系统的主要作用有两个：一是与风力发电机组的控制系统相配合，调节整个机舱相对风向的位置，根据风向仪的传感检测，自动使风轮对准风向，以提高风力发电机组的发电效率；二是提供必要的锁紧力矩，吸收振动，以保证风力发电机组的安全运行。

某风电场偏航驱动系统由 4 台偏航减速机组成，正常情况下同步转动机舱使风轮扫掠面与风向保持垂直。因个别风电机组机位风况紊乱、湍流大，在大风时段风电机组频繁发生偏航滑移过大、次数多，机舱振动超限等导致偏航大齿与驱动齿冲击，最终出现裂纹或断裂情况。本文针对该情况提出相关处理措施，对防止山地风电场偏航减速机断齿损坏具有相关借鉴意义。

2　偏航系统结构及原理

机组偏航系统中主要包括：偏航电机、偏航减速机（包含偏航小齿轮）、偏航轴承（包含偏航大齿轮）、偏航制动器及相关的其他部件，如图 1 所示。

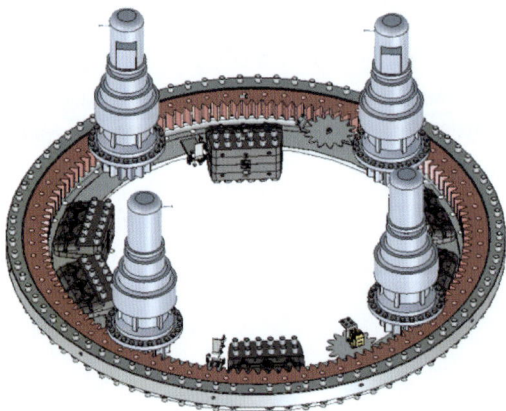

图 1　某风场偏航系统结构图

风电机组采用主动偏航对风方式，安装在风电机组上的风向标及时准确地测出风向，然后传输给风电机组的偏航控制系统，控制系统根据风向标信号启动偏航电机，偏航电机驱动偏航减速机，偏航减速机小齿轮驱动偏航轴承外圈大齿轮，使风电机组对风。偏航系统中偏航制动器为液压钳式制动器，当机组迎风运行时，液压系统提供一定的压力，保证机组平稳运行；当风向发生变化需要偏航时，液压系统保持一定余压，偏航制动器提供必要的制动力矩，大大减少风电机组在偏航过程中的冲击载荷，可使机组平稳偏航。

3   偏航减速机断齿故障原因分析

（1）偏航减速机承受载荷大。

1）风向变化快，导致风电机组偏航次数多、时间长。该风电场地势复杂，季节性湍流大，个别风电机组机位微观选址不合理，风电机组尾流紊乱，风向变化快，风电机组频繁发出偏航动作指令，导致偏航减速机齿面疲劳且磨损严重，齿间间隙增大，容易发生打齿现象。

2）瞬时风速大，极端情况下导致偏航滑移过大，造成偏航大齿与减速机巨大冲击，齿面受损，产生裂纹或断裂情况。

（2）偏航电磁抱闸磨损状况不一致，甚至单个或多个偏航电机抱闸失效，导致正常偏航减速机承受冲击力较多。机组制动力来自偏航卡钳和 4 个驱动电机抱闸，驱动电机抱闸磨损过多或失效，导致其他偏航电机承受较多较大冲击力和磨损，造成断齿发生。

（3）维护保养不到位，设备质量不合格，导致偏航减速机紧固螺栓松动，偏航减速机漏油，造成齿轮润滑不充分，没有润滑油质保护，出现磨损过快；偏航制动器上的制动夹钳有油污，制动夹钳摩擦力降低，在风速风向变化加大时导致偏航减速机承受较多冲击力。

4   实际案例分析

某风电场 7 号风电机组在机组偏航时频发偏航滑移过多、过大，舱振动超限报警。登机检查发现，有 3 台偏航驱动小齿轮下沉，2 个电磁抱闸磨损严重，偏航驱动低速级紧固螺栓松动、销孔变形、齿圈结合面漏油润滑不足等故障，如图 2、图 3 所示。

图 2　某风场偏航减速器渗油图

图 3　偏航驱动齿齿面润滑不充分图

4.1   现场检查情况

经过现场拆解检查：从图 4 可以看出，第四级行星及轴承室的圆锥滚子轴承损坏，第一级、第二级及第三级行星正常。

4.2   监控文件分析

（1）对 2020 年 1 月至故障发生前（2020 年 11 月 17 日）的故障记录进行分析。7 号风电机组自 2020 年 1 月 1 日—11 月 17 日共报偏航滑移停机故障 26 次，如图 5 所示。

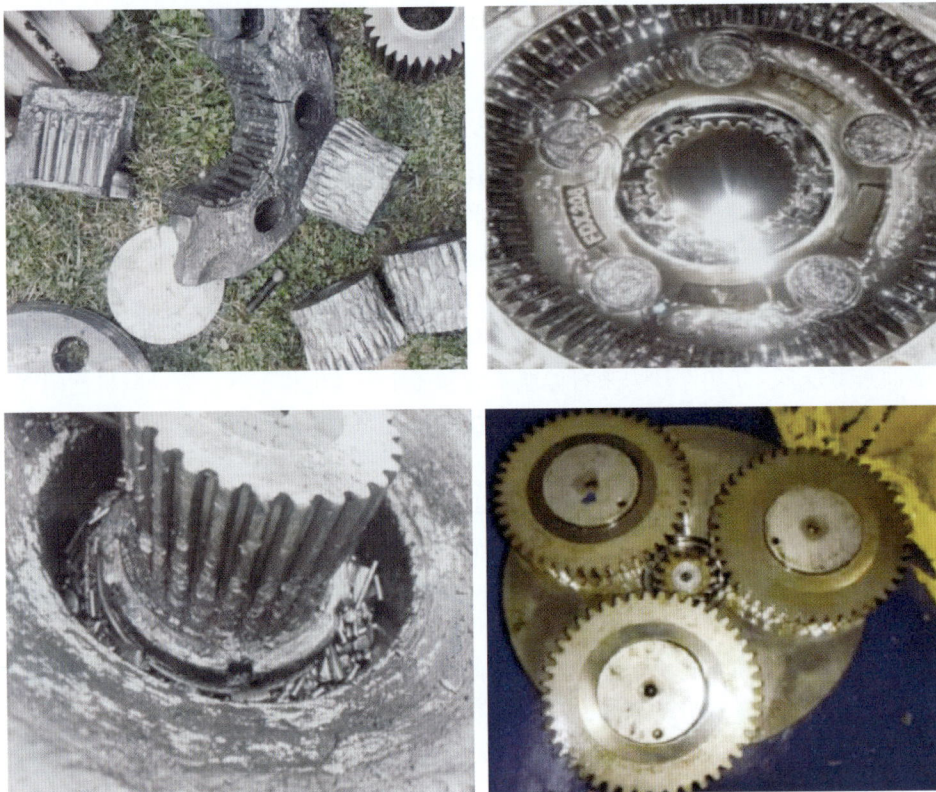

图 4　偏航减速机断齿现场拆解检查图

机组	机型	动作描述	风速[m/s]	发电机功率	发电机转速	桨叶角	详细故障
IP007:#007	MY2.0-118	偏航滑移(SC)	11.0	2014.0	1762.0	11.30	SC_YawSlipMAX
IP007:#007	MY2.0-118	偏航滑移(SC)	16.8	1985.0	1751.0	11.53	SC_YawSlipControlMAX
IP007:#007	MY2.0-118	偏航滑移(SC)	10.1	939.0	1609.0	12.35	SC_YawSlipMAX
IP007:#007	MY2.0-118	偏航滑移(SC)	18.2	1754.0	1735.0	8.23	SC_YawSlipControlMAX
IP007:#007	MY2.0-118	偏航滑移(SC)	9.9	1641.0	1731.0	-0.17	SC_YawSlipControlMAX
IP007:#007	MY2.0-118	偏航滑移(SC)	14.2	955.0	1562.0	8.63	SC_YawSlipControlMAX
IP007:#007	MY2.0-118	偏航滑移(SC)	8.7	951.0	1566.0	6.78	SC_YawSlipControlMAX
IP007:#007	MY2.0-118	偏航滑移(SC)	12.5	1962.0	1735.0	3.52	SC_YawSlipControlMAX
IP007:#007	MY2.0-118	偏航滑移(SC)	11.5	1546.0	1714.0	2.02	SC_YawSlipControlMAX
IP007:#007	MY2.0-118	偏航滑移(SC)	15.5	1544.0	1709.0	3.57	SC_Yaw_Slip_MAX_Once
IP007:#007	MY2.0-118	偏航滑移(SC)	14.6	2032.0	1808.0	7.87	SC_YawSlipControlMAX
IP007:#007	MY2.0-118	偏航滑移(SC)	7.9	1197.0	1686.0	-0.40	SC_YawSlipControlMAX
IP007:#007	MY2.0-118	偏航滑移(SC)	15.9	861.0	1508.0	10.03	SC_YawSlipControlMAX
IP007:#007	MY2.0-118	偏航滑移(SC)	13.0	1377.0	1749.0	5.34	SC_YawSlipControlMAX
IP007:#007	MY2.0-118	偏航滑移(SC)	14.6	1328.0	1701.0	4.23	SC_YawSlipControlMAX
IP007:#007	MY2.0-118	偏航滑移(SC)	14.1	1806.0	1783.0	3.14	SC_YawSlipControlMAX
IP007:#007	MY2.0-118	偏航滑移(SC)	11.2	1393.0	1696.0	0.46	SC_YawSlipControlMAX
IP007:#007	MY2.0-118	偏航滑移(SC)	13.4	2026.0	1756.0	1.21	SC_YawSlipControlMAX
IP007:#007	MY2.0-118	偏航滑移(SC)	18.2	579.0	1315.0	13.42	SC_YawSlipControlMAX
IP007:#007	MY2.0-118	偏航滑移(SC)	12.6	1945.0	1723.0	1.13	SC_YawSlipControlMAX
IP007:#007	MY2.0-118	偏航滑移(SC)	20.2	977.0	1536.0	4.62	SC_YawSlipControlMAX
IP007:#007	MY2.0-118	偏航滑移(SC)	12.3	2019.0	1747.0	3.85	SC_YawSlipControlMAX
IP007:#007	MY2.0-118	偏航滑移(SC)	17.4	2033.0	1808.0	3.69	SC_Yaw_Slip_MAX_Once;S...
IP007:#007	MY2.0-118	偏航滑移(SC)	20.6	2063.0	1738.0	3.67	SC_YawSlipControlMAX
IP007:#007	MY2.0-118	偏航滑移(SC)	19.8	1960.0	1734.0	12.00	SC_ETMorEOGTriggerProt...
IP007:#007	MY2.0-118	偏航滑移(SC)	17.5	927.0	1615.0	16.48	SC_Yaw_Slip_MAX_Once

图 5　偏航系统故障记录

（2）取 7 号风电机组故障当天 tracel2020 - 11 - 17 _ 10 - 24 - 31.567 _ SC _ Yaw _ Slip _ MAX _ Once 进行数据分析，故障当天，风速在 14～24m/s 之间频繁变化，湍流高达 0.21，如图 6 所示。

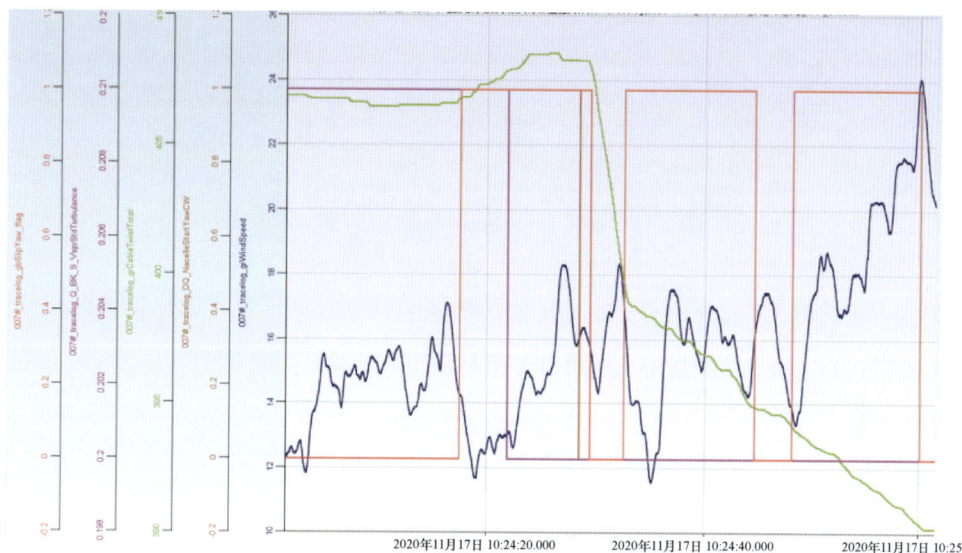

图 6　7 号风电机组年度风速数据分析

（3）取 7 号风电机组 2020 - 10 - 14 _ 18 - 24 - 09.847 _ SC _ VibrationYAxisLevel1 _ PCH 进行数据分析，故障当天，风速在 10～20m/s 之间频繁变化，湍流高达 0.17，如图 7 所示。

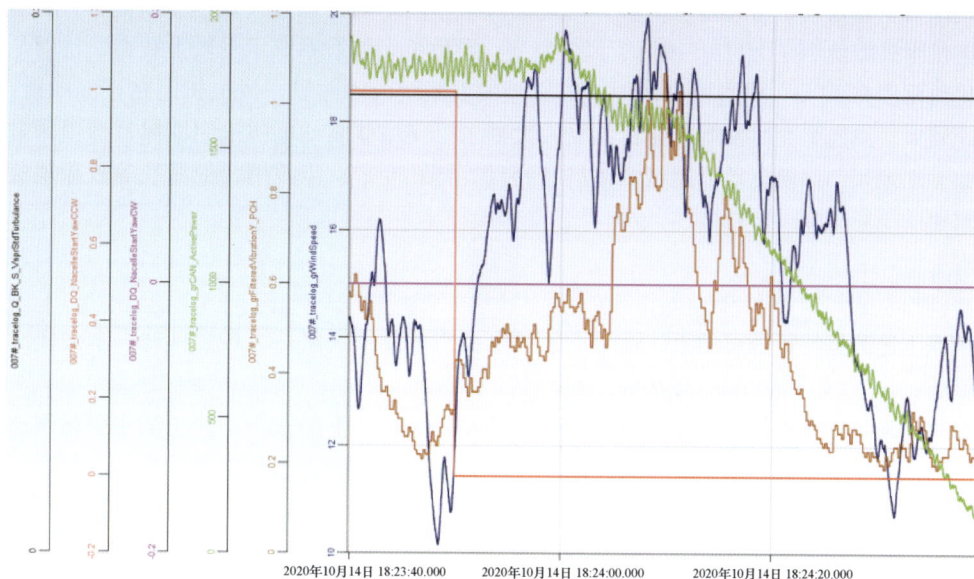

图 7　7 号风电机组故障时风速数据分析图

（4）偏航故障时与机舱位置角度见图 8、表 1。

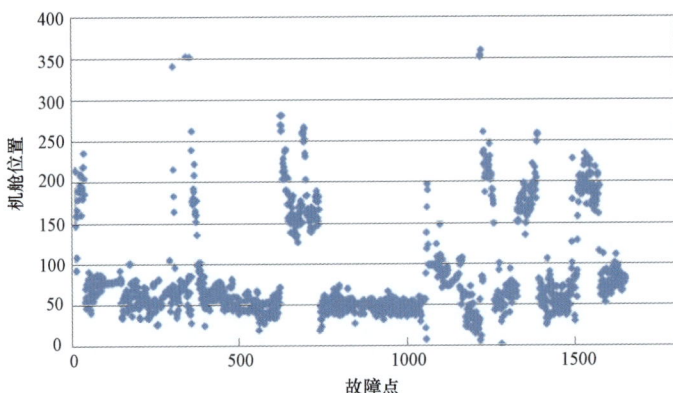

图 8　7 号风电机组故障时刻机舱位置散点图

表 1 　　　　　　　　　　　　　　　**机组危险扇区角度**

机组号	扇区管理角度（机舱角度）
7	17°～100°

4.3　原因分析

　　7 号风电机组机位地形复杂，机位前方是悬崖，风电机组微观选址不合理，当风从某些风向吹过来时局部风速风向变化快，风分布差异大，叶轮转动时左右水平方向或上下高度方向风速分布极不均匀，导致风电机组转动过程中产生较大的扭转力矩，引起风电机组 Mz 载荷异常，风电机组沿 Z 轴摆动，引起偏航滑移。出现偏航滑移时，则伴随出现偏航系统超速。尤其在 7 号风电机组故障前 10—11 月，风速、风向突变，导致机组偏航系统承受较大载荷，特别是风电机组机舱角度在 17°～100°危险区域时，该区域偏航系统故障频繁，风电机组在该区域运行时，在风速较大、风向突变时偏航减速机承受较大冲击。使偏航驱动电磁抱闸摩擦片磨损严重，进而导致驱动抱死和偏航驱动低速级紧固螺栓松动、销孔变形、齿圈结合面漏油等故障现象，最终导致驱动损坏。

5　处理措施

　　根据上述数据统计分析结果，针对个别风电机组偏航减速机断齿较多问题。本文提出如下处理措施：

　　（1）加强日常维护保养，及时清理偏航制动器上摩擦片上的油污，防止油污引起制动器摩擦片阻力减小，导致减速机承受较大冲击。

　　（2）定期登机检查，及时更换磨损较大的偏航电机电磁抱闸，使 4 个偏航减速机承受相同的冲击力。

　　（3）对偏航系统主控软件进行优化，增加危险扇区管理控制策略主动停机功能。当风电机组在危险扇区内运行时，根据风速、湍流、偏航滑移次数等因素的控制策略来升级主控程序，保证当机组处于危险风向扇区区间内时主动启动危险扇区管理控制策略及时停机，可有效避免出现因振动问题、巨大冲击、偏航故障引起偏航驱动器损坏的风险，待风速风向稳定后自动启机运行。该危险扇区管理控制策略应根据每台风电机组实际运行情况进行制定，确保不因策略范围制定过小导致停机，损失发电量，也不因策略范围制动过大而损坏减速器。

（4）针对个别风电机组因偏航减速机冲击大导致紧固螺栓松动、销孔变形、齿圈结合面漏油等故障现象，增加加强型工装。该风电场针对特定机组偏航制动器更换摩擦系数大的摩擦片，并对偏航减速机增加加强型工作。加强型工装施工方案如下。

1）风电机组停机，断开偏航驱动电源，拆除目标驱动花纹钢盖板，如图9、图10所示。

图9　加装爬梯侧驱动需拆除盖板

图10　加装主轴侧（近轮毂）需拆除盖板

2）使用小活扳打开电机接线盖，用十字螺丝刀和小一字螺丝刀逐一拆掉电机接线。拆下来的螺栓、垫圈等妥善放置，如图11所示。

3）清理驱动周围的电气线路或油管，使其不妨碍操作。用抹布清理上环表面及驱动安装面，将法兰从电机顶部套入偏航驱动，检查法兰环是否安放平稳，如图12所示。

图11　拆除电机接线图

图12　上环套图

4）将下半环从驱动下部卡入偏航驱动四级螺栓位置，注意法兰螺孔位置。从上法兰穿入螺栓和垫圈，两半法兰通过安装块对接，并从上环插入两根螺栓，带上螺母，如图13（a）所示。

5）将另外一半下环用同样的方式卡入驱动四级结合螺栓处，再穿入两根螺栓，带上螺母，如图13（b）所示。

6）采用刷子刷涂的方式在螺栓螺纹尾部均匀涂抹二硫化钼（半润滑），如图14所示。

7）将全部螺栓、垫圈插入螺孔内，用M20棘轮扳手或者M20内六角扳手预紧，查看安装面是否安装平整，如图15、图16所示。

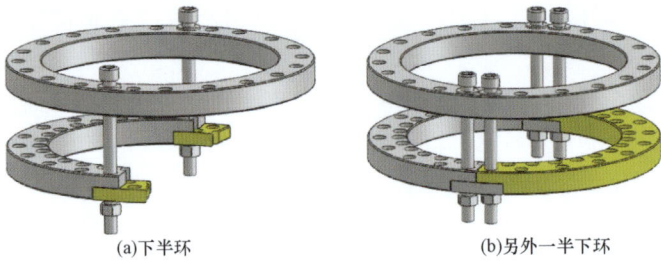

(a)下半环

(b)另外一半下环

图 13　螺栓对接安装图

图 14　二硫化钼涂抹示意图

注：要求 $1.5d{\leqslant}L{\leqslant}2d$，

其中：d 为螺纹公称直径。

图 15　预紧螺栓图

图 16　查看是否安装到位

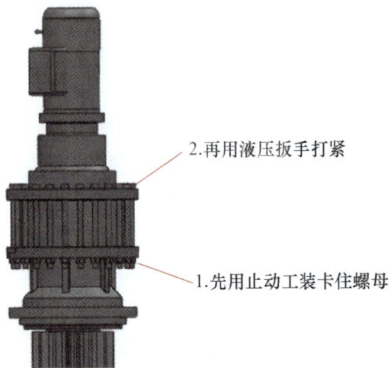

2.再用液压扳手打紧

1.先用止动工装卡住螺母

图 17　止动工装卡主螺栓图

8）两人相互配合，一人使用安装止转工装卡住螺母，另一人使用液压扳手先以 200N·m 力矩打紧螺栓，再以 360N·m 力矩终紧。注意：打紧过程需交叉对称逐一打紧，如图 17 所示。

9）完成安装，检查加固法兰紧固情况，螺栓划好力矩防松线，并重新接好电机线，装好盖板。

6　结束语

偏航减速机为风电机组偏航系统中的重要部件，减速机断齿也是风电场风电机组常见故障，其安全可靠性事关风电机组的安全高效运行。该风电场通过对减速机加装加强工装和对风电机组进行危险扇区管理，有效地避免了个别风电机组偏航减速器频繁断齿现象。目前，国内风力发电机组技术逐渐趋于成熟，设计水平也不断提高，但还是存在一些问题，我们要重视出现的问题，从中吸取更多的经验教训，为以后优化设计提供宝贵的现场经验。

参考文献

康锦都.SWT-2.5MW 风电机组偏航减速机损坏原因及处理方法探讨［J］.海洋开发与管理，
　2021（04）：72-76.

某风电场海装 2MW 机组偏航软启故障治理案例

许伟

（中广核新能源云南分公司 甲侠波风电场）

摘　要： 某风电场自投产以来，风电机组偏航软启故障频繁报出，每月故障停机次数至少 500 次以上，每月损失发电量达到平均 3 万 kWh。该故障属于软故障，可复位，但频繁地启停机对设备的使用寿命、安全运行存在巨大的安全隐患，风电机组可利用率及发电量降低。在 2017 年 3—4 月期间进行了一次技术改造，改造后风电机组偏航软启次数显著下降到每月 10 次左右，但仍存在部分问题及衍生故障。2021 年该风电场针对风电机组历史遗留的偏航软启故障进行技术攻关，使偏航软启故障较 2020 年下降 80％，以达到彻底清零偏航软启故障，提升设备使用寿命，增加风电机组可利用率及发电量。

关键词： 风电机组；偏航软启故障

1　治理思路

由于在 2017 年对偏航软启进行技术改造后，偏航软启故障得到明显下降，但故障并未彻底消除，因此该风电场对新的偏航软启进行研究，发现目前风电机组报出偏航软启故障时，偏航软启显示的故障代码均为 "EF31"。

故障代码表示的意思：工作电流过低；检查偏航软启供电系统输入输出电流均未发现异常。对比新旧技改前的偏航软启型号发现，目前使用的偏航软启型号相对于之前功率更大，如果沿用以前偏航软启的设置参数，在大风或者负载较大的情况下偏航可能存在欠流的问题，导致偏航软启故障。考虑到此类情况，该风电场对全场偏航软启从接线、设置参数方面进行全面排查，使偏航软启故障全面消除。

1.1　故障触发机理

造成偏航软启故障触发的原因有很多，根据偏航系统的控制策略图，如图 1 所示：当偏航软启一相或多相的工作电流过低或断电、过高、线路侧或电机侧发生断相、晶闸管无法导通、电机与软启不匹配（电流超出测量范围）、现场总线连接或现场总线插头附件出现故障均会触发该故障。

1.2　故障描述

偏航软启动器连续启动 3 次均报错就会报出此故障，报出此故障的主要原因有两点，一是线路故障，需要检查接触器、继电器涉及的回路；二是偏航软启动器反馈给主控的线路是否正常。而该风电场风电机组在报出此故障时，可以进行复位，且到风电机组进行检查并未发现供电回路及反馈回路存在异常的情况。上塔后查看偏航软启故障代码均为 "EF31"，查看故障手册，故障代码表示的意思为一个或多个相工作电流过低或断电，如图 2 所示。

对比新旧技术改造前的偏航软启型号发现：目前使用的偏航软启型号相对于之前功率更大，如果沿用以前偏航软启的设置参数，在大风或者负载较大的情况下偏航可能存在欠流的问题，导致偏航软启故障。

1.3　原因分析

最终得出造成偏航软启故障的原因为如下 5 个。

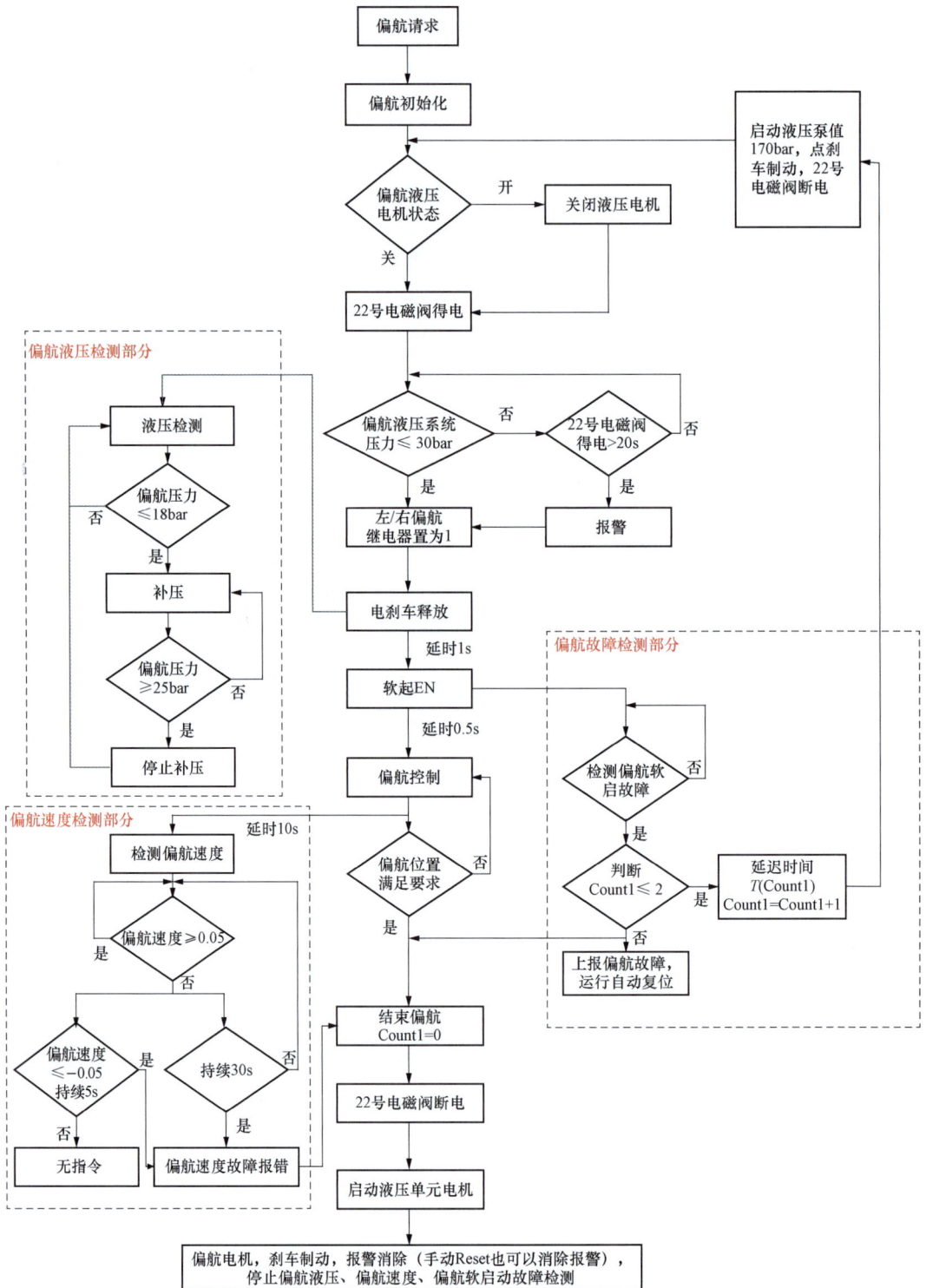

图 1　偏航系统控制策略图

状态	可能的原因	解决方案
电流损失故障 红色故障LED长亮，LCD显示事件代码 EF3x ❶。 有关故障和保护情况下LED状态指示灯的激活情况，请参阅第6.1.2.1章。 	一个或多个相的工作电流过低或断电。	☐ 检查并修复供电网。
	线路侧或电机侧发生断相。	☐ 检查并修复供电网。 ☐ 参见断相EF14。
	晶闸管无法导通	☐ 检查并更换PCB/晶闸管。请联系您的ABB销售办事处以获取更换套件。
	电机过小。 （电流超出测量范围）。	☐ 检查软起动器是否与电机规格相符。

图 2 偏航软启故障代码解释

（1）新技术改造的偏航软启参数设置有误，误将该型号偏航软启不适用该风电场机型的功能投入使用，造成一些偏航软启误动作。

（2）之前技术改造时由于人员技能水平不足，导致偏航软启旁路继电器的吸合线圈接线存在错接。

（3）偏航半压过大，当偏航时，半压 30bar 以上系统会报出偏航刹车压力就绪告警（代码：12015），当此告警触发时，偏航电机不动作；当告警时间超过 335s 后或者一段时间后机舱方向仍未达到对风允许范围内，系统就会报出偏航单次动作极限超限故障。

（4）偏航供电回路存在供电异常的情况，如偏航接触器损坏、偏航软启本身缺陷。

（5）日常维护不到位，导致偏航大盘堆积大量碳粉，增加偏航时的负载。

1.4 措施计划

根据造成偏航软启的五大故障原因，该风电场结合风电机组半年定检维护，针对性开展风电机组偏航软启故障治理并制定整改计划。

（1）对全场风电机组偏航软启设置参数进行修改，如将原来偏航软启设置的启动升压时间 6～7s 修改为 4s、将原来设置的欠载保护操作类型 Auto 设置成 OFF、将原来设置的现场总线控制操作类型 Auto 设置成 OFF 等，如图 3 所示。

（2）重新梳理当初的技术改造方案接线图，对不满足要求的接线进行重新接线；如图 4 所示。

（3）由于风电机组运行年限较长，风

启动升压时间：4s
停止降压时间：0s
初始/终止电压：60%
限流倍数：默认值
启动时转矩控制：默认值
停止时转矩控制：默认值
冲击启动电压值：默认值
电动机过载保护操作类型：Auto
欠载保护操作类型：Aluto
转子堵转保护操作类型：Auto
现场总线控制操作类型：Auto

图 3 重新设置偏航软启参数

电机组偏航接触器存在卡涩的情况不能正常吸合，预防性更换偏航接触器，如图 5 所示。

（4）咨询厂家人员将偏航半压由原来 30bar 以上调整至 25bar 左右。

（5）结合风电机组维护及巡视消缺，定期对偏航大盘碳粉进行清理。

图 4　调整偏航软启接线　　　　　　　　图 5　更换偏航接触器

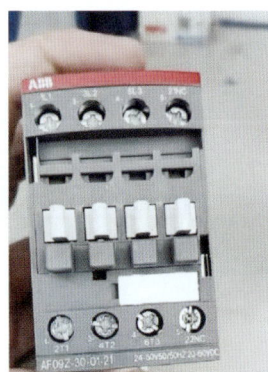

1.5　措施评审

结合风电机组半年维护及日常巡视消缺，对风电机组偏航系统采取以上措施，效果较为明显，在采取措施后均未再报出偏航软启故障。

2　完成情况

通过风电机组偏航软启故障的攻关措施执行，风电机组偏航软启故障持续下降并在 2021 年 10—11 月实现故障清零的目标，如图 6 所示，风电机组可利用率及发电量得到有效提升，保障了该风电场风电机组的稳定运行。

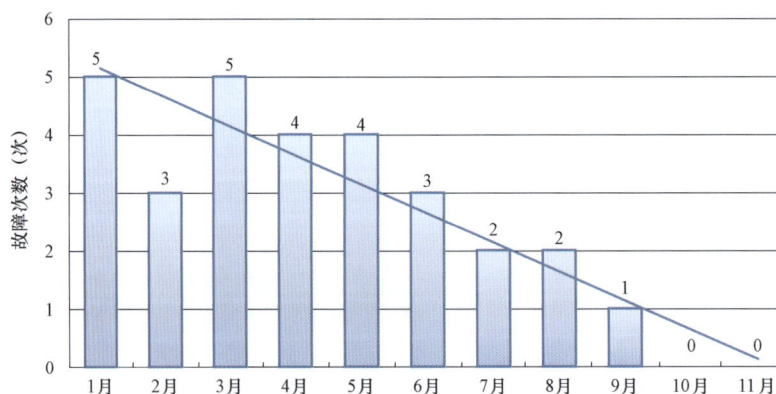

图 6　2021 年偏航软启故障统计

3　结论或后续计划

对风电机组偏航软启等系统进行深入挖掘，及时发现风电机组存在的缺陷和不足，持续开展风电机组深度维护，加强现场人员技能水平培训和提升，从根本上解决问题，不断完善风电机组各方面的稳定性和可靠性。

SL1500/89型风力发电机组偏航硬件错误原因与制动电阻选型研究

许伟伟，李涛

（华能沂水风力发电有限公司）

摘　要： 本文主要介绍 SL1500/89 型风力发电机组所使用偏航变频器偏航硬件错误原因及制动电阻选型课题研究。现风电机组使用偏航变频器设计制动电阻为 $100\Omega/200\text{W}$，因风电场所在地区为山区，冬春季节主导风向盛行北风、西北风，受山区海拔不均影响，当风速达约 10m/s 时，部分风电机组受到大湍流扰动报出偏航硬件错误故障，风电机组停机。经运行人员查看后台报出故障时刻的故障数据与登机查看偏航变频器故障参数分析，得出其直流母线电压偏高，高出 Vacon 偏航变频器设计直流母线电压的 845V，从而造成风电机组在大风天气时因偏航问题而频繁停机，影响在大风天气正常发电能力，同时影响偏航系统、刹车系统及传动系统的可靠性。

关键词： 风力发电机组；偏航；制动电阻

1　研究目标

本次研究的目标是通过对大湍流扰动过程中直流母线电压升高的数据进行梳理研究，分析总结出报故障的原因，同时研究对应的解决办法。探索一种风电机组在大湍流扰动的情况下抑制偏航变频器过电压或过电流现象的方法。

2　研究方法

（1）在大湍流风况下风电机组偏航不稳定导致偏航电机转速不稳定，极容易出现电机转子转速超过同步转速，这时电机的转差率为负，转子绕组切割旋转磁场的方向与电动机状态时相反，其产生的电磁转矩为阻碍旋转方向的制动转矩，偏航电动机实际上处于发电状态，负载的动能被"再生"成为电能。再生能量经偏航变频器 IGBT 续流二极管对变频器直流储能电容器充电，使直流母线电压上升，出现再生过电压，若这部分能量超过了变频器与电机的消耗能力，直流回路的电容将被过充电，变频器的过电压保护功能动作，风电机组停运。

（2）根据对现场机组故障时刻的数据中分析情况，排除电网电源过电压因素影响。针对现场所用偏航变频器的型号，现场机组偏航变频器非能量回馈型，其通过检测直流母线电压来控制功率管的通断，采用偏航变频器直流回路中并联的制动电阻以热能形式来消耗偏航电机反馈的能量。当出现母线过电压时，机组上的制动电阻因容量太小，无法短时间内将能量消耗殆尽，导致母线电压持续过高而报出故障。长此以往，影响偏航变频器使用寿命。

（3）通过试验台组装风电机组偏航变频驱动的硬件设备，模拟风电机组运行时变频器直流母线过电压的工况，分析母线过电压时的电气数据，制定消除过电压的方法，计算出应选择参数符合要求的抑制电阻。

3　技术路线

制动电阻主要用于消耗偏航变频器控制偏航电机的再生电能，帮助偏航电机将其产生的再生电能转化为热能，防止直流母线电压升高。现场使用的偏航变频器型号为 VACON * NXP - FR5 - 0031，电源电压在 380～500V 的制动电阻额定值为 42Ω/17kW。实际机组安装的制动电阻值为 100Ω/200W。为了使偏航电机的再生电能通过以制动电阻发热方式消耗掉，同时维持直流母线电压正常值，且保证偏航变频器不受损坏，以风电机组偏航电机参数为例，结合本产品说明书，计算出应选择的制动电阻型号。制动电阻功率主要取决于刹车使用率（经风电机组故障数据分析计算得出刹车使用率为 20%）。因为系统进行制动的时间比较短，在短时间内，制动电阻的温升不足以达到稳定温升，如风大时风向不稳，造成风电机组频繁偏航。因此，决定制动电阻容量的原则是，在制动电阻的温升不超过其允许数值（即额定温升）的前提下，应尽量减小容量，某风电场偏航变频器驱动 4 台容量分别为 2.2kW 偏航电机，偏航电机总额定电流为 16A，计算出制动电阻的阻值选择范围，同时依据偏航变频器的最大功率，计算出制动电阻功率，结合市场上的产品型号最终确定选用的制动电阻型号。

4　研究过程

4.1　Vacon 偏航变频器介绍

图 1 所示为现场所使用的 Vacon 偏航变频器参数，对部分参数（NXP00315B2H1SSVA1A2B1C600）作如下解释：

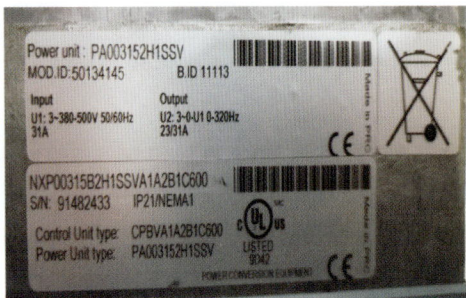

图 1　Vacon 偏航变频器参数

（1）NXP：高性能（NXS 为标准机）。

（2）0031：额定电流 31A。如 0007，代表额定电流 7A，以此类推。

（3）5：额定主电源电压（3 相）。

（4）B：控制面板。

（5）2：防护等级。2 = IP21/NEMA1（NEMA1 美国标准，通用型，室内）。

（6）H：EMC 辐射等级，满足 EN61800 - 3（2004）标准 C2 级，固定安装，额定电压小于 1000V。

（7）1：内置制动斩波器。0 代表无制动斩波器，2 代表内置制动斩波器和制动电阻。

（8）SSV：风冷变频器。

（9）A1A2B1C600：选件板。A 代表基本 I/O 板，B 代表扩展 I/O 板，C 代表现场总线通信板，D 代表特殊选线板。

4.2　直流母线电压

（1）依据 Vacon 偏航变频器 Vacon NXS/NXP 说明书，得出"NXP00315B2H1SSVA1A2B1C600"系列对应的直流母线电压在 845V。

交流变频器的制动电阻器额定值见表 1。

（2）在发生偏航硬件错误故障时，查看子故障为直流母线过电压，此时直流母线电压均大于其设定的 845V，如查看 2 号风电机组偏航变频器报出故障时的直流母线电压为 890V，10 号风电机组直流母线电压为 900V 左右，均超出其规定电压值范围。

查看直流母线电压值方法如下：

表 1 交流变频器的制动电阻器额定值

机械规格	变频器型号	最小制动电阻（Ω）	845V DC 时的制动功率（kW）
FR4	0003	63	1.5
	0004	63	2.2
	0005	63	3.0
	0007	63	4.0
	0009	63	5.5
	0012	63	7.5
FR5	0016	63	11.0
	0022	63	11.3
	0031	42	17.0
FR6	0038	19	22.0
	0045	19	30.0
	0061	14	37.0

1）参照说明书中故障时的数据记录。当一个故障出现，在图 1 中描述的信息就会出现，通过按"向右菜单按钮"，即可进入 T1→T13 指示的故障时的数据记录菜单，在这个菜单中，一些故障发生时的重要的有效数据均被记录下来，如图 2 所示。

2）变频器的存储器可以按出现的顺序存储最多30 个故障，历史故障中现存的故障显示在主菜单页（H1→H*）的数据据行。故障的序号通过左上角的位置显示指示。最新的故障序号为 F5.1，其次为 F5.2，以此类推。如果存储器中有 30 个没有消除的故障，下一个出现的故障就会覆盖存储器中最旧的故障记录。按 Enter 键 2～3s 可以清除历史故障，代码符号 H* 会变为 0。

可得到的数据：

T.1	被记录的运行天数（故障 43：附加代码）	d
T.2	被记录的运行小时数（故障 43：记录的运行天数）	hh:mm:ss（d）
T.3	输出频率（故障 43：记录的运行小时数）	Hz（hh:mm:ss）
T.4	电机电流	A
T.5	电机电压	V
T.6	电机功率	%
T.7	电机转矩	%
T.8	直流电压	V
T.9	变频器温度	°C
T.10	运行状态	
T.11	运行方向	
T.12	警告	
T.13	0 速度*	

图 2　故障时的数据记录

4.3　计算制动电阻选型依据

4.3.1　制动电阻定义

变频器制动电阻是用于将电动机的再生能量以热能方式消耗的载体，它包括电阻阻值和功率容量两个重要的参数。通常在工程上选用较多的是波纹电阻和铝合金电阻两种：波纹电阻采用表面立式波纹有利于散热，降低寄生电感量，并选用高阻燃无机涂层，有效保护电阻丝不被老化，延长使用寿命，铝合金电阻易紧密安装、易附加散热器，外形美观，高散热性的铝合金外壳全包封结构，具有极强的耐振性、耐气候性和长期稳定性；体积小、功率大，安装方便、稳固，外形美观。

4.3.2　制动电阻的作用

变频器带动的电机或其他感性负载在停机的时候，一般都是采用能耗制动的方式来实现的，就是把停止后电机的动能和线圈里面的磁能都通过一个别的耗能元件消耗掉，从而实现快速停车。当供电停止后，变频器的逆变电路就反向导通，把这些剩余电能反馈到变频器的直流母线上来，直流母线上的电压会因此而升高，当升高到一定值的时候，变频器的制动电阻就投入运行，使这部分电能通过电阻发热的方式消耗掉，同时维持直流母线上的电压为一个正常值。

4.3.3　根据制动电阻的阻值和功率计算法

目前关于制动电阻的计算方法有很多种，从工程的角度来讲要精确地计算制动电阻的阻值和功率在实际应用过程不是很实际，主要是部分参数无法精确测量，目前通常采用的方法就是估算方法，由于每一个生产厂家的计算方法各不相同，因此计算的结果大不一致，具体的情况要根据现场实际使用情况来进行分析计算。

实践证明，当放电电流等于电动机额定电流的一半时，就可以得出与电动机的额定转矩相同的制动转矩，因此制动电阻的粗略计算公式为

$$R_b = \frac{2 \times U_d}{I_{min}}$$

式中　U_d——制动电压准位；

I_{min}——电机额定功率。

经计算，则

$$R_b = \frac{2 \times 845V}{16A} = 105\Omega$$

为保证变频器不受损坏，强制限定当流过制动电阻的电流为额定电流时的电阻值为制动电阻的最小数值，选择制动电阻的阻值时，不能小于该阻值。

综上，制动电阻的阻值选择范围为 $\Omega42 < R \leqslant 105\Omega$ 现场中使用的电阻功率主要取决于刹车使用率 $ED\%$。因为系统进行制动时间比较短，在短时间内，制动电阻的温升不足以达到稳定温升。因此，决定制动电阻容量的原则是，在制动电阻的温升不超过其允许数值（即额定温升）的前提下，应尽量减小容量，粗略算法为

$$P_b = \lambda \times P \times ED\% = \lambda \times \frac{U_d^2}{R} \times ED\%$$

式中　P_b——制动电阻功率；

λ——制动电阻的降额系数，$\lambda = 1 - \frac{|R - R_b|}{R_b}$；

P——实际选用电阻功率；

R——实际选用电阻阻值。

以某风电场偏航变频器为例，偏航变频器驱动 4 台容量分别为 2.2kW 偏航电机，偏航电机总额定电流为 16A，制动电阻的阻值选择范围为 42Ω（变频器制动电阻选型最小电阻值）$< R \leqslant$ 105Ω。经选择阻值易选为 100Ω。根据上述公式计算得出

$$P_b = \lambda \times \frac{U_d^2}{R} \times ED\% = 0.95 \times \frac{845^2}{100} \times 0.2 = 1356(W)$$

以偏航变频器为例，查询使用的偏航变频器最大制动功率 $P = 17000W$，此时 $R = 42\Omega$，得 $\lambda = 0.6$，由上述公式计算为 $0.6 \times 17000 \times 0.2 = 2040(W)$。

综上，SL1500/89 型风力发电机组共 4 台偏航电机，每台电机偏航功率约为 2.2kW，则该制动电阻功率选型为 $ED\% \times 4$ 台电机 $\times 2.2$kW，由此得出制动电阻功率为 1.4kW。可选用市场 2~3kW 制动电阻用于该机型。

参考文献

邹涌泉．变频器制动单元和制动电阻的计算及选择［J］．自动化信息，2012（3）：2.

5MW 风电机组偏航超时故障分析

周峰峰，季笑

（华能江苏清洁能源分公司）

摘　要： 风力发电以其绿色无污染、蕴量巨大和可再生等特点受到广泛关注，如何确保风电机组的安全稳定运行，最大限度地利用风能成为重要的研究课题。偏航控制系统可以保证发电机正常工作。当风向与风轮轴线偏离一个角度时，控制系统经过一段时间的确认后，偏航系统可以将风轮调整到与风向一致的方位。实现偏航系统运转平稳、高效节能。

关键词： 风力发电；风能；风向；偏航控制系统

1　引言

偏航系统是水平轴式风力发电机组必不可少的组成系统之一。偏航系统的主要作用有两个：其一是与风力发电机组的控制系统相互配合，使风力发电机组的风轮始终处于迎风状态，充分利用风能，提高风力发电机组的发电效率；其二是提供必要的锁紧力矩，以保障风力发电机组的安全运行。风力发电机组的偏航系统一般分为主动偏航系统和被动偏航系统。被动偏航指的是依靠风力通过相关机构完成机组风轮对风动作的偏航方式，常见的有尾舵、舵轮和下风向三种；主动偏航指的是采用电力或液压拖动来完成对风动作的偏航方式，常见的有齿轮驱动和滑动两种形式。并网型风力发电机组通常都采用主动偏航的齿轮驱动形式。

2　案例概述

现以某海上风电场项目海装/H151‐5MW 机组为典型案例进行分析。2021 年 2 月 12 日晚，该海装 5MW 机组有 4 台报出偏航超时故障，故障几乎在同一时刻发生，且故障时风速均在 4m/s 左右，现搜集相关数据，进行简单分析。

3　故障分析

搜集 14、19、21、37 号故障机组数据，进行如下分析。

（1）14 号机组偏航超时故障现象如图 1 所示。

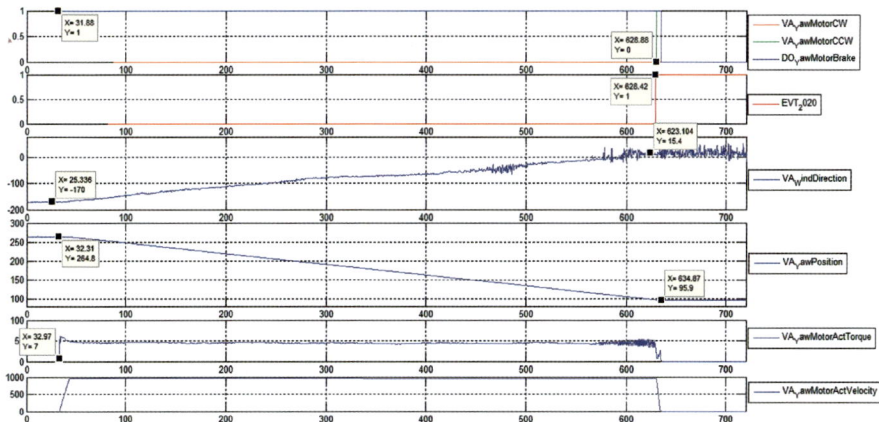

图 1　14 号机组偏航超时故障

（2）19 号机组偏航超时故障现象如图 2 所示。

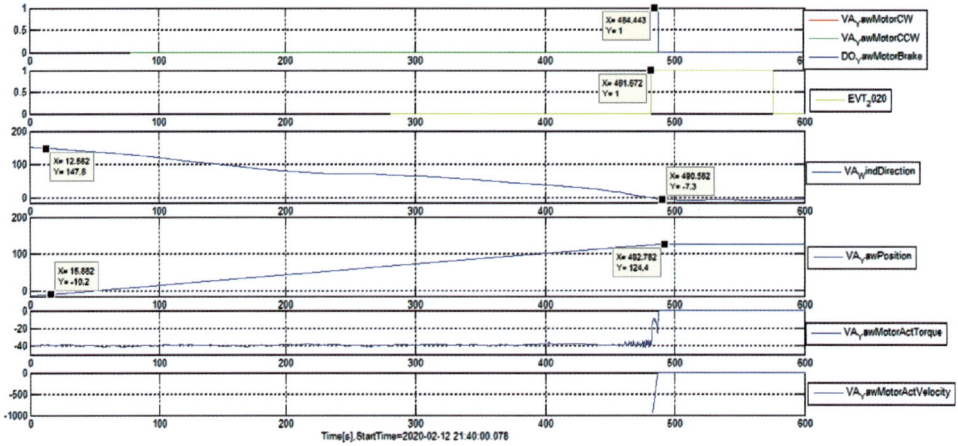

图 2　19 号机组偏航超时故障

（3）21 号机组偏航超时故障现象如图 3 所示。

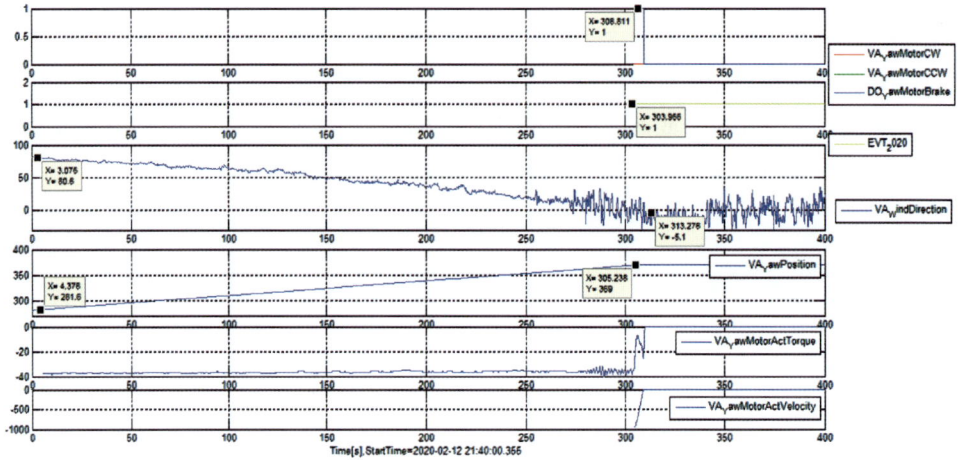

图 3　21 号机组偏航超时故障

（4）37 号机组偏航超时故障现象如图 4 所示。

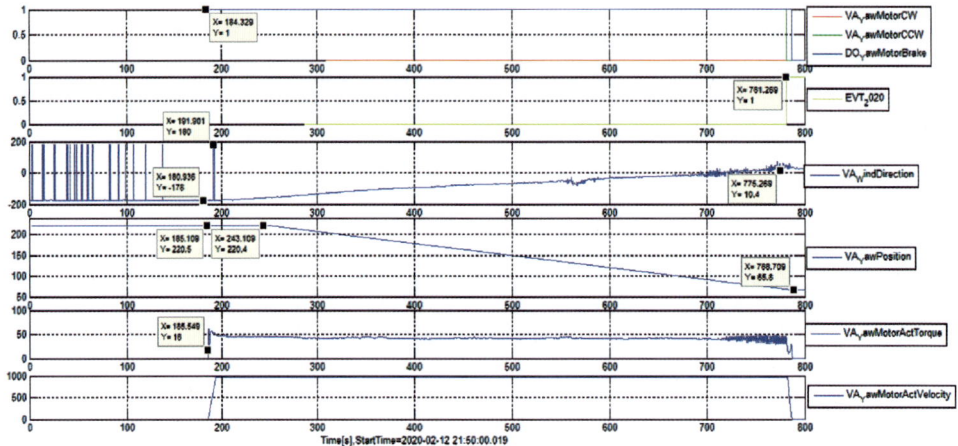

图 4　37 号机组偏航超时故障

从图 1～图 4 知：

（1）4 台机组风向均在 170°左右，该差值导致偏航启动。

（2）4 台机组在偏航过程中，随着偏航位置角度改变，风向值一直往 0°方向靠近（0°时，机组对准风向）。

（3）风电场地理位置处，风向应该发生 180°左右的变化。

（4）偏航过程中，偏航编码器测量角度未发生跳变或者不变情况。

（5）偏航过程中电机转矩稳定，电机转速稳定。

（6）偏航持续 10min（偏航启动后，40s 左右，偏航位置角度未动），导致该故障触发。

4　故障处理建议

该故障在 5MW 机型机组中，由于编码器问题，或者风向突变 180°时容易触发。针对该故障，建议进行如下处理：

（1）增加偏航控制新策略，即当风向变化大于 150°时，延长偏航电机超时故障判断时间，由目前的 10min 延长至 12min。

（2）修正偏航速度低和偏航机舱未移动故障判断机制（根据偏航编码器误差，以及 37 号机组偏航机舱未移动故障分析），当偏航过程中出现编码器问题时及时报故障，避免偏航一直动作，直至偏航时间超限。

5　小结

通过以上对该海上风电场项目海装机组偏航超时故障分析，得出以下初步分析结论：

（1）针对偏航超时故障，建议修改偏航控制策略，当风向变化大于 150°时，延长偏航电机超时故障判断时间，由目前的 10min 延长至 12min（考虑编码器误差，以及偏航启动加速时间）。

（2）由于偏航编码器存在测量误差等问题，已经编写了新方案，修正偏航速度低和偏航机舱未移动故障判断机制，保证上述两故障能够合理报出。

（3）偏航编码器存在测量误差等问题，属于批量性质量问题，更换为别的品牌电位计后，该问题得到有效的解决。

参考文献

[1] 季田. 浓缩风能型风力发电机组迎风自动控制系统的研究 [D]. 内蒙古农业大学，1998：8.

[2] 金长生. 风力发电机偏航控制系统的研究 [D]. 大连：大连理工大学，2010.

直驱风电机组偏航轴承损坏现象研究与分析

张云

（五凌电力有限公司新能源分公司）

摘　要： 风力发电机组偏航轴承打齿现象时常发生以至于断齿，本文先介绍偏航系统的基本原理，并对其偏航轴承损坏进行具体理论分析，再结合实际案例对偏航打齿至轴承损坏现象进一步进行原因分析，提出相应的处理措施，对后续风电场运行维护起到指导作用。

关键词： 风力发电；偏航系统；轴承；打齿

1　引言

近年来，随着风力发电技术的不断创新，风电场建设成本逐渐降低，国家鼓励大力发展新能源[1]，风电场建设由西北高风速地区向中部山区低风速地区扩张，山地集中式风电场一般采用叶片长、塔筒高的直驱发电机组。因风速变化大，偏航打齿等现象常有发生，笔者以实际案例结合理论对该现象作具体分析，突出问题，解决问题。

2　偏航系统简介

偏航系统是兆瓦级风力发电机组的重要组成部分，由偏航轴承、偏航制动箱、偏航制动盘及电动机和减速箱组成[2]，偏航轴承内齿圈、偏航制动盘与塔筒顶部法兰相连，外套圈与机舱连接。偏航系统中驱动机构由电动机和减速箱组成，制动力矩分为主制动和辅助制动，主制动依靠固定安装在机舱内的液压制动器与偏航制动盘之间产生的制动力矩，辅助制动依靠偏航电动机后端的电磁制动器产生的制动力矩。

3　偏航轴承损坏理论分析

风电机组完成一次正常的偏航时间为30s，液压制动器提供的压力为15～20bar，当风电机组正常发电时，液压制动器处于抱闸状态，此时提供的压力约为180bar。当正常发电时风速偏大，如瞬时风速高达30m/s且风向不断变化，风电机组机头将会获得很大的动能，偏航系统正常结束或异常终止时，系统液压制动器提供压力瞬间提高到超过180bar，以使机头动能得到有效削减。此后系统中电磁制动器执行抱闸操作，由于各台电磁制动器动作时间以及减速箱的齿隙存在差异，各电磁制动器虽然接到同一个抱闸命令，但他们对机头产生制动力矩的时刻具有时间差，这导致在第一个抱闸的电磁制动器产生的瞬时制动力矩足以损坏减速箱的输出小齿轮，进而损坏偏航轴承的内齿圈。

依据动量守恒定律，在偏航制动时刻，偏航机构满足下式，即

$$Mv + \sum F_i t_i = \sum f_{u,i} t_i + f_G t \tag{1}$$

式中　Mv ——风电机组机头惯性力作用效果；

$\sum F_i t_i$ ——瞬时风对偏航系统的总作用效果；

$\sum f_{u,i} t_i$ ——主动制动器的制动力作用效果；

$f_G t$ ——偏航系统对偏航减速机的反作用力效果。

由式（1）可知，偏航系统对偏航齿轮的反作用力效果主要取决于另三种力的共同效果，其中风电机组机头惯性力作用效果主要取决于机头转动速度 v，瞬时风对偏航系统的总作用效果主要取决于作用力 F_i，主制动器的制动力效果主要取决于制动压力、制动时间以及摩擦片与偏航制动盘之间的摩擦系数，因此导致偏航打齿现象的根本原因是在制动瞬间偏航主制动系统无法有效使得风电机组机头动量衰减，且电磁制动器未有效打滑，无法进一步衰减剩余能量，导致偏航打齿现象发生。

4 案例分析

某风电场位于中部低风速山地区域，其海拔在 $200\sim600\mathrm{m}$ 之间，采用单机功率为 $2000\mathrm{W}$ 的直驱风电机组成风力发电机组，其中 5 号风电机组地处于两山之间，湍流现象明显，该机相对其他风电机组发生偏航打齿现象频繁，直至齿轮折断，其偏航驱动系统、偏航制动系统分别如图 1、图 2 所示。

图 1　偏航驱动系统示意图　　　　图 2　偏航制动系统示意图

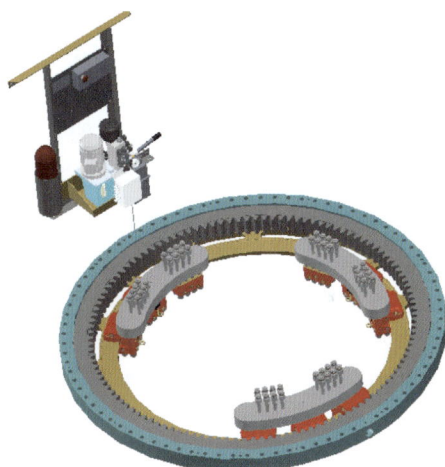

4.1 故障原因分析

针对已发生的频发故障，基于故障发生的时刻及轴承损坏时的受力情况对 5 号风电机组每次故障发生时的异常状态进行分析，推断导致该故障频发的原因主要有以下几点：

（1）每当发生偏航打齿时 5 号风电机组最高风速均超过 $30\mathrm{m/s}$，最高瞬时速度达到 $33.6\mathrm{m/s}$，且偏航系统发出偏航指令超过 550 次。由于湍流影响，风速大、风向变化频繁时，此时的偏航载荷很大，风电机组频繁偏航动作，风电机组偏航齿轮箱与偏航轴承内齿圈啮合部位将承受很大的偏航载荷，可能导致偏航结构件损伤。

（2）经检查发现 5 号机相对其他风电机组而言其叶片对零误差、风向标对零误差均较大。叶片对零误差导致风电机组正常发电时整机载荷增大，且机舱各方向受力均增大，从而风电机组各个部件承受的载荷可能超出设计值，从而导致偏航结构件损伤。

（3）5 号风电机组电气系统与液压系统功能的响应时间有一定差别且其风电机组偏航控制时序的设定值过小，即主制动器对机头动能的衰减时长过短[3]。系统响应时间有差别，具体为若电气系统和液压系统同时发出制动指令，电机尾部的电磁制动器首先实现制动功能，而主制动液压系统还未响应，说明此时风电机组主制动器对机头的动能并未实施衰减，同时偏航减速机尾部电磁制动器未有效打滑[4]，则导致制动时刻机头的动能及瞬时风对偏航系统的总作用效果对偏航齿轮具有一定破坏性。另外，风电机组偏航控制时序的设定值过小具体影响为当瞬时风速较大时，机头动能较大，偏航控制时序过小直接导致机头动能衰减时长过短，剩余部分动能导致偏航齿轮发生损伤。

（4）5 号风电机组偏航电机尾部电磁制动器制动力矩设计值偏大（60N·m），当偏航制动时，偏航系统载荷超出齿轮破坏载荷，偏航减速机无法打滑保护。在风电机组偏航主制动器未有效衰减风电机组机头的动能状态下，偏航电机电磁制动器执行辅助制动功能，导致偏航减速机瞬间承受巨大的冲击能力，偏航齿轮受到损伤。

4.2　处理措施

针对已发生的故障及原因分析，运行维护人员在对损伤齿轮进行焊接、打磨修复处理后[5]，建议进行如下辅助处理，以避免偏航打齿现象重复发生。

（1）将偏航背压压力值提高至 25bar，以减少偏航期间机头获得的动能。

（2）将偏航电机尾部电磁制动器的制动力矩下调至 25N·m 左右，以保证偏航减速机能够起到有效的打滑保护作用。

（3）优化偏航控制策略，降低大风期间的偏航次数。

5　结束语

针对偏航打齿现象，对于山地风电场，位于山间的风电机组时常会因伴随湍流现象导致风速、风向急剧变化，偏航打齿发生，故在设计之初需特别针对此类风电机组做个例分析，偏航系统中各项设定数据需根据实际需求处理，且需在日常运行维护中对此类风电机组进行高频次数据分析，从是否超标、是否超出误差等角度提高运行维护警惕性，从而进一步避免此类故障再次发生。

参考文献

[1] 宁文钢，姜宏伟，王岳峰．风力发电机组偏航系统常见故障分析［J］．机械管理开发，2018，33（11）：67-68+116.

[2] 纪代颖．直驱型风力发电机组偏航系统及其重要性［J］．南方机，2016，47（03）：91+93.

[3] 戴巨川，袁贤松，刘德顺，等．基于 SCADA 系统的大型直驱式风电机组机舱振动分析［J］．太阳能学报，2015，36（12）：2895-2905.

[4] 史志刚，蔡晖，崔雄华，等．风电机组齿轮箱高速轴断齿原因分析［J］．热力发电，2021，50（10）：173-178.

[5] 曾兴国，谢东航，肖富华，等．基于故障树的永磁直驱风力发电机组故障分析［J］．中国新技术新产品，2020（03）：1-3.

某风电场风电机组不受控偏航导致偏航刹车大盘损毁故障案例

赵树春， 郑康乐， 王磊

（华能国际电力股份有限公司河南清洁能源分公司）

摘　要： 风力发电机组机柜控制回路的设计直接关系到机组运行的可靠性、安全性，而风电机组投运后，风电场业主与主机厂家往往会忽视机组控制回路设计上存在的一些问题。某风电场发生一起因偏航控制回路设计上的不合理导致偶发性机组不受控偏航，最终造成扭缆电缆束严重扭曲损坏，偏航刹车大盘在高刹车卡钳动力作用下损毁的严重后果，带来较大的经济损失。本文主要介绍了此次故障的基本情况、故障原因、故障处理措施及整改措施等，希望对我国风电行业在风电机组设计制造及风电运行维护等方面有借鉴意义和参考价值。

关键词： 风力发电机组；偏航系统；扭缆保护

1　引言

某风电场安装 16 台 W2000N-111 型风电机组，此机型为水平轴、三叶片、上风向、主动偏航的双馈变速变桨机组。故障发生于夜间，故障期间，机组多次报出"偏航限位开关动作""偏航位置错误""偏航马达保护"等故障。经机组故障数据分析发现，机组故障时一直不受控制地进行左偏航，偏航圈数超过 14 圈。

2　故障基本情况

故障发生后，运行维护人员到现场检查发现，机组塔底控制柜机舱 400V 电源开关保护动作，机组扭缆电缆束严重扭曲缠绕，部分电缆绝缘损坏，电缆防磨损护套崩裂，侧拉式电缆网套全部断裂。偏航液压卡钳内部刹车片摩擦材料已全部耗尽，偏航刹车大盘磨损严重，大盘上下板面出现大量刮痕，大盘厚度由原来的 40mm 磨损至 34mm。4 个偏航电机刹车全部失效。

检查机组故障时 SCADA 后台数据及机组 PLC 内部故障数据得出以下内容。

2021 年 1 月 29 日 23：50：30，机组偏航角度为 283.4°，风速为 4.86m/s，有功功率为 442kW，桨距角为 0.01°，机组开始左偏航，随后机组偏航角度持续变小，机组功率也开始变化，具体参数变化情况见表 1。此阶段机组在持续左偏航的过程中，经历了 3 次停机，2 次再切入电网运行，但机组后台未报出任何报警及提示信息。

表 1　　　　　　　　　　　　机组报出故障前机组参数变化情况

时间	偏航角度（°）	风速（m/s）	有功功率（kW）	桨距角（°）
23：50：30	283.4	4.86	442	0.01
23：51：00	263.8	4.63	400	0
23：51：30	243.9	4.59	298	0
23：52：00	224	4.81	118	0
23：52：30	203.1	4.82	−19	0

续表

时间	偏航角度（°）	风速（m/s）	有功功率（kW）	桨距角（°）
23：53：00	183.3	6.87	−26	89
23：53：30	162.4	5.12	−29	89
23：58：30	−39.8	4.65	−17	76.25
00：00：30	−119.5	5	66	5.25
00：02：00	−181.4	7.07	−18	89
00：07：00	−383.1	6.54	−18	88.98
00：09：30	−483.8	5.3	3	0
00：10：30	−524.5	6.09	−14	89

2021年1月30日00：15：30，机组报"左偏航限位开关动作"故障，此时机组偏航角度为−726.9°。机组故障后机组后台报警情况见表2。

表2　　　　　　　　　　　机组故障后机组后台报警情况

时间	偏航角度（°）	故障报警
00：15：30	−726.9	左偏航限位开关动作
00：16：14	−756.1	偏航位置错误
00：19：48	−893.5	偏航扭缆限位开关动作，安全系统急停
00：20：27	−919.7	偏航马达保护3
00：21：04	−944.2	偏航马达保护2
00：28：06	−1212.5	右偏航限位开关动作

01：20：30，机组偏航角度为−3271.4°，此时偏航角度已达到偏航编码器读数极限，随后编码器角度跳变为3271.4°。

02：01：30，机组偏航角度为1664.2°，此时由于塔底柜机舱400V电源保护动作，偏航停至，机舱通信丢失。

3　故障原因分析与诊断

机组故障后，运行维护人员调取了故障机组PLC故障数据进行分析，发现机组不受控偏航时，PLC数字量输出端口并未发出左/右偏航指令，也未发出偏航电机刹车释放指令、偏航液压阀动作指令。首先可以排除由于PLC程序出错原因导致的偏航指令错误而造成此故障。

运行维护人员对偏航控制回路、偏航一次电源回路进行详细检查，发现左偏航继电器430K6的一组动合触点异常，继电器未动作时动合触点闭合，且两组动合触点处均有烧结黑化痕迹。本次故障的主要原因可判定为左偏航继电器430K6触点粘死。

本次故障的次要原因可判断为偏航电机总保护功率开关405Q2没有跳开。故障时仅报出了"偏航马达保护3"及"偏航马达保护2"报警，表明故障时只触发了4个偏航电机中2个偏航电机的热继电器保护，且此保护可自动复位。检查其他风电机组偏航电机刹车，发现其他机组偏航电机刹车失效率较高，由此推测此故障机组可能出现了偏航电机刹车在故障发生前就已失效的情况，导致偏航制动力不足，偏航电机总保护未触发。

由于机组不受控制地持续向一个方向偏航，机组扭缆圈数远超正常运行范围，导致机组扭缆电缆束扭曲损毁，如图 1 所示。

由于不受控偏航时，偏航液压刹车卡钳全压运行，偏航卡钳压力较高，刹车片摩擦材料全部损失，刹车片底层背板直接与偏航刹车大盘接触，导致大盘损毁，如图 2 所示。

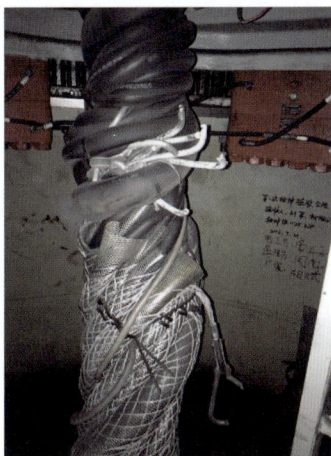

图 1　机组扭缆电缆束扭曲损伤情况　　图 2　偏航刹车大盘磨损情况

此次故障的间接原因，可归结于机组偏航控制回路设计不合理。偏航控制回路中左偏航继电器 430K6 的触点设计为双触点并联，一个触点闭合即可直接带动左偏航接触器 405K8 线圈得电，导致偏航电机一次回路上电，而此中间未串入任何其他开关反馈触点或继电器触点来防止左偏航继电器 430K6 的触点意外闭合造成偏航一次回路得电。偏航控制回路设计如图 3 所示。另外，偏航电机软启动器的控制回路设计不合理，偏航电机软启动器的使能信号由偏航电机接触器的反馈触点控制，即偏航电机接触器若闭合，偏航电机软启动器使能。

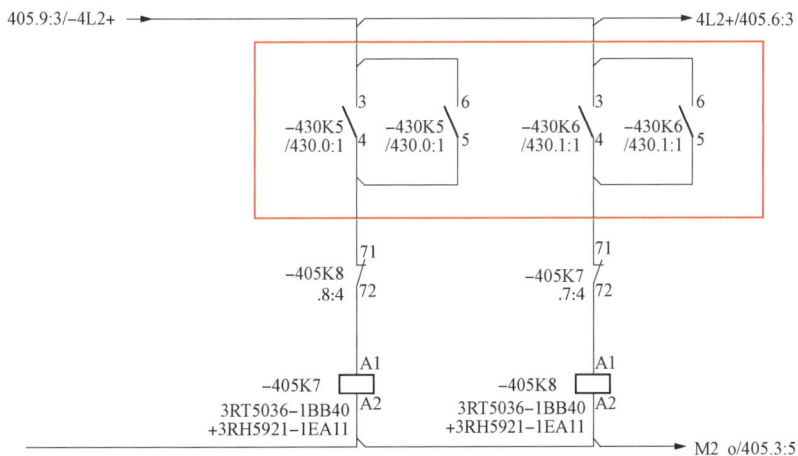

图 3　偏航控制回路设计情况

4　故障处理过程

故障发生后，运行维护人员对故障机组的偏航电机刹车进行了更换，对机组发电机至扭缆平台的电缆进行了更换，对偏航液压刹车卡钳及刹车片进行了更换。后对偏航刹车大盘进行了修复处理，步骤是将偏航刹车大盘铣平，在大盘上加镶片焊接并再次铣平，使刹车大盘达到了原来的厚度。

为避免此类故障再次发生，对全场风电机组进行了技术改造，在机组偏航电机软启动器使能控制线路上加串偏航安全链输出继电器 430K2 触点和偏航电磁抱闸打开继电器 430K3 触点。把偏航继电器 430K5 和 430K6 型号替换成工作次数可达百万次的继电器。

5　结论和建议

风电机组故障多种多样，不少风电机组主机厂商为了降低机组故障率，大胆简化了机组控制回路的设计，机组二次控制回路由多个保护节点变成了单个保护节点，为机组运行带来较大安全隐患，造成巨大经济损失。

建议各风电场业主及各风电主机厂商，在机组控制回路的设计及技术改造过程中不但要考虑控制回路设计的可靠性，也要考虑设计的安全性，不可因小失大。

（上接 532 页）

4　结束语

偏航体系作为风电设备的核心体系，其功能的优点不但会作用到机电设备，更关系到机组能否顺利、平稳的运作。当前欠缺有效的措施分辨风电设备之中偏航系统的异常，很难经过机组运作情况开展优化和改良。防治维护、状态维护、及时修护，精准运用设施能够加长设施运作的时间，使其照常开展工作。检验和弥补风电设备漏洞，是每个员工都要注重的问题，在对这部门漏洞开展解决的进程中可以进一步提升隔热能力。排除漏洞之后，风电设备会更好地为国家服务，推动我国绿色发展的推广和开展。

参考文献

[1] 王其元，杜强，张小雷．浅析偏航对风偏差以及风电机组功率的影响［J］．智能城市，2020，6（18）：64-65.
[2] 员泉溢．风力发电机组直流电机偏航控制系统研究［D］．西安理工大学，2020.
[3] 逯红霞．风电机组的优化维修策略研究［D］．兰州交通大学，2020.
[4] 李彬．风电机组滑动偏航系统故障诊断技术研究［J］．风能，2020（06）：68-71.
[5] 甄继霞．大型风电机组偏航系统性能异常与检修策略［J］．南方农机，2019，50（14）：16-17.

偏航滑移及偏航齿轮箱等部件损坏问题典型故障分析

常超

[中广核新能源投资（深圳）有限公司山西分公司]

摘　要： 针对近年来，安装在山地区域的水平轴、被动型、电动驱动作为动力的偏航方式的机组因偏航类故障而经常发生长停，在高湍流的山区频繁出现机组偏航滑移、偏航电机损坏、偏航抱闸磨损异常及烧毁、偏航整流器损坏、偏航减速箱打齿、偏航制动盘损坏等偏航硬件损坏的问题。本文从机组地理位置及工况条件、故障现象、部件设计缺陷、机组部件损坏情况系统地推导和演绎故障形成的根因。以期为风力发电机组偏航系统相关故障给出分析，并为同类型问题提供相应的技术参考，以确保机组安全稳定运行。

关键词： 偏航系统；湍流；故障分析

1　引言

鉴于大部分机组安装于山区，地势地貌相对特殊，风向和风速变化较快且湍流较大，水平轴风力发电机组需要靠偏航系统来频繁地寻找风向，来最大限度地利用风能资源。目前主机厂家提供的偏航系统有多种形式，从控制设计角度分为主动型、被动型偏航方式。从偏航布置形式方面分为滚动偏航和滑动偏航，偏航系统主要包括偏航电机、偏航减速箱、偏航制动器、偏航制动盘、偏航驱动装置等几部分组成。受上述原因影响，风电场经常发生机组偏航滑移等显性诱导性问题，在未及时处理的情况下演变为偏航电机损坏、减速箱断齿、整流器损坏、偏航制动盘损坏等不可逆问题。偏航滑移即指风轮受到超过偏航系统制动边界的不平衡载荷，机组在该载荷作用下发生持续的机舱位置改变的现象。

结合该风电场及区域相关偏航检修汇总和分析情况，偏航类故障报出主要为偏航滑移、偏航电机空气开关跳开、偏航热继电器触发等故障。本文以偏航滑移为例，通过偏航滑移为基点来折射机组偏航相关问题。

2　基本信息

2020年12月24日10：28，现场平均风速达10m/s，部分机组风速高达20m/s，SCADA后台监控多台机组报出偏航类相关故障，42号机组报偏航滑移告警且伴随报出机舱Z方向瞬时加速度越2级门限频出，且后台查看机组频繁对风，短暂并网发电后，继续对风。对42号风电机组现场数据进行分析，可以看出42号风电机组从2019年11月开始发生滑移20次，而偏航滑移和地形强相关。因地形导致湍流变大，会使偏航载荷在瞬间过大，超过设计的刹车载荷力矩，使偏航电机抱闸的摩擦片损坏。对后台风向、风速等变化情况等进行查看，并分析变量。

后台数据分析结果如下：

（1）图1平均风速在12m/s以上，故障时刻（横坐标480s）前，风速在10s以内变化超过6m/s。

（2）图2故障时刻（横坐标480s）前，风向标角度5s以内出现3次、100°及以上的变化。

（3）图3、图4反映出故障时间段内机组频繁对风、频繁偏航。

（4）图5反映出机组在故障时间段内受风速、风向影响保持全功率和部分输出功率运行。

（5）图6反映出机组在未偏航的状态下（非故障时间段截取），机组角度值的变化。

结论：根据上述基本运行情况分析，说明该台机组故障时间段存在较大湍流，机组在寻找最佳风向位置过程中故障报出。

3　现场实际检查情况

（1）现场对偏航控制系统包括偏航空气开关、偏航接触器、偏航热继电器（整定值的设定）及PLC（控制逻辑）器件接线检查均无异常。

（2）现场检修人员根据机舱内的胶皮糊味初步判定偏航电机抱闸存在异常，断电后对偏航电机风扇拨动发现风扇可以自由转动，对抱闸间隙进行测量，2台电机抱闸间隙均在0.8～1.2mm之间，初步判断偏航抱闸存在问题。随即对4台抱闸打开进行检查，如图1所示。

图1　抱闸检查

（3）完成偏航电机抱闸摩擦片更换和间隙调整后，手动测试发现1号、4号减速箱异响，偏航卡钳与大盘摩擦声异常尖锐，现场在对偏航齿轮箱检查，如图2所示。

（4）在对异常卡钳拆检后发现，卡钳内铜杯不同程度受损且磨损严重，摩擦片均脱落损坏，偏航大盘有摩擦硬接触痕迹及分布不均的划痕，如图3所示。

（5）对偏航电机整流器进行检查，4台偏航电机镇流器均正常。

图 2　偏航齿轮箱检查

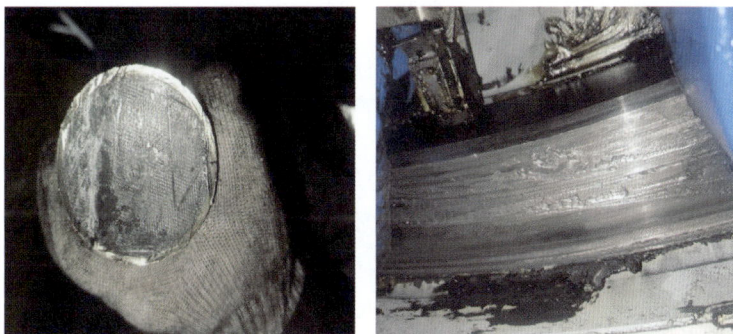

图 3　卡钳检查

4　故障原因分析

4.1　直接原因

　　该台机组 2 台偏航电机抱闸间隙为 0.8~1.2mm，均已大于标准值 0.3~0.5mm 两倍以上，无法进行有效制动；其他两台电机推动偏航继续对风，导致齿轮箱内部输出轴卡簧脱落，导致偏航齿轮箱内部不同程度的齿轮断齿，由于上述问题导致机组在大风的冲击下发生机舱摆动，即机舱滑移（注：偏航齿轮箱输出轴卡簧在风电场应用的实践中为最容易受力断裂、脱落的部件，减速箱的断齿多由此引起）。

4.2 间接原因

（1）查看该台机组历史运行维护情况，全年维护比计划时间晚2个月左右，机组长时间在大风工况天气下运行，未得到及时维护和相应的保养。

（2）查看偏航卡钳和偏航大盘情况，卡钳内超过30%的铜杯上的摩擦片均已失效，摩擦接触由原有的摩擦片与大盘摩擦变成铜套与大盘之前的铜钢硬摩擦。

（3）偏航电机抱闸间隙较大，未及时对偏航抱闸间隙进行调整，摩擦片的耐磨性较差，部分偏航电机抱闸，摩擦片磨损严重后未及时更换，导致制动力矩不足以达到制动要求。电机抱闸的间隙过大时，会造成抱闸的衔铁无法正常吸合，一旦吸不上去，在摩擦片厚度不平衡的情况下，摩擦片会被迅速磨损，进而失去制动力矩。

（4）山地湍流等频繁风向突变情况的恶劣自然工况，导致机组偏航系统经常处于工作状态，且如偏航方向与突变风向相迎受风轮左右两边的风速不一致的影响，产生风轮不平衡载荷，当不平衡载荷超过制动载荷时，将加速部件的受损程度且导致该台机组的偏航故障率高于其他正常机组。

（5）在日常维护检修时，偏航电机抱闸表面间隙调整后仍旧不均匀，该类问题存在两种可能。

1）长时间运行维护后，摩擦片本身磨损导致表面厚度不平，多角度调整间隙后，仍旧不能满足各方位符合标准值0.3～0.5mm的要求。

2）维护时未按要求多方位调节抱闸间隙，单纯一个角度调整，导致摩擦片异常磨损。通常的表现为更换后在大风工况下，摩擦片失效较快。上述情况建议更换抱闸而非调整摩擦片。

4.3 减速箱断齿存在根本原因——偏航滑移引起输入部件过速

在正常风况下，偏航电机的摩擦片磨损是十分缓慢的，但是在不偏航时候，当遇到湍流或者过大风载，则整个机舱会被动发生一定偏转，也就是滑移。一旦发生滑移，那么偏航电机摩擦片就会在制动状态下发生强行拖磨现象。反复几次后，摩擦片很快磨损变薄，制动力矩降低，进而风电机组会更容易发生滑移现象，恶性循环，直至电机抱闸完全失去制动能力。制动力矩降低后，偏航滑移时偏航转速会增高，偏航齿轮箱本身就是高速比（1338.5），因此偏航齿轮箱的输入轴转速也增高，直至超过轴用卡簧的松脱转速后，发生变形脱落，引发别的部装失效。

根据以往现场案例判断，滑移时，偏航高速端往往会超过6000r/min，但是卡簧松脱转速约5740r/min。从失效的照片和实物看来，首发故障为输入部件轴承卡簧变形进而脱落，然后进入行星轮系的啮合区域，造成一二级的行星轮、齿圈等发生卡塞、严重磨损、断齿等。

5 故障处理过程

（1）对2台偏航电机抱闸摩擦片单边磨损量超过2.5mm的进行摩擦片更换，对抱闸间隙无法调整到0.3～0.5mm的进行抱闸整体更换。

（2）对1号和4号偏航齿轮箱进行更换过程中发现输出轴卡簧断裂，对2号和3号输出轴卡簧进行拆除，对损坏的偏航减速箱部件进行更换。

（3）对偏航卡钳内置铜杯及摩擦片进行检查，检查过程中发现8号和6号卡钳内铜杯损坏，进行全部更换，并对偏航大盘进行精细打磨后执行机舱调平工作。

6 经验总结和处理建议

6.1 耐磨性摩擦片

外来的湍流和过大风载作为输入载荷，往往导致摩擦片加剧磨损，进而降低了制动力矩，因此会后续更容易发生偏航滑移。因此，如果能提高电机摩擦片的耐磨性，使得在大湍流时不至于将摩擦片磨坏，保证后续制动力矩稳定，则能够一定程度上降低偏航滑移的次数，也因此能够降低偏航驱动卡簧脱落的风险。

因此，提高电机摩擦片耐磨性的优势：

（1）保证制动力矩，降低滑移频次。

（2）延长摩擦片使用寿命，降低运维周期。

6.2 现场维护

如果电机抱闸的间隙过大，会造成抱闸的衔铁无法正常吸合，一旦吸不上去，加之摩擦片的厚度不平衡，则摩擦片会被迅速磨损，进而失去制动力矩；因此现场维护一定要严格按照要求，调节抱闸间隙，保证在 0.3～0.5mm 之间。

6.3 预警性停机

当发现机组在大风时频繁偏航、风向变化较大、且偏航角度在未发生偏航的状态下，角度频繁跳动，建议先将机组停机并将机组控制设置维护模式，保证机组不发生偏航，检修人员进行登塔检查。

6.4 对机组偏航系统增加扇区管理优化控制

该系统包括偏航扇区位置检测模块、扇区控制策略模块、控制模式切换模块。方法包括对风力发电机组偏航扫过的所有空间划分扇区；根据各扇区的风能特性设计运行和控制算法；实时检测风电机组叶轮当前对风位置，并确定风电机组当前所进入的扇区；根据所进入的扇区，切换至相应的运行和控制算法，并将结果输出控制信号进行控制。该方案可以提高地形条件复杂的风电场内运行条件，降低运行载荷，能在湍流区有效地保障机组稳定运行。

6.5 对湍流区较强区域加装测风雷达

对湍流较强区域，增设测风雷达来获取风向和风速精准数据，给偏航策略优化提供数据支撑，对于受湍流影响较强的部分机位进行多雷达机位立体化测量，机舱式雷达辅助地面式雷达，考虑了空间和时间上风电场的相关性，基于多光束、多距离、较高时间采样频率的测量数据。气流在向风电机组移动的过程中，风速会发生变化，同时由于风电机组的阻挡效应，气流的风速会存在一定减弱效应，算法要同时考虑风速的演变过程和风电机组的阻挡效应。目前风电机组的直径越来越大，需要考虑叶轮空间平面上的整体风速状况，因此引入叶轮平均风速作为主要参数。同时，为了区分风电场的特征，还要考虑垂直和水平风切变、湍流强度等一系列风参数。测量计算湍流及风切变数据，并将测量数据接入系统中，对风电机组湍流进行前馈控制，通过优化控制策略，使得风电机组变得更加智能稳定、安全可靠。

基于 SCADA 数据特征提取的风电机组偏航故障诊断综述

刘守恒

（国家电投东北新能源发展有限公司）

摘　要： 为处理风电机组中偏航系统故障处理难度大和危害严重等问题，在分析风电机组偏航系统结构特点的基础上，综述了偏航系统的故障类型及对应的故障机理。简单地概述了数据预处理方法并利用 DBSCAN 算法进行数据处理，利用 ReliefF 算法提取能反映出偏航齿轮箱运行工况的 7 个 SCADA 参数，并提取出 6 种故障特征指标作为神经网络诊断模型输入量，来诊断偏航系统的异常状态。

关键词： 风力发电机；偏航系统；SCADA；神经网络模型；故障诊断

1　引言

风电机组长期工作在恶劣的自然环境中，极端气候环境为风电机组各部件带来了不可避免的伤害，造成各类故障易发多发。据相关数据分析显示[1]，风电机组的传动系统、变桨系统、电气系统、偏航系统等均为故障高发部位。有相关数据统计表明[2,3]，一台设计寿命为 20 年的风力发电机，在其运行年限中所产生的维护费用会超过发电总收益的 20%。风电机组故障诊断虽然引起了业界学者的重视，但现阶段针对风电机组偏航系统故障检测的研究还相对较少，仍急需解决。

现有大型风电机组均配有数据采集与监视控制（Sipervisory Control and Data Acquisition，SCADA）系统，可以完成数据的记录与储存、简单的阈值报警，但由于运行环境恶劣、不同部件相互之间的故障联系较为紧密以及工况切换频繁等情况，即使大型风电机组均装有 SCADA 系统，但该系统配备的警报系统会在相当短的时间内产生大量的警报信号（5min 内报警信息可达 50 多条），难以准确地进行判断。由于偏航系统在风电机组中的重要位置及功能，对偏航系统的故障诊断提出了较高要求，需要针对偏航故障的诊断系统及时有效地诊断出偏航故障，而现有大部分 SCADA 系统只能对电力生产过程进行实时地监测与存储，并不能有效地对风电机组故障类型进行预测，这便极大地浪费了 SCADA 系统中的数据资源。因此，便于更好地利用 SCADA 数据，针对 SCADA 数据环境进行数据挖掘与建模，以期对风电机组偏航系统故障进行有效预测与诊断，具有十分重要的意义。

2　偏航系统故障类型与机理

2.1　偏航系统基本组成

偏航系统是一个自动控制系统，主要由偏航控制机构和偏航执行机构两大部分组成。偏航控制机构包括偏航控制器、风向传感器、解缆传感器等几部分，负责控制偏航驱动机构实现在可用风速范围内自动准确对风、在不可用风速范围内 90°侧风停机、在连续对风可能造成电缆过度缠绕时实现自动解缆等动作。偏航控制器负责接收和处理机组方位信息和风向信号，确定风轮轴线与风向间的偏航误差，根据既定的控制策略，判断是否进行偏航动作，若须要偏航，偏航驱动何时启停；接收和处理偏航编码器的信号，判断是否需要解缆等。

目前，我国国内大型风电机组主要采用主动偏航驱动的方式，以偏航电机为主进行驱动，偏航系统的结构如图 1 所示。该系统主要由与机舱相连的偏航轴承模块、驱使机舱转向正对风向的偏航驱动模块（包括偏航电机与偏航齿轮箱）、防止不偏航状态下机舱摆动的偏航制动器模块（也称偏航刹车器）还有防止偏航扭缆故障发生的保护模块等组成。偏航系统通常在旋转工况运行，即需要不断地转动机舱进行对风，偏航电机输出转速与力矩经偏航齿轮箱传动至

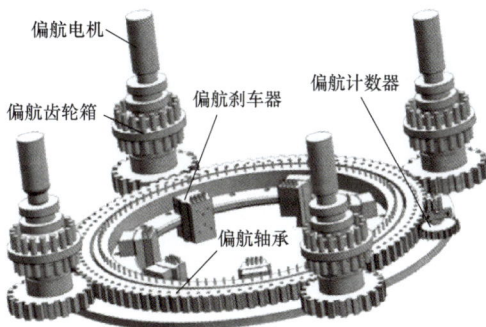

图 1　偏航系统结构

偏航齿圈，进一步驱动偏航大齿圈（即与轴承为一体的齿圈），使机舱完成偏转，完成偏航。

2.2　偏航系统故障类型及机理

现役的大部分风电机组类型为水平轴风电机组，采用主动偏航方式，主要以电动机作为驱动力来源，此种偏航驱动机制的主要组成部分包括轴承、电机、齿轮、制动器及制动盘等。表 1 简单介绍了电机驱动型偏航系统的控制原理，其中，θ 为偏航角，代表风向角与风轮角度的差值。

表 1　　　　　　　　　　　　　电机驱动型偏航系统的控制原理

偏航角	偏航方向	偏航电机转向
$0°<\theta\leqslant90°$	锐角顺时针	正转
$90°<\theta\leqslant180°$	钝角顺时针	正转
$180°<\theta\leqslant270°$	钝角逆时针	反转
$270°<\theta\leqslant360°$	锐角逆时针	反转

2.2.1　偏航齿轮故障

2.2.1.1　偏航大齿及驱动齿断裂故障的原因

当风电机组进行偏航动作时，4 台偏航电机同步运转，驱使机舱正对风向，受力均匀。发生偏航大齿及驱动齿断裂故障的原因如下。

（1）1 台偏航电机抱闸，驱动失效，制动盘变为抱死状态，然而其余偏航电机正常工作，导致偏航大齿圈与偏航减速器小齿轮相互挤压，形成断裂。

（2）由于卡钳漏油或大齿润滑脂泄漏，污染偏航刹车片与刹车盘，致使摩擦力不足，大风工况下难以制动，机舱滑移使得驱动器抱闸，刹车片磨损加剧失效。

（3）极端风况下机舱滑移造成大齿与驱动齿之间相互碰撞冲击，导致裂纹或断裂发生。

（4）驱动器变速箱油量过少也会导致齿轮传动系统发生故障，导致偏航驱动电机转速过低或锁死，小齿轮承受过大力矩，使齿轮断裂，烧坏电机。

2.2.1.2　偏航噪声形成的原因

偏航齿轮的运行往往伴随着相互啮合问题，部件间的接触、摩擦和振动会造成响声的存在，且偶尔会出现不规律声响，即噪声。研究表明，润滑不到位造成的偏航小齿和偏航轴承齿圈间的齿侧间隙不合理，会导致噪声的产生。文献［4］中罗方正指出，偏航噪声形成的原因主

要是：

(1) 刹车卡钳预紧力过大或过小。

(2) 刹车卡钳摩擦片制作工艺不达标。

(3) 偏航运行速度不在正常范围。

(4) 风电机组的整体刚性强度不够。

2.2.2 偏航轴承故障

偏航轴承是用于连接机舱与塔筒的关键性部件，它既连接了机舱底部，又与塔筒顶部相连接。现主要采用 4 点接触球式轴承，故障形式以滚道与钢球失效为主[5]，随着风电相关行业的快速发展，现有轴承工艺水平获得了极大的提升，在一般情况下并不会发生此类故障问题。但由于风电机组通常位于几百米高空，温度较低，低温阻碍了润滑的流动；机组位于内陆热带地区或处于高温环境时，高温也会大幅损坏润滑的黏度及稳定性，润滑易发生氧化、硬化和软化现象，难以达到持久润滑，造成不充分润滑，使润滑脂从轴承缝隙中渗出[6]。在需要承受较大倾覆力矩的偏航轴承中润滑形式主要采用自动注脂式，部件部分裸露在外，受到灰尘、雾气及极端雨雪天气等的腐蚀，由此说明了轴承密封性及内部润滑的重要性。偏航轴承主要承受来自轮毂处因风力造成的荷载及机舱部分的荷载。相关文献针对此处荷载进行了研究分析。偏航齿圈与偏航轴承直接相连，两者之间关系密切，文献 [7] 模拟验证了碰撞模型的正确性，发生碰撞后的齿轮依旧会发生接触，依此发现，影响弹性回转支承（即偏航轴承）正常运作的异常振动主要是来源于冲击力。

分析偏航轴承连接处的结构，有利于研究偏航系统故障来源。文献 [8] 研究了大型风电机组偏航系统的连接螺栓在预紧力分散工况下的外部荷载影响、模拟了轴承滚子刚度与其承受荷载之间的关系，并在此基础上采用有限元方法建立了偏航系统整体模型，计算了该处螺栓的静强度荷载及疲劳荷载，得到了 S-N 曲线，且验证了模拟刚度与实际数据之间的符合程度。文献 [9] 对回转轴承及其相应结构进行了有限元建模，但指出该模型不足以直接应用于回转轴承。

2.2.3 偏航驱动装置故障

偏航驱动装置主要包括偏航驱动器、偏航驱动减速机和偏航电机等多个机械部件，机械部件的运行常会因发生接触而造成振动，且噪声就来源于异常振动。文献 [10] 指出了偏航驱动装置产生噪声的原因：

(1) 齿圈与驱动器小齿啮合处无润滑，或润滑不充分造成的干摩擦，从而产生振动和噪声。

(2) 偏航驱动装置中油位过低，偏航驱动器齿轮气密性不足或运行过程中润滑油发生泄漏，造成驱动器内传动齿之间的干摩擦，使其运行过程中产生噪声。

针对啮合效果的问题，文献 [11] 认为，进行优化后的结构结合有合理传动比的渐开线少齿差行星齿轮的偏航驱动器更利于解决该问题。文献 [12] 指出，应用两级传动形式传动机构，并结合渐开线少齿差与零齿差行星齿轮的风电机组偏航驱动器，具有良好的啮合效果。文献 [13] 总结了振动程度的评价标准，主要有 4 种情况，并以 1.5MW 风电机组偏航驱动减速机为例，说明了振动与噪声的关系，分析了传动机理，指出了偏航减速机传动过程噪声产生的主要原因。

关于偏航驱动器连接高强度螺栓的研究，主要是针对偏航力矩、荷载较大等方面。文献 [14] 基于 VDI 2230 标准，计算了偏航驱动器处的高强度螺栓的安全校核，并将该方法与传统计算方式进行了对比验证，发现该方法具有指导意义。偏航噪声故障会隐藏多种机械故障，隐含着许多不可忽视的故障。

偏航电机是偏航驱动装置的核心部件，故障原因主要包括损耗大、稳定性差和偏航驱动阻力过大，但由于针对各式各样电机的研究已相当成熟，所以少有专门以偏航电机为诊断对象的研究，此处无需多做介绍。文献［15］对电机故障的形式进行了总结。电机故障主要包括电气故障与机械故障，其中，电气故障主要是短路、断路与过热等故障形式；机械故障主要是轴承过热、损伤及磨损严重等故障形式。文献［16］针对偏航电机频繁启动导致电机损耗过大和电机稳定性不足这一故障，提出了采用液压马达代替偏航电机的方法，并经理论分析和 AMESim 仿真证实了方法可行。文献［17］中发明了采用双向定量泵驱动低速大扭矩液压马达的液压偏航驱动器，主要解决了可靠性低与偏航驱动阻力大的问题。针对偏航液压马达液压管路破裂、可靠性差及偏航精度低的问题，文献［18］中去除了液压中的电磁换向及调速阀，以减少该部件带来的故障问题，而是采取直驱电磁式的器件进行偏航驱动辅助。

由于风力造成的机舱不稳定会对风电机组的运行造成潜在危害，因此为保证机舱的稳定性，现有偏航制动部件一般采取液压方式提供阻尼力矩。但该部件进行相应配置时，若未依据实际设定，会导致液压站压力偏高；操作不规范还会造成液压动力过大，超出运行上限，导致部件损坏[19]。文献［20］指出了偏航刹车钳与刹车盘摩擦故障的原因，主要来自卡钳、刹车盘处压力或润滑介质泄漏。偏航驱动部分与轴承之间啮合异常主要是齿侧隙偏小造成的过度挤压、偏航电机转轴偏心问题，以及偏航轴承齿面润滑污染。

表 2 所示为上述偏航系统故障发生的位置、主要故障类型和原因的简单总结。

表 2   **偏航系统主要故障发生位置、类型及原因**

偏航系统故障发生位置	故障类型	故障原因
偏航齿轮	断裂	（1）卡钳漏油或润滑脂泄漏； （2）机舱滑移发生碰撞； （3）润滑不足
	异常噪声	（1）刹车卡钳预紧力过大； （2）摩擦片质量不达标； （3）风电机组整体刚性强度不足
偏航轴承	损坏	润滑不足；安装不合理
	摩擦异常	（1）卡钳油路不通或漏油； （2）安装位置不对称； （3）刹车压力偏大
偏航驱动	电机失效	短路、断路、过热

3 偏航系统故障诊断建模方法

3.1 故障诊断策略

提出一种基于 SCADA 数据特征提取的偏航系统故障诊断方法。首先进行 SCADA 系统中已有参数的筛选，再进行数据预处理（包括数据的粗清洗），最后对已选特征参数进行故障特征提取和归一化处理，得到用于神经网络诊断模型寻找参数间关系的训练样本集及用于验证模型准确度的测试样本集。

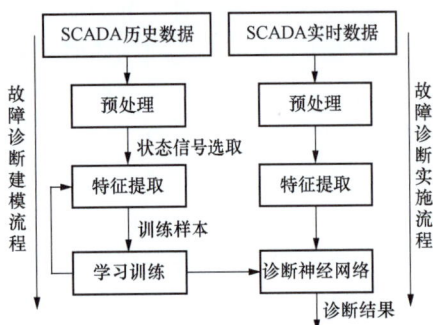

图 2　故障诊断流程图

模型分为两大流程：

（1）建模流程。训练出能很好地找出参数间关系的模型，再用样本集去测试模型精度。

（2）实施流程。将实时数据导入训练好的模型，得到预测结果，这步与另一个流程相比无需测试结果。该诊断方法的技术路线见图 2。

3.2　数据预处理方法

由于 SCADA 系统记录的参数多种多样，变化范围不同，量纲差异也较大，需要建立 SCADA 数据中提取规范的特征指标，作为前述故障诊断模型的输入数据。现有大型风力发电机组受外界环境和内部机械运行不稳定等随机因素的影响，导致 SCADA 数据采样值分布较广，难以直接发现表征偏航系统具体状态的相关标签参数，无法对其进行定性分析，因此有必要对采集到的数据进行预处理。

目前，风电领域常用的数据预处理方法主要有核密度 - 均值法和 DBSCAN 算法。

3.2.1　核密度 - 均值法

核密度 - 均值法充分考虑了数据非对称性分布对处理结果的影响，具有良好的采样频率稳健性，能够更好地进行物理特性评价，也能较好地处理故障数据，由于 SCADA 数据之间的关系错综复杂，且包含了很多无用数据，需要筛掉部分非正常记录数据，而核密度 - 均值法通过估计非参数核密度来分析样本数据，该方法不需要知道样本数据的分布情况。

设 $K()$ 为核函数，h 为窗宽，X_1，X_2，X_3，$\cdots$，X_n 为一元连续样本，则在任意点 x 处的总体密度函数 $f(x)$ 的核密度估计为

$$\hat{f}_h(X) = \frac{1}{nh} \sum_{i=1}^{n} K\left(\frac{x - X_i}{h}\right) \tag{1}$$

式中：$K(x) \geqslant 0, \int_{-\infty}^{+\infty} K(x)\mathrm{d}x = 1$。

数据处理的基本过程如下。

（1）获取 SCADA 源数据。

（2）删除机组停机和未及时记录的数据，并对数据进行平均处理，用短时间平均值替代瞬时值，降低传感器信号的偶然误差。

（3）选取切入风速与切出风速之间的数据带，并根据不同风速将其划分为若干组。

（4）根据总体密度函数 $f(x)$，筛掉分布异常的功率数据，具体方法为将 $f(x)$ 曲线中顶点位置数值的 10% 作为边界范围，去除该范围内的数值。

（5）通过平均处理，计算得到每个风速下对应的功率中位点。

3.2.2　DBSCAN 算法

DBSCAN 算法是一种基于密度聚类的非监督机器学习方法，无需提前设定聚类簇的个数，通过半径（ε）和邻域密度阈值（Z）2 个重要参数来反映数据分布的紧密程度，并找出形状不规则的簇。该算法将密集堆积的散点标记为一类，且可以将密度较低的散点识别为噪声。图 3、图 4 所示为对某一风电场具体数据进行数据清洗前后对比图。

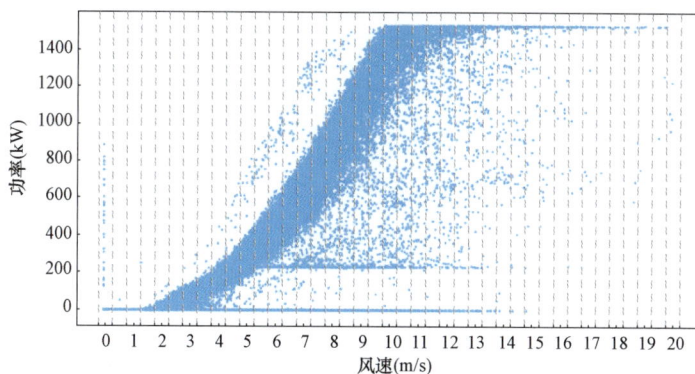

图 3　原始数据

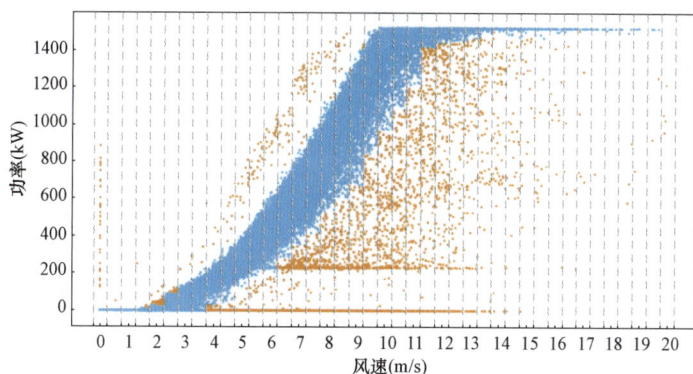

图 4　数据清洗结果

DBSCAN 算法在确定簇时会对数据集中每个测试对象的邻域进行搜索，如果邻域包含对象的数量超过最小值（Z），就会创建一个以该对象为核心的新簇；然后该算法从核心对象出发，找到所有密度可达的对象，并将其合并为一个簇；直到数据集中的点不能再被添加到任何簇中，进程将终止。不落在任何簇中的点被认为是噪声或异常值。DBSCAN 算法虽然具有能够自动确定聚类簇的个数、可以识别出任意形状的簇以及分离噪声等优点，但是缺点也非常明显，即对参数 ε 和 Z 的设置非常敏感。

3.3　偏航故障状态信号选取方法

ReliefF 算法是通过分析和比较各类参数间的权重值来选取参数的一种方法，其中该权重值表示参数间相关程度。该算法的基本思想为找到同类样本集合，将同类样本归为一起，并分类不同样本集合，再通过权重计算公式更新特征权重。具体步骤如下：

（1）置零所有特征权重。

（2）设置抽样次数 m，随机选取样本集 D 中的一个作为初始样本，接着找到 k 个同类和不同类的最相近样本。

（3）设置运行次数 N，为取得更好效果，运行 20 次，以其平均值作为最终权重，根据权重计算公式更新每个特征权重 W。

$$W(A_N) = W(A_{N-1}) - \sum_{j=1}^{k} diff(A, R, H_j)/(mk)$$

$$+ \sum_{Class(R)} \left\{ \frac{p(C)}{1 - p[Class(R)]} \times \sum_{j=1}^{k} diff[A,R,M_j(C)] \right\} / (mk) \tag{2}$$

对于连续型特征，则

$$diff(A,R_1,R_2) = \frac{|R_1[A] - R_2[A]|}{\max(A) - \min(A)} \tag{3}$$

对于离散型特征

$$diff(A,R_1,R_2) = \begin{cases} 0, & R_1[A] = R_2[A] \\ 1, & R_1[A] \neq R_2[A] \end{cases} \tag{4}$$

式中：$p(C)$ 为类别 C 的概率分布情况；$Class(R)$ 为样本集 R 的类别；H_j 为 $Class(R)$ 中 R 的第 j 个最相近的样本；$M_j(C)$ 为类别 C 中的第 j 个最相近的样本；$diff(A,R_1,R_2)$ 为 R_1 和 R_2 这 2 个样本集在特征值 A 上的差值。

SCADA 参数特征权重排名见表 3。

表 3　SCADA 参数特征权重排名

序号	SCADA 参数	权重	序号	SCADA 参数	权重
1	发电机转速	0.686	5	风速	0.483
2	机舱温度	0.791	6	风轮转速	0.355
3	环境温度	0.755	7	桨距角	0.214
4	功率	0.587			

由于风速具有时速性，但风轮是一个巨大的惯性系统，风轮转速不具备突变性，其数值的变化不仅与当前的风速值有关，同样与前一阵时间内的风速平均值有关。据以上分析，需要通过分析特征参数变化速率来判断故障情况。定义状态参数变化速率的计算公式如下：

若 $y = y(x)$ 为连续函数，则函数 $y(x)$ 的导数为

$$d_y/d_x = \lim_{X \to 0} [y(x) - y(x - X)] / X \tag{5}$$

式中：X 为采样间隔。

3.4　故障诊断神经网络结构设计

反向（Back Propagation, BP）神经网络是一种按误差逆传播的多层前馈网络，结构简单，将每次计算的权重和误差不断反向传递，进而通过不断调整权值和阈值来达到要求的精度，具有极强的非线性映射能力，在风电机组的故障诊断与预测中应用比较普遍。BP 神经网络基本结构包括输入、输出和隐含层 3 层结构。

使用 Matlab 软件建立 3 层 BP 神经网络模型，用以预测偏航齿轮箱故障，输入层为 6 个输入指标：发电机转速、机舱温度、环境温度、功率、风速、风轮转速。设处理选取的 SCADA 参数数据后的集合为

$$X^* = (X_1^*, X_2^*, X_3^*, X_4^*, X_5^*, X_6^*) \tag{6}$$

则偏航齿轮箱故障状态定义为

$$Z_n = f_n(X_1^*, X_2^*, X_3^*, X_4^*, X_5^*, X_6^*) \tag{7}$$

式中：$n = 1, 2, 3$；当输出为 000 时代表机组处于正常状态，输出为 010 时代表偏航系统处于磨损状态，输出为 100 时代表偏航系统发生断齿故障，应紧急处理。神经网络输出诊断结果见表 4。

神经网络模型结构见图 5，其中 z_1, z_2, z_3 代表 BP 神经网络的输出。

表 4		神经网络输出诊断结果
模式	输出	输出描述
正常状态	000	运行正常
磨损状态	010	出现磨损，偏航迟缓
断齿状态	100	偏航无法进行，停机

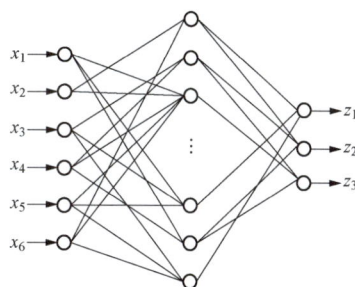

图 5　BP 神经网络诊断模型

4　偏航系统故障诊断研究展望

（1）现有的大型风电机组偏航系统只基于单一或 2 种参数信号监测，且仅限于风电机组故障越限报警停机功能。在未来，可着重于研究出多参数故障预测偏航故障诊断系统，提供更高效快捷的运行维护方案。

（2）成本问题是各大风电企业所考虑的重点。基于此，对于亟待开发应用的在线故障诊断系统而言，其开发成本将是重点考虑的问题。相对于传统建模分析手段而言，在现有的大数据 SCADA 系统平台背景下，基于 SCADA 的数据挖掘技术开发的偏航系统故障在线诊断系统更具发展前景，其成本可以得到有效控制；但由于不同厂商的不同类型风电机组的 SCADA 系统存在差异性，因此，系统兼容性也是开发者需要考虑的问题之一。

（3）现有大型风电机组的 SCADA 系统的数据精度已得到一定程度的提升，相比于以前的 10 min/次的数据采集精度，现在可以达到 1 s/次的数据采集精度。但是在这种精度下提供数据的有效性有限，比如高频数据难以提供，因此为了提供更好的故障分析，需要不断地精细化数据。而且由于各大运营风电场出于商业保护等原因，导致海量的风力机有效数据不能得到充分利用，更谈不上及时利用。基于现有的人工智能技术、大数据、云端数据平台的开发利用，未来，可建立可靠的云端共享平台，在远程情况下即可及时且最大化地利用风力机有效数据，有助于偏航系统故障在线诊断系统的开发。

（4）现有大型风电机组故障诊断通常以现场技术人员的工作经验判断作为主要形式，但是这种诊断方式与风电场工作人员的工作时间长短和积累经验是否丰富有较大关联，不仅效率低下而且误差较大。在未来，由于风电机组的复杂结构，故障诊断方法的单一性会使偏航系统故障诊断精度难以达到要求，因此，需要建立完善的偏航系统故障诊断专家系统数据库，且其可以有效结合其他故障诊断方法进行分析诊断，即采用多种方法融合的方式，综合各种方法的优势，会更适合风电机组偏航系统的故障分析及诊断。

5　结论

本文分析了风电机组偏航系统结构的特点，并对偏航系统故障类型及对应的故障机理进行了描述，提出一种基于 SCADA 数据特征提取的偏航系统故障诊断方法，包括核密度 - 均值法及 DB-SCAN 算法，对风电场实际数据利用 DBSCAN 算法进行 SCADA 数据整理，剔除了非正常数据。在此基础上采用 ReliefF 算法进行偏航异常相关参数特征选择，选取出了发电机转速、机舱温度、环境温度、功率、风速、风轮转速共 6 个特征参数，可用来做偏航齿轮箱故障诊断的识别参数。

参考文献

[1] CHEN Z，GUERRERO J M，BLAABJERG F，et al. A review of the state of the art of power electronics for wind turbines [J]. IEEE transactions on power electronics，2009，24 (8)：1859 - 1875.

[2] Z. Hameed，Y. S. Hong，Y. M. Cho，et al. Condition monitoring and fault detetion of wind turbines and related algorithms：A review [J]. Renewable and Sustainable Energy Reviews，2009，13 (1)：1 - 39.

[3] Amirat Y.，Benbouzid M. E. H.，Bensaker B.，et al. Condition monitoring and fault diagnosis in wind energy conversion systems：A Review [C]. IEEE International Electric Machines & Drives Conference. IEMDC' 07，Antalya，Turkey，2007，(1)：1434 - 1439.

[4] 罗方正. 风电机组偏航系统运行特性分析 [D]. 北京：华北电力大学，2017.

[5] 周楠，赵荣珍，郑玉巧. 大型风电机组偏航轴承动态性能研究 [J]. 机械传动，2016，40 (1)：64 - 67，109.

[6] 付亮. 风力发电机轴承润滑方式的改进 [J]. 通用机械，2018 (12)：30 - 31.

[7] YAN L，ZHAO R，HONG L，et al. Dyna turbine generator yaw gear system with elastic impact and its simulation [C]. Fourth International Conference on Intelligent Systems Design and Engineering Applications，Zhangjiajie，China，November 6 - 7，2013，Washington，DC：IEEE Computer Society，2013：284 - 290.

[8] 钟杰，梁裕国，晏红文，等. 风力发电机组偏航系统联接螺栓强度分析方法研究 [J]. 机械工程师，2014 (7)：187 - 189.

[9] GÖNCZ P，GLODE S. Calculation model for pre - stressed bolted joints of slewing bearings [J]. Advanced engineering，2009，3 (2)：175 - 186.

[10] 王耀，单泽众. 风电机组偏航执行机构噪音剖析和预防 [J]. 中国科学：技术科学，2019 (5)：1 - 8.

[11] 陶磊. 风力发电新型偏航驱动器设计与研究 [D]. 大连：大连理工大学，2010.

[12] HAANS W，SANT T，VAN KUIK G，et al. HAWT nearwake aerodynamics，Part I：Axial flow conditions [J]. Wind energy，2008，11 (3)：245 - 264.

[13] 张彬. 新型风电偏航驱动减速机减振降噪机理与仿真分析 [D]. 长沙：湖南大学，2011.

[14] 郑大周，王兵，莫尔兵，等. VDI 2230 在风电机组螺栓分析中的应用 [J]. 东方汽轮机，2013 (2)：26 - 31.

[15] 朱振海. 风力发电机组故障诊断与预测技术研究综述 [J]. 工程建设与设计，2018 (18)：63 - 64.

[16] 闫利文，艾存金，王福山，等. 基于 AMESim 的风力发电机液压偏航驱动系统的研究 [J]. 液压气动与密封，2015，4 (35)：19 - 21.

[17] 苏文海，姜继海，刘庆和. 一种风力发电机的偏航驱动装置：[P]. 2009 - 02 - 20.

[18] 苏文海，陈建华，姜继海. 用于风力发电机上的无偏航齿轮的偏航驱动装置 [P]. 2009 - 01 - 24.

[19] 高杨. 降低风力发电机偏航减速箱断齿故障率初探 [J]. 中小企业管理与科技（上旬刊），2017 (11)：176 - 177.

[20] 陈波，何明. 兆瓦级风电机组偏航系统异响原因分析和改进 [J]. 风能，2012 (11)：88 - 91.

偏航电机过载故障案例分析

李杨，张秉龙

（华能四平风力发电有限公司）

摘　要： 某风电场共安装 20 台 FD77 - 1500 - Ⅲ 机组，机型为双馈机组，机组没有偏航软启动器。每台机组有 4 台偏航电机，配套 4 台偏航减速器，每台偏航减速器下面都有 2 个偏航卡钳，整机有 8 个卡钳制动偏航大盘。多数机组为重齿减速器，少数为南高齿减速器，2019 年以来，多台次重齿减速器的机组，报出偏航电机过载故障，绝大多数都是偏航减速器打齿，少数为偏航电机损坏。下面主要以 C16 号风电机组案例为主，个别风电机组特殊案例为辅，进行偏航电机过载故障原因分析及处理过程。

关键词： 偏航电机过载；空气开关跳闸；减速器打齿

1　故障基本情况

机组后台报出偏航电机过载，连带出机组机舱控制柜、塔筒柜安全链故障，后台不能复位，需要登塔确认故障现象，一般来说都会有控制偏航电机的空气开关跳闸，若有 1 个空气开关跳闸，这种情况下相对来说比较好判断，若出现 2 个以上空气开关跳闸的情况，就不好直接找出故障点进行分析处理，需要多次尝试才能找出根源。

2　造成故障的主要原因

2.1　机械方面的原因

（1）电机电磁刹车间隙变小，导致刹车阻碍电机运行，造成电机过电流，空气开关保护跳闸，报出故障。

（2）偏航减速器内部打齿，导致偏航电机产生的扭矩，无法通过减速器内部的轮系传递到偏航大盘，造成电机过电流，空气开关保护跳闸，报出故障。

（3）偏航大齿圈表面或者减速器底座的轮齿有损坏 。

2.2　电气方面的原因

（1）偏航电机 690V 供电的 4Q1、4Q2 空气开关同时或者 1 个损坏。

（2）控制 4 个偏航电机的空气开关 4Q3、4Q4、4Q5、4Q6 全部或者个别损坏。

（3）控制偏航电机左右偏航的接触器 26K4、26K5、26K6、26K7 损坏。

（4）控制偏航电机电磁刹车的继电器 27K8 出现损坏。

2.3　液压方面的原因

（1）偏航余压过大，导致偏航卡钳对偏航大盘产生的制动力过大，影响了偏航大盘的转动。

（2）偏航卡钳油缸出现卡涩，导致卡钳没有松开，始终制动偏航大盘。

3　故障处理及查找故障根源的过程

3.1　电气方面的处理过程

（1）故障发生后，在塔底将风电机组打至维护后登塔至机舱，打开机舱控制柜，检查偏航电气回路，查看是否有空气开关跳闸，若有空气开关跳闸，将跳闸空气开关的上级电源断开，保证跳闸空气开关上口是没有电的，将跳闸空气开关重新合闸，测量每相导通是否良好，若空气开关导通良好，再拆除跳闸空气开关上、下口的接线，测量空气开关本体绝缘阻值，看阻值是否合格，若合格，则表示空气开关本身没有问题，恢复跳闸空气开关上口接线。机舱控制柜内控制偏航电机的4个旋转空气开关如图1所示。

图1　机舱控制柜内控制偏航电机的4个旋钮空气开关

机相间绝缘阻值如图3所示。

（2）打开跳闸空气开关控制的电机接线盒，拆掉电机接地线，测量空气开关下口接线相间绝缘阻值、对地阻值，测量的是电源线及电机的总体绝缘，若合格，则代表不是电机原因；若不合格，则意味着电源线和电机有问题，将电机接线盒内的电源线从端子上拆除，检查电机三相连接片的螺栓是否松动，若有松动对其进行紧固，测量电机相间绝缘阻值是否平衡，若平衡表示电机正常，若不平衡表示电机绝缘损坏，需要更换电机；再测量电机电源线导通是否良好，检查电源线外绝缘皮是否完好。偏航电机内部接线如图2所示，用万用表测量电

图2　偏航电机内部接线

图3　用万用表测量电机相间绝缘阻值

（3）检查26K4、26K5、26K6、26K7 4个接触器及其辅助触点，当27K8接触器吸合时，偏航电磁刹车同时打开，26K4、26K5两个接触器同时吸合，或者26K6、26K7两个接触器同时吸合，偏航电机才会得到电源，执行向左偏航或者向右偏航动作，若其中一个接触器出现故障或者损坏，会导致偏航失败；用万用表检测4个接触器，需要先将4Q3、4Q4、4Q5、4Q6 4个空气开关分闸，防止偏航电机通电动作，手动分、合接触器数次，一个是测量接触器下口是否与上口电压相同；另一个可以检验接触器动作是否有卡涩现象，若接触器及其辅助触点均正常，可以考虑是机械方面和液压方面出现了问题。偏航电机制动图纸如图4所示。

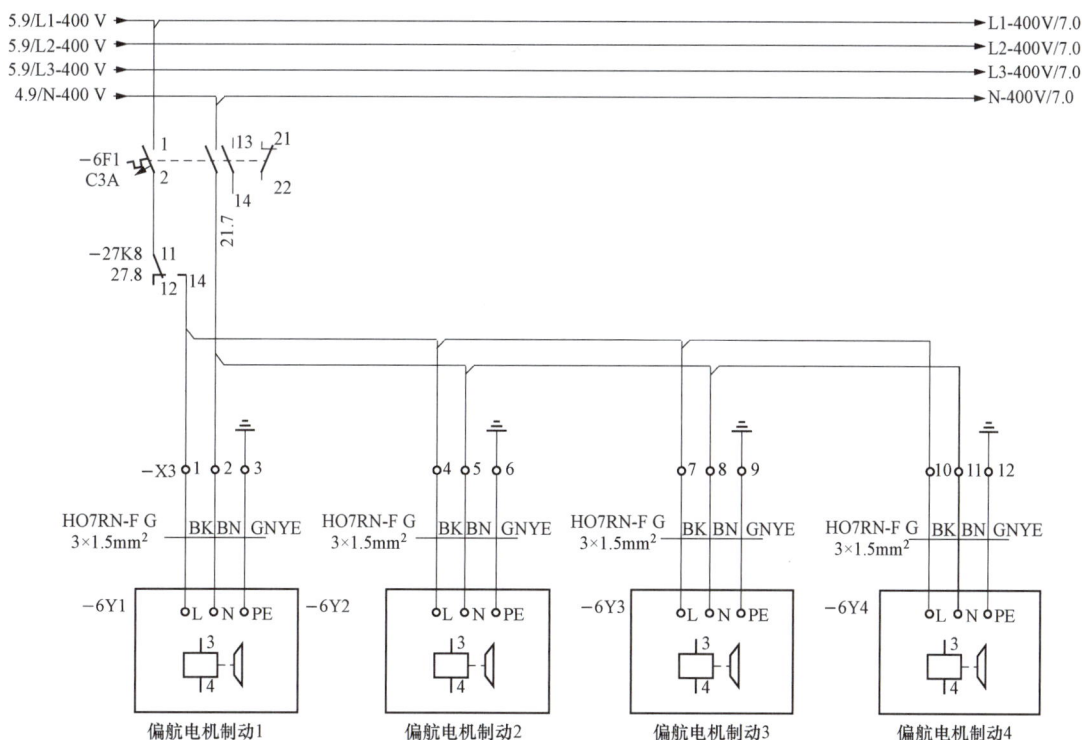

图 4　偏航电机制动图纸

3.2　机械方面的处理过程

（1）若怀疑故障点在机械方面，需要检查偏航电机的电磁刹车是否能正常打开以及电磁刹车间隙是否过小，电磁刹车若不能正常打开，很可能是电磁刹车损坏了需要更换；若电磁刹车能正常打开，但是转动偏航电机主轴很吃力，或者根本转不动，则要考虑是否电磁刹车间隙过小，偏航电机轴承是否损坏，以及偏航减速器内部可能存在打齿现象。

（2）在不能确定是哪个环节出问题时，用排除法，重新调整刹车间隙或者直接拆掉电磁刹车，旋转电机主轴，若电机主轴旋转正常，排除了电机本身，很有可能是减速器内部打齿了，大多数情况下打齿部位为与减速器 3、4 级行星齿连接的太阳齿打齿，4 级行星齿打齿，如图 5、图 6 所示。

图 5　与减速器 3、4 级行星齿连接的太阳齿
打齿照片

图 6　减速器 4 级行星齿正面打齿照片

C16 号机组曾经发现过 4 级行星齿背部与减速器底部连接处断齿，如图 7 所示。

（3）当无法具体确定哪个减速器打齿时，先检查减速器底座螺栓，看有没有底座固定螺栓断丝的、有没有固定螺栓松动的，优先拆除断丝的，然后是松动的。拆卸减速器需先将偏航电机拆除，放掉减速器内大约 20L 的存油，露出减速器轮系，逐级拆解检查，看是否有损坏，还需检查偏航大齿圈与减速器底座轮齿是否有断齿，导致机组出现故障，若一切正常，下一步应该考虑液压方面。

3.3　液压方面的处理过程

（1）若怀疑故障点在液压方面，需要将测试偏航余压的压力表，接到液压站测试偏航余压的端口，手动偏航，查看偏航余压表压力是否超过正常的数值，若超过正常压力值，则需要重新调整偏航余压。

（2）检查偏航卡钳，先将液压站手动泄压，待液压站压力表显示为 0 后，手动偏航，观察卡钳是否全部松开。若偏航时还是报出过载跳空气开关，看不出来哪个卡钳有问题，则需要拆卸偏航卡钳，先拆卸跳闸空气开关对应减速器下的卡钳，没有异常再拆卸其他卡钳，直至能正常偏航，这样就能锁定是哪组卡钳出现问题，然后对其进行处理。

C11 号风电机组报过一次特殊的偏航电机过载，之前该风电场 20 台机组刚更换完偏航刹车片，对偏航卡钳本体进行过拆卸，报出故障后，登塔检查发现 2 个偏航电机空气开关跳闸，检查电气方面没有异常，怀疑减速器打齿，逐台拆解减速器，未见异常，后来逐个拆卸偏航卡钳，才发现有 2 个卡钳内油缸卡涩，导致卡钳不释放，始终抱闸制动偏航大盘。偏航卡钳如图 8 所示。

图 7　减速器 4 级行星齿背部
断齿照片

图 8　偏航卡钳

4　结论

FD77-1500-Ⅲ这款机型设计上存在缺陷，偏航系统没有软启动器，导致偏航电机启停就像计算机的二进制一样，就是 0、1 之间来回切换，偏航电机得令启动就是直接全功率运行，停止的时候是瞬间转速到 0，这样会对减速器内部轮系产生很大的冲击，若不进行技术改造，此故障的频率很难大幅度下降。

（下转 416 页）

风电机组偏航轴承故障分析

杨飞，张海涛

（甘肃龙源风力发电有限公司）

摘　要： 风电机组设备比较复杂，技术难度较高，伴随着单机容量越来越大，风电机组偏航轴承失效情况日益凸显，本文将对风电场风电机组偏航轴承的失效形式进行分析，并提出相应的应对措施。

关键词： 风电场；风电机组偏航轴承；故障分析；应对措施

1　故障基本情况

2019 年 7 月 3 日，某风电场运行维护人员对风电机组进行例行点检，发现三组偏航制动器与偏航刹车盘摩擦干涉，塔架侧部分密封圈脱落。将偏航制动器上方垫片全部去除，调整间隙再次进行偏航，发现其余七组制动器在某些位置也发生干涉。测量机舱底座至偏航刹车盘距离，最大差值达 4mm，这就意味着机舱底座与偏航刹车盘不平行。仔细观察十组偏航制动器，发现都有不同程度磨损痕迹。

2　原因分析与诊断

经现场检查，偏航轴承塔筒侧密封圈有长约 1.5m 从密封槽脱落，平铺在偏航刹车盘刹车面上（见图 1），偏航轴承机舱底座侧密封圈完好。观察密封圈表面无断裂、龟裂现象，偏航轴承内油脂硬化、干涸（见图 2）。

在偏航轴承对称 6 点处（见图 3），使用游标卡尺测量刹车盘下端面到轴承内圈非基面距离 L（见图 4），测量数据见表 1。

图 1　密封圈脱落

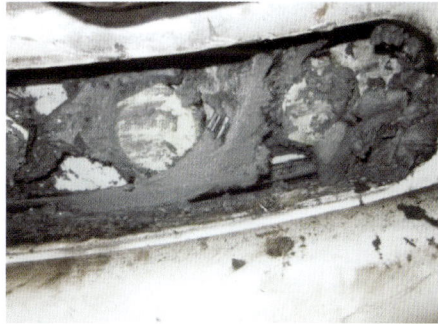

图 2　油脂干涸

表 1　　　　　　　　　　　　　　　　距离 L 测量值

位置	1	2	3
测量值（mm）	56.4	56.3	59.34
位置	1—1	2—2	3—3
测量值（mm）	60.33	60.24	60.43
差值	3.93	3.94	1.09

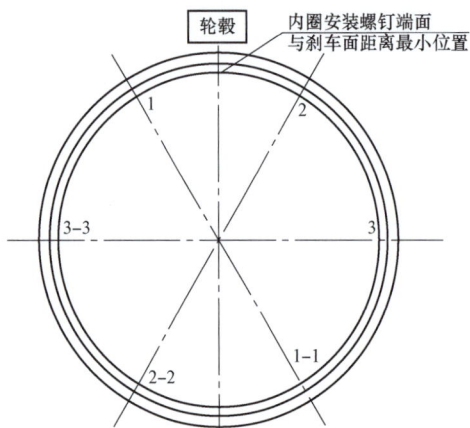

图 3　测量点示意图

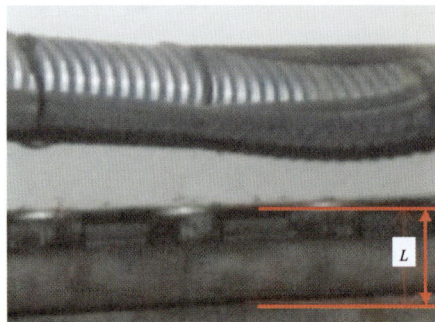

图 4　测量值 L 示意图

通过对测量结果进行分析、计算，内外圈高度差最大值为 3.94mm，确定偏航轴承内外圈已经发生位移，偏航轴承已经损坏。偏航轴承内外圈发生位移，密封圈受到额外挤压导致脱落，脱落后油脂受到外界污染。另外，轴承内外圈发生位移后，滚动体与滚道摩擦加剧，轴承温度升高，导致轴承内油脂逐渐变干。

3　故障处理过程

将偏航轴承下塔拆解后，发现内外圈滚道均有不同程度的损伤（见图 5），且隔球器损伤严重，大部分隔球器已经碎裂（见图 6），但是钢球外观良好，无明显损伤。

图 5　滚道损伤

图 6　隔球器碎裂

轴承滚道生产时，为提高表面硬度，需对内外圈滚道进行淬火热处理。因此，为进一步确定轴承滚道生产时是否符合技术标准，拆解后对滚道硬度及淬硬层深度进行检测，结果见表 2。

表 2　滚道硬度及淬硬层测量值

项目	上半边滚道	下半边滚道
标准值	≥4mm/55～62HRC	≥4mm/55～62HRC
外圈滚道	4.5～5.6mm/65HRC	4.3～5.5mm/66HRC
内圈滚道	5.1～6.0mm/66HRC	5.4～6.0mm/66HRC

通过对损坏轴承拆解检测分析，偏航轴承内外圈、钢球、隔离器化学成分、机械性能符合要求，但是隔球器基本碎裂，滚动体钢球分布不均匀，这应该是轴承内外圈发生位移的主要原因。

鉴于此轴承已无法修复，现场采取更换新轴承的方式恢复机组运行。

4　结论和预防措施

4.1　结论

通过现场测量和拆解检查，发现偏航轴承隔球器损伤严重，大部分隔球器已经碎裂，隔球器非正常碎裂是偏航轴承损坏的主要原因。由于钢球间没有了隔离，使得钢球向轻负载区（机尾）偏移，重负载区（机头）钢球数量减少，导致滚动体与滚道的接触应力超出了滚道的许用接触应力，造成滚道损伤。轴承滚道损伤后，钢球进一步向轻负载区偏移，重负载区失去钢球支承。同时异常的载荷使偏航轴承内部受力复杂，导致隔离器及滚道进一步损坏，最终导致机头下沉，表现出偏航制动器与偏航刹车盘接触干涉。

造成隔球器损坏的原因可能是隔球器在安装时数量不足，导致个别钢球间没有了隔离，使钢球向轻负载区偏移，进而发生损坏，或者操作失误导致安装时隔球器就已发生损坏。

4.2　预防措施

（1）加强生产环节检验。对风电机组大部件故障的成因进行分析可以得出，部分故障是由生产制造工艺不合格或设计缺陷造成的，尤其是大容量机组快速发展，这就需要设计、制造人员加强对大部件设计的合理性和制造工艺，并对当前风电机组偏航轴承存在的故障表现及成因进行分析，在设计过程充分考虑现场复杂工况，严格按照工艺流程生产和检验，使产品达到预期寿命。

（2）提升安装过程的工艺标准。除了设计制造方面的问题，在安装过程中也会对风电机组偏航轴承的质量以及寿命造成一定的影响。安装过程中，工作人员应该严格按照安装工艺、流程及顺序进行操作，防止因为安装工艺不达标而导致轴承运行受到影响，同时还要注意轴承结合时的准确性以及紧密程度，使稳定性进一步提升。另外，在轴承安装完成之后，还应该对其进行必要的测试、测量，当发现存在问题时，应及时对其进行调整改进，保证各项设备达到最优化配置。

（3）加强运行维护质量。在风电机组安装并网之后，要加强对偏航轴承的维护保养力度，从而保证正常运行。

1）偏航轴承需要良好的润滑方可达到预期寿命，因此需要定期对其补充油脂。具备自动润滑功能的风电机组，应定期检查自动加脂设备的工作情况，例如分配器、油管有无堵塞，轴承加油嘴处有无新油，从而间接判断轴承内部润滑情况。

2）保持轴承清洁，以便于良好的散热，防止润滑脂基础油流失、干涸。

3）定期检查轴承密封圈是否存在老化龟裂、断裂和脱落，能否起到良好的密封作用，以免污染物进入轴承滚道，导致异常磨损。

4）尽量避免紧急停机，减少偏航轴承受到的冲击载荷，防止滚道、钢球和隔球器疲劳损坏。

第10部分
其　他

风电场风电机组通信中断故障的排查、处理和预防

李建伟

（华能大理水电有限责任公司）

摘　要： 尽管风电场风电机组通信一般采用比较可靠的光网络自愈式环网结构，但风电机组通信中断故障还是时有发生。一旦风电机组通信中断，主控室和集控中心将失去对其远方监视和控制功能，风电机组运行存在很大的风险。因此通信中断故障发生后的快速恢复非常重要。为进一步研究风电机组通信中断的原因，总结更快、更好的故障处理方法，本文结合某风电场具体案例对此类故障的排查、处理和预防做了简要介绍。同时提出了针对性的预防措施和建议，对于风电场风电机组通信中断故障预防和处理方面具有很好的借鉴意义。

关键词： 风电机组；通信中断；自愈式环网；排查；预防

1　引言

该风电场一回线一共接入 16 台风电机组，风电机组一回环网网络拓扑图如图 1 所示，为跳环结构。图 1 中的 B 为环网交换机，安装在升压站继保室内；A 为每台风电机组的节点交换机，安装在风电机组塔基柜内。环网交换机使用的是 MOXA 型号为 EDS-G512E-4GSFP 的工业以太网交换机，节点交换机使用的是 MOXA 型号为 EDS-510E-3GTXSFP 的工业以太网交换机。节点交换机 SFP 接口通过光模块和光纤跳线接入塔基光纤配线架。光缆布置情况：每台风电机组从塔基光纤配线架布置一根直埋式 48 芯铠装光缆至风电机组终端杆塔，与两根 24 芯架空光缆熔接，通过两根架空光缆分别接至相邻的两台风电机组。环网内最后两台风电机组通过集电线路架空光缆接至升压站内继保室光纤配线架，再通过光纤跳线接入环网交换机。

针对风电场风电机组分布分散，风电机组离主控室较远，且风电场对风电机组通信的可靠性和及时性要求较高的实际情况，风电机组通信一般采用光网络自愈式环网结构。这是一种结构相对简单可靠，应用较为广泛的网络结构。虽然此种网络结构相对稳定可靠，但是由于风电场动辄几十上百台风电机组，环网传输节点设备非常多，光纤传输距离比较长，难免会出现风电机组通信中断故障。而风电机组通信一旦中断，主控室和集控中心将失去对风电机组的监视和控制功能，可能会造成一些意想不到的后果。而且通信中断期间的发电量以及风速等关键运行数据将会丢失，对后续的风电机组运行分析也会造成一定影响。本文基于该风电场风电机组通信环网发生的典型故障结合一回环网拓扑图，来论述风电机组通信中断故障的排查、处理以及预防措施。

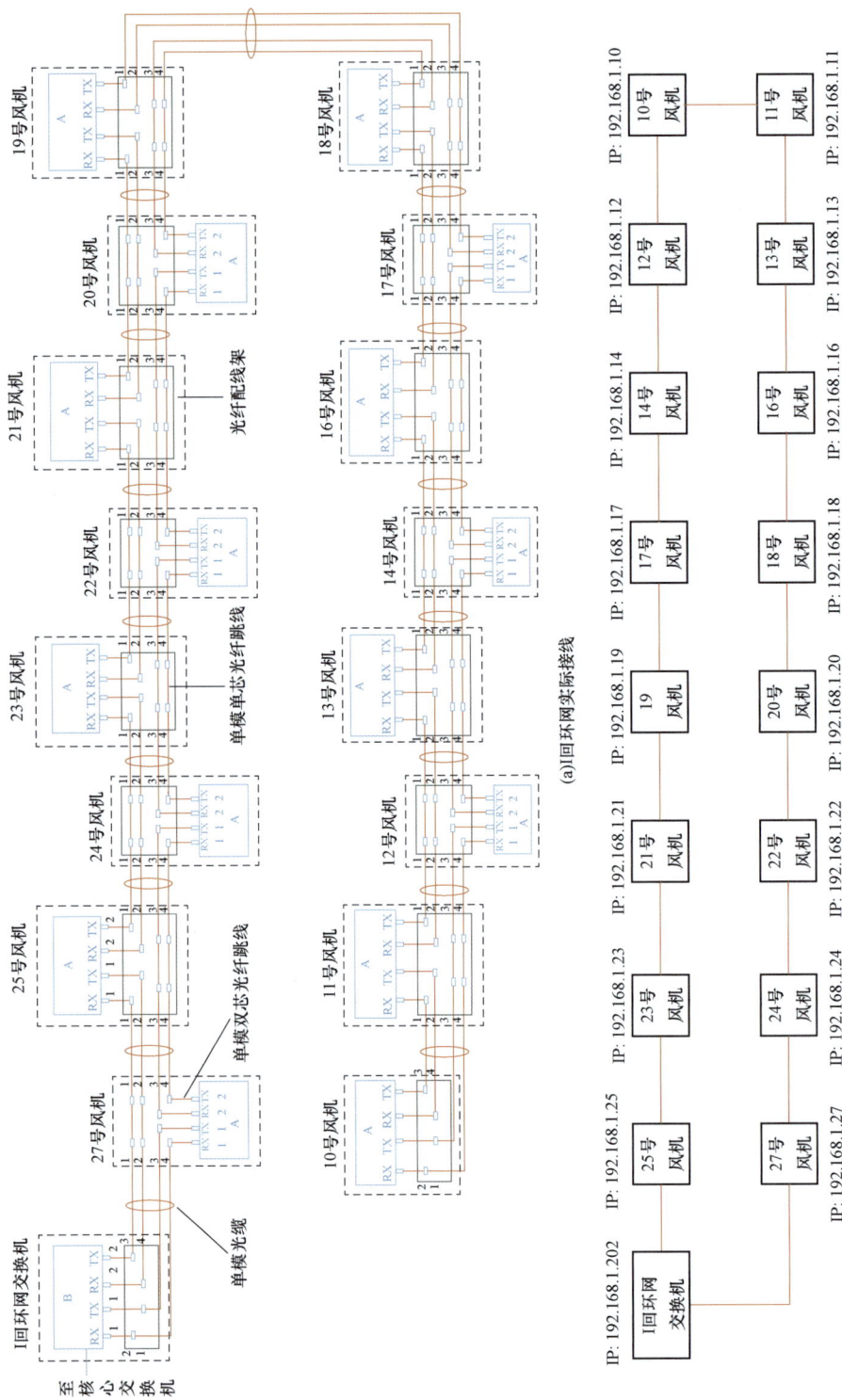

(a)I回环网实际接线

(b)I回环网逻辑拓扑图及IP地址分配

图 1　一回环网网络拓扑图

2　故障基本情况

2.1　故障现象

因为该风电场开展一回线 25 号箱变滤油工作，所以将 25 号风电机组停电。当 25 号风电机组停电大约 2h 以后，风电机组 SCADA 系统突然显示一回线出现多台风电机组通信中断，显示状态未知。

2.2　故障分析和处理方法

由于该风电场风电机组通信采用的是光网络环网结构，正常情况下一台风电机组停电时不会影响其他风电机组正常通信。所以此次多台风电机组通信同时中断，说明风电机组通信环网中必定还有其他故障点。结合图 1 分析，25 号风电机组停电以后，经过大约 2h，风电机组 UPS 电量耗尽，风电机组节点交换机停止工作。一回线的风电机组只能通过 27 号风电机组与环网交换机通信。此时，25 号、23 号、21 号、19 号、17 号、14 号、12 号、10 号、11 号风电机组同时通信中断。可以断定环网中在 11 号与 13 号风电机组之间的通信链路必然存在一个故障点。经过现场排查，最终发现 13 号风电机组节点交换机上 G2 口指示灯不亮，G3 口指示灯正常闪烁。通过将 G3 口光模块与 G2 口调换来确定是光模块损坏还是光纤中断等其他原因引起，结果调换后 G2 口指示灯正常闪烁，而 G3 口指示灯不亮，可以判定故障点为之前的 G2 口光模块损坏。而 G2 口所接光纤正是通往 11 号风电机组。最后，更换损坏的光模块后风电机组通信恢复正常。

2.3　故障处理总结和反思

由于通信中断故障多为突发故障，而风电机组离升压站也有一段路程，所以排查和消除故障需要一定的时间。在此期间通信中断的风电机组处于无法监视和控制的状态，有一定的风险。所以在风电机组通信中断后第一时间恢复通信。案例中的故障处理也算及时，但是还是使 9 台风电机组通信中断将近 1h。那类似案例中的情况还有没有更快更好的处理方法呢？答案是肯定的，而这个时候我们就需要一个小配件，即光纤适配器。具体如何操作呢？还是以上文中的案例为例。虽然箱式变压器滤油无法在短时间内完成，但是在发现风电机组通信中断的第一时间，可以在 25 号风电机组光纤配线架位置将 25 号风电机组通往 27 号和 24 号风电机组的两对尾纤直接用光纤适配器对接，即将 25 号风电机组隔离出环网。这样通信中断的风电机组即可马上恢复。接着再排查处理 11 号与 13 号风电机组之间的通信故障即可。这样可以大大缩短风电机组掉线的时间。

光纤适配器如图 2 所示，25 号风电机组光纤配线架如图 3 所示。

图 2　光纤适配器

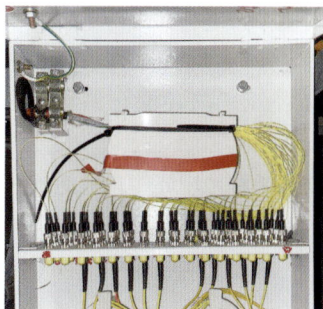

图 3　25 号风电机组光纤配线架

3 通信中断故障的预防

其实光网络自愈式环网结构是一个非常稳定可靠的网路拓扑结构，那为什么时不时还会发生风电机组通信中断故障呢？总结经验，发现其中一个重要的原因是因为自愈式环网结构可以在环网链路中有一个断开点的情况下依然能够正常运作，也正是因为这个优点，导致在有的时候环网链路中已经有一个断开点了，而运行维护人员却发现不了。比如该风电场 13 号风电机组节点交换机上光模块损坏一个，这个时候风电机组 SCADA 上面并不会有什么异常，所有风电机组都在线。在这个时候，又遇到 25 号机组由于工作原因需要停电，此时 25 号、23 号、21 号、19 号、17 号、14 号、12 号、10 号、11 号风电机组的通信就会意外中断。

那么如何预防风电机组发生通信中断呢？只要做到以下两点就能极大地减少风电机组通信中断的发生。

（1）定期对环网通信设备进行专项巡检。检查每一台节点交换机与其两侧相邻风电机组节点交换机的通信是否正常（通过观察节点交换机的指示灯即可判断），发现异常立即处理。

（2）定期对风电机组环网光缆的备用芯进行测试，发现有断点的及时检查处理，保证在发生光纤中断时有足够的正常备用芯用于更换损坏的纤芯。

最后通过本文的案例我们可以得到一种在风电场检修期间快速测试风电机组通信环网链路是否存在单一断点的方法。只需要在所有风电机组手动停机以后，将风电机组环网交换机上的两组光纤断开一组，例如图 2 中 25 号风电机组与环网交换机之间的光纤断开。如果整个环网的风电机组通信依然正常，说明环网没有问题，如果有一部分风电机组通信中断了，例如像本文案例中的 9 台风电机组通信中断了，则说明 11 号风电机组与 13 号风电机组之间的通信链路已断开，需要检查处理。依此类推。

4 结论

（1）因为对风电机组通信的要求是尽量做到零中断，所以我们使用了环网这种可靠性较高的拓扑结构。而环网结构的最大优点是它允许在有一个故障点的情况下保证风电机组通信不中断。但是环网的这个优点恰恰造成了运行维护人员无法通过风电机组 SCADA 在第一时间发现环网中出现了一个故障点。所以在风电机组环网通信的维护中，第一时间发现并消除潜在的故障点就显得非常重要。这样才能做到防患于未然，有效预防风电机组通信中断。环网结构是很可靠，但它最大意义不在于可以让风电机组在环网链路有一个断开点的情况下还能正常通信，而在于给了我们时间和机会去消除潜在的第一个故障点。

（2）风电机组通信中断故障处理不同于一般的风电机组故障处理，它的第一要务是要在第一时间恢复正常风电机组的通信。为此我们可以使用一些手段，比如使用光纤适配器、备用芯等，先将故障点隔离，使正常风电机组的通信先恢复，再根据实际情况处理出现故障的设备。

（3）由于该风电场对地埋光缆的走向作了清晰明显的标识，所以投产以来未发生过光缆被意外挖断等事故。建议新建项目对所有地埋光缆作出相应标识，以防后期施工挖断光缆。

高山风电场风电机组通信中断故障原因分析及处理

李斌

（华能湖南清洁能源分公司）

摘　要： 本文主要以某风电场遭受雷击，造成光纤通信中断事件做切入点，探索风电场通信光缆防雷接地。通过该风电场通信光纤盒烧损问题，分析遭受雷击的原因，并结合自身风电场特点提出几种风电场光缆线路防雷接地的方法。

关键词： 地埋光缆；光纤接地；防雷接地

1　事故说明

该风电场总面积约为 20.9km²，风电机组位于海拔 1350～1934m 之间。风电场总装机规模为 15 万 kW，年上网电量为 31575 万 kW·h，是华中地区在建最大的风电项目。该风电场属南方典型高山林地风电场，地形复杂，冰冻和雷暴天气特别严重，其中 2015 年雷暴天气就有 37 天。在综合考虑建设成本、维护成本、线路损耗与环境保护等因素后，该项目集电线路铺设方式采用电缆直埋，整个风电场地埋电缆长度达 89km。风电机组光纤通信同样采用地埋方式铺设，将 75 台风电机组的通信数据传递至升压站集控。

2019 年 2 月 23 日，该风电场突遭强冷空气来袭，下起暴雪，能见度极低。7～19 号风电机组报"轮毂锁定销未收回"，该故障为受雷击影响造成，初步判断在 1～26 号风电机组附近发生雷击。此时受低温影响，风电机组叶片覆冰严重，风电场全部停机，此时风电场出力为零。20时 57 分 45 秒 501 毫秒，升压站监控系统报"110kV A 线保护启动"；20 时 57 分 51 秒 846 毫秒，"110kV A 线保护整组复归"，保护返回，A 线保护未动作。随后，该风电场 1～22 风电机组、24～26 风电机组出现风电机组通信中断情况，当时风电机组因叶片严重结冰已全部停机，转为备用状态；相继检查继电保护室内各设备后发现，打印 110kV 线路保护装置故障滤波文件，发现 110kV 出线 Ia、Ib、Ic 波形有异常，并存在零序电流。进一步检查 A 线雷电计数器数值为A：8、B：9、C：9，较之前 A 线雷电计数器数值 A：6、B：7、C：7 均有增加，初步判断为风电场区域遭遇雷击。由于当时气候恶劣，且外界情况不明，所以在保证安全生产的前提下并未外出检查。

2019 年 2 月 24 日下午，现场检查 26 号风电机组时发现，其光纤终端盒存在放电烧损痕迹，打开终端盒后发现其内部光纤完全碳化，内部光纤全部烧断（见图 1）。后续检查发现 25 号、24号、23 号、22 号、21 号、20 号完全损坏，19 号风电机组内部一个光纤中间盒完全损坏，15号、14 号风电机组光纤终端盒存在放电痕迹，仍能使用。该风电场立即启动应急预案，风电场运检人员不畏严寒进行抢修，在 2 天内完成全光纤抢通工作，恢复风电机组通信。

2　原因分析

光纤具有不导电性，可以免受冲击电流。但为了使高容量的光纤免受环境事件的影响，光缆必须有铠装元件，主要有金属铠装层、加强芯和业务铜线等，它们都是金属导体。当电力线接近短路或雷击金属构件时，会感应出交流电或浪涌电流，伤害人身安全或破坏线路设备。雷电具有寻找阻抗最小路径以泄放雷云电荷与地下异性电荷中和的趋势。雷击附近大地，落雷点

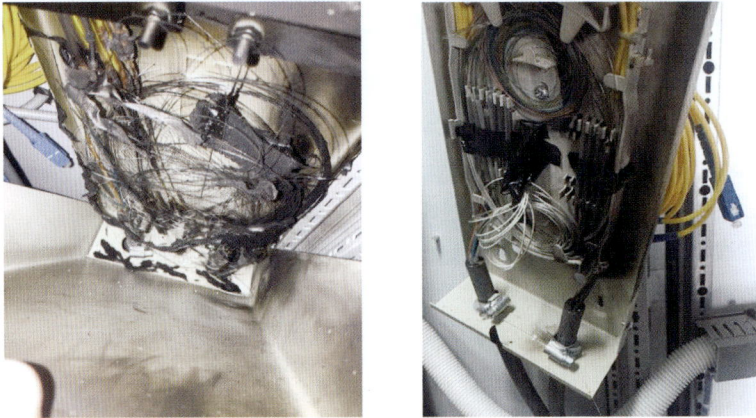

图 1　光纤盒烧损图

的电位升高，而光缆延伸到很远，远端电位可视为 0，所以雷击点附近的光缆电位也视为 0。这样落雷点与光缆之间形成极大的电位差，这一电位差若超过落雷点与光缆外护层间的耐压强度，便会击穿外护层，形成从落雷点到金属构件的电弧通道，使大量雷电流涌向光缆，造成光缆严重损坏。

该风电场的光纤带有铝制金属铠装层，23 日晚间遭遇雷击后，落地雷感应地埋光纤的铝制护铠，使其产生电流并沿着光缆护铠向风电机组扩散，由于在风电机组光纤终端盒处光缆护铠并未可靠接地，导致在该处产生电弧并烧损终端盒。该风电场受损光纤盒分布图如图 2 所示。

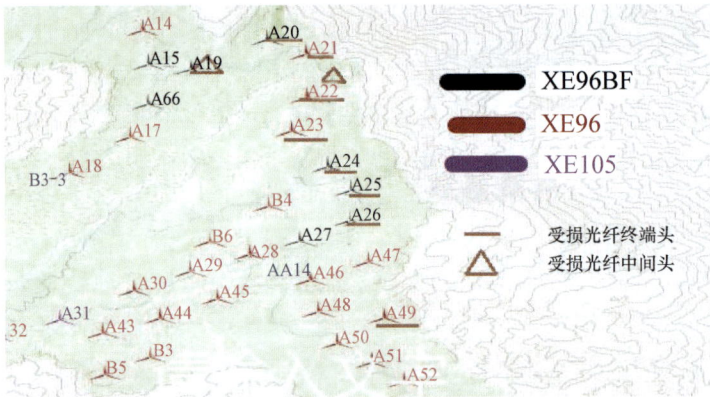

图 2　该风电场受损光纤盒分布图

3　处理及预防措施

资料表明，在以下情况下，光缆线路容易受雷击：金属护套、加强芯或铜线对地绝缘较低的光缆；地形突变、土壤电阻率变化较大的地带；光缆与单棵大树或高耸建筑物隔距不够时。该风电场光缆为金属铠装光缆，光缆线路沿着电缆沟布置且连接的风力发电机组均为高耸建筑物，因此其属于易受雷击线路。

目前埋式光缆线路的防雷主要有如下几种方法。

（1）局内接地方式，光缆中的金属件在接头部位均应连通，使中继段光缆的加强芯、防潮层、铠装层保持连通状态。在两端局（站）内错装层，加强件应接地，防潮层应通过避雷器接地。

（2）对于无业务铜线的光缆，在光缆接头处防潮层、铠装层和加强芯应作电气断开处理，且都不接地，对地呈绝缘状态，可避免光缆中感应雷电流的积累，也可避免由于防雷排流线和光缆金属构件对地回路阻抗差异而导致大地中雷电流由接地装置引入光缆。实践证明这种方法简单有效，因为通常情况下，光缆（无绝缘不良点和接头进水）中的金属构件对地绝缘值较高，雷电流不易进入光缆。

（3）终端盒接地，终端盒的接地装置一定要良好，接地电阻要符合要求。因为终端接地，光缆中的金属护套对地电位为零，若室外光缆有护层破损点，相同条件下雷电流易进入光缆，如果接地装置不好，雷电流不能迅速放掉，就起不到保护作用。

（4）防雷排流线，根据实际运用，在直埋光缆线路上埋设防雷排流线是最为有效的防雷措施。在年平均雷暴日大于 20 日的地区，且无法避开高耸建筑物（如风力发电机组）区段，可按照如下原则设防雷排流线：

1）土壤电阻率为 100～500Ω·m 地段设一条排流线；

2）土壤电阻率大于 500Ω·m 地段设两条排流线。

在敷设防雷排流线的常用做法为采用两条 7/2.2 镀锌钢绞线或者两条直径为 6.0mm 的镀锌钢筋，针对高山风电场，为保证防雷效果和防雷地线使用寿命，也可采用两条直径为 4.0mm 铜包钢线作为排流线。防雷排流线的埋设方法及埋设深度如图 3 所示。

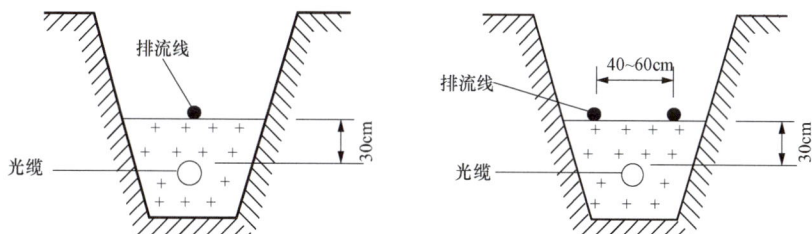

图 3　防雷排流线的埋设方法及埋设深度

（5）对于风电场，高耸的风电机组塔桶作为引雷物体时，光缆遭到直击雷的可能性较小，但是如果风电机组被击中，雷电流通过风电机组的接地网泄漏到光缆，或击穿土壤产生电弧击伤光缆。防护此种雷电的最有效方法就是把防雷排流线做成消弧线圈的形式，消弧线是防雷排流线，但不是直线型的，而是面向光缆以便环绕高耸建筑物或大树形成半圆弧形。消弧线两端均需做接地装置，接地装置距离光缆 15m 以上，接地电阻要求不大于 10Ω。但应注意的是光缆线路距引雷目标间距小于 5m 时，不宜采用消弧线（因为此时光缆很可能处于电弧区），可采用钢管防护。消弧线的埋设如图 4 所示。

对光缆线路进行防雷保护，应当根据风电场的天气、地形等自然条件，有针对性地进行。该风电场年均雷暴天数大于 20 天，光缆线路宜采取防雷措施。该风电场根据自身特点，对风电机组末端的光缆护铠进行可靠接地，利用风电机组接地网将雷电流引入大地，保证设备安全。接地时应注意两点：首先接地线应与光缆护铠可靠连接；其次光缆加强芯只能直接接在风电机组的防雷地网上，不能接在设备保护接地的等电位连接保护地排上。

（下转 596 页）

SL1500 风电机组风速仪故障的处理与预防

张立武

（华能吉林发电有限公司新能源分公司）

摘　要：　风速仪是风电机组测风系统的重要组成部分，它的工作特性直接关系到风电机组控制策略和发电效率。风速的传感器采用的是传统的三杯旋转架结构，通过固定在旋转架上的装置经传感器检测后将信号传送到 PLC 内进行计算。

关键词：　SL500 风电机组；风速仪；卡涩

1　引言

某风电场风电机组为 55 台 SL1500 型机组，2009 年投产运行，风速传感器主要采用的感应组件是三杯式风杯组件。风速传感器的好坏直接影响风电机组控制策略和发电效率。当风速小于 2.2m/s 时，风电机组切出系统；当风速大于 3m/s 时，风电机组切入系统，进行并网发电；当风速高于 25m/s 时，风电机组因风速过高切出系统，自动停机；当风速下降为 18m/s 时，风电机组再次并网发电。随着机组运行时间的增加，设备老化，运行环境恶劣，风速仪故障率出现的概率相对较高。测风仪作为风电机组感知外部环境的重要部件（风速、风向），其中以机械式和超声波测风仪应用最为广泛。如按其输出的信号类型可分为通信式（RS485、RS422、RS232、CAN 通信）、脉冲信号式（双态输出型、格雷码型）、模拟量式（4～20mA/0～10V）。而大部分风电场都是两种以上的风电机型，每种机型应用的测风仪的种类也都在两种以上，这给现场检修人员在故障分析和排查上带来了较大的困难，所以本文针对三风杯式风速仪故障处理和预防工作进行浅析。

2　风速仪工作原理介绍

风速传感器的感应组件为三杯式风杯组件。为了减小启动风速，采用特殊材料的轻质风杯和宝石轴承支撑。当风速大于 0.4m/s 时就产生旋转，信号变换电路为霍尔集成电路。在水平风力驱动下风杯组旋转，通过主轴带动磁棒盘旋转，其上的数十只小磁体形成若干个旋转的磁场，通过霍尔磁敏元件感应出脉冲信号，其频率随风速的增大而呈线性增加。

3　风速仪故障原因分析及优化方案

3.1　故障发生概况

随着风速仪设备长时间的运行，正常的机械磨损无法避免。在恶劣天气下，沙尘进入风速仪旋转部件会加重磨损；若风速仪密封较差，在冬季，雪融化后，水蒸气进入风速仪的旋转部位，环境温度降低后发生冰冻，导致风速仪无法旋转。风速传感器常见的故障现象如下：

（1）转动不灵活、有卡滞；

（2）风速示值为 0m/s；

（3）风速示值与电接风风速指示值比较有明显的偏差；

（4）启动风速明显偏高；

（5）低风速时正常，风速大时不正常或明显偏低。

3.2　故障触发情况

监控系统显示风电机组故障触发，根据故障触发条件，故障名称可能为发电机转速与风速不匹配、风速与功率不匹配以及大功率、小风速中的一种，检修人员现场通过监控系统将故障风电机组风速与临近风电机组风速进行对比分析，初步分析判断故障情况。

3.3　原因分析与诊断

遇到以上情况的时候可以进行如下分析：

（1）带电测量风速传感器，若有故障，更换传感器。

（2）发现有卡滞现象，拆卸传感器进行维护清洗或更换传感器。

（3）风速示值为 0m/s，检查电缆线和电源供电系统有无问题，用备份设备联机，转动风速轴，如轴转灵活，无明显噪声，则说明风速传感器转动部分工作正常，检查示值有无数据，有数据则检查其他部分工作是否正常；无数据，则风速传感有故障，更换传感器。

（4）用万用表检测控制柜内信号转接盒中防雷与地之间有无频率变化，没有则传感器有故障。

（5）用风向风速校验仪检验风向传感器工作是否正常。

3.4　风速仪日常维护注意事项

检查风速传感器观察风杯和风向标转动是否灵活、平稳，垂直牢固地连接在风速仪风杯的护架上并反向旋转托盘螺母是否完好。发现异常时，清洗传感器轴承，正常情况下，每年定期清洗一次传感器轴承。建议每年应用便携式风电测风仪检测仪进行风速校准，若偏差较大则立即进行处理。

3.5　便携式风电测风仪检测仪使用方法

检测获取有用的信息，信息以信号的形式表现出来。一个完整的检测系统通常由传感器、中间转换（调理电路）、微机接口电路、分析处理及控制显示电路等组成，分别完成信息的获取、转换、传输、分析处理、显示记录功能。中间转换电路是将传感器的输出信号转换成易于测量或处理的电压或电流信号。便捷式风电测风仪检测仪就是要解决在风电机组排查故障的过程中，无法确定故障的原因，直接在机组上进行测风仪的状况检测，其好与坏一目了然。

3.6　风速仪更换过程

（1）用中号十字螺丝刀将风速仪风向标接线盒打开。

（2）用小一字螺丝刀解开风速仪接线，解线时记好线序（6 红、9 黑、10 白）。

（3）用斜口钳将扎带去除，将数据线及电源线排除至机舱外。

（4）出机舱时正确佩戴安全带及安全绳，携带工具为 13 号扳手或小活口扳手、斜口钳、扎带及风速仪。

（5）用斜口钳将扎带去除。

（6）用 13 号扳手或小活口扳手将旧风速仪取下，并收好。

（7）用 13 号扳手或小活口扳手将新风速仪安装好。

（8）用扎带将新风速仪接线固定，并用斜口钳去除多余部分。

（9）返回机舱内，将数据线及电源线导致机舱内，用小一字螺丝刀恢复风速仪接线。

（10）用扎带将新风速仪接线固定，并用斜口钳去除多余部分。

（11）观察触摸屏风速是否正常。结束检修工作。

3.7　安全注意事项

（1）所有工作至少两人完成。

（2）工作人员必须佩戴合格的安全帽，穿爬塔服、爬塔鞋，以及安全带、安全绳。

（3）作业工具应使用吊车上下，不得随身携带。收放吊车时，应使用安全绳，一端连接在发电机吊点上，另一端与安全带连接。

（4）风速超过 12m/s，不得开展出机舱检测作业。

（5）出机舱工作前，将叶轮可靠锁定，防止叶轮转动。

（6）出机舱所需工具及备件装在工具包内，注意摆放，防止高空落物。

（7）接地线必须在接线端子内连接可靠，无风速时首先检查是否由于接线松动造成。

3.8　检修工作所需工具

（1）13 号扳手。

（2）斜口钳。

（3）中号十字螺丝刀。

（4）小一字螺丝刀。

（5）扎带。

（6）安全带及安全绳。

4　结论和建议

随着设备运行时间的增长，正常机械磨损不可避免，沙尘等进入各零部件配合间隙更加重磨损，导致风速仪出现卡涩或者轴承损坏，致使风速仪损坏，损坏的将无法继续使用。为提高备件利用效率，减少风电机组故障率，建议维护人员通过风电机组半年期定检及全年检修期间对风速仪进行清洗，可以延长风速仪使用寿命，并对风速仪进行定期校准。

论风速、风向仪故障的判断及处理

李嘉恒

（华能新能源股份有限公司上海分公司）

摘 要： 风能作为一种无污染的可再生能源有着巨大的发展潜力，使风力行业成为新能源领域中，极具成熟和发展前景的行业，同时机械式风、速风向仪以及超声波风速、风向仪也得到了广泛的应用。风速、风向仪广泛应用于风力发电，虽然风力发电过程极为环保，但是风力发电稳定性不足却使风能发电比其他能源发电的成本高，因此要想很好地控制风电机组发电，使之跟随风的变化而获取极限发电功率，从而降低成本，就必须准确、及时地测出风向和风速，以便对风电机组进行相应的控制；此外，风电场的选址也要求对风速、风向有一个提前的预知，以提供合理的分析依据。因此，测风系统在风力发电中是至关重要的。

关键词： CANopen；模块；滑环

1 风速、风向仪的分类及原理

常用风速、风向仪分为机械式风速风向仪及超声波风速风向仪，了解两者特点及工作原理，有利于对测风系统的故障进行判断并消缺。

1.1 机械式风速、风向仪

机械式风速、风向仪由于存在机械转轴，因此分为风速仪和风向仪两种设备，风向仪和风速仪虽然是两种完全独立的传感器，但大多数情况下，这两种传感器是整合在同一测量设备中，通过综合处理数据信息，共同发挥作用的。

1.1.1 机械式风速仪

机械式结构的风速仪是一种采用可以连续测量风速和风量（风量＝风速×横截面积）大小的传感器。比较常见的风速仪是风杯式风速仪，该传感器测量部分是由三个或四个半球形的风杯组成，风杯顺着一个方向，按均等角度安装在垂直地面的旋转支架上。当风杯转动时，带动同轴的多齿截光盘或磁棒转动，通过电路得到与风杯转速成正比的脉冲信号，该脉冲信号由计数器计数，经换算后就能得出实际风速值。目前新型转杯风速表均是采用三杯的，并且锥形杯的性能比半球形的好，当风速增加时转杯能迅速增加转速，以适应气流速度，风速减小时，由于惯性影响，转速却不能立即下降，旋转式风速表在阵性风里指示的风速一般是偏高的，成为过高效应（产生的平均误差约为 10％）。

1.1.2 机械式风向仪

风向仪是以风向箭头的转动探测、感受外界的风向信息，并将其传递给同轴码盘，同时输出对应风向相关数值的一种物理装置。它主体采用风向标的机械结构，当风吹向风向标的尾部尾翼的时候，风向标的箭头就会指向风吹过来的方向。为了保持对于方向的敏感性，同时还采用不同的内部机构来给风速仪辨别方向，这种风向仪采用类似滑动变阻器的结构，将产生的电阻值的最大值与最小值分别标成 360°与 0°，当风向标产生转动的时候，滑动变阻器的滑杆会随着顶部的风向标一起转动，产生不同的电压变化以计算出风向的角度或者方向。

1.2 超声波风速、风向仪

超声波的工作原理是利用超声波时差法来实现风速、风向的测量。由于声音在空气中的传播速度，会和风向上的气流速度叠加。假如超声波的传播方向与风向相同，那么它的速度会加快；反之，若超声波的传播方向与风向相反，那么它的速度会变慢。因此，在固定的检测条件下，超声波在空气中传播的速度可以和风速函数对应。通过计算即可得到精确的风速和风向。由于声波在空气中传播时，它的速度受温度的影响很大；风速仪检测两个通道上的两个相反方向，因此，温度对声波速度产生的影响可以忽略不计。

2　风速、风向仪故障现象

风速、风向仪作为风电机组全天候传感器，面对雷暴、潮湿、低温、沙暴等极端气候及线路绑扎不严等维护缺陷时容易损坏，根据风电场运行的归纳总结，当出现后台风速显示为 0，风向显示为 180°；或者风速、风向数据跳变，功率曲线明显异常，整体水平平移；或者在低风速或者高风速段功率曲线陡峭扭曲、风电机组机舱位置、对风位置不准确、报切入故障时，都应当考虑风速、风向仪故障，某厂家风速、风向仪电流对应图如图 1 所示，风速风向仪在对应不同风向风速，将产生不同的电流回馈主控，测量风速风向仪传感器线路流向主控的电流大小，是判断风速风向仪是否损坏故障的主要依据。

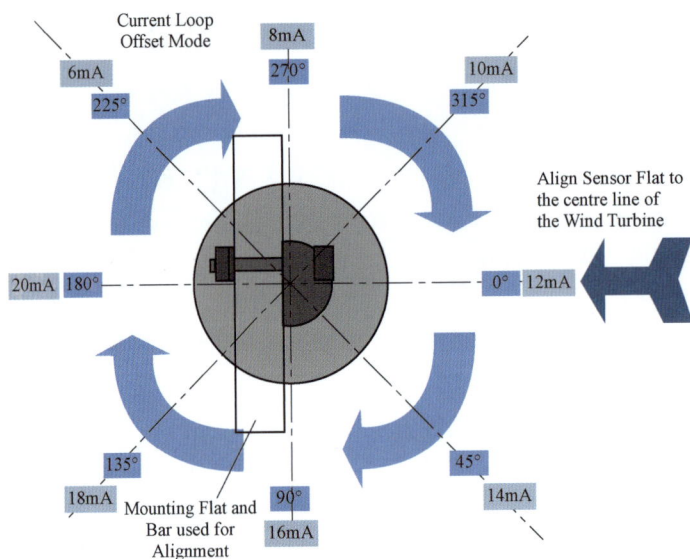

图 1　某厂家风速、风向仪电流对应图

3　风速、风向仪更换工艺

3.1　更换前的准备工作及安全注意事项

准备好的工器具一套内六角扳手、老虎钳、验电笔、美工刀及用于拆接线的螺丝刀等。通过后台 SCADA 系统观察当时的风况，如遇到大风（12m/s）或雷雨天气等则禁止进行更换处理。到达现场，观察周围情况及塔底主控屏，确认当时的风况及环境情况是否可以进行风速、风向仪的更换处理。如当时风况及周围环境可以进行更换，则先将风电机组停机并打至"服务模式"，进行登塔工作。出机舱工作必须系安全带及安全绳，应站在防滑表面。安全绳应挂在安全绳定位点或牢固构件上。

3.2　具体检查及更换步骤

登塔后，首先打开机舱控制柜，如图 2 所示，观察 KL3454 模块（模块编号为 457AI3.1、457AI4）的运行状态；或将两个模块接线调换，确认是否为模块问题，如模块有异常则需先对模块进行更换。注意：在调换接线时需断开 24V 电源开关 411F2。

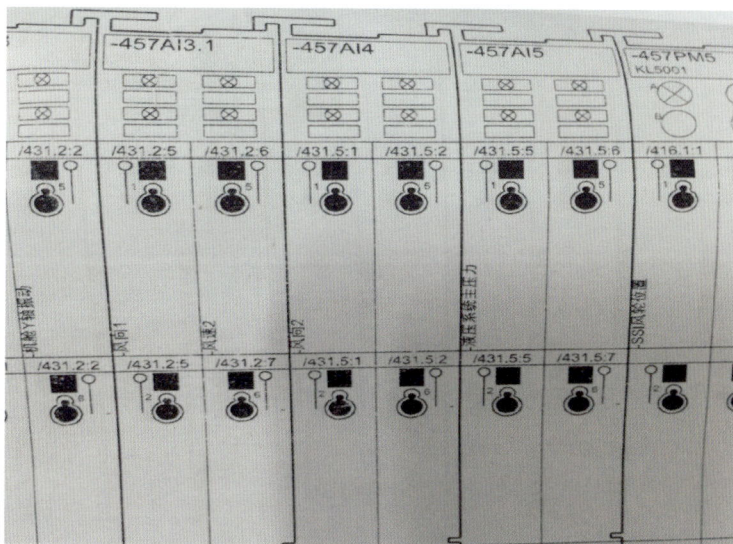

图 2　机舱控制柜

确认不是 KL3454 模块问题后，则需对风速、风向仪进行更换。出舱必须穿戴安全帽、安全带及安全绳（双勾），并断开偏航电源开关 405Q2 及 24V 电源 411F2，用老虎钳扳开开口销，取下销子，将气象架拉至竖直位置，用 4 个大的内六角扳手将其与气象架相连固定螺栓卸下，用美工刀轻轻将其冷缩套管划开，将冷缩套管摘除后，旋转接头固定螺栓，松开后将其拔出，将损坏的风速、风向仪换下，重新安装。安装时先将冷缩套管套入，将接头对准两个红点位置插紧，并将接头固定螺栓旋紧。手动慢慢抽去冷缩套管的白色塑料支撑，使其慢慢缩紧（注意：冷缩套管套入的位置，不宜过长）直至冷缩套管全部将其包住，最后将套好冷缩套管的风速、风向仪用内六角扳手重新装回气象架上，并将气象架重新打开，锁紧开口销，整个更换过程结束。需要注意更换风速、风向仪必须确定风速、风向仪的位置及编号。确认更换的风速、风向仪编号及位置后才能进行更换，防止误接误换。可通过接线盒来确认对应的风速、风向仪。

3.3　更换风速、风向仪额外的注意事项

如图 3 所示，风速仪安装，机械零点朝向机舱尾部。

风速、风向仪作为风电开发不可缺少的重要组成部分，直接影响着风电机组的可靠性和发电效率，同时也直接关系到风电行业的利润、盈利能力、满意度。目前，风电场大多位于野外自然环境恶劣的地方，气温低、沙尘大，对系统的工作温度及抗折性要求很苛刻。能熟练对风速、风向仪进行检修维护，已成为运行维护人员的必备技能。

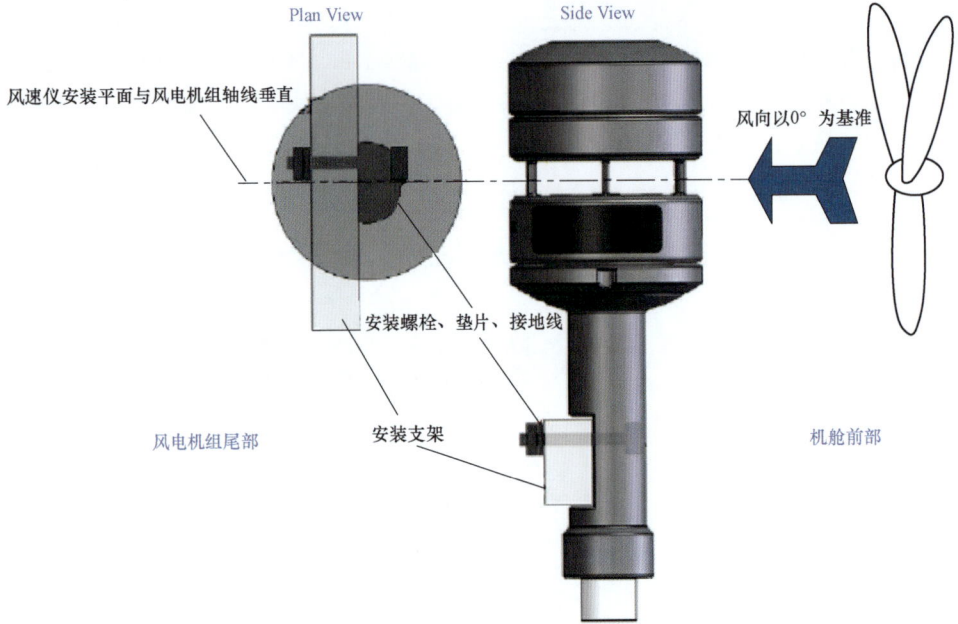

图 3 风速仪安装

参考文献

杨校生.风力发电技术与风电场工程.北京：化学工业出版社，2011.

（上接 589 页）

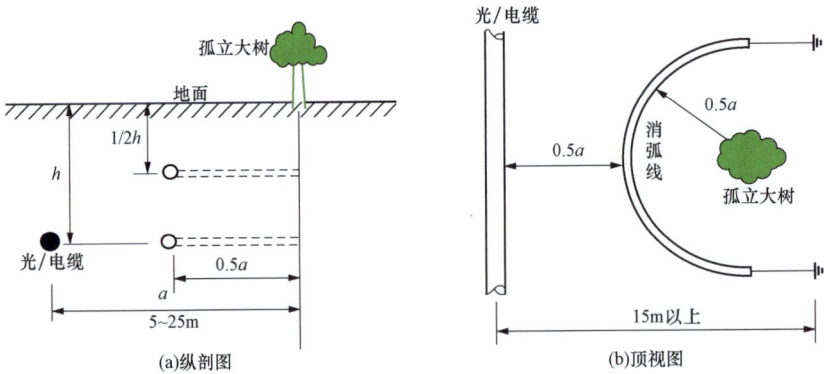

图 4 消弧线的埋设方法

参考文献

[1] 李立高.光缆通信工程.北京：人民邮电出版社，2004.
[2] 徐淑鹏.浅谈光缆线路防雷接地技术.数字技术与应用.2010（1）：47-48.

Gamesa850kW - 850 型机组总线故障分析

魏琦，张隆儒

（甘肃龙源风力发电有限公司）

摘　要： 本文通过对 Gamesa850kW - 850 风电机组总线故障的实际处理，发现并总结出一系列故障原因，为了更好地处理风电机组故障，提高风电机组利用率，提出了对总线故障的处理思路。

关键词： Gamesa850kW - 850；总线故障；模块；PLC

1　引言

Gamesa850kW - 850 型机组额定功率为 850kW，叶轮直径为 58m，轮毂中心高度为55m，功率调节方式为变桨变速调节。该风电机组为水平轴、三叶片、上风向、变桨距调节、双馈异步发电机，风电机组叶轮直径为 58m，切入风速为 3m/s，切出风速为 21m/s，额定风速为 13m/s，出口电压为 0.69kV。发电机为双馈异步发电机，叶轮经过主轴、齿轮箱等传动机构与发电机转子连接。变速恒频系统采用 AC－DC－AC 变流方式，将发电机转子的低频交流电经整流转变为脉动直流电（AC/DC），输出为稳定的直流电压，再经 DC/AC 逆变为与电网同频率同相的交流电，最后经发电机定子直接并入电网，完成向电网输送电能的任务。

Gamesa850kW - 850 机组 PLC 模块之间通过 Interbus 总线通信。当检测到通信信号丢失 2s后，机组报控制总线出错故障。

2　故障基本情况

当机组报出总线故障时，风电机组会立即进入急停模式，叶片紧急收桨，发电机与电网脱开，叶轮转速降低后，高速刹车动作，机组处在刹停状态。机组触摸屏报出 2118 代码，PLC 显示器报出具体总线异常的模块位置并伴有红色背光亮起。

3　原因分析与诊断

报出总线故障时，PLC 屏幕上会显示相应的故障代码。根据不同的故障代码，可以知道故障发生的具体位置。

PLC 总线故障查看如图 1 所示。

也可以通过触摸屏查看总线故障的具体位置。在触摸屏"工具菜单"选项中选择"诊断"，再选择"INTERBUS Y FO"，就可以看到当前模块状态。

总线故障查看流程如图 2 所示。

总线故障的主要原因有以下几点：

3.1　顶部至底部通信光纤连接不良

机舱控制柜内的顶部 PLC 模块光纤、塔底控制柜内的 CCU 光纤、塔底控制柜内的 PLC 光纤三处光纤如果有松动或信号中断，都会报出总线故障。

CCU 光纤接口如图 3 所示。

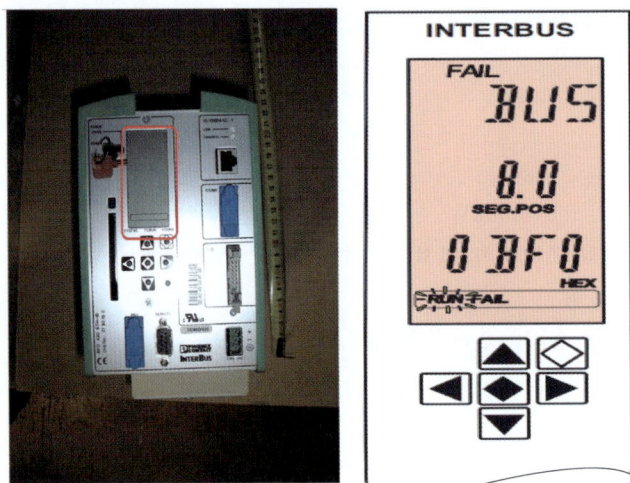

图1 PLC总线故障查看

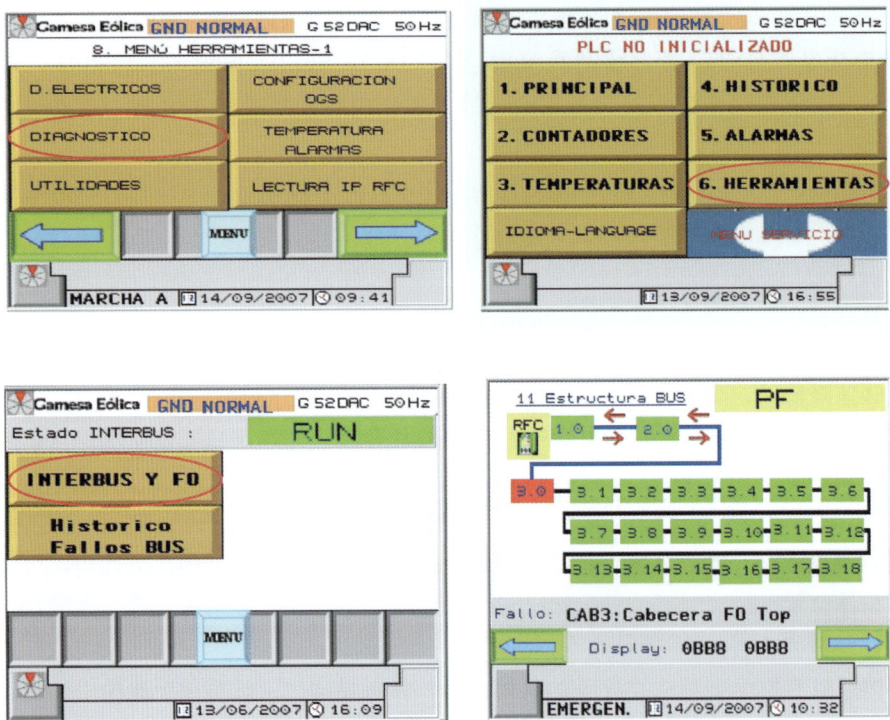

图2 总线故障查看流程

3.2 模块失电

当顶部控制柜内的模块全部失电或部分失电后，由于PLC无法检测到信号，会报出总线故障。

机舱顶部模块如图4所示。

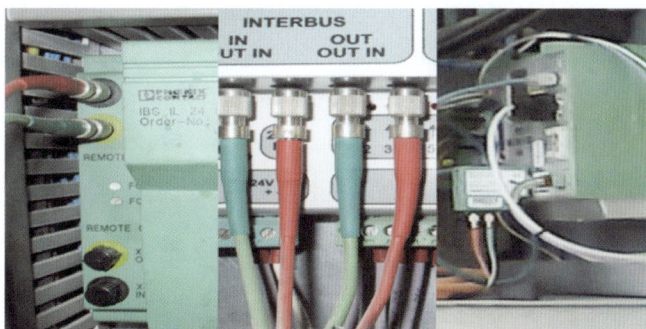

图 3　CCU 光纤接口

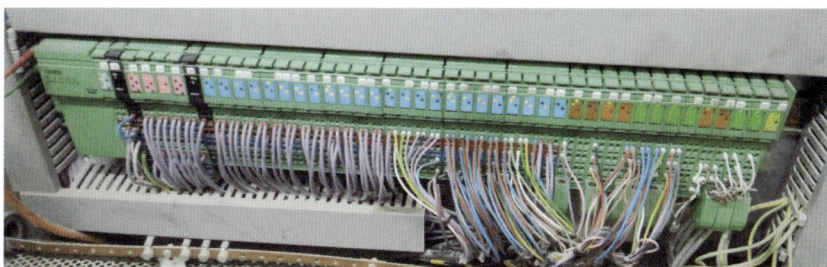

图 4　机舱顶部模块

3.3　PT 模块受发电机轴电流影响

当报出的位置为 3.11、3.12、3.13、3.14 时，对应的是 PT1、PT2、PT3、PT4 模块，PT 模块为 Gamesa850kW‐850 机组检测温度的模拟量输入模块，模块抗电磁干扰能力差，可能导致机组运行时报总线出错故障。

Gamesa850kW‐850 机组发电机轴电流通过接地电刷对地导通，发电机集电环接地侧电刷磨损严重或者集电环接地侧滑道出现点蚀等情况时，高频的轴电流则会出现阶梯波形式变化，从而影响模拟量模块信号采集。

顶部控制柜内模块损坏如图 5 所示。

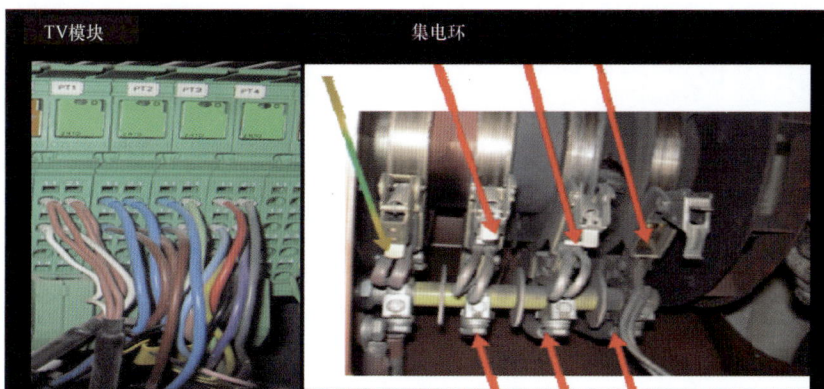

图 5　顶部控制柜内模块损坏

顶部控制柜内某一个模块因长期运行，电路板老化，可能出现无信号输出或者信号无法采集，即模块出现损坏现象，也会报出总线故障。例如，报出位置为 3.15，则为 RS485 模块出错，检查模块上的信号灯。若信号灯全灭，即为模块损坏。

3.4　顶部所有模块之间连接不良

当顶部所有模块之间连接不良时，就会出现数据传输延迟或出错，CCU 和 PLC 则会判断为总线出错，机组报出总线故障。

通信拓扑图如图 6 所示。

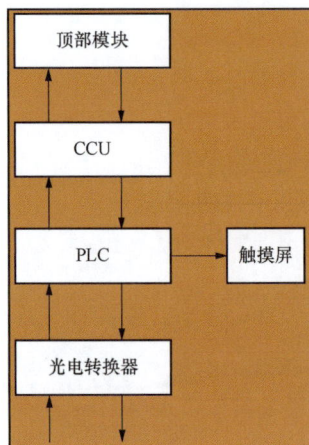

图 6　通信拓扑图

4　故障处理过程 （检查、分析、解体或维修分析等）

（1）检查光电耦合器和光纤的连接是否紧凑。

（2）检查 PLC 显示屏上的信息，了解报出的模块代码，确认是哪一个模块出现故障。

（3）检查模块指示灯是否正常、接线是否紧固，用万用表测量线路是否导通。

（4）检查接地电刷磨损程度，更换接地电刷，检查集电环磨损程度，更换集电环。

（5）检查 PT 模块屏蔽层是否接好，或者可以给模块加装接地屏蔽线。

（6）检查通信模块光纤接线是否松动有异常。

5　结论和建议

对于总线故障的预防有以下几点：

（1）在定期维护工作中定期对模块进行测量并对模块接线进行紧固。

（2）按照模块使用期限定期进行更换。

（3）在日常机组巡视中，及时发现并更换磨损严重的接地电刷和集电环。

（4）对屏蔽不良和无屏蔽的温度检测模块，及时加装屏蔽，以防止信号干扰。

UP86‑1500 风电机组通信站点诊断故障分析

王进魁，侯政宏

（甘肃龙源风力发电有限公司）

摘　要：　随着我国风电产业和科学技术的不断发展，越来越多的风电项目并网发电，风电机组运行可靠性与稳定性对风电企业的重要性越来越备受关注。本文通过总结某风电场风电机组通信站点诊断故障处理的实际经验，阐述了联合动力 UP86‑1500 型风电机组产生通信站点诊断故障的原因，并针对故障提出相应的处理措施。

关键词：　通信站点诊断故障；故障处理；原因；处理措施

1　引言

双馈机组和永磁同步机组的控制都比较复杂，需要由主控系统来协调偏航、变流器、变桨、测量、保护和监控等多个环节，且大多数风电设备通常运行环境比较恶劣，同时风电机组自身体积较为庞大，各部件执行机构之间存在较大的距离，因此各通信站点之间的通信问题至关重要。

该风电场现有联合动力 UP86‑1500 型风电机组 33 台，所在地区环境恶劣、气候复杂，给风电机组的安全稳定运行带来了一定的挑战。据统计近两年该风电场共报出通信类故障 32 次，通信类故障占总故障的 19%，由于通信故障点较多，查找较为困难，因此导致风电机组非停时间较长，损失电量较大，直接影响了风电场的发电量和经济效益。本文针对通信故障中的通信站点诊断故障进行论述，通过实际故障处理的经验与方法，总结出此类故障在生产现场的解决方案。

2　故障基本情况

以下为通信站点诊断故障在联合动力 SCADA 监控系统中的故障报文以及 Twincat 组态软件中的故障触发逻辑。

（1）故障名称：通信站点诊断故障。

（2）故障描述。

故障代码：140311。

英文描述：error _ profi _ node _ 11 _ diag。

中文描述：塔底柜 11 号站诊断故障。

故障逻辑：当 11 号站通信诊断值大于 0 时，以及主控找不到 11 号站时，触发此故障。

3　原因分析与诊断

3.1　该机型通信结构介绍

通信站点丢失故障，与风电机组通信传输的多个环节相关，因此首先要了解各个环节的工作原理。

风电机组通信链路贯穿整个风电机组控制系统，主控通信信号通过机舱 22 号（BK3150 及其他卡件、DP 头、Profibus 线）、滑环（哈庭头、金针、滑道）、齿箱中空轴（Profibus 线）进入轮毂，然后通过 5V 防雷（Profibus 红绿线及屏蔽）、EL6731（DP 头）给到变桨 PLC。

Profibus 接线顺序：变流器→Profibus 主站 CX1500‑M310→塔底柜 BK3150（11 号站）→塔底柜光电转换器→机舱柜光电转换器→机舱柜 BK3150（20 号站）→机舱柜 BK3150（22 号

站）→变桨系统。因此，在上述通信回路中其中一个点或几个点出现问题，均会导致通信闪断或中断。此外，机舱通过 UPS 给变桨系统供 230V 控制电源，若 UPS 死机或损坏均会导致变桨通信故障。主控系统框架图如图 1 所示。

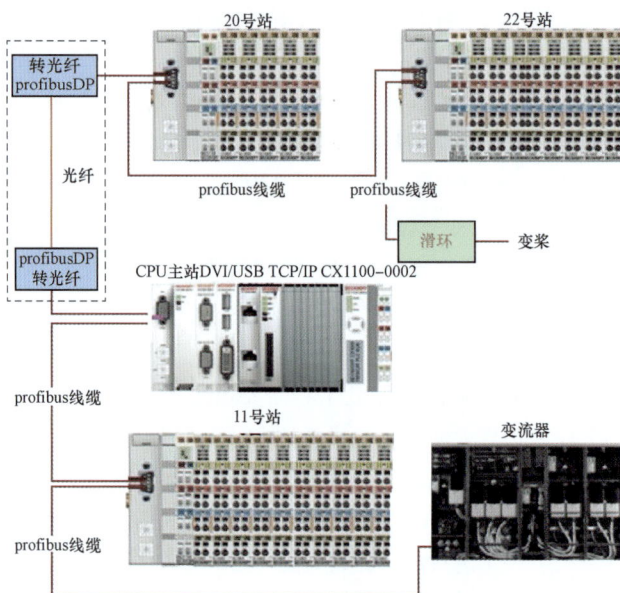

图 1　主控系统框架图

3.2　故障报文

故障报文（如图 2 所示）中显示是塔底 11 号站点（如图 3 所示）诊断故障，因此按照上述机组通信的基本工作原理，可以判断塔底柜 11 号站 24V 供电电压异常和 11 号站通信异常均会造成此类故障，需要检查 11 号站 BK3150 的供电电源是否异常、检查 11 号站 BK3150 模块指示灯有无闪烁异常情况、检查 11 号站 KL9210 供电是否正常、检查 11 号站 DP 接线是否异常、检查 11 号站 DP 是否损坏，通过上述检查可以初步诊断出故障点。

图 2　故障报文

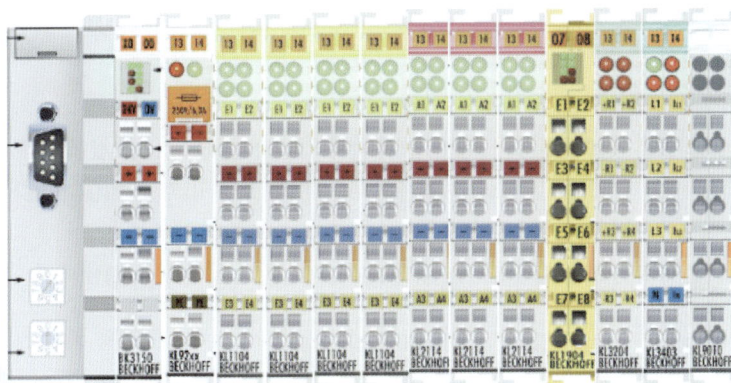

图 3　塔底 11 号站点

3.3　故障原因

当 11 号站点 Dpstate 通信诊断值大于 0 时，及找不到 11 号站点时，触发此类故障。

4　故障处理过程

现场检查 11 号站点 BK3150（Profibus 总线耦合器，如图 4 所示）24V 供电正常，DP 头 3、8 口的电阻值为 220Ω，表示 DP 通信正常。查看 BK3150 的 I/O Error 指示灯（即倍福 BK3150 模块第八个红灯）发现连续持久闪烁，正常状况下该灯为熄灭状态，连续持久闪烁表示普通的 K－Bus 错误；与此同时安全链输入模块 KL1904 的诊断 3、诊断 4 两个状态灯也异常，其中诊断 3 灯为常亮，该灯在无故障状态下为熄灭，诊断 4 灯快慢交替闪烁，该灯在无故障状态下为熄灭，诊断 3 灯和诊断 4 灯的这种异常点亮闪烁状态，表明安全链输入模块 KL1904 端子内部发生错误，需要返回厂家，所以可以初步判定 11 号站点 KL1904 模块损坏需要更换。现场更换 KL1904 后重新上电复位重启，故障消除，因此，导致 11 号站点通信诊断故障的最终原因为安全链输入模块（如图 5 所示）KL1904 卡件内部损坏。

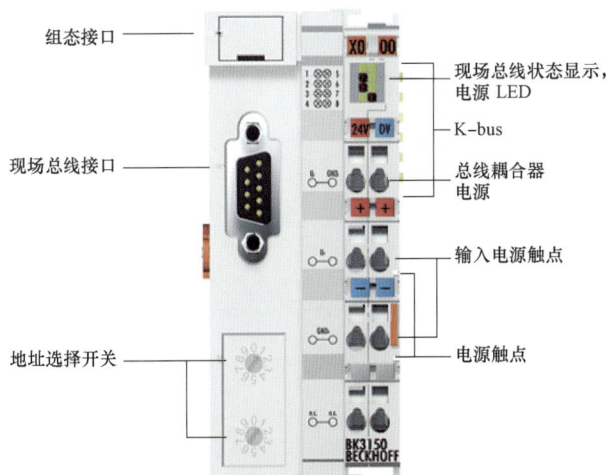

图 4　Profibus 总线耦合器

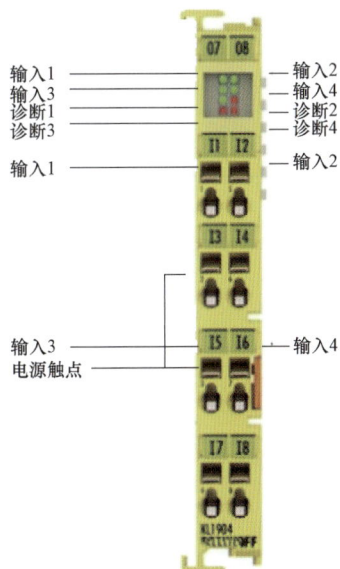

图 5　安全链输入模块

5　结论和建议

5.1　预防措施

针对通信站点诊断类故障可以在日常维护检查中对以下内容进行重点检查：

（1）在巡检、定检中仔细检查 11 号站点 BK3150 供电是否正常，如供电电压不合适应立即进行调整。

（2）在巡检、定检中仔细检查 11 号站点 KL9210 供电是否正常，如供电电压不合适进行相应的调整。

（3）在巡检、定检中仔细检查各模块接线是否牢靠。

（4）在巡检、定检中仔细检查各模块是否牢靠，防止因模块松动造成故障误报。

（5）在定检工作中，认真完成塔底柜柜门滤网清扫工作，防止因通风不畅，造成模块工作温度高而误报故障。

（6）在定检中仔细检查模块连接金属片有无氧化痕迹。

5.2　建议

进行通信站点诊断类故障处理时应该按照以下顺序查找，尽量缩短故障处理时间。

（1）检查 11 号站 BK3150 的供电电源是否异常。

（2）检查 11 号站 BK3150 模块指示灯有无闪烁异常情况。

（3）检查 11 号站 KL9210 供电是否正常。

（4）检查 11 号站 DP 接线是否异常。

（5）检查 11 号站 DP 是否损坏。

维斯塔斯 V52-850kW 机组发送时信号丢失（56）故障处理分析

梁靖宇

（中广核新能源控股有限公司华南分公司）

摘　要： 随着风电场运行时间不断加长，风力发电机组部件开始老化，导致风力发电机组发生共性故障。风电场运行维护人员，通过排查交流 690V 进线的前端设备、直流 24V 电源及直流 24V 电源设备，解决了 V52-850kW 机组频报风电机组发送时信号丢失（56）故障问题，保证风力发电机组安全稳定运行。

关键词： V52-850kW 机组；发送时信号丢失（56）故障

1　引言

某风电场安装 46 台 V52-850kW 型风电机组，总装机规模为 39.1MW。2014 年 1 月，该风电场投入运营，至今运行将近 8 年。随着运行时间加长，电源老化、接线松动、线路磨损等情况，导致发送时信号丢失（56）故障频繁发生，风电机组频繁停机，导致风电机组设备损坏，增加维护成本，降低风电机组可利用率。由于本故障厂家并没有提供处理方案，其他风电场也暂无处理方法，风电场自行探索并总结了该故障的预防及处理方法。

2　故障基本情况

发送时信号丢失（56）故障报出时，风电机组 CT291 面板出现系统错误的英文字段，随后控制系统会自动断电，与升压站通信连接中断，叶片回桨至 86.6°并刹车，大约 1min 控制系统会重新启动，与升压站通信连接恢复，风电机组也会自动回到运行状态。如不及时处理会导致该故障发生频率越来越高，电源模块损坏，甚至导致程序丢失无法运行。增加运行维护人员故障处理负担，增加运行维护成本。

3　原因分析与诊断

发送时信号丢失（56）故障归类为控制系统故障，其原因如下。

3.1　控制系统电源故障

该风电机组控制系统供电由箱式变压器 690V 电源接入至机舱 T50 变压器转为 220V，再由机舱 T54C 模块转为直流 24V 供给。

3.2　控制系统通信故障

该风电机组控制系统通信连接方式为顶部通信模块 CT3614 连接变频控制板 CT318，再连接底部控制器 CT291 连接光电转换模块传至升压站。

3.3　控制系统处理器故障

该风电机组控制系统处理器由顶部控制器 CT3601、变频控制板 CT318、底部控制器 CT291 三个元件组成。

3.4　控制系统模块故障

该风电机组控制系统模块组共由 15 个模块组成，模块连接着风电机组上的各类传感器、接触器、继电器。

4　故障处理过程

第一次处理，现场进行检查，发现底部控制器显示两条横杠系统在未启动状态，经检查未发现有明显问题。断电重启后，风电机组可复位。但报出"56"故障。由于该故障为顶部与底部通信内部故障，无法直接找到明显损坏点，因此进行电源问题排查，对 T50 电源进行接线紧固。目前风电机组已恢复正常运行，后续若不是电源问题，将逐一对 CT291，顶部至底部光纤进行排查，如图 1 所示。

第二次处理，由于第一次处理过后故障仍然报出，本次处理排查方向为通信故障方向。更换顶部至底部光纤、CT291 至 CT318 及 CT318 至 CT3601 各一条，如图 2 所示。

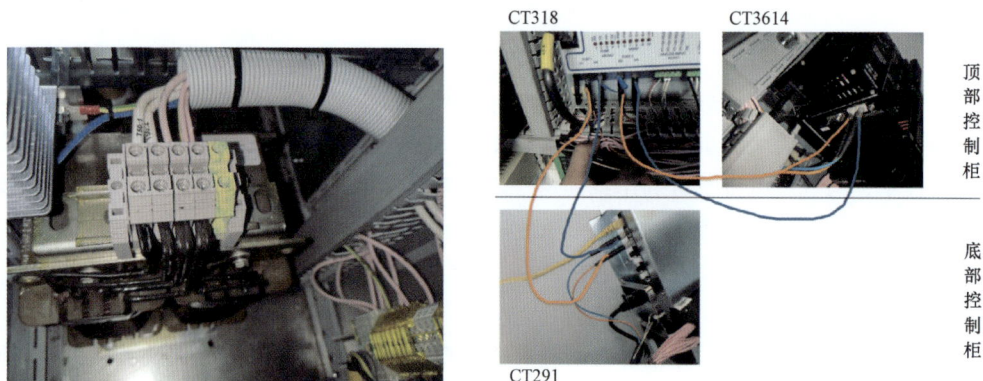

图 1　电源接线紧固

图 2　通信故障处理

第三次处理，为排查该风电机组由于控制系统元件故障导致频报故障原因，现场更换 CT291、CT3601 及 CT318 备件，进行更换试运行。

第四次处理，由于控制系统通信故障及控制系统元件故障已经排除，排查方向重新回到电源故障，为排查内部电源突然掉电导致系统错误，更换内部电源 CT3357 一个，如图 3 所示。

图 3　内部电源

第五次处理，紧固 F938 与 F960 之间接线，F960 是在看门狗回路最前端的压敏电阻接线松动可能导致发生过电压，为了排除 UPS 内部故障导致电源的问题，更换 UPS 一个。

第六次处理，看门狗 K906 控制继电器 D906 的线圈，继电器 D906 的触点控制顶部控制器的电源，为排除看门狗及 D906 损坏间断性工作影响电源，更换看门狗模块 1 个，D906 继电器 1 个。

第七次处理，排查发现 690V 电源最前端 F30 接线下部有松脱，重新紧固接线。

第八次处理，交流 220V 转直流 24V 电源模块 T54C 损坏，＋24V 指示灯闪烁，其余四盏灯不亮，更换 T54C 一个，如图 4 所示。

第九次处理，由于所有输出电源已全部排查，剩余 690V 转 220V 变压器 T50 未排查，现场更换变压器 T50 一台。

第十次处理，经过前期所有排查已确定控制系统电源由 690V 到 220V，再到直流 24V 所有线路元件已排查，故障仍然报出。登塔检查发现 T54C 没有＋24V 输出、只有＋5V 输出，排查方向对准控制系统

图 4　更换 T54C

模块故障，控制系统所连接的模块、模块所连接的＋24V 传感器及其线路。

为排除＋24V 电源第一个连接的元件 CT318 问题，将 CT318 的＋24V 输出 A3X3 端子甩开，T54C 输出恢复正常，排除 CT318 故障。

图 5　水位计线缆磨损

为排除控制系统块有接地，逐个拔出模块，当拔出 CT3133X5 模块时 T54C 恢复正常。更换 CT3133X5 模块重新插入，故障未排除。逐一排查 CT3133X5 模块所接传感器，逐个甩开传感器，排查至冷却水水位传感器时发现有问题，甩开后，T54C 正常工作。检查发现水位计线缆磨损存在接地，如图 5 所示。

处理后，程序不断重启，初步判断为程序丢失，联系厂家刷程序，完成后，程序正常启动。复位风电机组无故障，恢复正常运行，故障消除。

5　结论与建议

经过该风电场运行维护人员的排查工作得出结论：V52‐850kW‐850 机组发送时信号丢失（56）故障是由于控制系统模块连接的由＋24V 供电的传感器的线路，走线时经过风电机组的金属部件边角处，随着风电机组运行产生的振动与风电机组的金属部件边角处摩擦，长时间导致线路绝缘破损。当与金属部件接触发生接地时，导致该故障频报。

结合本次处理发现由于该故障所涉及的线路及元件多而复杂，特别是末端由＋24V 供电的传感器的线路走线复杂，而且当线路绝缘破损处没有触碰至金属部件时风电机组所有部件能正常运行，因此故障部位难以被发现，容易重复报出故障。该风电场对于 V52‐850kW‐850 机组发送时信号丢失（56）故障时处理建议如下：

（1）检查 F30 的接线是否松动。

（2）检查 T50 接线是否松动，T50 的出线铜芯外还有一层绝缘漆注意接线时不要压到，当发现绝缘漆有融解情况应刮干净后重新接线。

（3）根据本次故障发现 T54C 损坏时＋24V 指示灯会闪烁并伴随不正常的工作声响，T54C 其实并未损坏，只是因为直流接地导致工作不正常只有＋5V 指示灯亮，可以甩开 T54C 输出进行判断。

（4）对风电机组的＋24V 供电的传感器及其线路进行排查，对经过风电机组的金属部件边角处的线路使用绝缘胶布包裹防护，并定期检查。